PASEOS POR CÓRDOBA,

Ó SEAN

APUNTES PARA SU HISTORIA.

POR

D. Teodomiro Ramirez de Arellano y Gutierrez.

TOMO I.

A mi amigo David
con cariño
Ángela
22-4-2017

CÓRDOBA:—1873.

IMPRENTA DE D. RAFAEL ARROYO,
Calle del Cister, núm. 12.

Editorial MAXTOR
Fray Luis de León, 20
47002 Valladolid
983 090 110
pedidos@maxtor.es
www.maxtor.es

I.S.B.N. 84-9761-062-8
depósito legal: VA-263-2003

AL EXCMO. SEÑOR

D. Feliciano Ramirez de Arellano,

MARQUÉS DE LA FUENSANTA DEL VALLE.

MI QUERIDO HERMANO: Como una prueba de mi acendrado cariño, me atrevo á dedicarte esta modesta obra, fruto de las investigaciones hechas en Córdoba, nuestra patria adoptiva. Escasa de mérito, tendrá para mí mucho si tú aceptas su dedicatoria como un recuerdo del amor fraternal que siempre nos ha unido, siendo esta la mayor gloria á que aspira

Tu afectísimo hermano,

Teodomiro.

PRÓLOGO.

Varios escritores emprendieron la árdua empresa de dar á luz una historia de Córdoba, y todos ellos han tenido la desgracia de no alcanzar el fruto de sus afanes, ya porque no han concluido su trabajo ó ya porque no han logrado los honores de la publicacion. No aspiramos á tanto: hemos concebido una obra de índole diferente, si bien puede suministrar copiosos materiales para los que emprendan la primera.

Una historia general, ni puede ni debe admitir pormenores á que descendemos, ni son admisibles en una obra de tal género, donde todo debe sugetarse al escarpelo de la mas severa crítica, y buscar la verdad de cuantos hechos se refieran.

Tampoco es posible ocuparse en una historia, de la particular de cada edificio, de cada calle, y si facil fuera, hasta de cada casa, donde hay multitud de tradiciones, verdaderas algunas, mas en su mayor parte hijas de la credulidad de nuestros antepasados y de la facilidad con que el vulgo acogió siempre las mas estupendas y estravagantes invenciones.

Estos materiales son los acopiados para nuestra obra: no pretendemos narrar cuanto ha pasado ó se inventó; pero sí tendemos á salvar lo que hasta nosotros ha llegado y corre á precipitarse en la insondable fosa del olvido.

Ni las creencias de hoy, ni las aspiraciones de las sociedades modernas, tienden á conservar esos recuerdos, solo apreciables para los pocos que aun aman las glorias de nuestra patria.

Sin embargo de esta verdad, conservamos algun apego al lugar en que nacimos; así es, que conocemos el eco de la campana de la torre cabe la cual nos criamos; tenemos curiosidad de saber la historia de aquel lugar, el significado de su nombre, como recordamos siempre con cariñoso gusto la amistad de nuestros compañeros de la niñéz, de nuestros condiscípulos en los primeros pasos de la vida. Sentimos á la vez el noble deseo de legar un nombre á la posteridad, aspiramos á salvar nuestras obras del abandono y el desprecio, y ese generoso afan nos obliga á hacer otro tanto con los que nos precedieron en el azaroso camino que recorremos.

A estos fines aspiramos, y nuestra obra será tal vez una piedra que contribuya á levantar el templo de la inmortalidad en que figuren los nombres de muchos hijos de Córdoba, que tal lugar merecieron por su amor al estudio de las ciencias, las letras y las artes, su valor demostrado en los campos de batalla y las virtudes que á muchos colocaron en los altares donde les tributamos nuestra veneracion y nuestro cariño.

Innumerables y en estremo eterogéneos son los datos adquiridos, y por tanto muy difícil el presentarlos al lector de una manera fácil y agradable en su lectura, sin complicarse unos con otros, haciendo casi incomprensible nuestro relato: por eso le hemos dado el título de Paseos, dividiéndolos en barrios, los que recorreremos describiendo y detallando la historia de cada edificio público, los particulares de alguna importancia y el orígen de los títulos de las calles, consagrando recuerdos á los cordobeses notables que en ellas han morado, y contando la multitud de tradiciones que de generacion en generacion han llegado hasta nosotros.

De este modo pensamos satisfacer la curiosidad de nuestros lectores, sin jactarnos de que nuestra obra sea un trabajo completo; eso es imposible: presentamos lo que hemos reunido, otros pueden ampliarlo, y así entre todos coadyuvaremos á que algun dia se escriba de una manera digna y completa, una buena historia de la ciudad de Córdoba, mi patria adoptiva, en pró de la cual se encaminan mis trabajos, pobres sí, mas á la vez hijos del mejor deseo.

Como antes indicamos, en estos paseos hemos de contar infinidad de tradiciones completamente inverosímiles, otras hijas de las creencias religiosas, que dejamos á que cada lector las juzgue segun su criterio, y otras históricas á cuya parte corresponden todos los demás datos de la historia de los edificios, títulos de las calles y citas de personas notables, sean ó no hijos de Córdoba. Para esto hemos registrado cuantas obras se encuentran en las pocas bibliotecas que tenemos; hemos buscado datos en el riquísimo archivo municipal, donde encontramos muchos, gracia á la amabilidad y celo del archivero D. José Lopez Amo. En algunas parroquias se nos han facilitado apuntes muy curiosos; conocemos con todos sus detalles los archivos de los establecimientos de Beneficencia y Diputacion provincial, y así hemos logrado reunir tantos datos que damos á luz instigados por nuestros amigos, algunos como los distinguidos literatos D. Francisco de Borja Pavon, D. Rafael Sierra y Ramirez y D. Cárlos y D. Feliciano Ramirez de Arellano, quienes no solo nos animaron á publicar nuestra modesta obra, sino que han contribuido á ella con sus consejos, facilitándonos los muchos datos y obras custodiadas en sus bibliotecas.

Al dar á luz este libro, me considero, ante todo, en el deber de dar las gracias á cuantos han contribuido á que llegue á publicarse, pues sin los datos que antes indiqué, hubiera sido imposible. Solo resta que los cordobeses todos patrocinen una obra que á ellos solos se dirige, considerándola siquiera como un album donde he ido haciendo mis apuntes, sobre el orígen, historia y actual estado de cuanto encierra la patria de tantos hombres ilustres, ante cuyo recuerdo, me confieso insuficiente para esta empresa.

PASEO PRIMERO.

Barrio de la Magdalena.

No se me oculta la estrañeza de mis lectores, al ver que cuando principio á escribir mis PASEOS POR CÓRDOBA, consignando en este libro lo notable que hay en cada barrio y la multitud de tradiciones, ya históricas ya fantásticas, y las noticias recogidas referentes á cada uno, principie por el de la Magdalena, que no es ciertamente ni el mas importante ni el que llamará mas la atencion del lector; mas éste me dispensará tal preferencia, al saber que en él tengo mi domicilio y muchas de mis mas entrañables afecciones, facilitándoseme así, la mas pronta copia de datos tan necesarios para esta clase de trabajos. Sin embargo, es uno de los barrios mas numerosos en vecindario y que ha contado y cuenta con mas edificios públicos; por lo tanto, no tan despreciable que deje de merecer aquella predileccion, pues, si bien no es de los mayores intramuros, cuenta con una gran parte del término de Córdoba, en la que estan enclavados varios conventos, ermitas y hospitales y el célebre puente de Alcolea, donde en el presente siglo han tenido lugar dos grandes hechos de armas á cual mas trascendental y ambos llamados á ocupar un lugar en la historia de nuestra patria.

Es evidente, que Córdoba fué de las primeras ciudades de España que proclamaron la Religion del Crucificado: á seguida se empezaron á fundar iglesias, donde los católicos se entregaban á la oracion, y aun hay memorias de que no solo se fundaron las parroquias, sino contiguos á ellas, asilos de emparedadas, título de una especie de monjas, con mas austeridad y penitencias de las que conocemos.

Es probable, que la Magdalena date de aquel tiempo y sea la iglesia que titulada la Encarnacion, existía cuando los árabes la conquistaron, continuando en ella los cristianos, si bien vieron con dolor, desmochar su torre, como hicieron con todas las demás existentes en Córdoba. Confusa aparece esta opinion, de varios autores además de nuestra; pero sí es cierto, que San Fernando erigió catorce parroquias y una de ellas fué la de Santa María Magdalena. Su exterior es gótico bizantino, conforme al gusto de aquella época; demuéstranlo sus tres puertas, si bien la principal fué macisada, tanto porque dá al lado de menos tránsito, como por el deseo de trasladar el coro que estaba en el centro de la iglesia. Su primitiva torre, era un campanario de raquítica forma; fué derribado siendo obispo de Córdoba el ilustrado Señor D. Antonio Caballero y Góngora, para sustituirlo con la actual torre, que nada tiene de gallarda, ni de gusto en su arquitectura, ocupando el mismo sitio que la antigua, por lo que, mientras se construyó, estuvieron las campanas colgadas de unos maderos atravesados en el pequeño patio que dá entrada de la calle á la sacristía. En su interior nada ha quedado de su primitiva arquitectura: los muros estan embadurnados por la cal y las cornizas por un azul de malísimo gusto, así como á su antiguo artesonado, lo ocultó una bóveda moderna que nada de particular presenta á la vista.

Han sido segregadas de la iglesia las capillas colaterales, una para ampliacion de la sacristía, y otra para atarazana á donde bajan las cuerdas de las campanas; en cambio, hay en la nave del evangelio, dos capillas que, tanto en el interior como en el exterior, denotan ser mucho mas modernas que lo demás del templo. El altar mayor, mas bien parece una urna que un retablo: se reduce á una gran cenefa de talla dorada, al rededor del camarin, en cuyo centro y sobre el manifestador ó tabernáculo, se vé una gallarda escultura de la Magdalena penitente, cuyo autor no hemos podido averiguar, y á los lados otras dos de regular mérito, que representan á Sta. Lucía y Sta. Bárbara. Todo esto estuvo á punto de ser devorado por las llamas, al anochecer del dia 28 de Mayo de 1872, estando cubierto por un altar provisional, para la celebracion del Mes de María ó flores de Mayo; empezó á arder á un descuido de un niño encargado de encender unas harañas; quemóse la Vírgen y sus adornos, no comunicándose á lo demás por la prontitud con que todos acudieron. En el tabernáculo hay casi siempre una Purísima de talla que, así como parte de la colgadura de este templo, son procedentes del hospital de San Bartolomé.

La capilla mayor es patronato de los Sres. Diaz de Morales, quienes para su enterramiento tienen un hueco que la coge casi toda, y el cual en su interior, nada notable ofrece en cuanto á su construccion: en él yacen los restos del capitan de navío Sr. D. Francisco Diaz de Morales y Gonzalo de Sousa, los de su esposa la Sra. D.ª María Josefa Victoria Bernuy, que antes estuvo casada con el Sr. Marqués de Sta. Marta, los de su nieto el Sr. D. Francisco Gutierrez de los Rios y Diaz de Morales, magistrado que fué en Filipinas y los de otros muchos individuos de esta ilustre familia, de la que nos ocuparemos en otro lugar. Cierra dicha capilla una verja de hierro fundido, colocada en el año 1872 en sustitucion de otra, que había sobre las gradas delante del altar, la que formaba dos medios púlpitos, donde leian la epístola y el evangelio.

Los altares colaterales, tambien de talla dorada de mal gusto, tienen una Concepcion y un San José, de quienes cuida una antigua cofradía, muy corta de individuos, si bien por sus estatutos de limpieza de sangre y con enterramiento propio en un hueco delante del primer altar: celebra á su titular en su dia y aplica ocho misas por los cofrades que fallecen, únicos cultos que cubre con sus escasísimos recursos.

En la nave del evangelio, vemos, primero, la capilla de la Virgen de los Dolores; tambien tuvo hermandad con enterramiento en un hueco bajo el arco de entrada. Es de patronato de los Armentas, á quienes representan los Sres. Marqueses de Valdeflores, por haberla fundado en 1413, Alfon de Armentía que, con su padre Gonzalo, vino de la villa del mismo título, á la conquista de los moros de Andalucía y murió en 1423, enterrándolo en éste sitio que destinó para él, su muger D.ª Urraca Martinez de Sotomayor y todos sus descendientes. En el presente siglo se han puesto en esta capilla otros dos altares, uno con el Cristo de las Tribulaciones, que se veneraba con gran devocion en la iglesia de San Antonio Abad, á la izquierda del Hospital de San Juan de Dios, y otro con la Vírgen de los Remedios, que se trasladó con su cofradía desde la iglesia del Hospital de San Bartolomé, cuando por ruinosa fué derribada en 1861. La espresada capilla, sirvió de sagrario hasta que la cofradía del Santísimo, cuyas reglas fueron aprobadas en 20 de Noviembre de 1520 por el Obispo D. Pedro Manrique, contando con fondos suficientes, labró la que hoy tiene con enterramiento para sus cofrades, toda ella revestida de madera azul, con adornos dorados de mal gusto y formando cúpula: en su único altar tiene un Crucifijo de tamaño natural, imágen un tiempo de gran devocion para los vecinos de este barrio, tanto, que en 27 de Febrero de 1650, cuando en Córdoba sufrieron la gran epidemia del landre, en que fallecieron mas de catorce mil personas, lo sacaron en procesion en union de San Juan de Dios, de su hospital, y San Pedro Tomás, del Cármen, para llevar á los infestados un regalo ó donativo, con que los vecinos de la Magdalena quisieron contribuir á su alivio; consistió en diez carretadas de leña, otra de romero, cuatro cargas de id., ciento catorce gallinas, ciento ocho fanegas de trigo, sesenta espuertas de pan, veinte y cuatro carneros, dos espuertas de alhucema, veinte y siete canastos con huevos, cuarenta salvillas con vizcochos y vizcotelas, una carga de vino, ocho garrafas de id., dos jamones, ochenta y ocho salvillas con hilas y vendages, dos cargas de naranjas y limones, veinte y siete camisas, doce vestidos de hombre, dos pares de medias de lana, diez espuertas de granadas, ocho pomos de agua de olor, seis botes de manteca de azahar, cuatro macetas de jabon, diez y seis fuentes de ojuelas, cinco canastos con garbanzos, y dos esportones con jarros de la Rambla.

Hecha la anterior digresion, diremos que los chicos del barrio, á imitacion de los de otros, se juntaron é hicieron una póstula y en 10 de Abril del mismo año, les llevaron en procesion, á los espresados enfermos, cuarenta y seis vestidos de muger y cuatro de hombre, ocho sombreros, dos esportones con treinta hornazos, cuatro salvillas de hilas, cuatro espuertas de pan, dos canastos con huevos, dos salvillas con panesitos de San Nicolás y una carga de naranjas.

Volvamos á la descripcion de la iglesia de la Magdalena que, aunque parece demasiado minuciosa, no deja de tener interés, y mucho mas, cuando tal vez no esté lejos su desaparicion. A los pies de la nave referida, se vé una puerta, media en la pared y media en el suelo: por ella se baja á un panteon con gradas de mármol negro y rodeado de bovedillas; está fuera del templo, ó sea, debajo del alto que forma en la plazuela á un lado de la puerta; era enterramiento general, y cuando se llenaba exhumaban los restos y los colocaban en el osario; este era un corralito á espaldas de la sacristía, con una pequeña puerta á la calle: hoy está limpio. Al lado de la puerta del panteon, hay un altar con una muy antigua imágen de San Bartolomé, que era la que estaba en el retablo mayor del hospital de su advocacion, ya citado. En este lugar estuvo la capilla de las Animas, y allí se conserva el hueco ó enterramiento de sus cofrades; el altar fué trasladado á la nave de la epístola, cerca del cuarto de las campanas, teniendo un cuadro, muy mediano, con un Crucifijo y las Animas al pié. Al lado hay otro retablo moderno, hecho siendo Rector de esta parroquia D. Juan Manuel Olivares, para colocar una escultura que representa á San Antonio Abad, que estuvo en el hospital que ya hemos dicho; cuida de esta imágen el gremio de trabajadores de cáñamo llamados los casilleros, quienes costearon dicho altar: todos los años le hacen una solemne fiesta en su dia, con dos de jubileo, para lo cual reunen sus limosnas y el producto de unos panecillos que venden en la puerta y que ya van perdiendo sn importancia. A los pies de esta nave. está la pila bautismal, de modo que no presenta ni la mejor vista, ni la comodidad suficiente para el público que acude á los bautismos. El archivo nada ofrece al curioso, y sus libros principian, los de casamientos y bautismos en 1573 y los de defunciones en 1616.

Muchas son las fiestas que con gran solemnidad se han celebrado en esta iglesia, y debemos hacer mencion de una que antiguamente se hacía en todas las parroquias de Córdoba y que ha caido en desuso, sin que podamos espresar la época en que se ha suprimido. Tal era una procesion, en los dias de la octava del Corpus, recorriendo parte del barrio y rivalizando cada uno con el de la iglesia mas inmediata. Un año, á mediados del siglo XV, la cofradía del Santísimo Sacramento de la Magdalena, á la cual pertenecía toda la nobleza del barrio, mucha y de la mas principal, hizo grandes preparativos para su procesion ó minerva, como en algunos puntos la llaman, y al efecto convidó á todos los demás nobles é hijosdalgos de la ciudad, que acudieron gustosos, entre ellos un D. Luis Fernandez de Córdoba, vecino de Santa Marina, jóven apuesto y valiente; pero con la gran dosis de orgullo de todos los de su clase, y mas en aquella época en que se consideraban tan superiores á los demás. Formóse la procesion y como hubiera acudido mucha clase del pueblo, entre la que se veian los labradores de la gran poblacion rural que tenía y aun tiene este barrio, fué preciso y justo, darles cirios ó faroles, toda vez que en mayor ó menor escala contribuian á esta festividad. Un honrado campesino que aunque pleveyo, tenía el carácter independiente tan propio de los españoles, tomó lugar entre el D. Luis y los que llevaban los faroles ó sean los mas cerca al pálio, y juzgando nuestro noble que se rebajaba con aquello, le intimó, con esos modos con que los superiores de escaso talento mandan á sus inferiores, á que le cediese el lugar y se fuese á otro sitio con los de su clase. Contestóle, que no la había en la presencia de Dios, que le iba muy bien y no le cedía el sitio: á esto siguieron dos ó tres ligeras contestaciones, y no pudiendo el D. Luis contener los arranques de su orgullo y su soberbia, echó mano á la daga, atravesando el corazon de aquel infeliz, que sin vida, cayó muerto casi á los pies del sacerdote que conducía el

Sacramento, el cual, aturdido, no sabía si continuar su marcha ó qué determinacion tomar, así como todos los circunstantes, á escepcion de la esposa de la víctima que, como una fiera, se arrojó sobre el asesino impidiendo se entrase en sagrado, y por consiguiente dando lugar á que lo prendieran. Unos corrian, otros lloraban, muchos criticaban tan fea é improcedente accion y todos, á escepcion de algunos parientes de D. Luis, estaban á favor del desgraciado, víctima del orgullo de nuestra nobleza, tan altanera con sus antiguas y ya caducas ejecutorias.

La procesion terminó en aquel momento: la gente se retiró: depositóse el cadáver en la iglesia, y D. Luis Fernandez de Córdoba fué preso en la torre de los Donceles, que como la Calahorra y la Malmuerta, estaba destinada á prisiones de los nobles que cometian algun delito, siendo esta una de las muchas prerogativas con que contaban los afortunados hijos de la aristocracia española. La Providencia que á todos los juzga iguales, no consintiendo que por el camino del crímen se llegue al puerto de felicidad, vino á burlar las influencias de la familia del preso que, dando primero largas á la causa, sistema ya entonces usado, é interponiendo despues todo su influjo, llegó á alhagar la esperanza de verlo muy pronto completamente libre de sentencia humana, sin ver que la del cielo ya pendía sobre su cabeza.

Un año había trascurrido: era por la tarde, y casi á la misma hora de la procesion, avisaron á la parroquia que llevasen el Viático para un vecino de la calle de Abejar; hacíase así, y á un tiempo salía por la calle de los Muñices la viuda del desgraciado hortelano, y D. Luis se asomaba á las almenas de la primera torre, para ver la Magestad; ambos incaron sus rodillas, y al pasar el sacerdote por entre ellos, vínose al suelo la piedra en que estaba apoyado D. Luis, cayendo tambien éste y una de las almenas, que le trituró el cráneo.—¡Justicia del cielo!—dijo una voz: era la de la infelíz viuda, á la que un desmayo hizo caer al suelo.

La costumbre de sepultar los cadáveres en las iglesias y la multitud de enterramientos propios que en todas ellas habia, dió lugar á diferentes cuestiones entre los individuos de la Universidad de Beneficiados de las parroquias y los superiores de los conventos de religiosos, porque unos y otros querian hacer los oficios de difuntos, alegando las razones en que cada cual se apoyaba. Muchas gestiones se hicieron para avenirlos, todas inútiles: los frailes alegaban que cuando alguno se mandase enterrar en un convento, á ellos correspondia el ír con su cruz por el cadáver y hacer todos los sufragios, en tanto que la parroquia sostenia que no gozaban de jurisdiccion en el barrio y que ella sola tenía derecho á enarbolar su cruz y hacer el funeral en cualquiera iglesia.

En 1656, segun un impreso que hemos visto y se conserva en la Biblioteca provincial, todas las comunidades de Córdoba habian acudido en queja contra los beneficiados, por arrollar los derechos de aquellas, dando todos un espectáculo muy poco edificante. En esto murió la esposa de D. Diego Fernandez de Argote, caballero de Santiago, Veinticuatro de Córdoba y vecino del barrio del Salvador, cuya señora se mandó enterrar en la bóveda de su familia, en San Pablo, deseo y órden que á todo trance era indispensable cumplir; vieron al Provisor, éste llamó á los curas, y entre todos se convino efectuar el entierro en la espresada iglesia, colocando en lo alto del túmulo la cruz del convento con el asta embebida y al pié la de la parroquia, la que llevaria el cadáver hasta colocarlo en aquel, siguiendo los oficios la comunidad: hacíase así; mas no pudiendo el beneficiado del Salvador, Pedro de Mora Fajardo, ver con calma su cruz en segundo lugar, la tomó y, lleno de ira, se subió por el catafalco á ponerla en vez de la otra; los frailes salieron á la defensa de sus derechos, y fué tal la algazara que se armó y los insultos que se digeron, que hubieran ocurrido algunas desgracias á no intervenir el Corregidor y otras muchas personas respetables, á la sazon allí como parte del duelo.

El haber referido tales sucesos en este lugar, es por contar uno, el mas ruidoso de todos, ocurrido en el barrio de la Magdalena. Falleció en él un sacerdote llamado D. Gomez Solís, quien hizo constar en su testamento el derecho á enterrarse en la iglesia de San Pablo, y el deseo de que así se hiciese; mas el clero parroquial se opuso, pretendiendo llevarlo á la suya: los frailes y los albaceas acudieron en queja á sus jueces competentes, y estos, para ver si arreglaban el asunto amigablemente, mandaron suspender el entierro por un dia. En la Magdalena habia siete beneficios, una rectoría, un préstamo y una prestamera, desempeñados por diez sacerdotes, los cuales, en union de sus dependientes y armados de espadas y algunos arcabuces, se presentaron á media noche en la casa mortuoria, sacaron el cadáver del Pbro. D. Gomez Solís y le dieron sepultura en la parroquia, sin esperar mas resoluciones. Semejante atropello empeoró el asunto, aumentando las protestas y las reclamaciones para la exhumacion del cadáver, que se hizo pasado algun tiempo y cuando este ruidoso pleito vino á un arreglo, dividiendo las ceremonias en dos partes, y cobrando cada cual los derechos que le correspondian.

Tal vez dirán mis lectores, que desciendo á pormenores por demás minuciosos y aun que refiero cosas completamente inverosímiles: es cierto; pero mi deseo es que conozcan, no solo la parte histórica de cada edificio, de cada calle, de cada casa, si posible fuese, sino tambien las creencias de todos los tiempos, ya hijas del fanatismo ó ya inspiradas por casualidades, semejando obras de la Providencia.

A espaldas de todos los sagrarios de Córdoba, al exterior del edificio, habia una imágen ó un signo indicando que trás aquel muro estaba el Sacramento: en su mayor parte desaparecieron en 1841, en virtud de una órden del Gefe político D. Angel Iznardi, persona distinguida por su ilustracion y por el culto que rendia á las bellas letras, quien dispuso que se quitasen las muchas imágenes que habia en todas las calles de Córdoba, y que tuvieron su razon de estar en público cuando la devocion venía á suplir la falta de alumbrado; pero mas bien eran causa de irreverencias contínuas que de la devocion de nuestros antepasados, aunque les tenian mas respeto y veneracion que nosotros.

No sabemos qué casualidad libró á un nicho

con puertas, formado detras del sagrario de la Magdalena y en el que se venera un alto relieve de yeso en colores, muy antiguo: representa el momento en que José y Nicodemus bajaron á Jesus de la cruz y lo colocaron en los brazos de su madre la Santísima Vírgen. Aquellos vecinos le tienen gran devocion, y ésta hace que continuamente se vea alumbrado con dos faroles y multitud de velas, y algunas veces adornado con ramos de fragantes y olorosas flores, y, ¿cómo nó? los Santos Varones, así generalmente llamados, son el bálsamo que cura sus dolores; en ellos cifran la esperanza de recobrar el bien perdido ó alcanzar el anhelado, y los tienen convertidos en una especie de abogados, á quienes hacen novenas, consultándoles lo que saber desean. Es creencia muy arraigada, que durante el novenario y despues de hecha la pregunta dictada por el deseo, en la conversacion de los que casualmente están sentados en la plazuela ó pasan por ella, se traduce la contestacion, y de aquí el que todos van contentos, pues cada cual se la dá á su gusto y la cambia despues el sentido si su esperanza queda fallida. Una muger conocemos, á quien hace mas de quince años se le perdió un hijo, y rezando á los Santos Varones, oyó decir: «ya lo verás.» Al principio creyó que pronto volvería, y ahora, que se reunirá con él en el cielo; con lo que se corrobora aquel antiguo adagio que dice «que no se consuela el que no quiere.»

La parroquia de la Magdalena tiene un rector, un cuadjutor y los ministros de reglamento. Instituyéronse en ella muchas capellanías y obraspías, entre estas algunas de importancia, como la fundada por Alonso de Jerez para casamientos de huérfanas, la de D. Fernando Carrillo para distribuir pan á los pobres, la de Diego Fernandez Pañero para dotes, y la de D. Juan de San Clemente, Arzobispo de Santiago, para limosnas.

En la pila bautismal de esta iglesia recibieron el agua varias personas ilustres, entre ellas el espresado D. Fernando Carrillo que llegó á ser Presidente del Consejo Real de Indias y D. Francisco Diaz de Morales, diputado por esta provincia en las Córtes de 1822, liberal de los mas consecuentes que hemos conocido.

Delante de la parroquia hay una gran plaza, de su mismo nombre, terriza y *completamente* despejada hasta los primeros meses de 1854, en que siendo Alcalde interino de Córdoba D. Antonio García del Cid, se formó un pequeño paseo, construyendo los asientos, plantando los árboles y trasladando al centro una horrible fuente que estaba á las afueras de la puerta de Sevilla, á donde llevaron un pilon que había bajo un arco en el rincon que formaba la muralla de la puerta de Andújar, derribada á fines de 1868 y que fué colocada en 1747, en sustitucion de otra que llevaron á San Nicolás de la Villa: está dotada con cuatro pajas de agua de la llamada de la Palma. Antes, esta plaza era en invierno un inmundo lodazal y en verano un polvero irresistible, y aun cuando del todo no ha perdido esta cualidad, ha mejorado mucho en todos conceptos. Es la tercera de Córdoba en estension, y por esta circunstancia ha sido uno de los sitios designados para festejos públicos, en las proclamaciones de reyes y en otras ocasiones de general regocijo, bien corriéndose cañas, celebrando toros de cuerda, colocando cucañas y otras diversiones por el estilo.

En 1749, deseando la ciudad acrecentar los fondos del Pósito, dispuso celebrar tres corridas de á doce toros, ó vistas que entonces decian, eligiendo esta plaza, donde formaron sus correspondientes andamios y se dieron las funciones en los dias 14, 16 y 18 de Junio, todos de trabajo, porque en dia de fiesta no podian lidiar los que tenian el toreo como oficio. Fueron toreadores de espada Félix Palomo, de Utrera y Fernando Romero: en la primera tarde Manuel Palomo, de Alcalá, quebró garlanchon y salió de burlesco á caballo: quebraron lancillas Manuel Cerezo y Juan Rodriguez, y estuvieron al cuidado de estos y capeando Juan Gomez y A. Martinez Orduña, todos cuatro vecinos de Córdoba; la presidencia estuvo en la torre de los Donceles y el toril en las callejas de Santa Inés. El célebre Pepe-Hillo mató un toro en otra funcion que se dió por convite, al profesar una monja de Santa Inés. Con este motivo y otros por el estilo, el dueño de la casa número 3, le dió la forma que aun conserva con quince ventanas, para alquilarlas por separado y sacarle una buena ganancia. Antes de verificarse las espresadas fiestas de toros, quitaron, desacertadamente, una fuente monumental que ocupaba el centro del lugar que venimos describiendo.

Otras varias anécdotas pudieran contarse de la plaza de la Magdalena, reducidas todas á cuestiones, á que es muy dada, como en el anochecer de un dia de 1867, que asesinaron á un hombre sentado en uno de aquellos poyos, y otras así, que son hechos aislados y nada pueden satisfacer la curiosidad de mis lectores; sin embargo, diré una que por lo absurda y disparatada, parece increible la formalidad con que la cuentan algunos ancianos del barrio.

Allá en tiempos antiguos, había en la parroquia un cura escesivamente obeso y muy aficionado á recoger cuanto podía de sus feligreses. Sucedió que una noche de lluvia se retiraba de su iglesia, y á corta distancia del postigo de la sacristía, vió un hermoso burro blanco, solo y como abandonado; pareciéndole al buen señor que en él podia pasar el barro de la plaza y aun alojar aquel huésped en su casa, lo arrimó á la gradilla y como pudo cabalgó en él, emprendiendo su marcha tan tranquilo, con su linterna en la mano, á favor de cuya luz vió el interior del mirador de las monjas de Santa Inés: entonces, asombrado, reparó encontrarse á aquella altura por haber crecido de pronto y en tanta longitud las piernas de su cabalgadura: asustado y comprendiendo ser un castigo del cielo por su desmedida ambicion, y que el diablo sería quien se le presentó en forma de burro, invocó el nombre de Jesús, y aquel desapareció, cayendo el pobre cura de la elevacion en que se hallaba, quedando ileso por el mucho barro; mas en él dejó su estampa tan marcada, que á la mañana siguiente los vecinos se paraban á ver lo que ellos decian el retrato del Sr. Rector. Este se mostró tan escarmentado, que el resto de su vida lo empleó en hacer muchos y recomendables actos de misericordia.

En 1804 y 1835, se celebró en aquel sitio la feria de la Fuensanta, á causa de la epidemía.

Dando comunicacion con el campo, hay un portillo, conocido por la puerta de Andújar, por ser la salida del camino á dicha ciudad, segun unos, ó porque cuando la conquista de Córdoba entraron por aquel punto los soldados que formaban la legion con que los auxilió Andújar. Sea lo que quiera, aquel sitio, uno de los mas nombrados en su dia, ha perdido por completo su importancia. A un lado se vé una torre amagada á la ruina, resto de la antigua de los Donceles, una de las fortalezas que defendian la ciudad y solo podia cederle la primacía á la que llamamos la Calahorra. Formaba dos torres, completamente iguales, unidas por un arco, dándolas comunicacion en la parte alta y teniendo abajo una de las puertas de la ciudad. Era una de las alcaidías de Córdoba y debia su título, á estar guardada por la parte mas jóven del ejército cristiano y servir despues de reclusion á los hijos de los nobles cordobeses que cometian alguna falta. Los nuevos alcaides, prestaban en ella su juramento, estando veinticuatro horas antes en una de las dos pequeñas habitaciones que formaba, sin comunicacion con persona alguna; por consiguiente allí estuvo cumpliendo aquella obligacion el famoso D. Diego Fernandez de Córdoba, que prendió al Rey Chico de Granada. Muy descuidada desde poco despues de la conquista, en 8 de Marzo de 1557, se hundió una de las torres que estaba en terreno hoy dentro de la plazuela: entonces se reedificó aquella parte de muralla y varió la puerta frente á la calle de los Muñices, donde la hemos conocido, dándole tambien una forma gótica: cerráronla en 1836, cuando la invasion del cólera y así ha permanecido hasta su demolicion. La torre, que tantos recuerdos encierra, desaparecerá tambien pronto, si alguien no acude á su remedio. Cuando la primera de estas dos reformas, se construirian las casas de la calle del Crucifijo, pues no es probable que la antigua puerta diese á una *calleja*; además, es sabido, que la muralla en todo el recinto de Córdoba, estaba independiente de las casas y demás edificios. Cuando la puerta estaba en uso, la casa número 21 era un peso de harina como el de Martos y el Puente.

La ermita de San José, en uno de los frentes de la plaza de la Magdalena y formando esquina á la calle del Crucifijo, es una de las mas antiguas: la fundó en 1385 D.ª Mayor Martinez, de la noble casa de los Córdobas en su rama conocida por los Señores de Belmonte, destinándola á depósito de los niños perdidos, para lo que puso un encargado y cuatro camas, denominándolo Hospital de la Santa Cruz. En 1416 falleció dicha señora, dejando á su hijo el patronato y cuidado de esta casa, continuando asi hasta 1493, en que D.ª Constanza de Baeza, segunda muger y viuda del *Veinticuatro* Alfonso de Córdoba, el que mató á los Comendadores, en escritura de 3 de Enero, cedió el hospital á la hermandad de San Nuflo, que allí se constituyó, reservándose para ella y sus sucesores el patronato de aquella iglesia; de esta sesion viene el tener á la espresada Doña Constanza por la fundadora, como algunos escritores *aseguran. A muy poco se instituyó otra* hermandad titulada del Santo Crucifijo, de la que tomó nombre el edificio y calle inmediata, y despues en 1580 encontramos que primero el Provisor del Obispado y despues Urbano VIII, aprueban las reglas ó estatutos de la cofradía de San José, en que, andando el tiempo, quedaron todas res refundidas.

La iglesia es de una sola nave de medianas dimensiones: su altar mayor, de buenas proporciones y de yeso, ostenta en su segundo cuerpo los escudos de armas de los Señores de Belmonte, sus patronos, hoy los Marqueses de Villaseca, quienes han contribuido generosamente á sus reparaciones. Es una ermita puramente de pasion: sus imágenes son, en dicho altar mayor, Jesus Crucificado, la Vírgen de los Dolores y San Juan Evangelista, y en lo alto la Santa Cruz; en otros dos, tambien de yeso, la Magdalena y San José, y en tres nichos repartidos en los pilares, la Verónica, San Dimas y el Mal ladron; todas salian en procesion la tarde del Viernes Santo, hasta que en 1820 se suprimieron todas las estaciones, refundiéndose en el Santo Entierro que se efectúa algunos años.

Es creencia entre los devotos de aquellas inmediaciones, que dando aceite para la lámpara de San Dimas, están libres de robos, y que cuando falta luz á la imágen, avisa al sacristan para que la encienda, con lo que no solo ha solido reunir aceite para el santo, sino para ayudar á su gasto, lo que no le habrá parecido muy mal al buen hermano. En muchas ocasiones ha servido esta ermita para colegio electoral, y San Dimas ha tenido la prudencia de no reclamar la luz de la lámpara.

La calle contigua, se llama del Crucifijo, tomando el nombre de la citada cofradía, y antes se llamó de Pedro Gomez de Reina, uno de sus moradores: dá paso á la de Abéjar, de la que solo pertenece á la Magdalena la acera de los números pares, en la que hay una calleja sin salida, que se llamó de Luis Muñiz Carrillo, por dar á ella un postigo de la casa en que éste noble cordobés tuvo su morada; despues le han dicho del Herrador. Se cree que la palabra Abéjar se deriba de los depósitos de colmenas, y por consiguiente de las muchas abejas que hubo en este sitio.

Pasemos á la calle de los Muñices, por quedar en ella cortado el barrio, pues solo llega hasta la esquina de la de Diego Mendez ú Horno del Camello.

Grandes reformas habrá sufrido esta calle, y presumimos que en tiempo de los árabes estuviese muy deshabitada, ó al menos con grandes tramos sin construcciones y como fortificada para las invasiones de los cristianos, y dedicado al cultivo todo el terreno sobrante; así es, que en las obras hechas en las casas números 1.° y 11 se han encontrado cimientos de torreones ó muralla: en la número 23 hay un pozo de noria, y en la número 8 otro de gran capacidad y con arcos, si bien éste parece en su construccion romano; de él se estrajo por los años 1843 un caballo pequeño de piedra, que fué colocado en una fuente de la casa número 2, calle de Morales en Santa Marina. El título de Muñices proviene del apellido Muñiz de Godoy, familia representada actualmente en Córdoba por el Sr. D. Rafael Diaz de Morales y Bernuy, único de los caballeros Veinticuatros de esta, que aun existe, quien habita la espresada casa número 8, solariega ó principal del Mayorazgo fundado en 1464, con enterramiento en la capilla mayor de la Magdalena, por Lopez Ruiz de Baeza, Veinticuatro de Córdoba: era hijo de Gonzal Yañez de Godoy, hermano mayor de Don Pedro Muñiz de Godoy, gran Maestre de Calatrava y Santiago, y por consiguiente primo hermano de Juan Perez de Godoy, vasallo del Rey, á quien, en union de su hermano Alfonso, le dió facultad el Dean y Cabildo de Córdoba en 1387 para que hicieran una capilla á espaldas de la de los Reyes, en que se conserváran los restos del dicho Pedro Muñiz, su muger D.ª Elfa, sus padres, el mencionado Gonzal Yañez y sus descendientes, y hé aquí la razon ó el derecho de patronato de los Sres. Diaz de Morales á la capilla de San Pablo de la Catedral.

Muchas y muy esclarecidas han sido las familias nobles que han radicado en Córdoba é innumerables los individuos de las mismas que vemos figurar en la historia de nuestra patria, con grandes y portentosos hechos, como iremos indicando aun cuando ligeramente, en nuestros apuntes; mas entre todas ellas descuellan algunas, como las de los Córdobas, Muñices, Rios, Cabreras, Argotes y otras de grandísima importancia. Por esta razon, cuando llegamos á una calle como la de los Muñices, que recuerda los gloriosos hechos de esta familia, parece natural nos detengamos algo, citando los hijos de ella que mas se han distinguido: así rendimos justo homenage al mérito y satisfacemos la curiosidad de los lectores.

Argote de Molina en su «Nobleza de Andalucía» dice que el linage de Godoy procede de Góido, de quien hace mencion el conde Barcelo en el título 40 de su Noviliario, y Silva y Almeida esplica de otro modo la etimología de Godoy. Cuenta, que un caballero de Galicia llamado Pedro Ruiz, vino á Castilla á combatir á los moros, y qué antes de una batalla, el Rey, queriendo animar á sus guerreros, les dijo cuando estaban reunidos: «Veremos quien es hoy el godo,» significando su deseo de saber cual sería el mas valiente y esforzado. Dióse el combate: Pedro Ruiz hizo prodigios de valor y tuvo la suerte de aprisionar á dos reyes árabes que á seguida llevó á presencia del Monarca cristiano, quien lleno de gozo, esclamó: «¡Bueno ha andado el godo hoy!» de cuyas palabras se formó el segundo apellido, y desde entonces se llamó Pedro Ruiz de Godoy.

Todos los apellidos tienen su historia mas ó menos verosímil, y no seremos los que mas quieran sostenerla; por eso citamos el lugar de donde se toma el apunte, dejando á sus autores la responsabilidad del pensamiento. Lo que sí parece fijo, es que los Godoy proceden de Galicia, donde Pedro Ruiz de Godoy casó con D.ª Teresa Muñiz, hija de uno de los caballeros mas principales de aquel reino. Despues encontramos entre los conquistadores de Baeza y Córdoba á Pedro Muñiz de Godoy, quien tiene en esta Catedral honorífica memoria, y sirvió valerosamente al Santo Rey en las conquistas de Andalucía. Se casó en Galicia con D.ª María Arias Mesia, hermana de D. Juan Arias Mesia, Arzobispo de Santiago y conquistador de Sevilla en 1248: de este matrimonio nacieron D. Diego Muñiz de Godoy, que siguió el linage en Galicia, y D. Juan Muñiz de Godoy, que radicó en Córdoba «con casas principales á la collacion de la Magdalena, cerca de la puerta de Andújar, donde dieron el nombre á la calle de los Muñices.» Véase la «Historia de la Casa de Cabrera en Córdoba.»

D. Juan Muñiz de Godoy, Comendador de Estremera, caballero principal, concurrió á la conquista de Córdoba en 1236; despues Comendador mayor de Leon, casó con D.ª Inés Alfonso Carrillo, hermana de D. Diego Alfonso Carrillo, que tambien asistió á la espresada conquista.

Su hijo D. Pedro Muñiz de Godoy, electo Maestre de Santiago en 1281, y confirmado en este puesto por la desgraciada muerte de D. Gonzalo Ruiz Giron, se declaró á favor de D. Sancho, contra el Rey D. Alfonso, su padre, y fué de los primeros que lo sostuvieron cuando se alzó con la corona.

D. Juan Muñiz de Godoy vivió en tiempo de los Reyes D. Alfonso y D. Sancho, á quienes sirvió con gran valor y bizarría.

Su hijo mayor D. Diego Muñiz de Godoy, uno de los caballeros mas famosos de su tiempo, á quien su tio el Maestre D. Pedro dió el hábito, fué Comendador de Castilla y electo Maestre de Santiago á fines de 1307. Sublevado D. Juan Nuñez de Lara contra el Rey D. Fernando y á favor de D. Alonso de la Cerda, acudió con sus caballeros, teniendo algunas escaramuzas, hasta que el D. Juan se fortificó en su castillo de Tordehumos; uniósele el Rey con sus tropas, haciéndole rendirse con ciertas condiciones. Acompañó despues al Monarca á la conquista de Algeciras, y si bien no la consiguieron, apesar de un año de sitio, conquistaron á Gibraltar, con lo que desbarataron el ejército. Muerto D. Fernando, y durante la menor edad de D. Alonso XI, se sucedieron las cuestiones de las Tutorías, de que habla la historia, *decidiéndose D. Diego con otros grandes, á* favor del Infante D. Pedro, y cuando en 1319 se juntaron los tutores, determinando hacer una entrada poderosa en el reino de Granada, pasó el Infante D. Pedro á Sevilla, de donde trajo á Córdoba multitud de armas é instrumentos de combatir, y juntándose D. Pedro y D. Diego Muñiz de Godoy con otros muchos grandes y poderosos caballeros, partieron á la conquista del castillo de Tíscar, que tomaron apesar de su buena defensa. En esto se les unió el Infante D. Juan con su gente, y despues de conquistar el castillo de Ayora, entraron por la vega de Granada, donde hicieron muchos estragos, hasta que el Rey moro mandó á Hozmin, su capitan general, quien se dió tan buenas trazas, que desbarató los ejércitos de los dos Infantes, quienes murieron, D. Pedro de fatiga y D. Juan de dolor, cayendo ambos de sus caballos. Noticioso D. Diego de la derrota, acudió desde una legua de distancia y rehizo la gente, retirándola en tan buen órden, que logró salvarla sin mas pérdida que parte de los bagages. Este desgraciado suceso, ocurrió en 25 de Junio de 1319, en cuyo año falleció tambien el Maestre.

Encontramos otros muchos individuos de este esclarecido linage, que no anotamos por no hacer largos estos apuntes; mas algunos como los mencionados, no es posible dejarlos en el olvido. Por eso vamos á ocuparnos del personage mas importante de esta familia, y que á la vez ocupa un distinguido lugar en la historia de nuestra patria. Hablamos del Gran Maestre de Calatrava D. Pedro Muñiz de Godoy, á quien muchos confunden con el que llevamos mencionado. Fué el tercer hijo de Gonzalo Yañez de Godoy y de D.ª Constancia Ruiz de Baeza, y llegó á considerársele como uno de los mas esclarecidos capitanes de su siglo. Era Maestre de Alcántara, manteniendo tambien este puesto en el órden de Calatrava, mientras el Papa confirmó, á peticion del Rey D. Pedro, aquel importante cargo en D. Martin Lopez de Córdoba. Decidido partidario de D. Enrique, lo sostuvo con todos sus parientes, deudos y amigos de Córdoba, encontrándose con él y los Infantes D. Tello y D. Sancho en la famosa batalla de Nágera, donde quedó prisionero de los ingleses venidos á favor de D. Pedro, á quien no se lo quisieron entregar, apesar de sus instancias, y no consiguiendo esto, pidió al Rey de Aragon le quitase la encomienda de Alcañices, teniendo el mismo resultado por mas que lo acusaba de reo de lesa magestad. D. Pedro se rescató él mismo, entregando lo que le dieron por la venta de su villa de Belmonte en Aragon.

Lejos de desmayar D. Pedro en sus propósitos de defender á D. Enrique, siguió haciéndole procélitos en Aragon y Castilla, en tanto que el Infante pasó á Francia en demanda de apoyo contra su hermano. En Córdoba interesó á muchos nobles, entre ellos D. Gonzalo, D. Diego y D. Alonso Fernandez de Córdoba, á quienes habia mandado degollar el Rey D. Pedro, Lope Gutierrez de Córdoba, D. Egas Venegas, Ruy Gonzalez Mecia, D. Juan Gonzalez Mecia, D. Gonzalo y D. Fernando Mecia, Diego Gutierrez de los Rios, D. Fernando Osores, los hijos de Micer Egidio de Bocanegra,

Micer Bartolomé de Bocanegra, Garci Mendez de Sotomayor, Diego Lopez de Angulo, D. Gimeno de Góngora, D. Juan Alfonso de Guzman, D. Alvaro Perez de Guzman y D. Pedro Ponce de Leon, todos defensores de Córdoba en la batalla del Campo de la Verdad en 1367, cuando quisieron tomar la ciudad los ejércitos aliados del Rey Don Pedro y Mahomad Rey de Granada, como en su lugar esplicaremos. En este hecho de armas no se encontró D. Pedro Muñiz de Godoy, como supone el escritor D. Rafael de Vida en su leyenda *El doble de cepa*, porque, segun el Padre Ruano, noticioso de que D. Enrique volvía de Francia, salió precipitadamente á su encuentro, asistiendo á su coronacion en Búrgos, donde le dió los títulos de Maestre de las órdenes de Calatrava y Alcántara, aunque vivia aun el legítimo Maestre de Calatrava D. Martin Lopez de Córdoba, sobre lo que hubo reclamaciones, resolviendo el Papa, que mientras se declaraba la propiedad, administrase la órden D. Melendo Suarez de Sotomayor.

Encontróse D. Pedro Muñiz de Godoy en Montiel cuando la muerte del Rey D. Pedro, despues de la cual fué confirmado en su cargo de Maestre, y en el sitio de Carmona, donde tan noblemente se portó D. Martin, defendiendo y custodiando los desgraciados hijos de su Monarca.

Grandes mercedes concedió D. Enrique al Maestre Muñiz de Godoy, así como su hijo D. Juan, quien le dió tambien el puesto de Maestre de Santiago. Encontróse en la memorable batalla de Aljubarrota, lamentable para todo el Reino, donde dió grandes muestras de valór y de conocimientos militares. Asistió el pendon de Córdoba, con muchos de sus mas esclarecidos adalides, quienes dieron grandes y señaladas muestras de su valor.

Enorgullecidos los portugueses con esta victoria, entraron por Estremadura al mando del Condestable D. Nuño Alvarez Pereira, y saliéndole al encuentro los caballeros de Córdoba y Sevilla, lo cercaron con la esperanza de vengarse de la derrota sufrida; mas él formando punta con su ejército, rompió el cerco por donde estaba D. Pedro Muñiz de Godoy, quien por atajarles el paso, se entró entre ellos, perdiendo primero el caballo y muriendo despues á fuerza de lanzazos, apesar de defenderse de una manera desesperada. Los cordobeses, rabiosos con la muerte de su general, paisano y amigo, retaron á los portugueses á un duelo con ellos solos; el Condestable reusó, siguiendo su retirada en buen órden, si bien con pérdida de todos sus bagages.

Así murió aquel héroe en la batalla de Valverde á 22 de Octubre de 1385, siendo conducido por sus hijos á la capilla de San Pablo de la Catedral, donde fué sepultado.

Casó dos veces y tuvo muchos hijos, entre ellos D. Diego Perez de Godoy, á quien el Rey D. Pedro mató á estocadas en Toro, como á otros caballeros refugiados en el palacio de su madre la Reina D.ª María, por cuya accion favoreció el Maestre la causa de D. Enrique, y D. Juan Perez de Goy, que despues de acompañar á su padre en muchas acciones, murió gloriosamente peleando en la batalla de Aljubarrota.

Pudiéramos citar otros ilustres miembros de esta familia; mas sería demasiado largo y prolijo y no muy propio de estos apuntes.

Los escudos que decoran la casa donde empezamos esta narracion, demuestran su nobleza. Allí vemos, acompañados de los de otros apellidos de sus entronques, los de los Muñices de Godoy que son jaquelados, ocho jaqueles de oro y siete de azur, en forma de un tablero de damas, y el de los Morales cuartelado, el 1.° y el 4.° de oro y un moral verde, y el 2.° y 3.° de plata y tres fajas de sable.

Pasó esta casa á los Diaz de Morales por casamiento de la Sra. D.ª Catalina Muñiz de Godoy con D. Pedro Morales y Venegas, siendo todos los poseedores Veinticuatros de Córdoba, en su mayor parte caballeros de las órdenes militares; D. Juan Francisco Diaz de Morales page de Felipe IV, y capitan de fragata el D. Francisco, padre del actual poseedor: los retratos de todos se conservan en la casa que vamos describiendo, siendo esta la única galería de su clase existente en esta ciudad. Posee además algunos buenos cuadros, como lo es un ofrecimiento de la Pasion, una Concepcion de Castillo, unos floreros, una Santa Cecilia que algunos suponen de Rubens, un Nacimiento del Racionero Castro y algunos otros de bastante mérito, debiendo hacer mencion de una mesa tocador de plata primorosamente cincelada y que creemos pertenece á una de las vinculaciones que el Sr. Diaz de Morales posee; dos ó tres de los retratos se consideran debidos al pincel del notable artista Juan de Alfaro, á quien los Diaz de Morales dispensaron una grande y merecida proteccion. El de D. Francisco es de Gerónimo Espinosa, lego en el convento de San Pablo.

Esta casa es de las mayores de Córdoba; ocupa

una superficie de mas de cinco mil varas; tiene puerta falsa á las callejas de Santa Inés, muchas y buenas habitaciones, oratorio, cuatro patios, jardin, huerta con tres pajas y media de agua de la Fuensantilla, corral, grandes y buenos graneros, caballerizas y cocheras. La escalera principal es de piedra caliza, teniendo en uno de sus escalones incrustada una gran concha, y formado su techo con un lindo artesonado que ya ha sufrido algunas reformas. En su oratorio se veneran con auténtico, la cabeza de San Bonifacio y otra porcion de reliquias, en dos urnas de caoba cerradas de cristales. La estensa fachada de esta casa fué hecha en 1795, y nada ofrece que merezca mencionarse: sustituyó á otra con altos relieves, de los que se conservan dos medios cuerpos en el jardin. El embaldosado que tiene delante, fué puesto á fines del siglo XVIII, siendo su dueño de los primeros que iniciaron esta mejora, que aun no hemos visto terminada. En esta casa nació el distinguido patricio, orador y escritor D. Francisco Diaz de Morales, diputado á Córtes por esta provincia en las de 1820 á 1822.

Noticioso el Ayuntamiento, que muy en breve visitaria á Córdoba S. A. el Conde de Artois, (Enrique VIII) invitó al Sr. D. Francisco Diaz de Morales y Alfonso de Sousa, dueño á la sazon de la ya espresada casa, para que hospedase en ella al sobrino del Rey, y dicho señor, no solo se prestó á ello, sino que hizo grandes preparativos, entre estos una entrada en forma de rampa desde la plaza de la Magdalena al cuarto preparado al efecto, hasta donde el dia 11 de Agosto de 1782 subió el carruage con el Príncipe, quien se marchó sumamente agradecido á los obsequios del Señor Diaz de Morales; mas el pueblo que siempre encuentra motivo á su crítica, y mas los que se dedican á hacer versos, dieron lugar á que los chicos del barrio cantasen la siguiente redondilla, que sin duda no haria mucha gracia á la persona aludida:

«Don Francisco Diaz Morales,
caballero principal,
ha recibido al Infante
por la puerta del corral.»

Este mismo D. Francisco, ya en los últimos años de su vida, quiso dar ensanche á la calle delante de su casa, á fin de que los carruages pudiesen volver á ella, y hundiendo parte de las casas que poseia y aun posee su señor hijo, formó una pequeña plazoleta que dedicó á la memoria del fundador de su principal mayorazgo, y así en las dos esquinas, que son de mármol negro, se lee en letras doradas, en el lado de la Magdalena «Plazuela de Lope Ruiz de Baeza» y en el contrario «Terrible año de 1805.» En el centro se vé una gran puerta: en lo alto tuvo un San Rafael, que quitado en 1841, se colocó en el oratorio de la casa descrita. La gran puerta del centro fué hecha con la idea de comunicar á la calle de Abejar y que desde allí entrasen los carruages, en aquella época muy elevados y largos de batalla.

Dicho señor murió al poco tiempo, y durante la menor edad de su hijo, gobernaba la casa su señora madre y tutora D.ª María Josefa Victoria Bernuy, hermana del entonces Marqués de Benamejí, y con ella vivia y le ayudaba su hermano político D. José Diaz de Morales, teniente retirado del regimiento del Príncipe, y persona que por sus estravagancias era muy conocida, si bien todos lo querian.

En este estado llegó el año 1808: vinieron los franceses al mando del general Dupont, disponiendo, entre otras cosas, recoger las mulas de los carruages, destinándolas á la artillería, dando lugar á que no quedasen en Córdoba mas coches que los del Obispo y el de esta familia, porque D. José Morales escondió las mulas y le colocó dos bueyes, saliendo á dar sus paseos como si fuese con el mejor tiro de caballos; de noche hacia que el lacayo llevase en la mano un hacha de viento, como un alarde de ser el único que conservaba el coche en aquellas tristes y azarozas circunstancias. Este mismo señor mantenia para su servicio un hermoso burro blanco á que llamaba el Pajarito, al que tenia un gran cariño: en su testamento dejó la casa número 25 de esta calle, á su señora sobrina D.ª Rosario Díaz de Morales, con la precisa condicion de cuidar bien á aquel animal mientras viviese, y de aquí viene el que todo el barrio conozca la espresada casa por la del burro.

En la fachada de la del número 7 hubo hasta 1841 un Santo Cristo, del cual refieren la siguiente tradicion: Uno de los Sres. Cerdas, de quienes descienden los Marqueses de Vega de Armijo, llegó á concebir una funesta pasion por la esposa de uno de los Sres. Diaz de Morales, cuya estraordinaria belleza era celebrada en todo Córdoba: perdida su esperanza por el desden de la señora de sus pensamientos, logró al fin que uno de los esclavos le proporcionase una llave del pequeño postigo que aun existe en un rinconcillo que forma la casa en la que penetró; mas su cómplice reflexionó lo hecho, y temeroso del castigo que podia darle su señor, confesó á este su falta, oyendo el mandato de seguir callando: Cerda, como hemos dicho, entró en la morada de la señora, quien indignada lo lanzó de ella, manifestándole que, como le habia dicho por escrito, jamás faltaria á los deberes de la muger honrada, y que de insistir en sus pretenciones llamaria en su amparo á su esposo, quien le haria tenerla el respeto á que era merecedora; salióse á la calle, donde lo esperaba el ofendido, y midiendo sus espadas, Cerda quedó en ella moribundo, en tanto que Diaz de Morales penetró en sus casas, teniendo lugar una escena en que la buena señora estuvo á pique de ser víctima de los fundados celos de su marido. Entretanto, la ronda encontró un cadáver, lo condujo á su casa, y el Corregidor vino á ver al esposo ofendido, llegando tan á tiempo, que logró evitar una nueva desgracia: el moribundo tenia en la mano la carta en que le quitaban toda esperanza, y en ella habia escrito con su sangre y dedo, unas letras en que confusamente se leia «es inocente.» Este hecho quedó oculto en las sombras del misterio; mas á poco apareció la imágen del Crucifijo que todos decian de la Sangre, con una luz que diariamente le encendian y que aun conserva en el oratorio de los Sres. Diaz de Morales.

El autor de los *Casos raros de Córdoba* refiere otra tradicion relacionada con el Santo Cristo de la calle de los Muñices, y para nosotros es completamente inverosímil. Dice que en el siglo XVII, época en que segun la anterior no existia dicha imágen en aquel sitio, habia en Córdoba un caballero muy dado á las aventuras nocturnas, á las que dedicaba casi todas las horas libres del indispensable descanso: su elemento eran las conquistas amorosas con los lances que ellas traen consigo, á veces tan peligrosos. Una noche retirábase á su casa, cuando cerca de las tres de la madrugada vió en la plaza de la Magdalena una dama con basquiña y envuelta en un manto: requirióla de amores, sin obtener contestacion alguna; mas invitándola á entrar en su casa, allí muy cerca, hizo un signo afirmativo con la cabeza: siguieron juntos: los criados del caballero abrieron la puerta y ambos entraron hasta el aposento principal: la dama permanecia de pié sin descubrirse, y el caballero mandó traer unos dulces que al punto fueron servidos en una hermosa bandeja de plata: invitóle á tomar alguno, y entonces todos se sorprendieron viendo salir de bajo el manto una mano negra y completamente descarnada, á cuyo contacto empezó á derretirse aquella. El gallardo mancebo no sabia que determinacion tomar; mas comprendiendo que el echarla solo de galante era lo mejor, se ofreció á acompañarla otra vez al punto donde fué hallada: así lo hicieron, y otra vez en la plaza de la Magdalena la saludó y volvióse; viólo la dama, y con una horrible voz, le dijo: «¡¡Qué, te vas!!» echando tras él á largos pasos; el jóven aceleró el suyo, luego corrió, y viendo que el brazo que antes habia helado su sangre iba á asirlo de un hombro, dió un grito y se arrodilló ante el Santo Cristo de la calle de los Muñices, á quien pidió amparo, y de él lo obtuvo bien pronto; aquella sombra desapareció: la luz del farolillo de la imágen alumbró toda la calle, y á favor de ella el caballero penetró en su casa arrepentido de su pasada conducta, que desde aquel momento reformó, tornándose digno del aprecio de las personas honradas.

Es creencia muy admitida, que en la calle de los Muñices tuvo su morada y murió en 1667 el pintor cordobés Antonio del Castillo y Saavedra, que habia nacido en 1603; discípulo de su padre Agustin, de su tio Juan del Castillo y de Francisco Zurbarán, llegó á adquirir gran fama por su correccion, particularmente en el dibujo, como se vé en las muchas obras que dejó y en su mayor parte se conservan. Fué maestro del célebre Juan de Alfaro, de quien despues tuvo celos, y por último pasó á Sevilla, donde al ver las obras de Murillo, á quien no podia igualar, cayó en una especie de melancolía que lentamente lo llevó al sepulcro. No hemos encontrado la partida de defuncion en la parroquia de la Magdalena.

Aisladas encontramos tambien las llamadas callejas de Santa Inés, puesto que al terminar lo hacen en la plazuela de los Huevos, que en parte pertenece á San Andrés; por esta razon nos ocupamos á seguida de la calle de los Muñices. Dálas nombre un convento de monjas franciscas con aquella advocacion, fundado por dos hermanas llamadas Leonor y Beatriz Gutierrez de la Membrilla, religiosas en Santa Clara, de cuya comunidad se separaron en 1475 para llevar á cabo esta fundacion que tuvo principio por un beaterio, como otros muchos que hubo en Córdoba. Era el convento bastante grande, no así la iglesia que no pasaba de una mediana estension, de buena forma, coros alto y bajo frente á el altar mayor, y los retablos y demás adornos, del gusto introducido en casi todos los templos de Córdoba en época poco floreciente para las artes. Eran patronos los Marqueses de Villaverde, por haberse hecho la iglesia en terreno de su familia y costeado la capilla mayor, donde los Aguayos tenian enterramiento.

La comunidad fué siempre muy considerada por las repetidas muestras de virtudes que dieron las religiosas, muchas de las que murieron en opinion de santas y hemos visto citadas en diferentes escritos. Las mas notables fueron Sor María Ana de Córdoba, de la casa de su apellido, á cuyos bienes y comodidades renunció: consagrándose á la oracion y silicios, contrajo una enfermedad de que murió en 1590; Sor Constanza de Rivera, llegó á adquirir gran fama de santidad y murió en 1600, y Sor María del Puerto, natural de Córdoba, como las anteriores, en el claustro María del Corpus Cristi, de la cual se cuentan muchos y portentosos milagros, como el ver desde su celda una procesion en la Santa Iglesia Catedral, dando razon hasta de los mas minuciosos detalles; el haber conseguido que de pronto se viese un guindo de su convento cubierto de hermoso y sazonado fruto, cuando se encontraban en Navidad, y otros casos estraordinarios que le atrageron la admiracion; todos acudian ansiosos á consultarle sus pesares. Su fervorosa devocion al Santísimo Sacramento, le hizo fundar una cofradía muy numerosa que llegó á obtener la aprobacion de Su Santidad, alistandose en ella todo lo mas principal de Córdoba. Cargada de padecimientos que sobrellevó con una resignacion admirable, murió en 1630, acudiendo multitud de gente en demanda de reliquias y rogando que tocasen los rosarios y otros objetos al cadáver de aquella esposa de Jesucristo, y por último Sor Catalina Poderoso que hácia 1820 hizo algunas poesías á San Rafael, en las que reflejaba su aversion al sistema constitucional que entonces dominaba. En este convento dicen estuvo D.ª Elvira de Bañuelos, de cuya tradicion nos ocuparemos mas adelante.

En el archivo de la Universidad de Sres. Beneficiados de esta capital, hemos visto un acta de todo lo ocurrido en el terremoto que se sintió en Córdoba el dia 1.º de Noviembre de 1755, y en ella dice, que entre las pocas desgracias que afortunadamente hubo, se contaba la de una niña que estando en la iglesia de Santa Inés advirtió moverse la santa, y creyendo que era llamarla, se acercó al mismo tiempo que la escultura se le cayó encima, causándole una herida en la cabeza. En 23 de Setiembre de 1733 hubo una gran tormenta, y de los varios rayos que cayeron uno fué en Santa Inés junto á una monja, sin causarle el menor daño.

Este convento ha sufrido muchas reformas, y en una de ellas, en 1697, se le incorporó con licencia de la Ciudad, una calleja sin salida que habia en las de Santa Inés. En 1836 se mandaron suprimir algunos conventos, y esta suerte le cupo al ya citado, cuyo edificio se vendió y ha servido de provision, teatro, posada y en la actualidad en varias casas de vecinos. La comunidad fué siempre numerosa, así que en el censo de poblacion de 1718, aparece con cincuenta monjas, diez pupilas y diez y ocho criadas.

En estas callejas estuvieron las casas solariegas de los Condes del Portillo y Marqueses del Vado, derribadas en 1846 y hoy convertidas en dos grandes corrales, uno de ellos destinado á los carros de la limpieza. Delante del convento, era la calle muy estrecha; hasta que D. Francisco Diaz de Morales, á quien acudieron las monjas, á fines del siglo XVIII, les cedió parte de su huerto, apesar de quedarse fuera un gran pozo de noria que está cubierto con una losa, y no se vé por la tierra que tiene encima.

Una de las esquinas del convento, está sostenida por media columna de piedra azufrosa, y es tradicion entre los chicos del barrio, que en ella se convirtió un caballero de mala vida, á quien el diablo perseguia por sus pecados, y que al ver la cruz sobre la puerta del convento, huyó dejándolo convertido en marmolillo, con el olor á azufre que exhala; al mismo tiempo apareció en una portadilla, enfrente, un letrero en que se lee: «Dios te vé, teme á Dios;» su origen es muy diferente.

Los alrededores de la parroquia, como en todas ellas, son conocidos por el Cementerio de la Magdalena: queda á un lado la calleja Palarea, apellido de un morador antiguo; pasamos la corta calle Rastrera, título que hace siglos trae, ocasionado de una vecina que hizo gran fortuna en las compras y ventas del Rastro, y llegamos á la calle de Arenillas, nombre que algunos creen proviene de la clase de terreno encontrado en los pozos ó cimientos, lo cual es una vulgaridad que desvanecemos con datos. En una casa hundida, que aun conserva los escudos de armas de los Aguayos en su fachada, vivió en el siglo XV D. Juan Fernandez de Arenillas, caballero muy ilustre que dió nombre á su calle: tuvo por hija á D.ª María Fernandez de Arenillas, que casó con D. Pedro Ruiz de Cárdenas, Alcalde mayor y Veinticuatro de Córdoba, caballero muy poderoso en tiempo de Enrique IV, señor de varios heredamientos en Peñaflor, amigo y partidario de D. Alonso Fernandez de Córdoba contra el Conde de Cabra y sus parciales, de todo lo que nos ocuparemos en otro lugar. En la casa núm. 20 de esta calle, vive en la actualidad el estudioso y concienzudo pintor D. José Saló, cuyas obras no debemos juzgar en esta: en la núm. 18 tiene su morada un desgraciado jóven, vestido de muger, que medirá unas tres cuartas de altura, y que se ocupa en trabajar filigrana para las platerías.

El espresado Sr. Saló, artista de grandes conocimientos, ha reunido en su casa, durante el espacio de cuarenta años, una buena galería de pinturas y esculturas de artistas notables, tanto nacionales como extrangeros, contando entre estos á Rubens, Bombermans, Basan, Guido Reni y otros, y entre los primeros á Murillo, Antolines, Valdés Leal, Alfaro, Castillos y algunos mas que no recordamos. En las esculturas las hay muy buenas, atendida la dificultad de poder adquirir hoy los objetos curiosos por haber desaparecido muchos de entre nosotros, pasando á enriquecer los museos extranjeros; sin embargo, hemos tenido el gusto de ver modelos de mérito, como son los de los bajos relieves que para los púlpitos de la Catedral ejecutó Verdiguier, y el de la estátua de la Fé que hizo para uno de aquellos. El modelo del alto relieve que D. Pedro Duque Cornejo ejecutó para colocarlo sobre la silla del Prelado en la ya citada Sta. Iglesia. Otro modelo de Valdés Leal que representa á San Gerónimo, hecho en barro con la misma maestría que lo podia hacer en pintura. Son dignos de mencion otros modelitos de santos, ejecutados tambien en barro, con mucha gracia, por Agustin Rodriguez, sin que en ellos se revele su mucha edad ni sus acerbos y contínuos padecimientos, pues estas esculturitas las hacía para socorrerse, imposibilitado de pintar, lo que hizo muy bien, siendo acaso el mejor imitador de Antonio del Castillo. Asimismo vimos una mano vaciada, que segun una inscripcion es la del dicho pintor y escultor Agustin Rodriguez. Tiene el Sr. Saló otras muchas esculturitas ejecutadas en cera con colorido, y otros objetos no menos curiosos y apreciables. Una de las cosas mas preciosas que allí vimos y que en nuestro concepto debia figurar en un museo, es una coleccion de apuntes originales de célebres pintores antiguos, en que lós hay del Españoleto, Reinoso, Murillo, Valdés, Fr. Juan del Santísimo Sacramento y Castillos, llamándonos estraordinariamente la atencion el apunte de Velazquez para su famoso cuadro de las lanzas. Allí tuvimos ocasion de ver algunos objetos arqueológicos de mucha importancia, como capiteles árabes del mejor gusto, inscripciones de igual clase en diferentes cosas, lápidas y una maceta ó tiesto para flores, tambien árabe, único en su clase que hemos logrado ver. El Sr. Saló se ocupa en arreglar locales apropósito para su conservacion, y en formar un catálogo, con lo que aumentará su importancia.

A un estremo de la calle de Arenillas, está la plazuela de las Tazas, nombre originado por una alfarería que hubo antiguamente, y segun otros por ser donde se labraban las mejores tazas ó empuñaduras para las espadas. Se ha llamado de los Toros, apellido de unos de sus moradores. Por el otro lado sale á la calle Ancha de la Magdalena, justificado por ser la de mayor anchura que hay en el barrio; antes se llamó plazuela del Cañaveral y de los Benavides: en ella principia la calle del General Serrano, que ha seguido de cuarenta años á esta parte todos los cambios políticos de mas importancia. Desde el siglo XV encontramos á esta calle llamándose de D. Cárlos, sin que nadie se haya ocupado en averiguar quien fuera este señor, que nosotros tampoco hemos conseguido aclarar: en 1834, despues de la muerte de D. Fernando VII, cuando su hermano D. Cárlos de Borbon promovió la guerra civil, el Ayuntamiento liberal le quitó aquel nombre á la calle y le puso el de Isabel segunda, con el que siguió hasta 1862, que habiendo venido esta Reina á Córdoba, quisieron señalar la calle por donde entró y le pusieron aquel nombre á la Carrera de la puerta Nueva, y porque no hubiera duplicados, á la calle de que nos ocupamos la titularon del Príncipe Alfonso, que le duró seis años, pues en 1868 á la caida de la dinastía de los Borbones, le volvieron á mudar el título y le digeron del

General Serrano, que es el que conserva, y no sabemos cuanto tiempo le durará. Algunas veces la hemos visto llamada calle del Postigo de San Bartolomé, porque estaba en ella el del hospital de este título. A la mediacion hay una calleja muy estrecha nombrada del Tomillar, sin que podamos fijar su origen; llegaba hasta la calle hoy de Alcolea, acortando su longitud el derribo de aquel piadoso establecimiento, cuyo solar se ha convertido en plazuela.

Siendo Obispo de Córdoba D. Leopoldo de Austria, vino á esta ciudad el venerable Juan de Avila, á quien sus virtudes, saber y dotes oratorias, le valieron el dictado de Apóstol de Andalucía: predicó en varias iglesias, entre ellas la Catedral, recogiendo tan copioso fruto, que fueron innumerables las confesiones generales hechas por los cordobeses, además de otra porcion de actos enumerados en sus obras y en los *Casos raros de Córdoba.* Muchos sacerdotes se declararon sus discípulos y otras personas se entregaron con gozo á su direccion. En este tiempo los tejedores de paños trataron de asociarse, y aquel sábio varon les aconsejó la fundacion de un hospital, para el socorro de tantos enfermos desvalidos; prevaleció su opinion y á seguida fundaron el hospital de San Bartolomé y Santa María Magdalena, detrás de la parroquia de este mismo título: dando un real por cada pieza de paño que tegian, llegaron á reunir un fondo suficiente á comprar terreno mas espacioso y apropósito, como lo era el edificio que luego construyeron en la calle de Alcolea; en esto se les unió Pedro Fernandez de Valenzuela, quien aparece como fundador, por lo que fueron patronos de esta casa los Sres. Montesinos, á los que como ofrenda habia de regalárseles todos los años un cubierto de plata. Edificóse el nuevo hospital é iglesia, diciéndose en ella la primera misa en el año 1557, época en que dedicaron aquel á la curacion del venéreo, ya muy generalizado, y se le dijo San Bartolomé de las Bubas para distinguirlo *de otros de igual advocacion*. Falto de reglas, ó estraviadas con otros muchos papeles, el hermano mayor Lic. Andrés Muñoz de los Reyes, de acuerdo con el Rector de la Magdalena Lic. Alonso Ponce de la Rosa, en la tarde del dia 17 de Agosto de 1670, reunieron á los cofrades y redactaron unos estatutos que *fueron* aprobados en 4 *de Setiembre siguiente por* el *Obispo* D. *Francisco* de Alarcon y su Provisor D. Pedro de Armenta, observándose con gran cuidado durante muchos años. No sabemos cuando ni por qué cambió su instituto, y últimamente solo se abria en cierta época del año, con veinte camas para la curacion de intermitentes, hasta que en 1842 la Junta de *Beneficencia se hizo cargo de él incorporándolo al* hospital de Crónicos ó del Smo. Cristo de la Misericordia.

El edificio estuvo arrendado, y en 1841 se destinó á Escuela Normal de maestros; despues ésta pasó á Anton Cabrera y volvieron á arrendarlo, y por último en 1860 fué denunciado por ruinoso y el Ayuntamiento, á propuesta de su presidente D. Cárlos Ramirez de Arellano, lo compró, derribándolo en 1861 y dejando la plaza que lleva su nombre.

Su iglesia tenia una portada modesta muy sugeta á las reglas de arquitectura: formaba su interior una nave capaz, y el frente lo ocupaba el retablo que hoy está en el altar mayor de la iglesia de la Casa de Expósitos; estaba pintado de encarnado con adornos en oro, teniendo en el centro la imágen del titular, que ya hemos dicho está en la Magdalena, y por cima un gran cuadro que representa á Santa Maria Magdalena, y es al parecer de algun mérito. En otros altares estaban la Vírgen de los Remedios, con cofradía, y una Concepcion, que tambien estan en la espresada parroquia, y la que sacaba el rosario tres veces en semana, la Virgen de los Dolores, y al final, en una pequeña capilla, un Crucifijo al fresco, de muy mala mano. En este lugar de la iglesia, fué enterrado el fundador Pedro Fernandez de Valenzuela, con una lápida espresándolo, y en 13 de Setiembre de 1655 inhumaron tambien allí el cadáver del Lic. Juan Muñoz de la Cruz, con un epitafio en su loor, redactado por el escritor cordobés Lic. Pedro Diaz de Rivas.

La hermandad de San Bartolomé hacia fiesta á su titular, y en un principio procesiones para llevar comida y ropas á los enfermos. En el dia del santo se celebraba en la calle una velada muy concurrida, que trasladada despues á la plazuela de la Magdalena, ha perdido toda su importancia y puede considerarse suprimida.

En las grandes epidemias de 1601 y 1649 y 50, este hospital fué utilísimo: se estableció en él la botica para los enfermos y el depósito de leña, ropas y demás, tan necesario en aquellas tristes circunstancias.

En esta iglesia estuvo establecida muchos años una de las asociaciones que con el título de Escuelas de Cristo, hubo en esta ciudad. Allí hacian sus egercicios religiosos y contribuian, en lo posible, al sostenimiento de las iglesias donde recidian. A esta de San Bartolomé, pertenecieron muchas personas de *vida ejemplarísima*; así hemos visto escritas y existen en un tomo de papeles varios de la Biblioteca provincial, la necrologia ó carta vida del hermano Diego Arévalo, hijo de una humilde familia del barrio de San Lorenzo, donde fué bautizado: dedicado á las faenas del campo dió grandes muestras de virtuoso, entrando en la Escuela de Cristo de San Bartolomé, en cuyo hospital se dedicó á la asistencia de enfermos, llegando á *adquirir tal fama de santidad*, que todos lo miraron con el mas respetuoso afecto, hasta Octubre de 1757 en que ocurrió su fallecimiento. El otro á que nos referimos es el Bachiller D. Cristobal Crespo; ganó por *oposicion* la rectoral de San Pedro, y luego por sus grandes virtudes, lo eligió el Obispo para director del colegio de Niñas huérfanas de la Piedad. En los tres cargos desempeñados por este virtuoso sacerdote, dió pruebas de sus sentimientos piadosos y del esmero con que acudia á el alivio de sus semejantes sumidos en la desgracia. Murió en Noviembre de 1751, á los sesenta y siete años de su edad, de resultas de haberse quebrado una pierna.

En la vida de San *Alvaro*, se hace mencion de un panadero, vecino del hospital de San Bartolomé, acometido de una horrible lepra, el cual abandonado de todos, se marchó á la cueva de aquel santo, donde á los dos ó tres dias quedó completamente bueno.

Frente á la espresada plaza, hay otra mas

pequeña que dicen del Conde de Gavia, porque las casas núm. 3, hoy bodega de los señores Fuentes y compañía, eran las solariegas de los señores de aquel título, quienes habitaron en ellas hasta fines del siglo XVIII que fueron devoradas por un incendio: entonces trasladáronse sus dueños á la del condado de Valdelasgranas que tambien poseian. Algunos antiguos cuentan de un conde de Gavia, que queriendo dar grandes reuniones en sus casas, corrió las estancias ó habitaciones, y sea por la mala direccion de la obra ó por el peso de la mucha gente, se hundieron los entresuelos; mas esto no pasa de ser una invencion, toda vez que la causa verdadera es la ya referida. En el censo de poblacion formado en 1718, el mas antiguo que existe, aparecen inscritos en esta casa el Conde de Gavia, D. Lope Francisco de los Rios, con su muger D.ª Isabel Fernandez de Morales, siete hijos y varios domésticos, entre ellos dos esclavos.

La calle de Alcolea corresponde á dos barrios: desde la plazuela del Vizconde hasta la de San Bartolomé, á San Pedro, y de allí en adelante, á la Magdalena. Se ha llamado de San Bartolomé, por el hospital, y de la Puerta Nueva; despues llamaron á toda Carrera de la Puerta Nueva, hasta 1862 que la denominaron de Isabel segunda, y por último en 1868 le variaron otra vez el título por el de Alcolea, en memoria del hecho de armas del dia 28 de Setiembre,

Varias son las casas de esta calle dignas de mencionarse como de interés para nuestra historia. En primer lugar hallamos las núm. 93, propias de D. Agustin de Fuentes y Horcas: eran las principales de uno de los mayorazgos fundados por el célebre caudillo Alcaide de Antequera Don Rodrigo de Narvaez: en la esquina de la calle del Pozo, se ven los escudos de este apellido y el de los Saavedras.

En el siglo XVI cuando estuvo en Córdoba el ya citado Mtro. Juan de Avila, moraba en dichas casas la Sra. D.ª Teresa Narvaez, tan piadosa y caritativa, que sostenia dentro de aquellas cuarenta camas, donde asistia veinte mugeres y veinte hombres pobres enfermos, cuidando ella con sus criadas á las primeras y el Padre Avila con sus discípulos á los segundos. Con este motivo haremos mencion de un suceso referido en los *Casos raros de Córdoba*:

Uno de los prebendados de la Catedral, individuo de la aristocrácia cordobesa, habia logrado cautivar la atencion de una hermosa jóven perteneciente tambien á una noble y honrada familia: seducida por los alhagos y ofrecimientos de aquel, y sin premeditar el paso que daba, abandonó su casa y marchóse á la del Prebendado, donde estuvo seis ó siete años, durante los cuales dió á luz cuatro hijos. Su vida no era la mas apacible: pasaba el tiempo encerrada en su habitacion, y ni era dueña de pasear la casa, porque su seductor la esclavizó hasta el punto de recoger la llave de su estancia; en este tiempo predicaba con frecuencia el Mtro. Avila, y un dia en que todos los de la casa, escepto ella, iban á oirle, llamó desde la ventana á uno de los criados, rogándole hiciera por facilitarle el ir á la iglesia, prometiéndole volverse antes que su amo; negóse al pronto, mas á vista de un lindo anillo que le dió, trajo un manto y puso una escalera por la cual bajó la jóven, hasta sin zapatos, y se marchó á la Catedral, costándole gran trabajo colocarse frente al púlpito. Subió á él aquel santo, que en tan alto grado poseia el don de la palabra, y como si la Providencia le hiciese adivinar la vida del Prebendado y su cautiva, fué tanto y tan apropósito lo que dijo, que al terminar entró en la sacristía arrojándose á sus pies, una desgraciada é infelíz muger, en quien nuestros lectores facilmente reconocerán á la que viene siendo objeto de nuestra narracion. Anegada en lágrimas de dolor y arrepentimiento, se puso bajo su amparo, jurándole apartarse para siempre de la vida pasada y terminarla bajo su direccion caritativa: cariñosas y dulces palabras acogieron sus declaraciones, saliendo el Mtro. Avila acompañado de la jóven hasta la casa de D.ª Teresa Narvaez, donde con igual afecto fué recibido tan delicado depósito.

Cuando el Prebendado volvió á su casa y abrió la habitacion, encontrándose burlado, salió como un tigre, registró hasta el último departamento, pudiendo apenas preguntar, lleno de corage, por el paradero de la fugitiva, de que nadie le daba conocimiento. Sin resultado favorable, salió á la calle, preguntando á cuantos veia, hasta que al fin supo el respetable lugar depósito de su adorada. Bien pronto reunió á sus criados y otros hombres y se dirigió á casa de D.ª Teresa Narvaez, resuelto á sacar de grado ó por fuerza á la muger que buscaba. Súpolo dicha señora y en seguida avisó al Mtro. Avila, quien puso en conocimiento del Corregidor cuanto ocurria en el asunto, decidiéndolo á presentarse, como lo hizo: reprendióle su conducta, amenazó á los que le acompañaban, y todos se retiraron, no sin jurar vengarse de lo ocurrido; mas aquella noche salieron de Córdoba el venerable Padre y la jóven, á quienes el Corregidor acompañó hasta dos leguas de la ciudad.

Llegados á Montilla, la Marquesa de Priego, cuyas virtudes eran tan conocidas, se hizo cargo de la jóven, teniéndola mucho tiempo en su casa, desoyendo las súplicas del Prebendado, quien, como su pariente, le rogó se la entregase; desde allí pasó á Granada, y por último, curada por completo, volvió á Córdoba, donde vivió honradamente con el producto de cuatro mil ducados que le dieron el Arzobispo de Granada, el Marqués y Marquesa de Priego, y un caballero condolido de su situacion. Ya en Córdoba, recogió sus cuatro hijos, dos hembras, que entraron religiosas en un convento de esta ciudad, y los otros dos varones, uno murió muy jóven y el otro casó, siendo modelo de hombres honrados. El Prebendado, aunque jamás pudo ver á su fugitiva, dió los dotes para el convento y un capital para el varon al casarse.

La casa donde principiamos nuestro relato, pasó despues á la pertenencia de los Condes de la Jarosa, título que en 1705 concedió Felipe V á Don Alonso Perez de Saavedra y vino á recaer en la casa de Villaseca, cuyos marqueses arrendaron aquella, llegando al estremo de ser parador de diligencias, y por último la vendieron á censo á D. Francisco Solano Horcas, de quien la heredó el Sr. Fuentes.

En frente hay otra casa núm. 104, perteneciente á uno de los mayorazgos de los Sres. Cárdenas y Caicedos, tambien incorporado á la casa de Villaseca, por la que fué vendida á censo al Mariscal de campo y despues Marqués de Campo Alegre D. Fadrique Bernuy, natural de Ecija, quien apesar de los antecedentes de su familia, á la muerte de Fernando VII, encontrándose de coronel del provincial de Bujalance, abrazó la causa de D.ª Isabel II, haciendo la guerra de los siete años, en la que prestó muy buenos y señalados servicios, en la accion de Mendigorria y otras muchas en que siempre supo distinguirse como valiente y caballero. Sobre la puerta de esta casa existe un escudo de armas, igual al de la de los Sres. Fuentes, lo que indica han debido pertenecer á una misma familia.

No es menos digna de llamar nuestra atencion la casa taberna esquina á la calle del Pozo, conocída por la de la Niña del milagro. En ella vivia en 1808, Pedro Moreno, honrado cordobés, quien no pudiendo sufrir que su patria gimiera bajo el yugo de las águilas francesas, se asomó al balcon cuando entraba por la Puerta Nueva el general Dupont y le disparó su escopeta, matándole el caballo é hiriendo á uno de sus edecanes; tan heróica imprudencia, provocó la ira de los soldados franceses, quienes entrando en la casa asesinaron á cuantas personas vieron, incluso el Moreno, sin esceptuar mas que á una niña de pecho que sacó uno enganchada en la bayoneta de su fusil y se la dió á una muger que por caridad la conservó hasta que volvió á su familia: en edad apropósito entró de religiosa en el convento de Jesus María, del órden de San Francisco de Paula, desde donde pasó al de Santa Isabel de los Angeles, en el que existe haciendo el oficio de portera, y es conocida por Sor María de Jesus Moreno.

La citada calle del Pozo que afluye á la de Alcolea, nada de particular ofrece: debe su nombre á un pozo que habia en una de sus casas á disposicion del público, entrando por un callejon, al que se bajaba por dos ó tres escalones; suprimióse á principio de este siglo por considerarlo innecesario con las dos fuentes cercanas de la Magdalena y Campo de San Anton; en la casa núm. 18 de esta calle nació el notable escritor D. Francisco de Borjá Pavon.

Frente á espresada calle y en la esquina de la casa del Sr. Marqués de Campo Alegre, hubo hasta 1841 un cuadro que representaba á Jesus Nazareno, copia del de Valdés que estuvo en la Zapatería, hoy calle del Liceo.

Hácia la esquina de la calle Ancha de la Magdalena principia una cloaca ó alcantarillado que termina en el Caño de Venceguerra.

En el sitio de que nos hemos ocupado empieza la calle de las Ferias, que solo pertenece á este barrio hasta la de Frias que vuelve á enlazar con la ya descrita plazuela del Conde de Gavia. Se llama de las Ferias, porque, desierta casi por completo durante el año, solo se veia concurrida en las veladas de Santiago y San Bartolomé y féria de la Fuensanta, en que el tránsito era mucho, y mas aun antes de abrirse la Puerta Nueva, hoy de Alcolea. La calle de Frias divide los barrios de la Magdalena y Santiago, correspondiendo cada acera á uno de ellos: tomó el nombre de la ilustre familia de este apellido, cuyas casas no se puede fijar con exactitud; mas sí aseguramos el orígen del título: hemos visto el testamento de D. Rodrigo de Frias, caballero de Alcántara, que falleció en 1488 y fué enterrado en su capilla de la parroquia de Santiago, circunstancia que nos induce á creer que ha de pertenecer á uno de los entronques de la casa de Gavia.

A la entrada casi de la calle de las Ferias está la travesia llamada del Horno de la Cruz Verde, por una bien grande que habia en la esquina con un brazo á cada calle, y que denotaba ser la propiedad de la casa del Tribunal de la Inquisicion: sigue Barrio Nuevo, que en su mayor parte corresponde á Santíago, y desde 1868 encontramos en este punto otra salida al Campo de San Anton, mejora y comodidad que dió á aquellos vecinos el derribo de las murallas realizado en aquel tiempo, sin el cuidado necesario para que no se hiciesen tantos desaciertos.

La Puerta Nueva, hoy llamada de Alcolea, ¡cuántos recuerdos históricos conserva! Mudo testigo de la grandeza y de la desgracia, ha visto pasar por ella, lo mismo los ejércitos que han venido á humillarnos, que los que han sabido dar tantos dias de gloria á las armas españolas; por ella hemos ido en busca de la victoria ó de una muerte gloriosa: ¡qué diremos de este monumento, raquítico en su forma, pero grande en sus recuerdos, ostentando por tales los agugeros de las balas del ejército invasor; abiertas sus puertas á cañonazos por ser las primeras que pretendieron cerrar el paso á los que venian á robarnos nuestra idolatrada independencia! Mas, concretémonos á nuestra mision, cual es hacer indicaciones sobre cuanto existe en Córdoba, y dejemos á mejor cortada pluma los comentarios que en este y otros sitios pueden hacerse y que vendrian á alargar demasiado nuestra obra.

Esta puerta se abrió en el año 1518, adquiriéndose al efecto una casa que existia en aquel punto, segun acuerdo de la Ciudad, en acta de 18 de Junio que hemos visto: se hizo esclusivamente para el paso y servicio de los vecinos de aquel barrio; su primitiva fábrica fué un arco bastante bajo, por estilo de la puerta del Osario, teniendo por cima y exteriormente una capilla en que se daba culto á una imágen de la Vírgen. Despues de construida por Cárlos III la carretera general de Madrid á Cádiz, se hundió aquella obra, llevando la Vírgen al Cármen y edificando la portada en la forma que la vemos; los asientos de la parte de fuera quedaron formando un callejon, y en 1854 el ya citado Alcalde Sr. García del Cid, los mandó separar, formando la esplanada que tiene, y fué cuando quedó dentro el álamo que vemos saliendo á la derecha, y respetado por su lozanía.

Por esta puerta han entrado en Córdoba muchos personages que ocupan distinguidos lugares en la historia de España, y creemos deber consignar algunos como recuerdos dignos de conservarse. El dia 22 de Febrero de 1570 entró por ella, bajo palio, el Rey Felipe II: la Ciudad tuvo aviso de su venida: se reunió con todos los individuos, nobleza y demás escolta en las casas Capitulares, que eran la núm. 5 de la calle de Ambrosio de Morales, y salieron á caballo por la Puerta Nueva, siguiendo por San Sebastian hasta el alto que forma el camino del Palvorin mas allá del jardin de Miraflores; allí echaron pié á tierra esperando que llegara el Rey: éste vino al fin, y al verlos se bajó tambien de su caballo y prestó el acostumbrado juramento de respetar los fueros y privilegios de Córdoba, que le recibio el Corregidor D. Francisco de Zapata y Cisneros, emprendiendo á seguida la marcha entre los vivas y aclamaciones tan de cajon en estos casos; pasaron por delante de unos tablados cubiertos de paños de córte ó tapices, formados entre San Sebastian y San Juan de Dios y á los lados de la puerta de la Ciudad; en ellos estaban las señoras cordobesas y unas buenas y numerosas músicas de atabales, chirimías y otros instrumentos de aquella época; el Rey siguió por San Pedro, Corredera, Esparteria, Marmolejos, hoy Ayuntamiento, Puerta de hierro (Zapatería), Arquillo (Arco Real) á las casas Capitulares, y despues á la Catedral y palacio del Obispo, donde se hospedó. Para este recibimiento se compuso la puerta, se quitaron unos montones de tierra y escombros, y se mandaron retirar una porcion de depósitos de estiercol, todo lo cual consta en los capitulares que se conservan en el archivo del Ayuntamiento.

En unos manuscritos de aquel tiempo encontramos otros curiosos datos sebre la venida á Córdoba del Rey Felipe II, dignos de ocupar un preferente lugar en nuestra obra.

A principios de Diciembre de 1569 convocó el Rey córtes para Córdoba en el siguiente año, y en el mismo mes escribió á la Ciudad, dándole la noticia, y al Obispo notificándole su venida y aposentamiento en el palacio Episcopal, donde se empezaron á hacer los preparativos, ocupándose en ellos mas de doscientos trabajadores. El Obispo D. Cristobal de Rojas, con licencia del Cabildo, se trasladó al hospital de San Sebastian, hoy casa de Expósitos, llevando los enfermos al de Anton Cabrera, permaneciendo asi todo el tiempo necesario. A poco vinieron á Córdoba los aposentadores de su real casa Fernando de Frias, Francisco de San Vicente y Juan Diaz de la Peña, quienes designaron las habitaciones del Rey y comitiva y aun las casas en que habian de hospedarse los demás personages que se esperaban. A los pocos dias empezaron á venir algunos para asistir á las Córtes, y el dia 10 de Enero de 1570, entró por la Puerta Nueva, el Cardenal de España, Presidente del Consejo Real é Inquisidor general: hízosele un gran recibimiento, saliendo los individuos del Tribunal de Córdoba con su estandarte, acompañándole hasta las casas de D. Diego de Córdoba, hoy las de la Sra. Duquesa de Almodovar del Valle, donde se hospedó unos dias, trasladándose despues con el Obispo al hospital de San Sebastian; aquella noche hubo repique, iluminaciones y cohetes. Para el recibimiento del Rey se entoldaron las calles por donde habia de pasar hasta palacio y se pusieron en ellas multitud de colgaduras y otros adornos, con especialidad en la fuente de la Corredera y en el Arquillo del Salvador, que desde entonces se llamó Arco Real. Salieron los Jurados vestidos de terciopelo verde y gorras de lo mismo y con los forros de raso amarillo, y los caballeros Veinticuatros, de terciopelo carmesí y forros de raso blanco: hecho el juramento, colocóse el Rey bajo un palio de brocado con veinte y dos varas, que tomaron los segundos: montaba un hermoso caballo castaño oscuro, y vestía de negro con saco y capote y el sombrero con que tanto se distingue en sus retratos. Iban delante cuatro Reyes de Armas con coronas sobre las mazas; detrás otros cuatro con dalmáticas de brocado bordadas y en ellas pintadas las armas reales, y delante del palio, dándole la derecha, se veia al Prior de San Juan, á caballo, descubierto y con una espada ancha descansando en el hombro, y detras toda la escolta y comitiva. Dos dias despues vinieron los Príncipes de Hungría D. Rodulfo y D. Ernesto, los que se hospedaron en las casas del Camarero. Venian con el Rey además del Cardenal, el Duque de Feria, el Marqués de Mondéjar, el Principe de Mantua, el Conde de Chinchon, el Prior de San Juan, el Marqués de Cifuentes, el Conde de Aguilar de Campoa, el Marqués de Villena, el Marqués de Berlanga, el Marqués del Carpio, el Conde de Orgáz, el Marqués de Buendía, Vespasiano, Príncipe del Imperio, señor italiano, el Embajador de Francia, el de Portugal, el de Venecia, el del Príncipe de Parma y otros varios personages. El Obispo y su Cabildo salieron á recibir al Rey á caballo, y en cuanto le besaron la mano, cerca de Miraflores, se vinieron á todo correr para esperarlo en la puerta del Perdon. En esta habian puesto un altar con la Vírgen y una reliquia. Formado en procesion todo el clero con las cruces parroquiales, segun el ceremonial, y llegado que hubo, se arrodilló, y el Sr. Espinosa, Cardenal de España, le dió agua bendita, y el Obispo de Córdoba le presentó á besar la reliquia; desde allí entraron en la iglesia, y despues de las oraciones que el ritual previene, se retiró á su palacio.

Felipe II permaneció en esta dos meses: celebráronse las Córtes, aunque no terminaron su cometido, y salió para Sevilla; durante su estancia, adoptó varias disposiciones para sofocar la rebelion de los moriscos de Granada; visitó casi todos los templos, entrando de rodillas en el de los Mártires, é hizo algunas cosas que consideraba beneficiosas á sus vasallos. Despues regresó á Córdoba, pasó en ella algunos dias, entre ellos el del Corpus, cuya procesion se hizo aquel año con una solemnidad nunca vista: las calles ostentaban multitud de altares costeados por los grémios y comunidades, continuamente llenas de un gentio inmenso, tanto de Córdoba como de los pueblos cercanos, de donde acudió á ver al Rey y comitiva: éste asistió á pié y descubierto; cuenta D. José Antonio Moreno Marin, en sus *Anales*, M. S., que diciendo al Rey uno de sus privados que no fuera con la cabeza descubierta por lo intenso del calor en Andalucía, le contestó sonriendo: «No tengais miedo, que el sol no hace mal en estos dias,» demostrando así sus sentimientos religiosos, un Monarca á quien todos los historiadores nos presentan de un modo completamente contrario.

En 22 de Febrero de 1624, entró tambien por la Puerta Nueva el Rey Felipe IV, en un carruage y acompañado de su hermano el Infante Don Cárlos; venian á los estribos el Duque del Infantado, el Conde de Olivares, el Almirante de Castilla y el Marqués del Carpio, y seguian el Cardenal Zapata, el Nuncio de Su Santidad, el Patriarca y otros títulos y grandes que venian de córte; siguieron por San Pedro á la Corredera, Espartería, Libreros, Féria, al palacio Episcopal, donde el Rey, el Infante y Olivares, tenian preparado su hospedage, apesar de no haber avisado el dia de su llegada. Al momento se cundió por la ciudad la noticia de su venida, y el Corregidor, los Veinticuatros y los Jurados, acudieron á cumplimentarle y á la vez disculparse por no haber salido á recibirle por la falta de aviso, contestándoles hacerlo así porque no queria que sus pueblos se sacrificasen con inútiles gastos para los obsequios de costumbre.

A las diez de la mañana del siguiente dia, pasó el Cabildo eclesiástico á besarle la mano, invitándole á la vez á que visitase la Catedral: ofreciólo así para la tarde, y cumpliendo su palabra, entró por la puerta del Perdon, donde lo recibió el Cabildo con todo el clero de Córdoba y el Cardenal Zapata que le dió el agua bendita; sin detenerse mas entró en la iglesia, pasando al altar mayor por las puertezuelas del coro, orando el tiempo que se cantó el Te-Deum y se hicieron las ceremonias en el ritual prevenidas, llegando en esto la noche, que le impidió ver lo demás de aquel singular templo.

El dia 24 visitó el convento de San Pablo y colegio de Jesuitas, y cuando regresaba se encontró el Viático para un enfermo, dejando en seguida el carruage al sacerdote, al que acompañó á pié con un cirio hasta la Catedral; entonces la visitó, enterándose de todo, contempló los sepulcros de Fernando IV el Emplazado y Alfonso XI, que aun estaban allí, y salió por la puerta llamada del Dean. El dia 25 fué al convento de San Gerónimo, el 26 asistió á una funcion de quince toros, que se celebró en la Corredera, obsequio de la Ciudad, y el 27 á las seis de la mañana emprendió su marcha para Sevilla.

Han entrado además por esta puerta Cárlos IV, Fernando VII é Isabel II, ésta en la tarde del 14 de Setiembre de 1862, de cuyo viaje imprimió D. Luis Maraver un libro titulado *La Córte en Córdoba.*

Tambien han pasado una multitud de personas notables, cuyos nombres no es posible decir; pero recordamos á José Bonaparte, al Conde de Flóridablanca, Sidi-Amet el Gacel, á quien hicieron varios festejos, los Duques de la Victoria, Tetuan y Montpensier, los generales Dupont y Godinot, verdugo de los cordobeses, Thiers, Cabrera, el Embajador Fuad-Effendi, el hermano del Emperador de Marruecos Muley-El-Abbas, Alejandro Dumas padre é hijo, Fr. Diego de Cádiz, La Fuente, y además han hecho por allí su entrada en Córdoba, casi todos los obispos que hemos tenido desde el siglo XVI. Las puertas son las mismas que habia cuando la venida de los franceses y fueron abiertas á *cañonazos, cuyos agugeros conservan,* el dia de la batalla de Alcolea, (1808) de la que tambien nos ocuparemos.

Mucho se habrán cansado mis lectores con el largo paseo que les he obligado á dar por todo el barrio de la Magdalena, cuyo piso no es muy apropósito para el caso; mas nos hemos salido al campo: en él, con menos fatiga, podemos continuar nuestras investigaciones. Entre las puertas de Alcolea y Andújar, hay un camino muy frecuentado, y á causa de los muchos años que estuvo cerrada la segunda, se ha cometido un abuso que nadie ha tratado de remediar y que calificamos de escandaloso. Dos caminos han desaparecido, ambos bien anchos, uno que desde la puerta partia al Campo de San Anton por detras del convento del Cármen, y otro que constituia parte de la ronda, incorporándose con la actual, en el rincon que le han hecho formar entre la muralla y una tapia de la huerta de la Cruz, y no solo se han perdido estas utilísimas servidumbres, sino que ha pechado el Ayuntamiento con el gasto que ocasiona la limpia del arroyo de San Lorenzo, cuando por aquel lado, es obligacion ó carga del haza que forma el altillo; este era un egido, y en 1491, la cedió la Ciudad á Gutierrez de los Rios, con la condicion de tener limpio el cauce del ya citado arroyo, sin cuyo cumplimiento quedaba nula la sesion que se le hacia.

El Campo de San Anton, es el trayecto desde la puerta de Alcolea á la esquina de San Juan de Dios y sigue hasta la que forma el edificio de Madre de Dios, hoy Asilo de Mendicidad; toma el nombre de un hospital convento de San Antonio Abad, que estaba contiguo al de San Juan de Dios, en lo que hoy se llama tambien Huerta de San Anton. Su fundacion, que no hemos podido aclarar, es casi á seguida de la conquista: tenia una comunidad ó especie de monges al cuidado de los enfermos, y poco á poco fué estinguiéndose, tanto, que en el censo de poblacion de 1718, ya solo habitaba en él un anciano llamado

D. Francisco Julian de San Martin, presbítero, á quien decian el Comendador, título que debia ser el de presidente ó gefe de aquella congregacion, y un sacristan encargado de la iglesia. Mucho despues, el virtuoso Obispo D. Agustin Ayestarán, quiso crear un hospicio ó casa de misericordia, é hizo la fundacion, destinando este lugar para ello: intentaba sacar de cimientos un edificio conforme á sus deseos, y á este fin hizo derribar el antiguo de San Anton, cuyo titular y el Cristo de las Tribulaciones, ya hemos dicho que están en la Magdalena; iban á principiar la obra, cuando la muerte privó de la vida á tan piadoso Prelado, y todo quedó en proyecto, hasta que despues lo llevó á cabo el no menos digno Sr. D. Pedro Alcántara Trevilla.

En aquella iglesia se hacian tres fiestas todos los años, por varios gremios y principalmente por los casilleros ó trabajadores de cáñamo, de que hemos ya hablado, y sostenian en Córdoba una industria de muchísima importancia, pues ascendia á trece el número de fábricas de cordelería que hubo en este sitio, ocupando á mas de quinientos operarios: ha decaido de una manera lastimosa.

El Campo de San Anton es una de las salidas mas amenas de Córdoba, y á fines del siglo XVIII quizá el único paseo con que se contaba: aquellos álamos fueron plantados por primera vez en Enero de 1772, despues de haber allanado el terreno que estaba lleno de grandes montones de granzas y tierra, y en el siguiente año, ó sea en 1773 se construyeron la mayor parte de los asientos, pues habia algunos hechos en 1749 con los sillares de una torre que derribaron. La fuente que hay enmedio está dotada con seis pajas del agua llamada de la Palma: la hicieron en 1746 y tuvo otros cuatro caños en el pilar del centro; el que está al lado de la ciudad tiene la parte alta ladeada, ó sean las piezas torcidas, ocasionadas de un golpe que le dió un álamo que fué arrancado por un huracan, sin que sepamos el año fijo, aunque sí haber ocurrido en el presente siglo. Entre esta y la puerta de Alcolea, hay un modesto monumento ó triunfo, como llaman los cordobeses, dedicado á San Rafael por aquellos vecinos en el año 1747; dícese que la escultura que lo corona, es debida á un modesto escultor ó cantero llamado Estrella. En 1870 la han dado de colores, haciéndole perder el poco mérito que tenia.

Forma esquina un edificio, casi por completo en alberca, á causa de un incendio: era el hospital de la órden de San Juan de Dios, que tantos establecimientos de esta clase llegó á tener en España. Este fué primero hospital de San Lázaro, fundado en 1290 por Sancho IV para la asistencia de los pobres enfermos. Las continuas correrías que los moros solian hacer en las tierras conquistadas por los cristianos, llegaron algunas veces hasta las murallas de Córdoba, y en una de ellas robaron cuanto habia en este hospital: para remediar el daño, Alfonso XI en 1346 le dió el privilegio de pedir limosna, tanto en esta ciudad como en los pueblos, con lo que se subsanó lo saqueado y se hicieron otras mejoras. Así continuó esta casa cumpliendo su benéfico instituto, hasta 1570 que entró en ella la órden hospitalaria de San Juan de Dios, á la que Felipe II concedió en 1580 la propiedad del edificio y bienes, que poco á poco fué aumentándose con las donaciones que le hacian, llegando á reunir un caudal considerable, contando en él el cortijo de las Pilas.

Los frailes siguieron admitiendo aquella clase de enfermos, hasta que faltando, empezaron la curacion de heridas y otros padecimientos.

A esta fundacion vino á Córdoba el siervo de Dios Fr. Baltasar de la Miseria, hijo de los Marqueses de Camarasa, quien teniendo que ausentarse, dejó encargado al no menos virtuoso Fr. Juan Marin, el que mejoró el edificio y puso veinte camas para hombres y veinte para mugeres, ampliando despues doce mas para convalecientes, con las donaciones que hizo la Sra. D.ª Teresa de Córdoba, y por falta de estas rentas el Obispo D. Francisco Alarcon, contribuyendo tambien á todos estos gastos D. Pedro Enriquez de Rivera, Matias Ruiz y otros. La dotacion debia ser de doce religiosos, uno ó dos sacerdotes, lo que hubo de reformarse, puesto que en 1718, habia veinticuatro: correspondia á la provincia de la Paz de Andalucía.

Varios son los hijos de este convento que se han distinguido, y nos creemos en el deber de mencionar á Fr. Gregorio de Taguada, á quien en 1580 echó el hábito Fr. Marin, que despues de distinguirse en la asistencia y caridad con los enfermos, fué á curar los de la Armada en la jornada de Inglaterra, quedando cautivo de los moros, con los que sufrió muchos trabajos y penalidades, hasta que Felipe II lo rescató y señaló cinco reales diarios mientras viviese; entonces se marchó al convento de la Paz en Sevilla, y sabiendo en 1600 la gran peste que se padecia en Córdoba, vino á ella, donde murió en gran opinion de santo, despues de haber asistido á muchos invadidos. En 1588 tomó el hábito Pedro de Ubeda, natural de Cabra, que tambien prestó grandes servicios en dicha epidemia hasta que terminó, y entonces se marchó á los pueblos en que supo hacia mas estragos, asistiendo á tantos enfermos y con tanta caridad, que mereció la fama de santo, con la que al fin murió el dia 30 de Abril de 1610, en el convento de Fortuna, donde se conservaban sus restos con gran devocion, siendo despues trasladados á Porcuna, villa á que se mudó aquella casa. En la epidemia que padeció Sevilla en 1599, pidieron auxilio á este convento los frailes de su órden, y fueron á ayudarles Fr. Fernando Lanzas y Fr. Juan de Herrera, los que al año siguiente volvieron á Córdoba para asistir á los enfermos y los acompañó Fr. Francisco Lanzas.

En 1609, quiso Felipe III que algunos frailes de San Juan de Dios fuesen con el Marqués de San German para asistir á los enfermos de la fuerza de Larache, y el General de la órden Fray Pedro Egiciaco, designó ocho de este convento con Fr. Gaspar Ballor, quien hacia las veces de prior en esta espedicion, en la que prestaron muy buenos servicios.

Juzgamos ser este el lugar mas apropósito para mencionar otros religiosos de San Juan de Dios cordobeses, dignos de tal consideracion, aun cuando no pertenecieron á este convento.

Fr. Francisco de la Caridad nació en Córdoba, donde estudió y sentó plaza en una de las compañías que mandó esta ciudad á combatir la rebelion de los moriscos de Granada, contra los cuales peleó bizarramente: apasiguada aquella, tomó el hábito en San Juan de Dios de espresada capital, en manos del P. Fr. Rodrigo de Sigüenza, 1572, quien lo destinó á cuidar los enfermos de la cárcel, haciéndose casi indispensable por su cariñoso carácter y la habilidad que tenia para la póstula, permaneciendo en esta ocupacion muchos años, con lo que perdió el derecho á profesar; mas como esta idea no lo abandonaba, gestionó por irse al convento, y en 1615 logró que nuevamente le diese el hábito el primer general de la órden en España Fr. Pedro Egiciaco: su vida fué una serie no interrumpida de actos de virtud, hasta que murió en 1.° de Noviembre de 1621; el grande y merecido concepto que gozaba, hizo le señalasen una sepultura distinguida cerca del púlpito de su iglesia, y diez años despues, al abrir para enterrar á otro, lo encontraron como el dia de su fallecimiento; entonces le pusieron una losa con una gran cruz, en tanto que se incohaba el espediente para beatificarlo.

Fr. Andrés de Castro, cordobés, ya de edad madura, entró en el convento de Osuna, donde murió en gran opinion de santo.

Y Fr. Diego de San Juan, hijo de Pedro Lopez Salvago y de Catalina Ruiz, tomó el hábito en el convento hospital de la Misericordia de Cádiz: en 1622 se ofreció á pasar á la India, donde fué prior en el convento de Santa Fé de Bogotá: en este tiempo se intentó la conquista de Chocoe, yendo á ella con otro de los religiosos puestos á su obediencia; con el objeto de desembarcar en punto mas interior, hicieron unas canoas para navegar por una ria, y viéndolos los indios, se pusieron á el acecho, haciendo volcar aquellas pequeñas y frágiles naves y asesinando á los navegantes conforme salian á nado á las orillas; mas chocándoles el trage de los dos frailes, los agarraron, y empezaron á darles toda clase de martirios, los apedrearon, pasaron las barbas con hierros, cortaron partes de sus miembros, y por último los acabaron de matar á lanzazos, guardando las pieles de sus cráneos para que les sirviesen de gorros, prendas que ellos tienen en gran estima, y se los comieron como acostumbraban hacer con casi todos los cristianos. Véase la Crónica de la órden de San Juan de Dios, de la que se conserva un ejemplar en la Biblioteca provincial.

El edificio del convento de Córdoba es muy capáz: sus enfermerías anchas y ventiladas, servian lo mismo en verano que en invierno por estar sobre sótanos, y el patio, espacioso y con fuente en el centro, aun tiene claustros en ambos pisos, sostenidos por columnas, algo bajas, de mármol mezcla llamado jaspon de Cabra. La iglesia terminada en 1641, forma cruz latina, es pequeña, pero muy bonita; tenia entre otras imágenes la de San Lázaro, que revelaba su mucha autigüedad, Ntra. Sra. de la Zarza, pintura en tabla, denominada así por una que cubria un pozo en que fué hallada poco despues de la conquista, San Cárlos Borromeo y San Juan de Dios, imágen de vestir que costeó uno de los Sres. Marqueses de Villaverde. En la iglesia y el claustro habia algunas pinturas originales del artista D. José Cobos, natural de Jaen, que murió en Córdoba y está enterrado en San Andrés. Cerca de la bóveda hubo veintiuna tablas representando sucesos de la vida y milagros de San Juan de Dios, pintadas por Juan Francisco de Quesada, discípulo de Antonio del Castillo, y el cual debió nacer en Córdoba hácia el año de 1632.

En 1808 cuando los franceses entraron en Córdoba, saquearon este hospital, destrozando cuanto en él encontraron: despues en 1810 esclaustraron á los frailes y repartieron todos los efectos; la imágen del titular estuvo en la Magdalena hasta la tarde del dia 20 de Octubre de 1814 que, restablecida la comunidad, volvió á su iglesia en una procesion muy solemne.

Los frailes siguieron la asistencia de los enfermos, y en sus últimos años hicieron un contrato con los militares, por estancias, y se dedicaron á ellos solos, dando lugar á que en 1835, cuando la esclaustracion, se hiciesen dueños del edificio, que aun conservan, apesar de las reiteradas reclamaciones de la Junta de Beneficencia para que se lo entregasen, por proceder del antiguo hospital de San Lázaro. El caudal sí se recogió y agregaron á la casa central de Expósitos, contándose el cortijo de las Pilas, que equivocadamente vendieron en la época de los años 1820 al 23, creyéndolo de los frailes; la venta se anuló, habiéndola realizado de nuevo con arreglo á las últimas leyes. La Administracion militar siguió con los enfermos, cuya asistencia contrataba contra toda conveniencia, y despues que se los llevó al hospital provincial de Agudos, lo destinó á depósito de provisiones; en esto siguió, hasta que á el amanecer del dia 25 de Julio de 1867, las campanas de toda la ciudad dieron la señal de fuego, y en poco mas de una hora, vimos consumirse todas las armaduras y entresuelos de este edificio, quedando en el lamentable estado en que se encuentra. Las imágenes de la iglesía se llevaron á las oficinas de la Administracion militar, y no sabemos que habrá sido de ellas, á escepcion del San Juan de Dios, que en clase de depósito está en la auxiliar de San Basilio. Poseia varias reliquias, cuyo paradero ignoramos.

Hácia el año 1600, ocurrió con los religiosos de San Juan de Dios un caso de que se dan muy pocos ejemplos. En aquella época cualquier suceso ocupaba la atencion de todos, dándole muchísima mayor importancia y aun mas á los que causaban alguna excomunion, severo castigo con que el clero amenazaba á los pueblos, corporaciones ó particulares, quienes al solo anuncio de tan terrible golpe obedecian con presteza, aun en los puntos en que debiera dárseles la razon, y lo mas raro era el aplicarlo en casos agenos completamente al dogma, como sucedia al pago de los impuestos.

Por este tiempo el Cabildo reclamó á la comunidad de San Juan de Dios los caidos del diezmo de los frutos de las posesiones de su pertenencia, á lo cual se opuso aquella, considerándose exenta ó libre de tan pesada carga, por egercer la hospitalidad.

Promovióse un pleito en que intervenia el Obispo, quien hizo cuanto pudo por convencer á los frailes; mas estos se mostraban cada vez mas obstinados, hasta que el juez del proceso los declaró públicos excomulgados, y en su consecuencia se mataron candelas en la parroquia de Santa María Magdalena y en otras iglesias de la ciudad, sin que los religiosos se diesen por vencidos: se agravaron las penas, se mandaron apedrear y apedrearon las puertas del hospital de San Juan de Dios, y las campanas anunciaban con lúgubre tañido el anatéma que caia sobre aquellos desobedientes hijos de la iglesia. En toda la ciudad no se hablaba de otra cosa, y previendo el mas triste desenlace, algunas personas de influencia principiaron á trabajar con los religiosos y el Cabildo á ver de cortar el escándalo, que no otro nombre merecia ya la cuestion del pago de los diezmos. Hubo varias conferencias, proposiciones y negativas por ambas partes, y despues de todo se convino en que el convento-hospital de San Juan de Dios pagase el diezmo de sus fincas, esceptuando el ganado lanar y la huerta que está á su inmediacion, y que el Cabildo perdonase los atrasos reclamados. Entonces los religiosos pidieron la absolucion de las censuras contra ellos fulminadas, á lo cual accedió el Obispo, celebrándose un acto público en la iglesia de la Magdalena.

El dia señalado para la absolucion, salieron los frailes de su convento en procesion y en trage de penitentes, entraron en la parroquia, donde los aguardaba el Obispo sentado bajo un docel á la derecha de la capilla mayor, hincáronse de rodillas, y poniéndose el Prelado de pié y con su mitra, rezó un exorcismo y varias oraciones; arrodillóse tambien y la música entonó el Miserere; entretanto, varios sacerdotes vestidos de sobrepellices, daban con unas varas pequeños golpes en las espaldas de los penitentes; despues dijo el Obispo unos versos y oraciones, y entonó por último el Veni creator spíritu, descubriendo á la vez la cruz del altar mayor que estaba oculta bajo un velo negro: recibieron la bendicion, y las campanas principiaron un repique que difundió la alegría por toda la ciudad.

Así terminó el acto, y con él una de las cuestiones que mas han escandalizado en Córdoba; la parroquia de la Magdalena, no solo estaba llena de la gente que habia acudido, llevada de la curiosidad, sino por todos los prelados de los conventos de la ciudad, quienes despues acompañaron al suyo á los religiosos, que en aquel dia se vieron libres de la excomunion que sobre todos ellos pesaba.

A fines de Noviembre de 1698, sufrieron los frailes otro contratiempo que les causó bastantes perjuicios.

Las muchas aguas que en aquellos dias descendieron sobre los campos, hizo que los rios creciesen y que los arroyos hicieran por asimilárseles: el de San Lorenzo no continuaba lamiendo la muralla, sino uniéndose detrás de aquel hospital con el que llaman de las Piedras y mas adelante de la Fuensanta: su cauce, obstruido por las granzas é inmundicias, no dió paso á la corriente, la que anegó el barrio de San Lorenzo, y en este lugar rebosó, penetrando en la iglesia, de la que cubrió la mesa del altar, obligando á los religiosos á subir el Santísimo á las habitaciones altas: los sótanos se inundaron por completo, perdiéndose el aceite, vinagre, carbon y cuantas prevenciones habia para la comunidad y enfermos á su cuidado. Esto se comprende facilmente, considerando el caudal de aguas que aun corre alguna vez por uno y otro arroyo, entonces reunidos en uno solo.

Delante de aquel hospital, como á unas ocho varas de distancia, habia una fila de columnas de granito, marcando la jurisdiccion; el Alcalde Sr. García del Cid, mandó á principios de 1854 que se quitaran para utilizarlas en un matadero proyectado á las afueras de la puerta de Andújar, donde aun permanecen tiradas sin aprovechamiento; mas al ir á arrancarlas se opuso la guardia, armándose una cuestion con los trabajadores, que tuvieron que huir al ver que aquella les apuntaba con los fusiles, tanto, que fué preciso suspender la operacion y hacer una consulta, despues resuelta á favor del Ayuntamiento. Frente á este edificio y al lado opuesto de la carretera, hay dos posadas muy antiguas que se han conocido por el Meson de San Anton y el Meson pintado, cuyas memorias alcanzan al siglo XV; antes de la construccion de los ferro-carriles, eran de los mas concurridos y productivos de Córdoba, y mas allá, pasado el camino de la ronda, hay otro edificio, hoy fábrica de jabon duro, que era la antigua y venerada ermita de San Sebastian, fundada segun algunos escritores, hácia el año 1400, en memoria á una gran epidemia que sufrió Córdoba en el siglo XIII, agradeciendo la intercesion del santo mártir en aquellas azarosas circunstancias.

Cerca de cuatro siglos despues, encontrándose ruinosa en 1761, fué reedificada á espensas de la

Sra. D.ª María Gutierrez de los Rios, quien además hizo todo lo necesario para el culto. Volvióse con los años á poner muy falta de reparos, y en 1849, labrando la iglesia del cementerio de San Rafael, trasladaron á ella las imágenes de San Sebastian, San Roque y San Lorenzo, con un Apostolado muy mediano, y dejando abandonado el edificio: se incautó de él la Hacienda y lo vendió, como hace con cuantos bienes caen en su poder. Esta iglesia tuvo su cofradía y se veneraba en ella una Vírgen denominada de la Salud de las Eras, por haber sido encontrada á poco de la conquista, en un pozo que habia en una donde se edificó la ermita, por lo que á sus aguas se le atribuian virtudes medicinales: hoy recibe culto en la ermita de la Aurora.

En Córdoba ha sido muy grande y fervorosa la devocion á San Sebastian, á quien se acudía en todos los apuros, y en agradecimiento á sus beneficios, el Ayuntamiento acordó en 11 de Octubre de 1679 hacerle todos los años una fiesta en su dia, á la que habia de asistir la corporacion, como hasta 1872 lo ha venido haciendo.

Algunos de los otros retablos están sirviendo en Santa Marina y la Fuensanta. El pequeño huerto que tuvo, fué uno de los cementerios generales cuando la invasion de la fiebre amarilla en 1804.

Hemos hablado minuciosamente de los hospitales de San Anton y San Juan de Díos ó San Lázaro, del Meson pintado y de la ermita de San Sebastian, y por lo tanto nos consideramos en el deber de consignar ciertos apuntes que á todos se refieren.

En el año 1599 se desarrolló en Sevilla una horrible y mortífera epidemia de landre, de que ya hemos hecho indicaciones; al siguiente se presentó en Córdoba, durando hasta 1601, siendo tantas las víctimas, que solo en el nombrado Hospital Real de San Lázaro fallecieron dos mil ciento treinta y ocho enfermos: lo mas fuerte del contagio fué desde principios de Abril de 1601 á fin de Junio de 1602; durante este tiempo y aun antes, hubo muchas rogativas á todas las imágenes mas veneradas, algunas de las cuales salieron en procesion, como lo fué Ntra. Sra. de Villaviciosa, los Santos Mártires y San Rafael.

En esta afliccion, se cundió por toda la ciudad, que una vecina del compás de San Agustin, viendo que un hijo suyo estaba muy malo con el landre, que le habia aparecido, le puso sobre él, por consejo de una monja, uno de los panecillos de San Nicolás de Tolentino, y que en el acto sanó: entonces otros hicieron lo mismo, y todos los que obraban con fé, consiguieron idéntico resultado, hasta el número de ocho, y para fallar si eran ó no milagros, el 22 de Enero de 1602, se juntaron en San Agustin cuatro médicos y cerca de treinta teólogos y abogados, bajo la presidencia del Provisor D. Fernando Molina y Saavedra, quien, despues de oir á todos, declaró aquellos como verdaderos milagros: fueron celebrados con una gran fiesta, repique é iluminaciones, y publicados con clarines por toda la ciudad; despues se hizo lo mismo con otros trece casos iguales, todo lo cual constaba en cuatro cuadernos ó procesos que se conservaban en el archivo de aquel convento. Con estos portentos y las declaraciones de milagros, hechas oficialmente, era grande la concurrencia que acudia á rogarle á San Nicolás, así como las hermandades que iban en procesion, tanto que la Ciudad, la Junta de la Salud y el Cabildo, decidieron pedir á los Padres Agustinos que consintiesen llevar al santo en procesion al hospital de San Lázaro, donde con los panecillos se habian mejorado muchos enfermos. Convínose en hacerlo, y la mañana del 7 de Junio, se verificó aquel acto con un gentío inmenso y una gran solemnidad. En la puerta de la iglesia del hospital estaba el capellan del mismo con un gran Crucifijo en las manos, y al acercar á San Nicolás, se lo arrimó de modo que los pies tocasen en la boca del santo, quedando todos admirados de que éste se abrazó á la Cruz con el mas cariñoso afecto, y entónces el Santo Cristo, desprendiendo las manos de los clavos, lo abrazó y estampó un ósculo en su frente, haciendo que todo el concurso prorumpiera en lágrimas y sollozos, que duraron todo el tiempo que las imágenes tardaron en recorrer las enfermerias de los cuatro edificios que constituian el hospital, obrando en estos dias otras treinta y cinco curaciones además de otros veinticuatro milagros de diferentes clases. Desde aquel dia empezó á descender la peste, en tales términos, que el 15 de Julio ya no habia ni un enfermo en el hospital; sin embargo, se esperó unos dias para publicar la salud, cuyo acto tuvo lugar con gran pompa y llevando un estandarte blanco que en un lado ostentaba la Vírgen con San Nicolás de Tolentino y varios niños al pié, y en el otro á San Sebastian y San Roque. Con este motivo hubo grandes fiestas en accion de gracias, siendo muchas las que la Ciudad, Cabildo, comunidades y particulares celebraron á este milagroso santo. La primera, reunida en cabildo en la mañana del dia 13 de Agosto del espresado año de 1602, hizo voto de asistir siempre el dia 10 de Setiembre á la fiesta de San Nicolás de Tolentino, como lo cumplió hasta 1832 en que predicó el Sr. D. Agustin Moreno, hijo de aquel convento y actual Director del Asilo de Mendicidad. De todo lo dicho tratan Fr. Cristóbal de Búrgos, que escribió la vida del santo; el Obispo Bucanato; Juan Bautista de Diecce, Vida de San Nicolás, impresa en Luca, 1688, y el P. M. Fr. Juan Sicardo, impresa en Madrid por Manuel Ruiz de Murga, 1701. Además, en aquella época se grabaron y circularon hasta por Italia, unas estampas que representaban á San Nicolás en el acto de abrazarlo el Santo Cristo. El último dice, que fueron tantos los panecillos del santo que se vendieron en aquellos dias, que los frailes gastaron en ellos ciento veinte y siete fanegas de harina.

En el contagio á que hacemos referencia, se pasaron muchos apuros, uniéndose el gran número de invadidos á la escaséz de recursos, puesto que las rentas del hospital de San Lázaro no bastaban á sufragar tanto gasto; así es, que además de las muchas limosnas que se recogieron, y de haber dispuesto el Cabildo, como patrono del hospital de S. Sebastian, que este diera de sus fondos cuatrocientos reales cada mes, fué preciso recurrir á otros medios, y éste fué, que sufragasen lo que faltara la Ciudad, el Cabildo y el Obispo, pagando cada cual una semana; tocó la primera al último, por la que entregó siete mil setecientos reales, segun anota el Sr. Ramirez Casas-Deza en sus *Anales*, quien dice, que creyéndose disminuir el mal, y en el deseo de distraer al vecindario, se dispuso por la Ciudad, que hubiese toros, á lo cual se opuso el Obispo D. Francisco Reinoso, cuyas razones se desoyeron: esto hizo que el mal se reprodujese de tal manera, que volvió á causar numerosas víctimas.

Cuando la epidemia mencionada, murieron en el hospital de San Lázaro dos ermitaños que habitaban en las cuevas de la Albaida, como casi todos los de aquel tiempo. Llamábanse Damian de Lara, natural de Bujalance, y Juan Perez de San Pablo, cordobés, que en sus primeros años se dedicó al estudio de las letras con bastante aprovechamiento: juntos vivian y trabajaban para mantenerse, alcanzando gran fama de virtuosos, y á la vez tambien fueron acometidos del landre; viniéronse á Córdoba y entraron en el hospital, donde murieron en un mismo dia. Arrojados los cadáveres á la fosa general, promovieron la lástima de los enfermeros, y uno de ellos, conocido por el hermano Juan Bautista, bajó á la zanja y los sacó sobre sus hombros, llamando la atencion de todos, que el Damian de Lara estaba abrazado á un Crucifijo de bronce que siempre habia tenido consigo: entonces lo sepultaron en la iglesia, que ha llegado hasta nosotros con el nombre de San Juan de Dios.

En 1648, se presentó en varios lugares de España otra gran epidemia de landre ó carbunclo, ocasionando muchos estragos, siendo Sevilla de las primeras que sufrieron tan terrible azote. Entonces, Córdoba acudió en su socorro, mandando lo que le fué posible, y se empezaron á tomar medidas á evitar la invasion ó precaver sus efectos. Se hicieron quitar los depósitos de estiércoles de las inmediaciones, limpiar calles y corrales, retirar animales nocivos, se cegó el Charcon ó rio verde en la Alameda del Corregidor, se prohibió el uso de ciertos alimentos, entre ellos el pescado, se evitó el contacto con los sevillanos, y se hízo cuanto la prudencia aconsejaba; mas el dia 9 de Mayo de 1649 fué invadido y murió en dos dias un vecino de Santa Marina, á quien enterraron de noche en el cementerio de aquella parroquia; quizá fué víctima de su caridad, por haber acogido en su hacienda á unos pobres sevillanos, á quienes no se permitió la entrada en Córdoba. Tras éste murió una vecina del barrio de San Andrés, desarrollándose el mal con lentitud, por lo que no se perdía la esperanza de que sería esta ciudad menos desgraciada que otras. Entonces principiaron las rogativas y procesiones, que fueron muchas é iremos describiendo cuando hablemos de cada imágen; se hicieron otras obras de caridad para implorar la clemencia del cielo; mas todo inútil: en el mes de Noviembre trageron presos unos cuantos gitanos que venian seguidos de sus familias, y los primeros en la cárcel y las segundas en los mezquinos mesones de la Corredera, dieron lugar á que en un punto y otro se desarrollase el mal en tanta violencia, que bien pronto se estendió por toda la ciudad. Los enfermos eran llevados inmediatamente á los hospitales, que lo fueron los cuatro edificios de que tenemos hecha mencion, si bien San Sebastian y el

Meson pintado eran para convalecer, y se quemaban los ropas y muebles hallados en sus habitaciones: dias hubo de reunirse mil quinientos enfermos en el espresado hospital, donde los apuros eran grandes para la asistencia y su costo, á todo lo cual se puso remedio. El Cabildo, la Ciudad, el Obispo, las comunidades y el vecindario todo, daban cuanto podian para el socorro de tan gran calamidad. De cada barrio fueron dos procesiones á llevar comestibles, ropas, leña y vendajes, como á el hablar de cada uno diremos, y salieron en rogativa casi todas las imágenes titulares de las iglesias y las de mayor devocion, sin que nada bastase á calmar siquiera tan atroces estragos. Uno de los apuros mayores era la falta de personas que quisiesen enterrar á los muertos, que eran arrastrados con garfios, hasta que se formó una hermandad de ocho jóvenes, que con una abnegacion digna de todo elogio, se dedicaron á esta piadosa operacion sin mas remuneracion que lo que cada familia queria darles; con ello, no solo se mantuvieron, sino que seis que se libraron del contagio, hicieron una lámpara de plata á la Vírgen del Socorro: fueron retratados en esta iglesia al pié de un Santo Cristo, que debió desaparecer en la reedificacion llevada á cabo unos treinta años despues.

Siguió su curso el contagio, hasta el 24 de Julio de 1650 que se publicó la salud con pregones y una gran fiesta á que asistió la Junta de Salud ó Sanidad, el Ayuntamiento y el pueblo todo, predicando el Obispo, quien logró conmover á los concurrentes, de los cuales apenas habria alguno que no hubiese sentido los efectos de la epidemia, puesto que sucumbieron en ella unas catorce mil personas. De esto escribieron minuciosamente los médicos Alonso de Búrgos y Nicolás de Vargas Valenzuela, y Martin de Córdoba, vecino de esta ciudad, cuyas obras pueden ver los que quieran saber mas pormenores.

En otras muchas épocas, en que Córdoba ha sido invadida por las epidemias, el hospital de San Lázaro ha sido el amparo de los desvalidos enfermos. En el año de 1398, segun la Crónica de Enrique III, fué tan espantosa la peste, que murieron en Córdoba durante los meses de Marzo, Abril, Mayo y Junio unas setenta mil personas, cifra para nosotros tan exagerada, que no podemos menos de suponer que se referiría á todo el reino de Córdoba, ó que se padecería una equivocacion al estampar los guarismos, añadiendo un cero; sin él se reducia á siete mil, mucho mas verosímil, porque mal podian morir las personas que no habia en esta ciudad, entonces bastante deshabitada.

En los años 1458 y 1459 hubo tambien epidemia, en que Córdoba fué muy castigada: los pobres eran acogidos en San Lázaro, y toda la poblacion acudió á socorrerlos, segun la fortuna de cada cual ó los fondos con que las corporaciones contaban.

En 1506 encontramos anotada otra epidemia que duró hasta Julio del año siguiente, cuyo mal, unido á la escasez de trigo y demás medios de vivir, puso á los cordobeses en una situacion harto triste y deplorable.

En 1535 se desarrolló otra epidemia, unida á la falta de agua: se hicieron muchas rogativas y sacaron en procesion las imágenes en quienes cifraban mas esperanzas de alcanzar la salud, y especialmente la milagrosa Vírgen de Villaviciosa.

En 1580 hubo la epidemia que dicen del catarro, en que murieron tambien muchas personas, haciendo aun mayores males por la esterilidad de aquellos años.

Repitióse con peor carácter en los años siguientes de 1581 y 82, apesar de que se tomaron grandes providencias para evitar que se contagiase Córdoba; estuvieron las puertas tapiadas, se evitaron las reuniones hasta el punto de acortar la carrera de la procesion del Corpus, que solo fué á San Francisco, y suprimir la de la Octava, y hacerse gran número de rogativas. En esta ocasion prestó grandes servicios el Corregidor Guillen del Castillo.

En 1590, hallamos tambien rogativas por la salud pública.

Siguieron las epidemias de 1601, 1649 y 1650, ya referidas.

En 1682 sufrió Córdoba otra peste en que estuvieron enfermos casi todos sus vecinos, si bien el número de defunciones fué muy corto en relacion con el de los invadidos; hubo muchas rogativas y se llevó á la Catedral la Vírgen de Villaviciosa y las Reliquias de los Santos Mártires, que aquel año formaron parte de la procesion del Corpus. Los enfermos pobres eran asistidos en el hospital real de San Lázaro, donde los frailes de San Juan de Dios dieron grandes muestras de caridad, dirigidos por Fr. Diego Bermudez, que despues fué Provincial de su órden: estos achacaron la mejoría á la intercesion de su Patriarca, perpetuándola en un gran cuadro que hasta la exclaustracion estuvo en la portería de su convento. Socorriéronse de los fondos de los demás hospitales: el Cabildo, la Ciudad y hasta los vecinos empezaron como en 1650 á ir en procesiones con toda clase de donativos; mas la peste empezó á hacer grandes estragos en los del barrio de San Miguel, y la Junta de Salud prohibió esta forma, mandando emplear otra para que la aglomeracion de gente no aumentase el contagio. El 25 de Julio se publicó la salud; y á seguida se hicieron muchas fiestas en accion de gracias y unas suntuosas honras en la Catedral por el eterno descanso de las víctimas.

Otras epidemias pudiéramos contar, como la de tabardillos en 1736, en que, segun algunos autores, murieron unas quince mil personas; mas, como solo tratamos de aquellas en que prestó sus humanitarios servicios el hospital de San Lázaro, las dejamos para cuando lleguemos á su lugar.

Delante de la que fué ermita de San Sebastian, á izquierda de la carretera, descuellan dos cipreces á los lados de un nicho ó humilladero de raquítica forma, en el que siempre se vé una luz alumbrando á una pequeña imágen de Jesús Crucificado, con la advocacion de los Caminantes, quienes se encomendaban á él, dando limosnas y rezando al principiar ó terminar sus viajes. Su creacion no pasa de fines del siglo XVIII, ó sea á el hacerse la carretera general en el reinado de Cárlos III; á su lado se ven tres gradas de piedra caliza en forma circular, y en su centro se levanta un pedestal con una gran cruz de madera, que fué renovada en estos últimos tiempos.

Su historia se eleva al año de 1512, en que llegado el tiempo de la novena á San Sebastian, la cofradía, entonces en todo su apogeo, compuesta de lo mas principal de la poblacion, dispuso celebrarla con gran pompa, adornando el templo como nunca se habia conocido: los devotos llevaron cuantas alhajas y objetos preciosos tenian en sus casas; la iglesia se veia todas las tardes complatamente llena por la gente que acudía llevada de su devocion y curiosidad. Una tarde, al terminar aquellos cultos, un hombre se quedó escondido en el púlpito, sin que nadie lo viese y teniendo á su disposicion toda la noche; durante ella sacó las alhajas que pudo, y se marchó, dejando la puerta entornada. Cuando el sacristan vió á la mañana siguiente el robo que le habian hecho, salió al campo dando voces, acudieron algunos vecinos, dieron parte al Corregidor, al presidente de la cofradía, y á cuantas personas encontraban, acudiendo todos al sitio de la desgracia. El primero empezó á adoptar medidas, y una de ellas fué la prision de cuatro ó seis gitanos que cerca habian pasado la noche. En aquel tiempo era muy frecuente verlos en despoblado por no pagar la posada, abuso que aun hoy se permiten y con frecuencia vemos, y en particular cuando se acercan las férias y hácia el sitio á que nos referimos. Los presos, inocentes de aquel robo, clamaban al Corregidor que los mandase poner en libertad, y cuentan, que una linda gitana de negra y sedosa cabellera y ojos como de azabache, de esas que dicen la buenaventura á cuantas personas las socorren, se presentó ofreciendo que si ponian en salvo á sus compañeros y se guardaba el mayor secreto, ella descubriría al verdadero criminal; hízose así, y á los tres dias, no solo se descubrió el lugar en que estaban las alhajas, sino á el autor de un robo que tanto habia escandalizado á los cordobeses, el cual fué sentenciado á morir en aquel sitio, y que su cadáver estuviese en él hasta que se corrompiese ó lo devorasen los animales, lo que se hubiera cumplido en todas sus partes, si la hermandad de la Santa Caridad no le hubiese dado sepultura: la de San Sebastian colocó la cruz á que nos hemos referido, en memoria de este suceso que tradicionalmente ha llegado hasta nosotros.

En los apuntes para la historia de Córdoba, que manuscritos existen en el archivo del Ayuntamiento y pasan por de Andrés de Morales, cuando eran de su tio Fr. Alfonso García de Morales, se vierte la idea de que en los primeros siglos del cristianismo debieron existir en Córdoba algunos frailes del Cármen, si bien en forma de anacoretas ó ermitaños; mas esto no pasa de ser una opinion que no vemos bien fundada, y por lo tanto no nos merece entero crédito; así, solo diremos, que en 1510, segun este autor y en 1542, segun otros, se fundó en Córdoba el convento de esta religion, mas allá del arroyo de las Piedras, ó sea detrás del hospital de San Lázaro: lo insalubre del sitio, les hizo trasladarse al que aun ocupa á la salida de la puerta de Alcolea, sirviéndole de iglesia en un principio, una ermita que habia con el título de Ntra. Sra de la Cabeza, que aun existe con su hermandad, colocada la imágen sobre el tabernáculo del altar mayor. Morales dice, que la traslacion fué en el citado año

1542: otros, entre ellos el Sr. Ramirez Casas-Deza, que entonces fué la primitiva fundacion, y que en 1580 se varió al lugar en que aun lo vemos. Era un buen convento, aunque no muy grande, con un hermoso patio claustrado, donde aun se ven setenta y cuatro hermosas columnas que sostienen sus arcos.

La comunidad del Cármen Calzado era de las mas numerosas é ilustradas: en el censo de poblacion de 1718, la encontramos con cuarenta y cuatro religiosos profesos, además de los donados, y eso que parte de ella radicaba en el colegio de San Roque, barrio de la Catedral, en el que tenian las clases ó cátedras; su fundacion arroja tambien algunos datos muy curiosos y que deseamos conozcan nuestros lectores, y anotaremos cuando á él dirijamos nuestro paseo. Sirvió de base para su creacion la suma de cuatro mil ducados, de que hizo donacion Fr. Andrés de Ibarra, vizcaino, de cuarenta y dos años, que entró de fraile en este convento y profesó en 13 de Junio de 1614, en manos del Provincial Fr. Pedro de Carranza.

Muchos son los frailes del Cármen que alcanzaron fama de notables predicadores, y de los que debemos citar al P. M. Fr. Diego de Leon, que despues de ser prior en este y otros conventos, llegó á ser Obispo de Coimbra y asistió al célebre Concilio de Trento, y Fr. Miguel de Cárdenas, natural de Córdoba, que murió en 1677: desempeñó los obispados de Ciudad Rodrigo y Badajoz, á cuya gerarquía lo elevaron sus merecimientos.

Cuando la venida de los franceses en 1808, sufrió mucho este convento por la proximidad á la Puerta Nueva; despues en 1810, exclaustraron á los frailes y se destrozó el edificio, perdiéndose muchos objetos de valor, entre ellos casi todos los libros de su biblioteca, que era muy numerosa y escogida, gastándose gran parte en hacer cartuchos en el Parque, á donde se los llevaban por cargas, además de los que quemaron para guisar los ranchos, en que se consumió la madera de casi todos los retablos y muebles que la soldadesca hubo á la mano. En 1814 se recogió lo que se pudo, y en la tarde del dia 14 de Junio llevaron en procesion la Vírgen del Cármen, que se habia conservado en la Magdalena.

La iglesia, de que son patronos los Marqueses de Villaseca por el Condado de la Jarosa, teniendo enterramiento en la bóveda que hay debajo de la capilla mayor, por lo que estos señores han contribuido con largueza á las reparaciones que se han hecho en este templo, consta de una sola y espaciosa nave. El retablo del altar mayor puede considerarse como un pequeño museo, en que se conservan once cuadros pintados en 1658 por el célebre artista cordobés Juan Valdés Leal, uno de los mas notables de su tiempo, y que compitió con Murillo, á quien venció en algunas ocasiones, y del que se ocupan con elogio muchos escritores, entre ellos Palomino y Saenz Bermudez en sus obras sobre los pintores.

Repartidos por la iglesia se ven varios altares, como es el de la Vírgen del Cármen, que tiene hermandad, Santa Teresa, escultura muy linda, San Elías, San Bernardo, la Concepcion y otros: en el lado del evangelio existe una capilla con camarin, donde el Colegio de Escribanos tuvo su hermandad del Santo Sepulcro, trasladada á la parroquia del Salvador y Santo Domingo de Silos, y en la que hay un cuadro de Agustin del Castillo; desde el arco de la capilla mayor hasta el final de la iglesia, cubre á esta un magnífico artesonado, así como es muy notable el tallado del entresuelo del coro, que consideramos de mucho valor y mérito.

A este barrio pertenece tambien el cementerio que llaman de San Rafael, al que estan destinados los cadáveres de los vecinos de los barrios de la Magdalena, Santiago, San Pedro, Santos Nicolás y Eulogio de la Ajerquía, San Andrés, San Lorenzo y Santa Marina. Fué construido en 1833, en virtud de comision dada por el Gobierno al Intendente D. Miguel Boltri, quien creyendo insuficiente el de la Salud, empezó éste en terreno de las hazas conocidas por la Gitana, Pineda ó Cortijuelo y las Infantas, costeándose con los fondos existentes de los arbitrios establecidos para los Realistas y veinte mil reales que dió el Cabildo eclesiástico. Se concluyó en 1835, bendiciéndolo el Obispo D. Juan José Bonel y Orbe, que despues fué Arzobispo de Toledo, y se inhumó el primer cadáver el 16 de Junio del mismo año, pasando ya de veinte mil los cadáveres que se encuentran en aquel fúnebre recinto: medía dos fanegas y siete celemines y medio de terreno, sin la ampliacion hecha en 1873. En 1849 se le hicieron grandes mejoras, entre ellas la construccion de la capilla, á que se agregó la ermita de San Sebastian, la casa y varias otras oficinas, utilizando al efecto algunos materiales del convento de San Pablo, como las puertas de entrada é iglesia, que son de caoba, y las columnas estriadas que se ven en los arcos. Su altar, único, era del convento de la Encarnacion Agustina, hoy Escuela de Veterinaria, y su lindo cuadro con un Crucifijo, obra de José de Saravia, se llevó de uno de los claustros de San Francisco; tres de las esculturas que hay, doce cuadros con el martirio de los Apóstoles y la campana, eran de la ya espresada iglesia de San Sebastian; últimamente le han puesto el púlpito que habia en San Juan de Dios y se libró del incendio. El San Rafael que hay sobre la puerta, estuvo en un monumento ó triunfo que hubo delante del convento de la Arrizafa, y el de la iglesia se llevó de la del Juramento.

En el centro se pensó colocar otro ovelisco que estaba junto á San Cayetano, y hasta se llevó; pero no gustando, pusieron un pedestal con la estátua de la Fé: fundióla D. Rafael Morado, y por cierto nada particular ofrece á los ojos de las personas entendidas.

Los cuadros ó departamentos se señalaron con acácias y cipreces, y viendo que las primeras destruian las obras de fábrica, se arrancaron, quedando los segundos.

Las bovedillas tienen delante una galeria formada con arcos que se empezaron á construir en 1861, y en ellas se ven varias lápidas que recuerdan á personas, de las cuales, algunas merecen que se consignen sus nombres en los apuntes siguientes:

D. Antonio de Fuentes y Horcas, Doctor en Jurisprudencia, jóven estudioso y entendido, que murió á los 23 años de edad, en 22 de Octubre de 1848, cuando estaba publicando un periódico satírico titulado *El Dios Momo*, perfectamente escrito.

D. Rafael de Soto y Camacho, Pbro., beneficiado de la parroquia de San Pedro, á quien el vulgo tenia por santo y atribuia el don de hacer milagros, tanto, que muerto en el dia 10 de Mayo de 1852, á los 79 años, se depositó en la iglesia del Socorro, y acudió tanta gente á tocar los rosarios en el cadáver y arrancarle pedazos de la ropa, que fué preciso mandar una pareja de la Guardia civil con un empleado del Gobierno, á desalojar la iglesia é imponer órden: el Ayuntamiento reconoció sus virtudes y le concedió el goce de una bovedilla perpétua.

D. Miguel de Luque, farmacéutico notable, autor de varias memorias sobre el cultivo de la vid y otros trabajos, murió en 19 de Setiembre de 1853, á los 79 años.

D. Rafael Pavon, tambien farmacéutico muy ilustrado; siendo individuo del Ayuntamiento en la época de 1820 á 1823, concibió é hizo llevar á cabo la traslacion de la cárcel desde la Corredera al edificio que fué Tribunal de la Inquisicion, donde se encuentra, además de otros muchos servicios que prestó á Córdoba, su patria; murió en 8 de Mayo de 1855, y fué padre del conocido escritor D. Francisco de Borja, actual Secretario de la Academia de Ciencias y Bellas Letras de esta ciudad.

D. Diego Galindo, Pbro., natural de Lucena y sacristan mayor de la parroquia de San Andrés, muy buen tallista, hizo un hermoso frontal para dicha iglesia: muchos años antes de su fallecimiento estuvo pensando en él y tuvo la paciencia de labrarse su ataud, el féretro en que como sacerdote habian de llevar su cadáver, y que compró despues el Cabildo eclesiástico, la mortaja, capilla, lápida con embutidos de diferentes maderas, y por último hasta imprimió las papeletas de convite para su funeral, que, sucediendo mucho despues, ocurrió que habian muerto antes que él varios de los que convidaban.

D. Dionisio Sanchez, fraile del convento de Madre de Dios y luego Rector mas de cincuenta años de la parroquia de Santiago, teólogo muy notable, que llegó á adquirir gran fama de orador sagrado; falleció de 93 años, diciendo misa y asistiendo á su iglesia casi hasta el dia 20 de Enero de 1866 en que ocurrió su muerte.

D. Antonio Gomez Matute, natural de Granada, autor de ocho obras dramáticas, egecutadas con buen éxito; habiendo venido á Córdoba de representante del Cambio Universal, murió de calenturas, en el dia 16 de Enero de 1863.

D. Pedro Nolasco Melendez, natural de Segovia, notable arquitecto, primero municipal y luego provincial, poeta fácil y fecundo, premiado en los Juegos florales verificados en Córdoba en los años de 1860 y 1863, persona sumamente apreciada entre sus numerosos amigos; falleció en el dia 21 de Octubre de 1865.

D. Antonio Cubero, médico aprovechado, que escribió varias memorias sobre medicina, algunas poesias y una comedia que fué representada en el teatro de Moratin; murió el 26 de Octubre de 1866.

D. Antonio Capo, actor de los mas aplaudidos de su tiempo, tal vez el primer sisógrafo que se ha conocido, y como tal premiado en varias esposiones; falleció en 1870.

D. Arcadio Garcia, médico de muy buen concepto; como hermano mayor de la cofradía de San Rafael, hizo grandes mejoras en su iglesia, de las que hablaremos al ocuparnos de ella; murió en 26 de Junio de 1870.

D. Joaquin Hernandez de Tejada y Garcia La Madrid, pintor de mucho mérito, cuyas obras honrarán siempre su memoria; falleció en 3 de Agosto de 1871 á los 44 años, y el Ayuntamiento, conociendo la clase de artista que era, concedió á su cadáver el goce de una bovedilla, al par que sus amigos y discípulos le costearon la lápida en que se recuerda su nombre.

D. Juan José Aguado, natural de Pinos del Valle, abogado, Cura propio de la parroquia de Santa Marina, donde todos los vecinos le tenian un entrañable afecto por su desprendimiento y carácter bondadoso, escritor independiente y que se ocupaba en redactar una obra filosófica, cuando le sorprendió la muerte á los 62 años, en el dia 18 de Agosto de 1871.

D. Manuel Bolaño, modesto escultor, de quien hay repartidas varias imágenes en algunas iglesias de Córdoba y la provincia; murió de 37 años en 25 de Enero de 1868.

Y por último, en la fosa comun yace D. José Perez, modesto pintor, notable en Heráldica, que murió pobre en el hospital provincial de Crónicos, cuando aun no había cumplido los cuarenta años.

En una bovedilla se vé tambien la lápida de D. Luis Borrego, hombre de vida borrascosa, que habiéndose echado al campo fué el segundo de la partida de bandidos que capitaneaba el célebre y temible José María; perteneció tambien á la del Renegado, y despues, arrepentido de sus desaciertos, se acogió á indulto, y recogido en Benamejí, su conducta morigerada lo llevó hasta ser alcalde segundo de aquella villa; mas viniendo á Córdoba, fué acometido de un accidente, del que quedó muerto en la plazuela de los Aguayos, por donde casualmente pasaba.

En este cementerio fueron inhumados en bovedillas que les concedió el Ayuntamiento, los gefes y oficiales muertos en la batalla de Alcolea en 1868.

He terminado mi paseo por el barrio de la Magdalena, dejando la parte que tiene lejos de la poblacion para cuando me ocupe del término de Córdoba, ahora dejo descansar á mis lectores, y pronto los llevaré á dar conmigo otro paseo por el barrio de San Lorenzo.

PASEO SEGUNDO.

Barrio de San Lorenzo.

El barrio de San Lorenzo, uno de los mas numerosos en vecindario, pertenece á la Ajerquía de Córdoba: linda con el de la Magdalena, y tan enlazado con él, que la calle Abejar, de la cuál nos hemos ocupado, pertenece á los dos; ésta procsimidad y linderos nos hace dirigir á él nuestro segundo paseo, y sin pretension alguna ir manifestando cuanto en sus iglesias, calles y demás, encontremos digno de llamar la atencion de nuestros lectores. Nada tan natural y prudente que buscar un punto fijo de partida, y así, nos iremos desde luego á la parroquia, desde donde despues recorreremos aquel gran barrio, que no dejará de proporcionar curiosos datos para nuestra obra.

El P. Martin de Roá, Sanchez Feria y otros escritores, opinan y dan razones, que en este lugar debió existir alguno de los templos gentílicos, y que cuando el Emperador Constantino se convirtió al Catolicismo, se constituiria aquí una de las primeras iglesias, permaneciendo mientras los godos y aun árabes, si bien, como ya indicamos, se le desmochó la torre por órden de Mahomad, Rey de Córdoba.

D. Francisco Carrillo de Córdoba, en su *Certámen histórico por la pátria del esclarecido protomártir español San Laurencio,* impreso en Córdoba, (1673) sostiene que este templo fué edificado hácia el año 553 de Jesucristo, y que debió serlo en el mismo sitio en que aquel tuvo su morada. No somos de su dictámen en asegurar que San Lorenzo nació en Córdoba, pues en lo mucho escrito sobre este asunto, vemos mas razones á favor de Huesca.

Despues de la Conquista, aparece ya entre las catorce parroquias erigidas por San Fernando, llevando el título de San Llorente, Laurencio ó Lorenzo, que es igual. Su construccion parece muy antigua y es gótico-bizantina. Su torre hasta la altura de la nave, parece un torreon antiguo, y pudo muy bien ser la desmochada, y desde allí es de construccion mucho mas moderna, por cierto muy gallarda y con arcos para doce campanas, aunque solo cuenta cinco: el segundo cuerpo tiene los ángulos cambiados, dándole cierta originalidad que la distingue de todas las demás torres de su clase. Este templo tiene tres puertas iguales en su órden, y la principal no luce tanto, porque con posterioridad le formaron un pórtico ó galería con cinco arcos, tres al frente, de los que solo existe abierto uno, y otros dos á los costados, ó sea á las calles Mayor y entrada á la de la Banda ó Cementerio viejo. Por cima y ocupando el centro de la fachada, tiene un magnífico roseton primorosamente labrado, y en él la siguiente inscripcion:

Acabóse año 1555, *siendo Rector y Obrero el Licenciado Alvaro Ruiz de Torres.* Ésta lindísima obra del arte, bien sola ó bien con toda la fachada, figura en muchos periódicos y obras ilustradas, como *El Semanario pintoresco, El Museo de las familias, Recuerdos y bellezas de España,* y otras no menos importantes.

Antes de esta reforma, toda la pared de su imafronte era completamente lisa, dándole al edificio una gravedad encantadora: en él todo es bello y caprichoso, pues hasta las ventanas de las naves laterales tienen una figura estraña, sin parteluz y con unos rosetoncillos en sus vértices, como sugetos por unos cordones ondulantes. El espresado pórtico tuvo abiertos los tres arcos de frente, y por ellos se veia desde la calle de Santa María de Gracia el farol que alumbraba á un Jesus atado á la columna, San Lorenzo y San Roque, que hubo pintados al fresco en la pared, y cuya luz costeaba una señora de la familia de los Marqueses de la Granja, que vivia en la casa que ocupó el solar que conocemos aun por el Cuartel de la Piedra azul, la que desde su balcon rezaba á aquellas imágenes de su particular devocion; primero desapareció la casa, y casi mediado este siglo, la pintura de que hemos hecho mérito. El interior es tambien gótico-bizantino; aunque ha perdido mucho, conserva aquel carácter en las capillas mayor y en la del sagrario, así como en otra que está incorporada á la sacristía con el título de la Magdalena, en la que tienen enterramiento sus patronos los Marqueses de Villaseca, por haberla fundado D. Pedro Fernandez de Valenzuela: á ella se trasladaron los restos encontrados en la iglesia de los Mártires, en la Rivera. El retablo principal es tambien gótico y uno de los mejores de Córdoba, en su forma y detalles, sin que podamos asegurar cuando fué construido, y sí que lo doraron á mediados del siglo XVIII, segun una inscripcion. Por cima del tabernáculo tiene una escultura que representa al titular, mas arriba un Crucifijo, y á los lados lienzos en que están pintados San Juan, la Magdalena, y varios pasos de la vida de San Lorenzo, al parecer todos de algun mérito artístico. Un manuscrito antiguo que hemos examinado, hace una sucinta reseña del crucero, y por cierto que en nada se asemeja á lo existente; dice: «En el crucero de esta iglesia, que es de suntuosa fábrica y labor de madera, donde está un Santo Cristo Crucificado, Nuestra Señora y Señor San Juan y dos escudos de armas de Obispo; y en el cuerpo del crucero toda la Pasion, y á otros dos lados los Profetas Menores Simeon y Hieremias, se halla esta inscripcion:

REGNANTES LOS MUY CATHÓLICOS
PRINCIPES DOÑA JUANA Y DON CÁRLOS
SU HIJO, SIENDO OBISPO DE CÓRDOBA
EL M. ILLMO. SEÑOR DON ALONSO
MANRIQVE, SE ACABÓ ESTA OBRA
EN EL AÑO DE M. D. XVII. POR EL
MES DE JVLIO.»

Segun esta inscripcion, los escudos de armas debian ser los del Sr. Manrique; pero ni la mas pequeña señal existe de ellos ni de lo demás que antes copiamos: sin duda desaparecerian en tiempo de D. Leopoldo de Austria, cuando se hizo el roseton y la torre, y se reformó todo el interior de la iglesia, en perjuicio de las Artes y la Historia,

En la capilla mayor habia varios enterramientos de familias ilustres, como el de Pedro Velasco y sus descendientes, fundado en 1460, el de los Muñoces de Velasco, el que formó el capitan D. Francisco Ortiz de Zúñiga y Alarcon, á los que despues representaban los Aguayos, Sotomayores y Zúñigas, y en el lado del evangelio el de los Pinedas del Valle de Carranza, reedificado muchos años despues por D. Juan Gomez de Pineda, del Orden de Santiago.

Los altares colaterales son de talla, dorados y churriguerescos: el del lado de la epístola está dedicado á San Lorenzo y es de patronato de los Garcías de Paredes, y el del evangelio á la Vírgen de los Remedios, que tuvo una numerosa cofradía, cuyas reglas aprobó el Cardenal Salazar en 1692.

La nave de este lado forma capilla con un altar en que se dá culto á un gran Crucifijo de escultura, con San Juan y la Magdalena pintados al fresco, formando un contraste estraño, y si se quiere hasta ridículo. En otros dos altares de esta nave se venera á San José y San Antonio.

La nave de la epístola forma tambien capilla dedicada á Jesus Nazareno, con la advocacion del Calvario, del que cuida una hermandad, con aprobacion del Sr. Siuri, y por cima otra escultura muy antigua que representa á San Roque. La primera de estas dos imágenes era sacada y llevada procesionalmente todos los años, en la tarde del Domingo de Pasion, al egido llamado el Marrubial, donde, subiéndolo al Calvario, echaba la bendicion al campo; despues le variaron la carrera por la poblacion, y últimamente forma parte del Santo Entierro, los años que éste se efectua. El retablo se le doró en 1785, siendo hermano mayor Salvador Manosalbas; esta capilla es patronato de los Serranos y Tobosos, quienes tienen en ella enterramiento.

Muy cerca se vé otra capilla, completamente gótica, dedicada á sagrario, y con parte de su bóveda pintada al fresco: tiene tres altares, uno para el depósito con una Concepcion y dos Apóstoles, esculturas muy antiguas: en los otros dos, hechos en 1594, hay un Niño Jesus y un San Nicolás de Bari.

Esta capilla se llamaba de Ntra. Sra. de la Antigua, era propiedad de los Minayes y tenia antes los nombres de sus fundadores, de lo que últimamente solo se podia leer «Veinticuatro de Córdoba y Leonor de Escabias.» La cofradía del Santísimo, allí establecida, conserva sus reglas escritas en pergamino y aprobadas en 13 de Junio de 1538 por el Provisor Lic. Fernando Morante, siendo Obispo de Córdoba D. Pedro Manrique; creemos, sin embargo, que las sacramentales son mas antiguas de lo que en general aparece. Hásele unido en estos últimos años la cofradía de Animas, su contemporánea, puesto que en 29 de Noviembre de 1545 le fueron aprobadas las reglas; en estas encontramos, que por ellas se regian tambien las cofradías establecidas en los hospitales de San Martin, ermita de las Montañas, y el de San Sebastian que hubo en la plazuela del Cementerio viejo, segun los linderos que fijan á otra casa en una escritura de venta otorgada en 25 de Setiembre de 1519 ante Francisco Fernandez Maquedano. En otros documentos del siglo XV, se habla tambien de ese hospital y de los de Santa Catalina y Santa María de las Huertas, en el barrio de San Lorenzo, pero sin fijar el sitio, que aun no hemos aclarado.

En esta parroquia se venera una reliquia de su titular, que se espone al público en su dia.

Los libros parroquiales principian, los de bautismos en 1568, los de matrimonios en 1571, y los de defunciones en 1636.

En uno de ellos hemos visto una nota en que se consigna que en la tarde del dia 22 de Mayo de 1815, se sintió una gran tormenta, y estando refugiados en el pórtico una porcion de hombres, entre ellos el teniente cura de aquella parroquia, D. Manuel Prieto, cayó un rayo con tanta violencia sobre el San Lorenzo que habia en lo alto de la torre, que lo partió y derribó medio sobre el pórtico, cuyo techo oradó, yendo á dar en el suelo, casi en los piés del espresado sacerdote. La escultura fué colocada en su sitio, poniéndole una piedra redonda por cabeza, la que otros rayos han derribado despues.

Esta torre es el punto mas combatido en Córdoba por las exhalaciones; deben influir en esto dos circunstancias: primera, ser el edificio mas elevado de todos aquellos alrededores, llanos en general, y segunda, la gran cantidad de hierro con que toda la torre está encadenada, y una gran barra formando punta que sostiene la escultura. En 1863, á las oraciones y en el momento de ir á un bautismo, cayó una centella que, bajando casi por el sitio de las cuerdas de las campanas, derribó algun material, el que hirió á uno de los dependientes.

En 1687, se pensó celebrar la fiesta de San Lorenzo, y al efecto se iluminó la torre en la noche del 9 de Agosto; se infiere que alguna de las luminarias se caería en la bóveda, cuando ésta principió á arder, sin que nadie se apercibiese de ello hasta que el fuego tomó grandes proporciones; así es, que las campanas de la Magdalena y San Andrés fueron las que dieron el aviso. Con este motivo acudieron muchos operarios, lográndose al fin salvar una gran parte del templo y sacar el Sacramento, que trasladaron á los Padres de Gracia. La reedificacion se llevó á cabo bien pronto, gracias al empeño que demostró el Corregidor y Justicia mayor de Córdoba D. Francisco Ronquillo y Briceño, á quien ayudó todo el vecindario. Sobre este suceso escribió un canto, que titula poema, D. Gerónimo Rafael de Estrada, y fué impreso en Córdoba por Francisco Antonio de Cea y Paniagua, Pbro., en el mismo año. En esta iglesia fueron bautizados el Dr. D. Gonzalo Serrano, que nació en 5 de Noviembre de 1670, el hermano Francisco de Jesus, gran reformador de los Ermitaños, que nació en 7 de Junio de 1673, y el P. M. Fr. José de Jesus Muñoz Capilla.

El personal actual de esta parroquia es de un rector, dos coadjutores y los dependientes de reglamento; en lo antiguo tuvo una rectoría, seis beneficios, un préstamo y dos prestameras.

El mucho vecindario de este barrio y las malas condiciones de sus casas en general, ha hecho, sin duda, que en todas las epidemias sea muy castigado, particularmente en la de los años 1649 y 1650, en que algunos creian que se iba á quedar desierto; sin embargo, aquellos afligidos habitantes, á imitacion de otros, acudieron al socorro de los pobres enfermos en el hospital de San Lázaro, y el dia 23 de Enero de 1650 formaron una procesion de esta manera: Cinco acémilas adornadas vistosamente con aparejos, pretales, cintas y campanillas, cargadas, una de romero, otra de vino y tres de limones y naranjas; detrás otras doce con leña, doce caballos adornados como si fuesen á una justa, todos cargados de trigo, cincuenta carneros guiados por un manso adornado de cintas y flores; tras estos, muchos hombres con veinticuatro espuertas de á media fanega, llenas de pan, doce esportones con media fanega de pasas cada uno, dos arrobas de almendras, doscientas gallinas, seis jamones, ochocientos huevos, ochenta y siete libras de bizcochos, doce idem de manteca de azahar, ocho pomos de agua de olor ó ambar, cincuenta salvillas de hilas, vendas y cabezales, seis tohallas, dos macetas de jabon, trece espuertas de alhucema, y muchos panecillos de San Nicolás, á que ya hemos dicho que atribuian virtudes milagrosas, y detrás algunas luces y la imágen de San Lorenzo.

Delante de esta parroquia hay una plazuela en forma triangular, con una salida por cada ángulo y además la calle de Roelas en uno de sus lados: en el centro tiene una raquítica fuente de mármol negro, con tres pajas de agua de la llamada de los Padres de Gracia ó Miraflores, que nace en el arroyo del Camello, y alrededor algunos árboles plantados hácia al año 1854.

Desde este punto hasta el Realejo, en que se corta el barrio, hay una calle que, segun algunos autores, es tan antigua que alcanza á los Romanos: en la actualidad se llama de Santa María de Gracia, por el convento de esta advocacion. Tiene varias afluentes que debemor ir anotando: primera, calle de los Pleitineros, que desemboca en la plazuela de los Caballos, tomó el nombre de unos de ese oficio que vivieron en ella, y antes se llamó de los Carretones; segunda, de la Cruz, que desemboca en la de Abejar, y se llamó así, perdiendo el título de Horno de Hoces que tuvo, por el que hay en ella y era de dichos señores, como éste sustituyó al de Juan de Velasco, Jurado de aquel barrio, por una gran cruz que tuvo hasta 1841, en la esquina de una calleja sin salida que tiene y llaman de los Puchinelas, sin duda interpretando mal su título, que es de la Pichelera, por vivir en ella una muger que se ocupaba en hacer picheles, especie de vaso de metal muy usado en otros tiempos; la tercera, es una calleja sin salida que ha ido variando de nombre, segun las personas que en ella han vivido: ahora se llama de Peña, antes de Doña Francisca, y primero de Lesma, apellido ilustre que ya no aparece en esta ciudad; cuarta, Portería de Santa María de Gracia, por encontrarse ésta en ella, y dá paso á la plazuela del Juramento ó San Rafael; y quinta, la del Verdugo, que generalmente achacan á haber vivido en una de sus casas el ejecutor de la justicia, lo que es una vulgaridad, pues éste tenia su morada cerca de la Cárcel; el verdadero nombre es de Pedro Verdugo, uno de los dueños que ha tenido la casa que llaman Cuartel de la Piedra azul, y fué la solariega de los Marqueses de la Granja, tomando este nombre de una losa azul que aun se vé en su fachada, y por haber servido de cuartel en varias ocasiones, despues que aquel mayorazgo recayó en personas ausentes de Córdoba. En la casa núm. 108 falleció de una afeccion al hígado y casi repentinamente, D. Joaquin Hernandez de Tejada, citado al ocuparnos del Cementerio de San Rafael: esta casa creen algunos que fué hospital, porque así se dice tradicionalmente; tal vez sería alguno de los dos cuyo sitio no hemos podido designar.

D. Pedro Ruiz de Cárdenas, Alcalde mayor y Veinticuatro de Córdoba, de quien dijimos en el paseo anterior que casó con D.ª María Fernandez de Arenillas, no logró sucesion en su matrimonio, y deseando emplear sus bienes en alguna obra meritoria, en 16 de Enero de 1475 otorgó su testamento ante Diego Correa, mandándose enterrar en la capilla de Santa María de Gracia, en los claustros del convento de San Agustin, y que sus casas principales en el barrio de San Lorenzo, linderas con las de Alfonso Sanchez de Castro, otras de Cárdenas y el arroyo, fuesen para fundar un colegio de doce mugeres honestas, por las ánimas de D. Pedro Fernandez de Córdoba y D.ª Elvira de Herrera su muger, la de sus padres, hermanos y parientes: dejóles situados doce cahíces de pan terciado sobre el cortijo de Guadatin, otras casas en el barrio de San Nicolás de la Ajerquía, un meson y otras casas en Barrio nuevo, hoy calle de Maese Luis, y dos mil maravedices de renta sobre otros bienes. Dispuso que once de aquellas, fuesen llamadas hermanas menores, y por hermana mayor y patrona, nombró á su muger, tras ella á su sobrina D.ª Elvira Fernandez de Córdoba, hija de su hermana D.ª Leonor Sanchez de

Cárdenas, y que despues fuese hermana mayor, una matrona noble de las de su linage, nombrada por eleccion entre las once, y que tuviera el patronato su sobrino Luis Gomez de Cárdenas y sus sucesores, á favor del cual fundó tambien un mayorazgo con los demás bienes que poseia. En 23 de Febrero de 1488, tomó posesion de la plaza de hermana mayor la espresada D.ª Elvira Fernandez de Cárdenas, y hé aquí el principio del convento de Santa María de Gracia, en que despues se convirtió aquel beaterio, cuyo patronato conservan los Sres. Cañaverales, teniendo derecho á dar varias plazas de religiosas los Sres. Bodaña y los Condes de Villanueva de Córdoba y de Prado Castellano.

Este convento ha sufrido varias reformas; en 1601 le labraron la iglesia, que es de muy buena forma, con el presbiterio muy lindo, y un altar mayor en cuyo centro se vé un buen cuadro de la Encarnacion; ocupan sus lados otros que representan á San Pedro de Verona y Santo Domingo de Guzman, á cuya órden pertenece, y por cima están las efigies de San Francisco y San Raimundo, ocupando el centro un buen Crucifijo.

En la cruz que forma esta iglesia, hay dos buenos altares modernos y de buen órden, con Santo Domingo y Santa Catalina de Sena, teniendo otros cuatro, uno de ellos dedicado á la Vírgen del Rosario, en el que se vé un buen cuadro, obra de D. Antonio Monroy. En la capilla del Descendimiento habia un San Andrés, de Castillo, que ya no está en su sitio. Tiene coro alto y bajo muy espaciosos. En 1868 se refundió en esta comunidad la de Jesus Crucificado, por haberse suprimido su convento.

En el de Santa María de Gracia estuvieron las monjas que despues lo fueron del Espíritu-Santo, las cuales, además de armar varias cuestiones con la comunidad, se salieron un dia, con escándalo de toda la poblacion, y se fueron al edificio de la calle del Liceo, como minuciosamente contaremos al llegar á aquel sitio.

El 29 de Abril, Sábado Santo de 1642, cerca de oraciones, declaróse un incendio tan grande en el espresado convento de Santa María de Gracia, que en poco tiempo casi todo parecía una hoguera: las monjas intentaron salvarse; mas viendo la imposibilidad de salir por la portería, ellas mismas, auxiliadas por fuera de algunos operarios, abrieron un gran agujero en la pared que dá á el arroyo, y se salieron á la calle, yéndose acompañadas de unos capuchinos y otras personas, al convento del Espíritu-Santo, donde permanecieron hasta fines de Mayo, en que reedificado el suyo, se trasladaron á él: éste fuego duró hasta media noche, que logró estinguirlo la multitud de gente que acudió y estuvo á las órdenes del Obispo, del Corregidor y todas las demás autoridades y personas importantes allí reunidas.

Apenas vueltas del susto las pobres monjas, sufrieron otro casi de igual importancia. Era el 14 de Junio, víspera de la Santísima Trinidad: celebrábase una fiesta, y las religiosas tan tranquilas ocupaban el coro bajo, oficiando la misa, cuando de pronto un espantoso ruido y multitud de gritos dejó asombrados á los sacerdotes que estaban en el altar, y al público que ocupaba la iglesia: el coro alto se habia desplomado, y la comunidad quedó envuelta en sus ruinas. Como sucede en todas las desgracias, la noticia cundió velozmente por toda la ciudad, acudiendo los maestros, las autoridades civiles y el Obispo, que lo era el señor Pimentel; procedióse á quitar maderos y escombros, con especialidad hácia donde se oian lamentos, y cuando todos esperaban encontrar los cadáveres de las pobres monjas, las hallaron completamente sanas, si bien con algunos hábitos destrozados: la alegría reemplazó al llanto, y el Obispo se dirigió á el altar, donde entonó el Tedeum laudamus, contestándole la comunidad y el clero, y postrándose de rodillas la mucha gente allí reunida y que consideraban un milagro lo que acababan de presenciar. En este tiempo, como siempre, habia en la comunidad algunas señoras de los Cárdenas y Pinedas, por cuya intercesion, el fiscal del Santo Oficio D. Ramon de Pineda Ramirez de Arellano, costeó el altar del Rosario, y D. Nicolás de Pineda dió su venera de Calatravo, con que hicieron á Santo Domingo la estrella con rubies que lucía en las grandes festividades.

Mas allá existe otra calle qua dicen Arroyo de San Rafael, y luego de San Lorenzo, donde hay una puentezuela para facilitar el paso de la gente cuando aquel trae mucha agua, y por cierto que ya no es tan caudaloso, como diremos cuando demos nuestro paseo por el barrio de Santa Marina. En 1698 subió tanto el agua, que llegó á cubrir la mesa altar mayor de la parroquia de San Lorenzo, sacando á muchos vecinos de sus casas en un barco, que el autor de cierto manuscrito vió atado á una reja, en la plazuela de la Puentezuela de San Lorenzo: la represa consistió en estar obstruido el arroyo en el campo.

A la mediacion de dicha calle hay otra sin salida dicha de Manzano, apellido de uno de sus moradores, segun hemos visto en los padrones antiguos. Al final está la salida del arroyo al campo: le dicen la Rejuela de San Lorenzo, por una que tenia para evitar el paso, y en la que atascándose la broza en tiempo lluvioso, ha dado lugar á que se inunden aquellas casas, tanto, que en la número 21 se ahogaron una vez doce ó catorce cerdos que habia en un alto formado en el patio y que subirá unas cuatro varas mas arriba del piso del cauce.

Del punto descrito arrancan dos calles, una la de Abéjar, ya mencionada en la Magdalena y que debemos citar de nuevo, porque la acera de los números impares corresponde al barrio de San Lorenzo: en un huerto que hay en ella y perteneció á la casa principal de los Zúñigas, estuvo el hospital de Ntra. Sra. de la Asuncion, que generalmente llamaban de Santa María de Agosto, el que se agregó en 1616 al de los Peregrinos, en la calle de la Féria, como en su lugar diremos. En el lado opuesto y formando tres ángulos, vá la calle de Escañuela, nombre que tomó cuando la conquista, por haber entrado en Córdoba una legion compuesta en su mayor parte de vecinos de aquella villa, hoy menos importante. Casi á su salida á la calle Mayor de San Lorenzo, se halla un huerto que dicen del Escudo, porque lució hasta hace pocos años el de los Pinedas del Valle de Carranza, que tuvieron allí sus casas principales. En el segundo rincon existió hasta el año 1841, una imágen de la Vírgen, con un farol, único que habia en toda esta calle, una de las mas abandonadas y sucias de la ciudad, particularmente en su primer tramo, que no tiene mas casa que la de un pequeño huerto, pues la otra acera la forma la muralla.

En tiempos antiguos nadie transitaba de noche por este sitio, temeroso de ser sorprendido por un alma en pena que en forma de ternerilla descabezada salía de la Rejuela, creyéndose que era una mala hija que sufria las consecuencias de una maldicion fulminada por su madre.

Desde la parroquia hasta la plazuela de los Padres de Gracia, hay una calle llamada Mayor y otras veces Ancha de San Lorenzo, sin duda la mejor del barrio, aunque no por sus edificios: está casi paralela con las de la Banda y los Frailes, comunicándose por cuatro travesías, que son la calle del Trueque ó de los Cambios, título que creemos tomó por haber sido el punto destinado en aquel barrio para recoger ó cambiar las monedas, en virtud de la pragmática de los Reyes Católicos de 13 de Junio de 1493, *en que se prohibió la circulacion de las antiguas*. En aquel barrio dicen que el trueque fué el de un niño de padres ricos que dieron á criar, y muerto, lo cambiaron por otro, para que el segundo, de orígen pobre, disfrutase las venturas del primero; pero ni dan mas pormenores, ni una razon que lo saque de las condiciones de un cuento.

La calle de Juan Palo, nombre y apodo de uno de sus antiguos vecinos, cuentan que era un buen Juan Lanas á quien su muger trataba con el mas despreciativo rigor, gastando lo que ganaba y sin cumplir todos los deberes de una buena esposa, valida del carácter bondadoso de aquel infeliz, que todo su consuelo era irse á quejar á su madre, la que le decia que ninguna medicina era tan eficaz como una buena dósis de acebuche, rapitiéndole muchas veces—«Juan, palo, palo en ella, que el loco por la pena es cuerdo,»—hasta que su hijo se revistió del carácter de autoridad, y con aquellas medidas logró cambiar el de su muger, quedánddole el apodo de Juan Palo, por lo mucho que su madre le repetía estas palabras.

La tercera es la calle de Albar Rodriguez, nombre de uno de los jurados de aquel barrio, que vivió en este sitio y era muy conocido.

La cuarta es la del Queso, que en el siglo XVII tomó el nombre de la fabricacion de este alimento; pero que en union con la del Agua, que viene de la plazuela de los Padres de Gracia y se llama así por alagunarse en tiempo de lluvia, forman una cruz perfecta, razon por la que en los títulos antiguos aparecen llamándose la Cruz de San Lorenzo, y á la cabeza, que se puede considerar como una barrera ó calleja sin salida, le dicen de los Ciegos por un recogimiento para estos, que hubo en aquel sitio.

Volviéndonos al objeto principal, ó sea la calle Mayor de San Lorenzo, debemos decir, que formaba á su mediacion una gran hondonada donde se recogian las aguas que corrian por un caño, pasando por la gran fábrica de curtidos que hay en aquel punto á desaguar en el arroyo de San Lorenzo por un cauce que ya no existe, y en el último tercio del siglo XVIII, el Corregidor D. Luis Eguiluz la allanó toda, haciendo desaparecer aquella fealdad: unida á dicha teneria hay unas casas principales que eran las solariegas de los Muñoz de Baena; casi frente de esta hubo una plazuela que en 1700 concedió la Ciudad á la cofradía de los Remedios de San Lorenzo, y labró en ella unas casas.

Al final de la calle Mayor de San Lorenzo hay una estensa plaza, de las mayores de Córdoba; unos le dicen de los Padres de Gracia, por el convento del mismo título que hay en ella, y otros de los Olmos ú Olmedos, apellido de una familia que tuvo allí sus casas, aunque algunos opinan que tomó dicho nombre de unos árboles de esta clase que hubo en ella, esplicacion que creemos una vulgaridad. En el centro tiene una fuente de horrible forma, dotada con una paja de agua de la llamada de Miraflores: nace esta en el arroyo del Camello, y fué descubierta por frailes Trinitarios descalzos, quienes la pidieron á el Ayuntamiento, que en 1634 se la concedió con la condicion de labrar las fuentes de esta plazuela y la de San Lorenzo, utilizando la sobrante en el convento; tambien estuvieron dotadas con este agua las fuentes del campo de San Anton y Madre de Dios, como otra que hubo á la salida de la puerta de Plasencia, que está en este sitio y se llama así porque cuando la conquista de Córdoba la asaltaron por aquel punto los soldados de la legion con que aquella ciudad contribuyó á la guerra contra los infieles.

La puerta de Plasencia tuvo un tiempo la importancia que despues adquirió la Nueva ó de Alcolea: reedificada en tiempos modernos, no revela su antigüedad, ni hace concebir los recuerdos históricos que atesora: por ella entró en Córdoba segunda vez el Santo Rey Fernando III, y engalanada se ha visto con orlas de arrayan y otros adornos, para dar entrada á Alfonso el Sábio, Sancho el Bravo, Alfonso XI, los Enriques II y IV, Fernando V é Isabel la Católica, D. Juan Labrit, Rey de Navarra, y demás personages notables que por esa parte vinieron á Córdoba antes de Felipe II que lo efectuó por donde y como esplicamos en el barrio de la Magdalena. Por la puerta de Plasencia entraron tambien el cadáver de Fernando IV el Emplazado para depositarlo en Córdoba, como aun lo está en la iglesia de San Hipólito; Nuestra Señora de Linares, recuerdo inapreciable de la conquista de Córdoba, ha entrado siempre en ella por la puerta de que nos venimos ocupando.

En contra de esos honrosos recuerdos que tanto enaltecen á nuestra patria, tenemos otros que amenguan su esplendor y su gloria: esta puerta dá paso al campo nombrado el Marrubial, por la mucha yerba de esta clase que produce: en él estuvo él Quemadero, lugar horrible donde la Inquisicion quemó á tantos desgraciados: era una especie de fogon con grandes dimensiones, hecho de material y con un mármol grueso en el centro, en el cual se colocaban los maderos á que ataban el infeliz que habia de ser devorado por las llamas; en este lugar murieron todos los que sentenció el Tribunal de Córdoba, á escepcion de los primeros inmolados á las afueras de la puerta de Baeza, frente á la Rivera, y en la isleta por bajo del puente.

Hé aquí las ejecuciones hechas en el Marrubial, segun los datos adquiridos.

En 2 de Diciembre de 1625, fueron quemadas las estátuas de catorce sentenciados por judaizantes, muertos en las cárceles, tal vez víctimas de los tormentos que sufririan: dieron garrote á Leonor de Avila, muger de Alvaro George, vecina de Aguilar y natural de Ecija; Guiomar Lopez, portuguesa, vecina de Baeza; Antonio Lopez, de la misma naturaleza y vecindad, y su muger Gracia García, padres de Manuel Lopez, que fué quemado vivo, y en quien tomaron los frailes gran empeño en convencerlo de sus errores y que reconociese la única y verdadera religion, á lo que ya en la hoguera contestó—«Reniego de Dios; primero me llevará el diablo que confiese á Jesucristo.»—Todo esto tuvo lugar á las nueve de la noche y ante casi todo el vecindario que acudió á presenciar lo que ellos llamaban justicia y no era mas que un escarnio de la misma.

En 21 de Diciembre de 1627, hubo otro auto de fé, y de su resultas fueron quemadas en el Marrubial, las estátuas de diez sentenciados, á quien los inquisidores no habian podido capturar, y la de Alonso Lopez de Acuña que evitó aquella afrenta suicidándose con la tomiza de palma con que estaba liada una escoba que habia en el calabozo, y una cuerda que formó con hilachos de sus calzones interiores, y sucumbieron en las llamas, Antonio Gutierrez de Montiel y María Nuñez, su muger, vecinos de Aguilar; Francisca Lopez, portuguesa y vecina de Bujalance; María de los Santos, de Priego, é Isabel Alvarez, vecina de Andújar, á la que llevaron en una silla por estar tullida y ciega; sentenciados todos por judios, acusados de amortajar sus difuntos con lienzo nuevo, ayunar los Sábados, ponerse ropa limpia los Viernes y en ellos aderezar los candiles, no comer tocino ni pescados sin escamas, y otras cosas por el estilo.

En 3 de Mayo 1655, se efectuó otro auto de fé y de él llevaron al Marrubial las estátuas de diez y siete ausentes, las de tres que habian muerto en los calabozos, y á Manuel Nuñez Bernal, mercader, vecino de Ecija; Elena Mendez, muger de Francisco Rodriguez, mercader, su hija Blanca Rodriguez, Catalina Mendez, natural de Montilla y Francisco Lopez de la Cerda, vecino de Sevilla. A todos estos dieron garrote, menos al primero, á quien hasta el Marqués de los Velez le arrimó un Crucifijo á la boca para que lo besara, sin conseguirlo, por lo que se dió el horrible espectáculo de colocarlo en el centro del quemadero, y rodeándolo de los cadáveres y estátuas de los otros infelices, les pegaron fuego, por el que todos fueron consumidos, en nombre de una Religion tan grande y tan caritativa como la de Jesucristo. ¡Mentira parece que esto se haya hecho!

La muerte de Nuñez Bernal fué llorada de varios poetas judíos, sus amigos, entre ellos el capitan Miguel de Barrios, quienes le dedicaron una corona fúnebre, que vió la luz pública en Amberes.

En 29 de Junio de 1665 fueron quemados dos hombres y una muger, además de muchas estátuas, uno de los primeros se arrepintió y pidió perdon: y entonces, por caridad, le dieron garrote antes de quemarlo.

En 29 de Setiembre de 1684 fué quemada la estátua de un reo que murió en la cárcel.

En 24 de Mayo de 1699 fué quemado por judaizante un matrimonio.

En 14 de Febrero de 1700 fué quemado otro infeliz acusado de judío.

En 20 de Abril de 1721 fué quemada una muger.

En 12 de Abril de 1722 fueron quemados otros cuatro, vecinos de Córdoba, aunque no naturales de ella, acusados de judaizantes.

En 13 de Junio de 1723 fueron quemados seis con las estátuas de otros dos.

En 3 de Mayo de 1730 una muger en persona y nueve en estátuas.

En 4 de Marzo de 1731, cuatro en estátuas.

En el año 1870, se presentaron algunos carreros comisionados en comprar huesos, con destino á las fábricas de guano, y sin que sepamos quien fué el primero, empezaron á sacar aquellos de este campo, llegándose á juntar cerca de doscientas personas de todas edades, en esta faena, asegurándose que eran de las bestias que antiguamente arrojaban en aquel egido, pues no de otra manera podia haber tanta abundancia, y no sería estraño que entre ellos hubiese algunos de los desgraciados muertos allí de la desastrosa manera que hemos consignado: el Alcalde se opuso á que la gente híciese esta operacion, produciendo un conflicto, hasta que al fin consintió en ello, de acuerdo con el Gobernador, con la condicion de que dejasen el terreno en la forma en que lo encontraban, ó sea cubriendo los barrancos que iban abriendo.

Vamos á hacer referencia de una curiosa tradicion hallada en una de las copias de los *Casos raros de Córdoba.*

Hácia los años 1511 ó 1513, vivia en esta ciudad un opulento caballero llamado D. Luis Fernandez de Córdoba, cuyo apellido por sí solo da una idea de la importancia de su casa: poseia muchas fincas rústicas y urbanas, contándose en las primeras una heredad de olivar con casa y molino en el Marrubial: un dia entráronse en ella dos jóvenes, quienes hicieron daño en la arboleda, y sabido por el dueño, fué allá con sus esclavos, haciendo á estos que prendiesen á aquellos y sobre la cerca les cortasen las orejas, gritando en alta voz:—«Esta es la justicia que manda hacer el Sr. Luis de Córdoba con estos hombres, por el desacato que han cometido en su heredad,»—repitiéndose este pregon de vez en cuando y todo al rededor de la finca, por donde fueron paseados. Los infelices, bañados en sangre, se presentaron al corregidor Don Alonso Enriquez, quien, montando en cólera, salió en busca de D. Luis; éste volvia para su casa, y viendo que su prision era segura, tomó iglesia en la de San Lorenzo, burlando así el pronto castigo que le aguardaba: entonces le fueron confiscados sus bienes, que tuvo en administracion Luis Fernandez de Valenzuela, y una sentencia de muerte fué el fallo de la causa. La esposa del reo D.ª Isabel Gutierrez de Porras, pasó á Sevilla, y arrojándose á los piés del católico Fernando V, le pidió el perdon tan ansiado para su esposo: el Rey escuchó su demanda, y por el pronto, solo le contestó:—«Dueña, ¿me rogais por un hombre tan malo?»—á lo que replicó—«Señor, es mi marido y padre de mis hijos.»—Al fin le fué concedido el perdon y devolucion de bienes, con ciertas condiciones á favor de los jóvenes que perdieron las orejas en manos de los esclavos de aquel soberbio caballero.

En el Marrubíal y cercano á la puerta de Plasencia, hemos conocido un calvario costeado por la hermandad de Jesus, en San Lorenzo, la que todos los años le hacia los reparos indispensables.

En este egido se reunen para formar uno solo, los arroyos de las Piedras, Matadero, Hormiguita, Camello y Casitas blancas; dos de ellos, casi rodean una gran cruz de piedra conocida por la del Padre Roelas, erigida donde este venerable tuvo la suerte de que se le apareciese nuestro Custodio el Arcángel San Rafael acompañado de los Mártires de Córdoba, como en este mismo paseo esplicaremos.

Casi frente de la espresada cruz, está situado el hermoso jardin de Miraflores, costeado por el Sr. D. Juan de Dios Manrique, Marqués de Villaverde, bajo la acertada direccion del notable floricultor D. Manuel Corrales, quien ha logrado aclimatar y aun propagar multitud de plantas que eran desconocidas entre los jardineros cordobeses: hay varios invernáculos habilmente preparados, un curioso laberinto, los escudos de aquella familia hechos de boj, y otra porcion de curiosidades que llaman la atencion de cuantos visitan aquel delicioso recinto: en el centro de una de las fuentes, hay una mediana estátua de Aqueronte, vaciada por el escultor contemporáneo D. Antonio Poz, de quien anotaremos otras obras.

Hácia 1865, se proyectó construir en este egido un presidio provincial, conforme á lo que la superioridad tenia ordenado, llegándose hasta el punto de presentar el anteproyecto, que llevó á cabo de una manera digna de mejor suerte, el ilustrado y concienzudo Arquitecto provincial D. Pedro Nolasco Melendez, de quien hicimos mencion al visitar el cementerio de San Rafael.

El Marrubial fué una de las salidas mas importantes de Córdoba, por arrancar de él el camino para Madrid antes de hacerse la carretera hasta Cádiz en el reinado de Cárlos III. En la subida y en direccion á el arroyo de Pedroche, encontramos un pequeño edificio destruido, conocido por el Polvorin; éste fué su objeto muchos años, hasta que por su estado ruinoso lo abandonaron.

Cerca del arroyo de las Piedras hay una fuente con agua de la Palma, construida en 1860, siendo alcalde D. Cárlos Ramirez de Arellano, que tantas mejoras realizó en esta ciudad, como oportunamente iremos anotando.

Contiguo á la puerta de Plasencia y formando uno de los frentes de la plazuela de los Olmos, se encuentra el convento de los Padres de Gracia, Trinitarios descalzos, fundado en 1607 en una antigua ermita de Nuestra Señora de aquella advocacion, concedida por el Obispo D. Fr. Diego de Mardones al reformador del Orden de la Santísima Trinidad, V. P. Fr. Juan Bautista de la Concepcion, quien vino á Córdoba acompañado de Fray Gabriel de la Asuncion, que á poco siguió á Sevilla con el objeto de realizar otras fundaciones.

El primero se llamó en el siglo Juan Bautista García, hijo de Marcos é Isabel Lopez, y natural de Almódovar del Campo, donde nació en 19 de Julio de 1561; hizo la reforma de su órden, y despues de fundar por sí mismo ocho conventos, murió en este en 14 de Febrero de 1613, siendo beatificado por Pio VII en 19 de Agosto de 1819, concediéndosele rezo y misa en 28 de Marzo de 1820,

Mis lectores dispensarán tantas digresiones, hijas de mi deseo de allegar noticias históricas á esta obra, y sigamos la descripcion de este convento, en un principio especie de hospicio para los frailes de la Trinidad; pero que bien pronto fué adquiriendo importancia, llegando á la que nuestros padres le han conocido, hasta que en 1835 fué suprimido como todos los de España, siguiendo la iglesia abierta al culto, costeado con limosnas y ayudado por la hermandad del Santísimo Cristo de Gracia, puesto que otra de Jesus Rescatado, se encuentra casi disuelta.

El convento es bastante capáz, con tres pisos de fea é irregular construccion, bajos de techos, angostos y con muchas é *incómodas* escaleras; cuando la exclaustracion, quedó sin objeto; despues fué destinado á presidio, que duró dos ó tres años, hasta que en 1843 el Ayuntamiento pidió la supresion, en perjuicio de los intereses de Córdoba y principalmente de aquel barrio, al que alguna vida prestaba. Con posterioridad se colocaron en el piso bajo, los caballos sementales, quedando el resto abandonado y convirtiéndose en ruinas; sucediendo en este tiempo, que muchos lo pedian y nada se hacía en él, hasta que en 1866, vinieron tres sacerdotes que se decian trinitarios, con la idea de volver á erigirlo en convento, lo cual no tuvo eco en los cordobeses. Tambien sirvió de hospital de coléricos en las invasiones de 1855, 56 y 60, y en 1868 de hospital de sangre para los heridos que resultaron de la batalla de Alcolea en la tarde del dia 28 de Setiembre.

A la iglesia se entra subiendo por dos rampas encontradas, á una gran lonja que hay delante de ella, antiguamente cerrada por un antepecho de cantería y dos verjas: tiene en el centro una cruz primorosamente trabajada en hierro, que aun se conserva, con un pedestal debajo.

La fachada es vistosa, aunque de escaso mérito: tiene cinco puertas, dos que facilitan el paso al interior del convento, y tres en el centro que dan al cancel; por cima se ven la Sma. Trinidad, San Juan de Mata, San Félix de Valois, Santa Inés, Santa Catalina y otros, terminando en un triángulo, en cuya cúspide descuella la imágen de la Vírgen. En esta lonja habia unos corpulentos cipreses que le servian de adorno; pero cuando las fiestas hechas en esta casa en celebridad de la beatificacion de su fundador, les colocaron unos alambres para los fuegos artificiales que se hicieron, quedando tan destrozados, que los arrancaron construyendo con ellos varias bancas de las que hay en la iglesia, y las columnas para el manifestador que ahora sirve de trono á una pequeña imágen de la Vírgen que está en el primer altar, entrando á la derecha.

El interior es una hermosa nave con crucero, bóveda y cúpula, con varios recuadros en que se ven pinturas, al parecer de mérito. El altar mayor tenia un lindo y correcto retablo de órden dórico, construido en 1832 por el maestro D. Joaquin Guijo, colocándole en el centro un relieve representando la Santísima Trinidad, obra del escultor D. José Cano, así como los demás adornos eran del tallista D. Diego Molina. Esta obra la costeó el P. Provincial Fr. Antonio de Tejada, ayudado con diez mil reales que le dió el Padre Velez, agradecido á lo bien que aquella comunidad lo trató en la época de 1820 á 1823, en que estuvo algunos dias recluso en este convento, porque en este tiempo fué cerrado el suyo, de Capuchinos, por no llegar sus frailes al número necesario. Esta iglesia tenia desde su construccion un retablo cubriendo todo el testero, y cuando en 1810, los franceses suprimieron las comunidades, lo arrancaron y vendieron por leña: despues, en 1814, se volvió á abrir, llevando en una solemne procesion las imágenes del Santo Cristo de Gracia, los fundadores y otras, que estuvieron en la Compañía, San Andrés y San Lorenzo, colocando entonces provisionalmente uno de los retablos colaterales, que casualmente se salvó, y haciendo estos nuevos: hacía mal efecto, y por eso en 1832 hicieron el que hemos mencionado, que hoy está deshecho en una atarazana, porque viéndolo sin pintar, en 1869, lo quitaron para sustituirlo con el del convento de Jesus Crucificado, poco antes suprimido, que es un monton de hojarascas sin órden ni gusto, y en el cual colocaron el relieve que el otro tenía: allí se ven mezclados santos de las órdenes de la Trinidad y Santo Domingo, como lo son San Juan de Mata, San Félix de Valois, Santo Domingo de Guzman y San Vicente Ferrer, y en el centro una Concepcion, procedente del espresado convento.

Hay altares colaterales, de órden compuesto, modernos y muy lindos, venerándose en el del evangelio una buena escultura del Beato Juan Bautista de la Concepcion, y por bajo sus restos ó reliquias, dentro de una urna de caoba con adornos de bronce, y en el de la epístola está San Miguel de los Santos, al parecer de la misma mano, y otra urna con sus reliquias. Cerca del primero, está el de la Concepcion, obra del escultor Pedro Roldan, quien dicen la hizo en competencia con Pedro Mena, y los altares de Santa Clara y Santa Bárbara, todos tres antiguos, de muy mal gusto.

En el crucero se ven los cuatro Evangelistas, de tamaño natural, hechos por el escultor D. Alonso Gomez de Sandoval: entre dos de estos hay un arco que dá entrada á la capilla de Jesús Rescatado, porque dicen que lo fué del poder de los infieles, la que es de buena forma con cúpula, y edificada en 1721; tiene un retablo de mal gusto, con camarin, en que está la imágen de Jesús preso, de vestir, y sobre repisas las de San Rafael y San Miguel. En el centro está sepultado el ya dicho escultor, con una losa en que se lee:

Aquí yace Don Alonso Gomez de Sandoval,
célebre escultor, natural de esta ciudad,
en la que floreció con grande aceptacion.
Falleció en 28 de Octubre de 1801
á los ochenta y ocho años y tres meses de su edad.
Requienscat in pace.

Este fué el autor del San Rafael que se venera en su iglesia, y de otras esculturas que oportunamente diremos. Casi debajo del arco de entrada, hay otra lápida en que se lee:

Entierro
del Doctor Don Gonzalo Antonio Serrano,
Maestro en la ciencia Matemática,
principalmente en la Astronomía y Astrología,
médico en Córdoba su patria.
Murió Año de 1761.

Este célebre cordobés, de quien volveremos á

ocuparnos, nació en Córdoba en 5 de Noviembre de 1670 y fué bautizado en San Lorenzo y murió en 2 de Febrero de 1761. Escribió «Astronomía Universal teórica y práctica. Córdoba 1735.—Crisis Astrológica; dos tomos en fólio.—Tablas filípicas Astronómicas del P. Ricciolo. Traduccion.—Teatro supremo de Minerva con su católico decreto y sentencia definitiva á favor de la Astrología. Córdoba 1723; en 4.°—Apología pacífica, médico práctico y rayos luminosos de Apolo: 1739; en 4.°»—y otras obras manuscritas.

Sigue otra capilla, tambien con media naranja y en sus arranques cuatro lunetos con pinturas, que sin duda no fueron hechas para aquel espacio, mayor que ellas: en el frente hay un mal retablo con camarin, y en él la imágen del Santísimo Cristo de Gracia, de tamaño colosal, donada al convento en 1618, por Francisca de la Cruz, viuda de Estéban Fernandez de la Cámara; es de una madera de poquísimo peso, y hecha en la Puebla de los Angeles: la cruz es mas moderna; esta escultura se hizo para colecarla en sitio mas elevado. Casi á los piés de la iglesia y en el mismo lado, hay otro altar con camarin, donde se vé una especie de tabernáculo y en él una imágen de la Vírgen que titulan Nuestra Señora de Gracia: dicen ser la titular de esta casa; pero es un error, pues esta es otra que hay en la sacristía y que revela su antigüedad. Frente se vé un retrato del fundador Beato Juan Bautista de la Concepcion, y por bajo esta décima:

Bajo este muro sagrado
por su suerte venturoso,
estuvo el cuerpo dichoso

de su fundador guardado:
aquí fué donde invocado
el Beato Concepcion,
lograron sin restriccion
remedio en todos los males,
cuantos en casos fatales
imploran su intercesion.

Toda la iglesia está por bajo embovedada, y en el lugar que corresponde á la anterior décima, existe el sepulcro donde estuvo el cuerpo del fundador, hasta que beatificado se sacó y puso como reliquia en el altar antes espresado. Hay un buen coro alto y una estensa sacristía, baja de techo, con zócalo de azulejos, algo destruidos, y un altar donde está la primitiva Vírgen de Gracia y dos esculturas de mármol blanco: en los lados hay dos grandes espejos rodeados de primorosa talla dorada.

La capilla mayor es patronato de los Duques de Almodóvar del Rio, como descendientes de Don Pedro Arias de Acevedo, que lo adquirió. Tambien se veneran en esta iglesia los cuerpos de San Estéban y San Valerio, que donó á la órden el Papa Urbano VIII.

Varios son los frailes de este convento que adquirieron gran fama de buenos predicadores; pero solo nos creemos en el caso de mencionar al V. P. Fr. Luis de la Sma. Trinidad, que falleció en 1649, dejando impresas dos obras tituladas *Noche y dia del alma,* de que hemos oido algunos elogios.

Salimos del convento para seguir nuestro paseo por el barrio de San Lorenzo, y ya nos encontramos en una calle larga y de regular anchura, citada en los títulos de las casas con tres distintos nombres: primero Empedrada, por haber gozado este beneficio antes que las de sus alrededores; luego de los Ciegos, por dar á ella una de las puertas del recogimiento de que antes hablamos, y segun otros, porque vivió aquí una familia cuyos individuos eran todos faltos de vista, y últimamente y en la actualidad, calle de los Frailes, por los mencionados Padres de Gracia. A su mediacion hubo una calleja sin salida que en el siglo diez y siete se le concedió á aquellos y aun forma parte de su huerta. En 1841 se quitaron seis ú ocho cruces que habia repartidas por la calle y que los vecinos adornaban el dia tres de Mayo, armando muchas funciones á las puertas de sus casas. En el dia 22 de Marzo de 1732 hubo una gran tormenta con granizos y varias exhalaciones; una de ellas mató en la hacienda conocida por el Higueron á un jóven llamado Juan Solano Perez, que estaba guardando ganado, hijo de un honrado vecino de la calle de los Frailes, á donde lo trageron para hacerle el funeral. De esta tormenta escribió un romance que se imprimió en aquel año, un Miguel Notario, autor de otros trabajos por el estilo. Al final, y ya mirando á la plazuela, hay una calleja sin salida que dicen de Buenos-vinos, apellido y no apodo, de uno de sus antiguos moradores. Dentro de esta hubo una plazuela que llamaron del Olmillo, convertida hoy en huerto.

En la plazuela de San Juan de Letran, hay una iglesia que se llama así por gozar de todas las indulgencias y prerogativas de la de igual título en Roma. Es muy fea, baja de techo, éste plano y con vigas azules, y forma dos naves, la principal y otra en el lado del evangelio, teniendo á un estremo la escala porque se sube de rodillas para ganar ciertas indulgencias.

El retablo del altar mayor es muy antiguo y no malo: en el centro está un Crucifijo que dicen de las Penas, el cual debió ser para otro sitio, puesto que le han acortado los brazos y está desproporcionado; á un lado San Juan Bautista y al otro Jesus en ademan de recibir el agua del bautismo; de estas imágenes cuidaba una hermandad, estinguida há muchos años. Otra venera en altar propio, desde 1528, á Ntra. Sra. de Villaviciosa, imágen que hicieron antes de trasladar á Córdoba la que está en la Catedral, á la que acompañaba cuando la traian en rogativa.

El principio de esta iglesia no es conocido, y solo hemos averiguado que se incorporó á la de Roma en 1555 y con el carácter de perpétua, en 27 de Setiembre de 1801. Se venera en ella un fragmento de uno de los brazos de San Lorenzo, que trajo de Roma y le donó una muger llamada Isabel Rodriguez de Córdoba, la cual dice en su testamento, que se sacó en 1555 ante el Papa Paulo IV.

A la ermita y hermandad de San Juan de Letran, se incorporaron en 1622 los caballeros de Premia, quienes se reunian en sus casas, que eran unas con cinco puertas, en la plazuela de los Olmos, ocurriendo con esto muchos disgustos entre ellos y los cofrades, segun consta en un manuscrito que conserva la Academia de Ciencias y Bellas Letras de Córdoba.

De dicha plazuela arranca la calle de la Banda, avanzando hasta el Cementerio viejo, el primero que tuvo el barrio de San Lorenzo, pequeña plaza con una calle sin salida ó barrera, que tambien lleva su nombre. Entre los muchos nobles en lo antiguo, vecinos de aquella parroquia, hubo un caballero de la Banda, y de él se dió el nombre á la calle: son afluentes á esta, además de las del Trueque y Juan Palo, la llamada del Cristo de San Rafael, por un Crucifijo que hubo en ella y para distinguirla de otras de igual nombre. Casi á su mediacion hay una casa, principal un tiempo, que ha pertenecido á la Colegiata de San Hipólito, y en 1835 sirvió de hospital para los coléricos.

Contigua á la iglesia de San Juan de Letran y formando línea con ella, está la calle de San Juan y Palomares, apellido de uno de sus vecinos, anteponiéndole el nombre de la ermita para distinguirla de otra de Santa Marina. En este punto encontramos ya segregada del convento la huerta de los Padres de Gracia, hoy propiedad de D. Antonio Blasco, quien ha establecido en ella un depósito de flores, arbustos y semillas á la venta, el primero que en Córdoba se ha conocido: tiene dos magníficas palmas, buenos invernáculos, albercas con abundantes aguas y dos cuerpos de casa.

La calle donde nos encontramos vuelve á las Costanillas, como si dijéramos las Cuestesuelas, y en este ángulo de la poblacion encontramos varias vias, todas muy cortas y que han ido tomando los títulos de las personas mas notables, ó cualquier otra cosa que en ellas ha habido.

Tenemos calle de las Rosalas, por el apellido Rosal; Rivas y Palma; Juan Tocino, de que ya hablaremos; Hornillo; Pozo de dos bocas, por uno de noria dividido en dos; Guzmanas, por el apellido Guzman, cuyos señores tuvieron allí una de sus casas; Huerto hundido, por uno que carece de tapias y está convertido en plazuela hace un siglo; Resucitado, porque dos de sus casas eran de la hermandad que hay en Santa Marina; Montañas, antes de San Martin, por la iglesia de este título en la calle del Montero; Huerto de los Aldabones, por unos muy grandes y antiguos que tenia en la puerta, así como en el interior había unas inscripciones romanas que hoy están en el Museo provincial; y Nieves viejas, porque fué donde primero estuvo este convento, y algunos le dicen de Anquea: en esta calle vivió D. Francisco del Rosal, autor del «Diccionario Etimológico».

Desde la plazuela de San Juan de Letran hasta la calle del Dormitorio de San Agustin, está la del Montero, una de las mejores del barrio y que encontramos llamándose así en el siglo XIV, que es hasta donde hemos podido llevar nuestras pesquizas, sin hallar una esplicacion de su origen que nos convenza; quien dice que fué un Montero de Espinosa que vino á Córdoba y se estableció en aquel barrio, entonces uno de los mas principales; quien, que era el mejor monteador que se conocía, por lo que toda la aristocrácia se servia de él para que la acompañase en las monterías, que antiguamente eran de gran importancia, porque estando sin desmontar muchos terrenos, la caza mayor era abundantísima, tanto que los lobos eran temibles porque salian en bandadas á buscar el ganado, y en algunos sitios del término de Córdoba, Posadas y otros puntos de la sierra, habia muchos osos, que con los desmontes y la guerra que se les hacia han desaparecido, y por último, hay quien asegura, con visos de exactitud, que el Montero debió ser un fabricante ó confeccionador de monteras, con que todos cubrian sus cabezas, pues es muy sabido que el uso del sombrero es moderno y no español, tanto, que los cordobeses, en los primeros que se pusieron, conservaron el pico de sus monteras, y de aquí el famoso sombrero de pua con que se les distingue en los cuadros de costumbres populares. A su mediacion está la calle del Cristo de los Velascos, familia noble de esta ciudad que tuvo allí una de sus casas; dá comunicacion á la del Cristo de San Rafael, y como á la mitad hay una calleja sin salida titulada de las Polacas, por la nacionalidad de unas mugeres que en ella vivieron. Tambien se vé en la calle del Montero, donde forma una plazuela con la salida de la de Rivas y Palma, una fuente de horrible figura, dotada con paja y media de agua de la llamada de la Palma: lleva el nombre de la Mariblanca, que el Corregidor que la hizo le puso, en imitacion de la tan célebre de Madrid. Esta calle está alcantarillada, siendo de creer que desaguara en el arroyo de San Lorenzo que, como en otro lugar diremos, era bastante profundo.

Ya que en este sitio nos encontramos y frente á la pequeña ermita de Ntra. Sra. de las Montañas, cuya modesta fachada nada ofrece de particular, justo será le dediquemos algunas líneas, para que nuestros lectores sepan algo de todo cuanto vean en Córdoba, cuando tengan la humorada de visitar estos apartados barrios.

El origen de este edificio se pierde en los misterios de la antigüedad: la primera vez que lo hallamos, es con el título de Hospital de San Martin, siendo despues hospedería de los Ermitaños de la Albaida, teniendo tambien allí su archivo, que en 1716 se llevó al desierto de Belen, á escitacion del hermano Francisco de Jesus, y con autorizacion del Provisor D. Manuel Gonzalez Benito, y en 1831 trasladaron su hospedería á la puerta del Osario, donde aun existe, y de la que en su lugar hablaremos. Casi desde entonces está al cuidado de una cofradía de Ntra. Sra. del Rosario, con la advocacion de las Montañas, que aquellos tal vez le darian, y de este modo se costea el poco culto que se la rinde.

La iglesia, como hemos dicho, es muy pequeña, con tres altares, viéndose en el del centro la dicha imágen, por cima San Martin, y á los lados San Juan y la Magdalena: los otros dos estan dedicados á un Ecce-Homo y San José; entre estos y la puerta, se ven otro San José y una Vírgen en lienzo, colocados en dos grandes y bien tallados medallones: hay algunas otras pinturas de escaso mérito. La casa era muy grande, como para un pequeño hospital; pero cuando la desamortizacion la dividieron y fué enagenada casi en totalidad.

Damos frente al Mercado de San Agustin, del que unas casas son de San Lorenzo, aunque la mayor parte de Santa Marina: penetramos en otra plazuela entre larga que dicen el Pozanco, por una gran hondonada que en lo antiguo formó y fué rellena cuando el arreglo del arroyo de San Lorenzo (1789.) Allí hay unas escuelas públicas y gratuitas, hijuela de las llamadas de la Compañía que fundó el Dean D. Francisco Javier Fernandez de Córdoba, de que ya hablaremos, y al lado una calleja que dicen de los Torres, apellido de unos de sus antiguos vecinos.

En este punto encontramos dos calles, ambas muy estrechas y en direccion opuesta: dejemos una llamada del Custodio, por dirigirse á San Rafael, y antes de los Amortajados, apodo de unos hermanos á quienes le llamaron así por lo enjutos y estirados que eran: en uno de sus rincones hubo colocada una imágen de la Pastora, que quitaron en 1841, como casi todas las que hemos ido citando.

Tornémos á la calle contraria, que dicen del Peral, por uno que habia en una de aquellas casas y asomaba su ramage, y salimos á la de Jesus Nazareno que comunica del Mercado de San Agustin á el Arroyo de San Rafael: crúzala la de Carchenilla, apellido que ya no se conoce en esta ciudad, y que no solo dió nombre á aquel tramo, sino á toda la calle que venimos describiendo: Carchenilla era panadero y vivió en el horno que hace esquina. Toma el nombre de Jesus Nazareno por el hospital de esta advocacion que hay en ella, como antes se llamó del Hospital de San Bartolomé, lo mismo que aquel establecimiento. A su mediacion y frente á la iglesia hay una plazuela, hecha por la cofradía de Jesus para que volviesen los carruages; en ella existe una vía-sacra con cruces de mármol, costeada por dicha corporacion en 1820.

Es tiempo de penetrar ya en el hospital de Jesus Nazareno, enterando á nuestros lectores, de cuanto acerca de su historia hemos averiguado, digno de referirse.

Como en otro lugar decimos, grande, muy grande debió ser la devocion que los cordobeses tuvieron á San Bartolomé, cuando á poco de la conquista de Córdoba encontramos varios templos de su advocacion, pues como iremos esplicando, pasan de ocho. En aquellos tiempos se fundó este hospital, por cierto de escasísima importancia, por una hermandad de pañeros que luego lo abandonó; en este estado, en 1579, se formó una cofradía de Jesus Nazareno, fomentada por lo mas ilustre de la nobleza, cuya institucion aprobó el Obispo Don Martin de Córdoba y Mendoza, quien le concedió la iglesia de que hablamos, con derecho á darla título en union con el del Santo Apóstol. El fervor de los cofrades y los milagros que se contaban de aquella imágen, hizo crecer la devocion, estendiéndose á todos los vecinos de la ciudad; mas antes de pasar adelante, contaremos la procesion mas solemne que se le ha hecho, y de la cual hemos adquirido muchos pormenores.

En el barrio de la Magdalena, referimos los horribles estragos que hizo en Córdoba la gran epidemia de landres ó carbunclos, que se padeció en los años 1649 y 50, y que, establecidos hospitales á las afueras de la Puerta Nueva, todos acudian con limosnas, al par de las rogativas de todas clases, por la salud de la ciudad; pues bien, ésta, de acuerdo con la cofradía de Jesus Nazareno, determinaron llevar tan venerada imágen en procesion, para ver si por este medio se apiadaba de los afligidos cordobeses.

Era hermano mayor, el Veinticuatro D. José

de Valdecañas y Herrera, quien hizo fijar unas convocatorias, diciendo que ambas corporaciones tenian decidido que el Viernes 18 de Febrero de aquel año, 1650, saldria Su Divina Magestad, *la que convidaba* á asistir á todo el pueblo, habiendo confesado y comulgado, para que fuese cada uno con su cruz, disciplina ó cera, ofreciendo *todos no jurar su santo nombre en vano,* á cuyo efecto se publicaba la pragmática de los juramentos; además se hizo á voz de pregon, que se repitió el espresado Viernes, acompañado de instrumentos, segun costumbre en aquella época, y en todos los puntos mas concurridos de la ciudad se situaron los Jesuitas, predicando contra el feo vicio de jurar.

Grande fué la concurrencia que aquella mañana acudió á todos los templos á confesar y comulgar, mas que si hubiera sido Jueves Santo, y el señor Obispo dispuso que en todas se tocase rogativa y manifestase al Santísimo, comprendiendo esta órden hasta los conventos de la sierra.

A la una del dia, principió á salir la procesion con asistencia de la Ciudad, que presidía el Sr. D. Estéban Cervantes y todos los Veinticuatros, algunos llevando el pendon, que era de damasco morado con borlas de oro: tras éste iba la cruz parroquial de San Lorenzo, que ocupaba el primer lugar, á la que seguian mil setecientas ochenta y seis hachas de cera, además de las velas que llevaban niños y mugeres, cerrando la procesion las andas con Jesus Nazareno, seguido de un hermoso pálio, tambien de damasco morado y guarnecido con puntas de oro; á los lados la Universidad de Sres. Beneficiados que voluntariamente se presentó con cera, así como todas las comunidades religiosas, que entonces eran muchas y numerosas, y detras cerca de setecientas personas descalzas con cruces en sus hombros, ó aspados con barras de hierro ó espadas. Salieron por el lado de San Agustin, cuya comunidad los esperaba delante de su convento, con su capilla de música, volvieron á las calles de Ocaña, Lodo y Realejo á San Andrés, donde estaba el clero de la misma con cruz y capa y la imágen de San Roque, á quien asistia su hermandad. Siguieron por la calle de San Pablo, y en la puerta que dicen del Hierro, estaban los frailes, que tomaron las andas de Jesus, llevándolo hasta la esquina de la Espartería; lo mismo hicieron los de San Francisco en lo alto de la calle de la Féria, hoy San Fernando, dejándolo en la Cruz del Rastro; continuaron por la Carrera del Puente, entrando por la Alcaicería, entonces expedita; llegaron á la puerta de Santa Catalina, donde los esperaba todo el Cabildo con su música, pasó por el coro y la capilla de Nuestra Señora de Villaviciosa y salió por la puerta del Dean á dar la vuelta por el palacio del Obispo; debiendo advertir, que al llegar aquí la cruz, aun no habia salido la imágen de su iglesia: continuó por la Carrera del puente, Potro, á San Pedro, donde tambien le esperaba el clero: siguió á la Puerta Nueva, por la que salió ya de noche; allí esperaban todos los frailes de San Juan de Dios, con su imágen, la que inclinaron en ademan de besarle los piés, y tomando á Jesus los Sres. Beneficiados y demás clero, fué visitando los edificios que constituian el hospital, presentando aquel campo una vista muy sorprendente, toda vez que haciendo allí parada, se vieron reunidas todas las luces que llevó durante la carrera. Concluida su visita, entró por la citada puerta y calle del Pozo, haciendo una parada en la plaza de la Magdalena, mientras las monjas de Santa Inés le cantaron el Miserere desde su mirador: siguió por las calles de los Muñices y Realejo, pasó por la iglesia de Santa María de Gracia, donde le volvieron á cantar, y desde allí continuó á su casa por el Buen Suceso, á entrar otra vez por San Agustin, cerca de las nueve de la noche.

En muchas otras ocasiones, ha salido en procesion esta venerada imágen, acompañada de las de la Vírgen, la Magdalena, San Juan y la Verónica; pero nunca con el lujo y concurrencia como en la que hemos referido.

Con motivo de la epidemia, y ansioso de consagrarse á la asistencia de los enfermos, bajó á Córdoba un siervo de Dios llamado el Hermano Cristóbal de Santa Catalina, quien buscaba un sitio donde edificar el hospital que él se habia propuesto: fijóse al fin en esta ermita; la pidió al Obispo D. Francisco de Salizanes, y concedida en el año 1673, principió la obra el dia once de Febrero, casualmente Miércoles de Ceniza, y en seguida á admitir enfermas, con gran placer de los cordobeses, quienes empezaron con largueza á contribuir á tan recomendable y piadosa obra. Entonces instituyó las dos congregaciones de hermanas y hermanos, las primeras para la asistencia de las enfermas y cuidado interior del establecimiento, y los otros para las faenas impropias de aquellas, póstula y cuidado de iglesia y portería. Entre los primeros que acudieron á asociarse al venerable Cristóbal, figura el hermano Pedro Sandin, incansable en el trabajo y la oracion; murió en 1678 con gran fama de virtuoso: la primera hermana fué Juana María de San José, que con su ejemplo y buenas acciones, contribuyó tanto á la instalacion de aquella comunidad. De ella nacieron las que hay en otros hospitales de esta provincia, rigiéndose todas por las reglas del de Jesus Nazareno de Córdoba, que reformó el Rector y Capellan D. José Capilla, aprobándolas el Obispo D. Pedro de Salazar, en 26 de Abril de 1740.

El hospital siguió su marcha, cada vez con mas crédito, y en 24 de Julio de 1690, á la una y media, falleció el V. Cristóbal de Santa Catalina, el mismo dia que cumplia 54 años de su edad, siendo asistido por el Beato Francisco de Posadas.

La gran fama que alcanzó de santidad, hizo que todos los cordobeses acudieran á ver su cadáver y tocar en él sus rosarios, disputándose como reliquia cualquier objeto que le hubiese pertenecido: hiciéronle un entierro, á que asistió una gran concurrencia de todas las clases sociales, y costeó la Ciudad, comisionando al efecto al Veinticuatro D. Gerónimo de Acevedo, á escepcion de un rico ataud que costeó un devoto, y sin estar el cuerpo presente, pues para evitar confusion lo inhumaron aquella madrugada en un hueco en la pared de una celda contigua á la iglesia, de donde en Setiembre de 1694, se exhumó para colocarlo en el lugar en que yace, delante del altar mayor de la iglesia, en una caja de plomo, dentro de otra de encina sellada con el del Cardenal Salazar, quien asistió á esta ceremonia, en union del Bto. Francisco de Posadas, D. Fr. Manuel de Torquemada, Obispo de Bairut, auxiliar del Cardenal, y de otros muchos racioneros y personas distinguidas: cubrióse el hueco con el epitafio siguiente, recuerdo digno del venerable fundador de aquella casa:

Aquí yace
el V. P. Cristobal de Santa Catalina, Pbro.,
fundador de esta Santa Casa de Jesus Nazareno,
que nació en Mérida en 25 *de Julio de* 1636
y murió en esta Casa á 25 *de Julio de* 1690.

En 1683, el Corregidor D. Francisco Ronquillo y Briceño, que tan buenos recuerdos dejó en Córdoba con su amor á las mejoras, concibió la idea de recoger todas las mugeres de escandalosa vida en un hospicio, donde se les instruyese en labores propias de su sexo: compró en nueve mil novecientos reales unas casas contiguas á este hospital, hizo la obra necesaria, en que se gastó hasta veintitres mil reales, que sufragó la Alhóndiga con los derechos de la venta de vinos forasteros, é invitó al hermano Cristóbal de Santa Catalina á hacerse cargo de aquel cotarro; aceptado, dió principio la reclusion, reuniendo hasta cuarenta mugeres de lo mas perdido y desalmado que habia en Córdoba. Allí se les obligaba á rezar y teger tela basta para sus vestidos, y se les enseñaba á hacer encages y otras manufacturas, hasta un dia, que, no queriendo sugetarse, se reunieron tumultuariamente y se fugaron de la casa; sugetóseles por el pronto, mas á poco repitieron el alboroto y quedó desierto aquel establecimiento, incorporando el edificio al del hospital, del que forma parte.

En estos últimos años, siendo director D. Francisco Solís, se han ampliado las enfermerías, en las que se asisten setenta mugeres impedidas, y se han hecho otras muchas é importantes mejoras.

La vida del hermano Cristóbal de Santa Catalina, fué escrita por el Bto. Francisco de Posadas, é impresa en un tomo en 4.º: tambien la escribió el Dr. D. Julian Diaz Serrano, y se imprimió en Córdoba, calle del Cister, en 1740.

La cofradía de Jesus Nazareno, aunque es independiente del hospital, se reservó siempre el uso de la iglesia, cuyo culto ha sostenido con mas ó menos fervor, segun el número de sus cofrades, á veces insignificantes, llegando casi á estinguirse. En sus mejores tiempos costeó las muchas alhajas que cuenta, entre ellas dos hermosas andas de plata para Jesus y la Vírgen. En estos últimos años se reorganizó y redactó nuevos estatutos, que les fueron aprabados por la Reina D.ª Isabel II, en 10 de Diciembre de 1857. En ellos se marcan las obligaciones de todos los cofrades, ya ejerzan ó no cargos, se fija la cuota de veinte reales de entrada y diez mensuales, se ofrece la aplicacion de setenta misas á cada hermano que fallezca, se marca el uso de túnicas y escudos iguales en las procesiones, y otros pormenores que no son de este lugar; para ser admitido, es preciso estar enlazado con alguna de las ramas de los fundadores de la cofradía; estos fueron los siguientes: Marqueses de la Puebla de los Infantes, Villa-Caños, Vega de Armijo, Villaseca, Guadalcázar y Benamejí, Condes de Villanueva de Cárdenas, Torres-Cabrera, Gavia la Grande, Villamanrique y Hornachuelos, Vizconde de Sancho Miranda, y Sres. Hoces, Mesía de la Cerda, Aguayo y Manrique, Argote, Valdecañas y Herrera, Gutierrez de Torreblanca, Guzman, Góngora y Armenta, Manuel, Valdivia, y Diaz de Morales; estas familias han constituido siempre la cofradía, y por cierto que ésta predileccion no la creemos muy en armonía con la que Jesus formó con sus Apóstoles. Dichos estatutos fueron impresos en Córdoba, en casa de D. Fausto García, en 1839.

Tambien hemos visto un sumario de gracias concedidas á los hermanos y bienhechores de los enfermos del Hospital de Jesus Nazareno de Córdoba, impreso en Madrid, 1818, por la viuda de Marcos Lopez.

La iglesia, reformada en 1870, es de una sola nave, y por cierto que ni en su estructura, ni en su adorno, ofrece nada notable, á escepcion de algunas pinturas de Antonio del Castillo, como son un San Dimas y Santa Elena, al fresco, y una Coronacion de la Vírgen, que en la actualidad está restaurando D. José Saló.

En el interior se conservan algunos otros cuadros del mismo autor, y en una de sus galerías una coleccion de veintidos, que representan sucesos de la vida del hermano Cristóbal de Santa Catalina, obras de D. Antonio Torrado.

Tiene dos campanarios; el de la iglesia, que dá á la calle, con tres ángulos, y otro en el interior para uso de las hermanas en su oratorio particular; desde el primero se cayó, hácia el año 1850, un jóven que quedó ileso, apesar del gran golpe sufrido. En una de las enfermerías se venera una hermosa imágen de los Dolores, la cual tiene un magnífico manto que le bordaron unas señoras de Lucena.

Pasemos la pequeña calle de Carchenilla y saldremos á la plazuela conocida por el Arroyo del Buen Suceso, donde se divide el barrio con el de

San Andrés, y se ha llamado la Puentezuela de D.ª Mariana, por una que fué puesta en aquel sitio para facilitar el paso. Conforme se sale de la calle del Lodo, hay dos casas; en la núm. 7, que forma rincon, nació el P. M. Fr. José de Jesús Muñoz Capilla, del que ya hemos ofrecido ocuparnos.

A la vuelta de la esquina, se llama ya el Arroyo de San Rafael, á escepcion de una rinconada que dicen plazuela de los Caballos, por una casa en que los alquilaban.

En la cruz formada por esta calle y la de la Portería de Santa María de Gracia, encontramos una alcantarilla, cuya forma actual no pasa de 1848 á 1850, pues antes era aun mas reducida que la aun existente en el Buen Suceso: dá paso á la plaza del Juramento ó de San Rafael, nombre que toma de su iglesia, y antes, en union de otra muy pequeña plazuela, se llamó de D. Arias de Acebedo, título que aun conserva la segunda.

Los Acebedos, ascendientes de los Duques de Almodóvar del Rio y otros títulos, era una familia muy ilustre de Portugal: el primero que vino á España fué D. Alonso Perez de Acebedo, que sirvió valerosamente á Alonso IV y se encontró en la conquista de Toledo; desde entonces nos hallamos muchos personages de este apellido, entre ellos D. Alonso de Acebedo, Patriarca de Alejandría, y otros no menos ilustres y famosos: sus armas eran, escudo cuartelado, el primero y el cuarto de oro y un acebo; el segundo y el tercero de plata y un lobo; bordura general de gules y ocho arpas de oro. Uno de estos señores vino á Córdoda por enlace con una noble señora, y desde entonces empezaron á figurar en esta ciudad; tuvieron sus casas principales en el lugar que veniamos describiendo, y allí hemos encontrado con domicilio á D. Luis de Acebedo, del Orden de Santiago, D. Pedro, que ya digimos adquirió patronato y enterramiento en la iglesia de los Padres de Gracia, y á D. Arias, del Orden de Alcántara, que dejó nombre á la plazuela.

En un manuscrito de varias noticias de Córdoba, se cuenta que á principios de Enero de 1637, ocho hombres armados sorprendieron la casa de D. Arias de Acebedo, donde robaron mucho dinero y prendas de gran valor, produciendo esto el escándalo consiguiente; mas el Corregidor D. Alonso Villarroel, se dió tan buenas trazas, que descubrió á los autores de este crímen, y el dia 17 del mismo mes los hizo ahorcar en la Corredera, dejando á todo el pueblo asombrado de la actividad y rigor desplegado en tan ejemplar castigo.

De la plazuela de D. Arias se pasa á la calle de los Amortajados y á la del Cristo de San Rafael, ya reseñadas, y á la de Roelas que sale á San Lorenzo y tiene dos callejas sin salidas, la primera de los Lizones, título que llevó la calle y es un apellido que ya no se oye en Córdoba, y la segunda del Miguelete, antes conocida por el Rincon: del nombre Roelas nos ocuparemos en union de la iglesia que antes nombramos, y cuya tradicion es, sin duda, la mas interesante para los cordobeses.

Muy conocida es la historia de esta iglesia, así como el nombre del venerable sacerdote Andrés de las Roelas, natural de Córdoba, segun unos y de Posadas, segun otros: todos saben la aparicion de San Rafael, declarándose Custodio de esta ciudad, motivo suficiente para la fervorosa devocion que todos le tenemos.

Aquel bienaventurado, nació en 1525, y siendo ya sacerdote, como de unos cincuenta y dos años, vivia en la calle que ha por nombre su apellido, cuando se encontraba postrado de resultas de una grave enfermedad que habia padecido. Muy devoto de los Mártires de Córdoba, cuyas heróicas virtudes y martirios habia leido, en el Romancero de Herrera y otros libros, se encomendó á ellos, y una noche oyó una voz que le decia:—*Sal al campo y sanarás.*—Algo aliviado, dejó el lecho, y una tarde se determinó á salir de su casa con el objeto de ir á San Lorenzo, ó lo mas á los Padres de Gracia: poco á poco se salió al campo y, ya fatigoso, sentóse en un collado, donde despues se puso la cruz que lleva su nombre y ya hemos dicho á nuestros lectores. Allí estaba, cuando sintió ruido de caballos, y alzando la cabeza, vió cinco caballeros lujosamente ataviados, uno de los cuales, que mas se le acercó, lo saludó con las palabras de costumbre *Deo gratia;* respondió cortesmente, y aquel continuó diciéndole, que viera al Obispo ó quién hiciese sus veces, y le manifestase que los huesos encontrados en la parroquia de San Pedro, eran efectivamente de los Mártires de Córdoba: que los tuvieran en gran veneracion, porque vendrian á esta ciudad grandes epidemias é intercederian para aplacar la justa ira del Cielo. El venerable hizo poco aprecio de lo que oia, si bien le llamó la atencion que uno de ellos dijo á los otros:—*¡Qué gran monte era esto cuando á mí me prendieron!*—desapareciendo como por encanto. Durante muchas noches, estando Andrés de las Roelas en su habitacion, se le apareció un gallardo jóven, de blancas vestiduras, que le hacia revelaciones sobre los Santos Mártires; él las escuchaba con reserva, y por último, en la noche del 7 de Mayo de 1578, *le juró por Jesu-Cristo, que era el guarda y custodia de esta ciudad*; consultó entonces el caso con dos venerables padres de la Compañía de Jesús, con el Provisor y demás personas doctas, y todos convinieron en la verdad de sus palabras. El lector que quiera saber minuciosamente estas apariciones, puede registrar las Revelaciones del Padre Roelas, que originales hemos visto en la parroquia de San Pedro y están insertas en la *Palestra Sagrada* de Feria, y en otra obra titutada *El Arcángel San Rafael, particular Custodio y amparo de la ciudad de Córdoba*, que escribió el Lic. Pedro Diaz de Rivas, en esta ciudad en 1650, y de la cual se han hecho varias ediciones.

Con esta justísima razon, se aumentó considerablemente la devocion á San Rafael, en la escultura que lo representa y estaba en San Pedro desde su primera aparicion á Fr. Simon de Sousa en el convento de la Merced.

En 1602 construyeron nueva iglesia en el convento de Madre de Dios, que se trasladó al sitio en que aun existe, y se la dedicaron á nuestro Angel Custodio; costeóla la ciudad, de quien es el patronato, y á ella asistia en las fiestas que se le dedicaban.

En 1655 fundó el Duque de Sessa el convento de las Capuchinas, y tambien le fué dedicada la iglesia; mas esto no entiviaba el deseo de erigirle una en la misma casa en que se apareció al venérable Roelas, donde desde luego formaron oratorio, y en 1610, principiaron la obra, con tantas interrupciones, que no se concluyó hasta mas de cien años despues, tanto que la bendijo el Canónigo D. Juan Pardo de Figueroa, en 21 de Junio de 1732. Era tambien pequeña: la sacristía estaba en lo que fué cocina de la casa; en ella habia un pozo, del que, al limpiarlo en 1685, sacaron una imágen de la Vírgen, como de un pié de altura, con el niño en el brazo izquierdo y agarrada una mano con la derecha. Esta imágen, que suele estar al pié del trono ó peana de San Rafael, se la llevó un liberto llamado Antonio Domingo, quien la dejó en casa de la Sra. D.ª María Narvaez, viuda de D. Pedro Heredia, de donde la restituyeron á la iglesia en 22 de Junio de 1737, por órden del Obispo D. Pedro Salazar, y es venerada con el título de Ntra. Sra. del Pozo.

No cabiendo casi gente en las grandes fiestas dedicadas á nuestro Custodio, la cofradía resolvió ampliarla, dándole la fachada actual, alargándola y haciéndole las naves laterales.

Se principió la obra el dia 23 de Febrero de 1796, bajo la direccion de D. Vicente Lopez Cardera, y se terminó en 1806, consagrándola el Obispo D. Pedro Antonio de Trevilla: forma las tres naves espresadas, la del centro ancha y con rotonda, con una tribuna con balcones de hierro cubiertos con celosías; esto hace que las otras dos naves sean estrechas, bajas de techo y en parte curvas. En la del evengelio hay una capilla dedicada á sagrario: empezóse á construir con limosnas en 1853, y terminóse en 1855.

El presbiterio es bonito, con gradas de mármol y verja de bronce; pero el retablo no puede ser peor, y no sabemos por qué la cofradía lo prefirió á otro diseño aprobado por la Academia de San Fernando, en el cual campeaba la imágen sobre un grupo de nubes, pareciendo á la vista mucho mas airosa. El Crucifijo con que acaba el retablo, es obra del escultor Diego Morales.

La hermandad es una de las pocas constituidas con todos los requisitos legales.

En las naves de los lados hay algunos altares de escaso mérito, y en uno de ellos costean los médicos y cirujanos una funcion á sus patronos San Cosme y San Damian, que fueron trasladados hace pocos años desde San Agustin, donde tienen altar propio.

La fachada es bonita; consta de tres cuerpos, rematado el último por un fronton triangular con las imágenes de San Rafael, San Acisclo y Santa Victoria, y á los lados dos torres con siete campanas de timbres muy armoniosos. Una de las mas pequeñas, es la que hubo en la primer ermita.

A los lados tiene dos casas, una para el capellan y otra para el santero, por donde está la subida á la tribuna, y delante cuatro marmolillos que en 1823 fueron quitados, así como embebidas las rejas de dichas casas, por disposicion del concejal encargado del ornato público D. Manuel Diaz; mas aquello se tuvo por un acto político, y en cuanto cayó la Constitucion lo volvieron á poner como estaba y continúa.

Goza de una paja de agua de la llamada de la Palma, que el Ayuntamiento la concedió en 22 de Mayo de 1801, con la condicion de costear la fuente que está en uno de los lados de la plazuela; ésta empezó á surtir al público en el dia 21 de Marzo de 1809.

La escultura que representaba en esta iglesia al titular, es la que está en la del Cementerio de San Rafael; pues considerando la cofradía que para el nuevo edificio correspondia otra de mas altura y mérito, le encargó su construccion al notable escultor cordobés D. Alonso Gomez de Sandoval, quien la hizo, reformándola despues para darle mas adorno y colocarle las reliquias que tiene en el pecho. Terminada en 1795 la renovacion, la llevaron cubierta al palacio, donde la bendijo el Obispo D. Antonio Caballero y Góngora, y desde allí acompañada de varios hermanos, con cirios, fué llevada á la iglesia de Santa Clara, cuya comunidad lo habia pedido, teniéndola seis dias, en uno de los cuales, el seis de Noviembre, le hicieron una gran fiesta con música y sermon: aquella tarde fué la Hermandad acompañada de la Universidad de Sres. Beneficiados, á quienes al efecto invitó, y la condugeron á la parroquia del Salvador y Santo Domingo de Silos, donde quedó depositada la imágen, espuesta á la pública veneracion, siendo mucha la gente que acudió á otra fiesta que le hicieron, tambien con sermon, en la mañana del dia nueve.

Hízose un gran convite para la procesion que habia de celebrarse por la tarde y tuvo efecto, formándola dos batidores á caballo, detrás el señor Conde de Villanueva de Cárdenas, llevando el pendon, á seguida la Cruz, y despues de esta el convite, interpolados todos los individuos de la nobleza, grémios, comunidades, ermitaños y cuanto notable habia en Córdoba; tras estos el clero secular, la congregacion de San Pedro, la imágen, y cerrando la Universidad de Sres. Beneficiados, á los que seguian el Ayuntamiento y la tropa. Emprendieron su marcha por las calles del Paraiso, Tendillas, Plata, Liceo, entrando el Angel en los conventos de las Capuchinas, Nieves y Espíritu Santo, siguió por el Salvador, San Pablo, entrando tambien en Santa Marta, San Andrés, Realejo á Santa María de Gracia, donde estuvo un rato en altar preparado, y desde allí á su iglesia, terminando con villancicos y Tedeum.

Muchas son las procesiones que despues se han hecho á esta imágen, como en una fiesta de desagravio cuando los franceses evacuaron á Córdoba, en las invasiones de la fiebre amarilla y cólera, y en las rogativas por el alivio de las públicas necesidades, y por cierto que en 1855, cuando se sacó en rogativa, en union de las Reliquias de los Santos Mártires y de Ntra. Sra. de la Fuensanta, presenciamos un suceso que muchos calificaron de milagro; al salir esta imágen por el arco alto de la Corredera, se cayó una niña desde los segundos balcones al pié de los que llevaban las andas, y reconocida por los facultativos que iban en la procesion, la encontraron completamente ilesa.

La devocion de los cordobeses á esta imágen, es tan grande, que á veces raya en fanatismo, como lo hemos visto en varias ocasiones: una cuando la invasion del cólera en Sevilla en 1860, que no sabemos quien, cundió la voz de que furtivamente se la iban á llevar á aquella capital, y todas las noches se quedaban en la plazuela algunos vecinos del barrio de San Lorenzo, armados de gruesos palos, para oponerse á que tal cosa se hiciese; y en 1861, habiendo dispuesto el Ayuntamiento y el Sr. Obispo que fueran en la procesion varias imágenes, se invitó á esta hermandad para que acompañase la escultura de plata que representa á nuestro Custodio y tiene el Cabildo eclesiástico, y aquella contestó que no acompañaba mas San Rafael que el suyo, por lo que la llevaron los seminaristas.

Hemos recorrido paso á paso, todo el barrio de San Lorenzo, enterando á nuestros lectores de cuanto en él pudimos averiguar; pero antes de concluir nos creemos en el caso de decir algo de las costumbres de sus vecinos, y de algunos sucesos en que han tomado una parte muy activa.

Comparados con los habitantes de otros barrios mas céntricos, parecen como de otros pueblos: dedicados en su mayor parte á las faenas del campo, carecen casi por completo de instruccion, y aparecen obcecados en muchas cosas, si bien sus intenciones son buenas; pero entre ellos habita mucha gente de mal vivir, y esto, á veces, ha dado lugar á cuestiones de que han resultado no pocas desgracias.

La aglomeracion de gente en una misma casa, las hace insalubles, y en cuantas epidemias han invadido á Córdoba, el barrio de San Lorenzo ha sido de los mas perjudicados. En la de 1650 murieron seguidos dos rectores de aquella parroquia.

En la época actual, han cundido en aquel punto las disolventes ideas que muchos publican, y casi en su totalidad los vecinos de este barrio se dicen republicanos socialistas, sin saber esplicar en general, lo que esto significa.

Estas condiciones las trae desde muy antiguo, porque el pueblo, en mayor ó menor escala, siempre ha sido el mismo, si bien su docilidad le ha hecho caminar por donde sus consejeros han querido, sirviéndose de él para sus fines particulares. Entre otros casos á que esto ha dado lugar, referiré á mis lectores uno de que varios autores se han ocupado, y muy particularmente el malogrado D. Rafael de Vida, quien le dió una forma novelesca qùe no se ajusta á la marcha seguida por nosotros.

Retrocedámos á el año 1652, en que, unido lo escaso de la anteriór casecha á la saca de trigo que se habia hecho para otros puntos, y la escasés de fondos por el arreglo de la moneda que en aquella época se hizo, fué causa, no solo de que el pan se vendiese á un precio escesivo, sino que faltara en el mercado, porque la esperanza de mayor ganancia, hacía á los panaderos y acaparadores reservar las existencias con que contaban y que no eran pocas. El precio de la hogaza llegó á subir á veintiun cuartos, (á proporcion como si ahora llegase á cuatro ó seis reales) al par que los demás alimentos eran pocos y tambien á precios exagerados, viéndose los pobres reducidos á la mayor miseria.

Llegó el seis de Mayo: al salir la gente de la misa primera de San Lorenzo que, como ahora, se decia los dias festivos, una muger llamó la atencion de todos, gritando que su hijo habia muerto de hambre, á cuyo cadáver abrazada, escitaba mas y mas la ya para estallar rebelion de aquellos infelices: juntáronse unos seiscientos hombres, á quienes las mugeres, con desgarradas voces, decian que eran unos cobardes si no se tomaban la justicia que se les negaba por los que debian ampararlos en sus desdichas, y al fin consiguieron que aquellos se armasen como cada uno pudo, yendo á buscar al Corregidor, Vizconde de la Peña Parda, al que hubieran asesinado si no se esconde en el convento de la Trinidad, cerca de su casa; pero le echaron abajo la puerta y le rompieron cuantos muebles encontraron.

Ya en esto, se habian reunido unos dos mil hombres, demostrando en general su enojo contra el Obispo, que era el Sr. Tapia, prebendados y todos los caballeros y empleistas de Córdoba, á quienes llamaban logreros y gitanos, entrándose en todas las casas, de las que sacaban todo el trigo y harina que encontraban, llevando parte al Pósito, que estaba en la Corredera, y parte á San Lorenzo, donde improvisaron un almacén. El Obispo, á quien abrieron tambien los graneros y sacaron el trigo que tenia para el abastecimiento de su familia, determinó salir á pié por la ciudad, exhortándolos á que se sosegasen, y comprometiéndose á abastecer el mercado de pan barato; pero ni la suavidad de sus palabras, ni sus virtudes y ancianidad, le bastaron para que aquella gente lo dejase de insultar con palabras que, ciertamente, no merecía. Así pasó el dia y la noche; los amotinados estuvieron en forma de retenes en San Lorenzo, la Ajerquía y otros barrios, además de guardar las puertas para evitar la salida de trigo, y aun se asegura que sacaron los tiros ó cañones, que habia en la Calahorra y los llevaron á las puertas de Gallegos y Puente. Los frailes de San Pablo, San Francisco y Capuchinos, por consejo del

Obispo, anduvieron toda la noche de ronda, con lo que se evitaron muchos desmanes que á su sombra proyectaban.

Amaneció el Mártes, y se puede asegurar que casi todo Córdoba tomó parte en el alboroto, pues los amotinados del dia anterior obligaban á otros á que los siguiesen. Entonces fué cuando se dieron mas á conocer Juan Tocino y el tio Arrancacepas, que capitaneaban parte de aquella gente, y de quienes tomaron nombres dos calles. Les incitaban á buscar armas y defenderse, diciendo que el Marqués de Priego venia con muchos soldados á guardar á los nobles de Córdoba, á quienes ellos debian antes cortar las cabezas, por lo que dichos señores se vieron en gran peligro, asustados unos, escondidos otros, entrándose las señoras en los conventos de monjas para verse libres de la tormenta que contra todos se levantaba.

Como á las ocho de la mañana habria reunidos unos seis á siete mil hombres, unos con armas de fuego, otros con chuzos, alabardas y hasta con palos y piedras.

Entre los caballeros habia uno llamado D. Diego de Córdoba, hijo de D. Iñigo de Córdoba, Señor de la Campana, que era querido del pueblo, por el que siempre miraba, siendo partidario de la tasa, y en él se fijaron los amotinados para pedirlo como Corregidor en reemplazo del Vizconde de Peña Parda: él rehusó; pero á ruegos del Obispo y de sus numerosos amigos y allegados, consintió al fin en ello, y en el Ayuntamiento, delante de mas de cuatro mil personas, recibió la vara de manos del Sr. Obispo, siendo saludado con una gran salva de arcabucería; en seguida arengó al pueblo desde los balcones, diciendo que consentía en gobernarlos, con la condicion de que se retirasen á sus casas, que él los sustentaría de pan al precio de tasa, hasta la próxima cosecha; que le jurasen obediencia y esperaran tranquilos en sus hogares: lo hicieron, y enseguida se publicó un bando para que entregasen las armas, dándose todo por terminado sin la menor desgracia, aparte de los desafueros ó allanamientos de moradas para la saca de trigo: por la tarde habia pan en abundancia, á tres cuartos y medio y cuatro. En ella ocurrieron dos ó tres muertes de pendencias entre los mismos amotinados, empezando estos otra vez á escandalizar, pudiendo avenirlos su nuevo Corregidor.

El Miércoles pasó bien la mañana; pero tambien por la tarde hubo una cuestion cerca de San Juan de los Caballeros, entre dos hombres del pueblo, quedando uno muerto; el otro huyó, aunque herido. No se supo quien divulgó, que aquella muerte la habia causado un caballero llamado D. Felipe Ceron, en venganza de insultos que le hicieron los dias anteriores, y esto bastó para que mas de dos mil hombres se juntasen pidiendo la cabeza del que juzgaban delincuente, viéndose Don Diego de Córdoba en un nuevo compromiso, que al fin venció, ofreciendo castigar á D. Felipe con la muerte, si era autor de la que se le achacaba. Siguióse así, hasta que por último logró que el Rey aprobase todas sus disposiciones é indultase á los promovedores del motin, acabando felizmente este episodio de la historia de Córdoba.

Otro suceso curioso y aun menos conocido que el anterior, es el ocurrido hácia el año 1476, con el Corregidor Merlo. Las rivalidades entre el Conde de Cabra y D. Alonso de Aguilar, que tanto escitaron las pasiones entre los vecinos de Córdoba y su reino, dieron lugar á multitud de desgracias y á que el segundo fuese en esta una especie de dictador que todo lo atropellase, sin emplear mas medios que aquellos dirigidos al logro de sus deseos, y quedando impunes cuantos robos ó muertes se cometian con harta frecuencia y escándalo de todas las personas honradas, cuyas quejas no dejaron de llegar á los Reyes Católicos, quienes enviaron por su Corregidor en Córdoba á Diego de Merlo, con encargo especial de avenir al Conde y á D. Alonso y restituir la paz y sociego á estos habitantes. Llegado á esta ciudad, hízosele un buen recibimiento y tomó posesion de su nuevo cargo, empezando á castigar tantos crímenes como diariamente se cometian. Merlo y D. Alonso fraternizaron, al parecer; el primero reconociendo que aquel altivo y orgulloso noble era aquí el dueño, y el segundo con la idea de dominarlo y no perder su ya adquirida influencia, para lo que alhagaba á las masas, procurando buscar conflictos al Corregidor, sin que éste se apercibiese; para mas disimulo, dióle el Castillo de Monturque, como prenda de que habia de devolver al Conde cuanto de él retuvo en sus correrías, y lo dejó administrar justicia, con una libertad que todos estrañaban.

La falsa situacion de la aparente autoridad de Merlo, y de la efectiva y disimulada de D. Alonso, se dió bien pronto á conocer. Acostumbrado el pueblo á no sufrir castigo alguno, se alborotaba contra los alguaciles ó corchetes, como les llamaban, en cuanto estos pretendian detener á un delincuente. Un dia prendió el Alcalde mayor á dos homicidas y, de acuerdo con D. Alonso, salió una turba del barrio de San Lorenzo para llevarse á los presos; trabóse, como era natural, una lucha en que el Alcalde fué herido, y conocedor del hecho el Corregidor Diego de Merlo, se personó con gente armada en el lugar del tumulto para hacer respetar la justicia; mas todo inútil: los vecinos del barrio salieron de sus casas, cada cual con el instrumento que primero encontraba, obligando al Corregidor y su gente á refugiarse en la parroquia, cuyas puertas cerraron. En esto llegó Don Alonso de Aguilar, y en vez de procurar que el pueblo se apaciguase, lo escitó á romper las puertas del templo y sacar á Merlo; mas los amotinados, bien porque habian conseguido la libertad de los presos ó por el respeto que les infundia aquel sagrado lugar, reusaron cometer semejante profanacion, y desoyeron á D. Alonso, quien decidido á llevar á cabo su intento, hizo venir setenta de sus esclavos, que á seguida derribaron, hechas pedazos, las puertas de la parroquia de San Lorenzo, y sacaron al Corregidor Diego de Merlo, llevándolo preso al Castillo de Aguilar.

Cuando la noticia llegó á Isabel la Católica, D. Alonso se disculpó, diciendo que el Corregidor le habia quitado el castillo de Monturque, y que lo tenía preso para que se lo devolviera; aquella prudentísima señora, mandó ponerlo en libertad y desentendióse de todo lo ocurrido para no aumentar las divisiones de la nobleza, en un tiempo en que de todos necesitaba para las grandes empresas realizadas durante su glorioso reinado.

Casi se puede asegurar que como en estos, los vecinos del barrio de San Lorenzo han llevado siempre la bandera en todos los alborotos que ha habido en Córdoba, como muestra de su carácter decidido y franco, y del poco temor que abriga todo el que tiene poco que perder. Desde niños se egercitan muchos en tirar piedras, en lo que han existido algunos muy notables, armando peleas con los de otros barrios en los caminos de la ronda, donde ponen á prueba las cabezas y paciencia de cuantos por aquel punto transitan; y es tan antigua esta endiablada costumbre, que desde el siglo XV se encuentran en el Ayuntamiento acuerdos para evitar las pedreas de los jóvenes de San Lorenzo, Santa Marina y otros.

Raro es el año que no ocurre alguna muerte violenta en este barrio: entre las muchas que hemos oido, merece anotarse la de dos mozos que, amando á una misma muger, que vivia en la calle Mayor, se encontraron en el portal de la casa y, cerrando la puerta, se estuvieron dando puñaladas hasta que los dos quedaron cadáveres, suceso que aun recuerdan muchas personas, por haber ocurrido en el primer tercio del presente siglo.

Las mugeres son muy duras para el trabajo, dedicándose á las faenas del campo y muchas al servicio doméstico; pero son en general poco obedientes, á causa de una educacion harto descuidada.

Linda este barrio con los de la Magdalena, San Andrés y Santa Marina, al que pensamos pasar con el objeto de escribir el que hace tres de nuestros paseos por Córdoba.

PASEO TERCERO.

Barrio de Santa Marina.

Uno de los mayores barrios de Córdoba, es el de Santa Marina, no solo en su estension, sino en el número de sus habitantes, entre los que hay de todas las clases de la sociedad, sin embargo de estar ya entregadas á vecinos muchas de las casas principales en que los nobles de Córdoba tenian sus moradas. Es, pues, un barrio que cuenta con aristócratas, clase media y proletaria, muchos agricultores y no pocos industriales; por tanto, es de mucha y positiva importancia.

Como en los barrios ya descritos, recorreremos todas sus calles y plazuelas, penetraremos en su parroquia, conventos, hospitales y ermitas; recordaremos lo que no existe, y haremos por fijarlo todo en la memoria de nuestros lectores.

La grave y suntuosa fachada de su parroquia, nos hace considerar los centenares de generaciones que habrá visto venir y desaparecer al peso de los años: la multitud de trages, las diversas costumbres, los diferentes hábitos, las mil aspiraciones que á la sombra de sus muros han existido, y solo ella pudo conocer, dejándolos encerrados en la siempre inquebrantable fosa del olvido. ¡Cuántos recuerdos asaltan á la mente, contemplando aquella fachada; y mas aun, á las altas horas de la noche, en que nos parece retroceder á otros siglos, que nunca volverán, dejando solo algunas inexactas noticias que la historia ha recogido! Tres lados presenta, y todos tres demuestran la antigüedad de aquel edificio, desnudo de ornato, adusto y sombrío, tipo de los primitivos templos ojivales de la religiosa España: contemplemos su deliciosa portada de molduras lisas y su claraboya de anillos concéntricos: parémonos ante la puerta del Norte, y en las dos severas agujas que la flanquean, en los capiteles piramidales de la imafronte, y hasta en el mas pequeño detalle, hallaremos un precioso modelo de la arquitectura religiosa.

El Doctor D. Enrique Vaca de Alfaro, en la *Vida y martirio de la gloriosa y milagrosa vírgen y mártir Santa Marina de Aguas santas*, impresa en Córdoba por el Lic. Francisco Antonio de Cea, en 1680, supone la fundacion de esta iglesia anterior á el año 607, en el que se fundó la de Sevilla, sin duda posterior, y apoyado en sus antiguos datos históricos, la considera reedificada por el Emperador D. Alfonso, cuando, en 1146, conquistó á Córdoba, que despues abandonó por falta de gente con que guarnecerla; por consiguiente, lo mismo que las parroquias de San Lorenzo, San Andrés y la Magdalena, debió existir durante la dominacion árabe, si bien con su torre desmochada, y efectivamente, la construccion de aquellos antíguos y venerados muros, demuestran, en parte', ser construidos al principio del reinado de los godos, cuya creencia no 'vemos desmentida en parte alguna. Esta parroquia se encuentra entre las catorce erigidas por San Fernando, siendo opinion general y fundada, que entonces se reedificó, dándola el calificativo de Real, por lo que conservó en el.retablo antiguo del altar mayor, los escudos de castillos y leones que aun existian en 1679, como atestigua el ya citado Vaca de Alfaro. El mismo. prueba, con razones, que la Santa Marina á· que está dedicada dicha iglesia y las muchas de su advocacion que hay en España, es la de Aguas santas, que muchos equivocan con Santa Margarita ó Marina de Antioquía, que es la que debe pintarse con el dragon, como está la de esta parroquia, solo llamada de Santa Marina hasta que ¡el dicho Alfaro, dió á luz el citado libro, que leido por un Rector, empezó á sobreponer el Aguas santas, segun él mismo hizo constar en una nota que hay en el primer libro de defunciones.

A seguida de la conquista, se fundó en la Catedral capilla á Santa Marina, aunque luego cambió de título; tambien le vemos dedicadas las parroquias de Fernan-Nuñez, Villafranca y otras de esta Diócesi, sin contar las de Sevilla, Andújar y muchas en Castilla, Leon y Galicia, donde nació y alcanzó la palma del martirio.

La iglesia de que nos ocupamos, consta de tres espaciosas naves, muy elevadas de bóvedas y sostenidas por grandes y airosos arcos, que aun cuando embadurnados por la cal, dejan ver como lo demás del templo, el gusto gótico-bizantino del tiempo en que fué construido, y que ha ido perdiendo con los reparos que se le han hecho. En la primera mitad del siglo XVI, siendo Obispo de Córdoba D. Leopoldo de Austria, se hicieron grandes obras en aquel templo, y entre ellas el sustituirle el campanario que habia sobre la torre desmochada, con el actual cuerpo de campanas, colocando en ella las armas de aquel rico y esclarecido prelado. A fines de 1680 y principio del 81, se repararon los grandes desperfectos que ocasionó un temblor de tierra, y algo despues se sacó de cimiento uno de sus machones. Sobre aquel terremoto hay escrita una nota en el fólio 216 del libro cuarto de defunciones de aquel archivo, que por satisfacer la curiosidad de nuestros lectores, copiamos á continuacion:

«En nueve dias del mes de Octubre de mil y seiscientos y ochenta años, á las siete de la mañana, hubo un temblor de tierra tan grande, que muchos edificios se jundieron unos en el todo y otros en parte, y los templos y sus torres padecieron mucha Ruina: en la Catedral desmintieron los arcos de las campanas y la muralla que cae al Caño gordo, y en esta iglesia se abrió la capilla mayor y su bóveda por la parte de encima del Retablo y por la parte baja de la iglesia desmintieron los estribos y se abrieron las claves de las claraboyas colaterales á la puerta mayor, y la torre de esta iglesia se cayeron de ella tres bultos del ornato de la coronacion de ella y parte de la cornixa, se partió el marmol piedra de la veleta y en la Ciudad y sus conventos extramuros y intra sucedieron muchas ruinas por ellos y sustos, de suerte que ha atemorizado la gente en tan gran manera que todo es confesiones generales, fiestas al Santísimo Sacramento con arrogativas y en esta iglesia de Santa Marina se continuan por nueve dias por tarde y mañana patente su Divina Magestad, y hoy catorce del mes dicho se ha sabido que fué este terremoto universal en esta Andalucía.—Doctor, Juan Martinez de Anaya.»

«Acabóse el novenario con gran pompa y procesion al Smo. Sacramento.»

«Hizo otro novenario la cofradía del Smo. Sacramento. Ha proseguido todos los años hasta 83, haciendo la iglesia la fiesta de San Dionisio con el Santísimo manifiesto.»

La última obra de gran importancia que se ha llevado á cabo en esta parroquia, fué de 1751 á 1756, y entonces se subsanarian tambien los destrozos que en la torre causó el terremoto de 1.° de Noviembre de 1755, de que se hace mencion en un acta que con aquel acontecimiento, levantó la Universidad de señores Beneficiados y se conserva en su archivo. En aquel tiempo se colocó tambien la campana mayor que hay en la torre, bendita por el Obispo D. Francisco Solis Folch de Cardona, en 8 de Mayo de 1754, quien la dedicó al Sagrado Corazon de Jesús y María: tiene una inscripcion latina, que traducida, dice así:

Alabo al verdadero Dios; llamo al pueblo: congrego al clero; lloro á los difuntos y ahuyento la peste.

Volvamos á la descripcion de este templo, tal cual hoy lo encontramos, como hemos hecho ya con otros de que se ha tratado en estos apuntes. El retablo del altar mayor es del siglo XVII, de poco mérito y con el tabernáculo de época posterior á lo demás. Tiene repetida la titular, pues en el centro se vé su escultura y por cima otra en lienzo, en sustitucion de uno muy bello, obra del notable pintor Fr. Juan del Santísimo Sacramento, de que nos ocuparemos mas adelante: tiene otros dos lienzos con San Pedro y San Pablo. Esta capilla, creen algunos equivocadamente, ser patronato de los Marqueses de Guadalcázar, de cuya ilustre familia hay en ella varios individuos sepultados, debiendo hacer especial mencion de la Sra. D.ª María Isidra Quintina de Guzman y la Cerda, madre del anterior Marqués Exmo. Sr. Don Isidro Alfonso de Sousa y Guzman: nació en Madrid en 31 de Octubre de 1768, hija de D. Diego Guzman Ladron de Guevara, Conde de Oñate y de D.ª María Isidra de la Cerda, Condesa de Paredes: su amor al estudio y el gran talento con que estaba dotada, le grangearon tantos conocimientos en las letras, las ciencias y las artes, que por real órden de 20 de Abril de 1785, se mandó que en la Universidad de Alcalá se le confirieran los grados de Filosofía y Letras y Ciencias humanas, disponiéndose en 7 de Mayo, que la ceremonia se ajustase á lo que se creyere oportuno, tratándose de una señora, y cuyo acto se verificó con gran brillantéz, el dia 4 de Junio siguiente, aclamándola doctora, y haciéndola catedrática honoraria de aquella Universidad, así como en 1784, la Real Academia la nombró por unanimidad sócia de la misma. Casada con el Sr. Marqués de Guadalcázar, vino á Córdoba, donde murió en 5 de Marzo de 1803, sepultando su cadáver en la capilla mayor de la iglesia de Santa Marina, que vamos describiendo, y en la cual puede leerse la siguiente inscripcion:

Aquí yace el cadáver de la Exma. Señora D.ª María Isidra Quintina de Guzman y la Cerda, Marquesa de Guadalcazar é Hinojares, Grande de España, Dama de la Reina nuestra señora y de su Real Orden, Doctora en Filòsofía y Letras Humanas, Catedrática honoraria y Conciliaria perpétua de la Universidad de Alcalá, Académica honoraria de la Real Española, etc. Murió en 5 de Marzo de 1803, á los 35 años, 4 meses y 4 dias de edad.

A los lados de esta lápida hay dos enterramientos propios, uno de los Marqueses de Villaseca y el otro de los Diaz de Morales: yace allí sepultado D. Andrés de Morales, Veinticuatro de Córdoba, quien depositó en el Ayuntamiento *La Historia de Córdoba* escrita por su tio Fr. Alfonso García de Morales, y su hijo D. Cristóbal de Morales, del hábito de Calatrava.

Saliendo de la capilla mayor, están los altares colaterales, dedicado uno á la titular y el otro á la Vírgen de la Luz, hermosa escultura, que aseguran ser obra del cordobés D. Alonso Gomez, de quien hemos hablado en la iglesia de San Rafael: tiene una cofradía que principió en una ermita que hubo en la Cuesta del Bailio, y antes en otra del campo, achacándose á ella el orígen de la romería que se efectuaba todos los años el dia de la Candelaria en el arroyo de las Piedras, y en el que aquella celebra á su titular y hace una procesion por el barrio.

Por cabeza de la nave del evangelio está la capilla de la Virgen del Rosario, fundada por el capitan Alonso de Benavides, por cuyo apellido se conoce, y en donde ésta *familia conserva su* enterramiento: tiene un patronato cuyos bienes estan en pleito, el cual los irá consumiendo las costas: la imágen es hermosa, aunque antigua, y posee buenas alhajas: el altar lo es tambien, pero bueno, y á los lados hay dos lienzos que representan á San Juan y San Pedro Alcántara.

Sigue el altar de San Juan Bautista, patronato de los Condes del Menado, hoy los de Torres-Cabrera, y fué trasladado á esta iglesia desde la *sacristía* de la Trinidad. Se vé en él un buen lienzo, que creemos copia del primitivo, que era de Castillo, y por cima otro de la Concepcion y varios pequeños, muy bonitos. Hácia este sitio habia un arco en el que estaba el enterramiento de los Alfaros, y en él una losa con la siguiente inscripcion:

Aquí yacen Benito Lopez de Alfaro, que sirvió á los Señores Reyes Católicos en la conquista del reino de Granada, nieto sesto de Ramon de Alfaro, que tambien se halló en la toma de Baeza en 1228. *Tambien está sepultado Alonso de Alfaro, hijo de Benito Lopez de Alfaro, el licenciado Juan de Alfaro, insigne cirujano y Doña María de Evia su muger, y el licenciado Felipe de Alfaro, presbítero.*

La capilla del Sagrario, tanto en su interior como en el esterior, demuestra estar construida siglos despues que lo demás del templo: es bonita, con cubierta esférica, con adornos de yesería, algunos dorados, y en el altar se vé una Cena muy bien pintada, pero revelando todo su poca antigüedad. Tiene verja en su entrada, aunque de madera y de muy mal gusto. Cerca de éste hay otro altar con una escultura que representa á Santa Inés mártir. A los pies de esta nave estuvo el altar de Animas, con un cuadro que existe en la sacristía, y en cuyo sitio se conserva el enterramiento de los cofrades.

En la nave de la epístola, forma frente la capilla de San Roque con hermandad y enterramiento para sus individuos: altar é imágen revelan mucha antigüedad; sigue el altar de la Concepcion, con un lienzo que la representa, y mas allá el de San Antonio Abad, cuyo retablo fué el mayor de la suprimida iglesia de San Sebastian; tiene en lo alto el martirio de aquel santo, y en el bazamento siete pinturas en cobre, algunas muy bonitas. El San Antonio es propiedad de los herreros, quienes antes le costeaban fiesta en su dia.

En esta misma nave existe un precioso arco gótico con muy lindos adornos y escudos de armas, que sirve de entrada á la capilla del Resucitado y Animas, que tienen hermandad: era patronato de los Orozcos, y hasta hace pocos años sirvió de atarazana: en su altar se ven las imágenes de Jesus Resucitado, la Vírgen de Consolacion y San José; las dos primeras son sacadas en procesion el primer dia de Pascua de Resurreccion, y no hace muchos años que los sábados de Gloria las tenian ocultas, y al cantar el *Gloria in excelsis*, aparecian por diferentes lados, yendo á unirse en la nave principal, al son de la música y campanas, lo que hacía gran efecto, no solo en los vecinos de aquel barrio, sino en los de casi todo Córdoba, que acudian, cesando esta ceremonia por órden del actual Sr. Obispo D. Juan Alfonso Alburquerque. En dicha capilla, aunque es patronato de los Orozcos, tambien tenia enterramiento el Veinticuatro de Córdoba Fernando Alfonso, el que mató á los Comendadores, por lo que fueron sepultados en este sitio, y aun nos han contado, que en la obra hecha para habilitar este sitio, fueron encontrados, cubriéndolos á seguida por disposicion del cura que entonces habia en esta parroquia.

Al pié de la espresada nave de la epístola, está la capilla del Bautismo, donde lo han recibido muchos individuos de la nobleza cordobesa y algunos hombres notables contemporáneos, contándose entre ellos D. José Rey y Heredia, de quien detenidamente trataremos, y D. Lorenzo Alguacil, actual Obispo de Vitoria. Tambien han sido bautizados en esta pila algunos célebres toreros cordobeses, uno de ellos el desgraciado José Rodriguez, Pepete, muerto por un toro en la plaza de Madrid, en la tarde del dia 20 de Abril de 1862.

Entre la pila y un cancel, encontramos el cuadro que estuvo en el altar mayor, obra digna de Fr. Juan del Santísimo, cuyo pincel le puso la inscripcion siguiente:

A honra y gloria de Dios y de Santa Marina, dedicó este lienzo D. Pedro Fernandez de Córdoba y Figueroa, Caballero del órden de Alcántara y primogénito de la Casa de Villaseca: año de 1678.—*Fr. Juan del Smo. Sacramento. F.*

El haber mudado el sitio á este notable cuadro, sería con la idea de que lo viesen bien los muchos artistas y aficionados que lo han copiado, pues de otra manera hubiera sido imposible.

La sacristía es espaciosa y cómoda, con grandes cajoneras para los ornamentos y un buen archivo, cuyos libros principian, los de bautismos y matrimonios en 1537 y los de defunciones en 1538; en estos y en los minutarios, se encuentran notas muy curiosas, de que hemos ido tomando apuntes, no pudiendo resistir á copiar la siguiente, que interesa á la historia de Córdoba:

«Sábado seis dias de Febrero de mil y seiscientos y diez años, reinando en todas las Españas la Católica Magestad del Rey Don Felipe 3.°, teniendo la silla pontifical la Santidad del Papa Paulo V, siendo Obispo de Córdoba Don Diego de Mardones, fraile de la órden de Santo Domingo, Rector de esta iglesia de Santa Marina Tomás Fernandez de Vargas y yo el Colector de ella, comenzaron á salir los moriscos de la dicha Ciudad, habiendo novecientos menos cuatro años que los árabes entraron en ella con Tarif Abensier su capitan, reinando en España D. Rodrigo último godo.—Fernando Alonso Montemayor.—Luis Juarez, beneficiado.»

En esta iglesia tuvieron enterramiento los señores Muñoz de Baena, hoy Marqueses de Prado Alegre, por haberlo labrado Juan Muñoz de Baena y Savariego en 1663. Tambien lo tienen los Castillejos y los Mellados, en la nave de la epístola.

La parroquia de Santa Marina ha tenido una rectoría, seis beneficios, un préstamo y dos prestameras; hoy solo tiene un rector, un coadjutor y los dependientes de reglamento. Tambien contaba con muchas obras-pias, capellanías y memorias, siendo las mas notables, la obra-pia que fundó Cristóbal Lopez Aulagas, para casamiento de doncellas de su linaje; la de D.ª María de Fonseca, con el mismo objeto; la de Rodrigo Alonso de Gahete, para socorrer sacerdotes pobres, viudas, doncellas y hospitales; la de Fernando de Budia, para sus parientes, y otra de Hernando Ruiz, cuyas rentas habian de emplearse un año en casar una doncella pobre, y otro en redimir cautivos.

El último rector y cura propio de la parroquia de Santa Marina, ha sido el ya citado D. Juan José Aguado, persona ilustradísima y de muy nobles y piadosos sentimientos, quien, á causa de los muchos años que sirvió dicho curato y del cariño y franqueza con que trataba á sus feligreses, era sumamente querido de los mismos, quienes asistieron á su entierro derramando copiosas lágrimas de sentimiento. Muchas son las anécdotas que de él hemos oido, y entre ellas referiremos una que demuestra su carácter jovial y la confianza que con todos tenia. Un hombre á quien el Sr. Aguado casó seis veces, enviudó, y un dia se le presentó, y con humildad le dijo:—Sr. Rector, yo venia á ver á V., porque he pensado casarme.—Bueno, ya hablaremos,—le contestó.—Es... que es preciso que sea pronto.—¿Pronto? ¡eh! ¿Si pensará V. que no tengo otra cosa que hacer en todo el dia, mas que estarlo casando y enterrándole las mugeres?—Los presentes rieron la ocurrencia, y él, no solo los casó, sino que les dió un socorro, diciéndole:—Vamos á ver si esta puede al fin mas que V.

En los tres frentes que forma esta iglesía, estaba el cementerio, en terreno elevado, y contenido por un muro que en 1865 desapareció, allanándolo de la manera que fué posible, atendido su desnivel.

En 1785 fué preciso cerrar esta iglesia al culto, porque sufriéndose en aquel barrio mas que en otros una grande epidemia de intermitentes, fueron tantos los cadáveres en ella sepultados, que empezaron á exhalar tantos miasmas, que se creyó perjudicarian á la salud pública. Esta epidemia se juzgó aumentada en aquellos barrios por el arroyo de Santa Marina y San Lorenzo, que pasaba por ellos hasta la rejuela del segundo, y por el que no solo corrian todas las inmundicias que arrojaban los vecinos, sino las del Matadero, que penetraban en la ciudad por un arquillo inmediato á la torre de la Malmuerta á la Lagunilla, calle Mayor, Santa Isabel, Alamos y demás que hoy tiene la corriente, siendo tan profundo en algunos puntos, que ya cerca del Buen Suceso habia un sitio llamado el Despeñadero, teniendo puentecillos en todas las avenidas. La epidemia que hemos indicado, y es de las que nada se ha escrito, se reprodujo en 1786, tanto, que desde primero de Mayo hasta fin de Noviembre, causó 1214 víctimas, haciendo subir el número de enfermos á 11657, de los que 6643 fueron socorridos unos en los hospitales y otros en sus casas con las limosnas que dieron el Ayuntamiento, el Obispo, el Caudal de espólios y muchos particulares, además de la quina que de real órden trajeron y que se repartía entre muchos lugares de la Península que sufrian igual epidemia. Las defunciones ocurrieron: en el barrio de San Andrés treinta y nueve; en el de Santiago, treinta y ocho; en la Magdalena, treinta y cinco; en Omnium Sanctorum, veintitres; en el Campo de la Verdad, setenta y una; en San Miguel, cuarenta y tres; en el Sagrario, ochenta y tres; en San Pedro, cincuenta y una; en San Lorenzo, ochenta y siete; en Santa Marina, ciento once; en San Nicolás de la Ajerquía, treinta y una; en el de la Villa, diez y ocho, y en el Salvador, treinta y dos: además fallecieron cuatrocientos catorce en el Hospital del Cardenal, ciento treinta y uno en el de la Misericordia, y siete en el de Jesús Nazareno. Las dos últimas cifras las motivaron en su mayor parte los barrios de Santa Marina y San Lorenzo, convenciendo á todos de la imperiosa necesidad de rellenar el arroyo de que antes hicimos mencion, pues unido aquel foco al formado con enterrar en las iglesias todos los cadáveres, á escepcion de los de los hospitales, que lo fueron en sus cementerios, tambien en poblado, se temía que el siguiente año fuera mayor el número de víctimas, lo que afortunadamente no sucedió, apesar de que aquel proyecto sufrió algunos entorpecimientos.

En 1789, se logró al fin el permiso real para invertir en las ya dichas obras, los sobrantes de las rentas de Propios y lo concedido para empedrados: para su realizacion se formó una junta que la componian los señores D. Pascual Ruiz de Villafranca, Corregidor de esta ciudad, el Conde de Villaverde la Alta, el Doctor D. José Antonio Garnica, Penitenciario de la Sta. Iglesia, D. Antonio de Hoces y D. Manuel de Codes, quienes principiaron por cerrrar el arco que junto á la torre de la Malmuerta dejaba entrar el arroyo del Matadero, y el otro que corre por el haza cercada, haciéndoles el cauce que hoy tiene por delante de las Ollerias y Fuensantilla hasta el Marrubial, donde lo incorporaron al de las Piedras, y ya entonces cegaron el cauce que formaba en las calles y las allanaron, toda vez que solo habia de correr por ellas el agua llovediza, con las que á veces es muy caudaloso; de ello, pueden inferir nuestros lectores, lo que seria cuando le entraban los dos arroyos del campo, con los que se anegaban aquellos barrios, como sucedió en 1698 al de San Lorenzo. En estas obras se gastarón cuarenta y seis mil reales, mas tres mil que fué preciso invertir en el siguiente año de 1790, para acabar de empedrar las calles. Entonces fué cuando en la de los Alamos arrancaron los árboles de esta clase, de que tomó el título. El arroyo de las Ollerias lo acabaron de arreglar en 1804, para ocupar trabajadores.

Ya que hemos hablado de una epidemia, diremos en este lugar lo que los vecinos del barrio de Santa Marina regalaron á los enfermos en los hospitales en 1650, como hemos hecho en los anteriores paseos, y con mas razon en éste, pues, como saben nuestros lectores, fué donde ocurrió el primer caso.

El dia 6 de Febrero del espresado año, se reunieron los vecinos de este barrio, y queriendo contribuir al sostenimiento de los enfermos del hospital de San Lázaro, sacaron en procesion á la Vírgen del Rosario, ó sea la de Benavides, y los Santos Patronos San Acisclo y Santa Victoria, con muchas luces y clarines, y apesar de lo castigados que eran del contagio, llevaron diez y ocho cargas de leña, seis de romero, dos de limones y naranjas, cincuenta fanegas de trigo, en caballos vistosamente adornados, veinticuatro espuertas de pan, setenta y cinco carneros, doscientas diez gallinas, seis jamones, veinte cestos de pasas, ocho de almendras, una carga de vidriado, cincuenta y nueve salvillas con hilas, sesenta y siete de bizcochos, diez y seis melones, doce pomos de agua de olor, cuatro de vinagre rosado, diez limetas de vino, doce pomos de manteca de azahar, cuatro espuertas de granadas, veinticuatro cestos de huevos y dos macetones de jabon, y despues de enseñarlos á los enfermos, lo depositaron en el hospital de San Bartolomé, como la junta tenia dispuesto.

Muchas son las calles de este barrio, y en direcciones tan encontradas, que es dificil formar un itinerario fijo para recorrerlas, sin que alguna deje de visitarse; pero cuidadosos de reunir el mayor número de noticias, lograremos, sin duda, que todas vengan á figurar en nuestros apuntes.

La calle Mayor de Santa Marina, que desde la parroquia se dirige al campo, y que tambien se ha llamado Ancha, nos parece estar en el caso de ocupar el primer puesto, por ser la mas estensa y colocada de manera que parece dividirlo en dos secciones. Su título significa que es la principal y mas ancha del barrio. Por la acera izquierda afluye la calle de los Marroquíes, llamada así por una familia del apellido Marroquí, á los que perteneció el genealogista D. Juan Francisco, si bien creemos que mas bien debiera llamarse de los Tafures, porque su casa fué la número 12, y no la calle del Tinte, como equivocadamente creyó el Sr. Maraver.

La casa número 14, casi convertida en ruinas, fué uua de las mas principales, por serlo del mayorazgo fundado por D.ª María Suarez de Figueroa, que poseen los Sres. Diaz de Morales: en la espresada casa vivió Juan Perez de Godoy, cuyo nombre tomó una calleja á que forma esquina, y que despues se llamó del Huerto del Chaparro, porque en el que hay en ella habia un árbol de esta clase, poco comun en poblado, y cuyo nombre aun conserva. Esta calleja es de las que mas títulos han tenido, pues además de los ya dichos, tuvo los de el Jurado el Viejo, Rodrigo del Pozo, y del Olivo.

En la misma acera de la calle Mayor, hay una plazuela que dicen la Lagunilla, porque casi siempre ha tenido agua, derramada de los pozos que en los años abundantes la tienen hasta las bocas, así como en otros escasos de lluvias, se quedan completamente secos; de unos en otros corre una mina ó atagea que los surte, y se dice desde muy antiguo que es una obra que se hizo en tiempo de los árabes, recogiendo el caudal de un arroyo á que llaman Gualcolodro, que baja de la sierra, y cuando trae mucha agua no cabe por la mina, haciendo bozar los pozos, y algunas veces filtrándose hácia la huerta Nueva, mas allá del Pretorio, formando grandes lagunas, que hemos conocido, y que han desaguado por medio de zanjas abiertas hasta el arroyo del Matadero.

Entre la Lagunilla y la calleja del Chaparro, hay una casa que sirve de comunicacion y llaman del Paso, y por cierto que es bien rara, pues se pasan dos ó tres patios, y se suben ó bajan unas escaleras. Esta clase de casas, de las que habia muchas y solo han quedado dos, procedian de cesiones de terrenos, que hacía el Ayuntamiento con aquella condicion, y que poco á poco los propietarios han ido suprimiendo, resultando ese gran número de barreras ó callejas sin salida, como hay en Córdoba.

Trasladándonos á la acera derecha de la calle Mayor, encontraremos primero una muy estrecha que la gente dió en llamar del Guindo, por uno que salía de una casa, en la que estos últimos años, ha construido D. Francisco Lopez una hermosa y notable bodega para vinos, y por cierto que con esa variacion tan sencilla, casi ha perdido el nombre de Rogea, que es el verdadero.

Esquina á esta calle hay una casa grande perteneciente á los Condes de Zamora de Riofrio, en la cual dicen vivió D. Luis Fernandez de Córdoba, el que mató al hortelano en la Magdalena, y cuyo trágico fin hemos referido. Poco mas allá hay una corta calleja sin salida, que dicen de la Cepa, por la que quedó y estuvo muchos años, de un gran árbol que cortaron, y al final habia otra denominada Arranca-cepas, por un morador de ella que tuvo este apodo y tomó gran parte en el motin que hemos referido al terminar nuestro paseo por el barrio de San Lorenzo; hemos dicho habia, porque una acera la constituia el lienzo de muralla que sigue de la puerta de Colodro hácia la del Santo Cristo, derribada en 1868, quedando por consiguiente la opuesta, y casi formando parte del campo. Frente á esta hubo otra tambien contigua á la muralla, que fué cerrada, incorporándola á una casa en el año 1802. En este estremo de la calle Mayor, se vé aun en el suelo el sitio en que hubo un pedestal y sobre él una cruz de hierro, que ahora vemos en la fachada de la ermita de los Santos Patronos de Córdoba Acisclo y Victoria.

La historia de estos mártires es interesante, y aunque en estracto, la diremos á nuestros lectores cuando lleguemos al sitio en que estuvo su principal templo, al final del paseo de la Rivera. Aquí debemos concretarnos á manifestar, que por la tradicional creencia de haber estado en este punto la casa habitacion de una pobre muger llamada Minciana, que educó y tuvo en su compañía á los jóvenes Acisclo y Victoria, la devocion de los cordobeses hácia estos, les hizo edificar una gran iglesia que á fuerza de años quedó destruida: despues de la conquista, construyeron en el mismo lugar una pequeña ermita en que apenas cabrian doce personas: no sabemos como vino á ser de un hombre llamado Gerónimo Godino, quien en 1516 la cedió á la cofradía de los mismos mártires, establecida frente á Santiago, por la que fué reparada, y con posterioridad, á fines del siglo XVII, la edificaron en la forma en que la hemos conocido. Muchos años estuvo al cuidado de una numerosa y escogida hermandad titulada de Ntra. Sra. del Auxilio, que está en el manifestador, y los Santos Mártires, la que se disolvió á fines del siglo XVIII, quedando la iglesia tan abandonada, que llegó á creerse desaparecería; mas un vecino de aquel barrio llamado José Fernandez, á quien todos conocian por Pepito el Carnerero, á causa de haber hecho gran fortuna en la compra y venta del gar nado lanar, se apiadó de la ermita de nuestros Santos Patronos, y no solo la reedificó y le hizo cuanto para el culto necesitaba, sino que teniendo noticia de que á la parroquia de la Ajerquía le habian dado cuatro casas procedentes de otra iglesia de San Acisclo y Santa Victoria, que se suprimió, frente á Santiago, las reclamó al señor Obispo, quien lo atendió y concedió las cuatro fincas que reclamaba, cuyas rentas debian dedicarse al culto de los Mártires, como lo fueron hasta la desamortizacion de los bienes eclesiásticos. La iglesia es de una sola nave no muy estensa ni elevada; en el altar mayor se ven dos lienzos que representan á los titulares, obra de Cristóbal Vela, quien los pintó para la Catedral, y habiendo preferido el Cabildo otros de Palomino, los cedió á esta iglesia, donde sustituirian á otros que ya no están allí, pues los de bulto que se ven, eran los que estaban en la ya citada de Santiago; hay otros dos altares dedicados á San Rafael y San Antonio, y en las paredes otras varias esculturas y cuadros: la bóveda está pintada al claro oscuro. En esta iglesia estuvo la hermandad del Resucitado de Santa Marina, por lo que cuando sale en procesion llega siempre hasta su antigua casa.

Hemos nombrado á José Fernandez, conocido por el Carnerero, y debemos consignar un hecho que es de grande trascendencia para las cordobesas, pues muchas le son deudoras de su fortuna. Cuando Isabel la Católica estuvo en Córdoba, le llamó la atencion las muchas mugeres que frente de palacio, se estaban dos ó tres horas esperando á ver si se asomaba, sin dedicarse á cosa alguna, y preguntando si le ayudaban á sus maridos á sostener las cargas de la familia, hubieron de contestarle que no, cuando dijo:—«Pues si no ayudan á ganarlo, tampoco deben disfrutar de ello,»—y las privó del derecho á los bienes gananciales por muerte de sus maridos. De sus resultas muchas iban á casarse á la inmediata aldea de Alcolea, para poder usar de aquel derecho. José Fernandez era muy pobre y se casó en Córdoba con una muger tan cuidadosa de su casa, que ayudaba á su marido á agenciar lo que podian, y entre ambos llegaron á juntar una gran fortuna, que el buen esposo deploraba pasase á sus hijos, sin que su compañera fuese dueña de lo que realmente habia ganado, y que para vivir de ello tendria que hacerlo por la voluntad y como favor de aquellos; mas nuestro rico paisano, á pesar de su poca instruccion, acudió á Cárlos III, haciéndole presente su situacion y la injusticia con que obró la primera Isabel, logrando que se alzara su prohibicion, como hemos tenido lugar de ver en una real pragmática que está inserta en la Novísima Recopilacion.

Cerca de esta ermita está una de las puertas de la ciudad, denominada de Colodro, construida despues de la conquista: ha sufrido algunas reedificaciones, porque ha sido abierta y cerrada siempre que se ha padecido alguna epidemia, y últimamente se compuso y quedó abierta en 1837. Su nombre lo debe á que entró por aquel sitio, escalando la muralla y sorprendiendo á los centinelas, á quienes tiró al campo para que sus amigos los acabasen de matar, un almogávar que sabia el árabe, llamado Alvar Colodro, natural de Cobeña; pueblo del Arzobispado de Toledo, cerca de Alcalá de Henares, donde tiene algunos descendientes: lo acompañó Benito Baños que, tan bravo como él, hicieron prodigios de valor en aquella noche, que fué una muy tenebrosa del mes de Enero de 1236. Nos limitamos á este solo apunte, porque cuando nos ocupemos de la Ajerquía en general, daremos cuantas noticias hemos adquirido de su conquista.

Convertidas en horno ó panadería, encontramos en la calle Mayor, el lugar donde estuvieron las casas solariegas ó principales de los Benavides, una de las familias mas nobles y opulentas de Córdoba, y de quien descienden los Marqueses de Guadalcázar y Villaverde y otras muchas casas de nuestra antigua aristocrácia: su escudo era de plata y un leon rapante de gules barrado con tres barras de oro: los árboles genealógicos de esta familia, examinados por nosotros, la presentan enlazada con todo lo mas noble de España, la hacen descender de D. Jaime I de Aragon y de Don Ordoño II de Leon y Galicia, aunque en diversas líneas y apellidos: en la mayor parte eran los Benavides caballeros de las Ordenes militares y tenian diversos patronatos, como el de la capilla del Rosario en Santa Marina y las de San Diego y Santísimo Cristo en los conventos de San Francisco y Santo Domingo de Palma del Rio. Estas circunstancias hicieron aun mas ruidoso un lance ocurrido á principios de Enero de 1493, al Comendador D. Francisco de Benavides, morador, como llevamos dicho, en la calle Mayor de Santa Marina. Era Corregidor de Córdoba D. Francisco de Bobadilla y su Alcalde mayor Pedro de Mercado, quien presentándose un dia en la casa del primero, le hizo saber la órden que tenía de prenderlo con dos lacayos que siempre le acompañaban, sin espresarle la causa de tal determinacion, ni el triste fin que les esperaba; obedecieron los tres: Benavides fué conducido á la Calahorra y sus criados á la cárcel pública, donde estuvieron hasta el dia 25 de Enero á las dos de la tarde, en que aquel noble cordobés murió degollado en la calle de la Feria, sobre un tablado que al efecto levantaron delante de San Francisco: dos horas despues, tiempo que se gastó en variar la forma del suplicio, fueron ahorcados los dos lacayos, quedando todo el pueblo admirado de estas ejecuciones, haciendo de ellas mil diversos comentarios, no faltando quien lo achacase á una herida hecha al Rey Fernando el Católico, al salir de una iglesia de Barcelona, punto donde habia estado Benavides; mas bien pronto se disipó esta creencia, al saberse que el autor del frustrado regicidio era un hombre llamado Juan Cañamero, el que habia ya muerto en castigo de su crímen; la muerte del Comendador D. Francisco de Benavides quedó envuelta en el mas impenetrable misterio.

El autor de los *Casos raros de Córdoba*, libro que nos suministró los anteriones datos, refiere otro lance de un opulento y noble vecino del barrio de Santa Marina, sin marcar su nombre ni el lugar fijo de su morada. Solo contaba una hija, de tan estraordinaria belleza, que era el encanto de cuantos la veian, considerándose muy felices con una mirada ó una sonrisa de aquel modelo de candor y de hermosura; su padre se mostraba disgustado con los elogios que prodigaban á su hija, hasta el punto de parecer un amante celoso, á quien le incomoda todo, si no alhaga á su enloquecido pensamiento: así debia estar el de aquel desgraciado víctima de la pasion mas horrible y depravada: la pluma resiste estampar un hecho semejante; la jóven conoció la intencion del que debiera ser su mas seguro guardador; oyó de sus labios una declaracion amorosa, aun mas terrible para ella que una sentencia de muerte y, trémula, avergonzada y casi sin aliento, contó á su madre la desgracia que sus encantos le habian acarreado: juntas lloraron y compadecieron la ceguedad de su esposo y padre, conviniendo en vivir unidas, esperando un dia en que la razon iluminara la mente del que así se habia estraviado; mas no tanto que se le ocultase la prevencion que ambas tenian y que su secreto era conocido por su esposa. Dos años trascurrieron; era el 1558: ningun síntoma habia vuelto á demostrar el estravío del noble cordobés, y la confianza tornó al ceno de la familia; era Jueves Santo: la madre estaba enferma y no pudo salir á la visita de sagrarios: el padre ofrecióse á la hija, y juntos salieron al anochecer, entreteniéndola tanto que se les hizo muy tarde, hasta el punto de no encontrarse casi nadie por las calles: se hallaban en la de Santa Clara, completamente solos, y aquel padre sin corazon, arrojó á su hija contra las gradas de la iglesia, atropellando su honor, sin atender las lágrimas, los gritos y hasta las maldiciones de la jóven que, zafándose de entre sus brazos y fuera de sí, echó á correr calle arriba, encontrándose con el Alcalde Herrera, quien la contuvo y preguntó la causa de su quebranto; la escitacion en que iba le impedía premeditar sus palabras, y ante su propio padre, que, siguiéndola, se quedó mudo en presencia del Alcalde de la Justicia, contó á éste cuanto le habia sucedido. Herrera hizo señas á los alguaciles para la prision de aquel criminal, y ofreciendo el brazo á la hija, la llevó á su casa, donde á los dos dias se lloraba una nueva desventura: madre é hija vestian luto: una era ya viuda, la otra con su hermosura, que ella diariamente maldecía, se habia adelantado su horfandad..... el Alcalde de la Justicia habia hecho ahorcar delante del convento de San Francisco á un noble cordobés, convicto y confeso del mas atroz y vil de los crímenes.

Dejemos la calle Mayor para volver á la ya nombrada de los Marroquíes; de ella saldremos á una muy estrecha y hasta hace poco desempedrada ó terriza, que dicen callejon del Adarve, por el que en ella existe, ó sea la muralla que la separa del Campo de la Merced: antes le digeron el Adarve nuevo y calleja de D. Gomez. Por un lado vá hasta la plazuela de la puerta del Rincon ó del Marqués de Guadalcazar, por tener allí sus casas principales; por el otro estaba sin salida, llamándose Rinconada del Alamillo ó del Curadero de la seda, y se encontraba una muralla con almenillas y una puerta que era la subida á la torre de la Malmuerta, y que destruida en 1868, ha dejado paso al campo entre la torre y el Mataderillo.

La Malmuerta es una magnífica torre ochavada, con un arco que la une á la ciudad, y hasta cuya altura está maziza: en el interior forma una media naranja, primorosamente labrada de sillaretes, y con una puerta á un lado que dá paso á una segunda escalera que dirige á la plataforma que tiene en lo alto. Bajo el arco forma un recuadro y en él las armas reales y una inscripcion, casi borrada, en la que se espresa la época de su construccion: la copiamos para evitar en lo posible, que de ella se apodere el olvido; dice así:

«En el nombre de Dios: por que los buenos fechos de los Reyes no se olviden, esta Torre mandó facer el muy poderoso Rey Don Henrique, é comenzó el cimiento el Doctor Pedro Sanchez, Corregidor de esta Cibdad, é comenzóse á sentar en el año de nvestro Señor Jesv Christo de M.CCCCVI años. é sendo Obispo Don Fernando Deza, é oficiales por el Rey Diego Fernandez, Mariscal, Alguacil Mayor, el Doctor Luis Sanchez, Corregidor, é regidores Fernando Diaz de Cabrera, é Ruy Gutierrez............ é Ruy Fernandez de Castillejo, é Alfonso........ de Albolafía, é Fernan Gomez, é acabóse en el año M.CCCCVIII años.

Pedro Sanchez fué el primer Corregidor de Córdoba, á donde vino por disposicion del Rey Don Enrique, con facultades muy ámplias para deponer los Alcaldes mayores, Regidores y oficiales de esta ciudad; puso en primer lugar, para el gobierno de la misma, á Fernando Diaz de Cabrera, con Alfonso Martinez del Alcázar, Señor de Albolafia, Fernando Gomez, hijo del Contador mayor de Castilla, Antonio Gomez de Córdoba, progenitor de los Cárdenas, Juan Fernandez de Castillejo y Alonso Ruiz de las Infantas. El primero, ó sea Fernando Diaz, era tio del Rey D. Enrique III, quien lo puso con los demás caballeros en el Regimiento de Córdoba, porque le fué necesario remediar el gobierno de la misma, privando de él á otros porque no administraban bien la justicia que el pueblo reclamaba. Se casó con D.ª Mayor Venegas, hija de D. Egas Venegas, Señor de Luque, y D.ª Beatriz de Tolosan, que fueron los fundadores del convento de las Dueñas (1370); el D. Fernando fundó el Mayorazgo de los Torres-Cabrera, elevado despues á título de Castilla, siendo éste el orígen del Condado de Torres-Cabrera, que posee el ilustrado Sr. Don Ricardo Martel y Fernandez de Córdoba, quien vive en la misma casa en que habitó el ilustre cordobés de que veniamos hablando.

Nuestros lectores se habrán tal vez distraido, como nosotros, del objeto principal, cual era la Torre de la Malmuerta, que fué fabricada con los arbitrios concedidos para ella, como se vé en una pragmática que existe en el Archivo municipal, en que el Rey dispone se le dediquen ciertos sobrantes de aquellos, con lo que se destruyen los muchos comentarios dados por el vulgo á una tradicion, que tambien publicaremos; varias reparaciones se han hecho en este edificio, entre cuyos sillares se ven unas higueras tan antiguas, que en 15 de Febrero de 1525, dispuso la Ciudad que se cortasen, por lo perjudiciales que podian ser á su fábrica. Ha servido de prision de los individuos de la nobleza, y despues, en el siglo XVIII, le sirvió al sábio cordobés D. Gonzalo Antonio Serrano para las observaciones astronómicas, con las que ya hemos dicho que escribió varias obras. En el presente siglo ha estado sin uso, hasta los últimos años que la destinaron á depósito de pólvora, por haberse arruinado el polvorin que habia á gran distancia de la poblacion, y por cierto, que buen trabajo costó á la prensa local y á el Ayuntamiento que quitasen de allí aquel constante peligro del barrio que la rodea. En la actualidad no tiene aplicacion y hasta le han quitado parte de su escalera, apesar de las reclamaciones de la Comision de Monumentos, que no es todo lo atendida que se merece. En tiempo de epidemia se han hecho en este edificio algunas fumigaciones.

No ha sido posible averiguar el verdadero título de Malmuerta, pues lo que sobre ello se dice es uno de los muchos cuentos con que el vulgo ha entretenido siempre sus ocios, y respecto á este edificio lo ha hecho hasta el punto de creerlo encantado, y decir, que si alguno pasa por bajo del arco sobre un caballo corriendo y puede en su velocidad leer la inscripcion que hemos copiado, será feliz, porque verá desmoronarse aquel sólido edificio y aparecer ante sus ojos un gran tesoro que entero le será entregado. A otros les ha dado por diferente estilo, y hasta hay escrito sobre ello. Dicen que un caballero ascendiente de los Marqueses de Villaseca, mató á su mujer, juzgándola culpable, faltando á los deberes de buena esposa, y que arrojándose á los pies del Rey, éste lo condenó á fabricar esa torre en memoria de aquella señora que habia sido mal muerta, por tomarse la justicia por sí mismo, y que en ella habia de acabar su vida, por lo que tardó muchos años en su construccion; pero ya han visto mis lectores que la obra duró solo dos años, y que se hizo con fondos de la Ciudad y de la Corona; por consiguiente se desvanece lo que la tradicion nos cuenta. En el Archivo municipal hay un privilegio de 1405, en que D. Enrique manda destinar á esta obra el producto de multas á los tahures y garitos.

En este punto se ha establecido una fábrica de fundicion, en que su dueño y director D. Antonio Caro, dá continuas muestras de lo que en Córdoba van adelantando las artes mecánicas, puesto que se elaboran cuantas piezas son necesarias para la fabricacion de toda clase de maquinaria.

Volvamos por el callejon del Adarve, en cuya mediacion, frente á la calle de los Marroquíes, hubo hasta 1841 un Ecce-Homo con su luz, única que en lo antiguo habia en todo aquel trayecto, por cierto bien largo y sospechoso, y salimos á la plazuela de la puerta del Rincon, llamada así porque la formaban las dos líneas de muralla ó sean las que vienen desde la torre ya descrita y de la puerta del Osario; formaba un hermoso y bien construido arco, que no lucia, tanto por su situacion, como por estar mas de la mitad cubierto por un tabique en que habian pintado las armas de Córdoba. A causa de ser una de las mas concurridas, por tener fielato de consumos, se pensó en 1852 en sacarla á lo alto de la cuesta que forma á su salida, y con este objeto, en el mes de Noviembre de dicho año la derribaron, y así quedó, lo que no ha perjudicado al ornato, porque con las nuevas construcciones del Campo de la Merced, se puede aquello considerar como una calle cualquiera.

En 5 de Setiembre de 1812, cuando los franceses evacuaron á Córdoba, se arrojó una partida de bandidos á esta puerta, y rechazados por cinco soldados y algunos vecinos, quedaron presos cinco de aquellos, que al dia siguiente fueron egecutados en la plaza de la Corredera.

En este mismo punto han existido dos iglesias, una ermita, despues fielato, fundada á principio del siglo XVIII con el título de Ntra. Sra. de la Encarnacion, por el Pbro. D. José Ortiz Ursinos, quien dejó de patrono á su sobrino D. Fernando de Navas y San Llorente, por lo que los señores de este apellido disponian de ella. En 1760 un vecino le colocó un cuadro de Ntra. Sra. de Rivagorza, cuya advocacion tomó. A mediado del presente siglo estaba sin culto y próxima á arruinarse, por lo que su patrono el notario D. Fernando de Navas, la suprimió, convirtiéndola en fielato, por el que tomaba una buena renta. A los lados del campanario tenía dos esculturas representando la Vírgen y San Gabriel, de algun mérito, las que fueron trasladadas al Museo provincial, donde permanecen.

El otro edificio á que nos referimos, es el que aun se vé con la puerta de la iglesia junto á la del Rincon, y otra pequeña casi al entrar en el callejon del Adarve. Fué un hospital que á principios del siglo XV fundó la actual cofradía del Santísimo en Santa Marina, acojiendo en aquel lugar á algunos enfermos y á los cofrades que no contaban con medios para curarse en sus casas. En 1580, careciendo los frailes de Scala-Cœli de una hospedería en Córdoba, y no queriendo recibir ese favor de los de San Pablo, se fijaron en este hospital de San Bartolomé, é hicieron un contrato por el que tenian derecho á hospedarse, en cambio de ciertas obligaciones que se le impusieron: cuando la exclaustracion, la Hacienda recogió el edificio como propiedad de aquel convento; pero reclamado por la cofradía, se mandó entregar á la Junta de Beneficencia, y la Diputacion provincial propuso y obtuvo una real órden, fecha 21 de Enero de 1840, disponiendo la venta y que su producto sirviese de base para la dotacion de un Banco de empeños y caja de ahorros en esta capital, útil idea que no se realizó, siguiendo aquel local arrendado y su renta incorporada al Hospital provincial de Crónicos; en virtud de la ley de desamortizacion de 1855, se vendió, comprándolo el Sr. Marqués de Guadalcázar, quien en un principio se dijo lo iba á incorporar á sus casas, variando el callejon del Adarve; lo tienen destinado á atarazana de los efectos para sus obras. Todos los frailes de Scala-Cœli han hecho estancia en este hospital; pero el que estuvo en él casi de asiento, y allí murió en 20 de Setiembre de 1713, fué el V. P. P. Fr. Francisco de Posadas, beatificado en 18 de Setiembre de 1818. Nació en Córdoba en 25 de Noviembre de 1644, hijo de Estévan Martin Losada y María Pardo y Posadas, vendedores de hortaliza en una de las casas de la plaza del Salvador, y bautizado en la parroquia de San Andrés, cuya partida se encuentra fólio 118 del libro de bautismos de la misma. Dió muchas pruebas de aplicacion y bondad, y en edad competente, pidió el hábito en el convento de San Pablo, donde se le negó por la baja ocupacion de sus padres; entonces lo protegió un religioso amigo del Prior de Scala-Cœli, y allí lo vistió en la noche del 23 de Setiembre de 1662, pasando en seguida al convento de Jaen. Los frailes de San Pablo tomaron esto como una ofensa, y consiguieron órden para que lo espulsasen; no se realizó, por el cariño que ya le profesaban los superiores y toda la comunidad, á cuyo favor debió profesar como hijo de su primer convento, á donde volvió, sufriendo mil vejaciones, pues hasta le prohibieron que entrase en la ciudad, y por último lo mandaron á estudiar á Sanlúcar de Barrameda, porque no lo viesen en Córdoba vestido de fraile domínico. Ordenado de sacerdote y deseando cumplir un deseo de su madre, vino á Córdoba y celebró su primera misa en el altar mayor del santuario de la Fuensanta, volviendo á su convento de Sanlúcar, donde predicó la primera vez, llamando la atencion de todo el concurso. Desde este momento empezó á adquirir fama de orador y santo, recorriendo muchos pueblos, y por último vino á Córdoba, donde los frailes de San Pablo, no solo lo recibieron bien, sino que algunos hasta le pidieron perdon de lo mal que lo habian tratado. Sin embargo, él pasó casi toda su vida entre Scala-Cœli y el Hospicio, como le decian al hospitalito de la puerta del Rincon, á donde acudía mucha gente de Córdoba y forastera á confesar con el santo: allí fomentó la devocion al Rosario é hizo construir una bonita efigie de la Vírgen, con dicha advocacion, que existe en San Pablo, y vulgarmente dicen la Niña del Padre Posadas: la colocó en el único altar que tenía aquella iglesia, y todos los años en el segundo Domingo de Octubre, la llevaba en procesion á San Pablo, donde se le hacia una gran fiesta, viéndose las calles de la carrera con adornos de muchas clases, que la devocion de los vecinos le preparaba: allí tambien, como en toda la ciudad, obró los milagros, que segun varios escritores hizo, y por último, cuando murió, fué preciso trasladarlo de noche al convento de San Pablo, que inundaron los cordobeses, ansiosos de contemplar por última vez al que tantos ejemplos les habia dado de santidad, haciéndose las exequias sin el cadáver, para evitar profanaciones. Diéronle sepultura en la sala capitular, ó sea la actual sacristía, donde tuvo un epitafio en mármol, hasta 24 de Setiembre de 1756 que lo trasladaron al sitio en que despues de beatificado le erigieron el altar, en que se venera. El epitafio estaba en latin; pero traducido en un soneto y publicado por el P. M. Fr. Rafael de Leiva, lo copiaremos á continuacion para conocimiento de nuestros lectores:

¿Quien es? ¿Lo ignoras? ¡Ay de mí! Un tesoro
que de Francisco en el cadáver vive,
y el Cielo en ese jaspe sobre-escribe
fervor, prudencia, integridad, decoro.
Por su pasto y su amante triste lloro,
dos veces hijo, Córdoba lo escribe:
y Domingo, su padre, le recibe
en silla, si no igual de su alto coro.
Pronunciados, é impusos los sudores
de su lengua y su pluma la victoria
cantaron del Averno, y los honores,
Que en mitras despreció, aun la mas notoria.
Pasagero, detente: no, no llores
su muerte, sino el fin de nuestra gloria.

Los que quieran saber todos los pormenores de la vida de este siervo de Dios, pueden ver los libros que escribieron, su confesor R. P. M. Fr. Pedro de Alcalá, y el ya citado Leiva, ambos frailes de su órden.

Con la fama de santidad del Beato Francisco de Posadas, eran numerosos los milagros, divulgados por todas las clases de la sociedad, refiriéndose muchos al Hospicio de San Bartolomé, donde habitó tantos años.

En la noche del 7 de Abril de 1768, oyeron los vecinos repicar la campana, y acudiendo por si era un incendio, hallaron la puerta de la iglesia entornada, y supieron con sorpresa, que los frailes ni habian abierto ni repicado: penetraron y nada faltaba; mas á los pocos meses prendieron á unos ladrones, quienes, entre otros delitos, confesaron haber querido robar las alhajas de este templo, y no haberlo conseguido porque la campana principió á voltearse, y como ninguno de los que estaban en la casa lo habia hecho, se atribuyó á milagro del Beato Posadas.

La cofradía del Santísimo de Santa Marina, que cuidaba de esta casa, tiene sus reglas aprobadas en 22 de Abril de 1540 por el Obispo D. Pedro Fernandez Manrique. La víspera del dia de San Bartolomé, decian un responso sobre una sepultura donde parece fué enterrada una señora, principal fundadora de esta casa, y al siguiente dia, despues de la fiesta, sacaban en procesion á el titular, bajando por la Fuenseca hasta el Pozanco, volviendo por las calles del Dormitorio y Moriscos á terminar en Santa Marina.

La casa de los Marqueses de Guadalcázar, aunque en su exterior poco ó nada revela, interiormente es muy hermosa y tiene entre otras cosas un archivo, en el cual se custodian muchos é interesantes documentos. Este título fué concedido por Felipe III en 1609, á favor de D. Diego Fernandez de Córdoba; tiene grandeza y lo posee en la actualidad el Sr. D. Fernando Alfonso Sousa de Portugal, que reside en el extrangero. Se le han unido otros títulos, algunos de los cuales han caducado.

La casa de Guadalcázar es, además de las mas ricas de la provincia, una de las mas ilustres y que mas recuerdos históricos atesora: mucho podemos decir de ella; mas como nos hemos de ocupar detenidamente al llegar á las de Córdoba y Sousa en otros puntos de la poblacion, tememos duplicar datos necesarios en aquellos lugares. El espresado primer Marqués D. Diego Fernandez de Córdoba, era Caballero del hábito de Santiago, y desempeñó los cargos de Gentil-hombre de Felipe III, Virey, Gobernador, Presidente y Capitan general de Nueva España y el Perú, y se casó con D.ª Mariana Riedre, que acompañó en calidad de dama á la Reina Doña Margarita de Austria. Por enlace con la ilustre casa de los Sousas, oriunda de Portugal, pasó á ella el Marquesado de Guadalcázar, y el primero de este apellido anotado usando el título, es D. Juan Alfonso de Sousa Portugal Fernandez de Córdoba, por representacion de su abuela D.ª María Alfonso de Córdoba; en él se unieron los mayorazgos de Doña Luisa Muñiz de Godoy, los Carrillos, Bocanegra, Quirós, Guzman, Mesía de Carasa, Infantas, Cárdenas, Rivera, Manuel de Landos y otros, el Condado de Arenales, los Señoríos de las Villas de Guadiamar, Aguilarejo y Aliznê, y una infinidad de patronatos: casó con D.ª María Teresa Fernandez del Campo, Marquesa de la villa de Hinojares, por donde usó tambien este título. Los que deseen mas datos sobre esta ilustre familia, además de estos y otros que mas adelante consignaremos, pueden ver la *Historia de la Novilísima Casa de Córdoba*, por el Abad de Rute, manuscrita, y de la cual tenemos una copia, y la *Descripcion Genealógica y Historial de la ilustre Casa de Sousa*.—Madrid.—1770.—

En la imprenta de Francisco Javier García. Despues se le han unido los Marquesados de la Breña y Mejorada del Campo, y los Condados de Arenales y de Fuente del Sauco.

Al pié de la torre que fué de Capuchinos, nace el agua de San Agustin, y en la plazuela hay ocultos tres pozos, de los que boza una gran cantidad muy *mala, que encañada vá á la huerta* del convento de Santa Isabel de los Angeles, que sirve de riego, y cuando sobra sale por un caño á la calle que baja hasta la puerta de la iglesia, y que por dicha razon ha llevado el nombre de Chorrillo de Santa Isabel, el que pareciendo disonante, en estos últimos años se lo han cambiado por el de Isabel Losa, sin otro objeto mas que el de perpetuar su memoria. Nació en Córdoba hácia el año 1473, y fué tan estudiosa que alcanzó el título de doctora: estuvo casada, y cuando enviudó se hizo monja de Santa Clara, viajando por Italia, donde hizo muchas fundaciones piadosas, muriendo en Loreto en el dia 5 de Marzo de 1546.

En la casa número 12 de esta calle, existe un brocal de pozo, llevado del convento de San Martin, de mármol blanco, y con la siguiente inscripcion:

Puteal Taddai.

Gran importancia han dado muchos escritores á este brocal, que juzgaban haber servido de entrada á las prisiones romanas, donde estuvieron los mártires de Córdoba, si bien algunos, como Pedro Diaz de Rivas, rebajan su importancia hasta el punto de crer que aquella solo significaba el nombre del que lo hizo.

Desde la referida plazuela de Guadalcázar, se entra en una calle, sin puerta alguna de casa; dicenle Callejon del Conde de Priego, y llega á otra plaza entre larga, del mismo nombre, por una gran casa que hace rincon, hoy del Marqués de Ontiveros, y fué la principal de aquel título. Es muy capáz y hermosa, reedificada hace pocos años; antes tan abandonada, que hácia 1837 ó 38, trabajó en su estenso y primer patio, una compañía ecuestre y gimnástica, entre cuyos artistas figuraban los célebres Paul y Abrillon. Ocurrió en esta casa una de las escenas mas sangrientas que figuran en la historia de Córdoba y de que, tanto en prosa como en verso, se han ocupado muchos escritores, razon que nos hace tomar solo un apunte.

En 1449, moraba en ella el Veinticuatro Fernan Alfonso de Córdoba, tercer Señor de Belmonte, con su esposa D.ª Beatriz de Hinestrosa, á la que adoraba, ignorando el desengaño que en premio de su amor recibiría. Frecuentaban la casa sus primos Jorge y Fernando de Córdoba y Solier, Comendadores en la órden de Calatrava: el primero contrajo relaciones criminales con su prima, en tanto que el otro se entretenia en enamorar á otra Beatriz, doncella, segun unos, de la señora, ó prima, como dicen los *Casos raros de Córdoba*, aprovechando la ausencia del que podia y llegó á poner remedio á tantas liviandades, cuando advertido de ellas por un antiguo esclavo ó mayordomo llamado Rodrigo, vino á Córdoba, observando cautelosamente á D.ª Beatriz y sus primos, que como tales frecuentaban la casa casi diariamente. Convencido de su deshonra, y ansiando tomar venganza pronta y segura, dispuso todas las cosas como para ir de caza, aficion en aquellos tiempos aun mas general que hoy, y se marchó con su fiel Rodrigo, asegurando no volveria en una semana; red tendida para envolver en ella á tan incautos y mal aconsejados amantes que, aprovechando su ausencia, se prepararon á pasar la noche entregados á las delicias de sus amores; mas él, tornando á Córdoba con su criado, penetró en la casa sigilosamente y hallólos en sus lechos completamente descuidados: penetró en la estancia, y arremetiendo contra Jorge, que asombrado, apenas intentó defenderse, de un golpe en la cabeza lo dejó muerto en el acto; salióse de allí, y yendo al cuarto de la doncella Beatriz, á quien dió muerte, se lanzo á Fernando que se defendió contra su primo, sin que esto le evitara perder tambien la vida, como sucedió á otra criada llamada Catalina que acudió al estruendo: tornó á su aposento, y la culpable D.ª Beatriz se arrojó á sus plantas, rogándole, no perdon, pues no lo merecía, sino que la permitiese confesar: concedióle esta gracia, y cumplido su deseo, con un sacerdote que Rodrigo trajo de Santa Marina, puso fin á su existencia, clavándole en el pecho la daga pendiente de su cintura. En seguida salieron de Córdoba, marchando á Antequera, cuya ciudad pidió el perdon al Rey, que le fué otorgado á 2 de Febrero de 1450, en virtud de un privilegio de la misma para que fuesen perdonados los delitos á los que allí sirviesen mas de un año á sus espensas y en pró de las armas de Castilla que sostenian la guerra contra los moros de Granada. Fernan Alfonso de Córdoba, casó despues con Doña Constanza de Baeza, y tuvo sucesion, de quien descendieron los Condes de Priego.

Este trágico suceso, contado por diferentes poetas y escritores, se refiere con distintos accidentes, por lo que nos hemos concretado á lo mas esencial y probable. Dicen que un anillo regalado por el Rey á D. Fernando, dado por éste á guardar á su esposa, quien lo entregó á D. Jorge, fué la causa principal de descubrirse aquel adulterio; que en aquella horrible noche murieron todos los criados, criadas y esclavos, cuando la cédula de perdon se refiere solo á cinco personas; que no perdonó ni á un papagallo, echándole en cara que, sabiendo hablar, nada le habia dicho, lo que para nosotros es una vulgaridad, y no faltando, por último, quien confunda esta tradicion con la fabulosa de la Torre de la Malmuerta.

Entre la plazuela de los Condes de Priego y la calle de Isabel Losa, existe una manzana, que en su totalidad la ocupa el convento de monjas franciscas recoletas, titulado Santa Isabel de los Angeles; lo fundó en 1489 la Sra. D.ª Marina de Villaseca, hija de Alonso Fernandez de Villaseca, á quien armó caballero el Rey D. Fernando IV, y viuda del valiente García de Montemayor: á este objeto dedicó sus propias casas, calle de Valderramas, esquina á la del Sol, hoy parte del convento de Santa Cruz; en ellas vivió la fundadora, acompañada de otras señoras devotas y de su clase, constituyendo solo un beaterio, si bien sugeto en la observancia á la regla de San Francisco; de este modo continuaron hasta conseguir del Papa Inocencio VIII, la primera regla de Santa Clara, segun su bula dada en San Pedro de Roma á 6 de Enero de 1491; en ella se les concedió á la vez la traslacion del monasterio al lugar que hoy ocupa, antigua ermita de la Visitacion de la Vírgen, la cual, andando el tiempo, quedó en el interior por haberse labrado iglesia nueva á costa, en su mayor parte, de D. Luis Gomez de Figueroa, á quien reconocieron el patronato con enterramiento, por escritura otorgada en Córdoba á 13 de Octubre de 1585, ante el escribano Diego de Molina. En aquel panteon se han enterrado muchos señores de la Casa de Villaseca, algunos muy notables por sus servicios *prestados á los reyes*. Tambien fué sepultado en él, D. Gomez Suarez de Figueroa Córdoba y Villaseca, sentenciado á ochenta mil ducados de multa, ocho años de destierro del Reino y otras penas, por muerte dada á Don Rodrigo Fernandez de Cabrera y Figueroa, con cuya hija D.ª Marina Suarez de Figueroa, se casó en segundas nupcias el D. Gomez, por concordia que hubo entre las familias. En el siglo XVII, hubo otro D. Gomez de Figueroa, de quien tomó nombre la plazuela y calle de las Rejas, decidido protector de este convento y á la vez de todos los artistas, y muy particularmente de Antonio del Castillo, de quien hicimos mencion, le mandó pintar y pintó un gran cuadro de la Visitacion de la Vírgen y Santa Isabel, para el altar mayor, por cierto que siendo dicho señor muy caprichoso, le hizo á el artista, que así como las dos figuras principales se estaban abrazando, figurasen lo mismo San José con San Zacarías y la infinidad de ángeles que formaban la gloria que los rodeaba, resultando, apesar de toda la maestría de Castillo, una monotonía insoportable: este cuadro hubo de perderse cuando la invasion de los franceses, pues no está en el convento: el boceto se remitió á la casa de la Sra. Marquesa Viuda de Villaseca en Madrid.

El convento de Santa Isabel de los Angeles es muy grande, aunque defectuoso, como casi todos los de Córdoba, por estar formado de la union de diferentes casas: tiene una gran huerta, con el agua que antes mencionamos, y la iglesia muy capáz y de algun mérito, particularmente el altar mayor, aunque de yeso, muy arreglado al órden dórico: en el centro tiene un relieve tambien de yeso: representa la Visitacion y ha sustituido á el antes referido; lo rodean cuatro lienzos, representando á Santo Domingo, San Francisco, otra vez éste y San Diego de Alcalá. En la capilla mayor se ven muchos relieves de yesería, con santos é inscripciones, y dos puertas de buena arquitectura, una de ellas entrada á la sacristía. Desde el arco toral hasta el final del coro alto, cubre la iglesia un hermoso artesonado. Tiene otros cuatro altares dedicados á varias reliquias, que á continuacion diremos: las Vírgenes de los Dolores y Concepcion y los Patriarcas de la Orden, San Francisco y Santa Clara. Las reliquias que merecen mencionarse, son un pedazo de Lignum Crucis, una espina de la corona de Jesus, las cabezas de San Gedeon, la de Santa Hociana y la de una compañera de Santa Ursula, un dedo de la Magdalena, una canilla de San Sebastian y un pedazo del báculo de San Francisco. Cuando se suprimió el convento de la Arrizafa, donde el Ayuntamiento tenia una estimada reliquia de San Diego de Alcalá, la trajo á Córdoba, depositándola en este convento, otorgándose una escritura en 7 de Octubre de 1837, para que siempre constase la propiedad de tan precioso objeto.

En esta iglesia tienen enterramiento, además

de los Marqueses de Villaseca, como ya hemos anotado, los del Carpio, en cuyo hueco yace la Señora D.ª Inés Giron, muger de D. Francisco Enriquez y Dama de Isabel la Católica: los Marqueses de Almunia, por lo que se enterró allí el Obispo de Córdoba D. Francisco Pacheco, que pertenecia á esta familia, y los Marqueses de Guadalcázar, en representacion de los Cárcamos, Señores de Aguilarejo; este enterramiento ofrece la particularidad de estar en el coro bajo, ó sea dentro de la clausura, la que era preciso quebrantar cada vez que debia sepultarse algun cadáver de aquella familia.

Existe tambien en esta iglesia una linda escultura que representa al Niño Jesus, al que se atribuyen virtudes milagrosas, asegurándose que cuando una persona justa y santa le pide alguna cosa, se sonrie en señal de concederla: cuentan que cuando la venida de los franceses se perdió; pero que la comunidad pudo rescatarlo. Otras dos esculturas, debemos mencionar, dignas de llamar la atencion: representa una la cabeza de Jesus coronado de espinas, obra que fijamente no se ha podido saber la materia de que está hecha; la donó Diego Lopez de Haro, de la casa de los Marqueses del Carpio: yendo navegando, descubrieron una isla, y casi á la orilla hallaron una gran cera encima del agua: sacáronla y la vieron llena de pescado y en el centro la ya dicha cabeza, que regaló á este convento, en union de otra de San Juan Bautista, que tiene la particularidad de ser una de las varias imágenes que llevaban los caballeros cristianos en la famosa batalla de las Navas de Tolosa.

Esta comunidad ha sido siempre de las mas numerosas y ejemplares de Córdoba, pasando algunas veces de cincuenta religiosas; de estas fueron doce á fundar el convento de Santa María de Jesus de Sevilla, llevando de Priora en 1520 á la Madre Sor Marina de Villaseca, hermana menor de la fundadora, cuya vida virtuosa dejó muy buenos recuerdos, como sucedió tambien á otras, de feliz memoria, tales como Sor María de Jesus, que murió en 1512, Sor María de Contreras, Sor María Magdalena, hija de D. Alonso de Cárcamo, Señor de Aguilarejo, que falleció en 1580, Sor Francisca de Ervas, en 1571, Sor María de Cristo, de quien se cuentan muchas muestras de santidad, muerta en 1600, y Sor Francisca Lopez de Haro, que murió en 1610 en gran opinion de santa; sus padres, D. Diego Lopez de Haro y Guzman y D.ª Antonia Guzman, tuvieron ocho hijas y á todas las hicieron monjas en este convento de Santa Isabel de los Angeles.

Varias tradiciones se cuentan de esta religiosa casa, de las que diremos á nuestros lectores dos, consideradas históricas.

En el barrio de Santa Marina, moraban dos hermanos, varon y hembra, la que contrajo relaciones amorosas con un jóven menor en clase, falta imperdonable en aquellos tiempos, que superaba á todas las que ahora puedan alegarse para impedir la union de dos amantes. Considerando el hermano inútiles cuantas reflexiones le hacía, resolvió encerrarla en Santa Isabel de los Angeles, donde pensó estaría resguardada de las acechanzas de su contrario; mas no sucedió así, porque, poniéndose aquellos de acuerdo, una noche logró la jóven fugarse, huyendo con el que tanto habia logrado interesarla; súpolo el hermano, y saliendo en su persecucion, logró alcanzarla, dándole muerte y desarmando á su defensor, á quien perdonó la vida, diciendo que no era él, sino ella la que así habia manchado el honor de su familia.

Otro es, el ruidoso suceso de Magdalena de la Cruz, monja de este convento, natural de Aguilar de la Frontera. Llegó esta á gozar tal fama de santidad, que todos la conocian por la Monja milagrera: á ella acudian en demanda del alivio de sus males; los nobles le consultaban los asuntos mas árduos, y todos creian que despues de muerta sería colocada en los altares. Entre los milagros que se le atribuian, figuraba el que, al ir á darle la comunion, voló la Sagrada forma desde la mano del sacerdote á la boca de la santa, y que estando esta enferma de resultas de habérsele fracturado una pierna, impidiéndole subir al mirador á ver una procesion que salió de Santa Marina, en la octava del Corpus, como ya tenemos anotado, se abrió la pared de su celda y vió la fiesta desde su lecho, con admiracion de las otras religiosas que la acompañaban. Llegó, al fin, un dia en que se descubriera tanta farsa: estando varias monjas á el acecho, vieron una noche penetrar en su celda un gallardo jóven, que se entró con ella en el lecho, y le estuvo dando quejas de que se tratase mal, cuando por su mediacion conseguia cuanto su deseo imaginaba: sospecharon entonces si tendria tratos con el demonio, y dieron aviso al confesor de una de ellas, que debió delatarla á la Inquisicion, cuando una noche, ya mediada, se presentó en el convento uno de los jueces, quien hizo llamar á Sor

Magdalena de la Cruz, á la que se llevó en un carruage al efecto preparado. Ya en el tribunal, la pobre monja confesó tener pacto con el diablo, el cual le inspiraba cuanto hacía, acompañando su declaracion con tantas lágrimas de arrepentimiento, que los inquisidores tuvieron alguna piedad de ella; mas no por eso dejaron de sacarla en penitencia en el auto de fé celebrado en 1555, con una vela amarilla en la mano, descalza y llevando una gruesa soga al cuello, disponiendo que acabase su vida en un convento de Andújar, donde todos los dias, al ir al refectorio, se habia de tender atravesada en la puerta, pasando por cima las otras monjas, haciendo ademan de pisarla, sentencia cumplida con gran resignacion hasta que murió, dejando nueva fama de buena religiosa. Este suceso fué muy ruidoso, por lo mismo que Magdalena de la Cruz habia logrado tanta celebridad; cuentan que hasta Cárlos I, quinto de Alemania, le remitía para que las bendigese las canastillas preparadas, cuando su esposa estaba en cinta.

Lleva el nombre de Santa Isabel, toda la calle en que está la puerta del convento y llega hasta la de los Alamos, que ya es del barrio de San Andrés; á la mediacion encontramos una plazuela titulada de D. Gomez, de la que parte otra calle á salir unida con la del Zarco, frente á la sacristía de Santa Marina. Llámase de Morales por la casa núm. 2, solariega de los Sres. Diaz de Morales y principal del mayorazgo fundado por Doña María de Morales, en cuyas casas vivieron los señores de este apellido hasta que se mudaron á la de los Muñices, como se dijo en el paseo por el barrio de la Magdalena. Aun ostenta el escudo de esta familia cuartelado el 1.° y 4.° de oro y un moral verde, y el 2.° y 3.° de plata y tres fajas de sable.

Formando rincon está la casa de los Sres. Marqueses de Villaseca, una de las mejores de Córdoba, tanto por su capacidad, como por su construccion; tiene estensas y hermosas habitaciones, escalera de mármol negro, y todas las oficinas necesarias para una familia de aquella importancia. Cuando moraban en ella los espresados señores, habia un magnífico mueblage que se han ido llevando y en él algunos cuadros de mérito, entre ellos seis ú ocho batallas, que están en la casa de Madrid. Sirviendo de casa de campo, hay un departamento, un tiempo morada de los Sres. de Torres-Cabrera, despues Conde del mismo título.

La aglomeracion de mayorazgos, títulos y señoríos en la Casa de Villaseca, ha dado lugar, sin duda, á que algunos crean que esta, de la plazuela de D. Gomez, es la solariega de los Cabreras, en tanto que otros la dan al apellido Villaseca, elevado despues á título; unos y otros están equivocados: los Cabreras tenian sus casas en la plazuela que llevó su nombre y hoy es parte de la calle de Angel de Saavedra, ó mas claro, las que posee y habita el Sr. D. Fernando Cabello, y los Villasecas las tuvieron en la collacion de San Pedro, donde tambien dieron nombre á la calle: la casa en que nos encontramos, es la principal ó solariega de los Suarez de Figueroas, aunque en su origen venga de una de las ramas de los Córdobas, como otras muchas con quienes enlazaron, y ciertamente se puede así consignar por la multitud de datos que lo prueban, como la fundacion y patronato del convento de Santa

Isabel de los Angeles, el de la capilla de Ntra. Sra. de las Angustias en San Agustin, la «Historia de la Casa de Cabrera» escrita por el P. Ruano, y por último, con la prueba fehaciente que nos dan los padrones antiguos custodiados en el Archivo del Ayuntamiento, en los que hallamos á los señores Suarez de Figueroas habitando estas casas, y á las calles inmediatas y plazuela tomando siempre el nombre de cualquiera de los individuos de esta familia. El apellido Villaseca, es de los que tienen unidos de mas antiguo por enlace con los Figueroas, y lo han usado indistintamente, pues es muy sabido que antes se elegía el que mas gustaba entre los cuatro primeros, siempre que fueran de los mas ilustres. Los mismos Suarez de Figueroas se llaman muchas veces Gomez de Figueroa, ya como nombre ó apellido, como D. Luis Gomez Fernandez de Córdoba Figueroa y Villaseca, Señor de esta Casa y mayorazgo, á quien en 29 de Enero de 1643, armaron caballero, en Santa Isabel de los Angeles, D. Alonso Gutierrez de los Rios, Conde de Fernan-Nuñez, y D. Gomez de Figueroa, el protector de Castillo. Los que deseen mas datos sobre esta ilustre familia, y ver los muchos personajes que en ella se han distinguido, pueden registrar la ya citada «Historia de la Casa de Cabrera en Córdoba,» de la que hay un ejemplar en la Biblioteca de esta provincia.

El primer Marqués de Villaseca se llamó Don Gomez Fernandez de Córdoba y Figueroa, concediéndole el título el Rey Felipe V, en el año 1703: en la actualidad lo goza D. Fernando Cabrera y Fernandez de Córdoba, heredado de su señor tio D. Juan Bautista Cabrera y Bernuy, quien llegó á unir al Marquesado de Villaseca, los de Fuentes, de la Rosa, de la Mota de Trejo y de Ontiveros, los Condados de Villanueva de Cárdenas, de la Jarosa y de Talhara, y los Señoríos de Belmonte, Moratalla, Salares, Algarrobo, Olmos de Serratos y una infinidad de patronatos, siendo los mas notables los del Colegio de Santa Maria de Gracia, fundado en el convento de San Pablo y unido hoy al Instituto provincial; el de la capilla mayor con enterramiento en el mismo convento, fundacion de D. Antonio de Córdoba; el de dotes para huérfanas pobres del barrio de Santa Marina, por D.ª Marina Mendez de Sotomayor; el del convento, capilla mayor y sacristía de Santa Isabel de los Angeles, por D. Gomez de Figueroa; el del Hospital de Niños perdidos ó ermita de San José, por D.ª Constanza de Baeza; el del convento del Cármen Calzado, con su capilla mayor y enterramiento, por los Condes de la Jarosa; el del convento de Santa María de Gracia, en union de los Cañaverales, por D.ª Ana Cabrera; el de la capilla de San Jacinto en San Pablo, por los señores Mesas; el de la sacristía de San Agustin, con enterramiento, por D. Juan Ruiz de Quintana; el de la capilla y cofradía de las Angustias en el anterior convento, por D. Luis Gomez de Figueroa; el de la capilla de la Magdalena, hoy sacristía, en la parroquia de San Lorenzo, por D. Pedro Fernandez de Valenzuela; el de la capilla de San Antonio de la Catedral, donde han sido enterrados muchos de la familia, entre ellos el D. Juan Bautista Cabrera, por D. Antonio Fernandez de Córdoba y su madre D.ª Constanza de Baeza; el de la capilla de San Simon y San Judas, tambien en la Catedral, por Ruy Mendez de Sotomayor; y por último, los patronatos de veintinueve capellanías fundadas por sus antecesores en diferentes iglesias de Córdoba.

Antes de haber alumbrado público, era la plazuela de D. Gomez ó Villaseca, uno de los sitios mas tristes por las noches, y á fin de darle alguna claridad, el Marqués hizo poner en la fachada de su casa una imágen de San Rafael, con su farol, el que colocaron tan alto, que apenas llenó su objeto; en el año 1841 desapareció, como todas las demás que en gran número suplian aquella falta en casi todas las calles y plazuelas.

Era costumbre entre los caballeros cordobeses, correr cañas, lidiar toros y dedicarse á otros ejercicios de esta clase. Casi todos los Domingos, iban al Matadero, y sacando las reses con cuerdas, corrian la ciudad, parándose cada uno en la calle en que vivia la dueña de sus pensamientos, la que, con aquel aliciente, solia salir al balcon ó ventana, sin causar la menor sospecha en su familia. Una tarde llegaron varios á la plazuela en que nos encontramos, y sobre si el toro habia de pararse ó nó, se trabaron de palabras dos jóvenes llamados D. Juan Gomez de Leon y D. Fernando Carrillo, los que, echando manos á sus espadas, empezaron á batirse, sin cuidarse del toro, que, llegando de pronto, cogió al primero y lo echó por alto á mas de dos varas, con tan buena suerte, que cayó de pié y arremetió contra el bicho, dándole tal estocada, que lo dejó muerto en el acto; volvióse á su contrario para seguir lidiando, cuando los amigos lo sujetaron, diciendo que debia darse por terminada la contienda, puesto que muerto el toro, habia desaparecido la causa de su reyerta; con esto lograron hacerlos amigos, como lo fueron toda la vida.

El autor de los *Casos raros de Córdoba,* cuenta otros dos lances ocurridos, uno de ellos en esta plazuela, á D. Pedro Clavijo, caballero cordobés que sirvió en Italia, con el Gran Capitan, de donde trajo un hermoso caballo que todos elogiaban; tenia la falta de dar muchas coces en cuanto se le tocaba en los cuartos traseros. Por aquel tiempo reedificaron dos arcos del puente y pusieron unos maderos ó tablas para conducir la mezcla, por donde, aunque con riesgo, pasaba la gente. Llegó Pascua de Pentecostés y, coforme á las costumbres de aquel tiempo, los cordobeses iban á la iglesia del Espíritu Santo, en el Campo de la Verdad. D. Pedro, con su caballo, siguió por uno de los palos, con asombro de cuantos lo veian, que le gritaban se volviese, por el peligro en que estaba y que él tambien conoció: sin saber como salir de aquel apuro, se acordó de la falta del caballo, y dándole un barazo, hizo que alzara los pies al mismo tiempo que le tiró de las riendas, obligándole á volver con tanta velocidad, que se quedó sobre el madero, pudiendo regresar al punto de donde habia partido, dando gracias á Dios de haberle salvado la vida. Con este mismo caballo iba de Santa Marina para la plazuela de D. Gomez, cuando en ella se encontraba un toro de los mas bravos; al verlo, echó á correr para él; volvió su caballo para ponerse en salvo; mas viendo casi imposible librarse de él, le dió al brioso corcel en las ancas, á que correspondió con dos coces que, dando en el testuz al bicho que lo perseguía, lo dejó muerto en el instante.

Hácia este lado hay una parte del barrio, que narraremos en pocas palabras. Desde la plazuela del Marqués de Guadalcázar, se sigue la calle de Alfaros, antes de la Puerta del Rincon, donde hay una casa con una alberquilla en que nace agua, que ni aumenta ni disminuye; se entra en la del Pilero, por las grandes pilas de tocino que de antiguo se hacian en una de sus casas, si bien otros aseguran que es apellido; se sale á la de Zamoranos, por esta familia que en ella vivió: antes se ha llamado de D. Fernando de Cea, con idéntico motivo; por un estremo sale á la calle de Juan Rufo, de la que algunas casas son del barrio, y casi en el otro tiene una afluente que llaman del Horno de la Pólvora, y nos encontramos en la calle de las Imágenes, que cruza desde la de Isabel Losa á la de Juan Rufo, y dieron en ponerle aquel título por ser el de la ermita de los Reyes, perdiendo el del Jurado Torquemada, que lo era del barrio de San Andrés, y vivió en aquel sitio, por cuya causa se ha llamado tambien de Juan Ruiz de Avila; de este punto hay tres travesías á la calle de Santa Isabel, que son: la calle de la Yedra, por la que hubo en una de sus casas, y daban hojas á cuantos las pedian para curar los cáusticos; la del Jurado Aguilar, que lo fué de Santa Marina, y dicen prestó muy buenos servicios cuando la batalla del Campo de la Verdad, y la de Espejo, que antes se llamaba de Armas viejas para distinguirla de la del barrio de San Nicolás de la Ajerquía: variacion que se hizo para quitar duplicaciones, y á la vez perpetuar la memoria del insigne cordobés Antonio Espejo, descubridor del Nuevo Méjico por los años 1582, empresa realizada en unos nueve meses, y de la que escribió unas memorias remitidas al Virey de Méjico: trata de ello minuciosamente el P. Mendez en su *Historia de la China.*

Ya vimos al desembocar de la calle de Morales, frente á la sacristía de Santa Marina, otra, ó sea la del Zarco, por la que continuaremos nuestro paseo: llámase así, de aquella cualidad de uno de sus antiguos moradores, el que á la vez era el de mas viso de toda la calle, que de esto tomó el nombre del Zarco, con que la encontramos hasta el siglo XV, á donde hemos podido llevar nuestras pesquisas.

Salimos á la calle de las Rejas de D. Gomez, llamada así de unas muy grandes frente á la de Muñoz Capilla, correspondientes á la casa de los Marqueses de Villaseca y colocadas en vida de Don Gomez de Figueroa, de quien hicimos mencion: de él tomó título, como antes de D. Luis su antecesor. Esta calle pertenece en partes á San Andrés y Santa Marina.

Al salir de la calle espresada, nos encontramos en una pequeña plazuela con el dictado de la Beatilla; dánle dos esplicaciones, ambas equivocadas: unos lo aplican á una beata muy pequeña y ridícula, moradora en una de sus casas, y á quien le daban el diminutivo beatilla, como en burla, en tanto que otros aseguran haber existido esquina á la calle de Ocaña una imágen de la Vírgen con un retrato al pié en trage de beata; mas el verdadero orígen y nombre es las Beatillas, por unas que ocupaban un beaterio, esquina á la calle del Zarco, fundado en 8 de Noviembre de 1479 por Isabel Rodriguez, hija del Jurado de Santa Marina Nicolás Rodriguez; dicha casa se destinó tambien á hospital, con el título de Santa Marina; mas acabándose las beatas y quedando abandonado, el Obispo Don Fr. Juan de Toledo lo agregó á la cofradía de Animas de aquella parroquia.

En la Beatilla empieza una calle que termina en el Buen Suceso; se llama de Ocaña, apellido de una familia que vivió en ella en el siglo XVIII, perdiendo con este motivo el título del Hospital de San Andrés, ermita situada á su conclusion, y de la cual hablaremos en el barrio de San Andrés. En la mediacion de esta calle habia otra sin salida, que el Ayuntamiento en 1703 cedió al hospital de Jesus Nazareno, incorporando al mismo una ó dos casas que en ella habia.

El Compás de San Agustin, es una bonita plaza delante del convento de aquella advocacion: la palabra compás era muy comun á casi todas las plazuelas regularizadas delante de las iglesias, y así lo encontramos en muchas poblaciones. Hay en este sitio algunos árboles, por cierto muy raquíticos, plantados en 1854, y una fuente muy fea, colocada en dicho año por el Alcalde interino Don Antonio García del Cid, con una paja de agua de la iglesia, donde hay otra llave para cuando hace falta. Entre la entrada y la calle del Huerto, hubo hasta 1841 una imágen de Jesús, con unas puertas, casi siempre cerradas. Tambien hay cerca del mercado una calleja sin salida, que le dicen el Rehoyo, por formar hondonada, y por consiguiente correr las aguas hácia adentro: tenia una plazuela con varias casas, segun se vé en los padrones antiguos; pero incorporadas al hospital de Jesus, tomó todo el terreno posible, menos el necesario para entrar en una casa que no adquirió, y dejar la servidumbre de dos postigos de otras. En la casa núm. 25 del Compás, habitó D. Patricio Furriel, que fué á fines del siglo pasado y en el primer tercio del actual un excelente artífice de órganos. Hizo muchos en esta ciudad y Diócesis. Los principales en Córdoba fueron, el del lado del evangelio del coro de la Catedral, que es todo obra suya, y los de los conventos de Trinitarios Calzados y San Francisco. La lengüetería de los órganos de este autor aventaja considerablemente á la de los buenos que hemos oido en Andalucía. Su gusto para el dibujo brilla en las fachadas de los citados, y mas en la del órgano del lado de la epístola, que hizo en la Catedral por el año de 1826, y en el frontal ó mesa del altar mayor. Proyectó y ejecutó la restauracion de la capilla lugar sagrado de los árabes, principio de la que ha ido continuando en tan grandioso templo.

Dos de las casas que forman el frente, entre la Beatilla y la calleja del Rehoyo, fueron una sola, solariega de los Orvanejas, caballeros principales que encontramos citados en muchos manuscritos.

Nos hallamos ante la iglesia de San Agustin, resto del antiguo y hermoso convento de esta órden, cuya ilustrada comunidad tantos materiales nos presenta para nuestra obra: ojalá fuera de otra índole y escrita por mejor cortada pluma, para hacer una estensa y minuciosa historia de aquella demolida y respetable casa.

Apenas el Santo Rey Fernando III conquistó á Córdoba, no solo consagró su Mezquita en Catedral y erigió otras en parroquias, al par que restituyó al culto divino los edificios en que ya se había practicado por los cristianos, sino trató tambien de fundar algunos conventos de las órdenes religiosas, y uno de ellos el de San Agustin, sirviendo de base á la nueva comunidad los religiosos que lo habian acompañado en aquella empresa, y así, vemos en la historia del convento de Sevilla, fundacion del mismo Rey, que llevó á la instalacion algunos frailes del de Córdoba. Sobre el punto en que se edificó primeramente, varian los autores: unos dicen haber sido mas allá del Campo de la Verdad, trasladado despues hácia la Salud: otros que desde luego lo fué en este sitio; pero todos convienen en que á principios del siglo XIV, se mudaron á el Alcázar contiguo á lo que hoy es Cárcel, donde permanecería muy poco tiempo, y aun tal vez no llegarían á terminarse las obras, puesto que en 18 de Febrero de 1328, tratando Alfonso XI de edificar el Alcázar donde antes estuvo el de los Reyes árabes, le compró á los Agustinos el terreno y parte fabricada, donándoles á la vez el sitio en que aun permanece la iglesia, que en aquellos tiempos debió llamarse calle de Martin de Quero, que algunos suponen sea la del Dormitorio, toda vez que entre los frailes subsistía el antiguo adagio de, «Estuvimos vagando de otero en otero, hasta parar en la calle de Martin de Quero.» Nos inclinamos á que esta sería la de las Rejas de D. Gomez, siguiendo hasta la esquina del Pozanco, puesto que en el terreno donado al convento entraba el Compás y el que ocupa la fila de casas entre éste y la calle del Dormitorio, que todas fueron de aquella comunidad.

La iglesia existe destinada al culto, y por esta razon nos ocuparemos de ella en primer lugar. Hay quien asegura que en un principio era mas pequeña, y que á fines del siglo XVI ó al empezar el XVII, fué construida casi por completo en la forma que la vemos; pero por los datos adquiridos y por el exámen hecho en los trascoros, nos hemos convencido de que la edificaron desde luego con las dimensiones que hoy tiene, si bien las naves laterales estaban á toda su altura y separadas de la de enmedio por arcos, en la misma forma de Santa Marina, San Lorenzo y otras; si nó, véase la construccion de aquellos y los muros forales, á escepcion de la fachada que ha tenido diferentes formas. Lo hecho en la época á que aludimos, siendo prior Fr. Pedro de Góngora y Angulo, y en su mayor parte con dinero dado por el Rey, del que venía de América, es todo el decorado y las reformas consiguientes, como los entresuelos de las naves laterales, la cúpula ó media naranja y todo el coro, sostenido por una infinidad de canes primorosamente tallados en formas diversas: entonces se colocaron aquel gran número de adornos de yesería, en partes dorados, rodeándo los lunetos y recuadros, en que ya muy repintadas, se ven las obras de Cristóbal y Antonio Vela y Luis Zambrano, que tanto enriquecieron esta preciosa iglesia, á la cual todo acompaña, no solo en honor de las artes, sino de nuestra Religion, puesto que la magestad de tanto oro, algo amortiguado por la templada luz que entra por sus bien colocadas ventanas, hace que el alma se estasíe y hasta se crea mas cerca de Dios, en aquel hermoso recinto donde la fé se aumenta y las esperanzas parecen realizarse.

La capilla mayor es de las mas lindas de Andalucía: el altar de ébano, bronce y mármoles, es de órden compuesto; dicen semejarse al del Sagrario del Vaticano, si bien en menores proporciones: á los lados del retablo hay dos nichos con fachadas imitando mármol, en que se venera á San Agustin y Santa Mónica, y mas afuera están San Silverio y San Gelasio, altos relieves en yeso: los lunetos están pintados alfresco como casi toda la iglesia, y en ellos aparecen San Juan Bautista, San Juan Evangelista y la Conversion de San Agustin. Casi todas las pinturas son de Cristóbal Vela, natural de Jaen, donde nació en 1634; murió en Córdoba en 1676, de una manera bien triste por cierto; al ir á sacar agua del pozo de su casa, no vió que la soga tenia dos cubos, y corriéndose hácia el que mas pesaba, el otro le dió tal golpe en la barba, que le produjo la muerte. Los Santos Acisclo, Estéban, Flora y María, son de Juan Luis Zambrano, de quien nos ocuparemos en otro lugar.

La iglesia que vamos describiendo, sufrió mucho cuando estuvieron en Córdoba los franceses, quienes exclaustraron á los frailes, destinándola á almacén de paja para la caballería: entonces destrozaron muchas de sus pinturas, principalmente una del techo de la nave de la epístola, donde hicieron un agujero para subir la paja al coro y tras coros, y en cuyo lugar pusieron luego una inscripcion en latin, que redactó el P. M. Fr. José de Jesus Muñoz Capilla, y la cual quiere decir lo siguiente:

«José Napoleon, invasor de las Españas, por un insensato decreto de 20 de Octubre de 1809, disolvió exclaustrando en estos paises, todas las órdenes monásticas ya anteriormente proscritas por los franceses innovadores.

Despues, al ocupar su ejército á la Andalucía,

en 13 de Febrero de 1810, fué estinguido este Monasterio de Ermitaños de San Agustin, apoderándose del convento, destrozando edificio, enagenando sus bienes y despojando el templo.

Pero trocados felizmente los sucesos en España, las Córtes concedieron nuevamente el edificio á los Eremitas. El Católico Rey Fernando VII mandó devolver sus bienes al Monasterio. El Prior Francisco Daza, en el año de 1815, devolvió al templo, con afan incansable, si no su antiguo esplendor, su compostura ó atavios al menos, con limosnas de personas piadosas.»

El retablo del altar mayor, antes mencionado, se restauró en 1806, por el dicho artista D. Patricio Furriel, invirtiéndose en esta obra unos diez mil reales, reunidos de limosnas ó donativos, por el P. M. Fr. José de Jesús Muñoz. Durante la dominacion francesa, estuvo sirviendo de sagrario en la parroquia del Salvador y Santo Domingo de Silos. En esta época desaparecieron los altares colaterales que habia con Santa Lucía, ante la cual tenian enterramiento los Castillejos, y otro con Santo Tomás de Villanueva, el que pudo rescatarse y está colocado en la ya nombrada nave de la epístola, por cierto con un retablo muy lindo, en el que hay algunas pinturas en tabla, de indisputable mérito. Se perdieron tambien el altar de Jesús Nazareno, frente al de las Angustias, y cuya imágen está en una capilla casi al final de la iglesia, el de San José y el de San Nicolás de Tolentino, así como el de la espresada Vírgen de las Angustias, que durante aquel tiempo estuvo en San Nicolás de la Villa, donde al efecto le hicieron el camarin que en la actualidad ocupa San Francisco de Paula.

Cuando los franceses evacuaron á Córdoba, volvió la comunidad y arregló la iglesia con los altares que pudieron recoger y otros hechos nuevos: entonces quedó como la vemos; en la nave del evangelio y formando frente, está el altar de San Isidro y Santa María de la Cabeza, imágenes de escaso mérito, al cuidado de la hermandad de Labradores, constituida con aprobacion del Real Consejo, fecha 9 de Mayo de 1753: el culto se sostiene con los fondos de esta corporacion, la que hace pocos años fundió de nuevo la única campana de la torre, siendo presidente el Sr. Conde de Hornachuelos, hoy Duque, haciéndolo constar en una inscripcion; mas aunque tomó la propiedad, es con la espresa condicion de no poder disponer de ella mientras la iglesia siga abierta al culto. Luego encontramos el altar de Ntra. Sra. de las Angustias, escultura con trage encima, á quien los cordobeses tienen singular devocion, diciendo tradicionalmente, haber sido aparecida, invencion, sin duda, de sus creencias religiosas, puesto que en el archivo de la cofradía á que pertenece, y tiene sus reglas aprobadas por el Obispo en 12 de Abril de 1570, existen documentos bastantes á probar fué hecha en Sevilla y haber costado cuatro mil tres reales, incluso el gasto de traerla á Córdoba. Esta imágen fué considerada mucho tiempo como patrona del batallon Provincial de Córdoba, y siempre que la sacaban en procesion acudian sus individuos á acompañarla, llevando las andas los sargentos y cabos, remudándose por las muchas arrobas que pesa.

Como estamos dispuestos á contar cuanto se dice de antiguo, respecto de las cosas de Córdoba, referiremos la aparicion de Ntra. Sra. de las Angustias, tal como la conserva el vulgo, que antes creia cuantas apariciones llegaban á sus noticias, sin meterse á indagar lo que pudieran tener de cierto ó falso.

Cuando mas descuidados estaban los frailes de San Pablo, se les entró en el convento un mulo cargado con un gran cajon, y sin cuidarse de ver si iría estraviado, lo arrojaron á la calle, tomando el animal el camino de San Agustin, donde se entró tambien; pero estos religiosos, por el contrario, indagaron si seria perdido, disponiendo que mientras se averiguaba, descargasen el cajon y echaran un pienso al mulo, el que, viéndose libre del peso, desapareció, sin que se apercibiesen de ello; entonces abrieron el cajon y hallaron la hermosa imágen, á que empezaron á dar culto. Llegó la noticia al Prior de los domínicos, y reclamaron la imágen, diciendo ser destinada á su convento, á lo que se opusieron los agustinos, sosteniendo que no les asistia tal derecho, por haberla arrojado de su casa; la justicia decidió quedara en San Agustin, con la condicion de que si algnna vez la entraban en la iglesia de San Pablo, estos religiosos pudiesen quedarse con ella. Otros convienen en esto último; pero disienten en la razon, dando la siguiente, completamente distinta: Uno de los señores de Belmonte, dejó su caudal á estos dos conventos, y entre sus bienes tenia dicha imágen y otra de igual advocacion, si bien mas pequeña y de menos mérito, que hay en una de las capillas de San Pablo. Supieron aquellos la muerte de dicho señor, y acudiendo á seguida, se llevaron la mejor de las dos efigies, la cual reclamaban los domínicos por nombrarlos primero en el testamento, y de aquí la sentencia ya referida; pero el documento del costo de la escultura, depositado en el archivo de la hermandad, echa por tierra todas las dichas suposiciones. Su retablo es obra de D. Diego Molina, en 1815.

Desde el referido altar hasta el final de la nave, aparece la pared lisa, sin mas que unos arcos figurados y en los lunetos algunas pinturas de santos penitentes: en lo antiguo no estaba así. Habia en aquel sitio una puerta que comunicaba al interior del convento, y una fila de confesonarios con dos puertas y una rejuela en medio, de modo que el penitente entraba por la iglesia, tiraba de una cadenita que cada uno tenia, y sonando una campanilla, un religioso entraba por el claustro á oir la confesion; mas noticioso el Tribunal de la Inquisicion, de haberse fingido confesor un seglar que estaba paseando en el patio, le hizo á los frailes tabicar aquellos, para que no ocurriese otro caso por el estilo. Esta es una de las pocas cosas que con razon hicieron aquellos señores, cuyas conciencias exageradas inmolaron á tantos infelices.

En la opuesta nave se encuentra el sagrario con un retablo bastante conforme con las reglas de arquitectura, venerándose en él á Santa Rita de Casia, á quien los cordobeses tienen mucha devocion y hacen continuas mandas de cera; á los lados San Rafael y San Miguel, y por cima San Nicolás de Tolentino, imágen hoy casi olvidada en aquel lugar, y que, como ya digimos en nuestro paseo por el barrio de la Magdalena, ha sido una de las que mas han adorado y mas milagros se le han reconocido, además de la multitud de ellos que se le atribuian. Cerca se encuentra el altar de Santo

Tomás de Villanueva, y desde este punto al final de la nave, hay las cinco pequeñas capillas siguientes: los Santos Médicos San Cosme y San Damian, representados en un gran cuadro, de escaso mérito; era propiedad de los médicos, que allí tuvieron su hermandad, hasta que la trasladaron á San Rafael, sin razon bastante para ello. La capilla de Ntra. Sra. del Tránsito, donde se verera la Vírgen, luce un medio punto con la Huida á Egipto, al parecer de Agustin Grande: *tiene cofradía, en un tiempo muy numerosa.* Las Animas, representadas en otro cuadro grande, en que se vé á San Nicolás de Tolentino sacándolas del Purgatorio: tuvo cofradía aprobada en 7 de Mayo de 1515. Jesus Nazareno, imágen de vestir, de tan escaso mérito, que en nuestro concepto ni debiera ocupar aquel sitio; y por último, el Patrocinio de San José, cuadro que por su antigüedad debe conservarse: segun una inscripcion que en letras doradas ostenta, fué pintado en 1573. El entresuelo del coro forma un gran liso en su centro, y en él pintó Vela una Asuncion, que hoy se sostiene, gracias á un marco de hierro que le colocó el actual capellan D. Antonio Diaz y Jimenez, hijo de aquella casa, y sin cuyo celo y laboriosidad ya se habria destruido este hermoso templo. Cerca del sagrario hay un cuadro de D. Juan Niño de Guevara, que estuvo en uno de los claustros, y representa á San Joaquin ofreciendo la Vírgen recien nacida. Tambien se ven otros repartidos por la iglesia; pero solo creemos regulares, un Martirio de San Bartolomé y una Vírgen, sobre la puerta de la sacristía, que en un principio fué de Murillo y en la actualidad es de cien embadurnadores que la han cubierto por completo.

Entrando por este sitio, se encuentra primero un gran Crucifijo, que hace cerrar los ojos ál menos aficionado á las artes. En la sacristía, donde tienen enterramiento los Marqueses de Villaseca, se conservan la imágen de Ntra. Sra. de Gracia, que tuvo capilla en el claustro con enterramiento para sus patronos los Cárdenas, y una efigie de San Agustin, cuya cabeza es de gran mérito. Los Marqueses de Villaseca son patronos de la hermandad de Ntra. Sra. de las Angustias, y por esta razon han contribuido con la misma, á el bordado del hermoso vestido qne tiene la imágen, hecho despues de la evacuacion de los franceses, el cual importó mas de catorce mil reales.

La Comision de Monumentos, cuando ha tenido fondos, que es pocas veces, por el abandono en que la tiene el Gobierno y la provincia, ha contribuido al sostenimiento de este hermoso templo, como fué en 1845, 53 y 57, en que dió algunas cantidades, si bien siempre han superado los recursos que ha reunido por otros conceptos, el ya citado y digno capellan D. Antonio Diaz.

La fachada tuvo algunos balcones y ventanas que se macizaron para seguridad del muro cuando le faltó el entibo del convento, y en su torre elevada y cuadrilonga, hubo seis campanas, la del centro quizá la mas sonora de Córdoba y la mayor de todas las de volteo; cuando la bajaron rompió con el peso las cuerdas y cayó, clavándose un casco en una de las paredes cercanas. Habia tambien reloj, que en tiempo de los franceses quedó inútil. La portada es muy bonita y ostenta á los lados cuatro columnas de órden dórico y estriadas.

Iguales á las dichas columnas, habia otras diez y

seis en la entrada al convento, ó sea la portería, que estaba donde hoy la casa del rincon. Formaba un pórtico, en un tiempo con tres verjas, y en el centro la puerta que daba paso al interior, donde se veian muchas columnas, en su mayor parte de mármol, pues en el patio principal que tenia una bellísima decoracion con claustros altos y bajos y apilastrado su interior, se contaban ciento veintiocho, doce en el paso de la portería al claustro y setenta y seis en otros dos patios. El principal, dicen que era muy semejante al de Sán Felipe el Real de Madrid, que tantos elogios ha merecido. Esta obra, una de las mas importantes de Córdoba, no se habia completado, todo vez que el pensamiento era hacer otro patio igual detrás de las casas que forman aquel frente, el cual habia de ocuparse con una hermosa fachada, de forma que el salon de entrada que hacía cruz con el de profundis, habia de dividir el edificio, entrándose por su estremo á los jardines que estarian en el hoy huerto, de la calle de su nombre. En el archivo de este convento que, como su librería, casi se ha perdido por completo, estaban las cuentas de estas obras y las de la iglesia; en ellas constaban las cantidades invertidas y los nombres de los artistas que dirigieron ó ejecutaron tanta belleza, constando que hasta se abastecian allí de lo necesario para su sustento.

La comunidad del convento de San Agustin, como ya indicamos, ha sido de las mas ilustradas de España; además de tener una lucida capilla de música, de haber costeado una imprenta, de las primeras y mejores que hubo en Córdoba, y de haber sido el primer convento en que se esplicó la

Filosofía moderna, costando no pocos disgustos á estos frailes, dispensaban á las artes todo el apoyo que les era posible: aun vemos la ornamentacion de su hermosa iglesia con multitud de pinturas de los Velas y Zambrano, y en sus claustros y sacristía se vieron cuadros de estos artistas: la Vírgen que hemos dicho, de Murillo; un Nacimiento, de Antonio del Castillo; un Martirio de un Santo, por Rivera; la Encarnacion, la Natividad y la Concepcion, de Juan de Sevilla; la Asuncion, de Fr. Juan del Santísimo; tres ó cuatro lienzos, de D. Juan Niño, y otros varios de diferentes autores. Ultimamente se veian casi todos tan mal restaurados, que algunos de ellos tenian perdido su mérito.

Antes de concluir de contar cuanto hemos sabido de este convento, nos consideramos en el deber de recordar los nombres de algunos de sus religiosos, que se han distinguido por su ciencia ó su virtud, y que han llegado á nuestra noticia.

Fr. Martin de Córdoba, predicador de gran fama, lo fué de Enrique IV y de su hermana la Reina D.ª Isabel: era de los señores de la Casa de Alcaudete; leyó muchos años en las universidades de París y Salamanca, mereciendo el sobrenombre de el Doctor de España.

El Mtro. Fr. Alonso de Córdoba, Catedrático de Teología en dichas capitales; mereció que en la segunda, le llamasen el Padre de aquella Universidad.

El P. Fr. Pedro de Góngora y Angulo, célebre predicador; fué Calificador del Santo Oficio y Prior de este convento, donde leyó Teología muchos años. Fué el que hizo la reforma de la iglesia.

El P. Mtro. Castillejo, que adquirió mucha fama con sus sermones; escribió varias obras.

Fr. Juan de San Agustin, natural de Sevilla, donde nació en 1642 y murió 1684, dejando escritas varias obras.

Fr. Juan Sedeño, tambien de Sevilla, tomó el hábito en Córdoba, dando tantas muestras de virtuoso, que á los cuatro años lo hicieron Maestro de novicios. Despues pasó á su patria, donde murió con gran opinion de santo.

Fr. Cristóbal de Búrgos, ejercía el oficio de sacristan, y escribió una Vida de San Nicolás de Tolentino, en la que al contar los milagros de la imágen, que aun está en el altar de Santa Rita, se ocupaba muy por estenso de la epidemia sufrida en Córdoba en 1601. Este libro se ha hecho muy raro.

El P. Mtro. Fr. Alonso Aguilar, fué Prior en este convento, y dejó impresas en dos tomos unas pláticas, que el año de 1715 hizo en Cabra á la Escuela de Cristo.

El P. Mtro. Fr. Pedro Dominguez, natural de Estremadura, leyó aquí desde el año de 1776 Teología y Cánones, fué Regente de estudios, y por ocho años Prior de esta casa; en el púlpito era en Córdoba el primer orador de su tiempo; imprimió dos sermones, é hizo por encargo de su connovicio el Ilmo. Fr. Diego Melo, una excelente carta pastoral sobre las obligaciones del clero: su honradéz, la nobleza de su carácter, su tacto y su prudencia para el gobierno de los hombres, le granjearon universal estimacion. El Sr. Ayestarán lo propuso á Cárlos IV como digno del Obispado; pero acometido de una hemiplegia en Mayo de 1802, falleció al año siguiente sin haber llegado á aquella dignidad. Dejó en la órden dos sobrinos, Fr. Francisco y Fr. Pedro Dominguez, lectores de tanta disposicion y tan buenos filósofos, como lo manifiestan las conclusiones que dieron á la prensa en 1806. Ambos se secularizaron, y aquel redactó en Málaga *La Atalaya*, y este obtuvo por oposicion, y sirvió varios curatos.

El P. Mtro. Fr. Márcos Cabello y Lopez, nació pobre y huérfano en Córdoba, año de 1751; hizo en este convento su carrera de cátedras, y en 1782 comenzó á dictar Filosofía moderna á mas de veinte discípulos, siendo la primera escuela que adoptó tal reforma en esta ciudad y aun en Andalucía: piadoso y comedido desde su niñez, ilustrado y muy observante, gobernó como Prior esta casa desde el año 1798, hasta que salió para consagrarse Obispo de Guadix y Baza, dignidad á que fué elevado por informes de dicho Sr. Ayestarán: consagróle en la Catedral de Jaen á 2 de Junio de 1805, su hermano de hábito, el Ilmo. Fr. Diego Melo de Portugal, Obispo de aquella iglesia, siendo asistentes los de Almería y Alcalá la Real, y padrinos á nombre de la provincia de Andalucía, los P.P. Fray José de Jesús Muñoz, sucesor suyo en el priorato, y Fr. Francisco Javier de Requena, su antiguo discípulo, Prior entonces de Jaen y despues Provincial y General de la Orden.

Fr. Rafael Leal, cordobés de estraordinario talento, poeta, orador y versado en toda amena literatura; fué discípulo del P. Cabello y enseñó en Badajóz, Cádiz y Córdoba; describió en verso é imprimió los obsequios que en esta ciudad se hicieron á los Reyes cuando en Marzo de 1796 la visitaron; puso unas notas á la *Historia de España de Masdeu*, que celebraban mucho los que las leyeron manuscritas. Tenia formado proyecto para escribir la Historia de la Bética; pero á los 36 años de su edad y en el de 1800, siendo Regente en Cádiz, acabó por la fiebre amarilla, que puso término á sus dias.

Tambien enseñaron aquí los P.P. Maestros Fray Agustin Sanchez, hombre muy docto, y Fr. José Gonzalez Hidalgo, apreciabilísimo por su sabiduría, buen juicio, rectitud y firmeza de carácter, los cuales, retirados á Montilla su pátria, alcanzaron la exclaustracion del año de 1835.

Por el año de 1820 eran aquí lectores los hermanos Fr. Manuel y Fr. Francisco García, Fr. Antonio Padilla y Fr. José Ortiz, teniendo tal crédito esta escuela, que el Ilmo. Sr. Obispo le confió la instruccion de su sobrino D. José Trevilla, despues dignidad de Arcipreste y Provisor de este Obispado, haciendo lo propio otras personas notables de esta ciudad.

El P. Mtro. Fr. José de Jesús Muñoz Capilla, á quien alcanzamos, sin duda el mas notable de cuantos individuos tuvo aquella comunidad, y uno de los hijos mas distinguidos de Córdoba, donde nació á 29 de Junio de 1771, siendo sus padres Don Roque Muñoz Capilla y D.ª Antonia de Vega, quienes, viendo su vocacion, lo destinaron al estudio, dando bien pronto muestras de su estraordinario talento. Inclinado á la vida religiosa, y deseando que esta fuera en un asilo retirado, tomó el hábito á los quince años, en el monasterio de Ntra. Sra. de Regla, entre Sanlúcar y Rota. Mucho pudiéramos decir de este ilustre cordobés, si la índole de estos apuntes lo permitiera: con sus profundos y estraordinarios conocimientos, su elocuente palabra y su carácter franco y leal, llegó á conquistarse un nombre, con el que se honra Córdoba; fué cuatro años Prior de este convento, propuesto dos veces para Obispo, y encargado de muchos y delicados puestos, como vocal de las Juntas Superior Central de 1812, la de Salvacion de 1820, de Director del hospicio fundado por el Sr. Trevilla, al que prestó grandísimos beneficios, y del hospital del Smo. Cristo de la Misericordia, que desempeñó en mas de sesenta mil reales; sufrió desvios y temores por liberal, y al fin, despues de su exclaustracion, y habitando con una hermana suya en la calle que hoy lleva su nombre, murió de sesenta y ocho años y ocho meses de edad en 29 de Febrero de 1840, dejando varias obras, en las que no sabemos que admirar mas, si las muestras de sus raros y profundos conocimientos, ó la galanura y belleza en el decir. Entre estas figuran un *Arte de escribir*, el *Tratado de la organizacion de las sociedades, La impugnacion al Dupuy, La Florida,* y una gran coleccion de sermones, de los que empezó á hacerse una edicion. Por todos estos méritos y muchos que hemos omitido, el Ayuntamiento de 1840 concedió á su cadáver el goce perpétuo de una bovedilla en el Cementerio de Ntra. Señora de la Salud, á propuesta del síndico, que lo era entonces el Sr. D. Francisco de Borja Pavon. Cuando visitemos aquel lúgubre recinto, tendremos ocasion de leer el epitafio, tras del cual se conservan tan preciosos restos.

Cuando la exclaustracion, era Regente de estudios en aquel convento, Fr. Luis Niveduab de Castro, predicador muy notable, quien despues se hizo abogado y fué Rector y cura propio de la parroquia de San Miguel y Catedrático de Física y Química en los Institutos de Córdoba y Sevilla, donde murió.

Eran lectores Fr. Miguel Riera, despues Catedrático en el Instituto de segunda enseñanza de esta provincia, Rector de la parroquia de San Andrés y en la actualidad canónigo de Almería, cuya ilustracion es tan notoria, y Fr. Agustin Moreno, actual Director del Asilo de Mendicidad, que ha logrado poner á una gran altura: es notable artista en música y escritor muy apreciable.

El último Prior de este convento lo fué el Padre Mtro. Fr. Antonio Lopez, hombre muy docto, el cual, despues de exclaustrado, se retiró á Montemayor, donde una noche lo sorprendieron, escalando su casa, y lo asesinaron, sin duda con el intento de robarle cuanto tenía, lo que no consiguieron por haber acudido gente.

Muy detenida habrá parecido al lector, la visita hecha en el antiguo y hermoso convento de San Agustin; mas ya lo abandonamos, para continuar nuestra escursion por el barrio de Santa Marina, del que aun nos resta mucho que contar.

Desde el año de 1872, se celebra el mercado en el Compás de San Agustin; hasta esa época se ha efectuado en la calle de su nombre, que llega á las esquinas del Pozanco.

Este sitio ha sido siempre muy dado á cuestiones, y han surgido algunas desgracias, pues en pocos años hemos conocido tres ó cuatro muertes violentas y no pocas heridas. En una de sus casas, cerca de la boca-calle de Jesus, se suicidó un hombre hácia el año 1844, ahorcándose de una de las vigas de la habitacion alta, por lo que estuvo aquella mucho tiempo cerrada.

Formando ángulo con esta calle, sigue la del Dormitorio de San Agustin, llamada así por dar á ella la pared del lugar en que dormian aquellos religiosos; afluyen las del Montero, ya descrita; la Humosa, que en su mayor parte es del barrio de San Lorenzo, y le dió nombre la mala construccion de un horno que siempre la tenia llena de humo; la de los Mellados, apellido ilustre de una familia que tuvo sus casas principales en este sitio, y ya digimos poseer enterramiento en Santa Marina, y la de los Simancas, que hasta hace pocos años se llamaba de Matarratones, apodo de un antiguo vecino, á quien se lo pusieron por ser uno de esos perdona-vidas á quien todos temen, y en la primer ocasion demuestran su cobardía: éste título pareció mal sonante y por eso lo variaron, sin que sepamos la razon de dedicarla á los Simancas, toda vez que estos ilustres cordobeses vivieron hácia donde está el Hospital de Agudos, ó sea del Cardenal, y eran oriundos del lugar de su apellido: los mas notables fueron, D. Diego, Obispo de Ciudad Rodrigo y de Zamora, que escribió é imprimió dos obras de Religion; D. Francisco de Simancas, Obispo de Cartagena, y D. Juan de Simancas, Arcediano en la Catedral de Córdoba, donde fundaron la capilla de San Juan Bautista, que dicen de los Obispos, en cuyo altar estan retratados al pié de un Crucifijo, que ocupa el segundo cuerpo del retablo, dos de ellos en traje de Obispos. La calle del Dormitorio está alcantarillada, y se cree iría á verter sus aguas en el arroyo de San Rafael, como ahora van al descubierto.

El final de dicha calle, en su confluencia con las de Cárcamo, Moriscos y Costanillas, es conocido por la Piedra escrita, por una inscripcion romàna, ya borrada, que hay en el frente que forma el arco, bajo el cual hay una fuente con el pilar de mármol azul y dos leones del blanco, por cuyas bocas sale el agua: esta es de la llamada de la Fuensantilla, que nace detras del pilar de este nombre en el campo, al final del barrio de las Ollerias, En la parte alta tiene una inscripcion en una losa blanca, por la cual consta que fué hecha en 1721, siendo Corregidor de Córdoba D. Juan de Vera y Zúñiga. Antes estuvo la inscripcion en el pedestal de una gran cruz que habia en este sitio.

Las Costanillas quiere decir las cuestesuelas, y por cierto que la forma, aunque muy suave. Esta calle parece materialmente de otro pueblo donde hay diferentes costumbres: allí se ven los chicos desnudos correr por ella, como si estuviesen dentro de su habitacion; así como las gallinas, las bestias, y aun algunas veces los cerdos estan al público, sin que sus dueños, en gran parte gitanos, hagan caso de los bandos de buen gobierno; estan algunos tan atrasados, que cuando ven pasar una persona con sombrero de copa y levita, se les quedan mirando, como si para ellos fuese un objeto raro. Esta calle se ha llamado tambien de los Aladreros, por varias familias de este oficio que han morado en algunas de sus casas.

En el ángulo que forma dicha calle y la de Cárcamo, hay otras varias de este barrio, las cuales son: las de Juan Tocino, de que una acera es de San Lorenzo; la barrera del Peral, por uno que habia en una casa; la de la Pastora; el Obispo blanco, cuyo orígen no hemos descubierto; la Rinconada de San Antonio, por una imágen del mismo que hubo en ella, y que tambien se ha llamado de San Agustin, y la de Fernando de Lara, que fué el nombre de uno de sus moradores.

La de Cárcamo, que cruza de la Piedra escrita al Muro de la Misericordia, se llamó de los Aladreros, despues del Santo Cristo de la Misericordia, por su inmediacion al hospital de este título, y en el último arreglo la dedicaron á uno de los conquistadores de Córdoba, orígen de la familia Cárcamo, que tanto ennoblecieron á su pátria y que hoy representa el Sr. Marqués de Guadalcázar. A la mediacion de esta calle hay otra sin salida, que dicen del Greñon desde tiempo inmemorial, y que suponemos sería apodo de uno de sus habitantes: en una de sus casas nació el actual Obispo de Vitoria Don Lorenzo Alguacil. Casi cerca de esta barrera hay una casa dentro de otra, lo cual no ha podido menos de estrañar á cuantos las han visto; son de diferentes dueños, y despues de atravesar el patio de una, se encuentra el porton de la otra, resultando de esto muchas cuestiones. Se nos ha dicho que la primera estuvo en una plazuela, cuyo terreno cedieron despues para labrarla; mas esto no lo encontramos afirmado por documentos oficiales. Entre la calle de Fernando de Lara y la del Muro, hay tambien otra casa, hoy convertida en solar, que todo el barrio conoce por la de las Tetas, título que, chocándonos, hicimos por averiguar, sin que nuestros deseos se cumpliesen, hasta 1870, que al derribar su fachada, encontraron sobre la puerta é incrustado en la pared, un busto romano sin cabeza, con unos pechos muy exagerados, de donde colegimos que resultaría el nombre de la casa. Este fracmento, que consideramos resto de alguna portada antigua, fué recogido por el Director del Hospital de Crónicos, en cuyo pátio lo hemos visto. En esta calle hubo un hospital llamado de San Mateo, el que por su poca importancia quedó abandonado y lo agregaron á la fábrica de la parroquia de Santa Marina.

Tornemos por la calle de los Moriscos, una de las mas largas del barrio; en línea curba, va desde la ya espresada Piedra escrita á la Mayor de Santa Marina: su verdadero nombre es de Guadalupe, por un beaterio de esta advocacion, fundado en la casa núm. 1.°, por Elvira Alonso de la Cruz, en 1464, y quedando sin uso, lo agregó á Santa Marina el Obispo D. Pedro Salazar, por su decreto de 2 de Abril de 1740. Tomó el título de los Moriscos, por morar en sus casas los que últimamente hubo en aquel barrio, y es á lo que se refiere la nota que está en los libros parroquiales de Santa Marina y ya hemos copiado.

Al llegar á este punto, debemos esplicar á nuestros lectores el verdadero sentido de la palabra morisco, segun la historia, y cómo y cuándo se establecieron en Córdoba, donde, si bien despues de la conquista quedaron muchos moros que abrazaron ó aparentaron abrazar la Religion cristiana, cuando la expulsion, apenas quedaban algunos de aquellos. Los últimos, llamados moriscos, eran oriundos del reino de Granada, conquistado á la fé de Cristo por los Reyes Católicos, que tanta gloria dieron á su corona, y cuyos habitantes no quisieron abandonar aquella tierra, consintiendo en vivir como vasallos del Rey cristiano, confiando en ciertas condiciones pactadas al someterse, mermadas primero y abolidas despues, á causa de la intolerancia religiosa de aquellos tiempos. De esto resultó, que muchos, aburridos de tantas persecuciones, vejámenes é insultos, abandonaron las poblaciones y, convertidos en salteadores, invadian los caminos, cometiendo toda clase de crímenes y desafueros, aumentando hasta el punto de ser ineficáz la accion de sus perseguidores. Otros mas cautos y ladinos, fingian amistad sincera á los cristianos, en tanto que secretamente conspiraban, llegando á fraguar un plan que los hiciese dueños del territorio perdido. Varias veces fueron descubiertos y severamente castigados; mas llegó un dia en que eligieron su rey, alzándose en armas, y tomando algunos lugares, que no les fué posible conservar mucho tiempo.

Felipe II, ansioso de apaciguar á tan hermosa y codiciada parte de su reino, mandó al Marqués de Mondejar, como general en gefe de sus tropas, y luego á D. Juan de Austria, con lo que terminó aquella insurreccion tan imponente y dificil de dominar.

Mucho pudiéramos hablar de tales acontecimientos; mas no siendo nuestra mision apartarnos de lo concerniente á Córdoba, vamos á reseñar lo que esta ciudad hizo en pró de tan noble y delicada empresa.

Como era costumbre y ley, pidiéronse socorros á todas las ciudades para formar primero, y despues robustecer y reponer, el ejército cristiano; Córdoba respondió á este llamamiento con la lealtad tantas veces demostrada.

Era el dia 27 de Diciembre de 1568, cuando el Corregidor D. Francisco Zapata de Cisneros, Señor de Barajas y la Alameda, recibió el aviso de la sublevacion de los moriscos de Granada, y de la necesidad de que la ciudad de Córdoba contribuyese con los hombres y recursos posibles á sofocar la rebelion: formó sus cálculos y proyectos, y para el Domingo 4 de Enero de 1569, mandó á todos los Caballeros de premia salir al Campo de la Verdad con sus armas á punto de guerra, como entonces se decia, y donde se encontraron muchos hombres á pié y á caballo: ya allí, designó capitan de los primeros á D. Pedro Ruiz de Aguayo, en tanto que los otros eligieron á Andrés Ponce, haciéndoles á todos tomar el camino de Granada, bajo graves penas al que fuera osado á volverse á su casa.

El Lunes 5 de Enero de 1569, salió el espresado Corregidor Zapata, con los Caballeros de premia resagados en la ciudad, y el Alcalde de la Justicia con otros muchos hombres: dividiéronse en dos pelotones, marchando uno hácia Castro y el otro á Santa Cruz, de cuyos puntos siguieron á Granada.

El dia seis salió el Veinticuatro de Córdoba D. Francisco de Simancas, con doscientos cincuenta soldados de infantería.

En once del mismo mes, partió otra compañía con otros doscientos cincuenta hombres, bien equipados y armados: era su capitan D. Pedro de Acebedo, Veinticuatro de Córdoba, con otros cuatro, todos de la nobleza, entre ellos Cosme de Armenta, que mandaba la infantería.

El catorce de Febrero, se recibió noticia de ascender á treinta mil el número de los moriscos sublevados, y en seguida salieron otros doscientos cincuenta soldados, entre los que iban muchos jóvenes de la nobleza, todos al mando de D. Diego de Argote.

El Obispo de Córdoba, D. Cristóbal de Rojas,

despues Arzobispo de Sevilla, ansioso de contribuir á la estincion de los moriscos, armó á sus espensas otros doscientos soldados, muy buena gente, en su mayor parte arcabuceros y algunos alabarderos, de quien hicieron capitan á D. Rodrigo de Angulo, Comendador de la Orden de San Juan. En estos dias entraron algunos moriscos cautivos de los primeros cordobeses que salieron, viéndose entre ellos varias mugeres y niños.

A principios de Marzo, pasó el capitan D. Pedro Zapata con trescientos hombres, que desde Madrid llevaba á sus órdenes.

Pocos dias despues regresaron los capitanes Cosme de Armenta, D. Pedro de Acebedo, D. Francisco de Simancas y D. Pedro Ruiz de Aguayo, con el objeto de rehacer su gente, de la que se le había vuelto una gran parte, y al mismo tiempo, salió D. Alonso de las Infantas con ciento cincuenta hombres á su costa.

El veintidos de Mayo, salieron otras dos compañías de á doscientos cincuenta hombres, volviendo de capitanes Cosme de Armenta y D. Francisco de Simancas.

El veintiocho del mismo mes, volvieron á salir los capitanes D. Pedro Ruiz de Aguayo y D. Pedro de Acebedo, con dos compañías de infantería y otras dos de caballería.

En cinco de Julio, á las dos de la tarde, entraron seiscientos prisioneros moriscos, escoltados por dos compañías de arcabuceros, una de Martos y otra de Loja, las que los traian en medio, de cinco en cinco.

El dia ocho, entró otra compañía de arcabuceros, trayendo trescientos moriscos, entregándolos todos al Corregidor D. Francisco Zapata, quien ya había regresado, y los puso en las casas del Conde de Cabra, dónde despues se fundó el convento de las Capuchinas. Las tres compañías regresaron inmediatamente á su destino.

En la mañana del nueve, se recibió noticia de que los moriscos habian cercado á Orjiva, y que en vista de su número, era preciso se mandasen grandes y prontos socorros: el Corregidor no anduvo remiso, é hizo pregonar la guerra al son de atabales y chirimías, á sangre y fuego, campo franco, y que cuanto tomasen fuese de los combatientes, sin dar parte al Rey, y autorizándolos para poder herrar los esclavos que hiciesen; en su consecuencia, mandábase tornar á la guerra á cuantos soldados hubiesen vuelto de ella, bajo la pena de doscientos azotes y seis años de galeras.

En doce de Noviembre, salió de Córdoba el capitan D. Pedro de Sotomayor, hermano de D. Alonso de los Rios, Señor de Fernan-Nuñez, llevando cuatrocientos hombres.

Recibióse una órden del Rey para quintar los vecinos, por no bastar los socorros dados: se empezó esta operacion, y enseguida principiaron á entrar en Córdoba, de los pueblos á ella sugetos, escuadras de soldados; lo mismo se hizo en los barrios ó collaciones, y el Lunes veintisiete de dicho mes, comenzaron á salir para la guerra. El primer capitan fué Martin Alonso de Montemayor, con cuatrocientos hombres; en seguida dos compañías de caballería al mando de D. Juan Manuel, suegro del anterior, todos con trages azules de paño y muy bien aderezados, llevando cada una de aquellas, cincuenta caballos y seis trompetas delante. Reunida otra compañía de cuatrocientos hombres, se les hizo partir á seguida, al mando de D. Cristóbal de Angulo, y tras esta, otra á las órdenes de D. Alonso Valdelomar. En este tiempo apretó tanto la necesidad de gente, que hasta se llevaron por fuerza á muchos vecinos de Córdoba para que sirviesen de azadoneros.

En el mes de Marzo de 1570, salieron cuatro compañías de á cincuenta caballos, con sus ginetes vestidos de azul, y de capitanes Martin Alonso de Montemayor, D. Diego de Argote, D. Francisco de Armenta y D. Alonso de Valdelomar. Repetimos los nombres de algunos capitanes, porque dejando su gente en la guerra, volvian por mas ó la traian con el objeto de renovarla.

En el mes de Setiembre, se quintaron mil hombres en Córdoba y sus pueblos, ochocientos de á pié y doscientos de á caballo, los que salieron en seguida, mandando á los primeros D. Pedro de Aguayo y Martin Alonso Montemayor, á cuatrocientos cada uno, y pareciendo mucha gente, se eligieron otros dos, que lo fueron D. Jorge de Córdoba y Don Martin de Argote. La caballería tenía sus capitanes en la guerra, y por consiguiente fué agregada á la otra fuerza.

El dia trece de Octubre, recibióse una órden del Rey, mandando salir para la guerra á los hijosdalgos y demás gentes de las collaciones, llevando á sus Jurados por capitanes, y nombrando general de todos al Corregidor D. Francisco Zapata de Cisneros: en su acatamiento emprendieron la marcha, que solo había de ser por quince dias, primero cuatro compañías de infantería á doscientos cincuenta hombres, ó sean mil entre todas, y dos compañías de á caballo á cien plazas; el general, ó sea el Sr. Zapata, llevaba delante cuatro trompetas y cuatro chirimías, vestidos de terciopelo carmesí con trenas de oro, y encima unos capotes de grana entrapados y guarnecidos de terciopelo: detras llevaban muchas acémilas cargadas de los bastimentos necesarios, pues en este tiempo hizo la necesidad que se mandasen desde Córdoba y casi diariamente, cincuenta cargas de pan amasado, sin perjuicio de los socorros de otras poblaciones. Esto hizo escasear el número de bestias disponibles, unas por estar ocupadas en aquel servicio, y otras escondidas á causa del temor que tenian sus dueños de perderlas; de aquí tambien, la escasez de trigo, llegando el caso de que el Corregidor, que en nada se paraba, le sacase al Obispo quinientas fanegas de trigo, con lo que S. I. se enojó, de tal manera, que llegó á excomulgar al Sr. Zapata; mas éste siguió impávido su marcha, tanto en la remesa de comestibles, como en la recluta de gente: para esto, señalaba los vecinos que juzgaba aptos y les hacía ir á engrosar el ejército, y á los demás les sacaban una cantidad, á juicio de los respectivos Jurados, vendiendo los muebles de los que se negaban al pago ó se escondian. Cada vez que se mandaba caballería, los Caballeros de premia ayudaban con un caballo, un hombre bien armado y doce ducados al mes, sufragando este costo de cuatro en cuatro.

El manuscrito de donde estractamos estas noticias, cuenta la escasez de medios de trasportes para los bastimentos, y que en Córdoba se carecía de todo, pues hasta llegó el caso de presentarse un capitan con órden del Rey y llevarse todos los zapatos que encontró, que pagó á su precio, y los azadones y botas de vino que pudieron reunirse.

El dia doce de Noviembre, regresó á Córdoba el Corregidor D. Francisco Zapata, despues de dejar seis mil familias moriscas en los puntos á que las habian destinado, cincuenta leguas distantes del Reino de Granada.

El dia siguiente, trece, llegó el Corregidor de Málaga, trayendo otras mil quinientas familias moriscas, que por cierto venian en el mas miserable estado, particularmente las mugeres y niños, hospedándolos á todos en el Meson del Puente. A los dos ó tres dias llegaron tambien escoltadas, las familias de ocho pueblos cercanos á Málaga, viniendo separados y cada cual con su alcalde; estos fueron alojados en los mesones del Potro; algunos llevaron á Plasencia, donde los dejaron vivir libremente, pero sin poder abandonar el país.

Por lo que conviene á nuestro relato, diremos que en primero de Febrero de 1571, dejó de ser Corregidor D. Francisco Zapata, sustituyéndolo el Lic. Alonso Gonzalez de Arteaga: el primero se marchó el dia ocho, saliendo casi todo el vecindario á despedirlo.

Siguieron así las cosas, hasta que entregado y muerto el titulado Rey de Granada, empezó á aquietarse aquella comarca. Llegado el 30 de Noviembre, mandó Felipe II que todos los moriscos existentes en Andalucía, fuesen trasladados á Galicia y Castilla, donde debian quedar avecindados, fundándose en que diariamente se desertaban é iban á sus antiguos lares: entonces encerraron á todos los que habia en Córdoba, en las casas del Conde de Cabra, custodiados por los cordobeses, yendo cada noche los vecinos de una collacion, con sus Jurados á la cabeza, principiando este servicio los de Santa María, ó sea la Catedral.

La ciudad de Córdoba, que en todas épocas ha dado grandes muestras de la piedad de sus nobles hijos, no pudo en esta ocasion ser sorda á las súplicas de aquellos infelices que, agradecidos á la hospitalidad recibida, ansiaban permanecer al lado de sus protectores: celebróse un cabildo, y en él se eligieron dos Veinticuatros, quienes pasaron á Granada á rogar al Rey y al Presidente, que aquellos se avecindasen en esta ciudad, á lo cual accedieron gustosos. Entretanto trageron los moriscos que había en Priego, Castro, Lucena, Alcaudete, Baena, Bujalance, Rambla, Santa Ella, Posadas y demás pueblos de esta jurisdiccion, acompañados de las respectivas compañías de á pié y á caballo, las cuales regresaban á seguida á sus destinos. Estos prisioneros estuvieron encerrados en las casas del Conde de Alcaudete, hasta que se recibió la órden para dejarlos en libertad como vecinos de Córdoba.

Los nuevos vecinos se agregaron á diferentes collaciones ó barrios, tocando la mayor parte al de Santa Marina, donde, como por instinto, se fueron estableciendo en la calle de Guadalupe, permaneciendo en ella con sus familias hasta la espulsion, de que ya hemos hablado: hé aquí el orígen de llamarse aquella la calle de los Moriscos, palabra que se conserva como apellido en algunas familias, que no por esto dejan de ser apreciados como se merecen.

Con motivo de la paz, hubo grandes festejos en la Corredera, en la que los contaremos á nuestros lectores.

Varias son las afluencias á la calle en que nos encontramos: una la del Aceituno ó Aceituneros, nombre muy antiguo y que se cree oriundo de unas familias dedicadas á la compra y venta de aceitunas; forma dos ángulos, y desde ellos se llama del Huerto de San Agustin, el que allí tenía su puerta: antes se llamó del Horno de San Agustin, por la misma razon, y termina en el Compas, de que ya hemos hablado: tuvo una calleja llamada de Orohilo. Desde este sitio al Cementerio de Santa Marina, hay otra callejuela y una plazoletilla que se han llamado del Tinte, por uno que hubo en aquel punto, y en el último arreglo le pusieron de los Tafures, razon bastante para ello, como ya indicamos ocupándonos de la calle de los Marroquíes; en dicha plazuela hay una calleja sin salida, acortada en 1809, conocida por la Malpensada, apodo de una muger cuyas malas costumbres la hicieron notable entre aquellos vecinos.

Otra de las afluentes á la calle de los Moriscos, es la del Horno del Veinticuatro, que vá á la del Guindo, y es cruzada por otra que dicen de los Veras, por D. Juan de Vera, persona notable que vivió en ella: tambien se ha llamado de los Ojedas. La casa del testero, en la calleja sin salida, tiene una gran mina ó subterráneo lleno de agua, al que no ha sido posible entrar, y cuyo estado actual ignoramos.

La calle de Valencia, antes de la Muerte, por una violenta causada en aquel sitio cuando, siendo mas sanas las costumbres de este pueblo, llamaba la atencion un hecho de aquella clase, tan frecuentes en el dia, termina tambien en la del Guindo, y arranca de ella la de Vera ú Ojedas, antes citada; pareciendo disonante su título, se la dedicaron en el último arreglo á aquel notable escritor, á quien equivocadamente tenian por cordobés: á su mediacion, dá entrada al Muro de la Misericordia, llamada así por la muralla que la separa del campo y estar cerca del hospital de esta advocacion, y entre esta calle y la de los Moriscos, hay dos travesías, llamada una de Palomares, apellido de una familia que en ella moró, y la otra Empedrada, porque á causa de su estrechez y pendiente fué la primera que gozó de este beneficio.

Nos encontramos ante el acreditado hospital del Smo. Cristo de la Misericordia, hoy provincial de Crónicos, uno de los establecimientos de beneficencia mas notables de Córdoba, cuyo principio fué, por cierto, bien estraño y humilde.

La multitud de defunciones que frecuentemente ocurrian en el campo, sin haber quien condugera los cadáveres á la poblacion, para enterrarlos en sagrado, no pudo menos de llamar la atencion de algunas personas caritativas, y hácia el año de 1690, se formó una hermandad de varios trabajadores, en su mayor parte piconeros, con el objeto piadoso de remediar aquella falta, sensible á todos los amantes de la humanidad: principiaron por formar sus constituciones ó reglamento, que les aprobó el Cardenal Obispo de Córdoba D. Fr. Pedro de Salazar, y en seguida comenzaron á cumplir su benéfica institucion. Medio siglo antes, ó sea en 1640, un devoto llamado Gregorio Ponce, compró á los Padres de Gracia un solar y labró una ermita cerca de la puerta Escusada, á un Crucifijo de su devocion y á que daba el título de la Misericordia, y este fué el lugar que la ya citada hermandad eligió para sus reuniones y esponer al público los muertos desconocidos, aunque esto tambien se hacía en los poyos de los Marmolejos, hoy plaza del Salvador, y ante la Vírgen del Pópulo, en el Arco bajo de la Corredera.

Cuentan, y hemos leido impreso, que el orígen de la advocacion de Smo. Cristo de la Misericordia, fué un milagro de esta venerada imágen, un tiempo refugio de todos los cordobeses. Un infeliz trabajador que se habia quedado ciego, no hallando alivio con cuantas medicinas y promesas le dijeron para recobrar la vista, andaba por las calles, casi por completo trastornada su razon: no otra cosa podia ser, cuando en aquellos tiempos, no tanto religiosos, sino hasta fanáticos, entró un dia en esta ermita, y haciendo que el lazarillo lo acercase á el altar, levantó el palo en que se apoyaba y asestó un golpe á la imágen, diciéndole: —«Si no puedes volverme la vista ¿para qué sirves?»—mas en seguida lanzó un grito, mezcla de temor y alegría, que á todos dejó suspensos: el ciego no solo vió la imágen, sino un cardenal que, casi brotando sangre, le habia causado con su palo. Este milagro se divulgó por todo Córdoba, acudiendo multitud de gente á aquel punto, dándole al Santo Cristo el dictado de la Misericordia, por la que usó con el que tan sacrílegamente le acababa de ofender.

En 1690, siendo hermano mayor de la cofradía Andrés Francisco de Murga, le compró á un nieto del fundador, la ermita, la casa y el derecho de patronato, y entonces constituyó una pequeña enfermería para asistir en ella los enfermos de tísis y asma que no en todos los hospitales eran admitidos. Empezó á mejorar este, con las limosnas que se recogian, y en 1729, el canónigo D. Sebastian de la Cruz Gimena, construyó las dos enfermerías que forman línea del campo á la calle de Fernando de Lara. Ya en este tiempo cuidaba de este hospital una congregacion de hermanos, parecidos á los que hay en los de Jesus y San Jacinto, y el presidente de ellos, Clemente de Lara, en union del Dr. D. Cayetano Carrascal, Tesorero de la Sta. Iglesia, labraron las otras enfermerías que dan contra el muro ó muralla de la ciudad, que pasa por detrás de esta piadosa casa. En 1733, le concedió el Ayuntamiento una rinconada que formaba en el campo, y en ella labraron algunas otras oficinas y un cementerio que ha estado en uso hasta 1839. El patio de entrada y aun algo mas, formaba una calleja ó barrera que tambien le fué concedida por la Corporacion municipal.

Se ignora el número de enfermos que antes se asistirían, pues los libros y noticias anteriores al año 1782 fueron robados, segun nota con que se encabeza el primero que existe en el archivo y que hemos registrado, por cierto que es curioso, en razon á que anotándose en él los cadáveres recogidos en las calles, dá noticias de multitud de pendencias, suicidios y otras desgracias de igual clase. Creemos que se sostendrían de quince á veinte camas; despues las aumentó el hermano mayor Lucas Rodriguez, que falleció con gran fama de virtuoso, y últimamente tenia sesenta, hasta que declarado provincial de Crónicos, se han aumentado á unas ciento sesenta. La hermandad se disolvió en 1834, haciéndose cargo de éste hospital una junta que, como ya hemos dicho, lo tuvo á cargo del P. Mtro. Fray José de Jesus Muñoz y de otros sacerdotes, y por último pasó á la provincia en 1849 ó 50, rigiéndose por las leyes del ramo, á que permanece sugeto, y desde entonces ha sufrido grandes reformas que lo han mejorado de una manera considerable. En 1872 se han instalado en él seis hermanas de la Congregacion de San Vicente de Paul.

En las primeras horas de la mañana del dia 31 de Agosto de 1867, las campanas anunciaron un incendio en el barrio de Santa Marina y, acudiendo multitud de personas, vieron que el hospital de la Misericordia era pasto de las llamas. Los que fuimos en aquellos tristísimos momentos, presenciamos el espectáculo mas lastimoso que se puede presentar á nuestra vista: las mugeres de la vecindad, personas de diferentes clases sociales, todos, en fin, sacaban en sus hombros á los infelices enfermos, que en sus propias camas eran puestos en la huerta y el campo, en tanto que los arquitectos y operarios trabajaban con afan en sofocar aquel poderoso elemento, del que pudieron salvarse las enfermerías, reduciéndolo á la cocina, por donde empezó, y cuerpo de habitaciones del patio hondo ó de la fuente. Despojada la iglesia, como todo el edificio, de cuanto en él habia, un sacerdote cuidó de sacar el Sacramento del depósito, y con varias luces lo condujo al de la parroquia de Santa Marina, de donde, concluida la obra, fué llevado en una procesion muy solemne con estraordinaria concurrencia.

En el patio de entrada hay un pequeño monumento ó triunfo dedicado á San Rafael, por cierto de escaso mérito, y costeado por la hermandad á mediados del siglo XVIII.

Nos resta describir la capilla, aunque de cortas dimensiones, de muy linda forma. Es de una sola nave con presbiterio y media naranja. En el altar mayor está el Smo. Cristo con la Vírgen al pié de la Cruz: á los lados de la mesa hay otras dos, con urnas, figurando los sepulcros de Jesus y la Vírgen: en aquel mismo punto, ó sea de la verja adentro, hay otros dos altares con cuadros, que si no de gran mérito, son bastante buenos; uno representa el Descendimiento de la Cruz, y el otro á San Pedro. Más hácia la puerta están los altares de la Vírgen del Rosario, de vestir, y San José, escultura: otras se ven en repisas, como San Rafael y San Cayetano, ésta de mérito, y una Vírgen de los Dolores: tambien están colocados varios cuadros, uno ó dos que pasan por muy buenos. En la sacristía se conserva un hermoso Crucifijo de marfil, cuya escultura tendrá una media vara de alto.

Descrito el barrio de Santa Marina en su parte intramuros, y mareados con el laberinto formado por sus calles, bueno es que antes de terminarlo sigamos el paseo por los barrios de las Ollerías y Matadero, dando sobre ellos algunas ligeras noticias.

Nos encontramos en la puerta del Santo Cristo, junta al hospital últimamente reseñado, y á seguida notamos la variacion que ha sufrido este lugar desde la construccion de aquel establecimiento. Por detras de éste, viene la muralla desde la esquina de la Fuensantilla, y al llegar á la puerta, se vé la gran distancia que queda atras del muro llamado de la Misericordia; por consiguiente, se comprende la existencia de otro lienzo de muralla que, uniéndolos, formaba con los otros, dos ángulos encontrados, haciendo por la parte del campo una gran rinconada y en ella la puerta en tiempo de los árabes llamada de Alquerque, nombre que conservó despues de la conquista; así se la cita en un privilegio de Alfonso el Sábio, que original existe en el archivo del Ayuntamiento. Su oculta posicion le alcanzó el dictado de Escusada, á cuya frase se le dá tradicionalmente esta esplicacion: Con el objeto de entrar por aquel punto los carneros para el abasto de la poblacion, en tiempo de los árabes, se mandó abrir una puerta en el muro, y venciendo la opuesta voluntad del Rey moro, quien al saber luego que por allí entraron parte de los cristianos cuando la conquista, esclamó: «¡Bien lo dije que era escusada esa puerta!»—Esta anécdota tiene mas visos de cuento que de histórica.

Mucho despues de la conquista ardieron un dia las puertas de la Escusada, y la tapiaron; la gente le dijo entonces puerta Quemada, como se le cita en muchos documentos antiguos. Así permaneció, hasta que la Ciudad en su cabildo de 10 de Febrero de 1520 dispuso abrirla al tránsito público, permaneciendo con su antigua fábrica; en 1729, ya construido todo el hospital, fué preciso demolerla y formar la nueva en línea con la pared de aquel y el muro que arranca en la rinconada ó haza honda nominada la Olla. En esta época se le dió la horrible forma que presenta, y se le colocó el San Rafael en lo alto. Despues se ha cerrado y abierto, como se ha hecho con casi todas á causa de las epidemias.

Sin alejarnos mucho de la puerta, encontramos el pilar conocido por la Fuensantilla; se cree por tradicion, que á otra fuente cerca de aquel sitio, iban á llenar sus cántaros los Patronos de Córdoba Acisclo y Victoria, quedándole el título de la Fuensanta ó fuente santa, que le duró hasta la aparicion de la Vírgen de esta advocacion, en cuya época le añadieron el calificativo de vieja, que despues ha degenerado en el diminutivo Fuensantilla. El actual pilar y caño es de 1790; antes existió otro de que hacen mencion hasta 1493. En unos manuscritos del Venerable D. Juan del Pino, dice que deseoso de descubrir la primitiva fuente á donde iban por agua los Patronos, un dia de 1583, acompañado del Cronista Ambrosio de Morales y del Lic. Morales, examinaron todo aquel terreno, sin conseguir su deseo; mas él nunca desistió de aquella idea, y en 1592, se asoció con un vecino del barrio de Santa Marina, muy devoto y protector de la ermita de los Mártires, y juntos volvieron á hacer sus esploraciones; al efecto llevaron á un trabajador con su azada, y despues de apartar el cieno, lograron hallar entre el agua, la fuente que tanto deseaban: era de barro colorado cocido, ovalada, como de una vara de largo y en su centro una tercia de ancho por otra de profundidad; su grueso poco mas de dos dedos y con un borde todo alrededor, tan bien empotrada en el material, que no lograron moverla. Posterior á estos apuntes, ningunos hemos visto sobre el particular, y creemos que con el tiempo acabaría de perderse la fuentecita, á que hacen referencia: no vemos justificado ser este punto donde los Patronos llenaran sus cantarillos, ni pasa de una piadosa y tradicional creencia.

A un lado del camino ó ronda, vemos un edificio dedicado á fábrica de paños; su laborioso dueño D. José Ramon Lopez, está introduciendo en ella cuantos adelantos se conocen: téjense muy buenos capotes, paños bastos y algunas mezclas muy bonitas, con lo que no solo se contribuye á sostener y fomentar la industria en Córdoba, sino á mantener muchas familias, que de aquel establecimiento dependen. Entre este edificio y la fuente, hay un camino llamado Callejon de las Pedreas; era el lugar escogido por los chicos de los barrios de Santa Marina y San Lorenzo para las batallas que de tiempo inmemorial suelen sostener, poniendo á prueba las cabezas de las personas que tienen la imprudencia de acercárseles; contra este abuso hallamos disposiciones hasta casi principios del siglo XV.

Este trayecto hasta llegar á la puerta de Colodro, se puede decir que siempre ha sido un barrio industrial. Dícenle las Ollerías, por estar allí casi todas las alfarerías de Córdoba desde tiempo de los árabes, como lo afirma Alfonso el Sábio en uno de los privilegios concedidos al Cabildo Eclesiástico, cuyo original conserva en su archivo; una copia hemos leido en el del Ayuntamiento. Además de esta clase y modesta fabricacion, existe la de cal y otros materiales de construccion, algunos molinos de aceitunas, y una fundicion de hierro en que se hace toda clase de maquinaria é instrumentos de labor, perfectamente acabados.

En uno de dichos molinos, que perteneció á un D. Andrés de la Cerda y Córdoba, ocurrió cierto lance referido en el libro de los *Casos raros*.

Existía en esta ciudad una pobre viuda que solo contaba para su subsistencia con el jornal de un hijo, el que contrajo relaciones con la muger de un aceitero del barrio de Santa Marina; concertaron salir una noche al campo, donde cenarian juntos; mas para ello necesitaba algun dinero y, yendo el jóven á su casa, pidió á la madre el que tenía, así como algunos de sus preparativos; los pocos recursos con que contaban, hizo que se le negasen; de aquí se entabló una reyerta que, aumentándose, llegó al estremo de que aquel insultara á la que tanto respeto debía, acabando por darle de golpes y quitarle cuanto se le antojó, marchando en busca de su querida. La pobre viuda, deshecha en lágrimas, no solo protestaba de una accion tan indigna, sino que se hincó de rodillas, clamando al cielo una venganza que ella no podía tomar: palabras vertidas en aquel momento de dolor, mas nunca interesándose el corazon: esto no podía ser contra su hijo. Este unióse á la muger del aceitero y, saliendo juntos por la puerta de Colodro, notaron un portillo abierto en la cerca del molino, por el cual entraron, eligiendo aquel lugar para el logro de sus deseos. Allí estaban en completo descuido, cuando se cayó la pared que tenian mas cerca, dejando á los dos completamente aplastados. Cuando por la mañana avisaron á D. Andrés de la Cerda, estrañó la noticia, por considerar la pared en buen estado; mas creció la sorpresa de todos al ir á separar los escombros, pues encontraron los cadáveres de modo que no dejaba duda del intento que allí los había llevado. Acudió mucha gente, entre ella la pobre viuda, quien, con lágrimas de dolor y arrepentimiento, contó lo ocurrido con su hijo: todos consideraron providencial aquel suceso, de que se ocuparon hasta algunos predicadores.

Desde este lugar parte un camino que, pasando el arroyo de las Piedras, nos conduce á varias posesiones de la sierra. Cuando la construccion del ferro-carril de Madrid á Córdoba, varió completamente aquel, por una desviacion hácia la derecha en terreno que indemnizaron, de la huerta de San

Cayetano. Antes iba mas á la izquierda, pasando por donde hay unos barrancos, de los que sacaron tierra para los terraplenes, y por cierto que cuando estaban en dicha operacion se desplomó parte del terreno, cogiendo debajo á un pobre trabajador, á quien sacaron ya cadáver. En la línea que seguía, formaba cruz con el otro camino que, princicipiando en la Fuensantilla con el nombre de Callejon de las Pedreas, termina en la Cruz de Juarez. Allí hacía esquina la huerta de San Cayetano, y en su tapia, cortando el ángulo, habia un humilladero á quien todos conocian por los Santos pintados. Formaba una especie de retablo de material con dos cuerpos: el primero se componía de dos pilastras y un arco en el centro dividido por una gran cruz de relieve, y pintados en los lisos las imágenes de Santa Teresa y San Juan de la Cruz, fundadores de los Carmelitas Descalzos. El segundo cuerpo era un cuadro con dos remates á los lados, la Vírgen del Cármen en el centro y una cruz de piedra con que remataba. Delante de este humilladero había dos asientos, donde los devotos se sentaban á rezar ó ver venir la gente del arroyo en el dia de la Candelaria y otros en que aquel punto era muy frecuentado. En unos apuntes antiguos hemos leido que esto fué una capilla dedicada á las mismas imágenes, la que servía para que los religiosos fuesen á hacer algunos ejercicios; pero no hemos conocido quien dé otra razon ó reseña de la ya descrita.

La romería de la Candelaria se pierde en la antigüedad: varias son las historias que de ella se cuentan, pareciendo la mas fundada el haber tenido lugar por aquel camino una procesion. Cuando las obras del ferro-carril, se dispuso que se hiciese por la carretera de la sierra hasta el puente del arroyo Pedroche, y así sigue, sin su primitivo carácter, y amenazando estinguirse.

Frente á la puerta de Colodro hay un cerro en que cuatro filas de árboles, plantados hácia 1854, forman tres calles á llegar á la iglesia llamada de San Cayetano. Hasta dicho año hubo otros árboles de diferentes clases, muy corpulentos y sin órden, sustituidos por los actuales. En la parte mas alta habia un monumento ó triunfo dedicado á San Rafael: se componía de un gran pedestal de piedra negra y encima una esbelta columna blanca; en el año 1837 lo derribó é hizo pedazos un huracan; la imágen mutilada, fué enterrada en el patio de aquel convento, y el pedestal permaneció allí hasta 1849 que se lo llevaron al Cementerio de San Rafael, con objeto de colocarlo en el centro; pero no hubo de agradar á los encargados en las obras, cuando pusieron otro: sus piezas andan por allí sirviendo de asientos.

Ya es tiempo de penetrar en el suprimido convento de San José, de Carmelitas Descalzos, abierta al culto, gracias á una numerosa cofradía de Ntra. Sra. del Cármen, que en ella se venera: forma cruz latina, con muchas pinturas al fresco que adornan su cúpula, bóveda y paredes, en las que tambien se ven muchos y buenos cuadros, debidos á Fr. Juan del Santísimo Sacramento y á el P. Adrian. El retablo es de los mas arreglados á Arquitectura que hay en Córdoba: en la parte alta está San José, titular de la casa, y á los lados los Profetas Elias y Eliseo, En el primer cuerpo está el tabernáculo, en forma de templete, y dentro de un gran arco, á los lados, entre columnas, San Juan de la Cruz y San Alberto. El manifestador es una gran urna, y por detrás una Vírgen del Cármen sentada, que es la que casi siempre se vé, girando cuando hay que manifestar el Sacramento. Esto dió lugar á una anécdota que referian aquellos religiosos. Una buena muger, devota de la Vírgen del Cármen, llegó á pedirle un señalado favor, al mismo tiempo que giró la escultura, y creyendo ella que le volvia la espalda por no oirla, empezó á llorar, dando tales gritos, que acudieron á ver lo que era, riendo todos de aquella inocente muger, al saber el motivo de su quebranto.

Tiene dos buenos altares colaterales, dedicados á San Elias y San Juan de la Cruz. En el lado del evangelio hay, primero la hermosa capilla de Jesus Caido, cuya efigie ocupa el altar del centro: ha cuidado siempre de ella una cofradía, hoy casi extinguida; hay otros dos altares con camarines, uno dedicado á la Vírgen del Mayor Dolor, y el otro á Santa Teresa; esta hermosa imágen tiene concedidas muchísimas indulgencias, alcanzadas por el señor D. Antonio Ramirez de Arellano, que le tenia una gran devocion y le costeó el culto hasta su muerte, ocurrida en 1.° de Setiembre de 1867. Venérase tambien en este lugar una muy antigua imágen de la Vírgen, con el título del Socorro, traida, segun dicen, de Indias, donde milagrosamente la encontró un viajero, quien la donó á este convento.

Desde este punto al final de la iglesia, hay tres capillas, que son las de San José, imágen hecha en Madrid por órden de Fr. Antonio de la Visitacion, religioso en este convento; la del Cármen, que no corresponde á la devocion que se tiene á esta venerada Señora, la que, encerrada tras de una verja de madera parece que está presa, y la de Santa Ana. Frente á ésta se vé la de San Pedro, donde hay un cuadro mediano: en el frontal de este altar se lee lo siguiente:

Capilla y entierro de Don Diego Torralbo y Orbaneja y de Doña Juliana Josefa de Galvez su muger, vecinos de Córdoba, y de sus herederos. Se finalizó esta obra en 30 *dias de Julio de* 1717.

Al lado está otra capilla de los Dolores gloriosos de la Vírgen, única imágen dolorosa, de vestir, que hay en Córdoba, con la túnica encarnada y el manto azul; y pasada ésta la de San Cayetano, primer titular de esta casa, pues fué antes de convento ermita de su advocacion.

La sacristía es muy estensa y tiene muy buenos cuadros, al parecer de Fr. Juan del Santísimo; uno, muy grande, representa la Cena, y otros seis ú ocho iguales, el Nacimiento, la Adoracion, la Presentacion en el templo, y otros asuntos de la vida de Jesus: tambien hay un retrato del escritor D. Juan de Palafox y Mendoza, que tanto ayudó á San Juan de la Cruz y Santa Teresa á la reforma de los Carmelitas.

Repartidos por la iglesia existen varios epitafios dignos de citarse, por si alguna vez desaparecen. Delante del altar mayor hay uno que dice:

Aquí yace Doña Beatriz de Haro, Señora de Luque, fundadora y primera patrona de este convento.

Cerca de la puerta hay otro que estuvo en el

claustro hasta la espulsion de los religiosos. En lé se lee:

Aquí yace el P. Fr. Antonio de la Visitacion, Carmelita Descalzo, en el siglo D. Nuño Antonio de Godoy Ponce de Leon y Chaves, Caballero que fué del órden de Santiago. Obid die 1 *Augusti anno Domini* 1738.

Delante del altar de San Elías hay otros dos, que dicen:

Aquí yace el magnífico é ilustre caballero D. Antonio de los Rios y Argote, Vizconde y Señor de la Villa de Sancho Miranda, Veinticuatro de Córdoba, de la antigua y nobilísima Casa de los Rios. Murió al mundo el dia 12 *de Octubre de* 1717, *dejando en su buena muerte ciertas señales de su eterno descanso, y ruega á todos lo encomienden á Dios. Mandóse enterrar aquí por su gran devocion á esta Santa Casa.*

El segundo:

Aquí yace el Sr. D. Antonio de los Rios y Diaz de Morales, Vizconde de la Villa de Sancho Miranda, Señor de las Escalonias. Murió el dia 3 *de Abril de* 1817.

De este señor aun se acuerdan muchos cordobeses, y de él volveremos á hablar en nuestro paseo por el barrio de San Pedro.

Delante del altar de San Juan de la Cruz está sepultado el Dr. D. Jacobo ó Santiago Bustillos de Cisneros, y en la capilla del Cármen D.ª Apolonia de Gamiz y Flores, señora de ejemplares virtudes.

La instalacion de los Carmelitas Descalzos en

Córdoba, principió á iniciarse en el año 1580; pasó por esta ciudad, el luego declarado santo, Fr. Juan de la Cruz, y deseosos D. Antonio de Córdoba, Señor de Guadalcázar, su hijo D. Fadrique de Córdoba, Dean y canónigo de la Catedral, y su coadjutor D. Luis de Córdoba, que despues llegó á Arzobispo de Sevilla, lo invitaron á hacer la fundacion, y el tercero lo recibió y obsequió en su casa de Guadalcázar, donde se instaló otro convento. Conferenciaron con el Obispo D. Antonio Mauricio de Pazos y consiguieron de éste la concesion de la ermita de San Roque en la calle de este título, barrio de la Catedral, y desde ella se llevó el Sacramento en una lucida y solemne procesion el dia 18 de Mayo de 1586, quedando de primer Prior Fr. Agustin de los Reyes, y de conventuales Fr. Bernardo de San Laurencio, Fr. Luis de la Cruz y otros no menos dignos por sus virtudes, todos compañeros de San Juan de la Cruz; algunos de estos murieron en el desierto de San Juan Bautista, como á dos leguas al Setentrion de Córdoba.

En aquel edificio, de que á su tiempo hablaremos, moró San Juan de la Cruz, y siguió la comunidad, hasta el 19 de Marzo 1614, en que se mudaron á este convento de San José, que les había edificado la ya referida Sra. D.ª Beatriz de Haro, Señora de Luque, é hija del Marqués del Carpio, en terreno cedido por la Ciudad. Entonces le vendieron el antiguo convento á los Carmelitas Calzados, quienes trasladaron á él su colegio. La D.ª Beatriz fundó tambien el llamado el Desierto de San Juan Bautista, cerca de Trassierra, muy capáz para el objeto, tanto que en 1612 tuvo lugar en él un capítulo de la provincia, á que asistió el P. General de la

Orden. El sitio poco sano, dió márgen á que los religiosos lo abandonasen, refundiéndose la comunidad en la de San José; mas en 1709, el P. P. Fr. Andrés de Jesus lo pobló de nuevo, y así continuó hasta que, muerto éste y pasados algunos años, en el de 1760 lo abandonaron otra vez, viniéndose los frailes al ya mencionado convento frente á la puerta de Colodro. Entonces trasladaron tambien los restos del V. Fr. Gerónimo de Jesus y Mesía, de la casa de los Condes de Villaverde; ignoramos el lugar en que los depositarían. Aquel convento quedó abandonado en 1804, y se arruinó por completo. El de San Cayetano fué vendido en virtud de la ley de Desamortizacion, y derribado; sus materiales se aprovecharon en la construccion de la Plaza de toros. Era pequeño, y sus galerías estrechas. La librería muy numerosa.

Esta comunidad contó en su seno con personas muy ilustres, algunos escritores y hombres de grandes virtudes, y muy particularmente con artistas, como Fr. Juan del Santísimo Sacramento, en el siglo D. Juan de Guzman, caballero muy noble de Puente Genil, el cual tomó parte en una conspiracion en Sevilla, y habiendo fracasado, se entró en el convento de Carmelitas de aquella ciudad, donde, pasado algun tiempo, tomó el hábito de lego: su genio revoltoso y díscolo, dió lugar á que lo mandasen en clase de preso, al convento de Aguilar, donde lo trataron con mucho rigor. Allí pintó varios cuadros, que están en el convento de monjas Descalzas, entre ellos un San Roque, frente de la puerta, que llama justamente la atencion de las personas entendidas. Noticioso el Obispo de su habilidad, consiguió traérselo, para que en union de Juan de Alfaro, pintasen la galería de retratos que está en el Palacio Episcopal, y entonces fué cuando pasó mucho tiempo en el convento de San José ó San Cayetano, donde dejó los cuadros que nos han hecho recordar á tan notable artísta. Tambien merecen especial mencion el P. Adrian, notable pintor en su época; el Prior Fray Sebastian de San José, predicador de mucha fama, y D. Nuño de Godoy Ponce de Leon y Chaves, coronel del Regimiento infantería de Palencia, antes Sargento mayor de batalla y Capitan de las Milicias de Córdoba en el socorro de Cádiz, sitio de Gibraltar y guerras de Portugal, herido y prisionero en la batalla de Zaragoza: era de la Casa de las Quemadas; profesó en 3 de Julio de 1712, y le dió el hábito el Prior Fr. Andrés de Jesus María Cardona, con el nombre de Fr. Antonio de la Visitacion, y ante el Bto. Posadas, segun su vida, que corre impresa. En este tiempo entraron tambien en dicho convento Don Gerónimo Manrique y otras varias personas muy notables de Córdoba. En el Diccionario de escritores españoles, original de D. Cárlos Ramirez de Arellano, obra de gran trabajo y mérito, y que por desgracia aun permanece inédita, encontramos citados los tres siguientes frailes del convento de Carmelitas Descalzos de Córdoba: El Prior Fr. Pedro de la Epifania, que escribió la *Vida y milagros de San Pedro Tomás*, impresa en Sevilla en 1655; Fr. Tomás de San Rafael, autor del poema *Hernan Cortés*, y otras varias poesías, y Fr. Luis del Espíritu Santo, que escribió varias obras en latin.

La huerta del citado convento, es muy estensa y buena, aunque ya mutilada para la construccion del ferro-carril; parte de ella ha servido de cementerio público en dos ocasiones, primero en 1804 cuando la invasion de la fiebre amarilla, durando hasta 1807, y la segunda en 1820 al 1823, que volvióse á enterrar en las iglesias. En este cementerio se hizo una monda ó limpia, y se depositaron los restos en la bóveda que hay debajo del altar mayor y en otra de la capilla de Jesus, en que se inhumaban los cadáveres de los frailes. Con este motivo se ha visto que ningun lugar de nuestras cercanías es tan apropósito como éste para cementerio, por la gran momificacion allí observada. Hemos penetrado en este panteon y examinado el gran número de momias que allí se conservan, habiéndonos llamado la atencion la de un religioso que tiene las piernas y los brazos encogidos, induciendo á creer que tal vez lo enterrarian vivo, y que al volver en sí le daria alguna convulsion, por la que quedaria en aquella postura. Con estas mómias se han cometido algunas profanaciones, como en 1836 que, sirviendo aquel convento de cárcel para los liberales prisioneros por la faccion Gomez, rompieron los tabiques de las bovedillas y sacaron aquellas, quedando allí tiradas. En otra ocasion, cuando el sacristan volvió una noche á recogerse, notó en su cuarto unos bultos y, encendiendo luz, se encontró con que algunas personas, que sin duda se quedaron en la iglesia, le habían puesto una mómia en la cama, otra á la cabecera, y dos ó tres repartidas por la habitacion. Entonces taparon unas ventanas que daban á la huerta, y últimamente en 1872, por órden del Sr. Obispo D. Juan Alfonso de Alburquerque, se han tapiado los nichos y la puerta del panteon, y ya no es posible verlas.

Tiene este edificio dos campanarios, el de la fachada, que antes de la exclaustracion tenía dos campanas, y otro mirando á las Ollerías, en el que estuvo el reloj que desde 1842 funciona en la torre de la parroquia de Santa Marina.

Cuando la beatificacion de Santa Teresa de Jesus, reformadora de la Orden de Carmelitas en 1616, estaba en construccion el convento de San José, conocido generalmente por San Cayetano, por cuya razon las fiestas se efectuaron en el de Santa Ana, donde minuciosamente las esplicaremos; mas nos creemos en el caso de manifestar, que las paredes del nuevo edificio se coronaron de luminarias, así como la muralla de *la ciudad* que *tiene enfrente*, y en el cerro formado á su entrada se colocaron muchos palos muy altos y con macetas llenas de alquitran, cuyas luces se divisaron á gran distancia: el centro lo ocupó un elevadísimo madero con un gran globo en la punta lleno de cohetes y otros juegos de pólvora, que se encendieron por medio de un hilo embreado, presentando una vista que mereció grandes elogios de cuantos la presenciaron.

Seguiremos el camino de la ronda, y despues de pasar el hermoso arco de la torre de la Malmuerta, de que hicimos mencion, saldremos al espacioso Campo de la Merced, del que detenidamente hablaremos en nuestro paseo por el barrio de San Miguel, porque á él pertenece el ex-convento, hoy Hospicio, que le dió nombre.

Sin embargo, nos ocuparemos de los cinco grupos ó manzanas de casas conocidas por el Barrio del Matadero, todas correspondientes á Santa Marina, como lo es la acera que hay desde la puerta del Rincon hasta la ya citada torre de la Malmuerta.

Las calles que allí se encuentran son, las de Feria, por un mercado de ganado que en aquel lugar se hacía; la del Molino, por uno de aceite; la del Tranco, por su estrechura; la Alta, por estar en terreno mas elevado; un sitio que llaman las Cuatro esquinas, por cruzarse dos calles, y la plazuela de la Torre de la Marmuerta, de Moreno ó de la Cruz, por una de hierro que tiene en su centro, y á la que en sus dias celebraban aquellos vecinos. Las casas de este barrio están, casi en su totalidad, habitadas por vendedores de carnes frescas, dependientes del Matadero, y algunos tratantes en reses. De aquí, que casi todos los toreros cordobeses han nacido en este punto y han aprendido á lidiar en el inmediato Matadero, habiendo algunos muy notables, apesar de que han carecido de escuela. Entre ellos debemos mencionar á Rafael Bejarano, que llegó á alcanzar gran fama, tanto que sus amigos le cantaban, despues de uno de sus triunfos alcanzados en las plazas de Granada y Almaden con Costillares, la siguiente redondilla que ha llegado hasta nosotros:

«Arrogante Costillares,
anda, vete al Almaden
para ver matar bien toros
al famoso cordobés.»

Este tuvo un hijo llamado como él Rafael Bejarano, al cual mató un toro de Barbero, en la plaza de Almagro, por los años de 1849.

Francisco Gonzalez (a) Panchon, nació en 1784 y llegó á adquirir tal nombre, que lo solicitaban para matar en todas las plazas mas importantes, entre ellas la de Madrid: Fernando VII le dió un destino y se retiró del toreo; mas despues de la muerte de aquel, volvió á la lidia, para sostener su dilatada familia, y murió en 8 de Marzo de 1843, de resultas de una cogida que tuvo en la plaza de Hinojosa, en la tarde del 28 de Agosto de 1842: los toros que allí se lidiaron fueron de la ganadería del Sr. Marqués de Guadalcázar.

Antonio Luque y Gonzalez, conocido por el Camará, nació el 3 de Julio de 1814: fué uno de los espadas que inauguraron la Plaza de toros de Córdoba, por féria de 1846: mató en otros muchos puntos, y al fin se retiró del toreo, dedicándose á otros negocios, en que fué muy desgraciado. Murió en 11 de Octubre de 1859, en un estado harto triste.

José Rodriguez, Pepete, nació en 11 de Diciembre de 1824. Con grandes facultades se dedicó á la lidia de toros y llegó á adquirir un buen nombre, que iba en aumento, cuando lo mató un toro de Veraguas en la plaza de Madrid, en la tarde del 20 de Abril de 1862.

Tambien han nacido en este barrio los actuales espadas Manuel Fuentes, Bocanegra, y Rafael Molina, Lagartijo, á quienes esperan tantos y merecidos aplausos. Otros muchos toreros pudiéramos citar, hijos de este barrio; mas como el objeto de nuestra obra no es hacer la historia del toreo en Córdoba, nos creemos dispensados de ello por no estender estos apuntes.

La historia del Matadero se encuentra tan enlazada con la de las Carnicerías, que casi nos es imposible separarlas. En los archivos del Ayuntamiento y Cabildo Eclesiástico hay tantos y tan curiosos documentos, que se pueden emplear muchos dias en examinarlos.

Durante la dominacion árabe hubo en Córdoba las Carnicerías de los cristianos, con cuyo nobre eran conocidas.

Despues de la conquista, el Cabildo Eclesiástico,

con su extraordinaria influencia y poder, logró la propiedad de las Carnicerías y los derechos que los cortadores satisfacian, segun las concesiones de los reyes de aquellos tiempos. Alfonso XI le mandó derribar unas carnicerías que estaban frente á la iglesia entre la calle de la Encarnacion, entonces de Abades y la hoy plazuela de Santa Catalina, por no parecerle decoroso que aquel sitio se ocupase con semejante tráfico, dándole en cambio otras varias casas y tiendas. Por dicho privilegio, que se conserva en el Archivo municipal y tiene fecha de 25 de Julio de 1319, y otro de Enrique II, en que se inserta el primero, se citan las carnicerías que entonces habia y eran, en la puerta del Alcázar viejo, que debia ser ó en la de Sevilla, ó lo mas probable hácia el arco de Caballerizas, porque aquel barrio estaba casi despoblado, hasta que Enrique III se lo concedió á sus ballesteros; otra la de la puerta de Alfonsario, hoy del Osario, que es lo mismo; otra la de San Llorente ó San Lorenzo, estaba en la plazuela de los Olmos; otra en la puerta Quemada, que es la del Santo Cristo; otra en la de la Magdalena, que era como entonces conocian á la puerta de Andújar; otra en la de las Sietemenas ó de Martos, junto al molino de este nombre, y otra en la Corredera ó Rastro viejo. Le donó otra que habia edificado para sí en la collacion de Santa María, y eran en la plazuela de Abades, y otras en la de San Andrés, «lindera al muro que divide la Ajerquía y con el corral que toman las vacas en la calle que vá á la puerta del Rincon y contra Santa María, y de la otra parte la calle que viene de la Villa á la puerta del Moro, (Zapatería), cerca de San Salvador, como van á San Andrés.» Estas debian estar formando esquina en la calle de Alfaros y Liceo, y la actual Carnicería le serviria de corral para el ganado. En todas estas carnicerías se mataban las reses y vendian sus carnes y despojos, habiendo muchos privilegios en que se señalan los precios para el público y los derechos, primero para el Cabildo y despues otros tambien para la Ciudad.

En 1491, encontramos ya la cédula de Isabel la Católica, cuyo original tambien se conserva en los archivos de ambos Cabildos, autorizando la construccion del Matadero en el campo, afueras de la puerta del Rincon. En otras cédulas de los Reyes Católicos, fecha 3 de Setiembre de 1501, se dice que unos ocho años antes se hizo el Matadero y las actuales Carnicerías, en lugar de otras que estaban en terreno que quedó formando parte de la plaza del Salvador, «donde había unos tajones en que se cortaba y vendía la carne.» En 1527, encontramos en el Ayuntamiento, una queja de muchos vecinos en contra de que las cargas de pellejos ó pieles atravesaban la ciudad, exhalando mal olor hasta llegar á la Curtiduría, cerca de la Rivera, y en 9 de Julio se mandó que fueran alrededor de la ciudad.

Grandes, muy grandes han sido las cuestiones suscitadas entre la Ciudad y el Cabildo Eclesiástico, sobre el matadero y carnicerías, y se han seguido varios pleitos, cuyos alegatos existen impresos en los archivos de ambas corporaciones, decidiéndose siempre á favor de la segunda, ya por los Reyes ó ya por la Chancillería de Granada, siendo preciso que viniese un juez especial para hacer cumplir las sentencias ó mandatos. Sin embargo, algo fué logrando la Ciudad: primero la inspeccion para el aseo y limpieza; despues el reglamentar este servicio, aunque los empleados no eran suyos; mas adelante la imposicion de arbitrios, y así hasta que, á fuerza de cuestiones, se cansó el Cabildo Eclesiástico, y en 1844 le dejó los cuatro locales que quedaban, ó sean el Matadero y las Carnicerías, dos en la calle de Alfaros y uno en la de Convalecencia, tomando por todo una renta de diez mil reales anuos. Con este motivo, el Ayuntamiento entiende de lleno en este asunto; ha mejorado los locales y ha establecido este servicio de la manera que ha tenido por conveniente, aunque no muy en armonía con las actuales leyes.

Casi frente, entre el callejon del Adarve y el Campo de la Merced, hay un solar cercado, á que dicen el Mataderillo, en la actualidad casi sin uso, pues solo sirve para guardar la leña de las talas y algunas herramientas. Era una casa que en lo antiguo sirvió de fábrica de salitre, y en 17 de Julio de 1798 la adquirió el Ayuntamiento en la cantidad de 5800 rs., con el objeto de establecer en aquel punto un matadero de cerdos, para lo cual la arregló, gastando en ella 5542 rs., mas á poco quedó sin uso, cayéndose lo que habian edificado; destináronla un poco de tiempo para enterrar las reses que eran desechadas en el Matadero principal, y que á juicio de los peritos no debia permitirse su venta en parte alguna.

La poblacion rural del barrio de Santa Marina es sumamente estensa, y aunque algo hemos contado de las afueras, creemos mas oportuno dejarlas para cuando, despues de paseada toda la ciudad, dediquemos algunas páginas al término, que no dejará de dar materiales conque ensanchar nuestros apuntes.

Ya manifestamos en el prólogo de este libro, que no blasonábamos de saberlo todo, y esto decimos en particular del barrio de Santa Marina, que hemos recorrido y abandonamos para seguir nuestras escursiones por el de San Andrés, tanto ó mas rico en noticias que los anteriores.

PASEO CUARTO.

Barrio de San Andrés.

Vamos hácia el centro de la poblacion, pues como tal debe considerarse el barrio de San Andrés, que carece completamente de poblacion rural y no toca en la muralla ó ronda por lado alguno. Linda con los de la Magdalena, San Lorenzo, Santa Marina, el Salvador y San Pedro, y es tambien uno de los mayores en estension y vecindario.

La parroquia de San Andrés es una de las mejor situadas de Córdoba, así como de las que tienen mas claro su orígen y conservan mas datos de su historia. Su forma actual es muy moderna, como reedificada en el siglo XVIII, pero no por eso perdió todos los rastros de su antigüedad: véase la parte esterior de la capilla del Sagrario, y el menos inteligente reconocerá la misma fábrica que en San Lorenzo y Santa Marina, ya descritas.

Casi todos los autores que hablan de Córdoba en sus pasados y gloriosos tiempos, creen á esta iglesia templo de gentiles, y que al proclamarse la religion de Jesucristo, arrojándose de los templos los ídolos á que los romanos adoraban, se consagraron al único y verdadero Dios: entonces, dicen algunos, el Obispo Agapio ó Agapito, fundó esta iglesia, año 590, reinando Flavio Recaredo, hermano del mártir San Hermenegildo, dedicándolo á San Zoylo. Cuenta un cronicon, que á dicho Obispo se le apareció el santo, revelándole donde estaba su cuerpo, que era en el cementerio de los Peregrinos, de donde lo sacó y puso en el templo que él le edificara. Algunos siglos despues Fernan Gomez de Carrion, lo pidió y logró llevarlo á la villa de su apellido, donde le edificó otra iglesia y colocó en una gran urna de plata. Con este motivo, dice un autor, se destruyó el templo de Córdoba. Otros hacen mas antiguo su orígen y aseguran que primero fué dedicado á San Félix y que Agapito le cambió el título y lo amplió.

Durante la dominacion árabe existió esta iglesia de una sola nave y la torre desmochada, como dijimos de otras. Cuando la conquista fué dedicada á San Andrés y ampliada con otras dos naves, estando todas tres en direccion opuesta á las actuales; la capilla del Sagrario era la mayor ó principal de esta iglesia y en ella estuvo el altar mayor, con varias pinturas en tabla que aun se conservan en la sacristía, y deben considerarse como una curiosidad artística. Quien desee convencerse de esto, puede examinar las dos pequeñas atarazanas que hay en aquel sitio, ambas con la bóveda gótica y conservando una de ellas el título de Santa Lucía; eran las cabezas y estremos de las naves laterales. En el primitivo templo se cree tradicionalmente, haberse sepultado los cadáveres de los santos mártires Félix, Zoylo, Pablo, Teodomiro, Cristóbal, Leovigildo y Eulogio, cuyas reliquias se reunieron despues con las que estaban en

San Pedro, y todas juntas se custodian en una hermosa urna de plata que oportunamente describiremos.

La antigua fachada de esta parroquia formaba átrio ó pórtico con verja, bajo un elevado y airoso arco que aun se señala tapiado al principio de la calle del Huerto de San Andrés, y en su forma parece del renacimiento.

En el siglo XVIII se habia puesto esta iglesia casi ruinosa, sin duda por su antigüedad, y el Obispo D. Marcelino Siuri, que con tanta liberalidad costeó la edificacion de varias iglesias de Córdoba, no solo apoyó la idea, sino la tomó bajo su amparo, realizando la obra, dando la cantidad que faltó para ella, ó sean diez y ocho mil ducados, y no diez y nueve mil ochocientos reales, como dice D. Luis María Ramirez y las Casas-Deza en su *Indicador cordobés,* consistiendo esta diferencia, tal vez, en que ha estampado lo que gastó la fábrica por lo que dió el ya citado Obispo; además, el menos entendido en obras comprende la imposibilidad de hacer esta por tan pequeña suma.

Estas importantes obras, ampliacion de la iglesia, se realizaron tomando terreno de la plazuela ó cementerio de la parroquia, para variar la direccion de las naves. Cuando se formaron los cimientos, se descubrieron dos estátuas consulares, varios trozos de columnas romanas con una inscripcion á Tito Nerio, y un magnífico sepulcro de mármol negro cuyo paradero ignoramos. Con este motivo tomó gran importancia la antigua creencia de que en este lugar existió uno de los templos de gentiles, como antes indicamos.

En tanto que duró la obra, sirvióse la parroquia en la iglesia de San Pablo, y los cadáveres que debian enterrarse en su cementerio, eran llevados á los de otras parroquias, á eleccion de las familias interesadas. Acabada aquella en 14 de Febrero de 1733, en 24 del mismo la bendijo el Tesorero del Sr. Siuri D. José Caspe. En los libros de actas de la Universidad de Beneficiados de las iglesias parroquiales, encontramos acerca de la inauguracion de la casi nueva iglesia de San Andrés, que en la tarde del dia 19 de Marzo de 1733, la numerosa comunidad del convento de San Pablo se encargó de trasladar el Santísimo Sacramento, realizando este piadoso acto con toda la solemnidad posible: asistieron las hermandades establecidas en ambas iglesias, y á las cuatro de la tarde formóse la procesion con gran número de cirios, ocupando el centro las imágenes de Santo Domingo, San Pablo, San José y Ntra. Sra. del Rosario, y cerrando aquella un lujoso pálio en que el Prior de los Dominicos conducía el Sacramento, que dejó colocado en el depósito del altar mayor de la nueva parroquia, en la que dejaron *convidadas* las imágenes que se mencionan. Los beneficiados de San Andrés carecian de fondos con que corresponder al favor que le habian dispensado los frailes, y no sabiendo como salir airosos del compromiso, acudieron á la Universidad y ésta se encargó de trasladar aquellas á la iglesia de San Pablo con la misma ostentacion; en la tarde del dia 22, los beneficiados cumplieron su oferta: iba delante la imágen de San Andrés, tras esta las demás y, como presidiendo, la Vírgen del Rosario; cerca de noche llegaron á la plaza del Salvador, donde esperaban los religiosos, y se quemó un hermoso castillo hábilmente preparado por uno de los mejores polvoristas: colocada la Vírgen en la capilla, la hermandad salió acompañando hasta su casa á San Andrés, á quien despidieron en la puerta San Pablo y Santo Domingo, quienes al volverse el primero en la esquina de la calle, todas tres esculturas se hicieron un saludo, á cuyo efecto fueron inclinadas las andas. Esto revela las costumbres de aquella época, que aun vemos en muchos pueblos, particularmente en los dias de Semana Santa.

En esta época se hizo tambien la torre de San Andrés, una de las mas gallardas de Córdoba; ostenta en uno de sus frentes las armas de aquel Obispo, que tambien se ven en la portada principal; termina con un aspa, signo del martirio del titular, y cuentan que cuando la estaban terminando, se cayó desde lo alto uno de los operarios, que murió instantáneamente.

Concluido cuanto hemos podido saber del orígen y construccion de esta parroquia, haremos una ligera reseña de su estado actual, por cierto poco interesante para las artes, si bien el conjunto es agradable á la vista. La capilla mayor es de patronato particular de los Sres. Góngoras, quienes tienen en ella enterramiento. El altar mayor tiene un retablo del gusto de Churriguera, hecho en el siglo XVIII: sobre el tabernáculo la efigie del titular, mas arriba un gran Crucifijo, y á los lados San Rafael y San Miguel, esculturas todas de escaso mérito. Delante de la verja está sepultado el pintor Antonio Vela, uno de los artistas que tanto trabajaron en la ya descrita iglesia de San Agustin.

En la nave del evangelio se halla primero el altar de Ntra. Sra. de los Angeles, de patronato de los Hoces, quienes tienen allí enterramiento, viéndose sus escudos en la parte alta del retablo. La imágen es muy hermosa, aunque de vestir, y ha tenido una numerosa hermandad, extinguida há pocos años.

Cerca de este altar está la capilla del Sagrario, antes mayor. En su único altar se venera una antiquísima imágen de San Roque, á la que antes había gran devocion, y ha salido procesionalmente muchas veces: tiene varios cuadros, entre ellos una Santa Ana y un San Joaquin, en nuestro concepto de algun mérito, y un Nacimiento y Adoracion, al parecer copias de Castillo. En esta capilla se sirve la hermandad del Santísimo, cuyas reglas, que conserva escritas en pergamino, se redactaron en 1536 y aprobó el Provisor Lic. Diego Fernandez de Pineda á 10 de Abril de 1537, siendo Obispo de Córdoba Don Fr. Juan de Toledo.

En el centro de esta capilla está sepultada D.ª María Megías, natural de Granada, perteneciente á una familia muy distinguida: vino á Córdoba por haber destinado en ella á un hermano político, con quien habitaba. Desde muy niña adquirió tal cariño á las prácticas piadosas que, haciendo voto de castidad, se dedicó esclusivamente á los ayunos y demás penitencias, llegando á gozar tal fama, que nadie le llamaba sino la beata D.ª María, la Santa. Despues de unos catorce años que pasó impedida en su lecho, murió en el dia 25 de Diciembre de 1760, á los setenta y cuatro años de su edad. El entierro fué un acontecimiento en Córdoba: acudió una inmensa muchedumbre á acompañar el cadáver y recoger fragmentos de sus ropas, como si fuesen reliquias, y por último, se le dió sepultura de preferencia, teniéndola seis dias sin enterrar, permaneciendo incorrupto el cadáver. Así lo refiere su confesor D. Juan Carmona Moreno, Rector de la parroquia de San Andrés, no solo en la partida de defuncion estampada en aquellos libros, sino en una carta-vida que repartió, impresa por Antonio Serrano y Diego Rodriguez, en la calle de la Librería, y de la que existe un ejemplar en un tomo de varios papeles que hemos registrado en la Biblioteca provincial.

Por bajo de la capilla del Sagrario, hay otros dos altares dedicados á San Antonio y San Juan Nepomuceno, ambos modernos; el segundo costeado por el Rector de esta parroquia D. Juan Nepomuceno Henao, quien estableció una fiesta y quinario muy solemnes, llegando su devocion hasta el estremo de hacer que á todos los niños que allí se bautizasen, se les pusiese aquel nombre, aun cuando no fuera el primero.

A los pies de esta nave está la capilla del Bautismo, cerrada por una verja que coje todo el arco, la cual, aunque reformada en el presente siglo, nada ofrece de particular mas que una inscripcion en mármol encarnado, sobre una raquítica alacena que tiene, y la cual dice:

> *En esta iglesia parroquial de San Andrés de Córdoba, se bautizó el Bto. Francisco de Posadas, dia IV de Diciembre de M. D. C. XLIV.*

En el fólio 118 del libro 9.° de bautismos de esta parroquia, aparece la partida á que la inscripcion se refiere.

En la nave de la epístola se halla, primero el altar de San José, imágen costeada por uno de los rectores del siglo XVII: es casi igual al de la Vírgen de los Angeles y pertenecía á la misma hermandad. Allí cerca hay otra capilla, en lo antiguo estremo de la iglesia, con dos altares, ambos llevados de otras partes. Uno tiene un gran cuadro, al parecer de Peñalosa, y era el principal de la suprimida ermita de los Reyes, cerca de la Fuenseca, y cuya adoracion representa. El otro tiene la Vírgen, de vestir, de las Nieves, y por cima un lienzo pequeño y malo con Santo Domingo de Silos: era tambien el altar de la capilla de un hospital que con el título de Ntra. Sra. de las Nieves y Santo Domingo, tenian los trabajadores en lino en la calle de las Parras, donde formaban hermandad y asistian á los operarios enfermos que carecian de recursos para curarse en sus casas; tambien se ha suprimido esta cofradía: tenía reglas aprobadas por el Provisor Lic. Tristan Calvete, en 8 de Junio de 1517. Entre dicha capilla y la puerta está el altar de Animas, con un cuadro muy mediano, y hermandad; mas allá, cerca de la escalera del órgano, hay un Jesus Nazareno, tan repintado, que no se sabe lo que en un principio sería: tiene un altarito que le costeó una D.ª Dolores Muñoz, dueña de los últimos telares de seda que hubo en Córdoba en la casa que hace esquina á la calle de San Antonio ó Barberos.

En la sacristía se custodia el retablo antiguo de que antes hablamos, muy digno de conservarse y ser examinado por los curiosos: en el zócalo tiene varios relieves de escaso mérito, en el centro una Asuncion y un Crucifijo de talla, y á los lados cuatro tablas con los fondos dorados, al parecer del tiempo de Pedro de Córdoba. Tambien encontramos una alacena, cuyas puertas tienen pinturas como aquellas, tanto en su esterior como interior, induciendo á creer que haya sido un relicario.

En una habitacion cerca de la capilla mayor, se encuentra un retrato del Excmo. é Ilmo. Sr. Don Andrés Rosales, Rector que fué de esta parroquia, y que ha muerto en 1872 siendo Obispo de Almería. Allí hay tambien dos archivos, ambos muy notables; uno el de la parroquia, cuyos libros de bautismos principian en 1555; los de casamientos en 1561, y los de defunciones en 1682. Por el 9.° de estos últimos, hemos sabido que en 27 de Mayo de 1756 se enterró en la sepultura de fábrica de aquella iglesia, el artista D. José Ignacio Cobo, pintor muy apreciable, de quien existen algunas obras en la iglesia de la Merced y en el Museo provincial, pues otras que tenía en los claustros de San Juan de Dios, ignoramos el lugar en que se encuentran. Por dicha partida se vé que este artista estuvo casado tres veces y dejó hijos de dos de sus mugeres. En el libro 11.° hay otra anotacion, por la que se hace constar, que el dia 8 de Febrero de 1812, una partida de tropas francesas mató junto á los paredones de la huerta de la Reina á Juan Ramon Vico y D. Benito Parron, sargento de las partidas de guerrillas de la division española al mando del Sr. Mendizabal: á dichos cadáveres no se les pudo dar sepultura por habérselos comido los animales. En 1648 sepultaron en esta parroquia el cadáver del Lic. Pedro Rodriguez Lozano, cirujano, que escribió un tratado de Cirujía, de que habla Vaca de Alfaro: tambien yace allí el Dr. D. Manuel de Villalba, colegial mayor en el de Santa María de Jesus de Sevilla, de quien el mismo escritor hace grandes elogios. En un libro de bautismos están los que hácia 1600 se celebraron en Cueva del Serrano, y en otro las visitas hechas por él desde 1545 á 1574 en el lugar del Villar, de este Obispado.

El otro archivo es el de la Universidad de señores Beneficiados de las parroquias de esta ciudad, que hoy la constituyen los rectores ó curas: el de San Andrés ha hecho siempre las veces de secretario, y por eso se conservan allí todos sus papeles, entre los que los hay sumamente curiosos é interesantes. Del libro de actas tomamos las tres siguientes, sobre el terremoto de 1755, y dos invasiones de langosta, por los muchos datos consignados en ella, que deseamos conozcan nuestros lectores.

Memorial de la Cofradía de San Rafael, por la plaga de la langosta.

Lunes cinco de Mayo de mil setecientos cincuenta y cinco años, dia de letanías, estando en la sacristía de la parroquial de San Pedro el señor Prior y los demás Sres. Beneficiados que vinieron con la letanía, Yo el infrascripto Secretario leí un memorial presentado á este Cabildo por la hermandad del glorioso Arcángel San Rafael Custodio de esta ciudad, en que suplicaba, que respecto á que el Miércoles inmediato, en que se celebraba dicho Arcángel, se principiaba un novenario de fiestas en su hermita con Santísimo manifiesto, sermones, música y otras circunstancias de solemnidad, costeadas por varios devotos, para implorar la misericordia de Dios por la intercesion del Santo Arcángel, así para la lluvia que se deseaba para asegurar la buena cosecha que ofrecian los sembrados, como para que se estinguiese la grande plaga de langosta (es otra de las mas de las riberas del Guadalquivir por toda la Andalucía) que inundaba desde la hacienda que llaman de las Cuevas, hasta las Ventas de Alcolea, en cuyo distrito (sin tocar á las campiñas) se habian ya recogido y enterrado en el Campo de la Merced, mas de tres mil y quinientas fanegas de dicha langosta (que aun estaba poco mayor que moscas) gastados mas de nueve mil pesos en recogérla, á razon de tres reales el celemin, haciéndose al mismo tiempo rogativas públicas, y habiéndose bendecido los campos y conjurádose dicha plaga el dia veinte y cuatro de Abril á las cinco de la tarde en el castillo de la Alvàyda por el Ilmo. Sr. Arzobispo, Obispo de esta ciudad el Sr. D. Francisco Solis Folch de Cardona, con asistencia de Diputaciones dobles de los dos Cabildos Eclesiástico y Secular, con la forma solemne de Pontifical, que en su tomo undécimo prescribió Ntro. SSmo. Padre Benedicto XIV. Papa Reynante, y dice haber practicado, *non semel*, el Sr. Benedicto XIII., estando á la misma hora en todas las parroquias y conventos de esta ciudad manifiesto el SSmo. Sacramento y haciendo todos rogativa á Dios por dicho fin; por esto mismo pedia dicha cofradía, que en atencion á que el Viernes inmediato habia de cumplir este Cabildo en la referida hermita, la fiesta dotada por la memoria del Sr. D. Luis Antonio de Paredes, se sirviese su señoría suplir graciosamente y de limosna los gastos de cera, y música, que para manifestar al Señor y corresponder á la solemnidad de las dichas fiestas fueran precisos; lo que oido y entendido por dichos señores, unánimes y conformes, determinaron que se diera comision al Sr. D. Francisco de Orgaz, Beneficiado de San Lorenzo, para que corriera por su cuenta la correspondencia de dicha fiesta, avisándolo al predicador, para que tocase el asunto, y que despues diera razon de los gastos, y se le abonaran por nuestro administrador, y á mí el insfrascripto Secretario se me mandó por dichos señores que para noticia de lo venidero y para los efectos que pudieran ofrecerse, lo escribiese así con toda individualidad; y en fee de ello lo firmo en dicho dia mes y año.—*Gabriel Vicente Jurado*, Secretario.

Advertencia.—Desde el dia 15 de Abril de 1755 hasta 8 de Junio del mismo (en que cesó) se soterraron en el Campo de la Merced 8198 fanegas, 11 celemines y 2 cuartillos de langosta, y con todos gastos tuvo de costa 195.268 rs. y medio segun la relacion que se remitió á Madrid, habiéndose pagado al principio cada celemin 3 rs. segun era como moscas, despues á 2 rs., luego á un real, y últimamente á cuatro cuartos. De la langosta que quedó viva así en esta ciudad como en los lugares de Hornachuelos, Posadas, Palma, y mas en Estremadura, se vino gran multitud volando por Julio á estos redores, haciendo daño solo en las hortalizas de fontanares y huertas, y algo en viñas, pero nada ó casi nada en el trigo, de lo que, y de cebada, como de los mas frutos fué un año tan abundante, y general, que ni los que vivian hacian memoria de otro igual, ni en los libros de contadurías de diezmos se halló semejante. La langosta se murió toda luego que llegó Santa María de Agosto, en cuyo mes á 29 lo escribí y firmé.—*Jurado*.

TERREMOTO AÑO DE 1755.

Misericordia Dei quia non consumte sumus.

Sábado primero de Noviembre de mil setecientos cincuenta y cinco en que la Universal Iglesia celebra la festividad de todos los Santos, habiendo amanecido muy claro, y muy templado, á las diez de la mañana, minuto mas ó menos, repentinamente sentimos todos cuantos viviamos en esta Ciudad de Córdoba un ruido tan grande, que llamo la atencion de todos, aunque se persuadian á ocasionarlo los coches; pero instantaneamente se comenzo á estremecer la tierra, y todos los edificios con tanta violencia y vaybenes que no hubo persona que no se persuadiera que todos quedariamos sepultados entre las ruinas de las propias habitaciones, durando todo este primer estremecimiento medio cuarto de hora, en cuyo tiempo se vieron flaquear todos los mas fuertes y eminentes edificios, unos abriendose por sus techumbres, otros bamboleandose de uno á otro lado, como si fueran debiles cañaverales agitados de oleadas del viento; y habiendose suspendido como otro medio cuarto de hora, repitio el mismo ruido y temblor con poca menos violencia que el primero, pero con solo un minuto de duracion: esta repeticion acobardo hasta los mas varoniles animos, saliendose los mas de los que estaban en los templos (á cuya hora los mas estaban en los Divinos oficios) huyendo al despoblado, para escapar con vida, siendo tanta la confusion de todos, los clamores y quejidos que obrando sin libertad y sin consejo unos huian del riesgo, y otros se metian en mayor, sin saber cuales acertaban. No es ponderable ni decible cuanta era la turbacion de todos; porque ni el que pedia confesion acertaba á hacerla, ni los sacerdotes á absolver, consentidos todos en ser este dia el de su juicio particular. Cesó finalmente este dia, cuyos efectos referiré, dando principio por la Catedral en la que se acababa el sermon al mismo tiempo que comenzó el ruido. Era de misa D. Pedro de Cabrera, Canónigo (Dean que fué tambien, y lo renunció libremente sin reservarse pension en D. Francisco Javier Fernandez de Córdoba) quien luego que sintió y conoció el fuerte terremoto, y que todos desamparaban el coro, abrió el Sagrario, y sacando el copon, donde estaba el SSmo. tomándolo entre sus manos se mantubo immoble, y los Diáconos de rodillas, hasta que ceso, para proseguir su misa, que concluida, fue con todo el Cabildo en rogativa á la capilla del Sagrario, y lo continuaron por nueve dias; estaba entonces el coro en la capilla y nave de Ntra. Sra. de Villaviciosa (por estar poniendo la nueva silleria en el coro mayor) y se observo que con averse estremecido muchas veces todas las naves y capillas, desprendiendose varios desconchados en toda la dicha capilla y coro, no cayo ni una la mas minima. La Torre mayor de las campanas (que es la mas hermosa de la cristiandad) se maltrato muy mucho cayendose sobre la sala de la Audiencia Eclesiastica un barandal de piedra del segundo cuerpo, quedando este y el tercero condenados enteramente y sin que puedan tocarse las campanas. El resto de la Iglesia padecio tambien, aunque no tanto, En el Palacio Episcopal quedaron inhabitables los cuartos del Provisor y del Fiscal, y la escalera ordinaria condenada. La mitad de la bobeda de la capilla mayor del convento de San Francisco se cayo, y derribo el tercer cuerpo del retablo. La torre de la parroquia de San Lorenzo quedo condenada á derribarla. La de Santa Marina muy mal tratada. En la Iglesia y bobeda de la Compañia se avrio por varias partes, y cayo una ó dos piedras por el altar de San Javier. En la puerta de Placencia se cayo un pedazo de muralla. Estos fueron los daños mas considerables, y conocidos. Otros muchos mas se esperimentaron en casas particulares, dejandolas inhabitables, por todo el casco de la Ciudad cayendose algunas paredes, y tejados, pero con tanta felicidad, que ninguna persona perecio, ni recibio daño en todo este vecindario, sino solo una muchacha, que estando en la Iglesia del Convento de Sta. Inés, y viendo que la Santa que estaba en el Altar mayor se bamboleaba, juzgando con sencillez, que la llamaba, se cerco al altar, al tiempo que la imagen se cayó, y dandole en parte de la cabeza, la hirio, pero muy presto ha sanado. Los efectos en las almas han sido grandes, porque se han hecho muchas confesiones generales, y concordados muchos animos enemistados. El Cabildo de la Catedral celebró el dia siguiente Domingo, una fiesta solemne en accion de gracias á Nuestra Señora de Villaviciosa, concurriendo la Ciudad.

Despues de esto el dia siete de dicho mes acordo el dicho Cabildo ir en procesion el dia diez, con asistencia del Clero y Ciudad si gustaba, á la Hermita del glorioso Arcangel Sor. San Rafael Custodio de esta Ciudad, (y lo mismo todos los años en el dia siete de Mayo, haciendo voto de ello) llevando á Ntra. Sra. de Villaviciosa (los mismos Prebendados) y á San Sebastian (los colegiales de San Pelagio) cantandole allí una Misa solemne con sermon, que predicará el Ldo. D. Antonio Caballero, Canonigo Lectoral; y musica, en accion de gracias, (lo que se practico el dia 15 por haber llovido mucho el 9, y aun el 10; saliendo por la puerta de Sta. Catalina á la calle del Baño, por las muchas obras que habia en Pescadería, Calle de la Feria, la del Potro &) Compañia, Arco real, Zapateria y Calle de San Pablo hasta Santa María de gracia, y á dicha hermita, volviendo por la misma estacion, que se concluyo á la una menos cuarto, habiendo comenzado la Campana á las 6 $^1/_2$) tambien acordo el Cabildo, que el dia 11 se cantara en la Catedral una fiesta solemne á S. Dionisio Areopajita, y el dia 14 otra á S. Felipe Neri, abogado de los Terremotos, lo que se hizo con asistencia de la Ciudad, y el Gobernador y Provisor mando por un edicto que en los dichos dias 10. y 11. y 14. se manifestara al SSmo. en todas las Parroquias, y de consejo se aunaran los mismos dias, y que se predicara, y exortara al pueblo á implorar la misericordia de Dios.

Posteriormente determinaron que el dia 24 de dicho mes octavo de los Stos. Patronos, iria el Cabildo al Convento de los Stos. Martires (por no haberse podido el dia propio, á causa de llover mucho) y que concluida alli su fiesta, se volverian yendo á la *Parroquia de S. Pedro*, y *tomando* la Arca de las Reliquias de los Stos. Martires, y la Imagen del Arcangel San Rafael, se llevarian á la Catedral donde el dia 25 se les hiciera una fiesta Solemne, predicando el Ldo. D. Antonio Caballero (como en la hermita de S. Rafael) y el siguiente que se celebra la invencion de dichas Sagradas Reliquias, y ha de ir el Cabildo á dicha Parroquia en proccsion á cumplir su fiesta anual, se volverian en dicha procesion las mismas Reliquias, dando aviso de todo á la Ciudad, y teniendo en dicho dia en la referida Parroquia mientras la fiesta, el SSmo. Sacramento, todo lo cual se egecuto asi, asistiendo Clero, Ciudad, y pueblo con gran devocion, y los demas dias del anual octavario se celebraron con mucho concurso, y edificácion de todos.

Repitio el temblor muchas veces, aunque con tan leve estrepito, que la mayor parte de las personas no los sintieron, y los que mas se han advertido hasta hoy, que escribo esto, demas de los del primer dia de Noviembre fueron el dia 8. á las 9 $^{1}/_{2}$ de la mañana; dia 16. á las 8 $^{1}/_{2}$ de la mañana por dos veces inmediata la una á la otra, este mismo dia á la media noche; y dia 17 de este mes Noviembre á las 4 $^{3}/_{4}$ de la mañana, durando el que mas de estos, menos un minuto. El estrago mayor y mas cierto que hasta ahora se ha sabido, fue en la ciudad de Lisboa , la que quedo arruinada mas de tres cuartas partes, pereciendo mas de cincuenta mil personas entre sus ruinas, y el vorac fuego que se prendio en ellas, demas de lo que consumio el mar con sus estrañas furias, y salidas, las que igualmente se esperimentaron en todas las costas del Occeano con correspondientes destrucciones de pueblos y muertes de personas. En Cadiz tambien hubo muchas desgracias, mas por las salidas del mar que por el terremoto; y á corta diferencia en todos los lugares de la costa, saliendo el mar por partes mas de media legua. En Sevilla quedo la Catedral sin poderse celebrar en ella los oficios Divinos, y lo mismo en otros muchos templos, y la Giralda condenada; y fueron cinco las personas que perecieron: En Madrid fueron solas dos; y en Granada algunas heridas. De Marruecos, Mequinez, y gran parte de la Africa, refieren relaciones impresas mayores ruinas que las de Portugal; pero ponderan mucho, y mienten mas, pues una de ellas impresa en Cadiz de lo acontecido en esta Ciudad y su Obispado, trae mil mentiras averiguadas de Bujalance, Cañete, Luque y Belarcazar; con que no se les puede dar el credito, que á todo lo que aqui llevo escrito, que es la pura verdad, mandada escribir por los Sres. de este Cabildo de Universidad para memoria y noticia futura; y para que conste lo firmo en dicha Ciudad de Cordoba á diez y seis de Diciembre de mil setecientos cincuenta y cinco años.—*Gabriel Vicente Jurado,* Secretario.

Procesion general al Campo de la Verdad con la Cabeza de San Gregorio, por la langosta.

Domingo veinte y tres de Enero de mil setecientos cincuenta y siete años por la tarde, salio Diputacion de la Ciudad á recibir tres Eclesiasticos y un Secular, que de orden del Rey, traian la Cabeza del glorioso San Gregorio Obispo de Hostia (de quien hacen mencion las lecciones de Santo Domingo de la Calzada) por todas las Capitales del Reyno, para que bendita agua, y pasando parte de ella por la misma Cabeza, se bendigeran con ella todos los campos, para el esterminio de la semilla de la langosta, por ser dicho Santo especial abogado para ello. Entraron en la Ciudad, y encaminandose á la Catedral llegaron á la puerta que llaman de los Deanes, á donde (por haber llegado la noticia de improviso) salió una Diputacion doble con capas de coro y con luces á recibir dicha reliquia, la que tomó el Maestre Escuela, y en procesion la llevaron á la Capilla que llaman del Cardenal y la colocaron en el altar de Sta. Teresa, donde quedó á la veneracion del pueblo, hasta el dia siguiente por la tarde que acabada Nona, la llevo todo el Cabildo al altar mayor (que era aun en Villaviciosa) y cantadas Visperas de musica con la mayor solemnidad, el dia veinte y cinco siguiente por la mañana, se le cantó con la misma, Misa votiva del Santo con Gloria y Credo; y retirado el concurso al medio dia, un Canonigo y un Racionero Diputados con el Sacristan Mayor pasaron con la reliquia al patio de los Naranjos, donde limpio el pilon grande, y lleno de agua con sus cinco caños, se le taparon, y entonces se bendijo dicho pilon, y agua en sus cuatro angulos, y restituida la reliquia al altar mayor, á la tarde al acabar Completas se formó una procesion general de Cabildo, Clero, Religiones, y Cofradías; saliendo por la puerta de Santa Catalina, se dirigio al Campo de la Verdad, donde á la parte occidental de la parroquia del Espiritu Santo, avian formado un tablado capaz para ambos Cavildos, y Clero, con su altar, luces, y aparadores, en el cual, tomados sus asientos los Cavildos, Preste y Diaconos, el Sr. Obispo D. Martin de Barcia se vistió de medio pontifical, D. Iñigo Morillo y D. Bartolomé de Quesada, Canonigos, de Diaconos, Dean, y Tesorero de asistentes, y D. Francisco Argote, y D. Nicolas Moyano, Racioneros, de mitra y báculo. Su Iltma. acabada la letania de los Santos que se fue cantando, y sus Preces (no todas las oraciones) cantó la propia del Santo con otras especiales para el caso; despues Exsorcizo la langosta, y bendiciendo agua, pasando parte por la Cabeza del Santo, bendijo con ella los campos hacia las cuatro partes del Orbe; y inmediatamente el Diacono con su bendicion, y la del incienso, cantó los cuatro evangelios: *Cum natus esset Jesus; miscus est Angelus Gabrieli;* el de la Asuncion; y el *imprincipio erat verbum,* dichos *adquatuor plagas mundi,* conforme se hizo en la Albaida, y está dicho al folio 52 de este libro; concluido esto con el mote *ó vere Deus* por la música, se desnudaron, volvio á formar la procesion, que entrando en la Ciudad se dirigio por la Calle de Palacio, y dando vuelta á la Iglesia entró por la misma puerta de Sta. Catalína, por donde habia salido; y depositada la reliquia en el Altar mayor, estando la Iglesia iluminada con los faroles, por ser ya la oracion, se retiraron todos, y despues pasaron en secreto la reliquia al Convento de San Francisco donde estaban hospedados los que la conducian, los que al dia siguiente muy de mañana salieron para Sevilla, costeandoles el Rey la caminata, y las Ciudades su hospedage y mantenimiento mientras estaban en ellas. El Cabildo dio de limosna al Santo cincuenta doblones, y la Ciudad treinta. Las tres noches hubo luminarias generales, y repique lo mismo. Asisti á todo ello con este Cabildo de Sres. Beneficiados llevando todos sus cirios, y para lo que pueda ocurrir en lo futuro, se me mandó por dichos Sres. Prior y Beneficiados que lo escribiese aqui; y en fee de ello lo firmo en Cordoba á veinte y ocho de Enero de mil setecientos cincuenta y siete años.—*Gabriel Vicente Jurado,* Secretario.

Entre la multitud de tradiciones cordobesas, con que tanto se han entretenido los curiosos, figuran dos de esta iglesia, las cuales referiremos á nuestros lectores, prescindiendo de lo inverosímil de su relato.

Como á mediados del siglo XVII, vivia en una de las casas de la calle de San Pablo un maestro sastre conocido por García, el que estaba ya cansado de las majaderías, de un tal Luis, amigo suyo, muy dado á la embriaguéz: diariamente iba á su tienda, aburriendo á los parroquianos con las palabras descorteses que le inspiraba su lamentable estado. Un dia llegó, y el García lo despidió diciéndole que no lo quería en su casa mientras estuviese embriagado; calló el otro y, yéndose á los Cuchilleros, hoy la parte alta de la calle de San Fernando, compró un cuchillo y se volvió á casa del sastre, quien, al volver á reprenderlo, recibió una puñalada tan atroz que lo dejó muerto en el acto. La proximidad á el Ayuntamiento, hizo que al momento llegara la noticia y salieran los alguaciles ó corchetes en persecucion de Luis, quien apretó su carrera, y viendo abierta la parroquia de San Andrés, se entró en sagrado, librándose de la accion de la justicia. La familia del sastre, quiso se le hiciera su funeral y, siendo pequeña su casa, depositaron el cadáver en la misma iglesia en que se encontraba el asesino. Llegó la noche: el sacristan invitó á Luis á irse á sus cuartos; mas él, no fiándose, contestó estar bien allí, donde quedó á vista de su víctima. Ya solos, la imaginacion inspirada por la conciencia, le hizo ver que el cadáver se levantaba y se dirigía hácia el lugar por él ocupado: mudó de sitio; mas fué en vano: corrió por la iglesia, y siempre se veia perseguido por el muerto, que le demandaba venganza de su crímen. Ya fatigado y sin saber que rumbo tomar, se encontró abierta la escalera de la torre, entonces un campanario de no mucha elevacion, y subió á ver si allí se encontraba libre del que tanto lo perseguía: su imaginacion no desechaba tan fatídica idea, y bien pronto parecióle que aquel subía precipitadamente en su busca; en la torre no había escape y sería inmolado por la justa ira de su víctima: en tan triste situacion, echa á la calle una de las cuerdas de las campanas, deslizándose por ella para ponerse en salvo; mas cuando aun le faltaban tres ó cuatro varas para llegar al suelo, se rompió aquella, y cayendo se fracturó una pierna, quedando fuera de sagrado y sin movimiento. Llegó á poco la ronda y, reconociendo el bulto, hallóse con el delincuente á quien tanto había perseguido, llevándolo á seguida á la cárcel. Luis reflexionó al dia siguiente sobre su alucinamiento, y acudió á la autoridad eclesiástica para que lo defendiese por estar aun en la jurisdiccion de la iglesia cuando fué preso; el Corregidor se opuso, y como lo tenía en su poder, antes que el asunto se resolviese, lo hizo ahorcar, para que desde el otro mundo esperase el fallo de la competencia.

Si bien esta tradicion tiene algo verosímil, la que vamos á referir es una de esas descabelladas invenciones del vulgo, que por lo disparatada nadie puede darle el menor crédito.

Delante de la puerta principal de San Andrés había dos columnas clavadas en el suelo, de bastante elevacion, una de ellas de rara forma y con un pedazo roto, permaneciendo allí hasta 1823 que las quitó el concejal encargado del ornato D. Manuel Diaz. Aun existe en la fachada de la casa número 49 de la calle de San Pablo, una garra de leon que colocó en aquel sitio el anticuario Agustin de la Oliva, sobrino de Fernan Perez de Oliva, habitante en aquella, donde reunió muchos objetos arqueológicos, algunos de bastante importancia. Vulgarmente se dice que una muger robó un pan en la plaza del Salvador, yéndose á seguida á misa á San Andrés, como si su conciencia estuviese tranquila, y que al salir de la iglesia llegó un alguacil á prenderla; entonces, no solo juró que lo había comprado, sino que gritaba diciendo, ojalá hubiera permitido Dios que se volviera piedra antes de ser insultada de aquel modo: las palabras fueron vengadas, volviéndose el marmolillo al que faltaba el pedazo, porque el brazo con el pan quedó suelto y fué recogido y puesto en aquel lugar para escarmiento de los que se daban á los hurtos. Esta es la ridícula y estravagante tradicion que algunos ancianos cuentan como un castigo del Cielo.

La parroquia de San Andrés tiene en la actualidad un rector, un coadjutor y los dependientes de reglamento; antes asistian mas sacerdotes por contar con una rectoría, cinco beneficios, un préstamo y tres prestameras. Contaba á la vez con muchas capellanías y memorias, y entre otras una obra-pia fundada por el canónigo de la Santa Iglesia Catedral D. Francisco Fernandez del Aguila, para limosnas á los pobres del barrio. Con cargo al caudal de los Duques de Cardona, se celebraban todos los años ocho fiestas muy solemnes con sermon, en el dia y octava de San Andrés, las que habian de terminar precisamente antes de llegar el dia, respetando la antigua tradicion de que, cuando la dominacion árabe, los cristianos se reunian en este templo á hacer sus ejercicios, sin que aquellos lo advirtiesen, yéndose despues muy temprano á sus obligaciones, á fin de evitar sospechas y tras estas las persecuciones de que eran objeto.

En unos códices cuidadosamente conservados en la biblioteca de la Academia de Ciencias, Bellas Letras y Nobles Artes de Córdoba, hay unos manuscritos con algunas noticias refentes á la parroquia de San Andrés, anteriores á la reedificacion y reforma que antes citamos. De ellos se colige, que el enterramiento de los Góngoras, fundacion del Racionero D. Juan de Góngora, estuvo en la antigua capilla mayor ó sea la del Sagrario; que una de las colaterales, con su verja, pertenecía á los Villalones; que en el lado del evangelio tenian enterramiento los Infantas y los Morales, y por último, que una muger llamada María García, dejó una manda con la condicion de ser enterrada en aquel lugar, de donde jamás habian de mudar sus restos. Descríbe el cementerio que rodeaba la parroquia, y asegura tener de trecho en trecho unos marmolillos con figuras muy estrañas, consideradas por los anticuarios como ídolos romanos procedentes del templo de gentiles que hubo en este sitio. Refiere haberse encontrado muchos restos tambien romanos, y entre ellos un sepulcro igual en forma y materiales al que se halló en San Pedro con las reliquias de los Santos Mártires, coligiéndose que los restos allí depositados, y que no hubo cuidado de guardar, serían de algunos otros ardientes defensores de la Religion de Jesucristo. Hácese relacion de la fábrica ó edificio, su forma y antigüedad, y habla de dos lápidas sepulcrales, una en el cementerio, que decía estar allí sepultado el Alcalde por el Rey D. Pedro Perez de Villamar, y otra en el interior en la pared del Septentrion, con una inscripcion romana que el Padre Martin de Roa en *La Fundacion y antigüedad de Málaga,* capítulo 14, página 114, traduce en la forma siguiente:

Descansa aquí sepultada
Especiosa con su hija,
Vírgen consagrada á Dios,
que se llamaba Tranquila.
Murió el año novecientos
y mas veintitres la hija,
y treinta y nueve despues
dió fin la madre á su vida.

En los tres barrios paseados, dimos cuenta á nuestros lectores, de los donativos hechos por aquellos vecinos á los enfermos en el hospital de San Lázaro ó San Juan de Dios, en la epidemia de 1649 y 1650, y esto mismo nos obliga aun mas á referir lo hecho por los de la parroquia de San Andrés, apesar de lo castigados que habian sido sus habitantes, y haber sucumbido el Rector Lic. Pedro Ruiz de Aguilera. Fué la segunda en tan caritativa empresa, pues tomando la direccion el nuevo Rector Lic. Sebastian Ramirez, de cuyo nombre y apellido hubo despues otro muy ilustrado en San Lorenzo, el 16 de Enero de 1650, llevaron en procesion la venerada imágen de San Roque, precedida de multitud de luces y los efectos siguientes: doce carneros, ciento doce gallinas, ochocientas granadas, veinticuatro melones, seis arrobas de pasas, seis idem de almendras, seiscientos huevos, doce garrafas de vino, ochocientos bizcochos, cuatrocientas bizcotelas, dos pilones de azúcar, siete pomos de agua de ámbar, otros siete de manteca de azahar, una fanega de alhucema, cuarenta azafates de hilas y vendas, una arroba de jabon, trece camisas de muger, otras diez y ocho para hombres, veinte pares de medias, doce vestidos completos de muger, otros doce para hombres, y muchas cargas de romero para perfumar el edificio. Los chicos del barrio, queriendo imitar la noble conducta de sus padres, hicieron una póstula, y, sacando en procesion la Vírgen del Rosario de San Pablo, que entonces estaba en el noviciado, les llevaron á los enfermos en la tarde del 14 de Febrero, lo que á continuacion anotamos: seis cargas de trigo, cuatro idem de leña, dos de romero y dos de gavillas, cuatro canastos de alhucema, trece espuertas de vidriado, ocho canastos de huevos, veint salvillas con bizcochos, diez garrafas de vino, veinte bandejas con hilas, diez y seis espuertas de naranjas, una carga de idem, otra de limones, cinco carneros, treinta y cuatro gallinas, treinta y dos canastillos con huevos, seis pomos de agua de olor, otros dos de manteca de azahar, ocho salvillas de bizcotelas, dos macetones con jabon, y dos camas: entregado su decente donativo, tornaron en procesion hasta dejar á la imágen del Rosario en el lugar de donde había salido. Los conventos de San Pablo y Santa Marta hicieron aparte sus regalos.

Al lado de la parroquia hay una calleja sin salida, que dicen de la Torre, por arrancar desde ella. En lo antiguo formaba dentro una pequeña plazuela nominada del Santísimo, por la inmediacion al Sagrario. Una pequeña puerta pegada al muro de la parroquia, es la del antiguo osario, hoy sin uso.

La plaza de San Andrés es bastante estensa y algo mas regularizada que lo son generalmente en Córdoba. Formando esquina á la calle del Huerto hay una casa, propiedad hoy del maestro de carpintería D. Antonio Castilla, aficionado á pinturas antiguas, de las que ha reunido una coleccion, en que hay algo bueno, particularmente una gran tabla representando la Vírgen, y que llama la atencion por sus muchos años. La casa tiene una bonita fachada del Renacimiento, hoy sin uso, y en la esquina dos preciosos ajimeces, uno sobre otro y con los vanos macizos, no teniendo mas compañero que otro en la calle de la Pierna. Como un recuerdo de nuestras bellezas artísticas, debieran ponerse en uso, lo cual daría importancia á aquel edificio, un tiempo casa de las mas principales.

En el rincon donde hay una cochera, hubo una fuente muy raquítica construida en 1794, la cual costó 1012 rs. 24 mrs., surtida con agua de la Palma; pero perdida esta en 1841, la quitaron, permaneciendo así hasta 1861, que pusieron la actual que estaba en la plaza del Salvador, dándole la dotacion de otra de la calle de San Pablo, del agua que nace en la Compañía.

En el otro lado hay unas hermosas casas, de pobre esterior, propiedad del Sr. D. Rafael Cabrera, quien las adquirió del Sr. Marqués de Villaseca: es la solariega de los Angulos, una de las familias mas ilustres de España, y á quien principalmente representan los Marqueses de Guadalcázar por el Señorío del Alizné. El P. Ruano y otros muchos escritores se ocupan con detencion del esclarecido linage de los Angulos, cuyas armas se veian en estas y otras casas que en esta ciudad le pertenecieron; eran escudo partido, el primero de oro y cinco robles de plata partidos de sinople, puestos en santor; el segundo del mismo metal y cinco manojos de brezo en la misma disposicion, atados con cintas de gules. Entre los conquistadores de Córdoba figura el nombre de Martin Sanchez de Angulo: aquí estableció su casa, ya casado con Doña María Freire de Andrade, y despues encontramos otros como Alonso Martinez de Angulo, valeroso caballero que sirvió en la frontera á los Reyes Don Sancho y D. Fernando, su hijo; D. Lope Alfonso de Angulo que tambien prestó grandes servicios á su patria, y tuvo entre otros hijos á D.ª Constanza de Angulo, de quien se enamoró D. Fadrique el hermano de los Reyes D. Pedro y D. Enrique II, y de quien tuvo por hijo al Conde D. Pedro de Castilla, y á favor de la cual otorgó el segundo de aquellos, en Búrgos á 21 de Octubre de 1366, los bienes que gozó en Córdoba su madre D.ª Leonor de Guzman; D. Diego Lopez de Angulo, uno de los que mas figuraron en la célebre batalla del Campo de la Verdad; Alfonso Martinez de Angulo, Veinticuatro de Córdoba, que concurrió á la conquista de Antequera y á la batalla de la Higuera de Martos y fué uno de los que prendieron al Condestable D. Ruy Lopez Dávalos; otro de igual nombre y apellido, que acompañó al Rey D. Juan II en la entrada que en 1431 hizo con su ejército por la vega de Granada; Fernando de Angulo, Comendador de las Casas de Córdoba, Castil Seras y Villafranca, Clavero mayor de Calatrava, en cuyas casas se fundó el Colegio de la Asuncion, hoy Instituto provincial; Juan Martinez de Angulo, servidor del Rey D. Juan de Navarra y uno de los capitanes mas señalados de su tiempo; Rodrigo de Angulo, del Orden de Santiago, valeroso capitan contra los moriscos de Granada; Juan Martinez de Angulo, muerto gloriosamente en Oran; Alonso Martinez de Angulo, conquistador del Rio de la Plata; D. Martin Fernandez de Angulo, Consejero de los Reyes Católicos y Obispo de Cartagena y Córdoba, desde donde acompañó á Granada el cadáver de Fernando V, con cincuenta y cuatro sobrinos, hijos de sus hermanos y primos. Otros muchos Angulos pudiéramos citar; mas esto haría demasiado largo nuestro trabajo. Baste decir, que de los Angulos descienden casi todos los títulos y caballeros principales que han radicado y aun radican en Córdoba, puesto que se han dividido en multitud de ramas, unas de varon y otras de hembra, facilitando sus enlaces la gran estimacion en que tenian su alcurnia y las muchas y pingües fundaciones con que han ido contando, ya por ellos mismos, como por las herencias que sus entronques les atrageron.

En una de las copias de los *Casos raros de Córdoba,* se encuentra uno referente á la casa de los Angulos, si bien no á ellos sino á los Marqueses de Villaverde, en lo cual debió padecer un error, tanto porque jamás vivieron en aquella, como por ser la concesion de este título posterior á el año 1597 en que lo pone. Sea cierto ó inventado, allá vá tal como aquel autor lo refiere.

En la plaza del Salvador, entonces como hoy punto de contratacion de los operarios, ocurrió una mañana una cuestion entre varios hombres, resultando uno de ellos muerto y dos ó tres heridos; el agresor se escapó, favorecido con la bulla, siendo seguido por dos ó tres alguaciles, que cuando ya iban casi á su alcance, lo vieron guarecerse en la casa del Marqués de Villaverde: éste habia muerto la noche anterior, y su esposa y familia se encontraban sumidos en el mayor quebranto; pasaron recado, y la Marquesa, ignorante de lo ocurrido, contestó que allí nadie habia y que estrañaba mucho se le incomodase en tan tristes momentos. Los alguaciles se retiraron, y quedando uno como centinela frente á la puerta de la casa, los otros se presentaron al Corregidor D. Gerónimo de Mendoza á noticiarle lo ocurrido; afirmáronle estar allí el criminal, protegido, si no por la señora, por los criados y lacayos, quienes se habian burlado de ellos con el pretesto de la muerte del Marqués. Mendoza era un hombre que con su aspecto poco respeto podia infundir, por ser en estremo bajo y delgado; mas con un carácter tan irascible y severo, que con esceso suplia la primer falta en cuantos llegaban á tratarlo: oyó, pues, las palabras de los alguaciles, y faltábale tiempo para ir él mismo á capturar al criminal refugiado en la casa de Villaverde; ya en esta, pasó á la estancia de la noble viuda, á quien demostró su estrañeza á la negativa del registro de la casa, en lo cual daba á entender un empeño formal de que se quedasen burlados las fueros de la justicia: ella negó tal intencion y le hizo mil reflexiones acerca de su triste situacion, traspasada de dolor con la muerte de su adorado esposo, y que él aumentaba queriéndola vejar con semejante registro, cuando estaba segura de que el criminal, si entró un momento en su casa, ya la habría abandonado; mas nada de esto bastó, y entonces trabóse una acalorada disputa entre el irascible Corregidor que mandaba llevar á cabo sus órdenes, y la Marquesa, que con todo el orgullo de un aristócrata de aquella época, corrió al balcon á gritar á sus criados que lo impidiesen: Mendoza siguióla, con el intento de asirla del brazo y entrarla para que no escandalizase; mas ella al sentirse rebajada hasta el estremo de haberla querido sugetar y en su propia casa, valiéndose de su superioridad en fuerzas, pues era muy alta y gruesa, agarró furiosa al Corregidor por la cintura y lo arrojó por el balcon á la calle, donde instantáneamente quedó muerto.

Si grande había sido el escándalo promovido con la resistencia al registro de la casa, mucho mayor fué el nuevo, al ver á la primera autoridad de Córdoba, sufrir una muerte tan violenta y estraña. Acudió multitud de gente, y muy pronto el Alcalde de la Justicia, quien hizo registrar la casa, sin resultado, pues el reo, orígen de la cuestion, se había marchado, y constituyó en prision á la Marquesa en su propia morada y con centinelas de vista. Efectuáronse los entierros del Corregidor y el Marqués, y el Alcalde de la Justicia siguió rápidamente su proceso, y sin oir los ruegos de toda la nobleza de Córdoba á favor de la interesada, la sentenció á muerte, si bien no ejecutándose hasta salir del estado interesante en que se encontraba.

Dos ó tres meses contaban de respiro, todos los interesados en evitar otra nueva desgracia, y bien los aprovecharon, puesto que vino una órden del Rey mandando que la Marquesa fuese trasladada á Madrid en clase de presa: cumplióse, y llevada con las seguridades convenientes, quedó depositada en el palacio del Duque de Osuna, á quien interesó su desgracia y empezó á interponer toda su influencia, tropezando primero con la severidad dol Monarca, resuelto á vengar la muerte de su Corregidor, su representante y principal delegado en Córdoba. Ganóse tiempo, y cuando calculaban acercarse el parto de la señora, volvió aquel á palacio pidiendo una audiencia en su nombre; accedió el Rey, y ya en su presencia, le dijo, que no iba á pedirle la vida, porque solo era digna de la muerte; pero sí, que por lo que mas amase en el mundo, sacase de pila y tomase bajo su amparo al infeliz fruto de sus entrañas, que al venir al mundo se encontraba sin padre y á su desgraciada madre en el camino de la eternidad. La triste situacion de esta señora, unida á sus relevantes prendas de hermosura, nobleza y gallardía,. conmovieron al Rey, quien le dió palabra de acceder á su demanda. Llegó la ocasion y celebróse el bautismo, teniendo al niño en su nombre el citado Duque de Osuna, que desde aquel dia redobló sus gestiones, en union de otros muchos individuos de la nobleza, hasta que consiguieron el perdon apetecido, con la condicion de que la Marquesa no tornase á vivir en Córdoba, donde tal escándalo se habia dado, sino en Ecija, en cuya ciudad fijó gustosa su residencia.

Esquina á la calle de San Antonio hay una modesta casa, en que ya hemos dicho estuvieron los últimos telares de seda que hubo en Córdoba, y por cima hay otra gran casa, en la actualidad parador de San Andrés, principal de uno de los mayorazgos del Sr. Marqués de Alcañices. En 1550 habitaba en esta casa D.ª Luisa de Luna, en compañía de su hermano el capitan Juan de Montemayor y de su madre política D.ª Isabel de Montemayor, hija de Egas Venegas y viuda del magnífico caballero Fernando Arias de Luna. Dicha Doña Luisa, bajó en 8 de Abril de 1557 á la capilla del Hospital de locos, contiguo, conocido por la Sangre de Cristo, y en presencia de un Crucifijo, puesta la mano sobre los santos Evangelios, ante el Escribano de Córdoba D. Francisco Perez de la Cruz, hizo su testamento y juró como católica, haber tenido un hijo natural llamado Pedro de Guzman, en cuyo parto le asistió Leonor Sanchez, partera, que vivía cerca de San Agustin, la que lo hizo criar y lo tuvo hasta la edad de diez años, en que por mediacion de Fr. Lope de Vargas y Fray Juan Riaño, frailes del convento de San Agustin, se puso al servicio de D. Diego de Mendoza, residente en la Córte, y por cierto enojo que con él tuvo, púsose á servir á Andrés de Luna, y despues al Licenciado de la Gasca, con quien pasó á Indias, desde donde tuvieron noticias de su muerte. Igualmente declara, que Lúcio de Arce, hermano de Pedro de Guzman, se jactaba y alababa falsamente, de ser su hijo, sin serlo, puesto que lo era de Pedro de Arce é Isabel Padilla, quienes lo tuvieron cuatro años antes que ella á su hijo único, rechazando el que con el apoyo de la partera se intentase el cambio ó atribuírselo para heredarla. En 1612, moraba en la espresada casa D. Francisco Manuel, caballero muy principal, quíen hospedó en ella al Príncipe Manuel Filiberto de Saboya, que llegó á Córdoba en 12 de Octubre: iba {de General de la mar, y con este motivo y su alta gerarquía, salieron á recibirlo todos los caballeros con capas y gorros, y lo acompañaron hasta su alojamiento. Al dia siguiente lo obsequió la Ciudad con una funcion de toros en la Corredera, á la que fué acompañado de toda su servidumbre; iba á caballo, vestido de pajizo, con calzas acuchilladas y gorra, en la que lucían muchos brillantes. Así dió la vuelta á bajar por la Espartería, y como la funcion concluyera anochecido, lo acompañó á su regreso una porcion de caballeros y gente del pueblo con hachas encendidas. Al dia siguiente salió de Córdoba para su destino. En 1849 vivía tambien en dicha casa el Sr. D. Francisco Diaz de Morales, de quien ya hemos hablado, quien por aquel tiempo nos enseñó un retrato en tabla, del Rey Chico de Granada, cuadro muy curioso, cuyo paradero ignoramos.

En este punto empieza la calle de San Andrés que vá hácia el Realejo, aunque todos le dan este nombre; su orígen, se cree tradicionalmente, ser el haber tenido su Real en aquel sitio el Santo Rey Fernando III, las veces que penetró en Córdoba durante el tiempo que la Ajerquía estuvo en poder de sus huestes, antes de haber rendido la Almedina, donde no entró hasta el 29 de Junio de 1236.

Por cima de la casa que describimos, se vé un antiguo edificio, próximo á desaparecer para convertirse en jardin de la casa del Sr. Marqués de Santa Marta. Este fué el primer hospital para locos que hubo en Córdoba, siendo su fundador Luis de Luna, en el año 1430, labrándole tambien iglesia, á la que tituló *La Sangre de Cristo.* Su patrono el Marqués de Alcañices, se hizo dueño de este, sin que se haya cumplido su instituto, ni entregado á la Beneficencia, por mas que esta lo reclamó; por consiguiente, no está ni ha estado jamás incorporada al hospital de Agudos, como equivocadamente afirman D. Luis M.ª Ramirez en su *Indicador*, y D. Arístides Saenz de Urraca en su *Guia de Córdoba*. Sobre el orígen de este hospital se conserva otra tradicion, á que tampoco damos el crédito que algunos crédulos le dispensan.

Un dia, Jueves Santo, de uno de los años del primer tercio del siglo XV, el pueblo de Córdoba estaba entregado á la contemplacion de los sagrados misterios que celebra la iglesia. Era de noche: los templos estaban casi llenos de los devotos que se habian quedado á velar el Sacramento, en tanto que otros recorrian las calles formando procesiones de nazarenos, con cruces ó aspados, que andaban las estaciones. Una de ellas, al pasar por este sitio, oyó lamentos de una persona que tristemente se quejaba del tratamiento que le daban, en una noche en que los buenos católicos se dedicaban á la oracion. Paráronse, y sin saber que determinacion tomar, se decidieron á llamar al Corregidor, quien acudió y dispuso asaltar la casa para sorprender á los turbadores de la paz y religiosidad de aquellos dias. Hízose así, y se encontraron cuatro hombres dando horribles golpes á un Crucifijo tendido en el suelo. A tan estraño espectáculo, todos quedaron admirados, y hubieran dádo muerte á aquellos infames, si el Corregidor no se hubiese opuesto, entregándolos al Tribunal de la Inquisicion; éste los hizo quemar á las afueras de la puerta de Plasencia. La imágen fué llevada á la Catedral, donde se le hizo una gran funcion de desagravio, y despues á San Andrés, permaneciendo allí hasta que Luis de Luna fundó el Hospital de locos y la ermita á que llamó la Sangre de Cristo, por la que dicen derramó al recibir los golpes. Esto cuenta la tradicion; pero podemos asegurar que la fundacion nada dice de ello, ni en ese tiempo se habia establecido en Córdoba el Tribunal de la Inquisicion.

El Luis Gonzalez de Luna, cuyas armas aun se ven sobre la puerta del Hospital de locos ó de la Sangre de Cristo, era Mensagero mayor del Rey y su Secretario y Veinticuatro de Córdoba. En su testamento otorgado en esta el año de 1473, legalizó y dotó dicha casa, aumentando despues considerablemente sus bienes por un codicilo que hizo en 1476: á nuestros tiempos solo llegaron algunos cuadros de la iglesia, remitidos al patrono cuando la inutilizaron para convertirla en granero; mas en uno de los códices que ya hemos dicho conserva la Academia de Ciencias, Bellas Letras y Nobles Artes de Córdoba, hemos hallado una inscripcion que habia en el Sagrario, la cual revela algo, tanto del templo como del fundador; decía así:

Este Sagrario se acabó é esta su capilla
del hospital del Santo Cristo
año de nuestro Salvador Jesucristo
M. C.C.C.C. Liij años,
en XXX iiy años que el dicho hospital se edificó
é siete años que la casa de los Lunas:
Se publicó en dicho año la dicha indulgencia
segun é se cumpliera LXX años
que Luis Gonzalez de Luna nació
en las casas suyas.

Corresponde haber nacido en el año 1363, luego vivió noventa. Sin embargo, por la diccion se conoce que esta inscripcion no estaba completa cuando la copiaron.

Otras dos casas principales se ven en esta calle,

una del mayorazgo de los Hoces, que en nuestros dias recayó libre en una señora que lo dejó en fideicomiso á un clérigo, primero fraile tercero y despues canónigo, llamado D. Francisco Solís, para que lo invirtiera en lo que ella le había confiado; pero este señor murió sin testar ni dar instrucciones y, despues de un pleito, sus sobrinos se han hechó dueños de este caudal, con escándalo de toda la nobleza de Córdoba emparentada con aquella. La otra casa es de los Guzmanes, nombre que lleva una plazoleta que tiene delante: hoy es del Sr. Marqués de Santa Marta, quien parece tiene proyectos de mejorarla, para lo que ha comprado el ya dicho Hospital de locos y tres casas mas que á él pertenecían y le ha vendido el patrono Sr. Marqués de Alcañices: esta casa es muy hermosa, aunque carece de agua potable. La escalera es suntuosa, y en ella vimos no ha muchos años una buena coleccion de armas antiguas. No siempre la han habitado los señores de aquel apellido, pues á principios del presente siglo, ocupaban una casa de la calle de las Campanas; sin embargo, se ven sobre las rejas bajas las armas de Fernandez de Córdoba y Guzman.

El barrio termina con el Realejo, ó sea en las esquinas de las calles de Santa María de Gracia y Abejar.

Mas abajo de la calle del Lodo, casi frente á la de Almonas, hubo hasta 1841 un nicho con verja y repisa de mármol y en él un Jesus Nazareno de medio cuerpo, que hemos visto en la escalera de la casa del Sr. D. Agustin de Fuentes, á cuya familia perteneció: cuenta la tradicion, que yendo una pobre muger hácia el quemadero á sufrir la horrible muerte á que la había sentenciado la Inquisicion, en aquel sitio abrió los ojos á la Fé, abjurando de sus errores y mereciendo por ello *la piedad de sus jueces, por lo que en memoria de* aquel triunfo se colocó la espresada imágen, á que tenian mucha devocion aquellos vecinos. Frente á la calle de los Muñices, existió en un nicho muy raquítico, un San Antonio, de escultura.

Entramos por la de Muñices, de que ya hablamos, y vuelve á la de Diego Mendez ú Horno del Camello ó de los Góngoras. Cortando el ángulo ó esquina, se vé una casa con patio de entrada y escudo de armas, la cual era últimamente de los Sres. Guerras, de quienes la adquirió D. José Anchelerga, hombre de un talento extraordinario que, apesar de no haberse dedicado á los estudios y de ser de una muy modesta posicion, supo llegar á algunos de los primeros puestos de Córdoba, y á tratar todas las cuestiones con una lucidéz que muchos le envidiaban: militó siempre en las filas del partido Progresista, y estuvo desterrado de Córdoba en el año de 1848, tan fatal para algunos liberales.

Por bajo de dicha casa encontramos otra, casi convertida en solar, á que llaman el Horno del Ca*mello, porque lo fué y tuvo un animal de esta* clase para conducir efectos: es la solariega de los Góngoras, cuyo nombre ha llevado, cambiándolo por el de Diego Mendez, uno de los moradores de aquel edificio. En su estensa fachada, se conserva aun, casi destruida, una portada muy linda, que vemos próxima á desaparecer. Tambien se ha llamado calle de la Palma, quizá porque sería prolongacion de la de este nombre: en algunos padrones le dicen de D. Antonio de Góngora y de Pedro Alonso de Huertas.

Llegamos á la plazuela de los Huevos, que pertenece á la Magdalena, y torciendo á otra calle estrecha y sombría, que ha llevado el mismo título y hoy dicen del Duque de la Victoria, salimos á la de Almonas. La palabra huevos tiene su origen de dos de avestruz que tuvo colgados, entre otras ofrendas, una imágen que hubo en la antigua fachada del convento de la Encarnacion Agustina, aunque otros dicen que era por venderse en aquel sitio, lo que nó pasa de ser una vulgaridad: en 1865 pareció disonante y, sin razon suficiente, la dedicaron al Duque de la Victoria. Es muy dada á los escándalos, porque desde muy antiguo hay en algunas de sus casas ciertas mugeres de vida licenciosa que, como todo el mundo sabe, turban la paz con cualquier motivo. En el primer tercio de este siglo, hubo en la casa núm. 4 un teatro de aficionados, en que ejecutaron las obras de Moratin y otros autores escogidos.

La calle de Almonas, baja desde el Realejo hasta la plazuela de la Almagra: es una de las mas largas y con mas afluentes de Córdoba; desde su arranque hasta la esquina de la Rehoyada de Regina, pertenece al barrio de San Andrés, y de allí adelante al de San Pedro. El primero de los dos trayectos es triste y sombrío, no así el otro, que es mucho mas alegre; ambos son de los sitios mas concurridos de la ciudad, particularmente en las primeras horas de la mañana. Vamos á decir algo de la parte del barrio de San Andrés.

En primer lugar encontramos la casa núm. 64, propia de los herederos del Sr. D. Antonio Gutierrez de los Rios, distinguido jurisconsulto cordobés, que ha desempeñado cargos de gran importancia en

Madrid, y que ha representado muchas veces en las Córtes á la provincia de Córdoba, donde falleció en 20 de Marzo de 1873: en esta casa, que es muy hermosa, conservan varias pinturas de mérito, entre ellas una Concepcion, gran tamaño, de Castillo. Por bajo hay una calle sin salida, que ha por nombre Mansera, apodo de un operario del campo. Segun una tablilla colocada en 1559, entre los milagros ú ofrendas colgados en el pórtico del santuario de Ntra. Sra. de la Fuensanta, aquel trabajador se puso á arar sus tierras en el dia de aquella imágen, accion criticada por un compañero, á quien contestó que nada tenía él que ver con eso para no cuidar de sus intereses; palabras castigadas providencialmente, pues se le quedó la mano pegada á la mansera, sin poderse desacir de ella por mas esfuerzos que empleaba: con esto conoció su falta y, corriendo al santuario, se arrodilló ante la Vírgen, rogándole tuviese compasion de él, que no sabía lo que había dicho; con esto logró verse libre de la mansera, que dejó allí en memoria del suceso, y con su mano señalada en la madera: esto se cundió, y la gente se fijaba en él, poniéndole el apodo de Mansera, que luego pasó á ser nombre de su calle. En la acera de enfrente y formando rincon, está la casa núm. 55, conocida por la del Duende, cuya tradicion contaremos. Despues hallamos una casa de fachada antigua y fea, que es una de las muchas almonas ó fábricas de jabon que hubo en aquella calle y le dieron nombre: hoy le dicen la Almona de paso, porque atravesando el patio se sale por otra puerta á una calleja llamada como ella y de allí á la calle del Huerto de San Andrés: es una de las varias casas que aun quedan en Córdoba, con aquella incómoda servidumbre.

Los vecinos de la calle de Almonas, han sido muy castigados en todas las epidemias que han invadido á Córdoba, y cuyos primeros casos han sido casi siempre en este sitio, como sucedió en el año de 1804, con la fiebre amarilla.

Conforme llegó á Córdoba la noticia de que en algunos puntos del litoral se había presentado la fiebre, se empezaron á adoptar las medidas de precaucion que la prudencia aconsejaba; se estableció el cordon sanitario, se cerraron las puertas de la ciudad, escepto las del Puente, Rincon y Nueva, y aun en estas se situaron comisiones de dos personas de completa confianza, un médico que reconociese á los viajeros que llegaban, y un escribano para levantar acta de lo ocurrido cada dia. Los viajeros procedentes de puntos invadidos ó sospechosos, eran conducidos á los lazaretos, y los equipages y demás bultos, ó no se dejaban entrar en la ciudad, ó se fumigaban antes, segun parecía mas conveniente; pero como esto no podía hacerse con la correspondencia pública, se estableció una oficina en el Aguadillo, donde se recogian y daban las valijas, fumigando las que debian entrar en la poblacion ó seguir su marcha á otros puntos.

Los lazaretos señalados primeramente, fueron, para sanos los conventos de la Merced y San Juan de Díos, y para enfermos, los de la Arrizafa, la Victoria, San Cayetano, Madre de Dios y el Cármen Calzado; luego se hizo otro arreglo, puesto que en un bando que publicó, y hemos visto impreso, el Corregidor D. Agustin Guajardo Fajardo y Contreras, se nombra para los enfermos del contagio la huerta del Duende, para los de otras dolencias la de los Teatinos, y para sanos el convento de Scala-Cœli. Esto sin perjuicio de que en el hospital de San Lázaro y otros, se asistiese á los pobres de Córdoba, en el caso de que la epidemia se desarrollase, como desgraciadamente sucedió.

Dícese, que á un establecimiento de la calle de Almonas llevaron una gran porcion de arrobas de lino sin haberlo fumigado y que, ya sea porque en éste viniesen ciertos miasmas, ó por otras causas, el cuatro de Setiembre se dieron los primeros casos, aumentándose en tal manera, que en uno ó dos dias murieron muchos de aquellos vecinos, así como de las calles cercanas, siendo tal la mortandad en la de Almonas, Huerto de San Andrés, Carretera y Palma, que aterrada la Junta y el resto de la poblacion, tapiaron las salidas de aquellas, dejando unos postigos por donde le alargaban los comestibles y medicinas, teniéndolos completamente privados de roce y trato con los demás vecinos. Concretándonos al barrio de San Andrés, debemos decir, que en la esquina de la parroquia habia un tabique, en la calle de Villalones otro, así como en el Realejo, Huevos, Regina, Alcántara y plazuela de la Almagra.

En tal conflicto, la Junta de Sanidad comprendió lo perjudicial que sería el enterrar los cadáveres en las iglesias, y entonces se señalaron para cementerios en despoblado, el huerto de la ermita de San Sebastian, la huerta de San Cayetano y un pedazo de terreno en el haza que hay detrás de la huerta de la Reina, cerca del camino que atraviesa hácia la Matriz y sitio conocido por el haza de Alonso Diaz.

Siguieron las defunciones hasta el número de mil quinientas, en poco mas de dos meses, pues en 26 de Noviembre se publicó la salud con una gran funcion á los Santos Mártires, y despues otras á las imágenes de mas devocion de los cordobeses, á las que ántes se habían hecho muchas rogativas. Algunos conventos sufrieron grandes bajas; en Regina murieron catorce religiosas, siendo preciso sacar las demás y llevarlas á Scala-Cœli; en la Encarnacion Agustina empezó la fiebre á hacer grandes estragos, y el Obispo trasladó la comunidad á la hacienda llamada la Alameda.

En 1835, cuando el cólera se presentó por vez primera en Córdoba, tambien hizo mucho daño entre los vecinos de la calle de Almonas que, horrorizados, hacian sacar los cadáveres en cuanto creian que los enfermos acababan de espirar. Cuentan que un linero llamado Martinez, sufrió la enfermedad y, juzgándolo difunto, le pusieron un hábito de fraile Francisco y lo hecharon en la caja, en la que lo conducían, cuando volvió en sí cerca de la puerta Nueva y empezó á dar lamentos, preguntando á donde lo llevaban; aturdiéronse los sepultureros, y poniendo la caja en el suelo echaron á correr, dejando al infelíz en tan angustioso trance; mas él, como pudo, levantóse y se volvió á su casa, á la sazon que su muger, demás familia y amigos estaban reunidos, los que al verlo entrar, todos huyeron juzgándolo una aparicion, sin dar crédito á sus palabras, particularmente la muger, que le demandaba lo que quería y le ofrecía mandarle decír alguna misa, hasta que de la súplica pasó al corage, y el resucitado la convenció con un silletazo, de que era la realidad y no un sueño lo que estaba sucediendo, por la censurable ligereza con que habian obrado.

Antes de abandonar este trayecto de la calle de Almonas, cumpliremos lo ofrecido á nuestros lectores, contándoles la tradicion de la casa del Duende, de que antes hicimos mencion.

Los ancianos de aquellos alrededores, en su sencilla y entonces muy comun credulidad, contaban que en el siglo XVI moraba en esta casa una señora muy hermosa y rica, á quien un hermano tenía gran envidia por haber sido mejorada en el testamento de sus padres. Quiso primero convencerla á que las particiones fuésen iguales, y no consiguiéndolo, concibió el criminal propósito de asesinarla, con el mayor sigilo, y heredar él todo, ya que no le daba la parte apetecida. A la vez había en la casa un duende, ser humano condenado por la Providencia á vivir penando mientras el mundo exista, por el inaudito crímen de haber abofeteado al autor de sus dias, anciano indefenso, que en su educacion había invertido gran parte de su fortuna. Este duende, llamado Martin, nombre obligado de todos los de su *grémio,* se enamoró hasta el delirio de aquella dama, la que no podía menos de sentír repugnancia al ver tan espantosa figura, pues además de medir poco mas de media vara, eran todas sus facciones tan exageradas, que infundia espanto á los pocos que llegaron á verlo; mas así y todo, evitó siempre que el hermano consumase sus criminales intentos. Por otro lado, la señora, no queriendo sufrir las persecuciones de Martin, buscó casa para mudarse y arrendar la suya. Súpolo él y, presentándose, le rogó no lo abandonara, ya que no podía seguirla. La enteró del peligro que la amenazaba, le ponderó lo mucho que la había servido, y todo fué inútil; á los pocos dias, la hermosa jóven vivía ya con su doncella, cerca del colegio de San Roque, quedando cerrada la casa, que nadie quería por temor al duende, que gozaba de gran fama en todos aquellos alrededores. Llegó la Noche-Buena, y la señora fué á los maitines á la Catedral, donde la vió el hermano, que saliéndose la esperó en la esquina de la Judería, en la que al pasar le dió tal puñalada en el corazon que la dejó muerta, sin que nadie se apercibiese de ser él autor de tan horrendo crímen: presentóse despues, fingiendo el mas sincero quebranto, y todo quedó en el silencio y dueño él de todos los bienes que aquella poseia. Pasaron dos ó tres años, y considerando que la casa de la calle de Almonas, nada le rentaba por la fama del duende, en quien él no creia, determinó habitarla, mudándose á ella tan tranquilo, porque ni el menor ruido turbaba su aparente sosiego; una noche despertó muy fatigoso, se echó mano al cuello, sintió una soga é iba á arrojarse al suelo para encender luz, cuando tiraron de él, y sin poderse valer, se encontró colgado de una viga, pagando bien pronto el crímen cometido. Aquel dia y los dos ó tres siguientes, permaneció la casa cerrada, y estrañándolo los vecinos, dieron parte al Corregidor, quien hizo hundir la puerta, y encontraron el cadáver colgado de una viga, llamando aun mas la atencion de todos, un hombrecillo de horrible aspecto que, dirigiéndose á la autoridad, le dijo con voz bronca y descompuesta: «Podeis dar sepultura en sagrado á este cadáver, porque no ha sido él quien ha puesto fin á su vida; lo ha hecho la Divina Providencia, en castigo de ser el asesino de su hermana, y ya que la justicia de la tierra dejó impune su delito, la del Cielo ha querido castigarlo por mi conducto.» Al mismo tiempo desapareció, dejando á todos sorprendidos, y logrando que la fama de este suceso llegue hasta nosotros, que por cierto no le damos el crédito que nuestros antepasados.

La calle del Huerto de San Andrés es muy alegre, tiene alcantarilla y baldosas, y solo dos afluentes, la calleja de la Almona de paso y la calle de los Villalones. A su mediacion hay un huerto de que toma el título; es propiedad del Sr. Duque de Hornachuelos, y se dice tradicionalmente que era la casa solariega de los Hoces, una de las demolidas de órden del Rey D. Pedro, en castigo á los nobles de Córdoba, por haber apoyado la causa de su hermano D. Enrique. Esta calle se ha llamado tambien de D. Martin de Córdoba y de Siebra. El primero habitaría tal vez en la casa que demolieron.

Hemos citado la calle de los Villalones: esta dá vuelta á la plazuela de Orive, y se comunica con la calle de San Pablo. Villalon y Orive son dos apellidos que se unieron en D. Alonso de Orive y Villalon, Caballero de Alcántara, que vivia en 1718 y era dueño de unas casas principales que ocupan el frente de dicha plazuela, y en las que estuvo la Administracion de Correos allá hácia el año 1830. Su interior es muy desigual, pues al par que el piso alto es magnífico, y tiene un precioso jardin con mucha arboleda y agua potable y de pozo, las habitaciones bajas son casi inhabitables por su falta de luz, mucha humedad y dimensiones desproporcionadas. La fachada es muy linda, y revela ser obra del siglo XVII. Sobre la puerta hay un medallon y en su centro un busto de muger con los brazos abiertos, á la que el vulgo tiene inventada una tradicion conocida por la del Corregidor de la Casaca blanca, porque dicen la usaba D. Cárlos Ucel y Guimbarda, á quien se la han aplicado. El autor de este cuento debió ser hombre de inventiva, pues se aparta de todas las que hemos dicho, dándola cierto sabor novelesco, que interesa á cuantos la han escuchado. Sobre ella escribimos una leyenda, si bien equivocando la casa, porque así aparecía en los apuntes que nos suministraron.

D. Cárlos Ucel y Guimbarda, había perdido á su bella y adorada esposa, cuando mas felíz se juzgaba con tan buena compañera. El Cielo quiso, para consolar la amargura que aquella pérdida le causára, dejarle una hija, blanca y hermosa como su nombre, y tímida y sencilla como el espíritu de un ángel. Jamás salia de casa, sino acompañada de una dueña, en sus primeros años, y despues de su padre, que en ella cifraba toda su ventura y sus esperanzas. Contaba unos diez y siete años, cuando en uno, al llegar la velada entonces, hoy féria de la Fuensanta, la llevó á beber aquellas puras y apetecidas aguas y orar por su madre ante la venerada imágen, amor de todos los cordobeses. En la esquina del convento de San Rafael, conocido generalmente por Madre de Dios, se les interpuso una harapienta gitana, de horrible aspecto y penetrante mirada, pretendiendo decir á Blanca la ventura que le esperaba. La tímida jóven demostró al punto su repugnancia, y D. Cárlos, que temió un ligero disgusto en su hija, ordenó á la gitana se apartase, dejando de incomodarla por mas tiempo. Ella insistió, y al fin fué preciso, mal su grado, retirarla, dejándola á un lado del camino, profiriendo mil palabras, entre las que se percibieron claramente: «Ellos pagarán su orgullo con raudales de llanto, que la desgracia les hará verter.» Nadie hizo caso de sus palabras, que consideraron desahogo de su mala educacion, volviéndose tranquilos á su casa, como si nada hubiesen oido.

Dos ó tres años habrian trascurrido, cuando á las altas horas de la noche, oyeron llamar á la puerta: asomáronse, y eran unos hebreos que iban á quejarse al Corregidor de que no les querian dar posada en ninguna de las de Córdoba, y pedian, ó una órden para ello ó que se les dejase pasar hasta el dia, aun cuando fuera en el portal de su casa. Consintió Guimbarda en esto último, y la dueña que había recibido el recado, ponderó á D.ª Blanca lo estraño de las figuras de los nuevos huéspedes, hasta el punto que la curiosidad les hizo ir á examinarlos por el agujero de la llave del porton; mas, cual sería su sorpresa al ver que leian en un libro á la luz de una vela amarilla, y que pasaban muy de prisa las cuentas de una especie de rosario que uno de ellos llevaba pendiente de la cintura. A poco sonó un ruido estraño y la tierra se separó, dejando una abertura que daba paso á una hermosa escalera de mármol. Por ella bajó uno, volviendo á poco acompañado de un jóven que apenas frisaba en los tres lustros, de hermoso y gallardo aspecto, y un cofre, al parecer lleno de alhajas de gran valor. Aquel desgraciado, enterrado en vida, les rogó repetidas veces para que lo llevasen consigo, siendo inútiles sus quejas y súplicas, pues despues de algunas prevenciones que le hicieron, lo obligaron á bajar por la ancha escalera. Apagaron la vela, y con la luz desapareció tambien el hoyo formado en el portal, como si nada hubiese sucedido.

Llegó la mañana siguiente, y los hebreos se despidieron del Corregidor, dándole muchas gracias por la generosidad conque los habia hospedado; mas ¡cuánta desgracia se atrajo con ella! Tanto la dueña como la hermosa Blanca, ardian en viva curiosidad por saber el misterioso arcano del jóven prisionero con tantas y codiciadas riquezas. Examinaron el portal, y nada advertian en su pavimento, hasta que la dueña vió esparcidas por él muchas gotas de cera desprendidas de la vela encendida por los hebreos. Juntólas cuidadosamente, é hizo un cerillo, con el que creian que se abriría la tierra. Esperaron la noche, y cuando todos estaban recogidos, bajaron al portal y encendieron la luz, logrando por este medio que apareciese de nuevo la escalera, por la cual bajó Blanca, recorriendo algunas galerías sin hallar el menor rastro: cuando vió la dueña que el pábilo se acababa, echaron á correr; pero al salir se le concluyó, quedando dentro la desgraciada jóven que venía tras ella. La pobre vieja empezó á gritar: á sus voces acudió el Corregidor y todos los criados, quienes se confundian mas con sus revelaciones; luego llamaron á Blanca, que respondia con acento de dolor desde el centro de la tierra. El Corregidor hizo mil escavaciones, todas inútiles, llorando en su desesperacion la pérdida de tan querida hija. Varios años pasaron: D. Cárlos Ucel y Guimbarda, murió solo y desesperado. Desde entonces se dice, que una sombra misteriosa recorre de noche toda esta casa, en la que muchos aseguran haberse asombrado, atribuyéndolo á el alma de D.ª Blanca, que aun vaga por aquellos contornos.

Hemos recorrido un trayecto del barrio de San Andrés; mas para regularizar nuestros paseos y que nada se nos quede por referir, volveremos al sitio conocido por el Realejo, y continuaremos por la calle del Lodo, llamada así porque antes de componer el arroyo de San Andrés, bajaba en cuesta al Buen Suceso, teniendo siempre un lodazal, que á veces apenas podia pasarse. En élla existen dos casas principales, una la núm. 6, principal de los Negretes, la cual se encuentra en muy buen estado de conservacion, y la otra núm. 5, cuya fachada fué hecha en 1547, segun en ella misma se lee. Esta era de los Argotes, y tradicionalmente se dice que en union del huerto núm. 7, constituian las solariegas de los Mecías, á quíenes representan aquellos, las cuales fueron arrasadas tambien, porque sus dueños eran parciales de D. Enrique.

Salimos de esta calle y encontramos el Arroyo del Buen Suceso: se ha llamado tambien la Puentezuela de D.ª Mariana. A la derecha corresponde á San Lorenzo: al frente está la calle de Ocaña, que es del barrio de Santa Marina, y en la esquina una pequeña ermita denominada Ntra. Sra. del Buen Suceso.

Este es el antiguo hospital de San Andrés, fundado en tiempo de los Reyes Católicos D. Fernando y D.ª Isabel, por una cofradía de limpieza, para asistir á algunos enfermos pobres, y á los cofrades que estuviesen en el mismo estado. Estos redactaron sus estatutos, que le fueron aprobados por el Obispo D. Iñigo Manrique, hácia los años 1483; constaban de cuarenta y cinco artículos, que despues ampliaron con tres mas, y á todos ellos les prestó su aprobacion el Obispo D. Pedro Fernandez Manrique, por ante su Provisor el Lic. Fernando Morante, á 2 de Noviembre de 1538. Otras ampliaciones se le hicieron y aprobaron en 1587. Nuestro erudito cronista Don Luis María Ramirez, dice que la cofradía hubo de estinguirse, y que se fundó otra nueva en 1616, en lo cual no estamos conformes, pues en las visitas de aquel tiempo y posteriores, siempre se nombra la antigua cofradía de San Andrés, como sucede en la que en 1639 hizo el Lic. D. Antonio Hurtado, por delegacion del Obispo D. Domingo Pimentel. Como hospital, nunca pasó de cuatro ó cinco camas, y hace mas de un siglo lo dedicaron á morada de algunas huérfanas ó viudas, á quienes se dá habitacion grátis. Su caudal consístía en dos casas y una pequeña y perdida haza, últimamente incorporado al hospital provincial de Agudos, ignorándose si tendría algunos otros derechos, por haber desaparecido su archivo en un incendio que tuvo lugar en las casas de su hermano mayor ó prioste D. Rafael de Tena y Castril.

Una señora, vecina de la calle de Ocaña, hácia los años 1636, donó á la cofradía la imágen de Ntra. Sra. del Buen Suceso, á la que colocaron en el altar mayor y empezaron á dar culto; en 1718, varios devotos le formaron otra cofradía, en lo que consintió gustosa la de San Andrés, sin reflexionar en los disgustos que habia de traerle. Así sucedió: los nuevos cofrades querian disponer de todo, hasta que un dia se presentaron los antiguos con un sello figurando un aspa, signo del martirio de su titular, y fueron sellando cuanto existía en la iglesia y la sacristía, y hasta las vigas de la armadura y las puertas, á fin de demostrar que todo era suyo y que la hermandad del Buen Suceso debía estar bajo su obediencia; mas, andando el tiempo, sucedió lo contrario, puesto que la mas antigua desapareció y continúa la otra, aunque no tan numerosa como en época no lejana. La iglesia es muy pequeña, con tres altares que nada de particular ofrecen. De ella salía un rosario de madrugada, dos veces en semana, lo que hace mucho tiempo no se realiza.

Lleva la calle el nombre de Arroyo de San Andrés ó del Buen Suceso, hasta llegar á la de los Alamos; en este trayecto era el cauce tan profundo, que llegó á adquirir el sobrenombre del Despeñadero. Tres calles afluyen á este sitio, derivadas todas de la de las Rejas de D. Gomez, cuya esplicacion dimos en el barrio de Santa Marina: son, la del Hinojo, cuyo orígen no hemos encontrado claro en parte alguna; la de las Parras, que debe ser de los como apellido de unos de sus antiguos moradores, y no por unas parras que habia en ella, como equivocadamente se cree. En la última casa, esquina para volver á la Beatilla, estuvo el hospital de Ntra. Sra. de las Nieves y Santo Domingo de Silos, de que hicimos mencion en la parroquia de San Andrés. Era propiedad del grémio de lineros, quienes acogian en él á sus operarios enfermos, y en los últimos tiempos solían dar habitacion á sus huérfanos y viudas. El rastrillado del lino y torcido y tinte del hilo, era en Córdoba una industria de grandísima importancia, que mantenía á millares de personas dedicadas al hilado, tomando en las tiendas las libras de lino en rama, que cambiaban por otras, percibiendo en el acto la cantidad señalada, segun el grueso de la hebra. Almacén había de estos, que los dias del cambio ó de entrega de lo hilado, reunia en la puerta trescientas ó cuatrocientas mugeres, que se mantenian con aquel trabajo. La construccion de máquinas, con lo que en otros puntos se ha abaratado la hilaza, ha perdido casi por completo esta industria de los cordobeses, que echaban sus telas, mas bastas, pero mucho mas duraderas que las que actualmente se gastan. Este grémio tenía sus ordenanzas aprobadas por el Supremo Consejo de Castilla en 1728, y despues reformadas en 17 de Abril de 1776.

Mas allá de la calle de las Parras, hay otra travesía, bastante ancha y alegre, que ha tenido diferentes nombres: primero la encontramos llamándose del Pozo de dos bocas; despues del Juego de la pelota, por uno que hubo en ella; posteriormente perdió la primera parte de su denominacion y le decian de la Pelota, y en 1862 se la dedicaron á Muñoz Capilla, el célebre cordobés de que hemos hablado en otra ocasion, que murió en la casa de la esquina, ó sea donde está la oficina de farmacia del Sr. Furriel.

Nos encontramos en la calle de los Alamos, cuyo nombre proviene de unos árboles de esta clase que hubo en ella antes del arreglo de su arroyo: se ha llamado Puentezuela de D. Gomez y de las Tres aguas, por juntarse en ella tres avenidas. En su parte baja tiene otra calle muy estrecha, que indistintamente le dan dos títulos: de los Barberos, apellido, y San Antonio, por uno en lienzo que hasta 1841 estuvo mirando al Realejo, en la esquina para volver á la plazuela de San Andrés. A su mediacion tiene un callejon muy sucio, conocido por el del Horno del Duende y antes por calleja del Caracolero, la que formando ángulo toma el nombre de calle de Manchado, apellido de unos labrantines que vivieron en aquel punto, y desemboca en la plazuela de Guzman, tambien cerca del Realejo. Al horno del Duende le dicen así, porque al construirlo por primera vez, lo sacaron tan defectuoso, que no podía funcionar, achacándolo á un duende que decian haber en aquella casa. Es muy grande, y un huerto que tiene se riega con parte del remanente de la Fuenseca.

Desde la calle de Barberos, parte otra que termina en la del Conde de Arenales. Su letrero dice Santa Marta; pero debió ser una equivocacion al ponerlo, pues su nombre es Pedro Fernandez, uno de sus antiguos vecinos. En los títulos de una de sus casas hemos visto que se ha llamado calle del Piñonero, y en algunos padrones antiguos le dicen Postigo de D. Felipe.

Desde este punto parte otra calle que termina en la de Juan Rufo y es cruzada por otra que dicen plazuela de las Beatas, por un beaterio que hubo en una barrera que forma: hasta aquí le han dicho la Coronada y plazuela del Cármen, por una imágen que había en la esquina y luego pusieron en el portal de aquella casa. Desde dicha encrucijada se llama calle de los Cidros, nombre que algunos atribuyen á unos árboles de esta clase, pero que nosotros creemos ser un apellido antiguo.

La calle de Juan Rufo, á quien la dedicaron en 1862, sube desde la de los Alamos á la Fuenseca;

se ha llamado de las Imágenes, primer nombre de la ermita de los Reyes; la que hoy lleva aquel título era la del Jurado Juan Ruiz de Avila, y despues del Jurado Torquemada. Lo mas comun era decirle subida á la Fuenseca. Allí encontramos una boca-calle que dá paso á la plazuela del Marqués de Hinojares, porque este vivió en la casa grande del rincon; tambien ha sido del Conde de Arenales, título que lleva la calle contigua hasta Santa Marta, y hoy está unido al Marquesado de Guadalcázar.

Las casas dichas, marcadas con el núm. 6, en la plazuela del Marqués de Hinojares, que antes se llamó del Conde de Arenales (denominaciones que tomó por haber habitado en aquellas sus dueños, poseedores de espresados títulos) son las mismas que con otros bienes vinculó en 1593 el muy magnífico Sr. D. Diego Alfonso de Sousa de Portugal y Suarez de Figueroa, Caballero del hábito de Santiago, Fiel ejecutor mayor de esta ciudad, con voz y voto en su Ayuntamiento, y Alcaide perpétuo de la Alcaidía de la fortaleza de la Rambla. Distinguióse este caballero en el servicio del Emperador y Rey Cárlos I y en el de su hijo Felipe II, señalándose muy particularmente en la guerra contra los moriscos, en que sirvió con su persona, deudos, criados y bienes. Prestólos tambien á esta ciudad, que le nombró su Procurador para las Córtes de 1534 y 39.—En las mismas casas vivió su hijo mayor D. Antonio, esforzado Capitan en su época, y que á las distinciones de su padre unió la de Veinticuatro, por juro de heredad del Ayuntamiento de Córdoba y primer Señor de Villa del Rio, cuyo pueblo adquirió por compra de la Magestad cesárea.

En las mismas han hecho su morada otros varios de sus sucesores, entre ellos D. Vasco Alfonso de Sousa é Iñiguez de Cárcamo, primero de esta familia, en quien recayó el título de Conde de Arenales, que siendo Capitan de la Armada se halló en la guerra de Sicilia y en la batalla naval delante de Messina, en que quedó prisionero en el navio llamado Ntra. Sra. del Pópulo, haciéndose notable por otros varios hechos.

Tambien las habitó por algun tiempo el Señor D. Vasco Alfonso de Sousa y Fernandez del Campo, Marqués de Hinojares, cuyo título llevan los hijos primogénitos de los Marqueses de Guadalcázar desde el reinado de Felipe V, Mayordomo mayor que fué del Príncipe de Astúrias.

Las espresadas casas, que en su primitivo estado tenian la entrada por la calle del Conde de Arenales, que aun se conserva tapiada, comprenden en su recinto actualmente otras seis que al tiempo de la fundacion estaban separadas: dos que á la sazon se hallaban entre el convento y las citadas puertas; dos que seguian á estas ocupando la plazuela; parte de la primera, y dos en la plazuela de la Fuenseca, incorporadas hoy al jardin de las principales.

Sigue la calle de Juan Rufo hasta la de Alfaros, y antes de llegar á ella vemos una pequeña plazuela con una abundante fuente que, apesar de ser de las que mas agua tienen en todos tiempos, le dicen la Fuenseca, nombre que nos chocó sobremanera y no veiamos justificado, hasta indagar su orígen. Este agua nace en el pozo de la ex-huerta del convento de las Dueñas; en 1495, hicieron con ella una fuente muy alta en la calle de Alfaros ó plazuela antes de llegar á la Cuesta del Bailío. En aquel punto no tenian las aguas la vertiente necesaria, y era menester un año muy lluvioso para que el manantial subiese y llegara el agua á la taza de aquella. casi siempre seca, alcanzó por mofa el nombre que aun conserva. Convencido el Ayuntamiento de que allí no podía tener remedio, en 1760 la trasladó al centro de la plazuela en que hoy la vemos, colocándola en un hoyo á que se bajaba por dos ó tres gradas, á llenar á un pilar con un marmolillo y en él puestos los caños. Esta forma tan mala, hizo que en 1808 la quitaran é hicieran en la actual, colocándole en lo alto un San Rafael, que estaba sobre un pedestal de mampostería muy ridículo, que entonces desapareció. La mayor parte de su remanente vá al huerto del rincon, antiguamente jardin de la ya citada casa del Conde de Arenales.

Mas abajo de la espresada plazuela hay una casa recien obrada, con puertas de cochera, lugar de recuerdos gloriosos para la historia de Córdoba. Ganada por las tropas de San Fernando, la ciudad baja ó Ajerquía, donde estuvieron seis meses antes de rendirse la Almedina ó Villa, sentó sus reales en esta parte, y en aquel punto se dijo la primera misa que hubo en Córdoba, despues de tantos siglos dominada de los árabes; culto que se rindió á la verdadera religion, hasta que se consagró la mezquita. En memoria de tan importante suceso, se erigió allí una pequeña ermita que vulgarmente decian de las Imágenes, con la advocacion de Corpus Cristi, y luego el de Nuestra Señora de los Reyes, que ha conservado hasta su estincion hácia 1840, trasladando sus dos altares á la parroquia de San Andrés, como en su lugar digimos. En 1720 se fundó en esta pequeña iglesia una cofradía ó hermandad, con el título de Nuestra Señora de la Adoracion de los Santos Reyes; salía por las calles en rosario los Lunes y Viernes de todo el año, y nueve noches seguidas despues del dia de Animas. El arco de entrada tenía una verja, dejando ver la iglesia, tan reducida, que la gente oia la misa desde la calle, y cuando había sermon se colocaba el púlpito en la puerta. La sacristía era á proporcion, y cuando se celebraba misa con tres sacerdotes, entraba uno á uno á vestirse. Sin embargo, la Comision de Monumentos trató de reedificarla, pidiéndola á la Hacienda, quien se la dió y luego quitó, porque, por falta de fondos, no habia realizado su pensamiento, desapareciendo este monumento, como otros muchos, para mengua de nuestras glorias nacionales.

La ermita de los Reyes, un tiempo devocion de los cordobeses que la veneraban por su glorioso orígen, ocupando la atencion de muchos hombres ilustres, y en particular de Felipe II, que la hizo reedificar á sus espensas, no era un monumento de mérito arquitectónico, pero sí digno de conservarse para eterna memoria de la conquista de Córdoba; mas ¡qué nos estraña esto, si el espíritu innovador nos ha hecho perder multitud de antiguos edificios, que daban á nuestra ciudad ese aspecto encantador, imposible ya de volverle! Desaparecieron primero, el arco del molino de Albolafia, las torres adosadas al muro en las puertas de Almodóvar, Gallegos, Osario y otras; cambiaron la monumental fuente de la plazuela de San Pedro, para sustituirla con el horrible pilon que allí miramos; desapareció la romántica y linda puerta de Baeza, y vemos amagadas á la ruina la histórica torre de los Donceles, la mezquita de Almanzor, ya embadurnada con mil capas de cal, y tal vez la bellísima portada del convento de Santa Marta, la gallardísima torre de San Nicolás de la Villa, y otros muchos templos, como San Agustin y San Lorenzo, faltos de obras, sin que nadie se cuide de acudir á sostenerlos, hasta que sufran la triste y deplorable suerte de la antigua iglesia de los Mártires, venerada de todos los verdaderos católicos, y lugar donde el orgulloso y ya nombrado Felipe II, penetró de rodillas hasta el sepulcro depósito de aquellos héroes del cristianismo.

Estábamos en la Fuenseca: otra calle que dicen callejon de Santa Marta, forma ángulo y vuelva hácia la entrada del convento de esta advocacion, que le dá el nombre: se comunica con la calle de San Pablo. En el primer tercio de este siglo, yendo por dicho callejon un caballero llamado D. José Morilla, fué bárbaramente asesinado á traicion por un corneta de la guarnicion que había en Córdoba, al que descubrieron por habérsele caido la gorra que llevaba. Sobre esta muerte se hicieron algunos comentarios, que no juzgamos prudente estampar en estos apuntes.

El convento de Santa Marta, del órden de San Gerónimo, principió por un beaterio titulado de Cárdenas, por haberlo fundado Catalina Lopez de Morales, viuda de Juan Perez de Cárdenas, la que al efecto cedió la casa en que vivía. Entre las beatas hubo algunas parientas muy cercanas del Obispo de Córdoba, entonces D. Fernando Gonzalez Deza, y de D. Diego Fernandez de Córdoba, Alcaide de los Donceles. Estas fueron de las primeras monjas de aquella casa, cuya fundacion principió en 1459, si bien no se realizó por completo hasta 1468, que lo erigió Fr. Pedro de Córdoba, General de los Gerónimos, con bula de Paulo II, de 16 de Setiembre de 1464, á ruego de Catalina Torquemada y otras beatas, á lo que contribuyó mucho Fr. Vasco, fundador del convento de Valparaiso, del que en su lugar nos ocuparemos. El Prior del monasterio de San Bartolomé de Lupiana, le formó las constituciones ó reglas en el año 1471. El edificio es muy capaz y hermoso, tiene la huerta en distinta manzana, comunicándose por un arco, especie de túnel, por bajo del nombrado callejon de Santa Marta. El esterior nada de particular ofrece; pero entrando en un patio que embellecen algunos naranjos y limoneros, se encuentra á la izquierda una arcada de bastante gusto, paso á la portería, y al frente vemos la portada de la iglesia, una de las obras mas bellas de Córdoba y que por cierto debia despojarse de las mil capas de cal con que está embadurnada. En ella se revela el arte cristiano del siglo XV, con toda la gala de sus cenefas, calados, conopios, agujas y frondarios; está, pues, adornada con todos los caprichos que distinguen la decoracion gótica del estilo terciario y flanqueada de dos elegantes estribos que rematan en agujas prismáticas y pinículas. Tiene sobre el dintel de su puerta, un arco apuntado de varias molduras, con ancha y hermosa cenefa de hojas y animales, y sobre dicho arco, un conopio, y bajo el tope de éste, encaramados, dos gimios, que parece van á saltar sobre el que los contempla. El interior de la iglesia revela el mismo órden, si bien con menos adorno. El altar mayor está muy sugeto á las reglas de arquitectura, y tiene varios lienzos y esculturas; es uno de los pocos que aun restan del siglo XV, cuya época del buen gusto se revela en este lindo templo.

En el presbiterio hay dos retablos parecidos á dos grandes urnas; cada uno tiene un lienzo muy mediano, representando el de la epístola á Ntra. Sra. de las Angustias, y el del evangelio la Visita que el Salvador hizo á las hermanas Marta y María, pintado en 1729 por el Racionero D. Juan de la Cruz Molina. Casi enfrente de la puerta, hay otro con un gran cuadro de San Gerónimo con trage de Cardenal, lo que juzgamos impropio, y cerca del coro otro altar con Santa Paula. En todo el convento hay algunas pinturas de mérito, y aun en el presbiterio una con la Resurreccion de Lázaro. En este convento está depositada por la Comision de Monumentos una magnífica escultura de tamaño natural que representa á San Gerónimo haciendo penitencia, obra de Wedver, procedente del ya citado monasterio de Valparaiso. Este edificio es de patronato de los Marqueses de Guadalcázar por el Condado de Arenales, y en su iglesia tienen enterramiento los Condes de Cabra, desde el primero que lo fué Don Diego Fernandez de Córdoba, sepultado allí con su muger D.ª María Carrillo. Tambien lo tienen los Marqueses de la Puebla de los Infantes, como descendientes de los primeros. Posee este convento un buen caudal de agua, que nace al pié del muro divisorio de la ciudad alta de la baja, ó sea la Almedina y la Ajerquía, en el sitio que llamaban los Portalejos ó Portalillo, frente á la bajada para la Fuenseca ó calle de Juan Rufo, poeta cordobés del siglo XVII, á quien no sabemos por qué le suprimen el apellido Gutierrez que llevó en primer lugar. Fué Jurado de Córdoba y autor de dos obras justamente celebradas: estas son *La Austriada* y *Los sesenta apotecmas*, que tanto nombre le dieron.

Ya que nombramos los Portalejos, seguiremos nuestro rumbo por la calle de Alfaros, antes Carnicerías, hasta 1862 que le variaron el nombre que desde poco tiempo despues de la conquista ha llevado, sin que haya parecido feo, hasta ahora que tantas injustificadas variaciones se han hecho. Esta calle es de las mas anchas, largas y concurridas de Córdoba, tanto por arrancar de la plaza del Salvador, hácia el barrio de Santa Marina, como por tener al final la puerta del Rincon, uno de los fielatos mas antiguos y constantes para la cobranza de los derechos de consumo. Del orígen de las Carniceraís, nos ocupamos ya en union del Matadero, y solo debemos decir, que de las dos existentes, la mas pequeña ó sea la de la acera derecha, servía antiguamente solo para la venta de los despójos de las reses; despues quedó sin uso y la dedicaron á depósito municipal, donde encerraban de noche á los que encontraban ébrios ó escandalizando, y por último la arreglaron y volvió á servir para la venta de carne. En la mediacion de esta calle y sobre la puerta de una casa, habia una imágen de Jesus, que desapareció en 1841.

La casa núm. 20 de la calle de Alfaros, ha estado durante siglos dedicada á hospital de ciegos pobres, á quienes recogian, considerándolos individuos de la cofradía formada principalmente con todos los que en Córdoba carecian del sentido de la vista; sus memorias alcanzan á el año 1487, en que la erigieron en honor á la Encarnacion del Hijo de Dios, Espíritu Santo, Santo Domingo, la Coronacion de la Vírgen María y San Sebastian mártir: sus reglas aparecen aprobadas en 1525; los pobres ciegos salian en rosario dos ó tres noches en semana, recogiendo numerosas limosnas para el sosten de aquel pequeño hospital. El entusiasmo fué decayendo, y á fines del siglo XVIII quedó abandonado, y á poco lo estinguieron. En el censo de poblacion de 1718 aparece esta ermita, llamándonos la atencion ver en él inscrita una jóven llamada María Gonzalez, de trece años, soltera y con un hijo de unó, que debió dar á luz cuando ella contaba doce, dando esto una idea de que las costumbres estaban entonces relajadas como ahora, y que la juventud tampoco perdía el tiempo para lanzarse en la senda de los vicios.

De la calle de Alfaros ó Carnicerías, salimos á la plaza del Salvador, estenso campo en tiempo de los árabes, y hoy uno de los puntos de mas concurrencia y tráfico, y de los que han sufrido mas variaciones. Esta era una de las salidas de la poblacion principal, ó sea la Almedina, pues el principio de la calle del Liceo ó Zapatería, era la famosa puerta del Hierro, ante la cual murieron algunos de nuestros mártires. Ha sido esta plaza mayor, porque no existian las casas que tiene alrededor, y mas pequeña cuando, como digimos en nuestro paseo anterior, parte de su terreno era ocupado por unas carnicerías. Tambien ha tenido unas casetas de madera para la venta de comestibles, las cuales entrando en dos filas por la Zapatería, estorbaban al tránsito, y la ciudad las compró en 12 de Octubre de 1498 y las hizo pedazos, con lo que desapareció aquella fealdad. Mas adelante pusieron otras en direccion opuesta, ó sea ocupando parte de la calle de San Pablo, las que desaparecieron á fines del siglo XVIII. Donde hoy vemos la fuente de vecindad colocada desde 1861, habia un púlpito de hierro sobre un pedestal de mármol negro, el cual servia para que los Domingos predicasen los frailes capuchinos, los que venian en procesion desde su convento, rezando el rosario y cantando algunos salmos: solian predicar religiosos de otras órdenes, como lo hizo varias veces el Bto. Francisco de Posadas y otros del convento de San Pablo; las cuaresmas habia sermones desde el balcon del Ayuntamiento, y en su corroboracion hemos visto los recibos de las gratificaciones dadas por este trabajo. En 1841, desapareció dicho púlpito, y tratando de averiguar su paradero, hemos sabido que la parte de hierro está sirviendo de brocal al pozo de la casa núm. 29 de dicha plaza, y el pedestal está puesto como mesa en la huerta de Saldaña en la sierra. En dicho año desaparecieron dos imágenes de la Pastora que estaban frente una á otra, ó sea en las esquinas de la calle de Alfaros y en la que vuelve á el Ayuntamiento, en lo antiguo denominada de los Piñoneros, porque estos se colocaban allí, y despues de la Pastora, por la que hemos dicho. Estas imágenes fueron puestas cuando vino á Córdoba Fr. Diego de Cádiz, que aumentó mucho la devocion.

Se dijo al pasar la plaza de San Andrés, que aquella fuente estuvo en la del Salvador hasta 1861, en que el Alcalde D. Cárlos Ramirez de Arellano la mudó, y ahora debemos ampliar estos datos: fué construida en 1664 y no ha sufrido mas variacion que el colocarle el pedestal de encima de la taza en sustitucion de otro mas alto, en que tenia los escudos antiguo y moderno de Córdoba, y en los estremos otros cuatro caños, que vertian en aquella, de la cual, como ahora, salia el agua por otros cuatro. El abuso de los chicos de tirarle piedras, hizo suprimirle los primeros, y que le pusieran una horrible cubierta de tablas, asemejándose con ella á un as de copas. En todas las grandes fiestas celebradas en Córdoba, adornaban esta fuente con vasos de colores y follage, siendo estraño, que habiéndole puesto en 1823 un letrero dorado en que se leia «Viva el Rey absoluto,» lo conservó hasta el dia de ser trasladada, sin que nadie se hubiera ocupado de borrárselo.

En esta plaza del Salvador, fueron degollados Pedro de Cabrera y Fernando Alfonso de Gahete, por órden del Rey D. Pedro el Cruel, dada en Sevilla á 27 de Mayo de 1358, firmada cuando tranquilamente estaba comiendo, despues de haber dado muerte á su hermano D. Fadrique, Maestre de Santiago. La sentencia alcanzó á la vez, en Villarejo de Salvanes, á Lope Sanchez de Avendaño; en Salamanca, á Alfonso Jofre Tenorio; en el castillo de Mora, á Garci Mendez de Toledo, y en Toro á Alfonso Perez Fermosino, todos partidarios de la infeliz Reina su esposa D.ª Blanca, y cuyas cabezas le llevaron á Búrgos, para donde habia partido con intencion de dar muerte á su hermano el Conde D. Tello, que se salvó marchándose á Francia. Los cadáveres de los dos nobles cordobeses fueron sepultados en San Pablo, de donde, pasado algun tiempo, sacaron el de Pedro de Cabrera, con gran ostentacion y pompa fúnebre, para depositarlo en la capilla de San Ildefonso, en la Catedral, perteneciente á su familia, y por disposicion testamentaria de su hijo segundo Juan Enrique de Cabrera.

Dejando á mas adelante el ocuparnos del antiguo y magnífico convento de San Pablo, seguiremos á la calle de su nombre, sin duda de las mejores de Córdoba. Termina en la plaza de San Andrés, afluyendo á ella la de Orive y las callejas de Santa Marta. Algunos autores opinan que esta calle ha sido una de las vias mas generales desde tiempo de los romanos, opinion que en el presente siglo hemos visto casi probada. Por aquí baja una de las cloacas ó alcantarillas mas importantes, reconstruida á principios de este siglo, suspendiéndose en 1808, frente á la plazuela de Orive, por la venida de los franceses. En 1864 la volvieron á componer hasta el mismo punto, y en 1870 la alargaron á la plaza del Salvador, empalmándola con la antigua casi obstruida: divídese allí en diferentes ramales por las calles del Ayuntamiento, Alfaros, Cister, Arco Real y Liceo á Capuchinas. En este último año se descubrió frente á las callejas de Santa Marta, dos cosas dignas de llamar la atencion: *una*, un murallon en direccion á San Andrés, que se cree fuera parte de la cerca del Anfiteatro romano, del que muy pronto nos ocuparemos, y la *otra*, un pavimento de grandes sillares, y sobre él, ya oxidadas, dos barras de hierro ó rails, como figurando un tranvia, de lo que no existía ni la mas incompleta noticia, induciendo á creer fuera uno de los medios de comunicacion de los romanos, y por tanto, que si no se conocían los ferro-carriles, había al menos, algo parecido.

Por bajo de la puerta de la iglesia de San Pablo, entre dos ventanas del antecamarin de la Vírgen del Rosario, existe un bajo relieve en piedra cipia ó jaspon, que representa á aquella imágen, obra del cantero Juan Navarro y Leon, y por cierto que un pintor que vive al lado, hizo en 1872 el sacrilegio de darle de colores, quitándole casi por completo su mérito. Entre las casas números 39 y 41 había una Concepcion, de Pedro Antonio, y en la esquina de la plazuela de Orive, un San Antonio de Padua, desapareciendo ambas en 1841. La posada de Santa Marta tomó este nombre del convento, á que pertenecía, y tenía obligacion de darle agua para la fuente: es muy antigua, y se conocía en los siglos XV y XVI por el Meson de la Parra. La casa de pupilos núm. 44, era la panadería de los frailes de San Pablo. En la núm. 37, hoy oficina de farmacia del ilustrado Dr. D. Mariano Montilla, vivió el célebre cordobés D. Gonzalo Serrano, de quien en dos ocasiones nos hemos ocupado; en la núm. 53 el ya citado médico y anticuario Agustin de Oliva, y en las 44 y 46 hubo un beaterio muy notable, agregado al convento de San Pablo, que por haberse trasladado á las Azonaicas, aplazamos ocuparnos de él para cuando lleguemos á ellas.

Del barrio de San Andrés, nos queda el tramo desde la plaza del Salvador á la esquina de la Espartería, ó sea la calle del Ayuntamiento, lugar mas principal de Córdoba, del que podiamos escribir un grueso volúmen, si no lo impidiera la índole de nuestra obra. Este sitio ha tenido diferentes nombres, como calle de las Escribanías, porque algunas estaban allí; pero el mas constante ha sido el de los Marmolejos, por una porcion de ellos que habia en aquel sitio, descollando uno en que estaba colocada la Cruz, á que daban igual nombre, y aun existe en una de las esquinas de la Espartería. Tambien hubo en este sitio poyos, que últimamente servian para poner á la venta los zapatos viejos, de donde proviene el que, cuando á cualquiera lo veian mal calzado, le solían preguntar si se calzaba en los poyos. Estos eran unos asientos pegados á la pared, desde la puerta del Galápago á la de la iglesia de San Pablo, interrumpidos por las entradas á las casas: los hizo en 1556 el Corregidor D. Pedro de la Hoz de Tapía, y se quitaron en 1728, á peticion de los frailes de aquel convento, obligándose á construirlos á su costa, si la Ciudad en alguna ocasion los necesitaba. Los poyos servian para cuanto se les antojaba, lo mismo á la autoridad y sus dependientes que al pueblo en general; sobre ellos se vendía el pan y demás artículos decomisados, como se esponia al público, para identificar la persona, cualquier cadáver encontrado en el campo y traido á la ciudad por los hermanos de la Misericordia; en ellos se exponían tambien á la vergüenza los vendedores agoniosos ó estafadores del pueblo, y se inutilizaban los efectos que tal disposicion merecian. En los siglos XVI y XVII, época en que el cultivo de la vid era grande en el término de Córdoba, imperaba el esclusivismo en la venta de los frutos del país, y entre otras prohibiciones, era una la de entrar vino forastero, como generalmente decian, y éste llegó á constituir un género de contrabando tenazmente perseguido por los cosecheros del país, amparados por los Corregidores, quienes, como D. Alonso de Balda y Cárdenas, hacian llevar á los poyos los odres ó pellejos de vino decomisados, y allí se rompian á presencia de una multitud de chicos que, con la algazara consiguiente, se arrojaban á beber en el suelo el liquido que por él corria: otras veces se veian los poyos llenos de hombres desocupados y de pobres, que en ellos pasaban las noches de verano; y por último, eran un estorbo, y á veces un foco de inmundicia y de miseria.

En una de las casas por cima de la iglesia de San Pablo, nació el Bto. Francisco de Posadas, y en la fachada de otra mas arriba había una Vírgen de la Concepcion, escultura, que desapareció en 1841.

Aquí nos encontramos con la casi ruinosa fachada de las Casas Capitulares, donde se ha dispuesto de Córdoba, segun las antiguas leyes que tantas atribuciones daban á los Corregidores. Este edificio es insuficiente hoy para el objeto á que está destinado. La Ciudad, como entonces se decía, tenía sus casas en la, hasta hace poco, fonda de Rizzi, señalada con el núm. 5, en la calle de Ambrosio de Morales, que por aquella causa decían del Cabildo viejo; mas creyendo conveniente tenerlas en un punto mas amplio y cercano á los mercados, se trató de mudarlas, y al efecto, el Corregidor Garci Suarez de Carvajal, le compró, por escritura fecha 21 de Enero de 1575, á D. Pedro Venegas y D.ª Beatríz de Haro, Señores de Luque, unas casas tiendas en los Marmolejos, conocidas por las de los Arcolados, con las que, y otras de Miguel Escobar y unas habitaciones de otra del convento de Santa Cruz, se empezó la obra en 1594; faltó dinero, y con autorizacion de Felipe III, se tomaron para seguir quinientos ducados del fondo que había para el reparo del puente; tampoco bastó, y en 12 de Noviembre del mismo año, se dió igual autorizacion para otros quinientos ducados: se acabó el edificio sin adorno alguno, continuando así hasta 1614, que se dió otra autorizacion para tomar ciento cincuenta ducados con destino al aderezo de la sala capitular: en 1630 se hizo la sala capitular baja; en 1631 se arregló la Contaduría ó Cuadra de rentas que le llamaban; en 1720 se trató de ampliarla y se compraron otras casas que eran de Agustina de la Vega; en 1729 se compraron otras, y en 1731 se hizo la ampliacion y reforma, construyendo la escalera donde ahora existe, encontrándose al hacer estas obras la puerta por donde eran sacados los infelices que habían de ser devorados por las fieras en el Anfiteatro. En 1816 se reformó la fachada, dejándola cual hoy la vemos. Esta no corresponde á unas casas Ayuntamiento de una poblacion tan importante. Sobre el balcon principal hay una inscripcion que dice:

Reinando el Rey D. Felipe segundo de este nombre y siendo Corregidor de Córdoba Don Pedro Zapata de Cárdenas, comenzó esta obra el año 1594.

Por cima están las armas de España, y sobre los balcones laterales las antiguas y modernas de Córdoba, terminando la fachada con tres estátuas que representan á las Virtudes cardinales. Las primeras de aquellas, adoptadas casi en la conquista, eran un escudo con la vista de la ciudad tras el rio, atravesado por el puente, con algunos edificios, de entre los cuales salian varias palmas: ramas de este árbol rodean el espresado escudo, que entre ellas ostenta este lema:

Corduba militiæ domus, inclita fousque sophiæ.

El Sr. Ramirez Casas-Deza, lo traduce así:

Córdoba, casa de guerrera gente
y de sabiduría clara fuente.

No sabemos cuando se cambió este escudo por otro con un leon de gules rapante en campo de plata, bordura de castillos y leones, los primeros de oro en gules y los segundos gules en campo de plata, corona real antigua, ó sea realzada de ocho florones y sin diadema, y con este lema que no siempre le ponen:

Cordoba cor dabis, bellantibus arma porabis.

La escalera es muy buena, de mármol negro, demasiado pendiente; tiene una bonita cúpula, y en su testero un gran cuadro de Antonio del Castillo, que representa á San Rafael, el cual no se ha librado de ciertos retoques que nada le han favorecido: de él hay un grabado hecho por D. Juan Diaz en 1762.

La sala capitular no es muy estensa, si bien de buena y elegante forma; ocupa el testero una decoracion de yesería, en forma de docel, hecha por el artista D. Hermenegildo Sanchez, y en el centro estaba colocado un buen retrato de D.ª Isabel de Borbon, obra del malogrado pintor cordobés D. Mariano Belmonte, que murió siendo Director de la Escuela de Bellas Artes de Valencia. Dicho cuadro, destrozado en la revolucion de 1868, se trasladó al Museo, con otro, obra del célebre D. Vicente Lopez, y que representaba á Fernando VII. Las paredes están forradas de damasco carmesí, puesto en la reforma hecha en 1851, siendo Alcalde el actual Duque de Hornachuelos. Antes estaban pintadas al fresco, y en los lunetos de la bóveda había varias figuras que representaban asuntos de Córdoba, obra del pintor D. José Perez, que murió en el primer tercio de este siglo. De él es el cuadro del altar, representando la conquista de Córdoba; además de lo mal pintado, está lleno de anacronismos, no solo en los trages, sino en unas cuantas piezas de artillería con que aparece allí San Fernando combatiendo contra los moros cordobeses. Encima de la puerta hay un gran cuadro, obra de Don José Rodriguez de Losada, que representa la batalla de Alcolea, en la tarde del 28 de Setiembre de 1868. Junto á el altar, ha existido hasta hace poco una urna, que ahora está en el archivo, con un Crucifijo de bronce, regalado al Ayuntamiento por el V. Fr. Diego de Cádiz, de quien nos ocuparemos cuando vayamos al convento de Capuchinos.

Lo mas importante que hay en estas casas es, sin duda, el archivo, donde se conservan multitud de documentos, que muchos alcanzan hasta la conquista de Córdoba, y son, no solo interesantes para su historia, sino para la general de España. De allí hemos sacado la mayor parte de estos apuntes, y hemos tenido una complacencia en ver el cuidado con que se custodia tan rico y respetable tesoro. No ha tenido España un Rey, de quien no halla un facsímil; no hay asunto interesante, de que no se encuentren datos; no hay cosa alguna de Córdoba á quien no se salve del olvido, si se registran tantos y tan preciosos documentos. Tambien se guardan allí las llaves de los atahudes en que fueron inhumados muchos hombres célebres, y todo, apesar de los contratiempos que ha sufrido este archivo, siendo los peores el haber estado muchos años en un sótano del convento de San Pablo, donde se pudrieron muchos legajos, y el haber utilizado otros en hacer cartuchos para los nacionales que se encerraron en el fuerte cuando la venida del cabecilla Gomez con su division, en 1836, de que en otro lugar nos ocuparemos.

Posee así mismo el Ayuntamiento, muy buenas alhajas de plata, construidas algunas en 1731 con la de unas andas que desbarataron, ya sin objeto, pues solo servian para traer á Córdoba la Vírgen de Villaviciosa, antes de que definitivamente quedase en la Catedral.

La organizacion de aquel cuerpo ha sido la que han ido marcando las leyes, y puede verse en la historia; por consiguiente, no creemos necesario esplicarla. Sí diremos, que era una de las corporaciones mas importantes y respetadas de España. Ciertos cargos eran oficios enagenados por la Corona, algunos muy estimables y honrosos. Para que nuestros lectores formen una idea, daremos una lista, sin descender á mas pormenores:

Alférez mayor del pendon Real, que lo poseian los Marqueses de la Puebla de los Infantes.

Alcaide de los Reales Alcázares, los Marqueses del Carpio.

Alguacil mayor, los Marqueses de las Atalayuelas.

Alcalde mayor honorario, los Marqueses de Villaseca.

Una Veinticuatría de preeminencia, que poseian los Duques de Sanlúcar la Mayor.

Las Veinticuatrías, que habiendo empezado por los Treces, llegaron despues á aquel número, cuyo nombre tomó; pero que siguiendo las concesiones de los Reyes, ascendieron hasta setenta y dos, si bien no ejercia mas que el número marcado, por los mismos poseedores ó por las personas en quienes delegaban. En varias ocasiones se redugeron, pero luego aumentaban con nuevas concesiones.

Treinta y cinco plazas de Jurados perpétuos, si bien no ejercían todos, por haber vacantes ó ausencias: el número debía ser treinta, con su Alcalde, componiendo un solo voto en los cabildos.

Dos Escribanías perpétuas de la Ciudad, con la asignacion de seiscientos ducados, y unos ciento cincuenta de derechos eventuales.

Dos Contadurías perpétuas, dotada cada una con cien ducados.

El oficio de Portero mayor, Sacristan y Fiel mayor de la pregonería, era propiedad de los Sres. Hoces. Esta plaza estaba dotada con 2811 reales y unos cien ducados de emolumentos.

Había otros oficios propios de la Ciudad, que se arrendaban, y eran:

Fiel del peso harinero del Puente, idem de Martos, idem de la Romana; Fiel almotacén; Fiel corredor de aceite, y Fiel marcador de oro y plata.

Otros que se proveian por la Ciudad: Seis varas de Alguaciles, con 550 reales cada una; un Pregonero con 382, y un Ejecutor de la justicia con 600; Fiel del peso de harina en la Magdalena; Guarda mayor del vino; Alguacil de vagamundos; Contraste de la seda; Mayordomo de limpieza; Fiel de cortijos ó de rayas.

Cuarenta y tres Escribanías perpétuas.

Veinte y cuatro Procuras.

Ocho Corredurías de paños.

Una idem de ganados.

Dos idem de bestias.

Hé aquí otros oficios de mas importancia, que como perpétuos se heredaban, y los servian sus poseedores ú otras personas en quienes delegaban, y tenian que llenar ciertas condiciones:

Caballerizo mayor de S. M.; últimamente lo poseian los Marqueses del Carpio.

Alguacil mayor del Santo Tribunal de la Inquisicion; lo poseian los mismos, aunque lo desempeñaba el Marqués de las Atalayuelas.

Fiscal de la Real jurisdiccion de esta ciudad; lo poseian los Montesinos.

Alguacil mayor de Alcabalas; los Marqueses de la Puebla de los Infantes.

Alguacil mayor del pan de vecinos, vino, seda y Rastro; el mismo Sr. Marqués.

'Alguacil mayor de Millones; lo poseian los Duques de Almodóvar.

Alguacil mayor de Entregas y apremios; lo poseian los Melgarejos.

Alguacil mayor del Tribunal de la Santa Cruzada; últimamente estaba sin uso, y el último poseedor fué D. Francisco Sanchez Gutierrez y Vijil.

Notaría mayor de la Santa Cruzada; la poseia en 1800 D.ª Rafaela de la Peña, y la servía su marido D. José Junguito.

Contaduría de Alcabalas; era de los Saravias.

Contaduría de los Millones; de los Bermudez, si bien el último que la sirvió fué D. Fernando de la Chica y Millan.

Contaduría de Cuentas y particiones, últimamente sin uso; era de D. Damian de Castro.

Contaduría de las Reales Carnicerías; era del Cabildo Eclesiástico, quien ponía persona que la desempeñase.

Juez y Fiel mayor de la Real Aduana; lo poseian los Armentas.

Escribano mayor de Millones; era del patronato de Pedro Alonso y Fernando Muñoz.

Escribano mayor de Rentas Reales; lo poseian los Condes de Canillas.

Escribanías de Registros de las puertas del Puente, Nueva y Rincon.

Alguacil mayor de esta última.

Factoría del pescado.

Estanco de Lutos; era de los Tafures.

Y la Alcaidía de la Cárcel, propiedad de las Obraspías de la Catedral.

Muchos de estos cargos eran puramente honoríficos; otros, como los Veinticuatros, se asimilaban á los actuales Concejales, si bien eran vitalicios y de mas importancia, optando á una gratificacion anual, que se repartía entre los que, durante el año, habían asistido á cuarenta y ocho cabildos. Los Jurados fueron de eleccion popular, y despues de nombramiento Real y perpétuos, formando una corporacion entre sí, con su archivo muy rico en papeles, que estuvo en el convento de San Francisco, despues en la parroquia del Salvador y Santo Domingo de Sílos, y hoy agregado al del Ayuntamiento. Tambien tenían reparticion de cierta suma anual, y sostuvieron muchas cuestiones con los Veinticuatros, que invadían sus atribuciones, por lo que llevaron muchas apelaciones á la Chancillería de Granada, donde las sentenciaron á su favor. Unos y otros estaban exentos de muchas cargas, y gozaban no pocas prerogativas.

Mucho pudiéramos contar de la marcha de estas corporaciones, que unidas representaban una sola, denominada la Ciudad y ahora Ayuntamiento; pero creemos impropio de nuestro objeto entrar en ciertos pormenores, ya porque unos van repartidos en todo el trascurso de esta obra, ó porque sería separarnos de la marcha que llevamos.

Grandes y prolijas descripciones pudieran tambien hacerse de los actos públicos que han tenido lugar en esta casa; de los motines, asonadas y pronunciamientos que ante ella se han realizado; de las iluminaciones que en pró de tirios y troyanos han lucido en aquella estensa fachada; los retratos que en su balcon principal se han expuesto al público con su guardia de honor, y despues se han visto tirados en los mas ocultos rincones; mas con todo esto, solo revelaríamos nuestras miserias y disenciones; dejemos, pues, que mas adelante otros las comenten y traten con la calma que tras los años hace la historia justa y verdadera. Ageno completamente nuestro trabajo á la política, solo venimos anotando hechos ó sucesos curiosos. Hé aquí uno: En el verano de 1850, en obsequio á los Infantes Duques de Montpensier, á su paso por Córdoba, se colocó una lujosa iluminacion en la fachada de la casa del Ayuntamiento, y para hacerla mas vistosa, pusieron delante una fila de pedestales con jarrones llenos de pez y aguarrás encendida: estando los viajeros en la sala capitular, donde tenian preparada cena, la misma gente, en su afan de acercarse, derribó dos ó tres flameros, y vaciándose el líquido sobre las personas, causaron quince ó veinte desgracias entre muertos y heridos ó quemados, pues corriendo las mugeres con la ropa ardiendo, comunicaban las llamas á otras, sin que nadie se atreviese á socorrerlas. Los muertos en el hospital fueron cuatro, y entre las otras personas quedaron algunas tan mal, que vivieron poco tiempo, como sucedió á un municipal que, viendo arder su uniforme y que nadie lo socorria, se arrojó en la fuente de la plaza del Salvador.

Cuando hablemos en general de la Ajerquía de Córdoba, diremos á nuestros lectores la variacion que ha tenido este sitio, cuyas construcciones son posteriores á la conquista.

Los Marmolejos, nombre que tantos años y aun siglos ha llevado, debió ser una especie de calvario, colocado por los frailes de San Pablo, antes de que edificasen en aquellos alrededores, tan amplios, que ocuparían para su via sacra. Este lugar ha sido en muchas ocasiones destinado á las ejecuciones, como uno de los mas concurridos de la ciudad. Muchas hemos visto citar, entre ellas la de D. Alonso Velasco, que el autor de los *Casos raros* refiere de este modo:

En el reinado de Felipe II, siendo Obispo de Córdoba D. Leopoldo de Austria, había en esta dos hermanos de la familia de los Velascos, uno de los cuales estaba casado con una señora que no era tan igual que mereciera la aprobacion de aquella, si bien era muy buena y cristiana vieja, condicion indispensable para todo, en aquellos tiempos en que el orgullo de los nobles era ilimitado. Tuvieron dos hijos, á quienes, ya hombres, su tio les criticó el modo de cabalgàr, por hacerlo mas á la brida que á la gineta, achacándolo á resabio de la familia materna. Irritáronse con esto y otras cosas que ocurrieron, hasta el punto de concebir el propósito de cometer un asesinato en la primera ocasion que se les presentase, para lo cual tenian gente acechando al pobre viejo. Llegó el dia de San Bartolomé, 24 de Agosto: la cofradía de esta advocacion en la iglesia del Alcázar viejo, hizo una gran fiesta, seguida por la tarde con música y toros de cuerda, logrando llevar hácia aquel punto toda la gente aficionada á los espectáculos grátis, entonces, como ahora, muy numerosa. Los hermanos Velascos, supieron que su tio había permanecido en su casa: dirigiéronse á ella, entraron de pronto, y arrojándose sobre él con sus dagas en las manos, diéronle de puñaladas, apesar de su escasa defensa y de los gritos de su esposa demandando socorro á los vecinos. Despues de una accion tan infame, con lo cual corroboraron el dicho de que no eran ni sabian ser caballeros, se escondieron en el convento de la Trinidad, de donde nadie podía sacarlos para sufrir el castigo á que eran tan merecedores. La infelíz viuda, señora de carácter digno, se dirigió en queja á Felipe II, quien mandó un juez para continuar aquel proceso. Llegado á Córdoba, pasó al convento de la Trinidad, y contra la oposicion de los religiosos, sacó á los reos, á quienes puso en la cárcel pública, entonces en la calle llamada de las Comedias; mas, siendo uno de aquellos Comendador de la Orden de San Juan, lo remitió á ella para su castigo, quedándose con el otro, llamado D. Alonso, á quien sentenció á ser degollado en los Marmolejos. La gallarda apostura del sentenciado, su juventud y el pertenecer á una de las mas principales familias de Córdoba, hizo á todos interesarse en su suerte y acudir á implorar de su tia el perdon, que podía librarlo de la muerte; mas dicha señora se negó á todo, mandando á sus criados que nadie entrase en su casa hasta despues de ejecutada la sentencia. En este apuro, recurrieron al Obispo D. Leopoldo de Austria, quien se prestó á ir á rogarle en su nombre y en el de toda la ciudad, perdonase á D. Alonso. Recibiólo, y despues de mil reflecciones y amorosos consejos, sin conseguir su objeto, el venerable Prelado se hincó de rodillas ante la señora, rogándole el perdon tan anhelado; mas todo en vano: la viuda solo decía: «Mientras no me vuelvan á mi esposo, que nada me pidan.» Viendo el Obispo que ni las súplicas ni ofrecimientos alcanzaban la menor compasion en aquella desesperada viuda, se retiró á su palacio, satisfecho de haber obrado como un buen sacerdote, dejando que la justicia ordinaria ejecutase la terrible sentencia. El juez tuvo noticia de que por algunos caballeros cordobeses se trataba de arrebatarle el reo, y publicó un bando mandando que, bajo pena de la vida, ninguno saliese de su casa hasta que estuviese cumplido su fallo. A las ocho de la mañana, montado en una enlutada mula y rodeado de religiosos de todas las órdenes, sacaron á D. Alonso Velasco de la cárcel, llevándolo por las calles del Meson del Sol, Torrezneros, Platería, Pescadería, Calceteros, Feria, Cuchilleros, Libreros y Marmolejos, donde estaba preparado el cadalzo; le hicieron subir tres gradas, y ante un numeroso concurso le cortaron la cabeza, causando tal impresion, que la gente principió á gritar y correr como si alguien la persiguiese. Pasadas cuatro horas de estar el cadáver sobre el tablado, las familias mas principales pidieron permiso para recogerlo, y lo llevaron á casa de sus padres, cuyo dolor se aumentó horriblemente en aquel momento. Al dia siguiente le hicieron el entierro mas lujoso que habían visto los cordobeses.

En el terreno que ocupa esta calle, estendiéndose á el solar de San Pablo con su iglesia, y casas desde la Esparteria al Salvador, estuvo el Anfiteatro romano, donde recibieron la palma del martirio San Acisclo, Santa Eugenia y otros valientes defensores de la Religion de Jesucristo. Corroboran esta opinion los descubrimientos hechos en aquel lugar, siempre que se ha tocado al terreno para la construccion de nuevos edificios. Así opinan tambien Martin de Roa, Ruano y Feria. Abriendo en 1730 los cimientos para la nueva escalera de las casas Ayuntamiento, á doce varas de profundidad, apareció un gran trozo de columna de mármol blanco, estriada, igual á otras que aun existen en varios puntos de la ciudad. La base no pudo sacarse, por su gran tamaño, y de aquella se hicieron las columnitas que hay en la referida escalera. En la muralla que contiene el terraplen de la casa que habita la Sra. Condesa viuda de Hornachuelos, se descubrió una puerta con dos escaleras que subían al muro por ambos lados, y delante unas gradas anchas que descendian al plano del Anfiteatro, y á un lado un muro ancho, tal vez paralelo al que ya hemos dicho se ha visto en la calle de San Pablo, al reconstruir la cloaca, sin que se oponga el estar en línea recta, pues aun cuando el centro ó lugar en que arrojaban las fieras fuese circular ú ovalado, no quita que el edificio por fuera tuviese otra figura. En este punto se supone estaría la entrada de las fieras, y al final de la iglesia de San Pablo, las cárceles, como tradicionalmente se cree, erigiéndose una capilla á los Santos Mártires Acisclo y Victoria en el lugar de su prision, donde existía un subterráneo ó comunicacion, que con el derribo del convento ha desaparecido ó ha quedado sepultado.

Cuando el Santo Rey Fernando III vino á la conquista de Córdoba, trajo en su compañía varios frailes de diferentes órdenes, entre ellos algunos de la de Santo Domingo de Guzman. En aquel tiempo, el mayor apoyo para sostener los pueblos ganados, era el instruirlos en los preceptos de la religion, y para ello pensó fundar cinco conventos, que fueron los de San Pablo, San Francisco, la Merced, San Agustin y la Trinidad. Señaló el terreno donde cada uno había de edificarse, y al de San Pablo tocó el que aun ocupa la iglesia con casi toda la manzana de casas que la circunda, apoyándose en que querian vivir algo alejados de la Almedina ó Villa, y ser el lugar en que tradicionalmente se decía haber sufrido el martirio muchos de los que se sacrificaron por sus creencias religiosas. En 1544 encontraron, abriendo unos cimientos, una gran losa con inscripcion, sobre la cual, segun Ambrosio de Morales, fué martirizada Santa Eugenia: primero la colocaron como ara en un altar; mas despues, el citado sábio cordobés le hizo una caja adornada y con puertas, y la colocó en la casa de los novicios, donde la miraban con gran veneracion. En el dia se ignora su paradero.

En el tiempo de la fundacion de este convento, todos los autores convienen, con muy corta diferencia: seguiremos los datos mas autorizados. El privilegio, donacion del terreno, es de 1241, si bien se fundó cinco años antes, ó sea á seguida de la conquista. En 1245, concedió la Ciudad á los religiosos su tercera parte de agua, que salía del Adarve, con la condicion de tener siempre una fuente en la calle de San Pablo, si bien ellos permitieron tambien que el público se surtiese de la llamada del Galápago, en el primer patio pasando la portería, hoy entrada al solar: aun conserva el título de aquel anfibio. El decir la mitad de su tercera parte del agua, es porque San Fernando la hizo tres partes, que concedió á la Ciudad y á los conventos de San Pablo y San Francisco. En el privilegio de donacion, dice, el agua que nace en la Almedina, y saliendo por el muro que la divide de la Ajerquía, vá por delante de él á desaguar en el Guadalquivir por la puerta Piscatoria, sitio conocido por la Cruz del Rastro.

Alfon de Morales y algunos otros autores, dicen que el primer Prior ó fundador de esta casa, lo fué el Beato Corbalan, lo que no creemos exacto, pues segun los *Anales de la Orden de Santo Domingo,* aquel murió en Segovia en 1218; por consiguiente, ni aun vivía cuando la conquista de Córdoba. Otros dicen que lo fué Fr. Domingo Muñoz, hijo del Adalid, y á quien San Fernando colocó en este puesto.

En un principio labraron una pequeña iglesia, aprovechando tal vez algun edificio antiguo, pues examinando la construccion de sus muros, los vemos muy semejantes á los de San Lorenzo y Santa Marina, si bien no todos son iguales. El convento principió tambien por una especie de hospedería; mas, andando el tiempo, lo labraron nuevamente con la magnificencia que lo hemos conocido.

Como en aquel tiempo empezaron los conventos en Andalucía, los iban agregando al Provinciorato de Castilla, quedando sujetos á él hasta 1515, que en un capítulo celebrado en Nápoles, los separaron, aprobándose esta determinacion en un breve especial de Leon X: entonces eligieron por su primer Provincial al P. M. Fr. Cristóbal de Guzman, hijo del convento de San Pablo y Santo Domingo de Ecija. De año en año fué creciendo su importancia, hasta comprender cincuenta y seis conventos de frailes, doce de ellos con estudios, y noventa de monjas. Cuando el descubrimiento del Nuevo Mundo, agregaban á esta provincia las fundaciones realizadas en aquellas regiones, las que al fin se separaron en 1641, eligiendo su Provincial en el de 1644;

Este edificioformaba una cruz griega muy estensa, cuyos ángulos eran ocupados por el patio principal, la enfermería, el noviciado y la portería y casa de campo; el primero era magnífico: ocupaba su centro una hermosa fuente de mármol, y en sus cuatro lados ó claustros, se alzaban airosos arcos sostenidos por mas de ochenta columnas, dejando ver por entre ellos la decoracion de los muros, compuesta de hornacinas, y entre ellas pilastras pareadas y estriadas, sosteniendo el cornizamento de todos los cuatro frentes: el techo de los claustros bajos, estaba formado de casetones irregulares, primorosamente labrados, con rosetones en sus centros, casi todo dorado. Algunos altares de patronato particular, daban prueba de la predileccion conque los antiguos nobles cordobeses miraban á esta comunidad. La obra que acabamos de describir, era del arquitecto Juan de Ochoa, quien dirigió en Córdoba otros varios edificios. Formaba la cruz griega en los pisos bajo, principal y segundo, comunicándose la luz de unos á otros por un círculo que había en el encuentro ó centro, y que estaba rodeado de un barandal de hierro, siendo el bajo mayor que el alto, y cubiertos todos por una cúpula esférica. Despues de la exclaustracion quitaron el barandal, y una vez que encerraron los quintos en este edificio, ya cerca de noche, iba uno corriendo de otro que lo seguía jugando, y con la falta de luz cayó, muriendo instantáneamente.

La casa de novicios, la librería, cuyos estantes son los que hay en la Biblioteca provincial, y dos mesas de piedra que tenía en el centro y están en el hospital de Agudos, y una de las clases, es lo qué se utilizó del convento para la Diputacion provincial, y en que hoy está tambien el Gobierno civil, si bien fué preciso tomar parte de una casa de la calle de Carreteras, para hacerle la entrada.

En este edificio se acuarteló parte de la division francesa al mando del general Godinot, la del general Riego, mártir de la libertad española, y algunas otras fuerzas. Tambien sirvió de cuartel á la Milicia Nacional.

El abandono en que se encontraba, hizo que poco

á poco se fuera deteriorando, y en 1848 lo derribaron por ruinoso, aprovechando algunos de sus materiales en la construccion de la capilla del cementerio de San Rafael, donde hay dos buenas puertas de caoba y algunas columnas estriadas. Lo demás se vendió y aprovecharon en edificaciones particulares. Esta es, sin duda, la determinacion mas desacertada de las muchas de su clase que hemos visto en Córdoba.

En los primeros tiempos de esta comunidad, se observaban con todo rigor y buen ejemplo las reglas de la Orden; mas despues, con la cuestion de los claustrales, se relajó tanto, que desterraron á la mayor parte de los frailes, y trajeron otros mas observantes, que dieran mejor ejemplo, y se sujetasen al cumplimiento de sus votos. Entonces vinieron dos de Lombardía, de vida tan austera y penitente, que hicieron á este convento recobrar el buen nombre perdido. Uno de ellos murió en Córdoba, y lo sepultaron en la capilla de los Santos Mártires.

Un antiguo religioso, llamado Fr. Benito de Prados, que casi alcanzó á los claustrales, contaba que un Prior, con muy poca premeditacion ó alguna malicia, quemó un cajon lleno de papeles del primitivo archivo, desapareciendo con ellos todo lo que hacía relacion á los años anteriores. Los nuevos Domínicos, fomentaron la devocion al Rosario, cuya hermandad existía desde el principio de esta casa: al efecto sembraban en la huerta y patio, la yerba conocida por Lágrimas de Moisés, que engarzaban, cargando bestias con rosarios, que llevaban por los pueblos, vendiendo á unos y dando á otros, para catequizarlos y hacerles formar parte de aquella cofradía. Tambien se ocupaban en tejer una tela, mezcla de cáñamo y cerda, de la cual eran los sayos que usaban sobre el cuerpo, sin otra tela alguna interior. Tambien existía ya, por haberse fundado en 1274, la hermandad del Dulce Nombre de Jesus, que aun se sirve en una de las dos capillas á los pies de la iglesia.

Sin embargo del buen nombre de esta comunidad, ocurrió el año 1513 un lance que produjo mucho escándalo, y que al fin logró calmarse de una manera pacífica.

Por encargo del Comisario de la Santa Cruzada, andaba predicando por los pueblos, un fraile Dominico nombrado Fr. Diego de Estrada; mas su conducta, lejos de ser la mas edificante, menguaba el buen nombre de la Orden, vistiendose de seglar y concurriendo á puntos donde no debiera presentarse, con alardes de rico, y tirando el dinero con demasiada largueza: los frailes de San Pablo se quejaron al Provincial de Castilla y Andalucía, entonces uno solo, quien mandó recogerlo y remitirlo á su órden. Salieron dos frailes á cumplir dicha disposicion, y lo encontraron en la Rambla, de donde lo trajeron y despues llevaron, en castigo, á residir en el convento de Santa Cruz de Segovia. En este tiempo era Corregidor de Córdoba, su hermano Hernando Duque de Estrada, quien tomó muy á mal todo lo ocurrido, vengándose en incomodar á los frailes de San Pablo, por cuantos medios hallaba á su disposicion, con el apoyo ó ayuda del Comisario. Llegó á tanto su odio y habló tan mal de aquellos, que hasta eran insultados por los chicos y aun por algunas personas, de las que no faltó quien les escupiese á la cara, como le sucedió á Fr. Bartolomé de Pineda, yendo un dia hácia su convento. No sabiendo ya como vejarlos y darles mas incomodidad, prohibió que se les vendiese hasta lo mas preciso para su sustento, y les hubiera faltado éste, á no ser por su vecino Pedro Sanchez, que les compraba lo necesario y se lo echaba en un canasto desde el terrado de su casa, que caia á uno de los patios.

El Provincial concedió permiso á Fr. Diego de Estrada para regresar á Córdoba y rendir cuentas al Comisario de la Santa Cruzada, de la mision que le hubo confiado. Llegó, siendo muy bien acogido por todos los religiosos, y al siguiente dia, el Suprior, que hacía de Prior, recibió un recado del Corregidor, rogándole dejase ir á su hermano á su casa. Comprendióse la intencion de sacarlo del convento y quedarse con él; pero los frailes mas respetables, convinieron dejarle ir con Fr. Francisco de Zamora, quien al anochecer había de volverlo por grado ó por fuerza, segun juzgase preciso. Fueron ambos: obsequiólos D. Hernando Duque de Estrada, y cerca de noche tornaron á San Pablo, acompañados de éste último, quien preparó las cosas de modo, que los seguia mucha gente como en son de amenaza contra los frailes. Así llegaron hasta lo que aun llaman puerta del Galápago; pero el que hacía de portero, anduvo tan listo, que á escepcion de los tres, dejó á todos en la calle. Conforme entraron, sentáronse en un poyo que había en la portería, á donde bajó el Suprior, empezando una acalorada disputa entre él y el Corregidor, sobre si Fr. Diego había de quedarse en el convento ó irse á su casa: hubo voces, despues insultos, y hasta otras demasías de peor género, acudiendo muchos frailes, entre ellos Fr. Pedro de Gahete, aconsejando al Suprior que dijese sí ó nó, y acabara la disputa: dijo lo segundo, y entonces hubo otra segunda lucha, puesto que el Corregidor tiraba de Fr. Diego, á quien agarraron los otros y llevaron al interior, cerrando la puerta. A esto, la gente de la calle oia la algazara, y con palos y picas forzaron las puertas y entraron, encontrando en el claustro al Corregidor, que mas bien parecía una fiera que una persona de su clase. Salióse por la portería del compás, ó sea el patio de la iglesia, diciendo tales improperios, que á Fr. Gregorio de Córdoba, notable predicador, que entraba y trató de hacerle cargos por sus palabras, cuya causa ignoraba, le dijo otras cuantas desvergüenzas, y se salió á la calle, donde empezó á hacer mayores atropellos, pues prendió al P. P. Fr. Francisco de Córdoba y otros religiosos que encontró, y siguió con ellos camino de la cárcel pública, en la llamada hoy calle de las Comedias. Encontróse algunos amigos, quienes le hicieron cargo de semejante medida, y receloso de su proceder, llegó hasta la plazuela de Benavente, donde vió á los inquisidores Mondragon y Escudero, acompañados del Provisor Lic. Tristan Calvete, D. Matías de Angulo y otros, que iban hácia San Pablo á saber lo ocurrido. Entonces se dirigió á ellos, exigiendo del Provisor llevase los religiosos á su cárcel, por no parecer bien estuviesen en la general, si bien lo merecían, por los insultos hechos á la autoridad que él representaba; la respuesta fué contraria á sus deseos; el Provisor le dijo que se quedaba con ellos, para obsequiarlos si necesario fuese, y no para prender á quien ningun delito había cometido. D. Hernando se retiró amostazado, y aquellos señores llevaron los frailes á su convento, citándose para el dia siguiente, en que toda la comunidad y muchas personas principales celebraron una reunion para ver el modo de concluir pacíficamente la anómala situacion en que, con escándalo de toda la ciudad, se habían puesto el Corregidor y los frailes; mas en ella nada pudo conseguirse.

En estas conferencias, pasaron el Lunes y Mártes de Carnaval, y aquella última noche determinaron los religiosos de San Pablo abandonar á Córdoba, yéndose á incorporar á otro convento, como si la poblacion tuviese culpa de la soberbia del Corregidor, ni los frailes ganaran cosa alguna con semejante determinacion. Miércoles de Ceniza por la mañana, acudió mucha gente á la iglesia, y desde luego sospecharon que la comunidad abandonaba su convento, pues todos los frailes se mostraban sumamente afectados, prorrumpiendo en lágrimas, con una parte del público, al oir á Fr. Gregorio de Córdoba, desde el púlpito, despedirse en nombre de todos, con la elocuencia que él sabía emplear cuando se proponía conmover á su auditorio. En seguida se reunieron en el presbiterio, cada cual con un báculo, un morralillo á la espalda, sombrero ancho, y con sandalias. Fr. Alonso Espejo tomó la cruz, cubrióla con un velo negro, y colocándose delante, emprendieron su marcha por los Marmolejos, Libreros, Cuchilleros, calles de la Feria, Pescadería, Platerías, Herrería y Mesones, á salir por la puerta del Puente, cantando el salmo *In exitu Israel de Egiptu*. Todo Córdoba se enteró de esta determinacion, y las gentes, ya por curiosidad, ya por amor y respeto á los frailes, corrian á su encuentro, siendo ya numerosísima cuando llegaron á la puerta, donde se presentó el Corregidor, mandando que nadie pasase de aquel punto, y que dejasen ir á los frailes. . . . . . .

Cuando esto sucedía en la calle, en la Catedral se estaba celebrando la misa, y había principiado á predicar el Guardian de San Francisco Fr. Luis Collado, quien gozaba de gran nombre como orador sagrado. Gran parte de la gente, rechazada por órden del Corregidor, se entró en la iglesia gritando: «Que se van los frailes de San Pablo.» Entonces, el P. Collado escitó á todos desde el púlpito á salir á detenerlos, corriendo hácia el puente el Cabildo y cuantas personas había presentes, tanto, que el Arcediano de Pedroche, D. Francisco de Mendoza, que estaba de misa, acabó ésta rezada.

Llegaron á la puerta, y el populacho, alentado con tantas personas principales, intentó insultar al Corregidor; mas aquellas le aconsejaron se retirase á su casa, como lo hizo, sin que en todo el dia se viese en la calle.

Ya iban los Dominicos por la mediacion del puente, donde el Suprior se había parado á oir á un tal Juan de Mesa, que le entregaba cien doblones para los gastos del viaje, y se ofrecía á acompañarlos é ir sufragando aquellos, cuando llegaron todos cuantos salieron á detenerlos. Los religiosos no asintieron al pronto á las súplicas que les dirijian, siguiendo su marcha hasta mas allá de la Calahorra, donde los cercaron é impidieron continuar, y agarrándolos de las manos y capas, los llevaron casi en volandas al palacio del Obispo, en el que los prevendados les dieron una gran comida, que duró hasta cerca de la noche, y en forma de procesion, con muchas hachas encendidas, regresaron á su convento. Aquí terminan los apuntes encontrados, y nada podemos decir mas de los hermanos Estradas, causa principal de todo este conflicto.

Aseguran algunos autores, que en el terreno donado á los frailes Dominicos, se comprendía todo el ocupado por la manzana de casas en que estaba el convento, y del que perdieron gran parte cuando la cuestion de los claustrales, ocurrida en los principios del siglo XVI; pero esto es un error, toda vez que en la titulacion de algunas de aquellas casas, se eleva su edificacion á tiempos anteriores, segun se vé en algunas solariegas de familias distinguidas, como las de los Orives ó Villalones, el huerto de San Andrés, la casa del Esparto y la de los Cisneros, hoy de los Sres. Torres, en la calle Carreteras.

La comunidad de San Pablo protegió tambien á los artistas: aparte de la decoracion del patio principal y de la escalera, que llamaba la atencion, se veian cuadros de nuestros mas aventajados pintores. En el claustro paralelo á la iglesia, había muy buenas obras de Agustin del Castillo; en algunos otros puntos, varios santos de la Orden, pintados de medio cuerpo por Francisco Zurbarán, y en la escalera lucía el diestro y delicado pincel de Antonio del Castillo, de quien eran Santo Tomás y San Buenaventura, de pie y tamaño natural; Santo Domingo y San Francisco, sentados; un gran cuadro en que San Fernando dedica aquel convento á San Pablo: estos tres están en el Museo provincial; y un San Vicente Ferrer, San Pedro Mártir, San Antonio y San Bernardino, de medio cuerpo. En la biblioteca había un cuadro que representaba á Curcio, en actitud de arrojarse á las llamas por la salud de Roma, y cerca de la puerta para la sacristía, otro con Betsabé, ambos con figuras grandes, y originales de Lúcas Jordan.

El convento de San Pablo de Córdoba llegó á ser uno de los mas importantes del Orden de Santo Domingo de Guzman, y en su comunidad siempre hubo religiosos que honrarán su patria, y por tanto dignos de que, aunque ligeramente, consignemos sus nombres en estos apuntes, antes que el poco aprecio que se hace de los manuscritos y libros antiguos, haga que estos concluyan y se pierda su memoria para siempre.

Fr. Juan, Obispo de Floretí, hijo de este convento; mereciendo por su ciencia y virtud llegar á aquel elevado puesto, en 1404 legó á esta casa un meson y dos tiendas que poseia en Córdoba.

En 1478, hallamos tomando el hábito á Fr. Juan de Vera, que adquirió gran fama de santo. Cuentan, que cuando Isabel la Católica estaba en esta ciudad, dió á luz á la Infanta D.ª Juana, á cuyo nacimiento asistió, echando á la Reina un escapulario por cima, y diciendo un evangelio á la recien nacida. En recompensa de sus servicios, los Reyes Católicos donaron á este convento treinta caices de trigo anuales sobre los paños, confirmándose este privilegio por todos sus sucesores hasta Enrique III.

En 1553, murió Fr. Francisco de Tune, gran literato, político y predicador, confesor del Gran Capitan Fernando Fernandez de Córdoba, á quien acompañó en todas sus conquistas.

Fr. Francisco de Córdoba, presentado, hijo de los Condes de Alcaudete; pasó á Indias con Fr. Domingo de Montes, conocido por el Mayor mártir de Valencia, y Fr. Diego Montesinos, siendo todos tres martirizados en aquellas apartadas regiones. Cerca de la puerta del refectorio estaba pintado el martirio de estos tres religiosos.

Fr. Juan Guerrero; pasó tambien al Nuevo Mundo acompañando á Fr. Bartolomé de las Casas. Catequizó á muchos de aquellos habitantes, y murió en 1554, con tanta fama de santidad, que se decía que los ángeles le habían avisado su muerte y asistido á ella para llevarse el alma á la gloria.

Fr. Carcía de Loaisa; por sus grandes conocimientos y virtud, lo eligieron Provincial; despues pasó á Indias y murió de Obispo de Lema.

Fr. Tomás de Cárdenas; despues de haber sido Prior de éste y otros conventos, fué tambien á aquellas conquistas, y murió de Obispo de Vera-Cruz, donde introdujo el conocimiento de la música.

Fr. Tomás de San Martin; fué tambien á aquellas apartadas regiones, donde prestó tantos y señalados servicios, que le dieron el Obispado de las Charcas: en su tiempo tuvo lugar la sublevacion de Pizarro y sus secuaces, la que logró calmar de una manera pacífica.

Fr. García de Chinchilla; tomó el hábito con la proteccion del Obispo de Córdoba D. Alonso de Búrgos, de quien despues fué auxiliar con el título de Riptia; muerto el primero, se retiró á esta ciudad, donde vivió fuera del convento, al que dejó las prestameras y bienes que poseía.

Fr. Francisco de la Cerda y Córdoba, hijo de los Condes de Cabra; tomó el hábito en este convento y estudió en Valladolid y París. Adquirió gran fama de predicador, fué Prior en Granada, Córdoba y otros puntos, y Provincial: electo Obispo de Canarias, asistió al Concilio de Trento, y cuando regresaba, le sorprendió la muerte en 1551, sin llegar á tomar posesion de su obispado.

Fr. Martin de Córdoba, de quien hablaremos cuando se llegue á los Obispos de Córdoba; empezó una magnífica sacristía en su convento, al que regaló una primorosa cruz de cristal labrado, con adornos de oro, la cual servía en las grandes procesiones;

Fr. Antonio Criado, gran orador sagrado; predicó en las solemnes exequias que se hicieron en Córdoba cuando la muerte de Fernando V. Pasó á

Sevilla, y allí murió con gran sentimiento de toda la Orden.

Fr. Lorenzo de Figueroa, hijo de los Condes de Priego; tomó el hábito en Salamanca, de donde vino á instancias de sus padres, y profesó en Córdoba. Sus grandes dotes de predicador y sus virtudes, le hicieron Prior de varios conventos, y dos veces de éste de San Pablo: Felipe II, deseoso de premiar su mérito, lo hizo Obispo de Sigüenza, donde fué muy querido, y murió á los ochenta años, en el de 1605.

Fr. Alberto de Aguayo, de la noble familia de este apellido en Córdoba; le echó el hábito su amigo y pariente Fr. Lorenzo de Figueroa, y profesó en 12 de Diciembre de 1544; fué Prior en varios conventos, entre ellos los tres que había en Córdoba, ó sean los Mártires, Scala-Cœli y San Pablo; ejerció con gran acierto el cargo de Provincial, y cuando iba á tomar posesion del Obispado de Astorga, murió en este convento, rodeado de todos sus compañeros, quienes lo querian como al mas bondadoso padre.

El P. M. Fr. Agustin de Esbanoya; tomó el hábito en Córdoba; Lector muchos años en Santo Tomás de Sevilla, dejó varias obras, y murió en 10 de Agosto de 1554. Tovo dos hermanos en la Orden, ambos muy ilustrados.

Fr. Rodrigo de Cervantes; de grandes conocimientos, pero tan recogido y callado, que no hablaba mas que cuando le preguntaban. Dos veces lo eligieron Prior, y desempeñó su cargo con gran acierto. Cuando llevaba mas de sesenta años de religioso, suplicó un dia al Suprior le manifestase cual sería la fosa en que habrian de enterrarlo y, sabido, hizo arreglarla y la bendijo, yéndose en seguida á su celda, avisando que se moría: acudieron los demás religiosos y llamaron al médico, quien aseguró que estaba completamente bueno, al par que él pedia los sacramentos; diéronselos, porque lo tenian *casi por santo*, y á seguida murió, enterrándolo en la fosa que él bendijo.

Fr. Gerónimo Chaparro, hijo de este convento, Prior en Scala-Cœli y despues Provincial; tuvo en toda su religion fama de los mas virtuosos.

Fr. Miguel de Arcos; murió de noventa años en 22 de Febrero de 1564; fué Prior varias veces y Provincial, cargo que al fin renunció por su edad y achaques. Era tan bueno, que haciendo confesion general al fin de su vida con Fr. Alberto de Aguayo, éste aseguró que no había dicho ni un pecado mortal.

Fr. Pedro de Sotomayor, de familia muy distinguida; murió de Catedrático en Salamanca, á donde lo llevaron por sus grandes conocimientos.

Fr. Alonso Carrillo, hermano del anterior; lo eligieron Prior en varios conventos, y tres veces en éste de Córdoba; muy ilustrado y virtuoso, mereció en 1532 que el Emperador Cárlos V lo llamase para consultarle asuntos de importancia.

Fr. Juan Ordoñez, lego; en el siglo maestro cantero: observó una vida ejemplarísima, y se decía haber luchado varias veces con el Diablo, que en vano pretendió hacerle pecar.

Fr. Vicente Megías; juró los estatutos en 18 de Agosto de 1518. Estando en Santo Tomás de Sevilla, obtuvo el título de Maestro: despues volvió á Córdoba, donde acabó su vida.

Fr. Cristóbal de Avila; no fué hombre de mucha instruccion, pero sí muy santo; lo nombraron

Vicario y Maestro de novicios, cargos que desempeñó con gran acierto: murió en 1575.

Fr. Gabriel de la Cruz; Prior y luego Provincial, sobre cuya eleccion hubo una gran polémica que tuvo que resolver el Papa, para lo que hizo un viaje á Roma.

Fr. Francisco Delgado, á quien, por ser un modelo de virtud y saber, lo eligieron Provincial en 1605.

Fr. Pedro de Montes; Prior en varios conventos, entre ellos el de Córdoba; lo eligieron Provincial, cargo que renunció, retirándose á su celda, donde hacía una vida ejemplar.

Fr. Miguel Baeza; tomó el hábito en 1498; fué un cantor muy notable: compuso un procesionario. Tenía gran habilidad para hacer relojes de sol. Murió en 1563.

Fr. Fernando de Saavedra, de familia muy ilustre; colegial en Santo Tomás de Sevilla, donde se dedicó con afan al estudio de la literatura. Murió en Doña Meucía en el año 1561.

Fr. Tomás de Molina; hombre de grandes conocimientos. Murió siendo Gobernador del Obispado de Canarias.

Fr. Gonzalo Valladares; asistió al Concilio de Trento con Fr. Francisco de la Cerda. Murió en el convento de los Mártires.

Fr. Cristóbal Mansilla; profesó en 1525; excelente predicador, astrólogo y humanista, hizo muy acertados pronósticos sobre la muerte de algunas personas y otras cosas, y nunca quería montar en clase alguna de bestias, porque pronosticaba que iba á morir de una caida; lo cual se cumplió, pues teniendo que ir á Castro, apesar de buscar un jumentillo en que casi le arrastraban los pies, cerca de dicha villa lo dejó caer, de cuyas resultas murió á los siete dias.

Fr. Francisco de Vargas; tomó el hábito en 1571; sus virtudes y saber le valieron que lo eligiesen tres veces Prior y una Provincial.

Fr. Juan de San Pedro; eminente predicador; tomó el hábito en 1532; fué de Visitador general á Canarias y despues á Indias, donde murió.

Fr. Pedro Marin; profesó en 1562; escribió varias obras que dejó inéditas, y se perdieron. Pasó dos veces de Visitador á Canarias, y la segunda falleció en aquel convento.

Fr. Cristóbal del Espíritu Santo; tomó el hábito en 1565; fué á Roma con una mision, que desempeñó perfectamente, siendo solicitado con empeño para que se quedara en el convento de la Minerva. A su regreso trajo varias reliquias, entre ellas un justillo interior de San Pio V, dos cráneos de las once mil Vírgenes, y otras de los santos de su Orden; todas las que se colocaron en unos relicarios de su iglesia.

Fr. Alonso Cabrera; predicador de Felipe III, quien lo tuvo casi siempre en Madrid, donde murió á principios del siglo XVII. En 1707 trasladaron sus restos á Córdoba.

Fr. Pedro Mondragon; profesó en 1568; de familia muy ilustre, gran teólogo y sumamente virtuoso. No le gustaba le recordasen su esclarecido linage, y así, un dia que un pobre le pidió limosna diciéndole, noble señor, se la negó, contestándole: «Cuando tomé el hábito, se quedó la nobleza en mi casa, y cuando profesé, se quedó la bolsa sin una blanca hasta la muerte.»

Fr, Pedro Delgado; tomó el hábito en 1606; adquirió tanta fama de santo, que cuando murió, siendo Prior en el convento de los Mártires, acudió mucha gente, disputándose los fracmentos de sus ropas, como las mas preciadas reliquias. Se enterró en San Pablo, yendo por su cadáver todas las comunidades de Córdoba, el Cabildo Eclesiástico, el Ayuntamiento y casi todo el vecindario.

Fr. Antonio Merino; profesó en 25 de Febrero de 1576; excelente Maestro, buen Prelado, y digno del aprecio de cuantos lo conocieron.

Fr. Domingo de Almoguera; profesó en 30 de Marzo de 1577, y murió en opinion de santo.

Fr. Alonso Muñoz; entró en la comunidad en 3 de Mayo de 1580; ejerció con gran acierto el cargo de Vicario, costeó la campana mayor, é hizo grandes donaciones para la ampliacion del convento.

Fr. Luis Moyano; profesó en 5 de Julio de 1581. Siendo Regente en Santo Tomás de Sevilla, el Virey de Nápoles, Duque de Alcalá, lo eligió para su confesor, y cuando iba para allá, murió en el camino; pero era tal el aprecio que le tenía, que le costeó grandes honras, tanto en Nápoles como en Córdoba, su patria, y en Sevilla, donde tanto floreció.

Fr. Juan Manuel de Henestrosa; profesó en 11 de Setiembre de 1590; obtuvo varias Prelacías, dos veces el Vicariato general, y siendo Prior del convento de Sanlúcar de Barrameda, murió en éste de San Pablo, á donde casualmente vino.

Fr. Diego de Aranda; profesó en 2 de Agosto de 1592, llegando á alcanzar fama de muy sábio y virtuoso. Ansioso de sacrificarse por el aumento de los afiliados á nuestra verdadera Religion, pasó á Filipinas, donde hizo grandes conquistas: á su regreso murió en el convento de la Habana.

Fr. Andrés Almoguera; profesó en 30 de Setiembre de 1592; observó una vida ejemplarísima y murió en opinion de santo.

Fr. Alonso de Escobar; profesó en 3 de Febrero de 1596; hizo una carrera literaria brillantísima, obtuvo las Regencias en San Pablo de Córdoba y Santo Tomás de Sevilla, y dejó varias obras inéditas.

Fr. Juan de la Breña; logró gran fama de predicador, sábio y virtuoso. El Obispo Sr. Tapia, quiso conocerlo, y quedó tan prendado de él, que no hacía cosa alguna sin consultarle, cuyos buenos consejos le arreglaron bien pronto las calumniosas ofensas que hicieron á aquel Prelado, cuando la cuestion del pan y otras de que se habla en su historia.

El hermano Fr. Juan de San Dionisio Heredia, natural de Aguilar; tomó el hábito de lego en el convento de Scala-Cœli, donde se hizo muy notable por su oracion y amor á los pobres: dedicado á recojer limosnas para su convento, bajaba diariamente á Córdoba, cuando se enteró de que los PP. Dominicos querian que algunos se fueran con ellos á las Indias: Fr. Juan quiso seguirlos, mas no logró sus deseos, por culpa de los frailes de ambos conventos; desde entonces estuvo casi siempre en este de San Pablo, hasta que llegó á Córdoba el Arzobispo de Santo Domingo, á quien se presentó, consiguiendo lo pidiera y lo llevase consigo. Recorrió aquellas islas, alcanzando gran fama por la habilidad que descubrió para catequizar á los indios, á quienes se dedicó á asistir en los hospitales; por último, se quedó en el de Manila, donde murió con mas de noventa años, y siendo conocido por el Santo hermano Juan, á quien lloraron todos sus compañeros y amigos, que logró tener muchos entre aquellos habitantes.

Fr. Diego de Rivera; notable predicador, hombre de grandes conocimientos, demostrados, tanto en este convento como en el de Vallalolid, donde leyó teología y otras ciencias. En aquella ciudad concibió la idea de ir á las Indias; leyó tambien en Manila, y despues se embarcó para el Japon, en cuyo viaje murió de una manera desastroza. Creyendo los tripulantes que iban á ser asaltados por unos piratas, un marinero cargó una especie de bocacha con dos balas, que disparándose, atravesaron un muslo á Fr. Diego. Allí se hizo cuanto se creyó oportuno para curarlo; mas como carecían de médico y medicinas, le sobrevino la gangrena, sufriendo la horrible operacion de que los mismos compañeros de viaje, le cortasen la pierna con una sierra que llevaban para las maniobras del buque, no bastando esto, pues murió al dia siguiente, habiendo sufrido todo con una resignacion admirable, y bendiciendo á Dios, que permitía padeciese tanto, en castigo de sus culpas.

Fr. Juan de Arjona; fué tambien á Manila, en cuyo convento murió, despues de haber recorrido casi todas las Indias, en las que catequizó á muchos de aquellos naturales.

Fr. Juan del Moral; adquirió gran fama de sábio, tanto en Córdoba como en Sevilla, y murió en Manila, á donde fué de misionero.

Fr. Pedro Valverde; tomó el hábito en éste convento; despues estuvo en Valladolid, y contra la voluntad de aquellos religiosos, emprendió su viaje á Manila, muriendo en la navegacion. Su cuerpo fué enterrado en una isla, de donde pasados algunos años, lo sacaron aquellos frailes, encontrándolo incorrupto.

Fr. Pedro Rodriguez, natural de Montilla, fraile en San Pablo; pasó á Valladolid, donde leyó filosofía y teología; despues marchó á Manila, contra la voluntad de su Orden y familia, y murió á poco de haber llegado.

Fr. Juan de la Cruz; tomó el hábito en Scala-Cœli; gran amigo y confesor del P. Posadas, con quien vivía en el hospicio de la puerta del Rincon. Cuentan que cuando el padre aquel le dijo que iba á morirse, prorumpió en lágrimas, diciendo: «Si vuestra paternidad se muere, yo me moriré tambien.»—«No, le contestó, no moriréis hasta que háyais oido predicar á San Pablo.» Despues de acompañar á su mejor amigo hasta el último momento, se retiró al convento de San Pablo, donde estaba cuando vino á Córdoba Fray Diego de Cádiz, y oyéndolo, esclamó admirado: «Pronto me moriré, pues ya he oido predicar á San Pablo.» Su pronóstico se cumplió á poco tiempo.

El P. M. Fr. Juan Vazquez, hijo de D. Antonio y de D.ª Catalina Perez; nació en 6 de Agosto de 1689 y fué bautizado en la parroquia de San Pedro; tomó el hábito en San Pablo el dia 15 de Agosto de 1704, y murió siendo Prior de aquel convento, en 22 de Octubre de 1757. Este ha sido uno de los religiosos que mas han honrado aquella casa, por sus muchas virtudes y saber, por lo que mereció ser enterrado en la sala capitular, junto al Bto. Francisco de Posadas. D. Juan de Sousa, Marqués de Guadalcázar, que lo estimaba extraordinariamente, consiguió que lo doblasen con todas las campanas, siendo el primero que gozó este privilegio. Tanto en vida como despues de su muerte, se le atribuyeron varios milagros. Las horas que le permitían sus muchas ocupaciones, oracion y estudio, las dedicaba en la huerta á la escultura, siendo de su mano el San Felipe Benicio que hay en el hospital de San Jacinto ó los Dolores, y la Santa Inés de Monte Pulciano, Santa Catalina de Rizzis, Santa Columba y unas molduras que hay en la capilla mayor de la iglesia de su convento de San Pablo. Escribió su vida el R. P. Fr. Gabriel de Ordoñez, en un tomo en fólio, impreso en Córdoba, año de 1774, en la oficina de Juan Medina Santiago, plazuela de las Cañas, de la que hemos visto un ejemplar en la Biblioteca provincial.

Fr. Gabriel Ordoñez, natural de Luque; muy jóven aun, tomó el hábito en este convento, donde despues profesó: llegó á Maestro y ejerció muchos cargos con el mayor acierto; fué muy dado al cultivo de las bellas letras. Escribió la ya citada vida del P. M. Fr. Juan Vazquez, y muchas y apreciables poesías: en las religiosas demostró siempre sus grandes conocimientos en las sagradas escrituras, y en las festivas usó siempre una crítica tan punzante, que á veces le atrajo algunos enemigos. De todas ellas había ejemplares, y de las inéditas, que eran en mayor número, se formó un grueso volúmen, conservándose todo en la biblioteca del convento, hasta que en 1810, cuando los franceses espulsaron á los frailes, se perdieron muchos libros, entre ellos las obras de este venerable. Fué íntimo amigo del V. Fr. Diego de Cádiz y del Obispo Sr. Yusta y Navarro, quien á la muerte del P. Ordoñez, dijo que si algo bueno había hecho en su obispado, era debido á los consejos de aquel apreciable religioso. En la Biblioteca provincial hay un libro manuscrito en que se ven muchos apuntes biográficos de frailes dominicos de San Pablo, y en él una infinidad de anécdotas de Fr. Gabriel Ordoñez, que revelan su agudo ingenio, su perspicacia y sus muchos conocimientos. Murió de mas de ochenta años, siendo llorado de sus compañeros y amigos.

Fr. Juan de los Rios; hijo de este convento, predicador notabilísimo, del que se imprimieron muchos sermones y otros estaban coleccionados en la biblioteca de su convento. Estuvo para ser elegido Prior, luego lo fué Provincial, y á los seis meses de ejercer este cargo, murió con sentimiento de toda la Orden;

El M. Fr. Tomás Tenllado, uno de los individuos mas distinguidos que tuvo aquella comunidad: gran predicador y notable literato. Muchas fueron las poesías de este autor que se imprimieron sueltas, no mereciendo igual suerte una coleccion de sainetes, en que revelaba mucha gracia y agudeza. Entre las infinitas anécdotas que de él se cuentan, hay una en que se dá á conocer uno de los hechos de su vida. Era sumamente aficionado á la caza y pesca, y encontrándose de Prior en el convento de Palma del Rio, los frailes ó coristas, que no estaban muy contentos con él, le quitaron la caña y la escopeta, poniéndole en la puerta de su celda estos dos versos:

«¿Sin escopeta ni caña,
Qué hará esta alimaña?»

El los vió, y sin vacilar un momento, puso por bajo:

«Ajustándose á la ley,
hará lo que hizo el Rey
con los moriscos de España.»

Así completó una quintilla, cuyo pensamiento realizó, desterrando á unos y haciendo á otros que se marchasen aburridos. Despues volvió á Córdoba, donde acabó su vida.

El lego Fr. Antonio de Herrera; uno de los artistas mas notables que ha tenido Córdoba. Consagrado constantemente al estudio de la arquitectura, era oida y respetada su opinion por todos los maestros. En su tiempo amenazó arruinarse la iglesia de San Pablo, por haber flaqueado el machon que hay en la nave del evangelio, siendo la opinion de todos, que la obra sería sumamente costosa, tanto por el apuntalado, como por ser preciso levantar las armaduras para alijerarle el peso; mas despues de oirlos con gran calma, manifestó, que con una cantidad muy corta remediaba el mal: decidieron dejarlo, y puesto un sencillo apuntalado, abrió una caja perpendicular hasta el centro del machon, metió dentro un gran palo de castaño, que puso á plomo, y en seguida lo rellenó de cascote y yeso, permaneciendo aun de ese modo sin haber hecho el menor movimiento. El Padre Rios, quiso construir un hermoso salon alto y bajo para biblioteca y clase, hoy de sesiones de la Diputacion provincial, y el lego Antonio Herrera se encargó de él, sacando los cimientos, para los que no encontró firmeza, y puso la primer estacada que se conoció en Córdoba, acabando su obra con toda felicidad. Entonces labró la estantería que ya hemos dicho es la que hay en la Biblioteca provincial. Son de su mano y direccion las cajas de los dos órganos, la escalera del púlpito, una cajonera y armario en la sacristía, los altares colaterales, ó sean de San Alvaro y San Vicente Ferrer y el que habia en la capilla de Belen, que parte de él sirve de tabernáculo en el altar mayor, las andas y trono de la Vírgen del Rosario y algunas de las puertas del camarin. Era Fr. Antonio Herrera muy observante de los estatutos de su Orden, asistente á su taller donde tenia varios oficiales y aprendices, á quienes no permitía casi hablar ni fumar, y sumamente pundonoroso, tanto, que habiéndole criticado duramente un superior una de sus obras, cayó en una melancolía, de la que se volvió ético, de cuya enfermedad murió, siendo muy sentido de la comunidad y de todos los amantes de las artes.

Fr. Gerónimo Espinosa, lego, natural de Doña Mencía é hijo de un pintor de escasos conocimientos, el cual enseñó á su hijo los primeros rudimentos del dibujo; mas él que tenia una disposicion y aficion extraordinaria á el arte, se dedicó á él con gran fé, buscando modelos que copiar, para lo cual no solo adquirió los grabados y cabezas de yeso que sus pocos recursos le permitieron, sino hasta daba parte de su escaso alimento á los pobres para que se dejasen copiar. En edad competente, tomó el hábito de lego en el convento de San Pablo, donde siguió consagrado á la pintura, viendo con el mayor pesar que los oficios á que lo destinaban le impedian consagrarse á su única y acendrada aplicacion. Entonces pidió se le ordenase de sacerdote, coincidiendo su solicitud con la prohibicion hecha por el General Bojadors, de elevar á los legos al sacerdocio, siendo inútiles cuantas súplicas empleó para conseguir sus deseos. Ya en este tiempo se dió á conocer con el Obispo Sr. Barcia, quien se declaró protector suyo, y sabiendo que el General pasaba por Córdoba, le hizo infinitos obsequios con la idea de obligarlo á dispensarle aquel favor; mas cuando se marchaba su amigo, le mandó el carruaje, y ya en él le pidió la dispensa para el lego, obteniendo esta seca respuesta: «Esos favores, ni se piden ni se conceden.» No por esto desmayaron en su empresa, logrando interesar al Mtro. Bertuche, quien le aconsejó hiciera un retrato en papel, que se remitió á Francia, donde ya estaba el General Bojadors, en cuyo breviario lo colocaron y él encontró, diciendo: «¡Calle! este soy yó! ¿quién lo ha pintado?» Bertuche le dijo, que el pobre lego que ansiaba ser sacerdote, á lo que solo respondió: «Vamos á rezar.» Fr. Gerónimo de Espinosa, perdió entonces toda esperanza y se hizo tan descuidado en su persona, que casi nadie podia acercársele. Era sumamente feo, de muy desabrido carácter y estremadamente desaseado en su ropa y persona, con el cabello enmarañado y exhalando mal olor, á causa de su abandono y del aceite y demás ingredientes con que estaba manchada su ropa. Sin embargo, todos lo buscaban y pintó infinidad de retratos, haciendo, por caballeros que fuesen, que todos se presentasen en su celda, á escepcion de las señoras. Una vez, lo llamó una condesa, y la retrató; mas pareciéndole caro el precio, que él nunca bajaba, se lo mandó con su mayordomo, manifestándole que estaba bien, pero que no lo tomaba, si no lo daba en menos cantidad: oyó el recado, y tomando la tabla en que estaba pintado, le dijo: «Aquí se queda la tabla para quemarla y hacer cola con la cara de una condesa.»—Admiróse aquel y esclamó:—«Me escandaliza que un religioso obre así.»—y él replicó:—«Mas me escandaliza que una condesa obre asado. Decid á S. S. que ponga en su arbolorio ese golpe de nobleza.» Otras muchas anécdotas se cuentan de este oscurecido artista. Hizo muchos rostros de Jesus, y el Padre Rios le preguntó: «Barbas agrias, ¿cómo, siendo tú tan feo, pintas esos rostros tan hermosos?»—á lo cual contestó:—

«Señor doctor, porque los pinto y no los engendro.» Hé aquí otra, en que se revela la fealdad de este desgraciado y el buen concepto que de él tenian como artista. El Padre Mtro. Fr. Francisco Gomez, le mandó pintar un San Francisco y Santo Domingo, y al pagárselo muy bien, le dijo: «Toma esa gratificacion, manos de ángel y cara de grifo.»

Ya de una edad algo avanzada murió, al parecer de asma, preparándose muy santamente; apesar de lo mucho que trabajó, solo se hallaron en su celda, los instrumentos de su arte, de que nadie hizo aprecio.

Tuvo tal habilidad para las copias, que se equivocaban con los originales, particularmente de Castillo y aun de Murillo, tanto, que unos retratos del fundador del colegio de Gracia, D. Antonio Fernandez de Córdoba y Obispo de Bibli, que estaban en la escalera, se confundian con las otras obras del primero, y muchos inteligentes los apuntaban como tales en sus carteras. Además de esos y otros dos que están en la iglesia, son suyas dos copias del San Gerónimo de Murillo: una de ellas está en la sacristía; dos colecciones de Cardenales de la Orden que estaban en la clase de Teología y en los brazos del crucero, entre los que copió á casi todos los frailes de su época, si bien no acabó del todo mas que doce, pues en los otros que están repartidos en las iglesias y Museo, se vé que solo están bosquejados. En el palacio Episcopal arregló á un tamaño, todos los retratos de Obispos que hay en el salon, imitando tan bien los añadidos, que no se conocen las pegaduras; pintó el del Sr. Barcia y el apostolado del salon cerca de la galería del jardin. Además hay de él muchos retratos y otros cuadros en iglesias y casas particulares de Córdoba y Doña Mencía, contándose entre los primeros el del señor Don Francisco Diaz de ¦Morales, que su señor hijo conseıva en su casa calle de Muñices, núm. 8. El de Fr. Gerónimo Espinosa, hecho por él mismo en tabla, mirándose al espejo, se conservó en su pátria hasta 1820, en que por descuido de su pobre familia, acabó de perderse. Este artista apenas es conocido, apesar de vivir en el siglo XVIII y de haber sido, sin duda, el que mas ha pintado en Córdoba.

El Maestro Fr. Pedro Gomez, natural de Cabra; deseoso de abrazar las reglas de Santo Domingo, tomó el hábito en este convento, donde bien pronto demostró su gran talento. Es uno de los primeros predicadores de su tiempo, y llegó á reunir bastísimos conocimientos en todas las ciencias, tanto sagradas como profanas. Era inseparable de su amigo y compañero el Mtro. Fr. Juan Navarro, quien aprovechando que Gomez conocía el francés, casi como el castellano, le propuso traducir unidos y poner en verso, el drama ó poema titulado *La Eufemia*, lo que lograron con aplauso de todos los amantes de las bellas letras, destinando su producto á un vestido que en aquella época estaban haciendo á Santo Tomás. Tan elocuente era en su palabra, que el Obispo Caballero le echó los brazos, diciéndole: «Allá vá mi corazon,» al oir la alocucion con que, en nombre de su convento, lo felicitó cuando vino á este obispado. Amante de sus discípulos, les hacía cuantas esplicaciones cada cual necesitaba, y les decía en la biblioteca los autores donde mas fruto podian sacar. Escribió muchos y buenos versos, de los que solo hemos visto impreso un soneto puesto en la fachada de aquel convento, al pasar por Córdoba Cárlos IV. Entre aquellos, había una coleccion de décimas á los santos de su Orden, *El Carnaval ó disparates concertados;* una sátira, *La monja sin velo,* y otras muchas á cual mas apreciables. Retirado á su pátria cuando la venida de los franceses, murió á causa de la melancolía que se apoderó de su espíritu.

El Mtro. Fr. Juan Navarro, natural de Bujalance, donde no quiso abrazar la vida religiosa, por hacerlo en los Dominicos; digno amigo y compañero del anterior, con quien ya hemos dicho tradujo y versificó *La Eufemia.* Esplicó con gran lucimiento la Teología; pero habiendo tenido un disgusto, á causa de las obras que escribió, se opuso y ganó una plaza en Santo Tomás de Sevilla, donde lució su ingenio, siendo muy querido y consultado del Arzobispo Don Alonso Marcos de Llanes, quien lo designó para predicar en las honras que en aquella capital se hicieron á la muerte de Cárlos III. Parecía maestro en todas las ciencias, y si sus sermones se hubieran reunido é impreso, serían una de las mejores obras predicables con que se contara; pero él los daba todos, hasta á sus propios enemigos, que no le faltaron, envidiosos de su saber. Escribió numerosos y buenos epígramas. Era muy aficionado á la música, en la que tenía grandes conocimientos, y hasta le consultaron algunos profesores. Elegido Prior de San Pablo de Córdoba, con gran oposicion, desvaneció ésta y logró ser muy querido en el convento. Despues pasó á Doña Mencía, donde murió, sin que se designase el sitio en que fué sepultado, pudiendo decirse que hasta en esto tuvo desgracia.

Fr. Juan de Dios Pastor, natural de Cabra; escribió: *Semana Santa en castellano,* dos tomos en 16.°, Madrid; *El Genio del Cristianismo,* revista católico-social, Madrid, 1839, y muchos sermones impresos.

Fr. Juan Fernandez, natural de Lucena; escribió: *Novena del Bto. Simon de Valaqui,* Lucena, 1834.

Fr. Gregorio Fernandez, hermano del anterior; fué Prior de este convento: tiene muchos y notables sermones.

Fr. Luis Romero, cordobés; lector y predicador notable: tiene varios sermones impresos, entre ellos su Oracion fúnebre en las exequias de la Reina Doña María Amalia, muger de Fernando VII.

La iglesia del convento de San Pablo, permanece abierta al culto, siendo mucho el que en ella se practica, gracias al celo de los capellanes, hijos de la Orden, que desde la exclaustracion la han tenido á su cargo, y que como el actual, D. Antonio de Córdoba, le han hecho grandes reparos, librándola con ellos de su cercana ruina. Es muy estensa, de tres naves y estilo semi-gótico, acabado de perder en una de las reformas sufridas en el siglo XVII, en que desapareceria su antigua ornamentacion. Apesar de ser una de las mayores de esta ciudad, el Obispo D. Martin de Córdoba trató de ampliarla, costeándole un mágnifico crucero, detrás del altar mayor, cogiendo la sacristía: con esta idea, empezó á hacer una nueva, que á su muerte quedó solo con los muros levantados, que aun se ven desde muchos puntos; estaban en terreno de la huerta, y faltando aquel virtuoso Prelado, los frailes, no contando con fondos suficientes, abandonaron el pensamiento y pusieron en aquel sitio la panadería, para lo cual hicieron algunos colgadizos. Despues se vendió con la huerta y quedó perdida para siempre una obra tan importante, á juzgar por la firmeza y elevacion de los cuatro muros edificados.

Vamos á describir el templo, tal como existe, dejando esta memoria para que en lo sucesivo se conozcan las variaciones, si no desaparece, suerte seguida ya por otras iglesias, como la de los Mártires, que debió conservarse, siquiera respetando los recuerdos históricos allí atesorados, por los amantes de las glorias cordobesas.

La capilla mayor, cubierta por una bóveda, luce infinidad de adornos de yeso, de pésimo gusto, del que fué tambien víctima el costoso retablo de su altar mayor, cubierto en su mayor parte de hojarascas que aun hacen mas pesadas las columnas salomónicas de sus tres cuerpos; el tabernáculo actual, desdice del todo, y preguntando, hemos sabido ser parte del retablo de la suprimida capilla de Belen, que estaba en el patio de entrada, á un lado de la portería principal. A los lados están San Francisco y Santo Domingo; en el segundo cuerpo, San Pablo, titular, San Fernando, fundador del convento, y San Vicente: en el tercero solo hay un gran Crucifijo; todas esculturas de escaso mérito. Esta capilla, en su patronato, se encuentra dividida en dos; la parte alta lo es de los Marqueses de Villaseca, que tambien lo son del colegio de Santa María de Gracia, de que ya nos hemos ocupado, por su fundador D. Antonio Fernandez de Córdoba, cuyos restos yacen en aquel lugar; conmemóranlo una lápida, bajo su retrato, en la cual se lee:

Aquí está sepultado el magnífico caballero Antonio de Córdoba, Capitan de hombres de armas de los Reyes Católicos, fundador del Colegio de San Pablo de Córdoba y Señor de la villa de Belmonte; murió por Octubre de 1506.

En el lado contrario, ó sea el de la epístola, está sepultado Fr. García de Chinchilla, Obispo de Bibli, de quien llevamos hecha mencion, viéndose allí su retrato, y por bajo la inscripcion siguiente:

Este entierro es del Ilmo. Sr. Obispo de Bibli, dióselo este convento por el mucho bien que en su vida le hizo y por los préstamos que le dejó.

De los dos citados retratos, ya hemos dicho sacó copias Fr. Gerónimo Espinosa, colocándolos en la escalera. El primero existe en el colegio de Ntra. Sra. de la Asuncion, hoy Instituto provincial. La otra parte de la capilla mayor, ó sea desde la verja á el arco toral, es patronato de los Marqueses de Guadalcázar por el Condado de la Fuente del Sauco: allí se vé una hermosa lápida de mármol blanco, con la inscripcion ya gastada del piso, pero se distingue perfectamente el escudo de armas de los apellidos Manuel y Lando. Tiene derecho de sepultura desde 1541, concedido á los poseedores del mayorazgo que fundó D. Gonzalo Manuel y Ruiz de Leon Lando.

Por bajo de la corniza hay seis lienzos, todos copias, entre ellos una Santa Teresa, cuyo original, firmado por Juan de Molina, conserva el autor de estos apuntes.

En los machones del arco toral, están los altares colaterales, hechos en el siglo XVIII por Fr. Antonio de Herrera, y en ellos se venera á San Vicente Ferrer y San Alvaro.

En el arco del lado del evangelio está el púlpito, que á primera vista choca el ser muy modesto, comparado con su lujosa escalera; pero esto tiene su esplicacion muy justificada: aquella linda obra, tambien de Herrera, iba á completarse con un magnífico púlpito; mas los frailes, gefes, se opusieron, por conservar el antiguo, donde había predicado San Vicente Ferrer, el Bto. Francisco de Posadas, y otros padres ilustres de la Orden de Santo Domingo, y varios sacerdotes dignos de consagrarles aquel recuerdo;

Casi en el centro, hay los dos machones entivos de los arcos; en sus lisos, en forma de medallones, se ven dos grandes relicarios con las que trajo de Roma Fr. Cristóbal del Espíritu Santo. Por cima hay unas pinturas, puestas á principios de este siglo, cuando la beatificacion del Bto. Francisco de Posadas: entonces colocaron tambien unos pabellones con flores pintadas, en los arcos, que en estos últimos años han desaparecido por falta de colorido y otros desperfectos, además de ser un adorno de pésimo gusto. Al estremo de la nave mayor, en su parte alta, está el coro, por cierto muy estenso: tenía su comunicacion con el claustro alto del patio principal, y á su desaparicion quedó solo con la escalerilla de caracol desde la capilla del Rosario. En la parte baja, hay dos capillas, una dedicada al Dulce Nombre de Jesus, donde tres imágenes en distintos puntos, forman la Sagrada Familia: cuida de ella una hermandad, casi estinguida, cuyo orígen se remonta á 1274, en que Gregorio X dió su bula para la constitucion de las mismas en los conventos del Orden de Santo Domingo, despues confirmada por Inocencio XI. La otra capilla que llaman de la Sma. Trinidad, está en el dia sin culto.

El frente de la nave de la epístola, lo ocupa un gran retablo, tambien de órden plateresco, con camarin, y en él la imágen de Santo Domingo de Guzman; por bajo tiene una urna con puertas, y en ella el mismo patriarca, orando en la cueva. En seguida vemos un lindo retablo, construido hácia 1832: en él colocaron á la Bta. Juana de Aza, cuando estaba en cinta para dar á luz á Santo Domingo; es obra del escultor de Baena D. José Rios, padre del notable literato D. José Amador de los Rios, actual Decano de la Facultad de Letras en la Universidad de Madrid. Llegados estos tiempos, en que se predica moral, mientras mas vá desapareciendo, no faltó quien criticase la actitud de esta escultura, y entonces la quitaron, llevándola al convento del Córpus, en cuyo coro la conservan, y pusieron en su lugar otra imágen de vestir, poco apropósito, lo cual consiste en que era de otra advocacion.

Por bajo de dicho altar hay otro, construido hácia 1860, con la Sma. Trinidad, si bien todos lo conocen por el Padre Eterno; ha cuidado de él el grémio de los sastres, que le costeó el retablo. Inmediato hay otro, antiguo, con San Antonio, y antes Santa Bárbara, en otro tiempo con hermandad; y frente á la capilla del Rosario, uno muy sugeto á las reglas de arquitectura, hecho en 1826, ocho años despues de la beatificacion del V. Francisco de Posadas, á quien está dedicado, teniendo un buen cuadro que lo representa, y dos medallones con la Vírgen y Santo Domingo, obras de D. Diego Monroy, y por bajo un arca de plata con sus reliquias. Cerca de este altar estaba la puerta de comunicacion con el patio principal, en el que se hacían las procesiones claustrales. Mas allá hay un cuadro con San Martin, y al pié está retratado el escritor Fr. Juan de Rivas, autor de la vida de San Alvaro.

La nave del evangelio, tiene á su cabeza un altar, que hasta hace poco ha sido el sagrario, y donde despues de la caida de la Constitucion, en 1823, se dijo haber aparecido un vaso inmundo, con la idea de provocar la ira de los realistas contra los liberales: en este altar se venera á Santo Tomás de Aquino, imágen de vestir, teniendo á los lados dos medianas esculturas de la Magdalena y Santa Bárbara. Cerca se ha arreglado, de retazos de retablos, en estos últimos años, un altar á Santa Catalina de Sena, obra de Cornejo. Por bajo está la capilla de las Animas, con un retablo muy antiguo; hay en él un gran Crucifijo de bulto, lo que forma un feo contraste con el Purgatorio pintado en la pared, al parecer por Palomino: á los lados, en la parte alta, hay dos bocetos del mismo autor; el original de uno de ellos está en la capilla del Cardenal en la Catedral. En otros dos pequeños altares, encontramos á los Arcángeles San Miguel y San Rafael. Aquí se sirvió una cofradía de Animas, con muchas indulgencias, que aprobaron Paulo V, Urbano VIII y otros. La capilla de Ntra. Sra. de las Angustias, ni aun merece tal nombre, por su pequeñéz: no cabe en ella mas que el altar, que arregló, á mediados del siglo XVI el Jurado de Córdoba Alonso Gomez Montoro. Esta imágen es á la que aludimos cuando hablamos de la de igual advocacion en la iglesia de San Agustin. La bóveda está pintada, si bien no es de gran mérito. Antes de llegar á aquella, encontramos otra capilla, dedicada á San Jacinto, á quien lanzaron de su sitio para colocar la Vírgen del Rosario, que generalmente dicen la Niña del Padre Posadas, y que permanece en esta iglesia desde la supresion del hospital de San Bartolomé, en la puerta del Rincon, ya esplicado á nuestros lectores. El retablo es muy antiguo y no del todo malo; hay allí otros dos, uno con Jesus y otro con Santa Rosa, obra de Pedro Antonio, discípulo de Castillo, natural de Córdoba. La espresada capilla es patronato de los Sres. Mesas, sus fundadores; tienen en ella derecho de enterramiento, que hoy poseen los Marqueses de Villaseca.

Otros dos altares encontramos entre este sitio y la entrada á la capilla del Rosario: uno es antiguo, y en la actualidad está dedicado á San Vicente Ferrer, y el otro lo han colocado en este lugar provisionalmente, pues es el de los Santos Mártires Acisclo y Victoria, que estaba en su capilla, de que muy pronto nos ocuparemos. En esta nave hay un gran cuadro del pintor Pedro Antonio, que representa á Santo Domingo recibiendo la mision de los Apóstoles San Pedro y San Pablo.

Un arco, sobre el cual se ven las antiguas banderas de los provinciales de Córdoba y Bujalance, dá paso á la capilla de Ntra. Sra. del Rosario, cuya cofradía, general en sus estatutos, privilegios é indulgencias, se eleva casi á los primeros tiempos del Orden de Santo Domingo de Guzman. Labróla en 1409, la favorita de la Reina D.ª Catalina, D.ª Leonor Lopez de Córdoba, hija del Maestre de Calatrava D. Martin de Córdoba, tan fiel servidor del Rey D. Pedro, con cuyos hijos se retiró á Carmona, donde se entregó por la falsa palabra de D. Enrique, que tan infamemente lo mandó matar en la plaza de San Francisco de Sevilla. Dicha señora la dedicó á Santo Tomás de Aquino, y destinó para su enterramiento y el de su familia: sobre el arco de entrada, en el interior, tiene un grupo de ángeles sosteniendo un tarjeton en que se lee lo siguiente:

J. H. S.
In Dei nómine. Amen.
Esta capilla hiso D.ª Leonor
Lopez, hija del Maestre Dn.
Martin Lopez, que Dios
dé Sto. Paraiso: á honor y
Reverencia de la Sma. Trini
dad, dia del muy alto y po
deroso Sor. Rey Dn. Ju
an que Dios ensalce, hi
jo de los mui altos y Es
clarecidos Rey Dn.
Enrique y Reyna D.ª Ca
talina que Dios dé Sto. Pa
raiso, por el cual dia ella
fué consolada en la muer
te de dho. Sor.

Era en su arquitectura gótica, conservada en parte, y en el año 1758 se reformó, construyendo el altar y camarin en que se venera la Virgen del Rosario, y que, aun con el mal gusto de aquella época, se hizo con suntuosidad, y empleando los mármoles rojo, negro y blanco que allí lucen: el trono y andas de la Vírgen y algunas puertas, fueron hechas por el lego Fr. Antonio Herrera. A los costados, tiene otros dos altares de estuco, dedicados á la Vírgen del Amor hermoso, y antes á San Vicente Ferrer y San Pio V, y San José. En el centro de su pavimento hay una lápida en que se lee:

Aquí yace el Maestre D. Martin Lopez, que Dios dé Santo Paraiso, criado del Sr. Rey D. Pedro, el cual murió como noble caballero.

A su lado hay otra, que dice:

Aquí yace Don Enrique de Guzman, Señor de la Torre de Palencia, como decendiente de Doña Leonor Lopez de Córdoba y de Don Juan Alonso de Guzman, el póstumo hijo del primer Conde de Niebla.

En esta capilla estuvo muchos años una serpiente de cascabel, disecada, que dieron como ofrenda, segun se desprende de la siguiente inscripcion incrustada en la pared á un lado del arco de entrada:

Víbora de cascabel que envió Juan García del Alamo á su padre para que la pusiese en esta capilla de Nuestra Señora del Rosario, estando en la Montaña de Conroques en Indias, que tiene 35 leguas de despoblado: habiendo rezado el rosario que tenía de costumbre, como á las diez de la noche estando acostado entre duerme y vela, sintió ruido entre las matas y oyó al cascabel que trae á la cola, alzó la cabeza vido esta víbora tan cerca de sí que no le dió lugar de tomar la espada, valióse de la daga hincado de rodillas, encomendóse á Nuestra Señora del Rosario, la víbora se arrojó á matarlo, esperóla con el favor de la Vírgen, la clavó con la tierra, volvió la cola y dióle en la pierna derecha un golpe del que estuvo con dolor muchos dias: tiene esta víbora el cascabel que le nace en la cola doce nudos y cada año le nace uno; púsose á nueve de Noviembre de 1603, *tiene esta víbora siete cuartas de largo con mas de tercia de ancho.*

Aun cuida de esta capilla la antiquísima cofradía del Rosario, de que llevamos hecho mérito: sus indivíduos gozan de multitud de indulgencias y privilegios, y en lo antiguo del derecho de sepultura en dos huecos que hay fuera, bajo el arco del órgano, los cuales fueron construidos en 1689, siendo hermano mayor Andrés de Pitillas, que tanto hizo por aquella corporacion, á la que dejó copiosos bienes en fincas y alhajas.

Cerca de este sitio está la puerta que dá paso á la calle de San Pablo, con el cancel que había en los Mártires. Entre ésta y la principal, existe abandonada, una capilla gótica, con un retablo del mismo órden y muy antiguo, sin imágen alguna: en el frente á la verja se vé el retrato de D. Juan de San Clemente.

Junto á el altar de Santo Domingo, está la sala capitular, que desde 1872 han convertido en sacristía, abandonando la verdadera, convertida casi en atarazana. En este sitio fueron sepultados el presentado Bto. Francisco de Posadas, el Mtro. Fray Juan Vazquez, y algunos otros frailes notables de aquel convento. Su frente forma capilla, donde hay un retablo con una imágen de Santo Domingo, en penitencia, obra de D. Pedro Duque Cornejo, el que hizo la sillería del coro de la Catedral. Á su lado se vé la capilla de los Santos Acisclo y Victoria, creyéndose por tradicion, ser aquel el lugar donde estuvieron presos antes de sufrir el martirio. En lo antiguo, era tal la veneracion tenida á este lugar, que los Condes de Oropesa la pidieron á la comunidad para su enterramiento y patronato, y concedido, lo tenian en tal aprecio, que en mas de una ocasion manifestaron estimarlo mas que todo su caudal junto. Entonces hicieron muchos donativos al convento, agradecidos á la honra dispensada con la concesion referida.

Ante el altar de San Alvaro, está sepultado Andrés de San Clemente, padre del Arzobispo de Santiago, D. Juan de San Clemente y Torquemada, que murió en 1563, y cuyas casas fueron las que conocemos por Posada del Obispo Blanco.

Los Argotes tienen enterramiento delante del altar de Santo Tomás, en cuyo lugar se ven algunas lápidas sepulcrales: ellas dicen estar allí sepultados Juan Martinez de Argote, IV Señor de Cabriñana, uno de los defensores de Baena en 1295; su muger D.ª María Alonso, sus hijos y algunos de sus descendientes, entre ellos D. Juan Mariano Martinez de Argote, XX Señor de Cabriñana y IV Marqués del mismo título, con su esposa D.ª María Alfonso de Sousa.

La iglesia tiene dos portadas, una en el patio de la calle de San Pablo, la cual pertenece al estilo gótico bizantino, y la otra al patio de la plaza del Salvador, muy sugeta á las reglas arquitectónicas, y por lo tanto digna de conservarse.

En este patio, estaba la portería principal del convento: formaba pórtico, al que se bajaba por tres escalones y tenía al frente la puerta y á la izquierda una verja que daba entrada á la capilla de Ntra. Sra. de Belen; las paredes estaban chapadas de azulejos y en estos pintada la Conversion de San Pablo y algunos asuntos y santos referentes al Orden de los Dominicos. La formacion de todo este adorno se debia al que por su humildad y pobreza parecía menos llamado á realizar unas obras de tal importancia, al lego Fr. Manuel Ochoa, á quien, á propósito, no nos hemos referido hasta llegar á este punto.

Este venerable nació en Luque, villa de nuestra provincia; desde muy pequeño demostró piadosas inclinaciones, que su familia alentó, abrigando la esperanza de verlo convertido en un fraile de provecho; mas como eso dependía de la disposicion del individuo y no del deseo, tuvieron el disgusto de que solo tomase el hábito de lego, á causa de lo poco aprovechado en las clases. Resignóse con su suerte, recogiendo en el campo de las virtudes, el premio digno á su caridad inagotable.

Dedicado á las faenas de los de su clase, logró al fin ser destinado á la sacristía, pasando los dias y noches en la iglesia, dando ejemplo á los fieles y á la comunidad. Era devotísimo de la Vírgen en su advocacion de Belen, y buscando una estampa de este misterio, la colocó en la portería, donde reunía multitud de chicos á quienes daba limosnas y hacía rezar. Entonces rogó al notable pintor Don Antonio de Castro, racionero de la Santa Iglesia Catedral, le pintase y diese un cuadro, á lo que accedió gustoso. Ya con esta joya y creciendo su clientela, pidió permiso para labrar la capilla; diéronselo, y haciendo que su compañero Fr. Antonio Herrera, le construyese el altar, entre las personas admiradoras de su piedad reunió hasta la suma de ochenta mil reales, importe de toda la obra; puso otro altar dedicado á Santa Catalina de Castello, que se doró despues de su muerte. El lindo cuadro que representaba á la Vírgen de Belen, se colocó en su altar en el año 1728.

No contento Fr. Manuel Ochoa con lo ya espuesto, formó una hermandad, compuesta esclusivamente de operarios del campo, á quiénes decía los pastores, y despues organizó el rosario de mugeres, que recorría las calles, y ha llegado á nuestros tiempos. Más, lo que nos parece superior á todo, es el prestigio que llegó á reunir con todas las clases acomodadas, entre las que proporcionaba alimento para cuatrocientas ó quinientas personas, repartiéndoselo hincado de rodillas en la portería de su convento. En el calamitoso año de 1750, llegaba á mil el número de los pobres, pasando de cincuenta y cinco mil reales los que gastó en su socorro. Ya de setenta y dos años, en 16 de Abril de 1761, murió con gran opinion de santo, acudiendo casi todo Córdoba á presenciar su entierro, que tuvo lugar en la capilla de Belen, donde yace. Antes de espirar, encargó á uno de sus devotos que no faltara aquel dia el alimento á sus pobres, y así se cumplió, dándolo á mas de quinientos.

La espresada capilla de Belen con la enfermería, está sirviendo de atarazana del Ayuntamiento, hace ya mas de veinte años; en la nave del evangelio se conserva la linda imágen, obra del Racionero Castro, bastante deteriorada.

Tiene este edificio otra portada, que divide el patio de entrada de la plaza del Salvador. Es de mármol negro, á escepcion de algunas piezas y la imágen de San Pablo, que son del blanco, muy costosa, pero de malísimo gusto en su arquitectura, completamente churriqueresca. La construyeron en 1706 con fondos del colegio de Gracia, agregado hoy al Instituto. Entre los milagros atribuidos al Beato Francisco de Posadas, en las dos vidas que andan impresas, se refiere que estando labrando las columnas salomónicas de los lados de la puerta, se le quebró una al cantero, apurándolo tanto, que no sabía cómo presentarse á su maestro; mas á esto, acertó á pasar aquel venerable, y tocando su mano al mármol, dijo al operario: «¿Qué, dicen que está rota? ¡No hay tal cosa!»—Acercáronse, y la vieron completamente sana, con asombro de cuantos la examinaron antes.

Del colegio de Ntra. Sra. de Gracia dijimos, haberlo fundado D. Antonio Fernandez de Córdoba: éste instituyó un mayorazgo, con la condicion de que al irse á unir con otro, se dedicaran sus bienes á aquel objeto, poniéndolo al cuidado de la comunidad de San Pablo, con profesores seglares: llegó este caso, y se realizó el pensamiento; mas no considerando suficientes las rentas para pagar sueldos, se determinó que los religiosos diesen la enseñanza. Cuando la exclaustracion, fué reclamado por el colegio de la Asuncion, y se le hizo entrega de todo cuanto le pertenecía: por eso goza la casa de Villaseca el derecho de proveer algunas becas.

La comunidad del espresado convento sufrió otra exclaustracion en 1810, en virtud de lo dispuesto por los franceses; pero muchas personas acudieron al general Godinot, rogándole se respetase la iglesia, y ésta, en clase de ermita, fué restituida al culto en 15 de Setiembre;

Como la Orden de Santo Domingo era considerada como uno de los mas ardientes defensores de la

Inquisicion, el Tribunal de Córdoba sostenía hermandad con este convento, y en él, como en su dia esplicaremos, celebró los autos de fé de 24 de Abril de 1718, 12 de Abril de 1722, 13 de Junio de 1723, 3 de Mayo de 1730, 4 de Marzo de 1731, y 5 de Diciembre de 1755.

Ningun lugar encontramos tan apropósito como el convento de San Pablo, para ocuparnos de uno de los episodios mas curiosos de la historia de Córdoba, por cierto de los primeros que demostraron nuestras disenciones políticas, que tantos dias de amargura han costado á la patria. Sabida es la repugnancia conque Fernando VII juró en 1820 la Constitucion del Estado, y que tanto él como sus parciales, hacían cuanto les era posible por abolir el nuevo sistema y tornar al absolutismo, única orma de gobierno á que tenian apego sus rutina- y obsecados adictos: estos eran muchos en Córdoba, figurando entre ellos en primera línea, el capitan comandante interino del Provincial de Córdoba D. Francisco Valdelomar, muy querido y respetado por los individuos de aquel cuerpo. Con tal motivo, se puso de acuerdo con D. Juan Espinosa de los Monteros, comandante de una brigada de Carabineros, residente en Castro del Rio, conviniendo ambos en dar el grito de viva el Rey absoluto; mas, sabido por las autoridades de esta capital, suspendieron al primero en el mando del Provincial, poniendo en su lugar, y tambien en clase de interino, al capitan D. Francisco de Paula Dominguez, fundándose este cambio en que habiendo dado algunos individuos de tropa gritos sediciosos, no habia tomado el jefe determinacion alguna: á la vez se acuarteló el batallon en el convento de

San Pablo, donde podía ser vigilado mas de cerca por su comandante, autoridades y Milicia Nacional, que tenía su cuartel en la Corredera, y daba un reten en el Ayuntamiento.

Espinosa, creido en que á la vez se efectuaba el pronunciamiento en Córdoba y en Madríd, por los Guardias que pocos dias despues lo hicieron, se declaró en completa rebelion, desarmando á los Nacionales de Castro, y mandando una exposicion al Gobierno, diciendo con arrogancia, que permanecería en aquella actitud hasta que se le asegurase solemnemente que no se trataba de disolver la brigada puesta á sus órdenes, lo cual no era mas que un frívolo pretesto. El 22 de Junio de 1822, se supo en Córdoba la noticia y se añadía, que el intento era venir sobre la misma para pronunciar la guarnicion: entonces fué la separacion de Valdelomar; se cerraron las puertas sencillas, se pusieron guardias de la Milicia en los fielatos, y se repartieron veinte mil cartuchos á los Nacionales y tropa, con escepcion de los Provinciales, demostrando todos gran entusiasmo, principalmente los primeros, á quienes mandaba su comandante D. José Cabezas, abuelo del actual Sr. Conde de Zamora. Valdelomar, decidido á pronunciarse, resistió la entrega del mando de aquel cuerpo, y para ello fué preciso arrestarlo en su casa: entre tanto los Carabineros, aumentado su número con una partida del regimiento de caballería de Alcántara, que se les unió, abandonaron á Castro y se aprestaban al fin á venir á Córdoba, donde creian ya seguro el Provincial; mas en éste quedaron los oficiales D. Pedro y D. Andrés Cuellar, ardientes defensores del absolutismo, y estos soliviantaban á los soldados en contra de su nuevo jefe, de los demás oficiales y de todo cuanto pudiera contribuir al sostenimiento del régimen liberal, logrando al fin que el dia 27 de espresado Junio, empezaran á reclamar la vuelta de su comandante. D. Francisco de Paula Dominguez acudió al cuartel, cerraron la puerta llamada del Galápago, y reunieron la tropa en sus respectivos dormitorios, donde cada capitan exortaba á los suyos á la obediencia, siendo todo inútil, porque aquellos, ébrios en su mayor parte, nada oian, ni cesaban en sus gritos y alboroto: entonces cometieron la debilidad ó imprudencia de llamar á D. Francisco Valdelomar para que los aquietase, viniendo éste á seguida, acompañado de D. Pedro Cuellar, sin ofrecer otra cosa que el aconsejar á los amotinados que cumpliesen con su deber, palabras para ellos con un sentido opuesto al que las autoridades deseaban. Conforme entraron en San Pablo, los gritos fueron aun mayores; pasearon en triunfo á su jefe, pidiéndole cartuchos para defender al Rey, y aun cuando delante de todos se les negaban, se le dieron cuarenta á cada uno, porque todos estaban decididos á pronunciarse y marchar en busca de los Carabineros. En este estado, los oficiales D. Pedro y D. Andrés Cuellar, aconsejaron á sus compañeros y á Dominguez que abandonasen el edificio, porque iban á ser víctimas de la soldadesca, á la que ya ni ellos podian contener; y siguiendo aquellos el consejo, se marcharon al cuartel de la Milicia, donde se refugiaron.

Mientras esto sucedía en el convento de San Pablo, los paisanos, en su mayor número absolutistas, formaron grupos en la plaza del Salvador y calle del Ayuntamiento, tanto, que la autoridad civil publicó un bando mandándolos retirar, y estableció un reten de Nacionales en el Ayuntamiento, mas para aquietar los ánimos que otra cosa, pues no creian que los Provinciales se decidiesen á salir á la calle, ni hacer mas demostraciones, teniendo ya otra vez á D. Francisco Valdelomar de comandante; sin embargo, continuaban algunas precauciones, como las guardias en los fielatos y otras, para impedír la entrada de los Carabineros.

En la zozobra y ansiedad consiguiente, se pasó la noché, y por la mañana, sintiendo el reten del Ayuntamiento que el Provincial venía hácia la puerta del Galápago, y creyendo que iría al egercicio, se formó en la puerta, casi descuidado por completo, cuando al salir aquel le hizo una descarga, resultando muerto el cabo de cazadores que mandaba á los Nacionales, D. Manuel Martinez y Contreras, y herido el miliciano D. José Ruiz, viéndose sus compañeros en la necesidad de refugiarse en el portal, cerrando la puerta. Los Provinciales, sin mas jefes que D. Francisco Valdelomar, D. Andrés y D. Pedro Cuellar, siguieron dando gritos subversivos, por la cuesta de Lujan, Santa Victoria y Santa Ana, á la Catedral, hácia la puerta del Puente; mas, sintiéndolos el cabo de granaderos de los Nacionales D. Francisco José Bastardo de Cisneros, que mandaba la guardia, cerró lo puerta y se volvió á ellos para darles la voz de alto, á la que contestaron con otra descarga, que le causó la muerte, quedando salpicado de su sangre el marmolillo que hay en la esquina de la casa que fué oficina del Portazgo: sus compañeros se refugiaron en la posada, y aquellos abrieron la puerta y emprendieron su marcha en busca de los Carabineros. Los desgraciados Martinez Contreras y Cisneros, fueron en Córdoba las primeras víctimas de esa lucha que desde entonces vienen sosteniendo los partidos liberal y absolutista: sus nombres, en letras de oro, en union de los Nacionales muertos en 1836, están en la sala capitular del Ayuntamiento, como eterno y digno recuerdo á su memoria.

La muerte de dos personas tan conocidas y apreciadas en Córdoba por su posicion, pues ambos pertenecian á familias distinguidas, hizo que la poblacion quedase como aterrada, y aumentase aun mas la division y los odios de los dos partidos políticos militantes: por otro lado se esperaban mayores males, en la creencia de que los sublevados vendrian á ésta, donde los liberales habrian de rechazarlos: con esta idea, se tapiaron los portillos y se mantuvieron retenes en las puertas, Triunfo, Catedral, San Lorenzo, Santa Marina y otros puntos; dióse cuenta al Gobierno de todo lo ocurrido; se avisó al regimiento de Alcántara para que apresurase su venida, pues con este objeto estaba en camino; se dió órden al de la Constitucion para que desde Lucena se trasladase á ésta, y se ofició al General del Distrito, para que mandase el completo del regimiento de Mallorca, del cual había parte en Córdoba; al mismo tiempo se escitó el patriotismo de la Milicia Nacional de muchos pueblos, para su concentracion en esta capital, á fin de hacer frente á los sublevados, si se acercaban á ella.

El dia 28 de Junio aumentaron aquellos temores, y nadie había venido en socorro de las autoridades y Milicia, seriamente amenazadas, no solo por los pronunciados, sino por los mismos vecinos, en su mayor parte absolutistas y fanáticos, capaces de acabar con el último de los negros, como vulgarmente llamaban á los liberales. Celebróse una junta para decidir, si defenderse ó nó á la venida de los pronunciados, y confiados en que llegó el regimiento de Alcántara, decidieron la resistencia; mas el jefe de este cuerpo manifestó que si venian fuerzas superiores, dejaba la ciudad, situándose en el campo á una distancia prudente; esto desanimó á todos, y entonces acordaron no oponerse á la entrada, y sí encerrarse en el Alcázar, hoy Cárcel, como lo hicieron, con sus familias, fondos públicos y muchos particulares, procurando aumentar la seguridad de estos, llevándose en rehenes á una porcion de canónigos y otras personas de viso y responsabilidad, conocidas por sus opiniones absolutistas; sin embargo, continuaron todas las puertas cerradas y recogidas las llaves de las cadenas de los barcos de la Rivera, para que no facilitasen el paso del rio, si bien se retiraron las guardias de las puertas, las que dejaron custodiadas por ocho ó diez vecinos honrados.

El dia 30 se cobraron nuevas y animosas esperanzas, con la noticia de que los pronunciados eran perseguidos por numerosas fuerzas, y el 1.° de Julio se realizaron aquellas, recibiéndose el parte de que el Conde de Valdecañas con el regimiento de la Constitucion los había batido en las calles de Montilla, dejándolos casi dispersos: desde allí se marcharon hácia Bujalance, de donde era el jefe Espinosa; mas teniendo que salir otra vez en precipitada fuga en direccion á la sierra, fueron derrotados por segunda vez en Adamúz, cogiéndoles los equipages y algunos prisioneros. Con tales descalabros, cundió entre ellos el desaliento, que se completó con la noticia recibida el dia 10 de haber fracasado en Madrid la sublevacion de los Guardias, lo que se celebró en Córdoba con repique general é iluminaciones. En dicho dia llegó á ésta el Conde de Valdecañas con sus tropas, entre ellas muchos Nacionales de diferentes pueblos, y lo alojaron en la casa del Conde de Gavia, cerca de la puerta de Baeza: muy corta fué su permanencia, pues á seguida salió para continuar la persecucion de los insurrectos, los que acosados se iban rindiendo, concluyendo de este modo aquellos acontecimientos. El dia 21 regresó el espresado Conde, siendo objeto de mil demostraciones de alegría por parte de los liberales cordobeses, quiénes le regalaron un magnífico reloj de repeticion, que le fué entregado en nombre de la Ciudad por una comision compuesta del Sr. Duque de Rivas y D. Benito Pariza.

Esto es, aunque muy en estracto lo ocurrido en Córdoba en aquella época, vengado en 1823 por los realistas, con multitud de insultos y una implacable persecucion á todo el que había figurado algo durante el régimen constitucional.

Antes de terminar nuestro paseo por el barrio de San Andrés, vamos á estractar una anécdota referida por el autor de los *Casos raros de Córdoba,* acaecida á un caballero Veinticuatro de la misma, á quien hace vecino de aquel, aunque no señala la calle ni dice el nombre, que reservó por decoro á su clase. Rico y noble en estremo, rodeado de todas las comodidades posibles, era considerado felíz al lado de su jóven y bella esposa, á quien prodigaba las mas tiernas atenciones; mas como en todas partes tienen entrada los sinsabores, la señora cometió la imprudencia de enamorarse de uno de sus lacayos, ó lo que es mas necio aun, el hacer partícipe de su crímen á una de sus antiguas criadas, quien facilitaba sus entrevistas cuando su señor iba á los cabildos, que generalmente tenian lugar al medio dia; mas como los delitos se descubren con tanta facilidad, sucedió que entre la señora y la sirviente surgieron sérios disgustos por cuestiones estrañas al caso, y la segunda tomó venganza contando al esposo ofendido, el engaño de que era víctima, haciéndole regresar del cabildo, cuando mas descuidados se encontraban su esposa y su cómplice, á quiénes sorprendió oportunamente. Cualquiera creería que el escándalo sería grande, y que tal vez el Veinticuatro daría muerte á entrambos; mas, lejos de eso, reprendió á ella su inconsecuencia, y llevándose al lacayo á otro aposento, le dió cierta cantidad y le mandó abandonar en seguida á Córdoba, en la seguridad de que le daría muerte si en ella lo encontraba. Desembarazado de aquel ingrato, siguió con su esposa tan cariñoso y complaciente como si nada hubiese ocurrido; así pasó un año: la señora llegó á ponerse mala, y él redobló sus cuidados, hasta que mandada sangrar, entró por la mañana en su cuarto, y amenazándola con un puñal y sugetándola, le aflojó la venda hasta que vió que había espirado: entonces se retiró, encargando no la incomodasen, por estar descansando, y en seguida salió, como acostumbraba: estrañaron las criadas que el sueño se prolongase tanto, y yendo á verla, la encontraron cadáver; dieron gritos, avisaron á su esposo, y éste fingió muy bien el dolor que le causaba tan inesperada pérdida, demostrando aun mas aquel con el suntuoso funeral que hizo celebrarle. Viudo, sin hijos, rico, jóven aun y noble, continuamente le proponian un nuevo y ventajoso enlace, al que él rehusó por espacio de dos ó tres años; mas al fin, resolvió casarse, llevándolo á cabo y convidando á la boda á todos los parientes, incluso á su primer suegro, que asistió como los demás, presenciando la ceremonia con aparente calma, si bien acibaró aquellos instantes de alegría, felicitándolo al despedirse en voz baja y, con las siguientes significativas frases: «Celebraré seas muy felíz con tu nueva esposa, y si alguna vez te cansases de ella, ya sabes que la mejor medicína es sangrarla;»

Consignadas cuantas noticias hemos adquirido, referentes al barrio de San Andrés, justo será que demos algun descanso á nuestra pluma, hasta principiar á ocuparnos de la parroquia de San Pedro y su feligresía, á la que pensamos dedicar nuestra quinto paseo, que será el primero del segundo tomo.

FIN DEL TOMO PRIMERO.

PASEOS POR CÓRDOBA,

Ó SEAN

APUNTES PARA SU HISTORIA.

POR

D. Teodomiro Ramirez de Arellano y Gutierrez.

TOMO II.

CÓRDOBA:—1874.

IMPRENTA DE D. RAFAEL ARROYO,
Calle del Cister, núm. 12.

Editorial MAXTOR
Fray Luis de León, 20
47002 Valladolid
983 090 110
pedidos@maxtor.es
www.maxtor.es

I.S.B.N. 84-9761-062-8
depósito legal: VA-263-2003

PASEO QUINTO.

Barrio de San Pedro.

Nadie podrá negarnos la importancia de los cuatro barrios á que hemos dirigido nuestros anteriores paseos; mas ninguno llega á la del de San Pedro, centro de la Ajerquía ó ciudad baja, numeroso en vecindario, y lugar donde hace siglos se reconcentra la mayor parte del comercio y de la industria.

Confina con los barrios de San Andrés, Salvador y Santo Domingo de Silos, San Nicolás y Eulogio de la Ajerquía, Santiago y la Magdalena, y tiene en su jurisdiccion un convento de monjas, un hospital, un colegio de niñas, la Escuela de Veterinaria y varias ermitas, aparte de otros edificios destinados hoy á distinto objeto del de su fundacion. Tambien encierra en su recinto el único mercado de importancia de Córdoba y las oficinas del Gobierno civil y Diputacion provincial. De todo informaremos á nuestros lectores, con los muchos datos recogidos para esta obra.

Cuantos escritores se han ocupado de las antigüedades de Córdoba, convienen en dar á esta iglesia la primacía entre todas las demás; se cree fundada en el siglo tercero de la Era cristiana, en otro templo antes de gentiles, y le dan la categoría de basílica. Dicen haberla consagrado al Obispo Osio, lo mismo que la iglesia de los Mártires; esto debió ser á principios del siglo cuarto; en este tiempo la dedicaron á los mártires Fausto, Marcial y Januario, sacrificados en aras de los falsos dioses, poco despues de San Acisclo y Santa Victoria.

Lo que aparece, en resúmen, de tanto como se ha escrito acerca del origen é historia de este antiguo y venerado templo, es lo poco que llevamos dicho en el párrafo anterior: durante la dominacion romana y el reinado de los godos, debió ser una de las principales iglesias de los cristianos en Córdoba, si bien no la primera, ó sea la Catedral, porque esta la creemos hácia donde hoy San Miguel, y que ascendió, digámoslo así, á tal categoría cuando la dominacion de los árabes, quienes en la ciudad alta, denominada por ellos la Almedina, no permitieron vivir á los cristianos, y por consiguiente iglesia ni establecimiento alguno.

En aquellos tiempos hallamos siempre en primer lugar la basílica de los tres santos Fausto, Marcial y Januario, donde tradicionalmente se decia haber sido sepultados por los demás cristianos. De allí salieron otros para sufrir el martirio, como se vé en las obras de San Eulogio, y en tiempos modernos ha esplicado D. Bartolomé Sanchez Feria, en su *Palestra Sagrada*, impresa en Córdoba en 1772.

Las basílicas eran el punto de reunion de los cristianos, no solo para dedicarse á la oracion y demás ceremonias religiosas; en ellas tenian tambien sus escuelas, á donde acudian á instruirse los jóvenes, ávidos de adquirir los conocimientos necesarios para ser útiles á la santa causa, objeto de sus adoraciones y tesoro inagotable de la verdad que ansiaban difundir por todos los ámbitos de la tierra. Los mas sábios y virtuosos sacerdotes moraban en casas unidas á los templos, formando una especie de comunidad, y allí tenian las clases únicas con que podian contar los cristianos. En la de los tres santos hubo hombres muy notables, que sería demasiado largo enumerar, entre ellos San Siervo de Dios, á quien se unió San Gumersindo, que juntos hicieron pública declaracion de sus creencias, apostrofando el culto de los falsos dioses, sufriendo por ello el martirio y demostrando en sus rostros y palabras la confianza y tranquilidad que solo podia inspirarles el que tambien perdió su vida por la salvacion y regeneracion de la humanidad.

Conocida la antigüedad de la iglesia de San Pedro, cualquiera comprende las muchas reedificaciones hechas aun en tiempo de los árabes, despues cuando la conquista, y otras reveladas por su actual forma y arquitectura. Tambien las ha tenido y muy marcadas, en sus altares y ornamentacion. Para que el lector se haga cargo de todas ellas, conviene darle á conocer su actual estado, y luego ir marcándolas en cada punto del edificio.

Tres puertas facilitan la entrada á este hermoso templo; dos gótico-bizantinas, llamadas en lo antiguo de Santa Brígida y Santa Ana, y ahora del sol y la sombra; la primera está contigua á la capilla de los Santos Mártires y tomó el nombre de un hospital que hubo al frente: la segunda en el opuesto lado. La principal forma una bellísima fachada, semejante en su arquitectura á la de la puerta del puente. En el primer cuerpo lucen cuatro columnas jónicas con nichos en los intercolumnios, y en el segundo dos de órden corintio y en el centro dos pilastras con la imágen del titular enmedio y sosteniendo un bonito fronton. Hízose en 1542 por disposicion y ayuda del opulento Obispo D. Leopoldo de Austria, cuyos escudos de armas lucen en esta fachada. Por la espalda, ó sea mirando á la calle de Alcolea y aun por los costados, se ve la primitiva fábrica igual á la de Santa Marina, San Lorenzo y otras iglesias de aquella época. Entre los estribos ó machones, hay un cuadro con Jesus Nazareno, ya en parte cubierto por unas habitaciones construidas á mediados de este siglo, bajo la direccion del arquitecto D. Pedro Nolasco Melendez. A dicha imágen han tenido gran devocion todos aquellos vecinos. La torre nos parece tambien moderna: es muy elevada; pero desde su planicie solo sigue un campanario de horrible arquitectura: tiene cuatro campanas, una de ellas encontrada con las reliquias de los Santos Mártires, y de aquí la costumbre de tañirla en las grandes tormentas para implorar la clemencia del cielo. Remata con la imágen de San Rafael, la segunda que allí ha lucido. La primitiva se colocó en forma de veleta, para que mirase á todos aires, y se puso á consecuencia de la primera aparicion del Arcángel al V. Simon de Sousa en su convento de la Merced, en cuyo lugar nos ocuparemos de ello. En 1637 estaba sumamente destrozada: entonces se pensó en renovarla; reuniéronse los vecinos y entre todos ellos costearon la actual, que es de plomo, con peso de cuatro arrobas y giratoria, y costó cuatrocientos cuarenta reales. Cuando la fundieron, fué llevada á la Catedral, donde la bendijeron, conduciéndola despues á San Pedro, haciéndole una gran fiesta con sermon, en la mañana del dia ocho de Junio, y por la tarde la colocaron en su sitio, con asistencia de muchas personas, que en celebridad de aquel acontecimiento, llevaron música y dispararon multitud de cohetes y arcabuces. Esto lo cuenta mas estensamente Gaspar de Medina, en el fólio 311 del tomo primero de *Cosas memorables*, que aun permanece inédito.

En la mañana del dia 10 de Abril de 1826 se suicidó una persona muy conocida y apreciada en Córdoba, arrojándose desde esta torre al rincon que forma al pié, sirviéndole de pretesto para subir, el habérsele perdido unos palomos é iba á ver si andaban por los tejados.

Los alrededores de esta iglesia, como los de todas las parroquias, estaban convertidos en el cementerio, de cuyo terreno se tomó para levantar la capilla de los Santos Mártires: sacáronse entonces los restos que habia en aquel lugar, que eran muchos por haberse sepultado allí las víctimas de la epidemia de 1649 y 50, y entre aquellas se encontró la mómia de un chico de unos diez ó doce años, tan conservada, que parecía haber muerto dos ó tres dias antes. El cementerio cogía hasta el ángulo formado de álamos cerca de la calle de la Palma, descollando en el centro una gran cruz de piedra que, como el altar de Jesus Nazareno, estaba erigida en honra á los muchos cadáveres allí sepultados. En al año de 1647, siendo Corregidor de Córdoba D. Francisco Gabriel de Sepúlveda, caballero del hábito de Santiago, se colocó en este sitio una hermosa fuente monumental, de gallarda y linda forma, la que llevaron de la plazuela de las Cañas, donde estaba y antes en la Corredera. El año 1823, la quitaron para poner la actual, que no puede sér mas fea, probándose el mal gusto del concejal D. Manuel Diaz, autor de esta reforma, á pretesto de que la antigua fuente estaba sobre tres gradas, dificultando al ganado el beber en el pilar.

Penetrando en el templo por la puerta del centro, encontramos una estensa y hermosa nave, principal de las tres que lo componen. En medio de ella estaba situado un coro, quitándole mucha vista. En un principio era muy grande, y se decía conservar la forma de cuando aquella fué Catedral: tenía sillas altas y bajas, las primeras para los sacerdotes y las segundas para los sacristanes. Esta preferencia pasó á los seglares; los caballeros del barrio decían que ellos solos debian sentarse en las altas cuando no las ocupase el clero; de esto sobrevinieron varias cuestiones, y de una de ellas resultó muerto uno de aquellos: con este escándalo, el Obispo D. Leopoldo de Austria mandó reformar el coro, dejándolo todo igual, como ha estado hasta 1852 que se puso á los lados de la capilla mayor.

De esta última nos vamos á ocupar. El retablo es del mal gusto reinante á fines del siglo XVII y principios del XVIII, colocado por aquel tiempo en sustitucion de otro construido hácia el año 1510, siendo Obispo de Córdoba D. Martin de Angulo. Tiene dos buenos lienzos, uno con el milagro de San Pedro cuando sanó al paralítico, y el otro el ángel sacándolo de su prision: mas arriba San Rafael y San Miguel, esculturas, y en el tercer cuerpo la Concepcion y San Acisclo, Santa Victoria y San Eulogio: en el centro está una imágen del titular, vestida de pontífice. Asegura Enrique Vaca de Alfaro, que el presbítero D. Juan del Pino, Ambrosio de Morales y Fr. Alonso Carrillo, del órden de predicadores, vieron en el primer tercio del siglo XVI, colgados detras del retablo antiguo, seis capelos que se decia sér de obispos cordobeses, entre ellos D. Gomez de Villaseca, que lo fué de Almería. Al lado hay unas preciosas puertas, sin duda del siglo XV, con San Pedro y San Pablo, altos relieves dignos de conservacion y estudio.

En el lado del evangelio de la capilla mayor, habia un altar con una pintura de la Vírgen, de gran antigüedad, con una inscripcion, en parte borrada por los años, pero que aun dejaba leér:

Esta historía. mando. facer. el. honrrado Martin. Alonso. Villaseca. á honor de la Vírgen. Santa. Maria. Madre. suya é de los. bien. abenturados. Santos.

El venerable D. Juan del Pino, en una historia que escribió de esta iglesia y leyó Enrique Vaca de Alfaro, aseguraba que ese altar fué hecho de órden del D. Gomez de Villaseca, el cual fué Obispo de Córdoba, noticia que juzgamos equivocada.

Frente y dentro de un arco tapiado, se depositó el cadáver del espresado sacerdote D. Juan del Pino, con un epitafio que ha cubierto la sillería. Era este cordobés sumamente virtuoso é instruido: escribió las Revelaciones de San Rafael al Venerable Andrés de las Roelas, y una historia de aquella parroquia. Trabajó mucho en el asunto de la invencion de las Reliquias de los Santos Mártires, y por esta razon se le dió sepultura en el hueco de la antigua capilla de aquella advocacion, en 8 de Noviembre de 1605; en 5 de Mayo de 1613 se abrió para enterrar á su hermana política Leonor Rodriguez, y se encontró el cadáver lo mismo que cuando lo enterraron; tanto que lo llevaron á la sacristía, donde lo tuvieron cuatro ó cinco dias, mientras su confesada D.ª Elvira Mendoza le hizo nuevas vestiduras que le pusieron, y entonces lo mudaron al sitio en que yace, en una caja de plomo, dentro de la cual colocaron un elogio de su vida, que redactó el célebre Padre Martin de Roa. Sobre esto escribió Diaz de Rivas, y hay apuntes en los libros de defunciones al márgen de la partida del D. Juan del Pino y en la última de las hojas.

En esta capilla se dice tradicionalmente haberse sepultado algunos de los Obispos de Córdoba durante la dominacion árabe. Está dividida en dos patronatos. El lado del evangelio lo reservó San Fernando para sí, por si fallecía en Córdoba, fundando al efecto un aniversario ó auténtico, que como tal vino cumpliéndose hasta el año de 1669 que, canonizado, lo convirtieron en fiesta: á falta de rentas ha caducado.

El lado de la epístola, es patronato con enterramiento de los Marqueses de Villaseca. Concedióle el Santo Rey á su fiel servidor Luis Bandoma de Góngora, que se dice estar allí sepultado; era caballero muy calificado, deudo de los Reyes de Navarra, y vino por Cabo ó jefe de cuatro mil hombres á servir á D. Fernando, á quien ayudó á ganar á Córdoba, dándole en premio en el repartimiento, los cortijos de la Torre del Cañaveral, la Zarza y Rivera del rio Guadajoz, que él vinculó para sí y sus descendientes, pues casó á su hija Teresa Gimenez de Góngora con D. Alvaro Fernandez de Córdoba, hijo tercero de Fernan Nuñez de Temez y de D.ª Ora Muñoz, hija de Domingo Muñoz el Adalid.

En el centro de esta capilla, se vé una hermosa lápida de mármol azul, con que el erudito escritor D. Luis María Ramirez de las Casas Deza, ha honrado la memoria de su señor tio, el virtuoso sacerdote D. Francisco de Sales Ramirez y Gámiz, víctima del despótico y cruel general Godinot, gefe de la division francesa que ocupaba esta ciudad en el año 1810. Este asesinato, no otro nombre merece, ocurrió acompañado de tales circunstancias, que no podemos prescindir de contarlo á nuestros lectores.

Hácia los años de 1766, vivía en Córdoba un ilustre y honrado matrimonio llamado D. Luis Ramirez y Cándenas y D.ª Apolonia Antonia Gámiz, quienes tenian un hijo de cinco años, tan falto de la facultad del habla, que temían, con razon, el verlo completamente mudo. Un dia de los muchos en que la gente iba de paseo al Campo de la Verdad, entraron en la ermita del Santísimo Cristo de las Animas, y viendo la multitud de tablillas con ex-votos ó milagros allí colgados, ofrecieron á la venerada imágen, que si su hijo hablaba, lo dedicarian al servicio de la iglesia, celebrando en aquella su primera misa. Tan naturales deseos, viéronse bien prontó realizados, y los agradecidos padres perpetuaron tan señalado favor en un cuadro, allí existente, distinguiéndose entre los demás por sus dimensiones, pintura y marco. El carácter dócil del jóven Ramirez completó la ofrenda, y en edad competente celebró su primera misa en la ermita del Cristo de las Animas, año 1785.

Cuando la invasion de los franceses, contaba D. Francisco de Sales Ramirez unos cincuenta años y muchas y merecidas simpatías.

La noticia de que las partidas formadas en Lucena en favor de la independencia española, se dirigian á esta ciudad, tenía á los cordobeses con un comprimido júbilo que avivaba mas y mas la esperanza de verse libres de los opresores.

Era la mañana del dia 15 de Setiembre de 1810, cuando D. Francisco se encontró en la calle del Pilero con una monja exclaustrada de uno de los conventos, á favor de la autorizacion dada por los franceses: paráronse á hablar, y fiado de la confianza que con ella tenía, le dió la noticia de la venida de fuerzas españolas, recelando el que la hiciesen tornar á la clausura. Temerosa aquella de volver á su convento, pasó á seguida á ver al general Godinot, que habitaba en las casas de los Marqueses de Villaverde, rogándole la permitiera marcharse con la division francesa. Sorprendióle á aquel la visita, y deseando no se propalasen noticias semejantes y de que el pánico cundiera entre los cordobeses, *la obligó á delatar á* D. Francisco de Sales Ramirez, á quien en seguida fueron á buscar á su casa, núm. 1.° de la calle de Pedregosa. Llegó á presencia de aquel tigre y, lejos de negar la noticia, confesó lo que habia oido y dicho, que no otra cosa podia manifestar un sacerdote tan virtuoso y puntual en el cumplimiento de sus deberes.

Furioso Godinot, llamó á uno de sus ayudantes, á quien dió esta terrible órden:—«Conducidlo al principal, y que tal como está, hasta con el sombrero de teja, sea inmediatamente ahorcado en medio de la Corredera.»

Obedeció el ayudante, llevando á aquel desgraciado al cuartel, hoy sombrerería de los Sres. Sanchez y compañía, en cuya puerta lo tuvieron sentado en un banquillo, mientras preparaban el patíbulo, no pasando una hora cuando se habia cumplide tan inhumana sentencia, tanto, que llegada la noticia de ello al Obispo D. Pedro Alcántara Trevilla, se subió en el coche para ver si lograba se revocase la órden, y al llegar á la Cruz del Rastro, oyó la campana de San Pedro que tocaba la agonía. A mas de esto, se mandó poner sobre la puerta de la morada del desgraciado D. Francisco una inscripcion diciendo su castigo, no efectuándose á ruego de la familia, que lo juzgó deshonroso, cuando despues se hubiera considerado como un timbre de gloria.

Godinot dió tambien su órden por escrito, que impresa hizo fijar en todos los sitios mas públicos de Córdoba; su testo era el siguiente:

«Gobierno general de los Reinos de Córdoba y Jaen.—El nombrado Francisco Ramirez, presbítero, será ahorcado al instante por haber esparcido en la ciudad de Córdoba la voz de que los insurgentes debian entrar aquí mañana, y que se habian pedido raciones para ellos.—Algunos otros individuos difunden rumores subversivos: guárdense de esperimentar igual desgraciada suerte.—Ya que el modo suave con que he gobernado hasta ahora, no ha podido atraer los ánimos al conocimiento de sus propios intereses, *emplearé contra* los perturbadores del sosiego públicó toda la severidad de mis facultades.—Si los insurgentes se aproximasen á la ciudad, tengo medios conque combatirlos y vencerlos.—Queda á cargo de los Magistrados de esta ciudad hacer publicar esta órden que se circulará á toda la provincia de Córdoba.—Fecho en el palacio del Gobierno general de los Reinos de Córdoba y Jaen, á 15 de Setiembre de 1810.—El Gobernador general.—Baron de Godinot.»

El rector de la parroquia de San Pedro, redactó la partida de defuncion en los términos mas concisos posible, y despues de la marcha de los franceses se puso otra nueva, que honra la memoria de aquel mártir de la independencia de España.

Nos encontrábamos en la capilla mayor de la parroquia de San Pedro; el presbiterio estaba formado cerca del altar, cerrado con una verja de hierro, y en la reforma y obra hecha hácia 1852, siendo ya rector el actual, D. Manuel Enriquez, se amplió hasta el arco toral, donde se colocó la bonita aunque sencilla verja de bronce que hoy luce en aquel sitio.

En este tiempo se mudaron los altares laterales á los estremos de las dos naves paralelas, en los que se dá culto á Ntra. Sra. de Belen y San José, de quien cuida hoy una hermandad poco numerosa, unida á la de Animas.

La nave del evangelio tiene una capilla que se llamó de Santa Ana y en la actualidad del Santo Cristo, por uno de tamaño natural que en ella se venera, con San Juan y la Vírgen; el primero obra del modesto artista D. Manuel Bolaño, que murió muy jóven en Enero de 1868. El altar de Ntra. Sra. de la Esperanza, que es una gallarda y hermosa escultura, al parecer de D. Alonso Gomez: cuida de ella la hermandad de la Esperanza y Santo Celo de la salvacion de las almas, conocida generalmente por el Pecado mortal: se fundó con aprobacion del Consejo Real, de 16 de Diciembre de 1790, en la parroquia de San Miguel, á peticion del rector de la misma D. Bartolomé Sanchez Feria: pasados algunos años, ya en el presente siglo, siendo hermano mayor D. Gonzalo Aguayo y Manrique, Marqués de Villaverde, la trasladó á esta iglesia, apoyado en el artículo 27 de los estatutos, que deja á los hermanos la libertad de servirse en donde tengan por conveniente: entonces le hicieron el lindo retablo en que está colocada: por cima tiene un bonito cuadro que representa á San Miguel.

Entre este altar y la puerta, existe otro dedicado á las Animas, de construccion moderna y bella, con dos cuadros, uno con Jesus Crucificado y las ánimas al pié, obra de D Antonio Monroy, y otro por cima, muy antiguo, con la Vírgen de Belen, que dicen era la titular de una ermita que hubo en la casa núm. 14 de la calle de Almonas, si bien nos parece restaurada, al menos, en estos últimos tiempos.

Pasemos á la nave de la epístola, donde encontramos la capilla de San Pedro; en un principio se llamó de Santa Lucía y despues de los Mártires, por haber sido el primer lugar en que se pusieron á la veneracion pública las reliquias que se guardan en una urna de plata en otra capilla. Aquí hallamos un altar de piedra de Cabra, costeado en honor de aquellas por el Obispo D. Antonio de Pazos y Figueroa, que vino á Córdoba en

1583: la mesa se hizo con los mismos sillares del sepulcro en que las encontraron, como lo asegura una inscripcion que allí vemos y dice así:

En este altar está formado el mismo sepulcro de piedra donde se hallaron reservadas las reliquias y huesos de los Mártires de la iglesia, y la llave del agujero de la tapa de enmedio en que estaba metido el mármol de sus nombres, se guarda en el archivo de los beneficiados de esta iglesia parroquial de San Pedro de Córdoba.

La tradicion constante entre los católicos de Córdoba, era que en esta basílica fueron sepultados los cuerpos de muchos mártires y mas ciertamente los de Fausto, Januario y Marcial, á quiénes estuvo dedicada. Muchas indagaciones se hicieron por varios Sres. Obispos, en busca de tan preciosas reliquias, sin que el resultado coronase sus piadosos deseos: encontróse, sin embargo, un marmolillo con diferentes caracteres, que nadie entendió por entonces, y que á peticion de un religioso del convento de los Mártires, se lo llevaron al mismo. Mas adelante, en el año 1575, se hizo una gran obra en la iglesia de San Pedro, sacándose de cimiento ocho de los diez grandes pilares que la sostienen, y por cierto admiró á todas las personas entendidas, que aquellos estaban formados sobre el terreno sin haber profundizado en él para su construccion, apesar de no ofrecer la menor firmeza. No se construyeron lo mismo los nuevos, y al hacer la escavacion para los puntales del machon del lado de la epístola, del arco toral, en el dia 21 de Noviembre, se encontró el sepulcro con las ansiadas reliquias: era de piedra labrada, de unas tres varas de largo, tres cuartas de ancho y vara y media de alto, con tapa y en esta un agujero circular como de una tercia: dentro habia unos quince cráneos é infinidad de huesos sueltos. Avisaron en seguida al Obispo D. Francisco Bernardo Alvarado de Fresneda, quien mandó hacer las debidas averiguaciones, en que declararon muchos testigos: recordóse tambien lo del marmolillo, que estaba tirado en el lavadero de los Mártires, y trayéndolo, se vió ajustar perfectamente á el agujero que antes mencionamos, no faltando ya quien, á fuerza de trabajo, limpiase y leyese su inscripcion, que era esta:

Sanctorum. Martirum. Xpti. Jesv Favsti.
et. Martialis. Asciscli. Zoili.

Tenia otras letras borradas.

Ya con este dato, el Obispo dispuso recoger todos aquellos huesos y colocarlos en un arca de tres llaves, que se custodiase en la capilla de Santa Lucía, donde nadie fuese osado á tocar, mandándose restituir las que se hubiesen llevado, como á seguida hicieron, á escepcion de una calavera que estuvo perdida hasta 1616, que de un pueblo la mandaron, y quedó en depósito en la iglesia del hospital de la Caridad, á donde fué por ella el Cabildo y en procesion la trasladaron á esta parroquia, reuniéndola con las otras que ya estaban en su relicario. El Sr. Fresneda, dispuso sacar un traslado de las informaciones hechas para la verificacion de estas veneradas reliquias y que se mandase al Papa Gregorio XIII, á fin de que se dignase calificar la verdad. Su Santidad lo mandó á un concilio de Toledo, y allí decidióse su veneracion como reliquias. Hay la creencia de que estas son de San Fausto, San Januario y San Marcial, hermanos que padecieron martirio de fuego en el mismo lugar que ocupa la parroquia; San Acisclo y Santa Victoria, hermanos, el primero degollado y la segunda azaeteada; San Zoylo, sacado los riñones; San Perfecto, Pbro.; San Sisenando, San Pablo, diácono; San Cristóbal, San Leovigildo y San Teodomiro, monges; Santa Flora y Santa María, vírgenes; la esposa de San Aurelio, mártir, y otros varios ardientes defensores de la religion de Jesucristo, por la que sufrieron tan horribles tormentos.

Pasados dos años, en el de 1577, sucedieron las revelaciones de San Rafael al Venerable Andrés de las Roelas, ya referidas en nuestra escursion por el barrio de San Lorenzo, y con esto se avivó aun mas la devocion de los cordobeses hácia aquellas veneradas reliquias. Esto promovió el que el Sr. Obispo arreglase la capilla y costease el retablo de mármol encarnado, con su escudo de armas en la parte superior. En este tiempo se hizo la primer arca de plata para aquellas. En 1600 se colocó en el arco una buena verja de hierro, que debe ser la que hay en la nueva capilla, costeada por el Sr. D. Juan de San Clemente, Arzobispo de Santiago, por quien colocaron el escudo con un áncora y una torre quemada, y en 1644, pintó José Saravia los muros de la capilla, representando los diez y ocho mártires, de quienes son las reliquias, siendo rector de esta parroquia el Lic. Bartolomé Ruiz Mohedano; éste puso en el círculo de la parte superior, la inscripcion siguiente:

En esta iglesia del Señor San Pedro, que fué la mayor, á 26 de Noviembre de 1575, se hallaron huesos de diez y ocho Santos Mártires, y á 13 de Setiembre de 1577 hubo auto á favor del Ilmo. Señor Don Bernardo de Fresneda, Obispo de Córdoba, y á 13 de Abril de 1578 se apareció el Glorioso San Rafael al Lic. Andrés de las Roelas, Pbro., y le dijo cesarian las enfermedades, y milagrosamente cesaron. A 27 de Noviembre de 1579, se hizo súplica al Papa Gregorio XIII y lo remitió á un concilio Toledano, en el que á 22 de Enero de 1583, se decretó se venerasen por reliquias de Santos Mártires.

La devocion creciente, hizo que en 1673 se formase ya una numerosa cofradía, la que redactó sus reglas ó constituciones, y aprobadas por el Obispo D. Francisco de Alarcon, nombraron de primer hermano mayor al Sr. D. Diego de los Rios y Cabrera, del órden de Alcántara, y uno de los caballeros mas principales de aquel barrio.

En un nicho con puerta de hierro estuvo en esta capilla la pequeña imágen de Ntra. Sra. de Belen, que tradicionalmente se cree perteneció á los hermanos Fausto, Januario y Marcial, hoy con el título de Ntra. Sra. del Arca de los Santos Mártires; existe colocada en su altar, mas arriba del camarin en que está el relicario. A los lados de este se colocaron las imágenes de San Rafael, por las ya dichas revelaciones, y la de San Eulogio, cordobés é historiador del martirio de aquellos santos. Tambien habia en aquel lugar unas tablillas marcando las indulgencias concedidas por los Obispos de Córdoba D. Francisco de Reinoso y D. Francisco de Alarcon.

La hermandad siguió dando este culto, y queriéndolo aumentar, labró nueva capilla, que es la actual del sagrario: en 1741 se unió con la del Santísimo Sacramento, mucho mas antigua, puesto que sus reglas fueron copiadas en pergamino, de otras anteriores, y aprobadas en 1534 por el Obispo D. Fr. Juan de Toledo. Otra aprobacion obtuvieron en 1573 por D. Juan de Linares, Provisor en tiempo de D. Bernardo de Fresneda, y otra por D. Diego de Mardones, en 21 de Junio de 1614.

La nueva capilla se empezó en 1733, trasladándose á ella la verja costeada por el Sr. San Clemente, si bien pusieron en ella año 1757, indicando el de la conclusion. Tambien utilizaron parte de un retablo dorado que hicieron en 1672 los señores D. Francisco y D. Diego de los Rios y Cabrera; mas como el espacio no era igual, se hizo casi nuevo y se doró con las limosnas reunidas, entre las que figuraron 1500 rs. dados por el Ayuntamiento en 1765. Acometióse á seguida la empresa de hacer nuevo el relicario, para lo que aquella corporacion dió 1200 rs., y el escritor D. Bartolomé Sanchez Feria, cedió el producto de su obra titulada *Palestra Sagrada*, importando esta preciosa alhaja 62.113 rs. y 8 mrs.; en la parte de atras, se lee la inscripcion siguiente:

Siendo Pontífice nuestro Stmo. Padre Pio VI, Rey de España Carlos IIII, Obispo de Córdoba el Excmo. é Ilmo. Sr. D. Antonio Caballero, Rector de esta parroquia el Sr. D. Juan Tello y Castillejo, hermano mayor D. Alfonso Mellado, se hizo este tercer relicario con las limosnas de los devotos cordobe-

ses, fabricado por D. Cristóbal Sánchez y Soto, artífice de platería, natural de esta ciudad, y se concluyó para el 26 de Noviembre de 1790, en que se celebraba la Invencion de las sagradas reliquias.

Apesar de lo dicho en la última parte de la anterior inscripcion, no se trasladaron las reliquias hasta el 4 de Mayo de 1791, efectuándose una gran funcion costeada por el Ayuntamiento, y cuyos gastos ascendieron á 1273 rs. 23 mrs.

En la nueva capilla no imperó, por cierto, el mejor gusto, pues la revistieron de adornos de yesería llenos de ojarascas, en tal abundancia, que desde luego choca á la vista: en el altar están repartidas diez y ocho esculturitas que representan á los Mártires, y tambien se ven, de mas dimensiones, á San Miguel, San Rafael, San Gabriel y el Angel de la Guarda. En los costados hay dos grandes lienzos, en que D. Juan María Peña pintó la Cena de Jesus con los Apóstoles y la aparicion del Arcángel Rafael al Venerable Andrés de las Roelas. En un pequeño nicho se conserva el marmolillo que servia de tapa en el sepulcro anteriormente descrito y que vemos en la nave de la epístola, señalado con azulejos y una pequeña verja; en el suelo, se lee:

IN. MEMORIA. ÆTERNA. ERVNT IVSTI.

Desde la invencion de las sagradas reliquias, han sido y son objeto de la veneracion mas cumplida, acudiendo en ruego á estos Santos Mártires en todos los casos de mas apuro y desconsuelo, sacadas en procosion con San Rafael y Ntra. Sra.

de la Fuensanta. La primera vez que fueron llevadas á la Catedral, ocurrió en 7 de Júnio de 1601 con motivo de la gran epidemia que en Córdoba sufrian. Tanto el Cabildo eclesiástico como el civil, han asistido en procesion á la fiesta del dia 26 de Noviembre, en que principia tambien un solemne octavario que costea la ya citada cofradía. En el arca que sirve en el monumento, se vé la estátua de la Fé y dos ángeles hechos en 1805, por el escultor D. Lorenzo Cano, de quien es el relieve de la puerta del sagrario. ¡Detras de este, hay pintada en la calle, una fachada de colores, con dos cuadros figurados, con las apariciones de San Rafael: aquello está completamente reñido con la gravedad de todo el exterior de la parroquia. Lo pintó en 1800, José Perez Ruano, habiendo sufrido despues muchos retoques; sin embargo, nunca mereció conservarse.

Entre la capilla de los Mártires y la puerta de la sacristía, encontramos un altar con arreglada decoracion ó retablo de estuco; en él se venera una mediana imágen de San Sebastian, abogado de la peste, colocada en aquel lugar en memoria de la que se pasó en Pápia, ciudad de Italia, donde por su intercesion cesó el contagio. En el segundo cuerpo hay un cuadro con el martirio de San Bartolomé; antes estuvo en una capilla de su advocacion, que creemos sea la antesacristía. La erigió el rector de esta parroquia Licenciado Bartolomé Ruiz Mohedano, trayendo el cuadro, obra del célebre pintor José Rivera, conocido en Italia por el Españoleto. Creemos que el actual debe ser una copia, aunque por la elevacion no se vé bien para juzgarlo. Este rector, que se sepultó en aquel sitio, reedificó la capilla de los Santos Mártires, la hizo pintar y colocó la verja que rodea el sitio donde estuvieron las reliquias; murió en 3 de Febrero de 1663.

En el mencionado altar de San Sebastian, ocurrió en 1844 un suceso casual, que vemos anotado en uno de los libros parroquiales. A las siete de la mañana del 5 de Julio, estando diciendo misa Don Francisco Tinahones, exclaustrado del órden de San Francisco, al acabar de consumir la Sagrada forma, se cayó de espaldas, quedando tendido como muerto, en cuya posicion lo sangraron y permaneció hasta las diez, que lo trasladaron á su casa, sin volver en si hasta los cinco dias, y en el 24 le repitió el accidente, causándole la muerte. A la iglesia, acudió tanta gente llevada de la curiosidad, que fué preciso despejarla: el beneficiado Don José Ramirez, trasladó el cáliz á el altar mayor: acabó la misa el sacristan mayor D. Gábriel Gimenez.

A los pies de la iglesia hay dos capillas con cancelas; la de debajo del órgano fué primero la del Bautismo y la otra de Ntra. Sra. de los Angeles, cuya hermandad la abandonó para irse á la hoy llamada ermita del Socorro. La cofradía del Santísimo se servía en el altar mayor, y deseando tener capilla, se la compró á la primera y se estableció en ella, donde permaneció hasta que se unió con la hermandad de los Santos Mártires: entonces trasladaron á este sitio la pila bautismal. Algunos escritores antiguos dicen que en esta capilla habia pintada una colosal imágen de San Cristóbal.

En la parroquia de San Pedro han sido bautizados:

El Ilmo. Sr. D. Gerónimo Manrique, que llegó á ser Obispo de Salamanca y despues de Córdoba.

El Ilmo. Sr. D. Juan de San Clemente y Torquemada, Obispo do Salamanca y despues Arzobispo de Santiago.

El Ilmo. Sr. D. Martin de Ascargota; estudió en el colegio de la Asuncion; insigne predicador y gran teólogo, canónigo del Sacro-monte de Granada y electo Obispo de Vera-paz en Indias, cuyo cargo no aceptó.

En 5 de Febrero de 1635, el insigne escritor Enrique Vaca de Alfaro, que con sus obras tanto enalteció á Córdoba.

El 6 de Agosto de 1689, el Padre Maestro Fr. Juan Vazquez, dèl órden de Predicadores en el convento de San Pablo de Córdoba, como habrán leido nuestros lectores.

Y en 21 de Abril de 1832, el notable escritor, contemporáneo D. Cárlos Rubio, que nació en la casa hoy núm. 20 de la calle del Baño.

Así mismo debemos hacer mencion de los hombres notables sepultados en esta iglesia.

El primero citado en dos manuscritos antiguos, es el infante Clier hijo del Rey Acosta y sobrino de D. Rodrigo, último godo, el cuàl murió antes de la pérdida de España, siendo enterrado en la iglesia que pasados siglos fué parroquia de San Pedro.

D. Luis Rufo, hijo del jurado é insigne poeta cordobés Juan Rufo: murió por los años 1652: pintor tan notable, que estando en Roma, compitió y venció en una apuesta á Miguel Angel Carabacho; era muy elocuente, alto y enjuto; murió de mas de setenta años é hizo muy buenos versos: Vaca de

Alfaro poseia un libro manuscrito con quinientos apothegmas ó dichos suyos. Testó en Córdoba y lo enterraron debajo de la pila del agua bendita, entrando por la puerta septentrional de esta iglesia, poniéndole encima una loza de mármol cárdeno, en la que él mismo habia hecho grabar esta inscripcion:

Un pater noster, y mas agua bendita por amor de Dios, me den.

Vaca de Alfaro, dice que él vió colocada sobre dicha pila, la cabeza pintada por Rufo, con que ganó la competencia, y que era de gran rumbo y capricho.

Delante de la capilla de los Mártires, yace el notable médico y escritor D. Bartolomé Sanchez de Feria, autor de la *Palestra Sagrada*, el *Yermo de Córdoba* y otras obras no menos apreciables. Tiene sobre su sepultura un epitafio en latin, que el señor Ramirez Casas Deza copia en su *Indicador cordobés.*

En la capilla mayor yace el desgraciado sacerdote D. Francisco de Sales Ramirez y Gámiz, de quien nos hemos ocupado.

Y en la antigua capilla de los Mártires están depositados en la pared, los restos del venerable Juan Sanchez, discípulo del Mtro. Juan de Avila y fundador del convento de la Encarnacion Agustina, de donde fué trasladado á este lugar en 1849.

Entre los donativos hechos á esta parroquia, figura una lámpara del Cabildo eclesiástico, con un letrero sincelado alrededor, que dice así:

El Cabildo de la Sta. Iglesia de Córdoba dió y dotó esta lámpara en hacimiento de gracias de haber cesado la peste de esta ciudad por intercesion de los Santos Mártires, habiendo llevado y vuelto en procesion, sus sagradas reliquias en Julio y Octubre de 1602. *Lucas de Valdés me fecit. Que la dicha lámpara pesa* 17 *marcos y onza y media.*

La Universidad de los Beneficiados de las iglesias parroquiales de Córdoba, de que ya nos ocupamos en la de San Andrés, celebraba en esta sus reuniones y cabildos.

Los beneficiados propios de esta parroquia tienen aun su archivo en una alacena de la sacristía, con letrero sobre la puerta, en que dice haberse formado en 1702.

Casi estinguida por completo, reside en esta iglesia la Congregacion de Sacerdotes de San Pedro; se formó en 1609 y sus estatutos fueron aprobados, primero por el Obispo D. Fr. Diego de Mardones y despues por el Papa, en 1615. En el de 1630 reformaron aquellos, como en otras ocasiones, siendo siempre aprobados y la última vez por el Sr. Siuri. Esta congregacion celebraba sus fiestas, hacía los entierros á sus asociados y asistía por convite á los de particulares, así como á las procesiones y demás actos públicos, teniendo á veces cuestiones de etiqueta con la Universidad de Beneficiados y otras corporaciones: posee una imágen de San Lucas, su patrono, donacion de D. Francisco Vaquera, en 12 de Octubre de 1759.

La hermandad de Animas que, como en todas las parroquias, existe en esta, se componia en lo antiguo de los hombres dedicados á la limpieza de los lugares escusados; mas el escaso número de estos, le hizo casi estinguirse, y entonces entraron en ella los gallegos que habia en Córdoba dedicados á los mandados, y ya con ellos se redactaron nuevas reglas que aprobó el Sr. Solis en 17 de Setiembre de 1715; despues se ha compuesto de vecinos de aquel barrio, y en estos últimos años se le ha unido la de Belen.

El archivo parroquial ofrece poco á los aficionados á antigüedades; los libros principian, los de bautismos en 1578, los de matrimonios en 1589 y los de defunciones en 1594, teniendo todos ellos unos índices muy esactos.

El venerable D. Juan del Pino, en los apuntes históricos que escribió de la parroquia de San Pedro, dice que sus paredes estaban cubiertas con pinturas representando asuntos sagrados, y que cerca de la puerta de Santa Brígida, hoy la del Sol, habia una de aquellas que figuraba, cuando la Vírgen descendió á ponerle la casulla á San Ildefonso, con un letrero al lado, asegurando haberse pintado en el año 1204, ó sea treinta y dos antes de la conquista de Córdoba, con lo cual se prueba que mientras la dominacion árabe, estaba dedicada al culto esta iglesia.

Muchas fiestas de gran solemnidad se han efectuado en ella con diferentes motivos y de las cuales podíamos llenar multitud de pliegos, á cuya ímproba tarea renunciamos, no pudiendo hacer lo mismo con unas que no dudamos llamarán la atencion de nuestros lectores.

En nuestra escursion por el barrio de la Magdalena, dimos pormenores de la horrible epidemia padecida en Córdoba los años 1649 y 1650; el alivio se atribuyó en gran parte á la poderosa intercesion de nuestro Arcángel custodio San Rafael, coincidiendo esta circunstancia con la concesion de rezo propio á la iglesia de Córdoba, en honor de aquel, en bula apostólica de 10 de Setiembre de 1650. Natural era que la Ciudad, de acuerdo con el Cabildo eclesiástico, celebrase tan fausto acontecimiento, dando á la vez gracias por los beneficios recibidos.

Jamás se han hecho en Córdoba unas fiestas mas lucidas, oportunas y dignas de su historia y de su nombre. Estas habian de principiar por la procesion de la imágen de San Rafael desde San Pedro á la Catedral, donde tendria lugar un solemne octavario; despues tornarían el ángel á su iglesia, ó sea á la mencionada parroquia, en que habia de celebrarse otro octavario; á este seguirian unas conclusiones médico-científicas; tras estas un certámen poético con premios; pasados estos se correrian toros y cañas en la plaza de la Corredera, y terminarían los festejos con la colocacion de la imágen de San Rafael, que vemos sobre el puente del Guadalquivir; en las noches y dias intermedios habria luminarias, fuegos artificiales, músicas, colgaduras y paseo en la ya dicha plaza. De todo esto publicó un libro D. Pedro Mecía de la Cerda, caballero de la órden de Alcántara, que ha por título *Relacion de las Fiestas eclesiásticas y seculares que la muy noble y siempre leal Ciudad de Córdoba ha hecho á su Angel Custodio San Rafael, este año de M.C.D.L.I, y razon de la causa por que se hicieron;* impreso en Córdoba por Salvador de Cea Tesa, año 1653, y del que conservamos un ejemplar.

Si fuésemos á narrar todo cuanto en esta ocasion hubo en Córdoba y refiere aquel libro, sería preciso destinar otro volúmen á este asunto; mas como nuestra mision es tomar apuntes y no hacer largas relaciones de los acontecimientos, nos concretamos en esto, como en lo demás, á estractar lo que concierne á la parroquia de que nos venimos ocupando.

Para la realizacion de estas fiestas, se nombró una comision mista, compuesta de los Sres. D. José de Valdecañas y Herrera y D. Gonzalo de Cea y de los Rios, por el Ayuntamiento, y D. Lucas Gonzalez de Leon, canónigo Magistral y D. Antonio Mellado de Almagro, racionero de la Santa Iglesia Catedral, en representacion del Cabildo eclesiástico. Dióse principio el dia 5 de Marzo, publicando el programa para el certámen poético que debia celebrarse en la octava de San Rafael, redactándose el cartel que habia de fijarse al público por Don Luis Manuel de Lando, caballero del órden de Alcántara, imprimiéndolo en raso pajizo, para mas ostentacion y lucimiento. Fijóse en un estandarte y se salió á ponerlo en varios sitios, en esta forma: Tomó aquel, el apuesto jóven D. Francisco Manuel de Lando, hijo del antedicho, llevando á su derecha á D. Pedro Alonso de Flores y Montenegro, del hábito de Santiago, Vizconde de Peñaparda y Corregidor de Córdoba, y á la izquierda á D. Alonso Rodrigo de Castilla, del hábito de Calatrava y Corregidor de Antequera, que casualmente estaba en esta ciudad; iban delante los atabales, trompetas y chirimías, á quienes seguian todos los nobles cordobeses, dos á dos, montados en briosos y bien enjaezados corceles. Así salieron del Ayuntamiento por la plaza del Salvador, puerta del Hierro, calle de las Nieves (hoy Liceo), calle Nueva á las Tendillas, á la Nueva de Calatrava (Paraiso), Compañía, Santa Ana, Duque (José Rey), Abades (Encarnacion), y en la puerta del Perdon fijaron el primer cartel. Siguieron por las calles de San Sebastian (Torrijos), Caño quebrado, Platerías, Pescadería, Arquillo de Calceteros (las cuatro hoy Carrera del Puente), Feria ó San Fernando, Librería, Espartería (Topete), Corredera, Almagra á la parroquia de San Pedro, donde se puso el segundo cartel, regresando por las calles de la Palma, Recogidas (hoy Encarnacion Agustina y Horno del Camello), al Realejo, San Andrés y San Pablo á el Ayuntamiento, y en la fachada se colocó el tercero y último cartel. A los pocos dias murió D. Lucas Gonzalez de Leon, y en su lugar puso el Cabildo á su Tesorero D. Antonio de Rivero.

Para mayor publicidad, se mandaron carteles á todas las ciudades de España y con una carta muy espresiva á Jerez de la Frontera, quien conserva hermandad con la de Córdoba.

Llegó el seis de Mayo destinado para la procesion en que debia llevarse la imágen de San Rafael desde la parroquia de San Pedro á la Catedral, siendo muchos los preparativos para el adorno de la carrera; mas fué tanto lo que llovió, que renunciaron á tanta solemnidad, y colocando aquella en un carruage la trasladaron, depositándola en la capilla del Sagrario, de donde la condujeron con solemne aparato al altar mayor. A la mañana siguiente se efectuó una gran fiesta; predicó el doctor D. José de Valvellido y Barrena, colegial del mayor de Cuenca y Magistral de esta Iglesia. Continuó el octavario con estraordinaria solemnidad, y el último dia, catorce de Mayo, predicó el M. R. P. M. Fr. Juan de Almoguera, Ministro del convento de Trinitarios Calzados de Córdoba.

Estábase arreglando la carrera para la procesion de la tarde; en todas las calles lucian colgaduras, cuadros y luces; las monjas de Santa Clara pusieron un altar en la plazuela de los Abades; el Arquillo de Calceteros, en la Cruz del Rastro, tenia multitud de cornucopias; habia otro altar delante del convento de San Francisco, con una hermosa perspectiva, y otro muy notable frente á la Espartería, puesto por aquellos vecinos; mas nada de esto lució como debiera: ya formada la procesion y el Angel asomando á la puerta de Santa Catalina, empezó á llover con tanta furia, que hubo precision de quitarlo todo y adoptar el medio de llevar la efigie en un carruage, como se hizo cuando se trasladó á la Catedral.

La iglesia de San Pedro, adornada con la mayor magnificencia, esperaba á su ángel San Rafael para el segundo octavario; celebróse tambien con estraordinaria solemnidad, terminando en el dia 21 de Mayo con una gran fiesta á que asistieron los dos Cabildos y predicó el M. R. P. Fr. Diego de Zayas Sotomayor, Guardian del convento de San Francisco.

El dia diez y nueve, se celebraron dentro de la misma iglesia las conclusiones de la facultad de Medicina, con asistencia de todas las personas ilustradas é importantes de Córdoba y un gentío inmenso, que llenó no solo el interior, sino un gran trecho delante de cada puerta, que algo se alcanzaba por haber un tablado que cogia la nave principal hasta las pilas del agua bendita. Presidió este acto el Lic. Juan Sanz de Lordui Obregon, de la facultad de Medicina y catedrático en la Universidad de Osuna, y sustentólas el Lic. Diego de Figueroa Alfaro. El punto ó tema era defender *que el calor de la calentura, aunque estraña y nociva al sugeto cuya destruccion solicita, nace del corazon, principio de nuestro vivir.*

Comenzó la disercion el Lic. Diego de Castro Paez, cirujano de la Inquisicion, mostrando una capacidad y un talento estraordinario. Replicó en primer lugar el doctor Alonso de Búrgos; en segundo el doctor Nicolás de Vargas Valenzuela; en tercero, el Lic. Melchor Moyano, y en cuarto el Lic. Tomás Morillo, cerrando el acto el M. R. P. Mtro. Fr. Juan de Butron, Provincial en la de Andalucía de la sagrada órden de San Agustin. Todos ellos rayaron á una gran altura, mereciendo los mayores y mas entusiastas elogios.

Durante los dias del octavario, estuvieron al público, en cartelones, primorosamente escritas, y sobre las colgaduras del templo, todas las composiciones poéticas presentadas para el certámen, cuyos premios se adjudicaron en la mañana del dia veintidos, en la siguiente forma.

Llena la iglesia con todo lo mas lucido de la ciudad, ocuparon su sitio los jueces, que lo fueron ocho, mitad eclesiásticos y mitad seglares: los primeros D. Pedro de Castro y Toboso, Dean; D. Martin de Orellana, Doctoral; D. Antonio de Rivero, Tesorero, y D. Antonio Mellado de Almagro, racionero de la Santa Iglesia Catedral, y los seglares D. Pedro Alonso de Flores y Montenegro, caballero del órden de Santiago, Vizconde de Peña-parda y Corregidor de Córdoba; D. Luis Manuel de Lando, del órden de Alcántara; D. José de Valdecañas, y D. Gonzalo de Cea y de los Rios, caballeros Veinticuatros. Hacia de secretario el escribano de cabildo D. Luis Notario de Arteaga, quien debia leer las composiciones; mas, estando indispuesto, lo hizo desde el púlpito su oficial mayor D. Francisco Diaz Cano, observándose el siguiente órden:

Asunto primero.—Aparicion de San Rafael al Venerable Simon de Sousa y colocacion de la imágen en la torre de la Catedral, con lo que cesó la epidemia que afligía á Córdoba en 1278; seis estancias de cancion.—Primer premio: Un cuadro de San Rafael, marco ébano y cantoneras de plata, adjudicado á D. Juan de Lara.—Segundo premio: Una salvilla de plata, valor de diez escudos, se adjudicó á D. Antonio del Castillo Saavedra, célebre pintor cordobés.—Tercer premio: Una pastillera de plata, valor de cinco escudos, adjudicada á D. Luis Notario de Arteaga.

Segundo asunto.—Aparicion de San Rafael al Venerable Andrés de las Roelas en el Marrubial, año 1577; diez octavas.—Primer premio: Siete varas de terciopelo negro, á Juan Fernandez de Perea.—Segundo premio: Tres varas de tela de oro, á D. Pedro Mesia de la Cerda, caballero del hábito de Alcántara; dióse otro segundo á Juan Mellado de Almagro.—Tercer premio: Dos pares de guantes de ámbar, al Lic. D. Diego Salcedo.

Tercer asunto.—Segunda aparicion en casa de Roelas; seis décimas.—Primer premio: Un pomo de plata de veinte escudos de peso; no se adjudicó. —Segundo premio: Un espejo grande con marco de ébano, á Juan Fernandez de Perea.—Tercer premio: Un rosario de ámbar, á D. Gabriel Bocángel Unzueta.

Cuarto asunto.—Temores del V. Roelas en revelar lo que le habia sucedido; veinticuatro quintillas.—Primer premio: Un aderezo de espada, de valor de veinte escudos, á D. Pedro Mesia de la Cerda.—Segundo premio: Un bernegal de valor de diez escudos, á una composicion cuyo autor no se supo.—Tercer premio: Unas faltriqueras de ámbar, á Juan Fernandez de Perea, á quien no se le entregó por tener ya otro.

Quinto asunto.—Glosa de una redondilla dada y alusiva al caso.—Primer premio: Una caja con doce cuchillos cabos de plata, á D. Francisco Manuel de Lando.—Segundo premio: Veinte varas de puntas de humo, de valor de diez escudos, á D. Luis de Godoy Ponce de Leon; dióse otro segundo á Francisco de Barbosa.—Tercer premio: Dos bolsillos llenos de pastillas de ámbar, á D. José Daza.

Asunto sesto.—Juramento de San Rafael al Venerable Roelas; un romance que no pasara de treinta redondillas ni bajase de veinticuatro.—Primer premio: Un tintero y salvadera de plata, á D. Alonso Guajardo.—Segundo premio: Cuatro pomos de agua de ámbar, á un romance anónimo.—Tercer premio: Una cartera bordada de oro, á D. Pedro Mesia de la Cerda.

Séptimo asunto.—Un soneto á la construccion en 1602, del arca en que se guardaron las reliquias.—Primer premio: Un sello de plata y unas tijeras y cuchillo de cortar papel, con mangos de aquel metal, á Fr. Gerónimo de Ortega, del órden de San Gerónimo.—Segundo premio: Cuatro pares de guantes de ámbar, á D. Alonso Guajardo.—Tercer premio: Dos pares de guantes de jazmines, á un soneto anónimo.

Octavo asunto.—Era unas liras y no hubo quien las presentase.

Asunto noveno.—Dicha de tener Córdoba por Custodio á San Rafael y beneficios recibidos por su intercesion; un romance que no pasara de treinta redondillas ni bajase de veinte.—Primer premio: Siete varas de chamelote de Toledo, á D. Fernando Mesía Manuel.—Segundo premio: Un rosario de ámbar engarzado en plata, á Fr. Diego Verdejo, del convento de la Trinidad.—Tercer premio: Dos pares de guantes de ámbar, lo alcanzó D. Pedro Mesía de la Cerda, á quien no se le dió por tener ya otros.

Asunto décimo.—Diez dísticos sobre los beneficios dispensados á esta ciudad, en 1602, por la intercesion de San Rafael y las reliquias de los Santos Mártires.—Primer premio: Un breviario romano de la última edicion, á D. Francisco Mallen de Rueda, colegial en el de la Asuncion.—Segundo premio: Un diurno y horas de Ntra. Sra., á D. Luis Notario de Arteaga.—Tercer premio: Una tabaquera de plata, al Padre Pedro Hidalgo, de la Compañía de Jesus.

Ofrecióse además veinte reales de á ocho del Perú, liados en un trapo, á la peor poesía que se presentase, siendo adjudicada al Lic. Diego Ibarra, por unas quintillas que se conoce se hicieron mal, con deliberada intencion.

Terminada la entrega de los premios, concluyó el acto, retirándose aquella inmensa concurrencia con el deseo de ver correr los toros y cañas anunciados, de que nos ocuparemos cuando se llegue á la plaza de la Corredera.

Razon es ya que abandonemos la parroquia de San Pedro, dedicando nuestro paseo á lo demás del barrio: no escasea de interés en los otros edificios notables que cuenta y en la multitud de calles que lo componen.

Frente á la puerta principal de aquella, vemos una hermosa y gran casa, que tradicionalmente se dice haber sido el palacio de los Obispos, durante la dominacion árabe, y tan es así, que hasta casi á mediados del presente siglo, conservó en su fachada un azulejo con la siguiente inscripcion:

Esta casa fué obíspal
cuando San Pedro fué Catedral.

En la casa núm. 5 de esta plazuela, ha muerto en 1872 D. Rafael José Barbero, creador de la famosa ganadería de su nombre, que tanta fama ha adquirido en cuantas plazas se han lidiado sus toros; pero la testamentaría de dicho señor ha vendido aquellos, y solo quedará en Córdoba ese recuerdo que consignamos en nuestros apuntes.

Continuemos la acera en que dicha casa se encuentra; atravesaremos un tramo de calle á donde está la puerta de la iglesia, con harta razon llamada de la sombra y antiguamente de Santa Ana, y llegaremos á la plazuela de los Aguayos, terriza y con un monumento dedicado á San Rafael, casi arrinconado, erigido en 1763 á espensas de los entonces Condes de Hornachuelos y Marqueses de Santaella, que vivian en las casas que hoy el *Marqués de Villaverde que lleva el apellido de* Aguayo, de que tomó título la plazuela. Aquel triunfo, como en Córdoba dicen, es completamente de órden plateresco: tiene verja y faroles, y ostenta en sus cuatro frentes unos relieves representando mártires de Córdoba, además de los escudos de armas de sus fundadores.

La casa de los Aguayos, ó sea de los Marqueses de Villaverde, es una de las mas hermosas de esta ciudad, no tanto por su estension, como por la buena distribucion de sus habitaciones, su hermoso jardin y su lindísima escalera de mármol. Es tambien curiosa la historia de este apellido: algo es oportuno decir de las ilustres personas que lo han llevado. Son oriundos del lugar de Molledo, en el valle de Iguña, Arzobispado de Toledo, donde hay una torre, casa fuerte y ruinas de una iglesia, que indican gran calidad. El primero de que se tiene noticia, sirvió á D. Pelayo, cuando D. Rodrigo perdió á España, en union de otros tres hermanos, siendo todos conocidos por los gotorios, por su orígen godo. El mayor ganó una batalla, orillas del rio Debas, en que quedó muy victorioso de los árabes, despues de haber pasado aquella impetuosa corriente en socorro de su Príncipe, quien quedó tan admirado de su valor, que no pudo menos de preguntarle, cómo se habia atrevido á pasar el agua, á lo que respondió: «En servicio de V. A. no temo agua yó.» De donde se deriva este noble apellido.

Siguió el linage de los Aguayos sirviendo á los Reyes cristianos, y cuando la conquista de Córdoba, vino con el Santo Rey Fernando III, D. Diego Fernan de Aguayo, acompañado de uno de sus hijos Rui Gutierrez, dejando á otro llamado D. Juan, al cuidado de su casa y familia. Era patrono de la iglesia de Santa Olalla, Arzobispado de Búrgos, donde estaba enterrado D. Pelayo, de cuyo cargo vinieron tomando posesion desde Córdoba, hasta 1562 que lo abandonaron. D. Diegó y su hijo se encontraron en la conquista de Baeza, donde están sus armas, en el sitio de Ubeda, en la conquista de Córdoba y en la Ecija; en esta fué el primero que subió á la torre, desde la que tremoló el pendon real, gritando: *Ecija por el Rey D. Fernando.* En el repartimiento de esta última, lo recompensaron con el palacio que llamaban de D. Diego y unas huertas. En 1270 llevaba el nombre de la casa Rui Gutierrez de Aguayo, quien la estableció en Córdoba, donde aun permanece. En esta casó con D.ª Elvira de Temez, hija mayor de Fernan Nuñez, de quien ya nos hemos ocupado. Su sucesor, que llevó igual nombre y apellidos, era muy valiente y vivió cien años, siendo enterrado en Santa María de Ecija.

El principal mayorazgo que poseia esta familia, y que se ha dividido en estos últimos años, lo fundó en 1572 D. Pedro de Aguayo y Manrique, caballero del órden de Santiago y Veinticuatro de Córdoba, quien antepuso su apellido materno, ó sea el Manrique, con el que se han conocido mas de dos siglos.

El primer Marqués de Villaverde lo fué D. Diego de Aguayo y Godoy, por gracia de Felipe IV en el año 1627; se cambió su denominacion en Marquesado de Santaella, en 1649, siguiendo así hasta 1832 que volvió al primer nombre, á escitacion del Sr. D. Juan de Dios Aguayo y Manrique.

Muchos han sido los Aguayos que han adquirido gran fama en el ejercicio de la guerra; mas no han faltado otros que se han distinguido en el de las virtudes. En la obra titulada *Descripcion genealógica de la Casa de Aguayo y líneas que de ella se derivan*, escrita por el canónigo de Málaga; D. Antonio Ramos, é impresa en aquella ciudad en 1781, se mencionan al Chantre D. Fernan Ruiz de Aguayo, quien renunció su inmediacion á los bienes de su familia, el Obispado de Jaen, la chantría y otros beneficios que le habian dado; á D. Gerónimo de Aguayo, carmelita descalzo, que murió en 1736, como ya dijimos en la iglesia de San Cayetano; á D. Gerónimo y D. Diego de Aguayo, canónigos en Córdoba; á D. Mariano Aguayo, inmediato á los mayorazgos de su casa, á los que renunció haciéndose monge en San Gerónimo de Valparaiso, donde llegó á ser Prior, y á D. Juan de Dios Aguayo, que ya siendo Marqués de Villaverde renunció y se hizo ermitaño en el Desierto de esta sierra, como ya diremos cuando á él dirijamos nuestros paseos.

Tampoco han faltado en esta familia personas dedicadas con fruto al cultivo de las bellas letras, mereciendo especial mencion D. Francisco Aguayo, autor de muchas poesías místicas, elogiadas por sus contemporáneos, y D. Juan de Castilla Aguayo, Veinticuatro de Córdoba, que escribió un libro titulado *El Perfecto Regidor*. Ambos debieron florecer en el siglo XVI.

Las armas de los Aguayos son, escudo de plata y tres rios ó fajas hondeadas, bordura de oro y ocho calderas de sable. Este se vé en muchas casas que en Córdoba han pertenecido á este linage.

Saliendo de esta plazuela á la del Cementerio de San Pedro, encontramos la casa principal de los Guevaras, y poco mas allá la calle de la Palma, de que muy pronto nos ocuparemos. Casi frente de ella hay otra sin salida, con una plazoletilla en su interior, que dicen de los Herradores por unos que vivieron en ella. La casa frente á la entrada, fué el hospital de Santo Domingo, que despues dieron en llamar de Ntra. Sra. Santa María de Soterrana, el cual, á falta de recursos, no cumplía su instituto, estando el edificio casi ruinoso; el Obispo D. Sancho de Rojas, en 1448, decretó la supresion, agregándolo á la fábrica de la parroquia de San Pedro, quien se utilizaría de la renta del local, obligándose en cambio á cumplir anualmente la fiesta del titular.

Pasada dicha calle nos encontramos con la plazuela del Vizconde de Miranda; aun existen allí cuatro casas principales: la de los Rios, hoy del Baron de San Calixto; la del Marqués de Vega Armijo, en la actualidad de los Sres. Enriquez; la de los Torreblancas, y el ex-hospital de San Andrés. Es la plazuela de regular forma y tiene una fila de árboles plantados en estos últimos años.

La casa de los Rios ó del Vizconde de Miranda, encierra muchos recuerdos históricos para la nobleza de Córdoba, y en tiempos mas modernos algunos para los aficionados á las lides tauromacas.

Del antiguo y noble linage de los Rios, se ocupan estensamente Andrés Gutierrez de los Rios, en tratado particular impreso en el Memorial del pleito de Belmonte; D. José Pellicer en el Memorial de la Casa de Miranda, de que hay un ejemplar en un tomo de Varios de la Biblioteca provincial; D. Francisco Carrillo de Córdoba en el Memorial de la Casa de Escalonias; el Comendador Zurita en su *Catálogo histórico de la Excma. Casa de Fer-*

nan-Nuñez; el Padre Ruano en su *Historia de la Casa de Cabrera,* y otros que lo hacen ligeramente en obras de diversas clases. Despues de divagar sobre el orígen de esta cása, convienen en creerlo el mismo de los Osorios y Villalobos, haciéndolos descender del Príncipe Guterica, hermano de Don Rodrigo, y en cuanto al significado del apellido Rios, á que dos caballeros de esta familia destrozaron con sus huestes al ejército árabe en la batalla de Covadonga, entre los rios Oria y Devia; pero Zurita disiente, opinando con mas probabilidad de acierto, que proviene de la naturaleza y señorío que tuvierón en los lugares llamados Rio de Yuso y Rio de Suso, en el valle de Aybar, de donde viene el plural Rios. Confuso aparece tambien el nombre del primero que vino á Córdoba y de quien descienden las muchas ramas de este linage que han perseverado y aun perseveran en esta ciudad, representadas hoy principalmente por los Condes de Gavia y Marqueses de las Escalonias. El primero parece ser D. Sebastian Gutierrez de los Rios, Ricohombre de Castilla, que debió encontrarse en la conquista de Córdoba; en 1248, aparece en la impugnacion de Sevilla, donde murió peleando contra los moros en la defensa de unos Herveros, á que salió con D. Diego Sanchez de Final.

Esta familia se dividió en muchas ramas: los hallamos viviendo en los barrios de San Nicolás de la Villa, Santa María ó Catedral, San Pedro y otros; del mismo modo encontramos varias fundaciones hechas en casas principales de los Rios, como son los conventos de Santa Cruz y Regina, los hospitales de Santa María de los Huérfanos y San Andrés, y otras que iremos enumerando.

En las citadas obras, que pueden consultar cuantos deseen mas pormenores, se menciona á muchos Gutierrez de los Rios, notables por su valor, su ciencia ó sus virtudes, tales como D. Juan Gutierrez de los Rios, que floreció mucho en el reinado de Alfonso el Sábio; D. Fernando Gutierrez de los Rios, Obispo de Córdoba, de quien se conservan muchas memorias; D. Juan Gutierrez de los Rios, que prestó grandes servicios en tiempo de Alfonso XI; Diego Gutierrez de los Rios, valiente y esforzado caballero, Alférez mayor y Veinticuatro de Córdoba y Alcaide del Castillo de Teba: sirvió con mucha fidélidad á los Reyes D. Pedro y D. Enrique, al primero en las guerras contra los moros, llevando el pendon de Córdoba, y contra los aragoneses, hasta que aquel cruel monarca mandó degollar á D. Alfonso Fernandez de Córdoba, su cuñado, y á sus primos D. Gonzalo y D. Diego Fernandez de Córdoba; entonces se puso al servicio de D. Enrique, con todos los principales caballeros cordobeses, siendo uno de los mas decididos defensores de esta ciudad, cuando en 1367 la combatió D. Pedro, auxiliado por el rey moro de Granada; fué el fundador del mayorazgo del estado de Fernan-Nuñez, por escritura de 10 de Setiembre de 1382.

D. Diego Gutierrez de los Rios, primer Señor de Escalonias, de quien desciende el actual Marqués: valiente y esforzado, vasallo del Rey y Veinticuatro de Córdoba, gran mediador en las diferencias que hubo entre el Señor de Aguilar y el Conde de Cabra.

Diego Gutierrez de los Rios, hijo del anterior: sirvió con gran valor á los Reyes Católicos en la conquista de Granada, acogiéndolos en su tienda cuando el incendio de la de aquellos.

Pedro Gutierrez de los Rios: gran soldado, señaladísimo en los torneos por su fuerza y valor; en 1525, lo envió el Emperador de Gobernador y Capitan general á las provincias de Castilla del Oro, con facultades para residenciar á Pedro Arias Dávila. Allí se vió en la precision de hacer degollar á un capitan de la casa de los Córdobas, haciéndose respetar de los demás; hizo grandes conquistas, siempre muy querido de Cárlos I.

Gonzalo de los Rios, Comendador de Jimena y fundador del hospital de San Andrés.

Diego Gutierrez de los Rios, hijo del penúltimo; sirvió á Felipe II en Nápoles, Milan y Flandes, en el socorro de Atles, en su conquista del Final, y murió valerosamente en Flandes, con gran sentimiento de D. Juan de Austria que lo estimaba en sumo grado.

Otros muchos pudiéramos citar, si lo permitieran los límites de esta obra; sin embargo, haremos mencion de los títulos concedidos á individuos de esta familia. En 1680 fué concedido por Cárlos II el Marquesado de las Escalonias á favor de D. Pedro Gutierrez de los Rios y Cabrera; en 1633 concedió Felipe IV el Condado de Fernan-Nuñez á D. Alonso Eustasio Gutierrez de los Rios, y en 1817 se elevó á ducado por gracia de Fernando VII, siendo el primer duque D. Cárlos José Gutierrez de los Rios; en 1673, agració Cárlos II á D. Francisco Gutierrez de los Rios Ceron y Velasco, con el Condado de Gavia, al que se añadió la grandeza en 1802, y en 1666 concedió Cárlos II el Vizcondado de Miranda á D. Fernando Gutierrez de los Rios y Argote.

La casa de que nos veniamos ocupando, ha sido

morada de los Marqueses de las Escalonias y Vizcondes de Miranda, y ha pasado por venta al Baron de San Calixto. Tiene una arreglada y bonita fachada, con nueve balcones, y en su interior un salon, el mayor de Córdoba despues del de el Círculo, y un hermoso jardin, parte del cual era una plazuela que con el título de las Yeguas hubo en las Siete revueltas de Santiago.

El 22 de Mayo de 1766, llegó á Córdoba y se hospedó en estas casas, el Embajador de Marruecos Sidi-Hamet el Gacel, sábio principal de la ley; acompañábanlo Sidi-Amara Ben Muza, de la familia del Emperador y general de su caballería, Sidi-Eljas Mahomet Esiles y otros varios personages, con una numerosa servidumbre: tanto el Marqués de las Escalonias como la Ciudad, los obsequiaron lo posible, y la segunda dispuso una corrida de toros en la Corredera, á que asistieron desde un balcon que habia en la fachada de la Cárcel, hoy sombrerería de Sanchez, antes de colocar el largo que ahora tiene, el cual fué comprado por uno de los Sres. Diaz de Morales, y es el que está sobre la puerta de la huerta que posee esta familia en la sierra, denominada la Favorita, si bien todos la conocen por la huerta de Morales. Cuentan que dicho Sr. Diaz de Morales, creyó que este balcon era demasiado saliente, circunstancia que le quitaría seguridad, apesar de los barrotes que lo entivan, y queriendo hacer una prueba, convidó á comer en su hacienda á todos los frailes de San Gerónimo de Valparaiso, donde los habia escesivamente gruesos: terminada la comida los hizo entrar en el balcon, con el pretesto de las vistas que se descubren, y ya en él cerró la puerta, bajándose al patio á ver si hacía sentimiento, revelándoles desde allí la idea del convite, con lo cual les dió un susto de que algunos no se olvidaron en muchos dias.

Dijimos que en la familia de los Rios, hubo algunos individuos muy aficionados á los toros, y en nuestro apoyo citaremos dos, los mas notables en este género: D. Diego de los Rios, conocido en Córdoba por D. Diagazo, á causa de ser muy alto y grueso. Dice la tradicion, que en el último tercio del siglo XVI, dispuso la Ciudad hacer unas funciones de toros, encargando su direccion á D. Diego, quien escogió el Campo Santo de los Mártires, para celébrar aquellas: preparábase el terreno y multitud de carpinteros formaban los andamios, cuando una tarde pasó aquel á presenciar los trabajos, probando á la vez los caballos que habian de presentarse en la lidia. Súpolo Ambrosio de Morales, acogido ya en el hospital de San Sebastian, hoy Casa Central de Espósitos, y en seguida se le acercó rogando á dicho caballero, desistiese de la idea de dar semejante espectáculo en el lugar donde habian sido sacrificados muchos de los mártires de Córdoba: recibida su queja con desden, siguió la prueba de los caballos, figurándosele á D. Diego, haber visto dibujarse una figura rara y amenazadora en el muro de la Inquisicion; mas, sin hacer caso, invitó á sus amigos á que lo acompañasen al Matadero, con el fin de ver el ganado. Llegaron á tiempo que un toro, negro y muy bravo, derribaba á un diestro, y queriendo aquel evitar mayores males se lanzó sobre el animal con su caballo, dándole un gran golpe de palo en el testúz, lo que, lejos de intimidarle, arremetió el bicho, entrándole el cuerno por cerca del tobillo derecho, rasgándole hasta la mitad del muslo. Con tan grave herida, recogieron á D. Diego de los Rios y lo llevaron á su casa; llamaron al doctor Calderon, uno de los médicos mas nombrados de Córdoba, quien dijo á la familia que la herida era mortal y no habia esperanza de salvacion; diacnóstico que se cumplió á los dos dias, tomándose como un castigo del Cielo al menosprecio con que oyó las amonestaciones de Ambrosio de Morales.

En 3 de Abril de 1817, falleció en sus casas principales el Sr. D. Antonio de los Rios y Diaz de Morales, Vizconde de la villa de Sancho Miranda, decidido protector de todos los toreros cordobeses y jefe de los muchos aficionados que á su ejemplo se habian reunido, en que figuraban la mayor parte de los individuos de la aristocracia. Aun se conservan en Córdoba grandes recuerdos del Vizconde y se refieren anécdotas de su vida, no solo concernientes al toreo, sino á otros asuntos de índole diversa: al primero corresponde el conflicto con la autoridad, en la plaza del campo de la Merced, haciendo suspender una funcion hasta que aquella dejó á Bernardo Rodriguez que bajase al redondel, apesar de encontrarse procesado, lance que en su lugar referiremos; las muchas suertes que hizo en la plaza cuando le gustaba un toro, apartándose todos los lidiadores para ver trabajar á su amigo y protector, á quien la aficion quitaba todo miedo y miramiento: á este género pertenece tambien, el tener dentro de su casa un toro manso para él y conocido por el Señorito, que á lo mejor se entraba en el estrado, poniendo en precipitada fuga á las visitas, y hasta un dia mató á una pobre muger, al subir la escalera principal, por donde cayó rodando á un ligero empuje del toro. En otra ocasion rompió un espejo de vestir, embistiendo al verse en él reflejado. Otros muchos lances se dicen por el estilo, y uno de diferente índole, que prueba el orgullo y arrojo del Vizconde, atendida la época en que vivió, tan dominada por el clero. Un año, ó se tardó en confesar, ó no lo hizo en su parroquia de San Pedro, y el rector lo mandó inscribir en la tablilla colgada en la puerta, como se acostumbraba entonces: fué el Vizconde á la misa mayor, devocion de toda su vida, y leyendo su nombre, quitó la tablilla y se la mandó al cura para que lo borrase; mas, lejos de esto, al dia siguiente hallóla en el mismo lugar, y entonces la tiró á un rincon; insistió el cura, y él la rompió; y por último, colocó frente á la puerta cuatro ó seis escopeteros, que apuntaban al sacristan cada vez que iba á poner la tablilla, acabando por una causa en que lo sentenciaron á respetar los fueros y derechos de la iglesia. Los Rios ostentan escudo de oro y dos fajas ó rios ondeados, bordura del mismo metal y cinco cabezas de sierpes de sinople.

El autor de los *Casos raros de Córdoba,* hace referencia á un individuo de aquella familia, distinguido en diferente concepto de los anteriores. Don Bernardino de los Rios, debió nacer en los primeros años del siglo XVI; jóven, apuesto y de gran disposicion para el estudio, pero al mismo tiempo uno de los calaveras mas desenfrenados de Córdoba: su hermano mayor, deseoso de aprovechar su talento y al par quitarlo de su lado para no arrostrar los compromisos á que temía lo espusiera, concibió la idea de mandarlo á Salamanca, á lo que aquel accedió gustoso, emprendiendo á seguida su marcha. En la espresada ciudad principió D. Bernardino sus estudios con gran aprovechamiento; mas no tardó en dar muestras de su génio revoltoso, siendo el primero en todos los lances, hasta que en uno de ellos hirió mortalmente á otros tres estudiantes: entonces desapareció, y al cabo de algunos dias encontrábase en Flandes, donde abrazó la carrera de las armas, en que habia, sin duda, de encontrar mayores peligros, no solo por los que el oficio brinda, sino por su carácter desobediente, que bien pronto le hizo cometer un segundo crímen, matando á uno de los sargentos á cuyas órdenes servía. Con la fuga evadió el ser preso, y disfrazado y errante, llegó al cabo de mucho tiempo á Córdoba, presentándose á su hermano, quien no pudo menos de afear sus vicios y mala conducta, siendo muy severa la que con él siguió en los pocos dias que estuvo en su casa; esto no obstó para que despues de varias y sérias cuestiones, le robase el dinero y alhajas que pudo, marchándose de incógnito á Ecija, lugar en que pensaba estar seguro, por los muchos parientes y amigos que allí tenía. Durante tres ó cuatro meses logró su objeto; mas al cabo llegarou las requisitorias para prenderlo, por uno de los procesos en contra suya formados: nadie se atrevió á ocultarlo, no fiándose de su conducta, viéndose en la necesidad de emprender otra vez el camino, sin rumbo fijo, pues no se atrevía á volver á Códdoba con su hermano, por la ingratitud conque habia pagado su cariñosa hospitalidad. Hambriento y destrozado iba en direccion á Andújar, cuando se le incorporó un fraile trinitario, quien le dirijió la palabra, inspirándole tal confianza, que durante el viaje, le contó su pasada vida y el castigo que parecía sufrir por ella; muy buenos y saludables consejos hubo en contestacion, entre ellos el que se presentase en el convento de la Sma. Trinidad, de aquella poblacion, donde indudablemente hallaría el amparo que tan preciso le era; en esto llegaron á una encrucijada y volvió á quedar solo, meditando sobre las consoladoras palabras del religioso. Llegó, pues, á Andújar, y sin titubear, fuése al convento, en cuya portería preguntó por el superior; mas en aquel punto vió un cuadro alumbrado por un farol, que representaba el retrato del fraile con quien habia conversado.—¿Quién es ese religioso que está ahí retratado?—preguntó al portero.—¡Ah! señor—le respondió —ese es San Juan Proto-mártir, uno de los santos mas milagrosos de nuestra órden.—¡Oh! entonces me he salvado, porque él me ha dicho que venga á esta santa casa.—En esto lo llamaron de parte del Prior, y entrando, se arrojó á sus piés, anegado su rostro en llanto, y le contó cuanto hemos referido, mostrándole á la vez su sincero arrepentimiento, y el afan que sentía de abrazar la vida religiosa. D. Bernardino de los Rios, tomó el hábito en aquel convento en 1542, y allí en el de 1575, murió en gran opinion de santo, dejando muchos ejemplos de virtud, dignos de imitarse.

Contigua á la casa del Vizconde, y formando rincon, está otra, un tiempo principal de los Marqueses de Vega Armijo, de quiénes á principios del presente siglo la adquirieron los Sres. Enriquez; en algunos padrones antiguos vemos esta plazuela con el título del Marqués.

Al lado opuesto encontramos un edificio con portada de iglesia, conociéndose que estaba dedicada á San Andrés, por un aspa pintada sobre la puerta: es pequeña y tenía tres altares, uno con el titular, *en lienzo, de escaso* mérito. Debemos hacer constar, que ésta y la iglesia del Caballero de Gracia, frente á la Encarnacion, son las únicas que no han tenido campanario, considerándolas como oratorios. En este concepto estaba la de San Andrés, para el hospital fundado en la calle de la Palma por el Duque de Braganza, con poder y bienes de. Gonzalo de los Rios, de quien ya hablamos, y para lo que se otorgó escritura en 13 de Enero de 1551, ante el escribano público Luis Molina. *Instituyóse como* patronato, y llama en primer lugar para ejercerlo á un sobrino del fundador, habiendo venido con el tiempo á recaer este derecho en los Condes de Gavia. El edificio es bastante capaz y lo ocupaban, cumpliendo su instituto, en dar habitaciones grátis á varias huérfanas y viudas, á quiénes á la vez dan algun socorro de las rentas del hospital; mas, sin motivo para ello y apesar de las reclamaciones hechas por el patrono, se vendió en 1870, y entonces aquel las trasladó á una casa de su propiedad en la calleja de Pan y Conejo, donde síguese cumpliendo el deseo del fundador, aunque no en todas sus cláusulas.

Contigua á esta ermita, hay una gran casa que ha sido de postas y fábrica de sombreros, y en lo antiguo la principal de los Torreblancas, desde que D. Fernando Alfonso, uno de los defensores de Baena contra los moros, radicó en Córdoba su casa. Mucho despues D. Antonio de Torreblanca instituyó un patronato, hoy agregado al hospital de Crónicos, mientras se decide un pleito pendiente sobre su propiedad. En una de las paredes de esta casa, cerca del tejado, hay clavada una bala de cañon de las que los franceses dispararon en 1808, para abrir la puerta de la ciudad llamada hoy de Alcolea.

La calle de este nombre, hasta la plazuela de San Bartolomé, es del barrio de San Pedro, y ya nos hemos ocupado de ella en nuestro paseo por el de la Magdalena. En este trayecto encontramos la casa núm. 54, edificada en un solar que fué la principal de los Marqueses de Quintana, y á un lado de ella hay una calleja sin salida que la tuvo á las Siete revueltas: llámase del Soldado, epíteto con que conocian á uno de sus moradores que sirvió en las guerras de Flandes.

En el lado opuesto hallamos dos calles estrechas y sucias que se unen por una travesía: dan paso á una plazuela con dos callejas sin salida y otra que comunica con la calle de la Palma; todo esto se conoce por las callejas de San Eloy y antes de la Fuensanta. El primer nombre lo tomó de un hospital que con aquella advocacion tuvo el Colegio de plateros de Córdoba para la curacion y asístencia de los operarios enfermos, faltos de recursos: estaba en el huertezuelo de la casa de la calle de Alcolea, aislado entre las dos entradas; en el archivo de aquella corporacion, se guardan aun algunas de las cuentas del gasto de este benéfico establecimiento. El nombre de la Fuensanta lo tomó del retrato de la Vírgen de este título, puesto antiguamente en la pared de una de sus casas.

Una de las callejas se ha llamado de Talavera, apellido de una familia que en ella vivió. Formando esquina, señalada con el núm. 11 y convertida en solar, vemos una casa cuya portada conserva parte de su bella arquitectura de principios del siglo XV: ha sido admirada por muchos viajeros, entre ellos el Sr. Calderera, quien, aun conservando el cuerpo principal, dijo ser una verdadera perla del órden plateresco. Esta casa, segun nuestros apuntes, ha sido la solariega de los señores Alburquerques, que luego se refundieron en los Castriles y Castillejos, uno de los cuales formó con esta casa y otros bienes un patronato, hoy ya estinguido; tuvieron enterramiento en San Pedro, Regina y otras iglesias. La parte alta de aquella fachada ya no existe, desapareciendo con ella los escudos de estas familias.

Salimos á la calle de la Palma, que sube de la plazuela de San Pedro á la de Regina, sin mas afluentes que las indicadas callejas de San Eloy y la de Alcántara. Esquina á esta última hay una casa conocida por la del Hebreo, á causa de que vivió en ella un médico de esta raza. El núm. 9, señala un huerto, un tiempo casa de una de las ramas de los Aguayos y despues la principal de un mayorazgo que fundó D.ª Juana Figueroa y hoy poseen los Diaz de Morales. En este solar ha existido hasta 1864, una hermosa palma que se divisaba desde muchos puntos de la poblacion: de ella tomó el título la calle; en 1815, estándola un hombre arreglando, tuvo un vahido y cayó, con tanta suerte, que dió en terreno cavado y quedó ileso. La casa núm. 3, hoy del Sr. D. Joaquin María Trillo, tiene una hermosa fachada de mármol azul del país, labrada en 1782 por dos hermanos de apellido Caballero: en ella se hospedó el general Campanas una temporada que estuvo en Córdoba. La puerta núm. 2, es la del hospital de San Andrés, ya descrito.

Entre los milagros atribuidos en 1601 á la imágen de San Nicolás de Tolentino, venerada en la iglesia de San Agustin, se cuenta de una muger, que siéndole infiel á su marido y descubierta por éste, la invitó á dar un paseo, con el intento de arrojarla al rio ó asesinarla de otro modo; ella se lo figuró y se puso un panecito del santo sobre el corazon, y juntos salieron en direccion á la Rivera; mas al llegar á la calle de la Palma, se enredaron en acalorada disputa, hasta el estremo de sacar él un puñal con que le tiró ál pecho, dejándola caer; juzgóla muerta y desapareció, sin saberse su paradero: ella volvió en sí, y reconocida, le encontraron el panecito y en él señalada la punta del acero. En 1804 fueron sus vecinos tan castigados de la fiebre amarilla, que tapiaron las salidas de esta calle.

La plazuela de Regina, pequeña y desempedrada hasta hace pocos años, tomó el nombre del convento de aquel título, actual fábrica de paños de los Sres. Aparicio. Lo fundó en 1499 y en las casas de su morada, D.ª Mencía de los Rios, viuda de D. Luis Venegas é hija del Veinticuatro de Córdoba D. Diego Gutierrez de los Rios y de Doña Juana de Quesada; le impuso cinco fiestas á la Vírgen y varias misas, donándole entre otros bienes, unas casas en los Marmolejos, hoy parte del Ayuntamiento, y dedicólo al órden de Santo Domingo de Guzman. La iglesia era bastante capáz y con un buen artesonado, que aun la cubre con inclusion del coro: tuvo un altar mayor con buenas pinturas de Antonio Vela; fué víctima de un incendio en 21 de Abril de 1651, y lo sustituyeron, con otro que permaneció hasta 1836, que en un arreglo de conventos, fué suprimido. En 1804 murieron catorce monjas de la fiebre amarilla, viéndose en la necesidad de abandonar el edificio y trasladarse al de Scala-Cœli, en que permanecieron hasta pasada la epidemia. Despues de la exclaustracion permaneció la iglesia algun tiempo abierta al culto, y al fin la vendiéron con lo demás, llevándose las imágenes á San Pablo. Con posterioridad sirvió para teatro de aficionados; se sorprendió en él una fábrica de monedas falsas, én que solo resultó culpable un chico de pocos años, y por último lo dedicaron á fábrica de paños, llevando la elaboracion hasta el estremo en que hoy la vemos, de las mas florecientes, con máquina de vapor y arreglada á todos los adelantos. A este edificio parece que el fuego le tiene declarada guerra, pues además del ya mencionado incendio, ha sufrido otros tres en estos últimos años. En esta iglesia tenian enterramiento los Alburquerques. Tuvo una monja llamada Sor Gaspara Escribano, que murió en opinion de santa.

Afluyen á la plazuela de Regina las calles de las Tazas y General Serrano, del barrio de la Magdalena, y la Rehoyada de Regina y de la Encarnacion Agustina, del que vamos describiendo.

Esta última toma el nombre de un convento de monjas que habia en el edificio ocupado, en partes, por la Escuela Nacional de Veterinaria y cuartel de la Guardia civil.

Grandes fueron los resultados de la predicacion del Venerable Padre Maestro Juan de Avila, conocido por el Apóstol de Andalucía; muchas las conversiones que se le atribuian y los discípulos que educó con su santa y ejemplar vida. Entre estos se cuenta al V. Juan Sanchez, quien emprendió la fundacion de una casa beaterio, donde se recogiesen las mugeres de vida licenciosa, empresa que logró realizar, dándole el título de Santa María Egipciaca: él fundó tambien la iglesia donde fué sepultado en 4 de Setiembre de 1601 y estuvo hasta su traslacion á San Pedro en 7 de Mayo de 1849, quedando depositado hasta 17 de Mayo de 1851 que lo colocaron en la capilla del titular. Continuó aquella casa hasta 1636, en que se convirtió en convento del órden de San Agustin, con el título de la Encarnacion, siempre mal mirado por su orígen, y conservando su calle la denominacion de las Arrecogidas. En 1804 sufrió muchas bajas la comunidad, y á fin de evitar la muerte de todas las religiosas, dispusieron trasladarlas á la Alameda del Obispo; poco despues las llevaron al convento de las Nieves, porque el Sr. Trevilla, viendo dos conventos del mismo órden, ambos pobres y de pocas monjas, los refundió en uno. En éste de la Encarnacion, habia tres clases de religiosas, segun su orígen é ingreso en la comunidad: primera, las que por su vida licenciosa encerraban, les decían recogidas; segunda, las que arrepintiéndose de sus pecados, se guarecían en el claustro para no caer en nuevas tentaciones; y tercera, las mugeres honestas y de buena conducta que deseaban por vocacion ser religiosas: solo estas ejercian cargos y llevaban la administracion y gobierno de la casa. La fundacion costó al V. Juan Sanchez muchos sinsabores, segun hemos visto en autores de aquella época, quiénes, entre multitud de casos, cuentan, que habiendo convencido á una muger á renunciar á ciertas ilícitas relaciones que conservaba, su mancebo lo insultó en la calle, hasta el punto de darle un bofeton, á lo que contestó presentando la otra megilla como para recibir el segundo golpe, imitando en esto á Ntro. Sr. Jesucristo.

Muerto este virtuoso sacerdote, como el convento no contaba sino con las limosnas por él recogidas, vino tan á menos en sus recursos, que estuvo á punto de cerrarse; mas la Providencia hizo estuviese de cura en San Pedro el Padre Cosme Muñoz, fundador del colegio de la Piedad, quien tomó á su cargo el sostenimiento de aquella utilísima casa, luchando con tantas y tantas dificultades como á cada momento se le presentaban, no solo para reunir lo necesario, sino por acallar las *murmuraciones* é improperios de los que se veian burlados por las mugeres á quiénes los consejos del Padre Cosme, decidian á renunciar los goces del mundo, abrazando la vida de paz con que su buen director les brindaba.

El pensamiento del Sr. Ayestaran, de crear en Córdoba un hospicio ó casa de misericordia, habia sufrido grandes entorpecimientos: el espresado señor Trevilla, aprovechó la ocasion de quedar desocupado este convento, que amplió, haciéndole la estensa fachada que aun conserva. Continuó allí el hospicio hasta la exclaustracion de los frailes, en cuya época, la Junta local de Beneficencia propuso al Gobierno y consiguió la permuta de este edificio por el del convento de la Merced, como sitio mas ventilado y apropósito; el primero quedó unas veces cerrado y otras convertido en cuartel, hasta que por real órden de 19 de Agosto de 1847, se mandó crear en Córdoba la Escuela Especial de Veterinaria. Dividióse entonces en dos departamentos, dedicando uno á cuartel de la Guardia civil y el otro á tan útil escuela, que se estableció en Julio de 1848. Los primeros profesores fueron D. Enrique Martin, como catedrático de primer año, y D. Agustin Villar, como agregado y secretario, quiénes dirigieron todos los trabajos necesarios para la instalacion del establecimiento. Los alumnos concluian sus estudios de veterinarios de segunda clase, en tres años; despues, por el reglamento de 14 de Octubre de 1857, la enseñanza duraba cuatro, y por último en el aprobado en 2 de Julio de 1871, se dispuso que la carrera de veterinario, seguida en esta escuela, fuera igual en estudios y título á la de Madrid. Cuenta con un buen gabinete anatómico, siendo notable, entre otras piezas de mérito, un caballo de carton-piedra que se descompone en multitud de partes, que representan las vísceras, músculos, etc.; posee esqueletos de diferentes animales domésticos; un escelente arsenal de instrumentos de cirujía, una escogida biblioteca, botiquin, clínicas médicas y quirúrgicas, un potro para sujetar los animales, una fragua, un anfiteatro anatómico, sala de exámenes, secretaría, cátedras y cuanto es necesario á una escuela de esta importancia.

A fines del año 1843 ó principios del 44, cuando ya parecia entrar en calma las alteraciones del órden que venian sucediéndose desde el pronunciamiento origen ó causa de la caida del poder del invicto Duque de la Victoria, como Regente del Reino, estaba el Provincial de Córdoba acuartelado en aquel edificio, conocido por el Hospicio viejo, al mando del hoy Teniente General D. Genaro Quesada, cuando una noche, ya mediada, dió aquel cuerpo el grito de rebelion, al mando del sargento Ruiz, que ya ha muerto de capitan retirado en Ceuta. las tropas se salieron amotinadas, unas hácia la plazuela de Regina y otras en direccion á la calle de Almonas; mas, acudiendo los gefes y oficiales, lograron sofocar el movimiento, salvándose casualmente el espresado Sr. Quesada, de un tiro que le dirigió Ruiz, cuya puntería hizo variar un capitan, dándole un golpe con su espada en el cañon del fusil: la oscuridad de la noche protegió su fuga, librando con esta la muerte á que fué sentenciado. Esta accion, como sucede con todos los delitos políticos, se convirtió, pasados algunos años, en un mérito que contribuyó á su adelanto en la carrera.

La parte del edificio mencionado, que ocupa la Guardia civil, se encuentra en estado lamentable, razon dada para su traslacion al ex-convento de las Dueñas.

Desde la plazuela de Regina á la calle de Almonas, hay una muy tortuosa ó formando tres; en una semiplazuela que tiene, se estancaban en lo antiguo las aguas, y de aquí es el decir á todo aquel sitio la Rehoyada de Regina.

La calle de Almonas, desde el punto indicado, donde hubo una Concepcion de tamaño natural, á la plazuela de la Almagra, es del barrio que vamos describiendo: ya dijimos en el de San Andrés, su orígen é historia; solo nos falta describir este trayecto. Encontramos primero la calle de Carretera, que despues seguiremos, y frente una pequeña plazuela, ya sin nombre: decíanle de los Sousas, dueños de las casas principales que hacen esquina, pertenecientes al mayorazgo de aquel apellido, representado por el Sr. Marqués de Guadalcázar. El primero en Córdoba, segun escribe Pellicer, fué D. Gil Gomez de Sousa, natural de Portugal, Comendador mayor de Leon en Castilla y uno de los conquistadores de Córdoba; tuvo en ella casa de repartimiento á el Alcázar viejo, las que en 1328 le compró Alfonso XI, para en union de otras, edificar sus alcázares. Dicho D. Gil, tuvo por hijo al Venerable Padre Fr. Simon de Sousa, Comendador de los conventos de la Merced de Jerez y Córdoba, á quien se apareció San Rafael; despues Obispo de Badajoz y Tuy. En el siglo XV hubo tambien en Córdoba un D. Juan Alfonso de Sousa, fundador del mayorazgo de Rabanales.

En la plazuela de los Sousas, hay una barrera ó calleja sin salida; en el primer tercio de este siglo dieron en llamarla del Muerto, porque en la casa fronteriza asesinaron una noche al dueño, con el objeto de robarlo. Algun tiempo se llamó esta plazuela del Azogue, por un depósito que hubo en ella.

Forma esquina una posada que dicen de la calle de Almonas, la cual, unida con la casa núm. 18, eran las principales de los caballeros Sanllorente, que hace muchos años no residen en Córdoba.

La número 14 ha sido ermita de Ntra. Sra. de Belen; su historia es la siguiente: A principios del siglo XVII, moraba en esta casa una muger, quien tenía en el piso bajo una porcion de leña, á la que una noche, sin saberse la causa, se pegó fuego; empezó aquella infeliz á demandar socorro, y acudiendo gente, apartó los palos y, sin duda, calcinado, se cayó un tabique, descubriéndose detrás una linda Vírgen de Belen, en tabla, que juzgaron escondida cuando la invasion árabe. Cundióse la noticia, atribuyeron milagros á la imágen, y la devocion le erigió ermita en el lugar donde tantos siglos habia estado. En 1670, le construyeron y doraron altar, y el Obispo Sr. Alarcon nombró un capellan para mas decencia del santuario. Pasado algun tiempo se deterioró en gran manera, y Emerenciana, religiosa tercera de San Francisco, la reedificó á sus espensas; mas no por eso la libró del abandono: muy al principio de este siglo se suprimió, llevándose la Vírgen á San Pedro, en cuya iglesia, como hemos dicho, existe en el segundo cuerpo del retablo de Animas.

Por bajo de la espresada casa, antes ermita, hay una boca-calle muy estrecha que dá entrada á lo que dicen callejas de Alcántara, afluyentes á la calle de la Palma, como en ella indicamos. Antes ha tenido diferentes títulos: desde la entrada á la plazuela, ó sea la terminacion de los primeros tres tramos, se ha llamado callejas del Señor del Gallo, tomándolo de un cuadro en lienzo que habia én el segundo rincon y representaba el Ofrecimiento de la Pasion, en que estaba Jesus hincado de rodillas con todos los atributos, entre ellos el gallo puesto sobre la columna; en 1841 desapareció esta pintura. En dicho tramo, existieron dos posadas; la primera decian de Alcántara, creyendo muchos ser el apellido del mesonero, y que de éste vendrá el título de todas aquellas callejas, y la otra la del Gallo, por la razon antes esplicada. A seguida encontramos una pequeña plazuela que se decía del Santísimo, porque la casa núm. 4 tenía en vez del balcon de encíma de la puerta, una especie de retablo con una custodia en el centro, que tambien desapareció en 1841. Luego sigue un tramo de calle con otra pequeña plazuela que se ha llamado de San Clemente, y despues de

Talavera y del Obispo blanco, nombre que aun lleva una antigua posada que allí encontramos: esta era la casa principal de los señores San Clemente, y en ella nació D. Juan el Arzobispo de Santiago. El calificativo blanco no sabemos si sería por el despejado color de su rostro, por el hábito de la Merced que alguno otro llevára, ó apellido en segundo ó tercer lugar. En el primer tercio de este siglo hubo en la referida posada un teatro de aficionados, donde se representaron casi todas las obras de mas importancia. Al lado y formando rincon, existe otra casa, tambien posada en otros tiempos, la cual forma callejon en su entrada y se ha dicho la calleja del Casamentero; suponemos sería por algun rufian ó cosa por el estilo que viviría en ella. Desde esta plazuela á la calle de la Palma, ha llevado siempre el título de Alcántara, sin duda apellido de uno de sus moradores de mas importancia que el posadero antes indicado, y tal vez caballero de aquella órden.

Tornándonos á la calle de Almonas, hallamos casi frente la de Cedaceros; siguiendo, salimos á la triangular plazuela de la Almagra, título que en ninguna parte hemos visto aclarado de una manera satisfactoria: quien dice que casi todas sus fachadas estuvieron embadurnadas con aquella pintura; quien que la vendian en aquel punto, y quien, por último, que era por la que gastaban los caldereros en los efectos de su oficio; pero nada de esto satisface nuestra curiosidad. Desde este sitio á la plazuela de San Pedro, está la antigua calle de los Poyuelos ó del Poyo, á causa de uno que habia en una de sus aceras para el paso de las personas, cuando en tiempo de lluvias crecia su arroyo, muy grande antes de la construccion de *la cloaca* que, partiendo del Mármol de Bañuelos, vá dando vuelta hasta el caño de Venceguerra. En la esquina que hay á la mediacion de esta calle, estuvo colocado hasta 1841 un bonito Ecce-Homo, original de D. Antonio Monroy, que se conserva en el oratorio del Sr. Cantarero.

Aquí nos hallamos la calle y plazuela de Doña Engracia, con una entrada por la de la Almagra y otra en la dicha calle del Poyo: este trayecto ha tenido diferentes nombres: el primer tramo, se *ha llamado del Mesoncillo* de los *franceses*, por una posada á que iban aquellos; la plazuela interior ha variado, segun el horno que tiene en una barrera; unas veces le han dicho de las Moreras, otras del Horno de Maqueda y otras de la Cruz, por una que tuvo: al tercer tramo, salida á la calle del Poyo, le han dicho del Señor, por el Ecce-Homo que ya dijimos; mas á la vez, han llamado al todo callejas de Doña Engracia, desde el siglo XIV, por una señora de este nombre que moró en aquel sitio.

Frente á la calle de Almonas, principia la del Baño, terminando en las Cinco calles. Toma el nombre del lugar de unos baños públicos en tiempo de los árabes, que hemos examinado en la casa número 8, cuya entrada forma una rampa. En el jardin ó tercer patio, existe una especie de brocal grande, cortado para dar paso á una escalera, entrada á una especie de sótano de bóveda, sumamente baja, sostenida en macisas arcadas de herradura, lisas, sin adorno alguno en su paramento, y sobre robustas columnas de jaspe que contornan un espacio rectangular, cuyo centro ocupó un estanque ó baño, revelándose su antiguo destino, mas que en todo, en las lumbreras ó respiraderos, de trecho en trecho, atravesando la bóveda y por las que exhalaba los vapores y perfumes.

La casa número 5, frente á la anterior, fué durante muchos años la morada del virtuoso sacerdote D. Rafael de Soto, muerto en opinion de santo, en *el año de 1852, como dijimos en nuestra* visita al Cementerio de San Rafael: en la núm. 20, ya hemos dicho nació el escritor contemporáneo D. Cárlos Rubio.

A la mediacion de la calle del Baño existe una barrera á la que nunca hemos hallado nombre particular, y casi frente otra que desemboca en la plazuela de San Pedro: le dicen de la Rosa; mas su verdadero nombre era del Rosal, conque aparece en documentos del siglo XV y en un acuerdo de la Ciudad mandando que la empedrasen.

Poco mas abajo, hay un edificio cuya forma indica haber sido ermita, lo que no llegó á realizarse á falta de recursos: su título iba á ser Ntra. Sra. de la Caridad, en cumplimiento de la fundacion que en 1728 otorgó Doña Isabel Rafaela de la Costa, viuda de D. Cristóbal Francisco Cardoso, vecino de Guadalcázar: dejó para este objeto el solar de la ermita, la casa inmediata y algunos otros bienes; con sus rentas daban culto á la imágen en una sala baja, donde muchas personas dicen haber oido misa y rezado el rosario en aquel oratorio provisional, mientras se acababa la iglesia que aún vemos en alberca. Frente á la calle de la Rosa desapareció en 1841 una imágen del Niño Jesus con los atributos de la Pasion.

Las *Cinco calles*, pertenece á la parroquia de los Santos Nicolás y Eulogio de la Ajerquía; de aquí parte la de D. Rodrigo á enlazar con la del Sol.

Se ha llamado Corral del Obispo, por estar á la espalda de la casa que dijimos haber sido palacio episcopal en la plazuela de San Pedro, hasta que viviendo en aquel punto un letrado de mucho nombre en Córdoba, que decían D. Rodrigo de la Reguera, quien tuvo un hijo del mismo nombre y apellido, la gente dió en titular así á la calle. Al principio hubo hasta 1841, unos hierros de pared á pared sosteniendo un laton recortado y pintado en forma de la Purísima Concepcion, igual en ambos lados, circunstancia que hizo le llamasen la Vírgen de las dos caras. Sobre su orígen corren diversas versiones: mientras unos dicen el disparate de haberse puesto en memoria de haber llegado el rio en una de sus avenidas hasta aquella altura, sin ver que era preciso inundase hasta la Corredera, de lo cual no hay memoria, otros aseguran, que cuando la Ajerquía estaba en poder de Fernando el Santo, hubo en este sitio una refriega entre los moros y cristianos, y que en loor al triunfo obtenido por los segundos, se colocó la imágen. La forma de esta especie de triunfo, que recordamos, demostraba ser mucho mas moderna, tal vez del siglo XVII ó principios del XVIII, lo creemos costeado por los vecinos de los barrios de San Pedro y San Nicolás, en uno de los puntos que los dividen, en honor de la Purísima Concepcion de la Vírgen, haciéndola con dos caras para que mirase á los dos, ó sea para que gozasen igual vista las personas que lo costearon.

Esta calle ha sido siempre una de las mejores de Córdoba; cuenta con muy buenas casas, ostentando algunas de ellas los escudos de armas de sus antiguos dueños. En la número 98, han vivido los Sres. Baena desde que se establecierou en esta ciudad, apesar de poseer las principales de los Ortíces y antes de los Valderramas, en la calle contigua que lleva ese nombre.

Algunos individuos de esta ilustre familia usan en su escudo las cinco cabezas de moros, que hay en el de la villa del mismo título; mas este es un error, pues segun *El Nobiliario Español*, las armas que les corresponden son escudo partido, á la derecha losanges de plata y gules, y en la otra mitad, en azul, leon de oro rapante y una orla de oro y en ella ocho roeles de gules. Dichos señores Baenas tenian á principios de este siglo, un portero apellidado Arjona, conocido en toda la ciudad por el zapatero Arjonilla, á causa de su conducta estrafalaria, exacerbada aun mas por el vicio de la embriaguéz. Cuéntanse de él mil anécdotas á cual mas raras y estravagantes, resistiendo la pluma darles cabida en estos apuntes. Hay, sin embargo, una que no podemos esquivar al deseo de contarla á nuestros lectores. No pudiendo una noche resistir los efectos de la bebida, se quedó como muerto en la plazuela de las Cañas, donde lo encontraron cuatro ó seis jóvenes trasnochadores: conociéronlo, y ansiosos de hacer con Arjonilla cualquier diablura, recordaron que el Señor de la Cárcel, colocado al principio de la calle de los Angeles, tenia muchas ofrendas ó milagros, y entre ellos tres ó cuatro hábitos de frailes franciscanos; descolgaron uno, se lo pusieron, y calándole la capucha lo condujeron al convento de San Francisco, en cuya portería llamaron, diciendo que llevaban á aquel religioso, á quien habian encontrado como muerto en la calle: la comunidad estaba completa; mas, movido el Guardian de su caridad, dió *órden* para recibirlo, colocándolo en una de las salas inmediatas á la portería. Llegó la mañana siguiente: Arjonilla habia vuelto de su letargo, y con asombro, se veia convertido en fraile y encerrado: el portero entró bien temprano; preguntóle de donde era y que le habia sucedido; mas no logró respuesta alguna, viéndose en la necesidad de ponerlo en conocimiento de su superior: bajó éste, y obteniendo el mismo resultado, empleó ciertas amenazas; entonces Arjonilla prorumpió en lágrimas, y dijo balbuciente:—¡Ay, Señor! mande su caridad á casa de los Sres. Baenas, que pregunten por Arjonilla; si nó está allí, ese soy yo; pero *como esté, ni yo mismo le puedo decir quien soy.*= Se entiende que le quitaron el hábito y salió de mala manera del convento.

La casa núm. 96 de esta calle, tiene en su portada dos escudos que no hemos encontrado en nobiliario alguno; los divide un sable con dos leones, uno á cada lado, con los pies en las empuñaduras y las manos en el estremo de la hoja. Otras dos particularidades tiene esta casa: la una es la reja mas grande que se conoce en Córdoba, y la otra una columna en el centro del portal con una basa por capitel, rodeada de una inscripcion que resulta al revés, y la cual, segun el señor D. Amador de los Rios, despues de varias oraciones del Corán, dice que lo hizo Fatah, año 350 de la Egira, que corresponde al 962 de Jesucristo.

Casi frente de la casa de los Sres. Baenas hay una salida á la plazuela de San Pedro, en cuya esquina hubo un nicho, mirando á la calle del Sol, y en él un Jesus Nazareno, de medio cuerpo y en lienzo, de bastante mérito, cerrándolo dos puertas, las que á el abrirse dejaban ver en ellas otras dos pinturas muy lindas, que representaban á la Vírgen y San Juan Evangelista; todo ésto desapareció en 1841 y, segun hemos oido, lo recogió la familia de D. Rafael de Toro, que vivía enfrente y cuidaba de su adorno y alumbrado.

Allí entramos en la calle del Sol, porque casi siempre la baña, y que se ha llamado tambien Mayor de Santiago, del Hospital de los Rios y de Santa Cruz, por los tres edificios que llevan estos nombres. Encontramos primero la calle de Valderrama, ya esplicada y que comunica con la de Mucho Trigo y la Rivera. Formando esquina estuvo el beaterio, base del convento de Santa Isabel de los Angeles, ya conocido de nuestros lectores.

Es límite de este barrio con el de Santiago, el convento de Santa Cruz, de religiosas de Santa Clara, ó sea del órden de San Francisco: es muy estenso y ha gozado siempre el aprecio de los cordobeses, por la vida ejemplar allí observada.

Pedro de los Rios, Señor del Morillo y Veinticuatro de Córdoba, caballero de los mas valientes y diestros en las armas, de su época, fué uno de los nueve que en 1434, ayudaron á Suero de Quiñones á sostener el paso de la puente de Orbigo en las célebres fiestas que sostuvo, y cuyo hecho es conocido en la Historia por el Paso honroso: en agradecimiento al buen resultado de esta empresa, ofreció fundar un monasterio en su pátria. En una de las cláusulas de su testamento, dice haber tratado muchas veces con su muger D.ª Teresa Zurita, la fundacion del convento, y que si ésta hubiese desistido, él quiere que en su parte se edifique, toda vez que juntos y con gran trabajo la hicieron y carecian de herederos forzosos. Muerto Pedro de los Rios, la viuda, animada del mismo pensamiento piadoso, llevó á cabo la fundacion en 1464 y bajo la direccion del P. Fr. Francisco de Miranda, con religiosas llevadas de Santa Clara, á los doscientos años justos de haberse instituido este monasterio, suprimido en 1868 é incorporada su comunidad á la de Santa Cruz, á que en su principio dió vida. La D.ª Teresa le asignó para su renta un juro de veintidos mil maravedises que el Rey D. Enrique le habia dado, verificándose esta traslacion de dominio con cédula real de los Reyes Católicos D. Fernando y D.ª Isabel, dada en Medina del Campo á 25 de Junio de 1477; otro de diez y seis mil maravedises, sobre las rentas de las Carnicerías, le donó el Comendador Garci Mendez de Sotomayor, por su testamento otorgado ante Diego Fernandez de Córdoba, á 2 de Setiembre de 1507. Contaba además con otros bienes, entre ellos los que en 12 de Diciembre de 1478 le dió D.ª Catalina de Sotomayor, viuda del Alcaide de los Donceles Diego Fernandez de Córdoba.

Dá ingreso á esta santa casa, una bonita portada de órden dórico: á seguida hay un estenso patio adornado de cipreses y arbustos; en su lado derecho está la portería con un lindo arco gótico, y al frente hallamos una arcada donde está la puerta de la iglesia con los escudos de los patronos de aquel convento, Marqueses de las Escalonias, y delante un cancel que era el de la iglesia de Santa Clara. Penetremos en aquella, cuyo pavimento es en partes de azulejos y mármol, cubierta con una bóveda, al parecer del siglo XVIII, y con coros alto y bajo. Por bajo de las gradas del presbiterio está el enterramiento de los Señores de aquel título, con la inscripcion siguiente:

Aquí iacen los Señores
que an sido de las Ascalónias,
Patronos de este convento.
Requiescant in paze.

El retablo del altar mayor es de talla, dorado y de muy mal gusto, con las esculturas de Santo Domingo de Guzman, San Francisco de Asis, Santa Elena y Santa Clara: en el dia de ésta, y en virtud de un privilegio, la colocan en el tabernáculo con la custodia en la mano. A los lados de la capilla mayor se ven doce cuadros, algunos de muy buena mano, si bien con muchos anacronismos en los trages, como sucede á otros que hay repartidos por la iglesia. Desde el arco toral al coro, tiene cinco altares, tres en el lado de la epístola y dos en el del evangelio; estos son, San Francisco, dos con el Niño Jesus, la Vírgen de Belen, escultura, con varios cuadros en cobre, copias de Rubens, y la Vírgen del Mayor Dolor, obra del escultor D. José del Rio, de quien ya dijimos era la Beata Juana que estuvo en San Pablo; la hizo de unos cipreses muy corpulentos que habia delante del edificio hospital de San Juan de Dios: la costeó, como el lindo retablo en que se encuentra, el Mariscal de campo D. Fadrique Bernuy y Valda, Marqués de Campo Alegre, en el año 1837, á escitacion de su hermana política Sor Cármen Aguayo, abadesa de aquella casa, á la que hizo muchos beneficios. En el interior del convento se veneran algunas imágenes de gran estimacion, como Ntra. Sra. del Refugio, abogada en las epidemias, de la que venden ó dan unas cintas de su medida, con letreros espresivos; Nuestra Señora de Belen, escultura antigua y de gran mérito, segun hemos oido, y el Santo Cristo que estaba en el coro de Santa Clara que era de la escultora cordobesa D.ª Mencía de Oliva, madre del cronista Ambrosio de Morales, y quien se cree sea una mómia encontrada en 1872 en la iglesia de aquel convento y trasladada á este de Santa Cruz.

A esta comunidad han pertenecido muchas religiosas que con su austera y penitente vida han dado grandes ejemplos que imitar; largo sería consignar aquí los nombres de todas, y por eso nos concretamos solo á las siguientes:

Sor Isabel Manrique, de la ilustre Casa de los Aguayos, cuyo recogimiento era tanto, que nunca salió al ocutorio á ver á sus parientes, ni habló mas de lo indispensable, para no cesar un momento en su vida contemplativa; aseguran que no se acostó durante su última enfermedad, recibiendo de pié los sacramentos; en 1519 acaeció su muerte.

Sor Catalina Blanca, religiosa virtuosa y santa, á quien dicen haberle sido revelado el dia de su fallecimiento en 1670.

Sor Antonia de Savariego; sus padres la hicieron monja contra su voluntad, alcanzando la plaza de organista: era muy dada á las cosas del mundo y pasaba casi todo el día recibiendo visitas en el ocutorio, hasta que, cuando menos se pensaba, se cayó éste, salvándose ella milagrosamente; entonces cambió de vida, de una manera tan prodigiosa, que despues de haber desempeñado algunos cargos de los mas importantes, con gran acierto, y haber dado muchas muestras de virtudes, murió en opinion de santa en el dia 25 de Febrero de 1670.

Sor María Serrano, cuya ejemplar vida fué tan admirada, que cuando murió en 1671, acudió mucha gente ansiosa de contemplar á la santa, que abandonaba este mundo por otras delicias mas positivas y duraderas. Todas cuatro fueron naturales de Córdoba y se contaban de ellas muchos hechos sobrenaturales. En los *Anales* de Moreno Marin, se hace además especial mencion de Sor Florentina de los Angeles y Sor Leonor de la Cruz Pacheco.

Abandonamos el convento de Santa Cruz, y solo pasando á una acera opuesta, penetramos en el antiguo hospital de de Santa María de los Huérfanos, conocido generalmente por el de los Rios. Lo fundó, por su testamento otorgado en 1441, el Sr. D. Lope Gutierrez de los Rios, Bachiller en decretos, Maestre Escuela de la Santa Iglesia Catedral de Córdoba, Proto-notario Apostólico y Obispo electo de Avilá, disponiendo que con ciertos bienes, que señaló, se fundase un hospital para el recogimiento de pobres, prefiriéndose sobre todos á los descendientes de sus padres, ya fuese muger ú hombre, mandando, que si alguno estaba en indigencia, se le socorriese por el Patrono, autorizando á todos sus parientes, para que si los bienes señalados se distraian de su objeto ó querian disponer de ellos con otro fin, cualquiera de aquellos los recogiese como suyos.

El primer patrono de este hospital, lo fué Alfon de los Rios, quien llevó á feliz éxito la fundacion, destinando desde luego algunas habitaciones separadas, donde elbergar á los parientes pobres, sin confundirlos con los enfermos, hombres solo, pues nunca hubo enfermería para mugeres. No encontrando en el testamento de su tio, bases fijas y generales para el gobierno de aquella casa, y comprendiendo las muchas exigencias de parte de los parientes, formó una junta de los mas ricos de estos y redactaron unas ordenanzas ó constituciones, que reformadas en 1835 son las vigentes. La espresada junta, ejerció sus funciones con notable parcialidad á favor de los parientes, á quienes hasta vistió en algunas ocasiones, llegando esta preferencia al punto de suprimir en 1612, la pequeña enfermería y quedar como lo vemos reducido á una casa de vecinos ó albergue de los descendientes del padre del fundador, sin que esta circunstancia se justifique, como debiera, para ser admitido. Desde aquella época, fueron abandonando el hospital; los parientes pleiteaban entre sí, y la Chancillería de Granada se hizo patrono y semi-dueño de todo aquello, hasta que en 1817, sin resultado, y despues, en 1835, se trató de arreglar la administracion, encontrándose con que el caudal habia descendido horriblemente, perdídose fincas y censos y reducido á la mitad ó menos de su importe. En la actualidad es mirado con mas celo, y sus rentas se han aumentado, y mas lo sería si se obrasen las casas que tiene convertidas en ruinas.

El edificio nada de particular ofrece, aparte de la fachada, que es bastante buena, y ha merecido que algunos escritores se ocupen de ella como una de las portadas mas arregladas á arquitectura. Sobre la puerta tiene una imágen de la Vírgen con la dedicatoria del hospital. En el portal hay un gran lienzo con igual objeto, y en la escalera un Crucifijo que dicen estuvo en la capilla que tenía este establecimiento: esta obra se hizo siendo patrono Don Alonso Argote y de los Rios.

Lo irregular del plano del barrio de San Pedro, nos hace describir diferentes líneas, como lo hemos hecho en toda la redondéz de la parroquia; mas ahora es preciso trazar otra. Tornemos á la calle de Almonas, á subir la de Carretera que termina en la de Topete ó Espartería; el origen de este nombre es de los mas claros de Córdoba, y sin embargo, no falta quien lo equivoque: en los padrones del siglo XV y XVI aparece llamándose calle del Carretero, por uno de esta industria, y mas adelante se convierte en femenino, como demostrando que alguna viuda siguió al frente del taller de aquel oficio ó tráfico. Es una de las más limpias y alegres de la ciudad y tiene muy buenas y hermosas casas. Entre estas encontramos el edificio del Gobierno civil, en que, entre Gefes políticos y Gobernadores, van ya cerca de ciento, desde la instalacion de los primeros: en su mayor parte se han dedicado mas á la política que al fomento y proteccion de los intereses materiales de la provincia, y por tanto, muy poco podríamos decir de ellos, y aun á esto renunciamos por no herir susceptibilidades, ni se crea que obramos bajo la presion de alguna idea. Este edificio fué parte del convento de San Pablo, concedida á la Diputacion provincial, quien la obró en el año 1843 y le abrió puerta á la calle Carretera comprando al efecto parte de la casa inmediata. En la actualidad lo ocupa la Diputacion, que es su propietaria y el Gobierno civil. Antes estuvo tambien la Biblioteca y Museo provincial, que el Sr. Ruiz Higüero trasladó en 1865.

La casa núm. 43 y la plazuela que delante hay, son generalmente conocidas por las del Esparto. Este título es moderno y tiene su orígen en que la hermandad del Espíritu Santo ó de la Caridad, denominada vulgarmente del Buen Pastor, era dueña, entre otros bienes, de aquella casa, y como su mision era la visita y gobierno de la cárcel estableció en esta un taller para elaborar pleita y otros objetos de esparto, y puso en la dicha casa, el depósito del que se compraba en rama y la venta de los efectos labrados, durando así varios años, á mediados del siglo XVIII, época en que no habia numeracion y por cualquier circunstancia se denominaban los edificios.

Contigua á la espresada casa existe una barrera ó calleja sin salida, llamada de los Especieros; en ella vivian casi todos los que en la plaza se dedicaban á vender especias, puestos que ya no existen: entre aquellos dejaron bastante nombre Gil Martin y su muger María Gonzalez, conocida por la Cuerva, los que en 1590 fundaron para su grémio la cofradía de Ntra. Sra. de la Estrella, existente aun en la parroquia de Santiago.

Tambien encontramos en la calle de Carretera otra muy ancha, con dos barreras y sin salida; le nombran del Huerto de San Pablo, porque á su frente está el del convento de dicha advocacion; por identico motivo se ha llamado antes de la Portería de San Pablo.

La casa núm. 13, hoy de la propiedad de los señores Torres, es, sin duda, la mejor de la calle, tanto por su buena construccion, como por lo bien distribuida, teniendo entre otras dependencias uno de los mejores jardines de Córdoba; fué la principal ó solariega de los Cisneros, uno de los linajes mas ilustres de esta diudad.

Frente de esta casa, en la núm. 14, tiene establecida su banca el Sr. D. Pedro Lopez y Morales; en ella existió un banco muy útil, que se llamó Crédito Comercial de Córdoba. Hacemos mencion de ella, tanto por dichos establecimientos, como porqué allí hemos visto una porcion de lindísimos capiteles árabes, cuidadosamente conservados. En una de aquellas fachadas hubo hasta 1841 un cuadro con Jesus Preso y varios soldados custodiándolo.

Salimos á la Espartería ó calle de Topete, tortuosa y pendiente, dedicada al comercio, en particular de telas, por ser una de las que conducen al mercado ó plaza de la Corredera. A la parte cercana á el Arco alto, le decian en el siglo XVII el Gollizno, á causa de su mucha estrechez. En este lugar existe una calleja sin salida denominada de los Gitanos, por algunos de estos que han vivido en ella: por idéntica razon se ha llamado del Jurado Juan Escamilla; del Arco, por uno que tiene casi á la entrada; del Cristo, por uno que hubo en las paredes, y de los Apartados, porque metian en ella á las personas detenidas para sufrir algun castigo ó que esperaban acabasen con sus compañeros para imponerles la pena. Cuando la revolucion de 1868, que por el pronto causó tanto entusiasmo, le dedicaron esta calle al marino D. Juan Topete, si bien casi todos los cordobeses le siguen diciendo la Espartería, nombre que le dió la venta de objetos de esparto en la parte mas estrecha de ella.

En direccion opuesta á la calle de Carretera,

está una travesía á la de Fernando Colon, y á la que dieron título los tundidores que habia en aquel sitio dedicados á tundir los paños, operacion que ahora hacen las máquinas con mas prontitud, facilidad y economía.

La calle que vamos describiendo, ha sido siempre de las mas concurridas, particularmente en las primeras horas de la mañana ó durante el mercado: por esto, la menor ocurrencia escandaliza aún mas y se cunde por toda la poblacion con una velocidad estraordinaria: infinidad de casos de esta especie podríamos citar; mas casi todos sin importancia bastante para que lo consignemos. No consideramos en este caso lo ocurrido una mañana, despues de la caida del régimen constitucional en 1823. Sabidas son las odiosidades, productos de las disenciones políticas, y las desgraciadas consecuencias que tras de sí suelen llevar esas luchas: en la época á que nos referimos, los realistas y nacionales se aborrecían, y los primeros vengaban sus ódios en los segundos, cada cual segun su educacion, ábitos y sentimientos. Cierta mañana, bajaba la Espartería el infeliz Javier de Búrgos, partidario de la suprimida constitucion, al mismo tiempo que el voluntario realista Nicolás García, el Rubio, subia con su sable, que sacó, yéndose para el primero en ademan de herirlo: éste, indefenso y acobardado, demandó auxilio á un fraile de San Pablo que tambien pasaba y que con loable caridad lo abrazó, cubriéndolo con su manto y diciendo á su perseguidor:—«Ea, vamos, basta ya; nada de ódios.»—mas, léjos de obedecer, le dió una estocada, pasando la capa del religioso y asesinándolo casi en sus brazos. Impune quedó por entonces aquel delito, como desgraciadamente sucede en muchas ocasiones; pero la Providencia se encargó de vengarlo, y en 1836, murió el García arrastrado por el coche-correo, en cuyo estribo se subió en un viaje á Sevilla, á donde iba á pié en busca de un hermano que lo amparase en la desgracia, que parecía perseguirlo desde la perpetracion de aquel crímen.

En la parte alta de esta calle se separan los barrios de San Andrés y San Pedro, siguiendo éste la de la Librería: en la esquina se vé una cruz de hierro; es la antigua de los Marmolejos, ya mencionada. Se llama la Librería, porque es el punto donde siempre han estado los establecimientos de esta clase, comercio mas floreciente é importante en tiempos en que se hacia menos gala de ilustracion y saber, y tan es así, que hoy solo existen, con trabajo, dos librerías: en corroboracion de lo espuesto, haremos constar, que en el censo de poblacion de 1718, examinado detenidamente por nosotros, encontramos registradas en esta calle cinco librerías, propias de Juan Antonio de Leon, Salvador Martinez, D. Nicolás de Salazar, Juan del Castillo y D. Juan Ravé, algunos de ellos editores, toda vez que mandaban imprimir obras para venderlas por su cuenta. En el mismo siglo XVIII se estableció, formando esquina á la calle de Fernando Colon, una imprenta por D. Juan Rodriguez de la Torre, llegando á hacerse la mas importante de Córdoba, tanto, que en 1799, siendo ya de D. Juan García Rodriguez de la Torre, se le autorizó por real órden de 13 de Abril para que usase el calificativo de Real y pusiese las armas de España sobre la puerta: en esta imprenta se dieron á luz muchos romances de asuntos cordobeses y otros puramente de invencion, siguiendo siempre con crédito y existiendo ahora en las Azonaicas, con el dictado de imprenta de *El Diario de Córdoba.*

La fachada de la casa núm. 20, se construyó de nuevo en 1837, y entonces desapareció un nicho de grandes dimensiones, con marco y adornos de yesería, en cuyo centro se veia una linda Concepcion pintada en la pared por el artista sevillano Agustin del Castillo, padre del cordobés Antonio del Castillo y Saavedra. Aquella imágen era muy venerada por los vecinos de la calle, quiénes cuidaban de sus dos faroles y en su dia la adornaban con multitud de velas y flores, para lo que los chicos pedian en las tiendas y á las personas que transitaban por aquella. En la casa núm. 22, habitó mucho tiempo el pintor cordobés Juan de Alfaro, de cuyas obras nos iremos ocupando.

Puede asegurarse ser hoy la calle de la Librería la principal de Córdoba, á causa de la concurrencia con que se vé favorecida constantemente y de las buenas tiendas en este punto establecidas. Tambien se ha llamado de los Carderos, por los de este oficio qua tuvieron allí sus tiendas. Así aparece en un padron de 1598.

Señalada con el núm. 19 vemos una hermosa casa, en que nuestros paisanos los Sres. Cruz, tienen un bien surtido y elegante bazar de quincalla, bisutería y otros ramos de comercio, conocido generalmente por la Fábrica de Cristal, aquel edificio ha sufrido en el presente siglo varias modificaciones, ha pasado á diferentes dueños y en él se han egercido distintas clases de comercio é industrias. Aquí estuvo el primer café que se conoció en Córdoba y al cual decian de la Juliana, nombre tambien de su dueña, quien se afanaba por complacer á los pocos parroquianos que entonces tenian estos establecimientos. En este lugar creemos oportuno hacer mencion de un hecho ocurrido en 1805 y que causó gran sensacion en todos los cordobeses. Encontrábase en esta ciudad de guarnicion y acuartelado en el de la Piedra Azul, calle de Santa María de Gracia, y ya descrito, el batallon de infantería ligera de Barbastro, cuya oficialidad en gran número concurria al café de la Juliana, donde se establecia la banca entre ellos y muchos paisanos tambien aficionados al juego: entre estos se contaba D. Diego Benitez Ravé, Diácono y morador en la casa testero de la barrera que hay en la plazuela de los Sousas á la mediacion de la calle de Almonas, quien, poniéndose una noche á tallar ganó el dinero de los oficiales, que empezaron á murmurar de él, intentando obligarle á devolver su ganancia; la intervencion de la Juliana y otras personas aquietó, al parecer, los ánimos; mas cuando Ravé salió á la calle, se vió rodeado de aquellos, exigiendo lo que antes insinuaron y que ahora lo pretendian de grado ó por fuerza, llevando la palabra el capitan D. José Cabero; contestóles el primero, que él ni accedía á su demanda ni se dejaba atropellar impunemente; no bastaron estas palabras, y acometiéndole con las espadas en la mano, le obligaron á sacar dos pistolas, y disparando una, dejó muerto al espresado capitan; esto produjo en los otros el sobresalto consiguiente, del que se aprovechó, echando á correr por la calle de Fernando Colon y Travesía de Tundidores á la de Carretera, donde hizo frente otra vez con sus pistolas á dos oficiales que le iban al alcance, y que al verlo prepararse lo dejaron ir. Llegó á su casa, mudó su traje por el de caza, y tomando la escopeta salióse otra vez, sin reparar que tras él se iba un perro que solia acompañarlo al campo: marchóse á una casa cerca de la puerta del Osario, pues no podía abandonar la ciudad por estar las puertas cerradas; mas nó creyéndose allí seguro, pues siendo la vivienda de un pariente suyo, era fácil fueran á buscarlo, se echó por la muralla al campo, á donde se tiró tras él aquel perro, que parecía como ansiar ser compañero de su amo en aquellos momentos de infortunio. Entre tanto, el batallon de Barbastro dividido en patrullas, buscaba ansioso al matador del capitan Cabero, y una de ellas, creyendo que se dirijiría á Villafranca ó al *Carpio*, *salió por la puerta* Nueva al mismo tiempo que Ravé llegaba á San Juan de Dios, y que al sentirla se metió en la alcantarilla que tiene el arrecife frente á la posada de San Anton, donde estuvo mientras pasaron, con su escopeta preparada en una mano, sujetando con la otra el hocico al perro, que al ruido pretendía ladrar á sus perseguidores: pasados estos, aprovechó la circunstancia de hallarse abierto un postigo de la puerta Nueva y se entró en Córdoba, permaneciendo oculto unos dias hasta que pudo marcharse. Con el tiempo concluyo la causa, de que quedó libre despues de muchos años de persecuciones, estableciéndose en la casa nú-mero 85 de la calle de Don Rodrigo, conservando tal antipatía á los militares, que por no tener alojados hundió toda aquella, dejando una sola habitacion, en la que moraba.

El café de la **Juliana** fué, andando el tiempo,

la imprenta y librería de Canalejas, Manté y compañía, despues la casa-banca de los Sres. Jover, y últimamente el hermoso bazar de que llevamos hecha mencion.

En aquella fachada permaneció durante muchos años una cruz de madera, en cuya peana se leia: «Aquí mataron á D. José Cabero: rueguen á Dios por él.»

Pasada la Cuesta de Lujan, perteneciente al barrio del Salvador y Santo Domingo de Sílos, entramos en la calle de San Fernando, antes de la Féria; solo recorreremos un tramo de ella, pues desde la fuente para abajo corresponde al barrio de los Santos Nicolás y Eulogio de la Ajerquía. Se ha llamado de los Cuchilleros hasta la esquina de la calle de Maese Luis, por los muchos puestos de navajas y cuchillos que allí habia.

En este trayecto, señalada con el núm. 7, está la preciosa casa del Maestro de obras D. Rafael de Luque y Fuentes, labrada en el solar que ocupó el hospital del Santísimo Corpus Christi y Santa Lucía, conocido vulgarmente por el de los Peregrinos. Desapareció hácia 1842, y sin embargo, aun recordamos su raquítica fachada: era un arco de ladrillo, con el medio punto cerrado, y en él una Santa Lucía y varios pobres arrodillados; en lo alto tenía un campanario de un solo y pequeño claro. Los aficionados á las cosas antiguas de Córdoba, no dejarán de hallar interés en la historia de este benéfico establecimiento, tan útil á la poblacion, evitando á los pobres forasteros el andar de puerta en puerta pidiendo para continuar su viaje, y al vecindario la molestia que siempre causa el aumento de mendigos.

A poco de la conquista, se fundaron en Córdoba

dos cofradías, origen de este hospital, una del Santísimo Corpus Christi, en la ermita de las Imágenes ó de los Reyes, edificada junto á la Fuenseca en honor al sitio en que se celebró misa durante el tiempo que los cristianos estuvieron posesionados de la Ajerquía, antes de tomar la Almedina, y la otra de Santa Lucía, en las casas que habian sido de un tal Aparicio, en la calle de Barrionuevo, hoy de Maese Luis; á ésta le fueron aprobadas las reglas ó constituciones, en 17 de Diciembre de 1391.

En 5 de Junio de 1400, Antona Ruiz, viuda de Anton Ruiz, otorgó su testamento ante el escribano público Benito Gonzalez, disponiendo que las casas á que nos venimos refiriendo, fuesen para su hijo Antonio, cautivo allende el mar; que mientrás tornaba, las viviese su sobrino Cristóbal Ruiz, y que si era muerto, las cofradias del Corpus Christi y Santa Lucía fundasen un hospital en que se recogiesen pobres, á honra del cuerpo de Cristo; á la vez mandó á los beneficiados de San Pedro, otras casas tiendas, unidas á la mencionada, con cargo de tres memorias, y otra media casa, calle Humosa, para aumentar la renta del hospital de San Sebastian.

El Prioste de la cofradía del Corpus Christi, Alfon Gimenez Carpintero, logró averiguar en 1412, que el Antonio Ruiz había muerto diez y ocho años antes, en la batalla dada en Puerto Lepe por el Maestre de Alcántara D. Martin Yañez de la Barbuda, contra los moros de Granada: entonces reclamó la casa, y negándose Cristóbal Ruiz á entregarla, asegurando existir su primo, siguieron pleito ante D. Diego Ruiz, Doctor en decretos, Chantre de la Catedral y Vicario general en lo espiritual y temporal del Obispo D. Fernando Gonzalez Deza, quien lo sentenció á favor de la cofradía, la que á seguida fundó el hospital, conforme á los deseos de la Antona Ruiz.

La cofradía de Santa Lucía permaneció separada; en 1504 reformó sus reglas, y poco despues se unió tambien al hospital, donde ambas se refundieron y redactaron nuevos estatutos en 1521: en ellos consignaron la obligacion de hospedar pobres transeuntes de uno y otro sexo, y enterrar á los que muriesen á su paso por Córdoba; otra reforma sufrieron, aprobada por el Provisor D. Cristóbal de Mesa Cortés, en 12 de Octubre de 1590.

Otra incorporacion tuvo este hospital en 1616; nos referimos al de Ntra. Sra. de la Asuncion, conocido generalmente por el de Santa María de Agosto, situado en la calle de Abéjar, y destinado á dar habitacion grátis á huérfanas y viudas; las cargas espirituales de éste, se siguieron cumpliendo en San Lorenzo, y el edificio lo adquirió para ampliar sus casas, el Sr. D. Fernando de Zúñiga y Alarcon, por escritura fecha 11 de Agosto de 1671, siendo hermano mayor el Lic. D. Francisco Roque Carrasquilla.

Casi puede asegurarse, que la pequeña iglesia del hospital de los Peregrinos, tuvo un tiempo en que llegó á ponerse de moda, como se diría en este siglo. En 1716, pidió altar en ella la naciente cofradía de Ntra. Sra. de la Aurora, y siéndole negado, edificó su iglesia, como oportunamente diremos. Mas afortunada estuvo la de la Rosa, apesar de haber principiado por un entretenimiento de los chicos de la Librería: reunidos algunas tardes, iban al hospital, y tomando una imágen de la Vírgen, la sacaban en rosario por los alrededores, hasta que un dia, varios cofrades se presentaron diciendo que aquella no estaba allí para que los muchachos se entretuviesen; despojados éstos de la Virgen, se juntaron á tratar sobre lo ocurrido, resolviendo formar ellos una cofradía; un nuevo inconveniente se les presentaba; este era resolver el título que la nueva corporacion habia de llevar: en esto el aire arrancó casualmente una estampa de una de aquellas librerías, cayó entre ellos, y uno la levantó diciendo: «Es Ntra. Sra. de la Rosa, que ella sea nuestra patrona:» pusiéronla entonces en su estandarte, y sacaron su rosario de las casas de D. Cristóbal Carrasquilla, quien los tomó bajo su amparo: fué el primer hermano mayor de la cofradía un Francisco de Vargas, quien juntó hermanos é hizo en 3 de Febrero de 1736, que el Provisor y Vicario general D. Francisco Moreno, diese licencia para sacar el rosario y colocar la imágen en altar propio. En 1742 redactaron las reglas, que fueron aprobadas en 20 de Octubre por el doctor D. Juan Gomez Bravo, canónigo Magistral y Provisor, sede vacante, y el 22 de Abril dió su licencia el Obispo Sr. Cebrian para colocar la Virgen en el altar, lo que se hizo en el último dia de su novena, 16 de Febrero de 1744.

A principios del siglo actual, se suprimió el hospital de la Sangre de Cristo, de la Zapatería, hoy calle del Liceo, y la Hermandad de Ntra. Sra. de los Afligidos, se trasladó al de los Peregrinos, donde aquella se estinguió: la imágen á que daba culto, es una de los Dolores que está en la Aurora, viniendo todo á perderse, víctima del abandono en que al principio se dijo haber quedado este pequeño y útil establecimiento.

En la casa núm. 9, ó sea la siguiente á la ex-hospital, murió el aplaudido actor D. Antonio Cápo, de quien hicimos mencion en el cementerio de San Rafael.

Poco mas abajo encontramos la calle de Maese Luis: en un principio se llamó Barrionuevo, porque toda esta calle, la de San Fernando, Librería, Salvador y Alfaros, eran campo en tiempo de los árabes, y por consiguiente, todas sus casas son posteriores á la conquista, razon por la que llamaron á la parte en que nos encontramos, Barrionuevo de la calle de la Féria. En el siglo XV, vivió aquí un médico de gran crédito, del cual tomó el título esta calle, encontrándose justificada esta variacion por una escritura que existe en el archivo del hospital de la Caridad, en la que, un nieto de aquel, le dona sus bienes, diciendo estas testuales palabras: «unas casas en la calle de Barrionuevo que agora se llama de Maese Lúis, por mi abuelo el médico.» Afluyen á ella las de Fernando Colon y Muela. En la última casa de la acera derecha, donde hoy tiene su oficina de Farmacia el distinguido literato D. Francisco de Borja Pabon, vivió D. José Gimenez Hoyo, uno de los diputados por esta provincia en las Córtes de 1810, el que pronunció notables discursos, y murió siendo canónigo en la Santa Iglesia Catedral de Córdoba. Dicha casa es aun conocida por la Botica de San Antonio, por uno en lienzo, que hasta 1841 tuvo junto al balcon, y se conserva muy deteriorado en la cercana ermita de Ntra. Sra. de Consolacion.

Queda á la izquierda la calle de Odreros, y á la derecha la de Armas, punto conocido tambien por las cuatro esquinas, y seguimos nuestro paseo por la estrecha calleja del Tornillo, otro tiempo del Horno de dos puertas, de Consolacion, por la Ermita que hace esquina, y de la Piedad, porque la puerta de la iglesia primitiva del colegio estaba frente á la calle de la Candelaria, como despues esplicaremos. Dícenle del Tornillo, desde la época en que la citada ermita de Consolacion fué casa de Expósitos, por haber colocado el torno de recepcion en aquel lado.

Pasamos un rincon donde se vé una casa de modesta apariencia, núm. 13; en ella murió en el dia 18 de Abril de 1865 el aplicado pintor D. Juan de Dios Monserrat, de quien conservamos tres retratos, y existen otros varios cuadros en algunas casas particulares: estuvo de profesor de dibujo en un colegio de Lucena, y murió cuando mas útil podía ser á las artes y á su familia. Dicho recodo, la plazuela que le sigue y la calle, hasta volver al Socorro, se llama calle y plazuela de la Paja, porque este sitio hace siglos ha estado destinado á la venta de la paja de escaña para los gergones, como antes, por igual causa, se llamó de los Burros. Hay en ella una posada muy antigua que ha llevado esos *mismos* títulos.

Nos encontramos en la plazuela del Socorro, título tomado de una ermita allí existente, como antes se llamó del hospital de San Martin, de la Trinidad y de la Vírgen de los Angeles: coge el trayecto intermedio entre el Arco bajo de la Corredera y la plazuela de la Almagra, desembocando en ella la citada calle de la Paja y la calleja del Toril. Cerca de la calle del Baño se quitó en 1841, un cuadro de la Vírgen, tan deteriorado, que no se pudo juzgar su mérito; pero detrás habia un letrero diciendo haber sido pintada por Juan de Alfaro. En el ángulo saliente, formado de los edificios de la

Corredera, hay una fuente de vecindad, colocada hace pocos años, sustituyendo un pilar largo que estaba en el rincon; siempre se ha conocido por la fuente de la Romana, edificio contiguo y con puertas á la Corredera: su agua es de mala calidad, y procede del pozo de la casa de la calle del Arco Real, propia de la Sra. Condesa viuda de Hornachuelos.

Ya es necesario penetrar en la antigua y frecuentada ermita de Ntra. Sra. del Socorro: su historia ofrece gran interés, y ha sido objeto de meditados trabajos de algunos escritores; sin embargo, unos han historiado, otros han descrito y nosotros pensamos abrazar ambos estremos. Hablemos del presente: esta iglesia es pequeña y forma cruz latina, con cúpula ovalada: el altar mayor, de talla dorada y de tan mal gusto como casi todos los de Córdoba, es obra del siglo XVIII, reformado á su final ó sea en 1791, cuando se construyó el camarin, volteando un arco sobre la calleja del Toril con permiso del Ayuntamiento y de la Sra. D.ª Francisca de Concha y Aguayo, vizcondesa viuda de la Montesina, propietaria de la casa en que habia de estribar: á los lados de la Vírgen hay dos esculturas de San Acisclo y Santa Victoria. En la cruz ó capillas, hay dos altares, uno dedicado á las Animas, con multitud de indulgencias y privilegios, concedidos por varios pontífices, y otro con el Stmo. Cristo de las Tribulaciones; en la nave están otros dos retablos con San José y San Rafael, este último es una preciosa escultura. Tambien tiene una porcion de cuadros de mediano mérito, tanto en la iglesia como en la sacristía; en esta se vé el retrato de D. Rafael de Soto, de quien nos hemos ocupado en dos ocasiones.

La actual iglesia fué construida en 1685; cuando se edificó la plaza de la Corredera, fué preciso hundir la antigua, por estorbar á la formacion de los arcos y balconage: en cuanto á sus dimensiones, no creemos variase mucho, mas sí en su estructura; daba frente á la plaza, desde la cual se veia el interior, por tres arcos abiertos con berjas, y sostenidos en columnas de mármol negro. El Doctor Nicolás de Vargas Valenzuela, en el libro que imprimió en 1651, contando cuanto ocurrió en Córdoba con motivo del contagio en los dos años anteriores, dice, que al pié de un Crucifijo, en la iglesia del Socorro, estaban retratados Antonio de Castro, Juan Quiñones, Diego Santiago, Juan de Rojas, José Carrillo de Tamara, Juan Lopez de Estrada, Juan Lorenzo, Francisco Raigada, Pedro de Angulo y Juan Perez: estos eran ocho jóvenes, ansiosos de servir á sus semejantes, que viendo la falta de sepultureros, en la gran afliccion de la epidemia, se dedicaron á esta obra de caridad, vistiéndose con túnicas moradas, y acudiendo cuatro á cuatro á todas partes, sin tomar por su trabajo sino aquello que voluntariamente querian darles las familias, con lo que se mantuvieron durante el tiempo de la epidemia, y con el sobrante repararon la iglesia é hicieron una lámpara de plata para la Vírgen. Juan Quiñones y Juan Lorenzo, murieron del contagio. El aplicado escritor cordobés D. Rafael de Vida, tratando de esto mismo, supone, que los ocho jóvenes mencionados, serian tal vez los fundadores de la hermandad del Socorro en el hospital de Ntra. Sra. de los Angeles en la Corredera, sin tener en cuenta que el Doctor Valenzuela escribe en aquel tiempo, y ya le dá dicho título; luego no pudo ser lo que pretende el malogrado Sr. Vida.

Cuantos han escrito de la ermita del Socorro, convienen en su antigüedad: la creen existente en la dominacion árabe, y aun antes, sospechando sea este el lugar donde fué sepultado San Martin: algunos la creen hospicio ú hospederia de los Trinitarios, cuando venian á tierra de moros á redimir cautivos, no faltando quien suponga haberse encontrado allí cuando la conquista, la imágen de Ntra. Sra. de los Remedios que aquellos redimieron y el Santo Rey donó á Fr. Luis Freja, primer ministro del convento de la Trinidad, que dicho Monarca fundó en Córdoba y el cual visitaremos en su dia.

A principios del siglo XVI, se llamaba esta iglesia el hospital de Ntra. Sra. de los Angeles, en la Corredera, á la que hallámos tambien poseyendo la capilla, que ahora es del bautismo, en la parroquia de San Pedro; y tan era así, que en 1678 se estableció en ella la hermandad del Santísimo, comprando antes la propiedad á la primera, segun una escritura que hemos visto en el archivo de los Santos Mártires. De todo esto inferimos, que en el Socorro hubo primero una cofradía de la Sma. Trinidad, y que disuelta ésta, la de los Angeles se trasladó á dicho local para estar con mas independencia.

En un manuscrito conservado en la Biblioteca Colombina de Sevilla, titulado *Córdoba, razon de sus hospitales*, dice, que en 1511 había en la Corredera un hospital llamado de la Sma. Trinidad y Ntra. Sra. de los Angeles, en cuya iglesia, se veneraban siete huesos de San Leon y otros mártires, traidos de Roma por Marina de Leon, viuda de Francisco de Cárdenas, con bula concediendo al templo en que se colocasen, las mismas indulgencias que tiene el de San Anastasio, de donde sacaron aquellas reliquias.

Además de la espresada cofradía, existian en aquella época, las de San José y San Pedro Advíncula, y en el citado año 1511, se reunieron en una sola, redactando un reglamento para las tres, cuyos individuos debian probar, antes de ingresar en ella, su limpieza de sangre.

Pocos años despues, como hemos indicado, aparece la hermandad de Ntra. Sra. del Socorro, y mas adelante en 1678, la vemos unida con la que en 1772 fundó el Padre Benedictino, Sebastian de la Puente, con la advocacion de las *Benditas Animas.* Sus estatutos, al revés de la de los Angeles, permitía la entrada á toda clase de personas, tanto, que llegó á contar entre sus cofrades algunos de los ejecutores ó verdugos que hubo en Córdoba, diciéndose tradicionalmente, que careciendo la ermita de campanas, uno de ellos costeó la mayor de las dos que hay en la torre, con el objeto de hacer la señal cuando algun infeliz moría á sus manos, á fin de que la parroquia de San Pedro diese el toque de agonía, conforme á la costumbre de aquellos tiempos.

En 1685, el corregidor D. Francisco Ronquillo y Briceño, derribó la antigua plaza y procedió á la construccion de la nueva: estorbaba á su intento el hospital de Ntra. Sra. de los Angeles, era preciso derribarlo, y aun cuando se opuso la cofradía, al fin logró, en 13 de Febrero de dicho año, celebrar con ella, y principalmente con el hermano mayor, Juan Vizcaino, familiar de la Inquisicion, un convenio, comprometiéndose la ciudad á construir nueva iglesia, con crucero, media naranja, capillas, sacristía y habitacion para el capellan, y además, un terno de damasco blanco. Efectuóse el derribo, sin contar con la hermandad del Socorro, á la que tenian allí como por un favor, ni hacer el mayor caso de sus cofrades, por ser casi todos vendedores y comerciantes de poca importancia, á quienes no tenian en el mayor aprecio. Hízose la nueva plaza, apurando cuantos recursos pudo arbitrar el Ayuntamiento, no quedando fondos con qué cumplir el compromiso contraido con la hermandad de Ntra. Sra. de los Angeles, y hubiera desaparecido hasta la memoria, si los devotos de aquella imágen, ya con el título del Socorro, no hubiesen acudido á su remedio: ellos dieron cuanto les fué posible, pidieron á otros, y no solo realizaron la construccion de la iglesia, sino que contribuyeron á su decorado é hicieron alhajas y ropas para la imágen. Algunos años despues, en el de 1695, aparece fundarse otra hermandad con título de *Ntra. Sra. del Socorro y Santísimo Rosario*, redactando sus estatutos, que le fueron aprobados. La emulacion entre las dos hermandades, hija de la diversidad de clases de la sociedad de que se componian, hizo que se declarasen una gran guerra, en que se mezclaron las otras cofradías allí existentes, todas en contra de la del Socorro y Rosario, la que rechazándolas, adquiría cada vez mas importancia, y con sus rosarios, cuatro por semana, y demás culto, reunia lo suficiente para eclipsarlas. Sostuvo primero un pleito con la del *Socorro y Animas*, que le quería privar de usar el título, resolviéndose á favor de aquella, ó sea de los vecinos de la Corredera: tuvo á poco otro con la de los Angeles, gente de mas importancia, á la que tambien venció, y despues de otras cien cuestiones, en que siempre quedó airosa, absolviendo primero á la hermandad del Socorro y Animas y aburriendo á todas las demás, inclusa la de los Angeles, á la que una noche desposeyeron mudando la imágen de la fachada y poniendo la actual con el letrero de *Ermita de Ntra. Nra. del Socorro,* el cual no lograron se quitase, por mas reclamaciones que hicieron los cofrades contrarios, con lo que acabó por quedarse dueña del santuario.

Sola ya la actual cofradía del *Socorro y Santísimo Rosario,* siguió con fé promoviendo el mayor culto de la vírgen, en cuya piadosa mision continúa. En 1838 se soló y se reparó la iglesia, y en el de 1870 siendo hermano mayor el actual D. Rafael Tejera; ha costeado un magnífico vestido á la Vírgen, de seda blanco y primorosamente bordado en oro, por las señoras D.ª Trinidad y D.ª Josefa Duran, ascendiendo su valor á unos diez y seis mil reales, reunidos de limosnas. Todos los años trasladan la Vírgen á la parroquia de San Pedro, donde le costean una solemne funcion y novena, y á su regreso le hacen una procesion, en que á su paso por la Corredera aquellos vecinos disparan multitud de cohetes.

Uno de los pleitos mas ruidosos que sostuvieron las cofradías de los *Angeles* y del *Socorro y Santísimo Rosario,* lo produjo un escándalo que dieron en el Jueves Santo de 1700, á causa de que estando ambas pidiendo en la puerta de la ermita, recogía mas limosna la segunda en su pobre bandeja de madera, que la otra en una de plata, sobre rico tapete de seda; de esto surgió un conflicto, en que los argumentos tenian mas fuerza de acebuche que de lógica.

En los archivos de la Beneficencia provincial y del Ayuntamiento, hemos encontrado muchos papeles pertenecientes al hospital de Ntra. Sra. de los Angeles.

Muchos, y entre ellos el escritor D. Rafael de Vida, fundan el origen del título Socorro, en una tradicion de padres á hijos referida, y en verdad, es estraño, que llamándose la Vírgen de los Angeles, y á la misma dedicarle tanto culto, empiecen á darle el otro título, sin motivo justificado. Tampoco diremos que lo está con lo que vamos á referir.

Corrian los primeros años del siglo XVI, tiempos de aventuras para los jóvenes cordobeses, segun las muchas tradiciones llegadas á nosotros. Entre aquellos, distinguíase D. Clemente de Cáceres, de vida novelesca y relajada, entregado á contínuos amoríos, sin respeto á la amistad, y arrollando cuanto se oponía al logro de sus deseos. No faltábanle amigos; mas su número era insignificante, comparado con las personas ofendidas por sus liviandades, que profesándole el ódio mas encarnizado, aguardaban ocasion de vengar en él las ofensas que les habia causado. Segun hemos dicho, la antigua capilla del hospital de los Angeles, tenía arcos á la Corredera; por ellos reflejaba la ténue luz de sus vacilantes lámparas, haciendo destacar en la oscuridad de la plaza, la pasagera sombra de los pocos trasnochadores que por allí transitaban. Uno de ellos era D. Clemente de Cáceres, que en direccion á la calleja del Toril, se descubría á la vista del templo, sintiendo en el corazon el peso abrumador de su conciencia. ¡Cuántas noches fijó sus ojos en el rostro angelical de aquella imágen, y cuántas creyó que lo llamaba á sí para apartarlo de sus liviandades! ¡Cuántas veces, tambien, conociendo sus estravíos, prometía ser aquella la última noche á ellos entregado; mas, con qué facilidad olvidaba estas promesas!

Las dos habia dado el reloj de la ciudad, cuando una noche, al llegar D. Clemente en su regreso á la calleja del Toril, por la plazuela de los Cedaceros, oyó un silbido estraño, presagio de alguna funesta aventura. Los hombres de su temple, no se arredran ante el peligro, y primero sucumben que dar una muestra de cobardía. El tiempo estaba sereno, la luna dejaba divisar los bultos, y bien pronto vió dos hombres á su espalda y otros dos que entraban por el lado opuesto: dió la vuelta hácia la Corredera, y otros cuatro hombres cerraban la salida: eran ocho los que acechaban al valiente jóven, que sacando su espada, se dispuso á vender su vida lo mas caro posible ocho aceros se preparaban á hundir sus puntas en su pecho: entonces, apoyó su espalda en una puerta que caia á la ermita de los Angeles, y viendo su muerte segura, gritó, acordándose de la imágen: «Madre mia, ven en mi socorro;» en esto, cayó desmayado dentro de la iglesia, cerrándose la portezuela, en la que se clavaron las ocho espadas de sus contrarios. El libertino jóven D. Clemente de Cáceres, cambió su licenciosa vida por la del hombre honrado, y á poco, lo vemos aparecer como uno de los mas fervorosos cofrades de la hermandad de *Ntra. Sra. del Socorro y Benditas Animas*, de que se cree ser uno de los fundadores.

Ya indicamos las callejas del Toril, y por ellas seguiremos nuestro paseo. Son dos, formando dos ángulos opuestos, y con tres entradas por las plazuelas del Socorro y Cedaceros y por la plaza de la Corredera: toma su nombre, de que cuando en esta habia funciones de toros, se formaba allí el toril para encerrarlos. Así mismo le han llamado callejas de los Toros. Frente á la que vá á la plaza, hubo hasta 18[illegible], un nicho, y en él colocada la imágen de San Rafael, escultura de ningun mérito. Siguen las pequeñas plazuela y calle de Cedaceros ó de los Tahoneros; desemboca en la de Almonas, en cuya esquina y mirando á la parte alta, hubo hasta el año 1841 un gran lienzo, de escaso mérito, con Jesus á la Columna: llámase de aquel modo por ser el punto destinado antiguamente á la venta de cedazos para las tahonas y otros oficios. Desde la plazuela continúa otra calle, corta y tortuosa, llamada del Juramento, por el que tenia en la mano un San Rafael que hubo en una de sus paredes, y desemboca en la plazuela del Tambor, que dá paso á la calle de Carreteras, y que dieron en llamarla de aquel modo, por la hechura que tenía una de sus casas, si bien otros aseguran que por haber morado allí uno de los tamborileros que antiguamente tenia la Ciudad. En este trayecto hubo hasta 1841, dos Concepciones en lienzo, una de tamaño natural y la otra mas pequeña.

Nos restan algunas calles, no comprendidas en las líneas trazadas al recorrer el barrio de San Pedro: á ellas pensamos llevar á nuestros lectores, no dejando por visitar ni el punto mas insignificante.

Pasemos á la calle de Fernando Colon, comprendida entre las de Maese Luís y la Librería; son sus afluentes, la Travesía de Tundidores y la de los Angeles. Esta calle se llamó primero del Meson de la Ceniza, por uno situado en ella, y donde se hacía comercio en este ramo: quitado el meson, siguió llamándose de la Ceniza hasta 1862, que al variar algunos títulos, el Ayuntamiento tuvo presente haber nacido en esta calle el célebre Fernando Colon, hijo del Gran Almirante Cristóbal, tenido de D.ª Isabel Enriquez, y á quien se debia tal distincion por, entre otros méritos, haber sido fundador de la rica Biblioteca colombina de Sevilla.

En esta calle existe una casa en que muy pocas personas hacen reparo, aunque choca á primera vista: forma esquina á la Travesía de Tundidores, y existe en ella una taberna ó almacen de bebidas de los mas antiguos de Córdoba: á la calle de Fernando Colon tiene una puerta cerrada hasta la mitad, y al parecer convertida en ventana; mas no es ese su objeto: las tabernas han estado sujetas á multitud de disposiciones desde poco despues de la conquista; unas veces, no han podido vender mas vino que el recolectado en el término de esta ciudad; otras, ha estado prohibido el que bebieran en ellas los esclavos, y otras, para aminorar el número de beodos, se ha prohibido al público entrar en ellas, teniendo que comprar las bebidas desde la calle; y para que este mandato fuese mejor cumplido, se obligó á los dueños de aquellas á tapiar hasta la mitad la puerta que servia de despacho, desde cuya época está así la que vamos refiriendo, como pueden examinar los curiosos, que se encontrarán en aquel sitio unas antiguas puertas de calle, en las que hasta hace poco se veia un gran aldabon y un postiguillo, á fin de llamar y ser despachados cuando estaba cerrada. Otras tenian una especie de mostradorcillo sobre la gradilla, que se quitaba de noche cuando se acababa el despacho; pero esto solo se permitia en aquellas casas que no tenian otra puerta para el servicio de las familias, de donde vienen otras que aun se conocen con un poyo que tapa parte de aquella, debajo de los portales de la Corredera.

La calle de Odreros comunica de la Corredera á la de Armas, dejando á un lado la plazuela de las Cañas; este era el punto destinado á la venta de odres, ó sean los pellejos preparados para el trasporte de aceite, vinos y vinagre, vulgarmente llamados colambres: á su mediacion hay una barrera ó calle sin salida, titulada de la Cruz, por un crucifijo que hubo en aquel sitio, y era adornado por los vecinos, quienes le tenian una gran devocion; cerca de éste hubo un cuadro con la Santísima Trinidad. Mas hácia la Corredera, está la llamada calle de los Angeles: á su mediacion forma una plazuela triangular, y desde allí estrecha mucho, hasta la calle de Fernando Colon; estas variaciones las han dado tambien al nombre de la calle, que tenia tres, ó sean: Angeles, por una vírgen de esta advocacion que hemos conocido; de Mota, por los desmoteadores del paño que vivian en aquel punto, y plazuela de Pedro Muñoz, jurado del barrio de San Pedro, que vivió en la casa hoy parador de San Rafael; frente á éste está otra calle muy corta, que desemboca en la de Maese Luis; le dicen de la Muela, por una, como de algun animal de grandes dimensiones, que hubo incrustada en una *columna ó piedra de una* de aquellas fachadas. Algun tiempo se conocieron estas calles por las del Señor de la Cárcel; á su entrada por la de Odreros, formaba arco y debajo una especie de capillita ó altar, con un cuadro representando á Jesus Nazareno, imágen de tanta veneracion, que siempre tenia multitud de luces de cera y aceite, y las paredes llenas de tablillas con ex-votos ó milagros; solia cuidar de esto el Alcaide de la Cárcel, cuyas ventanas estaban en frente: primero desapareció el arco y colocaron el cuadro en una habitacion de aquella casa frente á la reja baja, permaneciendo así hasta 1841 que la quitaron, sin que sepamos la razon de haberlo llevado al convento de la Concepcion, donde ha estado, pasando con la comunidad al de la Encarnacion.

Casi siempre han existido en Córdoba personas curiosas, aficionadas á tomar apuntes de cosas y hechos, con mas ó menos criterio y erudicion, y sí haciendo un bien para la historia, porque, testigos presenciales de los sucesos, ó al menos, contemporáneos, son sus palabras dignas de ser acogidas; hace pocos años ha muerto uno llamado D. Juan Lúcas de Soria, músico de la Catedral, que apesar de sus escasos recursos, ha librado muchos libros y papeles de morir á manos del antiliterario almacenero, que tanto daño ha hecho á las letras: si contaba con algun dinero, los adquiria en el acto, y si no, avisaba al momento á las personas ilustradas para que los comprasen. Este sujeto, estraño en su figura y costumbres, ha dejado al morir muchos apuntes, y entre ellos, unos dedicados al Sr. Payon, en que relaciona las imágenes que habia en las calles de esta ciudad, trabajo de mala redaccion, pero muy curioso: en él se dá noticia de algunos sucesos, de obras de artistas apreciables, y hasta se muestra una punzante crítica, muy del carácter de su autor. Todo esto parece una digresion de nuestro trabajo; mas no lo es, por venir á realizar el deseo de que nuestros lectores conozcan la nota referente al Señor de la Cárcel, que es la siguiente:

«Punto de crítica sobre el abuso que algunos hacen de la devocion, para conseguir sus fines particulares y especular con los santos, y es lo siguiente:—En la boca-calle que sale á la de los Odreros, habia de antiguo un Jesús de Nazareno, formando capilla, en el portal de la casa donde estaba la santísima efigie y ésta muy adornada y con bastantes luces de dia como de noche, donde concurrian los sencillos devotos á rezar y despues cada cual daba para el culto aquello que le dictaba su devocion; tenia el dueño colocados muchos milagros en tabletas de madera, muletas de baldados que habían sanado, hasta los mismísimos pelos de las cabezas de los que se habían curado por la devocion que tuvieron á este Señor y no á otro, aunque fuera el mismo Señor: estos milagros que no los tenía aprobados el Ordinario, y el tal dueño del Señor, juntó muy buenos cuartos, y con estos compró sus finquitas, y lo pasó muy bien todo el tiempo que le duró esta prevenda: era alcaide de la cárcel Real, para que guardase á los ladrones, por supuesto, hasta que la autoridad, viendo este escándalo ó abuso que hacía, le recogió la Santísima imágen, y se depositó en la parroquia de San Pedro, donde existe en el dia á la pública veneracion.»

En esto último equivocó, sin duda, Juan Lúcas al

Señor de la *Cárcel* con la Vírgen dal Pópulo, de la Corredera, que efectivamente estuvo en la iglesia de San Pedro, hasta la última obra, que la pasaron á una de las habitaciones interiores.

La plazuela de las *Cañas*, ampliacion del mercado de la Corredera, y una de las mas regularizadas de la ciudad, creen algunos que era el sitio para la venta de las cañas, orígen de su nombre; mas esa opinion es una vulgaridad inadmisible, pues aquellas nunca han sido un género de la importancia necesaria para señalar un punto á su venta: es probado, que la plazuela era en un tiempo, mayor que la plaza, ampliada á principios del siglo XVI, y que se achicó con la construccion de la Cárcel y colegio de la Piedad; por consiguiente, era el punto céntrico mas apropósito para correr cañas, como se corrieron en los siglos XIV y XV, quedándole el título llegado á nosotros. El centro de esta plaza, es ocupado por un pilar de mármol negro, con dos remates, todo de muy mal gusto, como sucede en casi el total de las fuentes de Córdoba: algunos dicen estuvo en la Corredera; esto es una equivocacion; en 1731 la establecieron en otra forma y con agua de Ojamaimon, en la calle de Odreros, y en 1821 la variaron de sitio y figura, colocándola donde hoy la vemos; mas siendo escasa su dotacion, resultaba casi siempre sin agua, y esto hizo en 1861, siendo Alcalde D. Cárlos Ramirez de Arellano, que destinasen toda aquella al caño del lado de la Piedad, y que el otro se surtiese del caudal de la Romana, diferencia que se nota á seguida, y que á veces tiene al corriente un lado y otro completamente seco. Dos ángulos de esta plazuela se forman en la calle de Odreros, otra con la calleja de la Prensa, llamada así porque en la casa de la esquina hubo muchos años una imprenta, como antes se llamó calleja del Pósito, por estar detrás de aquel suprimido establecimiento: el cuarto ángulo nos presenta la iglesia y portería del Colegio de Ntra. Sra. de la Piedad.

En estremo modesta ha sido la fundacion de esta casa, en que, dando culto á nuestra santa religion, se instruyen en ella y adquieren otros conocimientos, multitud de niñas, internas algunas, y muchas asistentes á las clases gratuitas abiertas al público, todas al cuidado de seis hermanas, que ejercen las funciones de maestras.

A fines del siglo XVI, vivia en esta ciudad una piadosa mujer, de nombre Isabel de la Cruz, en estremo virtuosa y con algunos bienes de fortuna: llevada de su gran caridad, vendió los últimos, dedicando su producto á la compra de una casa en la plazuela de la Paja, en la cual se recogió con algunas huérfanas, á quienes empezó á educar del modo que sus escasos conocimientos le permitian. Varios años duró esta especie de colegio, y como no contaba con otros medios para sostenerse, que el producto de las labores allí confeccionadas, quedó casi abandonado con la muerte de su caritativa fundadora, y hubiera desaparecido completamente, si algunas personas no hubiesen acudido al Obispo, rogándole lo tomase bajo su amparo, súplicas que fueron bien acogidas. Encargóle la direccion al P. Cosme Muñoz, Rector de la parroquia de San Pedro, y director y amparo del convento de la Encarnacion Agustina, como oportunamente dijimos.

El V. P. Cosme Muñoz, nació en Villar del Rio, obispado de Calahorra, en 1574, hijo de Juan Muñoz y Antonia Perez, quienes en edad competente, lo enviaron á Málaga con un pariente que allí residia: muy jóven aun, sentó plaza en las Galeras de España, sirvió en ellas cuatro años, dando muestras de valor é hidalguía, retirándose otra vez á la espresada ciudad, á causa del quebranto de su salud. Colocóse entonces con un escribano, y por último, con su aplicacion y conocimientos, logró lo hiciesen Secretario de la provision de las Galeras, destino que le daba gran producto, y él gastó de una manera *impremeditada*, rodeado de amigos perjudiciales. Sin embargo de esto, conservó siempre su devocion á la Vírgen de la Victoria, y estando cierta mañana en su iglesia, oyó un sermon que por completo le hizo olvidar los placeres mundanos, y dedicar su vida á la oracion y la penitencia. Entonces, vendió los bienes adquiridos, repartió su producto entre los pobres, y renunciando el empleo se vino á Córdoba, pretendiendo tomar el hábito en el convento de la Arrizafa, donde le fué negado por no tener *siquiera nociones* de latin: disgustado con esta repulsa, consultó con el P. Miguel Perez, de la Compañía de Jesus, quien le aconsejó estudiase latin, artes y teología, lo que hizo, sirviendo á la vez á un sacerdote, y sufriendo muchas burlas de sus compañeros, que se reian al verlo estudiar con tantos años, comparados con los que ellos tenian. En este tiempo, pudo entrar de sacristan en la parroquia de Santo Domingo de Silos, en la que reunió muchos niños, instruyéndolos en la religion y enseñándolos á leer y escribir. Esta conducta le adquirió gran nombre, hasta el punto de que el Obispo D. Fr. Diego Mardones lo ordenase de sacerdote é hiciese cura de la parroquia de San Pedro, *en cuyo puesto creció* su fama y sus virtudes. Protegió, como llevamos dicho, al convento de la Encarnacion Agustina, y aceptó del Sr. Cebrian el cargo de Director y casi fundador del colegio de Ntra. Sra. de la Piedad, nombre que él le puso. Bien pronto reunió unas sesenta huérfanas al cuidado de mujeres honestas é instruidas; compró otras casas y edificó una reducida iglesia frente á la calle de la Candelaria, á cuya obra él mismo ayudaba, ocasionándole una caida que le fracturó una pierna y puso en grave peligro su vida: consagróla el Sr. Mardones en 24 de Agosto de 1613, con aquel título, y colocando la imágen de vestir mandada hacer por el P. Cosme: á los pocos años se estableció en ella sagrario, bien apesar de los beneficiados de San Pedro que se oponian. Agravado al fin de su mal de piedra, falleció en 30 de Noviembre de 1636, á los sesenta y dos años, dos meses y cinco dias de edad. D. Luis de Mercado y Solís, que escribió la vida de aquel venerable, á quien trató mucho, nos dice, que era mediano de cuerpo, proporcionado, rostro agradable, color quebrado, pelo entrecano, ojos negros, naríz curba, lábios delgados é iguales y mejillas elevadas. Su muerte fué un verdadero acontecimiento para los cordobeses, que acudian á ver por última vez al Santo, como ellos le decian, y á recoger cualquier objeto suyo que conservar como una verdadera reliquia. A los tres dias de permanecer el cadáver de cuerpo presente, lo trasladaron á la capilla del Palacio Episcopal, donde se efectuó el funeral con una pompa y concurrencia como pocas veces habían visto en Córdoba: el entierro llegó hasta la capilla de la Cena, en la Catedral, en que tercera vez quedó depositado, y á las doce de la noche siguiente lo llevaron á la iglesia de su colegio de la Piedad, donde yace en un modesto y sencillo sepulcro, que aun se vé en la capilla del Santo Cristo. Frente á él hubo otro, dedicado al hermano Santa Ana, uno de los ermitaños mas santos del Desierto de Belen.

Aquel útil y modesto establecimiento, adquirió algunos bienes de personas piadosas, con cuyos productos se ha sostenido y aun sostiene, apesar de ser de poca importancia. Los Obispos todos le han prestado su apoyo, y han ejercido liberalmente el patronato que en la fundacion les confirió el P. Cosme. Uno de ellos, el Sr. Siuri, le edificó nueva iglesia, en la que gastó de su propio peculio ciento treinta y dos mil reales, quedando abierta al culto en el año 1725. Es un edificio sólido y de regulares dimensiones, resintiéndose en su arquitectura y adorno del mal gusto de aquella época: forma cruz latina, y todos sus altares son de la pésima talla dorada que tanto abunda en las iglesias de Córdoba: tiene cúpula, y en sus arranques, entre multitud de hojarascas, los cuatro Evangelistas, de alto relieve; el presbiterio está cerrado por una sencilla verja de bronce, y en el retablo mayor ocupa el centro Ntra. Sra. de la Piedad, con San Sebastian y Santa Lucía á los lados, y en la parte alta, los Arcángeles San Miguel, San Rafael y San Gabriel. Delante de la grada, hay una losa con inscripcion, en que dice ser el enterramiento de los Sres. Sanllorente, que tambien lo tuvieron en la primitiva capilla.

En el lado del evangelio hay primero un altar con San Felipe Neri, cuadro al parecer de Pompeyo el violinista: mas acá la capilla del Cristo de la Piedad, escultura de tamaño colosal, desproporcionada y de ningun mérito; era de la Condesa de Hornachuelos D.ª María Magdalena de Hoces, quien lo regaló al P. Cosme, y parece hecha como para colocarla á una gran elevacion: cerca de la puerta está la capilla de San Antonio de Padua, bonito cuadro de escuela italiana.

En el lado de la epístola, vemos otro altar con un

cuadro que representa la Sagrada Familia, al parecer de la misma mano que el San Felipe, y despues otro con un San José. Repartidos por la iglesia se ven algunos cuadros, dos cabezas muy bonitas y un lindo relieve en mármol blanco, que nos parece obra de Verdiguier.

En tiempo del Sr. Trevilla, se establecieron las clases públicas gratuitas, en la actualidad abiertas á la enseñanza: tiene seis maestras ó madres, como dicen á las hermanas, y unas catorce pupilas, entre pensionadas y de asistencia retribuida.

Nos resta la parte principal del barrio de San Pedro, la plaza de la Corredera. Ni es posible referir cuanto en este sitio ha ocurrido, ni bastaría un grueso volúmen para ligeramente reseñarlo. Su nombre es el que en general se daba en muchas poblaciones al punto en que por su estension se celebraban los actos mas concurridos, y en particular las corridas de toros, cintas y cañas. Tiene una superficie de siete mil cuatrocientas noventa y seis varas cuadradas, es cuadrilonga, y mide trescientos setenta y dos pies de longitud por ciento treinta y ocho de latitud en la parte inferior, ó sea del Arco bajo, y ciento cincuenta y seis en la superior: los balcones llegan, en sus tres filas, á cuatrocientos treinta y cinco, y los arcos de sus portales á cincuenta y nueve: uno de sus frentes no iguala tanto, por tener en el centro el edificio, hoy fábrica de sombreros y antes cárcel, y una fila de casas llamadas las de D.ª María Jacinta, que carecen de portales, y tienen ventanas en vez de balcones.

No es posible fijar ni aun por congeturas, como estaría todo aquel sitio en tiempo de los árabes, si bien es probable fuese uno de los puntos de contratacion ó mercado de los vecinos de la Ajerquía, como luego se llamó Rastro, adquiriendo el calificativo de viejo, cuando se estableció al final de la calle de San Fernando. Es indudable que su área era muy pequeña, en comparacion de la actual, y que en el siglo XVI se adquirieron varias casas para su ensanche, cuyos títulos de propiedad existen en el archivo del Ayuntamiento, donde los hemos visto. Vamos á consignar algunas fechas encontradas con referencia á esta plaza.

En 1367, cuando D. Pedro el Cruel vino sobre Córdoba, auxiliado del Rey moro de Granada, y se dió la famosa batalla del seis de Noviembre, orígen del título de Campo de la Verdad, debía ya existir la Corredera, con una fuente; pues cuentan tradicionalmente, que al saber aquel el valor de las mujeres defendiendo la muralla por el Alcázar Viejo, esclamó lleno de ira. «Yo volveré á Córdoba, y juro que he de henchir con tetas de cordobesas el pilar de la Corredera.»

En 1551, vino el Corregidor Garci *Tello, el cual* hizo quitar los ajimeces ó balconcillos que había sobre portales, desde el Rastro hasta mas allá de las Carnicerías; luego la Espartería y el Salvador tenian aquella *forma*, que siendo de madera, les daria un horrible aspecto.

En 1568 y 69, era Corregidor D. Francisco Zapata, varias veces citado en esta obra, quien construyó los primeros portales que tuvo la Corredera, al mismo tiempo que hizo desaparecer el lugar en que se administraba justicia, conocido por el Teatro; era de cantería, de tres varas de alto, y en cuyo centro se levantaba un mármol, rodeado de gradas, en las que subian los delincuentes y ministros á vista de toda la ciudad, ejecutándose los castigos mas notorios y temidos, impuestos por la justicia.

En 1570, cuando la venida de Felipe II, existía la fuente de la *Corredera*, y por cierto que en aquella la adornarian mucho, puesto que en el acta de todo lo ocurrido entonces, y que original hemos visto en el archivo del Ayuntamiento, se consigna la puerilidad de que aquel Monarca *se quedó mirando la fuente*, al pasar por aquella plaza.

Curiosos, en estremo, son los datos consignados en unos códices que cuidadosamente se custodian en la biblioteca de la Academia de Ciencias, Bellas Letras y Nobles Artes de Córdoba, referente á las fiestas efectuadas en 1571, en celebracion de la victoria alcanzada por D. Juan de Austria en las aguas de Lepanto. Designados los tres dias de Pascua de Navidad, la Ciudad señaló como premios, once piezas de terciopelo, damasco y tela de plata de todos colores, dos para los que mas corriesen á caballo; cuatro para los hombres de á pié que mas lucieran; otras dos para las mujeres de la Mancebía, y tres para las tres mejores compañías de infantería, las que eran formadas por los grémios ú oficios. En el centro de la plaza levantaron un castillo, tres ó cuatro varas mas alto que el Pósito, con tres arcos, el del centro de gran claro, y sobre estos una ventana, y un pelícano enmedio, de cuyo pico salía vino tinto, para el que quisiera beberlo; bajo el arco principal había una sierpe, llena de cohetes, que á su tiempo dieron gran estruendo, y en la parte mas elevada, un trofeo con tres banderas, dos encarnadas y una blanca, con los escudos de Córdoba y España: dentro del castillo había muchos soldados con arcabuces y cañones; el alferez que lo mandaba tenía otra bandera en la mano: este improvisado edificio constaba de cincuenta varas de frente por seis de fondo: las compañías, en que iban todos muy lujosos, empezaron á combatirlo, la de los zapateros que vestian de turcos y mandaba el chapinero Iñigo Lopez de Mendoza, representando al gran Bajá con su bandera y atambores á uso de aquellos; trabóse una gran batalla entre estos y los defensores del castillo, tomando parte unos trescientos arcabuceros: el jurado que había de dar los premios, adjudicó á los zapateros una hermosa pieza de seda con este lema: «Mejor infantería.» Además de esta fiesta hubo en las otras tardes muchos disfraces, y en la última se figuró un combate naval entre varias barcas de á seis varas, colgadas de maromas, lanzándose las unas á las otras infinidad de cohetes. Tanto en éstas como en el castillo, se veian pintadas las batallas de los moriscos de Granada y los combates ganados por D. Juan de Austria.

En 1583, el Corregidor D. Juan Gaitan de Ayala, hizo construir la cárcel, hoy sombrereria del Sr. Sanchez, no solo con aquel objeto, sino para su habitacion y oficina: acabóse en 1586, y se trasladaron los presos desde la calle de Comedias, donde antes estaban.

En 1604, viendo el Corregidor D. Alonso de Balda y Cárdenas, que el pescado se vendía en el suelo, de una manera desaseada, mandó construir unos tablones grandes, pintados de verde, sobre los que hizo poner aquel á la venta. Por este tiempo había en el testero bajo de la Corredera dos mesones, conocidos por el de los Leones y el del Carbon.

En el dia 26 de Febrero de 1624, se efectuó una lucida funcion de quince toros, á que asistió Felipe IV, en cuyo obsequio la celebraron.

No determina el autor de los *Casos raros de Córdoba,* el año en que D. Pedro de Heredia hizo su famosa suerte á un toro en la Corredera; mas sí indica por la misma narracion, ser anterior á la reforma de aquélla, y por eso nos parece oportuno colocarla en este lugar. Celebrábanse fiestas reales, y conforme á las costumbres de aquellos tiempos, todos los caballeros cordobeses corrian á lucir su destreza en el manejo de las armas y la brida, al par que los ricos y vistosos jaeces con que ataviaban sus caballos. D. Pedro de Heredia, ya famoso en toda la comarca, por su valor y pericia en las armas, bajó tambien á la Corredera, llamando la atencion de la concurrencia por el lujo con que se presentaba: cerca de la fachada de la cárcel estaba la fuente, no dejando hasta la otra acera mas que quince ó veinte varas de espacio; por éste atravesaba D. Pedro, buscando la vuelta al toro para hacerle una suerte de rejoncillo, cuando de pronto se le arrancó con tal acometida, que sin darle tiempo á huir, clavó ambos cuernos hasta las cepas, en el vientre de su hermoso corcél, poniendo á la vez en gran peligro la vida del caballero, quien, lejos de amedrentrarse, sacó su espada, dando un revéz tan grande en el pescuezo de la fiera, que se lo cortó, dejándoselo colgado solo del pellejo de un lado: toro y caballo quedaron allí muertos, saliendo despues D. Pedro de Heredia, sobre otro hermoso animal, á recibir los plácemes y enhorabuenas que todos le prodigaban por la suerte que había tenido, si bien con la pérdida de su cabalgadura y sus costosos atavíos.

Cuando nos ocupamos de las fiestas celebradas en San Pedro, en loor á San Rafael por los innumerables beneficios dispensados á Córdoba, y en particular en la gran epidemia de 1649 y 50, ofrecimos contar las fiestas de toros, cintas y cañas que tuvieron lugar en la Corredera, y ya es tiempo de cumplir la palabra.

La Ciudad, llevando la direccion en estas fiestas, nombró sus diputados á D. Felipe de Saavedra y Ceron, Caballero del hábito de Alcántara, y á D. Alonso de Hoces, quienes prepararon todo lo necesario para ellas, y empezaron á repartir las cuadrillas, echando suertes para ver el lugar y color que á cada cual le tocaba, escogiendo el primero el color negro y plata, fuera de sorteo, conforme era costumbre: el primer lugar tocó á D. Manuel de Saavedra y Mendoza, con encarnado y plata; el segundo á D. Antonio de las Infantas, con blanco y oro; el tercero á D. Juan de Cárdenas y Angulo, con verde y plata; el cuarto á D. Alonso de Cárcamo y Haro, con azul y plata, y el quinto á D. Pedro Arias de Acevedo, con pajizo y plata: éste último estaba enfermo el dia de la funcion, y en su lugar salió D. Gonzalo de Córdoba y Aguilar. La comision convidó para padrinos en el juego de cañas, á D. Juan Fernandez de Córdoba y Cabrera y D. Fernando Mecia de la Cerda, quienes aceptaron gustosos el encargo.

Llegó el 31 de Mayo de 1651, y en las primeras horas de la mañana se hizo el encierro de los toros, soltando despues uno de estos, permitiendo entrar toda la gente que quiso, entre la que no faltaron lidiadores ni quien mostrase su habilidad con la vara larga, que era lo de mas moda en aquel tiempo: esto avivó mas el deseo de que llegara la tarde, para cuya funcion estaban todas las casas con lindos y variados adornos, y bien pronto se llenaron los corredores, ventanas y andamios del gran convite hecho por los señores de la comision: allí las mas bellas damas, los mas apuestos galanes, todo Córdoba, en fin, esperaba pasar una tarde deliciosa, si bien algunos corazones latirían enamorados al ver el peligro en que sus dueños se ponían, en tanto que estos redoblaban sus esfuerzos por ser de los que mas lucieran en la fiesta. Los alegres ecos de multitud de clarines y chirimías. dieron la señal del principio, y un bravo toro, con solo toreadores de á pié, ocupó un rato la atencion de la concurrencia: recojido en el toril, entraron los padrinos á despejar la plaza, y en seguida las cuadrillas, con los escojidos colores, dando dos carreras de puerta á puerta, luciendo sus lujosos trages y sus briosos corceles, y aun cuando hubo algun entorpecimiento, por haberse salido otro toro á la plaza, dejarretado éste, lo quitaron de enmedio, y dió principio la escaramuza con grandes aplausos, por ser de las mas vistosas y ordenadas, apesar de los muchos años que no se habia ejecutado otra igual, lo cual probaba que los cordobeses no habian olvidado el arte en que tanto se ejercitaron. Pusieron paz los padrinos, y desembarazada de nuevo la plaza, se lidiaron los demás toros, entrando á torearlos con las cañas D. Diego Fernandez de Córboba Ponce de Leon y D. Antonio de las Infantas, quienes hicieron infinidad de suertes, valiéndoles los aplausos de todos, que, concluidas estas, se retiraron á sus casas, por faltar la luz del dia en que tanto se habian divertido.

Diéronse de descanso los dias uno y dos de Junio, y en sus tardes hubo paseo en la Corredera, al efecto regada, y con los clarines y chirimías, única música que entonces habia en Córdoba. Amaneció el dia tres bastante nublado, é hicieron el encierro de diez y ocho toros, corriéndose á seguida tres que nada de particular ofrecieron: la tarde prestó mucho mas atractivo; corriéronse en ella los otros quince toros, y entraron á favorecer la gente de á pié, y quebrar rejones, los siete siguientes caballeros, seguido cada uno de su lacayo y lacayuelo, vestidos del color de sus señores: estos eran D. Juan de Cárdenas y Angulo, sobre un caballo rucio, jaez azul y oro; D. Diego de Guzman y Cárdenas, caballo castaño dorado, color naranjado y plata; D. Felipe Saavedra y Ceron, caballo castaño y blanco, color verde y oro; D. Antonio de las Infantas, una yegua porcelana, color oro y negro; D. Alonso de Cárcamo y Haro, caballo castaño oscuro, color verde de mar y plata; D. Alonso de Hoces, caballo morcillo, color azul y plata, y D. Gonzalo de Córdoba y Aguilar, caballo castaño oscuro, color verde y oro: el segundo de estos caballeros, fué herido del quinto toro, al favorecer á uno de los toreadores, siéndole preciso retirarse. Todos ellos se lucieron en aquella funcion, una de las mas notables que se han verificado en esta ciudad.

Ya indicamos, que á mediados del *siglo XVI*, se ensanchó la plaza, y por el tiempo en que se verificaron las funciones descritas, se le hizo una pequeña reforma que despues ofreció grandes inconvenientes; el tramo desde la calle de Odreros al testero alto, estaba completamente liso, sin puertas, rejas ni balcones, tanto, que era conocido por la Pared blanca, contra la cual formaba la Ciudad unos andamios en todos los actos públicos, y durante siglos se colocaba el docel de la presidencia, hasta que edificada la cárcel, su saliente balcon, vino á cubrir aquel servicio. Entonces permitieron abrir algunas puertas en la Pared blanca, con la condicion de poderlas tapar en las fiestas públicas, y despues los Sres. Angulos, dueños de aquellas casas, las edificaron de nuevo con multitud de ventanas, ó sean tres galerías, con muchas columnitas que las dividian, pues las puertas que ostentan son del presente siglo. Por entonces pareció muy linda su decoracion, y no dejó de pensarse en que estuviese igual toda la Corredera. La cárcel tenía un gran balcon en el centro, que al ser sustituido por el actual, lo colocaron en la fachada de la casa de recreo de la huerta la Favorita ó de Morales, en la sierra: seguía el Pósito, útil establecimiento que se estinguió en la primera mitad de este siglo, y su edificio se enagenó en virtud de las leyes de desamortizacion; su primitiva fachada era de las mas bellas de Córdoba; lucía en su primer cuerpo un juego de esbeltas columnas de mármol negro, sosteniendo una cornisa de lo mismo; sobre ésta una galería con catorce ajimeces moriscos, divididos por lindas columnas de alabastro y con unos antepechos calados de primorosa labor, casi igual á una balaustrada con que concluía, teniendo varios pedestales ostentando, alternados, los escudos de España y Córdoba; despues se veia el meson de la Romana con unas cinco varas de frente, formando esquina á la plazuela del Socorro, entonces del Hospital de los Angeles: entre esta embocada y la calle del Toril ó de los Toros, estaba la iglesia del Socorro, tal como ya la describimos; seguian dos ó tres casas: en una de ellas habitaba el ejecutor de la justicia, y esto hacía que todos le llamasen el Rincon del verdugo: desde este al Gollizno, nombre que daban á la entrada de la Espartería, había treinta y tres casas desiguales en su altura y líneas de fachada, y por último, el testero alto describía dos curbas que eran conocidas por la Panza y el Codillo. En general las casas formaban unos portalejos sostenidos por pilarotes de madera, de la que estaban tambien hechos los balcones ó ajimeces: los frentes eran llamados los Gualderos, y al alto le decían la Valla.

Llegamos á el año 1683; el Obispo D. Fr. Alonso de Salizanes, concluyó la magnífica capilla que en la Catedral dedicó á la Vírgen en su misterio de la Concepcion, y la Ciudad dispuso celebrar este acontecimiento con tres funciones de toros, cuyos productos irían á ingresar en los fondos del Pósito: en ella tomaban parte los mas nobles cordobeses, y los balcones de la Corredera eran adornados con el lujo y gusto mas esquisitos. Verificóse la primer funcion el dia dos de Enero, sin ocurrir cosa notable; mas en la segunda, que era el cuatro, y que como en las otras habian de observarse el órden y método ya esplicado en otras, cuando mas descuidada estaba la concurrencia que llenaba todas las localidades y tendidos á que decian la Plancha, uno de los alguaciles de la escolta del Corregidor D. Francisco Ronquillo y Briceño, vió enfrente á uno de sus hijos, tan inclinado sobre el antepecho, que previendo una desgracia, le obligó á gritar, haciendo seña á su muger,—que se cae á la plaza.—La gente oyó la voz, y entendiendo que se caia la plaza, empezó á correr, armándose tal barahunda, que resultaron una porcion de desgracias. No era difícil que tal sucediese por el mal estado de sus maderas, y comprendiéndolo así Ronquillo, juró no volveria á suceder lance parecido, porque enriqueceria á Córdoba con una plaza digna de su nombre y su importancia.

Aquella palabra, se cumplió con una prontitud que ciertamente honra la memoria del Corregidor: al dia siguiente se formaron las actuaciones, y poco despues empezaron las obras, venciendo cuantas dificultades se oponian á la realizacion del pensamiento, á escepcion de una, que dió márgen á muchos disgustos; éste fué el derribo de las casas ya entonces propiedad de las Sras. Doña Ana Jacinta de Angulo y Doña María Fernandez de Córdoba, quienes se opusieron al derribo de aquellas, por estar recien construidas, negándose al mismo tiempo á venderlas como les proponía Ronquillo; mas éste, decidido á saltar por todo, intentó lo primero, como lo hubiera realizado si las espresadas señoras, marchándose á Madrid, no hubieran conseguido de Cárlos II una real cédula resolviendo á su favor el asunto; quedando la desigualdad que aun tanto choca á las personas que por vez primera ven nuestra plaza. Derribaron entonces la linda fachada del Pósito y la ermita de los Angeles ó del Socorro: labrándose ambas de nuevo; se regularizó la plaza, se inutilizó una calleja que iba á la calle de Carretera y se hicieron los arcos alto y bajo, principales entradas de aquella, todo bajo la direccion del arquitecto D. Antonio Ramos, teniendo á sus órdenes los maestros mayores de la ciudad Antonio García y Francisco Beltran, llegando su importe á setecientos cincuenta y dos mil novecientos setenta y dos reales y ocho maravedises. La construccion, se redujo á la crujía de fachada, de las que los dueños de las casas que iban quedando detrás adquirían por su costo las varas que querían, con su correspondiente balconaje; sin embargo, la falta de fondos dió lugar á muchos apuros, que Ronquillo con su decision y aplomo iba venciendo.

Desde entonces, y gracias á la energía y carácter del Corregidor D. Francisco Ronquillo y Briceño, cuenta Córdoba con la plaza de la Corredera, un tiempo la mas hermosa de Andalucía: por él desapareció la fealdad y peligro constante de aquellos mezquinos y ridículos edificios, no siendo éste el único bien que le debe la ciudad; él reedificó el hermoso templo parroquial de San Lorenzo, víctima de un incendio en la noche del 9 al 10 de Agosto de 1687; hizo grandes obras en el puente mayor; estableció la Alhóndiga, á donde habian de llevar á vender todos los efectos, comestibles y vinos forasteros, proporcionando grandes recursos á la ciudad, como en 1683, que careciendo de agua el rio hasta el punto de no funcionar los molinos, se establecieron tahonas, en que se gastaron quince mil quinientos treinta y siete reales, producto del vino, y por último, dispensó al comercio y la industria cordobesa una proteccion tan franca y decidida como nunca volverá á conocerse en esta ciudad: con este laudable objeto estableció el cotarro junto al hospital de Jesus Nazareno, donde recogió las mugeres de mala vida, enseñándolas á tejer telas de varias clases; en el Pósito estableció unas escuelas de niñas, donde se les hacía aprender la elaboracion de encajes, puntas y otras manufacturas, y lo que es mas importante, gastó ocho mil ciento diez y ocho reales, tambien de la Alhóndiga, en traer de Valencia al maestro tejedor Pedro Ignacio Martinez con varios oficiales, y mil quinientos en el viaje de algunos escelentes tintoreros de lana y seda, que vinieron de Barcelona, todos con la obligacion de enseñar á los fabricantes cordobeses; hizo venir tambien algunos tejedores franceses y piezas de raso y otras telas, para que sirviesen de modelo, construyéndoles los telares y cuanto desearon para ejercer mejor su industria, en todo lo cual invirtió otros diez mil reales: á estos operarios se les daba el jornal convenido y además un premio por cada labor nueva que enseñaban á los del país.

Aquella verdadera y decidida proteccion á las artes y la industria, hizo levantar en Córdoba la fabricacion, y el comercio tomó vuelo, siendo muchos los capitales que aquí venían á producir. ¡Qué diferencia de tiempos! Mucho se habla de los adelantos del siglo, que no acogiéndose en nuestro país oportunamente, hacen á otras adelantarnos, y de aquí el abatimiento de nuestra industria. Los que llevados de la curiosidad ó del deseo de estudiar la historia de nuestra ciudad, registren antiguos papeles y hagan minuciosas comparaciones, verán el atraso que en este ramo hemos tenido, pues aparte de alguna invencion moderna, como la de los fósforos, no hay una manufactura que no haya decaido entre nosotros, y aun las que existen, no gozan la floreciente vida á que estaban llamadas. Han desaparecido por completo los telares de seda, que en el último tercio del siglo XVIII aun llegaban á doscientos noventa, constituyendo los tejedores un gremio respetable, contando hasta con un hospital propio, donde acojian á sus compañeros enfermos; no volverán á labrarse otros terciopelos como los que aun lucen en la magnífica colgadura de la Catedral; no volverán á vivir de esta industria multitud de familias cordobesas, ocupadas en la elaboracion de telas, cria de seda y cultivo de la morera, árbol de que tanta abundancia había en todos los terrenos cercanos á la poblacion. El lino, ¿qué nos queda de esta aplicacion? unos cuantos telares alimentados por malas hilazas estranjeras; otros tiempos era una manufactura de las mas florecientes é incalculable el número de personas que sostenía, pues aun cuando en un resúmen de artes y oficios hecho en 1775, aparecen treinta y un maestros, sesenta oficiales y treinta y siete aprendices de lineros ó rastrilladores, doce maestros y nueve oficiales torcedores de hilo, y cincuenta y dos maestros y once oficiales tejedores de lienzo, no nos es posible fijar el considerable número de mugeres dedicadas al hilado, pues habia tienda en que cambiaban mas de trescientas, no contándose tampoco los telares de cinta, que entre todas clases llegaban á seiscientos treinta y cuatro. El colegio de plateros tenía doscientos setenta talleres en mayor ó menor escala, y así se veía en casi todas las manufacturas y aun algunas que ya no se conocen en su mayor parte, como dos fábricas de papel, quince de botones, diez obradores de escultura, veinticuatro pasamanerías, con ciento diez y seis telares, seis guitarrerías, diez talleres de cuchillería y dos de espadas, dos de agujas, veinticuatro de botones y cuatro batehojas. Muchas reflexiones pudiéramos aducir en apoyo de nuestra opinion; mas como no es ese el objeto de nuestra obra, damos fin á esta digresion para tornar á la plaza de la Corredera, de que aun no hemos salido.

El Tribunal de la Inquisicion, cuyo exagerado celó por la religion inmoló á tantos desgraciados, escogió muchas veces la plaza de la Corredera para la celebracion de los autos de fé, ceremonia efectuada con una pompa y magnificencia estraordinaria, y aun algunas veces con el objeto de enaltecer ciertos hechos ó dar un espectáculo que obsequiara á los ilusos reyes sostenedores de aquella odiosa institucion: varios fueron los verificados en aquel sitio; pero los que mas nombre dieron al Tribunal de Córdoba, son los del 2 de Diciembre de 1625, 21 de Diciembre de 1627 y 3 de Mayo de 1655, realizados con un lujo estraordinario, como esplicaremos en su lugar correspondiente.

Con la nueva plaza hubo mas aliciente para celebrar en ella cuantas fiestas se disponian, llegando á un número fabuloso las que han tenido lugar, si bien solo consignamos aquellas que por su importancia se distinguen de la generalidad.

En Abril de 1749, se publicó la paz ó conclusion de la guerra con los ingleses, y para celebrarla se efectuaron corridas de toros, y por cierto que éste año fué abundante en tal espectáculo, puesto que en los dias 23, 25 y 27 de Setiembre hubo otras tres funciones á beneficio del Pósito, y en todas ellas lucieron su bizarría y habilidad los caballeros cordobeses.

En 22 de Mayo de 1766, llegó á esta con toda su comitiva el Embajador de Marruecos Sidi Hamed El gacel, y entre los obsequios que la Ciudad le dedicó, figura una corrida de toros en la Corredera.

En 10 de Marzo de 1796, llegaron á Córdoba Cárlos IV y su familia, dedicándole la Ciudad diferentes festejos y entre ellos una corrida de toros en la plaza, trabajando á porfia los célebres toreros Pedro Romero y José Delgado Hillo, quiénes dieron mil muestras de su arrojo y bizarría, apesar de estar el suelo casi hecho un lago, á causa de la lluvia de aquellos dias.

En los dias 18 y 19 de Setiembre de 1812, hubo otras dos corridas de á diez toros, figurando entre los lidiadores el notable picador Luis Corchado. Se hicieron en celebridad de haberse proclamado la Constitucion votada por las Córtes.

En Octubre de 1823, al regresar de Cádiz Fernando VII, los realistas cordobeses celebraron su llegada con multitud de fiestas, que á su vez contaremos, y entre ellas figuraban tres corridas de toros, de las que no se efectuó la tercera por ir los reyes á visitar algunas iglesias: el 26 tuvo lugar la primera, sin cosa notable, sirviéndole á aquellos un magnífico refresco en el salon alto de la ex-cárcel, y por cierto que en el centro de la mesa se elevaba un costoso ramillete, no de dulce, que nada tendría de raro, sino de mármoles con figuras de bronce. Al *dia siguiente*, se efectuó la segunda, y como los dos partidos políticos militantes entonces, se odiaban de una manera encarnizada, preludio de los males que hemos visto desgarrar á nuestra infeliz España, no perdonando medio de zaherir á los liberales, los ciegos servidores del desagradecido Fernando, que á sus contrarios daban el calificativo de negros, dispusieron que de este pelo fueran los ocho toros que se lidiaron, los que habian de picar sobre caballos blancos, igual á los trajes de los lidiadores, para demostrar que los partidarios de la libertad morían á manos de los secuaces del absolutismo, esplicándolo en la siguiente décima impresa en raso, como los carteles que pusieron en manos del Rey; héla aquí:

Hasta en el circo ha querido
hacer ver esta ciudad
el triunfo que su lealtad
sobre el *negro* ha conseguido:
de ese color se han corrido
ocho toros de estatura,
á que opuesta la blancura
de toreros y caballos,
entre feroces desmayos
se concluyó su bravura.

Con posterioridad y ya en nuestros dias, se han verificado varias novilladas, hasta que en 1846, se edificó la plaza de toros: el arreglo para las funciones consistía en arenar el piso, formar un gran tendido que la acortaba cerca de la calle de Odreros, y cerrar los arcos con palos para los burladeros, con unos tablados en sus claves, quedando unos entresuelos en donde se colocaba tambien el público: los balcones se declaraban de la Ciudad, quien los vendía, dejando uno libre para la familia de la casa ó su propietario: la presidencia estaba en el balcon de la sombrerería de los Sres. Sanchez, entonces cuartel de la Milicia Nacional, y el toril en la calleja de su nombre, reduciendo los arcos alto y bajo y calle de Odreros para tomar las entradas.

Tambien hemos conocido hasta 1841, que desaparecieron, tres retablos debajo de los arcos, entre dicha fábrica de sombreros y la plazuela del Socorro: casi en el rincon y sobre la antigua puerta de la Romana, había uno de aquellos con la Cruz, ante la cual, en su dia bailaban los gallegos, llevando otra de plata en procesion: cerca de ésta un cuadro de Animas, y al final, formando una especie de capilla, estaba la Vírgen del Pópulo, que se conserva en San Pedro, y ante la cual ponian los cadáveres de los que morian violentamente: entre ellos debemos citar á dos bandidos, conocidos por el Fraile y el Anucero, á quienes el 22 de Mayo de 1811, mató la Policía en la Arrizafa, en una encarnizada lucha, resultando tambien muerto uno de los dependientes de la autoridad y herida una mujer que estaba con aquellos; un hijo del segundo, conocido tambien por el Anucero, y con idénticas intenciones y crímenes que su padre, fué muerto por sus perseguidores en 1858, cerca de Villafranca, y expuesto al público en la Corredera, terciado sobre un burro, en que lo trajeron á Córdoba.

Durante siglos ha sido éste el lugar en que se efectuaban las ejecuciones de los sentenciados á la última pena en horca ó garrote, impuesta á los reos por los tribunales respectivos. El autor de los *Casos* iraros nos cuenta una, que por lo ingeniosa merece consignarse. En 1574 cometió cierto crímen un ahijado de D. Enrique Guzman, caballero muy principal en ésta, quien, queriéndolo librar de la muerte, llamó en secreto al verdugo, y dándole una gruesa cantidad le exigió la salvacion de aquel desgraciado; convinieron en ello, y metiendo los cordeles que habían de servir para la ejecucion en un horno, los tuvo allí hasta que se pasaron, de modo que al lanzarse con el reo desde la horca, se rompieron, cayendo ambos al suelo; entonces se echaron sobre él los hermanos de la Santa Caridad, y entablaron competencia con la Justicia, que pretendía se llevase á cabo la sentencia que por lo pronto se suspendió: D. Enrique, deseando evitar mayores males, porque prendieron al verdugo, que confesó su estratagema, se marchó á Madrid y contó francamente lo ocurrido al Rey, quien, haciéndole gracia el ardid, los perdonó á todos, mandando concluir el proceso.

Otras dos ejecuciones del siglo XVI, encontramos en cierto manuscrito, ambas dignas de reseñarse, por considerarlas curiosas. En 1580, sufrió la muerte en horca un soldado, que habiendo tenido cuestion con una mujercilla de mala nota, con quien sostenía relaciones amorosas, la sacó al campo y la mató, cortándole además los pechos y haciendo con ella otras atrocidades por el estilo: sentenciado á la última pena, mostró su arrepentimiento, ansiando recibir la comunion, que le negaron, segun costumbre hasta entonces; pero el Rey Felipe II, á quien consultaron, resolvió en sentido afirmativo, y por consiguiente, éste fué el primer desgraciado de esta clase que recibió dicho consuelo.

El otro caso ocurrió en 1599. Un caballero de Córdoba, muy conocido por su apellido y ascendencia, fué sorprendido por la autoridad fabricando monedas falsas, operacion á que le ayudaba su lacayo, al que ahorcaron en la Corredera, salvándose el primero con solo una sentencia de destierro, lo cual muestra que ya entonces imperaba el favoritismo, puesto que se hizo el escarmiento en el infeliz que no había hecho otra cosa que obedecer las órdenes de su amo, principal perpetrador de aquel *crimen*.

En los papeles procedentes de la hermandad de la Misericordia, que se servia en un hospital de la calle de Muchotrigo, y que refundida en la de Santa Lucía, que se extinguió hace pocos años en la parroquia de los *Santos* Nicolás y Eulogio de la Ajerquía, hemos visto que su principal objeto era recojer y dar sepultura á l s cadáveres de los infelices muertos por sentencias judiciales; y entre los muchos apuntes que allí hemos examinado, encontramos las ejecuciones siguientes en la Corredera: Juan Sanchez, 17 de Diciembre de 1639; Rodrigo Guillen, 5 de Julio de 1641; Juan Perez, 5 de Marzo de 1644; Juan Gil, 24 de Junio del mismo; Pedro García y Pedro Quevedo, 11 de Julio de idem; Tomás Gonzalez Bravo, 16 de Noviembre de 1645; Juan Gil, 16 de Febrero de 1647; Pedro Medina, Manuel Rodriguez y Tomás Perez, 5 de Abril del mismo; Alonso Gomez, 3 de Julio de idem; Juan Ramos, 22 de Setiembre de 1649; Juan de la Cruz, 13 de Enero de 1652; Antonio de Rojas, 25 de Enero del mismo; Domingo Fernandez, 25 de Julio de 1657; Alonso Martin Castellanos, 22 de Julio de 1669; Pedro Rodriguez, 14 de Agosto de 1671; Alonso de Benavente, 28 de Agosto de 1653; Fernando Prieto, 12 de Enero de 1656; Miguel Ramirez Sedeño, 11 de Abril de 1674; José de Ramos y Luisa Estrada, en 3 y 7 de Agosto de 1674; Fernando García, 18 de Agosto de 1656; Juan Martin Peñalosa, 29 de Marzo de 1677; Juan Diaz Capilla, 1.° de Junio de 1680; Baltazar de Herrera, 14 de Marzo de 1686; Diego Rodriguez Barco, 20 de Marzo de 1698; Manuel Gonzalez, 29 de Julio de 1699; Antonio Rodriguez, 20 de Diciembre de 1688; Lucas Rojano, 24 de Abril de 1703; D. Juan García Cacoma, 28 de Abril de 1707; Juan José de la Peña, 16 de Diciembre de 1728; Alonso Garrote, 29 de Abril de 1730; Manuel Ponferrada, Alonso Cabello, Francisco Javier y Ventura y Bartolomé Navarro, en 16 de Marzo de 1739, y Juan Ramos, en 12 de Noviembre de 1739.

El verdugo ó ejecutor, como en estos tiempos le llaman, ejercía por lo regular dicho oficio, con seiscientos reales al año, y el de *pregonero* con trescientos ochenta y dos; pero á la vez cobraba sus derechos, que debian ser convencionales, por la notable diferencia que en ellos hemos advertido en algunas cuentas del Ayuntamiento: en ellas consta, que en 1780 era verdugo Juan Montano, el cual percibió la cantidad de cuarenta y cuatro reales por la ejecucion de dos reos, sentenciados por la Chancillería de Granada: despues, en 26 de Octubre de 1782, ahorcó á un Bernardo García, y dió azotes á Salvador Moreno, en virtud de sentencia del dicho tribunal, y en esta cuenta vemos que percibió ciento cincuenta y cuatro reales por sus derechos, y otros ciento cincuenta y nueve por los cordeles, soga, pañuelo y suela para la penca, nombre del instrumento conque daban los azotes; luego está probado que no eran fijos los derechos que aquellos cobraban.

El sucesor de Juan Montano, y último verdugo, lo fue Juan García, á quien todos llamaban el Maestro Juan, célebre por haber sido el que mató á tantos individuos durante la dominacion francesa: en los libros parroquiales de San Pedro, constan las partidas de defunciones de aquellos infelices, tanto los que murieron ahorcados en la Corredera, como los que fusilaron en el Campo de la Merced, porque todos salian de una misma cárcel, que ya saben nuestros lectores era la actual sombrerería de los Sres. Sanchez. Hé aquí los nombres de aquellos y dias en que fueron sacrificados.

Ahorcados en la plaza:—1810.—2 de Octubre, Francisco Leonardo, natural de Lora del Rio; 9 de idem, D. Francisco Porcel, de Castro y José Carreras, de Manzanares; 12 de Diciembre, Domingo de Castro, de Bujalance; 19 de Julio, D. Antonio Cano, de Talarrubia, en Estremadura.—1811.—Enero 8, Francisco Sanchez, natural de Almodóvar del Campo; idem 28, Diego Marcelo Saenz, de Andújar y Antonio Redondo, de la Solana del Pino; Febrero 5, Mateo Vigara, de Cabeza del Buey y José Macías, del Condado de Niebla.—Garrote.—Febrero 24, Bartolomé Rodriguez y Pedro Diaz, de Valenzuela; Marzo 15, Francisco Estevan Moreno, de Priego y Sebastian de Mena, conocido por el Rubio, de Torrecampo; Abril 1.°, Antonio de Reyes, de Bujalánce; Mayo 24, Francisco Gonzalez, del barrio de Santa Marina y Antonio de Vargas, de Constantina; Junio 6, Antonio Marfil, de Benamocarra; Julio 1.°, Antonio Repiso, de Cuevas altas; idem 15, José Jurado, de Castro; Mateo Vazquez, de Adamúz; Antonio Rojas, de Pedro Abad, y Juan de Lara, de Cañete; Agosto 6, Mariano Dávila, de Priego; Mateo Gomez, de Adamúz, y Juan de la Cruz Merino, de la Isla de Leon; idem 12, D. Blas Nevado, ex-regular de San Francisco, provincia de los Angeles, natural de Pedroche y con treinta y cuatro años de edad; idem

17, Juan de Vacas y Salas, de Bujalance; idem 27, Bartolomé de Cebrian, de Pedro Abad; Agosto 27, Francisco Pineda, de Lucena; Setiembre 13, Andrés Lopez, de Almodóvar; idem 16, José Vianchi, italiano, declaró que su verdadero nombre era Miguel Cañas; Octubre 3, Juan Lopez, vecino del barrio de Santa Marina; idem 7, Dionisio Camacho y Francisco Leon, ambos de Cabra; idem 21, José Torronteras, del barrio de San Miguel, y del que volveremos á ocuparnos; Octubre 23. Rafael Ariza, del barrio de San Lorenzo, 24 años; Diciembre 23, Francisco Espin, álias el Tambor, de Palma; Antonio Fernandez, de idem; Alonso Rica, de Guadalcanal; Pedro Delgado, de Palma; Francisco Trujillo, de Baena; Alonso Hilario, de Palma y Francisco Carrasco, de la Puebla de los Infantes.—1812.—Febrero 10, Juan Abril, de Córdoba; Juan Zurita, de Lopera; Félix Calzadilla, de Hinojosa y Francisco José Canalejo, de Montoro; idem 27, Manuel Rodriguez, Pedro de Flores y Antonio Ruiz, de Bujalance; Francisco Javier Suarez y Francisco Pallas, de Usagre; Abril 1.°, Sebastian Salamanca, Manuel García, Ignacio de Luque y Lázaro Cosano, de Santaella, y Antonio Marquez, de Castro: idem 22, Bernardo Garrido, de Bujalance; Mayo 20, Alfonso Yepes, Francisco Serrano y Pedro Gonzalez, de Montoro, y José de Castro, de Montilla; Junio 5, Manuel Cantero y Domingo Ortiz, de Doña Mencía; idem 8, Pedro Mena, de Andújar; Gregorio Lopez, 19 años, Manuel Alcaide y Juan Aguilar, de Córdoba; Francisco Sanchez, de Crebillente, y Antonio Leon, de Murcia; Agosto 19, Alonso Gomez, de la Rambla; Setiembre 7, Gabriel García, de Córdoba; José Maestre, de Marmolejo; Manuel Romero, de Algoncilla, y Félix Moreno, de Yepes.—Fusilados en el Campo de la Merced.—1810.—Febrero 15, Juan Luis Collet, natural de París; idem 27, Ventura Palomo, de Fuensalida; Marzo 9, Juan Piteras, de Villalba; Abril 17, Juan Torquemada, de Córdoba; Junio 2, Juan Herrero, de las Montañas de Santander; idem 5, Diego García, soldado de la segunda compañía de la Guardia Real; Agosto 22, D. Manuel Olavarría, ex-regular de San Francisco, menores observantes en Bilbao, conocido por el Capitan del Regimiento de Húsares voluntarios de caballería de Estremadura: era del Valle de Olot en Vizcaya, y lo enterraron en la Merced; Setiembre 6, Antonio Perez, de Ecija, soldado de la compañía de Francos; idem 16, Pedro Sanchez, soldado del segundo batallon de esta ciudad; Diciembre 24, D. Antonio Martinez, clérigo subdiácono, capitan del regimiento de Lanceros de Castilla, natural de Andiñuela, y D. Juan Gonzalez Cebollon, alférez del mismo regimiento, natural de Fuensalida: á los dos los enterraron en San Cayetano.—1811.—Febrero 1.°, Miguel Palomares, soldado del Batallon Francés, natural de Ibros; idem 16, Ambrosio Bataillen, francés; Marzo 30, Claudio Moscau, francés; Mayo 10, Thiavaut Bouret, francés; Agosto 5, Agustin Guzman, natural de Córdoba, soldado franco; idem 12, Juan Alejo Richard, francés; Octubre 22, Miguel Ruiz, natural de Villafranca.—1812.—Enero 9, Pedro Jordan, catalan; Junio 8, Antonio Gonzalez, de Hornachos; Luis José Rosi, francés, y Miguel de Llamas, natural de Córdoba; idem 27, Luis Claudio Rollin, francés. Despues de irse los franceses, en 28 de Abril de 1813, fué tambien fusilado en aquel sitio, Juan de la Oliva, soldado del regimiento de las Ordenes militares.

Despues de aquellos tiempos se han hecho algunas ejecuciones en la Corredera, ocurriendo la última hácia 1838, en un criminal á quien decian el Ruchito. Sin embargo, la cárcel se habia ya mudado al edificio que tuvo la Inquisicion, desde 1821; al trasladar á los presos hubo éste incidente: los enfermos iban en carretas, llevándolos por la calle de Pedregosa á la de los Angeles, y no pudiendo dar aquellas la vuelta á la de los Deanes, retrocedieron á la del Baño, hoy Céspedes, y al salir á la puerta del Perdon intentaron arrojarse á la lonja para tomar iglesia; pero el infortunado D. José Cabezas, que mandaba la escolta de Nacionales, hizo calar bayonetas y los contuvo: los demás presos formaban una cuerda, y uno de ellos se murió de repente, cuando iban por la ya espresada calle de los Deanes.

Una de las fechas dignas de consignarse, es el 24 de Marzo de 1820, en que, con grande y solemne pompa, se puso en la fachada de la ex-cárcel, la lápida de la Constitucion, llevándola desde el Ayuntamiento en una linda carroza, escoltada por las autoridades, la guarnicion y la Milicia Nacional, y fijándola, al son de la música que se confundia con multitud de vivas. Algunos meses despues fué groseramente profanada, sin duda por los realistas, y con este motivo hubo otra funcion cívica, muy parecida á la de desagravios que hacen los beatos. En 1823, en el cambio político, fué arrancada y la arrastraron por la plaza; mas en 1834 la volvieron á colocar: hecha pedazos la tenian en el Ayuntamiento, y en una de las obras allí efectuadas la gastaron, como mampuesto, en el macizado de una de las ventanas del lado de la Librería,

Desde el balcon de la casa de los Sres. Sanchez, predicó algunas tardes el V. P. Fray Diego de Cádiz, reuniendo un inmenso gentío, que lo escuchaba con el mas religioso silencio: tambien dirigió la palabra al pueblo el general D. Rafael del Riego, y por cierto que en su discurso criticó mucho y duramente al Prior de San Pablo, por no haber consentido que se estableciese en su convento la Tertulia patriótica; entonces se dijo que esto habia sido inspiracion del carmelita descalzo exclaustrado Fr. Juan de Sousa, el cual fué muy perseguido por sus opiniones liberales.

En la tarde del 2 de Mayo de 1859 cayó un rayo en la pared divisoria del Pósito y la sombrerería.

Todos los Jueves del año concurren á esta plaza muchos forasteros á comprar ó vender algunos comestibles, conociéndose este dia por el de mercado: hoy no tiene la importancia antigua, porque vá cayendo en desuso la costumbre de proveerse aquella mañana de lo que cada vecino necesitaba hasta otro mercado, apesar de seguir siendo el dia en que los cosarios concurren á la capital á llevar y traer sus mercancías: esta costumbre se hace llegar hasta el tiempo de Sancho el Bravo, quien concedió á Córdoba una féria ó mercado por un mes despues de Pascua de Resurreccion, privilegio que achacan á nuestra floreciente féria de la Salud; lo cierto es que en el siglo XV existía aquella costumbre en el Rastro, que ya hemos dicho ha variado de sitio, pues solo así se concibe estos cuatro versos del *Cantar* de los Comendadores:

Jueves, era Jueves,
dia de mercado,
y en Santa Marina
hacian rebato.

Dicho mercado aparece confirmarlo el Emperador Cárlos V en 1526, y hasta el presente viene celebrándose sin interrupcion y sin variar mas que aquellos

Jueves de gran festividad que lo adelantan á los Miércoles. Desde el dia de la Concepcion de Nuestra Señora 8 de Diciembre, á primero de Pascua de Navidad, toma tambien la Corredera un aspecto diferente á todo el año: multitud de puestos de panderas y zambombas, millares de pastores y otras figuras para los nacimientos, y el turron y demas golosinas propias de aquellos dias, vienen a hacer las delicias de los chicos y el tormento de las familias, por esa costumbre de comer mas y divertirse en aquellos dias, aun cuando en el corazon no quepan los pesares. En estos dias se aumentan estraordinariamente los que en Córdoba conocen por los mantesones de la Corredera, superlativo de la palabra mantés, cordobesa pura, pues sólo aquí se conoce, como en Malaga el charran y en otros puntos varios tipos semejantes: mucho se ha escrito y hablado sobre esta palabra, con que son conocidos unos chicos que se dedican á hacer mandados en la plaza y que en sus harapientos trages demuestran, ó su verdadera miseria ó su reprobada conducta, huyendo de todo lo que tienda á mejorar su abandonada educacion; muchos de ellos carecen de familia y casa, pasando las noches ateridos y arrojados bajo los soportales de la Corredera, componiéndose su equipaje de una manta, de donde les ha venido el dictado de manteses, lo mismo que si dijéramos el de la manta: estos seres, abandonados en su niñez á sí mismos, sin mas roce que el de la gente mas soez y ordinaria, siguen el rumbo de su mala estrella, acabando muchos de ellos por ocupar una plaza en nuestros mal montados presidios. Por estas causas, la palabra mantés es uno de los mayores insultos que en Córdoba pueden hacerse, y es rechazada con energía por todo el que siente la dignidad de hombre, por triste y mísera que sea su fortuna.

En esta plaza se han celebrado otras muchas funciones cívicas, como juras de banderas, fuegos, y la proclamacion de Felipe V, que no se hizo en la torre del Homenaje, por razones que en su lugar diremos.

Antes de abandonar la plaza, debemos dedicarle algunas palabras á la notable fábrica de fieltros y sombrerería de D. José Sanchez Peña, sin duda el primer industrial que hasta el dia ha producido Córdoba: él fué el primero que en ella ha aplicado el vapor á la fabricacion de los fieltros, llevando estos á tal perfeccion que, alcanzando un justo crédito, son muchos los puntos de España y del extrangero en que se surten de ellos, y varios los premios obtenidos en públicas exposiciones: los operarios á las órdenes del Sr. Sanchez, han encontrado siempre en él un amigo en vez de un principal, y un decidido protector que, lejos de escatimarles el producto de sus trabajos, se los ha favorecido, educando á sus hijos y dando á muchos participacion en los productos, lo que á varios ha servido para establecerse, aunque no siempre pagando siquiera con su agradecimiento, el bien recibido de una manera tan leal y franca.

La circunstancia de contar entre los vecinos de este barrio, casi la totalidad de los comerciantes de Córdoba, ha hecho en todos tiempos, que sean de los mas señalados en el socorro de sus conciudadanos, y de los que mas se han lucido en las demostraciones de público regocijo en cuantas veces han sido invitados para ello. En los barrios ya historiados, hicimos relacion de los socorros entregados en el hospital de San Lázaro para atender á la asistencia de los enfermos atacados de landres en el año 1650; justo es hacer lo mismo en el de San Pedro: un vecino de escasa fortuna, pero rico en voluntad y piadosos sentimientos, llamado Juan Bautista Morales, recorrió las calles en demanda de limosnas, y en la tarde del 12 de Enero se formó una procesion con muchos cirios y la imágen de San Rafael, que con el mismo acompañamiento fué restituida á la parroquia: los demás vecinos se reunieron despues, conviniendo entregar todas las semanas una buena cantidad de dinero, lo cual se cumplió durante todo el tiempo de la epidemia.

Abandonamos el barrio de San Pedro para escribir el sesto de nuestros paseos por Córdoba, que lo daremos, con nuestros lectores, hácia la parroquia de Santiago y su feligresía, en la cual se encuentra el Santuario de Ntra. Sra. de la Fuensanta, imágen predilecta de la devocion de los cordobeses.

PASEO SESTO.

Barrio de Santiago.

Al estremo sud de la poblacion y casi apartado de lo demás de ella, se encuentra el barrio de Santiago, uno de los mas cortos en estension y vecindario intramuros, si bien es bastante estenso en jurisdiccion rural, en la que están enclavadas algunas notables fábricas, entre ellas la del gas, el venerado y antiguo Santuario de Ntra. Sra. de la Fuensanta y el ex-convento de los Terceros de San Francisco. El vecindario en general es pobre, dedicado á las artes mecánicas ó á las faenas agrícolas, aparte de algunos propietarios é industriales habitantes casi todos en la calle principal ó sea la que llamamos del Sol que arranca de la de D. Rodrigo y termina en la destruida puerta de Baeza. Casi á la mitad encontramos la parroquia que, como en los demás barrios, será nuestro punto de partida y el edificio á que daremos la preferencia.

El esterior de esta iglesia revela dos épocas; en el lado de la calle del Sol parece una obra moderna, á causa de la reforma del pórtico de tres arcos y del campanario, todo de mal gusto y embadurnado de cal y ocre, contrastando con la fachada de la calle del Viento, conservada casi en su primitiva arquitectura semejante á la de San Lorenzo y Santa Marina; en su imafronte luce un primoroso roseton muy destruido y cubiertos sus claros por un tabique que le roba casi por completo su mérito; Vaca de Alfaro y otros escritores de su tiempo, lo hacen mas lindo que el de San Lorenzo, y aseguran ser muchos los arquitectos y maestros que lo dibujaban para ver si podían imitarlo en las obras de aquel género que se les ofreciese. En este lado se ve un agregado de la misma época y con la puerta tapada, que tradicionalmente se cree era la entrada al claustro de un gran edificio unido al templo, morada un tiempo de los caballeros del Temple y despues de los de Santiago, si bien otros aseguran que estos estuvieron en otro punto y que allí solo iban á celebrar sus fiestas y reuniones; sea de unos ú otros, allí hubo un convento y hasta hace poco se ha conservado el lugar en que estaba la campana para llamar en la portería; esto se corrobora tambien con el inmemorial título del Claustro que lleva la calle que hay á su espalda, por los vestigios que aun quedan en la casa que fué de los Condes de Valdelasgranas y en su Cruz de Santiago que siempre ha usado esta parroquia como sus primitivas armas.

Entre las catorce parroquias fundadas por San Fernando, aparece la del apóstol Santiago, por consiguiente no creemos haberse llamado nunca de San Cristóval, como indica Alfaro, por una imágen de este título, de gran tamaño, que estaba pintada á un lado del pórtico, la que así como un

Santo Cristo en el opuesto lado, se ignoraba el tiempo en que serían allí puestas: cerca del suelo se veia tambien una inscripcion romana, habiendo desaparecido todo para ser embadurnado el átrio con las muchas capas de cal allí empleadas ó al construir la portada nueva que ya hemos dicho ser moderna.

Penetremos por esta puerta, única practicable de las tres antiguas: á primera vista se conoce la multitud de reformas sufridas por este templo, pues apesar de ser de los mas lindos de Córdoba, inspira compasion el verlo despojado de su primitiva belleza: en la última obra desaparecieron las muchas losas sepulcrales que habia en su pavimento, y sus antiguos retablos fueron casi en totalidad sustituidos por los actuales.

La capilla mayor, en la que tenian enterramiento los caballeros del apellido Godoy, conserva algo de su arquitectura gótica y es en su forma algo parecida á la de San Agustin, si bien en ésta ocupa el centro el altar mayor, especie de templete de escaso mérito: el centro es el tabernáculo y en las cuatro esquinas están los evangelistas, que así como la Fé con que remata y cuatro ángeles en el arranque de la cúpula, son de madera imitando mármol. Tras éste está el coro y en sus paredes se ven algunos cuadros faltos de mérito, con la vida de la Vírgen.

Pasemos á la nave del evangelio: en su estremo principal encontramos la capilla del Sagrario con un retablo moderno de órden compuesto y en el el Santísimo Cristo de las Penas, imágen muy venerada y que en varias ocasiones ha salido en procesion; á un lado del altar se vé un gran cuadro alegórico de la aparicion de San Rafael, obra al parecer de fines del siglo pasado y desprovista de mérito: el centro lo ocupa el arcángel con el padre Roelas y en los ángulos tiene cuatro círculos, tres con sucesos del primero referentes á Córdoba y el cuarto con el juramento hecho á la misma, de ser su guarda y custodio. Esta capilla es de patronato de los Condes de Gavia, quienes tienen allí enterramiento: la fundó D. Gonzalo de Cárdenas, cuyas armas se ven á los lados y en ella estuvieron muchos años las banderas ganadas á los moros por D. Luis de Cárdenas, Alcaide de Orán y Mazalquivir, quien reedificó la espresada capilla. La hermandad del Santísimo tiene sus reglas aprobadas en 2 de Marzo de 1564.

Entre aquel lugar y la puerta, hay dos altares, ambos modernos y de órden compuesto, uno de ellos con una escultura representando á Santiago, obra al parecer de Lorenzo Cano; hay además dos relicarios, y el otro con la Vírgen de la Estrella y San José, de vestir, de quienes cuida una cofradía muy numerosa, fundada en 1590 por Gil Martín y su muger María Gonzalez la Cuerva, especieros, por lo que entraron todos los individuos de este gremio, como consta en sus reglas aprobadas en 11 de Setiembre de 1698. A los piés de esta nave está la capilla del bautismo, donde lo recibieron muchos individuos de la antigua aristocracia cordobesa.

En la nave de la epístola forma cabeza la capilla de Ntra. Sra. de la Blanca, imágen de mármol, colocada con otras de San Acisclo y Santa Victoria en un retablo de tabla dorada del mal gusto de fines del siglo XVII ó principios del XVIII:

esta escultura se encontró enterrada á el abrir un cimiento para la construccion de cierta pared en una de las casas de la calleja del Cañaveral, donde le erigieron una capilla; mas formada hermandad para darle culto, la trasladaron á la parroquia: se dice tradicionalmente que se apareció á una pobre muger, vecina de dicha casa, que encontrándose sola y de parto llamaba á la Vírgen, la que vino á consolarla: otros mas inocentes, al ver que la escultura tiene una mano hácia abajo y vuelta, dicen que estaba encerrada tras de un tabique y que tiene aquella en la actitud que tomaba para llamar y que le abrieran; pero lo cierto es lo primero, creyéndose que sería escondida cuando la invasion árabe.

El altar de Animas, cuya cofradía es la de la Estrella, tiene un retablo moderno de órden compuesto, con dos columnas colosales que arrancan del pavimento, todo de muy mal gusto, por cierto en armonía con el mediano cuadro que representa á aquellas. Cerca de éste está el altar de San Antonio Abad, antigua escultura, un tiempo la titular del hospital que hubo en la casa número 40 de la calle de Barrionuevo. Del costo de este altar y del modo de hacerlo, hemos visto apuntes en poder del Sr. D. Mariano de Barcia: por ellos hemos sabido que lo hizo un tallista llamado Sociago y que la Concepcion que tiene en lo alto fué donacion de D. Antonio de Barcia. Este señor, en union de su padre D. Miguel, tenian su casa-banca en la calle de Odreros, y cuando se trató de ampliar la iglesia de San Rafael pusieron en su despacho un cepo con el objeto de recoger limosnas, las que serían destinadas á aquellas obras, á escepcion del diez por ciento que sería para el espresado altar de San Anton, con tan buena suerte, que en seis ú ocho años recogieron mas de cuatro mil duros, toda vez que las nueve décimas partes entregadas á la hermandad de San Rafael, importaron 75.725 rs. 5 mrs., con lo que se contribuyó no poco á la ampliacion de la iglesia del Juramento.

Al estremo de la nave que describimos, hay una capilla cerrada y convertida en atarazana, sin duda lo mejor de todo este edificio: es completamente gótica y ocupa su frente un precioso retablo de principios del siglo XVI con varias esculturas y pinturas, llamándonos la atencion cuatro de estas en tabla, muy lindas y un medio relieve que representa al Salvador; está dedicada á la Anunciacion de la Virgen por su fundador Anton Gomez de Córdoba, contador del Rey Felipe III: ha tenido puerta á la calle, y en su lugar hay un lienzo muy destrozado, de bastante mérito, con San Andrés y San Fernando.

El antiguo cementerio de esta parroquia está á la espalda, convertido hoy en corral; se cree era terreno del antiguo convento, siendo ésta y la del Campo de la Verdad, las únicas en Córdoba que tenian aquel triste lugar fuera de la via pública.

En la sacristía, que es de medianas dimensiones, nos llamó la atencion ver algunas pinturas de bastante mérito. siendo casi negativo el de los cuadros de la iglesia; allí encontramos dos cobrecitos con las Angustias y la Natividad del Señor, firmados ambos por Vargas, una Santa Isabel en tabla muy antigua, un San Gregorio y Santa Lucía de Palomino, un Nacimiento y una Adoracion de muy buena mano, un Nazareno, copia del que

Valdés pintó para la calle de la Zapatería y un Crucifijo malísimo, pero que anotamos por tener al pié el retrato del Licenciado Gerónimo de Mesa: en el frente hay un alto relieve digno de estudio por su antigüedad y mérito; representa el acto en que la Virgen echó la casulla á San Ildefonso, forma arco, y desde luégo se comprende que ha sido quitado de algun sitio donde estaria colocado; creemos que éste y el otro relieve de su capilla de la Anunciacion, pertenecerian al antiguo retablo del altar mayor quitado en una de las muchas reformas que ha sufrido este templo.

En el archivo nada de particular encontramos; sus libros principiaron: los de bautismos en 1572, los de matrimonios en 1592 y los de defunciones en 1640.

Esta parroquia, como todas las demás, tuvo al lado el emparedamiento de mugeres dedicadas á la penitencia y contemplacion de los sagrados misterios; la existencia de estos asilos, anteriores á los conventos de monjas, está probada por multitud de documentos que hemos visto, ya dejándoles limosnas ó legados ó ya otorgados por las mismas emparedadas.

Como todas las parroquias, contaba la de Santiago con muchas capellanías y memorias fundadas en ella, siendo digna de llamar la atencion la del Beneficiado Pedro de Mesa, dotada con cincuenta ducados anuales y provista por oposicion en uno de los colegiales de la Asuncion, en cuyo acto habian de ser jueces los cuatro padres de la Compañía de Jesus que regentasen las clases de mas importancia.

Todos los católicos saben que Santiago es el patrono principal de España, y como á tal se le tributan los mayores cultos en el reino: en el siglo XVII se hizo igual declaracion á favor de Santa Teresa de Jesus, dando lugar á la defensa del primero y declarándose que aquel fuese solo, se hicieron muy solemnes fiestas y públicos regocijos, contándose en las primeras una lucida procesion que salió de la Catedral el dia 25 de Mayo de 1631, viniendo á esta parroquia, en que se celebró una gran funcion con sermon y música y con asistencia de todas comunidades, la nobleza y el pueblo, llevados por la devocion y la curiosidad.

En esta iglesia se sirve la hermandad del Orden tercero de Madre de Dios, lo que es estraño estando la suya abierta al culto; allí tienen su imágen, la que por segunda vez reside en este templo, como le sucedió durante la invasion francesa.

La calle del Sol, de que hablábamos antes de penetrar en la parroquia, pertenece á ella desde las casas siguientes al convento de Santa Cruz y hospital de Santa María de los Huérfanos, conocido por el de los Ríos. Muchos apuntes hemos encontrado de esta calle, un tiempo llamada Mayor de Santiago, Santa Cruz y del Hospital de los Rios, y por esto la dividiremos en dos secciones, que serán las dos aceras. Sigamos la derecha ó sea la de los números pares; primero nos detendremos en la calleja ó barrera del Tauste, segun unos, apellido que ya no existe entre los cordobeses; la encontramos llamándose en el siglo XV y XVI calleja de Portichuelo, apellido muy antiguo en Córdoba; pero en el XVII, con motivo de morar en una de sus casas un médico de gran concepto apellidado Góngora, tomó este nombre con el que aun en general la conocen: *forma* una pequeña plazuela y aun tuvo otra calle estrecha de que se conserva un tramo tapiado y que le daba comunicacion con la calle del Viento, así como con la Rivera á donde dá el postigo de una casa muy capáz en que está establecida la fábrica de paños y capotes de D. José Blancas, en la que los hacen de escelente calidad.

La casa siguiente á la barrera de Góngora, era la principal de los Arcos, apellido que se estinguió en Córdoba: contigua á la parroquia afluye la calle del Viento y mas allá encontramos una plaza sin mas puerta que la de unas casas principales que ocupan el frente y que lo eran de los Condes de Valdelasgranas, título que se unió al condado de Gávia la Grande y hoy lleva el primogénito de éste D. Antonio Losada y Fernandez de Liencres: su primer poseedor fué D. Diego Atanasio de Godoy Ponce de Leon, por gracia de Cárlos II en 2 de Diciembre de 1690: dichas casas, aunque carecen de fachada como muchas de la aristocracia cordobesa, son muy hermosas en su interior y conservan los escudos de la Orden de Santiago, vestigios de cuando fueron convento de aquellos caballeros, como indicamos al describir la parroquia; el actual señor Conde de Gávia las permutó por las que habita en la calle de Angel Saavedra, que poco antes habia adquirido el Sr. Marqués de Peñaflor D. Fernando Perez de Barradas, y por muerte de éste las vendieron sus hijos, adquiriéndolas el Sr. Marqués de Benamejí y hoy las posee su señora viuda.

Formando esquina con esta plazuela encontramos convertidas en fábrica de tegidos de hilo, otras casas un tiempo principales de uno de los mayorazgos del Sr. Marqués de Vega *Armijo*; lástima causa contemplar las horribles mutilaciones que ha sufrido esta fachada lindísima obra del Renacimiento y de la que se conserva el segundo cuerpo de escuela bramantesca: es de graciosas proporciones, tiene dos columnas estriadas de órden compuesto sobre pedestales adornados con bustos de gran relieve de buena escultura y ostenta en su cornisamento la fecha de 1520, que es la mejor época del arte plateresco; el vano ó liso del centro debió estar abierto, aunque en la actualidad está maciso y todo embadurnado por el ocre tan usado en Córdoba para echar á perder los mejores edificios. Entre este edificio y la demolida puerta de Baeza, encontramos la calle del Tinte y una acera que dá vista al campo, cuyo sitio, antes de hundir la muralla, era una calle conocida por la Rinconada de la Puerta de Baeza, donde existe un horno muy antiguo, al cual se refiere el autor de los *Casos raros*, al contar uno completamente inverosímil.

En todos tiempos, como en los actuales, la juventud ha estado siempre dispuesta á divertirse, sacando partido de todo aquello que pudiera alhagar sus pasiones mas ó menos exageradas, segun el temperamento de cada individuo, en quienes las aumentaba la falta de espansion y el poco trato entre las familias: esto daba mayor misterio á las empresas amorosas, en las cuales corria la juventud mayores peligros por la confianza de que nada llegaría á quebrantar el secreto sostenido por el temor de mayores males: este error, que no otra cosa era, hacía á los jóvenes que, durante la noche, se lanzasen á recorrer las calles, rompiendo la hipócrita circunspeccion que durante el dia, habian guardado y cometiendo libertades que unas veces daban cuestiones entre ellos mismos y otras acababan porque la ronda les hiciese sérias y enérgicas observaciones: varios de aquellos, muy dados á dichas empresas que les habian adquirido fama de pendencieros, iban una noche por la calle del Sol, cuando uno de ellos recordó que en el horno ya citado vendian unas tortas, cuyo nombre solo escitó el apetito de todos: se encaminaban á aquel sitio, mas de pronto quedaron admirados al ver una dama de arrogante figura que, saliendo de la calle de los Tintes, se dirigía hácia el Panderete de las brujas: estraña era la hora y el sitio; mas uno de ellos, el mas atrevido, se ofreció á acompañarla, bien solo ó con sus amigos, y aceptando la señora esta última proposicion, siguieron con ella por una porcion de calles hasta llegar á una casa que al momento abrió sus puertas, entrando todos á una habitacion bien amueblada, si bien con el número de sillones igual al de jóvenes; ya aquí, la misteriosa dama les dijo que iba á obsequiarlos, agradecida al favor dispensado, desapareciendo, dejándolos en la creencia de que en breve sería su vuelta: pasó una hora y despues otra; la impaciencia empezó á surtir sus efectos, y juzgándose engañados pasaron á otras habitaciones, y en una de ellas, en que había luz, encontraron un catafalco y encima un cadáver: la sorpresa y el susto fué grande, y sin embargo, registraron toda la casa, sin hallar á la señora ni otra persona alguna á quien preguntarle; entonces salieron precipitadamente á la calle, completándose su asombre al encontrarse cerca del horno ó sea en el mismo sitio en que empezó esta aventura, que consideraron un aviso del cielo para enmendar sus estravios.

Tornemos á la acera de los números impares de la calle del Sol, donde nos hallábamos. Pasado el Hospital de los Rios encontramos dos casas, una de ellas que ha debido pertenecer á los Benavides, segun el escudo que ostenta en su fachada, obra tambien del siglo XVI, pero privada ya de sus adornos, y otra de los Gutierrez Ravé, aunque no la principal; por cima de ésta hay una puerta conque han tapado en 1870 una angosta barrera ó calleja sin salida que se llamaba de Pedro de los Rios, el que, al tratar del convento de Santa Cruz, digimos haberse hallado con Suero de Quiñones en la Puente de Orvigo. Despues encontramos una pequeña plazuela, á donde afluyen las Siete revueltas de Santiago, y formando rincon vemos una casa conocida por la de las Campanas, por haber sido fundicion de ellas: su apariencia esterior nada particular ofrece; mas no sucede así en el interior, en que hay varios arcos árabes, que está restaurando su actual dueño el entendido y aplicado arquitecto D. Amadeo Rodriguez; esta casa ha sido la solariega de uno de los mayorazgos que poseia el Sr. Duque de Alba, y por cierto es muy digna de ser visitada por los amantes de las artes.

En otra de las casas frente á la parroquia de Santiago hubo una ermita y hospital de los Santos Mártires Acisclo y Victoria, fundado en 1387 con el objeto de honrar su memoria, concurriendo á su formacion el Maestre D. Pedro Muñiz de Godoy, el Abad del convento de los Mártires, entonces de la Orden del Cister, y otras muchas personas distinguidas de esta ciudad, las que formaron reglas, haciendo constar en ellas que aquellos, aun cuando no eran cordobeses y sí naturales de Leon, aquí habíanse educado y sufrido el martirio por su amor á nuestra sacrosanta religion; mas creemos que debian estar equivocados, pues los datos mas creibles los hacen de Córdoba, no siendo probable que vinieran huérfanos y pobres desde un país tan lejano, en unos tiempos en que tantas dificultades habian de encontrar para su viaje. En 1516 era la ermita de la puerta de Colodro, propiedad de un hombre llamado Gerónimo Godino, quien la cedió á esta cofradía para que la reparase, como efectivamente lo hizo con sus fondos y las limosnas que dieron algunos particulares. En 1673, redactaron nuevas constituciones, en 27 de Setiembre, siendo hermano mayor el Lic. Diego Bijil y Quiñones: así continuó esta casa y cofradía, dando culto á las imágenes, que la víspera de su dia eran llevadas en procesion al convento de los Mártires, donde el Cabildo eclesiástico hacía una gran fiesta; mas, entiviada la fé de los cofrades, fueron escaseando estos y acabó por quedar tan abandonada, que al fin se suprimió, agregándose la casa y otras tres contiguas á la fábrica de la parroquia de los Santos Nicolás y Eulogio de la Ajerquía, de donde ya hemos dicho se segregaron para entregarlas á la ermita de la puerta de Colodro, á peticion de José Fernandez, el Carnerero.

Mas cerca de la puerta de Baeza y mirando á la plazuela de los Condes de Valdelasgranas, encontramos otra hermosa casa, la mejor del barrio, con una linda fachada por concluir, obra del acreditado arquitecto provincial D. Rafael de Luque y Lubian; es la casa principal del Sr. Marqués de

Benamejí, que actualmente lo es D. Juan de Dios Bernuy y Coca: el interior es magnífico y muy bien amueblada, aunque no encontramos obra alguna de arte que merezca mencion, pues en pinturas solo recordamos una santa mártir, en la escalera, de regular mérito: en la cochera se guarda la carretela en que entró en Córdoba la Reina Doña Isabel II en el año 1862. Aquel título fué concedido por D. Cárlos II, en 23 de Abril de 1675 á D. José Diego de Bernuy y tiene grandeza de primera clase: es á la vez Mariscal de Alcalá del Valle y posee muchos patronatos, entre ellos el de la iglesia de San Basilio en Córdoba y el de la parroquia de la villa de su título, ambos con enterramiento: en el término de Montoro posee una gran finca llamada Escalera, donde el anterior Marqués D. Francisco de Paula Bernuy y Aguayo edificó una preciosa iglesia. en la que yacen sepultados él y sus señores padres, Entre los antepasados de esta familia es sin duda el mas notable el Marqués D. Diego Bernuy, escritor y poeta de gran mérito.

Mas allá de esta casa se encuentran las calles de Ravé y Barrionuevo, de que nos ocuparemos y, como ya hemos dicho, nos encontramos en la puerta de Baeza, inconsideradamente derribada en 1868; en la obra *Recuerdos y bellezas de España* y en otras, hallamos citado este poético monumento del arte, que en aquella se le dá el calificativo de romántica: la formaban dos lindas torres redondas ó tambores, unidos por un precioso arco semicircular coronado todo de graciosas almenas y formado de una argamasa que en nada pudo aprovecharse cuando se cometió el desatino de privar á Córdoba de una de sus mas bellas joyas artísticas y que en vano intentó salvar la Comision de Monumentos de la provincia.

Descrita la calle del Sol ó sea la principal del barrio de Santiago, continuaremos por él nuestro paseo por las Siete revueltas, uno de los sitios mas raros y estraños de Córdoba: llámase así por componerse de siete callejas hasta salir á la plazuela del Conde de Gavia, formando además otras cuatro sin salida, algunas de ellas en estremo desaseadas: su nombre es anotado hasta en documentos del siglo XV, lo que prueba que desde luego fueron construidas aquellas casas en la forma actual, aunque hayan variado sus fachadas: en el primer tramo habia en el siglo XVI el estudio del Lic. D. Francisco Gomez, de quien hace mencion el ya citado D. Juan del Pino, asegurando que asistia á aquella clase lo mas lúcido de la juventud cordobesa: en el ángulo hay una alcantarilla que va á desaguar en el rio cerca del molino de Martos, de cuyo sumidero, cuenta el espresado Pino, que en su tiempo y durante un período de seis ú ocho meses, estuvó saliendo un olor tan agradable que llegó á llamar la atencion de todo Córdoba, yendo los farmacéuticos ó boticarios á ver si lo podian clasificar, lo que no lograron, por ser superior á todos los aromas conocidos. En el segundo ángulo hay una barrera, y en una de sus casas aun existe el Reñidero de gallos mas antiguo de esta ciudad: frente vemos una tapia ó sea la cerca de la casa del Sr. Baron de San Calixto; aquí hubo una plazuela conocida por la de las Yeguas, que el Ayuntamiento cedió al Sr. Vizconde de Miranda con aquel objeto: en el último rincon para volver á la calle de Frias, hubo hasta 1841 una imágen con un farol, única luz que habia en aquellos alrededores. En el censo de poblacion mandado formar en 1718 aparecen inscritos en estas revueltas veinte africanos, todos convertidos á nuestra religion, siendo de notar que entre ellos se contaban una anciana llamada María de la Encarnacion con ciento catorce años y otra Ana Catalina con ciento cinco; es el primero el caso de longevidad mayor que ha ocurrido en Córdoba, segun nuestras noticias.

De las Siete revueltas seguimos á la calle de Frias; la casa número 38, es digna de visitarse por conservar muchos restos árabes, como arcos, una solería y otras cosas que indican haber sido la morada de algun personage; cerca de ella hay una calleja sin salida denominada del Santísimo por una custodia que tuvo pintada en la fachada de una de sus casas: tambien le dicen de Piedrahita.

Termina en la calle de las Ferias, tambien de la Magdalena; poco mas abajo ó sea en la esquina, empieza el barrio de Santiago, encontrándonos á seguida en una pequeña plazuela conocida por el Panderete de las Brujas, sitio un tiempo el mas temido de Córdoba desde que la noche la envolvía en sus tinieblas: quien decía que allí se reunían todas aquellas endemoniadas y que, despues de ejecutar algunas misteriosas danzas al son de una pandera, salian volando cada cual á lugar destinado de antemano y por órden de la principal: quien que el ruido lo producían disputándose los cariños del zángano, y quien que allí inmolaban á la sencilla jóven ó al inocente niño que asian entre sus garras; pero todas estas creencias del vulgo, fomentadas por su supersticiosa ignorancia, debian fundarse en algo, y esto es lo que nadie esplica, y de lo que hemos podido averiguar, si no la verdad, un dato siquiera verosímil: dicen que en aquel lugar vivió una de esas embaucadoras que con ciertos untos y ceremonias fingian adivinar cuanto los incautos le preguntaban, celebrando de noche sus reuniones con otras de igual jaez y entre todas estafar al público, fingiendo tener pactos con el diablo para conseguir lo que deseaban, siguiendo en su industria hasta que la Inquisicion puso coto á semejante superchería; y á propósito de estas gentes, entre las que se dieron muchos casos de acusarse ante aquel Tribunal como tales brujas, hemos visto lo que cuenta el médico de Felipe II Andrés Laguna, á quien tambien persiguieron por haber informado que los tentados por el diablo eran dignos de compasion, porque obraban en virtud de un alucinamiento producido por ciertas fletaciones que exaltaban la imaginacion durante el sueño; dice que á fuerza de trabajo y dinero, se hizo amigo de una de las hechiceras de mas fama, consiguiendo al fin que le vendiese el bálsamo que daba á los que iban en su busca: primero hizo un análisis, resultando componerse de muchas y diversas plantas aromáticas, y despues convenció á una criada para que se dejase untar aquel aceite; hízolo y, acostada en un lecho, permaneció á su lado toda la noche sin dar mas señas que las de un sueño fatigoso; pero al despertarse por la mañana, salió contando tantos desatinos y de tal naturaleza, que no le dejó duda de que habia pasado aquellas horas soñando; él luchó con el deseo de esperimentar por sí mismo tales efectos; pero temió enflaquecer su razon, por lo que solo se puso un poco en los pulsos, teniendo durante la noche algunos ensueños, por cierto bastante lúbricos: así vió prácticamente que todo aquello de las brujas era un *solemne engaño*; pero que la repeticion de unturas ponía á los pacientes de modo que llegaban á creer lo que únicamente era producto de un alucinamiento: solo así se comprende la frecuencia conque se confesaban ante los jueces y la multitud de delaciones de personas inocentes hechas por los acusados, y no nos estraña esto, pues aun hoy, cuando la incredulidad va dominándolo todo, no faltan personas, al parecer *formales*, que buscan á esas mugeres que, con una baraja en la mano, les aseguran acertar el porvenir y la verdad de lo que cada cual desea saber. En este mismo barrio de Santiago, en la calle de los Tintes, moraba una muger de esas, á quien visitamos una noche, no creyendo que en el siglo XIX pudieran subsistir semejantes embaucadoras: entramos embozados en nuestras capas, y desde luego conocimos ser *aquella* la misteriosa morada de la adivina, por las personas que estaban en el portal aguardando su vez; allí nos colocamos en fila, tres amigos que íbamos, y oimos los elogios que la gente hacía de tan rara maravilla; dijimos llevar un mismo asunto, y así nos dejaron entrar, puesto que la incomunicacion observada entre los otros era para guardar los secretos: en el centro había una pequeña mesa cubierta con un paño carmesí y sobre ésto dos candeleros con velas amarillas; á seguida y como soliviantada con nuestra visita, nos preguntó, cómo siendo tres, llevábamos una sola consulta; entonces, nos fingimos hermanos y labradores en un pueblo cercano, donde nos habian robado un caballo de valor de cinco mil reales, y que cansados de hacer indagaciones íbamos á ver si ella nos adivinaba su paradero: sacó entonces una mugrienta baraja, calóse unas antiguas gafas y principió á echar las cartas sobre la mesa, contando mil combinaciones y augurios que nada tenian que ver con nuestra pregunta, y por último nos dijo:—«Ya está aquí; no puedo revelar el sitio donde se encuentra el caballo; pero aseguro á VV. que quien lo ha robado, les debe muchos favores que ha pagado con esa ingratitud, y que arrepentido de ello muy pronto soltará aquel en sitio donde fácilmente lo recojan.»—Despues de esto, quien crea en semejante farsa, no merece para nosotros otro calificativo que el de imbécil. Pues bien, una cosa así debe ser el origen del Panderete de las Brujas. En una de sus casas conocimos y aun vivia hácia 1860, una muger, artista natural y de gran mérito, olvidada en aquel rincon de Córdoba, donde su pobreza la tenia sumergida: llamábase Petronila García, perteneciente á una familia que hácia aquella parte tenia fábrica de platos y pucheros de un barro mas fino que el comun y que en otros tiempos era la loza que en Córdoba solian usar las familias de escasos recursos: aquella, sin haber aprendido dibujo, formaba de dicho barro unas grandes pastas y con unos palillos trazaba lindísimos relieves, copias de estampas que, dándole despues de cocidos un baño, quedaban imitando el búcaro, si bien con algun brillo, y eran de tal mérito que 1844, en una exposicion que la Sociedad Lírico-dramática efectuó en el teatro Principal, obtuvo un premio y llamó la atencion uno de espresados relieves como de tres cuartas de largo por dos de ancho, representando el Robo de Proserpina, obra de Petronila García: tambien vimos de su mano un San Gerónimo y otras obras, todas dignas de conservarse y que hemos oido haberse vendido á bajo precio y para fuera de Córdoba.

Desde el Panderete de las Brujas á la calle del

Sol hay un tramo de calle bien largo, si bien muy sombrío y triste, particularmente de noche, por no haber mas que una casa muy antigua principal de los Gutierrez Ravé, cuyo escudo ostenta sobre la puerta con otros cuantos cuarteles de diferentes apellidos con que tenían enlace. Llámanle calle de Ravé ó de Ocaña, apellidos ambos de antiguos y principales vecinos.

Paralela á esta, encontramos lo que llaman Barrionuevo, que enlaza con el barrio de la Magdalena; como en su lugar dijimos: debe el nombre á ser mas moderno que lo demás de aquellos alrededores, y se ha llamado tambien del Hospital de San Anton, porque lo fué la casa núm. 49 donde aun existe el local un tiempo capilla de aquel establecimiento: forma tres naves tan cortas, que la iglesia resultaba mas ancha que larga: las de los lados tienen el techo de colgadizo, y en la de enmedio hay una media naranja, todo tan feo, que parece mentira haya servido para dar culto: en su altar principal estuvo el San Antonio Abad que ya anotamos en la parroquia de Santiago.

En la Biblioteca Colombina, Sevilla, hemos visto un tomo en fólio, en pergamino, que con el título de *Córdoba, Razon de sus hospitales*, contiene una porcion de apuntes, muchos de letra de Alfaro y que régaló á aquella D. Manuel de Ayora, cordobés muy curioso que reunió multitud de manuscritos, de los que han desaparecido casi todos, y algunas antigüedades, como son las inscripciones que habia en el huerto de los Aldabones, en San Lorenzo, entonces de su propiedad. En el espresado libro hay varias noticias del hospital de Ntra. Sra. de la Concepcion y San Antonio Abad, de que nos veníamos ocupando, poniéndolo como dependiente de la parroquia de la Magdalena; mas siendo hoy de Santiago, colegimos, una de dos, ó que en algun arreglo posterior se traspasára la jurisdiccion, ó que el edificio se haya dividido, abriéndose puertas en ambos estremos, y como hácia aquel punto se dividen los dos barrios, cada cual quedaría con una casa, porque es indudable que éste hospital no era pequeño, pues aun hoy contiene bastante terreno. Dice el manuscrito á que aludimos, que en una de las galerías había una pintura al fresco con la Concepcion y el Niño Jesus, y este lema: *La honra del hijo es la de la madre;* por bajo decía: *La Vírgen Nuestra Señora fué concebida sin pecado original,* y á un lado: *A devocion de Bartolomé Ruiz Civico año de* 1615. Hácia otra parte del edificio y que en el manuscrito llama la obra nueva del claustro, habia esta otra inscripcion: *Esta casa es de la advocacion de la limpia y pura Concepcion de Nuestra Señora la Vírgen Santísima y de nuestro glorioso padre San Antonio Abad; acabóse esta obra el año de* 1652. Tambien habla algo de la iglesia ó capilla, como con razon la llama; dice que el retablo era muy bonito, de talla dorada, con un alto relieve en lo alto representando la Concepcion, por bajo San Antonio Abad, escultura ya anotada y á los lados dos lienzos con San Juan Bautista y San Juan Evangelista; de toda esta casa debió apoderarse, formando hermandad, el gremio de lineros, con el objeto de acoger á los operarios enfermos ó inútiles. En esta calle hay dos callejas sin salidas, una de ellas con el título de Osorio.

Contigua á la parroquia hay otra calle estrecha, pendiente y alcantarillada, que le dicen del Viento por el mucho que se siente en ella, sin duda por su direccion al rio: á su mediacion está la del Claustro, súcia y fea, conocida por aquel título desde poco despues de la conquista, á causa de que, como ya indicamos, daba á aquel lado el del convento de los caballeros del Temple: mas abajo habia una barrera ó calleja sin salida á la que decían del Curadero de la seda, por un corral ó huerto destinado á esta operacion: desemboca en el paseo de la Rivera frente al molino de Martos. Este sitio es de los que mas han variado en nuestra ciudad: sigue el barrio hasta la casa contigua á la salida de la calle de Valderramas; en esta direccion habia una calle muy estrecha llamada del Peso de la harina, y desapareciendo para la construccion de la muralla una fila de casas cuyos corrales daban al rio, quedó espedito al tránsito público: en su principio formaba una plazuela que decían de las Peregrinas, y otro tramo seguía al molino, llamándose Bajada al molino de Martos: en aquel frente hay dos barreras ó callejas sin salidas, una dicha del Cañaveral por uno que había en ella y otra del Nacimiento, que tuvo comunicacion con la del Tinte ó Góngora: entre dichas callejas hay una casa principal en que la tradicion dice que fué ahorcada de una viga la hermana de los Bañuelos, de cuya trágica historia nos ocuparemos en su lugar correspondiente.

Frente á la calle del Viento se encuentra el molino de Martos, el mas importante de los que tiene Córdoba en el Guadalquivir: entre su bajada y la parte que va á la salida de los Mártires, hay un rincon, en el cual estuvo abierta la antigua puerta de Martos, llamada así porque por ella entró Albar Perez de Castro y demás valerosos cristianos de aquella poblacion que concurrieron con San Fernando á la conquista de Córdoba: se ha llamado tambien del Sol por mirar al Este, y de las Siete menas por las que tenía la torre cuadrada que estaba en este sitio y de la que seguía un lienzo de muralla hasta el estremo, ó sea el ángulo con la puerta de Baeza, en el cual habia otra torre denominada de las Siete esquinas, por ser ochavada, teniendo una de aquellas adosada al muro; el terremoto de 1755 la dejó tan mal parada, que fué preciso derribarla. El molino de Martos es una gran obra toda de cantería con diez piedras y unos buenos batanes; perteneció á la Encomienda de Calatrava y fué vendido cuando la primera desamortizacion: de él arranca el murallon del paseo de la Rivera, en su mayor parte del barrio de San Nicolás de la Ajerquía, que al pasear describiremos; una losa de mármol azul colocada sobre la puerta falsa del molino, ya inútil por haber subido el terraplen, indica con su inscripcion, que en el reinado de Cárlos IV, siendo Presidente el conde de Lerena, comisionado D. Juan Antonio de la Torre, contador que era del mayorazgo del patrimonio de Martos, en los años de 1790 y 1791, se separó la azua y se sacó de cimiento el tramo de muralla desde el molino á los primeros asientos del paseo de la Rivera, además de otros muchos reparos y reformas realizadas entonces en aquel productivo molino. Hoy es propiedad de los Sres. Aguados.

Lugares hay en Córdoba donde los recuerdos históricos son tantos y de tal clase, que al llegar á ellos no sabemos como esplicarlos á nuestros lectores: en este caso nos encontramos entre el molino de Martos y la actual puerta de los Mártires: aquel terreno sombrío y desierto casi siempre, nada conserva del importante edificio que sobre él se alzaba; ¡qué diferencias de tiempos! La Providencia, sin embargo, parece que por una de esas casualidades en que casi nadie repara, aun dice al observador: «Aquí murieron algunos héroes cordobeses; aquí se hicieron dignos del aprecio y veneracion de los conciudadanos, y éstos

¿qué responderán cuando alguien les pregunte? nada; tendrán que bajar los ojos avergonzados, si es que sus corazones laten con el dulce amor de la pátria. Aquí estuvo el suntuoso y venerado templo dedicado á sus patronos Acisclo y Victoria, y su apatía y falta de amor pátrio ha dejado que todo desaparezca, ¿entónces qué resta? nada; solo el tiempo ha respetado dos naranjos y hasta hace poco un anciano laurel, árbol simbólico que con sus ramos ofrecía el último recuerdo, la última corona sobre el sepulcro de aquellos olvidados héroes del cristianismo. Quédale solo lo que nadie puede destruir; como santos, la celestial morada que Dios concedió á sus almas: como hombres, el templo de la inmortalidad, donde no alcanza la demoledora marcha de los siglos.

Algunos cronicones antiguos, como ya indicamos, digeron que San Acisclo y Santa Victoria eran naturales de Leon, lo cual está desmentido por la constante tradicion que los hace cordobeses y otra multitud de datos que confirman esta última creencia. En los primeros siglos de la Iglesia, cuando Diocleciano pretendía ahogar los sentimientos religiosos de los cristianos, vino á Córdoba el Presidente Dion, tan cruel como bárbaro y uno de los mas terribles azotes de los amantes y defensores de las doctrinas de Jesucristo: no perdió tiempo en publicar el edicto imperial amenazando con los mas dolorosos tormentos á todos los que no se apresurasen á rendir culto á sus falsos dioses; en un estremo de la ciudad, hácia donde está la puerta del Colodro, moraban los jóvenes Acisclo y Victoria, fieles observantes de nuestra religion, á la que rendian el culto que en sus cortos años y en la persecucion que se les hacía era posible: descubiertos al fin por un oficial del Presidente llamado Urbano, fueron denunciados y no se perdió tiempo en llevarlos á la presencia de Dion, quien empleó cuantas amenazas y alhagos se le ocurrieron para atraerse á los dos cristianos; mas ellos, lejos de intimidarse ó de alhagarle las falsas promesas del Presidente, se mantuvieron firmes en la fé y despreciaron no solo sus palabras, sino á los dioses en cuyos nombres se les ofrecian paz y prosperidades. En seguida fueron encerrados en las cárceles, á la sazon donde hay se halla la sacristía de San Pablo, y allí dieron gracias á Dios por proporcionarles la ocasion de ofrecerle el sacrificio de sus vidas, recompensado con la inmarcesible corona del martirio: allí fueron privados de luz y alimento, bajando los ángeles á iluminarlos con sus resplandores y animarlos con el dulce manjar de la esperanza. Llevados segunda vez á presencia de Dion, éste halló la misma entereza, el mismo desprecio á sus dioses, y entonces dispuso que Acisclo fuese azotado con gruesas varas y que á Victoria le clavasen varias puntas de acero en las plantas de los piés, presenciando él mismo aquel suplicio y haciendo que los encerrasen de nuevo, mientras meditaba el mas cruel de los tormentos con que pensaba vencer aquella heróica constancia. Llegó la mañana siguiente, y bien pronto hizo llevarlos á su presencia, obteniendo el mismo resultado; en este momento pensó poner fin á su existencia é hizo formar una espantosa hoguera donde fueron arrojados, entrándose ellos mismos, quedando ilesos enmedio de las llamas y entonando alabanzas al Dios que así los protegía: los verdugos quedaron atónitos, contaron á Dion lo ocurrido; él mismo los examinó y bajó los ojos con aquel prodigio que él en sus falsas creencias no podia esplicarse. Vuelto de su sorpresa mandó arrojarlos al rio con gruesas piedras al cuello;

mas, lejos de sumergirse, se mantuvieron sobre las aguas, desde las que vieron una celeste vision que, no solo los mantuvo en aquella posicion, sino que les hizo salir ilesos y tornar á su prision, en la que fueron hallados á la mañana siguiente. Dion achacaba todo esto á ciertos mágicos untos que se darian, y así, no lo consideraba prodigio, pues de otro modo no era posible dejar de convertirse á la fé de Jesucristo. Aun inventó otro suplicio mayor: hizo formar nueva hoguera, y que atados los jóvenes á unas ruedas con garfios, diesen vueltas, despedazándose y abrasándose á un tiempo sus cuerpos; mas el resultado fué tan prodigioso como en los anteriores tormentos y aun mas, puesto que, esparciéndose de pronto el fuego, quemó á muchos de los que presenciaron tan terrible acto. Encerrados de nuevo, ya separados, las matronas cordobesas fueron á ver á Victoria, convirtiéndose algunas al oir sus dulces y cariñosas palabras. Dion, que no dejaba de meditar el modo de hacerle sufrir mayores tormentos, hizo que le cortaran los pechos, y oyéndola bendecir á Dios y despreciar á sus ídolos, dispuso cortarle la lengua, que la misma Victoria le escupió al rostro, dejándolo ciego: esto colmó la bárbara ira del Presidente, é hizo degollar á Acisclo en el Anfiteatro y azaetear á su hermana, que murió á la tercera herida que recibió en el corazon, dejando sus cuerpos allí tirados para que lo presenciase la plebe; mas aquella noche, la cariñosa é inconsolable Minciana que los habia educado, tomó aquellos preciosos cadáveres y dióles sepultura cerca del rio, en el lugar donde nos encontramos con nuestros lectores. No se sabe el año de este glorioso martirio, mas sí que sucedió en 17 de Noviembre, dia en que lo celebra la iglesia.

Aquellos heróicos rasgos de fé, de valor y de entereza desplegados en unos séres tan delicados por sus cortas edades, los horribles tormentos que sufrieron y el ser de los primeros mártires del cristianismo, hizo que su fama realzada con la merecida gloria, se estendiese con la velocidad del rayo por todos los ámbitos del orbe católico: los cordobeses, sin intimidarse con las amenazas, ni rendirse á las ofertas, elevaron en este sitio un templo que llegó á ser uno de los mas notables de España, no solo por su grandiosidad, sino por la multitud que iba á orar sobre el sepulcro de Aciscio y Victoria, que aun hemos conocido en una capilla á la parte que mira al rio: sobre este muro brotaba una pura y cristalina fuente, hoy encañada su corriente y convertida en lavadero, á que daban el título de la Fuente clara, que fué tambien el que durante siglos llevó tan insigne monasterio, consagrado por el inmortal Osio, á cuya memoria llegará el caso de dedicarle el mas agradecido recuerdo. Este magnífico templo, sin duda el primero en que los cordobeses elevaron sus plegarias á el Altísimo, se alzaba arrogante en el lugar depósito de aquellas preciosas reliquias, y donde tambien fueron sepultados San Perfecto, San Sisenando, San Argimiro, las cabezas de las Santas Flora y María, con otros muchos que gozosos sufrieron la muerte con que se les abrian las puertas de la eterna bienaventuranza. Otras iglesias ansiaban tambien la posesion de algunas de aquellas reliquias, y por eso se encuentran en diferentes puntos, en todas muy veneradas; San Eulogio mandó una canilla de Aciscio á Wilesindo Obispo de Pamplona; en el monasterio de Horniega, entre Tordecilla y Toro habia desde el siglo XII algunas partículas de huesos; en la ermita de Santiago de Medina Sidonia habia otras que la tradicion hacía llevadas en 668; en el monasterio de San Salvador de Bleda en Cataluña habia tambien sesenta y dos pedazos de huesos de los dos hermanos mártires, llevados de Córdoba en el siglo XIII, donacion del Vizconde D. Geraldo de Cabrera, confirmada por su hermano D. Ramon en Mayo de 1263; hácia 810 fueron llevadas las cabezas y otras reliquias á Tolosa y colocadas en la iglesia despues Catedral de San Saturnino. Las demás reliquias que quedaron en Córdoba, pretenden algunos sostener que fueron reunidas en 1125 con las que habia en San Pedro, traslacion que hicieron los cristianos para esconderlas todas juntas, temerosos que las profanasen en la horrible persecucion que ellos sufrian. Sobre esto volveremos á llamar la atencion de nuestros lectores.

No han faltado escritores pretendiendo sostener que el primitivo y magnífico templo dedicado á San Acisclo, *no era el que nos ocupa*, sino otro hácia la hoy puerta de Colodro, donde la piadosa Minciana moró con los jóvenes, y que, como ella fué la que recogió sus cadáveres, natural era que les diese sepultura á escondidas en aquel sitio; mas, éste y los demás argumentos que aducen, se han combatido victoriosamente en obras mas estensas que la nuestra y que pueden registrar los que quieran mas datos; lo natural es que Minciana, que recogió uno de los cadáveres en el Anfiteatro (calle Ayuntamiento) lo llevase á la orilla del rio, donde el otro estaba, y juntos les diese sepultura, y no que atravesase por delante de toda la poblacion con el segundo, cuando tan perseguidos y vigilados eran los cristianos.

Ambrosio de Morales, tan amante de este monasterio, que hasta se hizo enterrar en él, dice haber encontrado entre las muchas noticias que buscó en los antiguos cronicones, y aun Mariana en su *Historia de España* lo consigna, que hácia el año 554, negó Córdoba su obediencia á Agila, á quien hizo una gran guerra, sin que nos esplique la causa: unos treinta años despues volvió á rebelarse, ayudando á San Hermenegildo contra su padre Leovigildo, quien ataçó esta poblacion, prendiendo á su hijo; mas, tal vez no lograría entrar en la parte fortificada, cuando se ensañó con el templo de San Acisclo, profanándolo al convertirlo en caballeriza de su ejército: entonces los cordobeses, llevados de sus sentimientos religiosos y ardiendo en ira por tan infame accion, hicieron una salida, destrozando las huestes del Rey y haciéndoles huir, tan desacreditado, que éste murió á manos de su propia gente al llegar á Mérida. La estancia en Córdoba de San Hermenegildo, se probó tambien con una medalla hecha de su órden en esta ciudad, la que vió Ambrosio de Morales y dice haberse encontrado en unas escavaciones cerca de Alcolea.

Si los datos espuestos no fuesen bastantes á demostrar la gran antigüedad de aquella casa, ni su existencia destinada al culto divino durante la larga dominacion árabe, vendría á probarla por sí sola, la existencia de una losa azul que había al lado de la antigua portada y cuya traduccion tomamos del Maestro Rivas en su *Vida y milagros del Bto. Alvaro de Córdoba*, decía así:

Murió la sierva de Dios

muger de Diego Sarracino,
año de 987.

Luego es evidente, que estando Córdoba sufriendo el ominoso yugo de los sarracenos, se profesaba claramente la religion cristiana y se daba sepultura á los muertos en sus templos.

Llegó el siglo XIII, en que el católico Fernando III estendió sus conquistas por las comarcas invadidas aun por los moros y, Córdoba, al fin de seis meses de cerco y de estar ocupada la Ajerquía ó ciudad baja, vió levantarse sobre sus torres la cruz de Cristo, gloriosa enseña de la salvacion del género humano. Unidos á la córte venían religiosos de todas las órdenes entonces existentes: entre ellos se contaba á D. Lope Abad, del monasterío de Fitero y poco despues Obispo de Córdoba, á quien el Rey entregó aquel edificio, pudiéndose asegurar que los monjes del Cister fué la primer comunidad que se instaló en esta ciudad, donde luego hubo tantas otras. Es de suponer que en aquella época se le hiciesen los reparos necesarios; pero los muchos años que contaba le harían deteriorarse fácilmente, cuando, sesenta y un años despues, reinando Fernando IV el Emplazado, le pidieron los monjes una limosna para la reedificacion que se llevó á cabo. No de otro modo se hubiera hecho, porque la comunidad era en estremo pobre y corta, tanto, que se veia todos los años muy apurada para pagarle el Cabildo eclesiástico los derechos convenidos por la fiesta del dia 17 de Noviembre á que asistía y celebraba, llegando el caso de darle como prenda del débito un terno ó un cáliz, que pasado algun tiempo aquel le devolvía, perdonándole la deuda, haciéndose así para no perder el derecho.

En 1531 no se habia entiviado la devocion á visitar el sepulcro de los Santos Mártires; pero la comunidad estaba reducida á dos monjes que, viéndose muy pobres y lejos de otras casas de su Orden del Cister, no tenían inconveniente en dejar esta y reunirse con sus compañeros. Al mismo tiempo, los frailes de Scala-Cœli se quejaban de la insalubridad de aquel sitio y pretendian trasladarse á la poblacion, y el Obispo D. Fr. Juan de Toledo, deseoso del mayor culto de la iglesia á que los cistercienses no podían atender, con el beneplácito del Comendador del monasterio de los Mártires D. Pedro de Castilla, canónigo de Córdoba y residente en Roma, que impetró el permiso de la Santa Sede y del General de la Orden de Predicadores R. P. Fr. Pablo de Botigela, se realizó el cambio de la comunidad, aprobado por bula de Clemente VII, fecha 28 de Abril de 1531, dándoles á los domínicos todos los bienes, derechos y acciones de ambos conventos, y quedando abandonado el de Scala-Cœli.

Poco tiempo despues falleció el P. Botigela y entró á reemplazarle en el cargo de General de la Orden el francés R. P. Fr. Juan Ferrario, quien desde luego mostró la idea de visitar todos los conventos, noticia que no surtió el mejor efecto en el de los Mártires, porque los religiosos aquellos comprendieron que no habia de agradarle el abandono de la otra casa, hácia la que habian de llamarle la atencion algunos de sus compañeros contrarios á la traslacion, y que se habían quedado en el de San Pablo: entonces acudieron á los tribunales competentes, para que los mantuviesen en pacífica posesion de todos sus bienes, ya como propietarios de su nueva casa. Aquellos temores no eran infundados: tan luego como el nuevo general llegó á Córdoba, lamentó lo hecho, afeando la accion de los frailes; pero encontrándose con todo tan bien arreglado, promóvió una transacion, yendo á Scala-Cœli los que estaban en San Pablo, y conviniendo en que los de los Mártires diesen una indemnizacion de treinta mil maravedises para la reedificacion del otro edificio, y que llevó á cabo el célebre escritor Fr. Luis de Granada.

En 1570, como referimos en el barrio de la Magdalena, vino á Córdoba Felipe II, y cuál sería la veneracion que todos tenían á el antiguo templo de los Mártires, que aquel soberbio *monarca* se apresuró á visitarlo y entró en la iglesia de rodillas desde la puerta hasta el sepulcro de San Acisclo y Santa Victoria, dando en esto un ejemplo de su religiosidad y del respeto con que miraba las creencias y devocion de los pueblos. En este tiempo la iglesia amenazaba arruinarse y el Rey dió una gran cantidad para reedificarla: entonces perdió su forma antigua, pues fué preciso sacarla de cimientos, y tan es así, que en 1575, encontrándose las paredes subidas y sin techumbre, la ciudad pidió permiso al mismo Felipe II, para enagenar una plaza de Jurado vacante y dedicar el producto á la obra, lo que concedió por dos veces: el Obispo D. Fr. Juan de Toledo dió tambien alguna cantidad y escitó á todos los fieles á que contribuyesen á tan santa obra. Edificóse tambien la capilla, que por direccion de Ambrosio de Morales se decoró con geroglíficos, motes y pinturas, cubriendo á la vez el sepulcro antiguo de piedra tosco, con otro de madera pintado en blanco y con adornos de oro, lo que critica el P. Martin de Roa en una de sus obras. Los frailes hicieron tambien varias obras en diferentes ocasiones, particularmente el P. Fr. Sebastian de Aranda, Prior, que labró *la sala principal con* habitaciones altas y bajas.

Cuando el descubrimiento de las Reliquias de los Santos Mártires en San Pedro, suscitóse en Córdoba una gran cuestion, sobre la que hay mucho escrito; el nombre Acisclo, comprendido en la inscripcion del marmolillo, hizo cundir la idea de que el cuerpo de este mártir estaba con los demás allí hallados, apresurándose los frailes de su convento á desmentir á quienes la sostenían, y al efecto hicieron una justificacion de mas de treinta testigos, todos sugetos de importancia, quienes sostuvieron que los cuerpos de ambos hermanos estaban en su antiguo santuario; y que en San Pedro solo había algunas reliquias. Ya hemos émitido la idea de que cuando la gran persecucion de la iglesia, un siglo antes de la conquista, serían todas reunidas en un solo sepulcro. En dicha justificación hallamos datos muy curiosos, tales como la declaracion del maestro de obras Francisco Ruiz, corroborada por las de los arquitectos Gerónimo Carrasquilla, Pedro de Molina y Juan Ochoa, el que hizo el magnífico patio principal del convento de San Pablo; dicen que la obra antigua era indudablemente hecha en tiempo de los godos y que contaría, cuando ellos declaraban, unos mil trescientos años de existencia, luego se fundaría en el siglo III de la Era Cristiana: el Veinticuatro de esta ciudad D. Gaspar António de Berrio, declaró haber leido unos documentos antiguos en que se corroboraba la opinion de los arquitectos. El lector que desee mas datos puede registrar las obras de Ambrosio de Morales, Martin de Róa y el Maestro Fr. Antonio de Rivas.

Vamos á describir este edificio tal cual llegó á nosotros, testígos de su hundimiento. Constaba de una sola nave muy espaciosa, con coro alto y cubierta de un magnífico artesonado pintado y dorado con lindísimas labores moriscas. La capilla mayor, de patronato con enterramiento de los Condes de Torres-Cabrera por escritura otorgada en 1594, entre la comunidad y el ascendiente de aquellos D. Juan Diaz de Cabrera, tenia un hermoso retablo en cuyo centro se veia un gran cuadro, obra de Juan Luis Zambrano, en que con gran acierto habia pintado el martirio de San Acisclo y Santa Victoria: en el arco de entrada habia dos grandes ángeles sosteniendo las lámparas, que son los que hoy lucen en igual sitio de la iglesia de San Rafael. En el cuerpo de la iglesia habia otro gran cuadro con San Pedro Mártir, obra de Pablo de Céspedes: ambos cuadros están en las casas del actual Conde de Torres-Cabrera. El convento no era muy estenso, pero tenia cosas muy dignas de conservarse y de ser estudiadas: el patio principal presentaba una preciosa combinacion árabe y muzárabe con el greco romano; se reedificó en tiempo de Felipe II y lo rodeaba una ligera arquería latina de dos cuerpos, el inferior con capiteles dóricos y el superior con árabes y un antepecho corrido perforado y con azulejos de relieve. A la parte del rio y bajo una bóveda desplomada, cubierta un tiempo de la capilla en que se veneraba el sepulcro de los Santos Mártires, luchó varios años con la intemperie y el abandono, á que al fin sucumbió, una preciosa portadita de ladrillo agramilado, obra de albañilería, limpia y hermosa, en que estaban graciosamente mezclados los tres estilos; era un arco de angrelado menudo, sobre él una cornisa romana y flanqueado de dos delgadas columnitas: en la obra *Recuerdos y bellezas de España*, es calificado de juguete arquitectónico.

Cuando la exclaustracion de los años 1820 á 1823, se vendió este edificio, á escepcion de la iglesia; volvieron á él los frailes, y en 1836 quedó otra vez desierto: á poco se cerró la iglesia al culto, sin oposicion alguna, y una hermandad de Ntra. Sra. del Rosario, que había en uno de sus altares, se trasladó á la parroquia de los Santos Nicolás y Eulogio de la Ajerquía. Despues sirvió de almacen de maderas, fábrica de lienzos, teatro de aficionados y otras cosas por el estilo, hasta que, cayéndose primero la torre y con ella la pared del frente de la capilla mayor, el Ayuntamiento compró del Estado la iglesia y de un particular el convento, y todo lo derribó para ampliar el paseo de la Rívera, que no puede correrse por impedirlo unos graneros del molino de Martos, que por cierto dan una vista horrible; por este tiempo se tapió la puerta de Martos, que se ha abierto y cerrado muchas veces por las epidemias, y abrieron un portillo en el estremo del solar, diciéndose entonces que se haría una bonita entrada con un monumento á los Mártires, para perpetuar la memoria de tan venerada iglesia; á este fin se nombró una junta, que nada ha hecho, y debe considerarse disuelta. Así acabó aquel histórico edificio, depósito muchos años de las cenizas de Ambrosio de Morales en un sepulcro que le costeó su discípulo el Obispo Sr. Sandoval y en el que estuvieron hasta 1844, que la Comision de Monumentos las trasladó al patio de la Colegiata de San Hipólito. La Inquisicion de Córdoba celebró su primer auto de fé en este convento.

La comunidad, aunque nunca muy numerosa, pues cuando mas ha tenido veinte individuos, como aparece en el censo de poblacion de 1718, contó en su seno muchos hombres notables, algunos de los que ya hemos anotado en San Pablo, donde tomaron el hábito ó residieron mas años; entre los otros, debemos consignar el nombre de Fr. Antonio Anguita, quien entre otras cosas escribió, *Justificacion del título de cabeza y pariente mayor de la esclarecida y nobilísi-*

ma familia de los Córdobas en la persona de D. Luis Fernandez de Córdoba, Marqués de Valenzuela, impresa en esta ciudad año 1651.

El P. Mtro. Fr. Francisco Delgado, contó en uno de sus sermones, que siendo Prior de este convento, estaba un dia de San Andrés con los otros frailes contemplando una gran avenida del Guadalquivir, admirándose de la mucha leña, ganados y chozas de pastores que en su corriente arrastraba el agua, cuando vieron venir un barco con dos hombres dentro, quienes, al verse tan cerca de una poblacion, empezaron á dar voces en súplica de ser socorridos, lo cual era imposible por no haber quien se atreviese á arrostrar el peligro que indudablemente habia de correr, ni permitir la distancia arrojarles sogas á que pudieran asirse: en aquella desesperacion y considerando su muerte segura estrellándose contra el puente, intentaron salvarse arrojándose á el agua, por si lograban alcanzar la orilla: logrólo el mas jóven, y viendo al otro, su padre, próximo á sucumbir, se arrojó por segunda vez al rio, consiguiendo salvar la vida de una persona tan amada; en esto acudieron los frailes y otras muchas personas á la muralla, en lo que ahora conocemos por el paseo de la Rivera, y recogiéndolos medio exánimes los llevaron al convento, arropándolos en dos camas puestas al efecto, al par que les prodigaban otros socorros, que por cierto bien lo necesitaban: entonces el jóven contó la desesperacion que se apoderó de él al verse en salvo y que su padre se ahogaba, y que inspirándolo la Providencia tomó aquella determinacion, en la que creyó le ayudaban dos jóvenes, en quienes todos vieron á los Santos Patronos y mártires de Córdoba Aciselo y Victoria, cuyo sepulcro se veneraba en la iglesia del convento, donde tan caritativamente fueron recogidos.

Dejemos ya el antiguo é histórico monasterio despues convento de los Mártires y sigamos nuestro paseo hácia el campo de Madre de Dios. La muralla ha sufrido por aquella parte tantos golpes, que ha perdido por completo su importancia; han desaparecido la torre cuadrada, en Martos, la de las Siete esquinas, en el ángulo: mas hácia la puerta de Baeza habia otra torre que derribó el Corregidor D. Francisco Cisneros; seguian los dos lindos tambores que constituian aquella entrada; pasada esta hácia el rincon, existió otra gallarda, elevada y vistosa torre que el Corregidor D. Fernando Valdés, hizo el desatino de derribar en 1749 para construir los asientos del campo de San Anton, y por último, cerca de la puerta Nueva ó de Alcolea, ya en la jurisdiccion de la Magdalena, hubo otra gran torre, de las mas fuertes de Córdoba, unida á la muralla por dos arcos. Ya ven nuestros lectores si esta parte ha variado, perdiendo una série de edificios que le daban un aspecto capáz de hacernos concebir como estaría Córdoba cuando gemía bajo el yugo de los árabes y como la encontraron las tropas del Santo Rey en la noche en que penetraron en ella, apoderándose de todo el ámbito de la Ajerquía. En este campo de Madre de Dios encontramos una fuente surtida con agua de la Palma y construida en 1748; es de mármol negro del país y unos adornos blancos, sin duda la mejor de toda Córdoba, donde por desgracia no hay una que medio llame la atencion de propios ni estraños. Dícese que en este sitio fué quemado el Tesorero Alcaudete, una de las víctimas del Santo Oficio; diremos esta tradicion histórica, tal cuál ha llegado hasta nosotros:

Pedro Fernandez de Alcaudete, Tesorero de la Santa Iglesia Catedral, deberia estar en abierta oposicion con los demás individuos del Cabildo, bien por su génio díscolo é irascible ó por otras causas que desconocemos, cuando fué á morir de una manera tan horrible y tan deshonrosa en aquellos tiempos. El Juéves Santo de 1483, hizo los oficios y, cuando llevaba el Sacramento para colocarlo en el depósito, frente de la capilla de San Acasio, advirtieron que de uno de los pies le brotaba sangre, hasta el punto de ir manchando el pavimento; entonces lo entraron en aquella y registrándolo, le sacaron del zapato la forma que momentos antes habia consagrado: esto produjo el escándalo consiguiente, y la Inquisicion se llevó al judaizante, ante cuyo tribunal declaró su delito y fué sentenciado á sufrir la muerte que ya saben nuestros lectores; todo ésto, aun cuando la capilla conserva el título de la Sangre y se cuenta en varios manuscritos, es para nosotros *falso por las contradicciones* que en ellos encontramos. El Tesorero dicen que era solo diácono, luego no podia celebrar todavia el santo sacrificio de la misa y por consiguiente no pudo consagrar la hostia ni ser el que la llevaba al monumento: un escándalo semejante no podia menos de llamar la atencion sin que el delincuente fuera preso en el acto, y dicen por otro lado que lo buscaron en su casa y que defendiéndose con sus criados mató á uno de los alguaciles, de modo que el mismo relato nos induce á creer que otrás serian las razones para su causa y que comentadas por el vulgo, ha llegado disfrazada á nosotros. El dia 27 de Febrero de dicho año tocaron á auto en la Catedral y á la mañana siguiente se formó la procesion en que iban los inquisidores, precedida de una cruz alta cubierta con velo negro, acompañando la Ciudad, otras corporaciones, entre ellas el Cabildo eclesiástico y el Obispo de Soria D. Rodrigo de Soria que vino para la degradacion, por estar vacante la mitra de Córdoba: hízose aquella en la iglesia de San Francisco, al efecto preparada con un tablado en el centro, sobre el cual se efectuó la ceremonia: despojado Alcaudete de las vestiduras de diácono, mientras predicaba el Guardian de aquel convento, el alguacil, hijo del otro, muerto al prender al Tesorero, le puso una aljuba amarilla con mangas largas, una capotilla con borla de colores y capuz y un letrero en que se leia: *Este ha judaizado*. Despues lo subieron en un asno, y entregado al brazo secular lo llevaron á las afueras de la puerta de Baeza, donde habian clavado un palo, al que lo ataron, y rodeándolo de leña le hicieron morir de una manera tan espantosa: algunos dicen que este acto tuvo lugar del lado allá del rio, pero los mas aseguran haber ocurrido en el sitio en que nos hallamos.

Por el lado opuesto llega el barrio de Santiago hasta la calle que vulgarmente llaman callejas del Cáñamo, pero que su nombre es de las Atarazanas, porque así decian á los locales de aquella industria.

Entre este punto y el camino que nos conduce á la Fuensanta, hay un gran edificio destinado á Asilo de Mendicidad dependiente del Ayuntamiento. Este es el antiguo convento de Ntra. Sra. de los Remedios y San Rafael, conocido generalmente por Madre de Dios, perteneciente al Orden Tercero de San Francisco. Su historia es curiosa, y creemos no desagradará á nuestros lectores el conocerla.

Mas allá del puente de la Fuensanta, siguiendo el camino recto, encontramos otra puentezuela casi destruida y que desde luego hace concebir una gran antigüedad; le llaman el puente de los Diablos y es una de las tradiciones mas inverosímiles que hemos encontrado. Pasado éste, en una huerta y casa llamada de Fiñana ó Filana, fundó un convento Fr. Rui Martinez de Pineda; era un buen edificio, en el cual se hospedó la Reina de Aragon, de que ya hablaremos, cuando vino á beber el agua de la Fuente Santa que le dió la salud. Cuentan algunos ancianos, de un lego que, dado á una vida sumamente libertina y teniendo una noche una cita, se encontró con que le era imposible venir á Córdoba por no poder vadear el arroyo Pedroche ó de la Palma que una horrible tormenta habia aumentado su corriente; entonces pidió á voces al diablo que lo sacase de aquel compromiso, ya que no le era lícito encomendarse á su padre San Francisco, á quien debiera estar mas sumiso, logrando su objeto, puesto que á seguida se le presentó una legion de diablos que fabricaron el puente que le dió paso, y que en nuestro concepto cuenta dos ó tres siglos de vida anteriores á la fundacion del convento.

En el año 1573 se mandó por el Concilio, que los frailes de la Orden de los Terceros de San Francisco se sometieran é incorporasen á la obediencia de los Menores, y con tal motivo se suprimió el convento de Madre de Dios y pasaron muchos religiosos al de la calle de San Fernando, donde les obligaban á variar de hábitos y practicar otras reglas y costumbres á que ellos se resistian; algunos se marcharon á Roma, donde permanecieron hasta lograr del Papa la devolucion de sus casas y bienes.

La insalubridad del sitio en que edificaron aquel primer convento, les hizo concebir la idea de trasladarse á otro lugar, y al fin el P. Fr. Ivo de Jesus logró de la Ciudad la concesion del terreno frente á la puerta de Baeza, trasladándose á él en 1602, y como los cordobeses aun carecian de una iglesia dedicada á su Custodio Arcángel San Rafael, que no muchos años antes habia pronunciado ante el Venerable Andrés de las Roelas el juramento de guardarlos y defenderlos en todas sus adversidades y desgracias, creyeron ser esta una ocasion oportuna de demostrarle su religioso agradecimiento, erigiéndole una iglesia donde se celebrasen las funciones que anualmente le tributaban; la Ciudad lo acordó así y costeo la actual, cuyo patronato conserva el Ayuntamiento, dedicada desde entonces á la Madre de Dios de los Remedios y San Rafael, por cierto que concluida sería una de las mas lindas de Córdoba. La capilla mayor, que aun permanece en alberca ó por cubrir, le haría formar cruz latina con cúpula y tribunas en los cuatro ángulos salientes, que son cortados, dos con arcos para altares y los otros dos para dar paso á las capillas laterales. Cortada por el arco toral donde está el altar mayor, mezquino aunque arreglado y construido despues de la invasion francesa, queda una nave de buena estension con diez pequeñas capillas, dos de ellas paso al campo y claustro, y las otras ocho dedicadas á diferentes imágenes, todas sin retablo por haber desaparecido en aquella época, y en general faltas de mérito; estas son, en el altar mayor, la titular Ntra. Sra. de los Remedios, y á los lados, sobre repisas, San Rafael y San Miguel: capilla del lado del evangelio, San Antonio, Santa Catalina y San Juan Bautista; en el frontal del altar tiene la siguiente inscripcion:

Esta capilla y entierro es de D. Pedro Velasco y Zea, síndico del convento de N. S. P. San Francisco del Monte y Ministro que ha sido tres veces del V. Orden de este convento; y de Doña Ana Nieto y Toro, su muger y de sus hermanos y sucesores. Año 1709.

En este sitio hubo un retablo hecho en el siglo XVII por el arquitecto Melchor Fernandez Moreno, autor de otros muchos en Córdoba.

La capilla de la Pasion que era últimamente de los hortelanos, tiene á Jesus Nazareno, la Vírgen de los Dolores, la Magdalena, San Juan, la Verónica y alguna otra imágen, pertenecientes todas á una cofradía de gran importancia y que ya no se conoce: se instituyó en el convento de los Mártires con licencia del Rmo. P. M. General Fray Vicencio Justiniano, dada en San Pablo á 7 de Junio de 1566; examinó y aprobó sus reglas el Lic. Gonzalo Melendez de Valdés, Provisor en tiempo del Obispo D. Cristóval de Rojas, á 21 de Mayo de espresado año: tiene otras aprobaciones y una licencia del Sr. Fresneda para poder pedir limosna en aumento del culto y hacer bien á los pobres; no sabemos qué cuestion habria entre los cofrades y el convento de los Mártires, de cuyas resultas en el año 1603 se trasladó al de Madre de Dios, donde ha permanecido hasta estinguirse; gozaba de muchas indulgencias y prerrogativas, como puede verse en unos curiosos códices que existen en la biblioteca de la Academia de Ciencias, Bellas Letras y Nobles Artes de esta capital, donde cuidadosamente se conservan. Entre la espresada capilla de la Pasion y la puerta principal hay otras dos, dedicadas á San José y al Santísimo Cristo del Consuelo. Al lado opuesto encontramos la del Orden Tercero, en que se ven San Francisco y San Luis, y en el frontal se lee lo siguiente:

Esta capilla y entierro es del V. Orden Tercero de Penitencia. Hízose siendo Ministro nuestro hermano Francisco Lopez Pastor que lo ha sido cinco veces. Acabóse año 1715.

Siguen las capillas de Ntra. Sra. de la Esclavitud, con Jesus á la Columna y un Ecce-Homo, la de la Concepcion y Santa Lucía.

La proximidad de los conventos del Cármen, San Juan de Dios y Madre de Dios á la puerta Nueva ó de Alcolea, por donde entró en Córdoba en 7 de Junio de 1808 el General Dupont con su ejército, hizo que en el saqueo concedido á éste y con la furia que en los franceses desató la resistencia que primero se le hizo en el puente, y el tiro que Pedro Moreno disparó contra su jefe, los espresados edificios fuesen de los que mas sufrieron, convirtiéndolos, por último, en cuarteles para aquella tropa: en el de Madre de Dios no quedó plata alguna, ni objeto que pudiera valerles algo, llegando hasta el estremo de romper las puertas del Sagrario y llevarse el copon, dejando las sagradas formas tiradas por el suelo; se llevaron toda la ropa que encontraron, hasta los manteles de los altares y los vestidos de las imágenes, muchas de las que hicieron pedazos, como sucedió á la Concepcion, San Diego, Santa Rosa de Viterbo, Santa Margarita y la Virgen de los Remedios, dejando completamente deshechas y tambien destrozadas la de los Dolores, cuatro de Jesus, San Francisco, San Luis, San Ivo y Santa Isabel, reina de Hungría, rompiendo las losas de los huecos ó enterramientos; en una palabra, no dejaron cosa alguna como estaba, pues hasta quemaron el archivo, de lo que el Prelado sacó testimonio; con los libros de la biblioteca hicieron camas, y con parte de ellos, los asientos del coro y los retablos guisaban los ranchos; hasta dos órganos que había quedaron completamente destrozados.

Marchóse, al fin, Dupont, y los frailes pensaron suprimir el convento, dejándolo convertido en un hospicio y hospedería para los de su órden que pasaran por Córdoba; mas los ruegos de muchos amigos y devotos, los decidieron á restablecerlo, principiando á componer algunos objetos y á comprar otros, llevando mucho adelantado, cuando á eso de unos dos meses, el 23 de Enero de 1810, entró en Córdoba el General Godinot, uno de los hombres mas funestos que han mandado en esta ciudad, y al dia siguiente publicó el decreto suprimiendo todas las comunidades, á las que amenazaba con gran castigo si no hacian entrega de todas las alhajas y demás efectos destinados al culto; esta órden se llevó á cabo en el improrrogable término de diez dias, y entonces se destinó este edificio á cuartel de un regimiento de dragones, el que convirtió la iglesia en caballeriza con ochenta plazas, levantando la solería para empedrar el pavimento, y convirtiendo en sumideros los huecos particulares ó enterramientos; lo mismo sucedió en todo el convento, en el que solo quedaron dos puertas servibles de las muchas que contaba.

Pasaron aquellas terribles circunstancias de gemir bajo el yugo de los franceses, y todo fué tornando á su ser, aunque perdidas muchas alhajas, y lo que aun es peor, muchas obras artísticas que no se recuperan ni subsanan. El 19 de Mayo de 1814, volvieron los frailes á posesionarse de su convento, y el 27 empezaron las obras de restauracion, que fueron apreciadas en diez mil duros. A la entrada de la portería formaba una capilla, propia del Orden Tercero, y esta se arregló antes de todo, tanto, que aquel mismo año celebraron en ella el Jubileo de la Porciúncula, llevando dias antes la imágen de San Francisco desde el hospital de San Bartolomé de las Bulas, donde lo habian recojido; lo mismo fueron haciendo con otros, como Santa Isabel, de casa de doña Ana Victoria Serrano, Ntra. Sra. de la Esclavitud, de Santa Cruz, y otras de diferentes puntos y casas particulares en que las habian guardado ó adquirido por dinero; lo mismo sucedió con otros objetos, como dos lámparas de San Pedro y los retratos de los fundadores, los venerables Padres Soli-Deo y Rodrigo Martinez de Pineda. Despues de esto, se procedió al arreglo de la iglesia, trabajando los mismos frailes y los individuos de la hermandad de la Pasion, solándola de nuevo, construyendo el presbiterio y altar mayor, y pintando las capillas para suplir la falta de los retablos, terminando la restauracion en el año 1819. Entre los objetos recojidos figuraba una hermosa Vírgen de Belen, obra de Palomino, que habia conservado el Rector de Santiago D. Dionisio Sanchez, hijo de aquella Casa, y que en la actualidad no sabemos qué se ha hecho de ella: tambien rescataron gran parte de la librería, pues lo demás se había gastado en hacer cartuchos.

Ya instalada la comunidad con todo lo que habian recogido ó hecho de nuevo, llegó el año 1821, y á mediados de Junio se dispuso la reduccion de conventos, suprimiendo todos los que no tuviesen veinte religiosos, y éste, que fué siempre de los mas numerosos, pues en el ya citado censo de poblacion de 1718 aparece con setenta y dos de misa ó sacerdotes, en la época á que nos referimos no llegaba al número marcado, y le tocó la suerte de cerrarse, si bien lograron abrirlo de nuevo á mediados de Agosto de 1822: en el tiempo que estuvo suprimido, vendieron todos los efectos, que luego recogieron, y hasta el edificio; por cierto, que despues llevaron los frailes tan á rigor la devolucion de todo lo que les había pertenecido, que obligaron al comprador á que restituyese unas tejas que había llevado á otra parte, sin que consiguiera el que tomasen otras nuevas por tal de no destruir el tejado edificado con aquellas. Todo lo dicho y muchos mas datos que omitimos por demasiado minuciosos, constan en un libro de las visitas del Padre General de la Orden, que se conserva en el archivo de la Administracion Económica de Hacienda de esta provincia, que pueden registrar nuestros lectores, y por cierto que allí para nada sirve y debiera pasar con otros á la Biblioteca Provincial, dónde sería mas útil á los aficionados á las letras y á la historia.

Cuando la última exclaustracion en 1835, se confirmó la venta, con escepcion de la iglesia, abierta al culto, y su dueño vendió este edificio á una sociedad que estableció en Córdoba una fábrica de cristales planos y huecos, haciendo los primeros bastante buenos, no así los otros, que siempre tuvieron un viso verdoso que le quitaba mérito y salida: disuelta aquella y pasados algunos años, formóse otra con la misma suerte, y por último, estando el Ayuntamiento buscando un edificio para establecer un Asilo de Mendicidad con las limosnas que todo el vecindario dió y seis mil reales entregados por D.ª Isabel de Borbon á su paso por Córdoba en 1862, compraron este convento en sesenta y cinco mil reales, y supliendo la falta el presupuesto municipal, se hicieron las obras y mueblaje necesario, consiguiendo inaugurarlo en 14 de

Mayo de 1864, siendo Alcalde D. José Ramon de Hoces, Conde de Hornachuelos, quien propuso para la direccion del nuevo establecimiento al virtuoso sacerdote D. Agustin Moreno, que lo aceptó y aun desempeña sin retribucion alguna, y dando contínuos ejemplos de caridad y de un celo que, ojalá hallára muchos imitadores: hoy tiene unos doscientos acogidos entre ambos sexos, dedicados cada cual á las faenas que su edad y achaques les permiten: el edificio no es todo lo ámpio necesario, á causa de no haberse reedificado una parte que há siglos se derribó y está convertida en corrales; la actual revela diferentes edificaciones, pues hasta uno de los claustros del patio principal, es distinto á los otros en altura y órden arquitectónico.

El haber desaparecido casi por completo el archivo de este convento, nos priva adquirir muchos datos acerca de los religiosos Terceros que mas se han distinguido por sus virtudes y letras: mas no tanto que no podamos dar noticias de algunos, cuyos nombres pasarán á la posteridad, tales como los PP. Fray Pedro y Fray Rafael Rodriguez Mohedano, hermanos, unos de los hijos mas ilustres que ha tenido Córdoba: el primero nació en 1722 y el segundo tres años despues, ó sea en 1725; juntos se educaron, haciendo grandes adelantos en sus estudios, y ambos tomaron el hábito en el convento de Madre de Dios, dedicados al cultivo de las ciencias y las letras, en que fueron muy notables: ocuparon la celda alta que hace ángulo á la iglesia y que hoy habita el espresado Director del Asilo Sr. Moreno, tambien escritor muy apreciable: los Mohedanos pasaron de esta ciudad á la de Granada, donde escribieron la notabilísima obra titulada *Historia literaria de España,* de que imprimieron nueve tomos: tienen algunos otros trabajos de mérito, logrando ser muy queridos de todos los amantes á las letras de su tiempo; ambos murieron en aquella capital, Fray Rafael en 1783 y Fray Pedro poco después, habiéndose secularizado. En el *Diccionario de Escritores españoles* del Sr. D. Carlos Ramirez de Arellano, se cita a otro fraile de este convento, Fray Pedro Marmol, autor de varias obras de menos importancia de la que hemos citado.

El trayecto entre la puerta de Baeza hacia San Juan de Dios y el otro á la carrera de la Fuensanta, ha sido siempre uno de los sitios dedicados á la industria cordobesa. allí han existido siempre las fábricas de efectos de cáñamo, que ya hemos dicho en otro lugar ha sido un ramo de gran importancia; las fábricas de jabon duro, de que se hacía un gran comercio, no solo para toda España sino para el extranjero, habiendo muerto con el establecimiento de otras en muchos pueblos, quedando aquí algunas en otros sitios: en la actualidad una de jabon y fósforos recien establecida y ya muy acreditada de D. Eduardo Alvarez Sotomayor, quien la ha dado el título de Santa Matilde, compitiendo ventajosamente, con especialidad en las cerillas, con todas las que se elaboran en el reino: á la salida de la puerta hay otra fábrica de panos de D. Francisco Ramos y Relaño, en que se elaboran muy buenos, ademas de los capotes cordobeses que tanta fama tienen en todas partes. ya en la carrera de la Fuensanta, hay otra fábrica de fósforos y cartones de los Sres. Barrena y Sánchez, en que se elaboran con gran perfeccion; y por último, cerca del arroyo encontramos la fábrica de gas, establecida en Córdoba por D. José Gil, con arreglo á todos los adelantos modernos, y sirviendo al público con una exactitud que le honra: es digna de ser visitada por las personas curiosas, y examinar los aparatos que allí funcionan y la fabricacion de materiales de construccion, sin comparacion, mucho mejores que todos los que hasta ahora hemos visto hechos en Córdoba.

Lamiendo el muro formado al terreno que ocupa la espresada fábrica, existe un arroyo, y sobre éste un puente construido en 1498, segun hemos visto en las actas capitulares: dicho arroyo tiene varios nombres, segun los sitios por donde vá pasando; se forma en las vertientes del lagar de San Cristóbal y huerta de Morales, baja á la huerta de Saldañas, tomando ya el título de las Piedras, pasa por la del Naranjo y á poco tiene un puente muy antiguo denominado de Sansueña, y al lado un molino, construido en 1708, que solo sirve cuando no funcionan los del Guadalquivir por esceso de agua; tiene otro puente en el ferro-carril de Belméz, otro en la fábrica de fundicion, otro en la via-férrea de Madrid, otro en la carretera del Almaden, otro á un estremo del Marrubial, otro en la carretera de Madrid, otro contiguo á San Juan de Dios, pasando por bajo de este edificio, y por último, el de la Fuensanta, cuyo nombre toma, cambiándolo á poco por el de las Moreras para unirse con el arroyo Pedroche y juntos desaguar en el rio; en el espresado egido del Marrubial se le unen otros tres arroyos mas pequeños, denominados la Hormiguita, Camello y Matadero.

Un llano estenso y entrelargo, encontramos en este sitio, nivelado en 1772, segun vemos en el Archivo Municipal, y forman sus lados mas largos una fila de asientos que lo separan del espresado arroyo, y en frente la tapia de una puerta y la fachada del santuario y casa de Ntra. Sra. de la Fuensanta: á un estremo se vé tambien una linda capilla gótica, sostenida por cuatro arcos, hoy cerrados, en cuyo centro está el pozo ó fuente que brotaba sus saludables aguas al pie del cabrahigo, morada durante siglos de aquella milagrosa y venerada imágen.

Pablo de Céspedes, Enrique Vaca de Alfaro, Sanchez Feria, Bravo, Ugarte, Ramirez Casas-Deza y otros notables escritores, ante cuyos nombres confesamos nuestra insuficiencia, han escrito la historia de aquel santuario, amparo y consuelo de los cordobeses en todas sus aflixiones; pero mal podíamos cumplir con la tarea que nos hemos impuesto si no dedicásemos tambien algunas líneas para enterar á nuestros lectores del orígen de la Vírgen de la Fuensanta y de la historia de su santuario.

En la primera mitad del siglo XV moraba en el barrio de San Lorenzo, junto á la puentezuela, un infelíz cardador de lana llamado Gonzalo García, á quien su escaso jornal no bastaba á sostener á su esposa é hija, la primera paralítica y la segunda demente; por tanto, imposibilitadas de ayudar á contribuir con su trabajo á los gastos de la familia: desesperado con tan triste situacion, y no sabiendo qué determinacion tomar, salióse un dia por la puerta de Baeza hácia el arroyo de las Peñas ó Piedras, que es el de la Fuensanta, y hácia el sitio que aun se denomina de las Moras, á causa de las muchas silvestres nacidas en aquellos paredones. Meditabundo y pensativo iba Gonzalo hácia el mencionado sitio, cuando se le acercaron dos hermosas jóvenes, una en pos de otra, y un gallardo mancebo: la primera le dirigió estas ó parecidas cariñosas palabras: «Gonzalo, toma un vaso de agua de aquella fuente, y con devocion dalo á tu mujer é hija, y tendrán salud.» Suspenso quedó aquel desgraciado, si bien dominándolo la idea de que sus favorecedores serían la Vírgen María y los Patronos de Córdoba San Acisclo y Santa Victoria, en cuya idea lo afirmó el gallardo jóven, diciéndole: «Haz lo que te manda la Madre de Jesucristo, que yo y mi hermana Victoria, como Patronos de esta ciudad, lo hemos alcanzado de la Vírgen Santísima.» Lleno de gozo y aun mas admirado, volvió ansioso la vista hácia el sitio señalado, donde efectivamente corria el agua, manando de entre las descubiertas raices de un cabrahigo, que demostrando su atigüedad, cubría con sus ramas parte del paredon de la cercana huerta: mas casi simultáneamente iba á arrojarse á los pies de su celestial bienhechora, cuando esta ya habia desaparecido con los Santos Mártires.

Henchido su corazon de gozo y agradecimiento, corrió Gonzalo á una alfarería, cercana á la hoy demolida puerta de Baeza; compró el jarro, y lleno de la salutífera agua, lo llevó á su casa, contando lo ocurrido, y pidiendo con gran fé que con ella viviesen su mujer é hija, logró verlas libres completamente de sus acerbos y ya incurables padecimientos.

Como no podía menos de suceder, la noticia circuló por toda la ciudad; los enfermos corrieron á beber de la fuente designada, y nuevas curaciones justificaron mas y mas la virtud de sus aguas; mas nadie acertaba á descifrar aquel misterio, descubierto al fin por otra nueva revelacion. El jarro comprado por Gonzalo García, y que era de barro vedriado, como color amarillo, se conservó muchos años como una preciosa reliquia, afirmando Enrique Vaca de Alfaro que el dia 6 de Abril de 1671 tuvo en su mano un fragmento que aun quedaba en poder de Juana de

Luque, vecina de la calle del Aceituno, de sesenta y siete años de edad, y viuda de Nicolás Muñoz de Toro, descendiente del Gonzalo.

Veinte años habian trascurrido desde aquel portentoso suceso, aun sumido en el mas misterioso secreto: el sitio conocido por la Albaida era la morada de los ermitaños de Córdoba, aun no congregados como en la actualidad, y uno de ellos agoviado por una cruel hidropesía que lo llevaba al sepulcro, se decidió tambien á beber de las saludables aguas de la santa fuente, y con ellas logró la salud apetecida: lleno de agradecimiento y fé, pedía á Dios y á la Vírgen en sus oraciones, que se dignasen aclarar aquel arcano, cuando una noche, la del 8 de Setiembre, oyó cierta voz que satisfizo su ansiosa curiosidad, revelándole que en el tronco de aquel cabrahigo se encerraba una imágen de la Vírgen, depositada en un hueco cuando la persecucion de los cristianos, y cuya concavidad había cerrado el trascurso de tantos años. El ermitaño corrió al dia siguiente á presentarse al Obispo de Córdoba D. Sancho de Rojas, y contándole lo ocurrido, éste hizo cortar el árbol, confirmándose las palabras del anacoreta, puesto que fué hallada la imágen que con tanta devocion veneramos. Es de barro, y tiene en la espalda unas letras muy gastadas, al parecer góticas.

Si el mas insignificante acontecimiento atrae tantos curiosos al lugar en que ocurre, figurémosnos un momento qué no sucedería en semejantes tiempos, cuando los sentimientos religiosos eran tan puros en las personas ilustradas, y el pueblo ignorante estaba subyugado por el mas exagerado fanatismo. Al dia siguiente de la revelacion, cortóse el árbol, y encontrado tan estimable objeto, divulgóse la noticia con la velocidad del rayo, acudiendo casi en su totalidad el vecindario de Córdoba con el clero, autoridades y demás corporaciones, formando todos una procesion que en medio de una alegría indescriptible, aumentada por el repique de tantas campanas como entonces habia, y del disparo de cohetes y arcabuces, llegó con la imágen al Sagrario antiguo de la Catedral, hoy capilla de la Cena, donde la depositaron, hasta que se edificó en el sitio del cabrahigo el primer humilladero, costeado por el Obispo D. Sancho de Rojas. Esta procesion se representa en un gran cuadro que hay bajo los arcos del atrio de la iglesia por la casa del capellan, con otros milagros y hechos posteriores: aquel lienzo ha sido mayor, pues la inscripcion que tiene al pié no está completa, como la copiamos á continuacion:

Parte que existe:

Este es un retrato sacado de otro antiguo, de como nuestra Señora apareció á Gonzalo García, cardador, y le mandó tomar del agua de esta Santa Fuente, con lo cual sanó su muger, que estaba paralítica....

Parte que le falta.

y su hija loca, y otros muchos milagros que entonces nuestra Señora obró, de donde se siguió la fundacion de esta Santa Casa; aconteció en el año 1420, *reynando Don Juan el Segundo, y Obispo de Córdoba Don Sancho de Rojas. Mandolo pintar Pedro Velez de Alvarado, Racionero entero de la Santa Iglesia de Córdoba, siendo Administrador de esta Santa Casa, año de* 1596.

Este cuadro es original de Leonardo Enriquez, discípulo de Pablo de Céspedes, y la única obra que de él se conserva, aunque ya tan repintada, que quizás nada le quede suyo; y decimos original, porque aun cuando hubiera otra, la venida de la Reina de Aragon y el milagro de los estudiantes que allí se representan, son hechos posteriores á la invencion de la imágen, luego el pintor solo tomaría la idea de esta, formando nueva composicion para el mejor desempeño de su obra.

Ya copiada esa inscripcion en que se cita el año 1420 como el tiempo de la aparicion de la Vírgen, copiarémos otra, que dividida en dos losas está á los lados de la capilla mayor de esta iglesia, y despues haremos sobre ella algunas reflexiones. Dice así:

Reynando Don Juan el Segundo, y siendo Obispo de esta Ciudad Don Sancho de Roxas, fué hallada milagrosamente esta Santísima Imágen en el hueco de una Higuera cerca de la Fuente que llaman Santa, año de 1420. *El Cabildo de la Catedral en este sitio, heredad suya llamada Huerta Albacete le labro este Santo templo, y coloco con procesion general.*

——— Y asistencia de la Ciudad en el puesto donde está, quedando por Administrador y Patron de esta Santa Casa: y para que de ello conste, de acuerdo suyo se pusieron estas Losas con relacion del caso, á honra y gloria de Dios y su Madre Santísima, reynando Felipe Quarto, y siendo Obispo de Córdoba el Ilustrísimo Señor D. Fray Domingo Pimentel, año 1641.

Otras relaciones que se conservan de este suceso

y algunas, las mas antiguas, aseguran haber ocurrido la aparicion el Sábado 8 de Setiembre de 1420, siendo Obispo de Córdoba D. Sancho de Rojas, en tanto que otros, como Bravo, Féria y Ugalde la niegan, fundados en dos razones muy atendibles, una que en dicho año no era Sábado el citado dia, y otra, que aquel Prelado no obtuvo hasta mucho despues, opinando con grandes visos de acierto, que la invencion se efectuó en 1442. Tambien hemos hecho algunas confrontaciones, y de ellas colegimos que habiendo mediado unos veinte años desde lo ocurrido á Gonzalo García y la revelacion del ermitaño, no es estraño que cada uno considere la aparicion en un tiempo diferente, si bien la circunstancia de ser Sábado el 8 de Setiembre corresponde á la fecha mas moderna.

No es el pensamiento que nos guía escribir una historia estensa y minuciosa de este santuario, sino consignar apuntes, como venimos haciendo en los paseos de otros barrios. Construyóse el primer humilladero, ó sea el camarin que aun existe detrás del pozo con un cuadro representando la aparicion de la Vírgen y los Patronos á Gonzalo García, con una inscripcion al pié que refiere el suceso como en las otras ya copiadas.

Despues de esto, en 1455, sede vacante, el Cabildo costeó la formacion del brocal del pozo y amplió el humilladero, que despues, hácia 1493, se agrandó con la capilla gótica hoy existente, y que sería mucho mas linda si en vez de aquella raquítica puerta tuviese los tres arcos abiertos con verjas, que le darian vista y lucimiento.

Cada vez era mayor la devocion á la Vírgen por los milagros que se le atribuian, y esto contribuyó á que el espresado Cabildo se declarase su patrono y mandase edificar á sus espensas una iglesia, cercana al sitio del encuentro, como en efecto lo hizo, conservándose aun la portada en una de las habitaciones del capellan.

Cundióse la fama por toda la península, tanto, que hácia los años 1455, la Reina D.ª María, esposa del Rey D. Alonso de Aragon y hermana de D. Juan II de Castilla, á la sazon hidrópica, vino á Córdoba ansiosa de recobrar la salud con tan prodigiosas aguas, cuyo satisfactorio resultado produjo en ella tal agradecimiento, que lo demostró dando una porcion de valiosas alhajas, á las que aseguran pertenecer una preciosa corona de oro y pedrería que aun existe, y una gran cantidad con destino á la edificacion de una hospedería para los pobres que viniesen al santuario, obra realizada por el Cabildo, quien costeó además habitaciones para el capellan.

Hemos dicho que la portada de dicha iglesia fué la que se conserva en la casa del capellan, siguiendo la opinion de Ugalde, si bien D. Luis María Ramírez, en su *Indicador Cordobés*, cree que era la misma que hoy tiene aquella bajo los arcos, cuya arquitectura parece del siglo XV.

Otros apuntes curiosos encontramos sobre la existencia de dos cofradías en el santuario de la Fuensanta, ambas dedicadas á su culto. Por los años 1518 existia una de ellas, trabándose una gran cuestion entre los cofrades, porque unos querian *lanzar á varios de los fundadores*, á quienes acusaban de conversos: estos acudieron al Cabildo en queja: mandóseles poner en posesion y que aquella cualidad fuése obstáculo en lo sucesivo, *negaronse los otros*, y terminó la cuestion por disolverse la espresada cofradía; mas en 1558 aparece un acuerdo, dandó licencia á los cantores para asistir á una funcion costeada por aquella; y aquí entra la duda sobre si se restableció esta hermandad ó es otra nueva, si bien nos inclinamos á creer ambas cosas, porque en un pleito que existía en el archivo del Cabildo, parece confirmarse esto, toda vez que hubo cuestion sobre cual había de administrar los bienes que dejaba á su cargo un Miguel de Haro, cordobés, que murió en Mégico en 1581, el cual fundó una obra-pía para dotar huérfanas, dejando el patronato á la cofradía mas antigua de Ntra. Sra. de la Fuensanta. En la actualidad y há muchos años, no existe hermandad alguna, ni se sabe cuando fué extinguida. En estos últimos años se trató de formar una asociacion para el culto de la Vírgen, lo que no logró realizarse, porque los cofrades se encontraban siempre con el inconveniente de no poder llevar las andas, por el patronato de ambos Cabildos.

Otros muchos datos hemos visto, por lo cual se prueba que la actual iglesia es la segunda en aquel lugar, y que debió hacerse á fines del siglo XV, quedando sin capilla mayor, ni camarin, colocándose la Vírgen en un nicho con gran solemnidad; y decimos esto, porque existe un acuerdo del Cabildo de 22 de Julio de 1512, mandando el canónigo administrador del santuario, Juan Lopez, que *haga la capilla principal de la iglesia de la Fuensanta de canteria en la huerta á las espaldas donde agora está.* Empezóse la obra, mas no hubo de contarse con los medios necesarios para acabarla, puesto que la costeó casi por completo el Tesorero de la Santa Iglesia D. Antonio del Corral, quien no empezó á administrar las rentas y limosnas hasta 1523: luego hallamos que para hacer y dorar el retablo se vendió en 1525 una casita que poseia el santuario en la carrera de la

Fuensanta, donacion del Canónigo Cristóval de Mesa.

El espresado D. Antonio dió mucho dinero para estas obras, y además fundó unas capellanías para el mayor culto de la iglesia; conducta que imitó su hermano D. Pedro, canónigo de Sevilla: por todo esto y por mas que hizo el primero, pidió al Cabildo en 21 de Febrero de 1533, y le fué concedido, el patronato de espresadas capellanías y enterramiento en la capilla mayor para él y su hermano D. Francisco y el hijo de éste con todos sus sucesores, de donde viene el ser patronos de esta casa los Marqueses de la Motilla, descendientes del tercero de los espresados señores.

Tambien cuenta en un cabildo de primero de Febrero de 1527, que se estaba haciendo una verja que coronaba el arco toral, y ha llegado á nuestros dias, ajustada en noventa y tres mil maravedises, equivalentes á dos mil setecientos treinta y cinco reales, y cinco diez y siete avas partes de otro. En el siglo XVII, hácia el año 1641, se reedificó y reformó nuevamente la iglesia, y en este tiempo debió hacerse la fachada principal: consta de cuatro cuerpos, los dos últimos en forma piramidal y en el que está el campanario; es de ladrillo en limpio, con una portadita de mármol azul, del pais, y adornos blancos, todo de muy mal gusto arquitectónico. El interior es de tres naves, divididas por arcos de órden toscano: el camarin, el retablo mayor y otras partes del edificio, revelan ser obras mucho mas modernas de lo que llevamos dicho; luego el dicho retablo sustituyó á el antiguo, sin duda ya en el presente siglo, y nos fundamos para decir esto, en que su arquitectura no es del siglo XVII, en que se hizo otro, puesto que segun Vaca de Alfaro, se colocó la imágen en su nuevo tabernáculo el 26 de Agosto de 1667, celebrándose una gran funcion á que asistieron los dos Cabildos y toda la nobleza de Córdoba, y predicó el M. R. P. M. Fray Diego de Escobar, orador muy notable, que poco despues fué Prior del convento del Cármen, á la salida de la puerta de Alcolea.

La capilla mayor, como hemos anotado, es patronato de los Marqueses de la Motilla, quienes tienen allí enterramiento en un hueco, que por cierto está inutilizado, puesto que al abrirlo para depositar el último cadáver que se trajo del abuelo del actual Marqués se encontró lleno de agua, sin duda resultas de las muchas veces que el Guadalquivir ha inundado esta iglesia, y entonces se le dió sepultura á un lado, colocando la lápida que allí vemos. En la nave de la epístola, forma el frente una pequeña capilla dedicada al Smo. Cristo de las Mercedes, el que, segun una inscripcion que ya no existe, fué traido de Mégico á principios del siglo XVII por Fernando Sanchez Castillejo, quien fundó este altar: tiene una bonita bóveda pintada, que parece de mano de Palomino, aun cuando algo desfigurada por el tiempo y restauraciones: otros dos altares tiene esta nave, ambos muy modernos, uno dedicado á San Rafael y el otro al Santo Cristo del Humilladero, llamado así porque estuvo en el que había en la huerta del mismo título. La nave del evangelio tiene tambien al frente una pequeña capilla dedicada á Santa Ana, y dos altares de mala forma, uno con San José y el otro con San Acisclo y Santa Victoria, ambos llevados á aquel lugar cuando se suprimió la iglesia de San Sebastian, de que ya nos hemos ocupado.

La sacristía es bastante capáz, atendida la importancia del santuario, y en ella encontramos algo que interese á la historia de las artes cordobesas: en el centro hay un retablo con un hermoso lienzo con Jesus muerto, principiado á pintar por Juan de Alfaro, y concluido por D. Antonio Palomino; por cima vemos un Crucifijo con la Vírgen y San Juan, tambien de muy buena mano aunque no conocemos el autor: casi frente hay dos grandes ángeles, al parecer obras de principios de este siglo, y los cuales estuvieron en la capilla mayor, de donde mandó quitarlos el Sr. Alburquerque por su demasiada desnudéz: tanto en este sitio como en el camarin y su escalera, que es de mármol rojo y muy ancha, encontramos varios cuadros muy lindos, entre ellos dos firmados por Antonio del Castillo, y aun dicen algunos escritores que hubo unos cobres de David Teniers; en la meceta hay un altarito con un cuadro que representa la Vírgen del Sagrario de Toledo, y por bajo un niño dormido.

El terreno en que está situado este santuario es poco mas alto que el nivel del rio, así es que en casi todas sus crecidas lo ha inundado como sucedió en 1481, 1554, 1604, 1618, 1626, 1684, 1689, 1692, 1698, 1707, 1708, 1785, 1821 y 1860, siendo tal vez la penúltima la mayor de que hay noticias: en ninguna de ellas ha llegado el caso de ser preciso sacar la imágen aunque han estado preparados hombres al efecto para hacerlo por la espalda del camarin donde hay una ventana y está el terreno mas alto.

Entre la casa del capellan y la iglesia hay un estenso y bonito pátio, decorado con arbustos y flores, además de unos cipreces criados en forma piramidal, si bien escalonada; delante de la segunda hay una galería sostenida por arcos, en los que se leen algunas sentencias religiosas y morales, y debajo está el cuadro de Leonardo Enriquez, ya citado, y una multitud de ex-votos ó milagros, como vulgarmente les dicen, apesar de ser muchos los que en diferentes ocasiones se han quitado por inútiles: entre ellos llaman la atencion un enorme caiman disecado, traido de América, aunque el vulgo ha dado en decir que lo mató en el arroyo cercano un sentenciado á muerte, á quien ofrecieron el indulto si acababa con aquel animal que, corrido del mar, estaba siendo el asombro y terror de los cordobeses: una costilla de una ballena, la concha ó carapacho de una tortuga, una sierra del pez de este nombre y otras cuantas cosas remitidas como recuerdo por viajeros cordobeses. Tambien se ven en aquel sitio dos cuadros de escaso mérito y alegóricos; representan el alma en gracia y el alma en pecado, aquella por una hermosa jóven coronada de rosas y con la complacencia de la felicidad, y la otra por una figura estraña y grotesca á quien una serpiente oprime la garganta.

Un tomo de cuatrocientas páginas no bastaría para anotar los milagros de curaciones, resurrecciones de muertos y otros sucesos por el estilo que hemos oido, y por eso nos concretaremos á decir algunos mas raros, dejando al criterio del lector comentarlos segun le parezca. Al tratar de la calleja Mancera, barrio de San Andrés, contamos uno de los que mas nos han llamado la atencion.

Enrique Vaca de Alfaro en su historia de este santuario, cuenta que en el año 1505, se juntaron cinco estudiantes, hijos de padres conversos, é inventaron para ganar dinero ó para burlarse de los crédulos, que uno de ellos se fingiese muerto, trayéndolo los otros delante de la Vírgen de la Fuensanta, donde haría que resucitaba; mas, cual sería su asombro al ver que llegada la ocasion, el jóven estaba en efecto difunto, lo que les hizo empezar á gritos y confesar su falta, rogándole á la Vírgen que lo volviese á la vida; este milagro está, en efecto, pintado en el yá dicho cuadro de Enriquez.

Tres hermanos, vecinos de Córdoba, tenian una hermana vieja y tullida, y queriendo deshacerse de ella y no creyendo en la virtud de aquellas aguas, idearon arrojarla de noche al pozo, donde se ahogaría; mas, lejos de eso, la enferma recobró la salud y se volvió á la casa, como si tal cosa hubiese padecido.

Hernando de Molina, natural de Córdoba, estaba el 18 de Julio de 1818 á vista de Tolosa, cuando fué hecho prisionero por los franceses con otros compañeros que ocupaban una nave española entre San Jorge y el Castillo, siendo todos ellos sentenciados á muerte; mas él se acordó de la Vírgen de la Fuensanta, la que apareciéndoseles, los sacó en salvo de las garras de sus enemigos.

En 1554 se cayó un niño en aquel pozo y, encomendado por su padre á la Vírgen, dicen que delante de muchos testigos, subió el agua, echando fuera al chico, que declaró haber visto á Nuestra Señora, tal como se venera, y que le alargó la mano para salvarlo.

Entre los jesuitas cordobeses mas notables, figura como escritor y hombre virtuoso, el Padre Tomás Sanchez, el cual á los diez y seis años se le negó la entrada en el colegio de la Compañía por ser tartamudo, falta de que se vió libre por milagro de la Vírgen de la Fuensanta, á cuyos pies se arrodilló rogándole lloroso que lo librase de aquel defecto, lo que alcanzó antes de salir del santuario, valiéndole el ingreso que deseaba en aquella casa, donde siguió sus estudios.

El Jurado de Córdoba Luis Sanchez Barchilon, otorgó su testamento en 28 de Febrero de 1608, ante Fernando Damas, y en él funda una obrapia para casar huérfanas, diciendo que lo hace así, porque estando muy malo se encomendó á la Vírgen de la Fuensanta, la que se le apareció y dijo le otorgaría aquel beneficio si dedicaba parte de su hacienda en alivio de los pobres.

El escritor Lic. Benito Daza de Valdés, en la dedicatoria de su libro *Los Antojos*, dice que esta imágen obró con él dos milagros, uno sanándolo á la edad de seis años, estando tullido, por lo que puso sus muletas en la iglesia, y despues en otra ocasion en que estaba muy grave con el mal de orina.

En una tablilla habia tambien pintado el siguiente estupendo caso ocurrido en 7 de Junio de 1671. Decía, que á una mujer llamada María Manuela, se le entró en el cuerpo un demonio tan terco, que no la abandonó en ocho meses, por mas conjuros y exorcismos que le echaban, hasta que, traida la paciente á esta iglesia, se logró lanzar á aquel, que declaró llamarse Caldero y que se había apoderado de la María Manuela por las muchas maldiciones que le echó su madre.

Con estas y otras maravillas, contadas con referencia á Ntra. Sra. de la Fuensanta, han sido tantos los devotos que ha tenido, que sus limosnas llegaron, no solo á edificar el templo y casa, sino á enriquecer el primero, hasta el punto de tener treinta lámparas de plata contínuamente con luz y una guardada por falta de colocacion, y en armonía con esto estaban los cálices, ternos y demás alhajas, de las cuales se conservan muy pocas, tanto, que para la funcion del 8 de Setiembre llevan de prestado una lámpara de la Catedral; muchas de aquellas se vendieron para reparos, y otras desaparecieron cuando vinieron los franceses.

La esplanada que hay delante del santuario, ha sufrido tambien algunas alteraciones; la huerta avanzaba dejando un camino entre ella y el arroyo; mas en 1684 se hundió la cerca, y el capellan, á la sazon Diego Martin Capilla, compuso con el Cabildo y el arrendador de aquella, que cediesen como una fanega de terreno, y entonces se levantó la tapia á cordel, quedando como en la actualidad la vemos: no desaparecieron los montones de tierra que allí había y continuaron muchos años, hasta el de 1772 en que el Ayuntamiento dispuso nivelar aquel sitio, obra que se hizo por un ajuste alzado con un grancero llamado Francisco Rodriguez, quien la realizó en pocos dias, en la suma de mil reales.

Cuéntanse muchas anécdotas y casos raros ocurridos en el santuario de la Fuensanta, de los cuales son algunos dignos de figurar en nuestros apuntes. Cuando Felipe III estuvo en Córdoba, visitó todo lo mas notable de ella y, como era casi natural, fué tambien á la espresada iglesia, como lo habian hecho y despues lo han verificado otros reyes: despues de orar pasó al pozo, y allí se presentó un hombre del pueblo diciendo que, si S. M. le daba permiso saltaría con los pies juntos desde el suelo á lo alto del nicho ó camarin que aun allí existe, salto que juzgaron imposible, escitando por lo mismo la curiosidad de todos; diósele aquel, y entonces, despojándose algo de la ropa, saltó con una facilidad que admiró á cuantos lo vieron, consiguiendo con esta gracia interesar al Rey, quien en el acto mandó regalarle cien escudos.

Otro ruidoso suceso ocurrió en la noche del Lunes

14 de Julio de 1641, que produjo la indignada admiracion de todos los cordobeses. Decíase por aquel tiempo, que unos herejes, ocultos bajo la apariencia de cristianos, andaban profanando las imágenes de Jesus y María, de que ya se habian dado algunos casos en Madrid, Granada y otras poblaciones: en el camarin por cima del pozo, había una imágen semejante á la de la iglesia y cerrada por una verja: á el amanecer del dia quince, vióse limados los hierros y que la Vírgen había sufrido varios golpes de puñal y tenia quebrados dos dedos, y al Niño que tenía en los brazos le habían arrancado la mano derecha y destrozado parte de la otra, además de haberle quitado y hecho varios agujeros á los trages, que vieron tirados en el suelo, no habiendo hecho mayor destrozo por que en la huerta cercana oyeron golpes y acudieron, si bien no repararon en lo ocurrido. Diéronle parte por la mañana al Obispo, que era el Sr. Pimentel, y al Corregidor D. Gerónimo Pueyo y Araciel, y ambos acudieron al lugar de la profanacion, mandando lo primero, que la imágen fuese trasladada á la iglesia, colocándola en el altar de la principal ó aparecida. El Cabildo eclesiástico nombró una comision de cuatro diputados que, de acuerdo con aquellos señores y la Ciudad, dispusieron hacer á ambas imágenes un solemne octavario de desagravio, llevándolas en procesion á la Catedral; mas la quebrantada salud del Obispo le impedía asistir y se efectuó en la misma iglesia de la Fuensanta, con asistencia de diez y seis prevendados, los Veinticuatros y un concurso estraordinario de todas las clases de la ciudad.

Ciento cincuenta y siete años despues, en el ocho del presente siglo, fué profanada la Vírgen de la Fuensanta por los soldados que al mando de Dupont vinieron á Córdoba, intentando privar al pueblo español de su libertad é independencia. Conocido es de todos el entusiasmo conque el pueblo de Córdoba, ayudado por muchos de su provincia, decidió impedir el paso en el puente de Alcolea al ejército francés que, gracias á su organizacion militar y su pericia en el arte de la guerra, arrolló á aquellas huestes inespertas é indisciplinadas; el 7 de Junio de 1808, fecha gloriosa para los cordobeses por ser los primeros que demostraron su valor, aunque con desgracia, contra el soberbio Napoleon, llegaron los franceses ante los muros de esta ciudad, y recorriendo sus alrededores entraron en el santuario de Ntra. Sra. de la Fuensanta, cuya imágen encontraron con una banda de generala con que el entusiasmo de sus devotos la habia engalanado; entonces prorrumpieron en las mas groseras burlas y, como si esto y el robarle cuantas alhajas allí vieron no fuera bastante, la arrojaron desde su camarin al suelo, causándole algunos muy notables desperfectos. Pasados aquellos dias de prueba y sufrimientos, el pueblo de Córdoba representado por ambos Cabildos, dispuso trasladarla á la Catedral, despues de compuesta, y el 4 de Setiembre se le hizo una magnífica funcion de desagravio, llevándola por la tarde á su iglesia en una lucida procesion á que asistieron todas las comunidades, el clero, Junta suprema provincial, Ayuntamiento y casi todo el pueblo, que demostró un entusiasmo indescriptible.

El Sr. Ugalde, al final de su opúsculo historial de este santuario, pone una relacion de las procesiones hechas al mismo y las que se han verificado con aquella venerada imágen. La primera en que fué el Cabildo despues de su traslacion á su iglesia, ocurrió en 5 de Febrero de 1494, en accion de gracias por no haber ocurrido mal alguno en el horrible terremoto que se sufrió entre ocho y nueve de la noche del Domingo 26 de Enero, y el 27 se hizo otra procesion general á la Santa Iglesia; en ambas predicó el Comendador de la Merced, y en la de la Fuensanta se dijo la misa en el humilladero, hoy capilla del Pozo, sin duda para que pudiera oirla la gran concurrencia que asistió á esta fiesta. La segunda fué el 14 de Marzo de 1529, por falta de agua; la tercera en 6 de Febrero de 1536, por la misma causa; la cuarta en 3 de Marzo de 1542 por idem; la quinta en 10 de Marzo de 1548 por lo mismo; la sesta, con la imágen de Ntra. Sra. de Villaviciosa, en 20 de Abril de 1561, por los temporales, salud del pueblo y falta de agua; la séptima, con la espresada Vírgen y con idéntico motivo, en 27 de Abril de 1578, siendo aquella llevada en las andas de plata y por los Sres. Beneficiados; la octava en 25 de Julio de 1650 para dar gracias á la Vírgen por haberse librado de la epidemia los señores Prevendados; la novena en 25 de Abril de 1737 por falta de agua, siendo esta la primera vez que la imágen entró en Córdoba desde su invencion, permaneciendo en la Catedral hasta el 4 de Mayo siguiente que la volvieron á su santuario; la décima en 30 de Marzo de 1750, tambien por falta de agua: permaneció en la Santa Iglesia hasta el 6 de Abril; la oncena en la mañana del 29 de Diciembre de 1794, en union con las Reliquias de los Santos Mártires, en rogativa por el triunfo de las armas españolas en la guerra contra Francia, siendo restituidas á sus respectivas iglesias en la mañana del dia 7 de Enero siguiente; la duodécima, la ya mencionada en desagravio por la ofensa inferida por los franceses. Hasta aquí el Sr. Ugalde; despues ha sido traida la Vírgen á la

Catedral con las espresadas Reliquias y San Rafael en varias ocasiones, ya por falta de agua ó ya por la salud pública, como ha sucedido en las invasiones del cólera. Tambien podiamos hacer mencion de las fiestas mas solemnes efectuadas en este santuario por las corporaciones y particulares; pero son tantas, que acabariamos por cansar á nuestros lectores.

El dia 8 de Setiembre es el destinado para celebrar la fiesta anual á esta imágen, y en él y los dos siguientes se celebra en aquel sitio una *féria ó mercado* que no debe ser muy antigua, puesto que Vaca de Alfaro no la menciona en su opúsculo: sabemos que empezó por una velada, y que llegó á adquirir gran importancia, con particularidad en el ganado de cerda; mas ya la vá perdiendo, y creemos vuelva pronto á ser lo qué en un principio, apesar de que el Ayuntamiento hace laudables esfuerzos por conservarla.

Hemos recorrido el barrio de Santiago, no tan rico de noticias como el de los Santos Nicolás y Eulogio de la Ajerquía, al que dirijiremos el siguiente paseo, para el que invitamos á nuestros lectores; mas, antes de terminar, debemos decir, como en los otros barrios, lo ocurrido en este en la epidemia del landre de 1649 y 1650, apesar del corto número de sus vecinos y de haber sido de los mas castigados de la ciudad: lejos de desmayar, al verse casi todos privados de alguna de las personas que mas querian, no titubearon en reunirse y correr al socorro de los infelices que gemian en los hospitales; al efecto, reuniéronse el dia 13 de Marzo de 1650, y sacando á Santiago y el Santo Cristo que se venera en el sagrario de dicha parroquia, acompañados de muchas luces, se dirijieron al hospital de San Lázaro, llevando á los enfermos dos carretadas de leña, dos cargas de idem, tres de romero, cien fanegas de trigo, un cahiz de pan amazado, catorce carneros, cuarenta y dos gallinas, tres hojas de tocino, un jamon, diez salvillas con pasas, ocho espuertas llenas de limas y naranjas, una carga de cacharros, una espuerta de alhucema, veintiseis salvillas con bizcochos, veintinueve canastillos con huevos, cuatro fuentes con ojuelas, cuarenta y seis salvillas con hilas, dos macetas con jabon, dos canastos de granadas, una carga de vino y catorce camisas: todo este valioso regalo quedó en el hospital, tornando la procesion para dejar las imágenes en su iglesia.

PASEO SÉTIMO.

Barrio de los Santos Nicolás y Eulogio.

La constancia de nuestros lectores nos ha favorecido para llegar al sétimo de nuestros paseos por Córdoba, ó sea al barrio de los Santos Nicolás y Eulogio de la Ajerquía, con el que terminaremos la ciudad baja, de la que en general nos ocuparemos muy en breve. Sin embargo que este barrio es en su forma irregular y que la parroquia está en un estremo, principiaremos por ella para no alterar el órden seguido desde el principio de esta obra.

Cuantos escritores se han ocupado de esta iglesia, convienen en que fué mezquita en tiempo de los árabes, y que el Santo Rey Fernando III la hizo parroquia, dedicándola á San Nicolás de Bari, habiéndole aumentado el título de San Eulogio á peticion del Rector de la misma Hernan Perez, por decreto del Obispo D. Fray Diego Mardones, su data á 4 de Marzo de 1642. Dícese que era muy oscura y baja, pues solo tenia unas cuatro varas de alto, y que estaba sostenida por muchas columnas, remedando algo en su construccion á la hoy Catedral. En tiempo de D. Leopoldo de Austria fué reedificada; pero su principal reforma la sufrió siendo Obispo de Córdoba D. Marcelino Siuri, quien ayudó á la obra con cuatro mil ducados que dió de su bolsillo particular: acabóse y bendijo en 7 de Febrero de 1727. Despues, en tiempo del Sr. D. Miguel Vicente Cebrian, se volvió á obrar, pues segun Bravo, en su «Catálogo de los Obispos» página 803, dicho Prelado dejó dispuesto en su testamento, y entre otros muchos encargos, el de que se acabase la iglesia de San Nicolás de la Ajerquía. En 1836 se reedificó otra vez, acabando con tantas obras, porque aquel edificio haya perdido por completo su primitiva arquitectura: hoy nada notable ofrece á los aficionados á las artes.

Aunque nada hemos leido sobre el particular, nos inclinamos á creer que, si efectivamente aquello fué mezquita, debió ó ser mas pequeña ó haber variado algo del sitio, salvando el paso del caño de Venceguerra, que indudablemente ha sido una calle estrecha y que aun está descubierta en algunos tramos, siendo probable que así llegára hasta el rio, desde cuya orilla entró, segun la historia, Vicente Guerra, de quien en su lugar hablaremos.

Tal como la encontramos es preciso describirla, y así, consignaremos lo existente, ya que tan poco sabemos de su pasado. Es de notar la falta de casas solariegas en este barrio, casi desde su orígen dedicado á la industria, y de aquí el no hallar en la parroquia enterramientos de nobles familias, ni fundaciones debidas á ellas.

La capilla mayor tuvo un retablo, construido en 1495, el que destruyeron en 1726 para sustituirlo con el actual, de escaso mérito y del mal gusto reinante en aquella época: ocupa el centro un tabernáculo de plata muy lindo, rodeado de ráfagas de espejos, y á los lados las imágenes de San Nicolás y San Eulogio, titulares de la parroquia: en el suelo y lado de la epístola, se vé el epitafio del Lic. Andrés de Oliver y Salmeron, Rector treinta y siete años de aquella, y el cual falleció en 1650.

Al estremo superior de la nave de la epístola hay una pequeña capilla que sirve de sagrario, y en su altar se venera á Ntra. Sra. de las Huertas, que tuvo hermandad con limpieza de sangre, refundida hoy en la del Santísimo, y á los lados San José y San Rafael: en uno de los costados se vé un gran cuadro con la Concepcion, obra de Saravia, la que hasta hace pocos años estuvo en una especie de retablo, aun cerrado con puertas, detras del altar mayor, ó sea en lo que aun dicen plazuela del Rector. Fuera de espresada capilla existe un altar con una buena Dolorosa, de vestir, que en union de Jesus Crucificado tenian la hermandad que decian de Ntra. Sra. de Loreto, y en él se lee lo siguiente:

Este retablo y frontal se hizo siendo
hermano mayor D. Diego de Góngora.
Año de 1718.

A seguida encontramos el altar de Animas, tambien con hermandad: tiene un gran cuadro de escaso mérito, pero muy raro en su composicion alegórica, que llama la atencion de cuantos lo miran: á un lado se conserva una tableta, de las que se cuelgan en la puerta los dias que se saca ánima, y la cual citamos porque en su parte superior tiene una preciosa pintura que representa las Animas: los cofrades tenian enterramiento en un hueco al estremo de la iglesia, donde encontramos, en lienzo, un San Juan Bautista y el Salvador, bastante buenos. La hermandad de Animas la fundó en 1649 Juan Jacinto de Góngora, que yace ante aquel altar.

Al pasarnos al opuesto lado, vemos en los machones del arco de la capilla mayor dos bonitos cuadros con la Vírgen y San José, obras al parecer de D. Francisco Agustín Grande. Al estremo de la nave del evangelio y sirviendo de paso entre la sacristía y el altar mayor, encontramos una capilla con un retablo de mal gusto, donde se venera á Ntra. Sra. del Rosario, San José y Santa Lucía; las dos primeras efigies tienen hermandad muy antigua, trasladada de la iglesia de los Mártires cuando se cerró al culto, sin que sepamos por qué se trajo á esta parroquia, en lugar de hacerlo á la de Santiago á que pertenecía. Dicha capilla se llamaba antes de Santa Lucía, la cual tuvo hermandad, trasladada desde un hospital que estaba en la calle de Muchotrigo, como allí diremos, y cuya principal mision era dar sepultura y costear entierro á los que morian por sentencias judiciales.

Sigue el altar de Jesus del Huerto, el que está dentro de una gran urna: dícese que es obra de Don Alonso Gomez, y que el pié que tiene descubierto lo hizo en competencia con otros escultores; pero á nosotros nos parece mas antiguo, ó al menos habría otro en su lugar, pues en el frontal dice que se erigió aquel altar por el mismo Sr. Góngora, que el de los Dolores, en 1708, en cuyo año aun no había nacido aquel notable escultor.

Entre el dicho altar y la puerta hay otro, de la hermandad del Loreto, en que se vé un Crucifijo de gran tamaño, con frontal de piedra; en él se lee la siguiente inscripcion:

Este retablo y frontal es de la Cofradía de Ntra. Sra. del Loreto. Se hizo año de 1727.

A los pies de la nave está la capilla del bautismo, que es la que hubo en la parroquia de Omnium Sanctorum, y en las paredes inmediatas dos cuadros, uno con las Animas, que sería el que antes tendría la hermandad, y otro con San Juan bautizando á Cristo.

En el exterior de esta iglesia y mirando á la calle de Consolacion, se pusieron dos azulejos señalando á donde llegó el rio en 1.° de Enero de 1784 y 26 de Diciembre de 1821, de los cuales solo ha quedado uno.

La sacristía de esta parroquia es de medianas dimenciones y en ella encontramos algunos cuadros de mérito, mereciendo particular mencion uno con Dalila cortando el cabello á Sanson, cuyo autor desconocemos, y otro de Antonio del Castillo, que representa á Jesus muerto.

Cuenta esta iglesia con muy buenas alhajas de plata y una reliquia muy apreciable de San Eulogio.

En el coro, que está á los pies de la nave del centro, hizo gran daño una centella que cayó entre once y doce de la mañana del dia 10 de Setiembre de 1810.

El archivo es poco curioso, aparte de algunas notas de las crecientes del rio, puestas en los márgenes de los libros, los que principian, en 1557 los de bautismos, en 1586 los de matrimonios y en 1596 los de defunciones.

Hemos dicho que la mayoría del vecindario de este barrio es de industriales, y no hay mas que recorrer sus calles para convencerse de esta verdad: allí vive la mayor parte de los plateros de Córdoba; tiene muy antiguas y buenas fábricas de curtidos, talleres de *guarnicioneros*, y *cuenta* con otros varios de las demás artes y oficios, teniendo además casi todo el comercio de adobo y encubaje de aceitunas; los padrones antiguos demuestran lo mismo, pudiendo asegurarse por lo tanto, que es el barrio mas industrioso de Córdoba, hasta con la suerte,de que en su recinto se haya establecido la Escuela de Bellas Artes.

La industriosa ocupacion de *aquellos vecinos, hace* que, casi en su totalidad, cuenten con medios holgados para atender á sus obligaciones, y aun con ahorros, no solo con que satisfacer sus deseos en diversiones, sino para acudir al socorro de sus semejantes cuando los han visto sufrir en esas calamidades con que parece que la Providencia intenta probar nuestra resignacion y nuestros sentimientos. Siempre, hasta en nuestros dias, se han mostrado caritativos, y mas que nunca en la epidemia de 1649 y 1650, en que *sobrepujaron á los de casi todos* los demás barrios. En 30 de Enero de 1650, reuniéronse en la iglesia de San Francisco, en cuya puerta formaron una lucida procesion en esta forma: doce adornadas acémilas cargadas de leña y otras diez de romero, á que seguian en dos filas los vecinos, que llevaban veinte carneros, veinticuatro espuertas con pan, veintidos salvillas con almendras, veinticuatro con pasas, treinta y seis con bizcochos, ciento dos gallinas, veinte cestos con alhucema, diez y siete pomos con agua de ámbar, ochenta y ocho salvillas con hilas, veinticinco canastillos con huevos, veinticuatro garrafas con vino, veintidos espuertas con naranjas y limones, treinta melones, veinticinco salvillas con bizcotelas, ocho canastas con granadas, dos pares de pichones, ciento ochenta vestidos completos y dos camas: á este valioso regalo seguian muchas luces, y tras ellas unas grandes andas con el Crucifijo que está en la capilla de la Vera-cruz, y á sus pies la imágen de San Francisco, de rodillas, con las espaldas desnudas, en las que figuraba darse con unas gruesas disciplinas.

No contentos aun aquellos vecinos con la gran prueba de caridad referida, juntáronse de nuevo el 2 de Marzo, y llevando en procesion á la Vírgen del Rosario y á San Eulogio, volvieron al hospital con este regalo para los enfermos: ciento cinco vestidos de hombre, cincuenta y cinco de mujer, ciento trece camisas, sesenta y ocho pares de medias, ochenta y cuatro idem de zapatos, veintiocho valonas y quince camas enteras, compuestas de bancos, zarzos ó gergones, colchones, sábanas, almohadas y paños colorados y azules, todo nuevo.

Aun restaban otras muestras de caridad, dadas por el barrio que historiamos: los chicos, imitando á otros, reuniéronse, y pidiendo unos y llevando de sus casas otros, sacaron en procesion á la Vírgen del Socorro de su ermita, con San José, llevando á los enfermos catorce carneros, cuarenta y dos gallinas, once cargas de leña, cuatro de romero, veintiocho fanegas de trigo, cuarenta y dos espuertas con pan, una carga de limones y naranjas, cincuenta espuertas con las mismas frutas, cuarenta y cuatro idem con pasas y almendras, veinticuatro garrafas con vino, una hoja de tocino, dos jamones, quince espuertas de cacharros, cuatro idem de garbanzos, veinticuatro cestos con huevos, cuatro salvillas con bizcochos, treinta y dos azafates de hilas, dos barriles de aceitunas, quince pares de medias, veinte camisas, una arroba de jabon, tres espuertas de alhucema y trece pomos de vinagre rosado.

Como ven nuestros lectores, el valor de estos regalos asciende á una cantidad muy respetable, y parecia mentira que aun pudiese dar mas un barrio que no es de los mayores ni mas ricos y, sin embargo, no faltó quien aumentase los donativos, pues lo hizo un vecino llamado Andrés del Castillo y Leon, que por sí solo remitió al hospital cinco camas completas y nuevas y las sostuvo á razon de seis reales diarios cada una todo el tiempo que duró el contagio. Despues de lo referido, nada hay que añadir para enaltecer al barrio de los Santos Nicolás y Eulogio.

Ya es tiempo de empezar nuestro paseo por las calles que constituyen el barrio, cuya forma irregular lo hace mas difícil, puesto que fuera del grupo principal forma tres mangas, ó sea tres cortes, en la fuente de la calle de la Féria ó San Fernando y en los finales de las de Armas y Candelaria.

Ante la parroquia hay una plazuela que siempre se ha llamado como ella y á veces del Cementerio, por estar en aquel sitio, y que en el último arreglo, tal vez por ahorrar letras, la incluyeron en la calle de las Badanas que afluye á ella, formando un ángulo para desembocar en la de Lineros; llámase así por la venta de aquella clase de pieles que en ella se hacía, sin ofrecer cosa alguna notable, pues la casa del Santo Dios se titula así porque su dueño le puso esa oracion en su fachada; es muy grande y hace muchos años ha estado destinada á fábrica de paños bastos y capotes: se ha llamado tambien de los Agujeros, por los noques del curtido. Dicha plazuela tiene otras dos salidas, una al paseo de la Rivera, del que despues nos ocuparemos, y otra por la calle Nueva de Consolacion: entre ambas salidas existe una barrera ó calleja, conocida en los padrones antiguos por la Frente al Cementerio. La segunda de las dos anteriores ha tenido diferentes nombres, tomándolo casi siempre del horno que hay en ella y debe ser muy antiguo; así unas veces la hallamos llamándose del Horno de Castril y otras de cualquier apellido que tenía el panadero, hasta que pusieron en ella una imágen de Ntra. Sra. de Consolacion, anticipándole el adjetivo nueva para distinguirla de la del Tornillo, que se ha titulado lo mismo

Salimos á una pequeña plazuela justamente conocida desde muy antiguo por las Cinco calles, por afluir á dicho punto la ya nombrada de Consolacion y las de Muchotrigo y Lineros, de este barrio, y las de D. Rodrigo y Baño del de San Pedro. Muchotrigo es un apellido que por lo estraño han creido muchos ser apodo, infiriéndose que así se llamaría alguno de sus mas notables vecinos: tiene dos callejas, la mas larga titulada del Posadero, por uno que tenía muchas de colmenas en la sierra, y la otra mas corta, cuyo nombre particular no hemos logrado conocer.

En la calle que acabamos de mencionar hubo un pequeño hospital, denominado de la Misericordia: debióse fundar en el siglo XIV por una cofradía en la mayor parte de los asteros, á fin de reunirse y ver de librarse de pagar impuesto, por deberse comprender este oficio en los fabricantes de armas exentos de aquella obligacion por un privilegio del Rey D. Enrique, dado en 1371. Despues se le unió otra cofradía que estaba en la parroquia, con la advocacion de Santa Lucía y San Julian, y ya una sola, formó en 1561 unas reglas que le fueron aprobadas en 6 de Setiembre del siguiente año por el Lic. Juan Diaz de Vallejo, canónigo provisor por el Obispo D. Cristóbal de Rojas y Sandoval: entonces tomó el nombre de la Santa Misericordia de Ntro. Sr. Jesucristo, la Concepcion y Santa Lucía y San Julian; su objeto era acoger enfermos, socorrer á los cofrades pobres, ayudar al casamiento de las hijas de estos y recoger y enterrar á los infelices que morian en virtud de sentencias judiciales: todo esto quedó pactado en una escritura que hicieron al unirse ambas cofradías en 29 de Junio de 1561, ante el escribano Francisco Jerez: así continuaron hasta el siglo XVIII que, habiendo venido á menos, cerró el hospital y se trasladó á la parroquia, como en ella anotamos.

Desde las Cinco calles arranca la de Lineros que termina en la plazuela del Potro, sin mas afluyentes que las de la Candelaria y Badanas y dos callejas, la de Vinagreros por haber vivido en ella unos cosecheros de vinagre, y la de Gragea, que tuvo comunicacion á la de Armas; su verdadero título es Gragera, apellido de un Jurado de aquel barrio que vivió en este sitio.

Pocos títulos hay en Córdoba tan justificados como el de esta calle: casi hasta nuestros dias hemos visto ocupadas sus casas por los trabajadores del lino, tanto en su rastrillado como en las demás faenas necesarias, y muchos eran tambien los almacenes á donde acudian las mujeres al cambio de las libras hiladas por otras en rama, como varias veces hemos anotado. Háse tambien llamado calle del Caño de Venceguerra por una alcantarilla que se vé entre las casas números 80 y 82; su nombre verdadero es el de Vicente Guerra, de quien se dice que cuando la conquista de Córdoba entró en ella con su gente por este sitio, entonces callejon estrecho que, como ahora, solo servía para dar paso á las aguas de una gran parte de la poblacion, y el cual tuvo un hijo llamado Fernando Vicente Guerra, que en 1296 concurrió con otros caballeros á la gloriosa defensa de Baena: dicho caño es muy curioso, y en los grandes aguaceros tiene un considerable caudal de aguas, pues confluyen á él además de los caños al descubierto desde la plaza del Salvador en dos direcciones, del barrio de San Miguel y de otros puntos muy lejanos, las cloacas ó alcantarillas que arrancan desde el Mármol de Bañuelos, Puerta Nueva, Potro y calle de Maese Luis, dando lugar á que con la menor dificultad opuesta á la corriente se inunden todas las casas inmediatas: además ha sido causa de que en muchas avenidas del rio entre por él el agua, llegando veces en que han remado barcos por esta calle: su construccion interior es rara, pues en unos puntos está cubierto sostenido por dobles arcos y en otros conserva su primitiva forma de calleja.

Casi frente hay un meson bastante antiguo, aunque reformado hace poco, y el cual toma el nombre del espresado caño.

En la esquina de la calle de la Candelaria hay una especie de retablo con San Rafael y los patronos San Acisclo y Santa Victoria, obras de D. Antonio Monroy, y por bajo un nicho, cerrado de reja, con la Vírgen de Linares: cuentan que hasta Enero de 1801 hubo otra imágen en este sitio, y que habiéndose cometido la profanacion de destrozarla una noche, cierta señora que vivia enfrente, costeó estas nuevas, poniendo en el lado de la calle de Lineros una inscripcion en latin, que traducida al castellano es la siguiente:

Córdoba
reconocida siempre á su Custodio,
ofrece á San Rafael Arcángel
este munumento, erigido con las limosnas
de personas piadosas

en desagravio de la injuria
sin testigos inferida á la antigua imágen
por mano enemiga, el dia 22 de Enero del año corriente
de 1.801.
Y en prueba de agradecimiento
por haber visto nosotros salva á nuestra Ciudad
de la amenazadora mortífera epidemia
que devastaba la baja Andalucía y ciudades comarcanas.
Y porque nada falte á la piedad de los cordobeses,
así mismo á la Santa Vírgen María
bajo la advocacion de Linares
y á nuestros titulares Acisclo y Victoria,
con espíritu gozoso
lo consagran.

Ya en varias ocasiones hemos citado la órden que en 1841 dió el ilustrado Jefe político D. Angel Iznardi para que se quitasen las muchas imágenes que había por las calles, de la cual se libraron estas por una casualidad: encontrábase á la sazon en Córdoba el nunca olvidado escritor D. Modesto de la Fuente, que entonces escribía las *Capilladas de Fray Gerundio*, y sabedores aquellos vecinos de su amistad con el señor Iznardi, acudieron á él para que se interesase en que no se quitara el San Rafael de la calle de Lineros, lo que tomó con tanto empeño, que logró esceptuarlo de aquella órden; así es el único existente, aparte de las imágenes que estaban en las fachadas de las iglesias y de los que en Córdoba llámanse triunfos á San Rafael. En aquel tiempo desaparecieron de esta calle un Ecce-Homo que había en la esquina frente á la del Baño y un San Antonio Abad, obra de Saravia, casi frontero á la calleja de Gragea, hácia cuyo sitio tuvo este pintor su morada.

La casa núm. 49 ofrece á los curiosos un objeto raro: la gradilla de su puerta, que es un pedazo de sepulcro romano con parte de su inscripcion; no puede descifrarse por faltarle mas de la mitad.

Es mas digna aun de ocupar nuestra atencion la núm. 56, propiedad de los Sres. Castueras, la que formaba esquina á una travesía estrecha entre la plazuela del Potro y la Rivera: aquí se estableció á poco de la conquista, la Mancebía, casa pública y autorizada de mujeres, cuyo reglamento es en estremo curioso y hemos tenido ocasion de conocer en el archivo del Ayuntamiento: entre sus bases nos llamó la atencion una en que previene que «las mancebas puedan usar dentro de la casa cuantas alhajas y galas quieran para escitar á los hombres; pero si salen con ellas á la calle se las quitará y quedará con ellas el primer alguacil que las encontrara, como justo castigo del mal ejemplo que daban á las mujeres honestas:» hé aquí un ramo que en la actualidad vemos en diverso sentido; en aquellos tiempos se autorizaba y aun ponia por cuenta de los gobiernos y no escandalizaban; hoy se prohibe y está contínuamente escandalizando, y todo porque no se reglamenta bien, ya que no es posible desaparezca esa gangrena de la sociedad.

Aun existen en Córdoba muchas personas que recuerdan un caso estraño ocurrido en una escribanía que hácia 1821 estaba en una de las casas inmediatas á la calleja de los Vinagreros: allí se hallaba de oficial mayor cierto jóven aspirante á procurador, quien tenía un cuñado que abrigaba las mismas pretensiones, y ambos, apesar de ser sus mujeres hermanas, se habian fijado en la misma procura, lo que promovió entre ellos alguna enemistad, y tras esta varias y acaloradas disputas: un dia estaba el primero en el despacho, á la sazon que el escribano había ido al juzgado, cuando entró el cuñado, entablando conversacion sobre el asunto, y tomando proporciones, se convirtió en acalorada disputa, hasta el punto que el segundo tomó la tranca de la puerta, con la que acometió al otro, quien, viéndose acosado, tomó para defenderse las tijeras grandes de cortar papel, las que al fin introdujo en el pecho de su adversario, que al verse herido salió corriendo y cayó muerto cerca del caño de Venceguerra: el agresor se escondió por lo pronto, y el escribano, al saber la noticia, formó justificacion de su ausencia del lugar de la desgracia, á fin de no verse envuelto en la causa. Pasado algun tiempo y justificada plenamente la fuerte agresion por parte de la víctima, terminó aquel proceso felizmente para el acusado.

La calle de la Candelaria toma el nombre de la ermita de esta advocacion: principia en la calle de Lineros y termina en las del Tornillo y Paja, del barrio de San Pedro: la encontramos con diferentes títulos y el actual lo ha tenido dos veces; hasta el siglo XV se llamó de la Parrilla: en este tiempo se fundó el hospital de la Candelaria y se le nombró así; despues fundaron la primer iglesia que tuvo el colegio de la Piedad, que estaba frente á esta calle y adquirió este título, y por último, cuando trasladaron esta á la plazuela de las Cañas volvieron á decirle de la Candelaria.

La ermita de esta advocacion la fundó Aldonsa Martin, viuda de Simon Perez, quien donó unas casas en la calle del Baño frente á la de la Rosa, donde había de erigirse un hospital con la advocacion de Ntra. Sra. de la Candelaria, en el que habian de acogerse algunas huérfanas y viudas honestas: formóse á este fin una cofradía, la que, considerando aquel local pequeño, compró otras casas en la calle de la Parrilla, por escritura fecha 24 de Noviembre de 1416: realizada la obra del edificio, que despues ha tenido varias reedificaciones en que ha perdido su primitiva arquitectura, en 3 de Febrero de 1488 se redactaron las constituciones, que fueron aprobadas por el Obispo, así como las reformas que se le hicieron en 3 de Febrero de 1520, aprobadas en 1548 y y 1587, reconociendo siempre el derecho de los curas de San Pedro á pagarles la fiesta de la Purificacion, por haberse hecho la fundacion en su distrito: no contentos los cofrades con ellas, las redactaron nuevas en 1671: en su archivo se conservaba tambien la autorizacion dada en 1504 por el Provisor para la ereccion del hospital, y una bula alcanzada por el Prioste Bernardino Lopez, en que Julio II concedió en 5 de Junio de 1505 cien dias de perdon á todos los que visiten esta iglesia en los dias de Reyes, Candelaria, la Encarnacion, San Pedro y San Pablo y San Miguel.

La iglesia, aunque no muy grande, tiene tres naves, resultando mas ancha que larga: en el altar mayor, con camarin, está la titular; en la nave de la epístola hay otro altar con un bonito San José, de vestir, y otro en la del evangelio con San Casiano, á quien los profesores de instruccion primaria costeaban fiesta en su dia: hay alguna otra escultura y cuadro de escaso mérito. La casa contigua tenía antiguamente un minarete, segun hemos visto en documentos antiguos.

La calle descrita tiene á su mediacion una barrera ó calleja sin salida, cuyo nombre propio no hemos podido averiguar. Toda ella se ha llamado tambien de Corral, apellido hoy representado por el Sr. Marqués de la Motilla.

Terminada la calle de Lineros, encontramos la plazuela del Potro y continua una calle que tambien ha llevado este nombre, la que en 1862 dedicaron al célebre poeta cordobés Lucano, cuyos datos biográficos son tan conocidos: se ha llamado de los Cordoneros por los muchos de este oficio que en ella vivieron, y de los Mesones por la posada de la Madera que en ella existe, y las de la Espada y la Herradura que eran las casas números 28 y 14; la primera tenía por muestra una antigua espada de taza, colgada de una cadena, y la otra varias herraduras pintadas en una tabla; ésta última fué incendiada por los facciosos cuando la venida de Gomez y quemados por sus llamas dos nacionales allí refugiados, de lo cual daremos pormenores al ocuparnos de aquellos acontecimientos; cerca de la posada de la Madera, hubo en la pared, hasta 1841, un hermoso cuadro con la Concepcion, obra de Antonio del Castillo, cuyo paradero ignoramos, y que le decian de los Escribanos por haberla costeado los mismos, dueños de dicha posada y de las casas inmediatas.

Todo este sitio era conocido por el Potro, nombre que abrazaba gran parte del barrio, como las calles de Lineros, Badanas, plazuela de San Nicolás y parte de la Rivera se llamaban la Curtiduría, por las muchas fábricas de curtidos que desde tiempo de los árabes habia en todo aquel trayecto.

El Potro era el lugar destinado á la venta del ganado caballar y mular, y por consiguiente muy concurrido, tanto por los cordobeses como por todos los forasteros que venian á ver esta ciudad; así es, que se hace mencion de él en muchas obras y especialmente en las del inmortal Cervantes: hoy, mermado su terreno por la construccion del hospital de la Caridad y otros edificios, es una plazuela entrelarga á la que afluyen las calles de Lineros, Lucano, Sillería y una travesía que la comunica con la de San Francisco. En uno de sus estremos tiene una fuente que hasta 1847 estuvo en el lado opuesto: construyéronla de primera vez en 1577 y la coronaron con un potro que con las manos levantadas sostiene el escudo ó armas de Córdoba.

Hay en esta plazuela una posada con el título del Potro, que hacen subir su existencia al siglo XIV. Cuéntase una tradicion, fabulosa para nosotros, bastante novelesca y digna de fijar nuestra atencion. El mesonero era un hombre de cortísima estatura, corcobado y de traidora mirada, el cual habia llegado á adquirir entre sus convecinos gran fama de rico y mal intencionado. Una noche de esas que infunden mas pavor por el ruido que arman los vendabales al estrellar contra las puertas y ventanas el agua que cae á torrentes sobre los campos y ciudades, llamaron á la puerta del meson del Potro, y á la opaca y vacilante luz del farolillo que pendía de la callosa mano de aquel hombrecillo, se vió penetrar en el meson y sobre un fogoso caballo, á un apuesto y aguerrido jóven, que por su trage dió á conocer ser capitan de las tropas del Rey D. Pedro, apellidado el Cruel: entregó su hermoso alazan para llevarlo á la cuadra y, mientras le preparaban hospedage, se dirigió á la lumbre, rodeada de otros viajeros, todos de menos calidad, que al verlo se apartaron y descubrieron, demostrando el respeto que les infundía el trage del recien llegado: en una puerta cercana asomóse, atraida por la curiosidad, una gallarda jóven, cuya presencia y modales desmentian ser hija del mesonero, como todos aseguraban; éste llegó á seguida, y con ademan grosero la intimó á retirarse, pero no tan pronto que el capitan no se hubiese fijado en ella con estraña curiosidad.

El capitan sentóse, poniendo á su lado una pequeña maletilla que cuidadosamente guardaba, y se enjugaba el empapado capotillo, cuando se le acercó el mesonero preguntándole con la amabilidad posible en aquel rostro y voz de hiena:

—Supongo que deseareis cenar, caballero,

—Cansado en sumo grado me encuentro; pero no me vendría mal alguna magra y un trago de vino, por muy avinagrado que esté el que prepareis á vuestros huéspedes.

—En este meson, señor capitan, se distingue á las personas segun su clase, y así se les trata, pues no todos pueden pagar lo mismo.

—Entonces lo que tú distingues es la bolsa y no al sugeto. Vamos pronto, para retirarme, que temprano he de partir.

—¿Vais á Sevilla? ¿Tal vez allí os espera el Rey?

—Allá voy; pero éres demasiado curioso, y te advierto que no estoy dispuesto á satisfacer muchas preguntas: con que dile á esa moza que me sirva la cena, y basta de averiguar lo que no te importa.

—Yo mismo os serviré, porque os quiero distinguir entre todos los hospedados en mi meson; además, mi hija es tan corta de génio, que no acertaría á serviros como mereceis.

—¿Y por qué tienes así encerrada á una mujer tan hermosa y la tratas con tal despego?

—Señor, cada cual se entiende en su casa; además, me habeis prohibido haceros preguntas, y no dudo me concedereis igual derecho respecto á lo que á mí compete.

—Tienes razon: despacha pronto.

Sirvióle á seguida un pernil de carnero y unos bizcochos, que solo podía masticar una dentadura de veinticinco años, y tras un trago de vino del país, que aun se elaboraba mucho en Córdoba, se puso en pié, preguntando cual era su cuarto, sin soltar un momento la maletilla, que ya iba escitando la codicia del mesonero.

—Os tengo al corriente el mejor aposento del meson, al estremo del pasadizo alto, donde no seais molestado por los demás viajeros, ni por el ruido de las caballerías. Yo os guiaré.

El mesonero echó á andar y el capitan lo seguia á corta distancia; mas, al pasar por delante de otro cuarto, se entreabrió la puerta y vió el rostro de la encantadora jóven, que le dijo:—Caballero, no dormais,—cerrando á seguida para que no se apercibiesen de lo ocurrido.

La estancia preparada al capitan era por su aspecto, tal vez, la mejor de todo el meson, mas no por eso pasaba su mueblage de la cama, cuatro ó seis asentillos y una mesa, sobre la cual colocó el posadero la lamparilla, diciendo:—Si vais á continuar mañana vuestro viaje, os llamaré en cuanto amanezca. —Un signo de aprobacion fué la respuesta, y todo quedó en silencio.

Apesar del valor tantas veces demostrado en los mayores peligros al lado del Rey D. Pedro, el capitan permaneció despierto, meditando acerca del aviso de la gallarda jóven, cuando era la hija del mesonero, si bien su rostro encantador y sus finos modales parecian desmentirlo. La noche se prestaba tambien á desterrar el sueño; el viento y el agua azotaban las puertas de la ventana, y la lúz de los relámpagos permitía ver las rajas, convirtiéndolas en estrañas celosías; abriólas al fin el vendabal y, apagando la luz de la lamparilla, dejó á nuestro apuesto mozo sin la única compañera que le ayudaba á disminuir los mil fantasmas que parecíale ver en el espacio; mas á poco oyó como abrir una puertecilla; entonces retiróse á un rincon, esgrimiendo la espada, pendiente aun de su cintura. Nada se oia; pero no dudaba del ruido, y sus ojos se dirijian con avidéz á todos los rincones, por si á la luz de los relámpagos lograba divisar algun objeto. Bajo el lecho en que el viajero pensaba hallar el apetecido descanso, vió, al fin, la siniestra figura del mesonero, con la cabeza asomada por una trampa que había en el suelo, observando sus movimientos y, sin duda, esperando á que el sueño lo rindiera. Furioso de ira y coraje, tiró un mandoble hácia aquel lugar, y en seguida se arrojó por la ventana á un corralillo, donde se preparó á vender bien cara su vida; mas, casi instantáneamente, se le apareció la hija del posadero, envuelta en un manto y, agarrándolo de una mano, le dijo:—Por aquí, caballero, por aquí; idos y contad al Rey lo que pasa en el meson del Potro.—

El capitan atravesó una pequeña caballeriza, y á seguida encontróse en el patio principal del meson, donde ya algunos arrieros estaban arreglando sus cabalgaduras para partir, y otros se preparaban á sacar sus mercancías al Rastro.—¡Eh! mesonero!—esclamó fuera de sí; mas á seguida reflexionó que debía obrar con la mayor cautela.

No tardó aquel estraño ente en presentarse; pidióle la cuenta y le mandó traer la maletilla que había dejado en su aposento, en tanto que él preparaba su alazan.

—¿Por qué habeis dormido tan poco?—preguntó

aquella raquítica figura, volviendo y entregando la maleta.

—No lo sé,—contestó el capitan;—preocupado, sin duda, con la urgencia de partir é indispuesto con la pesada cena que me dísteis, he pasado la noche soñando, y al fin resolví dejar el lecho donde tan incómodo me encontraba. Tomad vuestro dinero, y Dios os dé buena suerte.

Las pesadas puertas del meson del Potro giraron sobre sus pernos, y el capitan salió en direccion á la puerta de Sevilla, por donde emprendió su viaje para aquella entonces corte del Rey D. Pedro.

Por breves momentos nos trasladamos á el Alcázar de Sevilla, donde á los cinco ó seis dias fué recibido el capitan por S. A., que mas como á hermano que como súbdito lo miraba. Dióle cuenta del desempeño de su cometido; mereció ser aprobado, y despues contó cuanto le había ocurrido en Córdoba, siendo oido con marcadas muestras de aprecio y curiosidad; al cabo, le dijo D. Pedro:

—Me parece, capitan, que la hermosa mesonera os hizo perder el seso, y que esa es la causa principal de tan estraña aventura; sin embargo, iremos á Córdoba, y yo os prometo averiguar la verdad de todo. Os juro que si allí se encierran esos crímenes que sospechais, el mesonero del Potro ha de ser el escarmiento de todos los de su clase.

Un mes habria pasado de aquella estraña escena, cuando Córdoba supo con asombro que el Rey D. Pedro se encontraba en su Alcázar, sin prévio aviso al Corregidor: éste, con los caballeros Treces, despues Veinticuatros, se le presentaron á la mañana siguiente, siendo sorprendidos por la órden del Monarca, de no separarse de su persona hasta llevar á cabo una diligencia que por sí propio habia de evacuar, acompañado de todos. A poco salieron del Alcázar y dirigiéndose hácia el Potro penetraron en el meson, cuyo dueño se presentó, al parecer tranquilo, hasta que vió al capitan; entonces quedó convulso y aterrado: recorrieron todo el edificio, hallaron una trampa ó puertezuela bajo el lecho que servía á los viajeros ricos, sacaron á la jóven que se abrazó á los pies del Rey pidiéndole venganza, desenterraron infinidad de cadáveres y encontraron cuantiosas alhajas y ropas robadas á los desgraciados que sufrieron la muerte cuando tranquilos y confiados se entregaban al sueño; de uno de ellos era hija la encantadora y desgraciada jóven que tanto interesó al capitan.

Una fiera, en sus momentos mas rabiosos, no era comparable al Rey D. Pedro que, agarrando al mesonero del cuello, le hizo salir de un empellon á la mitad de la plaza.

—Y tú, Corregidor, gritó descompuesto, tú no sabias esto? ¡Ira de Dios, y aun me llamareis cruel al castigar á ese infame! Pronto, mis verdugos, agarrad á ese reptil, atadle las manos á la reja de su meson, traed los dos primeros potros que ahí encontreis y amarrándole á ellos los pies, azotadlos para que al empuje lo despedacen.—

Un grito de horror sonó en todos los presentes y que D. Pedro apagó, esclamando de nuevo:—Silencio, el que no quiera sufrir la misma suerte.—

Momentos despues los brazos del mesonero pendian de la reja, el cuerpo habia sido arrastrado hácia la calle de Lineros, entonces la Curtiduría.

D. Pedro entregó al capitan como esposa la bella jóven que era noble y honrada, con todas las riquezas que allí se encontraron, y volviéndose al Corregidor y caballeros Treces, les dijo estas significativas frases:

—Ya que no sabes egercer en mi nombre la justicia que te he confiado, he venido en persona á enseñarte tu deber; mas, ten entendido, que si á hacerlo otra vez me obligas, haré recordar en tí al mesonero del Potro.

No fabulosas, como creemos la anterior tradicion, sino desgraciadamente verdad, pudiéramos referir á nuestros lectores multitud de escenas sangrientas acaecidas en los alrededores del Potro; mas en su mayor parte no escitan interés por vulgares, consecuencia de lo descuidada que es la educacion del pueblo y del esceso en el uso de las bebidas embriagadoras.

De distinta clase es un suceso que vamos á consignar en la casa núm. 16, casi contigua á la posada. Terrible escena ocurrida en la tarde del 25 de Junio de 1851, resultado de la exageracion de los celos, causa de tantos males: durante mucho tiempo vivieron tranquilos, dedicados á la pastelería, un honrado matrimonio con dos hijos, varon y hembra, aquel, el menor, como de unos ocho años: injustos é infundados celos llegó á concebir el marido, y tras ellos empezó á molestar á su esposa, que al principio sufrió sumisa el mal trato, y despues se vió en la necesidad de quejarse á la autoridad, quien arrestó al esposo por dos ó tres dias, produciendo esta medida el efecto contrario al que se deseaba; la bola de nieve, como la llama Tamayo, iba creciendo, y colocada en la pendiente, su peso la hacía estrellarse: la citada tarde, el inocente hijo del pastelero salió á la calle dando gritos y convulso; la gente acudió, tras esta los agentes de la autoridad y por último el juzgado, viendo todos con asombro el mas terrible espectáculo: la dueña de la casa y su hija yacian en el *suelo bañadas* en su sangre, en tanto que el esposo y padre, autor de tan horrendo crímen, estaba tendido en su cama, con dos heridas en las muñecas, con las que en vano había pretendido poner tambien fin á su existencia; así, no tardó en confesarse autor de aquella desgracia, que pagó en el dia 17 del siguiente, muriendo en garrote á las afueras de la puerta de Sevilla, por sentencia que confirmó la Audiencia del territorio.

Varias veces ha existido el oportuno proyecto de unir esta plazuela con la llamada del Picadero del Potro, en la Rivera, y aun en 1861, siendo Alcalde el Sr. D. Cárlos Ramirez de Arellano, se denunció y empezaron á derribar la posada de la Madera; mas la idea se abandonó, con sentimiento de aquellos vecinos, que hubieran visto con gusto embellecerse tan concurrido barrio.

Muy á principios del siglo XV, al fundarse el hospital de la Caridad, hoy Museo, Biblioteca y Escuela de Bellas Artes, varió la forma de la plaza del Potro, disminuyendo sus dimensiones de un modo considerable: la calle de Armas salia recta por uno de sus ángulos, lo mismo que la de San Francisco, así como la de la Sillería *continuaba* hácia la de Grageda, formando con la primera una esquina en que había otro meson: fijamos esta opinion en que en el privilegio real concediendo la fundacion de aquella benéfica casa, se autoriza á la cofradía para edificarla en terreno de la plaza del Potro, calle Real y Sillería, y en una casa que adquirieron del convento de los Mártires; la Sillería no llega mas que á la plazuela, luego para tomar terreno de ella era preciso que continuase en el solar ocupado por el edificio.

Existe además en el archivo de la Caridad, que

hemos registrado minuciosamente y visto la multitud de documentos curiosos en él guardados, una escritura que se otorgó en 1562, por la cual la cofradía adquirió parte del meson que había quedado formando rincon en la calle Nueva, hoy de Armas, para labrar en su terreno las enfermerías alta y baja, las cuales son actualmente la Biblioteca provincial y la clase de dibujo natural.

Si fuésemos á escribir minuciosamente cuanto hemos visto acerca del Hospital de la Santa Caridad de Ntro. Sr. Jesucristo, tanto en su archivo como en otros documentos y libros, entre estos uno de las obras pias de aquel establecimiento, escrito por D. Gonzalo de Cáceres y Verlanga, escribano del mismo, en 1734, é impreso en casa de Juan de Ortega y Leon, necesitaríamos un tomo, pues tantos son los datos curiosos que allí se encierran; ya que esto no es posible, consignaremos algunas fechas, por las cuales llevaremos el hilo de su historia.

Hácia el año de 1400, eran tantos los desvalidos que fallecian en la mayor miseria por falta de medios para su asistencia, que algunas personas de alta gerarquía se asociaron con la idea de recogerlos y darles los socorros necesarios; mas sin formar hermandad ni reunirse apenas, hasta 1443 que ya se juntaron y erigieron aquella, concibiendo el pensamiento de establecer la hospitalidad; entonces redactaron bases para ello, y al fin recurrieron á los Reyes Católicos D. Fernando y D.ª Isabel, quienes, á la sazon en Córdoba, dieron su real cédula, fecha 30 de Julio de 1483, mandando á las Justicias de todos sus reinos no *consintiesen que persona alguna perturbase á aquellos* hermanos ó cofrades en las mandas y limosnas hechas en favor de los pobres; esto dió tan buen resultado, que en 1493, con licencia del Obispo, pudieron hacer iglesia y colocar en ella altar y campana, lo cual realizado, se consiguió que Alejandro VI espidiese á 28 de Junio de 1500 una bula concediendo tener sagrario con el Santísimo Sacramento y la Extremauncion para los enfermos, el derecho de nombrar y quitar sus capellanes segun conviniese á la cofradía, celebrar misa y demás oficios divinos y dar sepultura á los enfermos que allí muriesen, aunque hubiese entredicho en la ciudad, con tal de que en este caso fuese á puerta cerrada y sin estar presente persona alguna comprendida en aquel, con otras muchas prerogativas, todas dadas tambien en 22 de Mayo de 1534 por el Obispo de Zamora D. Francisco de Mendoza, como Comisario general apostólico de la Santa Cruzada.

Con estos y otros privilegios aun mas importantes, algunos estendidos á favor de los pobres encarcelados, á quienes tambien amparó, siguió la hermandad de la Caridad, siendo el pertenecer á ella, una de las distinciones mas honrosas que buscaban los cordobeses, puesto que para su ingreso habían de hacer pruebas de nobleza, sin escluir de esta obligacion á persona alguna, por elevada que su posicion fuese. En 1509 se edificó la capilla mayor, colocando en ella las armas de D. Juan II, que reinaba al fundar la cofradía, así como en 1570 se esculpieron tambien las de D. Cárlos I y su madre D.ª Juana; aprobado despues por Felipe II: todos estos reyes y otros muchos personages honraron y se honraron con pertenecer á esta hermandad, en cuyos libros constan sus nombres como tales cofrades. Esta circunstancia ha enriquecido mucho el archivo de aquel hospital, toda vez que siendo indispensable la prueba de nobleza, existen allí multitud de datos interesantes á las familias, y lo que es mas aun, de personas cuyos nombres figuran en la historia de Córdoba.

Todos los cofrades gozaban muchos privilegios, y principalmente el hermano mayor, que llegó á ser uno de los puestos mas honoríficos y codiciados de la ciudad: era de libre eleccion por la misma cofradía, y el Ayuntamiento lo respetaba tanto y lo tenía en tal estima, que en 3 de Noviembre de 1471, ante Fernan Gomez, teniente de Gonzalo Rodriguez de Baeza, escribano del Consejo, le concedió que fuese «franco, libre y quieto, eximido de todo servicio Real y Concejil, que no vaya ni embie por caballero, ballestero, ni lancero, ni por gracia á otro alguno, á ninguno de los servicios de guerra durante el tiempo que fuese hermano mayor, ni que contribuya con caballos ni peones,» todo lo cual fué aprobado por otro despacho de 21 de Enero de 1481.

Por aquellos años habia en Córdoba multitud de hospitales, de tan escasa importancia y en su mayor parte fundaciones particulares, que casi abandonados por completo, ni cumplian el objeto de sus fundadores, ni éran útiles á la humanidad: esto dió lugar á una Real cédula, fecha 26 de Abril de 1526, mandando refundir aquellos en otros de mas categoría, donde sus bienes y rentas serian mejor aprovechadas, y entonces se incorporaron varios al de la Caridad, como lo fué uno que estaba en las Tendillas, otro en la puerta de Gallegos, y algunos mas que constan en el mencionado archivo. En el mismo año, Reales cédulas de 23 de Junio y 31 de Agosto de 1534, donó el Emperador al hermano mayor y cofrades de la Caridad, con destino á los pobres, doce mil cuatrocientos cuarenta y cuatro maravedises de renta perpétua cada año, de sus Penas de Cámara y Fisco en esta ciudad, los que habian de anteponerse á cualquiera otro pago.

Tantas distinciones mereció esta casa, que su hermandad armaba cuestiones con todas las demás corporaciones y aun con las autoridades, venciéndolas en pleitos, pues para todo tenia ya privilegios y prerogativas. Ella ganó uno á los beneficiados de la parroquia de San Nicolás, sobre derechos en entierros y fiestas religiosas, acabando por una concordia, en la que se obligaron á hacer á los pobres muertos determinados sufragios: despues sostuvo con igual éxito muchas cuestiones sobre exencion del pago de derechos por los efectos de consumo en el hospital, y lo que dió mas ruido fué una cuestion de etiqueta con la hermandad de San Bartolomé, del Alcázar viejo, tan potente como ella, sobre el lugar que habian de ocupar los cofrades de ambas en las procesiones y demás actos públicos á que fueran invitadas: dióse lugar á grandes disgustos y disputas, que pudieron evitarse con la mediacion de personas importantes que, perteneciendo á ambas corporaciones, conciliaron los ánimos, y se resolvió que los individuos de aquellas fuesen interpolados los unos con los otros, sin distincion de *hermanos mayores*, y presididos por el Tribunal de la Inquisicion, puesto que eran los que iban mas cerca de éste, toda vez que las demás cofradías y comunidades se colocaban delante; así fueron á las procesiones de llevar la Santa Cruz á la Corredera en las vísperas de los autos de fé celebrados el 21 de Diciembre de 1625, 21 de Diciembre de 1627, 3 de Mayo de 1655 y 29 de Julio de 1665.

Los estatutos solo permitian la curacion de hombres, de todas clases de emfermedades, escepto las de venéreo y contagiosas, sosteniéndose de doce á catorce camas, y por estar el edificio en un punto tan apropósito, se admitia á los heridos, los que solo se asistian en los últimos años, creyendo muchos que ese era el objeto principal de aquella casa. Sin embargo de esto, en casos de necesidad ayudaban á otros hospitales, como sucedió en la epidemia de 1601, que daban al de San Lázaro una cantidad mensual; en 1649 remitieron cuarenta y nueve camas completas, y en 1661 entregaron cien ducados á la Ciudad para alivio de los pobres enfermos.

La buena administracion del hospital de la Caridad y el respeto que todos tenian al hermano mayor y seises, inspiraba tanta confianza, que además de las muchas mandas y bienes que le dejaban, con que llegó á reunir unos treinta mil reales de renta, algunos fundadores de patronatos y obras pias los dejaban por principales patronos de ellas, confiando harian cumplir fielmente sus disposiciones; como prueba de ello citaremos las siguientes:

1528.—Obra pia que fundó el Lic. Alonso Fernandez de Paniagua, beneficiado y rector de la parroquia de Santiago, para dotar á doncellas de su linage, y á falta de estas á huérfanas pobres de aquel barrio que fuesen á casarse.

1552.—Obra pia fundada por Juan Rodriguez Sillero é Isabel de Clavijo, su mujer, para casar huérfanas de su linage, y á falta de estas, las que fuesen pobres del barrio de los Santos Nicolás y Eulogio.

1571.—Obra pia para el rescate de cristianos cautivos en poder de los moros, fundada por D. Alonso Fernandez de Córdoba.

1571.—Obra pia fundada por el Sr. D. Pedro Muñiz de Godoy, para dote á huérfanas pobres, prefiriendo las del barrio de Santa Marina.

1575.—Obra pia que fundó el Jurado Francisco Valdelomar, para dote á doncellas de su linage, y á falta de estas á huérfanas pobres, con la condicion de ser cordobesas.

1580.—Obra pia de la Sra. D.ª Isabel de Figueroa, para socorro de los enfermos y dotes á huérfanas de esta ciudad, prefiriendo las del barrio de San Lorenzo.

1582.—Obra pia del Jurado Luis de Lara, para el cumplimiento de varios sufragios y una vela ardiendo perpétuamente en el sagrario de San Francisco.

1596.—Obra pia de D.ª Ana Gomez de Verlanga, para la redencion de cautivos y dotes á huérfanas de su linage.

1602.—Obra pia del Sr. Martin Alonso de Montemayor, para socorro de los pobres que salgan convalecientes de aquel hospital.

1605.—Obra pia del Lic. Anton García de Pineda, Pbro., cuyas rentas habian de hacerse cinco partes: primera, para el hospital; segunda, para redimir cautivos; tercera, para socorrer niños expósitos; cuarta, para dotes á huérfanas pobres, prefiriendo las naturales de Posadas, y quinta, para ayudar á estudiar en Salamanca á un pobre, prefiriendo en todo á los que fuesen de su linage.

1609.—Obra pia de Juan Lopez Pulido, para sostenimiento de algunas camas en el hospital, y con el sobrante dotar á huérfanas de las líneas que él mismo señaló.

1613.—Obra pia de Gerónimo Montenegro, Pbro., para dotes y limosnas á huérfanas y pobres de su linage.

1627.—Obra pia que fundó el Jurado Juan de Lucena, para dotes de doncellas huérfanas del barrio del Salvador.

1643.—Obra pia de Juan Muñoz de Baena, para el cumplimiento de ciertos sufragios por su alma.

1651.—Obra pia de D. Antonio Gutierrez de Torreblanca, para socorro de los enfermos convalecientes de este hospital.

De todos los espresados dotes solo se dan los de Juan Lopez Pulido, graduados en setecientos dos reales cada año.

El hospital de la Caridad siguió su honrosa mision, asistiendo principalmente á los heridos, por cuya razon, en 1836, cuando la invasion de Gomez, recogieron y murió en él, en cuyo cementerio lo enterraron, el brigadier Villalobos, que recibió un balazo en la Carrera del Puente.

En 1837 se mandó reunir algunos hospitales, y aquella hermandad, antes tan poderosa, se dejó disolver sin la menor resistencia, suprimiéndose el hospital y agregando sus rentas para acrecentar las del fundado por el Cardenal Salazar, hoy provincial de Agudos, entonces bajo el patronato del Cabildo eclesiástico, el que siguió á su cuidado hasta 1842 que pasó su administracion á la Junta Municipal de Beneficencia, la que estableció sus oficinas en la Caridad, permaneciendo allí hasta 1851, que declarada la beneficencia provincial, en virtud de la ley de 1849, se suprimieron: en otra ocasion volvieron á un departamento del edificio que vamos describiendo, el cual continuó unas veces arrendado y otras convertido en casa de vecinos, hasta 1865 que establecieron en él la Biblioteca y Museo, á los que agregaron despues la Escuela de Bellas Artes.

El salon principal, donde están los mejores cuadros, era la iglesia, cuya figura conserva: tenia tres altares de buena forma; en el principal, al que se subia por unas gradas que hoy sirven en el presbiterio de la Casa central de Expósitos, estaba el Santo Cristo de la Caridad, escultura de algun mérito, venerada hoy en San Francisco, donde ya estuvo en otra ocasion, pues buscándole su orígen, por si averiguábamos el autor, encontramos en el archivo una escritura fecha 26 de Abril de 1614, por la cual, Juan Draper, de Valencia, mercader en el barrio de la Catedral, declara que, debiéndole la hermandad de San Bernardino del convento de San Francisco mil quinientos reales, le adjudicaron en pago aquella imágen, la que donaba al hospital de la Caridad, con la condicion de que todos los años se aplicasen dos misas por su eterno descanso: á los lados había dos bonitos lienzos de Antonio del Castillo, con San Pedro y San Pablo, que hoy están en el Museo. En los otros altares estaban una Vírgen y San Onofre; en los retablos había unas tablitas muy lindas, como se vé en uno de ellos que está en el oratorio particular de las hermanas de la casa Hospicio.

Delante de la puerta de esta iglesia había un pórtico con dos arcos cerrados por verjas de madera, y el cual se tapió, por haberse convertido en un asqueroso muladar.

Lo demás del edificio poco llama la atencion, aparte de algunos capiteles de distintos órdenes y un bonito artesonado en la escalera; en varias épocas ha servido de hospital provisional de coléricos. Detrás tiene un estenso corral, donde tenian abierto el carnero ó fosa para dar sepultura á los enfermos que allí fallecian, así como en la iglesia estaba el enterramiento de los cofrades, en la actualidad relleno de granzas.

La Biblioteca provincial, establecida en la ex-enfermería alta, constará de unos once mil volúmenes, en los que hay muchas obras incompletas, otras repetidas y algo moderno adquirido con la asignacion que para ello tiene, y que desde 1868 no se ha cobrado con la regularidad necesaria: la sirven un bibliotecario, un ayudante y un ordenanza. Cuando la exclaustracion de los frailes se mandaron reunir sus librerías para formar las Bibliotecas provinciales y, cuánto no sería lo que se tiró y vendió por papel viejo, que apesar de contar cada convento por término medio con mas de tres mil volúmenes, que harian un total de mas de ciento cuarenta mil, cabe todo lo recogido en la estantería del de San Pablo, y aun ésta no completa. Esto prueba claramente el abandono con que se miró un asunto de tan grande y trascendental importancia. Y tan no es exagerado lo dicho, que la biblioteca que hay en el palacio Episcopal es solo y aun incompleta, la de los Jesuitas y tiene unos doce mil volúmenes.

La Escuela de Bellas Artes de Córdoba, se fundó en virtud de acuerdo de la Diputacion provincial, de la que era Vice-presidente D. Rafael J. de Lara y Pineda, cuya corporacion, penetrada de la urgente necesidad de facilitar los medios conducentes á hallar el renacimiento de las artes del buen gusto, por tanto decaidas, á la altúra que el buen nombre y la importancia cada vez mas creciente de esta ciudad reclamaban, no solo en sus manifestaciones respectivas á las artes bellas, sino en sus infinitas aplicaciones á las artes mecánicas é industriales, concibió este patriótico proyecto, y pidió al Gobierno superior la autorizacion competente, siéndole concedida con plenas facultades para establecer este instructivo centro, formar el plan de sus estudios y el de un reglamento especial que los rigiese, por Real órden de 20 de Febrero de 1866.

Dieron principio sus enseñanzas el primero de Octubre del mismo año, reducidas por entonces al dibujo elemental de figura, comprendiendo las cuatro secciones en que este se divide hasta cuerpos, nociones anatómicas pictóricas para los alumnos que ya poseyesen conocimientos y práctica del dibujo del cuerpo humano, elementos de dibujo lineal y de adorno, y aritmética y geometría necesario al mismo, siendo nombrados respectivamente para el desempeño de estas cátedras los Sres. D. Rafael Romero, con el cargo de Secretario, D. Narciso Sentenach, D. José Saló con el de Director, y D. Francisco Ceinos con el de Contador: y en 17 de Diciembre del año referido, por ser escesivo el número de alumnos que se dedicaban al dibujo de figura, desempeñado por el profesor Secretario arriba citado, se le nombró de ayudante á D. Julio Degayon, por la Corporacion provincial, á instancia de la Junta de profesores.

La matrícula general en este primer curso llegó á ciento treinta y cinco, dando un satisfactorio resultado en los exámenes de fin de año, obteniendo premios y honrosas calificaciones un respetable número de alumnos.

La Diputacion provincial, en vista del fructuoso resultado ya obtenido, confirmado por los trabajos espuestos al juicio público anualmente, y de la necesidad de ir ampliando la enseñanza con cátedras superiores que gradualmente reclamaban el progresivo adelanto de los alumnos, fué aumentando sucesivamente á propuesta de los profesores, en la seccion de Bellas artes, la cátedra del antiguo, la del natural, (modelo vivo), la de colorido y la de estética ó historia del arte. En la de dibujo aplicado, amplió hasta los estudios superiores las cátedras de dibujo lineal y la de adorno y creó la de construccion, comprendiendo á mas de los estudios de estereotomía, ensambladuras y cortes de piedras y maderas para los albañiles y carpinteros, y en la actualidad está propuesto por la Junta de profesores al Cuerpo provincial la creacion de la cátedra de aparejadores, como complemento á esta seccion y que producirá un inmenso beneficio á estas clases trabajadoras, que refluirá ventajosamente en la poblacion.

La matrícula desde la creacion de la Escuela, ha ido aumentando sucesivamente cada año académico, hasta el punto de inscribirse 370 alumnos en la actualidad, número mayor que el reducido local que hoy ocupa puede contener, quedando, no obstante, innumerables aspirantes sin poder obtener ingreso por falta de espacio, circunstancia verdaderamente lamentable, que al par que prueba la cultura á que ha llegado este útil establecimiento, evidencia la perentoria é improrogable necesidad de que la Diputacion provincial, su infatigable protectora, haga todos los esfuerzos posibles por trasladarla á otro local donde reciban la instruccion artística necesaria todos los que la deseen, y tenga las condiciones de comodidad y buen aspecto que requiere para un instituto de esa índole una ciudad civilizada.

Actualmente cuenta la Escuela los profesores siguientes: D. Rafael Romero, Catedrático Secretario desde su fundacion, nombrado Director por la Diputacion provincial el 14 de Octubre de 1870 (en virtud de la renuncia de dicho cargo por D. José Saló), como recompensa á sus servicios y antigüedad, y á peticion unánime de la Junta de profesores, el cual tiene á su cargo las clases superiores del *antiguo y natural*, y la de colorido, de creacion reciente, desempeñada por su voluntad gratuitamente; D. Julio Degayon, D. José Muñoz Contreras y D. José García Córdoba, que dirigen respectivamente las cuatro secciones de la enseñanza elemental del dibujo de *figura* y la cátedra de adorno; D. Rafael de Luque y Lubian, la de construccion; D. José María Montis, la de dibujo lineal superior y geometría aplicada; D. Antonio Escamilla, la enseñanza elemental del mismo y aritmética; D. Manuel Ballesteros, la cátedra de estética é historia del arte, y los Sres. D. Juan de la Puente y D. Manuel Castiñeira, que desempeñan respectivamente el primero la seccion de agricultura y el segundo la cátedra de economía mercantil y partida doble, anexionadas á la Escuela.

El sucesivo aumento de la matrícula y el crecido número de aspirantes que no pueden obtener ingreso, las notas y premios obtenidos por los escolares en los exámenes generales, de cuyos pormenores se dirigen anualmente los respectivos estados á la Diputacion, prueban el creciente desarrollo de este centro artístico, que registra una estadística tan honrosa y brillante como pocos establecimientos de su índole pueden presentar.

Los beneficios que, tanto á las artes como á la juventud estudiosa, reporta la existencia de esta Escuela, se vé de un modo palpable en las exposiciones y certámenes que se han celebrado desde que en 1868 realizó una de aquellas el Casino Industrial, en la que ya se presentaron cuadros muy lindos de alumnos de este establecimiento: igual resultado hemos visto en las del Círculo de la Amistad, en la distribucion de premios ante la Diputacion provincial, y por último, en los certámenes en que esta Corporacion ha ofrecido premios á los mejores cuadros que representasen asuntos de la historia de Córdoba ó de sus hijos: juzgadas como de alumnos y no de profesores, hemos contemplado obras que demuestran un concienzudo estudio, no solo del asunto, forma y modo de presentarlo, sino del colorido que tanto contribuye al mérito de un cuadro. Esto ha contribuido tambien á dar á conocer muchos hechos ignorados por la generalidad; las artes hermanan con la historia, y como ella, y de un modo mas provechoso si se quiere, por hablar á todas las inteligencias mas ó menos cultivadas, elevan á la inmortalidad hechos y nombres, que sin su salvador influjo quedarian para siempre sepultados en el olvido. Por estas y otras muy atendibles razones, debe protegerse este útil establecimiento, si bien concretándolo á su verdadero objeto, al que debe dedicarse todo el cuidado de sus profesores y de la parte inspectora, á fin de que siga dando el fruto que hasta ahora han recogido los alumnos con la acertada direccion del pintor y literato D. Rafael Romero y Barros, y demás profesores, que á los suyos unen su laboriosidad y celo en pró de la enseñanza.

Mucho pudiéramos estendernos en este asunto; mas nos lo veda la índole de esta obra, y por eso pasaremos á reseñar lo mas notable que encierra este edificio.

El Museo de pintura se trasladó al local que hoy ocupa á fines del año de 1862, siendo Director D. Ramon Aguilar Fernandez de Córdoba, y Conservador D. Rafael Romero, que lo es en la actualidad, nombrado por la Direccion general de Instruccion pública el 30 de Mayo de 1862. Los cuadros que contiene, sin contar los que se recogieron de los conventos suprimidos por la comision nombrada por la Junta revolucionaria en el año de 1868, que se dirá en otro lugar, son próximamente doscientos ochenta y nueve, en su mayor parte de autores cordobeses: hay uno de gran mérito y dimensiones, figuras de tamaño natural, de José Rivera, el *Españoleto*, que representa á la Vírgen, San José y el Niño Dios, descansando en su viaje á Egipto, ejecutado con la manera franca y el color brillante y pastoso que distinguen á tan gran maestro: la Vírgen está sentada alimentando al Niño á sus pechos; en el suelo, á su lado, se vé la albarda ó silla de la cabalgadura, cuya cabeza se descubre á su espalda, paciendo tranquilamente: San José ha estendido su capa entre los troncos de dos árboles, como para resguardarla del viento que parece mover sus hojas, y él, recostado en uno, y las manos cruzadas, contempla sonriente aquel grupo encantador, sobre el que dos ángeles arrojan flores desde los aires. Otro cuadro existe, de regulares proporciones, de autor desconocido, aunque algunos le atribuyen al mismo, que representa á la Vírgen con el Niño Dios reciennacido en sus brazos, al que han venido los pastores á adorar, de un color excelente; del Niño parte la luz que baña el grupo, formando un foco deslumbrante, cuyos destellos hieren atrevida y circularmente las figuras que lo rodean, dejando degradadas y en dudosa penumbra, algunas bien ejecutadas cabezas que aparecen en segundo y tercer término sobre un oscuro y trasparente fondo, formando en su conjunto tan extraordinario efecto de claro oscuro, que hace recordar los sorprendentes y vigorosos contrastes de Rembrando.

Dos lienzos, sentados en tabla, de regulares dimensiones, que representa el uno á la Vírgen, sentada en un trono, con el Niño Dios en los brazos, de la escuela alemana, del siglo XV, adornada de ricos estofados sobre fondo de oro en ropas y muebles, de estraórdinario mérito é importancia para la historia del arte. El otro á San Nicolás de Bari, con primorosas labores y estofados sobre oro en el fondo y en los paños, de la misma época y de no menor importancia, aunque no en buen estado, el cual se atribuye al pintor cordobés del siglo XV, Pedro de Córdoba, del que se conserva un magnífico cuadro en la Catedral.

Hay varios cuadros de Antonio del Castillo, pintor excelente y reputado como jefe de la escuela cordobesa, entre ellos uno de colosales dimensiones, que perteneció al convento de San Pablo, y representa á San Fernando, consagrando al espresado Apóstol, el convento y colegio de este nombre, en el cual sobresale la figura del mismo, por su brillante color y toques magistrales: otros dos, con las figuras tamaño mayor que el natural, que representan respectivamente á Santo Domingo y á San Francisco de Asis, en los que, por la grandiosidad de sus formas y su franca y correcta manera, se recuerda á Zurbarán. Otros de igual mérito, como una Santa Inés y Santa Catalina, San Ildefonso recibiendo la casulla de manos de la Vírgen y un San Pedro y un San Pablo, ambos de medio cuerpo, mayor que el natural; un San Pedro y un San Pablo, de cuerpo entero, tamaño mitad del natural; un Jesus Nazareno, pequeño; un San Pablo, de cuerpo entero, tamaño natural; en todos los que se descubren sus relevantes prendas como pintor y dibujante. Un cuadro de regulares dimensiones, figura menor que el natural, de Zambrano, de un gran color, esmerada y libre ejecucion, que representa á David con la cabeza de Goliat. Dos idem, de Atanasio Bocanegra, pintor

31

granadino, con un Crucifijo, tamaño natural, y la Degollacion de los Inocentes, de dimension menor que el natural las figuras, algun tanto descuidado de dibujo, aunque de un gran color. Una Adoracion de los Reyes, firmada, de las primeras obras de Palomino; dos cabezas, la del Señor y la de la Vírgen, de buen color y brillante entonacion. De D. Antonio Palomino hay varias copias de D. Antonio del Castillo, ya citado, como es un San Gerónimo en oracion, cuerpo entero, tamaño natural, y una Adoracion de los Reyes, cuyo original, pintado por el referido Castillo, existe en la iglesia de la Fuensanta.

Una Adoracion de los pastores, de Andrés Ruiz de Saravia, de sumo interés histórico, de color brillante, luz fuertemente acentuada y de esa sequedad y rigidéz de contornos y carencia de perspectiva aerea que caracteriza las obras de los pintores españoles del siglo XVI.

Un cuadro de grandes dimensiones, adquirido desgraciadamente ya muy maltratado, lleno de repintes y deslavasado, firmado por José Saravia, excelente pintor cordobés, hijo del anterior, que representa á San Francisco de Asis con otros religiosos, figuras tamaño del natural, en las cuales se descubre aun el mérito de su autor.

Hay varios cuadros del pintor cordobés del siglo XVII, Racionero de la Catedral, el cual siguió en sus obras el estilo y maneras de Bartolomé Esteban Murillo, con notable acierto, entre ellos un Jesus atado á la columna, de cuerpo entero, tamaño natural; un San Juan con el cordero, fondo de paisage; un Angel de la Guarda con el Niño Dios de la mano, y otras muchas, que demuestran llegó á inspirarse con acierto en aquel pastoso color, fluidéz y vaguedad de contornos que tanto distinguen al eminente maestro á quien se propuso imitar.

Otro cuadro, que se atribuye á Pedro de Orrente, pintor español del siglo XVI y principios del XVII, que representa á Jesucristo Crucificado entre el bueno y mal ladron, y un hijo de Judea, ciego, montado en un caballo blanco que conduce un lazarillo, trata de clavar su pica en el costado del Señor, cuya escena contempla con dolor profundo la Vírgen, la Magdalena y San Juan, mientras en primer término unos soldados juegan la túnica del glorioso Redentor.

Otro de lienzo, firmado de Lúcas Valdés, hijo de D. Juan Valdés Leal, aunque inferior en mérito á éste, que representa á Santiago á caballo batallando con los sarracenos, que aparte de algunas incorrecciones de dibujo, ofrece en su conjunto una composicion bien sentida y revela el especial carácter de la escuela sevillana.

Varios cuadros existen del pintor cordobés de principios del siglo XVIII, D. José de Cobos, entre ellos un nacimiento de San Pedro Nolasco, que aunque perdidos los jugos del color por haber estado mucho tiempo en el convento de la Merced, de donde procede, á la intemperie, y haber en sus tonos gran abuso de los blancos, es muy notable por la espresion de sus figuras.

Otro cuadro pequeño, que representa un Ecce-Homo de medio cuerpo, atribuido con acierto á D. Pedro Nuñez Villavicencio, pintor sevillano y famoso discípulo de Murillo, en cuyo cuadro revela el notable acierto conque imitó á su maestro.

Existe un cuadro que se supone ser del religioso lego de los Carmelitas, Fray Juan de la Miseria, llamado en el siglo XVII, en el que floreció, Juan Nerduch, de orígen napolitano, que representa á Jesucristo en la cruz, la Vírgen, la Magdalena y otras santas mujeres, en el cual se observa un color y entonacion no del todo agradables, pero que sobresale por la delicada correccion de sus líneas y por el severo purismo de los pliegues de sus paños.

Otro del pintor cordobés de últimos del siglo XVIII y principios del XIX, D. Antonio Monroy, discípulo de Maella, que representa á San Diego de Alcalá, que aunque de fria entonacion, no carece de importancia por marcar el estado del arte en esa época.

Un cuadro, que algunos suponen de Van Dik, que representa un Descendimiento, de una brillantéz de color admirable, correcto dibujo y grandiosas formas.

Y una cabaña excelente, adquirida recientemente por la Comision de Monumentos, de Bazan.

Y otros innumerables cuadros en lienzo y tabla; de estas, muchas del siglo XVI, que son de sumo interés en un Museo, porque aunque ejecutadas de la inesperta manera propia de la mayoría de los pintores de aquel siglo, ponen de manifiesto la ascendente marcha que hácia la perfeccion ha seguido el arte pictórico desde los primeros esbosos de su renacimiento á nuestros dias; y de aquellos, infinitas copias de autores notables, que aunque sin la importancia de sus originales, enseñan la manera y estilo de aquellos maestros, y otros muchos ejecutados por pintores cordobeses, que aunque de escaso mérito, significan la decadencia del arte en aquella época.

De los cuadros procedentes de los suprimidos conventos en el año 1868, existen como obras notables: un Apostolado, aunque en mal estado de conservacion, de un mérito estraordinario, que por su color brillante y pastoso, su franca manera de hacer y grandiosidad de líneas, parece del pintor cordobés del siglo XVII ya citado Juan Luis Zambrano, discípulo de Pablo de Céspedes.

Un San Elías, tamaño natural, de cuerpo entero, cuadro magnífico, en buen estado de conservacion, que parece por su manera y estilo de Valdés (D. Juan), y un San Gerónimo, compañero, de no menor mérito, pero que parece diferir en la manera y estilo en la que se asemeja á Zurbarán.

Un cuadro que representa á los mártires Acisclo y Victoria, de cuerpo entero, tamaño mitad que el natural, firmado por Peñalosa, pintor cordobés notable, discípulo de Pablo de Céspedes, que imitó con éxito el grandioso estilo de tan gran maestro.

Una copia de Daniel Volterre, que representa un Descendimiento con figuras de dimensiones académicas, que algunos suponen original del mismo.

Un cuadro en lienzo que representa á San José, de cuerpo entero, con el Niño Dios en los brazos, de dimension menor que el natural, firmado por José de Cobos, que es una de las mejores obras de este autor.

Otro lienzo, desgraciadamente adquirido en muy mal estado de conservacion, cuyos frescores y masas oscuras están idas y las claras alteradas por la humedad del sitio donde por muchos años estuvo colocado, pero que se espera fundadamente hacerlas recobrar mediante una delicada operacion, y que representa á San Gerónimo en oracion, de medio cuerpo, tamaño algo mayor que el natural, firmado á la espalda por Jacinto Brandí, pintor italiano discípulo de los Carracci y Lanfranco, de un dibujo correctísimo y de una grandiosidad en las formas que recuerdan á Miguel Angel.

Y algunos otros lienzos de menor mérito, pero de no escaso interés, ya por su color, dibujo, maneras ó algunos accidentes de indisputable mérito, y varias tablas del siglo XV y XVI, de interés histórico para el estudio del arte.

El número de cuadros á que próximamente asciende los que posee el Museo, con la adquisicion de los que proceden de los conventos suprimidos últimamente, es el de cuatrocientos treinta.

Pasemos al Museo Arqueológico. Existe en este un considerable número de objetos que, ya procedentes de escavaciones, donativos y algunos, aunque muy pocos, adquiridos por la Comision de monumentos, pudieran constituir, si estuvieran reunidos y espuestos en un local ámplio y digno en debida forma y con las necesarias condiciones, un Museo de los mas ricos é importantes; y protegido por las regiones oficiales, constantemente enriquecido con nuevas adquisiciones, que con seguridad se obtendrian á favor de frecuentes y facultativas esploraciones practicadas en terrenos y sitios determinados de Córdoba y su provincia, que ofrecen perceptiblemente á la vista menos perspicáz, signos bien marcados y característicos que hacen suponer fundadamente guarden sepultados, no solo curiosos é importantes vestigios del grado de civilizacion que alcanzáran las sucesivas razas que invadieron la Península, sino que recientes descubrimientos habidos en ella, como el efectuado en las minas del Cerro Muriano y otros que no recordamos, han venido á demostrar con el hallazgo de utensilios y objetos silíceos aplicables á la vida del hombre, pertenecientes á ese oscuro período anterior á la época legendária, que hoy tanto se trata de esclarecer, no siendo estériles tales esploraciones, que además de la utilidad inmensa que reportaran, nos elevaría á una altura mayor en ese ramo de la en que ahora nos considera el mundo artístico civilizado. Los objetos mas notables que se conservan en este Museo, son los siguientes:

La campana del Abad Sanson, reputada por la mas antigua de toda la cristiandad, de 0,21 metros de alto y 0,13 de diámetro; leyéndose en su circunferencia la siguiente inscripcion latina, abierta en buril:

Offert hoc numus Samson Abbatis in domun Sancti Sebestiani Martiris Christi, era DCCCCXIII. (Año 875.)

Un ciervo de bronce, escultura árabe, con grabados figurando la piel, que fué hallado en una escavacion en Córdoba la vieja, y se cree perteneció á alguna de las fuentes de la casa de recreo que Abderraman III labró allí, y posteriormente ha estado colocado en una fuente del convento de San Gerónimo, en la sierra.

Un brocal de pozo, árabe bizantino, de 0,80 metros próximamente de altura, de notable mérito, de forma octógona, esmaltado de un precioso verde esmeralda: rodean esterior y horizontalmente sus caras ú ochavas, cuatro zonas, de las que la inferior y superior están formadas de graciosos arcos angrelados ornamentales, y la mayor que ocupa el centro, exornada de delicadas labores relevadas, con complicadas y artificiosas combinaciones geométricas, á la que limita una greca de rombos, determinados por rectas cruzadas en direccion diagonal.

Un antepecho árabe, de mármol blanco calado, de primorosa ornamentacion geométrica, formado de ingeniosos entrelazados, que mide próximamente 1,50 metros de largo por 0,80 de ancho.

Una lápida sepulcral árabe, de 0,80 metros de altura, 0,12 metros de grueso y 0,27 de latitud, cuyos cuatro lados están profusamente adornados con inscripciones de caractéres cúficos: en la anterior y principal aparece inscrito un arco de lóbulos figurado, cuyo vano y enjutas ocupan dichas inscripciones, el cual está sostenido por dos esbeltas columnillas, y á su alrededor, en forma de acrabá, una faja de los mismos caractéres, recorre paralelamente los cuatro lados del rectángulo, el que está terminado en su parte superior por una ligera corniza de almenas dentadas: la posterior está labrada hasta su mitad, y el arco es apainalado, descansando sobre dos columnas de forma igual á los del anterior.

Otra lápida árabe, mitad en dimension á la anterior, de igual forma y con la misma clase de inscripcion, la cual perteneció al sepulcro de un hagib: relevados en su centro hay dos arcos ojivales túmidos ornamentales que descansan sobre delgadas columnillas, cuyos vanos y enjutas figuradas ocupa la inscripcion referida, y ésta terminada por una ligera orla de los mismos caractéres paralela á los cuatro lados del rectángulo.

Una pila de mármol blanco, de las que los árabes usaban para hacer sus abluciones antes de entrar en el templo, con una inscripcion á su alrededor.

Dos regulares trozos de un primoroso alízer de alicatado de artificiosos cortes y enlaces geométricos, procedentes de la Catedral.

Un fragmento de regular dimension, del artezonado de la mezquita, con una parte de viga, de madera de alerce, que aun conserva entre sus entalles ligeras huellas de los colores primitivos de que estuvo adornado.

Varios curiosísimos fragmentos de la preciosa arquería (que ya ha desaparecido) de la casa llamada del

Conde del Aguila, que estuvo situada en la plaza de Anton Cabrera, que determina esa importante época del arte árabe denominada Estilo Mudejar: entre ellos se conserva una parte del gran arco de lóbulos que formaba el centro de los cuatro arcos semicirculares que la componian, y varios trozos y recuadros de dicha arquería y del magnífico arrabá que lo decoraba; sus adornos son de delicada labor mosáica, trabajados con guvia sobre tableros de yeso reforzados en su parte posterior, con una gruesa y fuerte argamasa parecida al ladrillo, aunque muy superior á éste en consistencia, y en cuya prolija y elegante ornamentacion de primorosa tracería de estrellas, vástagos y rosetones, relevada sobre fondo de ataurique, alternan repetidos, caractéres africanos.

Una numerosa coleccion de azulejos, de mosáico y de relieve, de diversas épocas.

Capiteles de calados adornos, y varios trozos de pavimentos de mosáicos de menudas piezas.

Una magnífica estátua romana, de mármol blanco, tamaño natural, mutilada, sin cabeza ni brazos, que representa una Minerva de bellas líneas y proporciones, y delicados paños, que fué encontrada al abrir un cimiento en una casa del Campo de la Merced.

Un busto de mármol blanco, de extraordinario mérito, tamaño natural, que parece ser un retrato de algun notable caudillo ó Cónsul romano, regalada al Museo por la Academia general de Ciencias y Nobles Artes.

Una cabeza, de ejecucion excelente, de mármol blanco, tamaño natural, calificada como retrato de Cayo-Calígula.

Dos ángeles de piedra, mitad tamaño natural, escultura del siglo XV, muy importante para el estudio del grado que alcanzó en esa interesante época del arte, procedente de la capilla de Rivagorza.

Una Vírgen, sentada, de cuerpo entero, tamaño natural, escultura del siglo XVI, ejecutada con manera franca y á grandes rasgos, procedente del extinguido convento de la Victoria, extramuros de esta ciudad.

Una curiosa escultura, de 0,30 metros próximamente, de mármol blanco, que representa una matrona romana, reclinada sobre el lecho, que en sus torpes líneas é incorrecta manera, determina pertenecer á la decadente época del arte en el imperio romano.

Otras varias cabezas, tambien romanas é importantes, algo mutiladas, pertenecientes á diversos períodos de la misma época.

Una curiosa lápida sepulcral, de piedra negra de 1,35 metros de largo por 0,35 de ancho, en la que se lee la siguiente inscripcion latina, grabada en la misma piedra, y en cuyo hueco se ven vestigios de haber tenido embutidas letras de bronce:

Marcus Fluvius et Carus Pontuficiencis,
Medicus ocu lasius, sibi et suis fecit.

Un busto de mármol blanco, mitad tamaño natural, escultura romana de mérito, que representa un sátiro.

Varias lápidas con inscripciones romanas importantes.

Un molino de mano, de curiosa estructura.

Varias ánforas de gallardas formas.

Tégules de diversos tamaños, pertenecientes á distintas épocas, atanores de barro cocido y de plomo, de rara estructura.

Innumerables objetos y utensilios de cerámica, de variadas formas y delicados contornos, pertenecientes á las dominaciones fenicia, cartaginense, romana y árabe.

Utensilios y armas procedentes de otros diversos períodos históricos, y algunos anteriores á la época legendária.

Y monedas y multitud de objetos de dimensiones pequeñas, aunque en gran manera importantes para el estudio del grado de cultura ó decadencia que alcanzaron las artes en las pasadas edades.

En otro departamento del patio de la Caridad, donde su cofradía tuvo la sala de cabildos ó sesiones, se encuentran establecidas la Sociedad Económica y la Academia de Ciencias, Bellas Letras y Nobles Artes, de la que tenemos los siguientes datos:

Desempeñando el Gobierno civil de la provincia el Sr. D. Manuel Ruiz Higuero, y establecido el Museo y Biblioteca de la misma, con mas independencia, en el edificio del suprimido hospital de la Caridad, la Diputacion realizó algunas obras para habilitarlo en su nuevo destino, y se concedió en él localidad para la Academia de Ciencias, Bellas Letras y Nobles Artes, y para la Sociedad Económica. Disuelta ó extinguida la última en 1823, de hecho, perdió la Casa Colegio de Educandas de su propiedad, que se incorporó al caudal del Colegio de la Asuncion. Restablecióse la Academia y Sociedad Económica por el Gobernador D. Angel Iznardi en 1841, y se la albergó provisionalmente en el Colegio de Santa Victoria, y con posterioridad en un salon de las Escuelas pias, desde donde pasó á este mismo edificio de la Biblioteca y del Museo.

Para la historia de la Academia existen impresas las *Actas abreviadas*, escritas por su propio fundador

D. Manuel Arjona, y algunos resúmenes de sus tareas, 1846 y 1873, respectivas á esta segunda época, si bien no en série completa y continuada, formados por su actual Secretario D. Francisco de B. Pabon. Nació la Academia en 11 de Noviembre de 1810, como Seccion literaria de la antigua Sociedad patriótica de Amigos del Pais, y dióle ser é impulso la iniciativa del ilustre literato D. Manuel María de Arjona, Canónigo Penitenciario de la Santa Iglesia Catedral de esta ciudad. El mismo presentó muchos trabajos en la Corporacion, y asoció á ella á los sugetos mas aficionados á las ciencias y á las letras. Algunos de estos trabajos se han impreso por sus autores, aunque no en coleccion por la misma Academia. En su primera época y hasta 1823 tomaron parte en sus sesiones, además del mencionado fundador, numerosos individuos, entre quienes recordamos á D. José María Moreno, D. Rafael Benitez, D. Mariano de Fuentes, D. Angel de Saavedra, D. Rafael Entrena, D. José Melendez, D. Cayetano Lanuza, D. José Presas, D. Miguel Albear, D. Joaquin Muñoz Capilla y su hermano el Maestro Augustiniano, D. Rafael de Mancha, D. Juan Lopez Ochoa, D. José Luis de los Heros, D. Juan María de Gracia y otros. En su segunda época se han distinguido, ó concurrido con sus producciones ó con su asistencia y medios, D. Ramon de Aguilar, Presidente ó Director por muchos años; su restaurador D. Angel Iznardi, D. Mariano Esquivel, D. Fernando Amor, D. Manuel de la Córte y Ruano, D. Domingo del Monte, D. Rafael Gonzalez Navarro, D. Antonio Matute, D. Rafael de Vida, D. Cárlos Ramirez de Arellano, Director muchos años, D. Luis María Ramirez de las Casas-Deza; y otros varios entre corresponsales y residentes, excluyendo de esta mencion á muchos muy laboriosos y que hoy viven. Algunas celebridades extranjeras y nacionales han agregado á la Corporacion el honor de sus nombres. Posee una modesta biblioteca, un decente mobiliario, algunos retratos de cordobeses ilustres, obras de académicos, y diez tomos de producciones de los mismos, con muchas obras que no se han reunido y pueden coleccionarse para formar otros volúmenes.

Frente á la Caridad hay una calle, travesía entre la plazuela del Potro y la calle de San Fernando, que há por nombre la Sillería; con él la encontramos desde el siglo XIV, pues, como llevamos dicho, se hace mencion de ella en la licencia para la edificacion del hospital: llámase así por ser el punto en que habitaban los fabricantes de sillas, que como todos los gremios tenian sus puntos determinados. En una de sus fachadas hubo hasta 1841 una escultura de San Rafael, y en la esquina mirando á la fuente, una gran Concepcion en lienzo, obra de Antonio del Castillo. En la casa núm. 1.º murió el erudito Sr. D. Ramon de Aguilar, con cuya amistad nos honrábamos: rindámosle un justo tributo, dando á conocer los siguientes datos biográficos que nos ha suministrado nuestro amigo el Sr. D. Francisco de Borja Pabon.

D. Ramon Aguilar Fernandez de Córdoba, hijo segundo del Marqués de la Vega de Armijo, padre del actual poseedor de este título, nació en esta ciudad en 1787, y fué bautizado en la parroquia de San Pedro. Murió en 17 de Diciembre de 1862. Discípulo en latinidad de D. Juan Monroy, continuó perfeccionando su educacion literaria y moral, aun en su niñéz, con el docto religioso agustino P. Muñoz Capilla, y despues en Sevilla bajo la tutela de D. Alberto Lista, en cuya intimidad, participó del trato literario de D.

Félix J. Reinoso y otros ilustres académicos sevillanos. Continuó su carrera de Jurisprudencia, y obtuvo el grado de Doctor en Salamanca, y en la misma ciudad desempeñó el cargo de Rector del colegio mayor de San Bartolomé. En el trienio de 1820 á 1823, adicto al sistema constitucional, sirvió una plaza de oficial en uno de los Ministerios, creemos que en el de la Gobernacion, y mereció el particular aprecio de algunos de sus Jefes é individuos del Gabinete, como los Sres. Feliu y Argüelles. Algo colaboró por entonces en el periódico titulado *El Universal*. Impurificado, al sobrevenir la reaccion, volvió á Córdoba por los años 26 ó 27, y apenas salió de ella posteriormente. Elector para Procuradores á las Córtes del Estatuto, Concejal, á veces, celoso, é individuo de otras corporaciones administrativas, como las Juntas de Sanidad, Beneficencia y Comision artística. En ésta, que pasó á ser luego de Monumentos, fué el vocal mas activo é influyente. Director de la Sociedad Económica y de la Academia por mas de veinte años, presentó en esta muchos trabajos literarios, mereciéndonos particular recuerdo su estudio de *Rodrigo de Narvaez*. Contribuyó muy especialmente á conservar y reunir, luchando con difíciles circunstancias, los elementos de la Biblioteca y Museo de la provincia, siendo del último Director, y logrando su establecimiento mediante el valimiento y aprecio que alcanzó de algunos Gobernadores. En su rectitud severa fué adversario constante de toda detentacion y manejo impuro; y en las discusiones, por tanto, ganó fama de inflexible y embarazoso. Apesar de su derivacion y entronques con los Córdobas, Mecías de la Cerda y Narvaez, y de haber sido investido desde su niñéz con el hábito de San Juan, como Caballero de Justicia, amó la llaneza y la oscuridad y el trato con sus libros y amigos, en el que solía ser agudo y epigramático: desdeñó ostentaciones vanas, y escribiendo para sí mas que para la publicidad, pues qne de sus trabajos quedan varias memorias y poesías, ni se rehusó al servicio de su pais, ni por él quiso hacer fortuna ni figura, contento con su posicion y habitualmente retraido, especialmente en sus últimos años, de todo lo que no fuesen las letras y las artes

Tambien tuvo su morada en la calle de la Sillería, otro hijo de Córdoba que murió en 4 de Mayo de 1854, habiendo nacido en 20 de Enero de 1812; pero cuyo talento extraordinario no dió los resultados que se esperaban por haber caido en una horrible enagenacion mental antes de cumplir los veinte años, edad en que ya habia tomado el grado de bachiller en Sevilla á claustro pleno con admiracion de sus examinadores y de cuantos presenciaban tan brillantes actos: este era D. Francisco Gonzalez Vega, de quien ya demente, se cuentan muchas anécdotas que revelan su privilegiada inteligencia y vastos conocimientos, siendo ciertamente lamentable no se conserven algunos trabajos científicos y literarios que habia escrito, elocuentes anuncios de lo que aquella privilegiada imaginacion habia de producir.

Otra pequeña travesía, sin nombre, dá comunicacion de la plazuela del Potro á la calle de San Francisco; en la única casa allí existente, se estableció por vez primera en Córdoba la Administracion de Loterías, año 1764, á cargo de D. Asencio de Pineda y Valenzuela.

La calle de San Francisco enlaza en ángulo con la de Armas, y termina en la de San Fernando, y es en su mayor parte como las dos anteriores, formada despues de la Conquista. Su actual título es del año 1862, en que hubo manía en mudárselo á muchas calles, sin razon bastante para ello, pues el de ésta ni era duplicado, ni malsonante, y aunque es verdad que allí está una de las puertas de la iglesia de San Francisco, por lo que ya en otras épocas se llamó del Postigo y de la Reja de San Francisco, el nombre mas constante y antiguo fué el de los Toqueros ó Toquería, que indistintamente pronunciaban, revelando ser la residencia de un gremio tan importante. Las tocas en las mujeres, eran como los sombreros en los hombres, particularmente en monjas, beatas y viudas, y en aquella calle se tejian sus telas, y despues se confeccionaban de todas clases, segun el lujo y posicion social de cada individua: las mantillas han venido á sustituir las que han desaparecido, dejando un recuerdo en todas las casas de mas ó menos importancia: este es el tocador, mueble indispensable, donde un pecho femenil alienta, si bien algunos suponen etimológico del verbo tocar: él se presenta en los palacios, revestido de oro y plata, de nácar ó concha, de riquísimo palo santo, de caoba y de cuantas maderas preciosas ha encontrado la industria, y va descendiendo hasta la humilde choza, en que se forma de un raquítico espejillo sobre alguna mugrienta silla, y siempre es igual su objeto, reducido á sostener un cristal azogado, ante el que la mujer adorna su cabello y su semblante, engañándose á sí misma, pretendiendo hacerlo con las demás personas ante quienes han de presentarse. Mas, ¡qué diferencia de unos á otros tocadores! las escenas ante ellos representadas, varian segun la edad y la posicion de cada mujer, y mientras esta es mas elevada, mayor es el número de objetos hacinados en el tocador para ocultar los defectos de la naturaleza ó las huellas de los dolores y de los años. ¡Feliz la inocente zagala, que encontrando su tocador en la clara corriente de un arroyuelo, alisa con sus aguas su sedosa cabellera y la adorna despues con la mas humilde y despreciada flor cogida en el cercano valle!

Dispensen nuestros lectores si de una palabra tan usual como el título de una calle, hemos hecho digresiones que tal vez no conducian al objeto de la obra, y pasemos á la de Armas, que enlazando con la de San Francisco, vá á dar comunicacion á las de Maese Luis y Tornillo, correspondientes al barrio de San Pedro.

Armas es título justificado por la reunion en esta calle de las personas dedicadas á aquella industria, un tiempo muy floreciente en Córdoba y hoy reducida á un solo taller de cuchillería: aquí se elaboraban no solo navajas, cuchillos y puñales de muy buen temple, sino espadas, alabardas, lanzas y arcabuces á la altura de los mejores de su tiempo.

En el frente de esta calle, sobre una gran reja que dá luz á la escalera de la Caridad, hubo hasta 1841 una preciosa Concepcion, tamaño natural, obra de Antonio del Castillo, la que adquirió el conocido pintor D. Diego Monroy, quien la vendió despues y, segun hemos oido, se conserva en el palacio de Salamanca, en Madrid. A la inmediacion de la calle había tambien un Jesus Nazareno, que hoy se encuentra en la cercana ermita de Ntra. Sra. de Consolacion. En la casa núm. 25 conocimos á una anciana llamada D.ª Victoria Crespo, que falleció de una caida á los ciento cinco años de edad en 31 de Marzo de 1858.

El edificio mas notable de la calle de Armas es la ermita de Ntra. Sra. de Consolacion: forma tres naves que dividen cuatro arcos sostenidos por dos hermosas columnas de mármol rojo: en el centro está el altar mayor, con camarin, y en él la imágen de vestir, de la titular; el retablo, del mal gusto de principios del siglo XVIII, tiene en lo alto un nicho en que se venera una esculturita de barro muy bonita, que representa á la Vírgen con el Niño en los brazos, hallada casualmente en la caña del pozo, cubierto con una losa, que hay en la nave de la epístola: formando zócalo, se ven tres preciosos cuadros de Antonio del Castillo, que representan á los Santos Patronos Acisclo y Victoria, y un grupo de ángeles sosteniendo un paño en que se leen las palabras de la consagracion: en la nave del evangelio, hay dos altares con San José y Jesus Nazareno, y en la de la epístola otros dos con San Rafael y San Antonio: en esta iglesia hubo algunas pinturas al fresco, de Agustin del Castillo, quien pintó tambien, primera vez, una Anunciacion que se vé en el triángulo que forma la portada esterior, si bien nada ha quedado de la primitiva.

La fundacion de esta ermita, que en un principio fué hospital de convalecientes, alcanza muy al principio del siglo XV, puesto que ya se hace mencion de ella en 1410 con la advocacion de Ntra. Sra. de Consolacion, San Nuflo, San Lorenzo y San Martin; mas nunca tuvo gran importancia como hospital, y sí como una de las cofradías de limpieza de sangre mas antiguas y distinguidas: las primitivas reglas no sabemos cuando se aprobarían, pero sí otras, que lo fueron por el Arcediano D. Francisco de Simancas, Provisor general sede vacante, á 20 de Noviembre de 1557, las que se ampliaron despues y se tornaron á aprobar en 29 de Julio de 1611.

Creada la Casa de Expósitos, y no teniendo local

independiente donde albergarlos, el Obispo D. Francisco Pacheco, dispuso establecerla en este hospital, donde estuvieron hasta 1599 que los trasladaron otra vez al de San Jacinto, en que permanecieron hasta 1642, que el Obispo D. Fray Domingo Pimentel los volvió á esta casa, de la cual no salieron hasta 1820 que los llevaron al suprimido hospital de San Sebastian, donde permanecen: aun se vé el sitio de una reja al coro bajo, desde el cual oian misa las nodrizas, y la calle inmediata se llama del Tornillo, por haber estado en ella el torno en que eran expuestos aquellos desgraciados.

En un principio, cuando estaba dedicado á hospitalidad, era mucho mayor, por comprenderse en él la casa del capellan y las dos que están por cima; estas fueron vendidas cuando las sétimas partes; lo que le quedó de caudal fué agregado al Hospicio, donde cobran los intereses de las inscripciones.

En todos los libros de actas de cabildos de las hermandades y cofradías, se encuentran algunos datos curiosos, y en los de ésta hemos visto la liberalidad de sus individuos en todas las ocasiones en que han podido ser útiles á sus convecinos, como en las epidemias, que acudian al socorro de los enfermos, ya admitiendo en su casa los convalecientes que cabian, ó ya remitiendo donativos á los otros hospitales, como en 1650 que donaron setenta vestidos completos, tan necesarios entonces, pues como es sabido, se quemaron todas las ropas de los contagiados. Otro apunte encontramos en los espresados libros, en el cual fijamos nuestra atencion por el contraste de aquella época con la presente: á principios del siglo XVIII dice, que sabiendo la hermandad que la hija de su Prioste iba á casarse, considerando los servicios prestados *por éste*, se resolvía regalarle cincuenta reales para «la compra de un jubon bordado de oro,» con cuya cantidad en estos tiempos no hubiera comprado un par de botas.

En esta iglesia se cumplian muchas memorias, dejadas por diferentes devotos, las que no anotamos, pues si lo hiciéramos en todos los templos de Córdodoba, sería interminable nuestra obra.

La casa *núm.* 9 de la calle de Armas, no existía hasta fines del siglo XVI ó principios del XVII, puesto que allí estaba la comunicacion con la de Gragea ó Grageda, como tenemos dicho, y cuya entrada debiera abrirse de nuevo, para comodidad de sus vecinos.

Es de notar la variacion que ha sufrido este sitio en pocos años perdiendo su importancia para unas clases de comercio ó industrias, y adquiriéndola para otras: antes de la construccion de los ferro-carriles, cuando era considerable el paso de diligencias y carros por la carretera general, eran muchas y productivas las posadas ó paradores que se encontraban desde el Campo de San Anton al de la Verdad, y en ellas hospedábanse la casi totalidad de los forasteros, encontrando todos el mas fácil y corto paso á la Corredera ó merdado, por la calle de Armas, y esto hacía á todas sus casas estar ocupadas por el comercio de telas, muebles, quincalla y otros efectos, aparte de alguna armería que el tiempo iba dejando, como hemos dicho aun existir una; pero el movimiento que siempre en aumento, tomó la ciudad, impulsado con la vía férrea, hizo á aquella gran masa de forasteros, variar completamente de hospedage, y al par que vimos cerrarse posadas tan lucrativas como las de la Herradura, la Espada, Ballinas, el Puente y otras, perdieron en valor las demás casas, y la calle de Armas dejó de ser un buen punto de venta para los géneros, cuyos comerciantes ó se han retirado ó han ido donde la ganancia era mas segura; mas como este punto siempre fué de los mas decentes por su forma y limpieza, y no puede perder del todo su importancia, ha venido á ser el centro de las platerías, y poco á poco vemos que todas aquellas casas se van ocupando por estos talleres, indudablemente la industria mas floreciente de Córdoba.

Es tiempo de trasladarnos á la calle mas ancha y larga de Córdoba, indudablemente la mejor, si sus edificios presentasen otro aspecto: la de San Fernando, llamada así desde 1862, en que el Ayuntamiento la dedicó al conquistador de Córdoba; pertenece á este barrio desde la fuente hasta la Cruz del Rastro, punto que por su estension ha sido destinado para muchos festejos y no pocas ejecuciones: llamábase antes calle de la Feria, título digno de conservarse, y al cual los cordobeses aun no han renunciado.

Hemos dicho que durante la dominacion árabe, no existian las calles que hoy recorremos desde la espresada Cruz del Rastro hasta la puerta del Rincon; en todo este trayecto había un egido ó dilatado campo, que dejaba escueta la muralla de la ciudad alta ó Almedina, cuyos adarves y torreones, que algunos suponen hechos por el Pretor de la España ulterior Marco Claudio Marcelo ciento sesenta y siete años antes de la venida de Jesucristo, se prestaban á su defensa, y á cuyo pie se veian los fosos que llenaban las aguas que hoy surten muchas fuentes de la ciudad baja. Arrancada Córdoba del poder de los árabes, dedicada su grandiosa mezquita al culto de la verdadera religion, y ostentando la santa cruz donde antes lucian las medias lunas, tratóse ya de unir la Ajerquía con la Almedina, y fundáronse las calles necesarias, entre ellas la de la Feria, que en un principio constituyó con las de Maese Luis y otras el llamado Barrionuevo: edificóse tambien por este tiempo el Santuario de Ntra. Sra. de Linares, y ansioso el Cabildo de su mayor culto, lo encargó á la numerosa cofradía del hospital de la Lámpara ó del Amparo, formada por los calceteros, quienes principiaron á solemnizar sus fiestas, no solo en el campo, sino en la ciudad, formando en este sitio una feria que duraba los ochos dias anteriores al de la Vírgen de Linares, anunciada por una lucida cabalgata con clarines y chirimías, que iba recorriendo toda la ciudad: de aquí nació el título de la calle de la Feria. Este mercado, las procesiones mas solemnes que siempre han pasado por este sitio, los toros y cañas corridos en su parte mas ancha y las ejecuciones que allí se han hecho, dieron lugar á que las ventanas y agimeces de sus casas, fueran de gran interés y aun lucrativas por los arriendos que de ellas se hacian, escitando la codicia de los propietarios, quienes las multiplicaban, acabando por llenar de agujeros las fachadas, que presentaban un aspecto raro y hasta ridículo, como aun se vé en muchas. Escrituras hemos leido de arrendamientos en las cuales los dueños de las casas se reservaban las vistas, como entonces decian, dejando una á los inquilinos.

Antes de esa construccion tuvieron aquellas casas otra forma aun mas estraña é insegura: sus fachadas tenian dos filas de balcones corridos, de madera y sostenidos por una porcion de pilarotes, equivalentes á una especie de soportales como los de la Corredera antigua; pero esto varió en 1551, en que la Ciudad acordó, segun sus libros de cabildos, que se quitasen «los balcones corridos desde el Rastro viejo hasta la plaza del Salvador,» que no puede ser mas que esta calle, toda vez que el último Rastro estuvo en el Campo de la Verdad, á la bajada del puente, donde lo mandó poner en 1568 el Corregidor D. Francisco de Zapata.

A la calle de San Fernando ó de la Feria, afluyen de la ciudad baja ó Ajerquía, las de Maese Luis, Toquería ó San Francisco, Sillería y Lucano, y de la parte alta el Arquillo de calceteros y el Portillo; en el primero estuvo la puerta de la Almedina, que en tiempo de los romanos se llamó Piscatoria; era una de las tres comunicaciones entre una y otra parte de la poblacion; el segundo ó sea el Portillo, no existía en aquellos tiempos, y tan es así, que cuando se edificaron casas contra el muro se levantó allí una que en 1496 le compró la Ciudad á su dueño Francisco Sanchez Torquemada, para abrir el arco en el adarve, segun escritura que original conserva el Ayuntamiento en su archivo, donde tambien hemos visto un acuerdo de 1703 para ensanchar la parte baja del arco para facilitar la salida de los carruages. Una cosa nos ha chocado en aquellos apuntes, y es que el Torquemada era cordonero y que despues, hasta ahora, encontramos siempre en los padrones una cordonería en aquel lugar; luego puede considerarse como una de las tiendas mas antiguas de Córdoba, puesto que alcanzan las noticias de ella hasta 1490, ó sean trescientos ochenta y cuatro años contando el presente.

Seguiremos ocupándonos del estado actual de esta calle y despues daremos una idea, aunque ligera, de las fiestas que en ella se han celebrado.

Poco mas abajo de la fuente y en el lado opuesto,

encontramos la frecuentada ermita de Ntra. Sra. de la Aurora, aunque moderna, digna de referir su historia y de hacer la descripcion de su actual estado.

En 1716 algunos chicos de la calle de la Feria, dieron en formar de noche un rosario, mas bien por diversion que con otra idea, puesto que tenian sus faroles é insignias fraguadas de papel de colores, siendo su punto de reunion la puerta del hospital de los Peregrinos, descrito en el barrio de San Pedro. Su constancia y la devocion demostrada, llamó la atencion de algunas personas mayores, quienes concibieron el pensamiento de constituir una hermandad sobre la base de aquel juego de niños; no otro nombre merecía. Reunido el número de cofrades necesarios asociáronse en el espresado hospital desde el 8 de Setiembre de referido año, celebraron cabildo, y en él eligieron por hermano mayor á D. José Antonio Suarez, quien á su vez designó los que habian de ejercer los cargos de Depositario, Secretario y Seises ó Vocales de la Junta: entonces se le dió el título de la Aurora y se acordó mandar hacer á uno de los escultores la hermosa imágen allí venerada, dato suficiente para convencerse que no es su autor D. Alonso Gomez, quien á esta fecha no podia tener edad para emprender aquella obra, como muchos suponen. Concluida ésta, y no teniendo iglesia propia para colocarla y darle culto, pidieron á la hermandad de Santa Lucía permiso para darle culto en el único altar que tenian en su hospital, á lo cual no asintieron por no quitar de él á su titular; entonces se encontraron los cofrades de la Aurora con imágen, pero sin sitio donde colocarla.

Apurada era en estremo la situacion de aquellos, quienes resolvieron construir ermita propia en unos solares que había á la sazon en el terreno ocupado actualmente por la iglesia y dos casas contíguas que eran de propiedad de la misma y le fueron vendidas en virtud de las leyes desamortizadoras; pidieron la propiedad de ellos á la Sra. D.ª Francisca del Corral y Mesa, Marquesa viuda del Villar, como tutora de su menor hijo el Sr. D. Gonzalo de Saavedra, poseedor de dicho título, patrono perpétuo del colegio de Escribanos y ascendiente de los actuales Duques de Rivas, y al Sr. D. Antonio de la Cruz Pastor, abogado de los Reales Consejos y Juez por S. M. del Real Fisco en Córdoba: como propietarios de dichos solares, hicieron donacion de ellos por escritura fecha 8 de Febrero de 1718, ante el escribano público D. Pedro Jurado de Montemayor; en ella consta que el terreno cedido por la primera, era de diez y ocho varas de largo por nueve y media de ancho, y el del segundo, de nueve por ocho y media, apreciados por los peritos en novecientos veintiseis reales, aceptándose este donativo con la obligacion de consentir que ambos señores hicieran desde sus casas tribunas donde pudieran presenciar el culto que allí se diera, declarando al Marqués patrono de la iglesia, en la cual podia colocar sus escudos.

Ya con terreno propio, pobres de metálico, pero ricos de fé, se arriesgaron á emprender la obra, como efectivamente la emprendieron el dia 10 de Febrero, ó sea á los dos años de otorgada la escritura, sin contar con mas fondos que doscientos cincuenta reales en poder del Depositario, apesar de estar apreciada en la cantidad de cincuenta mil reales; mas la Providencia parecía apoyar el pensamiento; las limosnas se aumentaban cada dia, contándose entre los ancianos y aun hay de ello un apunte, que una noche faltaban cuatro reales para los jornales, y cuando ya no sabian qué hacer, se presentó una señora, á quien nadie conoció, y puso una peseta sobre la demanda, desapareciendo á seguida sin dar siquiera lugar á que se le dieran las gracias.

Conserva la hermandad en su archivo las listas de las limosnas recibidas para la obra, y en ellas figuran cuatro mil doscientos ocho reales, sobrante de unas cantidades dadas por el Ayuntamiento para colocar altares en la carrera de la procesion del Corpus en los años de 1718 á 1723; mil ochocientos dos como producto de una funcion dramática que dieron unos aficionados y cinco mil setecientos noventa y ocho, de tres corridas de toros verificadas en la plaza de la Magdalena, á beneficio de estas obras: estos recursos y otros de bastante importancia, se debieron al celo de los cofrades, y muy particularmente del hermano mayor, logrando entre todos terminar su obra el dia 17 de Marzo de 1725, habiendo durado siete años, un mes y siete dias, invirtiéndose solo treinta y cinco mil doscientos treinta y seis reales, mucho menos de la cantidad presupuestada, con lo que se animaron construyendo el retablo del altar mayor, que importó cuatro mil reales.

Todo el tiempo de la edificacion de la ermita estuvo la Vírgen depositada en casa de la Sra. Marquesa del Villar, morada hoy de los Sres. Marqueses de las Escalonias, desde donde la llevaron en una lucida procesion á que asistió gran concurrencia, poco despues de oraciones del dia 1.° de Abril de 1725.

Ya la imágen de Ntra. Sra. de la Aurora en su nueva casa, la hermandad recurrió al Obispo D. Marcelino Siuri, rogándole se dignase bendecir la iglesia, á lo cual se negó, fundado en la falta de recursos con que en lo sucesivo tenerla reparada: salvóse este reparo en cabildo celebrado en 16 de Julio de espresado año, 1725, acordándose otorgar una escritura, ante el Escribano y cofrade D. Alonso Laguna y Santana, en la cual se obligaron todos, como hermanos actuales y en nombre de los sucesores, á tener constantemente reparada la iglesia con los bienes de la corporacion y en su defecto con los suyos propios. Satisfecho el Obispo, dió su licencia, comisionando para la bendicion á D. José Ignacio de Molina, su colector general, quien efectuó aquella ceremonia con la imágen, iglesia y campana, el dia 10 de Setiembre del mismo año, asistiendo á esta funcion los beneficiados de la parroquia de los Santos Nicolás y Eulogio, con cruz, y otros muchos sacerdotes y asistiendo la Capilla de música de la Catedral.

Aun no satisfecho el celo de los cofrades, se dispuso que el dia 21 del siguiente Octubre, se celebrase la dedicacion de la iglesia con una gran fiesta, adornando el edificio con el mayor lujo y con multitud de alhajas, entre ellas las de la Catedral, colgaduras y cuadros: asistió la Ciudad en corporacion, estuvo de misa el Sr. D. Francisco de Bañuelos y Paez, Maestreescuela de la Santa Iglesia, acompañado del Canónigo y Racionero entero, D. José Armenta y D. José de Saravia, con asistencia de los ya dichos beneficiados de la parroquia, la Capilla de música y un concurso extraordinario, que con gran atencion oyó predicar al M. R. P. P. Fray Pedro García, del Orden de Ntra. Sra. del Cármen.

Esta fervorosa hermandad ha cumplido fielmente sus compromisos; su iglesia, no solo es de las mejor conservadas de Córdoba, sino que en ella es muy contínuo y solemne el culto.

El rosario de la Aurora era el mas lucido de cuantos salian en Córdoba, y llamaban justamente la atencion las farolas que rodeaban la imágen, obras notables de hojalatería, tanto por sus colosales dimensiones, pues en algunas cabia un hombre de pie, como por la multitud de labores formadas de cristales, siendo tal su peso, que los hermanos que las llevaban tenian necesidad de usar unos correones, en los cuales descansasen los palos ó astas.

Hemos hecho la historia de esta ermita, y ya es razon nos ocupemos de su actual estado. Su esterior es feo en estremo, habiéndolo empeorado las nivelaciones sufridas por el pavimento de la calle, tanto á fines del siglo anterior, como en 1861, que siendo Alcalde el Sr. D. Cárlos Ramirez de Arellano, le pusieron aquellas hermosas aceras: de resultas de estas reformas, no solo ha perdido en altura dos gradas que tenia para subir á la puerta, sino dos que ahora se bajan, cubriéndose así parte de su apilastrado.

El interior no ha sido mas afortunado en cuanto á su mérito artístico: forma una sola nave cubierta de vóbeda y media naranja, en cuyos arranques tiene cuatro relieves de yeso representando los Evangelistas y por bajo en los machones hay en lienzo y no despreciables, Santa Ana, San Joaquin, San Francisco y San José. El retablo del altar mayor, del cual hicimos mérito, tiene además de su titular, otras dos esculturas de San Rafael y San Miguel y por cima un cuadro de San Fernando, obra de mediano valor como otros que hay repartidos por la iglesia.

Tenemos otros tres altares, uno con Ntra. Sra. de los Dolores, que ya digimos ser la que con la advocacion de los Afligidos estuvo en el hospital de la Zapatería, y despues en el de los Peregrinos, otro retablo que fué de este último, y en el que colocaron un San José, regalo de una devota, y por último Ntra. Sra. de la Salud de las Eras, que se veneró mucho en la iglesia de San Sebastian y cuando la supresion trajo á esta la Sra. D.ª Socorro Aguayo, Marquesa viuda de Lendines, que vivió en la casa del Sr. Marqués de las Escalonias é hizo mucho bien á esta ermita en la que costeó el órgano y otras muchas cosas útiles al culto que durante su vida presenció desde la tribuna frente á el altar mayor.

Casi frente de la Aurora y formando límite de este barrio con el de San Pedro, hay una abundante fuente con dos hermosos caños de bronce, surtidos de agua nacida debajo de la plaza de la Compañía: es muy antigua y formaba un gran pilar, del que se conserva un lado pegado á la pared de la casa inmediata, hasta que en 1796 el Corregidor Eguiluz, autor de muchas mejoras en Córdoba, allanó la calle é hizo nueva esta fuente de mármol azul del país, á la que no dieron la mejor forma, sin embargo de haber costado cinco mil reales, que no es corta cantidad atendidos aquellos tiempos.

En el lado opuesto, no sabemos si en la parte de San Pedro, pero sí casi frente á la calle de Maese Luis, vivió muchos años el Licenciado D. Bernardo de Cabrera, uno de los hijos de Córdoba que mas la han ilustrado; nació en 1604, bautizáronlo en la parroquia de Santo Domingo, de donde, concluidos sus estudios con gran lucimiento en los Jesuitas, fué beneficiado hasta su muerte. Escribió varias obras y reunió en su casa una magnífica librería y multitud de antigüedades, como urnas sepulcrales, inscripciones romanas y árabes, monedas y otra porcion de objetos dignos de conservacion y estudio.

En una de las casas por bajo del Portillo, estuvo tambien el obrador del escultor D. Lorenzo Cano, y despues de su hijo D.José, ya citados en varias iglesias.

Lo mas notable de la calle de San Fernando es la iglesia de San Pedro el Real, conocida generalmente por San Francisco, por ser la del convento de esta órden, en su principio de claustrales y despues de observantes hasta su estincion.

Este convento fué fundado al mismo tiempo que el de San Pablo, por el Santo Rey Fernando III, que al hacer su entrada triunfal en Córdoba el dia 29 de Junio de 1236, quiso perpetuar la memoria de tan fausto acontecimiento con estas piadosas fundaciones: á los franciscanos dió terreno donde se dice haber estado las escuelas mas notables que tenian los árabes, donándole al par que al otro convento y á la Ciudad el agua que salia del Adarve, como ya en otro lugar esplicamos. Nadie concreta el año de la instalacion de estos religiosos; mas debió ser muy inmediata á la conquista de Córdoba, puesto que diez años despues, en el de 1246, formaron hermandad con el *Cabildo eclesiástico*, y desde entonces ambas corporaciones se auxiliaron mútuamente en los entierros de sus individuos y en otros muchos actos religiosos. En un principio fué un convento pequeño, tomando despues tal importancia, que llegó á ser uno de los edificios mayores y mas notables de Córdoba, así como su comunidad la mas numerosa, sin duda por las pocas dificultades que el ingreso en ella presentaba, entrando muchos que jamás hubieran podido abrazar esta carrera, á causa de la falta de recursos.

Solo dos claustros del patio principal, unidos á la iglesia y capilla de la Vera-Cruz, inutilizado su adorno y cubierta la mayor parte de sus arcos, es lo que ha quedado de todo aquel gran edificio, donde cómodamente podian acuartelarse tres ó cuatro regimientos en los diferentes grupos á que daban luz doce ó catorce patios, aparte de la estensa huerta lindante con las últimas casas de la calle de Maese Luis.

La decoracion del patio principal era muy linda y formaba seis arcos en cada uno de sus cuatro lados, lo mismo en los claustros altos que en los bajos, viéndose en estos muchos altares, en los que, así como en dos capillas cercanas á la escalera, se veian pinturas de Juan de Alfaro, Antonio del Castillo, Saravia y otros artistas, quedando de aquella coleccion el célebre cuadro de *Non pincis Alfarus*, que está en la Catedral, el que vemos en el altar del cementerio de San Rafael, y algun otro en el Museo. Ante los espresados altares tenian derecho de sepultura varias familias de Córdoba, entre ellas las de los Ascargortas, Cáceres y Fernandez Castro.

La escalera principal de este edificio era una de las mejores de la ciudad, tanto por la riqueza de sus mármoles, como por su forma y anchura: tenía tres tramos, sostenidos por lindas y esbeltas columnas, tanto en la parte baja como en la alta, cubriéndola una bonita cúpula, y lucian varias pinturas y un gran ángel de escultura, que no sabemos qué sería de él; los mármoles fueron vendidos para Ecija, y aun se dice que dieron por ellos casi lo que habia costado todo el convento.

En el patio principal ya descrito, y en el que daban sombra algunos hermosos naranjos, habia una cosa que llamaba justamente la atencion por su forma, digna de estudio, no cabiéndonos duda de ser estor del edificio anterior á aquel, ó sea del primitivo convento: en uno de sus ángulos se veia una cúpula baja y redonda, sobre cuatro arcos que sostenian otras tantas columnas, una de ellas de esa piedra usada por los plateros para probar los metales: su interior estaba pintado al fresco, representando la venida del Espíritu Santo, y debajo habia una fuente con una gran taza ochavada, tosca y sostenida en cuatro fustes cilíndricos sin molduras, trozos de columnas antiguas, suponiéndose en la obra titulada *Recuerdos y bellezas de España,* que aquellos debian ser reliquias de un bautisterio mozárabe.

Otras muchas piezas habia en el edificio dignas de visitarse, como el salon de profundis, el refertorio, la librería, etc., todo muy estenso y bien costeado. En 1810, cuando la venida de los franceses al mando de Godinot, se suprimieron las comunidades religiosas, y esta suerte le cupo á la de San Francisco, mas por empeño de muchas personas de viso se dejó la iglesia dedicada al culto, y se abrió al público en 4 de Octubre de aquel año; el convento se destinó á cuartel de uno de los regimientos españoles, cuyos soldados abrieron las sepulturas del salon de profundis y encontraron las momias de dos venerables completamente conservadas, en particular una que era de un fraile tercero que aun conservaba los dos pares de calzones blancos y las vendas de los cáusticos, apesar de haber muerto cien años antes: mofáronse de ellas hasta el estremo de arrastrarlas por casi todo el convento; mas enterado uno de los jefes se las quitó, depositándolas en una celda donde estuvieron hasta darle nueva sepultura en sitio apropósito y decente: esto ocurrió á principios de Febrero de 1811.

Restituida la comunidad á su convento, permaneció en él hasta la última esclaustracion. El edificio se vendió, y en él se establecieron fábricas de paños, lienzos, hules y sillas, y por último lo adquirió una empresa que lo derribó y conserva la mayor parte del solar, donde empezó á edificar un barrio, utilizando muchos de sus materiales en la construccion del café del Gran Capitan y en algunas otras obras particulares.

Vamos á tratar de lo existente, ó sea de la iglesia, que aun permanece abierta al culto, mucho y muy solemne. Hay primero una portada de arreglada arquitectura, edificada en 1782, ostentando en su segundo cuerpo una muy mediana efigie de San Francisco, hecha mucho despues por el modesto escultor D. José Cano. Cuando la fundacion de este convento, labraron en este lugar otra portada con una coronacion en que se veia á los apóstoles San Pedro y San Pablo; mas en el siglo XVII, siendo Guardian Fray Juan Ramirez, natural de Bujalance, donde tomó el hábito, hombre de gran saber y ciencia, quitó aquella y edificó otra solo con San Francisco, cuya imágen tenía á los pies y lados tres losas de mármol con estos motes: en la del centro:

«A solo Francisco Dios
con estas armas ha armado,
como ya está averiguado.»

y en las de los lados, estos otros:

«Este divino blazon
y sacrosantas señales,
entienda el mundo que son
armas de esta Religion
aunque son armas reales.»

—

«Porque el Rey que las ganó
y pudo disponer de ellas,

solo á Francisco las dió,
y él por honrarnos con ellas
á nosotros las dejó.»

Como estas inscripciones aludian á la impresion de las llagas de San Francisco, y los domínicos sostienen que esta gracia fué tambien concedida á Santa Catalina de Sena, tomaron muy á mal aquellos versos, y pidieron á Fray Juan Ramirez los quitase, á lo cual no accedió, dando lugar con su negativa á que en forma de queja acudieran á la Inquisicion con su demanda; notificada ésta, el Guardian de San Francisco provocó unas conclusiones en su convento, donde victoriosamente sostuvo lo que había consignado en la portada, tanto, que en vez de obligarle á quitar aquello, se le premió con la gracia de Calificador del Santo Oficio. Este Fray Juan Ramirez alcanzó tal fama de orador sagrado, que Felipe III, deseoso de oirlo, le hizo ir á Madrid y predicar en las Descalzas Reales.

Entre dicha portada y la de la iglesia, hay un estenso patio, antes conocido por el Compás de San Francisco; en él se han efectuado algunos autos de fé, y en el siglo XV fué quemado un sodomita, en castigo de este horrible vicio. En este patio había un corpulento almezo que contaba mas de cuatrocientos años; en 7 de Diciembre de 1739 fué tronchado por un huracan, que causó grandes destrozos tanto en la poblacion como en sus alrededores. Entre aquellos religiosos se contaba tradicionalmente, que un lego tenido en opinion de santo, se arrodillaba siempre al pasar por delante de aquel árbol, y preguntándole el motivo, contestaba: «con el tiempo otras muchas personas harán lo mismo;» cumpliéndose esta profesia, pues con el tronco hicieron uno de los grandes Crucifijos venerados en aquel templo.

La iglesia tiene una portada de mármol azul del *país, de tres cuerpos y gran costo,* pero de muy mal gusto; el centro lo ocupa una regular y mutilada escultura de San Fernando, de mármol blanco, fundador de aquel convento.

Penetremos en el interior: es una hermosa nave, con capillas á un lado y altares al otro, guardando la igualdad posible en los arcos, forma cruz latina y en ella cuatro capillas, tres de frente y la otra, ó sea la de la Vera-Cruz, al lado del evangelio.

La capilla mayor tiene un costoso retablo de talla dorada de un gusto detestable; sustituyó á fines del siglo XVII á otro, del cual no hemos visto descripcion alguna, pero que sin duda no pudo ser tan malo, como obra de arte: en él se ven las imágenes de San Pedro, la Concepcion, Santo Domingo y San Francisco, y en la parte superior un lienzo con San Fernando. A un lado del presbiterio existe un magnífico cuadro del pintor cordobés D. Juan Valdés Leal, que representa á San Andrés, obra admirada de cuantos hemos tenido el gusto de verlo. En esta capilla hay dos enterramientos, uno de sus patronos los Marqueses de Guadalcázar y otro de la comunidad del convento de San Diego de la Arrizafa y de sus patronos los Condes de Hornachuelos: en el primero se han enterrado muchos personages muy notables de aquella ilustre familia y entre ellos D.ª Sancha Carrillo, de quien publicó la vida el notable escritor Martin de Roa, y otros en diferentes libros que hemos visto impresos y de los que hay ejemplares en la Biblioteca provincial.

D.ª Sancha Carrillo era hija de los Sres. de Guadalcázar, despues Marqueses del mismo título, y una de las jóvenes mas bellas y lujosas de la aristocracia cordobesa: tratada de llevar á ser dama de la Reina, su hermano D. Diego, discípulo del V. Juan de Avila, formó empeño en que antes de partir hablase con su maestro, porque deseaba desistiese de aquel viaje, temeroso de que la vida cortesana amenguase la pureza de su corazon; consiguiólo al fin, y en la parroquia de Santa Marina se efectuó la entrevista, surtiendo tal efecto las palabras del V. Avila en el ánimo de D.ª Sancha, que en el instante hizo renuncia de su viaje y de cuantas galas y placeres le brindaba su elevada posicion: retiróse con dos criadas á lo mas apartado de su casa y allí siguió una vida de penitencia tan austera, que admiraba á cuantos la conocieron, atribuyéndole divinas revelaciones y las mas raras muestras de virtudes: cuéntase entre otras muchas, que anhelaba ser arrastrada por el suelo como indigna de todo respeto, y que este deseo le fué concedido, aunque despues de muerta. Falleció en Ecija á los veinticuatro años de edad; su familia dispuso traerla para enterrarla en el panteon de San Francisco: hiciéronlo así, y cuando llegó la carroza que la traia á la Carrahola, á donde salieron á recibirla todo el clero y comunidades religiosas, una de las mulas se asombró, é imitándola las otras, echaron á correr arrastrando la caja que se descolgó, rompiéndose la parte superior y dejando salir la cabeza del cadáver, tocando al suelo hasta llegar al patio de la iglesia de San Francisco, donde instintivamente se pararon; á poco llegó la comitiva y recogió el ataud, dándole entrada en el ya espresado enterramiento.

Hay en esta iglesia altares colaterales del mismo estravagante gusto del mayor: el del evangelio ostenta en su centro á Santa Rosa y en los lados á San

Miguel y San Rafael y dos lienzos, y el de la epístola á San Eloy, San Gabriel y el Angel de la Guarda, con otros dos cuadros compañeros de los del anterior y que representan los cuatro evangelistas: este último altar es y ha sido desde su fundacion de la hermandad ó colegio de plateros, y así tiene en su frontal la inscripcion siguiente:

Este frontal se puso siendo Hermano mayor de la platería Rafael Berral Ladron de Guevara. Año de 1697.

Entre la puerta y el cancel, comunicacion á la calle de San Francisco, existe una pequeña capilla bastante descuidada, en cuyo altar estaba el San Pedro Alcántara, obra de Mena, que en otro lugar hallaremos, y hoy hay un San Benedicto que estuvo en el interior; el altar tiene escudo é inscripcion; esta demuestra existir allí enterramiento de varias familias, y principalmente del apellido Valcarcel. Al lado de la verja y bien deteriorado, hay un Santo Cristo en lienzo, obra de Antonio del Castillo, segun la firma, y que creemos sería de sus primeros tiempos, pues desdice mucho de cuanto conocemos de este notable artista.

Entre dicha puerta y la capilla mayor está la del Santo Cristo, escultura de ningun mérito, un tiempo de mucha devocion: cuentan de ella varios y ridículos milagros, no otro calificativo merecen aquellas invenciones que no representan un hecho de provechosa enseñanza ni de bien para las personas ni para la religion: como muestra de ello citaremos el referente á un lego tenido en opinion de santo; pasaba este por delante de la imágen, sintió llamarlo, dirigió la vista á todos lados y encontrándose solo, la fijó en el Cristo, escuchando con asombro las siguientes palabras que aquel pronunciaba:—*Mira que me caigo.—Iré á avisar*,—respondió el lego, llamando al Guardian, quien lo hizo reconocer y hallaron la cruz apolillada. Tal vez sería este un lego muy listo, que conociendo el mal concepto que del saber de aquellos religiosos tenian los agustinos, y estando un dia en el patio comiendo unas naranjas de las llamadas en Córdoba chinas, llegó uno de los últimos y, con sorna y aludiendo á su comida, le preguntó:—«¡Ola, hermano! ¿son chinas?»—«No, padre, le contestó, son... naranjas.»—

Pasemos á las demás capillas del lado de la epístola: la de San Antonio de Padua tiene tres altares y en ellos encontramos el espresado titular con San Francisco y el San Pedro Alcántara, de Mena, ya citado, San Antonio Abad, en cuya mesa altar hay una cruz muy bien pintada y San Juan Evangelista, además de dos buenos cuadros de Antonio del Castillo. El retablo en que está San Antonio era conocido por el del Cabrero; refieren tradicionalmente, que un devoto suyo, en estremo pobre, lamentaba la falta de aquel adorno, y juntando para tres cabras las compró, ofreciendo al santo que si con ellas prosperaba en bienes de fortuna, le costearía el retablo, realizándose sus deseos, no solo para costear aquella obra sino para que aquel infeliz acabase cómodamente su existencia.

La capilla del Cristo de la Espiracion con San Juan y la Magdalena á los lados: está además la Vírgen, en sus advocaciones de los Dolores y el Cármen, dos buenos cuadros de autor desconocido y otro con la Santísima Trinidad, de Agustin del Castillo.

Capilla del Buen Pastor: es la del Orden Tercero y tiene multitud de indulgencias y otros privilegios; está dedicada principalmente á San Francisco, imágen de mérito, al parecer tambien de Mena.

Capilla de San Rafael, obra del escultor Carmona; encontramos además en ella las imágenes de San Benedicto y San Cayetano y una preciosa cabeza de Jesus, en lienzo. Esta capilla ha sido reedificada en estos últimos años por el ilustrado Sr. D. Rafael Joaquin de Lara y Pineda.

Capilla conocida por la de los Cañetes, patronato de esta familia: forma dos departamentos y en ellos encontramos cuatro altares en que se veneran un magnífico Ecce-Homo, obra de Alonso Cano, un lindo San José, obra de Fray Miguel Bellver, un San Antonio Abad muy mediano, y un retablo con la Cena de Jesus con los Apóstoles, el cual era el del sagrario de la suprimida parroquia de Omnium Sanctorum. Habia además en esta capilla una Gloria pintada por Valdés, que ha sido sustituida por otra de mala mano, y antiguamente un arco con verja que la dejaba ver desde el patio de entrada. Por bajo de la Cena hay una tabla, copia de la del divino Morales, que estaba en la Compañía y hoy se admira en las salas de la Academia de San Fernando en Madrid.

Al lado del evangelio hay una capilla, paso á la sacristía, conocida por la de los Reyes, porque en su altar principal tiene una Vírgen, por cima la Adoracion, otra vez los tres Reyes y Santo Domingo y San Francisco, á un lado una urna con el Niño Jesus, y al otro un cuadro formando medio punto, muy antiguo, con la Vírgen de los Angeles: frente al primero hay un altar conocido por el de los San Juanes, patronato de los Estaqueros, con un cuadro de D. Diego Monroy, copia de otro de Antonio del Castillo, una de sus mejores obras, que vendieron aquellos hace pocos años, en nuestro concepto sin suficiente derecho para esta venta.

Cerca de este altar encontramos la capilla de la Vera-Cruz, de muy escaso mérito y aun fea, por su forma y techo bajo y horizontal. Al frente vemos el sagrario con un Santo Cristo y San Juan y la Magdalena: hay repartidos por ella varios altares y cuadros con la Sagrada Familia y el Salvador, obras de Palomino, San Juan, del Racionero Castro, San Diego de Alcalá, pintado en 1588, un Niño Jesus, una Vírgen y á los pies de la capilla otra en alto, con tres altares en que se venera á la Vírgen de los Dolores, el Resucitado y San Lorenzo; súbese por tres escaleras de mármol rojo, las laterales con escalones comunes, y la del centro, llamada la escala, que muchos devotos suben de rodillas y rezando para ganar las indulgencias concedidas por varios Pontífices, Arzobispos y Obispos. En esta capilla *tenian enterramiento* los oficiales del Santo Oficio, los Jurados de Córdoba y los Montemayores.

En la esquina que forma la nave principal con el crucero está el púlpito, formado de variados mármoles en caprichosa labor, y entre éste y la puerta principal, otros altares en el órden siguiente:

El primero con tres medianos cuadros, que representan á San José, Santa *Lucía* y San Diego, y varios relieves de D. José Cano.

La Vírgen *de Belen, llamada* generalmente de la Leche, escultura, al parecer, de D. Lorenzo Cano; es patronato de los Cárdenas, quienes lo erigieron en 1647.

El Nacimiento del Señor, cuadro muy lindo, de Saravia: fundáronlo los Sres. Fernandez de Castríl y de las Casas en 1652, por lo que tenian allí enterramiento.

Jesus atado á la columna, escultura de poco mérito; además en medios cuerpos, los Beatos Juan de Cetina y Pedro de Dueñas. Erigióse en 1662.

Sigue un altar con el Santo Cristo de la Caridad, del que ya nos hemos ocupado en el hospital del mismo título; está cubriendo una puerta, antigua comunicacion de la iglesia al caustro del patio principal.

Despues y hasta llegar á la puerta, hay dos cuadros, al parecer obras de Quesada.

De la iglesia á la sacristía pasamos dos crujías y en ellas vemos, primero un altar con una Vírgen muy antigua, luego otro con las Angustias, copia de Van-Dik, y tras este una capilla, patronato de los Montenegros, con una Concepcion y dos grandes y curiosas tablas, obras de principios del siglo XVI.

La sacristía es muy hermosa y la acortan unos arcos sostenidos por columnas de mármol de Cabra, del que hay en el centro una hermosa mesa con el tablero de una pieza, de cuatro varas de largo, costeada en 1693 por D. Francisco Estevan de Roa y Uceda, quien hizo á esta casa algunas otras donaciones. Todo alrededor existen unas hermosas cajoneras, con respaldo; en él se ven pintadas muchas tablas con la vida de la Vírgen: tambien encontramos allí un cuadro con la Incredulidad de Santo Tomás, obra de Saravia; unas bonitas tablas, marcándose estar hechas en 1686; un Descendimiento, al parecer del mismo autor; el Calvario, y por último, otra capillita dedicada á Santo Domingo y edificada en 1700.

Las dos puertas de este templo tienen delante dos patios y entre ellos un callejon pegado al muro y cerrado por verja en ambos estremos, sirviendo únicamente para el desagüe de la caida de las canales. Tiene además esta iglesia un buen coro alto con tribunas que corren por cima de las capillas y altares hasta llegar al crucero y en ellas dos buenos órganos. En el centro, frente al púlpito, hay una gran bóveda subterránea, que era el enterramiento de todos los individuos de la comunidad.

Custodiaban estos religiosos muchas y preciosas reliquias, entre ellas los cuerpos de los Venerables Fray Juan de Cetina, sacerdote, y Fray Pedro de Dueñas, lego, ambos martirizados en Granada año 1392; estos restos no existen hoy sino en muy pequeña parte. Hánse servido y aun se sirven algunas cofradías, como la de San Benedicto, que se extinguió en el siglo XV, y las de la Concepcion, Animas, el Orden Tercero, la Vera-Cruz, el Santo Cristo de la Espina y San Eloy. En estos últimos años se ha formado la Sacramental de la Purísima Concepcion, cuyo principal objeto es pagar el entierro á los cofrades y hacer otros sufragios por sus almas, encontrándose actualmente en tan buen estado, que casi se puede asegurar ser la mas numerosa de Córdoba.

La comunidad de San Francisco, si bien en un principio reducida, poco á poco se aumentó hasta llegar á ser la mayor de Córdoba, pasando alguna vez de ciento el número de que se componía, con inclusion de los legos, ocupándose principalmente en el confesonario y el púlpito, y prestándose como ninguna otra á salir á la calle para auxiliar á los moribundos. Es poco menos de imposible anotar los nombres de los frailes de esta casa que se han distinguido por su saber ó su caridad, así como los que llegaron á ocupar puestos importantes en la Orden, contándose entre todos estos Fray Juan Ramirez, natural de Bujalance, de quien ya nos ocupamos á el hablar de la portada de la calle de la Feria ó San Fernando. En los primeros siglos hubo tambien un Fray Francisco Gonzaga, escritor, gran predicador y hombre de muchas virtudes, del que hablan las crónicas de las Orden. En 1620 murió en Bujalance Fray Francisco Lozano, natural de Córdoba, en cuyo convento tomó el hábito, llegando á adquirir tal fama de santidad, que se le atribuyó el don de hacer milagros, y aun aseguróse habérsele profetizado el dia y hora de su fallecimiento.

En el presente siglo, pues murió á fines de 1820, lució mucho Fray Lúcas de Córdoba, nacido en esta ciudad año 1748; tomó el hábito en este convento de San Francisco, donde estudió filosofía y teología con gran aprovechamiento: regentó varias cátedras, tanto en este convento como en otros, adquiriendo gran preponderancia, el título de Lector y la secretaría de la Comisaría general de Indias que desempeñó muchos años, hasta que el peso de estos y sus achaques le obligaron á regresar á su patria, donde el Cabildo eclesiástico le nombró capellan de la iglesia de Linares, de la que cuidó con incansable celo hasta su muerte. Escribió entre otras obras de que hacen grandes elogios, *Exortacion pastoral, avisos importantes, reglamentos útiles para la mejor observancia de la disciplina regular é ilustracion de la literatura en todas las provincias y colegios apostólicos de América y Filipinas:* impreso en Madrid en 1786. *Noticias de Ntra. Sra. de Linares, Conquistadora de Córdoba, y descripcion de su Santuario y Real iglesia de la Conquista,* y un oficio completo para que la iglesia de Córdoba rezase á dicha imágen.

Los frailes de San Francisco, como los de todas las órdenes mendicantes, tenian muchos legos recogiendo limosnas, no solo en las poblaciones, sino en los caseríos del campo; de ahí viene el pintar á algunos ya en caballerías, ya á pie, *en formas* estravagantes ó caricaturas, contándose que algunos de ellos llegaban á los cortijos armados contra los perros de unos bastones ó palos cortos con una cuerdecita y en la punta una bala, con la que le pegaban á aquellos unos golpes que no los *dejaban con ganas* de salir á recibirlos. Esta pobreza les hacia aumentar no solo el trabajo en el púlpito y en el confesonario, sino en el culto de sus templos, en el que demostraban gran fervor; en la iglesia de Córdoba se daba aquel muy contínuo y solemne, *llegando* hasta despues de la exclaustracion, como tuvimos ocasion de ver cuando se declaró dogma la Concepcion de la Vírgen, que todos los ex-religiosos de San Francisco se reunieron y celebraron en esta iglesia una de las funciones mas solemnes que se *han efectuado* en Córdoba, predicando el exclaustrado del convento de Madre de Dios Fray Francisco Solís, á la sazon cura párroco de aquella feligresía. Despues se reunieron los caballeros de las Órdenes militares y de las de Isabel la Católica y Cárlos III y costearon otra funcion aun mas lujosa, de cuya memoria se conservan dos escudos en el cancel principal, y en esta predicó el Sr. D. José Cortés y Sanchez, Canónigo de la Santa iglesia Catedral. Ambos sermones se imprimieron á seguida.

Otra vez en la ancha calle de San Fernando, antes de la Feria, debiéramos hacer estensas descripciones de los festejos en ella *celebrados* y de los ricos y adecuados adornos con que mas de una vez se ha engalanado para el paso de las procesiones, entradas de reyes y otros sucesos dignos de llamar la atencion y referirse. Ya en paseos anteriores hemos hecho mencion de ejecuciones *llevadas á cabo* en esta calle, espectáculos irritantes que han llevado el luto y desolacion á las familias; no queremos citar otros en este momento, porque fueron el fin de historias que en su lugar narraremos; pero no nos sucede lo mismo con otros, que ni contristan el ánimo, ni prueban el atraso de aquellos siglos.

El correr cañas y cintas y el lidiar y rejonear toros, era la diversion primera de otros tiempos y para las que mas preparativos se hacian. Muchas veces ha sido la calle de la Feria el lugar de estas escojidas fiestas; sus balcones y ajimeces se veian engalanados con lujosas colgaduras de terciopelo y oro, rivalizando sus dueños, haciendo los mas ricos por vencer á los pobres: de tan antiguo viene el orgullo de los primeros y la envidia de los otros, que mas de una vez se empeñaban por no quedarse atras en el gasto de cualquiera de aquellas funciones. En una de estas, en el siglo XVI, fué el choque del pagecillo Luna con el famoso caballero D. Rodrigo de Vargas, originándosele entonces la muerte, como al pasear por la calle de Pedregosa tendremos ocasion de contar á nuestros lectores. En 11 de Mayo de 1665 tambien se corrieron cañas en esta calle, y tantas otras veces, que ya había un sitio poco mas abajo de la Aurora que se conocía por el Tablado, por estar allí el de la música.

En un libro titulado *Espirituales fiestas que la nobilísima ciudad de Córdoba hizo en desagravio de la Suprema Magestad Sacramentada,* escrito por el R. P. Fray Bartolomé Perez de Veas, predicador mayor y Lector de Teología moral en el convento de la Merced, é impreso en Córdoba por Andrés Carrillo en 1636, de que existe un ejemplar en la Biblioteca provincial, se hace una descripcion en estremo minuciosa de estas funciones, de que hablaremos en la Catedral, y en ella se cuentan los caprichosos adornos ostentados en la calle de San Fernando, y los cuales consignaremos en este lugar de nuestros apuntes.

El Arquillo de Calceteros estaba completamente revestido de cortinas de damasco carmesí y amarillo, y sobre él multitud de cornucopias, relicarios é imágenes, tanto en su interior como á sus dos salidas. Pasada la procesion de este sitio, ya recorrida parte de la carrera alhajada con suntuosidad, daba vuelta en la Cruz del Rastro y á la vista del rio el Sacramento, era preciso presentarle un espectáculo maravilloso como un extraordinario obsequio á la Magestad: como ahora, aunque mucho mas bajo, habia un murallon que derribaron y despues volvieron á edificar, para que se viese la superficie del agua desde la calle de la Feria y se gozase bien de la perspectiva de multitud de barcas empavesadas, ostentando unas el pabellon francés y otras el castellano; simulóse un combate, en el que despues de arrojarse muchos cohetes los unos á los otros, los españoles tomaron á el abordage las naves francesas, quedando victoriosos, cuya significacion era el triunfo de la religion contra el sisma. Si los que realizaron estas fiestas pudieran tornar á la vida y hacer comparaciones de lo que han variado las creencias y las costumbres en los dos siglos y medio trascurridos, creerian que resucitaban en un mundo desconocido, y tornarian horrorizados á sus tumbas.

Entre la Cruz del Rastro y la Silleria lució un magnífico altar con cinco cuerpos de gran altura, costeado por los frailes de la Merced; ostentaba riquísimas alhajas, hermosas colgaduras de terciopelo y damasco, buenas imágenes y pinturas simbólicas del gran suceso motivo de esta fiesta. Hemos visto una sucinta descripcion de dicho altar, la cual no estractamos por no hacer pesada esta reseña.

Los frailes de San Francisco no quisieron ser menos y cortaron la calle frente á su convento con dos vistosas decoraciones, una á cada lado: eran cinco arcos, el del centro mayor, y en ellos hasta ocho altares con imágenes diversas; encima otros tres arcos, y arriba uno, elevándose el todo de la obra á una colosal altura, llamando la atencion por la riqueza del adorno y las muchas macetas de flores naturales que habia en sus tres pisos; los arcos del segundo y tercero tenian pinturas alegóricas de santos de la órden y muestras de su amor al Santísimo Sacramento.

Lo que mas llamó la atencion y esplicaremos por no haberse hecho cosa igual, es el artificioso bosque presentado poco mas arriba del Portillo en un derrumbadero que formaba la falta de dos ó tres casas, arrastradas por el hundimiento de parte de la muralla divisoria de la ciudad alta y baja, y cuyo sitio tomó para su adorno el capitan D. Diego de Argote y Villalta. Recogidos los escombros y sugetos con los materiales gruesos, se dejó paso para la procesion, y desde este punto se llegó en declive hasta los jardines de las casas principales de los Saavedras, hoy Teatro principal y casa contigua, donde se formaron grandes depósitos de agua para soltarla surtiendo rios, arroyos y fuentes, al paso de la procesion: en todo aquel inclinado terreno se formaron caminos, peñas y un lago con patos y peces, sembrando en los claros árboles de diversas clases, algunos con fruta, revoloteando infinidad de aves que, sugetas con hilos y alambres, no podian escapar, en tanto que por el suelo discurrian conejos y reptiles, completando el cuadro unos lobos con sus hijuelos, varios corsos, dos ó tres jabalíes y hasta un leon, solo que éste era de carton muy bien imitado, y sujetos aquellos con gruesas cadenas ó cordeles. En la parte mas alta habia dos edificios, de uno salía á pasear por el bosque una gallarda jóven armada de flechas, y en el otro había un horrible dragon representando la impiedad. Pasaba la procesion, y al llegar *el Sacramento, soltaron las aguas* que bajaban por entre las peñas, yerbas y plantas, en caprichosa combinacion, y trabóse una lucha á muerte entre la jóven y el dragon, sucumbiendo al fin éste y proclamando aquella el triunfo de la verdadera religion.

Estensas y en estremo curiosas son las descripciones que hemos leido de este espectáculo, elogiado hasta con entusiasmo por los escritores de aquel tiempo.

Por último, en lo alto de la calle de la Feria para salir á la hoy Librería, había otro magnífico arco con diversos atributos, colgaduras de seda, pinturas é imágenes, todo en profusion y á gran altura, llamando la atencion extraordinariamente á cuantos tuvieron ocasion de admirar tanta magnificencia.

Lo demás de la carrera ostentaba tambien infinitos y valiosos adornos: en las Platerías, ahora Carrera del Puente, había un magnífico arco y altar, del ilustre colegio de plateros, con cuantas alhajas habían podido reunir sus individuos; el Arquillo de Calceteros ostentaba vistosa decoracion como ya indicamos. En la Cuesta de Lujan, que llevaba poco tiempo de existir, y decian calle Nueva, estaba la milicia, que hizo varias salvas de arcabucería al pasar la procesion, colocándose en este lugar como para vejar á los muchos franceses que en él moraban.

En la espresada calle de la Librería estaba el altar costeado por los frailes del Cármen, que en nada desmerecía de los otros, y con cinco cuerpos en su elevacion extraordinaria. El Ayuntamiento ó Ciudad, puso arcos en las salidas de las calles de la Ceniza ó Fernando Colon, Espartería y plaza del Salvador, cubriendo las esquinas y sus fachadas de ricas y vistosas colgaduras y muchas alegorías: además costeó el armazon de todos los arcos y altares que lucieron en esta fiesta. En este trayecto habia una fuente que arrojaba vino, y un altar dedicado á los patronos de Córdoba San Acisclo y Santa Victoria, invencion de los frailes de su convento al final de la Ribera: muy cerca del último habia otro, tambien muy lujoso, erigido por los Mínimos, ó sean los religiosos de la Victoria. Ya en el Salvador se vió otro magnífico, de los Predicadores, ó sea la comunidad de San Pablo. Otro junto á la parroquia del Salvador, en la esquina hoy de las calles del Liceo y Arco Real, levantado por los Capuchinos; otro de los Jesuitas en la plazuela de la Compañía, y otro delante del convento de Santa Ana: aumentando todo este adorno las colgaduras de las casas particulares y las comparsas con trajes de diferentes naciones que delante de la procesion iban recorriendo la carrera que tenian señalada hasta su regreso á la Catedral.

En las fiestas á San Rafael, descritas al historiar la parroquia de San Pedro, en las procesiones del Corpus, en las de la Inquisicion, en las proclamaciones y en todas aquellas ocasiones en que se han hecho esos actos públicos, la calle de la Feria fué siempre el lugar predilecto, y las corporaciones religiosas acudian á colocar en él los arcos ó altares que les correspondia.

En 1789, desearon proclamar á Cárlos IV con mas solemnidad que se había hecho á otros monarcas, y entre los festejos figuró una gran mascarada, de los gremios de confitería, chocolatería, especería, panadería y zapatería, de la cual hay una estensa descripcion impresa: allí se simbolizaron las puertas de la ciudad, la campiña, la sierra, la Mitología, el sol, el agua y cuanto puede uno pensar, por su puesto en la forma ampulosa de aquellos tiempos, aun que ya acercándose un tanto á los nuestros. Esta gran mascarada, que en pasar por un punto tardaba mucho tiempo, había de hacerlo por debajo de un gigante de veinte varas de alto, colocado mas arriba de la iglesia de San Francisco, con un pié en cada una de las aceras de la calle, figurando el coloso de Rodas, segun los grabados hechos entonces y del que conservamos un ejemplar.

En la calle de la Feria está casi en su totalidad el gremio de toneleros y adovo y encubaje de aceituna, en lo que se ha hecho y aun se hace gran comercio, fácil de estender si se diese á conocer este fruto en todos los mercados extranjeros: este gremio tambien ha correspondido en varias ocasiones á la invitacion de la Ciudad á tomar parte en festejos públicos, y en los dias 25 al 28 de Octubre de 1823, al paso por esta ciudad de Fernando VII en su regreso de Cádiz, ocasion que tuvieron los realistas cordobeses para demostrarle su acendrado amor, hasta el punto de disputarse el honor de sustituir á las mulas del carruaje, el gremio de toneleros, repetimos, cubrió la fuente de la calle de la Feria con una decoracion de once varas de altura, doscientas cincuenta luces y una inscripcion en que se leia: «En obsequio á S. S. M. M. y A. A., el grémio de toneleros.»

Termina la calle de San Fernando ó de la Feria en el lugar conocido por la Cruz del Rastro: ya hemos dicho cuando se quitó este mercado para trasladarlo al Campo de la Verdad; mas la primer parte de este nombre ó sea la Cruz, que ya ha desaparecido tambien en 1852, tiene otro origen menos antiguo y representaba uno de los accidentes mas sangrientos de la historia de Córdoba, y el cual estamos obligados á contar á nuestros lectores, por mas que lo hayan hecho ya plumas mucho mejor cortadas que la nuestra.

Cuando describamos la antigua casa de los Condes de Comares, hoy parte de la calle, el café y teatro del Gran Capitan, por haberse criado este valiente y caballeroso cordobés en aquel sitio, contaremos no solo algunos episodios de su vida, sino de la de su hermano D. Alonso de Aguilar, que tanto figuró en esta ciudad en la segunda mitad del siglo XV. Curiosa en alto grado es la historia de Córdoba en aquel tiempo: dividida en bandos su antigua nobleza, capitaneaba aquel uno de ellos, sobreponiéndose á los otros y hasta humillando y venciendo la autoridad del Obispo, apesar de la preponderancia que entonces tenia. Entre sus parciales del pueblo se contaban muchos judíos y conversos, á quienes los cristianos viejos profesaban el odio que en sí tenía la intolerancia religiosa por un lado y la envidia que causaba verlos un tanto acomodados con los bienes que conservaban ó el comercio á que eran dados: su cobardía les obligaba á sufrir los insultos que diariamente les dirigian, mas esto no bastaba á estinguir el odio y mal querer hácia aquella raza.

Hemos referido la fundacion del hospital de la Caridad, realizada por aquel tiempo, y como en sus estatutos se pusiera la precisa condicion de ser cristiano viejo, de pura y antigua raza, para ser admitido como cofrade, todos se apresuraban á entrar en la hermandad, cuyo título tanto los diferenciaba de los judíos y conversos. La Caridad era el nombre, mas no se infiltraba en los corazones de los hermanos para compadecer á aquellos desgraciados; antes por el contrario, cada vez los aborrecian mas, arreciando con sus insultos y amenazas, por mas que contaran con el favor de D. Alonso, que algun tanto los defendia. Solo se necesitaba un motivo para saciar en ellos la saña con que se les miraba, y ese lo dió la casualidad ó lo previno la malicia como algunos suponen y no nos encontramos muy lejos de creer.

Corria el año 1473: las hermandades y cofradías se preparaban á celebrar con gran pompa las procesiones de Semana Santa, y la de la Caridad dedicó una á la Vírgen, cuya imágen atavió con cuantas joyas y alhajas pudieron reunir los cofrades: alfombróse la carrera con yerbas aromáticas, las fachadas de las casas principales lucian lujosos tapices, y las demás tenian diversidad de colchas y cortinas en sus puertas, ventanas y ajimeces. Llegó la tarde del dia 17 de Abril, Jueves Santo, y segun otros del 14, segundo Domingo de Cuaresma; los cofrades de la Caridad en gran número, acompañados del convite, donde figuraban los dos cabildos, las comunidades de todos los conventos y cuanto notable encerraba Córdoba, formaron la procesion en dos filas y con profusion de hachas encendidas: tranquilamente y por entre la muchedumbre que inundaba las calles, llegaron hasta pasar la imágen por la Herreria, parte hoy de la Carrera del Puente: en aquel sitio cayó sobre el manto de la Vírgen cierto líquido inmundo, arrojado desde una ventana por una chica que se creia aconsejada por algun judío. Este hecho horrible, produjo el escándalo consiguiente, bien pronto aprovechado por los deseosos de vengar sus iras en los judíos y conversos, á quienes en seguida achacaron aquel sacrilegio. Un herrero del barrio de San Lorenzo llamado Alonso Rodriguez, principió con estentórea voz á dar gritos contra aquellos, escitando á los demás á tomar pronta y ejemplar venganza, sin bastarle las amonestaciones de Pedro de Torreblanca, adicto á D. Alonso de Aguilar, que quiso aplacarlos, recibiendo en premio una herida de manos del herrero. La procesion quedó disuelta, y algunos cofrades se llevaron la imágen, en tanto que la muchedumbre invadía las casas de los culpados, matándolos, robando é incendiando sin caridad alguna y sin que hubiese quien los contuviera en tantos desmanes. Gran número de muertos hubo este dia y los tres siguientes en que duró la lucha. Viendo que nadie contenia á los ilusos, que llamándose cristianos así asesinaban á los conversos, resolvió D. Alonso de Aguilar poner fin á el alboroto y hacer entrar en órden á los amotinados: tomó su caballo y acompañado de sus dependientes y amigos, salió al encuentro, dirigiéndose al Rastro, donde halló al herrero animando á las masas, como diriamos ahora. Dirigióle la palabra, le rogó y le mandó retirarse; mas, lejos de obedecer, Alonso Rodriguez le contestó con groseros insultos y hasta le hizo frente con los suyos: entonces, D. Alonso arremetió hácia él y lo pasó de un golpe de lanza dejándolo muerto, persiguiendo á los demás hasta encerrarlos en el patio de San Francisco, quedando algunos otros cadáveres en la calle.

Retiróse D. Alonso á su casa, y los amotinados

volvieron á recojer el cadáver del herrero; lleváronlo en hombros hasta San Lorenzo, en cuya iglesia entraron, poniéndolo delante del monumento, donde pasó la noche. Dícese que á la mañana siguiente el herrero movió un brazo, á causa de su falsa postura, ó segun otros, un fiel perro que tenia, se metió bajo la mesa en que yacía el cadáver, dándole con el suyo algun movimiento; el caso es, que la plebe dijo que Alonso Rodriguez era mártir por la religion que defendia, y que con haberse movido pedia venganza de su muerte, alborotándose y emprendiéndola de nuevo contra los judíos y conversos, matando á unos y dejando á los otros sin bienes ni hogar con sus robos y sus incendios.

Súpolo D. Alonso, y reuniendo su gente, corrió hácia San Lorenzo y Santa Marina á darles otro escarmiento; mas al llegar á San Agustin, halló á los amotinados, á quienes ya capitaneaba otro noble llamado D. Diego Aguayo, que *algun tanto calavera*, no se asustaba de las amenazas, hasta el estremo de no solo hacerle frente, sino que arremetió á pedradas y golpes, haciéndoles huir hasta el Alcázar, donde tuvo D. Alonso que hacerse fuerte con los suyos y muchos judíos y conversos que buscaban su amparo. Allí los dejaron, volviéndose los amotinados á cometer desmanes idénticos á los ya referidos.

Cuatro dias duró este motin, uno de los mas sangrientos ocurridos en Córdoba; al cabo de ellos salió D. Alonso del Alcázar ofreciendo perdon de los crímenes cometidos, y mandando á los judíos y conversos salir de la ciudad ó fijar su residencia en el barrio que antes se les tenia señalado.

La hermandad de la Caridad, comprendiendo que de su seno habia surgido el conflicto, acordó perpetuar su memoria con una lápida conmemorativa colocada en el patio de San Francisco, y una gran cruz de hierro sobre un pedestal, ocupando el centro del antiguo Rastro: la primera desapareció há mucho tiempo, la segunda varió de tamaño y sitio, pues en 1814, con motivo de unas fiestas, se construyeron dos grandes arcos desde la esquina de la calle de Lucano á la Carrera del Puente, y en lo alto se colccó aquella, hasta 1852 que, cuando la construccion del último tramo de murallon los derribaron, y desapareció la cruz, postrer recuerdo de aquellos aciagos dias.

Raro es el pueblo en España donde no se celebra la noche víspera de San Juan Bautista de una manera estraña: en unos puntos era y aun es costumbre bañarse la cabeza ó todo el cuerpo en los rios inmediatos; en otros se vá á buscar frutas y ramas de árboles y en otros se hacen demostraciones de tal ó cual estilo, cuyo origen no buscamos en estos apuntes. En Córdoba era ir *á tomar el alfil*, palabras obligadas, lo cual consistía en pasar la noche en vela, paseando los hombres por las calles y esperándolos las damas en sus rejas con estraordinario permiso de sus padres ó tutores, y allí mútuamente se obsequiaban con licores y confites, antiguo nombre de los dulces sueltos liados en papeles, de donde viene el nombre de confiterías. Mas adelante, cuando las ideas modernas iban ejerciendo su imperio, se empezó á pasear, destinándose la calle de la Feria, Cruz del Rastro y Ribera, á pasar la noche reunidos, y posteriormente, en la época constitucional de 1820 á 1823, se permitió el uso de trages y caretas, que ha quedado por costumbre, no solo en esa noche, sino en la de San Pedro y San Pablo, continuando así hasta que la aglomeracion de gente ponia intransitable aquel sitio, y en 1854, concluido el estenso y hermoso salon del paseo de la Victoria, se dispuso trasladar á él la velada, como desde entonces se viene efectuando.

Nos hemos propuesto no ocuparnos del Guadalquivir hasta dar nuestro paseo por el barrio del Espíritu Santo, por ser el lugar mas llamado á ello, tanto por rodearlo el rio, como por ser el que mas ha sufrido con sus crecientes; mas no sucede lo mismo con el paseo de la Ribera y el murallon que defiende el barrio de San Nicolás del embate de las aguas. Por los trozos de muralla, unos caidos y otros en pie, que se encuentran desde la Cruz del Rastro al Puente, y muchos que se han desbaratado en las obras de la nueva, se vé, aunque de diversas construcciones, que desde tiempo inmemorial, aun antes tal vez de los romanos, estaba Córdoba defendida de las aguas del Guadalquivir con un murallon, que á la vez serviria para su defensa. Por un lado el temor de que caido este sosten las casas serian víctimas de las crecientes, y por otro el deseo de empalmar la carretera de Madrid con la de Sevilla lo mas afuera posible de la poblacion, hizo en 1773 elevar una exposicion á Cárlos III pidiendo la composicion del puente y el murallon de la Ribera: formóse presupuesto, ascendente á un millon ochenta mil trecientos reales, que al fin fué aprobado en Real provision de 11 de Mayo de 1776; pero previniendo que lo tocante al murallon lo pagase Córdoba sola, y lo demás á repartir entre las provincias de Sevilla, Badajoz, Granada, Jaen y Ciudad-Real ó Mancha, como mas cercanas é interesadas en tener esa comunicacion espedita para el paso de viajeros y mercancías. Córdoba debia abonar la obra del sobrante de sus Propios, y además de que este era corto, se aplicó los mas de los años al pago de las contribuciones extraordinarias, por consiguiente, aun cuando se principió el murallon, sufria interrupciones, temiéndose á cada instante el que no llegase jamás á completarse el pensamiento, como en la actualidad sucede. En 1797 encontramos otra Real provision insistiendo en la primera, autorizando á la vez un recargo en la contribucion de paja y utensilios á los forasteros, el derecho de montazgo ó puerto del Guijo, un dos por ciento de las rentas de todas las casas cercanas al rio, y un uno en las demás por el término de cuatro años que se creian necesarios para realizar esta gran obra. A la vez se mandó é instituyó una Junta, compuesta del Corregidor, dos Regidores y dos Diputados del Comun, elegidos por el Ayuntamiento, el Síndico personero y un eclesiástico designado por el Obispo.

En esto como en todas las cosas de España, hubo alguno que otro abuso, se distrageron los fondos para otros objetos y la obra siguió siempre de una manera tan lánguida, que ha llegado á nosotros sin esperanza de verla concluida, pues nada se ha hecho en ella desde 1852 en que construyeron el último trozo, siendo ahora mucho mas costosa, tanto por la subida de materiales y jornales, como por las expropiaciones de las casas que es preciso derribar para darle al paseo la anchura necesaria, toda vez que viniendo á morir en el arranque del puente, no puede perder la línea recta desde el fin de lo construido.

Tambien ha existido el pensamiento de hacer un nuevo puente desde la Cruz del Rastro á la orilla opuesta, ampliando hasta él la carretera de Sevilla; pero siendo ésta paralela á una via-férrea, la abandonó el Estado, y Córdoba por sí sola no puede emprender tan necesaria mejora, puesto que el antiguo puente se rinde ya al peso de los años, y no estrañaremos que cuando menos se piense nos deje sin comunicacion con el barrio del Espíritu Santo ó Campo de la Verdad.

En el paseo de la Ribera hay dos sitios clasificados como plazuelas; uno es la salida de la calle de Consolacion detras del altar mayor de la parroquia: esto se conoce por la plazuela del Rector, por estar allí la casa del de aquella, y antes se decía de la Torrecilla de los Argotes, por una que hubo en aquel lugar y en la que se defendió uno de los conquistadores de Córdoba de aquel apellido: en un rincon existe una calleja sin salida que há por nombre de los Noques, por los que allí hubo, y antes de los Negros, por dos de este color que allí habitaron. En la casa núm. 11 hay un pozo que á poco de la boca tiene un gran caño de agua, que muchos creen atravesar casi toda la poblacion, contándose una anécdota para nosotros inventada. Dícese, que al sacar no há muchos años, una criada el cubo, vió en él una carta, entrególa á su amo, y viendo éste el sobre dirigido á un fraile de San Agustin, se la remitió, diciendo éste habérsele caido en uno de los desagües de las fuentes de su convento, por el que iria hasta la ya dicha casa, lo que se nos antoja un cuento, tanto por haber llegado tan bien, como por la distancia. La otra plazuela está mas cerca á la Cruz del Rastro, y tuvo comunicacion antigua con la del Potro junto á la Mancebía: este sitio se conocía por el Picadero del Potro, por ser el lugar donde amaestraban ó llevaban á probar los que se vendian en aquel mercado, del cual ya nos ocupamos cuando por él dimos nuestro paseo.

Al terminar el barrio de los Santos Nicolás y Eulogio, hemos recorrido toda la parte que forma el partido judicial de la derecha. Tambien lo hemos hecho de la ciudad baja llamada por los árabes la Ajerquía, cuya palabra significa «poblacion oriental.» Ellos la cercaron, así como con la Villa lo habian hecho los romanos, formándole fuertes muros que de trecho en trecho cortaban sólidas y hermosas torres, que desgraciadamente han ido desapareciendo: sin embargo, consideraban la Almedina ó ciudad alta que despues se llamó la Villa, como lugar mas seguro, y por esa razon no permitieron la union de una parte con otra, dejando el campo divisorio y en el que despues se formaron las calles desde la Cruz del Rastro á la puerta del Rincon. Tambien tenia esta muralla divisoria sus torres de defensa y solo se comunicaban por la hoy cuesta del Bailio y Arquillo de Calceteros, pues como hemos dicho, el Portillo, la Cuesta de Lujan y la Zapatería, se abrieron despues de la conquista. Esta última existió en tiempo de los romanos y su lugar se ha llamado durante siglos, puerta del Hierro. El muro foral de toda esta parte, unido al de la Almedina ó Villa por fuera del Alcázar viejo, que es otra agregacion, compone una línea de ocho mil setecientas sesenta y nueve varas, medidas en 1635 por el Veinticuatro de Córdoba D. Andrés de Morales y Padilla, quedando por consiguiente fuera la parte que decimos barrio del Matadero, extramuros de la ciudad.

Esta parte de la ciudad fué conquistada por las tropas de San Fernando unos seis meses antes que la Almedina, y por eso creemos oportuno este lugar para contarla á nuestros lectores y principiar á pasear la Ciudad alta por San Nicolás de la Villa, para completar el acontecimiento mas importante que encierra la historia de Córdoba, antes que la indiferencia con que se miran las obras antiguas haga perder datos curiosísimos para los amantes de nuestras glorias.

No blasonamos de historiadores, ni es esa nuestra mision; solo tomamos apuntes de cuanto vemos, referente á Córdoba, y esos son los que en este lugar consignaremos.

Cuantos escritores, tanto nacionales como extranjeros, se han ocupado de la dominacion árabe en España, refieren la gran importancia que adquirió Córdoba, importancia que llegó á su apogeo bajo el reinado de los Abd-el Rahmenes é Hixem, que la hicieron no solo temible en la guerra sino considerada como el emporio de las ciencias, las letras y las artes. Sorprenden los datos de su grandeza, la descripcion de la ciudad y sus veintidos arrabales circumbalándola, y elevan el alma á una region de delicias cuando nos hablan de la mezquita, de los palacios de Medina Azahará y Azahira y demás grandezas como aquí se encontraban atesoradas. Siglos se conservó tanta magnificencia; terror de los cristianos fué despues bajo el mando del Vali Almanzor, sin duda el primer guerrero de su tiempo; mas tanto poderío decayó notablemente, y Córdoba no se conocía apenas en el reinado de Aben-Huc, último rey árabe, infeliz en su reinado hasta morir de la manera infame y alevosa que nos refiere la historia.

Córdoba estaba dividida en bandos, tanto por la gran poblacion cristiana oprimida por los árabes, perseguida en sus creencias y costumbres, toda vez que en sus últimos tiempos no era tanta la tolerancia religiosa, como entre ellos mismos afiliados á distintas sectas, en las cuales, como sucede siempre, eran mayores los odios y las venganzas: los moros de clases elevadas, los que contaban con el favor de Aben-Huc, muchos de ellos jefes de las tropas y otros dueños de los cargos públicos, oprimian á los demás, eran tantos los impuestos y se burlaban tan escandalosamente de ellos, que el deseo de la venganza iba haciendo el efecto, fin de tales agravios y desafueros. Las huestes de Fernando III habian llegado en sus conquistas á la entonces villa de Andújar; como punto fronterizo ya lo fortificaron, y en él aguardaban mejores tiempos y grandes refuerzos para poder algun dia continuar su marcha triunfal por estas comarcas. Aben-Huc con parte de sus tropas estaba ausente de Córdoba por haber salido á poner freno á los moros de Granada y Murcia, y aquí sus delegados aumentaron los abusos al mas alto grado, al par que descuidaron la vigilancia, cuando tan cerca estaba el ejército cristiano. Algunos de estos aprovecharon la falta de custodia en los campos, saliendo de Andújar á echar una correría por ellos, recojiendo ganados y cautivos que se aprestaban á llevar, cuando vieron de lejos cinco ó seis árabes caminando tranquilos al parecer hacia el camino que ellos debian tomar; apartáronse unos, en tanto que otros daban la vuelta sin ser apercibidos, logrando de este modo cercarlos sin que ninguno de ellos pudiera escapar; mas, grande fué la sorpresa de los cristianos viendo á los moros celebrar el encuentro en vez de demostrar pena de quedar cautivos. Uno de ellos, al parecer de mas respeto que los demás, les dijo que precisamente iban con la idea de llegar al mismo Andújar, si antes no encontraban algunos partidarios del Rey Fernando con quien poder conferenciar y que afortunadamente bien pronto habíanse realizado sus deseos. En esto varian los historiadores, pues mientras la Crónica general del Rey D. Alonso, la del Santo Rey D. Fernando y casi todos los libros que de esto se ocupan refieren el suceso como casual, el Arzobispo Don

Rodrigo, libro 9.° capítulo 16, dice que los moros populares fueron espresamente á buscar á los cristianos, mas como el fin es el mismo, lo continuaremos en la forma comenzada.

Ponderóles el moro, los malos tratamientos, los abusos cometidos con ellos, la inseguridad de sus bienes y familias, y por último el deseo que tanto los cristianos como los hebreos y ellos mismos, tenian de sacudir tan ominoso yugo, con tal de ser respetados en sus hogares y creencias. La ocasion era oportunísima: Aben-Huc ausente con lo mas florido y bizarro de sus huestes, la ciudad mal guardada por el abandono en que yacia particularmente de noche, todo, en fin, brindaba á un golpe de valor y osadía á que estaban prontos á ayudar si se les dejaba libres para proceder de acuerdo y protejer la sorpresa, pudiendo, si de sus palabras tenian duda, llevarse á algunos en clase de rehenes.

Todo lo dicho por los moros fué acompañado de tantas lágrimas y sollozos y revelando en su relacion tal sinceridad, que los cristianos se quedaron absortos sin saber al pronto como resolver una propuesta de tan trascendental importancia. Dejarónlos con custodia bastante y apartarónse á alguna distancia Domingo Muñoz, el Adalid, Pedro Ruiz Tafur y Martin Ruiz de Argote, que eran los de mayor grado y mando en aquella correría, y con otros hijos-dalgos y capitanes, entonces llamados Almocadenes, se pusieron á conferenciar sobre el asunto; tocóles dar su parecer primero á D. Pedro Ruiz Tafur, quien dijo no se fiaba en promesas de moros que tanto ódio profesaban á los cristianos, por mas ofrecimientos de sumision hechos por ellos, cuando una segunda intencion podian envolver en sus palabras; además de no contar con fuerzas suficientes á resistir la vuelta del Rey árabe y su ejército, toda vez que era muy fácil faltase el apoyo ahora ofrecido, retirado despues temiendo el castigo, pero que, apesar de ser esa su opinion, se sometía gustoso á lo acordado por todos. Otros varios apoyaron aquel dictámen, añadiendo que debian irse á Andújar con lo recogido en la correría y llevando como cautivos á los moros ya en su poder.

Tocóle su vez á Martin Ruiz de Argote, jóven de gran valor y audacia, disintiendo de los demás caballeros: manifestó que las empresas dudosas eran las primeras que debian emprenderse; ellas dan mas gloria y prueban cuáles son los hombres mas esforzados y valientes, la ocasion les brindaba apoderarse de la ciudad mas importante de Andalucía, y no era él por cierto el que habia de desperdiciarla: una vez dentro de la Ajerquía, en ella podian defenderse hasta recibir nuevos refuerzos del Rey D. Fernando, y si la suerte les era adversa y morian en la demanda, á bien que perdian sus vidas por su Dios y por su Rey, que sabrian apreciar su sacrificio. Tantas fueron sus razones y con tanto entusiasmo las dijo, que arrebatados unos y temerosos los demás de pasar por tímidos ó cobardes, acordaron seguirlo, dejando parte de los moros en libertad, que en breve regresaron á Córdoba, en tanto que ellos con los otros én rehenes tomaron el camino de Andújar.

Ya en aquella villa, hoy ciudad, empezaron los preparativos para la conquista de Córdoba, por dar conocimiento de todo á su jefe principal Alvar Perez de Castro, á fin de tenerlo pronto en su socorro; recojieron cuanta gente les fué posible de los puntos inmediatos sin dejarlos desguarnecidos, y todos juntos emprendieron una pronta y acelerada marcha, llegando cerca de

Alcolea, bien entrada la noche. Allí dudaron si tomar el Castillejo, que tal significa aquel nombre; mas temerosos de que alguno escapase y diese aviso á Córdoba, tomaron la orilla izquierda del rio hasta poco mas abajo del molino de Lope García, donde Domingo Muñoz reconoció el rio, encontrando el vado que por él aun se llama del Adalid: apesar de ser en Enero, la corriente no era crecida, y subiendo los infantes en las ancas de los caballos, pasaron todos con el menor ruido posible, llegando lo mismo hasta los muros cerca de la puerta de Baeza. Seria entre once y doce de la noche: ni un instrumento de guerra, ni la voz de un vijía se escuchaba, y esto mismo les hizo dudar si serían víctimas de un engaño; pero Domingo Muñoz los sacó de aquella incertidumbre diciéndoles, que ya en aquel sitio no había mas que acometer la empresa con la poderosa ayuda de la Vírgen y del glorioso apóstol Santiago. Entonces probaron si las escalas llegaban al muro, y viendo que no, siguieron al rededor de la ciudad hasta frente á la hoy iglesia de San Cayetano, donde se dispuso empalmar aquellas y que subieran á la torre los que mejor hablasen el árabe para que pudiesen contestar á cualquier pregunta, apesar de ir tambien vestidos de moros. Tocóles la suerte á los almogavares Alvaro Colodro y Benito Baños, quienes subieron á la torre, ya derruida y que ha llevado el nombre del primero, como aun lo tiene la puerta contigua, encontrando á poco tres ó cuatro moros que á seguida les preguntaron su clase y el objeto que allí los llevaba. Colodro contestó ser sobreguardas que iban vigilando los muros; mas al oirlo uno de aquellos que era de los convenidos, le espresó en voz baja la necesidad de matar á los otros; entonces se echaron sobre ellos, arrojándolos por la muralla, á cuya caida los demás cristianos acabaron con ellos, escalando tambien la torre, de la cual se hicieron dueños, así como de las inmediatas. Corriéronse por el adarve matando á cuantos encontraban á su paso, llegando al fin á la puerta del rio, desde entonces llamada de Martos, por donde entró Pedro Ruiz Tafur, volviendo á abrir otras que como ésta, por haber entrado los de aquella villa, se llamaron con igual motivo de Baeza, Andújar y Plasencia.

Amaneció el dia 24 de Enero de 1236, y al verse los árabes, moradores de la Ajerquía, con los cristianos dentro de sus muros, ayudados por los muzárabes y moros populares, recojieron cuanto les fué posible y entraron huyendo en la Almedina, donde los partidarios del Rey se hicieron fuertes, saliendo tres veces á ver como los arrojaban, trabándose sangrientas luchas en que multitud de cadáveres quedaron tendidos, tanto de un bando como de otro; mas siendo imposible rescatar lo perdido, se situaron en el muro divisorio aun existente, cubierto por las casas de las calles de San Fernando, Librería, Ayuntamiento y Alfaro, y desde él continuaron haciendo frente á los cristianos, dueños por completo de la Ajerquía, pero fortificados en sus torres como lo estuvo Martin de Argote en la que había en la Ribera, conocida por aquel apellido, por haberla ganado á los moros el espresado campeon de las huestes de D. Fernando, en union de su hermano Miguel, por haberles tocado el ir á apoderarse de espresada fortaleza, que era uno de los puntos que mas daño hacía en los cristianos; ellos la arrebataron del poder de los infieles, y la conservaron en el suyo todo el tiempo que se tardó en conquistar la Almedina. Desde entonces se llamó este sitio Plazuela de la Torrecilla de los Argotes, la que duró hasta que la obra del nuevo murallon precisó á demolerla, desapareciendo uno de los munumentos mas notables de Córdoba.

Posesionados de la Ajerquía, donde permanecieron cinco meses y seis dias, terminamos nuestro paseo por el barrio de los Santos Nicolás y Eulogio y principiaremos á recorrer la ciudad alta por la otra parroquia dedicada tambien al primero y que lleva el sobrenombre de la Villa para distinguirlas: allí reanudaremos cuanto sabemos de la conquista de Córdoba y despues lo describiremos como lo hemos hecho con los ya paseados, ó sean los de la Magdalena, San Lorenzo, Santa Marina, San Andrés, San Pedro, Santiago y San Nicolás, que constituyen la ciudad baja, dada ya á conocer á nuestros lectores.

PASEO OCTAVO.

Barrio de San Nicolás de la Villa.

Así como á la parte descrita ó ciudad baja, llamaron los árabes Ajerquía, á la alta, ó sea desde el muro divisorio tantas veces citado, le nombraban la Almedina, cambiándose este calificativo por el de Villa despues de conquistada toda la ciudad. Algunos escritores la dicen Ciudadela, por ser la parte fortificada desde los romanos: formaba cuatro lados, con murallas y torreones en figura de trapecio, dejando fuera el barrio conocido por el Alcázar viejo; aun se ven aquellas en su mayor parte, partiendo de la Cruz del Rastro hasta salvar las Caballerizas, donde vuelve el ángulo por los arcos de las mismas y Belen, por detrás de las huertas de San Basilio y Rey á la esquina de los Tejares; allí principiaba otra línea á la puerta del Rincon, y desde esta arrancaba la muralla divisoria á unirse con el primero en la ya citada Cruz del Rastro. Compréndense en este recinto los barrios del Sagrario, Salvador y Santo Domingo de Silos, San Juan y Omnium Sanctorum, San Miguel y San Nicolás, ó sea el que vamos á describir.

La Ciudadela, Almedina ó Villa, ocupó desde los romanos el mismo recinto, y tanto éstos como los árabes tuvieron en él sus principales edificios públicos y moró la parte mas distinguida del vecindario: los segundos le incorporaron, cercándolo, el Alcázar Viejo. No combatimos con esto ni afirmamos la opinion de escritores respetabilísimos, como Ambrosio de Morales, Francisco Ruano, Sanchez Feria y otros sobre el lugar en que se fundó Córdoba, su estension y demás congeturas; nuestro ánimo no es hacer historia, es solo ocuparnos de los sitios á que dirigimos nuestros paseos, y al principiar la Villa, decimos con grandes fundamentos y aun conviniendo con aquellos, que desde los romanos ocupa el mismo recinto, fortificado por ellos y conservado despues por los árabes, quienes á su vez cercaron la Ajerquía de torres y murallas. Al pasear por los alrededores de Córdoba entraremos en este asunto hasta donde lo permitan nuestros apuntes.

Dejamos la Ajerquía en poder de los cristianos, en gran peligro de ser víctimas de su osadía, toda vez que aquel puñado de valientes, aunque auxiliados por los moros populares y los muzárabes, no podrian resistir la vuelta de Aben-Huc con su poderoso ejército. La Villa permanecía bien guardada, y en ella se habian refugiado multitud de familias que abandonaron sus hogares al verse sorprendidos en la mañana del 23 de Enero de 1236.

Horrible era la lucha; los moros hacian esfuerzos inauditos para recuperar la parte perdida, temiendo el justo enojo de Aben-Huc, y los conquistadores estaban decididos á morir en la lucha ó quedar como tales en toda la ciudad y sus contornos; mas su número era insuficiente, y acabarian por morir todos, ó abandonar la empresa en mengua de su honra y de la del Rey D. Fernando, en cuyo nombre guerreaban.

No se ocultaba á nuestros valientes conquistadores la necesidad de nuevos y grandes refuerzos: en seguida despacharon á uno de ellos, hombre cauteloso, de valor y esperiencia, conduciendo un pliego para San Fernando, al par que debia ir dejando otros avisos en las villas y lugares ocupados por los cristianos, á fin de que todos acudiesen á socorrerlos: en Martos encontró á D. Alvar Perez de Castro, virey de la Frontera, y á poco á Ordoño Alvarez, quienes no solo acudieron en cuanto les fué dable con sus gentes, sino que señalaron nuevos mensageros para que mas pronto llegase la noticia á donde estaba el Monarca: lo mismo hacian los demás adalides, con lo que no solo recibian los cristianos de Córdoba grandes socorros sino que llegó mas presto el pliego de aviso á Benavente donde se encontraba D. Fernando. Gran sorpresa le causó la noticia, luchando con el placer y el temor por verse dueño del punto mas importante de Andalucía, al par que no contaba con grandes recursos para conservarla.

Una hora no tardó el Rey desde recibir la noticia á tomar prontas y decididas determinaciones para no perder tan buena ocasion de aumentar sus gloriosas conquistas. Solo contaba con unos cien ginetes; su primera diligencia fué expedir despachos á todas las ciudades y villas de cristianos pidiéndoles inmediatos socorros para Córdoba, y él mismo emprendió su marcha á pesar del recio temporal que reinaba, poniendo intransitables los caminos é invadeables los arroyos y rios. De Benavente pasó á Ciudad-Rodrigo, de ésta á Alcántara, á cuyo Maestre D. Pedro Ibañez, dió órden de juntar la gente que pudiera de Extremadura y corriese á su encuentro; pasó por Guadiana, Magacela y Bienquerencia, á la sazon de los moros, donde tenian un Alcaide que no quiso entregar el castillo, presentándose á D. Fernando, á quien dijo lo haría si la ciudad de Córdoba quedaba por suya, ofrecimiento que no pensaba llegaría á realizarse, porque nc trayendo el ejército cristiano mas de trescientos hombres, no podia creer que saliese triunfante en su empresa. De aquel punto siguió el Rey por Dos Hermanas á Guadalvacar, y dejando á Córdoba á la derecha se fué á Alcolea, de cuya fortaleza se hizo dueño, sentando allí sus Reales: acompañáronle D. Fernando Ruiz Cabeza de Vaca, D. Pedro Lope de Voya, Martin Gonzalez de Monitos ó de Jamacos, Sancho Lopez de Allos, D. Juan Arias Mejico y otros muchos caballeros principales que, ó estaban con él en Benavente, ó se le habian agregado en el camino.

Ya en Alcolea, supieron que habian entrado en la Ajerquía pocos dias antes grandes refuerzos, y entre ellos los que trajeron D. Alvar Perez de Castro, su hermano D. Pedro Ruiz, á quien los moros llamaban el Alastae ó el Afacet, por ser romo, y los Maestres de Calatrava y Santiago D. Gonzal Yañez y D. Pedro Gonzalez Mengo con todas sus gentes. La llegada del Rey á Alcolea alentó mucho á los cristianos, quienes ya recibian diarios y respetables refuerzos de toda España, contándose entre ellos dos mil peones y seiscientos caballos que en solo seis dias juntó y trajo el Maestre de Alcántara, que como todos los caballeros cristianos, ansiaba quedase en su poder una ciudad tan importante como Córdoba, córte durante siglos de los reyes árabes.

Nuestros lectores nos permitirán una lijera digresion, necesaria para aclarar aquellos sucesos, si hemos de conocer bien la conquista de Córdoba, tal cual ha llegado á nosotros esa parte, la mas interesante de nuestra historia. Aben-Huc era morigerado en sus costumbres, de noble y leal corazon; pero desgraciado en el arte de la guerra, tan necesario y principal en aquellos tiempos de contínuas y sangrientas luchas: las armas de Castilla habian hecho grandes destrozos en sus huestes en las jornadas de Jerez contra D. Alonso y D. Alvar Perez de Castro, en Medina, donde escapó mal herido, y por último, en Ubeda, donde no se atrevió á soportar el empuje de las huestes de D. Fernando. Como los cristianos de la Ajerquía avisaron á éste, los árabes, defensores de la Almedina, lo hicieron á Aben-Huc, que reuniendo á su gente corrió á defenderlos. Llegó en efecto á Ecija, ocho leguas de Córdoba, y allí quiso oir consejos de sus principales caudillos para obrar con la prudencia y energía que el caso requiriese.

Acompañábalo á la sazon D. Lorenzo Suarez de Figueroa, caballero cristiano, á quien D. Fernando desterró de sus dominios, porque leal servidor de D. Alfonso su padre, estuvo al lado de éste en los disturbios que entre ellos acaecieron: era, pues, evidente que jamás estaría á favor del Monarca cristiano, y fiado en esto, fué uno de los que mas confianza inspiraban á Aben-Huc, y cuyos consejos habia de preferir; mas él jamás prescindía de ser cristiano, y encontró aquí una ocasion de reconciliarse con su Rey natural, cuya gracia tal vez recobraría, en lo cual no se engañó, siguiendo el plan que se propuso y llevó á cabo. Llamado á consulta, fingió grandísimo interés en decidirla con el mayor acierto, proponiendo á aquel que antes de tomar una resolucion, lo dejase ir con otras tres personas de su confianza á examinar las posiciones del ejército de D. Fernando, viendo por sí mismo los elementos con que contára, á fin de decidir la manera mas conveniente, no solo de arrojarlos de la Ajerquía, sino de destrozarlos despues en la huida, para lo que le bastaban solo tres dias. Convino en ello Aben-Huc, y D. Lorenzo emprendió su marcha, protestando su buen deseo en pró del triufo de las huestes árabes.

Como despues aclararemos, D. Fernando habia corrido sus Reales hácia el camino de Castro: D. Lorenzo llegó á los Visos, apeóse, y dejando allí los caballos y dos de los que le acompañaban, continuó á pié seguido del que le inspiraba mayor confianza: llegaron al fin á la tienda del Rey, y á un Montero que velaba, le rogó llamase á alguno de los escuderos; hízolo, y saliendo Martin de Ortiella, se dió á conocer, rogándole dijese á su Señor que D. Lorenzo Suarez deseaba conferenciar con S. A. aquella misma hora. Obedeció aquel, y no tardó en tornar, diciéndole pasase á la morada de D. Fernando, ante quien se arrodilló Suarez, produciendo al punto la sorpresa consiguiente, y siendo recibido con la aspereza natural en quien tal desengaño tenía sufrido de sus honrosos antecedentes.

—¿Cómo, Lorenzo Suarez, osas parecer ante mí?

—Dispensad, Señor, vuestra Alteza me arrojó por mi mal á tierras de moros, y con la ayuda de Dios, creo que ahora vá á ser por mi bien.

Contó al Rey lo ocurrido en Ecija con Aben-Huc, y ofreció ayudar á la conquista de Córdoba, obrando segun conviniese al ejército cristiano: dijo que de noche se encendiesen muchas lumbres para aparentar un gran campamento, por si los árabes mandaban espias que atestiguasen lo mismo que él iba á decir, aconsejando no era prudente emprender una lucha en que sin duda habian de sucumbir aquellos, con otra porcion de prevenciones encaminadas al mismo objeto: D. Fernando lo perdonó, y dando á conocer á su compañero que había de ser el portador de pliegos reservados, partió para Ecija, donde era esperado con verdadera ansiedad.

Llegado Suarez á su destino, encontróse con una nueva oportunísima para favorecer su intento. Habian llegado dos moros, enviados del Rey de Valencia, pidiendo á Aben-Huc no solo la vuelta de los refuerzos que le habian venido de aquel reino, sino que lo socorriese con su gente y la de Murcia, en contra de D. Jaime de Aragon que venia sobre Valencia. Aben-Huc quedóse perplejo, sin saber cuál determinacion tomar, y como era consiguiente, llamó á sus principales caudillos y á D. Lorenzo, quien empezó á exagerar los recursos de D. Fernando y el mal de que venciera D. Jaime por el otro lado, pudiendo acudir á todo, pues estando la Almedina de Córdoba bien defendida, sin temor de perderse, podia emprenderse la marcha para arrojar á D. Jaime de tierras de Valencia, y volver todos unidos y mas poderosos en contra de D. Fernando. Sea que todos temian menos al primero, con quien no habian luchado, ó que contra el segundo, cuyo empuje conocian, no quisieran luchar sin ventaja, encontró gran aceptacion el consejo, y decidieron seguir favoreciendo inocentemente los planes de D. Lorenzo Suarez.

Emprendieron su marcha hácia Almería, donde estaban preparadas embarcaciones que más pronto los llevase cerca de Valencia, y no tardó D. Lorenzo Suarez en dar aviso de esta determinacion á D. Fernando para que arreciase sus ataques á la Almedina de Córdoba. Esta escursion de Aben-Huc fué aun mas desgraciada de lo que nadie podia pensar. Habitaba en Almería un Aben-Arranin, cuyo ódio á aquel desgraciado Rey era insaciable, envidioso sin duda por su grandeza, con la cual no podia competir, apesar de tener grandes tesoros; y sea por ésto ú otra causa desconocida á nosotros, lo recibió con muchas muestras de cariño, preparándole hospedaje y multitud de viandas y bebidas, de las que le hizo gustar con esceso, hasta el punto de verlo privado, aprovechando esta circunstancia para arrojarlo en un estanque, donde se ahogó, diciendo aquel traidor que él mismo había puesto fin á su existencia en un momento de enagenacion mental: otros escritores dicen que el desgraciado Aben-Huc murió cosido á puñaladas por aquel vasallo traidor, que le dió muerte donde el Rey pensaba tener algun descanso en su viaje.

Muerto Aben-Huc, encontróse su ejército sin jefe á quien seguir, saliendo cada cual en la direccion que mejor le parecía, y D. Lorenzo Suarez, aprovechando aquella circunstancia, reunió los cristianos que con él estaban, y marchó en busca de D. Fernando, quien los recibió con gozo, perdonándoles sus pasados estravíos y dándoles honrosos puestos entre los suyos.

Los refuerzos recibidos por el ejército cristiano fueron tan grandes y prontos, que se pudo aumentar considerablemente el número de los que estaban dentro de la Ajerquía, y aun ir cercando la ciudad en todo lo que mira á la sierra, no permitiendo la entrada de hombres ni víveres, para irlos privando de los socorros que antes diariamente recibian; mas no se podía hacer lo mismo en todo el trayecto que dá al rio, porque dueños del puente, que arranca de la Almedina y del castillo ó fortaleza, que tal significa la palabra Calahorra, recibian aquellos por la parte de la campiña.

Como ya hemos dicho, despues de la entrada de Domingo Muñoz y su gente en la Ajerquía, los temporales habian aumentado las corrientes del Guadalquivir ó rio grande, que tal significa su nombre, haciendo imposible vadearlo. Entonces el Rey mandó construir unas grandes barcas ó balsas de madera forrada de pieles, y se pasó al otro lado del rio con la gente necesaria, donde lo encontró, cerca del hoy Campo de la Verdad, D. Lorenzo Suarez cuando le trajo la noticia de haber muerto Aben-Huc. Ya en este sitio, arremetieron con furia á la Calahorra, que entonces daba paso al puente por un gran arco en su centro, y con pérdida de mucha gente se hicieron dueños de aquella fortaleza, dejando en completo cerco á los ya desalentados defensores de la Almedina, que viéndose sin rey, sin víveres y sin esperanzas de socorro, trataron de rendirse bajo honrosas y seguras condiciones, reducidas á salir todos los habitantes que quisieran con solo sus personas, dirigiéndose libremente á donde cada cual tuviese por conveniente, lo que les fué otorgado sin el menor reparo.

Salidos de Córdoba los bravos defensores de la Almedina, llevando cada cual pintado en su rostro el dolor que les causaba la pérdida de su ciudad querida, donde habian nacido y donde mas de cinco siglos imperó su raza, Domingo 29 de Junio de 1236, entró Fernando III, el Santo, en solemne procesion por la puerta del Puente, como muy oportunamente lo pintaron Palomino y el Racionero Castro en sus cuadros de la Conquista colocados en la Santa Iglesia Catedral, donde los encontramos.

Al mismo tiempo y por las dos comunicaciones con

la Ajerquía ó sean el Arquillo de Calceteros y la Cuesta del Bailio que entonces se llamó de Corbacho, entraron los cristianos dueños de aquella parte corriendo al encuentro del Rey y de todos sus libertadores. Arrojóse *la media luna que coronaba* el Alminar ó torre de la Mezquita, sustituyéndola con la cruz, símbolo de nuestra salvacion, y erigióse aquella en Catedral, bendiciéndola el Rmo. D. Juan, Obispo de Osma, que entonó el Te-Deum, siendo contestado por todo el ejército cristiano que conmovido, prorumpió en lágrimas de entusiasmo y alegría. Dedicóse desde luego á la Asuncion de la Vírgen, consagrando la parte que se creyó necesaria y asistiendo tambien D. Domingo, Obispo de Baeza; D. Gonzalo, de Cuenca; D. Adan, de Plasencia; D. Sancho, de Coria, y D. Estéban, de Tuy, que todos habian acompañado al Rey en tan gloriosa empresa. Los demás pormenores los daremos cuando historiemos nuestra magnífica Basílica.

Grandes y suntuosos edificios debieron encontrarse en Córdoba, entre ellos su Alcázar, del que haremos mencion en su lugar; mas la ira contra la raza mora debió ser causa bastante para que la soldadesca y pueblo cristiano entrase derribándolo todo, librándose únicamente la Mezquita, por haberla erigido en Catedral; por eso vemos allí preciosidades que milagrosamente han llegado hasta nosotros.

Deseando reanudar las noticias encontradas acerca de la Conquista hasta completarla, aunque en estracto, no empezamos en este paseo del barrio de San Nicolás de Bari, conocido por la Villa, del mismo modo que los anteriores; mas términada aquella narracion histórica, tornamos á nuestro interrumpido sistema; dirigiendo el octavo paseo á principiar por su parroquia, una de las mas lindas de Córdoba.

Esta parroquia, como casi todas las de la ciudad alta, no tienen clara su historia antigua, y debemos atenernos á que fueron erijidas como tales por el Santo Rey Fernando III cuando la conquista; en tiempo de los romanos, hubo hacia este lugar algunos de los edificios públicos mas principales, mientras los árabes tal vez habria alguna mezquita; pero nada claro se sabe, sí se dice tradicionalmente que las iglesias se erigieron aprovechando otros locales dedicados al culto mahometano, y en esta suposicion podemos creer que la de San Nicolás se erigiria en alguno de aquellos. Sin embargo, creemos que seria edificada de nuevo en aquel tiempo y que de su primitiva fábrica no resta mas que la portada, cubierta con pórtico y cancel que mira á la calle de San Felipe; despues ha sufrido tantas y tan grandes reformas, que casi en totalidad ha perdido su primitiva arquitectura, tanto en su interior como esteriormente. En 1554 perdió la puerta del lado del evangelio, sustituyéndola con la actual, que fué preciso sacar mas fuera, por haber construido en terreno de la calle la capilla del Bautismo, y en 1772 se le suprimió la principal que estaba á los piés de la nave del centro, donde hoy el coro, y se levantó un fuerte muro de cantería para dar firmeza al edificio; junto á ella había una gran basa de piedra que debió servir para una estátua, con una inscripcion romana que muchos escritores copian y Ambrosio de Morales tradujo en esta forma:

Esta estátua puso decimo Germeniano varon clarisimo consular de la Provincia de la Bética al valentísimo y benignísimo Príncipe Ntro. Sr. Constantino perpetuo vencedor, siempre Augusto y pusoselas como muy sujeto y dedicado á su divinidad y Magestad.

La torre de esta iglesia ha llamado la atencion de cuantas personas entendidas la han visto, tanto por su gallardía, como por el gusto arquitectónico con que la edificaron: sobre una base cuadrada como de seis á siete varas de elevacion, sigue un octágono de gran altura con un saliente arriba, adornado con ligeras y lindas labores y sobre él un horrible y moderno cuerpo de campanas, son cuatro, que desdice mucho de lo demás de la torre: llenando el ángulo saliente en la union de la base y el octágono, hay unas medias pirámides y por cima unas esculturas de medio cuerpo, con los motes en letras góticas de *Paciencia* y *Obediencia*, cuyos bustos han dado lugar á ridículas invenciones, como el decir que dos ladrones fueron á robar la iglesia y que en castigo á su atrevimiento se quedaron convertidos en bustos de piedra: otra anécdota hay que parece fundada en datos históricos. Cuando se edificó esta esbelta y preciosa torre, vivian en frente los Sres. de Chillon, Lucena y Espejo, Alcaides de los Donceles, quienes viendo que desde aquella se rejistraria el interior de sus casas, se opusieron á la obra, entablando un pleito que ganaron los representantes de la parroquia, poniéndole entonces aquellos motes para decirles que obedecieran lo mandado y tuvieran paciencia, dejando que la torre dominára los otros edificios. En cuanto al tiempo de su construccion creemos bastante y mas satisfactorio al lector copiar la inscripcion en caracteres cúficos que tiene en el rincon que forma con la puerta, dice así:

Esta torre fué fecha
á costa deesta Eclesia
en tiempo del Papa, sex
to Alexandro, é de los

muy altos Principes Don
Fernando, é Doña Isa
bel, en tiempo que Gra
nada fué de ellos toma
da siendo Obispo Don
Yñigo Manrrique aca
bose á XII de Maio de
mil é CCCC. é XC é VI a
ños en loor de nues
tro Señor Jesu Christo.

Es esta obra la mas notable que encontramos en Córdoba de fines del siglo XV á que pertenece el citado año 1496, y la encontramos en grabados de *Recuerdos y Bellezas de España* y en cuantas obras ó publicaciones ilustradas comprenden algunos monumentos de Córdoba: tambien hay fotografías de este y otros, que se venden en diferentes puntos.

Las dos entradas á la iglesia tienen diferentes portadas ambas bonitas, revelando como ya indicamos dos épocas lejanas entre sí; la que está junto á la torre es del Renacimiento, mientras la contraria es parecida á las laterales de San Pedro y otras ya descritas, si bien esta está cubierta por un cancel y tiene delante un pórtico con tres arcos cerrados de verjas, en su interior habia un cuadro apaisado que hemos oido elogiar, el que quitaron hace tiempo para restaurarlo y no lo han vuelto á su sitio.

El interior de esta parroquia presenta una vista agradable, pero nada mas; ha perdido casi por completo su primitiva arquitectura á fuerza de restauraciones y reformas hechas segun el gusto de cada época y de la persona encargada de realizarla, que no trataba de imitar lo antiguo sino de hacer algo nuevo, si bien sin omitir gasto, por ser la fábrica la mas rica de Córdoba, como lo prueba el haber costeado la torre como dice la inscripcion, apesar de tener en el lado de Oriente el escudo ó armas de los Manriques, que son unas calderas, por ser entonces Obispo el Don Iñigo, citado en aquella. En tiempo de este señor reedificaron todo el edificio, siendo esta la primera vez de que tenemos noticia: despues en el pontificado de D. Martin Fernandez de Angulo, principios del siglo XVI, se ejecutaron varias obras, entre ellas el retablo del altar mayor, nuevo y del buen gusto de aquella época tan floreciente para las artes; mas no gustaria mucho cuando en el siglo XVII ó principios del XVIII lo sustituyeron con el caprichoso y estravagante que en la actualidad existe. En 1555 se edificó la capilla del Bautismo y se varió la portada, sacándola, como hemos dicho, á la plazuela, siendo obispo D. Leopoldo de Austria.

En el año de 1772 llevóse á cabo otra reforma, sin duda la que le hizo perder por completo su antiguo carácter: cerróse la puerta principal, arregláronse los muros, poniéndole el *costoso zócalo que corre por toda* la iglesia, ostentando variedad de mármoles, hicieron la portada de la sacristía, que con aquel acompaña y púsose el embaldosado azul, rojo y blanco que tan buena vista presenta. Proyectóse entonces y se llevó á cabo, por que la fábrica contaba con fondos para ello, por mas que vulgarmente se achaque á la liberalidad de un devoto, el construir un panteon subterráneo donde se fueran inhumando los cadáveres de los feligreses, cobrando derechos mayores por los nichos ó bovedillas, con lo que calculaban y con razon, que ese mas ingreso tendria aquella: acometióse la obra encargándola al maestro albañil Ambrosio Carrillo, quien, como á unas cuatro varas de profundidad, encontró varios gruesos muros de sillares, como de vara y media de largo y media de ancho, que sirvieron para el macizo de la puerta principal, y entre ellos una moneda gótica muy bien conservada, hecha en Córdoba, puesto que en uno de sus lados se leia *Córdoba Patricia*: llegó á feliz término la obra, y en la actualidad ven los pocos curiosos que bajan, una hermosa bóveda subterránea, con ciento ochenta nichos, unos ocupados desde antes de la prohibicion de enterrar en poblado y otros vacíos; sin tener en la actualidad mas aprovechamiento que el de depósito de cadáveres y guardar algunos efectos.

La capilla mayor se encuentra bien adornada, aun cuando no existe en ella pintura ni escultura digna de llamar la atencion: el retablo, como llevamos dicho, es de mal gusto artístico; tiene en el centro un camarin que sirve de tabernáculo ó manifestador, por cima el titular San Nicolás de Bari, á los lados San Rafael y San Miguel, y en lo alto un Santo Cristo, con la Vírgen y San Juan á los lados. En esta capilla, al lado del Evangelio, había una caja donde se guardaba el pié del cirio pascual primorosamente labrado, y en su tapa ó puerta esta inscripcion que cremos digna de copiarse:

Estas obras mando hazer
el mui magnífico Señor.
Don Alonso Manrrique,
Obispo de Cordoba i Capellan
de la mui alta y mui pode
rosa. Señora Doña Jua
na, y el Emperador. Don Car
los su hijo ntros Señores y

del mui alto Conzejo, las.
Obras son estas, el Pie de el zi
rio Pasqual y los Organos y tribu
na, y la Cruz Grande, siendo
Maiordomo de esta Yglesia Maestre
Ximon Ciruiiano, acabaronse
en el mes de Noviembre del
año de 1519.

Los altares colaterales son de talla igual al mayor y están dedicados á la Asuncion de la Vírgen y S. José.

Formando frente á la nave del Evangelio, está la capilla de San Bartolomé, con un retablo donde lucen cuatro buenos cuadros, obras de Sebastian Martinez y representan al titular, San José y San Martin á los lados y en lo alto un Crucifijo. Es patronato de los Mesas, quienes tienen enterramiento en aquel lugar, como se vé en una losa que estuvo un poco elevada del suelo, con el escudo de los de dicho apellido, si bien hoy lo representa el marqués de Cabriñana, porque los Mesas de la rama que moró en la feligresía de San Nicolás de la Villa, unidos despues á otra de los Cárcamos, vino por último á enlazar con los Argotes, que llevan espresado título. En dicho altar se sirve la cofradía del Santísimo Sacramento, de la que nos ocuparemos al visitar la ermita de Ntra. Sra. de la Alegría, por ser la que la tiene á su cuidado.

Entre la espresada capilla y la esquina para volver á la del Bautismo, se encuentra un arco ó semialtar, con una cruz y dos imágenes de pasion, y un altar en que se sirve la cofradía de Jesus de la Sangre ó sea Nazareno, cuyo centro ocupa esta imágen, con la Vírgen y San Juan: esta hermandad que, además de aquel título, tenia los de Ntra. Sra. de los Remedios y San

Juan Bautista, se servía de muy antiguo en el convento de la Victoria ó de los Mínimos, á las afueras de la puerta de Gallegos; cuando la primera exclaustracion en 1810, se trasladó á esta iglesia, donde los panaderos con los demás cofrades le costearon el bonito altar que hoy tiene y ya se quedó instalada, apesar de haber sido rehabilitada aquella comunidad.

Contigua á la puerta encontramos la capilla del Bautismo, sin duda una de las mejores y mas apropósito de Córdoba, la cual, como hemos dicho, fué construida en 1554 por mandado del Obispo D. Leopoldo de Austria, y es muy linda en su forma y adorno, si bien ha perdido mucho con las restauraciones que desacertadamente se le han hecho. Muchos autores aseguran que en aquella pila fueron bautizados San Alvaro y el Gran Capitan Gonzalo Fernandez de Córdoba. En cuanto al primero, pudo serlo en la pila que estuviese en otro punto, mas no en esta capilla, cuya edificacion es posterior al nacimiento del santo cordobés; y respecto al segundo, aun no hemos visto aclarado si en efecto nació en Córdoba ó en Montilla, inclinándonos á que lo fué en la segunda, no pudiéndonos sacar de la duda los libros parroquiales por no alcanzar á las fechas en que debian aparecer las partidas respectivas á aquellos ilustres y célebres cordobeses: el que sí se bautizó en esta pila fué el malogrado escritor D. Rafael Vida, del que nos ocuparemos al llegar á la casa en que acabó sus dias, dando la casualidad de que habiendo estado ausente de Córdoba la mayor parte de su vida, viniese á morir en el mismo barrio en que había nacido.

En el espacio medio de la entrada á la subida de la torre, está colocado un gran cuadro, que creemos obra de Torrado, procedente del convento de la Victoria, que representa la visita hecha por San Francisco de Paula al Rey Luis XI de Francia.

La nave de la Epístola, tiene en su estremo superior un altar dedicado á Ntra. Sra. de Belen, donde se ven tres cuadros de D. Diego Monroy, copias de otros en tabla de Pedro de Córdoba, que vendieron, puesto que existen en el Museo del Louvre en París; representan al titular, la Anunciacion y la Visitacion á Santa Isabel: esta capilla debió ser de patronato de los Córdobas ó de los Angulos, puesto que los fundadores de la mayor del convento de la Victoria, D. Cristóbal de Angulo y Córdoba y su muger D.ª Juana Ponce de Leon, dicen en un documento tener derecho á enterrarse en este lugar de San Nicolás de la Villa.

Sigue la entrada á la sacristía con una portadita de mármol muy arreglada á la arquitectura, y contiguo hay un altar con camarin, en que ya dijimos que estuvo la hermosa imágen de Ntra. Sra. de las Angustias, que se venera en San Agustin, cuando los franceses cerraron al culto y convirtieron esta iglesia en almacen de paja: creemos que en este sitio debió haber un altar de Animas, puesto que existió cofradía y se indica en el frontal; mas en la actualidad se dá allí culto á una buena imágen de San Francisco de Paula, obra de Fr. Miguel Belver, monge de la Trapa, y propiedad de las Sras. Basabru.

Encontramos la puerta ya anotada y que hace juego con la otra, y entre ella y el rincon bajo el órgano, vemos un altar hecho con fragmentos de otros y en él tres imágenes procedentes de los Mínimos y son, el San Francisco que ellos tenian, un Ecce-Homo, bastante bueno, y una Vírgen de los Dolores.

El coro y el púlpito tienen buena talla, pero no son de la mejor época.

La sacristía es espaciosa y en ella, como en la iglesia, se ven algunas pinturas no despreciables, así como tres ó cuatro esculturas.

Tiene esta parroquia un Rector ó Cura, un Coadjutor y los ministros indispensables para el culto y custodia; en lo antiguo contaba con cuatro beneficiados, una Rectoría, un Préstamo y una Prestamera.

En su archivo encontramos poco curioso: sin embargo, vemos que era muy rica, contando entre otras fincas el cortijo de Villafranquilla y el de la Peralera; por cierto que en una nota para decir que las tierras de éste son endebles, pone: *Es adagio que en el cortijo de la Peralera se siembra caiz y se coje fanega.* Los libros parroquiales principian, los de bautismos en 1553, los de matrimonios en 1564 y los de defunciones en 1592.

El barrio de San Nicolás de la Villa, es completamente lo contrario que el de la Ajerquía. Allí no encontramos una casa solariega de cierta importancia; en cambio sus vecinos han sido siempre en estremo industriosos. Aquí tenía la aristocracia gran parte de sus casas y la industria apenas tuvo acojida, aparte de algunos trabajadores sin talleres propios y unos pocos labradores: en la actualidad va cambiando mucho por su proximidad á las estaciones de los ferro-carriles. Sea por su corto vecindario ó porque la gente rica suele huir de las poblaciones en los momentos de peligro, ello es que cuando se ha acudido en demanda de socorro para los pobres, el resultado no ha sido como debiera. Una prueba citaremos: nuestros lectores han visto las limosnas que llevaron en 1650 al hospital de San Lázaro para los enfermos del landre y entre ellos el barrio de San Nicolás de la Ajerquia; pues bien, el de la Villa tuvo que unirse con los de San Juan y San Miguel y con los conventos de la Trinidad, San Gerónimo, la Victoria y la Concepcion, para hacer el regalo que á continuacion anotamos y que no escede de lo que hizo por sí solo cualquiera de los que llevamos referidos. Formaron con los vecinos y religiosos de los ya citados conventos de frailes, dos procesiones, una en la tarde del 13 de Febrero, saliendo de la Victoria con la imágen de San Francisco de Paula, y otra en la del 14 desde la Concepcion con un Santo Cristo muy venerado que tenian aquellas monjas en el coro bajo: entre ambas llevaron, precedidos de un hombre tocando un clarin, cuatro carretadas de leña, dos de gavillas, una de romero, cuatro cargas de leña, trescientas noventa y seis fanegas de trigo, repartidas en ochenta y siete caballerías lujosamente enjaezadas; cincuenta y cuatro esportones de pan, sesenta y dos carneros, doscientas cincuenta y ocho gallinas, dos hojas de tocino, diez y ocho canastos con pasas y almendras, dos cargas de naranjas, treinta y dos espuertas con limas y naranjas, dos idem de garbanzos, ochenta y cuatro salvillas de hilas, sesenta idem de bizcochos, cuatro melones, veintidos pomos de agua de olor, dos idem de manteca de azahar, quince vestidos, catorce frezadas, dos canastos de granadas, una carga de vino, dos idem de aceite, una idem de vinagre rosado, veinte garrafas de vino, veintiocho canastillos con huevos, dos pares de pichones, dos arrobas de miel, veinte camisas, doce botellas de vino, dos espuertas de garbanzos, veintidos camisas y doce salvillas de colaciones. Estos vecinos fueron muy castigados en dicha epidemia y en la de 1682, particularmente el callejon de la Puerta de Gallegos.

Ya indicamos que cuando Fernando III erigió las

catorce parroquias de Córdoba, que son las actuales, contando como dobles, San Juan y Omnium Sanctorum y el Salvador y Santo Domingo de Silos y rebajando la del Campo de la Verdad, se aprovecharon edificios árabes, algunos anteriores á su dominacion, y esta fué la causa de estar tan cerca las de San Juan, Omnium Sanctorum y San Nicolás de la Villa, de modo que por sus confines eran poco estensos los barrios, resultando las iglesias á un estremo de los mismos: por eso en el que vamos describiendo no encontramos por un lado mas que la corta calle llamada de la Torre y antes de San Nicolás, por estar al pié de la misma, y en la que nada hay notable mas que una gran casa de vecinos llamada de las Campanas, por estar casi debajo de las de San Nicolás, segun unos, y por haber sido fábrica de ellas, segun otros; en seguida salimos á una plazuela triangular, conocida por el Cementerio, que se comunica por un estremo otra vez con la plaza de San Nicolás de la Villa y por otro con la calle de San Felipe, nombre que hoy lleva todo aquel tramo, tomado del Oratorio de aquella advocacion, de que nos ocuparemos en el barrio de San Juan.

El cementerio de San Nicolás de la Villa no chocaba como los de otras parroquias; se asemejaba á un pequeño paseo con asiento corrido en sus tres lados é interrumpido únicamente por tres escalinatas, una mirando á San Felipe y las otras en los costados: en 1842 cuando con una brigada de presidiarios se arregló el paseo de San Martin, los mismos allanaron el cementerio, desapareciendo por completo su altura y asientos y construyendo los dos ó tres escalones que tiene el átrio de la parroquia, contentáronse con empedrarlo, y por último, en 1852 plantaron los árboles allí existentes: recordamos que pegadas al muro habia unas bóvedas que entonces rellenaron con los escombros sobrantes.

En uno de los costados de esta plazuela hay una calleja sin salida ó barrera, que dicen de Heredia y forma dos tramos: tomó el nombre de los señores de aquel apellido á quienes representan en la actualidad los Condes de Prado Castellano, si bien en Aguilar y Cabra existen tambien algunos descendientes por línea recta de aquellos. Su casa era la que reformada forma esquina. Los Heredias constituyen una familia en estremo ilustre: catorce individuos de ella perecieron con el católico Rey D. Pedro II de Aragon, en el desgraciado cerco de Murel, año 1213: otros ocho tomaron parte muy activa en la conquista de Valencia, y por último, fijaron su principal asiento en Murcia y Cartagena, en cuya plaza le confiaron en 1521 la defensa del castillo á Juan de Heredia y sus hijos. El primero que radicó en Córdoba fué Martin Lopez de Heredia, Contador de D. Juan II, y desde entonces vemos figurar á muchos con el cargo de Veinticuatro y otros no menos honoríficos: entre ellos encontramos á D. Pedro Heredia, Señor de Prado Castellano, por quien vino á los que últimamente la han tenido, hasta que la vendieron á una empresa minera que la ha reformado, haciéndola perder una preciosa arcada árabe que citan en los *Recuerdos y Bellezas de España* y otras obras muy estimadas. Tambien se refundió en dicho título otra rama de los Heredias, que vivian en la casa hoy propiedad del Sr. Altuna, calle Puerta del Osario, con una calleja contigua, tambien con este nombre. El escudo de este apellido son cinco castillos de plata en campo rojo. En el presente siglo ha figurado mucho un caballero llamado D. Pedro Heredia, á quien pusieron por apodo el Capitan Comedias, por la gran guerra que hizo en Córdoba al teatro, como en su lugar contaremos.

En el lado opuesto, hoy núm. 5, tuvo sus casas otra señora de aquel apellido, D.ª Beatriz Heredia, que casó con Anton Cabrera, Veinticuatro de Córdoba, y no teniendo sucesion en su matrimonio, fundaron en ellas un hospital, con la advocacion de Ntra. Sra. de la Concepcion, si bien siempre se ha conocido por el nombre de su fundador ó sea Anton Cabrera, dotándolo con sus bienes y otros que en 1503 les cedió doña Catalina Pacheco, viuda de D. Alonso Fernandez de Córdoba, Señor de la casa de Aguilar. En 1505 por escritura ante el escribano Pedro Fernandez Rico, consumaron su benéfico pensamiento, haciendo la fundacion, instituyendo por patronos del hospital al Dean y Cabildo de la Santa Iglesia Catedral, al Prior de San Gerónimo y al Guardian de San Francisco, destinándolo á toda clase de enfermedades, escepto la demencia y el mal de San Lázaro ó lepra. Entre las primeras enfermas que acudieron, se cuenta una muger llamada María Alonsa la Bermeja, que dejó al establecimiento varios bienes que poseia. Algunos años despues, viendo que el venéreo empezaba á hacer estragos, se dedicó á la curacion de dicho mal y en 1608 se le agregó una obra pia para este objeto, fundada por Andrés de Morales.

Los fundadores se mudaron á la casa hoy número 3, y por sí mismos se dedicaron á la asistencia de los enfermos, dejando dispuestas á su muerte unas setenta camas. El edificio es grande aunque de estructura rara é incómoda, con dos grandes enfermerías, una en piso principal y otra entresuelo, bajas de techo y poco ventiladas, contando otras muchas habitaciones, tres pátios y un huerto con muchos naranjos. En sus últimos años solo se abria á la curacion de enfermos en las primaveras y los otoños.

La iglesia estaba en el primer patio frente á la puerta, era muy corta y con tres naves, resultando mas ancha que larga; al frente estaba el altar con la Concepcion, de la que cuidó una numerosa cofradía que se disolvió á mediados del siglo XVIII. A un lado habia una especie de capilla, sirviendo de Sacristía con otro altar, al parecer de principios del siglo XVI, en que estaban unas preciosas pinturas en tabla, las que quitaron guardándolas en una atarazana, hasta que las vió el autor de estos apuntes y las pidió para el Museo provincial, donde se conservan: en el centro de esta capilla existe señalada con azulejos, una sepultura donde se cree que fueron enterrados los fundadores de estas Casas.

Muchos son los datos estadísticos que hemos encontrado de este hospital, del número de enfermos, de los que hubo años, como el de 1770, en que llegó á trescientos uno los que se curaron, siendo tan corriente el hablar de aquella dolencia que hasta en la puerta habia una tablilla en que se leia: «El que tenga gálico que acuda, que aquí se cura.»

Un tanto descuidado este hospital, se mandó en 1837 incorporarlo al del Sr. Cardenal Salazar, hoy provincial de Agudos, permaneciendo cerrado el edificio hasta 1843, en que se trasladó á él la Escuela Normal de Maestros con la condicion de pagar el arrendamiento que se convino; mas sea que no se pagaba la renta ú otra causa, aquella se redujo á la casa inmediata, y en 1853, se destinó el hospital de Anton Cabrera á casa de parturientas, que estableció con un bien estudiado reglamento el vocal de la Junta provincial de Beneficencia D. Cárlos Ramirez de Arellano, quien con sus visitas lo elevó á una gran altura; mas la Escuela Normal volvió á tomar parte del edificio, haciéndole perder la reserva, siendo preciso llevarla á otro punto, y por último, agregar la casa á la de Expósitos donde cumple su instituto, mas no como en un principio ni con todas las condiciones necesarias para la mas inquebrantable reserva.

La casa contigua, número 7, unida á la anterior para todas las dependencias de la Escuela Normal y habitaciones de los profesores, era propiedad del Convento de San Gerónimo, cuyos frailes la tenian dedicada á su hospedería en Córdoba, donde paraban cuando tenian que bajar á la poblacion, que siempre lo hacian en unas hermosas mulas que llamaban la atencion de cuantos las veian.

En ángulo con la calle de la Torre y arrancando de la plazuela de San Nicolás de la Villa, encontramos la calle de la Concepcion que llega á la puerta de Gallegos y tiene primero una calle sin salida que se denomina del Niño Perdido, porque en la casa fronteriza hubo un hospital á semejanza de la hoy ermita de San José, plaza de la Magdalena, donde se depositaban los niños estraviados de sus familias: segunda, calle de los Ucedas; forma dos ángulos y comunica con la de la Alegría; llámase así por una familia de espresado apellido que moró en ella y lo que hemos corroborado con documentos antiguos; en los padrones del siglo XVII le dicen de la Cruz; y tercera, la calle del Olmillo que desemboca en la plazuela de los Aladreros y tiene á su mediacion una barrera; tomó el nombre de Olmo, del apellido de un vecino; la gente lo convirtió en diminutivo, y últimamente teniendo en su esquina una casa de comidas, le dieron en llamar la calle del Bodegon ó Bodegoncillo, como muchos la conocen. Al lado opuesto, solo afluye la calle Alta de la Madera, que casi su totalidad pertenece al barrio de San Juan. En su esquina y mirando hácia San Nicolás, hubo hasta 1841 un Ecce-Homo, á cuya imágen tenian mucha devocion aquellos vecinos.

En la casa número 2 de esta calle falleció en 30 de Enero de 1857 el Sr. D. Ignacio Martinez de Argote y Mosquera, Marqués de Cabriñana y de Villacaños, de quien nos ocuparemos en otra ocasion: era padre del distinguido literato D. Ignacio María Martinez de Argote y Salgado, que en la actualidad lleva el primero de dichos títulos y del que tenemos una coleccion de preciosas poesías impresas en Madrid, establecimiento de Rivadeneyra 1865.

El edificio mas notable de esta calle, es el exconvento de la Concepcion, del órden de San Benito y San Bernardo. Su fundacion se debe á D.ª Beatriz de los Rios, que la dejó dispuesta en su testamento otorgado en 28 de Noviembre de 1487; sus albaceas solicitaron la bula de Julio II, quien se la concedió con fecha 31 de Marzo de 1506, quedando erigido el convento en los términos marcados por D.ª Beatriz, y sujecion al Obispo. En él han tomado el hábito muchas señoras de aquel ilustre apellido, y una de ellas fué Abadesa, logrando de sus parientes la cesion del solar de unas casas solariegas que poseian en la calleja de los Melgarejos y el agua de pié que aun tiene aquel edificio; pero siempre reconociendo por patronos á los Duques de Fernan-Nuñez, con derecho á adquirir la propiedad del edificio y solar, el dia que por cualquier motivo variase de objeto, como ha sucedido al suprimirse el convento en 1868, que se pidió al Obispo la supresion de cuatro á eleccion suya, entre los que designó el de la Concepcion, agregando su corta comunidad al de la Encarnacion. Es grande y sólido, aunque muy necesitado de reparos.

La iglesia era pequeña, con artesonado y coro alto y bajo frente al altar mayor; el retablo de éste era de órden corintio, dirigido por el arquitecto Melchor Fernandez Moreno, si bien lo alteraron poniéndole en el centro la boca de un camarin y un tabernáculo de mal gusto: tenia en el centro á la titular y á los lados cuatro buenos lienzos con San Benito, San Bernardo, San Acisclo y Santa Victoria. Además habia otros cuatro altares dedicados á Jesus Nazareno, San José, Ntra. Sra. de los Dolores y la Concepcion. En el coro bajo habia, entre otras imágenes, un gran Crucifijo y en el interior una notable Concepcion de marfil que creemos se llevarian las monjas, como de su propiedad. Tambien se veneraba últimamente en este convento el Señor de la Cárcel, del que nos ocupamos en nuestro paseo por el barrio de San Pedro.

En la casa número 38 de la calle de la Concepcion, frente á la de la Madera, vivian hace cinco años, un zapatero que solo tenia el portal para su taller, y en la única sala que constituye el piso alto, dos hombres solos, amigos íntimos al parecer. Uno de ellos de más edad, licenciado de la Guardia civil, concibió celos de su compañero hasta el punto de que cogiéndole una tarde dormido lo degolló con una navaja, que tiró al suelo; el zapatero hubo de oir algun ruido extraño; subió encontrándose con aquella escena y en seguida salió á la calle en demanda de socorro, que le fué prestado por los dependientes de la Autoridad, quienes detuvieron al asesino que con una sangre fria que pasmaba confesó su delito, pidiendo permiso para mudarse de ropa y lavarse las manos por tenerlas llenas de sangre, dando despues otras señales de no estar muy en su razon; aun creemos que vive en presidio, á donde fué sentenciado á cadena perpétua. Cerca de la calle de la Madera aun existe una calleja con puerta que se cerró al tránsito en 1693. Llamábanle de Portichuelo, y en una escritura otorgada ante el Escribano Pedro Ortiz, en 22 de Marzo de 1486, que se custodiaba en el archivo del convento de la Concepcion, se probaba que formando esquina con esta barrera existió un pequeño hospital llamado de San Bartolomé, que debió suprimirse en el arreglo que se hizo en el siglo XVI.

Desemboca la calle de la Concepcion en la plazuela de la puerta de Gallegos, llamada así por estar la que dá paso al campo; nada de particular ofrece al curioso, aparte de una decoracion de piedra negra que ha quedado entre las casas números 2 y 4, y es el respaldo de una fuente que habia en aquel sitio: su construccion data de 1604, cercana á la puerta, donde estuvo hasta 1755 que la mudaron á la parte interior; en 1813 la trajeron á la esquina de la calle de la Concepcion, y por último, en 1871 la han llevado á la plazuela de los Aladreros; de modo que esta fuente parece condenada á andar siempre de paseo. Junto á la puerta hubo una calleja que se cerró al público en 1801.

La puerta de Gallegos: hé aquí un nombre que ha dado lugar á diferentes opiniones, todas fundadas en congeturas; mientras varios autores y nosotros, le damos el mismo é idéntico orígen que á las de Martos, Baeza y Plasencia, creyendo que por este sitio entró en Córdoba la legion gallega que acompañaba á Fernando III, otros lo achacan á ser el punto donde se situaban los gallegos que se venian á Córdoba á dedicarse al traslado de bultos de un punto á otro, sin ver que aquel título viene de mucho mas antiguo, y por último, hay quien defiende que es el apellido del que la abrió, siendo esta la causa de decirse de Gallegos y no de los Gallegos; mas esto es un absurdo porque la puerta, segun Roa, existia en tiempo de los Romanos, aun cuando no anota el nombre. Los Arabes la construyeron de nuevo con sillares de piedra franca almohadillados, y dos colosales columnas á los lados, dándole una forma muy gallarda; los capiteles de estas eran romanos, lo cual hace sospechar fueron restos de otra portada anterior: despues de la conquista le hicieron nueva la parte superior, colocándole en el centro las armas de Castilla, y á los lados, en los frentes de unas acroteras que tenia la decoracion, le pusieron los escudos de Córdoba: en el terremoto de 1.º de Noviembre de 1755 quedó notablemente quebrantada, y entonces la reedificaron cambiando su antigua y bonita arquitectura por la raquítica forma que le hemos conocido hasta 1864, que la derribaron por completo para dar ensanche á una salida de la poblacion donde tanta gente afluye, particularmente por féria.

A la derecha, saliendo, hubo hasta 1821, que lo derribaron, un magnífico torreon cuyos cimientos aun existen; se asemejaba algo al de la Malmuerta, aunque de menos espesor y mas esbelto, estando, como él, unido á la muralla por un arco que le servia de paso á la parte alta; es uno de los muchos monumentos que se han derribado en Córdoba en daño de las artes y la historia. A la izquierda existe aun un humilladero ó capillita, donde se venera una imágen de Jesus preso, costeada en el siglo XVIII por los hortelanos del pago de la Victoria, quienes pidieron su conservacion cuando derribaron la puerta. Nosotros le hemos conocido una gran ventana con puertas que abrian para fuera cuando en Semana Santa y féria lo adornaban con flores y luces: hoy sigue siempre alumbrado por la devocion de dichos hortelanos y muchos vecinos de las casas cercanas á la puerta de Gallegos.

Mucho podemos y debemos hablar de las afueras de la misma, puesto que el campo de la Victoria pertenece al barrio de San Nicolás de la Villa: toma el nombre del Convento de dicha advocacion, del Orden de San Francisco de Paula ó Mínimos, que hemos conocido en aquel lugar y del que aun se conserva la huerta convertida en vivero para los paseos públicos.

Pocos edificios han existido ni existen con una historia tan interesante como la de este convento, tanto por su antigüedad, como por haber sido durante muchos siglos uno de los lugares religiosos mas respetados por nuestros mayores. Su título mas claro y admitido es el de Ntra. Sra. de las Huertas, por estar casi circundado por esta clase de prédios, que se estendian hasta el sitio conocido por la Arrizafa, cuya palabra significa huerto real, y donde hubo unos bellísimos jardines hechos por Ab-el Ramen. Ambrosio de Morales y otros escritores deducen de los datos dados por San Eulogio, que en este sitio estuvo el célebre Monasterio de Cuteclara, de donde salieron para sufrir el martirio muchos ardientes defensores de la Santa Religion que profesamos; pero Martin de Roa y Sanchez Féria con otros, creen que este estaba mas á la falda de la Sierra, si bien en la misma direccion; de esto nos ocuparemos cuando demos unos paseos especiales por los alrededores de Córdoba ó al ocuparnos de los Romanos y de los Arabes, para ver lo que existe de unos y otros. Entre los segundos vemos un romance en que leemos estos versos, que corroboran lo que decimos.

«Sobre el Albaida caia
á las lindes de aquel pago
tambien el de Cuteclara,
convento devoto y santo.
Vinieron en este sitio
la frágil carne domando
San Pedro y Ubalabonso,
Aurea y otros muchos santos.»

Féria pretende probar que aquí estuvo la basilica de San Cipriano y que en ella enterraron á San Martin de Soure y no en el Socorro, como otros dicen. Tampoco lo vemos muy claro.

Existiera ó no alguna iglesia cuando la conquista, que por cierto lo dudamos, debemos partir de la creencia de que entonces se fundó primero el santuario de Ntra Sra. de las Huertas, convirtiéndose á poco en hospital y casa de Emparedadas en terreno que tal vez le diera el Santo Rey: la existencia de estas sí está probada con multitud de documentos dignos de darles crédito, como son los testamentos y las escrituras otorgadas ante escribanos, tales son el testamento del Arcediano de Córdoba D. Ruy Fernandez, 15 de Junio 1293; el de D. Juan Perez de Retes, 17 de Junio de 1294; el de D.ª Inés Paez, 6 de Setiembre de 1390; la que dice, *E mando que fagan un caliz de plata con su patena para con que consagren el cuerpo de Dios, é por que sea mejor servido el altar de la dicha casa de Santa Maria de las Huertas con él. Mando que lo tenga cualquiera que y fuere emparedada, para que lo dé cada dia, con que digan misa. E mando que den para una cama de ropa que pongan en el hospital de Santa María de las Huertas cien mrs,*

Pudiéramos citar otros muchos testamentos; pero creemos que bastará con lo dicho á nuestros lectores.

Es evidente que en este sitio hubo recogimiento de mujeres, y que lo primero que segun los datos mas autorizados se erigió en el mismo, fué el santuario de Ntra. Sra. de las Huertas, el cual debió ser, y era mas ó menos reformado, la capilla que hemos conocido en el lado de la epístola de la iglesia; se bajaba á ella por tres escalones, era corta, baja de techo y dividida en tres naves con arcos de herradura. Se desplomó mucho antes del derribo de la iglesia, apesar de haber sido reedificada en el primer tercio de este siglo, á costa de D. Salvador Salido, quien fué enterrado en aquel lugar. Volveremos á hablar de este señor en otras dos ocasiones.

Los Reyes Católicos D. Fernando y D.ª Isabel, en una de las varias veces que estuvieron en Córdoba y siendo estremada su devocion á la Vírgen con la advocacion de Ntra. Sra. de la Victoria, mudaron el nombre á la de las Huertas ó dejaron alguna otra imágen, inclinándonos á lo primero, aunque no se aclara esto en los datos adquiridos; ello es que cuando los Mínimos vinieron, á fundar ya se conocía con este segundo título. Tambien se habla en varios apuntes de haber estado en este santuario la hermandad de Roque Amador, actualmente de la Alegría y Sacramental de la Villa.

A fines del año 1509 llegó á Córdoba el Mtro. Fray Francisco Binet, General de la Orden de San Francisco de Paula ó Mínimos, con deseos de fundar un convento, á lo que accedió gustoso el Obispo D. Juan Daza, si bien luchaba con la falta de sitio para ello: despues de pensar en varios, incorporando sin duda las Emparedadas con otra comunidad, les hizo donacion del santuario de Santa María de las Huertas, con la precisa obligacion de sostener el título antiguo con la adicion de la Victoria, tanto, que en la escritura otorgada en el mismo palacio episcopal el 18 de Febrero de 1510 se consignaron estas palabras: *Monasterium tituli Sanctœ Mariœ de Victoria de hortis de cetero nuncupandum*. Los nuevos religiosos entraron en el convento el dia 15 de Agosto del mismo año, siendo este el quinto que se fundó de referida órden, aprobado en el Capítulo general celebrado en Tours, Francia, en 1511.

Dueños los Mínimos del edificio existente, pidieron y lograron de la Ciudad mas terreno, empezando á seguida la edificacion de la iglesia y demás oficinas, si bien no todas se hicieron á la vez, sino conforme reunian fondos, arreglando que personas piadosas contribuyeran á la buena obra. Era aquella de una sola nave muy espaciosa y cubierta de un precioso artesonado, en que se revelaba el buen gusto para las artes en el siglo XVI: la capilla mayor fué costeada por D. Cristóbal de Angulo y Córdoba y su mujer D.ª Juana Ponce de Leon, quienes apesar de tener enterramiento propio en San Nicolás de la Villa, hicieron un hueco en el que solo habian de inhumarse sus cadáveres y el de una hermana de la segunda, donando á la vez al convento el cortijo llamado Doña Urraca, y una parte de la huerta de la Dehesilla próxima á Córdoba la Vieja. Los altares de los lados ó colaterales, fueron tambien costeados, el de la epístola por Juana Cortes y el del evangelio por D.ª Juana de Gamboa; una y otra renunciaron el derecho de patronato. Otros altares habia repartidos por la iglesia y de sagrario servía la antigua capilla que antes citamos.

Lo demás del edificio desigual; lo único digno

de mencion era el patio principal claustrado, con buenas y esbeltas columnas; en su centro había una gran fuente de jaspe, costeada por D. Pedro Ponce de Leon, Marques de Priego y Señor de Aguilar.

Por Noviembre de 1739, se hizo una zanja profunda con el objeto de retirar las aguas del muro de la iglesia, encontrándose un gran cimiento de sillares, con una cruz roja que se deshizo, apareciendo entre la tierra tres monedas, una de Constantino, otra árabe y otra de los Reyes Católicos, promoviendose otra vez la cuestion sobre si estuvo allí el Monasterio de Cuteclara, sin reflexionar que las distántes épocas de aquellas, daba mas bien á entender que la casualidad las habia allí reunido, si bien el cimiemto era de construcciones antiguas, pero de objeto desconocido. Antes, en 1590, al derribar una pared, se encontró un torno que tambien dió lugar á conjeturas; mas este debio ser el de las Emparedadas, de cuya existencia en aquel lugar no cabe duda.

La comunidad de la Victoria que constaría de unos sesenta individuos, sufrió una esclaustracion en 1810, y despues la última en que quedó suprimida en 1836: el edificio fué comprado por el Sr. D. Francisco García Hidalgo, quien en 1865 lo vendió á el Ayuntamiento y éste lo derribó para ampliar el Real de la feria, dejando el huerto dedicado á vivero para las plantaciones de los paseos y ronda de la poblacion.

La variacion de costumbres y de afecciones de los pueblos, se nota hasta en los sentimientos religiosos: registrando la historia del nuestro, vemos esta verdad de una manera indudable; imágenes existen hoy olvidadas por completo, que otras veces han sido las predilectas de los cordobeses, tales como el Santísimo Cristo de las Mercedes en el convento de esta advocacion; San Nicolás de Tolentino en San Agustin y otras muchas, objetos de la devocion, como ahora sucede con San Rafael y las vírgenes de los Dolores y la Fuensanta, si bien esta no se ve su iglesia tan frecuentada como en otras épocas: pues bien, esto pasó con la Vírgen de la Victoria ó de las Huertas, a la que siempre se acudia en demanda de alivio, en todas nuestras necesidades. En los capitulares del Cabildo Eclesiástico y del Ayuntamiento, se prueba lo espuesto, con acuerdos de procesiones y rogativas en aquel templo: citaremos algunas para conocimiento de nuestros lectores. En Abril de 1442 se hizo una procesion de rogativa á la Vírgen de las Huertas y a las ermitas de San Benito y Santa Ana, hoy conventos del Córpus y de Santa Ana: otras tres en Mayo del año siguiente, yendo tambien á San Miguel, San Pedro y Santiago: otras tres en 1464 pasando despues á San Miguel y Santiago, con motivo de la paz; otra el 20 de Marzo de 1529 por falta de agua; otra en 3 de Marzo de 1540 por igual motivo, y otra en 4 de Noviembre de 1571 en celebridad de la victoria del combate naval dado por D. Juan de Austria contra la armada de los turcos en 7 de Octubre anterior. Es indudable que habría otras anteriores y posteriores á las citadas, de las cuales no hemos visto dato alguno.

Son muchas las tradiciones referentes á este convento consignadas en la Crónica de la Orden. Cuando su demolicion, el Obispo de Guadix. D. Antonio Dominguez Valdecañas, natural de Lucena, publicó una carta lamentando la desaparicion de un edificio tan venerado de los cordobeses; citaba en su abono la tradicion del Pozo de las Vírgenes, de que tambien publicó un artículo el malogrado escritor D. Rafael de Vida.

Supónese que durante la dominacion árabe hubo

en este lugar un asilo de mujeres, consagradas desde niñas á la vida religiosa, donde se albergaba lo mas bello y virtuoso de las jóvenes cristianas, siendo por lo mismo, blanco del ódio de los enemigos de nuestra Santa Religion, y sufriendo toda la persecucion de que fueron objetos cuantos tuvieron el valor de confesarla. En una de las ocasiones en que los árabes de Córdoba, desearon vengar las derrotas sufridas por sus tropas, al empuje de las huestes de los reyes cristianos, pensaron profanar aquel religioso asilo entregando á la ira popular aquellas inocentes esposas de Jesucristo. Llegaron, pues, á las puertas del santuario, encontráronlas cerradas, y con cuantos instrumentos hallaron las rompieron, entrando la osada muchedumbre en un lugar hasta entonces respetado. Las vírgenes del Señor, reunidas en el coro, con velas encendidas, imploraban la proteccion del Altísimo, y viendo que estaba decretado su sacrificio, cercano el peligro hasta el punto de serles imposible huir de aquella horda de foragidos, formaron en procesion y entonando himnos de alabanzas al Señor, llegaron á la boca del pozo y dejando las velas á su alrededor, se arrojaron á él pereciendo todas, las últimas á vista de sus perseguidores, de los que algunos, viendo tal muestra de virtud, se convirtieron y profesaron la misma religion que tanto habian aborrecido. Algunos religiosos del convento aseguraban haber visto luces estrañas en la boca del Pozo de las Vírgenes, y aun el P. Fr. Andrés de Santa María, en 1553, siendo Corrector el P. Fr. Diego de Ledesma, aseguró que estando una noche en el coro cumpliendo sus oraciones, notó una estraña claridad, y que como si saliesen de la pared, sin esta sufrir el menor movimiento, siguió hasta el presbiterio una procesion de vírgenes, vestidas de blanco con luces, arrodillándose y entonando armoniosos himnos, desapareciendo despues de la misma manera. Mas adelante aseguró ver esta estraña aparicion otro religioso llamado Fr. Antonio de los Reyes, que murió en grân opinion de santo.

Tambien refiere la Crónica de la Orden, que en 1539, el Corrector Fr. Luis de Cárdenas, con otros frailes, se encontró una noche el coro ocupado por otros religiosos, á quienes preguntaron el motivo de estar en aquel punto, por dónde habian venido y qué permiso tenian para ello; entonces el presidente lo tranquilizó, manifestándole ser antiguos monges de aquel convento, que habian venido á cumplir unas faltas en su rezo para que cesasen las fatigas á que estaban condenados, desapareciendo á poco sin que volviesen, señal de haberles sido concedido el perdon tan deseado.

Otra anécdota se refiere muy parecida á la anterior si bien un tanto grotesca. Existió un fraile que tenia gusto en ser siempre el primero en llegar á coro á las doce de la noche, lográndolo durante muchos años: una vez advirtió que otro le habia ganado; hizo por conocerlo y no pudo, decidiendo callar y acudir otra noche mas temprano; hízolo así, mas su deseo se frustró, el compañero estaba ya en el sitio de la noche anterior con la cara tapada y rezando: otra vez vencido, tornó al dia siguiente mas temprano, y así siguió una porcion de noches, hasta el estremo de irse dos ó tres horas antes, y encontrándose siempre con el religioso que á porfía con él madrugaba en sus rezos, molestándole aun mas el no poderlo conocer. Amostazado al fin, se dirigió á él pidiéndole una especie de satisfaccion por la pugna con que lo trataba; mas entonces supo ser uno de los antiguos monges, condenado á rezar las muchas oraciones no cumplidas cuando vivia; preguntóle de nuevo cuantas y cuales eran, y enterado le dijo:—¿Y si yo las rezo por S. C. *dejará de venir?—Ojalá lo hiciérais, yo entonces me* iría á descansar.—Pues puede V. C. hacerlo cuando quiera, porque yo rezaré eso y mucho mas si es preciso, por no volvérmelo á encontrar en el coro.—Otras muchas y estravagantes tradiciones de este género pudiéramos citar, que omitimos, dejando á nuestros lectores el formar sobre ellas el juicio que tengan por conveniente.

El estenso campo de la Victoria, unido con los jardines de la Agricultura y la estacion del ferro-carril, es el punto mas delicioso y atractivo de los alrededóres de Córdoba. Antes era parte de sembradío y parte un egido con montones de tierra, sobre los que los frailes de la Victoria tenian formado un calvario. Martin de Roa, dice en una de sus obras, ser creencia antigua de que á la salida de la puerta de Gallegos habian sufrido el martirio varios cristianos, señalando los sitios con cruces que los ancianos solian besar en señal de veneracion y respeto; mas el tiempo las hizo olvidar, y ya á fines del siglo XVIII no existian.

El aislamiento en que vivian las familias por el poco trato entre las mismas, en aquellos tiempos en que apropósito ni se enseñaba á leer á las niñas por *temor de que se desmoralizasen*, y se hacian otras muchas cosas hijas del atraso en que vivian, hizo que Córdoba, como casi todas las poblaciones de España, careciese de esos sitios destinados á paseos públicos hasta entonces innecesarios. En 1776, era Corregidor D. Francisco Carvajal y Mendoza, quien luchando con la oposicion de los Veinticuatros, de muchos padres de familia, de los frailes de la Victoria y hasta de algunas personas al parecer ilustradas, como Sanchez Bravo que lo critica aunque ligeramente en su *Catálogo de los-Obispos de Córdoba*, hizo en donde hoy está el salon, una plantacion de árboles, formando tres círculos y dos calles, una en direccion á la puerta de Gallegos y la otra á los Tejares, colocando en el centro de aquellos una gran fuente cuadrada con un pilar en cada ángulo y otro en el centro, muy semejantes á los de la que está en el campo de San Anton y á la del pátio de los Naranjos; mas los fondos con que contaba no le permitieron hacer otra cosa, y así quedó hasta 1793, que el Corregidor D. José Eguiluz, uno de los que más han mejorado la poblacion y sus contornos, allanó el terreno y puso asientos entre los árboles y uno corrido por delante de la última fila.

En 1811, dominando en Córdoba los franceses, expropiaron el terreno preciso y construyeron las tres calles conocidas por el paseo de la Agricultura, ó sean la que va paralela con el arroyo del Moro, y la otra que hoy llega hasta la estacion y que seguia recta á empalmar ambas con la tercera ó sea la trasversal que hoy se une con el llamado Callejon de los Toros. En aquella época surgió el pensamiento de construir jardines en el centro ó cuadro de grandes dimensiones que quedaba en medio; mas nada se hizo y continuó todo sin mas mejora que la plantacion de algunos rosales entre los álamos, y ampliar una calle al primitivo paseo de la Victoria, destinándola á los carruajes, á fin de que no entrasen por las dos principales como era costumbre.

El Ayuntamiento que, en 1854, presidia el Alcalde D. Francisco de Paula Portocarrero, tan decidido por las mejoras, realizó á propuesta suya la reforma completa del paseo de la Victoria bajo el plano del malogrado Arquitecto D. Pedro Nolasco Melendez, de quien en varios sitios hemos hablado: pocos dias faltaban para la féria de la Salud, el tiempo de las plantaciones se habia pasado, y sin embargo, nada les acobardó destruyendo en un momento cuanto habia, á escepcion de los corpulentos árboles que no estorbaban y trayendo otros con la tierra necesaria y en buenas condiciones, se formó el hermoso salon que hoy existe con las calles que lo circundan, conservándose las primitivas en direccion á los Tejares y puerta de Gallegos. Como toda esta gran mejora se pensó de pronto y se realizó á seguida, no habia consignacion en el presupuesto municipal, y aunque se acordó incluirla en el adicional ó en el siguiente año, no se hizo por haber desaparecido aquel Ayuntamiento al empuje de la revolucion de aquel año, quedando en descubierto la cantidad de setenta y un mil treinta y cinco reales que se habian gastado en la reforma, incluso el costo de los asientos nuevos y de la fuente que vemos en los primeros jardines. El ódio que por desgracia se tienen los partidos políticos, hizo temer en un principio que se exigiese la responsabilidad al Sr. Portocarrero y demás compañeros suyos; mas convencidos despues todos de la conveniencia de las obras, se aprobó el gasto en descubierto.

Desde aquella época, casi todos los Ayuntamientos han hecho algo por mejorar este hermoso recinto: la fuente era muy escasa de agua, y en 1860 el Alcalde D. Cárlos Ramirez de Arellano, destinó ésta á las fuentes de vecindad de las Tendillas, Capuchinas y Santa Victoria, surtiendo aquella con las de los veneros llamados de Santa Clara, que recogió en la Sierra y encañó hasta la poblacion, mejorando los jardines de una manera prodigiosa por contar con el riego; entonces rehabilitó la fuente de los Tejares, cambiándole el horrible pilar que tenia por el actual, que estaba en la plazuela de la Trinidad. Con el remanente de la principal se surtieron la circular que hay en los jardines del lado opuesto y el pilar ó abrevadero del egido ó campo de la Victoria, construido en aquel año.

Ya con este poderoso elemento para la plantacion, se fueron ampliando los jardines, se adquirieron las hazas de la Agricultura, y en ellas, siendo Alcalde el actual Sr. Duque de Hornachuelos, se hicieron los muy bellos que han convertido aquel paraje en uno de los mas amenos de Andalucía. Desde entonces, todas las administraciones municipales han hecho algo en este paseo, que aun cuando mucho le falta, ha dado á esa parte gran animacion y realce.

En todo este campo se viene celebrando la notable feria de Ntra. Sra. de la Salud, en los tres dias de Pascua de Pentecostés ó Venida del Espíritu Santo. Algunos pretenden darle una antigüedad que no tiene, pues aun cuando en el archivo municipal se conserva un privilegio de Sancho el Bravo concediendo á Córdoba una feria ó mercado de quince dias, hácia los mismos en que hoy se celebra, y otro de Cárlos I confirmando la gracia concedida para el mercado; ó aquella se dejó de celebrar perdiéndose la costumbre, ó se referian dichas gracias al mercado de los Jueves, que aun así llaman, ampliado en cierto tiempo con la venta de caballerías y efectos que en la actualidad se venden diariamente en las tiendas, siendo tan antigua esta feria semanal, que de ella se hace mencion en varias obras y romances.

La féria actual principió por una velada y á causa de la época en que se celebra, ha venido, tomando la importancia que en su orígen nadie le daba. Cuando en el año de 1665, encontraron la imágen de Ntra. Sra. de la Salud, en un pozo ignorado, el mismo que hoy vemos á la espalda de su altar, la devocion de los cordobeses á la nueva imágen, hizo que aquel lugar estuviese de continuo en estremo concurrido, y mas aun edificada la iglesia y señalada la Pascua de Pentecostes, para celebrar la funcion religiosa que anualmente se le dedicaba; de todo daremos cuenta en su lugar: aquellos dias acudian tambien algunos vendedores, y andando el tiempo, formóse una velada semejante á las de Santiago en su iglesia y la Vírgen de la Asuncion en San Agustin: lentamente aumentáronse los efectos á la venta y así llegó á tomar un incremento tal, que la convirtió en una verdadera feria, logrando ya la proteccion del Ayuntamiento, que fundado en estar la plaza de toros en el centro del campo de la Merced, la quiso aproximar, y por su acuerdo en 18 de Mayo de 1801 la trasladó á las afueras de la puerta de Gallegos, donde continua desde 1820, porque en los años intermedios varió distintas veces. Por otro acuerdo de 4 de Junio de 1854, se determinó trasladarla á los dias 7, 8, 9 y 10 de Mayo, como se efectuó á el año siguiente, con tan mal éxito, que fué preciso dejarla para los dias de costumbre. La preciosa perspectiva que tomó en 1852 siendo Alcalde el actual Sr. Duque de Hornachuelos que hizo igualar á un modelo todas las tiendas, segun su clase, las funciones y adornos que en esos dias realiza la Corporacion municipal, la celebracion de buenas corridas de toros y los trenes especiales que las empresas de ferro-carriles establecen en los mismos, la han elevado á tal altura y desarrollo, que se puede considerar como la primer feria de Andalucía despues de la de Sevilla.

Desde 1854 se celebran tambien en este hermoso

paseo las veladas de las noches vísperas de San Juan y San Pedro y San Pablo, iluminándolo oportunamente, algunos años á la veneciana con farolillos de colores, que entre el follage de la frondosa arboleda presentaba una vista sorprendente.

Como uno de los sitios mas frecuentados de nuestros alrededores, han tenido lugar en él muchas diversiones, como comidas patrióticas, bailes y hasta una feria extraordinaria, cuando en 1862 vino á Córdoba la Reina D.ª Isabel II, que se le preparó una magnífica tienda, dirigida con el mayor gusto y acierto por el ya citado arquitecto D. Pedro Nolasco Meléndez. Tambien han tenido lugar escenas desgraciadas, como asesinatos y robos, tan frecuentes en nuestro país, por la falta de civilizacion en ciertas clases.

El autor de los *Casos raros de Córdoba*, refiere uno ocurrido en este lugar, y de paso da á entender que no existian los edificios que ahora vemos entre las puertas de Gallegos y la Trinidad y sí una barbacana ó baja muralla delante de la que aun existe. Refiere, sin fijar época, que existia en esta ciudad un jóven llamado Sancho de Herrera, perteneciente á una familia noble y acomodada: lejos de seguir dando lustre á la misma con su conducta, entregóse á toda clase de vicios, adquiriendo estrecha amistad con deshonestas mujerzuelas y con todos los demás jóvenes que como él vivian de una manera depravada: acarreóle esto multitud de lances, hasta el punto de cometer tres asesinatos, huyendo de la justicia mientras los suyos podian arreglarle las causas ó procesos, con lo que, lejos de enmendarse, tomaban alas sus infames instintos, amenazando de palabras y obras aun á los mismos que tanto lo favorecian. Llegó á su noticia unas fiestas dispuestas en Granada; juntóse con otros cuantos compañeros, todos de esos valientes que desean *ocasiones de lucir su valor*, y emprendieron su marcha para aquella ciudad, á donde llegaron, demostrando bien pronto quienes eran y de lo que fueron capaces, teniendo que salir de prisa porque el Sancho Herrera asesinó á un hombre con quien en seguida tuvo una pendencia. Un hermano del muerto, hombre honrado pero de valor, indagó el nombre del asesino, y ansiando vengar tan infame ofensa, tomó el camino de Córdoba á la que llegó, principiando á gestionar un encuentro con su contrario: supiéronlo sus amigos, avisáronle y él mismo acudió á buscarle, manifestándole estar pronto á reñir; mas que las muestras de valiente demostrodas, le obligaban á tenderle una mano amiga y á obsequiarlo con una cena en su casa, sin perjuicio de salir despues á batirse: aceptó el granadino, cenaron juntos los dos con otros varios amigos, siendo tanto y tan grande el obsequio, que aquel se creyó obligado á desistir de su empresa, haciéndolo *así presente*, y que lejos de *contrarios serian* en adelante dos buenos amigos: Herrera se holgó mucho de ello; sin embargo, opinó que sabiéndose en Granada y en Córdoba el objeto de su venida, era preciso dejar sus nombres bien puestos; por lo tanto, para conciliarlo todo, podian salir á las afueras de la puerta de Gallegos con dos testigos, hacer que se tiraban varios golpes de dagas, interponiéndose los otros, cumpliendo así con las leyes del duelo: en efecto, salieron todos juntos, quedándose los mas á una respetable distancia y los cuatro se marcharon á la barbacana que había frente al convento de la Victoria: tiráronse varios golpes, y cuando los testigos mediaron y estaban para retirarse, el granadino sintió agarrarle el brazo, dando contra su voluntad tal empuje á la daga, que entrándole al Sancho Herrera por el pecho le atravesó el corazon, dejándolo instantáneamente cadáver; entonces los testigos avisaron á los frailes de aquel convento que en seguida se presentaron, achacando á un castigo de la Providencia lo ocurrido, puesto que el matador desapareció como por encanto y como si tal hombre hubiese llegado á Córdoba.

Otro lance vamos á referir ócurrido en nuestros dias, advirtiendo antes para mas conocimiento del hecho, que todo el trayecto desde el depósito de aguas conocido por el Sombrero del Rey en línea casi recta á la entrada al camino á que forma esquina el jardin del Sr. Lamota, hasta el edificio conocido por Vista Alegre, eran hazas interrumpidas por una ancha vereda frente á la puerta de Almodóvar, las cuales se sembraban anualmente por sus dueños. En 1856, en tiempo que la mies estaba muy alta, se entraron en ella por cerca del dicho depósito, unos chicos que no tardaron mucho en salirse horrorizados; habian visto el cadáver de una mujer tendida boca abajo, con el vestido cubriendole la cabeza; dieron gritos, acudió el Juzgado y encontraron en efecto á aquella infeliz degollada, víctima de un crímen cometido tal vez la noche anterior; identificóse la persona, hiciéronse diferentes averiguaciones y todo inútil, el más impenetrable misterio ocultó á el autor del asesinato. Algun tiempo despues, estando de Gobernador interino el Sr. don Joaquin Fernandez de Córdoba, duque de Almodóvar del Rio, á la sazon vice-presidente del Consejo provincial, la escasez de pan en los mercados y su escesivo precio, dió lugar una mañana á un tumulto en la Corredera, siendo las mujeres las mas alborotadoras. Hiciéronse varias detenciones de órden del Alcalde don

José Conde y Acosta, sufriendo los municipales una horrible pedrea cuando por la calle de San Fernando llevaban los detenidos hácia la cárcel: aumentóse la muchedumbre, la cual, pidiendo unos la baja del pan y otros la libertad de los presos, fueron á la casa del Duque, quien salió á la calle exortándolos al órden y dirigiéndose al Gobierno civil seguido de toda aquella gente que no cesaba en sus desaforados gritos; entró al fin por la puerta que dá á la calle de Carreteras, única entonces, y en el segundo portal varios municipales empezaron á despejarlo, cuando uno de ellos llamado Rafael Mohedano, recibió por detrás una horrible puñalada cayendo al suelo con pocas esperanzas de vida: los esfuerzos de sus compañeros, unido al pavor que produjo el crímen, hicieron huir á todos, quedando el portal solo con el herido y los pocos que acudieron á socorrerlo: hiciéronse de sus resultas varias prisiones é impusiéronse despues algunas penas, no siendo mas por no probarse plenamente el delito. El paciente fué recogido en una camilla y llevado al hospital de Agudos, donde á los dos ó tres dias falleció, achacándolo muchos á un castigo providencial, porque antes de espirar habíase confesado autor de la muerte de la infeliz mujer encontrada cerca del Sombrero del Rey, y á quien habia asesinado en un arrebato de celos.

En el otoño de 1835, si no mienten nuestros informes, yendo una pobre mujer por el egido de la Victoria cierta tarde en que se promovió una gran tormenta, se arrimó á uno de los álamos casi frente á la puerta de la Trinidad, y allí fué víctima de un rayo, que sin duda atraido por el follage la dejó carbonizada.

Entre la puerta de Gallegos y los Tejares vimos pocos años despues, á otra pobre mujer á quien un caballo aplastó la cabeza contra un árbol, de dos coces que le asestó.

En los expresados Tejares nos ocuparemos del asesinato de un infeliz cantero, cuyo cadáver sin cabeza, encontróse cerca de la citada puerta de la Trinidad.

El egido de la Victoria es cruzado por el arroyo del Moro que baja de la sierra por la Agricultura; está cubierto desde la esquina del Ventorrillo hasta la huerta del Rey, contigua á la puerta de Almodóvar, parte cubierto en la época de 1820 á 1823 y parte en 1860, siendo Alcalde el Sr. Ramirez de Arellano.

Dejamos para el paseo que á su tiempo daremos por los alrededores de Córdoba, el ocuparnos de lo que este barrio se estiende fuera de la poblacion, y nos entramos en ella á seguir nuestras investigaciones. De la plazuela de la Puerta de Gallegos, nos pasamos á otra de regulares dimensiones, titulada de los Aladreros por el oficio que antiguamente tenia la mayor parte de sus vecinos: tres calles encontramos en ella, la ya citada del Bodegoncillo, el Callejon de la Puerta de Gallegos y la de la Alegría, por donde continuaremos nuestra escursion. Forma tres ángulos, en uno de ellos desemboca la calleja de los Ucedas y continúa ya en línea casi recta hasta la del Gran Capitan, teniendo como afluyentes las de la Paciencia y una travesía á la plazuela del Angel. Toma el nombre de la ermita de Ntra. Sra. de la Alegría, aunque pequeña, una de las mas bonitas de Córdoba.

Cuida de esta ermita una cofradía que á la vez es la del Santísimo de San Nicolás de la Villa; esplicaremos esta union en la historia que hemos podido formar de este edificio y su advocacion. Remoto en estremo es el orígen del Santuario de Ntra. Sra. de las

Huertas, esplicado en la Victoria; con él debemos enlazar ahora nuestro relato por qué la cofradía ó hermandad que cuidaba de su culto antes de la fundacion de los Mínimos, es la misma existente hoy con distinta denominacion. Fundóse aquel santuario llamándose de Ntra. Sra. de las Huertas y de Rocamador; en 1353 consta que existia, y por consiguiente tal vez alcance á muy poco despues de la conquista: allí continuó cuidando de ambas imágenes y de la hospitalidad, hasta que en 1510, como ya anotamos, el Obispo D. Juan Daza concedió aquel edificio á los frailes de San Francisco de Paula: entonces quedóse allí la Vírgen de las Huertas ó la Victoria y la cofradía se trasladó al interior de la ciudad con el título de la de Rocamador, tomado de Francia, donde existía un santuario muy concurrido en el que se veneraba una imágen que dicen fué colocada por San Amador en la concavidad de una roca de la que se ha formado la advocacion de la Roca de San Amador, que simplificado queda en Rocamador. En citada época, viéndose la hermandad sin casa, por mas que pronto se la buscó el mismo Obispo y los cofrades, debió unirse á la Sacramental, toda vez que aparecen aprobadas sus reglas, ya unidas, por el Cardenal Obispo de Córdoba D. Pedro Fernandez Manrique en 29 de Enero de 1539. Otros escritores creen que existía esta ermita y que la cofradía que salió de la Victoria era solo de la Vírgen de las Huertas, sin ver que, ó hubiera quedado disuelta ó trasladado con ella la imágen que permaneció en la Victoria hasta la estinsion de la iglesia, depositándola despues en San Hipólito y últimamente en la Catedral, donde existe.

Sea de una ú otra manera, la hermandad de Nuestra Sra. de la Alegría es antiquísima, con hospitalidad donde hoy la vemos, porque su primitivo edificio llegó á amenazar ruina hasta el punto de que en 1703 los caballeros cordobeses se reunieron y costearon la actual que ya ostentaba el título con que hoy la conocemos. Este cambio de nombre se debe á la Providencia ó á la casualidad; de dos modos se cuenta y creemos mas natural el segundo; mientras los mas devotos defienden que una noche llegaron dos peregrinos al hospital de Rocamador pidiendo hospedage y que á la mañana siguiente al ir á llamarlos habian desaparecido dejando pintada en la pared la imágen, varios escritores refieren con datos ciertos, que al hundir en 1640 un tabique para hacer varias reformas, encontraron pintada la imágen en la pared, no faltando quien afirmara que en la concavidad ó hueco vieron una luz que se apagó á la impresion del aire. Este hallazgo produjo no solo en los cofrades, sino en toda la ciudad una alegria extraordinaria, que se comprende conociendo aquella época, y de aquí viene el haber tomado este título perdiendo el de Rocamador, cuya imágen no sabemos qué harian de ella ó si el tiempo la habrá destruido.

Con tan extraordinario acontecimiento la hermandad cobró nueva vida, el número de sus individuos aumentaba por momentos, y los donativos y regalos llegaron á ser mas considerables: los caballeros reunidos labraron la nueva y linda iglesia, y tanto estos como los cofrades regalaron alhajas de gran valor que casi han desaparecido por completo, unas cuando la invasion de los franceses y otras con motivo de la venida de Gomez en 1836, que no sabemos por qué las depositaron en Santa Marina, donde se quedaron y vendieron despues con otras para reedificar la iglesia, á escepcion de unas lamparitas y otras cosas que el hermano mayor pudo recabar á fuerza de reclamaciones.

Describiremos esta ermita como en la actualidad la vemos. Es pequeña, en forma de cruz y con tribunas, cubriendo el centro una media naranja ó cúpula elíptica, pintada interiormente, representando doce bustos de diferentes profetas. El retablo mayor construido en 1774 es de talla dorada y del mal gusto dominante en aquella época: el lugar en que está colocada la titular, le hace variar en órden, puesto que ésta ocupa la parte mas baja ó sea casi pegada á la mesa-altar; cúbrela un estenso cristal, y á su través hemos visto la Vírgen de Belén, aunque con la advocacion de la Alegría, con su niño en brazos y dos ángeles adorándola, parece pintada en tabla, mas se nos asegura ser en el muro; de uno ú otro modo es muy antigua, si bien tiene galoneado el manto, á nuestro parecer, en tiempos modernos, y le colocan corona, cetro y media luna de chapa de plata, adorno que ni es apropósito ni conduce mas que á perjudicar la pintura. Mas arriba de la Vírgen hay otra de vestir y despues un San Rafael, escultura de escaso mérito.

Otros cuatro altares encontramos al pié de los machones que sostienen la tribuna y bóveda, iguales y de poca importancia artística, dedicados á otra Vírgen de vestir, San Rafael, San José y San Antonio, y por cima de estos en los arranques de la cúpula se ven cuatro óvalos con los evangelistas, pintados de medio cuerpo con una valentía que llama la atencion: existen otros bastante buenos, con el Nacimiento, la Asuncion, la Presentacion en el Templo y un paso de la vida de Santa Teresa: frente á la puerta se vé otro con la Vírgen del Pópulo, tamaño natural, antiguo y digno de estima.

Dos entradas tiene esta iglesia, una directamente de la calle con portada de mármoles de diferentes clases y otra á un pátio claustrado con bonitas columnas y buenas y cómodas viviendas para el santero y reuniones de la cofradía.

La hospitalidad de peregrinos que era la que ejerció en un principio, cesó en el siglo XV en un arreglo que hubo de esta clase de establecimientos, agregando este al de la Caridad, á quien pasaron dos casas contiguas á la ermita, una en la misma calle y la otra en la plazuela del Angel.

Existe en esta calle la fachada principal del Gran teatro de Córdoba, y sin embargo nos ocuparemos de él en la que lleva su nombre, y despues de contar la historia del convento de San Martin.

La calle de la Paciencia cruza de la Alegría á la plàzuela de San Nicolás de la Villa; debe su título al letrero que frente á ella tiene uno de los figurones que hay en la torre de la espresada parroquia, cuyo orígen hemos esplicado á nuestros lectores.

Para no dejar calle alguna atrás sin esponer nuestras averiguaciones, tornamos á la plazuela de los Aladreros á dar la vuelta por el Callejon de la Puerta de Gallegos: llámase así por ser largo y un poco ancho, sin tener salida á su frente, como muy bien pudiera abrírsele á los Tejares por bajo de la fuente. A su entrada vemos otra calleja corta, tambien sin salida, que de tiempo inmemorial se llama del Condenado, y que como todo el callejon se ha denominado tambien del Olmillo. El primero de estos dos títulos no puede obedecer mas que á un apodo, bien por ser de un hombre muy malo, ó por haber sufrido alguna condena infamatoria; de fijo nada encontramos: en las tradiciones vulgares hay una comprendida en los *Casos raros de Córdoba,* con un apéndice que completa su inverosimilitud.

En el siglo XV existia en esta un matrimonio en estremo rico, sin sucesion, y sí un sobrino por cada parte, varon y hembra, el primero por el marido, principal dueño de los bienes: este jóven demostró desde pequeño las mas perversas inteciones, causando con sus desmanes el aborrecimiento de su tio, de quien tanto podia esperar, sin que esto le hiciese retroceder en su conducta, antes al contrario, mientras mas avanzaba en edad mas faltas cometía, viéndose aquel en el compromiso de sacarlo adelante, mirando al buen nombre de la familia. Concluyóse al fin su paciencia y resolvió privarle por completo de su herencia, sin acordarse de haber tenido tal pariente: el interés logró entonces, al parecer, lo que no habian alcanzado otros miramientos mas elevados y dignos: fingió un verdadero arrepentimiento, cambió de vida y empezó á adular á su tia, no siéndole posible convencer á su tio, que mas esperimentado, rehusaba perdonar tantos estravíos. Aquella buena señora díjole al fin, que teniendo una sobrina honrada y bella, lograría ablandar á su esposo, con la condicion de que siguiera por la senda del honor y contrajese matrimonio con aquella, con la precisa condicion de darle formal palabra de cumplir estas promesas: el jóven, que no se paraba en nada, no solamente hizo formal ofrecimiento, sino que, tomando en sus manos un Crucifijo de gran devocion en la familia, dijo: —«Yo os juro por la pasion y muerte de este divino Señor, no solo hacer lo ordenado, sino sufrir resignado el castigo que su Divina Magestad me imponga.»—De este modo quedó la señora convencida, empezando desde el momento á trabajar, hasta que consiguió volver á el sobrino á la gracia del marido, quien otorgó su testamento dejándolo por heredero universal de todos sus bienes. No tardó la muerte en sorprender á el anciano; hízose el jóven dueño de todo, y lejos de cumplir su juramento, empezó á maltratar á las dos débiles mujeres, separándose al fin de ellas, yéndose á vivir á la Barrera del Olmillo, donde nos encontramos, y puso casa, empezando á engañar á una viuda acomodada para casarse con ella y hacerse aun mas rico: súpolo su tia, instó en su justa demanda, recibió insultos en cambio de sus ruegos, y entonces le dijo que hiciese lo que quisiera, que Dios lo dejaría sin un instante de reposo en castigo de su proceder villano. Nada bastó; arregló su boda y casóse, llevando su esposa á su casa, donde celebróla á estilo de aquel tiempo; mas apenas hubo entrado en el lecho nupcial, atacóle un dolor que en pocos momentos le privó de la vida. Su conducta, tanto de jóven como despues de muerto su tio, le había adquirido gran fama de malo, por consiguiente no tardó en cundir la noticia, achacándolo á un justo castigo del cielo; mas el asombro llegó al mayor grado en el entierro, contándose por muchos que al abrir el ataud en San Nicolás de la Villa para que el párroco diera fé, lo encontraron vacío, porque el cuerpo se lo habian llevado los diablos. Desde entonces todos le recordaban por el Condenado, nombre que le dieron tambien á la calle en que tuvo su morada.

De la calle descrita salimos á otra, que por ensanchar un poco le llaman plazuela del Escudo, por uno que hay sobre la puerta de una de sus casas, perteneciente á uno de los mayorazgos que posee el Sr. Conde de Torres-Cabrera.

Salimos á la plazuela del Angel, donde está la

puerta principal de la ex-colegiata de San Hipólito que le dió nombre hasta 1772, en que erigieron el triunfo que aun existe, dedicado á San Rafael en el único ángulo sin salida.

Muchos son los monumentos dedicados á San Rafael, y casi todos, con corta diferencia, se asemejan, desde el estrafalario de la plazuela de los Aguayos hasta éste, sin duda el mas sugeto á las reglas del arte, y por lo mismo es tal vez el que mas ha sufrido, llegando al sensible estado en que lo vemos: sobre una basa de piedra blanca con recuadros negros, en que se representaba el Hambre, la Peste y las Tormentas, habia tres salientes sosteniendo la Fé, la Devocion y la Perseverancia, estátuas de barro, que han caido hechas pedazos á las pedradas de los chicos; desde aquel punto elévase una gallarda aguja truncada para posar la imágen de San Rafael, tambien mutilada en gran parte y perdido el oro que la cubria. Este sencillo y precioso monumento era obra del escultor francés D. Miguel Verdiguier, morador en una de las casas de la plazuela en que nos encontramos: él lo dirigió y no falta quien opine haberlo hecho en protesta del mal gusto con que se erigió el costeado por el Sr. Barcia casi frente á su palacio. En el archivo municipal vemos que dicho artista solicitó en 2 de Mayo de 1768, se le concediese por el Ayuntamiento el terreno necesario en la plazuela, y que despues de oír el dictámen de los Veinticuatros D. Luis Toboso y D. Diego Velasco, le fué concedido en 15 del mismo mes y año. Nadie dice, ni lo creemos, que fuese costeado por Verdiguier, y sí tradicionalmente se asegura, sin que lo hayamos podido confrontar, que se hizo á espensas del Cabildo de la Colegiata de San Hipólito, si bien no falta quien se lo atribuye á los canónigos D. Lorenzo de Cárdenas y Mondragon y D. Mariano José Saez, lo cual no es posible, porque nada se dice en una carta-vida que del primero escribió el segundo, refiriendo todos los actos de su ejemplar vida: estos señores serian los diputados que àquel nombraría para inspeccionar las obras y correr con su costo.

Tanto por el Ayuntamiento como por particulares, se ha pensado muchas veces la restauracion de este monumento, trasladándolo á la vez á un punto donde luciera y sirviese para embellecerlo, y hasta nuestro malogrado amigo el escritor D. Rafael de Vida y Quesada publicó un artículo encaminado á este fin, citando como lugares mas apropósito, la calle del Gran Capitan, la estacion de los ferro-carriles y los jardines de la Agricultura, y el Alcalde D. Cárlos Ramirez de Arellano, de quien tanto nos hemos ocupado, proyectó ponerlo en una fuente monumental que se levantara en el centro del campo de la Merced: nada se ha hecho y mucho tememos que el tiempo destruya aquella obra, sin que se utilice en parte alguna.

No dudamos que nuestros lectores nos acompañarán á visitar la ex-colegiata y capilla Real de San Hipólito, á donde paseando hemos venido, principiando por hacernos cargo de su forma actual, para despues esplicar lo que de su historia hemos reunido.

Esta iglesia consta de una sola nave muy ancha y elevada, con crucero, en su mayor parte adornada con el mal gusto que tanto se estendió en el siglo XVIII; sin embargo, en la cubierta ó bóveda de la capilla mayor, se deja aun ver el estilo gótico á que en un principio pertenecía. En el centro de esta se eleva el altar mayor con cuatro frentes, que es una de las obras mas horribles que hemos visto; así lo comprendía tambien el Cabildo colegial, y hasta reunió algunas piezas de mármol para sustituirlo, cuando quedó disuelto en 1852. El frente lo ocupa un colosal y hermoso cuadro, obra de gran mérito que representa el martirio de San Hipólito, rodeándolo un adorno de yesería embadurnado de azul, que aun lo hace mas desagradable. A los lados hay dos buenos sepulcros de mármol rojo, en que yacen los restos de Fernando IV, el Emplazado y de su hijo Alfonso XI; yacian en dos arcones de madera pintados y cubiertos con terciopelo carmesí y galoneado, teniendo en la parte superior unos almohadones en que posaban la corona y el cetro: entonces se enseñaban con cierta solemnidad á las personas notables que querian verlos, apesar de que solo estaban los huesos entre algodon en rama; mas la Comision de Monumentos, deseosa de darles mas decente sepultura, recogió algunos mármoles del ex-convento de San Gerónimo y con ellos le labró en 1846 los sepulcros en que hoy se guardan, sin que se enseñen á los curiosos como antes sucedía: desde un sepulcro al otro corre, dando vuelta, el coro ó sillería, aunque de buena madera, no de gran mérito en su trabajo.

En el lado del evangelio está primero una capilla con un retablo de ojarasca dorada, con la Vírgen de la Candelaria; á seguida otra con la de los Dolores y luego dos altares, uno dedicado á San José y el otro á un Santo Cristo en lienzo, de escaso mérito. En el frente y mas arriba del cancel de entrada, hay tres lienzos, el de enmedio con la resurreccion de Lázaro, y los otros con los retratos de Alfonso XI y su mujer D.ª Constanza. Siguiendo dando vuelta al lado de la epístola, vemos un altar con la Concepcion en lienzo, otro con San Antonio, escultura pequeña, la capilla de Santa Concordia, nodriza de San Hipólito; tiene un altar de mármol cárdeno, con una urna de plata en que están los restos de aquella, y á los lados hay dos relicarios en que se veneraron los cuerpos de San Bonifacio, San Vicente niño, Santa Pomposa, San Abundancio y otras varias reliquias. Terminaremos de dar vuelta á este templo en la capilla ó altar de Santiago, fundado en 1389 por los primeros Señores de Baena, D. Diego Fernandez de Córdoba y D.ª Sancha García de Rojas, Señora de Pozo, los cuales descansan en dos lindos sepulcros que hay bajo un arco, que son dos urnas de esquisita labor, con sus escudos por cima, donde fueron depositados en 1435: tiene un gran retablo del siglo XVIII, con una escultura del titular. De los citados fundadores, asi como de D. Gonzalo Fernandez de Córdoba, primer Señor de la Casa de Aguilar y su mujer D.ª María García Carrillo, D. Pedro Fernandez de Córdoba y D.ª Elvira de Herrera, padres del Gran Capitan, el hermano de éste el famoso D. Alonso de Aguilar y otros varios ilustres caballeros de la esclarecida casa de los Córdobas, que yacen sepultados en el panteon de la capilla mayor de esta iglesia, nos ocuparemos antes de salir del barrio de San Niccláś de la Villa.

Por la capilla de Santiago se sale á un patio, con claustros sostenidos por unos pilares de piedra, pues no merecen el nombre de columnas: en este lugar quiso la Comision de Monumentos en 1844, formar un panteon de hombres notables de esta provincia, idea que con elogio aceptamos todos, y parecía empezar á realizarse con la traslacion á uno de sus frentes, del sepulcro que en la ya ruinosa iglesia de los Mártires había erigido el Cardenal D. Bernardo de Sandoval y Rojas á la memoria de su querido maestro Ambrosio de Morales, Cronista de Felipe II, y uno de los cordobeses que mas han honrado á su patria. Hízose con gran solemnidad, sacándolo del sepulcro ante una gran concurrencia y pronunciando un buen discurso el Sr. D. Rafael Joaquin de Lara y Pineda, entonces individuo de aquella útil corporacion.

Existe el sepulcro de Ambrosio de Morales, si bien vacio, porque los restos fueron trasladados á Madrid para ser colocados en el panteon nacional decretado siendo Ministro de Fomento D. Manuel Ruiz Zorrilla, pensamiento que ha fracasado, reuniendo en una capilla de San Francisco el Grande á muchos hombres notables, movidos de sus tumbas tan inútilmente. El pueblo de Córdoba quiso despedir honrosamente aquellas veneradas cenizas, y el 4 de Junio de 1869, les dedicó en esta iglesia unas magníficas honras en que predicó un notable sermon el Sr. D. Rafael de Sierra y Ramirez, Canónigo de la Santa Iglesia Catedral, y despues pronunció un erudito discurso el Sr. D. Francisco de Borja Pavon, colocándose la urna en un precioso carro fúnebre, en el que, escoltado y acompañado de una gran concurrencia, se condujo á la estacion del ferro-carril, donde se hizo cargo de él la comision de la Diputacion provincial encargada de llevarlo á su destino.

El sepulcro, aunque vacío, permanece en este patio y en él se lee un epitafio que redactó el Doctor Bernardo Alderete, y es como sigue:

Mortalis jacet hic vitam qui in morte reliquit
Hoc tumulo sabis est, explicuisse notis,
Nomen, fama, genus, patria, et solemnis honorem
Gloria, viventum sollicitent animos.
Nos, quibus est vita, et vita sunt cuncta peracta
Te tantum, Lector nunc monuisse decet,

Ut tibi mors felix contingat, vivere disæ:
Ut possis felix vivere, disce mori.

Obiit anno Domini MDXCI œtades LXXVIII.

Este epitafio sustituyó á unos dísticos en latin, escritos por el mismo Ambrosio de Morales, y que en vez de insertar en aquel idioma, lo hacemos con una traduccion tan correcta como todo lo que escribe el Sr. Pavon: es la siguiente:

Muriendo, aquí, un mortal dejó su vida.
Esta tumba á explicar sus señas baste,
Las almas de los vivos soliciten
La gloria de las honras mundanales,
El renombre y la fama esclarecida,
La patria, y los blasones del linage.
A mí, de quien la vida huyó ligera
Y con ella sus bienes deleznables,
Que aprendas á vivir, si muerte anhelas
Santa y feliz, me cumple aconsejarte:
Y si una vida venturosa ansías,
Aprende ¡ay! á morir: que es ley constante.

La idea del panteon nacional fracasó por la oposicion pasiva del Cabildo eclesiástico á que se sacasen de la Catedral los restos del célebre artista y escritor Pablo de Céspedes, en quien se pensó para seguir tan oportuna idea, que aun podia realizarse en los galeones del patio de los Naranjos, conciliando así los deseos de la Comision y del espresado Cabildo.

Cuenta este edificio con otros departamentos, como la sacristía que es muy estensa y de buena forma, la sala de capítulo, en que hay un gran cuadro con

San Fernando, archivo y otras habitaciones morada del encargado en la iglesia.

Dos fundaciones, ambas reales, habíanse reunido en este punto. Deseoso Alfonso XI, que tantas temporadas residió en Córdoba, conmemorar la batalla del Salado, 1340, resolvió erigir una colegiata con prior y canónigos, llevándola á cabo en el sitio que ocupa, dedicándola al mártir en cuyo dia 13 de Agosto de 1313 habia nacido. Hizo la fundacion en 1341, dándole para su cóngrua las salinas existentes en el reino de Córdoba: su objeto principal era labrar en esta iglesia su sepulcro y el de su padre Fernando IV el Emplazado. Principióse en efecto la obra; mas la muerte cortó el hilo de su existencia, y aunque su cabildo continuó aquella, tuvo al fin que pararla cuando tenía la capilla mayor y el crucero, porque su hijo D. Enrique, con bula apostólica, incorporó las salinas á la corona, conmutándole su producto con uua renta fija que otros reyes aumentaron, no tanto que bastara al costo del edificio completo.

Dejemos en ese estado la colegiata y vamos á tratar de la Capilla Real, fundada en la Catedral por la Reina D.ª Constanza, segun unos y por D. Enrique en 1371, segun otros, para depósito de los cuerpos de los ya espresados dos reyes, ínterin se acababa la iglesia de San Hipólito ó permaneciendo en ella, segun tuviese sitio donde se erigiese con toda pompa, puesto que la capilla arreglada al pronto detrás de la de Ntra. Sra. de Villaviciosa, es en estremo reducida y no permitía á los capellanes nombrados dar el culto con la solemnidad debida, asunto que dió mucho ruido, pues mientras sus encargados trabajaban por conseguir esto, el Cabildo Catedral oponia multitud de inconvenientes en la designacion del sitio que daba en el patio de los

Naranjos junto á la puerta de Santa Catalina, el cual no era aceptado por los primeros. Así continuó este asunto unos cuatrocientos años, á pesar de las intimaciones de los reyes, entre ellos Felipe V, que reglamentó la capilla y procuró cortar los muchos abusos que en su administracion se notaron; 23 de Agosto de 1703.

En este estado las cosas, el Cabildo de la Colegiata hizo al Rey una reverente exposicion en que, historiando ambas fundaciones, pedia que se uniesen, porque juntas las rentas de ambas podia terminarse su iglesia y trasladar á ella los restos de Fernando IV y Alfonso XI, realizando los deseos de este, que no eran otros que el encontrar allí honrosa sepultura para él y su padre.

Cumplidos estos deseos, empezaron de nuevo las obras, 1726, y en 8 de Agosto de 1736 por la madrugada, se trasladaron los reyes, celebrándose una gran funcion el 13, dia del titular, en que predicó el canónigo Magistral de aquella Colegiata y Real capilla Dr. D. José Ignacio Fernandez de Quevedo, cuyo sermon dió á la prensa su compañero D. Juan Santos de San Pedro.

No contentos con las mejoras hechas, quisieron en 1774 ampliar el edificio, pidiendo á la Ciudad parte de la plaza de la Moneda, el que le fué concedido, edificando entonces la nueva sacristía, sala de capítulo y patio ya mencionados, con lo que se amplió la obra, quedando solo por terminar la torre, que habia de tener otros dos cuerpos sobre el existente. La cesion del terreno se justifica, además de los acuerdos del Ayuntamiento, con la inscripcion que hay á un lado de la calle de San Hipólito, la cual dice así:

Esta muy noble y muy leal Ciudad de Córdoba hizo donacion en el Cabildo Ayuntamiento de 18 de Diciembre de 1774 á esta Real iglesia de San Hipólito de seis varas de salida en la plazuela de la Moneda en toda su longitud que consta de 181 ½ varas de área para estension de oficinas y mas una vara en las dos calles que circundan dicha Real iglesia y este Ilmo. Cabildo en señal de posesion que tomó y mantiene, mandó fijar esta lápida en el celebramiento en 12 de Marzo de 1774.

Suprimidas por el Concordato la mayor parte de las Colegiatas y Capillas Reales de España, cúpole esta suerte en 1852 á la de San Hipólito, por mas exposiciones que á su favor se hicieron por corporaciones y particulares. Desde entonces continúa abierta al culto, que se sostiene con una cantidad comprendida en el presupuesto del Estado, no erigiéndola en parroquia por su proximidad á la de San Nicolás de la Villa, digna tambien de conservarla. Cuando la supresion solo existian cinco canónigos, que destinaron á diferentes Catedrales, contando entre ellos al notable orador sagrado D. Antonio Dominguez y Valdecañas, que falleció siendo Obispo de Guadix.

Muchos individuos ha contado este Cabildo en su seno, dignos de que sus nombres se consignen en nuestros apuntes; mas no lo hacemos, temerosos de alargarlos demasiado, mas que con dos, cuyas biografías hemos visto.

D. Lorenzo de Cárdenas y Mondragon, nació en 25 de Noviembre de 1724, bautizándolo en la parroquia de San Nicolás de la Ajerquía: aunque de complexion delicada, estudió con gran aprovechamiento en San

Pelagio, donde obtuvo varias cátedras y despues por oposicion fué ganando los curatos de Omnium Sanctorun, San Andrés y el Sagrario, siendo despues nombrado canónigo de la Colegiata, donde permaneció hasta su fallecimiento en 6 de Octubre de 1799; era muy buen predicador, gran limosnero, contándose de él tantas muestras de saber y humildad, que llegó á considerársele como un santo. Tal lo esplica en su carta-vida su compañero D. Mariano José Saenz, persona tambien en estremo erudita.

D. José Melendez y Fernandez, hijo de un sacristan de Santa Marina, luchando con sus escasos recursos, entró á estudiar en el colegio anexo al convento de San Pablo, donde hizo verdaderos progresos: ordenado de sacerdote, hizo oposicion á varios curatos, ganando el de San Nicolás de la Villa, en el que permaneció muchos años, pues aun cuando hizo otras muchas y lucidas oposiciones, siempre tropezó con grandes inconvenientes, sin duda por sus ideas liberales. Al fin obtuvo una canongía en San Hipólito, que disfrutó hasta su muerte. Constantemente dedicado al estudio, publicó varios utilísimos folletos y memorias, imprimió algunos sermones y pronunció notables discursos, no solo en la Academia de Ciencias y Bellas letras, que tanto reanimó en compañía del Penitenciario de la Catedral, Sr. Arjona, sino en la Sociedad Patriótica que los liberales tenían en lo que fué parroquia de Santo Domingo de Silos, en la plaza de la Compañía. En aquel tiempo en que los partidos políticos no se habian viciado, porque la fé los guiaba á mas elevadas aspiraciones, se confería el cargo de Diputado á aquellos que mas confianza inspiraban por su aptitud para representar á las provincias; esta honra tuvo el canónigo Melendez, y por cierto que las esperanzas concebidas se vieron realizadas; despues sufrió las persecuciones que todos los liberales, y al fin murió habiendo sido útil á su patria, si bien no alcanzando el premio merecido á su talento.

D. José Vazquez Venegas, canónigo tambien de San Hipólito, fué comisionado en union de D. Márcos Dominguez y Alcántara para examinar los archivos de Córdoba é informar, á fines del siglo XVIII, sobre lo que habia de llevarse á la Real Biblioteca de Madrid, bien original ó en copia ó estracto. Cumplieron su cometido con la exactitud que era de esperar; mas el primero formó además unos códices con cuanto vário pudo recojer y los regaló á su iglesia, cuyo cabildo, en virtud de su derecho como propietario, se los donó á la Academia de Ciencias de esta capital, cuya corporacion los conserva cuidadosamente, y de ellos hemos tomado muchos de estos apuntes.

De la plazuela del Angel parten la travesía que ya indicamos hácia la Alegria y una calle llamada de San Hipólito por la Colegiata, que desemboca en la del Gran Capitan. Atravesaremos ésta dejando para mas adelante ocuparnos de ella, y pasemos á la del Huerto de los Limones, nombre que tuvo el hoy jardin de la casa de los marqueses de Prado Alegre y de él lo tomó la calle. En la pared de la casa ocupada por las oficinas de Hacienda, hubo hasta 1841 un Jesus Crucificado, tamaño natural, que corrió la misma suerte que todas las imágenes espuestas al público en las paredes de las casas.

Al desembocar en la calle de Góngora termina el barrio de San Nicolás de la Villa, tomando dos casas de la del Arca del Agua para enlazar con el callejon del Huerto del Aguila, á regresar á la calle del Gran Capitan, donde nos ocuparemos de todo este sitio.

Otra vez en la espresada, propuestos á no ocuparnos de ella sino para terminar el paseo por el barrio de San Nicolás de la Villa, seguiremos por la Morería, título de una calle estrecha empalmada con otra hasta salir á la de San Alvaro: es uno de los pocos nombres recordatorios de la dominacion árabe: conforme se iban aumentando los cristianos de resulta de la conquista, iban tomando primero á la fuerza y mas adelante por compra las casas que mejor les parecia, estrechando en diferentes puntos á los moros que iban quedando, llegándose al estremo de señalarles barrios y aun de cerrárselos con puertas, para aislarlos con los demás habitantes de Córdoba; no llegó á tanto este lugar, mas sí quedaron sus casas ocupadas por moros y de aquí llamarse la Morería, como la de los Morillos, su afluente, por una escuela á que asistian sus hijos: no falta quien sostenga que este último es apellido y el primero tomado de un corral en que habia muchas moreras, lo cual es un desatino, porque entonces se llamaría el Moreral.

Desde la Morería á la calle de Góngora, del barrio de San Miguel, hay una bastante ancha y no corta, denominada de los Manueles. A su mediacion vemos una magnífica casa con un gran patio de entrada, principal un tiempo de los señores de apellido Manuel, de donde tomó nombre aquella. Los Manueles tomaron el apellido del infante D. Manuel, hijo de Fernando III, de quien descienden, llegando á tener casas solariegas en Sevilla, Córdoba y Baeza: en la historia de las tres ciudades figuran muchos hombres notables de esta esclarecida familia, la cual lleva por armas, escudo dividido en cuatro cuarteles, primero y cuarto de plata y un leon rapante de gules, y el segundo y tercero de gules y un brazo alado de oro, armado con espada de plata. Fundándose en esto, en el *Nobiliario de Gracia-Dei*, que corre manuscrito entre varios curiosos, le dedica el autor estos incorrectos versos:

Desnuda y alta la espada,
en ala de oro á cuarteles,
en campo sangriento sentada,
de leones reales ornada,
es sangre de Manueles.
Hijo de Rey y sus abuelos
armas del cielo y tesoros,
Saboya quita sus vuelos,
á España pone recelos,
conquistadora de moros.

Actualmente no existe en Córdoba ningun caballero que tenga este apellido en primer lugar, si bien casi todos los nobles lo ponen entre los suyos. En el censo de poblacion de 1718, aparece en esta casa empadronado D. Juan Manuel de Leon y Lando Velasco y Deza, Conde de la Fuente del Sauco, Gentil-Hombre de S. M. y Veinticuatro de Córdoba. A esta familia pertenece tambien el marquesado de Santa Cruz de los Manueles.

Creada en 1779 la Sociedad Económica de Amigos del País, comprendió lo necesario que era acudir á la educacion de las clases menesterosas, y andando el tiempo concibió la idea de establecer un colegio de educandas, no sabemos por qué eligieron esta casa, y aunque el Penitenciario D. Manuel María Arjona redactó el reglamento, aprobado por el Consejo de Castilla en 1806, no se realizó hasta 1810, entrando doce pupilas que se sostuvieron, con las variaciones consiguientes, hasta 1833 que decayó la Sociedad y el colegio quedó suprimido, incorporándose sus bienes al de la Asuncion. A poco fué adquirida esta casa á censo por la Sra. D.ª Bruna Fernandez de Córdoba, condesa viuda de Torres-Cabrera, de quien la adquirieron los Marqueses de Prado Alegre, sus actuales dueños, que estuvieron algun tiempo en Córdoba, no teniendo mas casa solariega que la de los Muñoz de Baena, en la calle Mayor de San Lorenzo, como oportunamente apuntamos.

Muy jóven aun era el autor de esta obra, cuando sucedió en esta calle una desgracia qué todos deploraron. Jugaban á los soldados tres niños, y uno de ellos para hacer el ejercicio mas propio, entró en su casa, sacando á poco una escopeta de su padre con la que, en la creencia de estar descargada, apuntó á sus amigos, que estando el uno detrás del otro, fueron ambos víctimas de aquella impremeditada ocurrencia.

El barrio de San Nicolás de la Villa termina en una de las aceras de la Morería; en el lado opuesto vuelve á la calle de San Alvaro, donde tiene dos casas; sigue por el mismo lado en las Tendillas de Calatrava hasta unirse á la de Gondomar, donde vuelve á tomar ésta por completo hasta su terminacion en la plazuela de la parroquia que le dá nombre.

Hoy es la calle de Gondomar, corrupcion de Don Gomar, una de las mas frecuentadas de propios y estraños, á causa de ser la principal ida para los paseos, estacion de los ferro-carrilles y Gran teatro. Afluyen á ella, primero la calle de los Morillos, ya anotada, y despues la plazuela de Fajardo, donde desemboca la calle de los Leones, habiéndose llamado de D. Cárlos, por uno de aquel apellido, y de Guajardo por entronque de familia. Dále nombre la casa que hace rincon, principal de aquellos señores, que durante siglos han vivido en Córdoba desempeñando cargos de importancia hasta el presente siglo cuando la invasion de la fiebre amarilla, que uno de ellos era el Corregidor, segun ya referimos: es su escudo de oro y tres espigas de siete hojas cada una sobre tres rocas, al pié de las cuales hay ondas de plata y azur. En la casa núm. 3 de esta plazuela falleció en 30 de Marzo de 1870 el escritor D. Rafael de Vida y Quesada.

Esta calle está sufriendo grandes reformas, puesto que hasta 1872 tenia tres angosturas, de las que ya han desaparecido dos, adquiriendo el Ayuntamiento el terreno necesarío, como se piensa hacer en su entrada por las Tendillas, para lo que es indispensable tomar parte de la casa número 1, edificada á principios del presente siglo por su dueño, entonces D. Juan Labrada, de quien cuentan muchas rarezas, entre ellas, que para ver el ancho que habia de dejarle á la vía pública, pasó una de sus carretas y señaló con cal la línea que iba formando, sirviendo de base para la construccion de la pared foral. Este señor concibió la idea de que pronto acabaría su vida, debiéndole cojer la muerte tendido en su cama, y así se pasó unos cuantos años estando completamente bueno.

Otras cuantas particularidades debemos anotar en la calle de Gondomar. Llámase así por los Condes de igual título que vivieron en la casa núm. 4, hoy propiedad del Sr. Marqués de Malpica, á quien se ha unido.

La casa núm. 10 ostenta una estensa fachada, construida en 1781 por los Sres. Basabrú, padres de su actual poseedora la Sra. D.ª Salvadora Basabrú: esta ilustre familia es oriunda de Vizcaya y vino á Córdoba ya mediado el siglo XVIII. Ostenta su escudo una encina verde en campo de oro, con dos lobos negros andantes, afrontados á los lados del tronco, orla roja con ocho aspas de oro.

Frente á la citada casa existe una calleja sin salida, denominada de Quintero, apellido de uno de sus antiguos moradores: en los padrones de 1697 y años anteriores, aparece vivir en ella Diego Quintero, maderero: por idéntico motivo se ha llamado de Juan del Pino, de Escobar y de D. Miguel, como puede comprobarse en el Archivo municipal.

En la casa que hace esquina de esta calle á la del Gran Capitan, moró el célebre escritor Juan Ginés de Sepúlveda, cuyos restos yacen en un sepulcro en la parroquia de Pozoblanco.

Llegamos otra vez á la parroquia; delante de ella hay un espacio que aun se conoce por la plazuela de San Nicolás de la Villa, porque tal formaba cerrando la calle del Gran Capitan por la cerca del convento de San Martin: pegada al muro de aquella existe una fuente de vecindad de las que puso en 1861 el ya citado Alcalde Sr. Ramirez de Arellano: sustituyó á otra con un pilar cuadrado de medianas proporciones y cuyas piedras son las que hoy embaldosan parte de la fachada de la iglesia. Se construyó de primera vez en 1772, importando la cantidad de 2480 rs., á que deben agregarse otros 1909, que se invirtieron en la construccion de la cañería para llevar el agua.

Nos encontramos en la calle del Gran Capitan, hoy la mas hermosa de Córdoba, apesar de no estar edificadas todas las casas que han de dar mas vista á sus dos lados: ella ha hecho variar por completo esta parte de la poblacion, desconocida completamente de los que no la hayan visto en diez ó doce años. Ha hecho desaparecer la plazuela de la Moneda y las calles de San Martin y del Huerto del Vidrio, para dar paso á las dos líneas paralelas que trazan la vía actual. La primera, ó sea la referida calle de San Martin, formaba ángulo con la del Conde Gondomar é iba recta á enlazar con la del Huerto de los Limones, en el rincon que forma á su entrada: tenía unas cuatro varas de ancho y desde esta línea á la calle de la Paciencia y desde la plazuela de San Nicolás hasta el final de la fachada del Gran teatro ó sea en línea con la calle de la Alegría, era el terreno ocupado por las casas de los Marqueses de Comares, despues convento de San Martin y últimamente paseo del mismo título. El trayecto entre San Hipólito y las oficinas de Hacienda, era la plazuela de la Moneda: allí se adelantaban tres casas hasta dejar un callejon en la esquina frente á la Colegiata; entraba en línea recta como unas veinte y cinco ó treinta varas, donde formando un ángulo iba á enlazar con el callejon á que hace esquina el palacio, en construccion, del Sr. Marqués de Gelo, y desde dicha vía á los Tejares lo ocupaban los huertos del Vidrio y del Aguila; el primero antigua casa solariega de uno de los mayorazgos que poseian los Duques de Frias y por cierto con una fachada del siglo XV muy buena, y el segundo que tambien lo fué de los Duques de Medinaceli, anexa á la que hoy habitan los Condes del Robledo. En la actualidad vemos dos edificios nuevos ó sean el café y teatro del Gran Capitan, y nos encontramos en la necesidad de irles haciendo á todos sus apuntes históricos, para que nuestros lectores tengan exacto conocimiento de lo que allí existió y existe.

Dudosos hemos estado al elegir el lugar en que habiamos de hablar de la nobilísima familia de los Fernandez de Córdoba, á causa de la diversidad de opiniones sustentadas por los que se han ocupado de ella y que analizariamos minuciosamente si nuestra mision se concretase á escribir sobre las genealogías de los caballeros cordobeses, aun cuando fuese compendiándolas. Unos hacen tronco de aquella á el famoso adalid Domingo Muñoz, principal conquistador de Córdoba, mientras los otros creen serlo Fernando Muñoz de Temez, y esto produjo nuestra duda: el primero tuvo repartimiento y labró su casa en la collacion del Salvador, que debe ser la conocida generalmente por la de los Niños del Bailio; al segundo se le concedió en el barrio de San Nicolás de la Villa, donde nos encontramos, si bien se añade que contra la muralla, de donde colegimos que el terreno repartido abarcaría toda la longitud de la calle del Gran Capitan, estendiéndose á los lados hasta comprender el jardin de D. Juan Bautista Leon y la casa del Aguila, ó sea la del Sr. Conde del Robledo, pues todos los edificios que por allí hubo han pertenecido á individuos de aquella familia, en la que pudo irse dividiendo: solo así se concilia que la casa de los Córdobas estuviese frente á San Nicolás y sobre la muralla, que los Marqueses de Comares morasen en el primer tramo, que el Gran Capitan y sus hermanos se criasen del lado allá de San Hipólito, donde tuvieron unos solares los Canónigos y que se abriese un arco que comunicase las casas, segun afirma D.ª Leonor de Córdoba, hija del leal vasallo de D. Pedro, Martin de Córdoba, en una memoria inédita encontrada en el archivo del convento y que alguna vez tendremos el gusto de dar á la prensa.

Antes de entrar de lleno en esta cuestion ó de anotar los caballeros del apellido Córdoba mas distinguidos, debemos terminar la descripcion del barrio de San Nicolás, por donde aun continuamos este paseo. El palacio de los Marqueses de Comares cogía todo el trayecto de la calle del Gran Capitan hasta la línea de la calle del Huerto de los Limones á la de la Alegría, con todo el terreno ocupado por el café y teatro de aquel título: dicen que estaba rodeado de vistosas almenas y que en su interior era magnífico y construido con el gusto que reinó despues de la conquista. Ausente aquella familia de Córdoba, quedó deshabitado, y poco á poco fué transformándose casi en ruinas, hasta que se convirtió en convento de San Martin, cuya fundacion hemos examinado.

En el primer tercio del siglo XVII, moraba en Córdoba Martin Gomez de Aragon, casado con D.ª Leonor de Aragon, los cuales no tuvieron hijos y sí una respetable fortuna que deseaban emplear en alguna obra piadosa: muerta ella, arreció en él aquel deseo, y en 19 de Octubre de 1635 otorgó su testamento ante el escribano Gonzalo Fernandez de Córdoba, de cuyo largo y curioso documento hemos visto un ejemplar impreso en un tomo de varios de la Biblioteca provincial. Muerto á poco el testador, se abrió el pliego cerrado en 2 de Diciembre del mismo año y se vió que se mandaba enterrar en el convento del Córpus con su mujer, debiéndose hacer multitud de sufragios por las almas de ambos cónyuges, permaneciendo allí hasta que se erigiese un convento que mandaba fundar dedicado á San Martin y con la regla de San Benito y San Bernardo: designaba el solar de la Alcaicería, cercano á su casa, mandando que las primeras monjas fuesen tres de la Encarnacion, si el Obispo lo permitía, y que en lo sucesivo hubiese veinte y seis religiosas y cuatro criadas nombradas por los patronos, y de las que habian de ser catorce parientas suyas, seis de su mujer y seis estrañas; de éstas, dos nacidas en el barrio de San Lorenzo, dos en los pueblos del Obispado y las otras dos del colegio que despues decimos y del que habian de salir tambien las cuatro criadas. Al mismo tiempo había de fundarse espresado colegio de Niñas huérfanas, llamadas tambien de la Piedad, á semejanza del que hacía poco fundó el P. Cosme Muñoz, que ya conocen nuestros lectores; tendría sus maestras, y estas educarían á las niñas pobres que los fondos permitiesen, no pudiendo unas ni otras salir de la clausura. El edificio de ambas fundaciones sería uno mismo, con dos departamentos completamente separados, con sus recibimientos, porterías y todas las dependencias distintas, á escepcion de la iglesia que sería una misma con diferentes coros ó tribunas. En su capilla mayor se habian de hacer dos huecos ó enterramientos, el del lado del evangelio únicamente para su cadáver y el de su mujer, y el de la epístola para los patronos que en adelante fuesen del convento, con arreglo á los llamamientos que hacía.

Muerto Martin de Aragon, abierto, como hemos dicho su testamento, no sabemos qué dificultad surgiría para no realizarse la fundacion en el solar de la Alcaicería, y entonces los patronos hubieron de adquirir las casas de los Marqueses de Comares, que reformaron por completo, erigiendo iglesia, cuya puerta daba frente á la calle de la Morería, teniendo la pared foral en terreno ocupado por la casa nueva que hace esquina: era de medianas dimensiones y bonita, con coro alto y bajo para las monjas, toda vez que los fondos no alcanzarían para el colegio que no llegó á realizarse. De dicha iglesia solo se conserva, que sepamos, el retablo del altar mayor, que es el del sagrario de la parroquia del Salvador y Santo Domingo de Silos, y las puertas forales que las pusieron en el lagar del Altopaso. El convento tenía un gran patio de entrada con dos puertas, una á la misma calle de San Martin, que corría desde la esquina de la del Conde Gondomar hasta la del Huerto de los Limones, conociéndose antes por la calle Sola, en razon de no tener ni una casa, y la otra puerta daba frente á la parroquia de San Nicolás: poco mas allá y formando esquina á la calle de la Paciencia, tenian un mirador. En este edificio estuvo el *Puteal Judai* ó brocal de que hablamos en la calle de Isabel Losa, á donde no sabemos cuándo lo llevarian.

En 1836, en virtud de una órden para suprimir algunos conventos, tocó esta suerte al de San Martin, cuyas monjas se repartieron entre otros, permaneciendo cerrado cuatro años, hasta que el Ayuntamiento lo pidió para hacer un paseo en su solar: concedido, procedióse al derribo en 1840, siendo Alcalde D. Cárlos Ramirez de Arellano, y se terminó en 1843, siéndolo D. José del Bastardo Cisneros: el derribo lo llevó á cabo una brigada de presidiarios, dejándolo en alto para economizar los gastos del desmonte: hiciéronsele primero unas gradas y despues rampas, en dos entradas cerradas por cancelas, últimamente de hierro, que aun existen una en el jardin de D. Juan Bautista Leon, en los Tejares, y la otra en la hacienda conocida por el Brillante: era un bonito paseo en forma de cruz, con cuatro jardines, cercado de verjas y largos asientos respaldados de hierro.

Diez y siete años despues, el arquitecto D. Pedro Nolasco Melendez, de quien ya nos hemos ocupado en varias ocasiones, concibió el pensamiento de abrir la calle del Gran Capitan hasta los Tejares, y aun cuando en un principio pareció descabellado, la realizacion ha venido á probar lo útil y conveniente que era. Expropiáronse cuatro pequeñas casas que cerraban el paso, dejando un pequeño callejon que en línea curva iba desde la esquina de San Hipólito al callejon del Aguila; tomóse terreno de los huertos del Vidrio y del Aguila y abrióse la calle hasta los Tejares, rompiendo la muralla: procedióse al desmonte del paseo de San Martin, y realizado, vióse que sobraba el terreno ocupado por el teatro y café; anuncióse en venta, y no habiendo postor, se cedió grátis á una empresa que ofreció construir casas, con las que volvían á quedar sin las buenas vistas que habian adquirido todas las de la contraria acera de la calle de la Paciencia. Esta gran mejora la realizaron varios Ayuntamientos, unos abriendo la calle, otro formando el paseo, otro plantando los naranjos y otro colocando los asientos.

La ya citada empresa, dirigida por el ingeniero Sr. D. Juan de la Cruz Fuente y el ayudante del cuerpo D. Mariano Castiñeira, que á la vez adquirió el ex-convento de San Francisco, que derribó para aprovechar los materiales en el barrio de que hicimos mencion y en otras obras, pensó primero construir una manzana de casas, decidiéndose por último por edificar el café y teatro titulados del Gran Capitan: levantó el primero, que es muy lindo, y que con mas adorno sería uno de los primeros de Andalucía, y cuando se habian sacado los cimientos para el segundo, se disolvió, enagenando lo edificado al Sr. D. Pedro Lopez, quien poniendo las obras bajo la direccion del entendido arquitecto D. Amadeo Rodriguez, con una liberalidad que le honra, ha dotado á Córdoba de ese hermoso coliseo que todos elogian, y en el cual no se han omitido gastos para hacerlo con arreglo á los últimos adelantos.

Este bello edificio está construido sobre un terreno irregular en forma de trapecio, cuyos lados mayores miden próximamente cincuenta y nueve metros, su fachada principal treinta y dos y el testero de fondo del escenario tan solo diez y nueve metros. Esta circunstancia ha hecho que para aprovechar el terreno y que el salon resulte con la amplitud que manifiesta, no se construyan mas muros que los de cerramiento ó fachada y èl que forma la curva en la herradura, estando apoyado sobre catorce columnas de hierro que concurren con las ya dichas fachadas á sostener todo el edificio: esta disposicion completamente nueva en obras de su género é hija de la naturaleza del terreno, ha venido á dar un aspecto de ligereza al interior, á lo cual coadyuva el que los pisos, hechos de hierro, manifiestan un espesor relativamente pequeño, lo que se acusa en los palcos que, volando en falso, ponen de relieve la construccion empleada.

El patio tiene en su eje menor veintiun metros de luz y en él caben más de cuatrocientas butacas, cuya distribucion y amplitud hace una localidad cómoda para el espectador; hay además en piso bajo veintiseis plateas y dos proscenios; en piso principal veintiocho palcos y dos proscenios; en piso segundo catorce palcos y un anfiteatro y en el último un estenso paraiso donde caben sin aglomeracion novecientos espectadores; un salon de descanso corre sobre el vestíbulo en toda la altura del primero y segundo piso; las galerías y pasillos son muy ámplios y una de ellas comunica con el inmediato café; cuatro escaleras, dos principales y dos secundarias, comunican á todas las localidades altas; el escenario tiene foso y contrafoso, siendo susceptible de poner en escena toda clase de espectáculos por tener su maquinaria completa y formada segun el sistema francés más moderno: los telones se esconden sin tener necesidad de enrollarse, quedando colgados del telar ó peine. La armadura del salon es notable por su esbeltéz y ligereza, formando una especie de endobelado que permite un inmenso salon de pinturas sobre el cielo raso de la sala en toda la estension que ocupa el público; la ventilacion puede graduarse en este edificio por sus diferentes registros y ventanas directas á las calles en el piso mas elevado, y el alumbrado, tanto del salon como del escenario, es müy bueno, apesar de haberse suprimido, como se vá haciendo en todos los teatros nuevos, la antigua lucerna que venía á estorbar á una gran parte del público: el proscenio está decorado con suma sencilléz, por medio de dos pilastras y atributos de la música y drama, y el arco de embocadura de una elevacion notable, produce cierta impresion de grandeza, que unido á la sencilléz del decorado forman el conjunto general del interior. La fachada principal no luce por estar situada en la estrecha calle de la Alegría: la lateral á la del Gran Capitan obedece sin duda al problema de no dejar muchos huecos á la calle, y en tal concepto tan solo tiene cuatro sumamente sencillos con atributos del arte sobre los guardapolvos; entre estas ventanas hay cuatro medios puntos decorativos, en el centro de los cuales están representados con bustos no muy buenos Lope de Vega, el Duque de Rivas, Séneca y Beethowen; mas si la escultura no es brillante, vése al menos el deseo de perfeccionar el recuerdo de dos notabilidades cordobesas, al príncipe de los ingenios y á un gran músico.

Este hermoso coliseo se inauguró en la noche del primer dia de Pascua de Resurreccion del año 1873, demostrando el público su satisfaccion con multitud de aplausos y llamando al palco escénico tanto al propietario Sr. Lopez como al arquitecto, director de las obras, Sr. Rodriguez y al pintor escenógrafo D. Francisco Candelbac, de quien es el techo, el telon de embocadura y todas las decoraciones.

El espacio de esta calle entre la ex-Colegiata de San Hipólito y la Administracion de Hacienda pública, se ha llamado plazuela de la Moneda, por la que se guardaba en aquel edificio de muy antiguo, propiedad del Estado, y no por haber estado allí la fábrica, como algunos suponen, puesto que esta estuvo hácia donde hoy el Seminario de San Pelagio: es muy sólido y capáz, aunque no lo mas apropósito para el objeto á que está destinado; mas sí con el área suficiente para hacer un palacio donde cómodamente se albergáran todas las oficinas de la provincia.

La ilustre familia de los Fernandez de Córdoba se ha dividido en muchas ramas, que en su mayoría se han ido enlazando de nuevo; así vemos muchas casas principales en esta ciudad cuyas fachadas ostentan sus armas, y aun se ven muchos títulos de Castilla llevados por individuos de aquella, ya en primer apellido ó ya en segundo, como son los Duques de Medinaceli y de Almodóvar del Rio, los Condes de Luque y Hornachuelos, hoy tambien Duques, y otros varios que no citamos. Otros muchos han principiado en la familia, como el Condado de Alcaudete, concedido á D. Martin Fernandez de Córdoba y Velasco, en 1556, por el Emperador Cárlos V y I de España: el Marquesado de Almunia, á D. Diego Fernandez de Córdoba por gracia de Felipe III, aunque sacado el título en el reinado de Felipe IV, en 29 de Mayo de 1624: el Ducado de Baena, á D. Gonzalo Fernandez de Córdoba, por gracia de Felipe II, en 1551: el Condado de Cabra, á D. Diego Fernandez de Córdoba, por Enrique IV, en 1445: el Marquesado de Casa-Palma, á D. Francisco de Córdoba, por Felipe IV, en 17 de Marzo de 1632: el de Comares, á D. Diego Fernandez de Córdoba, por Cárlos I, en 1517: el de la Granja, á D. Nicolás de Córdoba, por Cárlos II, en 1679: el de Guadalcázar, á D. Diego Fernandez de Córdoba, por Felipe III, en 1609: el Condado de Hornachuelos, á D. Alonso Antonio de Hoces y Córdoba, por Felipe IV, en 1640: el de Luque, á D. Egas Venegas de Córdoba, por el mismo Rey, en 31 de Enero de 1624: el Marquesado de Miranda de Anta, á D. Juan Fernandez de Córdoba y Castilla, por Felipe IV, en 1632: el Marquesado de Montalban, á D. Pedro Fernandez de Córdoba, cuarto Marqués de Priego, por Felipe III, en 9 de Mayo de 1603: el Condado de Prado Castellano, á D. Pedro de Heredia y Córdoba, por Cárlos IV, en 1790: el Ducado de Sesa, concedido por Fernando V, el Católico, en 1505 al Gran Capitan Gonzalo Fernandez de Córdoba: el Condado de Torralba, á D. Diego Fernandez de Córdoba y Mendoza, por Felipe IV, en 1640: el Condado de la Torre de Arias Cabrera, á D. Baltasar Fernandez de Córdoba, por Cárlos II en 1668: el Marquesado de Valenzuela, á favor de D. Antonio Fernandez de Córdoba, por Felipe IV, en 1625: el Marquesado de Villaseca, á D. Gomez Fernandez de Córdoba y Figueroa, por Felipe V, en 1703; y otros muchos que pudieramos ir anotando aun cuando el apellido Fernandez de Córdoba no esté en primero ó segundo lugar, porque el enlace de esta familia se estiende á toda la antigua nobleza de España. Es tambien uno de los linages que en primer lugar gozan en Córdoba el privilegio de ser doblados con la campana de la Cepa, de cuyo origen nos ocuparemos al contar á nuestros lectores la gloriosa batalla del Campo de la Verdad.

Es poco menos de imposible anotar en esta obra los nombres de todos los Fernandez de Córdoba dignos de mencion, puesto que algunos han dado motivo para volúmenes enteros, y aun el Abad de Rute D. Francisco Fernandez de Córdoba, en su voluminosa *Historia de la antigüedad y ascendencia de la nobilísima Casa de Córdoba,* no cita mas que unos cuantos indivíduos de la misma, como nosotros muy en estracto haremos. El escudo de esta familia son tres fajas rojas o gules sobre oro.

El individuo mas notable de esta distinguida familia es Gonzalo Fernandez de Córdoba, conocido por el Gran Capitan, calificativo dado por la Europa toda admirada de su imponderable valor, de su pericia en el arte de la guerra, su raro talento y la grandeza de su alma. Ya hemos dicho que no se ha aclarado de un modo indudable si nació en Córdoba ó Montilla, y no somos los llamados á discutirlo; mas sí se fija su nacimiento en primero de Setiembre de 1452: hijo de D. Pedro Fernandez de Córdoba, Señor de Aguilar, y de Doña Elvira de Herrera, quienes, como á sus hermanos, le dieron una educacion tan esmerada cual se podia esperar de tan ilustre linage. Dedicado al ejercicio de las armas, no tardó en darse á conocer, inspirando grandísimas esperanzas en cuantos á su lado se encontraban, raro portento en una época en que todos eran guerreros, todos iban á combatir cuando la patria los llamaba, y entre los indivíduos de la nobleza había un generoso estímulo, un deseo de gloria que a todos los elevaba á la categoría de héroes; Gonzalo, como dice un escritor moderno, fué Gran Capitan entre tantos grandes capitanes. En 1474 estuvo mandando ciento veinte caballos, en la guerra entre Castilla y Portugal, donde principió á distinguirse, y desde entonces lo vemos siempre coronado de laureles, en la conquista de Granada, llegando en sus correrías hasta los muros de la ciudad, contribuyendo tanto á realizar los incesantes deseos de la Reina Isabel, de arrojar á los arabes de sus últimas guaridas. Su fama y prestigio obligaron al Rey Fernando V á enviarlo, á Italia en favor de Fernando II de Nápoles, contra Cárlos VIII de Francia, cuyos ejércitos arrojo de aquel reino, con lo que su nombre llegó á estenderse y ser témido en toda Europa; más, como si esto no bastase á darle aun mas brillo, pasado algun tiempo é indispuesto el Rey de España con su sobrino, trató con el de Francia de apoderarse y repartirse aquel territorio, y en estas jornadas, cuando parecia conseguido el objeto, españoles y franceses vinieron á las armas; las acciones en que se encontró nuestro héroe fueron otras tantas victorias, y los nombres de Cefalonia, Ceriñola, Garellano y otros, adornan el pedestal de su grandeza. Fernando V no recompensó á Gonzalo tantos y tantos servicios como le prestó, y el desengaño lo alejó á Loja, donde acometido de una enfermedad, decidió pasar á Granada en busca de algun alivio, encontrando allí la muerte en el dia 2 de Diciembre de 1515. Las cenizas han reposado mas de tres siglos en aquella ciudad, hasta que fueron trasladadas á Madrid para ser colocadas en el panteon nacional proyectado por el Sr. Ruiz Zorrilla, pensamiento no realizado, por lo que las han vuelto á su antiguo sepulcro, de donde no debieron moverlas.

Otros muchos caballeros de este linage podemos

citar y con ellos grandes y gloriosos hechos de armas, de saber y de virtudes, hasta llegar á nuestros dias, en que algunos, como el general D. Luis Fernandez de Córdoba, que tanto brilló en la guerra de los siete años, han conservado su apellido á la altura que sus progenitores se lo legaron. Citaremos, sin embargo, algunos cuya historia tenga enlace con la de Córdoba. En su lugar oportuno hablaremos de San Alvaro, aun cuando no vemos claro si pertenece al mismo linage; tambien en la cronología de los Obispos lo haremos de algunos pertenecientes al mismo, y aquí nos ocuparemos en primer lugar de Don Martin Lopez de Córdoba, aunque ya indicamos algo al decir estar sepultado en la capilla de Ntra. Sra. del Rosario en San Pablo.

Cuantos han leido la Historia de España, saben que el Rey D. Pedro el Cruel se retiró á Francia y entretanto su hermano D. Enrique fué atrayéndose partidarios á fuerza de afabilidad, con lo que lograba mucho mejor resultado que el otro con sus sanguinarios y despóticos arranques. Entonces vino á Córdoba, donde adquirió grandes simpatías, abandonándola bien pronto con la vuelta de su hermano, quien al cabo de un año, favorecido por el Príncipe de Gales, visitó esta ciudad acompañado de sus fieles servidores, contándose entre ellos D. Martín Lopez de Córdoba, Maestre de Calatrava, á quien dejó aquí por Mayor Guarda de la ciudad, despues de haber hecho una de sus mas crueles hazañas: dos dias despues de su llegada y como á la media noche, anduvo por las calles con varios de sus verdugos y secuaces, y sacando de sus casas á diez y seis caballeros de los mas principales, los hizo matar, sin mas que su capricho, pretestando haber simpatizado con D. Enrique. No contento aun, ni saciada su sed de venganza, se marchó á Sevilla, ordenando al Maestre que hiciese cortar la cabeza á otros varios caballeros, entre ellos los que con tanta dignidad representaban su apellido; grave compromiso para D. Martin, que dudaba como noble, si obedecer al Rey y ser ingrato y feroz con los suyos ó favorecer á estos como sus parientes é íntimos amigos; despues de meditarlo detenidamente, se decidió por lo segundo; convidando á comer á su casa á D. Gonzalo Fernandez de Córdoba, D. Alfonso Fernandez de Montemayor, D. Diego Fernandez, el Alguacil mayor y otros, concluido que hubieron, les mostró la órden del Rey, á cuya lectura todos se sorprendieron y manifestaron estar dispuestos á sufrir su suerte, si bien no era la merecida despues de tantos servicios como tenian prestados á su Rey: tranquilizólos D. Martin, manifestándoles que antes de atentar á sus vidas, arrostraría la ira de D. Pedro, cuyo castigo sufriría gustoso antes de cumplir en ellos la cruel órden que les había mostrado. No eran infundados sus temores, pues aun cuando el Rey disimuló al pronto el disgusto de verse contrariado en aquel propósito, dió órden secreta de prender y aun matar á D. Martin, quien al fin se salvó acogiéndose á el amparo del Rey de Granada, al que atendió D. Pedro, temeroso de perder su ayuda en la constante lucha sostenida con su hermano D. Enrique. Y sin embargo de este tristísimo desengaño, el Maestre fué víctima de su lealtad en honra de las hijas de aquel desventurado monarca.

Cuando D. Pedro halló la muerte á manos de D. Enrique en los campos de Montiel, D. Martin Lopez de Córdoba estaba custodiando á las hijas de aquel en la fortaleza de Carmona, acompañado de sus hijas, entre ellas D.ª Leonor, de quien tomamos estos apuntes, en un memorial que escribió y existía en el Convento de San Pablo, los maridos de aquellas Rui Gutierrez de Henestrosa, Fernan Rodriguez de Azá, Rui García de Aza y Alonso Rodriguez de Aza, estos tres hermanos, el hijo del Maestre Lope Lopez de Córdoba y otros muchos caballeros sus amigos y deudos.

En cuanto D. Enrique se vió libre de D. Pedro, se hizo proclamar Rey de Castilla, empezando á recorrer las ciudades y villas, siendo en todas, como en Córdoba, recibido con grandes muestras de júbilo; siguió su triunfal marcha hasta Sevilla y desde allí mandó poner cerco á Carmona, sin resultado en muchos meses; cuando este parecía un poco descuidado, salió D. Martin á hacer una correría con el objeto de traer su abastecimiento, y considerando á los sitiados un tanto desprevenidos, doce caballeros servidores del Rey se brindaron á asaltar la fortaleza, oferta que cumplieron desgraciadamente, por haber sido presos y encarcelados hasta la vuelta del Maestre que les hizo cortar á todos las cabezas, arrojándolas á sus sitiadores. Desesperanzado D. Enrique de lograr por la fuerza de las armas subyugar el probado valor de aquel puñado de héroes, encomendó el sitio al Condestable de Castilla, si bien con instrucciones bastantes para tratar la capitulacion, toda vez que muerto D. Pedro, la mision de Martin Lopez de Córdoba no era más que la salvacion de las inocentes infantas. El nuevo jefe de los sitiadores pidió una conferencia y no tardó en firmar á nombre de D. Enrique una honrosa capitulacion con dos solas condiciones; primera, que antes de rendirse la villa de Carmona, serían las infantas puestas libres en Inglaterra con todos sus tesoros, y segunda, que el Maestre Martin Lopez de Córdoba con toda su familia y cuantos le habían acompañado en tan heróica defensa, serian respetados en sus vidas y haciendas y reconocidos ó declarados como fieles servidores del Rey. Cumplióse la primera condicion, siendo los caballeros Córdoba y sus paisanos, los que condujeron á aquellas hasta dejarlas en salvo, y tornando á Carmona hicieron entrega de la villa, partiendo á seguida á Sevilla á besar la mano al Rey, confiados en la seguridad de su palabra; mas ¡qué horrible desengaño! D. Enrique mandó aprisionarlos y confiscarles sus bienes y que á D. Martin le cortasen la cabeza en la plaza de San Francisco, sentencia que se cumplió, desoyendo las suplicantes advertencias del Condestable de Castilla, quien se salió de aquella córte, á la cual no tornó, apesar de las grandes súplicas que se le hicieron. Encerrados los demás en unos subterráneos, muchos de ellos sucumbieron y los otros arrastraron una miserable existencia, hasta que la muerte del Rey los sacó de aquel miserable estado.

El espresado memorial de D.ª Leonor de Córdoba, hija de D. Martin, dá otros muchos curiosos datos, que sentimos no reproducir por la índole especial de nuestra obra.

Otro de los rasgos que demuestran la entereza de carácter de los antiguos individuos de este linage, es el que cuenta Brabo de D. Luis Fernandez de Córdoba, siendo Corregidor de Toledo. Moraba con él su hijo D. Francisco, conocido por el Abad de Rute, autor de varias obras, entre ellas la *Historia de la Nobilísima Casa de los Córdobas,* que aun existe manuscrita. Este tuvo la desgracia de matar en desafio á otro caballero de aquella ciudad, y su padre, lejos de ocultar ó atenuar el hecho ó de renunciar su cargo, pronunció la sentencia de muerte contra su hijo, la que hubiera ejecutado si Felipe II, enterado de su fidelidad y honradéz, no le hubiese otorgado su perdon; entonces D. Francisco abrazó la carrera eclesiástica, llegando á obtener la dignidad que antes indicamos.

En el barrio de Santa Marina dimos á conocer el famoso suceso de los Comendadores muertos á manos del Veinticuatro Fernan Alfonso de Córdoba, tan celoso de su nombre y el de sus mayores. En el Colegio de los Jesuitas trataremos largamente del Dean Don Juan Fernandez de Córdoba, y en otros varios puntos de esta obra, como en la Catedral, hablaremos de otros muchos, no anotados aquí por evitar duplicaciones; mas no podemos menos de dar en este sitio algunas noticias del valiente D. Alonso Fernandez de Córdoba, llamado generalmente de Aguilar, por ser Señor de la villa y castillo de este nombre, y uno de los hombres mas notables de Córdoba, en cuya historia ocupa un lugar privilegiado. Ya en dos ocasiones nos hemos ocupado de él, ó sea en el Barrio de San Lorenzo, cuando hizo derribar la puerta de la parroquia, y otra en el de los Santos Nicolás y Eulogio, refiriendo la histórica tradicion de la Cruz del Rastro.

D. Alonso de Aguilar era el hijo mayor de D. Pedro Fernandez de Córdoba, y por consiguiente hermano del Gran Capitan, á quien alentó en sus hazañas con el respeto que le infundía por haber quedado muy pequeño á la muerte de su padre. Esta circunstancia dió lugar á una anécdota que de ambos hermanos se refiere y anota en una de sus *Consejas Cordobesas* el malogrado y popular escritor D. Rafael de Vida y Quesada. Era dia de fiesta y unidos iban aquellos á misa mayor, segun costumbre de su época; D. Alonso se vistió y D. Gonzalo no salía de su aposento; impacientóse al fin y mandó á un mayordomo lo llamase, diciendo que su *hermano mayor lo esperaba á la puerta,* á lo cual contestó el presunto héroe: *Pues que espere, que si él nació antes que yo, yo tengo que ser mayor señor que él.* Aventurado será nuestro juicio; pero creemos, dado el valor, el talento, la decision y sagacidad de D. Alonso, que si la suerte le hubiese deparado las empresas que á su hermano se confiaron, tal vez hubiera adquirido la misma gloria, si bien no alcanzó poca en sus hazañas, por mas que pretendan empañarlas algunos escritores defendiendo al Obispo, á quien por dos veces lanzó de la ciudad.

Apenas habia salido D. Alonso de la primera edad, ocurrieron en España las divergencias entre D. Enrique y su hermano D. Alfonso, á quien sus parciales juraron Rey en Avila en 5 de Junio de 1465. Córdoba, como todas las ciudades, tomó parte muy activa en estos acontecimientos, y tanto los individuos de la nobleza como las clases del pueblo se dividieron en bandos, colocándose á la cabeza de los partidarios del Príncipe, nuestro valiente D. Alonso de Aguilar en frente del Conde de Cabra, su primo, y de otros muchos que permanecieron fieles á D. Enrique. Nuestro héroe, no solo buscó apoyo en sus parciales y amigos, sino en una parte no corta del pueblo á quien cautivaba su gallardo continente, su valor y su afabilidad con todos, y aun mas en los muchos conversos y judíos que habia en esta ciudad y en quienes aun se conservaba el comercio y con él mucho dinero y no pocos hombres de talento.

Como en todas las guerras civiles, la division se aumentaba de dia en dia y el odio de los partidos no tardó en hacer efecto, viniendo á las manos, logrando D. Alonso y sus parciales echar á los otros de Córdoba, quedando dueños de su gobierno, alcázar, murallas y fortalezas, poniéndose al instante de acuerdo con los sevillanos que enarbolaron igual bandera, con lo que D. Alonso aseguró el mando de Córdoba todo el tiempo que vivió aquel Príncipe, á quien no tardó en sorprender la muerte. Con esta cobró brios el Conde de Cabra y juntando su gente de a pie y á caballo, púsose de acuerdo con tres de los guardadores de la fortaleza de Bujalance, á la cual puso cerco y hubiéra tomado, si su Alcaide, sabedor del caso, no hubiese ahorcado á los cómplices, con lo que se vió aquel en la necesidad de desistir de su empresa, al par que los cordobeses salian en contra suya, yendo despues á poner cerco á Santaella, desistiendo tambien de su propósito por no abandonar á Córdoba.

La posicion de D. Alonso iba haciéndose embarazosa, porque enemigo del Rey, éste podia tomar venganza instigado por su adicto el Conde de Cabra; entonces estrechó mas su amistad con los de Sevilla, á fin de tomar todos unidos mas importancia, evitando cualquier castigo: esto produjo su efecto favorable, pues viniendo D. Enrique á esta ciudad dióle gracias por haberla guardado bien, pero se hizo dueño del Alcázar y otras fortalezas, restituyendo al Conde y sus parciales las que le correspondian, no sin hacer grandes gestiones por unir á todos, que fingieron quedar amigos, proyectándose el casamiento de D. Alonso con D.ª Francisca Carrillo, hija de su adversario, lo que no llegó á realizarse.

Amigos parecian todos y cada uno ejercia sus funciones, tocando á D. Alonso la de presidir la Ciudad ó Corregimiento, cuando un dia, reunidos para dar posesion en éste á D. Luis Portocarrero, se escondieron varios de los parciales de aquel esperando un momento oportuno: D. Alonso invitó al Mariscal de Castilla, yerno del Conde de Cabra, á su hermano D. Sancho y otros caballeros á que subiesen á las Casas Consistoriales, hoy nuevo café Suizo, á tomar colacion, palabra de aquel tiempo, y ya en lo alto, salieron cuantos estaban escondidos y los aprisionaron, mandando al primero á Cañete y conservando al segundo: á seguida corrieron, y unos por sorpresa y otros á viva fuerza, tomaron el Alcázar, la Carrahola y demás puntos fuertes, quedando otra vez D. Alonso como dueño absoluto de Córdoba.

Tan escándaloso hecho llegó bien pronto á noticia del Conde de Cabra, quien principió á reunir su gente con ánimo de ir á Cañete á libertar á su yerno; mas apercibidos de ello en Córdoba y considerando que el salir á la defensa desguarnecía esta ciudad, se trageron á ella el preso, encerrándolo en una de sus torres, burlando así la idea de sus amigos. No tardó el Rey en enterarse de lo ocurrido: tomólo muy á mal y mandó á D. Alonso que soltase á los detenidos, sin réplica de ningun género, y si no que vendría él á ponerlos en libertad; pero aquel, que no se asustaba de amenazas, reflexionó sin embargo sobre el asunto, puesto que en mucho de lo hecho había tomado el nombre de D. Enrique, y adoptó un término medio, que fué cumplir la órden en todos los presos y mandar que el Mariscal y D. Sancho fuesen llevados en depósito á Osuna, mientras se celebraba una concordia con el Conde sobre la Tenencia de Alcalá la Real, que era otra de las cuestiones que entre ellos mediaban.

Sin embargo que el Mariscal había prestado pleito homenaje á D. Alonso, levantado éste por el Rey, se marchó del punto señalado, y ya en libertad mandó cartel de desafio á D. Alonso, quien respondió aceptaria si lo consentía D. Enrique; mas éste lo negó, y el primero pidió amparo al Rey de Granada, desde donde retó segunda vez á su adversario, quien no concurrió, recojiendo un seguro que hizo publicar como si lo hubiese vencido. Son muy curiosos todos los datos adquiridos acerca de este lance, que no publicamos por no alargar estos apuntes.

Como D. Alonso parecía destinado á causar en Córdoba grandes disgustos, y como por otro lado la envidia y el malquerer que se acarrea todo el que figura en primera línea, había de surtir su efecto, no tardó mucho tiempo sin que otros acontecimientos viniesen á turbar la buena armonía en que todos debian vivir. Ya hemos dicho que los judíos y conversos eran protegidos por el Señor de Aguilar; éstos, alentados, no solo se iban sobreponiendo á los cristianos viejos, sino que llegó su audacia hasta querer desempeñar cargos públicos, confiados en que eran los que mas dinero tenian y por consiguiente mas contribuian en los repartos ó contribuciones que se echaban; por otro lado, sus contrarios los acusaban de practicar secretamente su religion anterior, en menoscabo de la nuestra, y aun de cometer sacrilegios con las imágenes: el Obispo D. Pedro Solier, tio abuelo de D. Alonso, empezó á perseguirlos y éste á disculparlos, y por si se les había de tratar con rigor ó con benevolencia para atraerlos, se promovió otro conflicto, siendo excomulgado el segundo juntamente con sus amigos y parciales Juan de Angulo, Pedro de Cárdenas, Pedro de Aguayo y otros, marchándose el Obispo á San Gerónimo para evitar que lo comprometiesen á levantar la censura. D. Alonso, como Alcalde y Virey, que así llegó á titularse, convocó la Ciudad, y en su nombre le pidieron la absolucion, á lo que se negó el Sr. Solier, á quien desterraron; mas él entonces se vino y se encerró en su palacio, negándose á cuanto le pedian, confiado tal vez en que su sobrino no adoptaría una medida estrema contra su persona: éste vió que el pueblo, alentado con la conducta del Prelado, amenazaba un tumulto, principalmente contra los conversos á quiénes patrocinaba, y armando su gente, en union de Gonzalo de Godoy que hacía de Alguacil mayor y Pedro Mendez, fué á palacio, echó á bajo sus puertas, y sacando al Obispo le hizo montar en su mula, y tirando un hombre de la rienda lo sacaron al campo, dejándolo casi solo ir hasta Montemayor, donde se refugió y fulminó su proceso contra D. Alonso y sus cómplices, poniendo entredicho en Córdoba, en todas las villas y lugares del Obispado y donde D. Alonso estuviese, el primero de Julio de 1472: al mismo tiempo habian sido presos todos sus dependientes y enviados á Cañete, Montilla y Bujalance. Esto alarmó los ánimos, pretendiendo alborotarse los muchos partidarios del Obispo; pero apoderándose D. Alonso de la torre y obra de la Catedral para que no se hicieran fuertes, los privó de aquel recurso, con lo que renunciaron á sus planes. Algunos escritores cuentan que D. Alonso pegó fuego al palacio episcopal; otros que se apoderaron de los granos y demás efectos allí existentes; pero el Abad de Rute, que mas por estenso habla de aquel personage, nada dice respecto al incendio; en cuanto á lo demás, á los pocos meses se le volvieron ciento noventa mil maravedis que se le habian cobrado, eximiéndolo, así como á algunos eclesiásticos, de los impuestos establecidos; á la vez se le entregó la torre y obra de la Catedral al Tesorero de la misma D. Pedro Fernandez, y regresó á Córdoba el Sr. Solier, si bien no hizo las paces con D. Alonso, contra el cual seguia fulminando sus excomuniones, aminorando poco á poco estos odios y rencores, que al fin, temerosos los unos de los otros y mandado por el Rey y aconsejado por los amigos que no se diesen mas escándalos, se avinieron tio y sobrino, ó sean el Obispo y D. Alonso, se suspendió el entredicho y celebróse todo con una gran procesion en que fueron reunidos al convento de la Victoria, en cuya iglesia se efectuó una gran funcion, en que el predicador publicó las paces hechas en Córdoba y ensalzó las grandes y relevantes cualidades de los jefes de ambos poderes.

Quietos y pacíficos parecian todos; mas el odio de los cristianos viejos contra los conversos siguió sus efectos, y á poco ocurrió el gran alboroto de la Cruz del Rastro, que ya conocen nuestros lectores, dando á Córdoba unos de los dias de mas luto y desolacion que registra su historia. Los pocos conversos y judíos que habian escapado de la saña de sus enemigos, salieron desterrados de Córdoba, perdidas sus haciendas, sus alhajas y dineros, que les habian sido robadas por aquellos mismos que tanto blasonaban de buenos cristianos.

Estos trastornos y la amistad y parentesco que unian al Obispo con el Conde de Cabra, unido á la precision en que se vió D. Alonso de cobrar nuevos impuestos al clero, á causa del mal año, hicieron que aquellos dos volvieran á enemistarse y que el primero excomulgase al otro y sus amigos, marchándose antes á Baena, desde donde fulminó el anatema. Así estuvieron algunos meses, hasta que comprendiendo el pueblo que el Obispo obraba mas por odio á su sobrino que por el bien de la Iglesia, se sublevó, arrollando las casas de algunos canónigos, á quienes insultaron, y pidiendo á D. Alonso que hiciese levantar el entredicho ú obligase á abrir las iglesias y celebrar los divinos oficios. Este, que no necesitaba mucho para obrar con gran energía, averiguó cuando el Cabildo estaba reunido, y tomando con gente armada todas las puertas de la Catedral, entró en ella y obligó al Dean á que hiciese todas las prácticas religiosas, dejando al pueblo entrar á presenciarlas. Con esto se sosegó el pueblo, mas no el Obispo, que aumentando su tirantéz, declaró irregulares á varios beneficiados, los cuales permanecieron como tales unos dos años, y eso porque de Roma lo ordenaron.

A poco de estos acontecimientos el Conde de Cabra sorprendió el castillo de Santaella, que era de D. Alonso, prendiendo á cuantos en él estaban, entre ellos á Gonzalo Fernandez de Córdoba, á la sazon muy jóven: su hermano no tardó en juntar gente y venir á recuperarlo, de lo cual desistió, porque muerto uno de sus más principales aliados é interviniendo despues muchos amigos y parientes de ambos personages, se efectuó una entrevista en el castillo de Aguilar, donde volvieron á arreglarse las disidencias entre el Conde de Cabra y D. Alonso, comprendiéndose tambien las cuestiones con el Obispo.

Ya en este tiempo ocupaban el trono los Reyes Católicos D. Fernando y D.ª Isabel, quienes no podian tolerar estos disturbios, si bien no querian exasperar los ánimos, decidiéndose por uno ni por otro, porque de todos necesitaban para la proyectada conquista de Granada, única comarca que aun dominaban los árabes. D. Alonso á su vez temía el justo enojo de aquellos á quienes ofreció fidelidad, mas sin atreverse á solicitar su amparo y proteccion; en esto supo que habian marchado á Sevilla, donde olvidaron pasados estravios, y que desde allí se dirijían á Córdoba: entonces reunió á la Ciudad y demás amigos y deudos, consultándoles que harian; resistir la entrada era un acto de desobediencia inmotivado, sin tener tras él á quien acojerse: la decision fué acertada; dispúsose que D. Alonso les saliese al encuentro hasta cerca de Ecija, que fingiese gran dificultad al bajarse del caballo, pretestando los dolores de gota que le molestaban, y que si antes de ofrecer las llaves de la ciudad notaba indignacion en los reyes, que se replegase á Córdoba con su gente y si no que corriese el azar de regresar con ellos en buena y sincera amistad. Hízose así, y dando el resultado apetecido, entró en Córdoba al lado de D.ª Isabel, por la puerta del Puente, con gran contento de los habitantes de esta ciudad, que hicieron grandes muestras de júbilo en obsequio de tan sábios y prudentes monarcas.

No era posible, sin embargo, que nuestro héroe continuase siendo un segundo rey en Córdoba, por lo que perdió mucha de su importancia, sin que por esto dejase de ser atendido por D. Fernando y D.ª Isabel, conocedores de sus grandes y nobles cualidades.

Dejemos ya á nuestro héroe, que tal nombre alcanzó muriendo en la Alpujarra combatiendo contra los moros, despues de hacer prodigios de valor y vendiendo cara su existencia.

Hemos terminado el Barrio de San Nicolás de la Villa, trasladándonos al de San Miguel, segundo que describiremos de la ciudad alta, si el favor de nuestros lectores no nos abandona.

FIN DEL TOMO SEGUNDO.

ERRATAS Y EQUIVOCACIONES.

Página.	Línea.	Dice.	Léase.
14	19	1852.	1862.
71	17	á una acera.	á la acera.
136	33	de tabla.	de talla.
141	10	de los Arcos.	de los Arecos.
155	18	separó la azua.	reparó la azua.
157	9	donde hay.	donde hoy.
177	5	de las Bulas.	de las Bubas.
178	2	1822.	1823.
»	19	1835.	1836.
181	34	puerta.	huerta.
187	7	no obtuvo hasta	no obtuvo el Obispado hasta.
240	32	Rembrando.	Rembrandt.
244	12	Vandik.	Van-dyk.
»	16	Basan.	Bassano.
245	15	Volterre.	Wolterra
247	9	Año 875.	Año 885.
248	6	acrabá.	arrabá.
249	8	labor mosaica.	labor morisca.
250	22	et casus.	Icarus.
»	23	lasius.	lacius.
»	31	Tégules.	Tégulas.
271	13	*pincis.*	*pinxit.*
281	13	Van-dik.	Van-dyk.
300	11	Abd el Rahmenes é Hixem.	Abd-er-rahmenes é Hixenes.
»	17	Azahará.	Azzahrá.
317	29	puso décimo.	puso Décimo.
318	28	cúficos.	monacales.
353	11	1860.	1861.
367	33	calle de San	puerta de San.
377	27	convento.	convento de S. Pablo.

PASEOS POR CÓRDOBA,

ó SEAN

APUNTES PARA SU HISTORIA,

POR

D. Teodomiro Ramirez de Arellano y Gutierrez.

TOMO III.

CÓRDOBA:
IMPRENTA DE D. RAFAEL ARROYO,
CALLE DEL CÍSTER, NUM. 12.

1875.

Editorial MAXTOR
Fray Luis de León, 20
47002 Valladolid
983 090 110
pedidos@maxtor.es
www.maxtor.es

I.S.B.N. 84-9761-062-8
depósito legal: VA-263-2003

PASEO NOVENO.

Barrio de San Miguel.

Mucha analogía guarda el barrio de San Miguel con el de San Nicolás de la Villa en la clase é índole de su vecindario, viéndose interpoladas las clases de la sociedad, desde las mas elevadas á las mas necesitadas y dignas de consideracion por su pobreza, teniendo entre estas últimas algunas de costumbres relajadas, que en muchas épocas han hecho célebre una parte del barrio que se conoce por Trascastillo. Otra circunstancia llama la atencion en el que vamos á describir; esta es la irregularidad de su forma, pues en parte avanza hasta cerca de la parroquia del Salvador y Santo Domingo de Silos, perteneciéndole la mayor parte de la calle del Paraiso, y por otros lados, ó sea en la calle del Silencio, se le acerca aquella, demostrando la necesidad de un arreglo en ambas feligresías que las redondease ó hiciese mas regularizadas y mas cómodo á los respectivos curatos la administracion de sacramentos y demás actos inherentes á los mismos. Como nuestros lectores han de examinar por sí mismos lo manifestado, conforme váyamos describiendo el barrio, nos abstenemos de hacer consideraciones sobre ello, dirijiendo nuestro paseo á la parroquia, como el principal edificio y conforme á lo ya establecido en los ocho barrios precedentes.

La historia de este edificio es para muchos escritores la misma que la de la parroquia de San Andrés, fundándose en que la tradicion nos dice estar allí cerca la casa en que vivió San Zoylo; pero los mas están por la primera, y aun Martin de Roa, que tanto estudió las antigüedades cordobesas, duda cuál sería la verdadera basílica dedicada al Santo Mártir. Como ya es conocida de nuestros lectores y no es posible saber la verdad de un modo claro y concreto, nos creemos relevados de repetir todas aquellas noticias.

Sanchez Feria con otros varios, opinan que hácia este sitio estuvo la Casa Senatoria, como esplicaremos cuando nos ocupemos de Córdoba romana, y á ser esto así, claro es que habría allí una gran plaza donde no existiría ningun templo cristiano. En tiempo de los árabes debió existir allí una de sus muchas mezquitas, las que elevan algunos hasta tres mil ochocientas, sin que del edificio se saque indicio, por ser todo posterior á la conquista.

Su esterior es igual en órden arquitectónico á la mayor parte de las iglesias de Córdoba, como Santiago, la Magdalena y otras, teniendo como ellas en su imafronte un precioso roseton casi por completo destrozado, pero que aun deja comprender su belleza, que le elogian Vaca de Alfaro y otros escritores cordobeses: la puerta que dá entrada á la nave de la epístola es mudejar y una de las mas lindas portadas que tenemos de esa clase, apesar de estar completamente embadurnada por multitud de capas de cal y ocre. Esta parroquia fué reedificada en 1749, siendo

Obispo D. Miguel Vicente Cebrian, y entonces harian nueva la torre que desdice mucho de lo demás del edificio y es de un gusto artístico detestable; tiene cuatro campanas, la tercera en tamaño ó sea la esquila, como generalmente le llaman, procede del convento de San Francisco que había en la hoy fonda de la Arrizafa.

El interior ha perdido por completo su antigua arquitectura, y nadie dirá que era uno de esos hermosos templos de fines del siglo XIII ó principios del XIV; réstale, sin embargo, una capilla lindísima convertida en atarazana, que tal vez por esta razon se ha salvadó de las mal entendidas reformas hechas en todo lo demás de esta iglesia: es un precioso octágono con su linda cúpula, separado del edificio y alumbrado por una linda ventana de su época. Lástima es que no se cambiase á este lugar la pila del bautismo ó la sacristía, con lo que luciera lo mejor que hay en esta parroquia, oculto hoy á los amantes de las artes: sus patronos los Guzmanes, algo podian hacer para librarla de la ruina.

Consta esta iglesia de tres naves de regulares dimensiones y bien elevadas, cubiertas por bóvedas que debieron sustituir su antiguo artezonado: la capilla mayor es estensa, y luce un hermoso retablo de mármol rojo con adornos de blanco y negro, muy arreglado en todas sus partes; el centro lo ocupa el manifestador y á los lados esculturas que representan á San Zoylo y Santa Lucía, y por cima está el titular con San Rafael y San Gabriel, estas dos últimas obras del escultor D. José Cano, pero todas ellas de escaso mérito, y remata aquel con un relieve blanco que figura la Asuncion: á los lados de esta capilla hay dos grandes lienzos muy apreciables, el uno con el enterramiento de Jesucristo y el otro el acto en que al Patriarca Jacob le presentaron la ensangrentada túnica de su hijo José.

En la nave de la epístola está la antigua capilla de San Zoylo, imágen trasladada al altar mayor para poner en su retablo el Santo Cristo de la Providencia, donacion de una religiosa de las Dueñas y procedente, segun creemos, del convento de San Martin; estuvo colocado muchos años en una urna á los pies de la nave opuesta. El retablo de espresada capilla es moderno y muy arreglado á arquitectura; en el centro tenian su enterramiento los individuos de la cofradía de aquel mártir cordobés, la cual cuidaba á la vez de la ermita ya suprimida en la calle del mismo título: la imágen de esta está colocada delante del espresado Crucifijo. Por el testamento que en 1320 otorgó el camarero del Rey D. Enrique, Alfonso Diaz de Vargas, mandándose enterrar en dicha capillla, se vé que en aquella época existía la cofradía de San Miguel y San Zoylo, á la que aseguraba pertenecer: Vaca de Alfaro leyó las reglas en pergamino, aprobadas por el Obispo D. Bernardo de Fresneda en 25 de Junio de 1577; en ellas se exijía la limpieza de sangre para ser admitido, y se establecían tres fiestas al año perpétuamente, con toda solemnidad de vísperas, misa mayor y sermon, en los dias de San Zoylo, Aparicion de San Miguel y de San Mateo, y además tres auténticos en los mismos dias con responsos que habian de cantarse sobre la sepultura del fundador, sin decir quién fuera éste, si bien se dá á entender estar sepultado en aquel sitio: esta cofradía existió hasta el primer tercio de este siglo, perteneciendo á ella todo lo mas principal de Córdoba, y contando con multitud de alhajas, de las que no hay una, creyéndose serían recojidas cuando la venida de los franceses. En la nave que veníamos describiendo, existe otro altar de construccion moderna, en que se venera una pequeña imágen de Jesus Crucificado con el título de el Consuelo, á la que en otro tiempo han tenido mucha devocion y en las Semanas Santas se le dedicaba un solemne quinario, de cuyo libro conservamos un ejemplar. A los pies de aquella, bajo el órgano, está la capilla del bautismo, en la que lo han recibido muchos hombres notables, entre ellos los Cardenales D. Francisco de Mendoza, Arzobispo de Búrgos, y Don Francisco de Toledo; éste nació en 11 de Octubre de 1533 y fué uno de los varones ilustres de su tiempo, del cual hay escritas muchas biografías, entre ellas una en el número de *La Crónica* correspondiente al dia 14 de Agosto de 1858; murió en Roma en 14 de Setiembre de 1596 y está enterrado en Santa María la Mayor, donde tiene un magnífico sepulcro.

En la nave principal encontramos los altares colaterales, ambos con retablos de talla dorada de pésimo gusto, uno con la Vírgen de Belen, el Rosario ó la Leche, cuyos títulos ha llevado, conservando el primero, y en el otro con San José y en la parte superior San Antonio; cuida de ellos una hermandad, moderna sin duda, puesto que en lo antiguo no la encontramos citada en parte alguna; tal vez sea la de Santa Ana que se servia en esta iglesia y hoy no se conoce; la primera de aquellas tres imágenes es de talla muy linda aunque no de gran mérito; tradicionalmente se dice ser de la misma mano que las de la Aurora, el Amparo y la Luz, con las que tiene gran semejanza.

Pasamos á la nave del evangelio: á su frente está la capilla del Sagrario, reformada en 1761, haciéndole perder su altura para colocar una bóveda adornada con el mal gusto de aquella época, como le sucede á el altar y demás que allí encontramos, por mas que presente un bonito golpe de vista: está dedicada á San Antonio y antes, sospechamos, lo estuvo á Santa Ana; en su único altar se ven cuatro cuadros con la Virgen de las Angustias, la Cena de Jesus con los Apóstoles, la Oracion del Huerto y el Prendimiento de Jesus, estos dos últimos obras del pintor cordobés D. Diego Monroy; además hay cinco pequeñas esculturas que representan San Antonio, que ocupa el centro, la Virgen, San José, Santa Ana y San Joaquin; en lo demás de la capilla se ven cuatro ángeles grandes y varios cuadros de mas ó menos mérito. En el suelo hay enterramiento para los individuos de la hermandad del Santísimo, cuya existencia data de la misma época que todas las de las demás parroquias; sus reglas, escritas en pergamino, son algo menos antiguas, pues están aprobadas por el Obispo D. Bernardo de Fresneda en 22 de Marzo de 1572 y despues por D. Diego de Mardones en 21 de Julio de 1617; por este tiempo estaba en otra capilla que hay cerrada á los pies de la nave y hoy le sirve para guardar varios enseres y la plata, que es bastante, aunque no tanta como en otras épocas: su interior está muy adornado, particularmente la bóveda, la que no se vé por haberle puesto un entresuelo que la cubre, sin duda con la idea de aprovechar sitio para guardar los efectos; es obra del siglo XVII, conforme revela la inscripcion que tiene sobre la puerta y juzgamos lo sería sobre la verja, pues debió estar abierta por ambos lados como la del Bautismo; dice así:

Siendo hermano mayor Francisco de Tá-

mara, Familiar del Santo Oficio y Rector perpétuo Lic. Diego de Orozco año 1660.

Entre una y otra capilla está el altar de las Animas con un cuadro muy mediano que las representa, y por cima otro con San Cristóbal; tiene hermandad casi del mismo tiempo, aunque Vaca de Alfaro no la menciona.

En esta iglesia están sepultadas varias personas cuyos nombres no deben quedar olvidados: entre ellos citaremos á D. Alonso de Piedrahita, beneficiado de esta parroquia, el cual hizo varias fundaciones benéficas, como una obrapía para casamiento de huérfanas pobres y para cera el Jueves y Viernes Santos en San Miguel, donde se hizo sepultar con el epitafio siguiente que aun se conserva delante de las gradas del presbiterio:

> *El Licenciado Alonso de Piedrahita, Beneficiado de esta iglesia y de la de Cañete de las Torres, Comisario del Santo Oficio y originario de esta ciudad. Acordandose que se había de morir, dá á Dios su caudal y á su cuerpo esta losa. Respice Finem. Rueguen á Dios por él. Año* 1658.

Yace tambien en esta iglesia el Lic. Juan Bautista Navarrete, gran teólogo, autor de unos comentarios de los *Trenos de Jeremías,* que se imprimieron, y un tomo en fólio, que dejó manuscrito sobre el mismo asunto. Tambien fueron sepultados aquí los insignes médicos cordobeses Dr. Pedro de Navarrete que murió á los sesenta y ocho años en 6 de Enero de 1680, y el Dr. Melchor Moyano Castroviejo que falleció de setenta años. Así mismo yace en esta iglesia el Maestre de Campo D. Juan Matías que sirvió á Felipe IV con gran lealtad, distinguiéndose como buen soldado; murió de sesenta y cuatro años, mandándose enterrar en la iglesia de San Jacinto, pero no estando concluida, lo fué en esta de San Miguel.

En este templo había tambien varios enterramientos de familias distinguidas, tales como los Carrillos, que lo tenian en el lado de la epístola de la capilla mayor; los Sabariegos, que ocupaban el del evangelio en la misma, y los Bañuelos, á los pies de la nave del Sagrario, donde existe una losa que lo espresa, añadiendo la tradicion que allí fué sepultado el cadáver de D.ª Elvira, á quien dicen ahorcaron sus hermanos por resistirse á contraer matrimonio con el marido que ellos la destinaban.

En la actualidad sirven esta parroquia un rector, un coadjutor y los dependientes necesarios; antiguamente tenía un préstamo, dos prestameras, cuatro beneficios y una rectoría. Entre las memorias que se cumplian se contaba una instituida por el ya citado Alfonso Diaz de Vargas, para que se dijesen varias misas por las almas de los Reyes Enrique II, su hijo D. Juan I y su nieto Enrique III, y por las de sus padres y la de su mujer Beatriz Alvarez. Tambien la Universidad de Beneficiados, hoy de los Curas párrocos, tenía que cumplir en este templo otras varias memorias, para las que en corporacion asistía; muchas de ellas no se cumplen, así como tampoco se reparte á los vecinos pobres el trigo ó harina de la obrapía fundada por D. Juan de Góngora y Haro, Prior de la Colegiata de San Hipólito, ni las procedentes del depósito de cien fanegas de trigo que con igual objeto hizo el Veinticuatro de Córdoba D. Pedro de Angulo en el año de 1611, á que se agregó en 1616 otro del Licenciado Juan Perez de Armijo; ni se conocen los dotes que para sus parientes y demás huérfanas pobres en esta feligresía dejó Miguel de Haro en la capilla de San Antonio.

Los libros parroquiales de San Miguel principian: los de bautismos en 1577, los de matrimonios en 1571 y los de defunciones en 1662: lo demás del archivo nada de particular ofrece.

Los alrededores de la parroquia llevan el mismo título que ella, á escepcion de la plazuela que está frente á la torre que es designada por el Cementerio; la hemos conocido mas elevada, contenido su terreno por un muro, en estos últimos años derribado para nivelarla y ponerle el empedrado que hoy tiene; la casa que forma frente, en la actualidad fábrica de jabon, se conoce por la de los Muchos, á causa del gran número de familias que en ella habitaban: en uno de sus lados hay una raquítica fuente surtida de agua del Cabildo; estuvo primero en una plazuela que había en la calle del Paraiso, frente á la de Juan de Mena; vendido el solar la trasladaron contra la tapia del jardin botánico del Instituto, y hundida ésta para colocar la actual verja en 1845, la trajeron á la plazuela donde la encontramos.

Decididos á pasear el barrio, principiaremos por la calle de San Alvaro; arranca de la plazuela de San Miguel y termina en la de las Tendillas de Calatrava; afluye á ella la calle de la Morería, del barrio de San Nicolás de la Villa, y á su mediacion tiene dos barreras ó callejas sin salida: la mas corta se ha llamado del Herrador y ahora del Aceite, tomando el nombre del tráfico ú oficio del vecino de la única casa que en ella existe; la otra es llamada de los Barqueros, sin que hayamos podido averiguar su origen, pues no es natural viviese en ella alguno de este oficio, por lo distante que está del rio: en la esquina de esta barrera hubo hasta 1841 un Ecce-Homo en lienzo, que colocaron en el portal de una de aquellas casas. El nombre de San Alvaro data del año 1862 en que se lo mudaron á varias calles, y á esta le pusieron ese sin motivo bastante; antes se llamaba de los Abades, que en nuestro concepto es como si le dijesen de los Rectores, porque tal vez se titularían así; el nombre lo tomó de una casa á la que despues han dicho de las Calesas, que es la que forma rincon, donde se alquilaba esta clase de carruajes; anteriormente llamóse de Piedrahita, por morar en ella el que hemos dicho estar enterrado en San Miguel, y aquí perdemos ya el hilo á los títulos que puede haber llevado esta calle.

Salimos á las Tendillas, plazuela que corresponde á tres barrios, que son: San Nicolás de la Villa, San Juan y Todos los Santos y el que vamos describiendo. En este sitio había en el siglo XVIII un pequeño mercado hasta con su carnicería, lo que sería conveniente si su estension lo permitiera, por afluir á aquel punto seis calles, ó sean las de Gondomar, Siete rincones, Jesus María, Paraiso, Plata y San Alvaro: entre la primera y la segunda hubo un pequeño hospital que en un arreglo realizado en el siglo XV suprimieron, agregándolo al de la Caridad, anotado en el barrio de San Nicolás de la Ajerquía. Casi frente á la calle de Gondomar hubo hasta 1841 un retablo de mármoles de colores y verja, con un Ecce-Homo, á que tenian devocion aquellos vecinos, quienes en los dias de Semana Santa lo adornaban con luces y flores. Los Caballeros de Calatrava tuvieron su convento en todo el terreno que ocupa la Fonda Suiza, solares contiguos, calle del Paraiso y casas hasta llegar á la de los Sres. Marqueses de Valdeflores, que les tocó en el repartimiento hecho por Fernando III, junto con cuarenta ubadas en las tierras del cortijo de Casalilla, y al extinguirse aquel se convirtió en Encomienda, nombre conque ha sido conocida hasta nuestros dias la casa que forma esquina de las Tendillas á la calle del Paraiso. Esta pertenece á los barrios de San Miguel y el Salvador y es mucho mas moderna que todas las cercanas, pues, como hemos dicho, la casa de la Encomienda llegaba á la calle de Jesus María y por consiguiente no existía la del Paraiso, resultando una manzana muy grande que obligaba á dar un rodeo para venir á las Tendillas por la de Diego Leon ó la de Juan de Mena: la Ciudad se hizo cargo de este defecto y proyectando abrir comunicacion, acudió al Comendador de Calatrava D. Pedro Fernandez de Córdoba, habitante en el castillo de Montemayor, ajustando con él darle trescientos cinco ducados por el terreno que ocupara la nueva calle, que tendría lo menos cinco varas de ancha, para lo que se hizo escritura ante Rodrigo de Molina á 16 de Junio de 1564, que original se conserva en el archivo del Ayuntamiento, y como quiera que su estremo daba al barrio de San Miguel, la asignaron al mismo.

En dicha calle existe la magnífica Fonda Suiza, edificada por los Sres. Puzzini, naturales de dicha nacion; es una de las mejores de España, con muchas, cómodas y elegantes habitaciones, ámplias galerías, preciosas escaleras y todas las demás oficinas necesarias á esa clase de establecimientos, por lo que se han hospedado y se hospedan en ella cuantas personas notables vienen á Córdoba y no lo hacen en casas particulares. En su edificacion se aprovecharon los materiales procedentes del derribo de la casa antigua y á ellos pertenecen las columnas del patio principal, en cuyos capiteles se ven unas inscripciones árabes, que segun el Sr. Gallangos, dicen:

En el nombre de Alá: la bendicion de parte de Alá sea sobre el príncipe de los creyentes: alargue Alá su permanencia en la tierra. Abde-Rahman ben Mohammad. Esto es de lo que mandó labrar por manos de Xenif su page, hizo esto Fatah el marmolista.

En el estremo, ó sea hácia la esquina de la calle de Diego Leon donde termina el barrió, había una calleja sin salida que avanzaba hasta la puerta de la casa número 5, que estaba donde ahora la ventana cerca de la cochera. Mientras los Sres. Puzzini edificaron la actual fonda, la tuvieron en la espresada casa, y en ella se hospedó en 22 de Noviembre de 1861 el embajador extraordinario y hermano del Emperador de Marruecos Muley-el-Abbas, con todo su acompañamiento, costeando la Diputacion provincial los gastos del hospedaje. Esto fué en Córdoba un verdadero acontecimiento; el Ayuntamiento, no solo lo recibió con gran pompa, sino que se le dedicaron varios festejos, como iluminaciones, músicas y funciones en la Plaza de toros y Teatro Principal, á las que asistieron, llamándoles la atencion mas que todo los bailes nacionales, que rogaron se repitieran dos ó tres veces: permanecieron en Córdoba tres dias, en los que visitaron la Catedral y otros edificios públicos, marchando de aquí á Sevilla, en estremo complacidos de la buena acojida que les habian dispensado los cordobeses, quiénes una vez mas probaron lo generosos que saben ser con el vencido, pues tanto entusiasmo como demostraron cuando sabian los triunfos de nuestro ejército en Africa, se convirtió en obsequios para el que vencido venía á reiterar su sumision á la siempre grande y heróica nacion española.

Otra de las afluentes á las Tendillas es la calle de la Plata, una de las de mas tránsito de Córdoba, con lo que no deja de ofrecer grandes obstáculos, á causa de su estrechéz, particularmente al tránsito de carruajes: registrados cuantos padrones y demás documentos hemos podido, encontramos que en el siglo XV se llamaba esta calle del Pastelero, porque en aquel tiempo ya existía la acreditada pastelería que allí vemos, la cual cuenta unos cuatrocientos años de vida; entonces pertenecía á un tal Santaolalla, nombre que despues llevó la calle y en el que la perdemos, hasta fines del siglo XVI que la vemos titulándose de la Plata, nombre que tomó de un depósito de este rico metal que estaba en una de sus casas y donde se surtian los plateros para sus obras: á su mediacion estuvo hasta 1841 un cuadro con la Divina Pastora, que había sido colocado cuando vino á esta ciudad el V. Fr. Diego de Cádiz.

Salimos á la plazuela del Mármol de los Bañuelos, nombre que lleva tambien la calle que sigue hasta la plazuela de San Miguel, y lo toma del mármol colocado en el rincon y que hemos conocido con doble altura en el centro, hasta que una galera lo rompió y lo llevaron á la esquina de la calle de Diego Leon, trasladándolo despues á su actual sitio cuando se colocó la acera: es una hermosa columna romana, y la tradicion dice que á él estuvo atado San Zoylo mientras lo martirizaron sacándole los riñones. La casa que hace rincon, propia de los Marqueses de Valdeflores y habitada por el notable jurisconsulto D. José de Illescas, es la solariega de los Bañuelos, una de las primeras familias de la antigua nobleza de Córdoba, de la que han figurado muchos individuos. Los ancianos cuentan una novelesca historia achacada á tres hermanos de este apellido, cuyos nombres se ignoran, si bien los poetas y escritores le han puesto los de Doña Elvira, D. Fernando y D. Alfonso, señalando tambien con el de D. Juan de Vargas á el amante de la primera.

A la muerte de sus padres quedaron los tres hermanos sujetos al mayor, tanto por llevarles algunos años, como por ser el llamado á sostener el nombre de su casa. Apesar de las rígidas costumbres de la época, en que las jóvenes apenas se asomaban á una reja sin motivo que lo justificara, D.ª Elvira contrajo relaciones amorosas con D. Juan de Vargas, de familia ilustre, mas escaso de bienes de fortuna, circunstancia en estremo inconveniente para los fines de D. Fernando que intentaba casarla con D. Pedro Fajardo, á quien así lo habia prometido, valido de la superioridad que ejercía con sus hermanos; consultólo primero con D. Alfonso, que no tardó en unírsele, y despues llamó á D.ª Elvira, á quien primero con halagos y despues con amenazas, hizo saber el esposo que le había destinado: mucho se asemejaba la entereza de ambos hermanos; ella rechazó tal casamiento, confesó su amor á Vargas y entablóse entre los dos, contrariados en sus deseos, una guerra en que pudo muy bien mediar y aun cortarla D. Alfonso, en vez de encender mas la tea de la discordia, poniéndose al lado de la parte mas fuerte. Pasaron muchos dias, redoblándose las amenazas, los llantos y las injurias, hasta que D. Fernando le dió á escojer á Elvira entre cumplir su órden ó entrar en un convento, sometiéndose ella á lo segundo.

Nuestros lectores recordarán que al pasear por el

barrio de la Magdalena describimos é historiamos el convento de Santa Inés, del Orden de San Francisco, cuyo edificio, en parte arruinado, es hoy casa de vecinos. Un dia de Enero, lluvioso y triste en estremo, las campanas de aquel piadoso albergue anunciaban la toma de hábito de una nueva novicia: bien pronto se supo el nombre de D.ª Elvira de Bañuelos, y la curiosidad en muchos y la lástima en los pocos que estaban en aquel traslucido secreto. les hizo llenar la iglesia y patio del convento. Las puertas de la clausura giraron, dejando ver á la jóven que, apesar de las galas que adornaban su bello rostro, revelaba la profunda pena de su alma y el llanto comprimido que humedecía sus negros y rasgados ojos. Acercáronse D. Fernando y D. Alfonso, y la apiñada muchedumbre, entretenida en elogios y suspiros, no pudo percibir que el primero dijo en voz baja á su víctima:—Aun es tiempo, Elvira, ¿consientes?—No, respondió con voz entera, y la comitiva siguio su marcha hácia el templo: á poco regresaron, entró Elvira en el claustro, las campanas la doblaron como muerta para el mundo y todos se retiraron, los unos complacidos de haber una religiosa mas, los otros lamentando las exigencias del mundo.

Si decididos y valientes eran los hermanos Bañuelos, no se quedaba en zaga D. Juan de Vargas, que estaba oportunamente avisado de cuanto ocurría, sin renunciar al probado amor de Elvira aun cuando fuese preciso arrollarlo todo; mas el sacristan que era un viejo redomado, tan malo como hipócrita, no se presentó duro á las dádivas, y bien pronto facilitó que entre las cosas que los mismos Bañuelos mandaban á su hermana, entrasen los billetes de su mayor enemigo: de este modo concertóse la fuga de D.ª Elvira y la hora en que había de efectuarse; mas este último aviso llegó á conocimiento de D. Fernando por uno de los que habian de acompañar á D. Juan, que le vendió el secreto cuando ya no había tiempo para impedirlo de otro modo. Los dos hermanos Bañuelos, ardiendo en ira y deseo de venganza, acudieron á las callejas de Santa Inés donde pretendieron disputarle el paso, arremetiendo D. Alfonso y sus criados con tanta furia á sus contrarios, que les hicieron retroceder despues de quedar Vargas tendido atravesado de una estocada: entretanto D. Fernando quedó apostado en el lugar convenido por los amantes, y cuando Elvira, que se descolgó por una tapia, pensaba encontrarse en los brazos de su amante, vió asombrada que como un aro de hierro la oprimian los de su hermano. Llegó en esto D. Alfonso, y cubriéndola con un manto negro y tapándole la boca para que no gritara, la llevaron á una casa que poseian en la orilla del rio y sitio conocido por la Ribera, donde, trabándose entre los tres una acalorada disputa, los dos hermanos, ciegos de rabia por no poder vencer aquella voluntad de bronce como las suyas, la ahorcaron de una viga, volviéndola al convento, donde á fuerza de oro compusieron que se celebrasen las axequias, como si allí hubiese muerto naturalmente; otros cuentan que llevaron el cadáver á su casa y que yace sepultado en el panteon de la parroquia de San Miguel, que en su lugar citamos.

Todo esto no pasa para nosotros de un cuento, pues ansiosos de encontrar datos, hemos registrado cuantas genealogías hemos podido de esta familia en Córdoba, y todas las hembras las vemos casadas con personas ilustres, algunas del apellido Vargas, y solo dos religiosas en Santa Clara, que murieron de edad avanzada.

Los Bañuelos tuvieron sus casas principales en Burebu, ocho leguas de Búrgos, y el primero que vino á Córdoba fué D. Antonio, nombrado canónigo de esta Santa Iglesia Catedral en el siglo XV; éste se trajo consigo un hermano, Luis, nombre muy repetido en esta familia, el cual casó en Córdoba con una señora de una ilustre familia, principiando así el linaje que actualmente representa la Sra. Marquesa de Valdeflores, aunque no tiene este apellido en primer lugar.

Haciendo frente á la calle del Liceo hubo hasta 1841 una imágen de Jesus, tamaño natural, sin que sepamos quién la recogió en aquella época.

Sigue la calle hasta San Miguel; en la casa número 13 han muerto en nuestros dias dos personas notables; primero, el Sr. D. José Medina y Gales, director del Instituto Provincial y rector del Colegio adjunto de Ntra. Sra. de la Asuncion, y el otro el notable arquitecto y fácil poeta D. Pedro Nolasco Melendez, de quien nos hemos ocupado en varias ocasiones. En la de enfrente, núm. 4, moraban en 1835 la Condesa viuda de las Navas con su hija, las que con motivo del cólera se aislaron completamente, al estremo de colocar un torno por donde les daban lo necesario para no rozarse con la gente, permaneciendo así hasta que se cantó el Te-Deum por haber desaparecido el contagio, saliendo aquel dia á misa y regresando tan confiadas; mas ninguna de sus precauciones les valieron, puesto que á las pocas horas, primero la madre y despues la hija, fueron acometidas de la enfermedad, muriendo á seguida y llevadas al cementerio en un mismo entierro. Otra sensible desgracia ocurrió en esta casa, donde una persona muy conocida dió una estocada á su esposa, ocasionándole la muerte, en uno de esos momentos en que los celos hacen terribles efectos.

El tramo de la calle del Liceo entre las plazuelas del Mármol de Bañuelos y Capuchinas, se ha llamado de el Conde de Cabra, tomado del palacio del mismo título que el Duque de Sessa convirtió en convento.

Continuamos nuestro paseo por la calle de San Zoylo, que parte de la plazuela de San Miguel á desembocar en la del Silencio. Toma el título del antiguo hospital, despues solo ermita y últimamente casa de aquel Santo Mártir; unos dicen haber sido esta morada de donde salió para sufrir la muerte, mientras otros solo aseguran que en el pozo que está en lo que fué iglesia, arrojaron los riñones del Santo, y no faltan beatas de las antiguas que aseguren haberlos visto salir en el cubo al sacar agua, y que, al irlos á recojer, han saltado por sí solos á lo hondo, donde han de permanecer incorruptos. Esta creencia ha hecho que la víspera del dia del Santo vaya mucha gente á llenar sus cántaros á aquel pozo, bebiéndola como medicina celestial que cura todos los males. San Zoylo era noble y criado desde niño en los principios de la Religion Cristiana, de la que hacía pública ostentacion, sin cuidarse de la persecucion que se sufría en aquellos tiempos; á la sazon mandaron á Córdoba de Gobernador á Daciano, uno de los mayores enemigos de los cristianos; no tardó mucho tiempo en saber los sentimientos de Zoylo, y á seguida le hizo comparecer á su presencia, amonestándole y afeándole su proceder y sus creencias; mas lejos de intimidarse el jóven que ardía en noble entusiasmo, refutó todas sus palabras, le confesó francamente su modo de pensar y despreció sus ofertas y sus amenazas: entonces aquel tirano lo hizo desnudar, destrozando sus carnes con garfios de hierro; mas lejos de desmayar Zoylo, insistió en sus santos propósitos, sufriendo con valor que le abriesen la espalda y le arrancasen los riñones, sin que esto evitase que casi espirando, hiciese nuevas protestas de fé, insultando á Daciano, quien, ciego de ira, le cortó la cabeza con un hacha que arrancó de las manos de uno de los verdugos. Murió aquel héroe del cristianismo, el dia 27 de Junio del año 300. En el barrio de San Andrés indicamos el lugar donde estuvieron guardados sus restos y cómo fueron llevados á Carrion. En la casa de la ermita, que fué hospital ú hospedería de transeuntes, nacieron los dos Cardenales que hemos dicho, como bautizados en San Miguel.

La calle del Silencio se ha llamado del Conde de Cabra, del Duque de Sessa y de las Capuchinas; su actual título lo debe al convento, por oirse desde ella la campanilla que toca todas las noches á recojerse la comunidad. No toda esta calle pertenece á San Miguel; es de su jurisdiccion desde la plazuela de Capuchinas hasta la de Ahumada, que es una muy pequeña que hay antes de llegar á la casa de los Condes de Torres-Cabrera, y lleva por nombre el apellido de un labrador que vivió en una de sus casas. Es de la parroquia del expresado título, y luego toma otra vez las dos del final de la acera: en la opuesta llega hasta la esquina de la calle de los Dolores chicos y desde este punto queda ya á la otra feligresía. Siempre nos ha chocado, que siendo de San Miguel todas las casas de números impares, haya una escepcion con la ya citada: indagando la causa, hemos sabido que á fines del siglo XVII ó principios del XVIII, perteneciendo á San Miguel, fueron un dia á buscar los Sacramentos para un enfermo, y no siendo posible encontrar quien los administrase, acudieron al Salvador, donde cumplieron esta perentoria obligacion; mas no lo echaron al olvido, reclamando como suya la casa, á lo que accedió el Obispo en castigo á los curas que así habian descuidado un servicio tan importante: con esto se promovió un gran pleito, sin que la parroquia de San Miguel recobrase su derecho. En el siglo XVI aparece hácia este sitio una plazuela que decian del Chanciller, y en ella una mujer conocida por la Chancillera, tal vez por el elevado cargo de su marido.

Formando esquina á la calle de Fitero, hay una preciosa casa en que se hospedan sus dueños los Sres. Marqueses de la Vega de Armijo las temporadas que vienen á Córdoba; tiene muchas y cómodas habitaciones, lindísima escalera y preciosos jardines; ha sido de los Aguilares, pero no la principal de aquel título, por lo que no nos ocupamos de él en este lugar de nuestra obra.

Es afluente á la calle del Silencio la nombrada de Domingo Muñoz; antes se llamaba del Cristo, por uno que hubo en una de sus casas hasta que en 1862, siendo este título tan repetido, la dedicaron al famoso adalid de aquel nombre, principal conquistador de Córdoba, cuando en servicio de Fernando III se la arrancaron á los árabes.

Al terminar la calle del Silencio toma este barrio *la casa de baños* del Sr. Sanchez Peña, en la de Capuchinos, y tomando á la izquierda salimos á la plazuela de las Doblas: muchas conjeturas se hacen acerca de este título; unos lo toman como oriundo de las monedas así denominadas, y otros por un apellido ilustre, cuyos representantes debian tener allí sus casas; los primeros se equivocan por completo; los segundos se acercan á la verdad, mas no en lo de ilustres; en efecto, registrados por nosotros los padrones antiguos, vemos que allí vivieron los Doblas durante siglos; pero estos eran unos aladreros muy acreditados, que á fuerza de años perpetuaron allí su nombre. En esta plazuela, creemos que en la esquina de la calle del mismo título que la dá salida á la puerta del Osario, estuvo el beaterio de Ntra. Sra. de la Piedad, fundado por D.ª Beatriz de Córdoba, por su testamento otorgado en 15 de Julio de 1564 ante Juan de Estava, sin que hayamos podido averiguar cuándo lo suprimieron, si bien colegimos su agregacion al hospital de Anton Cabrera. Tiene una barrera ó calleja sin salida, y cerca de ella tuvo otra que en 1697, por acuerdo de la Ciudad, se incorporó á la hoy casa del Sr. Conde de Torres-Cabrera. El pavimento de esta plazuela estaba mucho mas bajo, y para que no se alagunase, le pusieron en el centro una losa con agujeros por donde iba el agua á un gran sumidero ó pozo que aun existe en el campo de la Merced delante de las casas construidas contra la muralla: no era bastante esta alcantarilla, porque la broza la obstruia, formándose tal lago que era imposible pasar de un estremo á otro, viéndose los vecinos aislados sin poder salir á sus quehaceres; con este motivo se hicieron varios estudios, y por último, en 1865 se subió el piso, y bajando el de la calle de Capuchinos, se le dió corriente hácia la cuesta del Bailío.

Cortamos en este lugar nuestro paseo para seguirlo con mas regularidad y órden. De la plazuela de San Miguel arranca la calle de Góngora, que termina en la del Huerto de los Limones; se ha llamado del Campanario, por estar frente á la parroquia; del Beaterio de San Zoylo, por el que en ella habia; del Tinte, por uno que hasta hace pocos años ha existido en una de sus casas, y por último, por ser este nombre repetido se lo variaron por el de Góngora en 1862, creyendo que la casa núm. 9, actual Administracion de Correos, pertenece á uno de los mayorazgos de este apellido, cuando lo fué de los Bañuelos, y por cierto que en ella existen varios restos antiguos, si bien de poca importancia. A la calle que vamos describiendo afluyen las del Huerto de los Limones, Arca del Agua, Manueles y Ramirez de Arrellano: tiene además una barrera ó calleja sin salida que en lo antiguo enlazaba con la de los Pastores, á quien dan el nombre del Guiñan; esto es una corrupcion, pues su verdadero nombre es calleja del Veinticuatro D. Juan Ruiz de Arguiñan que debió vivir en frente ó cerca, ó tal vez tener en aquel punto el postigo ó puerta falsa de su casa. Mirando hácia la calle de Ramirez de Arellano hubo hasta 1841 una Pastora, en lienzo, de escaso mérito. En el solar en que hace muy pocos años se ha levantado una bonita casa, esquina á la calle del Arca del Agua, había un beaterio fundado en 1599 por Anton de José Bañuelos para recojer seis mujeres de buena vida, prefiriendo á sus parientas; encima de la puerta tenia una imágen del titular San Zoylo que la han colocado en la escalera de la nueva casa.

Entramos en la calle del Arca del Agua: llega hasta la de Miraflores, y afluyen á ella el callejon del Aguila y la calle de la Cabrera; tiene además una calleja sin salida, formando dos ángulos; le dicen de los Pastores, por una Adoracion que hubo en una de sus paredes, á la que tenian aquellos vecinos gran devocion, hasta el estremo de reunirse por Pascuas y hacer las pastoradas, especie de autos sacramentales que ellos representaban; en el dia ha variado mucho, pues perdidas aquellas sanas costumbres, no son las que hoy tienen algunos de aquellos, nó muy afectos á las escenas morales de otras épocas: esta calleja se comunicó con la de Arguiñan, y algunos creen que tambien con la del Padre Posadas: en el primer ángulo hubo una cruz que dasapareció en 1841. El Arca del Agua era un gran repartidor de la del Cabildo, que estaba en el rincon que forma la calle frente á la casa del Sr. Conde del Robledo, y que desapareció cuando se puso la actual tubería de hierro. La casa de dicho título es conocida por la del Aguila, debido á la que tenía en un escudo de los Aguilares, á quienes perteneció, recayendo en el Duque de Medinaceli que la vendió; pertenece al barrio de San Nicolás de la Villa por haber tenido la puerta principal en aquella feligresía, donde le hemos conocido una hermosa portada del siglo XV.

Al final de la calle descrita encontramos dos bastante estrechas; una dá comunicacion á la plazuela de los Carrillos, y se llama de la Cabrera, cuyo orígen es haber tenido allí sus casas una de las ramas de aquel ilustre apellido, y como prueba de ello hemos encontrado viviendo en este punto á D.ª María Cabrera, de donde viene el calificarle así: tambien se ha llamado de la Rosa, y en un padron del siglo XVII le dicen calleja de Rui Diaz, que sería alguno de sus vecinos: nada de particular ofrece. La otra calle es la de Miraflores, que toma el nombre de un huerto cercano que tuvo la puerta á aquel lado y perteneció á la familia que lleva aquel título; en la esquina para salir á Trascastillo hubo hasta 1841 un Ecce-Homo, en lienzo, á quien aquellos vecinos tenian gran devocion. Una de estas dos últimas calles se llamaba de Rui Diaz de Vargas, segun los padrones del siglo XVI.

Estamos en lo que se llama Barrio de Trascastillo,

es decir, detrás del Castillo, por el que había en la puerta del *Osario* y otro detrás de las casas de los Tejares; aquel es el nombre que abarca aquellas calles, si bien en particular se lo dan en los padrones á la que arranca en la plazuela del Horno, y dejando á la derecha la calle del Caño y la del Prior, y á la izquierda la de Miraflores, concluye, despues de formar dos ángulos, en una barrera, por donde atravesando un huerto podía dársele comunicacion á los Tejares. La calle del Prior dá paso á una plazuela que tiene el mismo título, debido á haber morado en una de sus casas uno de los priores de la Colegiata de San Hipólito. Tambien se ha llamado de Anton Sanchez de Almoguera, que en ella vivió.

De muy antiguo tiene fama este barrio de vivir en él muchas mujeres de mala conducta, ocasionadas á toda clase de escándalos, los que aun se promueven con frecuencia. La confluencia á la calle de Trascastillo de las del *Caño* y *Miraflores*, *es conocida* por las Cuatro esquinas, y aquellas gentes tienen la manía de que el barrio forma ó tiene la hechura de unos calzones, diciendo que desde la calle del Caño hasta la esquina de la del Prior es la parte alta, ésta y la que sigue los perniles, y la reunion de éstas la bragueta, palabra grosera propia de aquella gente. Por el lado contrario se sale á otra plazuela, llamada del Horno, por uno que hay en la casa del rincon; se ha titulado del Angel y de Pedrique, apellido de uno de sus antiguos vecinos; de ésta se pasa á otra mas pequeña que dicen de Chirinos, nombre que tomó de un clérigo que vivió en la misma casa que lo tiene, perdiendo entonces el de plazuela del Alamillo con que era señalada en los padrones antiguos.

Nos hemos dejado atrás la calle del Caño, denonominada así por uno que tiene para su desagüe y que nadie sabe á dónde llega, puesto que una vez que trataron de averiguarlo, fueron andando por él hasta mas allá de los Tejares, donde no pudieron continuar. Esta calle forma un ángulo y tiene comunicacion á la puerta del Osario. A su mediacion hay una barrera ó calleja que llaman de la Torre, porque por aquel punto se subia á una de las que por aquel lado guarnecian la ciudad.

A la calle del Caño se refiere una de las tradiciones mas inverosímiles con que nos han asustado cuando niños. Se decía que todas las noches cuando la gente estaba recojida, salía de aquel caño una ternerilla descabezada que recorría el barrio dando bramidos, tanto, que algunas personas habian muerto de susto al oirla. Nos contaban que una jóven salió tan mala, que dedicó su vida á las mayores deshonestidades, al par que tenía á su madre el trato mas censurable, maltratándola de palabras y obras, hasta que ésta un dia, desesperada, le dijo que ojalá hubiera parido una bestia cualquiera que no una hija tan infame, acompañando esto con tantas blasfemias y maldiciones, que la Providencia, queriendo castigar á ambas, convirtió á la hija en ternera: la madre en este apuro, sin saber qué hacerse, esperó á que aquella se durmiera y le cortó la cabeza, arrojándola despues en aquel caño, de donde salía todas las noches á purgar lo mucho que había pecado durante su corta vida: algunos añaden que llevaba una túnica blanca, lo que la hacía mas imponente.

Tan ridícula patraña debió caer en gracia, cuando aunque con diferente historia, eran varias las ternerillas descabezadas que había en Córdoba, puesto que tenemos noticias de tres, y creemos que á aquel paso no iba á quedar un agujero por donde no saliese alguna, y sin embargo de ser un absurdo tan grande, estaba tan arraigada esta creencia, que no hace mucho tiempo nos contó un sereno de aquel distrito, que al cantar la hora en la calle del Caño, oyó un ahullido que le asustó acordándose de lo que le habian contado; volvióse atras dos veces; pero á la tercera, avergonzado de su miedo, siguió adelante repitiendo la hora y oyendo el mismo ahullido, hasta que cerca del caño encontró un perro, en quien su voz hacía tal efecto, que en seguida ahullaba, gracia que le costó la vida, porque el sereno, de coraje, lo atravesó con el chuzo.

Llegamos á la calle de Ramirez de Arellano, intermedia entre la de Góngora y la plazuela de los Carrillos: nuestros lectores dispensarán que el autor de estos mal trazados apuntes, traiga á su memoria tantos y tantos recuerdos como al escribirlos le asaltan. En primer lugar cumplimos un sagrado deber demostrando nuestra gratitud á el Ayuntamiento de esta capital, que en su sesion del dia 21 de Setiembre de 1874 dedicó esta calle á la memoria del Sr. D. Cárlos Ramirez de Arellano, su antiguo Presidente, quien como Alcalde tres veces, hizo en Córdoba tantas y tan importantes mejoras; como escritor notable se abrió las puertas de varias Academias, y como liberal honrado contribuyó tanto al triunfo de sus ideas. En la calle de las Cabezas, núm. 10, donde últimamente tuvo su morada, daremos su biografía, si bien desprovista de los elogios que á nuestra pluma no es dado tributarle. El título de las Cabezas representaba una tradicion cordobesa, y por eso en vez de dedicársela, lo hicieron con esta, donde hemos pasado los años de nuestra juventud. En la casa núm. 6, antes 1, hoy propiedad de la señora viuda de Ortiz, perdió el autor de esta obra á su santa é inolvidable madre D.ª Josefa Gutierrez de Salamanca y Pretel, 10 de Abril de 1851, y á sus hijos Dolores y Antonio, ángeles que espera guíen sus pasos durante los años que resten á su existencia: ¡cuántas lágrimas hemos vertido en este lugar! ¡cuántas esperanzas hemos visto desvanecidas!

La calle en que nos encontramos se ha llamado del Osario desde tiempo de los romanos, porque era la que comunicaba al osario ó cementerio que estaba en el Campo de la Merced y sus inmediaciones. Tiene á su mediacion una calleja sin salida que dicen del Padre Posadas, por un retrato de él que hubo en una de sus paredes, por mas que otros lo atribuyen á haber vivido en este sitio, en lo cual están equivocados.

En el año de 1853 vivian en Córdoba dos mozos de esos que adquieren fama de valientes, y que no hay reyerta ni cuestion donde no se encuentren: eran conocidos por el Cabito y la Coba, y mediaba entre ellos una rivalidad que los había enemistado de un modo irreconciliable: una noche llegó uno de ellos á la taberna que hay frente á esta calle y era conocida por la del Postiguillo; puso una peseta sobre el mostrador, pidiendo un vaso de vino, cuando acertó á entrar el otro, no tardando en armar la cuestion de siempre, en que se dijo mediaban unas mujeres de vida licenciosa, y bien pronto salieron desafiados á la calle; mas el Coba, que era cojo, asió al Cabito de una mano, empezando ambos á darse puñaladas hasta el número de siete cada uno; el segundo, que tenía todas las heridas en el centro del cuerpo, quedó muerto delante de la casa núm. 3, y el otro, casi espirando, pues no llegó vivo al hospital, en la puerta de la núm. 1; la casualidad de haber llovido, tenía encharcado el arroyo, resultando un horrible lago de sangre que asombraba á cuantos lo vimos.

La casa núm. 2, hoy propiedad del Sr. Molina, ha pertenecido á los Infantes, de quien vino á los Marqueses de Guadalcázar que la vendieron. No era la principal de aquel apellido, por lo que no nos ocupamos de él en este lugar; pero la mencionamos para contar un caso raro ocurrido en ella. Casi por el mismo tiempo de la trágica escena referida, moraba en esta casa el escribano D. Rafael Vazquez de la Torre; entonces el portal era mucho mayor que ahora, y frente á la calle estaba el porton y una ventana que dejaba ver el patio. Dicho señor tenía en su casa un ama de cría; ésta mantenía relaciones amorosas con un jóven que le hablaba por espresada reja, y sin que sepamos el motivo, cortaron de pronto sus relaciones, quedando ambos en libertad de hacer su gusto; mas el jóven formó empeño en reanudar aquellas, yendo casi todas las noches á ver si conseguía aplacar la cólera de su amada: al fin logró que bajara á oir sus ruegos, y viendo que nada alcanzaba, le dijo que aquella misma noche pondría fin á su existencia si continuaba desoyéndolo; tomólo á bromas de novios y entróse sin hacerle el menor caso: dos horas despues, el Sr. Vazquez bajó con una luz en la mano á cerrar la puerta de la calle; mas al pasar frente á la reja vió una cara de hombre; preguntóle qué esperaba, y notando que no le respondía, se acercó con el belon, volviendo horrorizado y dando gritos, los que repitió por el balcon; entonces acudió gente, encontrándose con que el novio de la nodriza se había ahorcado de la reja con una faja negra de seda que llevaba á la cintura: nosotros fuimos de los primeros en llegar, llamándonos la atencion ver que aquel hombre había tenido que doblar ambas piernas por las rodillas para consumar su intento, toda vez que el lazo no estaba ni á dos varas de altura, circunstancia que hizo á muchos presumir si el crímen se habría perpetrado en otro lugar, trayendo el cadáver para desorientar al Juzgado; pero la declaracion de la nodriza demostró ser un suicidio.

Terminada la calle de Ramirez de Arellano, salimos á la plazuela de los Carrillos, que además de esa afluente tiene como tales, las calles de Domingo Muñoz, Cabrera, Chirinos y Puerta del Osario. Los señores de aquel apellido tuvieron aquí sus casas principales, que creemos fueran las ya señaladas con el núm. 6. Carrillos quería decir hermanos, y esto lo vemos justificado en varias obras genealógicas. Los primeros que encontramos citados, son dos caballeros alemanes, de quienes se dice que mataron en duelo á un privado del Emperador, y perseguidos por órden de éste, tuvieron que huir de su patria, refugiándose en España: llamábanse D. Diego y D. Alonso, y traian por escudo, como de estirpe régia, águila negra en campo oro, adoptando aquí el que en pago de sus hazañas le dió el Rey, y es, castillo de oro en campo gules; el primero se estableció por último en Cuenca y el segundo en Toledo, y para que se distinguieran sus descendencias, le puso aquel las ventanas al castillo gules y D. Alonso de azur. Casados los hermanos Carrillos en España con señoras de la mas alta nobleza, bastaron para que sus descendientes, no solo se estendieran por todas partes, sino que se enlazaran con las principales familias: en Córdoba los vemos figurar desde la conquista, uniendo su apellido con los de Aguayo, Rios, Muñiz de Godoy, Sousa y otros muchos, y por consiguiente, con todos los títulos que aquellas famillias ostentan, y de aquí el encontrar á los Carrillos con el Córdoba, Infantas, Cárdenas y otros que le acompañan. En esta ciudad ha figurado mucho esta familia, cuyos individuos se han distinguido por todos conceptos; encontramos valientes guerreros, religiosos ilustres y virtuosos; señoras que, como D.ª Sancha Carrillo, de quien hemos hablado, murió en gran opinion de santa, y escritores como D. Luis Carrillo y Sotomayor, que despues de estudiar seis años en la Universidad de Salamanca, entró á servir en marina y fué Cuatralvo de las Galeras de España, Caballero del hábito de Santiago y Comendador de la Fuente del Maestre, el cual escribió varias poesías muy apreciables, que imprimió su hermano D. Alfonso en Madrid en 1613; D. Luis hubiera sido uno de nuestros primeros literatos si la muerte no lo hubiera sorprendido á los veinticuatro años, estando en el Puerto de Santa María, año 1611. Tambien debemos mencionar á dicho su hermano D. Alfonso Carrillo Lasso de la Vega, Caballero del hábito de Santiago, Alcaide de Veles, Director de las Reales Caballerizas de Córdoba y Mayordomo del Infante D. Fernando de Austria: escribió, *Virtudes Reales,* impresa en Córdoba en 1626, 4.° *Soberanía del Reino de España, Importancia de las leyes* y de las *Antiguas minas de España,* las tres impresas tambien en Córdoba, 1624, y por último, *Sagrada Erato* y *Meditaciones davídicas sobre los ciento cincuenta Salmos de David,* obra póstuma, publicada por su hijo D. Fernando, Cuatralvo de las Galeras de Nápoles. Los dos expresados hermanos yacen sepultados en la capilla de San Pablo de la Catedral, patronato de los Sres. Diaz de Morales. El apellido Carrillo ha desaparecido en Córdoba; pero aun queda en Aguilar, llevándolo el señor

D. Rafael Carrillo y Gutierrez de Salamanca, que al escribir estas páginas es Gobernador Militar de la provincia, y su señor sobrino D. Juan Manuel, Teniente Coronel graduado de infantería.

Ninguna otra particularidad ofrece la irregular plazuela de los Carrillos: en el frente, ó sea entre las calles de la Puerta del Osario y Chirinos, hemos conocido dos pequeñas y raquíticas casas que fueron derribadas, y en la fachada de una de ellas un Jesus Nazareno, en tabla, que quitaron en 1841.

Proseguimos nuestro paseo por la calle de la Puerta del Osario, nombre que se esplica por sí mismo, y cuyo orígen hemos dado á conocer. La casa núm. 12, hoy de los Sres. Altuna, era una de las principales que en Córdoba tenían los Sres. Heredias, de cuyo apellido nos ocupamos en nuestro paseo por el barrio de San Nicolás de la Villa. Uno de estos señores, Don Pedro de Heredia y Córdoba, fué agraciado por Cárlos IV en 1790 con el título de Conde de Prado Castellano, y de ahí viene el conocerse esta casa con ese nombre, así como la calleja inmediata se llama de Heredia y antes de los Muñoces: donde ahora está el jardín hemos conocido una plazuela no muy ancha y honda, á la que aquellos vecinos decian la Barreruela, y que solo servía para depositar en ella todas las inmundicias de la calle. Delante de dicha casa hay una plazuela denominada de Frias, que tambien toma el nombre de ella por ser el apellido ó título de uno de sus antiguos poseedores; por la misma razon se llamó de D. Pedro Angulo: tiene una calleja que dá paso á una placeta que se ha titulado lo mismo, pero que despues dieron en llamarle del Lindo, apodo de uno de sus moradores, hombre afeminado que se adornaba para aparecer mas bello; otros dicen que fué un torero; pero la opinion mas general es la primera. Otra cása notable existe en esta calle; le dicen del Arco, por uno muy ancho y elevado que tiene delante como señalando jurisdiccion en su reducida plazuela; en otros tiempos se ha conocido por la casa de los Viruez y de la Tobosa, fundándose esta denominacion en haber sido la principal de los Tobosos, apellido muy conocido en Córdoba, el que enlazó con el de Viruez; en la actualidad pertenece á los Sres. Bastidas. Pasada esta casa hay otra que unidá con el solar contiguo, debió ser muy principal, segun los restos que en ella se observan. En la penúltima casa de la acera contraria, pasó los años de su niñez el poeta y notable novelista cordobés D. Juan de Dios de Mora, residente en Madrid, donde ha publicado todas sus obras.

Nos encontramos en la Puerta del Osario, que dá salida de la ciudad al Campo de la Merced; está abierta entre dos hermosas torres, hechas ó reedificadas despues de la Conquista, y aun tuvo á la derecha, saliendo, otra muy hermosa, de la que aun se encuentran vestigios, y que debió tener comunicacion por unos arcos que aun se ven en la antigua muralla detrás de las nuevas construcciones de aquel lado. No sabemos de quien fué la peregrina idea en 1831 de dárselas á los ermitaños del Desierto de Belen para ampliacion de la hospedería que hicieron al lado, pues volteando entre ambas torres un arco muy rebajado, le hicieron perder todo su mérito. De este tiempo son tambien los cuadros que están en el interior, representando un Santo Cristo con la Virgen, San Juan y la Magdalena, San Pablo, primer ermitaño y San Antonio Abad. A la salida hay una fuente con dos caños, surtida de tres pajas del agua de Ojamaimon; data de 1664, pero su actual forma y pilar de mármol se la dieron en 1799,

El campo de la Merced es uno de los puntos mas hermosos de los alrededores de Córdoba, y aun debiera ya formar parte de la poblacion: pertenece á los barrios de San Miguel y Santa Marina, dividiéndolo lo mismo que á los Juzgados de primera instancia y municipales, una línea recta desde la puerta del Rincon al Pretorio.

En tiempo de los árabes y mucho despues no había casas ni corrales al rededor, viéndose la muralla de la ciudad con sus torres y almenado; posteriormente se fueron concediendo terrenos y se hicieron las casas entre la puerta del Rincon y torre de la Malmuerta: en estos últimos años se han enagenado los solares hácia la puerta del Osario y se han construido almacenes de maderas, los baños y otros edificios, dejando hueco necesario para una calle que dará frente á la del Silencio, ocupándose el lugar donde los franceses fusilaron á tantos españoles, cuyos nombres publicamos en el barrio de San Pedro al ocuparnos de la antigua cárcel, sin que nadie se cuidase de colocar siquiera una lápida que lo hiciese recordar á las futuras generaciones.

En todo este campo y mucho mas terreno, en que se comprenden los Tejares, el Pretorio y hasta cerca de las Ollerías, tenian los romanos el cementerio destinado á la gente rica, haciendo para cada cadáver un sepulcro aparte, como se prueba con los muchos que en diferentes épocas y sitios distintos se han encontrado, y eso que entonces se permitía inhumar tambien los cadáveres en las posesiones particulares, para lo que sus dueños pedian el correspondiente permiso: la gran poblacion de Córdoba obligaba tambien á tener diferentes lugares destinados á este objeto, y por eso en el Campo de la Verdad y en parte ya arrastrada por las aguas del Guadalquivír, se han encontrado multitud de restos humanos, opinando Sanchez Féria y otros escritores, que aquel era el cementerio para la plebe, lo que no creemos desacertado, atendido el orgullo de aquellas generaciones. De aquí viene la palabra Fonsario con que en los padrones antiguos distinguen á la puerta que ahora seguimos diciendo del Osario.

El nombre de la Merced es debido al convento de esta Orden, hoy Casa de Socorro Hospicio, del que nos ocuparemos estensamente. *En el centro habia como* ahora un gran llano; pero al rededor y particularmente hácia la Puerta del Rincon, unos grandes montones de tierra y escombros, y donde están las casas del Adarve unos barrancos muy profundos; estos desaparecieron cuando las primeras construcciones, y los primeros en 1820 al 23 por iniciativa del activo Concejal D. Manuel Diaz.

Aquella hermosa esplanada se ha utilizado en muchas ocasiones, ya para revistas y paradas, ya para fuegos artificiales y hasta en corridas de toros. Cuando la proclamacion de Cárlos III al trono de España en 1759, construyóse aquí una plaza de madera, y en los dias 14 y 16 de Noviembre verificáronse dos corridas completas, ó sea de mañana y tarde, en que se lidiaron treinta y dos toros, que fueron picados por los varilargueros Juan Diaz y Pedro Gorron, y corridos y banderilleados por diestros de Córdoba. Siguiendo la marcha que emplea nuestro amigo el Sr. D. José Perez de Guzman, en su folleto *Toreros cordobeses,* impreso en 1870, conforme con los datos existentes en el archivo municipal, anotaremos otras funciones dadas en otra plaza, tambien de madera, construida en este sitio en 1789; los dias 12, 14 y 16 de Setiembre se verificaron novilladas, siendo los bichos de la ganadería de D. Francisco Ignacio Yepes, vecino de Torrenueva, quien cobró por cada uno de los cuarenta y cinco que se corrieron, mil quince reales; hubo dos cuadrillas, una de forasteros á cargo de Manuel Lopez, que asistió sin trabajar, y se componía de António Parra, Manuel Cañete y Miguel Perez, como picadores, y Estevan Perez, Francisco Aragon y Paula y Gerónimo Cándido, como banderilleros; la de los cordobeses la dirigía Manuel Barrios, que trabajó con ellos, y se componía de Juan Gonzalez, hermano de Panchon, Diego Luis, Santiago y Bernardo Rodriguez y Manuel y Rafael Bejarano; en dos tardes banderillearon á caballo Diego Lopez y Ortega y Juan Piñero, dándole al primero setecientos reales y al segundo ciento. El Bernardo Rodriguez fué cuarenta años despues el preceptor que nombró el Rey para la Escuela de Tauromaquia preservativa que se mandó establecer en Sevilla.

En 1815 volvieron á formar plaza de toros en el campo de la Merced, inaugurándola con cuatro corridas en las tardes de los dias 9, 11, 13 y 15 de Setiembre, matando el espada sevillano Inclan y Juan Nuñez (a) Sentimientos; tenian media cuadrilla de forasteros y la otra de cordobeses, picando Cristóval Ortiz, Bartolomé Manzano y Manuel Lopez (a) Pesetas, hijo. En el siguiente año, 1816, se corrieron tambien setenta y ocho toros, en diferentes dias, de la ganadería de Cabrera, en Utrera, á quien se pagaron por ellos noventa y ocho mil ciento cuarenta reales: los espadas fueron Inclan, Lara y Panchon; los picadores Julian Diaz, Francisco Osuna, Manuel Lopez, Francisco Rodriguez, Juan Antonio y Hernan Perez, y los banderilleros cordobeses Pedro Sanchez, Juan Bejarano y Andrés Diaz.

La espresada plaza de toros, que duró hasta 1831, constaba de doscientas cuarenta varas de andamios y otras tantas ventanas altas y bajas, dándole una forma ochavada; pero no servía para las funciones reales, las que se verificaban en la Corredera para darles mayor solemnidad.

En aquellos tiempos había en Córdoba una gran aficion á esta clase de espectáculos: los jóvenes de la aristocracia eran los primeros en sostenerla, teniendo al frente al Vizconde de Miranda, que solía matar en las corridas el toro que tenía á bien elegir: su proteccion á los toreros le grangeó un gran ascendiente entre ellos, y este llegó hasta el punto de poderlo considerar como el jefe de la gente del oficio; como prueba de ello citaremos un caso que refiere el espresado señor Guzman. El ya citado torero Bernardo Rodriguez, en un momento de ofuscacion por disensiones domésticas, había intentado suicidarse, y aun cuando se evitó esta desgracia, encontrábase sumariado y por consiguiente privado de tomar parte en las funciones: en una de ellas se encontraba en el tendido, y visto por el público, empezó éste á pedir que pusiera banderillas: no accedió la autoridad; subió el Vizconde á pedirlo, y con buenos modos le contestó que no podía ser; pero él, indignado, bajó y echándose de pechos delante de la puerta del chiquero, impedía abrirla, dando lugar á que el pueblo se alborotase mas, promoviéndose un verdadero escándalo: el presidente mandó á decir con uno de sus alguaciles que dejase el paso franco; á lo que, montando en cólera, le dijo, que no quería y que tuviese entendido que un Vizconde de Miranda no se improvisaba, pero que un Corregidor se hacía de un troncho de col: á esto efectivamente debía asemejarse el presidente cuando, lejos de hacerse obedecer, hizo lo que aquel quiso, calmándose así el tumulto.

Varios son los proyectos iniciados para reforma del campo de la Merced: en 1835 y 36, se principió á formar un paseo, iniciado por el Alcalde Sr. Conde de Torres-Cabrera, y hasta se hicieron los cimientos para la fuente que había de ocupar el centro; pero cuando la venida de Gomez lo deshicieron, sin que quedasen mas que alguno que otro de los árboles que lo circundaban. Despues ha habido otro proyecto de construcciones con una plaza en el centro, que tampoco se ha realizado; mas no queda duda de que aquel sitio ha de variar por completo, siendo parte de la poblacion, y no extramuros como en la actualidad.

Hecha la historia general de este campo, justo es írnos ocupando mas despacio de la parte que corresponde al barrio de San Miguel que vamos paseando. Saliendo de la Puerta del Osario encontramos á mano izquierda una ancha calle con dos filas de árboles, arrecifado el centro y con casas y corrales en ambas aceras, los mas de ellos dedicados desde tiempo inmemorial á la elaboracion de materiales de construccion, de lo que le ha sobrevenido el nombre de los Tejares. Termina esta ancha calle frente al paseo de la Victoria; afluye á ella la hermosa y moderna del Gran Capitan, y tiene además dos barreras ó callejas sin salida, la primera llamada de la Adelfa y segun otros de Abella, apellido de uno de sus antiguos moradores, y la otra de la Torre albarrana, por estar frente á una de las que existían en la muralla que desapareció á el abrir la nueva calle: en una de las casas de esta barrera habita actualmente el modesto escultor D. Antonio Poz, autor de varias imágenes que hay en diferentes iglesias y otras esculturas, como el Aqueronte que ocupa el centro de una de las fuentes del jardin de Miraflores.

El autor de los *Casos raros,* cuenta uno en estremo inverosímil, al que dá tal importancia y tales seguridades, que se vé cuales eran las creencias y poca reflexion del tiempo en que lo escribía. Moraba en Córdoba un jóven llamado D. Fernando de Cárcamo, rico y tan ilustre como su apellido demuestra; mas no guardaba armonía con su nobleza la conducta seguida por el mozo en union de otros de su edad y tan calaveras, como en el dia se les dice: las noches, principalmente, eran dedicadas á sus empresas amorosas ó á las báquicas orgías, que en mas de una ocasion le hicieron andar á cintarazos con gentes de las mismas costumbres y conducta, llegando á ser temido hasta el nombre de D. Fernando. Cierta noche salió á buscar á sus amigos y compañeros, y no encontrándolos en los puntos en que solian reunirse, llegó á la Puerta del Osario, advirtiendo que entre una de sus hojas y el muro había un gran agujero; salióse por él al campo, y sea que embriagado quedóse dormido ó que su conciencia lo abrumara con crueles remordimientos, ello es que al amanecer se presentó en el convento de la Arrizafa pidiendo con lágrimas de verdadero arrepentimiento que le diesen el hábito en aquel santo asilo, porque aquella noche le había mostrado Dios el castigo que merecía por sus muchas liviandades: entonces refirió que, al llegar la noche anterior cerca del convento de la Merced, oyó unos lamentos de mujer que se quejaba de la desgracia que sufría é imploraba socorro con gran desconsuelo: deseoso de prestarlo, quiso saltar la tapia, mas viendo que no podía, valióse de su daga, con la que hizo unos puntos de apoyo, logrando de este modo su intento: aquellos lamentos salian de uno de los tejares, al que pudo llegar andando algunos tejados y paredillas; ya en el lugar de la desgracia, penetró en cierta habitacion escasamente alumbrada, donde encontró una mujer que estaba amortajando á un cadáver: por ella supo que era su marido, el cual acababa de espirar sin amparo alguno, puesto que ella, además de estar sola, se aturdió de tal modo que no acertaba ni lo que se hacía. Condolido D. Fernando ante equel cuadro de dolor, la ayudó á sacar el cadáver al patio y la aconsejó fuese á la parroquia de San Miguel á dar aviso, que él entretanto se quedaría guardando á su marido; acogió la mujer la idea y salió del corral, quedando D. Fernando sentado en un banquillo; mas á poco vió levantarse el muerto é irse para él en ademan hostil, trabándose entre ambos una desesperada y silenciosa lucha en que el jóven llevaba la peor parte, puesto que llegó á sentirse medio asfixiado por la mano que lo tenía agarrado por el cuello sin dejarle valerse de la daga que llevaba á la cintura: de pronto lo dejó, quedándose otra vez tendido, al tiempo que llegó la mujer con un cura y un médico, quiénes testificaron que aquel hombre estaba realmente muerto; despidióse D. Fernando cortesmente de todos, guardando silencio sobre lo ocurrido, y emprendió su marcha al convento, como antes dijimos. Fr. Fernando de Cárcamo fué uno de los religiosos que mas han engrandecido aquel convento, donde murió en buena opinion, acudiendo un gran número de personas á recoger como reliquias algun objeto que le hubiese pertenecido ó á tocar los rosarios en su santo cuerpo.

En la calle de los Tejares está la Plaza de toros, una de las mas lindas de España, aunque no de las mayores. Ya saben nuestros lectores la aficion de los

6

cordobeses á esta clase de espectáculos, los que han realizado en el campo de la Merced y en las plazas de la Magdalena y Corredera: esto hizo concebir al impresor D. Joaquin Manté, hombre muy emprendedor, el pensamiento de construir una plaza de toros, para la que formó el plano el arquitecto D. Manuel García del Alamo, y reuniendo una sociedad de cien acciones, se adquirió el terreno de la huerta de Perea, que vendió su dueño D. José Severo García, construyéndose la plaza que se inauguró la víspera de la féria de Ntra. Sra. dela Salud de 1846, en que mataron los espadas conocidos por el Barbero y Cúchares, quienes recibieron muchos y merecidos aplausos; el 8 de Setiembre siguiente mató el célebre Montes, y despues han trabajado todos los diestros de mas fama. En la tarde del dia 15 de Agosto de 1863 hubo una novillada, y á la noche, como á las diez, advirtió el guarda que la plaza estaba ardiendo, sin que se esplicase el motivo: las campanas lo anunciaron, y bien pronto acudieron las autoridades con todos sus dependientes, los bomberos, los individuos de la sociedad y multitud de gente, sin que se pudiera cortar aquel devorador elemento, que en menos de dos horas consumió toda la parte de madera, que era bien vieja, por haberse aprovechado parte de la de los derribos de los conventos del Espíritu Santo, San Cayetano y Capuchinos. Algun tiempo estuvo la plaza convertida en ruinas, hasta que la Sociedad, siendo presidente D. Andrés de la Oliva, dispuso reedificarla, para lo que se echaron varios dividendos y se encargó la nueva obra al arquitecto Don Amadeo Rodriguez, quien la llevó á feliz término, empleando todas las bóvedas y hierro posible, á fin de evitar que un nuevo incendio hiciese los estragos del que había dado lugar á la destruccion del primitivo edificio. Ya reedificada, se estrenó de nuevo en la féria de 1868.

El afan de mayor número de entradas, hizo suprimir los pasos de las galerías al tendido, sustituyéndolos con unas subidas por entre barreras: esto dió lugar en la primer corrida de la féria de la Salud de 1874 á una terrible desgracia; estaba lloviendo; una pobre mujer, vecina de Lucena, quiso salirse de la plaza, yendo por detrás de la barrera, cuando casualmente la saltó un toro, cojiendo á aquella infeliz, á quien dió dos terribles cornadas é hiriendo á un municipal que con ella se atravesó á escapar por un burladero; esto ha hecho que se vuelvan á abrir las antiguas entradas al tendido, accediendo á las indicaciones de la prensa y del público en general que así lo pedía.

La plaza de toros tiene cabida para mas de diez mil personas en el tendido, grada cubierta, asientos de barandillas, idem de antepecho y ochenta y cinco palcos, todo bien acondicionado; de modo que apesar de no tener puertas mas que á los Tejares, se desocupa pronto y con facilidad.

En la casa número 13 de la calle en que nos encontramos, tuvo lugar en 1867 una sangrienta escena que llenó de espanto á cuantos la supieron: moraba en ella una anciana conocida por D.ª Rosalía, que en su juventud había sido cantinera y contaba una larga historia que nada tenía de edificante: entonces se dedicaba á recibir huéspedes y dar comidas á bajos precios, por lo que solo acudian trabajadores y demás gente de poco dinero, á quienes servian aquella, dos criadas y una niña de diez á once años. Una noche paraban allí, un hombre que se acostó temprano y presenció lo que ocurrió, pero que muy de mañana tomó el tren sin averiguarse su nombre, dos estranjeros y un asturiano, de oficio cantero, que había reunido unos mil reales como ahorros de su trabajo: los dos segundos le pidieron parte de ellos prestado, y no queriéndoselos dar, se fué á acostar, sin imaginarse siquiera que aquellos intentaran robarlo, como lo hicieron, dándole una gran cuchillada en el cuello al ver que despertando empezó á luchar con ellos; al ruido subió D.ª Rosalía y las criadas, diciendo que habian comprometido la casa; entonces las encargaron de fregar bien la sala, mientras ellos se llevaban el cadáver, como en efecto lo hicieron, cargando con él y llevándole en direccion al rio; mas pasada la puerta de la Trinidad, tal vez porque se acercaba el dia ó porque temieran ser vistos, se apartaron á un lado, y acabando de cortarle la cabeza se la llevaron, enterrándola en una haza del pago de la Salud, dejando así el cuerpo casi desnudo. Apenas amanecía, la gente vió el cadáver, cundiendo en seguida la noticia; acudieron las autoridades, sus dependientes y multitud de curiosos, sin que se diesen cuenta de quién fuera la víctima y el modo y forma de tan horrible asesinato; por sus manos encallesidas, surgió la idea de que pudiera ser un cantero, y con este dato se empezaron á hacer averiguaciones sin resultado; lo mas urgente era buscar la cabeza para identificar la persona, y nada se conseguía apesar de hacer escavaciones y hasta de registrar varios pozos, uno de ellos el de la huerta de la Fuensantilla: así pasaron algunos dias, hasta que el Inspector de Orden público D. José Anguita, supo que había desaparecido un cantero que se hospedaba en la casa de D.ª Rosalía, y penetrando en ella hizo un reconocimiento sin resultado; no se convenció, é hizo el segundo, advirtiendo una gota de sangre en la pared; entonces prendió á aquella con sus dos criadas y la chica, que al verse incomunicada en la cárcel declaró la sangrienta escena referida á nuestros lectores: presos ambos asesinos, permanecieron inconfesos, lo mismo que D.ª Rosalía, que murió en la cárcel, y una de las criadas, no habiendo mas prueba que la otra y la chica, por lo que el Juzgado de la izquierda los sentenció á cadena perpétua, que aun estarán sufriendo.

Nos encontramos en la Casa de Socorro Hospicio, antes convento de la Merced, del cual debemos ocuparnos en esos dos conceptos, y además, al llegar á la iglesia, de la época en que fué erigida en auxiliar de las parroquias de Santa Marina y San Miguel; mas para no involucrar nuestro relato, lo haremos como si fuesen tres cosas distintas, empezando por su actual estado y objeto.

Ya en 1725 se trató en Córdoba de fundar una casa de Misericordia ú Hospicio, consiguiéndose una Real órden para examinar las fundaciones de los muchos hospitales pequeños que existían, formando un solo caudal con sus bienes, que habían de servir de base á sostener el nuevo y utilísimo establecimiento; mas todo quedó en proyecto por la desesperada guerra que le hicieron los poseedores de aquellos pequeños caudales; sin embargo, la idea estaba iniciada, y en 18 de Mayo de 1769 se expidió otra Real órden destinando á este objeto el edificio que había sido colegio de Jesuitas, y en el que despues el Dean D. Francisco Javier Fernandez de Córdoba fundó las Escuelas Pías: tampoco se realizó entonces, si bien todos estaban convencidos de su conveniencia para albergar tanto pobre como demandaba la caridad pública: el Obispo Sr. Ayestaran le dió nuevo impulso, y suprimiéndose en su tiempo el antiguo convento de San Antonio Abad, contiguo al de San Juan de Dios, lo destinó á hospicio, haciéndolo demoler para principiar el nuevo edificio; la muerte cortó la vida de aquel caritativo Prelado, y esta lamentable desgracia dejó solo el solar que hoy forma parte de la huerta de San Anton. En 1805 vino á Córdoba el Obispo D. Pedro Antonio de Trevilla, quien, ocupándose desde luego del asunto, logró realizar lo que tantos habian intentado: de resultas de la fiebre amarilla estaba casi desierto el convento de la Encarnacion, del Orden de San Agustin, é incorporando las seis religiosas que le quedaban y sus escasos bienes al de Ntra. Sra. de las Nieves, tambien agustinas, destinó el edificio á Casa de Misericordia, adaptándolo á su nuevo destino, para lo que le hizo la estensa fachada que hoy ostenta, si bien dividida en las entradas del cuartel y Escuela de Veterinaria. Aunque estenso, no es este local todo lo ámplio y saludable que se requería, y por eso en la época de 1820 á 1823 se aprovecharon de la exclaustracion de los mercenarios, trasladando el Hospicio á su convento, donde duró muy poco, porque al restablecimiento de las comunidades religiosas volvieron aquellos, siendo preciso que se fueran los pobres á su antiguo edificio. En él permanecieron hasta 1836 que, suprimidas definitivamente las órdenes religiosas, se permutaron con autorizacion del Gobierno ambos edificios, tomando el Estado el exconvento de la *Encarnacion* Agustina y la Beneficencia el de la Merced.

Ya la Casa de Misericordia en su nuevo local, siguió al cuidado de la Junta Municipal de Beneficencia, á quien se la entregó otra de varias personas piadosas que la tuvieron á su cargo desde su creacion, contándose entre ellas el notable cordobés Fr. José de

Jesus Muñoz Capilla, de quien en varias ocasiones nos hemos ocupado: siguióse trabajando para su fomento; mas aunque se le agregaron algunos bienes que le donó el Sr. Ayestaran y los de otras fundaciones, siempre sus recursos eran cortos, y era menester auxiliarle con limosnas, varios impuestos, como el de sillas en los paseos, y otras sumas de los fondos municipales; pero sin que el número de camas pudiera esceder de unas ciento sesenta, ni á sus talleres se les pudiese dar el mayor impulso. Publicada la ley de Beneficencia de 1849, y ordenando ésta la declaracion de establecimientos provinciales en 1850, la nueva Junta elevó este asilo á esa categoría, y ya cubierto su déficit por el presupuesto provincial, principió á tomar nueva vida, aumentando el número de acojidos que ha llegado á pasar de setecientos, disponiéndose entre otras cosas, que los expósitos de toda la provincia viniesen á esta Casa cuando cada uno fuese cumpliendo la edad de seis años: ampliáronse los talleres de lienzos, paños bastos y esparto, púsose sastrería para la Casa y zapatería, que tambien trabajó para el público, y empezáronse á hacer grandes mejoras, tales como cielos rasos y zócalos de azulejos en todos los dormitorios, cocina, despensa, ropería, hermoso y cómodo labatorio; trajéronse doce hermanas de Caridad de la congregacion de San Vicente Paul y se crearon dos escuelas de niños y una de niñas, que contribuyen mucho á la educacion de aquellos desgraciados. El edificio es hermoso; dividido por la iglesia en dos grandes departamentos, permite una separacion completa de sexos, contribuyendo mucho al mejor gobierno y órden de la Casa: cuidan de ellos un Director, un Capellan, doce hermanas, varios inspectores y los maestros de instruccion y de los talleres.

A tal grado se ha conseguido elevar este establecimiento, que lo enseñan á los forasteros como una de las cosas mas notables que hay en Córdoba, y por cierto con razon, toda vez que, visitados por nosotros los de otras muchas poblaciones, no hemos encontrado ni uno solo que se le iguale.

Descrito este magnífico edificio como Casa de Socorro ú Hospicio, justo es dar á conocer su antigua historia como convento de Mercenarios. Es creencia muy fundada, de que en este sitio estuvo desde el tiempo de los romanos la Basílica de Santa Olalla ó Santa Eulalia, y que en ella fueron sepultados los cuerpos de las Santas Mártires cordobesas Columba y Pomposa: sea éste ú otro, lo cierto es que se ha descubierto en dos ocasiones *una cripta aun existente*, delante de la escalera del segundo patio, como á dos varas á la derecha conforme se sube: en 1757, cuando la reforma del convento, estando abriendo el hoyo para el cimiento de uno de aquellos pilares, como á dos varas tambien de profundidad, se encontró la espresada capilla, la que fué examinada, así como en 1846, cubriendo el agujero una y otra vez por temor de causar daño al edificio; su figura es así:

PUERTA.

PUERTA.

es toda de piedra, del ancho del claustro, con cielo raso, media caña é imposta, todo del mismo material; á sus dos estremos tiene puertas, lo que demuestra ser un edificio al que se entraba por su mismo nivel, á no ser que fuera una capilla subterránea con dos escaleras, lo cual no es probable: su pavimento se ignora como será, por estar cubierto de una arena dorada en la que se veian algunas partículas mayores, al parecer de oro; la primera vez se hicieron varios esperimentos sin resultado afirmativo, si bien algunos inteligentes aseguraban ser de espresado metal: lástima es que no se hubiese sacado la arena para descubrir la solería; pero el miedo demostrado por todos de un derribo, impidió que se examinase mejor y se esplorasen las puertas para ver qué hay detrás del cascote que las cierra.

Algunos escritores antiguos dicen que en el repartimiento que hizo Fernando III al conquistar á Córdoba, entre las Ordenes militares y religiosas, los nobles y demás vasallos que le ayudaron en aquella empresa, se reservó el terreno en línea recta saliendo de la Puerta del Osario, tornando á mano izquierda hasta llegar á la Arrizafa, en el que se comprendia el que ocupa el llamado huertas de la Reina, por pertenecer á un palacio de recreo que allí tenia la de los árabes, del cual quedaban vestigios en el siglo XVII y aun mucho despues. Sabido es por cuantos se han ocupado de la historia de Córdoba, que el Santo Rey fundó aquí cuatro conventos de frailes, uno de ellos el de la Merced; mas no son tan conocidos los pormenores de las fundaciones, por el poco cuidado con los archivos, de los que han ido desapareciendo tantos manuscritos curiosos, y tócanos lamentar de nuevo lo que ocurrió en la última exclaustracion, en que apesar de las prevenciones del Gobierno para recojer las bibliotecas y formar una por provincia, los libros fueron quemados unos, otros vendidos por papel viejo, y muchos perdidos por mano de los mismos que debian mostrar mas interés en la creacion de aquellos centros donde la juventud se instruyese. Apesar de todo, algo hemos podido averiguar de la historia del convento de la Merced, donde nos encontramos.

Unos aseguran que entre los religiosos que acompañaban á Fernando III en sus conquistas, se encontraba el luego canonizado Sr. Pedro Nolasco, fundador de la Orden, mientras otros dicen, y en ellos nos encontramos, por los mismos apuntes del convento, que fué despues llamado para la creacion de éste, haciéndosele donacion de la antigua ermita de Santa Eulalia, y dividiendo lo demás del terreno arriba citado entre esta comunidad y los caballeros Henestrosas, poseedores en un principio de las huertas de la Reina, alta y baja, que á fines del siglo XIV ya estaban en poder de los Fernandez de Córdoba, como se comprueba leyendo el testamento de D.ª Leonor, hija del Maestre Martin Lopez de Córdoba, de quienes tantas veces nos hemos ocupado en estos apuntes. Dióles tambien unos heredamientos de viñas en la sierra y otras fincas y derechos, con los que se formó la base para el cuantioso caudal que andando los años llegó á reunir este convento, edificado por el Santo fundador, sirviéndose primero de la ya citada ermita y empezando despues una gran iglesia de tres naves, con tres capillas de frente y otras varias á los costados.

Todos los caballeros de aquel tiempo y aun de siglos posteriores, aspiraban á los patronatos de las iglesias ó sus capillas para fundar panteones donde depositasen sus cadáveres y los de sus descendientes, y por lo tanto, no tardó la nueva capilla mayor en ser solicitada por los Sres. D. Antonio Gonzalez de la Madrid y su mujer D.ª María Bermudez, quienes no solo la costearon casi en su totalidad, sino que la dotaron con muchas fincas, censos y juros, imponiéndole únicamente los sufragios que por sus almas habian de hacer aquellos religiosos; gasto insignificante comparado con la dotacion: este patronato vino á la casa de Fernan-Nuñez por casamiento de D. Alonso de la Madrid y Rios con D.ª Ana de los Rios y Quesada, los que murieron sin sucesion, pasando á su hermano D. Alonso de los Rios y la Madrid, viniendo últimamente á los Condes de Gavia que lo poseen, conservándosele el derecho cuando en el siglo XVIII se labró de nuevo la iglesia, por lo que se lee en la losa que cubre el panteon la inscripcion siguiente:

> *Este entierro es de los muy ilustres Señores de la casa de la Madrid y patrono de esta capilla mayor. Ha sucedido la de los Rios; Señores Condes de Gavia. Se acabó año* 1745.

A poco de la fundacion de este convento, tuvo la suerte de que viniese á él de Comendador el noble y virtuoso varon Fr. Simon de Souza, lucitano, que tomó el hábito en el convento de Jerez de la Frontera: su ciencia le alcanzó bien pronto el puesto de predicador del Rey, como lo fué de Sancho el IV y Alfonso XI, y el gobierno de esta casa que ejerció hasta 1314 en que lo nombraron Obispo de Badajoz, en cuyo elevado puesto permaneció doce años, ascendiendo en 1326 al de Tuy, donde murió en 1329 en gran opinion de santo.

Fr. Simon de Souza era hombre que á sus raras virtudes reunia una gran decision y constancia, con las, que logró continuar las obras del convento y la iglesia, aumentando mucho la devocion que todo Córdoba tenía á las imágenes allí veneradas, y muy especialmente á la de Ntra. Sra. de la Piedad, perteneciente á la antigua ermita de Santa Eulalia. En tiempo de este santo varon ocurrió la epidemia mas grande que ha sufrido esta ciudad, llegándose á temer que se quedara desierta, entre los que morian y los que la abandonaban horrorizados de tantos desastres: no bastaban los clérigos para la asistencia á los enfermos, y los frailes acudieron en su ayuda apesar de su corto número, porque solo estaban fundados cinco conventos y eran cortas sus comunidades, pues aun no contaban, ni con mucho, un siglo de existencia; estas eran las de San Pablo, San Francisco, San Agustin, la Trinidad y la Merced, de que nos ocupamos. Fray Simon corría de casa en casa donde creía que él y sus compañeros podían ser útiles, hasta que, invadido del contagio, estuvo gravísimo, creyendo todos la pérdida de tan virtuoso sacerdote. Ya convaleciente, imposibilitado como antes de un servicio activo, se iba al coro de su iglesia á implorar del Altísimo se apiadase de los ya diezmados cordobeses: una noche, estando en oracion, percibió una gran claridad y, fijándose, divisó en ella, entre rizadas nubes, la imágen del Arcángel Rafael, que le dirigió las siguientes palabras:

Dirás al Obispo D. Pascual, que está Dios muy satisfecho de su vigilancia y cuidado, y que por sus oraciones y de otras personas, y por la intercesion de su Santa Madre se ha compadecido de este pueblo: que ponga mi imágen en lo alto de la torre de la iglesia Catedral y exhorte á todos sus feligreses á que me sean devotos y celebren mi fiesta todos los años; que si así se hace, este contagio cesará de todo punto.

El V. Sr. Simon, cumplió exactamente su cometido, yendo á la mañana siguiente á ver al Obispo D. Pascual, quien hizo poner la imágen, colocándose á la vez otra en la torre de San Pedro, si bien hay quien opina que se puso esta sola, por no ser posible colocar la otra en la antigua torre, que aun era la as-sumna que tenian los árabes. Este suceso, ó sea la primer aparicion de San Rafael declarándose protector de Córdoba, se conmemora en una gran pintura al fresco que aun ocupa el testero ó frente del coro en la Merced, y en el convento de Jeréz existía otra en elogio al V. Fr. Simon de Souza, por haber tomado el hábito en aquella casa.

Antes de ocuparnos de la reforma de este edificio ni de los religiosos que se han distinguido, lo haremos de las imágenes de gran devocion que tenian llenas las paredes de ex-votos ó milagros y llevaban á aquel templo una extraordinaria concurrencia, tanto de cordobeses como de forasteros Debemos citar primeramente Ntra. Sra. de la Piedad, procedente de la Basílica de Santa Eulalia: tuvo primero la capilla de testero en la nave de la epístola, y en la nueva iglesia, en la tercera á la derecha, ó sea la primera hoy, porque las otras dos quedaron de cancel afuera; era como de media vara de alto, de mármol blanco y con niño; se le hacía fiesta por la cofradía el dia 8 de Setiembre, con tanta solemnidad, que atraía mucha gente, celebrándose una féria de ganado y efectos, colocando éstos hácia la calle que lleva aquel nombre y que desemboca en el Campo de la Merced en el testero intermedio de la torre de la Malmuerta al Pretorio; esta imágen que se perdió cuando la venida de los franceses, era considerada como muy milagrosa, circunstancia atribuida tambien á San Blas y Santa Lucía que estaban á sus lados, y á las cuales, desde tiempo inmemorial celebraba este convento en sus respectivos dias: entre las tres efigies habían cubierto toda la capilla de los ex-votos, siendo indispensable quitar los mas antiguos y menos visibles para poner los nuevos: de cada uno de estos Santos había una preciada reliquia, veneradas en el mismo altar.

Mayor era la devocion que tenian al Santísimo Cristo de las Mercedes, imágen hoy olvidada, que está en el colateral del lado del evangelio. Cuentan *Las Crónicas de la Orden,* que yendo el Comendador de este convento Fr. Juan de Granada en 1354 á redimir unos cautivos, vió en la plaza de Antequera una gran hoguera, en la que iban á arrojar aquella escultura, y condolido de tal sacrilegio, rogó se suspendiese la órden de quemarla, tratando á seguida de su rescate, que consiguió á fuerza de dinero: ya en su poder, la trajo á Córdoba y colocó en la iglesia, donde ocupando el testero de la nave del evangelio, le costeó una hermosa capilla el Corregidor de Córdoba D. Diego de Vargas, Caballero del hábito de Alcántara, año 1602: tantos fueron los prodigios obrados por el Santo Cristo, que rayó en frenesí la veneracion con que lo miraban sus innumerables devotos, pues hasta hubo uno que le cambió la corona y clavos que tenía de hierro por otros de plata, vinculando los primeros en union del caudal, para sus descendientes. Los religiosos la aumentaron cuanto pudieron, y á fin de hacer mas codiciada su vista, la cubrieron con siete velos, que solo se le quitaban en la gran fiesta que se le hacía en el segundo Viernes de Cuaresma, quedando hasta Pascua con un solo velo claro, por el que se trasparentaba; y aquí debemos citar dos opiniones de dos Prelados, uno el Sr. Tapia, que dijo al verla por primera vez, que jamás encontró imágen mas hermosa y bien hecha ni que escitase mas á la veneracion; el otro fué el Sr. Alburquerque, que al visitar esta iglesia, dijo al Coadjutor que la quitase, porque una imágen como aquella, mas bien ridiculizaba el sagrado misterio que quería representar: esto prueba que el primero nada entendía de obras de arte, ó que la devocion lo cegaba. En la nueva iglesia ocupaba el sitio que ahora Jesus humilde, teniendo un gran retablo que desapareció cuando los franceses la dedicaron á enfermería.

Estamos en el caso de referir dos procesiones dedicadas al Santísimo Cristo de las Mercedes, con un entusiasmo y devocion de que hay poquísimos ejemplos: la primera fué en 1602, con motivo de la epidemia del landre, que tantos estragos hizo; no hemos podido averiguar la causa ni demás circunstancias, pero sí dicen algunos escritores Mercenarios, que al sacarlo de su iglesia curó instantáneamente á una pobre paralítica que estaba frente á la puerta, y que despues de vuelto á su altar cesó por completó la epidemia. La segunda fué el 25 de Marzo de 1650; desesperados ya los dos Cabildos y toda la ciudad de no hallar remedio á la epidemia que contamos en nuestro paseo por el barrio de la Magdalena, fijaron su devota atencion en el Santísimo Cristo de las Mercedes, como único recurso que les quedaba en su apuradísima situacion: el Cabildo Eclesiástico nombró como sus comisionados al Dr. D. Lucas Gonzalez de Leon, Magistral, y al Dr. D. Antonio de Paredes, Racionero, quienes fueron á ver al Comendador de la Merced el P. M. Fr. Luis de las Infantas, rogándole la salida del Santo Cristo, á lo que él contestó que, figurándose lo conveniente que era dicha determinacion, había antes alcanzado el permiso de su comunidad y del Provincial de la Orden el P. M. Fr. Alonso de Sotomayor, quien con el mayor gusto se lo había otorgado: la Ciudad hizo á su vez igual peticion, delegando en los Caballeros Veinticuatros D. Juan de los Rios y Castillejo y D. Juan de Armenta y el Jurado D. Pedro Moreno, quienes juraron volver la imágen á su altar en cuanto terminasen los cultos preparados. Anuncióse la procesion con pregones, timbales y chirimías en toda la ciudad; arreglóse la carrera con gran trabajo, pues hasta se edificaron tapias en los solares sucios; convidáronse todas las comunidades, universidad de Beneficiados, cofradías y hermandades; citáronse los chicos de las escuelas y todo lo mas lucido de Córdoba, y preparóse la venerada imágen del Cristo de las Mercedes en la capilla mayor de su iglesia, esperando todos el feliz momento de verle conceder nuevas gracias y beneficios. En la noche del Jueves, víspera del dia designado, hubo la iluminacion mas grande que se ha conocido, pues además de no quedar en la poblacion ni una sola torre ni ventana que no estuviese iluminada, el Campo de la Merced, donde aun no había casas pegadas al muro, era iluminado por éste, que en sus almenas ostentaba millares de luces y por infinidad de barreños llenos de brea y estopa ardiendo, colocados en palos que los elevaban á respetable altura, completando aquel bellísimo panorama multitud de hogueras con que los dueños de las heredades de la sierra querian contribuir á solemnizar aquella demostracion de la esperanza que el pueblo de Córdoba tenía en el Santísimo Cristo; al mismo tiempo se escuchaban las músicas que recorrian las calles, en tanto que multitud de cohetes ó voladores atronaban el espacio.

Llegado al fin el anhelado dia 25 de Marzo, reunióse el convite en la Catedral, y dispensándose el Cabildo la prohibicion de salir reunido fuera de murallas, fueron formados en dos filas por las calles del Baño, hoy Céspedes, Pedregosa, Santa Ana, Jesus María, Tendillas de Calatrava, Plata, San Miguel y Osario á salir por la puerta del mismo nombre, que se abrió á su llegada, por estar mandado cerráran todas para no dejar que las mujeres saliesen al Campo de la Merced, con el objeto de ordenar mejor la procesion; conseguido este deseo, se puso en marcha aquella, en la forma siguiente: estandartes de hermandades y cofradías, tras estos todos los que quisieron concurrir á llevar cera, pasando de cinco mil las hachas que algunos curiosos contaron, despues las comunidades por órden de antigüedad, ocupando su sitio los Mercenarios, el Clero casi en totalidad, el Cabildo de la Santa Iglesia y sus Prevendados con capas de coro y la música; seguía el Santísimo Cristo, con un magnífico docel morado, regalo del Corregidor, yendo dos sacerdotes á los lados, con varas doradas, asidas á los brazos de la cruz para guiarla mejor; tras éste un palio, de seis varas, llevadas por Veinticuatros, el Sr. Obispo, y por último, la Ciudad con todos los Veinticuatros, Jurados y porteros de maza, presididos por el Sr. D. Pedro Alfonso de Flores, Vizconde de Peñaparda. Inmenso era el gentio que se agolpaba á la puerta del Rincon, ansioso cada cual de ser el primero que saludara á la imágen con sus lágrimas y sollozos, siendo tanto el ruido que armaron, que todos se conmovieron ante tan gran espectáculo: dos cosas llamaron tambien la atencion, una, que además del crecido número de luces que iban en la procesion, pues cuando los estandartes llegaron á la Catedral aun estaba la imágen en su iglesia, hubo cera para que la gente que ocupaba la carrera estuviese con velas en las manos, formando por consiguiente cuatro filas de luces; y la otra, que se tuvo por milagrosa la seguridad que daban personas, al parecer bien enteradas, de que al pesar la cera al volverla á los cereros, se encontraban con que apenas había mermado, cuando tardó seis horas la procesion en andar toda la carrera. Esta estaba en estremo engalanada, pues además de no haber un balcon ni una ventana que no se ostentase mas ó menos lujosa, segun la fortuna de su dueño, habían colocado varios hermosos altares, uno los vecinos de la calle de Carnicerías, hoy de Alfaros; tenía tres cuerpos, con muchas imágenes, cuadros y relicarios; otro en la esquina de la Espartería; poco mas allá en la Librería, adornando la Concepcion de Agustin del Castillo, que ya anotamos en su lugar; otro al principio de la calle de San Fernando, en la parte que decian los Cuchilleros; el Arquillo de Calceteros vistosamente adornado con colgaduras y cornucopias; otro altar en el Amparo; un arco en las Platerías, por el Colegio de Plateros, que allí llevó cuantas alhajas tenian sus individuos, y un vistoso castillo de fuego en la Pescadería, al cual arrimaron la mecha al dar vista el Santo Cristo.

Llegada la imágen á la puerta de la Catedral, volviéronla á tomar los Prevendados, conduciéndola al altar mayor, ante el que ya tenía uno lujosamente preparado, quedándose á velarlo dos de aquellos, y permaneciendo encendidas dia y noche las muchas velas y hachas que lo rodeaban: el pueblo todo deseaba quedarse allí, siendo preciso para despejar el templo, no solo cubrir el Santo Cristo con un velo de seda, sino rogar al Corregidor que con su autoridad intimase á la gente á retirarse á sus casas: tambien se quedaron allí doce Mercenarios, que no perdieron de vista la imágen hasta volverla á su iglesia.

Al Domingo siguiente celebróse una magnífica funcion de rogativa, predicando el Sr. Obispo, que con su elocuencia consiguió conmover los corazones de tantas personas que á voces pedian cesase la epidemia que los había diezmado y continuaba haciendo numerosas víctimas. A la tarde siguiente volvieron el Santo Cristo á su iglesia, con la misma solemnidad y con mas concurrencia, por la confianza que á todos había inspirado: disuelta la procesion, el Cabildo, contra su costumbre, se quitó los ornamentos en la Merced y, como el Obispo, regresaron en carruajes á sus casas. Como en aquellos dias cedió el contagio, fueron muchas las limosnas de cera que se recogieron, y el Colegio de Escribanos y los vecinos de aquel barrio costearon dos suntuosas fiestas, predicando en ambas el R. P. M. Fr. Miguel de Alcántara.

Ya que al tratar de esta imágen hemos vuelto á recordar la gran epidemia del landre en los años 1649 y 1650, justo es consignar lo que los Mercenarios hicieron en bien de los pobres enfermos. No solo se prestaron á asistir á los de aquel barrio, muriendo cuatro religiosos, sino que les hicieron una limosna para socorro de los hospitales. Unidos con los vecinos del barrio del Matadero y con los individuos de la cofradía de Jesus Humilde y demás que se servian en su iglesia, el 28 de Febrero de 1650 sacaron en procesion á San Pedro Nolasco, con un canastito de hilas en la mano, dando á entender que él mismo socorría á los desgraciados, y detrás, como presidiendo, la antes citada, llevando así veintitres cargas de leña, siete idem de romero, dos idem de limones y naranjas, veintitres espuerta, de las mismas frutas, treinta y seis idem con pan, cincuenta y siete botellas de vino, trece carneros, sesenta gallinas, cuatro espuertas de alhucema, treinta y tres canastillos con huevos, cuarenta y seis salvillas con bizcochos, dos jamones, sesenta y seis salvillas con hilas y vendas, diez y nueve espuertas de vedriado, veintitres canastos con pasas y almendras, ocho macetas con jabon, diez y seis camisas, catorce vestidos, seis pares de medias, diez idem de zapatos, una canasta con granadas, cuarenta y cinco pomos de vinagre rosado y agua de olor y catorce canastos con garbanzos: á esta valiosa ofrenda acompañaban muchas luces y gran número de personas haciendo sensibles penitencias.

Otra de las imágenes de gran devocion que existian en la iglesia de la Merced era la de Jesus de la Columna, escultura que databa de la fundacion del convento, con una numerosa cofradía, en la que estaban alistados casi todos los moriscos que había en Córdoba, circunstancia que llamaba mucho la atencion y nadie se esplicaba satisfactoriamente. Esta imágen tenía en la antigua iglesia una capilla que le labró Fr. Miguel de Alcántara.

Otras dos numerosas cofradías daban culto á Nuestra Sra. de la Soledad y á Jesus Humilde: ambas han llegado á nuestros dias, y aun la segunda se ha reorganizado en estos últimos años: á la primera pertenecían casi todos los plateros de Córdoba, y contaba con muchas y valiosas alhajas: ambas imágenes existen.

Tambien causaban gran devocion San Ramon Nonnato y San Pedro Nolasco, que se veneraban en los dos altares colaterales, labrados por el ya citado R. P. M. Fr. Miguel de Alcántara; ambos eran celebrados en sus dias con gran solemnidad, y el pueblo todo acudía, habiendo aquella tarde paseo y féria delante del convento.

Lo que mas llàmaba la atencion de esta comunidad era Ntra. Sra. de la Merced, su titular, venerada en el altar mayor y á la que todos los Sábados del año cantaban por las tardes una solemne Salve, tributándole además una gran funcion cada mes y otra en su dia, en la que desplegaban el mayor lujo.

En este convento, antes de su reedificacion, vivió el P. M. Fr. Jorge de Sevilla, quien dió habitacion en su celda, durante varios meses, al célebre Cristóval Colon, quien, residiendo en Córdoba la Córte, instaba ante Isabel la Católica para que protegiese sus proyectados descubrimientos, como mas adelante logró, y de aquí el haberse llevado por su capellan á Fr. Juan Infante, religioso y Vicario de este convento, el cual tuvo el placer de celebrar la primer misa en el Nuevo Mundo.

A principios del siglo XVIII llegó á estar este convento tan destruido, que ya amenazaba ruina, á tal punto, que la torre de las campanas se hundió por sí misma; mas los gastos de la reedificacion infundian tanto miedo, que la comunidad no se atrevía á emprenderla, temerosa de no poderla terminar.

Elegido Comendador de este convento el P. P. Fr. Pedro de Anguita, no pudo resistir al deseo de emprender tan gran obra, decidiéndose á empezarla por la iglesia, que tanto peligro ofrecía. Reunió cuantos fondos pudo, propios y donados, y en 18 de Febrero de 1716, despues de decir misa é ir en rogativa á la capilla del Santísimo Cristo de las Mercedes, se principió la obra de la nueva iglesia, con tan buenos resultados, que desde dicho dia á fin de Marzo de 1717, se elevaron los muros á su actual altura en ambos lados hasta llegar al *coro*, así como dos tramos de las naves laterales que se crecieron lo posible mientras no se acababa el derribo de la antigua iglesia; entonces se formó la portada de piedra que dá entrada al claustro del patio principal, y al lado opuesto otra, que dá al patio del departamento de hombres, de ladrillos cortados de Villafranca, que eran los mejores que en aquel tiempo se hacian; esta portadita, que está muy bien trabajada, aun existe, si bien el vano está maciso: tambien se elevó la capilla mayor y se adeantaron mucho los machones de los arcos que sostienen la cúpula ó media naranja. En 1717 cesó, por pasar á otro puesto, el Comendador Fr. Pedro de Anguita, y la obra quedó suspensa por algun tiempo necesario para reunir fondos con que seguirla; mas elegido para aquel puesto el P. P. Fr. Pedro Gonzalez Fariñas, continuó aquella gran obra, cubriendo las capillas del lado Norte, á las que hizo las bóvedas, labrando la escalera al campanario y estableciendo el coro, en cuyo frente hizo pintar al fresco la Aparicion de San Rafael al V. Simon de Souza, tal cual hoy la vemos; puso tambien el órgano y cerró las ventanas con vidrieras, además de otras muchas cosas que llevó á cabo para que se celebrasen los oficios divinos.

Los demás Comendadores siguieron la obra conforme lo permitian los fondos, hasta verla terminada en 1745, en que se celebró su dedicacion con gran pompa, estrenándose un hermoso terno, regalo de Fr. Juan Carrillo de los Rios; pero el que mas hizo en esta iglesia y convento fué indudablemente el P. M. Fr. Lorenzo García Ramirez; labró desde los cimientos todo el convento nuevo, nombre con que aun se conoce la parte existente desde la iglesia hácia la Puerta del Osario, ó sea el departamento de mujeres, y el antiguo, tres ángulos del patio, formando las armaduras y las bóvedas de los entresuelos; en la iglesia sacó tambien de cimiento la parte del coro, labrando las dos últimas capillas de cada lado, inclusa la fachada de todo el edificio, la cual se adolece del mal gusto de aquella época, y consta de cuatrocientos ochenta y tres pies de longitud; construyó con gran ayuda de los patronos, el retablo del altar mayor, como los de Santa Ana y San Pedro Nolasco; hizo la sacristía, mucho mayor que la actual, colocando en ella dos hermosas mesas de jaspe, aguamaniles y guarda plata, y además dió muchas alhajas y compró varias fincas para el convento; instituyó algunos censos, y labró casas en unos solares que el convento poseía en el barrio del Matadero, y sin embargo del capital que esto representa, dejó un fondo de cerca de cuatro mil duros, que gastó con otras cantidades mas el P. M. Fr. Francisco Gonzalez Fariñas, que doró el altar mayor, acabó el del Santísimo Cristo de la Merced é hizo otras muchas é importantes mejoras: este último altar y el de la Soledad ocupaban los testeros de la cruz que forma la nave principal, los cuales fueron destruidos cuando la invasion francesa, en cuya época el convento de la Merced fué dedicado á hospital, del que una noche se fugaron treinta prisioneros españoles que tenian allí por enfermos, por cuya causa, á la media noche del dia 4 de Abril de 1811 trasladaron los demás al hospital del Cardenal, como lugar mas seguro.

El decreto de 23 de Enero de 1810, que ordenaba la supresion de los conventos de frailes, se cumplió en éste en el dia 5 de Febrero siguiente: era Comendador de este de la Merced, el P. P. Fr. Tomás Galo Martinez del Hortal, natural de Zújar de Baza é hijo de aquel convento, quien, á las ocho de la mañana reunió la comunidad en el coro alto, se rezaron las horas canónicas, se cantó una misa muy solemne á la Vírgen, que dijo el P. M. Fr. Francisco Gonzalez Jordan y Sales, consumiendo el Sacramento, se entonó un responso por los religiosos difuntos y quedó disuelta la corporacion, abrazándose todos con lágrimas que apenas los dejaban articular palabra.

Ya hemos dicho que los franceses dedicaron á hospital este convento, estableciendo enfermería en su iglesia, de donde arrancaron todos los retablos, escepto el mayor, aunque sufrió mucho, siendo preciso despues dorarle casi toda la parte baja y ponerle las varias piezas que le habian arrancado. En 4 de Setiembre de 1812 abandonó á Córdoba aquel ejército para unirse con el de Castilla, y viéndose libres de él, no tardaron los Mercenarios existentes en Córdoba en reunirse para volver á su convento; ignorábase el paradero del Comendador Fr. Tomás Galo Martinez, y nombraron en calidad de interino al P. L. Fr. Rafael Apolinario Fernandez de Souza, tomando posesion de la iglesia y convento en 3 de Marzo de 1813, procediendo en seguida á hacer las reformas que permitian los recursos conque fueron contando; mas no volvió á decorarse la iglesia como estuvo antes de la exclaustracion.

Continuó la comunidad en posesion de aquel edificio, hasta que por el decreto de las Córtes de 8 de Mayo de 1821, volvió á suprimirse, restableciéndose en 13 de Junio de 1823: era Comendador el P. P. Fr. Francisco de Paula Morales, y á su reinstalacion nombraron interinamente al P. P. Fr. Antonio Regalo y Corzo: en este intermedio se estableció allí el Hospicio, como hemos anotado. Por último, se llevó á cabo la exclaustracion definitiva que conocen nuestros lectores, y aquel magnífico edificio se ha salvado de la ruina, por haber vuelto á él la Casa de Socorro Hospicio, que tanto lo ha mejorado.

Hemos visto una lista de las alhajas que la comunidad entregó á los franceses, y por ella se conoce lo rico que era este convento, pues montaría su valor á una gran cantidad, á que se pudiera agregar algo, suponiendo que los religiosos ocultarian lo que les fuera posible en aquellas críticas circunstancias.

Estamos en el caso de describir la iglesia tal cual existe, ya que hemos dicho cuanto de su anterior forma y adorno tenemos averiguado. El retablo del altar mayor, como llevamos dicho, es de mucho valor, pero de muy mal gusto; en cambio tiene un bonito zócalo de mármoles con los escudos de los patronos y muy buenas esculturas de D. Alonso Gomez Sandoval, representando á San Pedro Nolasco, San Pedro Pascual, San Antonio Abad, San Lorenzo, San Raimundo de Peñafor, San Cárlos Borromeo, Santa María del Socorro y San Rafael, además de Ntra. Sra. de las Mercedes, imágen de vestir, que ocupa el centro del primer cuerpo; en el frontal hay una inscripcion en que se lee:

> *Siendo Comendador de este Convento el P. M. Fr. Juan Carrillo, hízolo á su costa Fr. Alonso de Abouza y para el Smo. Cristo de la Merced.*

La última parte nos hace creer que este frontal era de la capilla del Santísimo Cristo, y que despues de la invasion francesa sería trasladado á aquel sitio. El mispo Padre Abouza costeó en 1728 el púlpito, que es de mármol, y tiene al pié un letrero que nos ha dado esta última noticia.

En la nave principal, entre los arcos de las capillas, hay dos altares de estuco con multitud de signos marinos, y en los que se veneran las imágenes de Santa María del Socorro y la Beata María Ana de Jesus, que tambien nos parecen obras del escultor Gomez de Sandoval.

Los altares colaterales carecen de retablos desde 1810; en su lugar hay pintados unos doceles; en el del lado del evangelio está casi olvidado el Santísimo Cristo de las Mercedes, demostrando que hasta las imágenes tienen sus épocas para causar devocion; en el de la epístola está San Pedro Nolasco, fundador de la Orden y de este convento. Siguiendo por el primer lado, encontramos ocupando el testero un retablo que por su forma debió ser de los colaterales; en él hemos conocido el Sagrario y una imágen de San José que está en el oratorio de las hermanas del Hospicio, y ahora tiene á Jesus Humilde, trasladado de otro sitio; delante de este altar está el enterramiento de los Tobosos, cubierto con una losa, en la que se dice que el convento lo cedió á D. Francisco Toboso por escrituras ante D. José Zoylo y D. Pedro Estrada, fechas 1 y 14 de Julio de 1758 y 1765.

Entre dicho altar y la puerta, sigue la nave formando dos capillas con altares, una dedicada á Santa Ana, escultura de algun mérito, y la otra que era la de Jesus Humilde, con un retablo sin pintar y casi abandonado, pues aun cuando tiene imágenes de pasion, están cubiertas, por carecer de ropa tan decente como se debiera buscarle.

Al lado opuesto están otras dos capillas, una con San Ramon, á quien van á rezar casi todas las mujeres próximas á ser madres, y la otra á Ntra. Sra. del Coro, llamada así porque la tenian los frailes presidiendo el suyo: es una preciosa escultura, obra tambien de D. Alonso Gomez Sandoval; el brazo de la cruz que forma la iglesia, lo ocupa un retablo, por acabar, con la Vírgen de la Soledad, que ya dijimos haber tenido una numerosa cofradía. Hácia este lado debió estar la capilla de San Blas, en que tuvieron enterramiento los Torquemadas, donde fué sepultado el cadáver del Ilmo. Sr. D. Fr. Manuel de Torquemada, hijo de este convento, para quien el Cardenal Salazar alcanzó el Obispado de Baruth, quedando aquí de auxiliar suyo; dicho señor murió en la casa de su familia en las callejas de Alcántara; esto nos aclara el significado del nombre de Obispo Blanco que antes dudamos, pues viviendo y muriendo en aquel edificio, hoy posada, un Obispo que como Mercenario vestía de blanco, claro es que de él viene el nombre que aun conserva.

Cuando se trasladó el Hospicio, se comprendian en la sacristía lo que hoy es comedor y el paso de comunicacion entre ambos departamentos, y en vez de reducir aquella y poner esa parte como ha venido á estar, tuvieron la peregrina idea de acortar la iglesia al terminar la bóveda del coro, á fin de dar paso por las dos puertas que daban á los claustros, sin que nadie cuidase despues de darle de nuevo todo su largo, y con él la vista y hermosura que le quitaron, y aun hoy se ha perdido la esperanza, porque, declarada en 1846 como auxiliar de las parroquias de San Miguel y Santa Marina, se han habilitado en las dos capillas contiguas á la puerta, dos viviendas para el coadjutor y el sacristan, únicos empleados que en aquel concepto tiene, resultando que, casi debajo de la cama de uno de ellos está sepultado el P. M. Fr. Lorenzo Ramirez, principal restaurador de este convento.

Repartidos por la iglesia, sacristía y átrio ó portal, hay varios cuadros que, en figuras casi de tamaño natural, representan sucesos de la vida de San Pedro Nolasco y otros Santos de la Orden: son originales del pintor D. José Ignacio Cobos, que ya dijimos estar sepultado en San Andrés, quien, atendida la época de decadencia para las artes, en que vivió, no dejan de tener algunos rasgos buenos, apesar de que se encuentran mal tratados, tal vez por haberlos tenido antes en los claustros, casi á la intemperie. En la sacristía vimos hace tiempo, y es una lástima que se haya estraviado, un retrato de medio cuerpo del escultor cordobés D. Alonso Gomez de Sandoval, del que tantas menciones llevamos hechas.

En la escalera principal, una de las mejores de Córdoba, que es de mármoles, barandal de hierro y cúpula con relieves, había algunas pinturas de Zurbaran y otros artistas notables, las que no sabemos donde irian á parar; en el claustro tiene depositados el Museo provincial una porcion de medios puntos, que representan, unos procedentes del convento de San Cayetano, asuntos de la vida de Santa Teresa, y otros, que eran de Capuchinos, la de San Francisco de Asis; estas son dos, la mayor tiene un letrero espresando que la pintó Sebastian Camacho en 1733, y la menor, que parece de los primeros tiempos de Monroy, dice haberla costeado el P. Velez, Arzobispo de Santiago, en 1829.

La actual cocina del Hospicio se hizo en 1856, y al abrir el hoyo para el sumidero que recoje las aguas de fregar, como á unas tres varas, se encontró un precioso mosaico romano, de piezas blancas y negras, del que sacó un dibujo, que tal vez conserve, el conocido pintor D. José Saló.

En un curioso manuscrito que conserva en su poder el apreciable sacerdote D. Francisco de Martos, hijo de aquel convento, hemos encontrado muchas de las anteriores noticias, y además hemos visto la lista de todos los Comendadores que ha tenido; otra de los Provinciales de la de Andalucía; otra de las alhajas que se entregaron á los franceses; otra de los individuos que componian la comunidad al exclaustrarla en 1810, y una reseña con multitud de datos biográficos de los religiosos notables que han estado en esta casa: de estos últimos citaremos algunos, no copiándolo todo, porque necesitariamos ocupar un tomo con tantos y tan curiosos datos como el espresado manuscrito comprende.

Despues del fundador San Pedro Nolasco, corresponde el primer lugar entre los religiosos notables de esta casa al V. M. Fr. Simon de Souza, natural de Jeréz, y de la ilustre casa de su apellido: fué un verdadero padre para los aflijidos cordobeses en la espantosa epidemia de principios del siglo XIV, que él mismo sufrió, teniendo la dicha de que en su convalecencia se le apareciese el Arcángel San Rafael, como ya hemos dicho; fué predicador de Sancho IV y Alfonso XI y Obispo de Badajoz y de Tuy, en cuyo último puesto murió en 25 de Marzo de 1329 con gran opinion de santo.

En 1287 estuvo en este convento San Pedro Pascual, de paso para fundar el de Jaen.

Fr. Juan de Granada, Comendador de este convento, rescató en Antequera el Santísimo Cristo de la Merced en 1416; fué martirizado en la ciudad de su apellido, donde lo lancearon, le cortaron la cabeza é hicieron pedazos su cuerpo para arrojarlo á los animales carnívoros, en union de Fr. Pedro Malasangre, que con él había ido desde Córdoba.

Fr. Antonio de Medina, llegó á ser Obispo titular de Ronda, siguiendo en este convento, desde donde fué á consagrar las iglesias de San Gerónimo de Valparaiso y la del convento de Elche: lo nombraron Vicario general de la Curia Romana y Coadjutor del Obispado de Córdoba; así se titula en una escritura que firmó á 8 de Julio de 1463.

Fr. Juan de Vera y Villavicencio, tomó el hábito por los años de 1589, llegó á Obispo auxiliar de Sevilla, y por último de Elna, en el Rosellon.

Fr. Juan Bautista de Rivas, profesó en 1570; natural de Puente D. Gonzalo, hoy Puente Genil, uno de los predicadores mas notables que se han conocido en Córdoba.

Fr. Alonso Ruiz de los Mozos, natural de Montalban; tomó el hábito en 1572 y dióse á conocer por sus grandes dotes oratorias y de gobierno, ciencia y virtudes; falleció en Jaen en opinion de santo.

Fr. Luis de Vargas, natural de Córdoba; tomó el hábito en 1585; pasó á Indias donde gobernó muchas casas, y regresó á Málaga, donde murió.

El P. M. Fr. Luis Fernandez de Córdoba, natural de Chinchilla; vino á esta ciudad con el Obispo Sr. Reinoso, y tomó el hábito en este convento en 1591; llegó á conocerse por el asombro de Andalucía, á causa de las continuas consultas que por su saber le hacian hasta los tribunales; fué de Prelado á varias casas, donde sacó muchos y sábios discípulos; murió en Málaga en 1627.

Fr. Andrés de Torres, cordobés, gran sábio y santo; tomó el hábito en 1590, y murió en Guadalupe en 1612.

El P. M. Fr. Diego Fernandez de Abarca, cordobés; fué tambien predicador, que todos conocian por el sobrenombre de Pico de plata, llamándolo á muchos puntos, solo por tener el gusto de oirlo; tomó el hábito en 1591, y despues de haber gobernado varios conventos, de ser Definidor general y Calificador del Santo Oficio, murió en Córdoba de setenta y cinco años en el de 1643, acudiendo á su entierro una gran concurrencia y el Cabildo Eclesiástico y la Ciudad, que quisieron honrar con su presencia la memoria de aquel sábio cordobés.

El P. M. Fr. Juan Perez de Rojas; tomó el hábito en este convento en 1599; llegó á ser Vicario en la Curia Romana y recibió el encargo de ir de Visitador á Sicilia; murió en Palermo, dejando escritas varias obras, entre ellas un tomo *Sobre las Domínicas,* dos de los *Profetas menores,* y otro titulado *Tobías.*

El P. M. Fr. Alonso de Góngora, natural de Córdoba; tomó el hábito en 1602 y murió en 1636, dejando gran fama como orador y como virtuoso.

El P. M. Fr. Francisco Muñoz de Baena; tomó el hábito en 1602 y murió en 1660; fué Vicario general en el Perú, donde adquirió gran fama: en España gobernó varios conventos y lo eligieron Provincial dos veces.

El P. M. Fr. Bartolomé Ladron, natural de Alcaudete; tomó el hábito en 1603; fué Vicario general de la Nueva España, donde prestó muchos y señalados servicios, pacificando gravísimas disenciones; en 1631 regresaba á su pátria, mas, naufragando el buque en que venía, se ahogó con otros varios tripulantes.

El P. M. Fr. Andrés de Morales; tomó el hábito en 1603; era gran limosnero, y estuvo en Indias, donde se distinguió por su cariñoso trato y porque daba á los pobres cuantos recursos lograba.

El P. M. Fr. Alonso Salcedo; á los doce años tomó

el hábito en el convento de Málaga, y profesó en este de Córdoba en 1610; dicen las crónicas que fué el asombro de la Provincia por su saber y virtudes; murió en 1641.

El P. M. Fr. Francisco Ponce, cordobés; tomó el hábito en 1611 y murió en Granada en 1649; lució muchísimo en la cátedra y en el púlpito, y apesar de su gran mérito se negó á aceptar cargo alguno dentro y fuera de su Orden.

El P. M. Fr. Juan de Cea, natural de Córdoba; tomó el hábito en este convento en 1611; leyó con gran fruto y aprovechamiento y pasó al Perú de Secretario del Vicario general, siendo solicitado para Presidente en Quito; murió en Indias en 1649.

El P. M. Fr. Luis Mendez de Sotomayor, era cordobés y de la Casa de Gondomar; tomó el hábito en 1613, elevándose por su saber y virtudes á Comendador de este convento y despues al de Sevilla, á Provincial y hasta General de la Orden; murió en 1649.

El P. M. Fr. Luis de las Infantas y Morales; profesó en este convento en 1613; el Duque de Alcalá se lo llevó á Roma donde, así como en Barcelona, lució mucho en la cátedra; desempeñó varios elevados cargos y fué uno de los que mas trabajaron para la canonizacion de San Pedro Nolasco.

El P. M. Fr. Agustin de Santiago; tomó el hábito en 1615; llegó á Definidor general en esta provincia; asistió á cuatro capítulos de la Orden, luciendo mucho en ellos sus elevadas dotes oratorias; prestó grandes y señalados servicios en la redencion de cautivos, y ejerció con acierto notable el cargo de Comisario general en Indias.

El P. Fr. Luis Abril, natural del pueblo de su apellido; dicen las crónicas de la Orden, que ni como Lector ni como predicador encontró rival; tomó el hábito en Córdoba en 1618, y despues de gobernar varias casas con notable acierto, murió en 1665.

El P. M. Fr. Miguel de Alcántara, cordobés, de quien hicimos mencion; tomó el hábito en 1626 y tuvo un don especial para la enseñanza; gran predicador, llegó á ser Calificador del Santo Oficio y Vicario general en Italia, consultándole Inocencio X muchos y delicados asuntos; murió en 2 de Febrero de 1662.

El P. P. Fr. Bartolomé de Veas; tomó el hábito en Córdoba en 16 de Enero de 1619; hizo grandes mejoras en este convento y pasó al de Ronda donde murió en 17 de Diciembre de 1661: hemos visto impresos suyo, un sermon á San Ramon Nonnato y un libro sobre los *Desagravios al Santísimo Sacramento,* que hizo esta ciudad, y del que ya hemos dicho existir un ejemplar en la Biblioteca Provincial.

El P. M. Fr. Pedro de la Cruz y Velasco; profesó en 1612 y por su ciencia llegó á ser Maestro en la Universidad de Maese Rodrigo en Sevilla, y á Calificador del Santo Oficio; estuvo en Indias, donde prestó muchos servicios, y vuelto á España murió del landre en 1651.

Otros muchos Mercenarios podemos citar, hasta llegar á su última exclaustracion, notables por su ciencia y virtudes, por los elevados puestos que llegaron á ocupar y por los grandes servicios prestados en la redencion de cautivos; mas, como antes decimos, se necesitaría un tomo para anotar cuanto hemos averiguado de este convento.

El P. Ruano, en su *Historia de la Casa de Cabrera en Córdoba,* y otros escritores que se han ocupado en apuntar sucesos de esta ciudad, refieren uno ocurrido en el campo delante de este convento, el que nos dá á conocer que en todas épocas, y aun en aquella que tanto se blazonaba de nobleza, ocurren hechos indignos hasta en personas de poca ilustracion y de malas costumbres. Los nobles cordobeses, que tantas pruebas dieron de su hidalguía y valor en muchas y arriesgadas ocasiones, pecaban á veces por un orgullo desmedido, que los llevaba á cometer grandes torpezas, con las que empañaban el lustre de sus casas y familias, no encontrando quien les hiciese moderar aquellos soberbios ímpetus, porque bastaba que la falta ó delito fuese cometido por un caballero, para que la vara de la Justicia se inclinase siempre á favor del delincuente. Como hemos tenido ocasion de referir á nuestros lectores, las Casas de los Córdobas y los Cabreras eran de las mas principales, y por consiguiente, de las mas respetadas y temidas. En el año 1629 surgieron grandes disgustos entre D. Martin Fernandez de Córdoba, Comendador de Mestanza en la Orden de Calatrava y D. Antonio Cabrera; sea que éste no quisiera habérselas á solas con su enemigo y pariente ú otros móviles que no conozcamos, ello es, que el segundo citó al primero para tener una entrevista de noche en el Campo de la Merced, donde quedarian zanjadas todas sus diferencias; no sospechando aquel de que su adversario desmentiría los timbres de su casa, acudió completamente solo al lugar de la cita, donde se le apareció el D. Antonio Cabrera acompañado de D. Martin Jacinto de Angulo, del Orden de Alcántara, Señor de Leanis y Veinticuatro de Córdoba, D. Pedro de Mendoza y Figueroa, D. Antonio de Figueroa, su hermano, Juan de Anguita y otros, quienes acometieron á D. Martin Fernandez de Córdoba que, apesar de defenderse como un héroe, murió á manos de tanta gente reunida para asesinar á un solo hombre; el choque de las espadas y las voces de la víctima, llamó la atencion de los Mercenarios, que salieron con luces en su socorro, así como otros vecinos, que recojieron el cadáver sin conocer á los agresores, que huyeron en cuanto lograron su propósito, creidos en que nadie había penetrado su secreto. No fué así; la viuda de D. Martin, D.ª María de Córdoba, que sabía la cita á que acudió su marido, pidió el justo y merecido castigo por tan horrible crimen, esperando confiada en la rectitud del Corregidor; mas, viendo el poco resultado de sus justas reclamaciones, acudió al Rey en demanda de un Juez Pesquizidor esclusivo para este proceso; vino entonces con tal carácter, el Licenciado D. Antonio Valdés, quien se dió tan buenas trazas, que logró descubrir y prender á cuantos contribuyeron á la muerte de D. Martin Fernandez de Córdoba, sentenciando á D. Pedro Jacinto de Angulo á ser degollado, por resultar ser el mas culpable, y otros castigos muy severos á cuantos lo acompañaron, dando además entre todos diez y ocho mil ducados que había de percibir la señora viuda. Entonces empezaron las súplicas y los empeños, en que tomó parte todo Córdoba, y como los nobles eran casi en totalidad parientes, lograron al fin el perdon de D.ª María, pactándose una nueva indemnizacion de nueve mil ducados, y que D. Pedro Antonio Angulo, hijo del sentenciado, había de casarse con D.ª Isabel Fernandez de Córdoba, hija tercera de la víctima, cuyo enlace no se realizó al fin, segun dice el ya citado escritor Ruano.

Pasado el Campo de la Merced se encuentra otra llanura conocida por el Pretorio, muy variada en estos últimos años. La huerta de la Reina avanzaba toda la línea que forma la estacion de los ferro-carriles, cerrando la calle paralela á ella, y dejando un camino estrecho entre la tapia y la del huerto de la Merced, conocido por el Callejon de los toros, que despues en línea curva iba á donde está la fábrica de harinas detrás de dicha estacion; en el lado opuesto había una haza en alto, que se desmontó para la esplanacion de la vía, quedando la actual esplanada: en la tapia de espresada huerta había un humilladero al que se subía por dos escaleras opuestas, y allí se veneraba con gran devocion de los vecinos del barrio del Matadero y muchos de Córdoba, un Ecce-Homo, en lienzo, pintura antigua de algun mérito: su construccion insegura demostraba que en mas de una ocasion la habian reedificado, la última vez á fines del siglo XVIII; derribada la tapia de la huerta, no tardó en gretearse la ermitilla, haciendo indispensable su derribo; llevóse á cabo, y la imágen se trasladó á la parroquia de San Miguel donde, con bastante culto, la conservaron algunos años. Los constantes devotos del Señor del Pretorio, no estaban conformes con tenerlo lejos del sitio en que antes lo veneraban, y bien pronto empezaron una suscricion, que dió buen resultado, aumentándose su importe con el producto de una funcion de novillos que dieron algunos vecinos del barrio del Matadero y, supliendo la falta el Ayuntamiento, se llevó á cabo la obra del actual humilladero, cuyo lindo diseño hizo el ilustrado arquitecto D. Amadeo Rodriguez, terminándose felizmente, despues de varias interrupciones, en el año 1872, celebrándose misa en la mañana del dia 14 de Enero, con asistencia de las Autoridades y corporaciones populares, á las que el Municipio obsequió despues con un espléndido buffet en uno de los salones del inmediato Hospicio.

Del Pretorio arrancan varios caminos; la carretera de los Arenales por donde se vá á las hermosas huertas de la sierra, la calle paralela á la Estacion, que constituye un hermoso paseo de invierno, gracias al Sr. D. Rafael Chaparro y Espejo que, siendo Alcalde, la alcanzó de la Empresa del ferro-carril de Córdoba á Sevilla, y otro por el que, siguiéndolo, se vá á muchas posesiones y al hermoso é histórico santuario de Scala-Cœli, del que nos ocuparemos en su lugar. En este último camino se encuentran varias cruces, resto de un calvario ó via-sacra que establecieron los frailes de la Merced; la última de ellas está en la confluencia de cinco caminos y colocada sobre dos gradas: es conocida por la Cruz de Juarez, porque uno de los dueños de la finca mas inmediata llevó este apellido; pero, sea que realmente sucedió ó que el pueblo, tan dado á los cuentos tradicionales, ha fraguado uno curioso y novelesco en estremo, ello es, que á esta cruz se le ha formado su historia, que trascribimos á nuestros lectores, tal cual la oimos y dimos á conocer en las *Tradiciones Cordobesas*, de cuya preciosa obra no llegó á publicarse mas que el primer tomo.

Há cerca de tres siglos, vivía en esta ciudad un caballero de una fortuna considerable, que entre sus muchas fincas contaba ésta, en cuya cerca están las otras dos cruces: llamábase Anton de Juarez y era muy estimado de todos, porque había tenido habilidad para adquirirse la fama de honrado y condescendiente, aunque era infundada, porque, bajo aquel aparente bondadoso, latía un corazon deprabado y miserable. Su esposa era un dechado de virtudes: enferma á causa de unos flujos que la habian debilitado, perdió la hermosura de su juventud, y solo las huellas; de sus padecimientos se veian en su amarillo semblante.

Juarez iba al templo diariamente; se acompañaba con los mas respetables padres de la Merced y San Pablo; pero á espaldas de ellos, traia ciertos tratos y manejos con un compadre suyo, que vivía en el barrio de Santa Marina y que, por cierto, sus antecedentes no eran los mas honrosos. Con él moraba una jóven bastante bella, de quien Anton de Juarez estaba ciegamente enamorado. Con este motivo, su virtuosa esposa le inspiraba hastío, y el amor que antes la profesaba, pasó á ser indiferencia, despues desprecio, y por último ódio: ella, por el contrario, redoblaba sus afanes por reconquistar su perdido cariño, sin lograr que su esposo la compadeciese, siquiera por desvanecer las sospechas que su despego la iba inspirando. Obsecado en su brutal pasion, sin atender á los impulsos de su conciencia y sí al capricho, llevado además por los malos consejos de aquella mujer que le vendía su recato y su reputacion, cercenándole su fortuna y bienestar en cambio de los mas efímeros y pasajeros goces, Anton de Juarez concibió uno de esos pensamientos que nos lanzan ciegos en el camino del crímen.

Llegó la primavera, esa estacion en que la naturaleza quiere lucir sus galas, cubriendo los árboles de ese brillante verde que arropa el fruto de sus brotes; en que el campo se cubre de morados lirios y blancas azucenas; en que los arroyos parecen mas puros y cristalinos, y en que las aves gorgean con mas dulzura y sentimiento. Esa estacion, que en Córdoba parece haber cimentado su trono, porque aquí como en ninguna parte, se nos muestra con toda su lozanía, estasiando la vista con sus encantos y purificando el viento con los aromas que exhalan sus prados de rosales, sus bosques de naranjos y limoneros.

La infelíz esposa de Juarez creia hallar alivio á sus padeceres en aquella estacion privilegiada, y ansiaba pasar algunos dias en la casita que desde este sitio divisamos. Su esposo no puso inconveniente á esta justa y sencilla pretension, y esto la hizo recobrar una lisonjera esperanza.

Al campo, se dijo en la casa, y todos dieron muestras de oir estas palabras con la mayor alegría: hiciéronse los preparativos y al dia siguiente los esposos ocupaban su casa de recreo, donde diariamente eran visitados por los padres Mercenarios que hasta ella alargaban sus paseos, y que, bajo la frondosa copa de algun hermoso naranjo, en cuyo oscuro verdor resaltaban los blancos ramos de azahar, eran obsequiados con los mas suculentos manjares, entre ellos el recien importado chocolate, que tanto se ha generalizado.

Pocos dias trascurrieron: Anton de Juarez dispuso una romería con su compadre y otros amigos; su esposa creyó encontrar una ocasion de complacerlo y, afanosa, preparó cuanto aquel podía necesitar para la escursion á la sierra: quedóse, pues, sola con sus hijos, sus criadas y los hombres que cultivaban la hacienda. Solo encontraba desamor en su esposo y, sin embargo, su ausencia la inquietaba: ¡el corazon siempre es niño; desgraciado el que no dá entrada en él mas que á la inocencia!

Algunos dias pasaron desde la marcha de Juarez: una noche, el cielo se cubrió de densas nubes y los relámpagos despedian su rojiza claridad por detrás de los mas altos cerros de Sierra Morena: conforme avanzaba la noche, la tormenta se hacía sentir con mayor intensidad: las doce sonaban en el reloj del colégio de los Jesuitas, cuando la tierra retemblaba con el fragor de los truenos, y las espesas y contínuas exhalaciones causadas por los relámpagos, parecian amagar á Córdoba y sus alrededores á ser víctimas de las llamas.

Por ese camino que dirije al molino de Sansueña, bajaba un hombre á caballo, con tal celeridad, que parecía desafiar los desenfrenados elementos: al llegar á este arroyo, que iba aumentando su corriente con los aguaceros que se desprendian de las oscuras y apiñadas nubes, se bajó de su corcel y, despues de atarlo fuertemente á uno de los olivos, saltó la cerca de la posesion de Anton de Juarez: llegó á una puerta de la casa, y aun cuando dos enormes mastines salieron al punto á su encuentro como fieles guardadores de aquel recinto, la presencia de aquel hombre solo, les produjo un efecto de alegría, pues movieron sus largas colas como en señal de cariñoso respeto.

Una llave preparada al efecto le dió entrada por la puerta de la casa de campo, siguiendo sus pausados pasos hasta llegar á la habitacion en que reposaba la esposa de Juarez, alumbrada por una luz colocada ante una imágen del Arcángel San Rafael, á quien todos los cordobeses acuden presurosos en los momentos en que se ven amagados de la cólera celeste. Entonces sacó una daga, á la cual había quebrado la empuñadura, y la introdujo en el cuerpo de aquella desgraciada, de manera que su muerte pudiera atribuirse á la enfermedad que ya hemos dicho padecía: al dolor volvió de su sueño, y un grito de amargura ahogó en sus lábios una mano que se posó en ellos con las fuerzas de un gigante: cualquiera que hubiese estado cerca, tal vez percibiría estas palabras:—¡Juarez! ¡mi esposo! ¡Dios mio!.... yo lo perdono!

El sonido aterrador del trueno, se dejó oir mas potente en aquel momento: las nubes lanzaban el agua á torrentes y los relámpagos se multiplicaban iluminando todos los alrededores: varias exhalaciones descendieron sobre esa posesion, y la casa de campo y almiares principiaron á lanzar grandes llamaradas. Aquella casa donde pocos momentos antes reinaba la mas envidiable paz, presentaba un espectáculo espantoso: por entre las llamas salió un hombre; quien á la luz de los relámpagos y del incendio hubiera divisado su semblante, se habría horrorizado, viendo en él retratado el crímen, la desesperacion, la maldad: al fin, llegó á la cerca; este arroyo tan puro y cristalino en los dias de calma, había convertido su dulce y melodioso murmurio, en el sublime rugido de un torrente. Juarez, á quien ya habrán ustedes conocido, vaciló un momento, y sin temer que lo arrastrasen las aguas, lo salvó á nado, llegando al sitio donde dejára su caballo y que pugnaba aterrado por huir del árbol que impedía su carrera: un momento despues iba con la velocidad de un rayo por el camino de la Somadilla.

A los ahullidos de los perros y á los bramidos de las reses que, atadas á los tinahones, no podian huir de las llamas que amenazaban devorarlas, despertaron los operarios y mozos de la hacienda, y las palabras de ¡fuego! salvemos á la señora! se dejaron oir en estos contornos. La señora de Juarez no existía; su cadáver, nadando en sangre, fué lo que encontraron aquellos fieles criados!

Al dia siguiente cundió por la ciudad la triste noticia de que la hacienda de Anton de Juarez había sido devorada por un incendio, y que aquella virtuosa mujer, en quien todos veian el mas bien acabado modelo de virtudes, sobrecogida por el susto, había sido víctima de uno de los terribles flujos que padecía. Un criado corrió á llevar esta triste nueva al lugar donde estaba de montería Anton de Juarez, quien se apresuró á bajar á Córdoba, dando las mayores pruebas de dolor, que todos pretendian calmar con los religiosos consejos empleados generalmente en tan tristes circunstancias. Sin embargo, un primo de la víctima se abstenía de dar consuelos, y no cesaba de hacer preguntas á cuantos operarios y criados pasaron la noche en la hacienda; pero ocultó sus recelos por no hallar el menor indicio que los aclarase, al par que temía perder el favor de Juarez, á quien era deudor de muchos y señalados beneficios. Los funerales se celebraron con la mayor suntuosidad y el cadáver fué depositado en un panteon que la familia tenía en uno de los conventos de Córdoba.

Poco á poco fueron desapareciendo las muestras de dolor dadas por Anton de Juarez: á los dos años contrajo segundas nupcias con la mujer con quien ya dije antes mantenía ilícitos amores: todos los parientes huyeron de él, quedando aislado con su nueva consorte que, al revés de la primera, llegó á dominarlo hasta el punto de hacerle sufrir las mayores bajezas.

Diez años trascurrieron desde los sucesos que he referido; ya nadie se acordaba de ellos, cuando la Providencia, que ningun delito quiere dejar oculto y sin castigo, dispuso que una casualidad viniese á descubrir tan inaudito crímen. Falleció otro individuo de la familia, y éste, como era costumbre, dispuso llevar el cadáver á la misma bóveda en que yacian los restos de la esposa de Juarez: entran los sepultureros y algunos parientes, entre ellos el que sospechaba la infamia de aquel: para colocar el nuevo ataud, era preciso internar el de la infeliz señora, y hé aquí que al moverla se deshizo el esqueleto, apareciendo entre los fragmentos la hoja de una daga que todos reconocieron por haberla visto alguna vez en poder de Anton de Juarez. Miráronse unos á otros y, sin embargo, todos callaron: al dia siguiente tuvieron una reunion para ocuparse de un asunto sumamente delicado, en el que todos habian concebido un mismo pensamiento: Anton de Juarez, fué acusado á la Justicia de Córdoba como asesino de su desventurada esposa. Esta noticia tardó muy poco en estenderse por toda la ciudad, dando pábulo á los curiosos y noticieros, para hacer mil diferentes comentarios.

—Juarez, Juarez, estamos perdidos—entró diciendo en casa de aquel, el compadre que ya saben ustedes le servía de consejero, y que por tanto no dejaba de tomar una parte muy activa en todos sus asuntos—al cabo de diez años han encontrado entre los restos de tu mujer, la daga que puso fin á su existencia.

—Terrible casualidad!—contestó Anton.—No importa, nadie me vió y yo no he de revelar este secreto.

—Que mal conoces el mundo! Ahora, así que te vean entre cadenas, con los bienes confiscados, que nada esperan de tí, no faltará quien declare en contra tuya: entre los monteros no falta quien asegure que aquella noche no la pasaste con nosotros, que antes de amanecer volvistes muy azorado, y que al dia siguiente faltaba una daga de entre las armas, la cual debió haberse quebrado, porque la empuñadura fué encontrada despues hecha pedazos en el monte.

—Y qué haremos; la huida en estos momentos confirmaría las sospechas.

—Méteto en el lecho—continuó el compadre—de esa manera saldremos del primer momento: despues iremos viendo la marcha de tu proceso, y obraremos segun convenga. Tú tienes confianza en tu médico: creo no desmentirá tu padecimiento.

Aquella misma mañana se presentó en casa de Juarez el Corregidor de Córdoba seguido de su cohorte de escribano, guardia y alguaciles. Anton los recibió en la habitacion en que tenia el lecho, y en el cual estaba fingiendo una aguda dolencia. Al saber el objeto de tan estraña visita, demostró la *mayor* sorpresa, protestando contra tan terrible acusacion; sacando en apoyo de sus palabras, el grande amor que profesaba á su primera esposa.

La presencia del médico, y la seguridad que dió del padecimiento de Juarez, lograron que el Corregidor lo dejase en su casa, con unos cuantos alguaciles que custodiasen su persona. Conforme el proceso iba tomando un giro desfavorable al enfermo, éste se agravaba en su dolencia, hasta el estremo de disponer el médico que si al dia siguiente no se notaba alivio, fuese inmediatamente sacramentado, Con este parecer de persona tan entendida, los alguaciles se descuidaban, no ejerciendo con tanto celo la vigilancia encargada por el Corregidor. Aquella noche varios frailes franciscos entraron á ver á Juarez; poco despues salieron, quedando todo en calma: el enfermo parecia, segun su esposa, no hallarse de la gravedad que la tarde anterior.

Aquella noche otra escena terrible vino á hacer mas horrorosa esta lamentable historia. Serian las doce, cuando de entre las cercas de la hacienda salió un hombre con tres caballos, dos preparados como para dos ginetes, y el otro con unos cofres y cajones, al parecer de mucho peso. Sentóse en este sitio, donde hoy está la cruz, y á poco tiempo se presentó otro personage, vistiendo el hábito de San Francisco.

—Estamos prontos?—preguntó el segundo.

—Sí, todo está corriente.

—Vamos, pues; no perdamos tiempo.

—Espera; antes tenemos que hablar—dijo el primero, sin moverse del sitio en que estaba sentado.

—Lugar tenemos; ahora solo importa aprovechar la noche, á fin de estar por la mañana en sitio seguro.

—No me moveré de este lugar sin que me hayas antes escuchado.

—Sea lo que quieras: dí pronto.

—Bien sabes, Anton, que por tí abandono á mi mujer y mis hijos, haciéndome cómplice de un crímen del cual tú solo debes responder. Esa caballería está cargada de dinero y joyas de inapreciable valor; tú puedes vivir cómodamente en un pais estraño, sin que nada te falte para tu felicidad: yo voy á acompañarte; pero antes quiero saber qué lugar voy á ocupar á tu lado, ya que pierdo mi tranquilidad y los goces del país donde he nacido y me he criado.

—Vivirás á mi lado, gozarás lo que yo goce, serás mi hermano, pues contigo partiré mi buena ó mala fortuna.

—Huélgome de la segunda parte de tu contestacion; pero, francamente, no me fio de tí.

—Miserable—esclamó Anton de Juarez, llevándose una mano á la cintura.

—No hay que alterarse—siguió con calma su interlocutor:—si tus palabras son verdaderas, lo mismo es partir la fortuna antes ó despues. Ahora dividimos el dinero y alhajas en dos partes iguales, y en seguida tú tomas el camino que gustes; yo elegiré otro: ambos juraremos no descubrirnos.

—Es imposible, yo no puedo acceder á esos descabellados planes.

—Tampoco yo puedo, ni quiero sujetarme á ser tu criado toda mi vida; á ser siempre el que obedezca, cuando estoy en el caso de ser quien mande.

—Y qué intentas?

—Vivir con entera independencia, ó entregarte á la justicia si no accedes á lo propuesto.

—Oh! no: bien me conoces para creer que he de dejarme burlar de esa manera.

—Repara, Anton, que ahora la lucha es igual; que no te presentas ante una débil mujer enferma y dormida, para arrancarle la vida impune y miserablemente.

—Bien está: sea lo que quieras; toma lo que te se antoje.

Estas últimas palabras fueron pronunciadas con una especie de ironía que revelaba las peores intenciones: el compadre las comprendió perfectamente.

—Vamos los dos,—le dijo, dirigiéndose al caballo cargado con el oro y las alhajas.

Juarez lo siguió y, cuando lo creia descuidado, se lanzó sobre él con una daga, diciendole: —Muere, infame ladron;—pero, por muy velóz que quiso dar el golpe, no pudo sugetar á su adversario, que se lanzó sobre él derribándolo al suelo, y arrancándole el arma que tenía en la mano la hundió en su pecho, pronunciando con la mayor sangre fría estas palabras:—Adiviné tus pensamientos, miserable! no has querido partir conmigo tus riquezas; ahora yo las tomo todas.

Un hondo quejido turbó por último el silencio que reinaba en este lugar. El compadre se repuso un poco, caló bien la capucha del hábito en la cabeza del cadáver y le colocó la daga en la mano derecha: en seguida subió en uno de los caballos y, tomando á los otros del diestro, desapareció por el camino de la sierra.

Apenas la noche descorrió su negro tupido velo, dando paso á la aurora que se presentaba ataviada con sus encantadoras galas, muchos trabajadores abandonaron sus miserables lechos para correr á la sierra, donde esperaban hallar los medios conque atender á su sustento y el de sus pobres familias: no es posible, atendida la superstición de aquellos tiempos, definir la impresion causada en todos, por el espectáculo que presentaba á su vista el cadáver de un religioso francisco con la daga en la mano: algunos tornaron horrorizados á la ciudad, contando á cuantos encontraban, el repugnante hallazgo que habian tenido, no faltando quien llegase á los conventos de aquel Orden, en averiguacion del nombre del suicida, tornando aun mas asombrados al saber que la comunidad estaba completa.

A poco llegó á este sitio el Corregidor de Córdoba seguido de sus alguaciles, la hermandad de la Caridad con el objeto de recojer el cadáver, varios padres de San Francisco ansiosos de aclarar aquella alarma que tanto interesaba al buen nombre de sus conventos, y por último, esa multitud de curiosos que acude á todas partes donde creen hallar algo que los entretenga y dé pábulo á sus exageradas conversaciones: los alguaciles no los dejaban acercarse al cadáver, hasta tanto que fuese reconocido: quitósele la capucha y todos se asombraron al reconocer á Anton de Juarez, á quien el dia antes habian mandado sacramentar los facultativos.

La opinion general cambió de pronto: todos se olvidaron de los frailes franciscos, asegurando que Juarez había puesto fin á su existencia, temeroso del castigo de su crímen; sin embargo, á peticion de ellos, estuvo el cadáver expuesto al público en la plaza hasta la tarde de aquel dia. Mientras esto sucedía en el campo, en la ciudad cundió la voz de que Anton de Juarez había burlado la vigilancia de la justicia.

Bien pronto se aclaró este misterio, pues aunque nadie presumía otra causa de aquella muerte que el temor á un castigo seguro, la viuda de Juarez manifestó al Corregidor la fuga de su esposo, al cual acompañaba el compadre, quien debía tener el dinero y alhajas que se habian llevado: esta declaracion y la falta y malos antecedentes del acusado, decidieron á la justicia á espedir requisitorias en su busca, las cuales tuvieron el resultado apetecido.

La pesada carga del caballo que llevaba el dinero y alhajas, le impedía marchar con la celeridad deseada: al fin llegó á un pueblo de Estremadura, donde desgraciadamente lo conocian por sus malos antecedentes, lo cual hizo estrañasen verlo con aquella carga y el caballo de Juarez bien ensillado y sin ginete. No tardó en ser denunciado á la justicia, quien lo detuvo, registrándole la carga y esplorando la procedencia de tanta riqueza, á lo cual no pudo dar una satisfaccion cumplida: entretanto llegaron las requisitorias de Córdoba, á donde fué traido con los caballos y cargamento.

El proceso no tardó en fallarse: aquel miserable fué sentenciado á perder la cabeza en el mismo sitio en que nos hallamos, ó sea donde había ejecutado su crímen: aquí, pocos dias despues, rodó su cabeza bajo el hacha del verdugo.

La hermandad de la Caridad recogió el cadáver para darle sepultura y, conforme á las costumbres de aquellos tiempos, erigió esta cruz en memoria de tan lamentable suceso: los deudos y amigos de Anton de Juarez y de su primera esposa, colocaron esas otras dos que hay en el camino sobre la derecha de la hacienda que les perteneció, y con la que despues uno de sus descendientes, fundó una capellanía con la pension de aplicar misas por el eterno descanso de aquella infortunada familia.

Mucho mas pudiéramos escribir de la poblacion rural del barrio de San Miguel; pero renunciamos á ello temerosos de equivocarnos al describirla, puesto que, como en todas las demás, no hay una division clara y segura, dando lugar á contínuas divergencias, pues las unas se entran en las otras, y no falta quien, en el campo, no sepa ni á donde ha de dirijirse por los sacramentos: solo así se comprende que, perteneciendo el convento, hoy fonda de la Arrizafa, á San Nicolás de la Villa y pasando por ella para ir á las Ermitas, éstas pertenezcan al barrio de San Miguel; por eso, en cuanto nos retiramos un poco de los muros de Córdoba, retrocedemos á ella y dejamos lo demás para el paseo que hemos de dedicar al término de esta capital: eso hacemos ahora, yéndonos á los barrios unidos del Salvador y Santo Domingo de Silos, en que daremos nuestro décimo paseo.

PASEO DÉCIMO.

Barrio del Salvador y Santo Domingo de Silos.

Nos encontramos en los barrios unidos ó refundidos en uno que lleva la espresada denominacion; ésta dá á entender que tuvo dos parroquias; ambas fueron fundadas por Fernando III despues de la conquista, la primera en lo que despues fué convento de monjas del Espíritu Santo, calle del Liceo, esquina á la del Arco Real, y la segunda en la hoy casa número 5, plazuela de la Compañía, refundidas y trasladadas ambas á la iglesia del colegio de Santa Catalina, de Jesuitas, que es la actual parroquia, en 18 de Marzo de 1782 por disposicion del Obispo D. Baltasar Yusta Navarro. Dudosos hemos estado sobre el giro que habíamos de dar á nuestro relato; pero al fin hemos resuelto ocuparnos de este edificio cuando lleguemos á las Escuelas Pías, y hacer la historia de aquellas hasta traerlas á su actual iglesia y describirla tal como en el dia la encontramos; esto nos parece lo mas claro para la mejor inteligencia de nuestros lectores, y además por ser los edificios mas antiguos.

A la invasion de los árabes en España existian en Córdoba varios templos dedicados al culto divino, contándose entre ellos el que tenian los Caballeros de San Jorge, creyéndose por la generalidad de los autores que esta iglesia, conocida tambien por la de los Cautivos, era la que despues de la conquista erigió San Fernando en parroquia del Salvador, si bien alguno que otro disiente y le aplica esta tradicion histórica á la del ex-convento de Santa Clara; nos inclinamos á lo primero por su proximidad á la muralla, por su elevada posicion y por un torreon que tenía adosado que demostraba gran antigüedad.

Desde la menor noticia que se tuvo de la invasion de los árabes en España, parecía que los cristianos temian todos ser víctimas de aquellas implacables hordas; las oraciones se multiplicaban, los templos estaban llenos dia y noche, y todos apelaban á las súplicas y los sollozos; mas todo era en vano; parecía como que la Providencia tenía decretado que España gimiese durante siglos bajo el yugo de las armas africanas, y aquel decreto había de cumplirse y se cumplió. Muerto D. Rodrigo, último Rey godo, en la sangrienta cuanto famosa batalla del Guadalete, dispersos muchos de sus bravos aunque vencidos caudillos, vinieron á guarecerse en Córdoba y, alentando con su presencia á los que había dentro de sus muros, decidieron todos resistir el ataque de la ciudad, no entregándola sino á costa de sus vidas.

Sabido es que Taric dividió sus vencedoras huestes en tres grandes cuerpos de ejército, confiando el primero á Mugueiz el Rumí, á quien tocó venir á apoderarse de Córdoba: acampó, en efecto, frente á la ciudad, rio por medio, enviando á decir á sus moradores que se sometiesen á las condiciones que les imponía;

solo así evitarian el derramamiento de sangre, puesto que serian respetadas sus personas, con solo el pago de los tributos impuestos á otras ciudades; de otro modo serian víctimas de la saña y furor de las huestes vencedoras; mil muertes preferian los valientes cordobeses á vivir esclavos de los árabes, y la contestacion fué negativa, aprestándose á su defensa. Mugueiz el Rumi sabía que ésta era inútil, tanto por la poca gente de pelea aquí encerrada y lo inseguro de sus murallas, como por la confianza que le infundía la série de victorias que sus armas habian alcanzado. Aprovechando una noche, en estremo lluviosa y oscura, pasó Mugueiz el rio á nado con mil hombres á caballo y otros tantos en las grupas, y sorprendiendo las puertas de la ciudad, mató á sus guardadores y penetró por las calles haciendo una horrible carnicería; los Caballeros de San Jorge y otros muchos cristianos con sus esposas é hijos se guarecieron en su iglesia, donde, despues de una heróica defensa, murieron todos sin poder resistir al ejército árabe, que bien pronto quedó dueño absoluto de la ciudad.

Nada se sabe de la suerte de este templo durante la dominacion árabe; pero sí puede afirmarse que no siguió destinado al culto: tal vez por su proximidad al muro serviría como una de tantas fortalezas, pues, como antes indicamos, la torre era de gran solidéz y mas bien una parte de un castillo que de un templo; muy jóvenes aun, la vimos derribar, y por eso hablamos de ella con el suficiente conocimiento. La parte foral de la capilla mayor de esta iglesia era en su construccion igual á las de Santa Marina y San Lorenzo, y aun tal vez mas elevada, pues dejaba que por bajo pasase la calle que se llama del Arco Real, de la que mas despacio trataremos; en sus últimos tiempos habia sufrido esta iglesia grandes reformas, y sus puertas eran como de mediados del siglo XVIII; el interior había sufrido tambien las variaciones que todas las demás parroquias, y solo llamaba la atencion el presbiterio, por la gran escalinata que tenía delante.

No contando con gran número de noticias de esta iglesia, como parroquia del Salvador, y sí como convento del Espíritu Santo, la dejamos por ahora para cuando en el segundo concepto tengamos que historiarla á nuestros lectores.

Era muy válida entre los cristianos cordobeses la tradicion religiosa de que Santo Domingo de Silos había sido el mas decidido protector de los cautivos, y que en ocasion de salir Mohamad en busca de nuevas riquezas y esclavos á tierra de cristianos, vió una vez en el puente de Alcolea una estraña claridad que dejaba distinguir á un monje que se dirijía hácia Córdoba; dióle voces, preguntándole á dónde iba, y contestó que era Domingo de Silos que venía á llevarse los ciento cincuenta y cuatro cautivos oprimidos en sus oscuros calabozos; el caudillo moro corrió á detenerlo y castigarlo; mas, con sorpresa, vió desaparecer aquella celestial vision, sin que ninguno pudiera esplicarse el modo: entonces, no solo se volvió á la ciudad, poniendo dobles guardias en sus fortalezas y dobles cadenas á los cautivos, sino que avisó para lo mismo á cuantos en su poder tenian preso algun cristiano; si grande fué su sorpresa al recibir el aviso, mayor aun fué su asombro á la mañana siguiente, viendo que, en efecto, desaparecieron los cautivos con sus cadenas y grillos, y que al formar la lista de ellos, resultaron ser los ciento cincuenta y cuatro que precisó Santo Domingo de Silos.

Las noticias que de este Santo tenía Fernando III,

coincidian con las de los cristianos cordobeses, y todos decidieron dedicarle una de las catorce parroquias, fundacion de aquel monarca al conquistar á Córdoba, tocándole esta suerte á la erigida en la hoy casa número 5, plazuela de la Compañía, con el gusto arquitectónico de aquella época, que despues fué perdiendo en las diversas reedificaciones llevadas á cabo hasta su traslacion á la actual iglesia. Este edificio debió construirse sobre los restos de otro romano; y decimos esto, en vista de dos descubrimientos hechos últimamente al convertirlo en casa: el primero es un pozo encontrado dentro de uno de los enterramientos familiares que tenía la parroquia; el otro, un precioso mosaico de menudas piezas de diversos colores, pavimento de alguna lujosa estancia, dividido en cuatro cuadros, que representan las cuatro estaciones del año, con una ancha y bonita cenefa que los rodea; mosaico que aun puede examinarse, gracias al celo del actual dueño de aquel edificio, D. Antonio de Luque y Lubian, que cuidadosamente lo conserva bajo una bóveda que con este objeto le ha volteado.

El interior de esta iglesia constaba de tres naves de bastante elevacion, con dos puertas muy semejantes á las de la Magdalena, San Miguel y otras parroquias; su torre, que aun se vé sirviendo de mirador á la casa contigua, es de construccion del siglo XVIII ó lo mas de fines del XVII, tal vez del año 1660 en que reedificó aquel templo el Obispo D. Francisco Alarcon y Cobarrubias, por cuya razon colocaron sus armas sobre la puerta que dá al Oriente. El retablo del altar mayor, que es el que en la actual parroquia tiene San Bartolomé, se hizo en 1682 á espensas del Licenciado D. Bernardo de Cabrera, Beneficiado de esta parroquia, y uno de los hombres mas eruditos que ha tenido Córdoba: en la capilla mayor tenían enterramiento los señores Segovias y los Marqueses del Villar, habiendo enterrado en ella al que fué asesinado en las callejas que tomaron su nombre, y de cuyo hecho nos ocuparemos mas adelante.

La capilla de Ntra. Sra. de la Concepcion, una de las colaterales, fué fundada por el Jurado de aquella collacion, Juan Perez, en 1397, segun escritura de 8 de Agosto; era escribano mayor de la Ciudad, por lo que llamó á todos sus compañeros á formar parte de la cofradía instituida á la vez y para patronos á sus descendientes, siendo éste el principio del ilustre Colegio de Escribanos, el cual tiene de patrono y protector á los Duques de Rivas: las reglas de esta corporacion, escritas en pergamino, fueron trasladadas á otro en 27 de Marzo de 1570, con algunas reformas que se le habían hecho en 1544, siendo Obispo de Córdoba el Sr. D. Leopoldo de Austria: la cofradía celebraba varias fiestas al año, todas solemnes, mas ninguna tanto como la de la Concepcion, á que acudian todos los escribanos con su patrono, en cuya forma asistian tambien á la procesion del Corpus y otras á que eran invitados.

La Universidad de los Beneficiados de las parroquias de Córdoba, celebraba en esta iglesia varias memorias, tales como la fiesta de Santo Domingo de Silos, fundada por Diego de San Juan, Beneficiado del Salvador y primo hermano del Gran Cardenal Francisco de Toledo; á otra fiesta que el cuarto Domingo de Adviento se hacía á la Concepcion, fundada por Juan Cordero de Aragon; otra fiesta en el Domingo infraoctavo de la Asuncion de la Vírgen y otra á Todos los Santos, fundacion ambas del Jurado Diego Rodriguez; otras tres fiestas de la Circuncision, Concepcion y San José, además de cuatro misas rezadas de requiem, dotadas por Bartolomé Lopez de Gamez y Paje, que murió en 1652 y enterraron en la capilla mayor, donde lo fué despues su hijo el Licenciado Bernardo de Cabrera de Paje y Gamez, Beneficiado de aquella parroquia y Ministro del Santo Oficio, quien costeó el retablo y varias piezas de plata para el servicio de aquella iglesia: murió este insigne cordobés á las cuatro y media de la tarde del dia 8 de Febrero de 1676, habiendo merecido particular predileccion de todos sus contemporáneos, especialmente de los escritores Pedro Diaz de Rivas y el Canónigo Alderete; dejó una magnífica librería y una gran coleccion de antigüedades, cuyo destino ignoramos. En el lugar que fué sepultado él y sus padres, se leia la siguiente inscripcion:

Aquí yace D.ª Juana de Heredia, mujer de Bartolomé Lopez de Paje y Gamez: murió año 1629.

y por bajo otra en latin, cuya traduccion libre es la siguiente:

Bernardo Gomez, español y de la Casa de Córdoba, habiendo deseado grandes dones de Dios, y alcanzado muy grandes bienes en verdad, y aun esperando lograrlos mayores que antes, por la bondad y ayuda que hubo debido al muy bienaventurado Santo Domingo; en la mejor manera que le fué posible, ha cuidado de labrar, erigir y consagrar este altar, y el alto signo que lo corona, con sus ornatos, y demás que desde su planta inferior hasta la cima se contempla; pagándolo gustosísimo á su costa, por culto al nombre de tan benemérito y laudable varon, y con el deseo de atestiguar y difundir su propio reconocimiento.

Al reunirse las dos parroquias, existian dos cofradías del Santísimo Sacramento; suprimióse la del Salvador y quedó la de Santo Domingo de Silos, á que se agregó la de San Bartolomé, instituida en un hospital de su advocacion que estaba en la hoy casa núm. 26 de la calle de los Letrados, de que en su lugar nos ocuparemos: esta hermandad cumplía doce fiestas, una cada mes, fundacion de D. Francisco de las Infantas y Aguayo, Caballero del Orden de Calatrava y Veinticuatro de Córdoba, fecha 9 de Diciembre de 1635; este señor fundó tambien el hospital de Convalecientes, que en su lugar historiaremos.

Otras fundaciones dignas de mencion existian en esta parroquia, siendo las mas notables las que fundaron, Fernando del Castillo, para vestir pobres en Pascuas de Navidad, casamiento de huérfanas parientes, limosnas á los presos y misas; un depósito de cien fanegas de trigo, hecho por D. Luis de las Infantas para repartir pan á los pobres de esta feligresía cuando la escasés lo hiciera necesario, y la Obra-pía del Licenciado Felipe Pareja, para limosnas á los pobres de su linage.

En la pila de esta iglesia recibieron el sacramento del bautismo dos hombres notables, el cronista de Felipe II Ambrosio de Morales, que nació en la calle que hoy lleva su nombre, y el Sr. D. Fr. Juan de Almoguera, Trinitario Calzado, Obispo de Arequipa y Arzobispo de Lima, donde murió en el dia 2 de Marzo de 1676.

Entre las alhajas, propiedad de esta parroquia,

llamaba la atencion un arca de plata para guardar y custodiar el Sacramento, con peso de doscientas treinta y dos onzas, primorosamente labrada, donacion de la Sra. D.ª Leonor Galindo de Henestrosa, mujer del espresado D. Francisco de las Infantas, previniendo que si se prestaba ó distraia de su objeto, pasase á ser propia de los Jesuitas.

Delante de esta iglesia, formando ángulo hácia la calle del Reloj, estaba el cementerio general de aquellos vecinos, y antes de entrar por la puerta setentrional, se veia una losa de mármol cárdeno, en que se leia el siguiente epitafio:

Joane Baptista
vocor cognomento
de Valles anno Domini
1588.

Dice la nota de donde lo hemos tomado: «Juan Bautista de Valles está aquí enterrado por ser hoyado de todos; fué hombre humilde, raro exótico y buen poeta, como se lo refirió el Licenciado Pedro Diaz de Rivas al Beneficiado D. Bernardo de Cabrera; fué paradoxo y no supo si fué eclesiástico ó seglar.»

Otra nota referente á el archivo de esta iglesia, ha causado nuestra curiosidad; dice «que existía en él una escritura en pergamino, en que constaba que Juan de Orduña, Receptor de la Reina D.ª Juana, de los bienes pertenecientes á la Real Cámara y Fisco, en virtud de poder de dicha señora, que se insertaba, vendió en almoneda pública unas casas, tocante á dicho fisco, que fueron de Pero Fernandez, Escribano público, condenado y quemado en vida por el delito de la herejía, á Anton Ramirez de Valenzuela, vecino de Baena, en veintisiete mil maravedises, cuyas casas eran en la collacion de Santo Domingo de Silos, en la calleja del Reloj, linde con casas de Alonso de Sanllorente, platero, y otras de la mujer de García Castril, difunto; esta escritura está otorgada en Córdoba á 17 de Febrero de 1505, ante Diego de Barrionuevo, Escribano de los Secuestros de la Santa Inquisicion.» Por este documento y por una nota parecida que hay en el archivo del Ayuntamiento, vemos que un escribano que vivió en la calle del Reloj, fué quemado: nuestras averiguaciones no han podido aclarar mas esta curiosa noticia.

Cuando la espulsion de los Jesuitas, quedó su colegio de Santa Catalina sin ningun objeto, pensándose primero en establecer el hospicio, entonces en proyecto, como ya saben nuestros lectores, y poniéndolo despues en venta, la que se realizó con fortuna, por haberlo dedicado su comprador á la creacion de las Escuelas Pías, que tanto bien reportaron y aun reportan á la juventud escasa de recursos para adquirirse los primeros conocimientos. Era entonces Obispo de Córdoba D. Baltasar Yusta Navarro, quien temía que aquella hermosa iglesia se demoliese ó dedicara á otros usos; y no pudiendo evitar esto último, prefirió salvarla á costa de la de Santo Domingo de Silos, inferior en capacidad y mérito artístico: al efecto, incohó un espediente, y despues de muchas recomendaciones, logró su pensamiento, trasladando el Sacramento en la tarde del dia 16 de Diciemdre de 1782, en una solemnísima procesion, á cargo de la Universidad de los Beneficiados de las iglesias parroquiales, quienes, para memoria de este acto, estendieron un acta en sus libros de cabildos, en la que se describe aquella de una manera minuciosa, razon que tenemos para insertarla íntegra, con la idea de dar á conocer mejor este suceso, que tanto llamó la atencion de los cordobeses; dice así:

Procesion solemne de traslacion del Santísimo Sacramento por el Cabildo de Universidad, en la union de las dos Parroquias del Salvador y Santo Domingo de Silos, con las Santas Cruces Parroquiales, la Congregacion, Cofradías del Santísimo y Religiosos de todos los Conventos.

En la ciudad de Córdoba, dia diez y seis de Diciembre de mil setecientos ochenta y dos años, por la tarde ocurrió á este Cabildo de Sres. Prior y Beneficiados de la Universidad la ocupacion de celebrar la funcion solemne procesional, que se dirá, con el modo y circunstancias siguientes: Es de saber, que por fundamentos, motivos, y razones tratadas en el espacio de trece ó catorce años entre el Supremo Consejo, y los Ilmos. Sres. Obispos de esta ciudad, por Real órden se mandó, que de las dos parroquias del Salvador, y de Santo Domingo de Silos de la misma ciudad, unida la una con la otra quedaran perpétuamente en una sola, bajo la Real proteccion, y la jurisdiccion ordinaria, con título del Salvador y Santo Domingo de Silos, destinando su situacion en la iglesia que fué de los religiosos estrañados de la Compañía de Jesus, dedicada á Santa Catalina, vírgen y mártir, formando pared divisoria de cerramiento entre el templo y resto del colegio, en que se constituyó y adornó una muy decente parroquia por la devocion del Ilmo. Prelado el Sr. D. Baltasar de Yusta Navarro, Obispo á la sazon de esta dicha ciudad; cuya operacion concluida perfectamente en el corriente año, y queriendo el piadoso ánimo de S. I. trasladar personalmente el Santísimo Sacramento con la mayor solemnidad, y devota superior asistencia, que fuera dable; señalando para ello este mismo citado dia á las cuatro de la tarde, indispuesto con los efectos de la rigorosa estacion, por no dar mayores dilaciones á este su deseado acto, ni esponer á riesgo su salud, fué de su parecer, y agrado, que comunicó por medio de sus confidentes, que respecto á ser la presente funcion parroquial, á que las restantes de la ciudad, sus Cruces y Ministros debian concurrir, la tomase á su cargo este Cabildo, asistiendo todos sus indivíduos, como lo tienen de uso y costumbre en semejantes ocasiones: lo que noticiado á nuestro Prior, y pasado por su medio el aviso á este Cabildo, pasó con su gustoso beneplácito á ofrecerse á la obediencia de S. I. para que le mandara cuanto en el asunto pudiera este Cabildo hacer, y en su virtud manifestando particular complacencia, le dió su órden y bendicion, para que pasando recado á todas las parroquias, asistieran con las Santas Cruces en el modo que lo practica dicha Universidad: lo que dispuesto por el referido Prior, y hecho á el medio dia en todas el tañido de campanas acostumbrado en tales concurrencias para la asistencia de las Santas Cruces, estuvieron en efecto todas juntas en la iglesia de Santo Domingo de Silos á dicha hora señalada, como tambien todos los indivíduos de nuestra comunidad que pudieron asistir. Como corrió la voz del deseo de S. I. que esta funcion tuviera el mayor lucimiento, el Abad de la Congregacion se lo ofreció á S. I. para asistir con sus individuos en el modo que lo estilan con sus sobrepellices y estolas, en los convites que les hacen. Aceptado por S. I. mandó, que las cofradías parroquiales del Santísimo Sacramento de la ciudad concurrieran con el número de cirios que cada cual pudiese, para que el Clero y seculares concurrentes los llevasen encendidos: tambien pasó S. I. recado á todos los Prelados Regulares, le hiciesen el gusto de destinar seis religiosos de cada convento que asistieran de convite á la procesion; cuya estacion fué dirigida desde la dicha iglesia de Santo Domingo por la calle de los Letrados á el convento de religiosas del Espíritu Santo, calle de las Nieves, la de la Plata, plaza de las Tendillas, calle de Jesus María hasta dar vista por la calle del Moro al nuevo colegio de Santa Victoria frente á la nueva parroquia, donde terminó la procesion, que llevó el siguiete órden: —Primeramente iban delante varios cofrades de las hermandades del Santísimo Sacramento con sus estandartes, á quienes seguía el pendon, llevado por el Caballero Conde de Torres-Cabrera, acompañándole toda la nobleza convidada por el Rector y Beneficiados de la referida parroquia, continuando en su seguimiento gran número de sujetos distinguidos, y despues los religiosos convidados interpolados de todas las Religiones, todos con cirios de las reconvenidas cofradías inmediatas á dichos Regulares, se seguian todas las Santas Cruces parroquiales, y á ellas toda la Congregacion de clérigos de San Pedro, llevando en el centro de dicha comunidad el estandarte del Santísimo Sacramento que se acostumbra en sus procesiones de la Catedral y demás iglesias, por uno de los sacerdotes con sobrepelliz y estola (siempre que lo hay, como despues se anotará) y despues de dicha congregacion seguía nuestro Cabildo de Universidad, cuyo Sr. Prior (bajo el palio conducido por sacerdotes con sobrepelliz) llevaba en sus manos la custodia del Santísimo Sacramento acompañado de Diácono y Subdiácono, de nuestro Cabildo, revestidos todos tres con ricos ornamentos blancos, de un decente completo terno que S. I. se sirvió regalar á la nueva parroquia, precediendo al palio dos sacerdotes con incensarios, y algo mas adelante la capilla de música de la Catedral, cerrando últimamente la procesion el Corregidor, y Alcaldes mayores con sus Escribanos, y de retaguardia un piquete de tropa. En cuyos términos salió la procesion de la dicha parroquia entre cuatro y cinco de la tarde, vía recta por la estacion referida, sin otra mansion que la que se hizo en la iglesia del Espíritu Santo, donde la música rompió una cantata: entró la procesion en la nueva parroquia, que se hallaba toda alumbrada hasta las verjas del coro alto, en cuyo altar mayor puesto é inciensado el Sacramento, el Sr. Prior entonó el *Te-Deum* que prosiguió la música, y acabado cantó el *Tantum ergo,* y mientras tanto inciensado de nuevo el Santísimo y cantada la oracion *Deus qui nobis sub Sacramento* principió dicha música el Admirable, y mientras la cancion, tomando el Sr. Prior la Custodia, echó con ella la bendicion á los concurrentes, que aun tenian encendidos los cirios; y vuelto al plan del altar, abriendo el Diácono el Sagrario se colocó en él el Santísimo dejado en su misma Custodia; y cerrado se finalizó esta funcion, á todo lo cual fuí presente yo infrascripto Secretario de este Cabildo de Universidad, por quien se me dió órden de escribirlo en este libro de nuestros acuerdos, dando fée de todo ello para que conste en lo subsesivo, firmándolo con el Sr. Prior, como abajo aparecerán nuestras firmas.

NOTA. Ahora es de prevenir, para lo que pueda resultar en adelante, que al mismo tiempo de irse á formar la referida procesion, estando todos nuestros indivíduos con otros muchos eclesiásticos y seglares (y no sabemos, si por casualidad, tambien presente el

Sr. D. Diego Carrasquilla y Góngora, Canónigo de la Santa Iglesia, Provisor y Vicario general interino con el Notario mayor D. José Vicente Gutierrez) dentro de la sacristía de la dicha iglesia de Santo Domingo de Silos, entró en ella, ya con su sobrepelliz y estola D. Eulogio Gonzalez, Abad de la Congregacion, preguntando por el sitio que en la procesion habian de llevar sus congregados (como si esto lo ignorara) y respondido que inmediatos delante de la Universidad contiguos á las Santas Cruces (por no asistir allí mas clerecía, que dicha Congregacion, y la Universidad que fuesen formando procesion) dió á entender dicho Abad (cuyo estandarte negro y único que usan en los entierros vá delante de la cruz parroquial) si el estandarte de la cofradía del Santísimo arriba mencionado, se pondría inmediato despues de las Santas Cruces, y si seguiría su Congregacion; á lo que conviniendo en ello el Sr. Provisor, se le dijo que el dicho estandarte no era de congregacion, ni su sitio el inmediato á las Santas Cruces, sino en el comedio, ó centro de la Congregacion y Universidad, como en la procesion del Corpus vá, (segun costumbre de las iglesias de esta ciudad, pues no consta tal estandarte en los ceremoniales) como arriba se refiere: entendidos todos los presentes con dicho Sr. Provisor y Notario en esta disposicion, se prosiguió formando la procesion, y los que llevaban dicho estandarte con sus borlas (de industria ó malicia presuntuosa) se adelantaron, y pusieron contiguos detrás de dichas Santas Cruces (segun supimos despues, pues con el grandísimo concurso de personas en todas las calles, y el mucho trecho que distaba del sitio de nuestra Universidad, no era posible su vista ó descubrimiento) y presumiéndonos que acaso esto sobredicho, lo órdenó dicho Abad con ánimo de tomarlo por testimonio discurriendo adquirir en ello algun derecho y acto de posesion opuesto al parroquial, debajo de cuya cruz deben ir sin insignia suya (que como es notorio en los entierros la lleva delante de dicha cruz parroquial) se acordó por dicha Universidad, que se escribiera aquí con toda especificacion, para que si en adelante resultare testimonio ó pretension que acredite el recelo que ofrece el caso practicado, se rebata, y contradiga enteramente, y no se permitan sus intentos: sobre que puede registrarse nuestro archivo, por si en él concurrieran papeles que hablen sobre este particular, y anotarlo al márgen de esta relacion: que de ser toda verdadera, doy fee y en su virtud lo firmé con dicho Sr. Prior D. Juan Pastor, uno y otro Beneficiados propios de esta nueva parroquia.—*Juan Lopez Pastor.*—*José de los Cobos y Diaz,* SECRETARIO.

En el libro primero de bautismos, que se empezó ya reunidas las parroquias, se estampó un acta en que se consignaron todos los pasos que se dieron á este fin y el modo y forma de realizarlo; concuerda en un todo con la ya inserta en cuanto á la procesion, y respecto á lo demas, nos hace ver la justicia con que se procedió manteniendo á todos los dependientes de aquellos en sus puestos hasta irle dando colocacion en las vacantes que ocurrian; entonces era cuando se suprimian las plazas dobles; tambien se cuidó de respetar las hermandades y cofradías, derechos de enterramientos ú otro de cualquier clase que fuere; se reconoció el Patronato Real en la nueva iglesia, conforme á la órden que vino, y se hizo poner el escudo de armas que aun existe sobre la puerta principal; se refundieron en una las dos fábricas y las sacramentales, y se hizo, en fin, todo aquello que tendiese á dejar una sola parroquia con una sola feligresía.

La actual iglesia consta de una hermosa nave con crucero, y en éste cúpula esférica y linterna; la primera forma recuadros, y en ellos conocimos pinturas al fresco, tan deterioradas, que en su última reedificacion, 1853, las borraron del todo; en los arranques se ven cuatro grandes estátuas doradas que representan los Evangelistas: es esta obra de órden dórico, fabricada con sujecion á los planos formados por el hermano Matías Alonso, de la Compañía de Jesus, para quien fué edificada, á espensas del Dean de la Santa Iglesia Catedral D. Juan Fernandez de Córdoba, de quien nos hemos de ocupar detenidamente. El primitivo retablo del altar mayor guardaba armonía con lo demás del templo, ostentándose en él varios cuadros de Pablo de Céspedes, y una gran tabla del divino Morales; mas en 1723, época del mal gusto en las artes, lo quitaron para colocar el que hoy vemos, de ojarasca, construido por D. Teodoro Sanchez de Rueda, quien no llegó á dorarlo; los cuadros fueron colocados en las paredes de la iglesia, y cuando la espulsion de los Jesuitas los reclamó la Real Academia de San Fernando, en cuyo edificio, en Madrid, los hemos visto: para el nuevo retablo labró el notable artista D. Pedro Duque Cornejo cinco esculturas, representando á San José, Santa Bárbara, Santa Catalina, San Joaquin y Santa Ana; en la actualidad están estas dos últimas, el Salvador, Santa Catalina y Santo Domingo de Silos, por haber sido indispensable darle lugar á los dos titulares de la parroquia.

Tiene altares colaterales, con retablos dorados, de mal gusto, como casi todos los que hay en esta iglesia; en el de la epístola se dá culto á una pequeña escultura de San José; en el del evangelio, que es privilegiado, hay una virgencita del Pilar, chapada de plata sobredorada, á la que otros tiempos han tenido los cordobeses gran devocion; se tiene por aparecida, afirmándose que la encontraron sobre un pilar, en uno viña de la sierra, propia de los frailes de San Pablo, quienes, ayudados por los muchos devotos que se asociaron, le hicieron ermita y formaron cofradía que radicaba en la parroquia del Salvador; durante muchos años se veneró en su iglesia, á donde se celebraban romerías numerosas á semejanza de la que todos los años hay á San Alvaro; mas, estinguida la hermandad y amortiguado aquel fervor religioso, la ermita amenazó ruina, y no contándose con medios para su reedificacion, se trajo á esta parroquia la imágen, que solo vino antes mientras se le hacía su iglesia ó cuando la traian en procesion de rogativa por falta de lluvias ú otras circunstancias aflictivas. Al lado encontramos una esbelta y correcta portada, igual á el altar de San Francisco Javier, que enfrente hace juego con ella; antes era la entrada al claustro del colegio de los Jesuitas; á su espulsion la tabicaron, permaneciendo así hasta que en el primer tercio de este siglo, el Sr. Tejada, Rector de esta parroquia, la abrió para hacer la actual capilla del Sagrario; éste tiene por retablo el que estuvo de altar mayor del convento de San Martin, y se venera en él á Nuestra Sra. de los Dolores, imágen de vestir, á que se dá bastante culto; otros dos altares encontramos en este sitio, uno dedicado á las Animas, y el otro en que los escribanos pusieron el Santo Sepulcro cuando lo mudaron del convento del Cármen, donde anteriormente lo tuvieron; ahora vemos allí la Purísima, perteneciente á los mismos, y á que daban culto en Santo Domingo de Silos: tambien está allí depositada una preciosa urna, obra de D. Rafael Juliá Vilaplana, que sirve en el Santo Entierro.

Entre el crucero y la puerta, encontramos el altar de San Bartolomé, cuya escultura fué la titular del hospital que hubo en la calle de Letrados, y el retablo el mayor de la parroquia de Santo Domingo de Silos; otro altar con una Vírgen de vestir, á que dan el título de Ntra. Sra. del Patrocinio: ha tenido cofradía; y por último, la capilla del bautismo, donde lo recibió el infortunado General D. Diego Leon, primer Conde de Belascoain: hay en este punto un altar con San Juan bautizando á Jesus, copia de otro de gran mérito, que desapareció hace tiempo, y por bajo vemos un Ecce-Homo, en cobre, trasladado á este lugar en 1841, al derribarse el arco que había debajo de la capilla mayor de la parroquia del Salvador, y del que nos volveremos á ocupar en aquel sitio, por la celebridad que adquirió en una época bastante triste para los liberales de Córdoba.

En el lado de la epístola hay otros tres altares, uno de mármol y madera, igual á la portada del sagrario; en él se venera á San Francisco Javier; antes debió tener este altar ó el de San José otras imágenes, cuando aun conserva la puerta contigua el título de los San Juanes, de donde lo tomó tambien parte de la calle del Paraiso, y lo tiene todavía una calleja ó barrera que en ella existe: dicho altar de San Francisco Javier tiene otra porcion de santos en medios cuerpos con concavidades en el pecho, que sirven de relicarios. Cerca del púlpito hay otro valioso retablo, de pésimo gusto, formado de diferentes y preciosos mármoles; venérase en él á Ntra. Sra. del Socorro, obra del escultor Mora, y tiene al rededor otras cuatro esculturas, que representan á San Miguel, San Gabriel, San Rafael y el Santo Angel de la Guarda; por último, cerca de la puerta hay otro retablo, propiedad del Colegio de Escribanos, procedente tambien de Santo Domingo de Silos, en que estaba la Concepcion, sustituida en la actualidad con Jesus muerto, y la Vírgen de los Dolores, variacion que ha venido á anular lo dispuesto por el Jurado Juan Perez, fundador de esta hermandad, la que ha debido guardar mas respeto á la memoria de quien le dejó los bienes que aun posee.

La sacristía de esta iglesia guarda armonía con ella en sus dimensiones, siendo una de las mejores de Córdoba; en sus muros se ven varios cuadros con asuntos de la vida de San Ignacio de Loyola y otros santos de la Orden; en uno de los testeros un altar con Santo Domingo de Silos, y en sus lados, correspondiendo con el otro estremo, cuatro repisones, en que se ven las imágenes de San Francisco Javier, San Francisco de Borja, San Luis Gonzaga y San Estanislao Kostka; el centro lo ocupa una magnífica y colosal mesa, de mármol de Cabra, que llama la atencion pór su longitud y pulimento, y al rededor hay buenas cajoneras para las ropas y demás objetos del culto.

Todo este edificio es muy sólido, demostrando el mucho dinero con que se contaba al levantarlo de cimientos; entre otras cosas nos ha llamado la atencion la escalera de la torre, por su esmerada ejecucion; es una espiral, cuyos escalones entran á formar parte de la columna del centro, igual á otra que hay en la Cárcel para subir á una de sus torres; en la de esta parroquia tiene la Ciudad su reloj desde 1586 que lo trasladó á este punto desde una torrecilla què estaba á la salida de la calle del Reloj, y donde por su corta elevacion servía de juego á los chicos, que contínuamente tiraban piedras á las campanas.

Delante de la puerta principal de esta parroquia, hay un sitio elevado á su altura, con dos rampas encontradas y antepecho de mármol negro del país; es posterior á lo demás de aquel edificio, toda vez que en uno de los capitulares que se conservan en el archivo municipal, hemos visto que la Ciudad concedió permiso para hacerlo á fines del siglo XVIII.

Los libros parroquiales del Salvador, principian: los de bautismos en 1550, los de matrimonios en 1568 y los de defunciones en 1639, y los de Santo Domingo de Silos en 1552, 1610 y 1635 respectivamente. La primera tenía cuatro beneficios, un préstamo, una prestamera y una rectoría; la segunda, dos beneficios, una rectoría, un préstamo y una prestamera; estos dos últimos cargos de nombramiento del Cabildo Eclesiástico: en la actualidad solo tiene un rector, un coadjutor y los dependientes necesarios.

Descrita la parroquia del Salvador y Santo Domingo de Silos, como en la actualidad la encontramos, y habiéndonos ocupado del edificio que anteriormente tenía la segunda, seguiremos su historía hasta nuestros dias, ya que vamos á seguir nuestra escursion por todo el barrio.

Proclamada en 1820 la Constitucion de 1812, se formaron en varias localidades Tertulias Patrióticas, á que los liberales acudian á leer los periódicos de su comunion política y á oir los discursos que sobre artículos de aquel código, ó sobre otros asuntos históricos, pronunciaban algunos de los sócios. Córdoba no resistió mucho tiempo á establecer aquellos entonces modernos centros de reunion, y bien pronto se juntaron varios amigos, estableciendo la Tertulia Patriótica en la casa núm. 6, calle Ambrosio de Morales, hoy de la propiedad y morada del conocido letrado D. Rafael Barroso y Lora, y á la sazon café público, cuyo dueño era conocido por Pepon, quien poco despues pagó con su vida su apego á las ideas liberales; á poco se trasladó la Tertulia á los claustros bajos del convento de San Pablo, donde estuvo una corta temporada, pasando á las casas del Conde de Gavia, en el barrio de Santiago, al Teatro, y por último, á el local que había sido parroquia en la plazuela de la Compañía, preparándolo al efecto con gradería en las naves laterales, escaños en el centro para los asociados y las señoras, y en el ex-presbiterio la plataforma en que se colocaba la presidencia, con una tribuna al lado para los oradores; en los muros se leian, escritos con letras grandes, algunos artículos de la Constitucion, puestos con la doble idea de darlos mas á conocer y decorar el salon de la Tertulia: aquí fué donde tuvo mas vida, pues duró hasta fin del sistema constitucional á mediados de 1823, en que concluyó de repente. Los liberales invitaron á formar parte de la sociedad á todas las personas ilustradas, con particularidad á los oradores; por consiguiente, lo hicieron hasta á las comunidades religiosas, acudiendo unos por simpatías, y los mas temerosos de pasar por tibios amigos, si no como desafectos á las nuevas instituciones; dibujándose desde luego dos tendencias dentro del constitucionalismo, en que, comuneros y masones se hacian guerra mas ó menos embozada; á los menos decididos ó mas moderados les decian los Pasteleros. Entre los primeros sócios se contaban el Mariscal de Campo Sr. Martinez, Gobernador Militar que era de esta provincia; el Penitenciario D. Manuel de Arjona, que murió á poco de su instalacion en Madrid; el Intendente D. Antonio Alcalá Galiano y su hijo que, como orador, llegó á alcanzar una fama europea; D. Mariano Fuentes y Cruz, sujeto en estremo ilustrado; D. José Cabezas, víctima de sus ideas liberales cuando la venida de Gomez, que se lo llevó prisionero; D. Miguel Cabezas y Barcia; D. José Luis de los Heros y Candil, músico notable que llegó á ser Canónigo de la Catedral; D. Cayetano Lanuza; el P. Fr. Eulogio Rodriguez, Domínico; D. Lorenzo Basabrú; D. José Lopez Zapata; Don Melchor Pardo, Administrador de Loterías; D. Francisco Golmayo, despues Magistral; D. Juan Olivares, Beneficiado y despues Rector de la Magdalena; D. Mariano Esquivel, Capellan del Cementerio de la Salud y últimamente Catedrático del Instituto Provincial; Don José Lopez Pedrajas, con posterioridad Diputado en varias legislaturas; D. Antonio Maraver, médico y padre del escritor D. Luis; D. Cirilo Sanchez, tambien médico y en sus últimos años Bibliotecario Provincial; D. Francisco del Bastardo Cisneros, que ya hemos dicho murió en la puerta del Puente; los Sres. Morales Santisteban, Vasconi, Esparza, Balmaseda, Linares, Naranjo, Gonzalez, Neuclari, Alvear, Bernabeu, el P. Sousa y otros varios, cuyos nombres ó apellidos no hemos encontrado.

Ya hemos dicho que en los asientos del centro asistian varias señoras, entre las que había algunas mas constantes, como las hermanas del Sr. Heros y D.ª Cármen Veger, esposa de D. Cirilo Sanchez, la que por su estatura elevada y voz enfática, llamó una noche la atencion, con motivo de estarse haciendo una suscricion para proveer de ropas á las tropas liberales; pidió la palabra únicamente para decir que se haría cargo de la costura de cierto número de camisas; en esto se apoyaron despues los realistas, diciendo que había pronunciado un discurso, haciéndola blanco de sus odios, hasta el punto de dispararle un tiro estando sentada en su ventana, sin que aquellos lograran mas que darle el susto consiguiente. Principiaban las reuniones dando á conocer algun artículo del periódico *El Universal*, que el Sr. Esparza leía con sonora entonacion, y despues seguian los discursos, durando de media á una hora; todos principiaban con la invocacion de *Ciudadanos,* y despues seguian, bien esplicando algun artículo de la Constitucion, ó bien sobre algun asunto histórico ó científico, y concluian con vivas á dicha Constitucion, la pátria, Riego ú otro objeto á la sazon en auge: tambien se empeñaban algunos debates, en que solía mediar el médico D. Antonio Maraver, cautivando la atencion por sus chistes y jovialidad; algunas noches se leyeron tambien poesías patrióticas que, como muchos de los oradores, alcanzaban nutridos aplausos; contábanse entre estos los Alcalá Galiano, padre é hijo, que arrebataban, celebrándose mucho por los inteligentes los discursos del P. Muñoz Capilla y del Penitenciario Sr. Cascallana, que murió siendo Obispo de Málaga; el Prebendado D. Manuel Jimenez Hoyo, espuso en una ocasion la tésis de la *Soberanía nacional,* con bastante doctrina, pero no de concierto con la manera mas general de entenderse por entonces. Los que mas llevaban el peso de la discusion fueron el Sr. Melendez, Canónigo de San Hipólito, los Alcalá Galiano, Heros, Esquivel, Bernabeu, Golmayo, Olivares, Maraver y el P. Eulogio Rodriguez; tombien hicieron uso de la palabra en diferentes ocasiones D. José Garrido, Magistral de la Catedral, D. Mariano García, Doctoral de San Hipólito, D. Juan de Dios Hidalgo, Rector de San Pelagio, D. Gabriel Giron, Catedrático eñ el mismo Seminario, y los Sres. Henao, Pozo y Tejada, Rectores de San Andrés, San Pedro y el Salvador. A los que conocemos la localidad y sus moradores, nos disuenan algunos de los apellidos citados, tratándose de la Tertulia Patriótica; pero como antes indicamos, fueron invitados muchos y casi todos acudieron, por mas que no les fuese grata la idea; de aquí el que los eclesiásticos, como mas acostumbrados á hablar en público, compusieran la mayoría de los oradores.

Entre los dos edificios últimamente historiados existe una plazuela, que primero se llamó de Santo Domingo de Silos, distinguiéndose una parte por el Cementerio, y despues de la Compañía, á causa de haberse construido el ya citado colegio de Santa Catalina; en 20 de Setiembre de 1868 se inició en este sitio la revolucion, que no creemos prudente detallar, por lo reciente, y entonces le variaron el nombre por el de Plaza del veinte de Setiembre, consignándolo en un letrero que en 1875 le han quitado, volviendo á tomar el título de la Compañía. En el centro de esta plazuela se eleva uno de los muchos monumentos erigidos á el Arcángel y Custodio de Córdoba San Rafael, de los cuales existen aun varios en distintos puntos de la poblacion; consta de una grada en que se eleva un pedestal cuadrilátero, de mármol negro, con recuadros dorados, con inscripciones latinas; sobre él se elevan cuatro esbeltas columnas blancas, sosteniendo el cimacio con una nube en que descansa la dorada imágen de San Rafael; esta escultura es del poco conocido artista Juan Jimenez, y el todo de la obra, que guardan cuatro verjas con columnas en los ángulos, sosteniendo faroles, la ejecutó el cantero

Alonso Perez, costeado todo con las limosnas que reunió el V. P. Juan de Santiago, de la Compañía de Jesus, y á quien daremos mas á conocer al tratar de la misma. De las inscripciones solo copiamos la primera, que es la siguiente:

D. O. M.
Archangelo. Cordubœ in tutelan constituto
Protomedico cujus potenti. medicina
Cordubœ. praestat, pastiti, pratabitque
deniceps, incolumis
jurato. Cordubœ custodi. Santíssimo
principi. Raphaeli
collegium. sociteatis. Jesu
Cordubœ ipsa. adfavente. et. opem. ferente
in. oblivionis. anathema
monumentum. hoc. posuit
anno MDCCXXXVI.

Cuatro faroles, alimentados de gas, alumbran este sencillo pero bonito monumento, cuyo gasto sufragaban varios devotos, quienes antes daban el aceite por un turno establecido entre ellos mismos: no ha perdido aquellas luces, mas sí mucho del fervor que antes tenian, adornándolo con multidud de flores en sus dos festividades, 7 de Mayo y 24 de Octubre, y siempre que pasaba alguna procesion por esta plazuela. En la esquina de las calles del Paraiso y Letrados, desapareció en 1841 una especie de retablo con un lienzo, que figuraba la colocacion del cuerpo de Jesus en el sepulcro, contínuamente alumbrado, y con profusion en las Semanas Santas. En el rincon cercano á la calle del Reloj hubo una torrecilla que le dió nombre, donde la Ciudad tenía colocado el que en 1586 trasladó á la Compañía, á causa de que servía de juego á los niños con sus pedradas, tan temibles en aquella época como en la que alcanzamos. Debajo de esta plaza hay un gran nacimiento de agua, que surte las fuentes de las calles de San Fernando y Almonas, la de la plazuela de San Andrés y otras de casas particulares.

Ya conocen nuestros lectores el por qué se llama así la calle del Reloj, título con que la encontramos á fines del siglo XV; sin embargo, no falta quien afirme que se ha llamado tambien de las Campanas, por estar á aquel lado las de Santo Domingo de Silos; pero no lo hemos visto consignado en documento digno de crédito, así como sí la encontramos en uno designándola por la calle del Morillo, cuyo motivo desconocemos. Llega esta estrecha vía hasta la calle de Ambrosio de Morales, sin mas afluente que la calle de Munda, con la que despues enlazaremos.

Hemos salido á una de las calles mas concurridas de Córdoba; llámase de Ambrosio de Morales, y corre desde la confluencia de la Cuesta de Lujan y calle del Arco Real hasta la plazuela de Séneca; pero no toda corresponde al barrio que venimos paseando: éste confina con el del Sagrario en la esquina de la calle de Pompeyos, desde donde aun le dicen algunos Cuesta de San Benito ó calle del Corpus; de este trayecto no podemos ocuparnos en este lugar; el que nos llama se ha titulado calle del Cabildo, porque en la casa número 5, hoy café Suizo, estuvieron las casas de la Ciudad ó Ayuntamiento, como dijimos al ocuparnos de las actuales; al mudarse, le añadieron la palabra viejo, y por esa razon le hemos dicho calle del Cabildo Viejo hasta 1862 que se la dedicaron al célebre cronista de Felipe II Ambrosio de Morales, que nació en la misma casa de que venimos tratando: algo mas debemos decir de ella; durante muchos años estuvo dedicada á café, cuyo dueño, D. Juan Bautista Petti, supo adquirirse grandes simpatías, con las que logró aumentar su clientela para reunir con que comprar este edificio y otro contiguo, elevándolo á fonda, que despues hemos conocido con el nombre de Rizzi, apellido del hijo político del primero, en quien recayó, por cierto tambien persona muy estimable que logró elevar á gran altura el crédito de su establecimiento, el mejor de Córdoba durante muchos años, por lo que se hospedaban en él todos los viajeros notables que llegaban á esta ciudad y que no es fácil enumerar; citaremos algunos que la memoria nos permite, como D. Salustiano Olózaga, que, viniendo preso en direccion á Cádiz, se fugó con ayuda de varios de sus correligionarios en ésta; Alejandro Dumas, padre é hijo, á quienes obsequiaron mucho los literatos cordobeses, no pagándoles despues con la cortesía que era de esperar, pues criticó á Córdoba al escribir su viaje; D. Modesto La Fuente; el Duque de Aosta, despues Rey de España; el Embajador de Marruecos Fuad-Effendi; los notables escritores D. Aureliano Fernandez Guerra y D. José Amador de los Rios; D.ª Gertrudis Gomez de Avellaneda; D. Angel Saavedra, Duque de Rivas; Don Nicolás María Rivero; Mr. Cormenin; D. Pedro Madrazo y D. Pascual Gayangos. En la parte de la calle de San Fernando, tiene esta casa unos ajimeces convertidos en balcones, divididos por columnas, en cuyos pequeños capiteles se ven los castillos y leones de las armas de España.

Muerto el Sr. Rizzi y su esposa, sus hijos y herederos no continuaron con la fonda, que puesta á la venta fué comprada por los Sres. Puzzini, quienes la han trasformado en el lindo café actual, surtido y servido de la manera esmerada que estos laboriosos hermanos lo saben hacer, complaciendo á casi todos los vecinos de Córdoba, que pueden considerarse como sus parroquianos.

Ya hemos dicho que la casa número 6, propia de D. Rafael Barroso, fué café público en el primer tercio de este siglo, época en que aun no se habia desarrollado lujo alguno en esta clase de establecimientos; tambien dijimos que el dueño era conocido por Pepon, amigo de todos los que en el trienio de 1820 á 1823, profesaban en Córdoba ideas liberales; pues bien, los realistas que odiaban á aquellos de una manera implacable, no tuvieron en consideracion que dicho industrial no tomaba gran parte en la política, mirando solo al fomento de su casa, y al regresar un dia, poco despues de anochecido, de haber servido una comida en la sierra, lo asesinaron infamemente, cuando tan tranquilo venía por la calle de la Concepcion, sin que se aclarasen los verdaderos nombres de los autores de este crímen, ni se les impusiese el castigo que merecian.

La casa de pupilos llamada de las Mariquitas, que ocupa la número 1, es otro establecimiento de mucho crédito, y en ella se han hospedado y aun hospedan personas muy notables; no hace mucho tiempo paraba allí un caballero, que en mas de una ocasion había dado señales de tener perturbada su razon, y así debía ser, porque una mañana se asomó al balcon de su aposento, el último hácia el café, y, subiéndose sobre el hierro, se degolló con una navaja de afeitar, arrojándose á seguida á la calle, donde quedó muerto.

La calle de Ambrosio de Morales está embaldosada toda desde 1861, siendo Alcalde D. Cárlos Ramirez de Arellano, que tantas mejoras realizó en esta capital.

Cuando lleguemos al barrio de la Catedral nos volveremos á ocupar de esta calle, en la parte que le corresponde.

En el lado opuesto está la Cuesta de Lujan, una de las cinco comunicaciones existentes entre la Villa y la Ajerquía, ó sea la ciudad alta y baja, que tambien se dividen en Juzgado de la derecha y de la izquierda; esta es la mas moderna de aquellas; la abrió en 1531 el Corregidor D. Hernando Perez de Lujan, de quien le ha quedado el nombre, dado por la posteridad, toda vez que él solo la nombró por la calle Nueva de los franceses, á causa de haberse establecido en aquel punto algunos estranjeros dedicados á trabajar el cobre, á los cuales el vulgo llamaba por mofa los Gabachos, de donde viene el que muchos antiguos le dan este segundo título: la fecha de la apertura se consigna en una inscripcion puesta en la parte alta, en la cual se lee lo siguiente:

Esta calle mandaron facer los muy ilustres Señores de Córdoba, siendo Corregidor de ella el muy magnífico Señor D. Hernando Perez de Lujan, Comendador de Aguilarejo, y su Alcalde mayor el muy noble Señor el Sr. Bachiller Luis de Fonseca. Veinticuatro de Abril de 1531 *años.*

Mirando á esta calle hubo en la parte alta un gran cuadro con la Concepcion, que, como otras muchas imágenes, desapareció en 1841.

Dejando á la izquierda la calle que dicen de los Letrados, antes de las Tiendas, entramos en la del Arco Real, una de las mas principales, no solo del barrio sino de la poblacion; ésta, desde muy antiguo, enlaza con la del Liceo, y tiene varias casas que han ocupado distinguidas familias: llamábase desde poco despues de la Conquista calle del Arquillo del Salvador, por el que á su estremo tenía la parroquia de igual advocacion; pero cuando vino á Córdoba Felipe II, fueron tantos los adornos que le pusieron y tan lujosos, que dieron en decirle el Arco Real, nombre con que se conoce, pues aun cuando en 1868 se lo variaron por el de Prím, en 1875 se lo han suprimido, cuando se lo debieron conservar, siquiera por no existir ya aquel notable General y hombre de Estado, que se hospedó en una de sus venidas á Córdoba en la casa de la Sra. Condesa viuda de Hornachuelos; la política no respeta ni las tumbas; así hace tantos estragos, que solo lamentan los pocos verdaderos amantes de la pátria, que por desgracia van quedando reducidos á un número muy corto; y no se crea por esto que nos pareció bien la primera variacion, no; las calles deben conservar sus primitivos nombres, no siendo repugnantes ni repetidos, siquiera por no causar trastornos en la titulacion de la propiedad urbana; mas, hecha aquella, debió respetarse, como todos han respetado el de D. Diego Leon, á quien ya hemos citado en este paseo.

A la mediacion de esta calle existe una plazuela, conocida por la de los Condes de Hornachuelos, por haber vivido estos en ella durante mas de un siglo, en que se mudaron de la que ahora ocupan los Marqueses de Villaverde, y aun vive en la primera la Señora Condesa viuda, madre del actual Sr. Duque de igual denominacion: antes se conocía por plazuela de la casa de la Palma, porque aquella tiene una desde muy antiguo, sobre la muralla divisoria, lo que la hace aparecer con mucha mayor elevacion de la grande que tiene, por divisarse desde casi toda la parte baja de la poblacion. Esta casa es la principal de uno de los mayorazgos que fundaron los Venegas, de quienes ya trataremos, y estaba casi en alberca, con escepcion de la parte que mira á San Pablo, cuando los Condes de Hornachuelos se vinieron á ella, quienes la reedificaron, haciendo una de las mas hermosas de Córdoba; entonces se hicieron varias escavaciones y se encontraron muchos restos de algun edificio romano, que estaba en este sitio, comunicándose con el Anfiteatro por la escalera que dijimos quedó cubierta cuando las obras de las Casas Ayuntamiento: en el patio principal hay quince ó veinte primorosos capiteles, de dimensiones comunes, y dos colosales, uno en perfecto estado de conservacion, dignos todos de figurar en el Museo Arqueológico de la provincia; hemos oido hablar de una gran estátua ecuestre y otros objetos enterrados. En la parte que mira á la hoy calle de Alfaros, existe un terrado con antepecho de cantería, y en el centro una escultura representando á San Rafael, con dos faroles á los lados, que se divisan desde muy lejos de la poblacion; esta imágen estuvo sobre la puerta principal de la hacienda de la Albaida ó Castillo blanco, que tal significa esta palabra, de donde se la trajo el abuelo del actual Sr. Duque, siguiendo sus sucesores la devocion de encenderle las luces que todas las noches lo alumbran: otra particularidad debemos anotar en esta casa, y es que del pozo conque se riega el jardin, sale por bajo del Ayuntamiento el agua que surte la fuente de la Romana, uno de los caños de la de la plazuela de las Cañas, y el edificio que fué Cárcel, hoy sombrerería de los Sres. Sanchez en la Plaza. La Sra. Condesa tiene varios objetos curiosos y de valor, entre ellos citaremos una Vírgen de los Dolores, pintada por

D. Juan Vicente Gutierrez de Salamanca, mayorazgo de Aguilar, y abuelo materno del autor de estos Paseos; en el rostro de dicha imágen retrató el de su esposa D.ª María de las Mercedes Pretel; este cuadro lo regaló el espresado artista de aficion al Sr. Canales, padre de la Sra. Condesa, que estuvo de Alcalde Mayor en aquella entonces villa, donde el nombre del Sr. Gutierrez será eterno, por haber hecho el plano y dirijido la preciosa Plaza Nueva y la esbelta y aislada torre del reloj. Un Ecce-Homo que hay en el patio de entrada de dicha casa, estuvo hasta 1841 en la esquina de la plazuela, mirando á la calle del Liceo.

La casa número 19 de la calle del Arco Real, merece tambien que la historiemos; no hace muchos años le quitaron unas estátuas recostadas que tenía á los lados del balcon ó portada principal, sobre la que lucian las armas de los Navarretes, á que había pertenecido; estas eran, cruz de veros de azul y plata en campo rojo, con orla de ocho aspas de oro en el mismo campo, por haber sido de los conquistadores de Baeza en el dia del Apóstol San Andrés: al pronto radicaron en dicha ciudad, y mucho despues pasaron á Córdoba, donde fueron desde luego admitidos por hidalgos notorios de sangre; estos señores enlazaron con los Valenzuelas, por lo que tenian derecho de enterramiento en San Lorenzo, teniéndolo á la vez en la capilla mayor del convento de Agustinas de Ntra. Sra. de las Nieves, hoy Círculo de la Amistad, del cual eran patronos: uno de ellos, D. Diego Navarrete, Canónigo de la Catedral, fundó mayorazgo con esta casa y otros bienes, viniendo á recaer en la Casa de Villaseca, la que, contando con otras muy principales, dedicó esta á arrendarla, sacándola el producto posible; por eso la conocimos de café, que le decian de D.ª Francisca, nombre de la señora que lo tuvo, y despues la vendieron á censo, haciéndole sus nuevos dueños las modificaciones que han tenido por conveniente, dividiéndola en varios departamentos para sacarle mas renta, á causa de su situacion apropósito.

Al lado opuesto, y cogiendo casi toda la calle del Arco Real, hay otra magnífica casa, número 4, hoy café del Recreo, con otros departamentos dedicados á diferentes objetos, que es la principal de los Argotes; los primeros caballeros de este apellido venidos á Córdoba, fueron los dos hermanos que dijimos haber acompañado á Fernando III, el Santo, en la conquista, en la que hicieron prodígios de valor, haciéndose fuertes en una torrecilla á la márgen del Guadalquivir, cerca de la parroquia de San Nicolás de la Ajerquía. Sus timbres de nobleza y la hidalguía, norma de todos sus actos, hicieron que los Argotes se enlazaran con todas las familias mas distinguidas de Andalucía, hasta el punto de no haber una con quien no emparentaran, dividiéndose en diferentes ramas, de donde viene el encontrar casas principales de este linage en los barrios del Salvador, San Juan, San Nicolás de la Villa y otros, con enterramientos en San Pablo, la Catedral y algunas mas iglesias: no faltan tampoco hombres muy notables en las armas, las letras y las virtudes, siendo merecedores de grandes distinciones, como D. Martin de Argote y Cárcamo, á quien el Rey D. Felipe V le hizo gracia en 1711 del Marquesado de Cabriñana, que hoy posee el distinguido literato Don Ignacio María Argote, de quien tenemos un tomo de correctas y bien sentidas poesías; tambien debemos consignar como indivíduos de este linage á Argote de Molina, que publicó la obra titulada *Nobleza de An-*

dalucía; D. Francisco Argote y Cárcamo, de quien la Escuela de Cristo, establecida en la iglesia de San Jacinto, publicó una carta-vida en 1735, haciendo conocer sus raras y relevantes virtudes: otra publicó la de la Trinidad, ensalzando las cualidades piadosas, morales y de valor de D. Juan Gerónimo de San Francisco de Paula Argote y Cárcamo, Conde del Menado y Coronel del Provincial de Bujalance, nacido en Córdoba en 23 de Mayo de 1688; la historia nos dá asimismo á conocer los nombres de Juan Martinez de Argote, célebre trovador del siglo XIII; de Hernan Alfonso de Argote, servidor del Rey D Pedro, contra quien se volvió con otros caballeros cordobeses á favor de D. Enrique, por lo que el primero hizo demoler sus casas, y otros muchos que sería muy largo mencionar en estos apuntes. Los Argotes son oriundos de Asturias, donde existe una torre que lleva su apellido: sus armas son usadas en combinacion con las de los Guzmanes, en esta forma: escudo partido, primero gules y una cruz de veros de pláta v azur; bordura sínople y ocho aspas de oro, por Argote, y el segundo de azur y dos calderas jaqueladas de oro y gules, bordura compuesta de catorce piezas, siete de plata cargadas de un leon de gules, y siete de este color, cargadas de un castillo de oro, por Guzman: como se vé, las primeras se asemejan mucho á las de los Navarretes. Enlaza tambien esta familia, de manera que los hace unos, con los Góngoras, Armentas, Cárcamos y otros de quienes hacemos mencion varias veces en el trascurso de nuestros paseos. En estos últimos años, ausente de Córdoba el actual Marqués, entró en sus planes vender la casa, donde había reunido una rica y selecta librería, y la compró D. Felicísimo Maraver y Alfaro, quien dedicó parte á café, hizo algunas otras casas, y la dejó á su muerte en el estado que hoy la ven nuestros lectores.

La parte foral de esta casa estaba pintada con guirnaldas de flores y escudos con bustos de los Argotes mas notables, y en la vuelta de la torre figuraba dos balcones y un caballero y una señora, alargando el primero un billete á la segunda; ésto, que era un sencillo capricho del pintor, dió lugar á que el vulgo inventase ser unos amantes que de diferentes aposentos se daban citas á escondidas de una tercera persona, esposo de aquella, y víctima inocente de sus estravios, hasta que una vez la sorprendió dando la carta, acercándose por detrás, y que, asiéndola por la cintura la arrojó á la calle, donde quedó muerta: esto, como se vé, es pura invencion, pues para eso tenian que vivir ambos delincuentes en la misma casa, y en este caso, demás estaban las citas por el balcon, donde los verian todos los que pasaran por la calle. El padre del actual Marqués, á quien conocimos, fué muy perseguido por sus opiniones liberales, sufriendo hasta el ser preso por los sectarios del absolutismo.

Ya hemos dicho que el Arco Real estaba en el estremo que de esta calle dá á la del Liceo; era tan bajo, que la procesion del Corpus entraba por la iglesia del Salvador y luego del Espíritu Santo, por no caber la custodia por aquel sitio; cogía en su largo el trayecto que media entre las puertas de las casas números 3 y 5, y servía para que se acojiesen debajo muchos pobres, con el pretesto de demandar limosna á los varios devotos que se paraban á rezar al Ecce-Homo ya citado en la capilla del Bautismo de la parroquia del Salvador y Santo Domingo de Silos. Dicha imágen estaba en un nicho cerrado con verja y un repison de mármol por bajo, continuamente alumbrado, y con ramos de flores, ostentando á los lados las tablillas y otros objetos, recordando los ex-votos ó milagros presentados por sus agradecidos devotos. A la caida del régimen constitucional en 1823 principiaron las persecuciones contra los liberales, de la manera mas despiadada, ocurriendo lances como el que contamos en la Espartería, muriendo asesinado un infeliz ex-nacional, el de Pepon y otros que seria largo enumerar; ocasiones hubo en que agarraron los realistas á algun liberal y le hicieron afeitar en seco el bigote, operacion que hacian con gusto algunos barberos adictos á aquellas ideas; y si esto sucedía á cada momento, figúrense nuestros lectores que sería cuando encontraban un motivo en que apoyarse, por insignificante que fuera; buscando éste, se puso un vaso inmundo en el sagrario de San Pablo, ó se dijo, que sería lo mas cierto, que lo habian puesto, y tambien se cundió la voz de que el Señor del Arquito Real había empezado á sudar sangre, demandando venganza de las impiedades sufridas durante los tres años anteriores; esto atrajo un inmenso gentío á este sitio, que obsecado creia semejante patraña, no quedando casa de los liberales que no apedreasen, maltratando á cuantos de ellos encontraban en la calle; la Autoridad hizo por aplacar á los ilusos ó mal intencionados, disponiendo que el ventajosamente conocido artista D. Diego Monroy, examinase con otros, la imágen, dando su parecer acerca de aquel fenómeno; mas, afirmando ser aquello, que con la humedad del sitio se había liquidado parte del barniz que tenía el cobre, lo tacharon de defensor de los acusados, y tuvo necesidad de quitarse de enmedio para no ser víctima de la ira popular, en pago de la sinceridad de sus palabras: al fin, logró calmarse el tumulto, y tras los años los odios, que se reprodugeron en sentido contrario á la muerte del Rey Fernando VII, aunque no con tanta furia, tal vez porque ya iba cundiendo la tolerancia política, que cada vez mas se va generalizando.

La rampa existente entre el café del Recreo y los solares del Sr. Vidaurreta, era una de las entradas ó subidas á la iglesia del Espíritu Santo, solo que en el escalon de mármol que aun conserva, habia una verja que cerraban, viéndose por ella las muchas plantas allí sembradas: en la esquina había incrustado, y aun se conserva, un lindísimo capitel árabe que llama la atencion de cuantas personas entendidas tienen ocasion de verlo.

Aun cuando la fachada principal del convento del Espíritu Santo daba á la hoy calle del Liceo, ocupando los ya dichos solares, el café de la Iberia, casa esquina á las Azonaicas y la que en esta calle tiene el Sr. D. Ignacio García Lovera, con gran parte de la vía pública, lo hemos nombrado tantas veces, que ya nos creemos obligados á darlo á conocer á nuestros lectores, quiénes no dudamos harán los comentarios acerca de los hechos que vamos á referir y aun de otros de sus últimos años, libres por ahora de nuestra crítica.

En el año 1521 fundó la Sra. D.ª Beatriz de Sotomayor un beaterio en las casas donde hacía su morada, hoy la número 1 de la calle de los Angeles en el barrio de la Catedral, para nueve mujeres, que habian de abrazar las reglas de la Orden de Santo Domingo de Guzman: muerta aquella, sus albaceas cumplieron su última voluntad, con el beneplácito y aprobacion del Obispo D. Alonso Manrique: desde un principio empezó esta comunidad á dar señales de travesuras, apurando la paciencia de sus superiores, hasta dar lugar en 1536 D. Fr. Juan de Toledo acordó la supresion, agregándolo al convento de Santa María de Gracia, á cuya medida se opusieron enérgicamente, apoyadas en ser contrarias á sus reglas, logrando esquivar su cumplimiento todo el tiempo que duró aquel Prelado y aun algunos años mas; pero como no ajustaban su conducta á lo que debieran, para evitar persecusiones contra ellas, D. Pablo Laguna reiteró la supresion, y, sin contemplacion alguna, cerró el Beaterio y llevó las mujeres allí reunidas al ya citado convento de Santa María de Gracia: obedecieron por lo pronto esta disposicion, aparentando someterse gustosas á ella; mas, reuniendo los fondos que tenian y otros que buscaron, compraron secretamente unas casas que habian sido asilo de emparedadas, junto á la parroquia del Salvador, teteniéndolas deshabitadas, esperando una ocasion oportuna de instalarse en ellas: uno de los medios que emplearon era el estar en continua guerra con sus nuevas compañeras, quienes, conociéndolas y dando repetidas muestras de prudentes, las sufrieron sin dar la menor queja ni motivo para que pudiesen acudir al Obispo esponiendo razon alguna fundada. Así continuaron hasta 1606, por el mes de Abril que, estando el Obispo en Madrid, armaron una tarde un verdadero pronunciamiento, arrojándose sobre la abadesa y la portera, á quienes arrancaron á viva fuerza las llaves, abriendo la puerta y saliendo todas por la calle, con escándalo de la ciudad, que jamás habia presenciado hecho igual, siguieron por el Realejo, San Andrés, calle de San Pablo y Zapatería á entrarse en sus casas, donde se encerraron, ó mejor dicho se hicieron fuertes, sin obedecer las órdenes que recibian de volver á Santa María de Gracia, cuya comunidad pedía á su vez que no las llevaran de nuevo á su convento. Pasó algun tiempo este asunto sin resolverse, hasta que al fin, el Cabildo en sede vacante, impetró bula de Paulo V para erigir el nuevo convento del Espíritu Santo, del órden de Santo Domingo, como ha llegado á nuestros dias.

Ya en su nueva casa, parecía natural que cesara la guerra; mas no fué así: carecían las monjas de iglesia y de fondos para edificarla; entonces, aparentando una humildad que no tenian, pidieron permiso para abrir una ventana á la parroquia del Salvador, cuya gracia les fué otorgada con beneplácito de todos, dándole aun mas de lo pedido, puesto que se la concedieron en la nave de la epístola, en la que podian hacer sus ejercicios religiosos, siempre que fueran en horas que no ocupasen el altar los beneficiados y rector de la parroquia.

Conseguido lo solicitado, las monjas del Espíritu Santo concibieron el proyecto de quedarse con toda la iglesia, ó á lo menos formar coro en las tres naves, siendo estraño que, apesar de morir unas religiosas, las que nuevamente entraban heredaban sus costumbres é instintos revolucionarios, si tal palabra puede emplearse hablando de un convento.

Mucho hay escrito sobre ciertas cuestiones que durante siglos se promovieron en Córdoba entre la Universidad de los Beneficiados de las parroquias y los Rectores de las mismas, cuyas atribuciones eran completamente distintas; unos y otros inventaban el modo de buscar nuevos conflictos, armando disgustos sobre quién había de hacer la renovacion de Sacramentos en los altares mayores, quién había de disponer de las insignias parroquiales y si los unos ó los otros podian ó no celebrar misas en determinados altares; cuestiones que acabó con la Universidad de los Beneficiados, entrando á formarla los Rectores: en Santiago, San Lorenzo, San Pedro, San Miguel y otras iglesias, hubo sérios altercados, y en la del Salvador llegaron al mayor grado, porque las monjas del Espíritu-Santo alentaban á unos y otros á mayores disgustos y desavenencias: una Noche-buena, convidaron á los beneficiados á que les hiciesen los maitines seguidos á los de la parroquia, á lo cual se opuso el Rector, cerrando la iglesia y recogiendo las llaves; mas ellas no desmayaron por eso, y entrando á los primeros por el convento y agrandando el comulgatorio, los llevaron á la iglesia donde, oficiada por ellas la misa, se hicieron los maitines conforme lo tuvieron por conveniente.

Largo, muy largo sería contar cuanto hemos leido sobre estas cuestiones: vamos á decir cómo las monjas agrandaron el coro que, por cierto, solo á esta comunidad se le habria ocurrido. En secreto, como lo hacian todo, labraron las seis verjas, tres para abajo y tres para arriba, del tamaño que les pareció; compraron los materiales que creyeron necesarios y todo lo guardaron, esperando, como siempre, una ocasion oportuna para hacer su voluntad. El Rector se encontraba enfermo, á la sazon que se anunciaron unas funciones de toros á que los sacristanes de la parroquia lamentaban no poder asistir; entonces el del convento con su capellan los alentaron á ir, ofreciéndoles estar al cuidado y salir á cuanto ocurriese; aquellos cayeron en este lazo, y los últimos, con la comunidad, quedaron por aquel dia dueños por completo de la iglesia, donde entraron un gran número de operarios que, cortándola por el primer poste ó entibo, colocaron las verjas é hicieron, aunque no acabados, los grandes coros que le hemos conocido y que tal vez serian los mayores de todos los conventos de Córdoba. Extraordinaria fué la sorpresa de los sacristanes cuando regresaron, encontrándose cortada una cuarta parte de la iglesia, no sabiendo como decírselo al Rector y beneficiados, á quienes tenian precision de dar parte inmediato de lo ocurrido; cumplióse al fin este deber; acudieron todos y entablóse otro litigio para reducir el convento á sus anteriores límites. Este fué uno de los muchos motivos que, aun cuando no se alegaron, contribuyeron á la union de las dos parroquias, suprimiéndose entonces el campanario que estaba en el torreon en un principio citado, y quedando el de las monjas, casi encima de la puerta de la iglesia, delante de la cual habia una plazuela con una rampa en el centro y dos altos á los lados, antiguo cementerio de aquella feligresía.

Aun no se habia saciado el génio revoltoso de estas religiosas, al par que demostraban una devocion que encantaba á cuantos las veian. Lindera con el convento habia una casa que aquellas ansiaban para aumento de su edificio, sin lograr el comprarla por no estar en los cálculos de su dueño, vecino de Lucena, el deshacerse de la finca; de resultas de una de las epidemias tan devastadoras en Córdoba, quedóse una vez cerrada por falta de inquilinos, en cuyo estado se mantuvo mucho tiempo: vino al fin el propietario, y al ir á enseñarla á un arrendatario, se encontró con que la puerta estaba tapiada por dentro; pidió auxilio á la Autoridad; esta acudió con varios albañiles, mandándoles echar abajo el material allí puesto, operacion que se hizo á seguida; mas al ir á penetrar, se encontraron con la comunidad del convento del Espíritu-Santo, formada con cruz y ciriales y presidida por la abadesa, que les dijo no pasarian adelante sin quebrantar la clausura; volviéronse *todos, entre ellos* el propietario, que tuvo necesidad de entablar un pleito, al fin transigido dándole en permuta otra casa.

Sin embargo de cuanto hemos dicho de esta comunidad, no han faltado en ella algunas religiosas que, apartadas completamente de semejantes luchas, han dado grandes muestras de virtud y santidad, siendo las mas notables la venerable Sra. D.ª Leonor Venegas, Beata del Orden de Santo Domingo; tuvo raras visiones y don de profesía; murió en 10 de Mayo de 1556, en gran opinion de santa, dando ocasion á que uno de sus admiradores escribiese su vida en portugués, sin que hayamos sabido por qué se hizo en ese idioma y donde se imprimió: otra es mas moderna; en 25 de Noviembre de 1824, murió Sor María Josefa de la Encarnacion Benitez, siendo tal la fama de santidad adquirida, que acudió un inmenso gentío, ansioso de recoger algunas reliquias, segun se dice en su vida, que hemos visto impresa y de la que conservamos un ejemplar.

Tambien tenemos noticia de la existencia de cuatro cofradías en esta iglesia; la mas antigua era la de Ntra. Sra. de las Nieves, formada por los Procuradores, quienes costeaban su culto; tuvo varios disgustos con la comunidad, acabando por trasladarse al colegio de San Roque, donde permaneció hasta fines del siglo XVIII, que llegó á extinguirse; la de Ntra. Sra. del Patrocinio, que se fué con la parroquia á la Compañía, conservándose allí la imágen, como en su lugar anotamos; la de Ntra. Sra. del Pilar, pequeña escultura que ocupa uno de los colaterales en la espresada parroquia, y la de Ntra. Sra. del Rosario, anexa á la de igual título en San Pablo, fundada con licencia de sus superiores, por el R. P. Fr. Benito de la Asuncion, de dicho convento Domínico, en 27 de Abril de 1687.

Dejamos para cuando demos la vuelta por la plazuela de las Capuchinas, el ocuparnos de la calle del

Liceo, y seguimos nuestra escursion por la del Cister, en cuya casa número 12, acreditada imprenta de Don Rafael Arroyo y Gamiz, se está imprimiendo esta obra, y se ha publicado desde primero de Agosto de 1858 el independiente diario *La Crónica*. Antes de la fundacion del convento del Cister, de quien toma título esta calle, la encontramos con diferentes denominaciones: en los padrones del siglo XVII la señalan con el nombre del Licenciado Pedro Nuñez, de quien no tenemos datos; tambien le han dicho del Rector, por vivir allí el de la parroquia del Salvador; de Pedro Muñiz, que vivió en ella; de la Botica, por una que había en la esquina de la calle del Arco Real, y segun otros en el estremo opuesto, ó en Capuchinos, y por último, se le ha fijado el título del Cister con el que la conocemos y está justificado. Frente á la de los Dolores chicos hay una pequeña fuente, trasladada en 1870 desde uno de los patios del convento de las Dueñas, aprovechando el Ayuntamiento la exclaustracion de las religiosas, realizada en 1868. En la casa número 22 de esta calle, murió en 16 de Agosto de 1856, el notable artista D. Diego Monroy y Aguilar, pintor de Cámara de S. M., Director de la Academia de dibujo del Instituto y conservador del Museo provincial que él mismo habia formado: nació en Baena en 1786 y era hijo de D. Antonio Monroy; de uno y otro hemos citado varias obras en el trascurso de estos paseos.

El edificio mas notable de esta calle es el ya citado convento del Cister, del Orden de San Benito, dedicado á la Purísima Concepcion; lo fundó el Obispo de Málaga D. Luis Fernandez de Córdoba, que había sido Dean en esta Catedral y murió de Arzobispo de Sevilla; ocupaba la Silla de Córdoba D. Pablo de Laguna, y se le señaló sitio en la villa de Guadalcazar, en el año 1620; mas no contando allí con el número necesario de religiosas, apesar de haber traido cinco del de Santa Ana de Málaga, el Obispo D. Francisco de Alarcon lo trasladó á esta en 1671, adquiriendo al efecto casa en donde en lo antiguo estaban las Cuadras del Rey, que creemos seria un local en que se albergara algun ganado caballar de propiedad del Patrimonio; dióle reglas y consiguió formar un convento modelo en que siempre ha reinado un órden admirable y han existido señoras de verdadera virtud. En tiempo del Obispo D. Marcelino Siuri, carecian de una iglesia digna de esta santa casa, y comprendiéndolo así aquel dadivoso Prelado, le hizo nueva la actual, en la que se gastó cerca de treinta mil ducados, segun asegura el Doctor Brabo y hemos visto consignado en el sermon de las honras que á su fallecimiento le dedicó esta comunidad: concluida la obra, bendijo dicho señor la iglesia, celebrando en ella de Pontifical en 11 de Noviembre de 1725; es pequeña y en forma de cruz con los brazos muy cortos; el retablo del altar mayor es de talla, dorado y del mal gusto que revelan todas las obras de su tiempo; el centro lo ocupa el tabernáculo, á sus lados estan las imágenes de San Benito y San Bernardo y por cima un cuadro grande y de algun mérito con la Concepcion; el presbiterio lo adornan dos buenos cuadros, uno representa la Degollacion de los Inocentes y el otro una batalla en que se aparece el Apóstol Santiago peleando contra los moros: tiene otros cuatro altares, uno con un gran cuadro recordando uno de los hechos de la vida de San Bernardo; en este lugar se venera la Santa Espina que se conservó en el convento de San Gerónimo hasta la exclaustracion, donada en 1525 por D.ª Maria Carrillo, mujer de D. Pedro Fernandez de Córdoba, primer Marqués de Comares, quien la heredó de Nuño de Guzman, hermano de su abuela D.ª María de Guzman, cuya preciada reliquia le regaló el Rey de Francia estando allí de Embajador del de Castilla; está colocada en un relicario de plata sobredorada y se ocupan de ella Ambrosio de Morales y otros autores: otro altar tiene un buen cuadro del martirio de San Lorenzo y los otros dos son los de Jesus Nazareno y Ntra. Sra. de Villaviciosa: esta imágen se cuenta entre las aparecidas ó encontradas milagrosamente que existen en Córdoba; refiere la historia, que un niño de siete años llamado Bartolomé de Pedroza, fué el dia 7 de Octubre de 1680 á buscar un haz de leña; ya muy lejos de la poblacion se armó una gran tormenta de agua y grandes exhalaciones que acobardaron al niño, pensando si volverse ó no á su casa, cuando vió entre las matas una horrible culebra en direccion suya; entonces corrió á esconderse entre unas peñas, donde encontró esta imágen, que trajo á Córdoba, entregándola al Rector de su parroquia, Santa Marina, D. Fernando Dávila, quien, para darla título, puso varias papeletas y sacó una, tocándole el de Villaviciosa; donóla al convento del Cister, recien establecido, y cuya comunidad la ha conservado con estremado culto. En los postes y mechinas de esta iglesia del Cister se ven varias pinturas que, como casi todas las otras, son obras de D. José Ignacio Cabo, de quien hemos citado varias. En la Biblioteca Provincial hemos visto un ejemplar de la vida de la V. M. Sor Ursula de San Basilio, religiosa en este convento, escrita por el R. P. M. D. Gerónimo de Vilches, monge de San Basilio, é impresa en Córdoba, oficina de D. Diego y D. Juan Rodriguez; en ella hemos leido que aquella sierva de Dios nació en Pozoblanco á 5 de Mayo de 1733, tomó el hábito en 10 de Abril de 1752 y murió en 2 de Marzo de 1761 cuando aun no habia cumplido los veinte y ocho años de su edad; en aquel grueso volúmen se refieren multitud de pruebas de la mas acendrada virtud, y al dar cuenta de su fallecimiento se dice el gran sentimiento que causó en Córdoba la pérdida de una religiosa tan ejemplar y tan santa. Tambien tenemos en nuestro poder un ejemplar de la vida de la V. M. Sor María del Corazon de Jesus, religiosa en este convento del Cister, escrita por Don Juan José de Segovia y Aguilar, Rector del Sagrario de la Sta. Iglesia Catedral é impresa por D. Juan Rodriguez de la Torre; en ella se dan á conocer sus raras virtudes, de las que se hace con entusiasmo el mayor elogio; nació en Córdoba en 1.º de Agosto de 1715, profesó en 13 de Noviembre de 1740 y murió en 9 de Febrero de 1791; fueron sus padres los Sres. D. Luis Fernandez de Córdoba Ponce de Leon, Capitan General del Reino y costa de Granada y D.ª Ana de Cea Fernandez de Córdoba, quienes acataron la voluntad de su hija única, de entrarse en el Cister.

A la mediacion de esta calle encontramos una plaza, triangular en su forma, ó sea un corte dado en 1870 al exconvento de las Dueñas para ampliar la estrecha y tortuosa calle llamada la Panadería y que aun va marcando el empedrado que hay delante de las casas, cuya línea de fachada era la que guardaba tambien la tapia del edificio: en el centro ha quedado un pozo con su bomba y al rededor han plantado últimamente algunos árboles: aun no ha recibido nuevo nombre esta plaza; unos le dan el de la espresada calleja y otros el de Nueva de las Dueñas. El nombre de Panadería viene de una que hubo en aquel sitio en la casa donde existen unos graneros: á la mediacion de esta calle hubo en lo antiguo una plazuela que decian del Señor de Zuheros, á quien correspondía la casa de los Marqueses de la Puebla y Duques de Almodóvar que allí linda y en la que incorporaron dicha plazuela, con beneplácito de la Ciudad. Tambien existió en este lugar una de las muchas mezquitas que los árabes tenian en la ciudad alta; esto se prueba por una escritura que vimos hace tiempo en el archivo del Hospital de la Caridad, otorgada en 31 de Diciembre de 1487 ante el escribano público Pedro Fernandez de Herrera, en la cual se refiere que Induchicato y otros moros mudejares vendieron la mezquita que habia en aquel sitio á Alfon Ruiz Bañuelos; por muerte de éste ó por él mismo, se vendió otra vez, comprándola el Preceptor Andrés Dominguez, quien estableció en ella sus clases, por lo que aquella se llamó calle de los Estudios, sobreponiéndole el vulgo el calificativo de viejos cuando se fundó el Colegio de los Jesuitas y se denominó con igual palabra la que hoy decimos calle de Santa Victoria, si bien lo conserva en el tramo estrecho para salir á Santa Ana: andando el tiempo los Señores de Zuheros adquirieron aquel edificio y lo incorporaron á sus casas, como habian hecho con la plazuela.

Terminada la calle del Cister y dejando á la izquierda la de los Dolores chicos, nos encontramos la Cuesta del Bailío, una de las cinco comunicaciones ecsistentes entre la ciudad alta y baja, y una de las dos que había en tiempo de los árabes y de las tres cuando los romanos: en este sitio hubo un arco hasta 1711; como es sabido, Fernando III donó casas y solares á los caballeros y demás vasallos que le auxiliaron en su gran empresa, tocándole á D. Bartolomé Corbacho todo el terreno que despues ocupó la iglesia y convento de Capuchinos, por cuya razon se llamó este sitio el Portillo de Corbacho, que despues varió por el del

Bailío, por un Fernandez de Córdoba que alcanzó esta dignidad y moraba en la casa de la calle de los Dolores chicos conocida con igual título; aquella tenía la puerta principal en la que forma frente á la Cuesta, donde vemos sobre la lonja una preciosa portada de fines del siglo XV ó principios del XVI, en buen estado de conservacion, aunque un tanto mutilada.

En el arco de Corbacho habian colocado un Santo Cristo, á que todos aquellos vecinos llegaron á profesar gran devocion; en 1711, como ya hemos dicho, fué preciso derribar aquel por ruinoso, y D. Cristóbal Ruiz Cabeza de Vaca, en union de otros devotos, pidieron permiso á la Ciudad para labrar en aquel sitio una pequeña ermita donde se siguiese venerando dicha imágen; conseguida esta licencia, la edificaron, ocupando el rincon que allí forma la pared á la derecha subiendo; tenía un patio de entrada con flores y despues estaba la capilla, en estremo reducida, donde se fomentó una cofradía á la Virgen, que parece ser la que existe en Santa Marina con el titulo de Ntra. Sra. de la Luz: la devocion se entibió, y aquel edificio se puso tan ruinoso, que en 1858 lo hizo derribar el Alcalde D. Cárlos Ramirez de Arellano, quien tenía el pensamiento de tomar un corral contíguo, de Capuchinos, y dejar una línea recta, viéndose desde el pié de la Cuesta el Santo Cristo que hay delante del hospital de San Jacinto ó los Dolores. En el centro de esta cuesta hay un gran depósito de los escusados de dicho establecimiento, el cual, filtrándose, ha ensuciado varias veces el agua de la Fuenseca, que nace tambien hácia este sitio.

En el primer tercio de este siglo, bajaba un dia cerca de noche por esta cuesta Lúcas Leon, sacristan de la iglesia del convento de San Martin, cuando de pronto le dieron una puñalada tan grande que lo dejó muerto en el acto; entonces se dijo que lo había asesinado por equivocacion, un hombre conocido por Torronteras; pero ignoramos el resultado de esta causa. Muchos años despues, aun sin mediar el siglo, se suicidó en la casa que forma testero, un jóven perteneciente á una distinguida familia, el que se cree obró así un tanto perturbada su razon.

En la parte alta de la Cuesta del Bailío se vé una puerta que comunica con el ex-convento de Capuchinos, con una Concepcion sobre ella; separado en estos últimos años, se ha establecido en aquel departamento una academia de música, bajo la direccion del profesor D. Francisco Valenzuela, quien, apesar del poco apoyo con que cuenta, se propone, y creemos lo conseguirá, sacar algunos buenos cantores ó salmistas que vayan sustituyendo á los que hoy desempeñan estas plazas en la Catedral é iglesias parroquiales, sin que esto obste para que se dediquen á otros fines, conforme los cálculos de cada discípulo.

Entramos en la plazuela de Capuchinos, que mas bien debe llamarse calle, por su lonjitud en desproporcion con la latitud. El edificio mas notable de este sitio es el hospital de San Jacinto, para pobres incurables, que se asisten en número de unos treinta, con el escaso producto de algunos bienes que tenía este establecimiento, y principalmente con las limosnas que diariamente se recojen por una comunidad de hermanos dedicados á la póstula y á la asistencia de los impedidos: otra hay de hermanas, dedicadas á las faenas propias de su sexo, siendo ambas reformadas por el Beato Francisco de Posadas, quien les redactó las reglas porque se gobiernan, muy parecidas á las de Jesus Nazareno, un tanto menos rígidas.

Cerca de la calle de la Pierna, esquina á la de los Saravias, había un pequeño hospital, del que cuidaba la hermandad de San Juan y San Simon y San Judas, instituida en la cercana parroquia, si bien el número de enfermos, cuando los tenía, era insignificante. En 1596 inició el pensamiento de formar la congregacion de los hermanos, uno llamado Pedro del Castillo, que, viendo la multitud de pobres impedidos que arrastraban una vida miserable, muriendo abandonados en las calles, donde con gran trabajo imploraban la caridad pública, ó en algun oscuro y miserable rincon, agoviados por el hambre, emprendió la piadosa y benéfica empresa de fundar este hospital, que desde luego dedicó á San Jacinto; mas necesitando un poderoso apoyo en su empresa, acudió al Lic. Tomás de Baeza Polanco, Provisor por el Obispo D. Pedro Portocarrero, quien consiguió que este último hiciese á la hermandad de San Juan y San Simon y San Judas cederle su edificio, donde el hermano Pedro se reunió con otros y formaron sus reglas en 1602, recogiendo hasta diez y seis pobres y teniendo tambien á su cargo los niños expósitos, que en 1642 fueron trasladados á Consolacion, donde ya estuvieron anteriormente; de aquí la costumbre de conocerlos por los hijos de San Jacinto.

Así permaneció este utilísimo y piadoso establecimiento, hasta que el Beato Francisco de Posadas principió á trabajar para que le dieran mayor impulso, como bien pronto lo realizó; en 22 de Noviembre de 1710 se le compraron al Marqués de Almunia D. Juan Antonio de Palafox unas casas principales que tenía en este sitio, en la cantidad de siete mil ducados, vendiéndose para reunirlos el primer hospital y unas casas que tenía en la Morería; hecha la adquisicion, el

Obispo D. Marcelino Siuri labró la iglesia y enfermería actual, gastando en ellas mas de veinte mil ducados, segun afirman cuantos han escrito de este piadoso Prelado; él lo acogió tambien bajo su patronato y el de sus sucesores, quienes le han seguido prestando el mas decidido y laudable apoyo, hasta ponerlo en el brillante estado en que lo vemos, á lo que han contribuido poderosamente los capellanes ó directores que lo han ido teniendo á su cuidado, secundando con incansable celo las disposiciones de sus superiores.

Cuando la espulsion de los Jesuitas, de que pronto nos ocuparemos, se encontraba en aquel colegio el Padre Francisco Ruano, insigne escritor cordobés, el que por su ancianidad no fué deportado, y sí traido á este benéfico establecimiento, donde acabó su vida: de sus obras haremos mencion oportunamente.

En la enfermería, que tiene la puerta frente á la de la iglesia para que los enfermos presencien el culto que en ella se dá, hay una capillita con una vistosa imágen, de vestir, de los Dolores, y por las paredes, así como en las de otros sitios del edificio, muchas pinturas, algunas de bastante mérito, habiendo desaparecido, hace ya muchos años, otras muy buenas que ocupaban unos recuadros aun existentes en uno de los claustros del piso principal.

La iglesia es de una sola nave de regulares dimensiones, con cúpula; los altares, que son siete, adolecen en sus adornos ó retablos del mal gusto de la época en que fueron construidos; el mayor tiene en el centro un camarin, en que se venera á Ntra. Sra. de los Dolores, á que tributa contínuo y solemne culto la hermandad de Siervos de María, fundada con autorizacion del Rmo. P. Fr. Juan Francisco María Paggi, General de la Congregacion de igual título, dada en

Roma en 1699: la imágen está adornada con estraordinario lujo, si bien como escultura es de muy escaso mérito: es sacada en procesion en la tarde del Domingo de Ramos, aunque con algunas interrupciones, y forma tambien parte del Santo Entierro los Viernes Santos que se realiza esta solemnidad: por bajo del camarin está el tabernáculo, mas moderno que lo demás del retablo, y aunque no malo en su forma, está pintado con un gusto detestable; á los lados de éste estan las imágenes de vestir de San Jacinto y San Felipe Benicio; la cabeza y manos de este son obra del Mtro. Fr. Juan Vazquez, Prior del convento de San Pablo, que, como dijimos en su lugar, hizo algunas esculturas; por cima de estos hay dos lienzos bastante buenos representando á San Juan Bautista y San Gerónimo, y en lo alto otro grande y apaisado con un suceso de la vida de San Jacinto.

En la capilla mayor hay otros dos cuadros grandes que figuran la Degollacion de San Juan Bautista y el momento en que la Virgen regala al Bto. Domingo Soriano el verdadero retrato de Sto. Domingo de Guzman; en el arco toral hemos visto otros dos lienzos pequeños con San Gerónimo y el martirio de Santa Bárbara.

Los altares del lado del evangelio tienen la Virgen, imágen de vestir, á que titulan Ntra. Sra. de los Buenos temporales, San Antonio de Padua y Jesus á la columna con un Ecce-Homo por bajo, y los de la epístola, San José, la Purísima Concepcion y el Bto. Francisco de Posadas, que tanto hizo por la prosperidad de esta casa.

La entrada á este hospital es una pieza cuyos cuatro frentes lo ocupan las puertas de la calle, al interior, la iglesia y la enfermería; sobre la segunda está un gran cuadro con el retrato de D. Marcelino Siuri, principal bienhechor de aquellos pobres, con una sencilla dedicatoria; todo lo demás está cubierto de pinturas, como las de San Pedro, San Pablo, el Rico avariento y otras, y multitud de milagros ó ex-votos colocados allí por los agradecidos fieles que han recibido beneficios por la intercesion de la Vírgen: frente á la entrada hay una urna con un Ecce-Homo, escultura menos que el natural, al que tambien se atribuyen muchos y portentosos milagros.

Otro edificio digno de llamar nuestra atencion es el ex-convento de Padres Cachupinos, cuya iglesia permanece abierta al culto, dando nombre á la plazuela que antes se llamó de Almunia y mas antiguo de Corbacho. En 1629 vinieron á Córdoba varios capuchinos con el Comisario General de la Orden, trayendo licencia del Rey y del Nuncio para fundar convento, para lo que impetraron la vénia del Obispo, quien, de acuerdo con el Cabildo Eclesiástico, les señaló como hospicio el pequeño hospital de los Desamparados, donde habian de hospedarse mientras buscaban edificio propio: nombróse Guardian de la nueva comunidad á Fr. Félix de Granada, quien compró en mil ducados la casa que poseía el Marqués de Almunia D. Francisco Centurion y Fernandez de Córdoba, entrando á ocuparla los religiosos en 1633: el dia 6 de Enero de 1638, se puso la primer piedra para la construccion de la iglesia, á cuya ceremonia concurrió el Obispo D. Fr. Domingo Pimentel, y bien pronto la levantaron con las limosnas que iban reuniendo, siendo las mayores las de los Aguayos, que han sido y son los patronos de este templo. Desde entonces continuó esta comunidad prestando grandes trabajos en el púlpito y confesonario, consiguiendo su piadoso objeto, pues es sabido que los capuchinos tenian un don especial para predicar, particularmente á las clases menos ilustradas, que los oian como oráculos. Exclaustrados en 1810, 1821 y 1836, y siendo esta ya en definitiva, vendió la Hacienda aquel edificio; el nuevo dueño lo derribó, sirviendo parte de los materiales para la construccion de la plaza de toros, y quedó allí un solar, en la actualidad parte huerto y parte casa de vecinos y graneros, habiéndose salvado milagrosamente, convertida en mirador la torre que ocupa el ángulo de la Almedina ó Villa y era conocida por la de Capuchinos. A este convento pertenecian la Sagrada Familia, cuadro de Rivera, anotado al visitar el Museo Provincial, y las vidas de San Francisco, vistas en la Casa de Socorro Hospicio.

La iglesia es de una sola nave formando crucero con cúpula, en cuyos arranques se ven las armas de los Aguayos y otras familias, contribuyentes á su edificacion; además tiene cuatro capillas, dos á cada lado, comunicadas, pero que no se pueden considerar como otras naves. En todos los altares se demuestra la mayor pobreza, circunstancia que se notaba en casi todos los templos de esta Orden: el altar mayor tiene sobre el tabernáculo á el Santo Angel de la Guarda, titular; á los lados los fundadores San Francisco y Santo Domingo de Guzman; por cima dos lienzos con San José y San Antonio de Padua; mas altos, dos santos de la Orden, y remata con otro lienzo que representa la Coronacion de la Vírgen: en los pilares que sostienen la media naranja, se vé el púlpito y tres esculturas tambien de santos de la Orden: los altares colaterales están dedicados á los Btos. Lorenzo y Corlean; en la nave principal hay otros cuatro con los Btos. Félix y Serafin, San Antonio de Padua y San Buenaventura; en las capillas del lado del evangelio, se venera á la Divina Pastora y á San Francisco: delante de la primera están sepultados varios individuos de apellido Venero, y en las de la epístola, en una á un Santo Cristo en lienzo que una señora donó para sustituir el cuadro de la Sagrada Familia, ya citado, y la otra tiene un lienzo de mediano mérito con la Virgen, San Joaquin y Santa Ana. En la parte que antes dijimos destinada á Academia de música, estan enterradas muchas personas, entre ellas algunas distinguidas. En el átrio existe otra capilla con Jesús, á quien costean luz varios devotos.

En el año 1786, vino á esta ciudad y se hospedó en el convento de los PP. Capuchinos, el V. P. Fray Diego José de Cádiz, precedido de la fama que ya tenia adquirida de ser uno de los predicadores ó misioneros mas notables, no solo de Andalucía sino de toda la Orden: esto fué un verdadero acontecimiento en Córdoba, no tardando un momento en acudir los Veinticuatros y demás personas de elevada posicion, á saludar al recien venido, rogándole á la vez con gran empeño, dejase oir su autorizada voz á un pueblo que tantas muestras tenia dadas de sus católicos sentimientos: estos deseos se cumplieron bien pronto; el P. Cádiz, les predicó á los individuos de la Ciudad ó Ayuntamiento, un sermon de dos horas, á puerta cerrada; tambien lo hizo ante un extraordinario concurso en el Crucero de la Catedral, y por último en la plaza de la Corredera, desde el balcon de la hoy sombrerería de los señores Sanchez, siendo su elocuencia tan poderosa, que aquellos dias hubo multitud de confesiones generales, y como fruto de ellas, muchas restituciones de objetos robados, reuniones de matrimonios desavenidos, casamientos que antes debieran realizarse, y otra porcion de muestras del efecto que su santa palabra habia causado: agradecido el Ayuntamiento á tanta deferencia, quiso demostrárselo de una manera clara y terminante, acordando nombrarlo su Teólogo consultor con voz y voto en sus sesiones y todos los fueros y preeminencias que gozaban sus Caballeros Veinticuatros, pues tal lo creaba la Ciudad, en uso de sus atribuciones y facultades: aceptado el cargo, debía prestar el juramento prevenido en los estatutos, y al efecto se le citó para la mañana del dia 8 de Abril del espresado año, yendo por él una comision que lo acompañara desde el convento hasta las Casas Capitulares; ceremonia realizada con extraordinaria solemnidad, pues yendo por él los Jurados D. Bartolomé Velez y D. Manuel Diaz, y los Veinticuatros D. Lucas de Góngora y Armenta, D. Manuel de Medina, D. Mariano Martinez de Argote y Cárcamo, Marqués de Cabriñana y Villacaños y Don José de Aguilar Narvaez, Marqués de la Vega de Armijo, seguidos de una lucida escolta, lo llevaron á prestar el juramento antes dicho, acompañándole el Padre Fr. Gerónimo de Cabra, Guardian del convento en que se hospedaba; terminada la ceremonia y no sabiendo el P. Cádiz como demostrar su agradecimiento, entregó como un recuerdo la imágen de Jesus Crucificado que tantas veces habia tenido en sus manos en aquellos solemnes momentos en que con su poderosa voz habia conmovido millones de corazones; la Ciudad entonces la colocó en una urna dorada que ha permanecido muchos años al lado del altar de la sala de sesiones, y en la última reforma trasladaron á el archivo, donde casualmente se conserva al escribir estas líneas; la cruz es como de una tercia de largo, y á su pié tiene una esculturita que representa la Concepcion, dorada, como es tambien la imágen de Cristo.

La casualidad de ser amigo de los PP. Capuchinos el Capitan General D. Pedro de Ceballos Cortés y Calderon, hizo que se hospedase en este convento, al pasar por Córdoba en direccion á Madrid á dar cuenta de sus triunfos militares, y que, llegando un tanto indispuesto, se agravase su enfermedad hasta el punto de morir de ella, siendo enterrado delante de la capilla de Villaviciosa en la Catedral, haciendo á su cadáver el entierro mas suntuoso que hasta entonces se habia efectuado en Córdoba, á que asistió la Universidad de Beneficiados, que estendió un acta en sus libros, que para mejor esplicacion á nuestros lectores insertamos íntegra, y es la siguiente:

Entierro de un Capitan General de los Reales Ejércitos, hecho por el Cabildo con el Sr. Obispo, con nuestra Universidad y Santas Cruces, con la Congregacion y Comunidades.

Habiendo llegado á esta ciudad el dia 14 de Octubre de 1778, el Excmo. Sr. D. Pedro de Ceballos Cortés y Calderon, Capitan General de los Reales Ejércitos (y otras prerogativas, y empleos de la mayor graduacion) de regreso de su gran espedicion al Brasil, (donde felíz y gloriosamente se apoderó del fuerte, é Isla de Sta. Catalina, de la Colonia del Sacramento, y parte del Rio grande, á cuyo tiempo recibió Real órden de suspenderse) con alguna leve indisposicion, aposentado en el convento de los Capuchinos, lentamente se fué empeñando el accidente (que al fin lo capitularon los médicos de escrobuto en todo el cuerpo, y etiquéz en los miembros) é imposibilitado de seguir su ruta á la Córte, donde con grandes deseos lo esperaba nuestro Católico Monarca, familia Real, y Grandeza, cada dia se acercaba á la de la eternidad, fluctuando hasta el dia veinte y seis de Diciembre del mismo año, en que á las cinco y media de la tarde entregó su espíritu al Criador, causando notables sentimientos, por haber sido uno de los mayores soldados de nuestros tiempos; y con especialidad manifestó mas su amor nuestro Ilmo. Prelado el Sr. D. Baltasar de Yusta Navarro, quien le fué muy asistente en la larga enfermedad, y quedando por su Albacea testamentario; desde luego que espiró, comenzó S. I. á dar disposiciones para el entierro, que quiso fuese en la Catedral; y por tanto á la siguiente mañana del dia veinte y siete manifestó al Cabildo, que sería del Real agrado, y suyo, que el entierro fuera el mas suntuoso, admitiéndolo el Cabildo á su asistencia á él, acompañándole el de Universidad de Beneficiados con las Stas. Cruces de todas las parroquias, la Congregacion de Sacerdotes de San Pedro, y las Comunidades Religiosas; y en efecto juntándose á cabildo al fin de el coro de la misma mañana, resolvieron hacer por sí mismos el dicho entierro graciosamente (sin embargo de auto capitular antiguo que tenian para escusarse) con las mismas ceremonias y circunstancias que los entierros de sus Prebendados, y aun Obispos, y que desde luego se hiciera la señal, y doblase con las cuatro campanas mayores de su torre, que correspondian; y ejecutada esta órden, ó resolucion antes del mediodia, instantáneamente se despachó la de S. I. á todas las parroquias y ermitas de la ciudad, para que acompañaran con su doble de campanas al de la Catedral, y á los Prelados de las Religiones, para que enviasen el dia siguiente cuantos Religiosos pudieran á decirle misas al difunto en la iglesia de Capuchinos, y en el tercero dia de mañana en comunidad fuesen á cantarle un responso, y asistir al entierro los que gustaran, costeándose por S. I. la cera, y derechos de los que fueran: al propio tiempo propuso

S. I. al Sr. Prior de nuestro Cabildo de Universidad, por su Secretario de Cámara el papel de el tenor siguiente: «Muy Señor mio: Con el motivo de haber fallecido esta tarde el Excmo. Sr. D. Pedro de Ceballos, Capitan General de los Reales Ejércitos, y haber dejado por su apoderado y testamentario á S. I. el Obispo mi Señor, me manda decir á V. disponga asista á su entierro (que será el Lúnes 28 de los corrientes á la hora, que se dará aviso mañana al mediodia) la Universidad de Beneficiados de las Parroquias de esta ciudad en la forma regular, á cuyo cargo correrá la aplicacion de cien misas rezadas de á cuatro reales de limosna, por el alma del dicho Sr. Excmo., y su importe, como el de la referida asistencia, se satisfará á V. en esta Secretaría, pasado el dia de los Santos Reyes, presentando esta con su recibo á continuacion. Dios nuestro Señor guarde á V. muchos años. Córdoba 26 de Diciembre de 1778.=B. L. M. de V. su mas afecto servidor Felipe Escanero.=Sr. D. Miguel de Herrera, Pbro. y Prior de la Universidad de Beneficiados de esta ciudad.=De la Secretaría de Cámara de S. I.» Y en el dia siguiente fué llamado de S. I. á su palacio D. Eulogio Gonzalez, Abad mayor de la Congregacion y dada la misma órden para que la dicha Congregacion asistiera tambien al citado entierro en la forma acostumbrada. El Sr. Prior, por nuestro muñidor con esquelas para los señores compañeros, nos participó á nombre de S. I. la referida órden, y dándola para que por la mañana siguiente dia 28, desde las nueve acudiésemos todos los de cada parroquia con la Santa Cruz de ella y ministros, á cantar el responso acostumbrado al difunto, en la iglesia del convento de Capuchinos, donde estaba colocado el cadáver, y que finalizado cada cuales dicho responso, los de nuestro Cabildo con nuestras respectivas Santas Cruces, nos fuéramos juntando en la inmediata iglesia del Hospital de San Jacinto, donde esperásemos á que llegara el Cabildo con S. I. y nos incorporásemos en el entierro en nuestro notorio sitio. El dicho Cabildo, pues, en el citado dia 28 adelantó media hora su campana, para entrar en el coro, y las referidas parroquias y las comunidades religiosas comenzaron desde las ocho á ir concurriendo, y entrando por su órden cada cual á la iglesia de Capuchinos, donde dándoseles vela de á cuarteron á todos y doble á los semaneros de cada parroquia y tambien á los Prelados Religiosos, cantando su correspondiente responso, se embebió en estas ceremonias todo el tiempo, que dió lugar para que concluida Nona en la Catedral, saliera el Cabildo con sus dos Cruces (acostumbradas en estos casos y dia del Corpus) y con sus Capellanes, y ministros por la puerta del Perdon, y subiendo por la calle Pedregosa á las Tendillas, y San Miguel, y de aquí por la casa del Conde de la Torre, llegó á la plazuela de Capuchinos (donde concurrian la Universidad con sus Santas Cruces y sus Parroquias, la Congregacion de Sacerdotes; las Comunidades Religiosas; la Nobleza; Eclesiásticos Seculares y Regulares, y otros muchos sugetos distinguidos del acompañamiento, y tambien el Regimiento de Dragones de Lusitania con su primera plana, que á la sazon se hallaba acuartelado en esta ciudad, é hicieron correspondiente guardia al cadáver, hasta dejarlo en el sepulcro) y mientras dicho Cabildo cantaba su responso se fué formando el entierro por las calles y modo siguiente:

Dividido todo el dicho Regimiento en tres escuadrones el uno de ellos á pié dió principio, poniéndose delante de los ayudantes de sacristanes, que con sus sobrepellices, llevaba cada cual una hacha de cuatro pábilos de cera blanca; y comenzando á bajar por la cuesta del Bailio á la calle de Carnicerías, seguia á los dichos Ayudantes el estandarte de la Congregacion á quien iba contigua la primera Cruz del Cabildo, y despues de ella la Comunidad de los Padres Terceros; á estos la de San Francisco de Paula, y luego la de los Alcantarinos interpolados con los de la comunidad de San Francisco, á la que inmediatamente seguian puestas en dos alas á coros las Santas Cruces parroquiales y sacristanes mayores de ellas, y despues de los cuales iba toda la Congregacion de Sacerdotes, tambien en dos alas con sus cirios propios, y detras de su Abad mayor (que iba en el lado y coro de la epístola) se incorporaron tres ó cuatro Capellanes perpétuos con dos Curas del Sagrario, que por el citado coro les presidian, y se les seguian el Presbítero D. Gregorio Roldan, medio Racionero mas moderno por el referido coro, y que iba inmediato á la segunda Cruz del Cabildo; y en el otro coro del Evangelio, ó del Dean (que es el sitio de nuestra Universidad) nos seguíamos detras de los congregados, todos los de nuestro Cabildo como es costumbre, de modo, que el Sr. Prior iba inmediato á D. Ramon de Riera, medio Racionero mas moderno del precitado coro del Dean, y le seguian todos los demas prebendados, canónigos, y dignidades del Cabildo hasta cerrarlo el Sr. Obispo de capa magna morada, y sus dos asistentes el Dean, y el Chantre, siguiéndoles con el Caudatario y otros cuatro ó cinco capellanes y pajes de S. I., é inmediato despues de estos llevaban al cadáver del Excmo. difunto (metido en la media caja, amortajado con hábito capuchino, y sobre el pecho y estendido el capitular de su Orden de Santiago, con su sombrero, espadin y baston, y guarnecida dicha caja de galones de oro fino) llevándolo, decia, el cadáver por las calles de la estacion, los hermanos del hospital de San Jacinto, y solo para sacarlo de los Capuchinos, y entrarlo en la Catedral lo tomaron los primeros oficiales del citado Regimiento de Dragones de Lusitania, y algunos de otros que por casualidad estaban en Córdoba. Despues del cadáver seguia inmediato el segundo destacamento del referido Regimiento, á pié, y detrás de él iba un grande acompañamiento de Canónigos de la Colegiata, Prelados, y Maestros de las Religiones, Eclesiásticos seculares, sugetos de la primera nobleza, y otras muchas personas de distincion, y de principal dolorido el Secretario del Excmo. difunto, con grado de Coronel, y á sus dos lados el Inquisidor D. Cárlos Romanillos, y el Arcediano de Pedroche, Teniente Vicario del Sr. Patriarca Vicario general de la Armada; y últimamente seguia á los dichos el tercer destacamento del citado Regimiento á caballo y espada en mano. Con este órden prosiguió todo el entierro por la estacion y calles mas principales, de calle de Carnicerias, plaza de San Salvador, Librerías, calle de la Féria hasta el Rastro, la Pescadería hasta el Mármol gordo, y desde allí á la Grada redonda, y de esta á la Puerta del Perdon, por la que entraron todos, y al tiempo de introducir por ella al cadáver, hizo salva la tropa, que habia ido delante de todo dicho entierro, y se habia formado en dos alas desde dicha Puerta del Perdon hasta la Judería. Nuestra Universidad con las Santas Cruces seguimos hasta llegar junto al púlpito del evangelio del Crucero de dicha Catedral, donde (como lo acostumbramos el dia del Córpus) nos detuvimos con las velas encendidas en mano, hasta haber pasado el Cabildo, S. I. y el cadáver, retirándonos al mismo tiempo, que colocaron al cadáver sobre un túmulo de cuatro ó cinco gradas, y varas de alto, formado de órden del Cabildo en el mismo sitio en que está enterrado el Ilmo. Sr. Obispo D. Martin de Barcia, con mucha y lucida cera. Retirado cada cual de nosotros, y Santas Cruces, sin hacer oficio alguno de difuntos en Catedral ni iglesia particular, en lo que nos imitaron los congregados, y Curas del Sagrario; el Cabildo cantó la vigilia, oficiada por su capilla de música, y despues la misa de cuerpo presente que la dijo (como dignidad de dicha Sta. Iglesia) el citado Arcediano de Pedroche, é hizo el oficio de sepultura, la cual se le abrió nueva, y se le formó su bovedilla, en la nave de Ntra. Sra. de Villaviciosa, donde depositaron el cadáver, hasta que corrupto lo trasladen á su pátria de Almendralejo hácia la Estremadura, á la iglesia, que por su testamento parece dejó mandado, y en la que se dice haber fundado algunas capellanías. El entierro fué el mas suntuoso visto en esta ciudad, y con el buen dia, y las calles enjutas, hubo uno de los mayores concursos que se ha visto. El Cabildo no solo asistió (como vá dicho) é hizo todo de gracia, sino que costeó (segun se dijo) de su mesa capitular toda la cera de sus capitulares y ministros, y aun tambien la del referido túmulo. Nuestro Cabildo de Universidad convocados todos por el Sr. Prior dia siguiente al referido entierro, (que no hubo tiempo para haberlo practicado antecedentemente) y participándonos el papel del Secretario de Cámara de S. I. que arriba va copiado, con lo demás determinado y hecho por el Cabildo de la Catedral, preguntó, que se le respondiera el ánimo de todos, y de cada uno, sobre el percibo de los cincuenta ducados que nuestro Cabildo lleva (ademá de la cera) en cualquier entierro de cruces, y que en el dicho papel se le prevenia que con recibo á su continuacion, se acudiera, así por los dichos derechos, como por la limosna de las cien misas, á la Secretaría de S. I. pasado que fuese el dia de los Santos Reyes. Oida la propuesta, todos unánimes y conformes con el mismo Sr. Prior, respondieron, que á nombre de nuestro Cabildo, el propio Sr. Prior le digese (ya fuera inmediatamente á S. I., ya á su Secretario) que todos, y cada uno de por sí, deseosos de servir á S. I. en cuanto fuese de su mayor agrado, habiamos apreciado mucho la ocasion presente para en algun modo acreditar nuestra verdadera voluntad en obedecer la de S. I. con el mayor esmero, y sin el menor interés: y que solo sentiamos el no ser tambien dueños solos de lo correspondiente á los responsos, por llevarse la mayor parte los servidores, y ministros (que componen número mayor) para que los unos, y los otros derechos tuviéramos el gusto de poderlos renunciar (como lo haciamos con los cincuenta ducados, y aun la cera de mano, así del responso, como de la del entierro) en obsequio de S. I., tan benemérito de todas nuestras atenciones; y en efecto á los tres ó cuatro dias despues del referido de los Santos Reyes, pasó dicho Sr. Prior á la citada Secretaría, donde esponiendo su comision al espresado Secretario, (quien desde luego aseguró, proponerla con toda eficacia á S. I.) y volviendo al siguiente dia, como lo previno, significó al dicho señor Prior el agradecimiento de S. I. á la determinacion tan desinteresada de nuestro Cabildo y sus atenciones, que estimaba mucho; pero que no podia condescender á estas urbanidades, permitiendo el que no se hubieran de tomar todos los derechos acostumbrados por nuestra Universidad y por los responsos de parroquias, y limosnas de misas; y así, que no se escusara de tomarlo todo; y que si se negaba á ello, se lo mandaba; por lo que fué preciso obedecer, tomar dichos derechos de Universidad y los de las parroquias y misas, y darse recibo de todo por el Sr. Beneficiado Contador, (lo mismo hizo la Congregacion). Y para lo que pueda acontecer en lo futuro, se me mandó escribirlo aquí, como que de todo fuí presente, y servidor, y en fé de ello lo firmé.—*Miguel de Herrera Lopez de Alfaro,* PRIOR.—*Gabriel Vicente Jurado.*

La traslacion de los restos del general Ceballos á Almendralejo, iniciada en el acta anterior, no llegó á realizarse y permanecen en la Catedral, donde copiaremos la inscripcion de la losa que los cubre.

A devocion de los PP. Capuchinos, ayudados con las limosnas de los Marqueses de Hariza y otros devotos, se formó en aquella plazuela la via-crucis repartida por la misma, y se colocó el Santo Cristo que ocupa el centro, la imágen de mármol blanco y la cruz y pedestal del azul del país; apesar de no ser muy antigua, hay cuestiones sobre el autor de esta escultura, atribuyéndosela unos á Gomez de Sandoval y otros al cantero Juan Navarro, que ha muerto en nuestros tiempos y cuya version nos parece mas acertada: en la pared de lo que fué huerto de Capuchinos se vé una lápida con inscripcion en que se dice las indulgencias concedidas á la ya espresada imágen, y marcando el año 1794, en que debió colocarse en aquel lugar.

A principios del presente siglo y durante muchos años, se veia todas las noches á las dos un hombre embozado en su capa, que llegaba hasta la imágen del

Santo Cristo de Capuchinos, permaneciendo en oracion algunos minutos, retirándose hácia la cuesta del Bailío, punto por donde siempre aparecía; formáronse primero algunos comentarios; mas, sabida la causa y conocido el sugeto, nadie lo molestó, continuando en una devocion que no interrumpió mientras estuvo en Córdoba; aquel era D. Francisco Carvajal, nacido en esta ciudad y morador en una de las casas de la calle de Sta. Victoria. Dedicado al servicio militar y amigo de todos los jóvenes de su tiempo, entre ellos el Vizconde de Miranda, por su aficion al toreo, no había broma en que no se encontrara, ni noche en que, como los demás, no acometiese alguna arriesgada empresa: una de ellas, la separarse de sus compañeros, sea que lo estuviesen esperando espresamente ó que por casualidad se encontrase en una reyerta de otros alborotadores mancebos, ello es, que hácia la calle del Silencio fué acometido de una manera tan brusca que vió en gran peligro su vida; defendióse como valiente; pero retrocediendo llegó hasta el pié de la cruz del Santo Cristo y amparóse en ella, haciendo esto huir á sus perseguidores; en esto comprendió que otro poder mayor que el suyo lo habia salvado de la muerte, y ofreció demostrar su agradecimiento á aquella imágen yendo todas las noches á rezarle un Credo á la misma hora en que recibió tan inmenso beneficio. D. Francisco Carvajal llegó á ser Coronel del provincial de Córdoba, y como tal asistió á la batalla de Ocaña, tan funesta para las armas españolas: tocóle formar en primera línea, y á los pocos momentos una bala de cañon le arrancó una pierna con parte del vientre, cayendo casi moribundo; sus soldados, que en estremo lo querian, formaron una camilla de ramaje y lo condujeron al pueblo mas cercano, muriendo el infeliz apenas llegó, siendo uno de los muchos cordobeses que han sacrificado su vida en defensa de la pátria.

Volviendo á la calle del Silencio ó del Conde de la Torre, ya anotada en el barrio de San Miguel y de la que pertenece una acera hasta la esquina de la de los Dolores chicos y la casa del Sr. Conde de Torres-Cabrera á la parroquia del Salvador y Sto. Domingo de Silos, justo es demos las pocas noticias que aun de ella nos restan por decir á nuestros lectores: dicha casa es de las mas hermosas de Córdoba; reedificada en estos últimos años, tiene una bonita entrada, un precioso patio principal, muchas y cómodas habitaciones y un lindísimo jardin: tambien posée el actual Sr. Conde D. Ricardo Martel Fernandez de Córdoba, una buena biblioteca, varias antigüedades romanas y algunos cuadros de indisputable mérito, entre ellos el de Zambrano que estuvo en el altar mayor de los Mártires, en la Rivera, y dos de Palomino: el título de Torres-Cabrera ó mejor dicho de la Torre de Arias Cabrera, fué concedido por Cárlos II en 1668, á favor de D. Andrés Fernandez de Córdoba, habiendo sido antes Vizcondado que en primer lugar poseyó D. Baltasar Fernandez de Córdoba; despues se le unió, por casamiento, el Condado del Menado, concedido por Felipe V á Don Juan de Guzman en 1710. En las casas de estos señores se hospedaron los Srmos. Sres. Duques de Montpensier la primera vez que vinieron á Córdoba, recibiendo corte y siendo muy obsequiados por el Sr. Conde viudo D. Federico Martel y Bernuy, que en mas de una ocasion dió muestras de gran desprendimiento y caballerosidad; otro de los personages que vimos una vez hospedados en sus casas, fué el Sr. D. Ramon María Narvaez, Duque de Valencia, quien desde uno de los balcones presenció el desfile de la Milicia Nacional, que en uno de los dias de su estancia en Córdoba, efectuó una gran parada. En este tiempo tenia aquella casa la puerta principal frente á la calle de los Dolores chicos.

Desde la calle del Silencio cruza á la del Cister, otra que en el dia se llama de los Dolores chicos y á la que afluye la de las Dueñas: háse titulado de Juan Diaz de Cabrera, por uno de los ascendientes del Señor Conde de Torres-Cabrera; del Hospital de los Desamparados, por estar en aquel sitio; de la Casa del Bailío por igual razon; sucediéndole lo que á otras muchas de Córdoba que variaban los nombres segun los moradores de sus casas ó cualquier otro motivo. El edificio mas antiguo y notable es la casa número 10, ó sea la ya citada del Bailío, llamada así por haber morado en ella Pedro Nuñez, padre de D. Alonso de Aguilar, que murió en Africa en 1578, con el Rey Don Sebastian; tanto el primero de estos tres, como otros muchos individuos de la familia de los Fernandez de Córdoba, poseedores de aquella casa, han ejercido la dignidad de Bailío, una de las preeminencias á que por sus méritos llegaban los caballeros de las Ordenes militares, y la palabra Niños, que le anteponen, es de dos hermanos que permanecieron solteros y á quienes el vulgo dió en nombrarlos de ese modo. Dichas casas, que, divididas en dos y unos graneros, atraviesan toda la manzana ó sea desde la cuesta de su título hasta la calle del Silencio, tocaron á Domingo Muñoz el Adalid en el repartimiento hecho por el Rey Fernando despues de la conquista: aquí nos sucede como en el barrio de San Nicolás, que creimos que el terreno repartido á Fernan Nuñez de Temez comprendia varias casas y solares, y aquí, si no lo vemos tan claro de que fuese á una sola persona, sí creemos lo sería á los de una familia, por lo cerca que estan tres ó cuatro casas principales, el convento de las Dueñas, que tambien lo fueron el de las Capuchinas de los Duques de Sessa, y hasta llegar á las casas que han sido de los Marqueses de la Puebla que han estado siempre en los Fernandez de Córdoba. Las casas del Bailío, nada de particular ofrecen en su esterior; pero en el interior son de las mas hermosas de Córdoba, por sus buenas y anchurosas habitaciones, jardines, escaleras y todo lo que constituye un verdadero palacio; la sala principal tiene pintados al fresco, el retrato del Gran Capitan Gonzalo Fernandez de Córdoba, y varios episodios de su gloriosa historia; el no residir en esta los Marqueses del Salar, sus poseedores, hace que esta casa se dé en arrendamiento, y por esa causa hemos conocido en ella la Administracion de Correos y en la actualidad las Oficinas de Obras públicas, ó sea de los Ingenieros de esta provincia.

A principios del presente siglo habitaba en la casa del Bailío la Sra. Marquesa de Perales, quien de noche recibía á muchos de sus numerosos amigos, contándose entre ellos todos los aficionados á la música, á la literatura y á la declamacion, celebrándose por éstos amenísimos conciertos, llegando á tal apogeo, que se cantaron algunas óperas completas y se representaron varias obras dramáticas de las mas en boga por aquel tiempo. Cuéntase tambien un suceso ocurrido despues á esta señora, viviendo en la casa del Sr. Marqués de la Vega de Armijo; encontrábase la Sra. Marquesa de visita con unos amigos, cierto dia en que se presentó una horrorosa tormenta que despidió varias exhalaciones, viniendo á caer una de ellas sobre la espresada señora, á la sazon sentada en un sofá, salvándose por la casualidad de estar vestida de seda; pero quedando derretida una joya de bastante valor que tenia pendiente del cuello, sin recibir mas que el susto consiguiente y quedar todos los presentes un poco trastornados.

En la esquina á la calle del Silencio, vemos un local dedicado á carbonería, y en otras ocasiones á diferentes usos, que por su forma demuestra haber sido iglesia; como tal la hemos conocido, llamándose hospital de Ntra. Sra. de los Desamparados; es de una sola nave y en su frente aun se ven algunos adornos de yesería, restos del retablo del altar mayor; éste tenia camarin, aun existente, y en él se veneraba, con aquel título, una antigua escultura representando la Asuncion, la que está depositada en una torre del cercano hospital de San Jacinto, ya descrito por nosotros; muy cerca habia otro altar, bajo un arco, con un Jesus atado á la columna, que ignoramos donde estará. Tal vez habria en esta iglesia otra imágen de los Dolores á que tendrian particular devocion, y al instalarse la Congregacion de Siervos de María en el hospital de San Jacinto, para distinguir una iglesia de otra le antepondrian á esta la palabra chicos con que se conoce hasta la calle.

El hospital de los Desamparados debió fundarse en el siglo XV, con la idea de recojer huérfanos y viudas, por lo que le dieron aquel título; en el XVI lo vemos ya figurar entre los primeros de Córdoba, y aun heredando algunos bienes, como los que por su testamento otorgado en 16 de Marzo de 1558, ante el escribano Francisco Jerez, le dejó D.ª María de Angulo, perteneciente á una de las familias mas nobles de Córdoba, y un censo de mil cuatrocientos maravedises que le dejó D.ª María de Toro, por su testàmento ante Rodrigo de Castro, en 4 de Setiembre de 1560. Sabido es y probado el gran incremento que tomó entre los cordobeses la cria de gusanos de seda, y la elaboracion de toda clase de tejidos; estos llegaron á su mayor apogeo, el número de telares se contaba por cientos y llegáronse á hacer terciopelos como los de la magnífica colgadura de la Catedral, prueba de lo mucho que en esta ciudad ha decaido la industria; ésta llegó á constituir un numeroso gremio con sus maestros, quienes, como todos los demás, tomaron por su amparo y como protectora, una de las imágenes de mas devocion, siendo Ntra. Sra. de los Desamparados la designada por aquellos, que á la vez se hicieron cargo del hospital, dedicándolo á la curacion de sus operarios enfermos y recojimiento de sus huérfanos y viudas, cuya mision vino llenando hasta que la cria y elaboracion de la seda se redujo á un corto número de telares, desapareciendo á poco por completo. Aquel edificio vino siendo una casa de vecinos, y la iglesia aunque abierta al culto, casi abandonada, hasta que en un arreglo de hospitales lo agregaron al del Cardenal; la iglesia se consideró como ruinosa; formósele espediente para su venta á censo, y adquirióla el Señor Conde viudo de Torres-Cabrera, con ánimo de reedificarla, enagenándola á su vez al comprador de lo demás del edificio, vendido tambien en virtud de las leyes desamortizadoras.

En unos códices existentes en la Biblioteca de la Academia de Ciencias y Bellas Letras y de la Comision de Monumentos, hemos encontrado algunos apuntes referentes al hospital de los Desamparados; dice que en él se acojian los pobres abandonados que, viéndose próximos á morir, se guarecian en unos corrales que habia en lo que hoy llamamos los Tejares y en otros puntos, á quienes la hermandad llevaba á su hospital, siempre que no padeciesen enfermedades contagiosas; que las reglas de aquella asociacion fueron aprobadas por el Lic. Fernando Morante, Provisor en tiempo del Obispo D. Leopoldo de Austria, en 31 de Enero de 1541; pero que debieron tener otras anteriores, puesto que en 1492 compró, como tal cofradía, una casa contigua para ampliar el establecimiento; despues entró el gremio de tejedores de seda, quienes tenian allí depositadas sus marcas, y daban vivienda y aun asistencia á los huérfanos y viudas de sus trabajadores. El autor de los *Casos Raros de Córdoba*, asegura, que quien dió gran impulso á este hospital, fué la Sra. D.ª María Fernandez de Córdoba, madre del Obispo D. Fernando Pacheco; moraba en unas casas-palacio, hácia la plazuela de las Doblas, y haciendo abrir una puerta á aquel benéfico establecimiento, se pasaba á él con sus doncellas, ocupándose en labar y asistir á los acogidos, con un cariño que en todos causaba admiracion; dábales ropas, medicinas y alimentos, y no contenta con eso, hacía lo mismo con muchos pobres de la poblacion, á quienes visitaba de noche, disfrazándose para que no la conociesen, pretestando ser una señora forastera que, noticiosa de su desgracia, iba á socorrerla; esta caritativa conducta le adquirió el amor de sus paisanos, quienes al saber su muerte, la lloraron como cuando se pierde una buena y amorosa madre. En el espresado libro se dá noticia de otra multitud de muestras de la caridad inagotable de esta señora, cuya memoria duró muchos años entre los cordobeses.

En la casa número 12 de la calle de los Dolores chicos, falleció en 5 de Mayo de 1874 el muy erudito escritor cordobés D. Luis María Ramirez y de las Casas-Deza, tan desgraciado como amante de las letras y decidido defensor de cuanto pudiera engrandecer á Córdoba, donde nació en 26 de Junio de 1802; y decimos desgraciado, porque muy pocos son los que trabajan tanto como nuestro amigo, sin alcanzar el fruto de sus afanes, que iban á estrellarse en la indiferencia de sus paisanos y en la poca proteccion que en provincia se presta á los que se dedican á la confeccion de obras locales, cuando debieran fomentarse, porque si todos los pueblos contaran con su historia escrita, formarían un riquísimo arsenal, donde se encontrarían multitud de curiosas é interesantes noticias, para llegar á formar una general de España que mas se acercase á la verdad de los hechos.

El Sr. D. Francisco de Borja Pavon, conocido escritor cordobés y Secretario de la Academia de Ciencias y Bellas Letras, publicó á la muerte del Sr. Ramirez, una Necrología, en que, con la correccion y galanura que resaltan en todos sus trabajos, nos da á conocer paso á paso la vida laboriosa de nuestro paisano, y lamenta, como nosotros, que tanto lo persiguiese la desgracia. Estudió latin con el aventajado profesor D. José Mariano Moreno, de quien nos ocuparemos en este mismo barrio; cursó Filosofía en el Seminario de San Pelagio, dando en ambas partes gran prueba de su aprovechamiento y capacidad para el cultivo de las ciencias y las letras, como siguió demostrándolo el tiempo que empleó en Sevilla y Madrid en acabar su carrera de medicina. Conseguido esto, estuvo de titular en Villafranca, Carpio, Bujalance y Pozoblanco, regresando por último á Córdoba, á donde lo llamaba su amor pátrio y á las letras, que aquí podia cultivar en union de muchos de sus amigos y compañeros, dedicándose con tal afan, particularmente al estudio de la historia, que sus trabajos le abrieron las puertas de casi todas las Academias científicas y literarias de España, inclusas la Española y la de la Historia, así como la de los Arcades de Roma, la Academia Científica de los Pirineos, la de Anticuarios de Copenhague y la Agrícola de París. En la de Ciencias, Bellas Letras y Nobles Artes de esta capital y en la Comision de Monumentos, dió muy buenos trabajos, y en una cátedra del Instituto tuvo numerosos y aventajados discípulos. Además de muchos artículos en el *Semanario Pintoresco*, *El Trono y la Nobleza*, en el *Diccionario Geográfico de Madoz* y en varias Revistas médicas, publicó una *Coleccion de Autos de Fé en Córdoba*, otra coleccion de *Poesías escogidas de Góngora*, *El Indicador Cordobés*, de que se han hecho varias ediciones, *Descripcion de la Catedral*, una traduccion de *La Sífilis*, de Gerónimo Fracastor, y la *Corografía de la Provincia de Córdoba*, publicándose á la muerte del autor: además, entre sus manuscritos no publicados, se cuentan los *Anales de Córdoba*, que le compró el Ayuntamiento, conservándolos en su archivo, y una coleccion de *Biografías de hijos de la provincia de Córdoba*, que fué adquirido para la Biblioteca Nacional, valiéndole un honroso premio al Sr. Ramirez; ha dejado tambien inéditas una *Galería Régia de Portugal*, y unas *Memorias autobiográficas*, que por ahora no es prudente publicar. Los lectores que deseen mas noticias de este notable cordobés, pueden ver la Necrología ya citada, escrita por el Sr. Pavon.

Otra casa de humilde apariencia, señalada con el número 8, nos hace recordar una desgracia ocurrida en 1856: vivía sola en esta casa una pobre anciana, protegida del Sr. Marqués de la Vega de Armijo; un dia fué á buscarla una conocida suya, y notando que no le abrian el porton, por mas que llamaba, sospechó que algo estraño sucedía, y llamando á otras personas, quienes forzando la puerta lograron entrar, encontrando primero á una jóven con la vista desencajada, perteneciente á una honrada familia, pero que á causa de una penosa enfermedad, tenia un tanto trastornada la razon; preguntáronle, sin obtener respuesta, y pasando mas adentro, se encontraron con la dueña de la casa que habia sido extrangulada por aquella, que no titubeó en declararse autora del crímen, sin intencion de robar cosa alguna: incohada la causa y convencido el Juzgado del indicado idiotismo de la agresora, la condenó á una casa de reclusion, donde creemos habrá muerto á consecuencia de sus padecimientos, así como sucumbió tambien su pobre y honrada madre pensando en el crímen cometido por su hija.

A la mediacion de la calle de los Dolores chicos encontramos otra que se llama de las Dueñas, y comunica con la plazuela del mismo nombre, la cual enlaza con la calle ó plaza de la Panadería y la calle de Fitero. Dos puertas casi juntas nos dan á conocer uno de los edificios mayores que ha tenido Córdoba; este era el convento de Sta. María de las Dueñas, religiosas Benitas y Bernardas, hoy convertido en cuartel de la Guardia Civil de la provincia. En este lugar estuvieron las primeras casas principales que tuvieron en Córdoba los caballeros Venegas, una de las primeras familias de la nobleza. Convirtiólas en convento en 1370 D. Egas Venegas, primer Señor del Estado de Luque, por lo que los Condes del mismo título han conservado el patronato hasta la supresion de aquel piadoso asilo: fué D. Egas Capitan del Rey Don Pedro, en la frontera de Aragon, á cuyo servicio perteneció fiel hasta que los desaciertos de tan cruel Monarca, hizo que los nobles de Córdoba se decidieran por D. Enrique, quien le concedió merced del antedicho estado. La fundacion del convento la hizo en union de su esposa D.ª Beatríz de Tolosan, que algunos escritores creen hija de los Vizcondes de Narbona; despues de muerta esta, en 1376 donó al monasterio unas hazas de tierra con sus casas y una aceña.

Hemos dicho que el convento de las Dueñas era uno de los edificios mas grandes de Córdoba, y aun puede comprobarse esta opinion considerando la parte existente, el terreno convertido en plazuela y el huerto que hay al final de la calle del Cister, al que se pasaba por un arco subterráneo de una á otra manzana; por eso el mirador estaba sobre la cuesta del Bailío, y tenia unas ventanas que daban vista á la calle de Juan Rufo; debajo de este departamento nace el agua que surte la Fuenseca, como ya en dos ocasiones hemos anotado. La iglesia, aun existente, cerrada al culto, es de una sola nave, de buena forma y de construccion moderna; el retablo del altar mayor, de órden corintio, era tambien nuevo y creemos fué donado á la iglesia de Linares, donde no sabemos se haya utilizado convenientemente; tenía en el centro el tabernáculo, á sus lados dos buenos lienzos con San Benito y San Bernardo, ante las columnas y sobre pedestales, dos esculturas de San Acisclo y Sta. Victoria, y en el segundo cuerpo la Asuncion de la Vírgen y Sta. Columba y Sta. Escolástica; además habia otros dos altares que no recordamos: delante del coro estaba enterrado el V. P. D. Juan de San Francisco, Capellan de los Ermitaños del Desierto de Belen, en cuyo punto volveremos á ocuparnos de él; sin embargo, creemos oportuno copiar su epitaficio, que es el siguiente:

Aquí yace el Venerable Padre D. Juan de San Francisco, natural del lugar de Capilla, Arzobispado de Toledo, hermano y Capellan que fué de los Hermanos Ermitaños, donde permaneció veintidos años y siete meses en la austeridad eremítica: Varon esclarecido en humildad, paciencia, y resignacion y penitencia. Murió el dia 26 *de Mayo de* 1739, *á los setenta y siete años, un mes y ocho dias de su edad. Requiescant in pace.*

Despues de la exclaustracion de las monjas, han sido exhumados los restos de este Venerable, á espensas del Sr. Duque de Hornachuelos, y puestos en la iglesia de la Albaida, recordando la gran proteccion que sus antepasados le dispensaron en vida.

En este convento se veneraba un Santo Cristo que le donó el Obispo Sr. Reinoso, quien á su vez lo habia recibido como un recuerdo de su protector el Papa Pio V: creemos lo llevarian las monjas al convento de la Encarnacion.

La comunidad de las Dueñas llegó á reunir un respetable caudal, mermado en sus últimos años, con cuyos productos daba gran culto en su iglesia y emprendia grandes obras, contándose entre ellas la construccion de la cloaca de la calle del Cister, á unir con la de la del Liceo, con el objeto de dár salida á las aguas inmundas; así consta en los libros capitulares de la Ciudad, donde en 6 de Marzo de 1479 se encuentra el consentimiento para las obras.

Muchas son las tradiciones llegadas á nosotros referentes á este convento, de las que debemos anotar algunas que indudablemente escitarán la curiosidad de nuestros lectores. Llegó la Semana Santa de uno de los años á fines del siglo XVII; solemne en estremo era el culto en esta iglesia, y esta circunstancia llevaba mucha gente á la misma y muy particularmente de la nobleza, á la cual pertenecian muchas de aquellas religiosas; terminaron las tinieblas del Miércoles; muchos caballeros se paraban en el atrio ó galería aun existente entre el patio y la iglesia, dejando pasar á las damas, que solo en estos dias se veian, contándose entre aquellos D. Juan Francisco Diaz de Morales, de quien ya nos ocupamos en la calle de los Muñices; en esto salió una señora con el velo echado al rostro y, fuese por distraccion ú otra causa, dejó caer uno de los guantes, que se apresuró á recojer otro caballero de los varios que allí habia; mas, en vez de entregarlo á su dueña, como era natural, lo guardó, dando lugar á que ella se lo reclamase; negóse á entregarlo, trabándose entre ambos una acalorada disputa, hasta que, no pudiendo la dama recobrarlo, se volvió á D. Juan, y con acento de súplica le rogó interpusiera su influencia para la devolucion de un objeto cuya falta podía comprometerla con su familia; no titubeó un momento el caballero en rogar primero y exijir despues al otro, accediese á los ruegos de una señora, que solo por esta circunstancia debiera ser atendida; de uno y otro modo la negativa siguió á la demanda, y Diaz de Morales, que tantas pruebas tenía dadas de valor, lo retó á un desafio que su contrario aceptó, y echando mano á las espadas, lo dejó muerto á sus piés, quitándole á seguida el guante, que sin hacerse esperar entregó á su dueña.

En uno de los patios de este convento aun existe un pozo con el brocal roto y conocido por el de los Diablos; en la vida de San Alvaro se esplica el origen de este nombre, refiriendo un milagro que, al contar, dejamos al buen juicio de nuestros lectores.

Acababa el santo cordobés de fundar su convento de Scala Cœli, tantas veces reedificado hasta llegar á nosotros, cuando una noche, estando en oracion, oyó en el campo una estraña algazara que, llamando vivamente su atencion, le hizo salir á la puerta, deseoso de poder ser útil á sus semejantes si por casualidad aquel ruido era síntoma de alguna desgracia; una rojiza luz iluminaba el espacio y multitud de diablos brincaban por el monte en direccion á Córdoba; entonces Alvaro llamó á uno de ellos, al parecer jefe, quien le aseguró que venian al convento de las Dueñas á ver si recojian el alma de una religiosa próxima á espirar, cuyas culpas le cerrarían las puertas del cielo; gran pena tuvo nuestro santo con la noticia; mas, disimulándola, le rogó que á su vuelta le diese conocimiento del resultado de su mision; ofreciólo así, siguiendo su marcha hácia la ciudad y San Alvaro entró en su iglesia, arrodillándose ante el altar, anegado su rostro en llanto, pidiendo con aquella fé que lo elevó á la santidad, la salvacion de la religiosa próxima á morir en pecado y ser condenada al fuego eterno. Llegó la madrugada y el mismo ruido de antes le hizo correr al campo, ansioso de saber el resultado que tanto le interesaba; el diablo jefe cumplió su promesa, y presentándosele dijo:—¡Ah, señor! mal hice en fiarme de vuestra caridad, porque con sus oraciones y las de las religiosas del convento, han sido perdonadas las culpas á la monja, que ha espirado, salvándose su alma; grande será vuestra alegría, mas no tanto como nuestro coraje, que hemos saciado rompiendo el brocal del pozo que hay en el patio donde estuvimos esperando.—Concluidas estas palabras desaparecieron, y San Alvaró se entró en su iglesia á dar gracia á Dios por sus bondades, y nosotros hacemos punto en este milagro.

En el convento de las Dueñas han existido religiosas de grandes virtudes, honra de su comunidad; mas á la vez no han faltado otras acreedoras á severísimos castigos; el autor de los *Casos raros de Córdoba* nos refiere uno bastante escandaloso y que, en el afan de dar noticias á nuestros lectores, comprenderemos en estos apuntes. Reinando Felipe II, habia en esta ciudad un D. Luis Fernandez de Córdoba, en estremo rico y casado con una de las mas nobles señoras; mas tan dado á ciertas liviandades, que nadie podía apartarlo de ellas: residía á la sazon de novicia en las Dueñas, una hermosa y distinguida jóven en quien aquel fijó su pensamiento, con su intento logrado en otras, y que en esta se hacía de mayor interés por los inconvenientes que para ello era indispensable vencer; principió á visitarla, ofreciéndole su proteccion, siendo tantas las dádivas y obsequios, que logró vencer su resistencia y seducir á ocho monjas y el sacristan, con lo que la novicia podía pasarse á la sacristía por un cajon colocado allí para sacar los ternos y otros objetos para la iglesia; descubierto esto, si bien no claramente, por las otras religiosas, se achicó aquel paso, y entonces idearon unir unas sábanas, con las que dejaban caer á aquella á una casa cercana al huerto, subiéndola cuando D. Luis se retiraba ó era hora de asistir á alguna de las obligaciones del convento; así estuvieron seis ú ocho años, que la novicia logró retardar su profesion, confiada en que por medio de un crímen enviudaría D. Luis, quedando libre para casarse con ella; mas semejante conducta no pudo seguir, porque, encontrándose la jóven en cinta, tuvo que abandonar el convento, yéndose á casa de sus padres, quienes se enteraron de su liviana conducta; ésta se hizo á la vez pública, porque la Abadesa, desconfiando de la rectitud de la justicia en Córdoba, se fué al Rey en queja y éste mandó un Juez que se enterara y siguiese un proceso para el castigo del que había abusado de aquel asilo religioso, de la novicia y de las ocho monjas complicadas en el delito; mas el dinero hizo infructuosos los esfuerzos de aquel funcionario, que no logró ni una declaracion siquiera favorable á su intento, quedando todo oficialmente desmentido; á poco, sin embargo, vino un suceso á hacer que la gente creyese que la Providencia había suplído la falta de castigo en la tierra. Por aquellos tiempos era costumbre encerrar los Viérnes el ganado vacuno que había de sacrificarse en el matadero durante ocho dias, y esta operacion se celebraba sacando las reses mas bravas al campo de la Merced, donde las lidiaban los jóvenes de la nobleza; acudió una tarde D. Luis, situándose en el portal de una casa, en que de pronto entró una porcion de gente huyendo de uno de los toros y, arrollándolo, lo dejaron caer de espaldas, quedando muerto en el acto.

El convento de las Dueñas fué uno de los cuatro que se suprimieron en Córdoba cuando la Revolucion de 1868, refundiéndose la comunidad en la de la Encarnacion. Entonces visitamos aquel edificio y vimos unos restos mudejares, que se recojieron y llevaron al Museo Arqueológico de la provincia, donde se conservan.

Enfrente de la portería de las Dueñas encontramos la calle de Fitero que, despues de formar cuatro ángulos, desemboca en la del Silencio: se ha llamado del Huerto de las Capuchinas por el del inmediato convento, Sucia por las inmundicias que siempre hubo en ella, y por último, en 1862, se la dedicaron á el Obispo Fitero, uno de los primeros de Córdoba despues de la conquista: es creencia general, que el sitio en que se reparten ó dividen las aguas del arroyo de esta calle, es el mas elevado de Córdoba, y aun se asegura, con referencia á una operacion hecha por los franceses, que está á la misma altura que la cabeza del San Rafael con que termina la torre de la Catedral. La casa número 5 de esta calle, reedificada últimamente por su dueño D. Juan de Dios Montesinos y Neira, que en 1875 ha fallecido en Sevilla, muy jóven aun y cuando era uno de los cordobeses mas amantes actualmente de las Bellas letras, que cultivaba con fruto, es la solariega de los Veras, antiguo linage que en Córdoba ocupaba uno de los primeros lugares en su nobleza; usaba escudo de veros de plata y sable, bordura de gules y ocho aspas de oro. Hemos conocido la espresada casa casi en alberca y en una de sus naves un teatro de aficionados con el título de Sociedad dramática de las Dueñas, donde muchos jóvenes daban muestras de sus disposiciones y aplicacion, de cuyas resultas algunos se contrataron en diferentes compañías, abrazando como carrera lo que antes era una distraccion.

Pasando de largo parte de la calle del Silencio, ya descrita en el barrio de San Miguel, enlazamos nuestro paseo por el del Salvador y Santo Domingo de Silos en la plazuela llamada de las Capuchinas, por el convento de religiosas de esta Orden, así como antes se tituló del Conde de Cabra, y del Duque de Sessa, que allí tuvieron su palacio, y que debieron abandonar cuando dejaron de residir en Córdoba, hasta tal punto, que sirvió de cuartel, y en él estuvieron encerrados la mayor parte de los moriscos presos en la rebelion del reino de Granada, como dijimos en su lugar.

En aquel tiempo se inventaron varias patrañas y cuentos, entre ellos uno en estremo ridículo, pero que algunos defendian como una gran verdad, demostrando en ello el crédito que daban á cuanto se refería á duendes, brujas y otras vulgares creencias de la misma clase. Tal vez, el espíritu de alguno de los antepasados de los Condes de Cabra, que aun no habría encarnado, como diría muy formal cualquier moderno defensor del espiritismo, tomaría á mal ver su casa destinada á cuartel y prision de los moriscos; cuando una noche, estando la guardia cantando, se abrió de pronto la puerta y apareció un soldadito como de media vara de altura, que con voz atronadora mandó callar, porque interrumpian el sosiego de los señores, quienes les impondrían un severo castigo por su desobediencia: multitud de bromas y carcajadas contestaron á la prevencion, siguiendo la danza como si nada hubiesen oido; mas á poco volvió aquella figurilla, repitiendo las palabras de antes, y añadiendo que era el último aviso que les daba; el resultado fué el mismo, y no habría pasado media hora, cuando de pronto se apagaron las luces y la lumbre, y una lluvia de golpes calentó las espaldas de todos los circunstantes, quienes despues de encender, resolvieron irse á descansar, temerosos de que se repitiera la broma, para ellos harto pesada.

Los deseos de ser monja Capuchina demostrados por una de las hijas del Duque de Sessa, decidió á éste á fundar un convento de dicha Orden, y al efecto, en 1655, con aprobacion del Obispo D. Antonio Valdés, destinó sus casas principales á este piadoso objeto, haciéndole á su costa las obras necesarias, ménos la actual iglesia, que edificó en 1725, á espensas del Obispo D. Marcelino Siuri, invirtiéndose en ella veinte mil ducados, del producto de sus rentas. Este convento ha sufrido varios amagos de supresion en épocas de corta comunidad; mas la cláusula de reversion que le puso el Duque de Sessa, se puede asegurar que lo ha librado de aquella medida. En la noche del 4 de Octubre de 1869 se declaró un voráz incendio en este convento, acudiendo todas las Autoridades, que al momento sacaron á las monjas, llevándolas primero á una casa de la calle del Liceo y despues á el convento de la Concepcion, donde estuvieron dos ó tres dias, hasta que, á ruegos de ellas, las trasladaron al suyo, donde despues se han ido reparando los estragos causados por las llamas.

El convento de las Capuchinas está dedicado á San Rafael, y su comunidad se ha distinguido siempre por su vida austera y por las muchas religiosas que han dado repetidas pruebas de sus acendradas virtudes. La iglesia es de una sola nave, de bonita forma, pero adoleciéndose en su adorno del mal gusto que imperaba en la época de su edificacion; sus altares de talla conservan el color de la madera, y en el mayor, además del titular, se vé un Santo Cristo, que ocupa la parte superior; los otros, que son cuatro, están dedicados á la Vírgen de los Dolores, la Beata Verónica Juliani, San Judas y San Miguel; éste es un bonito cuadro, de Palomino; en el presbiterio hay otros dos lienzos con la Cena y Jesus Nazareno. Tambien conserva esta comunidad algunas reliquias, y entre éstas unas sandalias que fueron del V. Fray Diego de Cádiz. En el interior del edificio hay unos restos muzárabes.

Pasada una plazuela que está delante de la iglesia de las Capuchinas, de la cual toma el nombre, llegamos á la calle del Liceo, que principia en el Mármol de Bañuelos, desde cuyo punto á la citada plazuela se ha llamado del Conde de Cabra, y pertenece al barrio de San Miguel, y continuando llega hasta la plaza del Salvador: antes se ha llamado de las Nieves, desde el punto indicado hasta la esquina del Arco Real, donde ya dijimos hubo otra plazuela llamada Cementerio del Salvador, y despues plazuela del Espíritu Santo, por el edificio cuya historia describimos, y desde este punto hasta su terminacion se tituló calle de la Puerta del Hierro y despues la Zapatería: de todos ellos haremos la historia; á la calle del Liceo afluyen las del Cister, Arco Real y Azonaicas, y la plazuela de las Capuchinas. Empecemos por lo mas antiguo, ó sea la parte baja.

Cuando los romanos, tuvo la ciudadela ó ciudad alta, una puerta en este sitio, en el mismo lugar que hoy vemos un ángulo saliente á poco de su entrada; llamóse del Hierro, bien por ser una verja, ó por estar forrada de aquel metal, que es lo mas probable; por ella salieron muchos cristianos á sufrir el martirio, como tenemos anotado; no sabemos qué variacion se haría aquí, mas sí que en tiempo de los árabes estuvo cerrado el paso, abriéndolo despues de la conquista, dándole su antiguo título, que tradicionalmente se había conservado y que le duró mucho tiempo, como despues el de Cuesta del Salvador, hasta que el grémio de zapateros, abandonando su antigua calle en el barrio de la Catedral, empezó á establecerse en ésta, donde aun en gran número se conserva. Aquí debemos anotar una circunstancia, muy notable en nuestra historia contemporánea: el fanatismo de los vecinos de la Zapatería hizo que casi todos pertenecieran á los voluntarios realistas, siendo tan aferrados en sus ideas, que no perdonaban medio de zaherir á los liberales; de aquí el que en 1823, cuando el cambio de gobierno, en cuanto uno de éstos pasaba por dicha via, le daban una horrible grita, insultándolos de palabra y obras y armando un gran repiqueteo con los martillos de su oficio; esto último se repite aun en algunas ocasiones, pero no con idea política, puesto que ya piensa cada cual segun tiene por conveniente, y son tolerantes como todos los demás vecinos de Córdoba.

A la mediacion de la Zapatería, hubo hasta 1841, á la derecha subiendo, un gran cuadro que representaba á Jesus en la calle de la Amargura, obra del notable pintor cordobés Juan Valdés Leal, restaurado por D. Diego Monroy, y del cual hay en Córdoba muchas copias: el original lo recojió uno de aquellos vecinos, cuya familia lo conserva, sin que nadie se cuidase por entonces de reclamarlo para el Museo. Cuando en las calles de Córdoba habia multitud de imágenes cuyo origen obedecia principalmente á la falta de alumbrado público, acostumbraba la gente en las noches del Juéves y Viérnes Santo á adornar todas aquellas que recordaban los misterios de dichos dias, yendo de unas á otras cantando saetas y rezando diferentes oraciones; una de las que mas devocion inspiraban era el Señor de la Zapatería, como vulgarmente llamaban; esto lo presenció D. Modesto Lafuente cuando visitó esta ciudad, ocupándose de ello en una de las *Capilladas de Fray Gerundio,* diciendo que ante la espresada efigie estaban cantando varias personas y que una jóven, queriéndola echar de fina, cantó la siguiente saeta:

Ya sube al monte Sidon
la hermosísima Marida,
á cumplir la profesida
que le anunció Simedon.

Esto dió lugar en Córdoba á muchas bromas, achacándole tanta finura á diferentes personas.

Mas abajo del Señor de la Zapatería, donde hay un rincon, estuvo otra imágen de Jesus, á que atribuian un milagro que en breve anotaremos.

Ya cerca de la calle del Cister, existe aun una barrera ó calleja sin salida, con el título de los Aflijidos: en este sitio y cojiendo las dos casas que en ella vemos, estuvo el hospital denominado de la Preciosa Sangre de Cristo, ó de la Dulce Sangre, como otros le nombran.

En los ya espresados códices de la Academia de Ciencias y en un manuscrito titulado *Córdoba, Razon de sus hospitales*, que hemos visto en la Biblioteca Colombina de Sevilla, encontramos apuntes sueltos de este hospital, de los que tomamos algunos para nuestros paseos. Su fundacion data del siglo XV, debida al Obispo D. Fernando Deza, segun su sobrino el Chantre D. Fernando Ruiz Aguayo que lo reedificó y dejó en su testamento otorgado en 22 de Setiembre de 1466 ante Pedro Martinez Berrio y Pedro Fernandez de Luque; dicho señor fundó á su vez la capilla que decian de la Sangre en la Catedral, donde instituyó seis capellanías; otros afirman que este hospital fué el que fundó D.ª Beatriz Pacheco, agregándolo despues al de Anton Cabrera; sea lo uno ó lo otro, en 1531 existia allí una cofradía con sus reglas aprobadas, denominándose de la Preciosa Sangre de Cristo, Santa Ursula, las Once mil vírgenes y San Acacio, y asegurándose haber sido formada por una mujer llamada María, cuyo apellido no consta; mas nosotros creemos que el verdadero fundador fué el Chantre Ruiz Aguayo: el dia primero de Enero costeaban su fiesta en el Salvador y el de Sta. Ursula en su capilla de la Catedral: con posterioridad se anota que aprobó la cofradía el Obispo señor Fresneda en 29 de Mayo de 1578. En el altar de esta iglesia habia una gran tabla representando un Santo Cristo y varios judíos renovándole las llagas y la herida del costado, de la cual salia tanta sangre, que aquellos, azorados, recojian en una orza que llena se derramaba manchando el pavimento; mas allá estaba el martirio de Sta. Ursula y las Once mil vírgenes; esta pintura era en conmemoracion de un milagro que se dice ocurrido en Berito; pero el vulgo lo habia trasladado á Córdoba, añadiendo que fué en este sitio y que la sangre corrió en tanta abundancia que salió á la calle y llegó por el arroyo hasta casi el final de la Zapatería, colocándose en aquel sitio la otra imágen que recordára á los buenos cristianos tan extraordinario portento. En otro altarito se veia tambien una tabla con la Vírgen y por bajo un letrero en que se leía «Juan de Sangre linda,» nombre que ha llevado tambien aquella calleja que en un princípio se llamó de la Caza: este letrero dió lugar á muchos comentarios, pues mientras unos aseguraban ser el nombre y apellido del que lo costeó, otros decian que era un contrasentido para llamar linda á la sangre que derramó la imágen. El hospital recibía á algunos pobres y la enfermería estaba en la parte mas baja, conservándose una de sus ventanas que hace frente á la entrada por la plaza del Salvador. Otra hermandad instituyóse en esta iglesia con el título de Ntra. Sra. de los Afligidos, que ya dijimos al hablar de la ermita de la Aurora ser una Dolorosa que allí se venera. Ya en el siglo XVIII estaba casi abandonado este hospital, que acabaron por suprimir y agregar sus bienes á otros establecimientos análogos.

Formando frente á la calle del Arco Real vemos unas magníficas casas, cuya fachada construida en 1764, se adolece del mal gusto de aquella época, si bien revela la grandeza de la familia á que han pertenecido. Esta es una de las varias principales que han tenido los Fernandez de Córdoba; era de la rama conocida por los señores de Zuheros, hasta que en 28 de Marzo de 1664, el Rey Felipe IV concedió á su dueño D. Luis Gimenez de Góngora el Vizcondado de la Puebla de los Infantes, convertido en Marquesado, poseyéndolo D. Francisco Fernandez de Córdoba, y concediéndole la grandeza honoraria en 1772; dicho título se unió despues al Ducado de Almodóvar del Rio; éste fué primero de Marqués, concedido tambien por Felipe IV en 1663 á D. Juan Gimenez de Góngora, elevándose á Duque por Cárlos III en 1780, poseyéndolo D. Pedro Gimenez de Góngora y Lujan, á quien se le concedió grandeza de segunda clase. Por estas concesiones la casa de que nos ocupamos ha sido conocida por la de los Marqueses de la Puebla ó Duques de Almodóvar, poseyéndolos primero del Oficio de Alférez mayor del Pendon Real, por lo que eran destinados á hacer las picas de los Reyes, saliendo de sus casas con el estandarte que se tremolaba junto á los Reales Alcázares, que estaban donde hoy la Cárcel: los mayorazgos que representaban aquellos señores, recayeron libres en el Sr. D. Joaquin Fernandez de Córdoba y Pulido, quien los dejó al morir á una hija única y pequeña que tambien falleció á poco, heredándola su señora madre D.ª Elisa Martel Fernandez de Córdoba, actual Duquesa de Almodóvar del Valle, quien ha vendido la casa á la Diputacion provincial que proyecta trasladarse á ella con todas sus dependencias. No hace muchos años, cuando se embaldosó esta calle, desaparecieron dos gruesos mármoles con cadenas que habia delante de la puerta principal de las casas de los Marqueses de la Puebla; ese era un privilegio concedido á los señores que hospedaban alguna vez á las personas reales, y éste título lo hizo con Cárlos IV y su mujer cuando estuvieron en Córdoba: otros muchos personages de distincion han estado en aquellas hermosas casas, entre ellos el Gran Cardenal de España, como dijimos al ocuparnos de la venida de Felipe II, y últimamente en 1843 el Regente del Reino D. Baldomero Espartero, Duque de la Victoria, pocos dias antes de embarcarse para el extranjero, desenlace de los sucesos políticos de aquel año; dicho General estuvo en el balcon dirijiendo la palabra al pueblo que inundó aquella calle durante el tiempo que permaneció entre nosotros.

Hemos dicho que el Marqués de la Puebla de los Infantes era Alférez mayor del Pendon Real, y por tanto nos consideramos en la obligacion de esplicar á nuestros lectores cual era este honorífico cargo: oficio enagenado por la Corona, representaba un capital en contra del Tesoro, y por eso se le asignó renta que cobra la espresada Sra. Duquesa de Almodóvar del Valle, como comprendido en los bienes de su primer esposo: era además de grandísimo honor, teniendo entre otras prerogativas la de tremolar el pendon en las juras de los reyes, y como quiera que esta es una ceremonia realizada tantas veces en Córdoba, diremos el ceremonial de ella, que harto tiene de curioso ya que ha caido en desuso.

En cuanto recibía el Corregidor la Real órden para que se levantasen pendones, convocaba á la Ciudad á sus Casas Capitulares, y reunida nombraba una comision compuesta de cuatro de sus individuos para que dispusiesen la funcion en los términos de costumbre; del mismo modo se señalaba el dia en que habia de verificarse y se designaba una diputacion de dos caballeros Veinticuatros, quienes pasaban á ver al Cabildo Eclesiástico, invitándole á honrar con su presencia la bendicion del Real pendon, y despues iba á convidar al señor Obispo para que concurriera á este acto y al de la proclamacion: dicho Cabildo pasaba despues á las casas de la Ciudad, representado por dos de sus individuos, y ambas comisiones volvian unidas á palacio á decir al Prelado las determinaciones de ambas corporaciones. Dados estos pasos, que se pueden considerar como los preliminares de aquella selemne ceremonia, se hacia saber al público por medio de un pregon ó bando desde el balcon del Ayuntamiento, estando entretanto reunida la Ciudad; las palabras que se pronunciaban eran las siguientes, que nunca variaban:

«Córdoba, Justicia y Regimiento de ella, hace notorio á sus vecinos, que el dia (tantos) de este mes á las tres de la tarde, se ha de tremolar el Pendon Real en la torre del Homenaje, en nombre y aclamacion de la Magestad del Muy poderoso y Católico Rey D. (el nombre) nuestro Señor que Dios guarde, lejítimo sucesor de estos Reinos y los adyacentes; y para que en parte se manifieste el debido júbilo con que se ha de celebrar este acto, manda que en las noches de hoy y en la del dia de mañana haya iluminacion general en toda la Ciudad, y que así se publique para que llegue á noticia de todos.»

El dia de la aclamacion amanecía decorada la casa del Alférez mayor, Marqués de la Puebla de los Infantes, ostentando en el balcon el retrato del nuevo Monarca, bajo docel, y al lado el pendon real: á la una del dia se juntaban en las Casas Capitulares el Corregidor, los caballeros Veinticuatros, toda la nobleza, el Cabildo de Jurados, los Escribanos y Oficiales mayores de Cabildo, Ministros, alguaciles ordinarios y porteros: de allí salian formados, yendo los Veinticuatros interpolados con las personas convidadas, dirijiéndose á las casas del Alférez mayor; al llegar á ella salian de la misma cuatro Reyes de armas á caballo, colocándose delante de los porteros, y cuando el Corregidor daba frente á la puerta se presentaba aquel con otros cuatro caballeros á quienes decian los padrinos y el Teniente para llevar el estandarte que el primero sacaba en la mano; este último era otro cargo que vemos ejercer uno de los Sres. Diaz de Morales, el cual se colocaba en el centro ó sea entre el Alférez y el Veinticuatro decano. En este órden y seguido de la música, poníase en marcha aquella comitiva, entrando en la Catedral por la puerta del Perdon hasta el arco de las Bendiciones, donde era recibida por el Cabildo acompañado de las Cruces y todo el Clero; allí se adelantaban el Corregidor y Alférez mayor, llevando en medio al Teniente con el estandarte ó pendon, y á poco se pasaban en fila á la izquierda, despues de hacer una reverencia á las Cruces, para dejar que pasase el Cabildo y Clero: el Alcalde mayor pasaba entonces á presidir el Ayuntamiento, y los otros señores seguian hasta el altar delante del señor Obispo vestido de Pontifical, entonando la música un solemnísimo Te Deum. Por los postigos del coro entraba el Cabildo y detrás el Alférez mayor que ya tomaba el pendon y llegaba al presbiterio, donde se hacia la bendicion de aquel. Concluida dicha ceremonia salian otra vez en la forma en que llegaron, por la puerta del Perdon, montando á caballo y siguiendo hasta el pié de la torre del Homenaje, que aun conserva este nombre, y es la que tiene la Cárcel en la esquina contraria á la del Seminario de San Pelagio: debajo de ésta se colocaba el Teniente con el pendon y dos Reyes de armas á los lados, y el Alférez mayor con los otros dos entraban en la Inquisicion y subian á la torre; allí uno de estos sacaba un cordon de seda que echaba, y otro de los que se habian quedado abajo ataba el estandarte por la parte superior y era subido á lo alto: uno de los espresados Reyes de armas lo alargaba al Sr. Alférez mayor, y dirijiéndose al pueblo, gritaba: *Oid;* y el segundo seguia: *Oid, oidme todos, oidme todos, oidme todos,* y tremolando aquella bandera continuaba: *Castilla, Castilla, Castilla por el muy poderoso, esclarecido y Católico Rey D.* (el nombre) *nuestro Señor que Dios guarde felices años,* á lo que todo el concurso contestaba con un *viva.* Terminada esta ceremonía que el Obispo presenciaba desde un tablado que hacian detras de la tapia de su jardin, se formaba otra vez la procesion y, dando la vuelta por la Cruz del Rastro, seguian en la misma forma en que vinieron, hasta colocar el pendon en el balcon de la casa del Marqués de la Puebla, donde permanecía todo el dia y noche, y la Ciudad se volvia á sus casas en las cuales despedia el convite. Durante este solemne acto habia repique general y colgaduras en todas las casas: en algunas ocasiones tremolaron tambien el estandarte en la Corredera.

El edificio mas notable actualmente en la calle del Liceo, es el Círculo de la Amistad, uno de los mejores casinos de España; tambien tiene su historia, y bien interesante por cierto, para los que quieren saber cuanto Córdoba contiene. Deseando el Jurado Juan Ruiz que tuvieran asistencia muchos de los pobres que morian sin ella, á causa de ser insuficientes los hospitales que entonces existian, fundó uno en 1461 en el lugar que ocupa este edificio; á poco, en 1505, se instaló un convento de monjas Agustinas en el barrio de San Lorenzo, calle que por él aun lleva el título de las Nieves viejas; no hemos averiguado el nombre del fundador, ni por qué se extinguió el hospital del Jurado Juan Ruiz; varios autores dicen que á él se trasladó el convento de Ntra. Sra. de las Nieves en el año 1532, y en algunos apuntes encontramos, y ya lo hemos dicho, que los Navarretes costearon la capilla mayor de la iglesia y que por eso eran patronos y tenian enterramiento en ella; el retablo del altar era obra del arquitecto Melchor Fernandez Moreno, segun declaracion de él mismo en unas informaciones para la canonizacion de San Alvaro, que se conservan en la Biblioteca Provincial: tambien hemos dicho que en la de este convento se refundió á principios de este siglo la comunidad de la Encarnacion Agustina, que casi en su totalidad sucumbió cuando la invasion de la fiebre amarilla. Nada notable se encuentra de esta piadosa casa, hasta 1836, que en un arreglo de conventos fué suprimido indebidamente, pues siendo el único que habia de San Agustin, parecia natural lo conservasen, cuando habia otros repetidos de diferentes órdenes: destináronlo entonces á casa de vecinos y á poco, varios jóvenes formaron en su iglesia una sociedad dramática, empezando á dar funciones cuando aun se conservaba el púlpito y otros objetos que se avenian muy mal con las representaciones teatrales. Aquello que al principio parecía un juego de niños, fué tomando incremento, asociándose personas de otra edad y circunstancias, hasta que se formó el Liceo Artístico y Literario, de que aun tan buenos recuerdos se conservan; dividióse en tres secciones, Dramática, Lírica y Literaria: la primera puso en escena las mejores obras del repertorio moderno; la segunda, que tuvo de directores á los artistas Moya, Soriano Fuertes y Ramos, dió brillantísimos conciertos y ejecutó por completo La Norma, Lucía, El Barbero de Sevilla y otras óperas y zarzuelas, y la literaria llegó á publicar un semanario denominado *El Liceo de Córdoba*, donde vieron la luz pública muchos y apreciables trabajos. Siendo Presidente de esta Sociedad el Sr. D. Marcial de la Torre, se adquirió á censo el edificio, se vendió parte de él para una plaza de abastos y se construyó la actual fachada, bajo la direccion y plano del Arquitecto Municipal D. Manuel García del Alamo, por cierto que no encontrando firmeza para él cimiento, se hizo un gran estacado y se sacó con piedra, cal y agua; concluido éste se puso la primer piedra con mucha solemnidad, colocando, entrando á la izquierda, una caja de plomo con diferentes monedas, un pergamino con el acta y una lista de todos los que á la sazon eran sócios. Poco á poco se fué enfriando aquel entusiasmo, y por último quedó reducida la Sociedad á unos cuantos individuos que arrendaban el local á otras sociedades para dar funciones y aun á algunas compañías, y últimamente se estableció allí un café de escasa concurrencia.

En 1850, encontrándose en Córdoba de Juez de primera instancia del distrito de la derecha, el señor D. José Miguel Henares, actual Magistrado de la Audiencia de Albacete, concibió el pensamiento de formar un Casino con el título de Círculo de la Amistad; formó una sociedad sobre la base de cien individuos á quinientos reales cada uno, y buscando local, arrendaron éste, tomando los enseres que en él existian, y desde entonces principió á vivir aquel floreciente establecimiento; en un principio se concretaron á comprar el mueblage, hasta que se consiguió la fusion de ambas sociedades, considerando como fundadores á las personas que de la primera tenian satisfecha la cantidad señalada y á los que quisieron completarla. Desde aquel dia, el Círculo de la Amistad empezó á tomar incremento, adquiriendo nuevo y lujoso mobiliario, rica y escojida biblioteca y cuanto podia ser útil al recreo, instruccion y comodidad de los sócios, los cuales se dividen en dos clases, fundadores aquellos que contribuyeron á la formacion de aquel centro y accidentales los que entrando despues solo tienen derecho á concurrir al edificio y gozar del recreo que el mismo les proporciona. El local ha sufrido tambien grandes mejoras con las obras realizadas bajo la acertada direccion del Maestro de la Academia Don Juan Rodriguez Sanchez; de él es el plano del hermoso salon construido en terreno del mercado, que tambien adquirió la Sociedad; este es el mayor de España, y está lujosamente decorado, ostentando en la parte alta vistosos cuadros de asuntos cordobeses, debidos al pincel del reputado artista D. José Rodriguez de Lozada, sin que los analicemos minuciosamente, por habernos propuesto no ocuparnos de obras cuyos autores aun viven: en este hermoso salon se han efectuado los Juegos florales realizados en Córdoba con tanto lucimiento. Es digna de fijar la atencion la balaustrada de los claustros altos del patio principal y el decorado de otro mas interior que últimamente se ha construido en lo que era huerta y que presenta una lindísima perspectiva.

Las casas intermedias entre las calles de las Azonaicas y del Arco Real están en terreno del ya citado convento del Espíritu Santo; éste fué comprado despues de la exclaustracion por el laborioso industrial D. Joaquin Manté, quien al frente de una sociedad reunida al efecto, lo derribaron é hicieron un mercado que por su pequeñéz no tuvo aceptacion, por mas que lo ampliaron con un departamento en terreno de las Nieves, que ya hemos dicho adquirió el Círculo. En la esquina obrada por D. Rafael Vidaurreta, donde tiene su acreditada sombrerería, se encontraron un pozo con una galería que atraviesa la calle hácia la casa de los Marqueses de la Puebla, y en el cual no fué posible entrar por estar lleno de agua: tambien se encontraron muchos restos humanos, de cuando estuvo allí el cementerio de la parroquia del Salvador, y una cabeza de piedra, al parecer romana.

Por esta calle baja una cloaca ó alcantarilla, casi obstruida por completo, uniéndosele otras dos que salen de las del Arco Real y Cister.

De dos hombres notables debemos hacer mencion en este sitio: el primero es D. José Mariano Moreno y Bejarano; nació en Córdoba en 4 de Julio de 1764, y está bautizado en la parroquia del Salvador y Santo Domingo de Silos, falleció en la misma ciudad, en 20 de Octubre de 1833. Fué preceptor de idioma latino, á lo que se reducía por lo general entonces la segunda enseñanza, y era en su profesion tan docto como el que mas de sus contemporáneos, y de superior gusto y versacion en los autores clásicos; á pesar de esto, no llegó á tener nunca mucha clientela. Fué uno de sus mas aventajados discípulos D. Luis Ramirez de las Casas-Deza, y parece haberlo sido tambien el Sr. Alguacil, Obispo actual de Vitoria. Fué hijo de D. Diego Moreno y de D.ª Josefa Bejarano, cuyo matrimonio se hizo en la parroquia de San Pedro. Sosteníase aquel con una corta labor, y no le alcanzó su producto para costear al D. José la carrera de Jurisprudencia á que se inclinaba; mas éste, que desde luego se distinguió en el estudio del latin, se perfeccionó, á punto de salir aventajado maestro en él, escribiéndolo con notable pureza y gusto. Era bastante erudito en literatura y bibliografía castellana, y señaladamente en la latina, y quedan suyos en este idioma pocos pero excelentes versos, y superiores á los que hizo en la lengua pátria; hánsele atribuido algunos, que debieron ser de su juventud, en son de sátira, cuando el célebre *D. Domingo Badia y Leblic*, empleado de Hacienda en esta capital, y ya amante de las ciencias, antes de emprender sus grandes viajes, trató de lanzar á los aires un globo aereostático, y quedó burlado en su tentativa, por no poderlo hacer subir. Este frustrado ensayo hacíase no muchos años despues del descubrimiento de Montgolfier.

Fué Moreno de excelente carácter y costumbres, mas de vida retraida, y tan falto de malicia como de ambicion. Casado con D.ª Francisca Uriarte, rara vez salía de casa, y á la suya concurrian frecuentemente los apasionados á las letras á conferir con él, lo que le era muy agradable. Apartado por algun tiempo del ejercicio de la enseñanza, tuvo por necesidad que volver á ella, por los años de 1814. No se sabe que tuviese mas honores y destinos que el de Bibliotecario, durante la dominacion francesa, y de individuo y examinador de la Real Academia Latina Matritense.

En tiempo de Moreno y en esta poblacion, la costumbre, el atrevimiento, el estímulo para escribir y publicar lo que se escribía, eran muy escasos. De lo que hizo para la Sociedad Económica y para la Academia, á cuyas corporaciones le agregó D. Manuel Arjona, y como á uno de sus primeros indivíduos le consideró y apreciaba, quedan algunas memorias. Las que consagró á Lucano y á Pedro de Valencia, no son en verdad notables, ni por el fondo ni por las formas literarias, ni por la novedad de noticias: y respecto del último, siguió á D. Nicolás Antonio hasta en el error de darle por pátria á Córdoba, y no á Zafra, descubrimiento ó rectificacion de posteriores tiempos.

Merecen, sí, justo aprecio, y ganarían en ser mas conocidas, las composiciones métricas latinas que se le deben y no creo se hayan publicado. Una es la égloga titulada *Arcadia*, en la instalacion de la Academia: otra es la que denominó *Nájades*, á la venida de la Reina Amalia de Sajonia, y la *Elegía* en la muerte de la Reina y tambien esposa de Fernando VII, D.ª Isabel de Braganza. En la primera, su complacencia urbana ó su gratitud con el gobierno del último invasor, fueron para él motivo de desabrimiento y zozobra.

No se conservan algunos otros trabajos que hizo sobre el *tizon del trigo*, y estudios preparatorios para la historia de su ciudad natal. Murió en ella en la fecha mencionada y á los 69 años, y á consecuencia de exacerbársele su padecimiento habitual en las vías urinarias.

El otro cordobés á que nos referíamos, es el muy acreditado médico D. Antonio de Luna y García, que falleció en 31 de Mayo de 1853: escribió varias memorias é informes en las distintas corporaciones á que perteneció, y tuvo el oportunísimo pensamiento de formar un Manicomio en el ex-convento de San Gerónimo de Valparaiso, para lo que hizo formar un expediente, que despues abandonaron, cuando tan conveniente era la idea, tanto para los infelices dementes como para los intereses de Córdoba, donde se hubieran reunido todos los de Andalucía, alcanzando, sin duda, mejor resultado que el que produce el llevarlos á Cataluña ó á otros puntos.

Frente al Círculo de la Amistad encontramos una ancha calle que enlaza con la de los Letrados, conocida por las Azonaicas, nombre que tambian se dá á dos callejas que allí hay, comunicadas por una tercera y que creemos lo estarían con otra, tambien en aquella vía, conocida por la del Yeso, á causa de haberse elaborado en ella este material, y con las de los San Juanes en la calle del Paraíso, y otra en la del

Liceo, cerrada al público y que sirve de paso al postígo del Instituto: se cree que este título quiere decir calles estrechas, y en ese caso está bien aplicado porque todas las citadas lo son, y además, la que hoy aparece ancha, lo fué tambien, puesto que el convento del Espíritu Santo avanzaba hasta dejarla como de dos varas, y dando la vuelta que en el dia dan las casas de la mano derecha, y formando un rincon donde está la cochera de la núm. 5 que habita el Sr. D. Ignacio García Lovera, en cuyo sitio habia una imágen que desapareció al derribar la parte necesaria de espresado convento, importantísima mejora realizada por el Sr. D. Francisco Diaz de Morales y Bernuy, que cuando la exclaustracion se hizo cargo de aquel edificio y llevó á cabo el ensanche, con aplauso de toda la ciudad; por esto, y por las demás pruebas que como escritor y hombre político tenía dadas en favor de la pátria, el Ayuntamiento acordó dedicarle esta calle, cuya variacion de nombre no se ha realizado, sin que sepamos la causa.

En la casa núm. 6, donde en la actualidad tiene sus oficinas la Empresa del gas, hemos conocido hasta hace pocos años el beaterio de Santo Domingo de Guzman, y la última beata, aunque nada tenía que lo demostrase, ha sido la Sra. D.ª Vicenta Alcalde y Pineda de las Infantas, á cuya muerte se ha promovido un pleito sobre en quién han de recaer aquellos bienes. A fines del siglo XV, D.ª Leonor Rodriguez de Bañuelos se reunió con otras señoras y fundaron un beaterio en la calle de San Pablo, por bajo de la puerta de la iglesia, donde está el parador del Cármen, sin tener iglesia propia, y sí asistiendo á todas las funciones y culto de la ya citada: en un manuscrito existente en la Biblioteca Provincial se habla mucho de estas beatas y se dan los nombres de algunas que se distinguieron; en él y en otros apuntes hemos visto que despues de la muerte de las fundadoras, considerando como sitio demasiado público la calle de San Pablo, trasladaron el beaterio á las callejas de las Azonaicas, como mas apropósito para el objeto, donde le labraron oratorio y ha permanecido hasta su extincion, como arriba hemos anotado.

La calle de los Letrados puede considerarse como dos, y así es en efecto: antiguamente se decía al primer tramo calle de las Tiendas, por las muchas que allí había, y al segundo, ó sea el que desde las Azonaicas vá á la plazuela de la Compañía, le decían de los Letrados, por la casualidad de haber morado siempre en ella alguno de esta facultad; en la primera parte hay otra calle estrecha que enlaza con la del Reloj y se llama de Munda desde 1858 en que le quitaron el nombre de los Santo Antones que tomó de unas imágenes que en aquel sitio hubo; es la primera que alcanzó la mejora de ser embaldosada en totalidad, y no es muy concurrida, tanto por ser una travesía, como por tener en sus estremos unas cubetas urinarias que ofenden horriblemente á la vista y al olfato. El segundo tramo de la calle donde nos encontramos, se ha dicho de los Letrados hace dos siglos, puesto que en los padrones del XVI la encontramos con el nombre del Hospital de San Bartolomé; éste estaba en la hoy casa núm. 8, reedificada habrá mas de treinta años, hácia el de 1840: era de pobre apariencia, y sobre la puerta tenía un cuadro que representaba al titular; cuidaba de él una cofradía, que ya hemos dicho se incorporó á la del Smo. Sacramento de la parroquia de Santo Domingo de Silos, donde celebraba sus fiestas religiosas; en 1573 y 1574 lo encontramos citado en varios manuscritos, y en el segundo de dichos años se dice haber construido cinco habitaciones para albergue de familias pobres, por lo que se confirma la creencia de ser una especie de hospicio, donde se recojían huérfanas y viudas.

Hemos vuelto á la plaza de la Compañía, ya descrita; ahora continuaremos nuestro paseo por la calle del Paraiso, de la que corresponde á este barrio hasta la esquina de la de Diego Leon, ó sea el tramo que antes se llamó de los San Juanes, título que aun conserva una calleja sin salida que hay en ella; ya hemos dicho que lo tomó de un altar de la iglesia de los Jesuitas, en la actualidad parroquia: antes se llamó calle de D. Juan Fernandez de Córdoba, no habiendo averiguado cosa que nos lleve á mas lejanos tiempos. Frente á la sacristía de dicha parroquia, hubo una plazuela donde ya hemos dicho estuvo la fuente que ahora vemos en el Cementerio de San Miguel; este terreno fué comprado por el Sr. Marqués de las Atalayuelas para ampliacion de sus casas número 20; mas cuando habia levantado la pared á la altura del primer piso, el dueñode la casa núm. 8, aunque quedó una calleja intermedia que existe con una puerta á la entrada, se opuso á la obra por decir que le quitaba las vistas, entablándose un pleito que ha durado muchos años, terminando cuando muerto el Marqués, nadie ha tenido empeño en continuar aquella reforma. El primer Marqués de las Atalayuelas lo fué D. Diego de Leon por gracia de Cárlos IV, de 23 de Noviembre de 1796. Esta familia es en estremo ilustre, descendiente, segun algunos autores, de los Reyes de Leon; ha dado hombres muy notables, principalmente en el ejercicio de la guerra aun en nuestros tiempos, distinguiéndose los Generales D. Diego José de Leon, hijo de los Marqueses de Guardia Real, que tanto se señaló al lado de Espartero en la memorable noche de Luchana, y que á poco murió víctima de su valor extraordinario, y D. Diego de Leon, de quien se han ocupado tantos escritores y muy particularmente D. Cárlos Massa Sanguineti, que publicó su vida, impresa en Madrid en 1843: otra escribió D. Nicomedes Pastor Diaz, que puede verse en sus obras de D. Diego Leon y Navarrete; nació en la casa de que nos veníamos ocupando, en 30 de Marzo de 1807, siendo sus padres los Sres. D. Diego Antonio de Leon, Marqués de las Atalayuelas, Gentil Hombre de S. M. y Brigadier Coronel del Provincial de Bujalance y D.ª María Teresa Navarrete y Valdivia; estudió con gran aprovechamiento la primera y segunda enseñanza en Madrid y en el Colegio de Ntra. Sra. de la Asuncion de Córdoba, y por último, inclinado á la carrera militar, su padre solicitó del Gobierno beneficiar una compañía de caballería en favor de su hijo, gracia que le fué concedida en 28 de Agosto de 1822, recibiendo el despacho de Capitan que le costó unos ciento sesenta mil reales. Desde entonces fué D. Diego uno de los militares mas valientes y pundonorosos que ha tenido el ejército español: en 1825 contrajo matrimonio en Madrid con la Sra. D.ª María del Pilar Juez Sarmiento y Mollinedo, hija de los Marqueses de la Roca; cuando el enlace de Fernando VII con D.ª María Cristina, obtuvo el grado de Coronel, y cuando á la muerte de aquel Monarca, su hermano D. Cárlos quiso hacer valer sus abolidos derechos á la corona, nuestro héroe se decidió por la Reina Isabel, contando desde entonces multitud de acciones en que siempre elevó su fama á donde su valor y talento militar la remontara: largo sería consignar el número de sus victorias: ya de General, y teniendo á su cargo el Vireinato de Navarra, obtuvo nuevos triunfos, siendo el mas notable el de la toma del puente de Belascoain, que le valió el título de Conde del mismo, una de las recompensas que con mas justicia se han dado en España. No es nuestro ánimo ni nuestra mision escribir la historia de nuestro valiente paisano; por eso lo dejamos, cuando mas lo halagaba la fortuna, para volverlo á nombrar en sus últimos y desgraciados dias. Pasó la guerra civil: Espartero se elevó por su indisputable mérito al cargo de Regente durante la menor edad en que aun se encontraba Doña Isabel, y la política, que tantos y tantos desastres ha causado á nuestra pátria, empezó esas luchas de que jamás nos veremos libres. Cuantos conocen nuestra historia contemporánea, saben la fracasada conspiracion de varios Generales, que en 1841 intentaron restablecer la Regencia de D.ª María Cristina, y la sangrienta escena que tuvo lugar en el régio Alcázar de Madrid la noche del 7 de Octubre: Leon tomó parte activa en aquellos acontecimientos, y ya perdida la esperanza se salió solo al campo, donde fué preso por una seccion de Húsares de la Princesa, cuyo regimiento tantas veces había guiado á la victoria; á ellos entregóse, no pensando jamás que Espartero haría cumplir en su persona la horrible sentencia que dictó el Consejo de guerra: ¡vana quimera! *nuestro valiente y pundonoroso cordobés* fué fusilado á las afueras de la puerta de Toledo en la mañana del 15 de Octubre, ó sea á los ocho dias de haber fracasado aquel pronunciamiento; mas ni en ese tristísimo lance perdió nuestro héroe la serenidad demostrada durante su gloriosa carrera militar, pidiendo el favor de mandar el piquete que había de poner fin á su existencia. En un nicho del cementerio de la puerta de Fuencarral se lee: *D. Diego Leon, Conde de Belascoain.* Pocos años despues, el Ayuntamiento de Córdoba, su pátria, le dedicó la calle contigua á la casa en que por vez primera abrió sus ojos á la luz del dia.

No podemos abandonar la casa núm. 8 de la calle del Paraiso, sin ocuparnos del Casino Industrial, Agrícola y Comercial establecido en la misma. Esta sociedad fué formada hácia 1860, en la casa de la calle del Arco Real que dijimos haber pertenecido á los Navarretes, trasladándose despues á la que hoy ocupa, como mas apropósito para el objeto: sin hacer ostentacion de gran lujo, ha procurado siempre ser útil á esta ciudad, sin desatender por eso el recreo y comodidad de los sócios: ha reunido una escojida biblioteca, que tiene á disposicion de la juventud estudiosa, y en dos ocasiones ha instalado un Ateneo, donde, jóvenes aprovechados y otros sócios de mas esperiencia y larga carrera, han pronunciado lucidísimos discursos, y se han entablado discusiones sobre diferentes puntos ó temas científicos. Sobre todo lo dicho estuvo una Exposicion de Agricultura, Artes é Industria, celebrada por esta sociedad en 1868, sin mas recursos que los suyos propios, á pesar de los grandes gastos que para ella se le originaron, pues aun cuando pensaba reintegrarse en parte con el producto de los billetes de entrada, la revolucion ocurrida á los pocos dias le obligó á cerrar aquella, defraudando sus esperanzas: todo el edificio estaba completamente lleno de objetos de gran mérito, luciendo todos los tejidos de la provincia, así como sus vinos, aceites, granos, licores, plantas y otra multitud de muestras, contrastando con las obras de platería, pintura, escultura, planos de edificios, ferretería, muebles, muestras de maderas y mármoles, zapatería y todo, en fin, cuanto los cordobeses elaboran; adjudicáronse medallas de oro, plata y cobre, y diéronse muchas y merecidas menciones honoríficas por jurados compuestos de personas elejidas para cada una de las cuatro secciones en que dividieron este notable certámen, memorable acontecimiento para todos los que amen el verdadero progreso de nuestra provincia.

En la calle del Paraiso hay otra casa, señalada con el núm. 3, de la propiedad del Sr. D. José María Cadenas, donde tuvieron su morada los Sres. de Fernan-Nuñez, despues Condes y en la actualidad Duques: de ella volveremos á ocuparnos cuando contemos la historia de D. Rodrigo de Vargas, una de las mas curiosas tradiciones cordobesas.

En la esquina de la Fonda Suiza concluye el barrio del Salvador y Santo Domingo de Silos; pero es suya la calle de D. Diego Leon, nombre que le dieron en memoria del General cuya historia hemos anotado; antes se llamó del Colegio de la Asuncion, nombre del que despues fué elevado á Instituto Provincial, y del Horno de Sória, por uno que se derribó para hacer la plazuela que hay delante de aquel Establecimiento. En el lugar donde termina la fachada de la Fonda Suiza, quitaron en 1841 un cuadro que representaba la Asuncion, obra de D. Diego Monroy, de donde inferimos que era moderna aquella especie de retablo, ó que sustituyó á otro, que tal vez el tiempo destruiria. En la plazuela que dá vista al Jardin botánico del Instituto, estuvo, como hemos dicho, la fuente que vemos hoy en el Cementerio de San Miguel, y en la esquina hay una gran basa de mármol blanco, con inscripcion romana, que en su lugar publicaremos, hallada en 1752, á unas cuatro varas de profundidad, á el abrir unos cimientos en la casa del señor Leon, calle del Paraiso.

Digno de visitarse minuciosamente es el antiguo y memorable Colegio de Ntra. Sra. de la Asuncion, hoy Instituto Provincial, el primer establecimiento literario y científico con que cuenta Córdoba, y uno de los edificios mas notables por su estension, forma y distribucion adecuada á su objeto.

Créese que por consejos del P. Juan de Avila, de quien en varias ocasiones nos hemos ocupado en estos apuntes, se vino á vivir á esta ciudad el Dr. Pedro Lopez de Alba, médico que había sido del Emperador Cárlos I y de su hijo Felipe II: careciendo de herederos forzosos, y deseando emplear el capital que había reunido en alguna obra meritoria, principió á calcular cuál seria ésta que mejores resultados diera á las clases mas necesitadas: Córdoba contaba entonces con muchos y buenos hospitales, aunque no de la importancia de los de hoy, y esto le apartó de la idea de fundar otro nuevo. En la duda, pasó á Montilla, donde á la sazon estaba el P. Avila, y despues de consultarle, decidió instituir una obra-pía para socorro de los jóvenes pobres que quisieran seguir la carrera eclesiástica, con lo que se aumentaría el número de sacerdotes, ó como dice en la fundacion, *de operarios espirituales de que carecía Andalucía,* por falta de medios, toda vez que aun no se había fundado el Colegio de San Pelagio, que algunos años despues erigió el Obispo. En este tiempo era Pontífice Gregorio XIII, Rey de España Felipe II y Obispo de Córdoba D. Bernardo de Fresneda, de quien en varias ocasiones nos hemos ocupado; principió á cumplir su idea dando limosnas á estudiantes, y á poco adquirió, en 6 de Diciembre de 1569, las casas en que está el Instituto, comprándolas á Alfonso Fernandez de Argote y su mujer D.ª Juana de Angulo, quienes á su vez la compraron en una venta judicial que le hicieron á Luis de Angulo en 3 de Octubre de 1567; pagó parte en dinero y parte en un censo que redimió despues, cuando reunió los fondos necesarios. Ya con local á propósito, hizo el Colegio con el título de Ntra. Sra. de la Asuncion, para lo que obtuvo bula Pontificia que se conserva, fecha 9 de Setiembre de 1574, haciendo la fundacion que aceptó el P. P. Pedro de Bujeda, de la Compañía de Jesus, siendo testigo el P. Lic. Francisco Gomez, Rector del Colegio de Santa Catalina de Córdoba, quien ayudó mucho con sus consejos, y ambos por encargo y recomendacion del P. Avila; Lopez de Alba hizo al primero Rector por toda su vida, confiándole la direccion, mas no la administracion de los bienes, entre los que estaban los cortijos de Viafornilla y el Toril y las hazas de Manes, que él se reservó hasta su muerte, ocurrida en Noviembre de 1588, ratificando su nombramiento y cesion en su testamento otorgado ante el escribano Rodrigo de Molina; Lopez fué natural de Madrigal, en Castilla la Vieja, y había seguido sus estudios con gran aprovechamiento en la Universidad de Salamanca. Bujeda gobernó la casa con gran acierto, sacando ventajosísimos discípulos, y se ocupaba en hacer las reglas cuando murió, en 6 de Setiembre de 1595, dejando por herederos á los PP. Jesuitas, quienes nombraron patrono al Dean D. Luis Fernandez de Córdoba, despues Obispo de Málaga y Salamanca, y de Rector al Lic. Pedro de Avila: en 10 de Noviembre de 1596 se vistieron los colegiales con trajes iguales á los que actualmente usan los seminaristas de San Pelagio, solo que las becas eran encarnadas; y así, con las variaciones naturales de patronos y rectores, continuaron hasta 7 de Setiembre de 1725 que se hicieron cargo por completo del Colegio los PP. del de Santa Catalina, ó sean los Jesuitas: en 1708 se sacaron los cimientos de la actual capilla, siendo Rector D. Gaspar de Pineda Ponce de Leon, y en 1771 se aumentó el edificio con unas casas que había en la calleja de la calle del Liceo, la cual fué cerrada al tránsito público dicho año, á escitacion de D. José de Leon y Soldevilla, dueño de otra casa contigua; anterior á esta época contaba con todo lo mas principal, que se edificó desde 1605 á 1613, á escepcion del Jardin botánico y de todo el cuerpo de la fachada que se ha hecho en estos últimos años, sirviendo de base el plano que hizo el ya tantas veces citado arquitecto D. Pedro Nolasco Melendez, reformado por su sucesor el Sr. Moreno Monroy, digno tambien de que consignemos aquí su nombre, ya que el destino hizo que, jóven aun, perdiésemos á el amigo y al hombre laborioso y entendido, que tanto contribuía á las mejoras de todos los pueblos de esta provincia.

Los PP. Jesuitas, á pesar de tener su colegio propio, siempre miraron éste con gran predileccion é introdujeron en él cuantas mejoras pudieron, hasta que, extinguida la Compañía, pasó el Colegio de la Asuncion á ser patronato de la Corona, la que delegó sus atribuciones en una junta nombrada al efecto, de personas escojidas entre las de mas ciencia y afectas á la enseñanza. Ya á fines del siglo XVIII se adoptaron los buenos estudios, estableciendo en 1798 el de las ciencias; en 1810 crearon la academia de dibujo, aun existente; en 1813 se fundó una cátedra de latin, y en 1826 sufrió un cambio completo, puesto que fué declarado Colegio de Humanidades y se suprimió el estudio de la Teología que tuvo desde su principio, continuando así hasta 1847 en que lo declararon Instituto Provincial de segunda enseñanza, estando sujeto en ésta á lo que las leyes establecen, si bien aumentado con la ya citada clase de dibujo, la de francés y otras.

Digno es en verdad este Establecimiento de que la provincia dedique á él sus cuidados y atenciones, y de que cuantos vienen á Córdoba lo visiten, seguros de encontrarlo, si no á la altura que se desea elevar, sí á una superior á la de otros Institutos de su clase, y tal vez que cuenten con mas recursos para su sostenimiento y mejoras. Nosotros, que en muchas ocasiones, y que aun recibimos parte de nuestra educacion en este Colegio, hemos visto con gusto la importancia que ha tomado en estos últimos años y el afan con que á él han contribuido sus Directores y Catedráticos, hasta los actuales, como lo demuestra el Director Sr. D. Victoriano Rivera, quien, además del trabajo que dá en favor del Establecimiento, no se descuida un punto en sus trabajos particulares, habiendo reunido una coleccion de lápidas, algunas importantísimas, sobre las que ha escrito varios artículos y una memoria, que con sobrada justicia le ha valido el título de Correspondiente de la Academia de la Historia, quien no siempre, al menos en nuestra localidad, ha estado tan acertada como en esta ocasion para hacer esa clase de distinciones. Aconsejamos á nuestros lectores no dejen de visitar este edificio, donde, entre otras oficinas, verán el gabinete de Historia Natural y Física, uno de los mas estensos y ricos que hay en España, y que cada dia se aumenta con nuevos y utilísimos objetos para la enseñanza.

No han faltado á este Colegio tambien sus momentos de desgracia, ni han dejado de combatirlo en diferentes ocasiones, casi desde un principio: cuando en él se estudiaba Teología, el Seminario de San Pelagio, algo mas moderno, quiso sujetarlo á su jurisdiccion, lo que jamás logró; la parroquia de San Miguel pretendió tambien sujetar la capilla al gobierno de los beneficiados y rectores de la misma, y así, todo el que podía, trabajaba por quitarle importancia, y más aun, cuando vieron que el espíritu moderno iba estendiendo aquí las alas que tanto se trabajaba por cortar. Una de las cosas con que contaba esta casa, era con una buena imprenta, en que se tiraron muchas obras, y de la que los franceses se alieron y despues los liberales en la época de 1820 á 1823; por esto los partidarios del absolutismo hicieron que al caer la Constitucion, la chusma invadiera el Colegio, destrozando la imprenta, y con ella cuanto útil y bueno allí encontraron, escapando milagrosamente el Rector, que era el ilustrado Sr. Noriegas, que sufrió bastantes persecusiones é inhabilitaron por varios años, hasta que al fin recobró la plaza que tan dignamente había desempeñado. Tambien se registran en la historia de este Colegio algunos actos de insubordinacion por parte de los colegiales, en los que siempre se quedó á salvo el principio de autoridad, imponiendo severos castigos á los colegiales.

Recorriendo los departamentos de este edificio, hemos visto en la capilla una buena escultura, que representa la Asuncion de la Virgen, obra del escultor D. Pedro Duque Cornejo, de quien son otras varias de las que hay en la misma, y otra de San Ignacio de Loyola, cuyo autor ignoramos: en otros puntos hay varios cuadros, algunos de mérito, y en la sala rectoral una coleccion de retratos del V. Juan de Avila, el Dr. Pedro Lopez de Alba y los de varios hombres ilustres que han estudiado en este Colegio, inclusos algunos que viven, como es el del actual Sr. Marqués de la Vega de Armijo, cuya importancia como orador y hombre político todos conocemos; tambien está el del notabilísimo escritor D. Joaquin Francisco Pacheco, y no sabemos por qué no figuran los del valiente y desgraciado General Leon y otros que sería largo enumerar.

Entre los discípulos de otras épocas mas antiguas, se cuentan los siguientes:

El Excmo. Sr. D. Fr. Juan de Almoguera, natural de Córdoba, Arzobispo de Lima, Virey y Capitan General del Perú.

El Santo Mártir Antonio Perez Cuellar y Ayala, natural de Ballesteros.

El V. Mateo de Cardenal, de Cabra, que murió en el Colegio en opinion de santo.

D. Juan Perez Cortés, Colegial mayor en el del Arzobispo, Catedrático en la Universidad de Salamanca, Capellan de las Descalzas Reales.

D. Alonso Reinoso, cordobés, Dean de Osuna y despues Magistral en Sevilla.

D. Juan Portillo de Mesa, cordobés, Magistral de Málaga.

El Sr. Ascargota, Obispo de Salamanca y despues Arzobispo de Granada.

El Dr. D. Juan de Porras, natural de Cabra, Obispo de Cuenca y Cória.

D. Juan de Rocha Mojica, cordobés, Magistral y Prior de la Colegiata de Baza.

El Dr. D. Pedro Belloso y Armenta, cordobés, Provisor y Vicario general de Alcalá la Real y Córdoba.

D. Bartolomé Gimenez de Castro, natural de Bujalance, Magistral en Córdoba y Toledo.

D. Juan Gabriel de Cocha, natural de Andújar, Obispo de la Paz en Indias.

D. Gaspar Diez, de Málaga, donde fué Magistral.

D. Miguel de Piédrola, de Andújar, Obispo de Cartagena, en Indias.

D. José de Morales y Leiva, cordobés, Provisor de Avila, Doctoral en Sigüenza y Penitenciario en Sevilla.

D. Diego de Córdoba, natural de ella, Rector de la Universidad de Sevilla y dignidad de Prior de la Catedral de su pátria.

El Dr. D. Bartolomé Camacho Madueño, de Montoro, Obispo de Tortosa.

D. Juan de Santiago, Obispo de San Juan de Puerto-Rico y de Guadalajara en Indias.

D. Juan de Galvez Valenzuela, cordobés, Colegial en el Mayor de Bolonia y Gobernador de Milan.

Renunciamos á citar otros muchos nombres, porque sería alargar demasiado estos apuntes.

Regresamos á la calle del Paraiso para entrar por la de Juan de Mena, antes del Hilete, nombre que tomó por elaborarse en una de sus casas el hilo ó alambre que servía para hacer la filigrana, ramo de la platería que siempre ha sido notable é importante en Córdoba; en 1862, cuando hubo una verdadera manía en mudar los nombres á las calles, le dedicaron ésta á aquel célebre poeta, nacido en Córdoba en 1412: estudió en Salamanca y Roma, y vuelto á España llegó á Secretario y Cronista de D. Juan II; sus obras son muchas y muy apreciables, distinguiéndose un poema titulado *El Laberinto:* murió en 1456, y lo sepultaron en la iglesia de San Francisco de Tordelaguna, sin que nadie se haya ocupado de gestionar su traslacion á su patria.

A fines del siglo XV y mucho tiempo despues, era la calle del Hilete ó Jilete, como generalmente decian, mucho menos frecuentada que en la actualidad; una de sus aceras la constituia la espalda y postigo de la casa del Sr. D. Juan Fernandez de Córdoba, Señor de la villa de Rute y Dean de esta Santa Iglesia Catedral, persona riquísima, tanto por su casa, como por las rentas que aquella dignidad le daban; la otra acera la constituía otra pared de la casa del Sr. D. Luis de las Infantas, y era la hoy núm. 3 de la calle del Paraiso, entonces mas estensas. Los que han leido lo mucho que existe escrito sobre la vida del Dean D. Juan de Córdoba, saben sus costumbres relajadas y el boato con que siempre pretendió eclipsar á todos los nobles sus paisanos, al par que sus estravíos de otro género le hicieron casi perder la cuenta de los hijos que tuvo y de las jóvenes que pervirtió, acallándolas despues con cuantiosos donativos; sin duda por esto fundó, ya en edad madura, la Casa de Expósitos, dedicándose á cuidarlos con un esmero que rayaba en frenesí. Los criados y pajes de este señor seguían su ejemplo, alentados con la proteccion que éste les dispensaba, y se creian escusados de guardar á nadie el respeto y consideracion debidos, por alta que fuese su gerarquía: la casa en que hacía su morada, era magnífica, cojiendo casi en totalidad la manzana en que hoy vemos la parroquia del Salvador y Santo Domingo de Silos y las Escuelas Pías, teniendo la fachada frente al hoy Colegio de Santa Victoria, y un postigo á la calle del Hilete ó Juan de Mena; hácia esta parte labró una elevada torre que dominaba casi por completo la casa de D. Luis de las Infantas, quien tenía varias hijas de vida muy honesta, que no podían sufrir aquel registro, ni las bromas que desde dicha torre les dirijian; hartas ya de estos abusos, rogaron á su padre hablase con el Dean para que pusiese algun correctivo, y como pariente y amigo no titubeó en hacerlo, siempre con la cortesía y miramientos que entre ambos eran consiguientes: dióle el Dean la razon, y ofreció de una manera que no dejaba lugar á dudar, reprender á sus dependientes y hacer cerrar los claros que hácia aquel lado daban; oferta que agradeció mucho D. Luis, marchándose á su casa en estremo complacido del buen recibimiento que sus quejas obtenian; mas, lejos de realizarse sus esperanzas, se defraudaron por completo; si pesadas eran las bromas de los criados, hiciéronse insoportables, pareciendo como que sus justas quejas eran acojidas con burlas y chacota; ya esto hirió el amor propio de los Infantas, y en vez de reiterar aquellas, concibieron el censurable propósito de vengarse del Dean de una manera harto sensible para todos.

Pasado algun tiempo, vinieron á Córdoba varios sobrinos del Dean con el deseo de visitarlo, y éste, agradecido á su buena voluntad, los recibió en su casa y obsequió con un magnífico banquete que duró hasta la una de la noche, sirviéndose los mas esquisitos manjares; asistieron los músicos mas notables de la ciudad y un numeroso convite llenó aquellos magníficos y lujosos salones. Cuando todos se fueron, los criados se recojieron cansados de tanta bulla, sin cuidarse, como casi siempre, de cerrar las puertas, que generalmente estaban abiertas, pues las buenas costumbres de aquellos tiempos y el respeto que á todos infundía el Dean, autorizaban estos descuidos ó ya casi costumbre entre ellos; D. Luis de las Infantas con algunos de sus parientes, aprovecharon la ocasion; entráronse sin ser vistos, y llegando á la cocina, rociaron con alquitran la chimenea y muebles, pegando fuego y retirándose á sus casas como si nada hubiesen hecho; el fuego tomó incremento: de la cocina propagóse á otros departamentos, y cuando despertaron los primeros, el incendio habíase generalizado en el edificio: salieron á la calle dando gritos, los vecinos se despertaron, las campanas de la parroquia de Santo Domingo de Silos dieron la seña á las de todas las demás, y bien pronto las autoridades y casi todos los cordobeses acudian al lugar del siniestro, uno de los mayores que se han conocido en Córdoba: la cámara del Dean tenía una ventana á la hoy calle de Santa Victoria: el fuego había llegado á la estancia anterior, donde murió quemado el paje que tenía de mas confianza, y él, sin poder escapar, daba desesperadas voces de socorro, debiendo la salvacion á que los operarios arrancaran la reja, arrojándose él á la calle en ropas menores; el autor de los *Casos Raros*, dice que era tanta la plata que había en aquel palacio, que salió derretida á los patios, ocasionándose con esto y lo demás consumido por las llamas, una pérdida de mas de trescientos mil ducados; tanta era la riqueza que tenía y el lujo con que pasaba la vida el Dean D. Juan Fernandez de Córdoba.

Como el fuego empezó por la cocina, todos lo achacaban á la chimenea, mas no el espresado D. Juan, que fijó su atencion en lo ocurrido con D. Luis de las Infantas, contra quien nada quería pedir por su carácter de sacerdote, no sucediéndole lo mismo á su sobrino el Marqués de Comares, libre de aquel reparo, y el cual dió parte, siguiendo un ruidoso proceso, para el que consiguió la vênia de un Juez pesquisidor, que tomó el asunto con tanto empeño é hizo tantas indagaciones, que logró reducir á la mayor estrechéz á los Infantas, quiénes hubieran muerto de miseria, si la señora de D. Luis no hubiese logrado salvar unos seis mil ducados, escondiéndolos debajo de su saya el dia del embargo, siendo éste tan rigoroso, que nada absolutamente le dejaron: este proceso duró muchos años, hasta que al fin Felipe II, por influjo de algunos nobles, llamó al Marqués de Comares y lo hizo desistir de sus gestiones.

A la salida de la calle de Juan de Mena, nos encontramos un sitio donde afluyen además de ésta, las de Angel Saavedra, la de los Moros, que es del barrio de San Juan, y la de Jesus María, que desemboca en las Tendillas, donde termina la jurisdiccion de la parroquia del Salvador y Santo Domingo de Silos. Nos ocuparemos de la última, por encontrarse cortada, y despues volveremos á redondear nuestro paseo. Dos edificios notables existen en este sitio: es el primero el ex-convento de Jesus María, de religiosas Minímas, ó sea de San Francisco de Paula, hoy de la propiedad del Sr. D. Esteban Santaló: lo fundó en 1538 la señora D.ª María Carrillo y Hoces, viuda de D. Bernardino de Sotomayor, siendo Obispo de Córdoba D. Pedro Fernandez Manriquez, y quedando sujeto á los jefes de su Orden; mas, á pesar de las muestras de virtudes que dieron las religiosas, ni una pudo llegar á sostenerse con algun desahogo, por lo que en 1735 prestaron obediencia al Obispo D. Tomás Rato, quien desde entonces empezó á ayudarle con sus limosnas: pocas noticias hemos adquirido de este convento, que continuó hasta 1836, en que fué suprimido, incorporándose las religiosas á las comunidades que individualmente quisieron elejir; el edificio, que nada particular ofrece, aparte de un regular artesonado en la iglesia, estuvo dedicado á casa de vecinos y á depósito de cuadros del Museo Provincial, hasta que, adquirido por el espresado Sr. Santaló, estableció en él una fábrica de tejidos de hilo; despues ha estado la iglesia dedicada á teatro con la denominacion de Moratin, y por último, no mereciendo éste los favores del público, está convertido en taller de carpintería; otro de coches hay en parte del convento, y lo demás es la casa del propietario.

Dando frente al espresado convento, está la casa en que en la actualidad moran los Sres. Marqueses de Valdeflores: es una de las principales de los Armentas, de cuyo nobilísimo linaje nos ocupamos en la parroquia de la Magdalena: represéntalo la Sra. Marquesa, en quien concluirá como primer apellido, el Marquesado de Valdeflores, que no es de los oriundos de Córdoba, lo otorgó Cárlos III en 19 de Julio de 1764 al Sr. D. Francisco Velazquez de Velasco y Angulo, y por enlace de hembra ha venido tambien al Sr. D. Antonio Rubio y Velazquez. Los Armentas figuran en Córdoba casi desde la conquista, y lo vemos enlazado con los mas principales, como lo son los apellidos Bañuelos, Mesa, Carrillo, Hero, Pedroza, Aranda, Estepa, Aguayo, Sousa, Córdoba, y mas que con ninguno, con Góngora, que casi siempre encontramos unido, y es representado por esta familia, y del que nos ocuparemos mas adelante. En el trascurso de estos apuntes hemos dicho el derecho que los Sres. Armentas tenian de enterramiento en San Andrés, la Magdalena y otros templos.

En la calle de Jesus María, casi al desembocar en las Tendillas, existian en la pared dos lápidas romanas, hoy embadurnadas de cal, que publicaremos en la coleccion que pensamos dar al final de esta obra. Frente á aquellas y en la fachada del convento, hemos conocido tambien dos imágenes, en lienzo, que fueron quitadas en el año 1841, como otras muchas anotadas en sus lugares respectivos.

Continuaremos nuestro paseo hácia Santa Ana, donde se corta el barrio del Salvador y Santo Domingo de Silos: todo este trayecto se llama ahora calle de Angel Saavedra, por haberla dedicado el Ayuntamiento al que en nuestro tiempo ha sido el hijo mas notable que ha producido Córdoba, y del que hablaremos al llegar á la casa donde nació. La parte mas ancha, ó sea la plazuela á que primero salimos, se ha llamado de los Cabreras, apellido ilustre, del que nos ocupamos ya en la casa de los Marqueses de Villaseca, á quienes ha pertenecido la que aquí vemos con una fachada, que aunque mutilada, muestra pertenecer al siglo XVI, segun su bella arquitectura, que nos recuerda aquellos tiempos tan felices para las artes; tambien se ha llamado este sitio plazuela de la Lonja de Benamejí, por una Marquesa viuda de este título que vivió en dicha casa, la que tenía delante una lonja ó átrio, quitado en el primer tercio de este siglo; en el presente año de 1876 se ha descubierto casualmente, que enmedio de la cuestezuela que forma, existe un pozo, cuya construccion creemos se remonte á los árabes. Otra casa, muy linda y estensa, hallamos en este lugar: labróla hácia el año treinta de este siglo el Sr. D. José Conde y Salazar; por su muerte la compró el Sr. Marqués de Peñaflor D. Fernando Perez de Barradas, y despues la permutó por la que tenía en el barrio de Santiago el Sr. Conde de Gavia, quien entonces se mudó á este sitio, y de cuyo título nos ocupamos ya al hablar del apellido Rios.

Otra calle encontramos en este sitio, llamada Alta de Santa Ana, que comunica con la Cuesta de Pedro-Mato, la mas pendiente que existe en todo Córdoba, la cual pertenece ya al barrio de la Catedral; en los padrones antiguos vemos todo este trayecto con el segundo de aquellos nombres, por cierto uno de los mas justificados, recuerdo de uno de los mas lastimosos sucesos que registra la historia de esta ciudad.

En la última casa de la acera izquierda, que forma rincon y es conocida por la de la Escalerilla, por una que tiene delante para subir desde la calle á una habitacion alta, moraba hácia 1575 el Dr. Pedro Pera Mato, uno de los médicos que por su ciencia y honradéz han gozado de mas crédito entre los cordobeses: algunos autores lo hacen portugués, mientras otros lo creen de Córdoba, donde vivían y tenian bienes sus padres el Lic. Cristóbal Sandin y D.ª Beatríz Cano: terminada su carrera con gran aprovechamiento, se acreditó bien pronto en su profesion, logrando alcanzar una posicion holgada; entonces se casó con otra D.ª Beatríz, cuyo apellido ignoramos, demostrándose ambos esposos un entrañable amor, del que eran fruto dos hermosas niñas: así permanecieron muchos años, hasta que uno de los Paez Castillejos que habitaban en su casa solariega de la plazuela de D. Gerónimo Paez, fijóse en la esposa del doctor, empezando á hacerle señas desde la azotea que aun se vé sobre la hermosa fachada de su morada: la que hasta entonces había demostrado una intachable conducta, fijóse tambien en su galanteador, é interviniendo una codiciosa criada, tomaron aquellas ilícitas relaciones una importancia causa de funestísimos desastres; el carácter irascible de la señora le hizo cometer la imprudencia de maltratar de palabras y obras á la que era dueña de su secreto, y ésta, vengativa en estremo, reveló al Dr. Pedro Mato el horroroso engaño de que era víctima, revelacion á que dió fuerza la misma esposa desleal, puesto que, apercibiéndose de ello, se puso una toca y corrió á refugiarse en un convento, donde se constituyó en clase de depositada. Una vez dado el escándalo, no se ocupaban en Córdoba de otra cosa, por mas que en aquellos tiempos se hablaba siempre de los asuntos graves con un misterio que ahora no se conoce. Sin embargo del escándalo, tanto el Obispo Fresneda como otros muchos amigos del doctor, apoyados en la negativa de D.ª Beatriz, empezaron á disuadirlo de aquella idea, suplicándole que por el amor que tenía á las dos niñas, perdonase á aquella la ofensa y la recojiese en su casa, dando palabra de no ofenderla, temerosos como estaban, tanto por el fuerte carácter del médico, como por lo mucho en que estimaba su honra: consiguiéronlo al fin, y la señora volvió á la casa conyugal, donde empezó á hacer una vida tan recojida que ni salía á misa, puesto que ésta la oia en un oratorio que al efecto le costeó su marido. Así continuaron varios meses, hasta que un dia, ya fuese la criada en venganza de haberla despedido, ya algunos envidiosos del buen nombre y fortuna que como médico tenía Pera Mato, ó tal vez cualquiera de esos para quienes la honra agena es un juguete, y que pensaran divertirse con aquella desgraciada familia, una noche colocaron sobre la puerta de la casa una cuerda llena de cuernos, como indicando la paciencia con que el esposo llevaba su deshonra: cuando por la mañana salió Pera Mato y se encontró con aquel insulto, quedó parado sin saber que determinacion tomar: su primera intencion fué vengar el ultraje en D.ª Beatríz, mas luchando al mismo tiempo con la palabra de no herirla, dada al Obispo y demás amigos intermediarios en el asunto, quitó la cuerda y siguió su camino, batallando allá en su mente con la idea de la venganza: creyéndose un tanto tranquilo, tornó al fin á su casa, donde al ver á su esposa, sintióse acometido de tal ira, que arrojándole á la cara la cuerda que quitó de la puerta, la agarró por los cabellos, y sin darle mas tiempo que el necesario para encomendar su alma á Dios, la ahorcó con una tohalla que encontró en aquella estancia: seguidamente recojió el dinero y alhajas que halló mas pronto, y corrió á refugiarse en el colegio de los Jesuitas, de donde lo sacó la justicia, siguiéndole rápidamente su proceso y condenándolo á muerte: de esta sentencia apeló para ante la Chancillería de Granada, dando poder ante Gonzalo de Molina en 1574, á un farmacéutico de Córdoba llamado Luis Abarca, para que fuese á dirijir y cuidar de su defensa, siendo el resultado la conmutacion de aquella pena por la de presidio en uno de los de Africa, de la que se cree fuese indultado por influjo del Duque de Medina Sidonia, á cuya proteccion se acojió, puesto que luego figuró en Sevilla con gran fama, casando á una de sus hijas, á quien dió cincuenta y cinco mil ducados de dote, además del que entregó á la otra para entrar religiosa en el convento de Santa Clara de Córdoba. El Dr. Pedro Pera Mato escribió varias obras sobre medicina, muy apreciables, imprimiéndose una de ellas en 1576. El suceso referido fué muy ruidoso en esta ciudad, escribiéndose de él varios romances y cantares, de los que ha llegado á nosotros el siguiente:

Pedro Mato
mató á su mujer;
físolo tarde,
mas físolo bien.

La calle Alta de Santa Ana se llama así para distinguirla de la de Angel de Saavedra, que ha llevado el mismo título: en el segundo rincon hubo hasta 1841 una especie de retablo con un Jesus Nazareno, de medio cuerpo, en lienzo. La casa núm. 3 era la del mayorazgo que disfrutaban los Sres. Montesinos, y frente á ésta, en la pared del convento de Santa Ana, se vé un arquito saliente, con una cruz de madera, en cuya peana hemos leido:

Aquí se mató un hombre
que cayó de esta pared.
Rueguen al Señor por él.
Año de 1677.

Y mas abajo dice:

Se renovó á devocion de un devoto, por un milagro,
en el año de 1800.

Volviendo á pasar por la parte de la calle de Angel de Saavedra, correspondiente á este barrio, entraremos en otra muy corta y estrecha, titulada de los Estudios, para salir á la de Santa Victoria, una de las mas anchas de esta ciudad: no solo han sido estas dos calles una sola, sino que se estendía á la hoy llamada de Pompeyos; tal es la variacion hecha en este lugar, y que aun debiera ser mayor, para constituirlo en uno de los mejores de Córdoba; el nombre actual lo toma del colegio de niñas de Santa Victoria, edificado en el solar que ocupaba el palacio de los Marqueses de Almunia, y antes fué de los de la Guardia, viviendo tambien en esa ú otra de aquellas casas un D. Gonzalo Mecías, por lo que la calle ha llevado estos tres nombres, hasta la fundacion del colegio de los Jesuitas que, como ya hemos dicho, ocupaba casi toda la manzana donde están las Escuelas Pías, y cayendo hácia este lado las clases, dió la jente en decir calle de los Estudios, nombre aun conservado en la parte estrecha de la misma: la de Pompeyos se ha llamado tambien del Rector, por haber vivido en una de las casas el que lo era de la parroquia de Santo Domingo de Silos, y de la Comadre, por una matrona ó partera que tambien habitó en aquel sitio.

El colegio de Santa Victoria es el edificio mas notable que tenemos en Córdoba, al menos en su esterior, y embellece uno de los sitios mas céntricos de la misma: lo constituye la iglesia y dos alas convexas, si bien una de ellas no luce como debiera, por tener delante, aun cuando poco elevadas, la casa del rector capellan y otras de la calle de Pompeyos: á la primera se entra por un hermoso pórtico sostenido por seis colosales columnas de órden compuesto, con cornizamento y triángulo, en cuyo centro se ven las armas del fundador; el interior es una preciosa rotonda, cuyo entablamento la sostienen otras diez y seis columnas de órden corintio, ocupando los claros de estas la puerta, los coros y cinco altares: el mayor es de madera dorado, de buena arquitectura, ocupando el centro la titular, escultura de mediano mérito: los otros, cuatro grandes cuadros, de mediano mérito, obras de D. Francisco Agustin Grande, representando la Visitacion de Santa Isabel á la Vírgen, San Juan Nepomuceno, San Francisco de Sales fundando la Orden de la Visitacion, y el martirio de los Patronos de Córdoba San Acisclo y Santa Victoria: del mismo autor es otro de la Aparicion de San Rafael al V. Simon de Sousa, Comendador de la Merced, el cual hace juego con otro que está sobre el coro, que representa á San Joaquin y Santa Ana con la Virgen, pintado por D. Antonio Monroy; el pavimento de esta iglesia es de mármol, y las puertas y demás objetos guardan la debida simetría y están ejecutados con gusto y perfeccion.

Lo demás del edificio consta de cuatro pisos, y casi en su totalidad está formado sobre bóvedas ó sótanos de muy buena construccion, siendo tan grande, que el número de sus puertas se eleva á setecientos pares; es càpáz de contener cómodamente doscientas colegialas, además de las clases y otras oficinas necesarias á la enseñanza: entre las muchas piezas que llaman la atencion, figura una que le dicen de los Secretos, por sus condiciones acústicas, puesto que hablando uno en voz baja en cualquiera de sus ángulos, lo oye el que se coloque en el opuesto. A pesar de esa capacidad, el número de pupilas pensionadas y de pago siempre ha sido corto, y en cuanto á la educacion que allí reciben, ha sido y es en estremo esmerada.

Respecto á su fundacion, hemos leido que el Obispo de Córdoba D. Francisco Pacheco, muerto en 1590, fundó con sus bienes patrimoniales que eran cuantiosos, una agregacion al mayorazgo de Almunia, con la condicion de que al juntarse éste con otro cualquiera, se separase la espresada agregacion, fundándose con ella un colegio para educar y dotar niñas pobres, constituyendo como patronos al poseedor de aquel y como agregados y administradores al Dean, al Magistral y al Doctoral de la Santa Iglesia Catedral; en el primer tercio del siglo XVIII, poseyendo ya el mayorazgo el Marqués de Ariza, se efectuó la union citada, y á seguida se pretendió la segregacion, que por cierto encontró mucha y tenáz resistencia, á pesar del mandato que para ella se consiguió en el año 1739; por fin, hácia 1761 se empezaron á sacar los cimientos del nuevo edificio, encargándose de su construccion un arquitecto francés llamado D. Baltasar Dreveton ó Graveton, el cual estuvo tan desgraciado, que cuando estaba acabando la cúpula ó media naranja de la iglesia, se le desplomó, con grandes perjuicios para los fondos del colegio: este incidente, ocurrido en 1772, produjo un gran disgusto, que dió por resultado el encargar de las obras al distinguido arquitecto D. Ventura Rodriguez, quien corrigió el plan de su antecesor y construyó el bello pórtico de la iglesia, muy semejante á la portada de la capilla del Sagrario y parroquia de San Ildefonso de Jaen, que tambien son obras de este notable artista, terminándose este edificio en 1788, habiendo importado mas de tres millones de reales.

Los bienes del colegio de Santa Victoria eran de mucha importancia; mas, habiendo sufrido los efectos de las leyes desamortizadoras, han menguado considerablemente y hoy no se puede sostener con el esplendor que en otras épocas.

En el rincon que forma la calle de Santa Victoria, al final de la fachada del colegio, existe aun un callejon de regular anchura, con una puerta que no hace muchos años le colocaron, y el cual era conocido por el Corral del Tirador: algunos han creido que en este lugar viviera algun tirador de oro, ó que habría un tiro de pistola ó de gallina, costumbre antigua entre los cordobeses; pero á nuestro entender, ha sido un maestro de esgrima el que le dió nombre; por las muchas tradiciones contadas en estos apuntes, habrán visto nuestros lectores que en lo antiguo era costumbre usar espada, corta ó larga, segun la categoría del sujeto; era, por lo tanto, indispensable aprender á manejarlas, y había maestros que, además de asistir á casa de los discípulos que podian costearlo, tenían escuelas á donde asistían otros, y hasta en las tardes de los dias festivos colocaban en cualquier plaza un trofeo con armas y caretas, y por un módico precio daban lecciones ó dejaban luchar á los aficionados; esta costumbre ha llegado á nuestros dias, y el autor de esta obra conoció, cuando niño, á un maestro que se colocaba en la Corredera, reuniendo un gran cerco de gente, que iba á ver jugar á la espada, como entonces decian. Esto es á todas luces mas verosimil.

Réstanos, para terminar el barrio del Salvador y Santo Domingo de Silos, ocuparnos del Colegio de los Jesuitas, llamado de Santa Catalina, que comprendía toda la manzana en que está la parroquia, con escepcion de dos casas; mas, antes de hablar de esta institucion religiosa, creemos oportuno dar á conocer la historia de su fundador en Córdoba, sin detenernos en narrar todo lo que sobre el mismo hemos encontrado en muchos manuscritos, en varias obras impresas y en los *Casos Raros*, libro que en tantas ocasiones hemos citado.

D. Juan Fernandez de Córdoba, fué el tercer hijo que tuvo el famoso Conde de Cabra, que prendió al Rey Chico de Granada, y despues se encontró en la conquista de su Reino: dedicado á la carrera eclesiástica, y siendo tanta la influencia que en todo ejercía su familia, diéronle muy jóven el Deanato de Córdoba, cuyas pingües rentas, unidas á las de sus lejítimas paterna y materna, lo hicieron dueño de una cuantiosa fortuna, contando entre las segundas el Señorío de Rute, que por sí solo bastaba para considerársele poderoso. A pesar de su estado, D. Juan no observaba la que el *mismo exijía, dejándose* llevar de los bríos de su juventud, á un estremo que todo el mundo le censuraba; confiado en su poder y riqueza, fué á Madrid á pretender el Obispado de Córdoba, y cuando tenía grandes esperanzas de conseguirlo, se entró una noche en cierta casa de juego, donde perdió unos treinta mil ducados, cantidad que en aquellos tiempos admiró á muchos, llegando la noticia al Emperador Cárlos V, quien desde aquel momento se puso en contra suya, manifestando su desagrado, y considerando, con razon, aquel vicio una gran falta para el que tenía la obligacion de dar ejemplo á sus gobernados, dando entonces la mitra á su tio D. Leopoldo de Austria, hermano de Felipe I, por sobrenombre el Hermoso, á quien, resentido el Dean, hizo cuanta guerra pudo, no llevándola aun á mayor grado por la régia estirpe á que pertenecía el Prelado.

Perdida aquella alhagüeña esperanza, entregóse D. Juan á toda clase de escándalos y vicios, particularmente á la deshonestidad, diciendo algunos autores que llegó á perderse la cuenta de las mancebas y de los hijos que de ellas tuvo; mas era tal su largueza en regalar á todos, que no le faltaban defensores ni quien hasta elogiase su censurable conducta: entre los segundos se contaba D. Luis Fernandez de Córdoba, para quien fundó un buen mayorazgo, D.ª Leonor de Córdoba, que casó con un Corregidor de esta ciudad, otro conocido por el Rayo, á causa de su estraordinaria belleza, que llegó á ser canónigo de Sigüenza, y otras cuatro hijas que hizo monjas, dándolas muy buenos dotes.

Son muchas las anécdotas que de este personage se refieren, de las cuales llevamos dos contadas á nuestros lectores; una la del incendio de su casa, y otra en el barrio de la Magdalena, cuando se le escapó una de sus mancebas por consejos del V. Juan de Avila. Otra un tanto curiosa vemos en los *Casos Raros*. La fama fundada que D. Juan Fernandez de Córdoba había adquirido de rumboso, le valió gran ascendiente en todas las clases de la sociedad cordobesa, como se probó en varias ocasiones.

Un vecino de esta capital sorprendió á su mujer en adulterio con un jóven llamado Juan Maldonado: probado plenamente el delito cometido por ambos, el Tribunal pretendió castigarlo con la pena de muerte: esto produjo en toda la ciudad gran sensacion, llegando todos á interesarse por la vida de aquellos desgraciados, pendientes del perdon del ofendido esposo; empezaron, pues, los ruegos y súplicas para obtenerlo, sin lograrlo ni el mismo Obispo, á pesar del gran ascendiente que su elevada posicion le daba: aquel terrible fallo iba á cumplirse: el patíbulo estaba levantado, y no faltaba quien dijese que se logró que el verdugo se finjiera gravemente enfermo, y que entonces el marido de la víctima se ofreció á ejecutar por sí mismo aquella sentencia: los reos salieron de la Cárcel, y la gente desesperanzada, acudieron á casa de D. Juan Fernandez de Córdoba, rogándole hiciese cuanto le fuera posible para evitar la muerte de los reos; compasivo como era y decidido cuando en cualquier empresa se empeñaba, cabalgó en su mula y llegó á la Corredera cuando ya faltaban cortísimos momentos para descargar el primer golpe: dió gritos desde lejos, la gente los repitió, y la Justicia mandó suspender el acto, dándole lugar á que llegase y se dirijiese al marido ultrajado, en son de mando mas bien que de súplica, exhortándolo al perdon, con tal imperio, que el pobre hombre se acobardó y pronunció la palabra que tanto se deseaba; D. Juan, sin perder tiempo, y á pesar de los abrazos que los reos y el pueblo *todo* le daban, hizo subir á la mujer á las ancas de su mula y se la llevó á su casa, en tanto que el jóven fué restituido á la Cárcel: no tardó un cuarto de hora en llamar al esposo ultrajado, y despues de darle las gracias por haber accedido á sus deseos, le entregó mil doblones y algunas joyas de valor, con lo que llegó á reunir una regular fortuna; conseguida la libertad del preso, dióle tambien una cuantiosa limosna, mucho menor, y buenos y saludables consejos, que le sirvieron bastante para su conducta en lo sucesivo.

A pesar de la vida borrascosa de D. Juan Fernandez de Córdoba, que los años con la reflexion fueron cambiando, siempre tuvo la buena cualidad de ser en estremo compasivo y dadivoso, apresurándose á socorrer cualquier desgracia por insignificante que fuese; la multitud de niños ilegítimos que morian por arrojarlos á cualquier lugar inmundo ó detrás de las puertas, ó en el campo, había impulsado al Cabildo Eclesiástico á establecer una casa en uno de los galeones del Patio de los Naranjos, donde colocaban aquellos infelices, y el encargado los daba á criar á cualquier nodriza que encontraba; en aquellos tiempos la policía urbana carecía de toda clase de reglas, y cada cual hacía cuanto á su capricho ó interés convenía: entre otras inconveniencias era una de las peores el abandono en los cerdos que entraban y salian del campo, yéndose á casa de sus dueños, como aun se vé en muchas poblaciones; un dia, varios de estos animales, se entraron en la Catedral, y á su placer devoraron tres infelices criaturas que estaban en la cuna de recepcion, suceso que produjo gran sentimiento en toda la ciudad, en el Cabildo, y mas que en nadie, en el Dean, quien desde aquel momento se dedicó decididamente al amparo de los expósitos, colocándolos en una casa que había frente de la Catedral y se conocía por la del Agua, donde á sus espensas los criaban y mantenían despues, enseñándolos á leer y escribir, y esplicándoles él mismo la doctrina, en un rato que todas las noches dedicaba á esta piadosa tarea: á los ocho años los dedicaba á oficio, y cuando ya eran mayores, los casaba, dotando á casi todos con casa y bienes en la villa de Rute, cuyo Señorío ejercía, llegando á un número fabuloso las familias que creó de esta manera; cuenta un autor, que eran tantos los regalos que constantemente hacía á los niños, aun de cosas que los halagaba en sus pocos años, que al verlo, se abrazaban á sus piernas, ensuciando casi siempre sus ricos hábitos, lo que él sufría con gusto, pensando que aquellas obras de caridad lavarían todas las manchas que en su conciencia echaron sus juveniles estravíos.

Por estos tiempos llevó á cabo San Ignacio de Loyola la fundacion de la Compañía de Jesus, que desde luego empezó á tomar incremento, hasta llegar á adquirir la importancia que tuvo en España, y que aun no ha perdido en todo el orbe católico, aunque haya variado en su forma y modo de hacer su propaganda; no tardaron en llegar á Córdoba algunos individuos de aquellos: tomaron casa en la Judería y empezaron á trabajar con gran fruto, entrándose en los hospitales á asistir á los enfermos y hacer otros prosélitos por medio del púlpito y el confesonario; no les faltaron á la vez muchos enemigos, contándose entre estos el Dean D. Juan Fernandez de Córdoba, que claramente les hacía guerra, logrando con esto el que los Jesuitas formaran gran empeño en catequizarlo y convertirlo en uno de sus mas ardientes defensores, hasta tal punto, que llegó á chocar con el Obispo en una ocasion, que habiéndole encargado éste un sermon á un fraile Domínico, el Dean hizo lo mismo con el P. Francisco Gomez, encontrándose ambos en la sacristía de la Catedral, alegando cada cual su derecho, sin ceder en el suyo: avisáronle á D. Juan, tomó un baston y marchóse al lugar de la cuestion, que decidió, llevando al segundo de los predicadores hasta el púlpito, en cuya escalerilla estuvo sentado mientras el sermon, no agriándose mas la cuestion, porque el Obispo, que aun era D. Leopoldo de Austria, se contentó con decir: «esas son cosas del Dean, es menester no hacerle caso.»

Continuó D. Juan Fernandez de Córdoba dispensando su proteccion á los Jesuitas, á quienes dió casi la totalidad de su casa-palacio para la fundacion del Colegio, con la advocacion de Santa Catalina, que él mismo escojió; mas, no fiándose mucho de ellos, hizo en secreto varias mirillas ó registros, por los que de dia y noche los celaba, sin encontrar, tanto en el Rector Gomez como en todos los demás individuos, cosa alguna que le desagradase, por lo que acabó por darles todo el edificio, con multitud de rentas y alhajas, entre estas unas sacras de plata sobredorada, con todas las letras de oro con esmaltes, apreciadas en aquel tiempo en unos seis mil ducados. Este fué el principio de los Jesuitas en Córdoba, quienes labraron la hermosa iglesia, actual parroquia del Salvador y Santo Domingo de Silos, bajo la direccion del hermano y arquitecto Alonso, obrando en todo el edificio muchas é importantes mejoras, continuadas despues, entre otras, con la magnífica escalera que aun existe, donde, si bien no se encuentra belleza arquitectónica, sí una gran riqueza de mármoles, en labores diferentes, que demuestra lo mucho que costaría hacerla; hácia donde está la iglesia había á principios del siglo XVI un edificio dedicado á Caballerizas Reales, que creemos adquiriría el Dean para ampliacion de su palacio. La torre se cayó en una tormenta, rompiendo la bóveda y entrando las campanas á la iglesia, de cuyo suceso nos ocuparemos detenidamente cuando visitemos el convento de la Trinidad.

El Colegio de Jesuitas continuó en Córdoba hasta el año 1767 en que, á virtud de la pragmática dada á 2 de Abril por Cárlos III, se dieron las órdenes secretas para que en un mismo dia á las doce de la noche se les intimára en toda España la inmediata expatriacion, saliendo á seguida custodiados para los puertos donde debian ser embarcados para los Estados Pontificios, donde no los dejaron arribar, tomando la vuelta á Córcega, donde encontraron hospitalidad. Como nuestro ánimo no es hacer la historia de la Compañía de Jesus, que hallarán nuestros lectores en otras obras mejor escritas que la nuestra, nos concretamos á Córdoba, donde todos entraron en unos carruajes que los llevó á Cádiz, sin esceptuarse mas que un seglar que huyó por los tejados, y despues se fué á Lucena, su patria, donde estuvo escondido, puesto que se les conminó con una sentencia de muerte si regresaba alguno á España sin licencia del Rey, y el P. Francisco Ruano, escritor muy notable, que por estar impedido á causa de sus años y achaques, lo llevaron al hospital de San Jacinto ó los Dolores, donde acabó su vida.

En 9 de Junio de 1815, Fernando VII restableció la Compañía de Jesus en toda España, restituyéndole sus antiguos edificios y demás bienes; mas, sea que en Córdoba estaba ya destinado á otro objeto, ó que no halló acojida el pensamiento, ello es que no se restableció el Colegio de Santa Catalina, y no hubo que quitarlo en 1836, como se hizo con las demás comunidades religiosas. Brabo, en su «Catálogo de los Obispos de Córdoba,» dice que á la fundacion del Colegio de Santa Catalina, vino San Francisco de Borja, poniendo por Rector al P. Antonio de Córdoba, hijo de los Marqueses de Priego, cuya vida hemos visto impresa; pero en los *Casos Raros* y en los apuntes del Colegio de la Asuncion, se cita al P. Gomez, como hemos hecho mas arriba.

Grande fué el afan con que los Jesuitas atendieron siempre á la instruccion de la juventud cordobesa, que constantemente llenaba sus aulas, sacando notabilísimos discípulos, algunos de los cuales honraron la casa donde recibieron sus vastísimos conocimientos ó aprendieron el camino de las virtudes, en que dieron tantas y tan relevantes pruebas, de los que despues citaremos algunos; sin descuidar el culto en su iglesia, siempre solemne y magestuoso, como lo demostraron en la celebridad de la canonizacion de San Ignacio de Loyola y otros santos de su instituto, y principalmente en la de los dos jóvenes San Luis Gonzaga y San Estanislao de Kostka en 1727, como se vé en un libro, de que conservamos un ejemplar, titulado *Anfiteatro sagrado,* escrito por D. Pedro Clemente Valdés, quien lo dedicó á D. Francisco José de los Rios Cabrera y Cárdenas, Marqués de las Escalonias, impreso en Córdoba por Acisclo Cortés, Diego de Valverde y Juan de Pareja, y puesto entonces á la venta en casa del mercader de libros Juan de Ortega y Leon; esta obrita se divide en tres tratados: el primero, del octavario que se celebró en aquella iglesia, haciendo pomposas descripciones del adorno de ella, predicadores que ensalzaron el mérito de ambos santos, iluminaciones, fuegos artificiales y demás festejos; descripcion en estremo curiosa, en que no solo se vé la suntuosidad de dichos actos, sino el estilo ampuloso con que entonces se narraban: el segundo, la representacion de un poema ó loa, en dos actos, escrita por el poeta cordobés D. Francisco Isidoro de Molina, y representada por los alumnos del Colegio de Santa Catalina; para ello escojióse un salon de ciento ochó pies de lonjitud, cubierto de tapices y alumbrado con cornucopias, con dos tablados en lòs estremos, cubiertos de terciopelo carmesí; en uno de ellos estaba la orquesta, dirijida por D. Agustin de Contreras, maestro de la Capilla de música de la Catedral, y el otro para la representacion, teniendo detras unos cuartos que servian de vestuarios para los que habian de figurar los personajes siguientes: la Religion, el Demonio, Angel primero, Angel segundo, Santa Bárbara, San Estanislao de Kostka, San Luis Gonzaga, D. Pablo Kostka, D. Rodulfo Gonzaga, el Duque de Mántua, Madama Flor, Laura, Roberto y Fermin; siendo en estremo elogiados los jóvenes encargados de representarlos. El tratado tercero refiere un certámen poético ó juegos florales, llevado á cabo por los Jesuitas, auxiliados por los Domínicos, á quienes invitaron al efecto, señalando varios asuntos referentes á las vidas de los dos santos, publicándose la convocatoria con gran solemnidad, saliendo por las calles con estandartes alusivos y fijando carteles en los sitios públicos, al son de la música que precedía al Jurado que había de juzgar las composiciones, y se componía de los Sres. D, Pedro Salazar y Góngora, Dean y Canónigo de la Catedral, que despues fué Obispo; el Rmo. P. M. Fr. Tomás Tenllado, del convento de San Pablo; D. Juan Fernandez de Córdoba, Conde de Torres-Cabrera, y D. Fernando Mesía de la Cerda, Caballero del Orden de Santiago y Marqués de la Vega de Armijo; de cuyo Jurado sería Secretario el P. Pedro del Busto, Maestro de Sagrada Escritura en él Colegio de Santa Catalina: el certámen era estensivo á todos los poetas españoles, sin escluir las mujeres, por lo que fué estraordinario el número de composiciones presentadas desde el 13 de Octubre que se publicó hasta 5 de Febrero de 1728 que se realizó, viéndose el Jurado en la necesidad de hacer tres grupos, uno de las desechadas desde luego, otro de las regulares y el tercero de las buenas, entre las que se elijieron las que habian de premiarse. Llegó el dia señalado: hízose el convite, que fué recibido con gran solemnidad, y en el mismo salon en que se representó la loa, aunque mucho mas adornado, verificóse el acto, ocupando el centro el Obispo con los Jueces y dos Catedráticos mas que ayudaran al Secretario en la lectura de las poesías, en una catédra colocada al efecto; los poetas premiados estaban enfrente, sentados en un lujoso escaño, y allí, en bandejas de plata, les eran llevados los premios por dos niños vestidos de ángeles; cuando era de un ausente, se depositaba en otra mesa delante del Jurado: á la conclusion de cada poesía, el Secretario dirijía á el autor una felicitacion en verso, muy corta, y en los intermedios tocaban y cantaban los músicos, con lo que tambien empezó aquel solemne acto. Los poetas laureados fueron los siguientes:

Asunto primero: primer premio: un magnífico diamante, á una cancion del Rmo. P. M. Fr. Gaspar Luis de Navas, del convento de la Merced de Córdoba; segundo premio: una caja de metal y nácar, á otra cancion del Dr. D. Antonio Palomino Dávila, Magistral de la Catedral de Orihuela; tercer premio: un cintillo de oro con una esmeralda, á otra cancion de D. José Javier Rodriguez, Profesor de Teología en la Universidad de Salamanca; además se leyeron, como dignas de ello, otras canciones del Rmo. P. Fr. Francisco de Lara, del convento de San Gerónimo de Sevilla, D. Agustin Gabriel de Montiano y Luyando, D. Manuel Arredondo Carmona, opositor á cátedras en la Universidad de Valladolid, el M. R. P. José Butrun, de la Compañía de Jesus en Segovia, el M. R. P. Cárlos de la Requena, de la Compañía de Jesus en Madrid, el P. Joaquin Navarro, de dicha Compañía en Alcalá de Henares, el M. R. P. Francisco Chacon, de la misma en Sevilla y D. Francisco José de los Rios Cabrera y Cárdenas, que la presentó sin obcion á premio.

Asunto segundo: primer premio: un cuadro en cobre con marco de talla dorada, á un romance endecasílabo del Sr. D. Antonio Montiliu, Conde de Montealegre; segundo premio: un cintillo de oro con una turquesa, á otro de D. Pedro de Torres y Arellano, Coronel Reformado y Regidor perpétuo de Múrcia; tercer premio: un ejemplar del «Año Virgíneo,» en cuatro tomos, á otro de D. Julian Ruiz Dávalos de Santamaría, abogado de Madrid; leyéronse además, como en el primer asunto, otros romances de los poetas siguientes: de la Sra. D.ª Luisa María Domonte Ortíz de Zúñiga, natural de Sevilla, á la que como premio estraordinario se le dió un cintillo de siete esmeraldas; D. Antonio de Rueda Marin, del Orden de Santiago y vecino de Murcia, D. Francisco Antonio de Castro, Caballero de Alcántara y Gobernador de la Serena,

D. Domingo Máximo Zacarías Ebee, Presidente de la Academia Poética de Sevilla, D. José Javier Rodriguez y Perez, Profesor de Teología en la Universidad de Salamanca, el Rmo. P. Fr. Francisco de Lara, del convento de San Gerónimo de Sevilla, D. Luis Fernandez de Urrutia, abogado en Cádiz, D. Agustin Gabriel de Montiano y Luyando, D. Pedro José Collado y Guerrero, el P. Juan Francisco Portillo, de la Compañía de Jesus en Múrcia, el M. R. P. Francisco Chacon, Jesuita en Sevilla y D. Francisco José de los Rios, sin obcion á premio como en el otro asunto.

Asunto tercero: primer premio: un breviario lujosamente encuadernado, á un soneto con pies forzados, del M. R. P. M Fr. Juan de Herrera, Carmelita en el Colegio de San Roque de esta ciudad; segundo premio: un rosario con cuentas de ágata, á otro soneto del M. R. P. L. Fr. Fernando Lorenzo, del convento de San Agustin en Córdoba; tercer premio: una sortija con esmeraldas, á otro dos veces acróstico de D. José de Leon y Montilla, vecino y natural de Córdoba; además se leyeron otras de la Sra. D.ª Isabel Clara Barba de Guzman, vecina de Carmona, el M. R. P. M. Fr. Gaspar Luis de Navas, del convento de la Merced de Granada, el M. R. P. P. Fr. Domingo Lopez, del convento de Domínicos de Múrcia, el R. P. Fr. Francisco de Lara, ex-Prior de los Gerónimos en Sevilla, D. Ignacio Gaspar de la Lastra, abogado en Madrid, el Lic. D. Francisco Cano Machuca, tambien abogado en Madrid, D. Bernardo José Dávila y Fuente el Carnero, vecino de Ocaña, D. Luis Fernando de Urrutia, abogado en Cádiz, D. Gregorio Ortíz y Moncayo, D. Gerónimo Porcel, Cura propio en la Puebla de Palenciana, D. Pedro Romero y Vargas, Cura propio en Villaminaya, el M. R. P. Francisco Chacon, de la Compañía de Jesus, concluyendo con otro de Don Francisco José de los Rios.

Cuarto asunto: primer premio: corte de una chupa con cinco varas de Borborán persiano, con sus correspondientes forros, á unas quintillas de D. Francisco Isidoro de Molina, Escribano mayor de Rentas de Córdoba; segundo premio: un juego de vasos de plata, para camino, á otras del Lic. D. Antonio Vélez Moro, Abogado y Contador mayor en la casa de Medinaceli, en Madrid; tercer premio: un cintillo de oro con esmeraldas, á D. Pedro Romero y Vargas, Cura de Villaminaya; leyéronse otras de D. Antonio Montiliu, Conde de Motealegre, el P. M. Fr Juan de Herrera, del convento del Cármen, el P. M. Fr. Felipe Gobin, del convento de S. Agustin de Cádiz, D. Francisco Antonio de Castro, del Orden de Alcántara y Gobernador de la Serena, D. Juan Manuel Fernandez, Profesor de Teología en la Universidad de Salamanca, el ya repetido Fr. Francisco de Lara, el R. P. José Butron, Jesuita, R. P. Cárlos de la Reguera, Maestro de Matemáticas en los Jesuitas de Madrid, el R. P. Sebastian Manuel de Acevedo, de la Compañía de Jesus, D. Bernardo José Dávila Fuente el Carnero, D. José Villarreal, vecino de Cádiz y D. Francisco José de los Rios.

Quinto asunto: primer premio: un libro vistosamente encuadernado, con ciento veinte grabados, á unas octavas de D. Cárlos José Fernandez de la Reguera, vecino de Madrid; segundo premio: un relicario de plata á otras de D. Agustin Gabriel de Mantiano y Luyando; tercer premio: un cintillo de oro con un amatista, al Lic. D. Félix Gimbert de Espinosa, abogado en Córdoba; además se leyeron otras de la espresada Sra. D.ª Isabel Clara Barba de Guzman, dándole como premio estraordinario un cintillo con tres esmeraldas,

D.ª Luz de Mula, vecina de Múrcia, dándole en igual concepto otro cintillo con siete esmeraldas, el R. P. M. Fr. Gaspar Luis de Navas, Fr. Francisco de Lara, el Dr. D. Juan de Lerin Bracamonte, Catedrático en la Universidad de Sevilla; terminando con otras octavas del tantas veces citado Sr. Rios, Marqués de las Escalonias.

Asunto sesto: primer premio: un cristal con la Pasion grabada y un marco de plata, á unas liras de Don Antonio de Rueda Marin, del Orden de Santiago, y vecino de Múrcia; segundo premio: una caja de concha con embutidos de plata, á otras de D. Gregorio Ortíz y Moncayo, Administrador de Rentas en Ocaña; tercer premio: una esmeralda, á D. José de Rojas y Contreras, del Orden de Calatrava, Colegial en el Mayor de San Bártolomé, Universidad de Salamanca; además se leyeron otras del ya dicho Fr. Francisco de Lara, D. Juan de Lerin Bracamonte, el P. M. Fr. Juan de Herrera, el Dr. D. Juan Ignacio de la Encina, abogado en Madrid y del Sr. Rios, como en los anteriores.

Sétimo asunto: primer premio: un relicario de plata, en forma de corazon y con cadena, á unas redondillas del P. Fr. Francisco de Lara; segundo premio: un cintillo con un diamante, á D. Juan Ignacio de la Encina; tercer premio: un anillo con tres rubíes, á D. Alonso de Medina, Conciliario de Andalucía en la Universidad de Salamanca, y se leyeron otras del Licenciado D. Francisco Cano Machuca, D. Juan Manuel Fernandez, el R. P. Francisco Chacon, Jesuita, y del Sr. Rios.

Octavo asunto: primer premio: un tintero y sálvadera de plata, á un romance del Dr. D. Juan de Lerin y Bracamonte; segundo premio: una hermosa venturina, guarnecida de plata, á otro de D. Lope de los

Rios y Morales, colegial en el Mayor de Cuenca, Universidad de Salamanca; tercer premio: un cintillo con una gran esmeralda, á D. Ignacio de Salazar, Administrador de Rentas Reales de Jaen; además fueron leidos otros romances del ya espresado Fr. Francisco de Lara, Fr. Juan de Herrera, D. Vicente Villanueva Igayarre, profesor de Leyes en la Universidad de Salamanca, D. Ignacio Gaspar de la Lastra, y terminó con otro del Sr. Rios, que debemos considerar como el obligado.

Noveno asunto, señalado principalmente para hacer gracia ó reir á el auditorio: el primer premio era un corte de una chupa de Mué encarnado, que se adjudicó á D. Alonso de Rojas y Clavijo, vecino de Cabra; el segundo un cintillo con rubíes, á D. Dionisio de Orozco, Corregidor de la Rambla; el tercero, un ejemplar de los tres tomos de las Poesías de Sor Juana Inés de la Cruz, á D. Manuel Ignacio de la Serna, abogado en Valladolid; y además se leyeron otras de Fr. Francisco de Lara, de una señora cordobesa que guardó el incógnito, y otra del Sr. Rios, siempre sin obcion á premio.

Terminada la lectura de las poesías, leyó el Secretario P. M. Pedro del Busto un romance endecasílabo en loor á los ingenios que habian luchado en la justa literaria, acabando el acto la música, en tanto que la concurrencia se retiraba elogiando á todos, y muy particularmente á dicho P. Busto, que había sido el director de todas aquellas fiestas, cumpliendo en ellas como era de esperar de un hombre en quien se reunía el talento con la cordura, y el mayor acierto en cuantas comisiones se le confiaban, por lo que mereció que algunos de los poetas premiados le dedicasen diferentes poesías en que elojiaban su acierto y le tributaban merecidos parabienes.

Cuando la expulsion de los Jesuitas, quedó el edificio del Colegio considerado como del Rey, y ya sabemos cómo y cuándo se instalaron en su iglesia las parroquias unidas del Salvador y Santo Domingo de Silos: lo demás se pensó destinar á varios objetos, entre ellos á hospicio ó casa de misericordia, pensamiento que por entonces no se llevó á cabo; por último, el Dean Dr. D. Francisco Javier Fernandez de Córdoba, concibió el laudable pensamiento de fundar unas escuelas gratuitas para los muchos pobres que no podian recibir la primera enseñanza ,y á este efecto pidió y obtuvo por decreto de 3 de Agosto de 1787 el ex-Colegio de Santa Catalina, en cuya reedificacion y arreglo gastó mas de trescientos mil reales, dotándolo con varias casas que hizo en la parte sobrante, y con el lagar del Rosal y otros bienes, mandando que si alguna vez el Gobierno quería apoderarse de ellos, pasasen al Hospital del Cardenal; lo que no se efectuó, porque sujetos ambos establecimientos á las leyes desamortizadoras, no lográbase el fin que aquel se propusiera; además, nombraba por patronos de las Escuelas Pías, que así las llamó, al Dean, Magistral y Doctoral de la Santa Iglesia, quiénes siguen en pacífica posesion de su encargo: las nuevas escuelas se abrieron á la enseñanza el dia 18 de Agosto de 1791, y tres años despues se establecieron otras para niñas, aunque en el mismo edificio, con entrada por la calle de Juan de Mena, y por último y como hijuela de estas, se estableció otra en el Pozanco de San Agustin, labrando la casa en que aun existen: cuidan de ellas un Director y seis Maestros, entre los que los ha tenido de mucha instruccion, debiendo mencionarse Don Rafael Gonzalez Navarro, á quien tuvimos el gusto de conocer y apreciar, por su amor al estudio y los varios folletos sobre enseñanza que dejó escritos, muchos de ellos que vieron la luz pública.

Vamos á referir á nuestros lectores algunas anécdotas llegadas á nosotros, y en que intervinieron los PP. de la Compañía de Jesus.

A fines del siglo XVI, época en que ya hemos dicho ser costumbre de los caballeros cordobeses fiar á sus espadas la resolucion de todas sus cuestiones, vivia en esta ciudad D. Diego Fernandez de Córdoba, Señor de la Campana, gran amigo de otros dos caballeros llamados D. Pedro de Heredia y D. Alonso de Velasco, quiénes la tomaron con el primero, llamándole con insistencia el señor del Badajo, aludiendo á los que tienen las campanas; tomólo al principio á broma, despues empezó á resentirse, y por último, viendo la terquedad de aquellos, les dijo formalmente que lo tomaba como un agravio y que no se lo toleraba, separándose los tres un tanto amostazados: Heredia y Velasco, que gozaban fama de valientes, por las muchas reyertas que habian tenido con otros jóvenes, continuaron aun mas tenaces en pronunciar el apodo siempre que se hablaba de D. Diego, quien, enterado, decidió tomar venganza de la reiterada ofensa: al intento, llamó al mas osado de todos sus dependientes, y encerrados ambos, le preguntó si podía contar con él para un lance de honor en que se encontraba; el fiel criado contestóle afirmativamente, y una noche salieron armados en busca de sus enemigos, hallándolos, al fin, cerca de Santa Ana, no tardando un momento en trabarse una sangrienta refriega entre los cuatro; en esto, el P. Martin de Roa, de la Compañía de Jesus, habiendo abierto la puerta del Colegio para que salieran dos compañeros suyos, y al ruido de las espadas se quedó quieto sin cerrar, hasta que los dos Jesuitas volvieron corriendo, temerosos de ser acuchillados si no los conocian con tanta oscuridad: los cuatro adversarios entraron luchando por la hoy calle de Juan de Mena, llevando siempre ventaja D. Diego de Córdoba y su criado, quienes, viendo que se prolongaba la lucha, arremetieron fuertemente á sus contrarios, pasando el primero á D. Pedro Heredia por un mollero y el segundo á D. Alonso de Velasco por el pecho: ambos cayeron al suelo, dándose por vencidos y pidiendo socorro; entonces los vencedores llamaron al Colegio de los Jesuitas, y saliendo el P. Martin de Roa le rogaron viniese á auxiliar á aquellos infelices, marchándose ellos en busca de un lugar donde esconderse, y que bien pronto encontraron en uno de los conventos de frailes, donde nadie supo de ellos en buen tiempo; los PP. Jesuitas recogieron á los heridos, administrándoles los Santos Sacramentos y los asistieron con gran esmero y cuido, sucumbiendo D. Alonso de Velasco á las doce del siguiente dia, y estando D. Pedro de Heredia un mes en cama con gran peligro de perder tambien la vida. Siguieron el correspondiente proceso; mas como los tres caballeros pertenecian á las familias mas nobles y acaudaladas de la ciudad, circunstancia que en aquella época influia mucho en la resolucion de todos los asuntos, todos los caballeros, sus parientes, trabajaron por avenir á las familias, resultando que D. Diego y su criado solo fuesen sentenciados á dos años de destierro, sirviendo de mucho para este resultado la terquedad con que los pacientes habian injuriado á D. Diego de Córdoba.

Otra anécdota vamos á contar á nuestros lectores, por cierto mucho mas interesante, por referirse á D. Luis de Góngora y Argote, uno de los hombres mas notables que ha producido esta ciudad, y que con su ingenio llegó a adquirir una fama europea.

Muy jóven aun, y como segundo de una de las familias cordobesas, ordenaron á D. Luis de Góngora para el goce de las capellanías de su casa, dedicándolo á la carrera de la Iglesia, á la que, á pesar de su conformidad, no parecía muy inclinado, y mas en su ardor juvenil, cuando su poética imaginacion empezó á dar á luz aquellos bellísimos romances y canciones en que aun no se revela la ampulosa confusion de ideas é imágenes que formaron aquel estilo que aun llamamos Gongorino: en aquella edad, enamoróse ciegamente de D.ª Ana de Aragon, una de las mas hermosas y nobles doncellas de Córdoba, la que, si bien no le desagradaba el buen porte y gran talento de D. Luis, jamás asintió á sus deseos, prefiriendo los amantes ofrecimientos de D. Rodrigo de Vargas, uno de los hombres mas bizarros al par que mas valientes que ha tenido Córdoba, y de cuya desastrosa muerte nos ocuparemos. Llevado á cabo este enlace, parecía natural que Góngora desistiese de su amorosa empresa; si bien disimulaba cuanto podía, á pesar de los consejos de su primo D. Pedro Angulo, calavera consumado y amigo insaciable de camorras, por las que nada perdonaba aun cuando le acarreasen los mas arriesgados compromisos, y el cual gozaba gran ascendiente en la voluntad de su primo.

El jóven poeta no perdía ocasion de reiterar á D.ª Ana sus amorosos desvelos, sin desperdiciar un dia en que su esposo estaba ausente, hasta yéndose de noche á cantar cabe su reja los cadenciosos versos en que tanta pasion revela; mas nada era bastante; todos sus dardos rechazaban en aquel corazon de bronce, y la desesperacion le hacía prorrumpir á veces en las mas punzantes sátiras; el mismo resultado alcanzaba con las dueñas y criadas servidoras de la señora, y tal vez alguna de ellas le inspiraría los siguientes versos, que al escribir estos renglones recordamos:

«Nunca yo entrara á servir
porque no entrara á aprender
á escuchar para saber,
y á saber para decir.
No ha menester, si es discreto,
para llamarme mi amo
mas campanilla ó reclamo
que hablar con otro en secreto;
pues partiré como un potro
á introducirme importuno,
entre la boca del uno
y entre la oreja del otro.
Este correr tan sin freno,
siguiendo mi desvarío,
no es para provecho mio,
sino para daño ageno;
pues con propiedad no poca
imito á la comadreja,
que se empreña por la oreja
para parir por la boca.
Y del arte que embaraza,
doblon al que ha de gastallo,
que sale luego á trocallo
en menudos á la plaza;
tal yo, inclinado y sujeto
á lo que el cielo le plugo,
pregonero y aun verdugo
hago cuartos un secreto.
Esta inclinacion cruel,
condicion es natural

del criado mas leal
y de la dueña mas fiel.
No penseis que hablo de vicio;
que será el dia final
un criado de metal
la trompeta del juicio.»

Una de las noches en que Góngora rondó la casa de D.ª Ana, entonando una de sus mas cadenciosas y sentidas trovas, se abrió al fin una de las ventanas, y acercándose á la tupida celosía, creyendo encontrar al menos una esperanza, se encontró con la dueña de sus pensamientos, que le mostró su inquebrantable resolucion de ser fiel á su esposo, y que por lo tanto, jamás volviera á turbar su tranquilo sueño, dando pábulo á que los mal intencionados pudieran poner en duda la honra que tanto estimaba. Cerraron á seguida la ventana sin dejarle hablar, y trémulo de amor é ira, partió D. Luis hácia su casa, plazuela de la Trinidad, esquina á la calle de las Campanas, sin saber lo que se hacía ni qué determinacion tomar.

Cuando nuestro desgraciado capellan estaba colocando la llave en la cerradura de la puerta, sintió un golpe en el hombro; volvió la cara y encontróse con su primo D. Pedro Angulo, que lo había venido siguiendo, y con un cúmulo de preguntas logró la narracion de lo ocurrido, y su propósito de no volver ni aun á pisar la calle donde habitaba D. Rodrigo de Vargas.

—No comprendo, dijo Angulo, como un hombre de tu talento y tu fibra, renuncia á una empresa, mas interesante cuanto mas difícil se presenta.

—No es ya dificil, sino imposible, contestó D. Luis.

—Vamos á dentro, repuso el primo; busca una de nuestras mas añejas botellas, y verás como nos inspira lo que hemos de hacer para salir airosos de tu empeño.

Entráronse ambos, y todo quedó en silencio; concertándose un plan tan descabellado y diabólico, como podia salir de la cabeza de D. Pedro de Angulo.

A los pocos dias llegó el Jueves Santo; nuestra magnífica Catedral, cuyas bóvedas aparecen casi siempre desiertas, estaban aquella noche llenas por un inmenso gentío, que había acudido al Miserere y á rezar ante su magnífico monumento: delante de éste veíase un jóven arrodillado, fija la vista en un breviario que tenía en sus manos, y al parecer devotamente orando. Este era D. Luis de Góngora; tranquilo parecía, cuando de pronto, sintiendo el ruido de una saya de seda, clavó los ojos en una dama que pasaba cerca de su sitio: levantóse en seguida, y sin esperar relevo, se marchó con pasos precipitados; en una de las capillas mudó su traje, y saliendo al Patio de los Naranjos, donde lo aguardaba D. Pedro de Angulo, juntos se fueron por el postigo aun llamado de la Leche.

Cuando D.ª Ana de Aragon acabó de rezar, salió del templo seguida de su dueña, dirigiéndose por la Judería, sin reparar en dos embozados que allí había, hasta que á poco notó que la seguian; aceleró entonces el paso, y en la calle de los Deanes se arrojaron á ella, y tomándola uno en brazos y el otro tapándole la boca, echaron á correr cuanto tan buena carga les permitía; mas, como no contaron con la dueña, ésta empezó á dar gritos, que unidos á los que confusamente exhalaba su señora, acudió gente, escandalizada por tanto ruido en una noche destinada á la oracion y al cilicio: los dos jóvenes anduvieron cuanto les fué posible; pero viéndose casi en poder de sus perseguidores y queriendo no ser conocidos, soltaron á la señora y huyeron por la calle de Jesus Crucificado, sin que los pudiesen alcanzar.

El escándalo se había dado, y tras él vinieron nuevos y naturales disgustos: la Justicia tomó parte en el asunto, y hasta la Inquisicion pretendió encausar á D. Luis por su carácter de ordenado, aun cuando no era sacerdote; por otro lado, D.ª Ana de Aragon no pudo ocultar lo ocurrido á su esposo D. Rodrigo de Vargas, mucho mas cuando su inocencia así lo exijía. No tardó éste en escribir á D. Luis un billete en que lo retaba á un desafío en union de D. Pedro de Angulo, principal autor de toda aquella escandalosa escena, citándolos á el amanecer del Sábado, junto á la torre de la Malmuerta.

Ante todo era D. Luis caballero; no se quedaba en zaga su primo D. Pedro Angulo, y aun cuando sus conciencias les recordaban la lijereza con que obraron, no dudaron un momento en acudir á la cita.

Amaneció el Sábado, y bien pronto se vieron junto á la torre cuatro caballeros embozados y con sus correspondientes armas; eran los tres que conocen nuestros lectores y D. Pedro de Hoces, amigo y primo de D. Rodrigo de Vargas, que hacía suya la ofensa que se le había inferido, y uníase con él para vengarla.

Saludáronse cortesmente los cuatro competidores, emprendiendo su marcha hasta el arroyo de las Piedras, donde, en el sitio mas oculto, empezaron á batirse con el mayor ahinco: todos dieron muestras de gran valor, mas la suerte se decidió hácia los mas ofendidos; D. Pedro de Hoces le dió á Angulo una terrible estocada que lo pasó por el pecho, en tanto que D. Rodrigo de Vargas asestó una cuchillada en la cabeza á su contrario, á cuyos golpes ambos cayeron en tierra. Sin perder tiempo, los vencedores los recomendaron á unos hombres, de los muchos que como braceros salian á sus trabajos en la sierra, y ellos se vinieron á Córdoba, refugiándose en el Colegio de los Jesuitas, donde nadie los vió entrar.

Como eran dos caballeros de tanto nombre entre los cordobeses, fueron conocidos por los trabajadores, quienes no solo trajeron á los heridos, sino que dieron cuenta á la Justicia de lo ocurrido y los nombres de Hoces y Vargas; no se hizo esperar la formacion del proceso ni la busca de los delincuentes, registrando todos los conventos de la ciudad, penetrando hasta en los enterramientos familiares: llegaron, por último, al Colegio de Santa Catalina, en el que hicieron lo mismo; mas los Jesuitas los llevaban dando la vuelta detras de la Justicia, y cuando ésta salió de la bóveda en que yacía el fundador D. Juan Fernandez de Córdoba, les hicieron entrar en ella, colocándole la losa y dejándolos dentro con unas velas encendidas; allí estuvieron mas de un mes, leyendo vidas de santos y otros libros devotos, aunque no lo eran mucho, en tanto que los heridos se curaban, gracias al cuidado de un médico que le decían el Dr. Calderon, al que D. Pedro de Angulo le ofreció quinientas coronas de oro y el mejor de sus caballos si salvaba la vida de su hijo, oferta que le cumplió á su tiempo. Ya sanos, empezaron tambien las conferencias de las familias, logrando arreglar el asunto y quedar todos amigos. D. Luis de Góngora recibió entonces las últimas órdenes, y á poco se marchó á Madrid, donde brilló entre los primeros ingenios de su tiempo.

Resueltos á narrar todos aquellos sucesos en que intervinieron los Jesuitas, anotaremos uno de los mas comentados de su época.

D. Andrés de Buen-rostro, perteneciente á una de las familias mas principales, dió desde muy niño seguras muestras de un gran talento, que todos reconocian; pusiéronlo sus padres á estudiar en el Colegio de Santa Catalina, en cuyas clases hizo grandes adelantos, causando con ellos la admiracion de sus maestros y condiscípulos: en la edad á propósito, se empeñaron los Jesuitas en que siguiese la carrera eclesiástica, sin encontrar resistencia, y sí antes por el contrario, la vocacion necesaria para ella. Ya en edad en que podía recibir las órdenes, se presentó un dia al Rector á manifestarle su resolucion de abandonar el colegio, por no considerarse á propósito para el sacerdocio: tan repentina mudanza hizo un efecto terrible entre los PP. Jesuitas, quienes formaron gran empeño en disuadirlo de tal idèa; mas viendo ser todo inútil, le dejaron ir á su casa, en la que causó igual sorpresa: conformóse, al fin, su padre, y lo dedicó á cuidar de unas haciendas que tenía en la Guijarrosa, hoy la Victoria, y á cobrar algunas rentas y censos en la ciudad; esto último le dió entrada en casa de D. Andrés de la Cerda, y con ella la ocasion de enamorarse de su hija D.ª María, con quien una noche sorprendieron en amorosa entrevista, en la que, franco y leal, dió palabra de casamiento, trocando dos anillos que llevaban puestos, como señal de mútuo compromiso para la celebracion del matrimonio. Al regresar á su casa D. Andrés, contó á su padre lo ocurrido, recibiendo las mas ágrias reconvenciones, y por último el mandato de salir inmediatamente para la Guijarrosa, á lo que obedeció sumiso.

D.ª María de la Cerda creyóse burlada por su amante: mandóle algunos recados sin contestacion alguna, y creyendo su honor en peligro, acudió al Obispo Pazos, quien hizo comparecer á D. Andrés para oir su contestacion; mas, corroborando éste lo dicho por aquella, los mandó casar, á pesar de la negativa del padre, que abandonó á su hijo sin volverlo á ver, no obstante las amonestaciones y ruegos de todos sus amigos y parientes.

Casado con una señora muy noble, pero sin bienes de fortuna, y pasados los primeros dias de mútuas satisfacciones, empezaron á sentir la falta de recursos, y las mayores privaciones llegaron á poner á D. Andrés de Buen-rostro en el caso de tener que trabajar para atender á el sustento suyo y de su esposa: buscó una ocupacion honrosa, sin encontrar mas que una plaza de caballerizo en la casa de un título, donde cumplió con gran honradéz; mas su corto sueldo no le alcanzaba á cubrir sus necesidades. Salióse de la casa y marchó á Sevilla, diciendo iba en busca de otro destino; no siendo ésta su intencion, sino el negociar una carta-órden del Duque de Arcos, importante dos mil ducados, que había falsificado, sin que ni su mujer se enterase.

Al pronto quedó airoso en su empresa, y D. Andrés tornó á Córdoba, empezando á gastar aquel dinero, como si nunca se le hubiese de acabar. Entretanto, la casa de comercio le dijo al Duque la deuda que tenia á su favor, y él, á pesar de no haber firmado, temeroso de que creyesen negaba la cantidad espresada, la abonó, encargando que, si alguna vez iban con libranzas suyas, no las abonasen. Así quedó este asunto; mas viendo D. Andrés, pasado un año, que la prueba le había salido á medida de sus deseos, arriezgóse segunda vez, yendo á Sevilla con otra carta-órden, aunque de menor cantidad, presentándola con la misma serenidad que la primera vez; pero el comerciante con sus dependientes lo detuvieron, dando parte á la Justicia de lo que ocurría. Para mayor desventura de D. Andrés, acababa de llegar á Sevilla el Asistente Valladares Sarmientos, escojido por Felipe II para este elevado é importante puesto; rígido en la administracion de justicia, y deseoso de mostrar á los sevillanos el amor que á ella tenía y la inflexibilidad de su carácter, tomó gran interés en el castigo de este crímen, probado con facilidad, y sentenció á muerte á D. Andrés de Buen-rostro, sin que hubiese medio que le hiciera detener la sentencia: el infelíz acudió á sus parientes de Córdoba, quienes, avergonzados de la clase de delito porque se le ahorcaba, no solo no acudieron á favorecerlo, sino que impidieron hasta con amenazas que D.ª María de la Cerda fuese á Sevilla á dar el último adios á su esposo, que murió con grandes muestras de arrepentimiento, en la plaza de San Francisco de aquella ciudad.

La muerte de D. Andrés de Buen-rostro fué en estremo sentida por los cordobeses, que recordaban su talento y estremada belleza, á la edad de veintiocho años, cuando tan útil podía ser para sí y su familia; y como en aquella época tanto imperaba el fanatismo religioso, todos achacaron su desgraciada suerte á un castigo del cielo, por haber salido del Colegio de Santa Catalina, defraudando las esperanzas que en él habían concebido los Jesuitas.

Otros muchos casos análogos pudiéramos anotar en estos apuntes, aunque de menos importancia, pues como sucedía en casi toda España, era rara la familia que no consultaban con los Jesuitas todos los asuntos de alguna importancia, ó que no los sometieran á su decision ó arreglo: lo mismo hacemos con los hombres notables que estuvieron en este colegio, concretándonos únicamente á los que siguen, siendo el mas notable de todos el P. Martin de Roa, gloria de Córdoda, su patria, por lo que no podemos menos de insertar íntegros los apuntes que nos ha suministrado nuestro amigo el Sr. D. Francisco de Borja Pavon, que en mas de una ocasion nos ha ayudado con sus consejos y noticias. Dice así:

El P. Martin de Roa nació en Córdoba en 1563, de noble familia. Se educó en las aulas de la Compañía de Jesus, y el trato con unos maestros tan sábios y edificantes le inspiró aficion á este instituto, por lo que movido de la vocacion mas verdadera, concibió un ardiente deseo de abrazarlo. Apenas tenía quince años cuando propuso su intento al P. Pedro Bernal, Provincial de Andalucía, el cual lo admitió con muy buena voluntad y lo envió al noviciado de Montilla, donde el Padre Francisco Vazquez, Rector de aquella Casa, lo recibió como una bella flor encerrada en su capullo, pero que con el tiempo había de desplegar la hermosura y fragancia de su ingenio y sus virtudes, con general admiracion. En aquel taller de santidad y sabiduría se perfeccionó en las letras humanas y aprendió las divinas, con su acostumbrada aplicacion, y demostrando que su grande ingenio no era menos apto para las disciplinas severas que para las amenas. La Orden premió su mérito con la profesion del cuarto voto que hízo en el Colegio de Córdoba, en manos del P. Cristóbal Mendez en 23 de Julio de 1594; y aunque este grado era una prueba de la capacidad del P. Roa para regentar las Cátedras de Filosofía y Teología, no obstante, considerando la utilidad que resultaría á la juventud de tener un maestro tan sábio y de tan irreprensibles costumbres, lo dedicaron en Córdoba por espacio de diez y seis años contínuos á la enseñanza de la Retórica, de que fué excelente profesor, lo que hizo con general aplauso y sacando aventajados discípulos. Fué despues en el mismo Colegio de Córdoba Catedrático de Escritura, y en tan delicioso estudio para un alma piadosa y contemplativa se ocupaba el P. Roa, cuando, atendiendo la Orden á sus relevantes prendas de bondad, prudencia y afable trato, lo nombró en 1603, Rector del Colegio de Jeréz de la Frontera, y despues de los de Ecija, San Hermenegildo de Sevilla, Málaga y Córdoba. En todos estos gobiernos logró los mas sazonados frutos de su sábia direccion y de su prudencia.

Desde su primer rectorado de Jeréz hasta su muerte, asistió á once congregaciones provinciales, en que se portó siempre con la mayor imparcialidad y observó la mas justificada conducta. En seis fué elegido primer Secretario por su profundo conocimiento de la lengua latina y la elegancia de su estilo, y en la décima séptima de 1611, fué nombrado Procurador para ir á Roma. Allí brilló grandemente su sabiduría y adquirió nuevo caudal de erudicion, examinando los insignes monumentos que encierra aquella antigua capital del mundo.

Fué Vice propósito de la Casa profesa de Sevilla, y Vice provincial asimismo de Andalucía, segun afirma la Biblioteca de escritores de la Compañía de Jesus, y obtuvo otros muchos cargos en su vida, que desempeñó cumplidamente, trazando una larga senda sembrada de flores, de virtudes, de sabiduría y de heróicas acciones.

Con motivo de haber tomado posesion del Obispado de Córdoba el Ilmo. Sr. D. Francisco Reinoso y Baeza en 1597, fué elgido para arengar á este Prelado, y á este fin compuso una oracion gratulatoria muy docta y adornada con todas las galas de la elocuencia.

En 1627, en la cuarta junta de Superintendentes, fué nombrado por único del Colegio en Ntra. Sra. de la Asuncion de aquella ciudad, que estaba á cargo de los PP. de la Compañía, lo que logró el primero el P. Roa, y despues muy pocos. En 1628 celebró magníficamente la beatificacion de los tres mártires del Japon, y á este triunfo de su devocion unió el de su paciencia y fortaleza, pues con estas virtudes consiguió victorias de una injusta persecucion que padeció el Colegio por aquel tiempo.

Por su don para gobernar y por sus eruditas obras, mereció general aprecio y las alabanzas de los sábios, y el nombre del P. Roa se oia con veneracion en todo el orbe literario. A su devota pluma deben mucho las nobles ciudades de Jeréz, Málaga y Ecija, cuyas antiguas glorias sacó á luz y las ilustró historiando la vida de sus santos; pero acaso le debe mas su patria, porque probó con eficaces razones y grande erudicion su principado en Andalucía durante la dominacion romana, la antigüedad y autoridad de los mártires y del breviario cordobés, y reuniendo selectísimas noticias, escribió las actas de sus santos, obra que acaso es la corona de sus sábios y elocuentes escritos.

Las muy notables obras conque tejió la tela de su larga vida, le merecieron una dichosa muerte en el Colegio de Montilla en 5 de Abril de 1637, á los setenta y cuatro años de edad. Así que se divulgó en la ciudad su fallecimiento, concurrió en confuso tropel el pueblo y la nobleza á venerarle, en los términos que á la fé humana lo permite la religion, besándole los pies, las manos y los vestidos, y procurando conseguir por reliquia alguna parte de su ropa ó alhaja que le hubiese pertenecido. Al alto concepto de las virtudes del P. Roa, que tales demostraciones indicaban, correspondió la pompa funeral de su entierro. Contra la comun observancia de la Compañía de Jesus, se llevó descubierto el cadáver por la calle, desde la portería del Colegio hasta la puerta de la iglesia, y se le puso en la mano una palma elevada que publicaba la victoria que había conseguido el difunto, por conservar como conservó siempre intacta y sin mancilla la joya de la virginidad. Honraron el funeral con su asistencia las religiones de San Agustin y San Francisco, y aumentó el lucimiento del acto la de los Excmos. Marqueses de Priego, Señores del Estado de Aguilar, que asistieron á las exequias con toda su familia.

El P. M. Fr. Fernando de Torquemada, Trinitario Calzado, que conoció al P. Roa, dice que era «tan docto como santo, cuya virtud fué bien conocida do quiera que estuvo, para cuya prueba pudiera traer los dichos de los Sres. Obispos y personas graves de esta tierra, y cosas singulares que le pasaron, así en la oracion como fuera de ella, que tienen escritas en su religion y yo he visto algunas en el manuscrito del Lic. Salvador Jarava.»

Fué muy apreciado este docto Jesuita de todos los hombres sábios de su tiempo, que le tributaron muchos elogios, entre los cuales se cuenta el M. Gil Gonzalez Devila, el Dr. Bernardo José Alderete, el Lic. Luis Muñoz, el Lic. Rodrigo Caro y D. Tomás Tamayo de Vargas.

El P. Martin de Roa, no solo poseyó con perfeccion las lenguas latina, griega y hebrea, sino que tiene tambien la gloria de ser reputado por uno de los mas eminentes hablistas castellanos, y así dice D. Nicolás Antonio en el artículo que le consagra en su biblioteca: *vulgaris* maximé linguæ puritotis at que elegantiæ nómine in paucis qui hoc regnum tenent numerandus.

Las obras son las siguientes:

De accentu et recta in latinis hebræis græcis et barbaris pronunciatione & Cordubæ 1859. Sub nomine Ludov. Petri Francesii.

Singularium locurum ac rerun libri V in quibus cum ex sacris tum ex humanis literis multa ex gentium, hebræorum que moribus explicantur. Cordubæ 1600 in 4.° Lug. 1604 in 8.°

De die natali sacro et profano.

A esta obra añadió:

Singularium. locor. liber VI.

Singularium scripturæ volumen Lugd. 1634.

Oratio panegirica ad dominum Franciscum de Reinoso Episcopum Cordubensem.

In Abacuc prophetam et in psalmum secundum comentarium.

Officia sanctorum eclesiæ Cordubensis á sede appostolica approbata.

De Cordubæ in Hispania Betica principiatu liber unus ad P. P. Q. C. Item de antiquitate et auctoritate sactorum martyr. Cordubensium ac de breviario Cordubensi liber alter ad eclesiæ Cordubensis senatum. Lugduni 1617.

Dejó escritos para la prensa los dos opúsculos que siguen:

Supplementum breviarii hispalensis.

Hymni et poemata.

Vida y maravillosas virtudes de D.ª Sancha Carrillo. Sevilla, 1615, en 4.°

Vida de D.ª Ana Ponce de Leon, Condesa de Feria, monja en Santa Clara de Montilla. Sevilla, 1615. Córdoba, 1604.

Flos sanctorum, fiestas y Santos naturales de la ciudad de Córdoba, algunos de Toledo, Granada, Jeréz, Ecija, Guadix y otras ciudades y lugares de Andalucía, Castilla y Portugal. Sevilla, 1615, en 4.° mayor.

Santos Honorios, Eutiquio, Estéban, patronos de Jeréz de la Frontera; nombre, sitio, antigüedad de la ciudad, valor de sus ciudadanos. Sevilla, 1617.

Ecija y sus Santos, antigüedad eclesiástica y seglar. 1629, 4.°

De las antigüedades y excelencias de Córdoba, 1627, en 4.°

Antiguo principado de Córdoba en la España ulterior ó andalúz. Traducido del latino, y acrecentado en otras calidades eclesiásticas y seglares por su autor, &c. Córdoba, 1636, en 4.°

De la antigüedad, uso y veneracion de los Santos, imágenes y reliquias, 1613.

Del estado de las almas en el Purgatorio. Sevilla, 1619 y 1620. Barcelona, 1621. Se tradujo al latin, francés é italiano.

Del estado de los bienaventurados en el cielo, de los niños en el limbo, de los condenados en el infierno, y de este mundo despues del dia del juicio universal. Sevilla, 1624. Barcelona, 1631.

Oficios y beneficios del Angel de nuestra Guarda. Córdoba, 1622.

Antiguo monasterio de San Cristobal de la ciudad de Córdoba, ilustrado.

Discurso sobre la antigua Ilipa.

Vida de Santa Francisca Romana, traducido del italiano, 1615.

La instruccion y regla del bienaventurado S. Leandro, Arzobispo de Sevilla, de su hermana Santa Florentina. Sevilla, 1629.

Historia de la Compañía de Jesus de la provincia de Andalucía. Manuscrito de que se encontraba parte en el Colegio de Granada y parte en el de Córdoba.

Se le atribuye al P. Martin de Roa la vida del hermano Francisco Moscoso, de la Compañía de Jesus, natural de Badajoz.

Se le atribuye asimismo:

Los procedimientos de la ciudad de Córdoba y fidelidad guardada al Emperador Cárlos V, Rey de España, en el tiempo de las Comunidades. Salió con el nombre de D. Andrés de Morales, Veinticuatro de Córdoba.

Málaga; su fundacion, su antigüedad eclesiástica y seglar, sus Santos Ciriaco y Paula, mártires.—San Luis, Obispo, sus patronos, 1622, en 4.°

Otro Jesuita muy notable, fué el P. Juan de Santiago, á quien se deben casi todos los monumentos ó triunfos dedicados á San Rafael, existentes en diversos sitios de esta ciudad: nació en Ecija, en el dia 15 de Agosto de 1689, dándose á conocer desde sus primeros años por su amor al estudio y por la práctica de las mas raras virtudes, tanto, que llegó á ser conocido por el «Niño de la razon.» Ya en edad competente, entró á estudiar en el Colegio de Jesuitas de Sevilla, donde estuvo hasta ordenarse, y por último, vino al de Córdoba, donde por espacio de mas de cuarenta años fué un modelo de santidad, en cuyo concepto lo tuvieron y amaron los cordobeses; en su vida, que corre impresa y hemos leido en la Biblioteca Provincial, no solo se hacen grandes elogios de sus virtudes, don para el púlpito y santidad, sino que hasta se le atribuyen muchos y notables milagros: entre ellos se cuenta, que un dia de mucha lluvia estaba una ciega probando cómo podría pasar el arroyo de la calle del

Paraiso para entrar en la iglesia, y que viéndola el P. Santiago, le alargó la mano, diciéndola: «Pase, hermana, y mire bien donde pone los pies para no mojarse;» á lo que contestó aquella infelíz: «Ya lo veo, ya lo veo; esto es un milagro del Padre, pues he recobrado la vista.»

El P. Juan de Santiago llegó á ser el amparo de todos los cordobeses; á todos acudía con sus consejos y sus limosnas, que siempre tenía en abundancia, por la confianza que en él hacian cuantos podian socorrer á sus semejantes.

En 25 de Diciembre de 1762 falleció aquel virtuosísimo sacerdote; la noticia cundió por toda la ciudad, y cuál sería el cariño que se le profesaba y la admiracion de sus virtudes, que fué inmenso el gentío que acudió, y hasta el Ayuntamiento reclamó la conservacion en su archivo, donde la hemos visto, de una de las tres llaves con que se cerró el ataud, formado doble, ó sea de plomo y madera: podrida ésta, quedó el primero, y por cierto, que en una de las reformas hechas en el presbiterio, la encontraron unos albañiles, haciéndolas pedazos, creyendo que era un hallazgo para ellos de lucro, lográndose á tiempo evitar que la acabaran de romper.

Conservamos un folleto con la descripcion de las solemnísimas honras que se celebraron á el año de la muerte del V. P. M. Juan de Santiago, seguida del sermon que en las mismas pronunció el escritor Lic. D. José Lopez de Baena, Prebendado de la Santa Iglesia Catedral: segun aquel, delante del altar mayor se elevaba un magnífico catafalco, de tres cuerpos, cubiertos de paños negros con adornos blancos, en que se veian algunos trofeos alusivos, y algunas composiciones poéticas, que como otras repartidas en cartelones por toda la iglesia, eran obras de los escritores cordobeses, á la memoria de la persona á quien iban dedicados aquellos sufragios; multitud de luces, que estuvieron encendidas hasta la tarde que se consumieron, y toda la Capilla de la Catedral, dieron mayor realce á estas exequias, á que asistieron el Cabildo Eclesiástico, el Ayuntamiento, la nobleza y un numeroso pueblo, que con el mayor recojimiento oyó misa, celebrada por el Obispo Señor Barcia, y el sermon antes citado.

No menos digno de mencion es el P. Francisco Ruano, cordobés, autor de la Historia de la pátria, de la que no llegó á imprimirse mas que el primer tomo, teniendo, gracias al celo del Sr. Pavon, una copia de los otros dos en la Biblioteca Provincial. Dió á luz tambien la «Historia de la Casa de Cabrera en Córdoba,» en que nos dá multitud de noticias genealógicas é históricas, y otras obras no menos estimables. Ya hemos dicho, que este escritor murió en el Hospital de San Jacinto, por estar impedido cuando la espulsion de los Jesuitas.

El P. Tomás Sanchez de Avila, cordobés, príncipe inmortal de Teología, como le llama el espresado P. Ruano.

El P. Diego Martinez, cordobés, doctísimo en las Sagradas Escrituras y en todas las lenguas orientales, Maestro de los PP. Alcázar y Pineda, de gran fama, y autor de dos tomos grandes de Comentarios.

El P. Fernando Perez, cordobés, discípulo del Maestro Juan de Avila, y fundador de la Universidad de Evora.

Otros varios Jesuitas notables pudiéramos citar, como hijos de Córdoba ó de su Colegio de Santa Catalina, pero cuyos nombres omitimos por no hacer demasiado largos estos apuntes, y mas aun, cuando ya es tiempo de que dejemos descansar á nuestros lectores, para emprender el undécimo de nuestros paseos, ó sea el del barrio de San Juan y Todos los Santos, en que, no dudo, seguirán honrándome en esta obra.

PASEO UNDÉCIMO.

Barrio de San Juan y Omnium Sanctorum.

El barrio que vamos á pasear, se compone de dos, como le sucede al del Salvador y Santo Domingo de Silos; por esa causa su figura es tan irregular y la parroquia aparece casi en un estremo: esta es la de San Juan, llamada generalmente de los Caballeros; la de Omnium Sanctorum estaba en la plazuela de San Felipe, y su nave central es la fachada de las casas que hay entre la calle del Tesoro y el ensanche para ir á la de Perez de Castro; las dos fueron mezquitas en tiempo de los árabes, y ambas erigidas en parroquias por San Fernando despues de la conquista de Córdoba: la necesidad de grandes reparos en la segunda y lo reducido de sus jurisdicciones ó feligresías, obligaron al Obispo D. Agustin de Ayestaran á refundirlas en una, como lo hizo en 13 de Febrero de 1799, uniendo tambien sus archivos, en los que se encuentran algunos datos muy curiosos: el libro de bautismos empezó en 9 de Abril de 1579; el de matrimonios en 8 de Febrero de 1592, en cuyo dia se casó D. Alonso de Go-

33

doy y Ponce de Leon, hijo de Gerónimo de Godoy y de D.ª Elvira Ponce de Leon, vecinos del barrio de Santiago, con D.ª María de Monsalve y Córdoba, hija de Egas Venegas de Figueroa, del hábito de Santiago, y de D.ª Beatríz de Monsalve y Córdoba: en otro libro de bautismos y velaciones se encuentran los primeros desde 17 de Abril de 1562, y los segundos desde 9 de Febrero de 1589; en otro libro, que era el corriente al suprimir la parroquia, había bautismos desde 7 de Octubre de 1551 y 23 de Febrero de 1557, por lo que se vé que había mucho descuido en estas anotaciones, y no el mayor órden, como lo demuestra además la mala redaccion de las partidas; el libro de colecturía y testamentos empezaba en 1630, y por último, el de difuntos daba principio en 1610. En uno de estos encontramos la defuncion del notabilísimo poeta cordobés D. Luis de Góngora, la cual está concebida en los siguientes términos:

«En veinticuatro dias de Mayo de mil seiscientos y veintisiete años, llevamos á enterrar á D. Luis de Góngora, clérigo presbítero, Racionero entero de la Santa Iglesia de Córdoba; murió á veintitres dias, enterráronlo en la dicha Catedral.»

En uno de los libros de bautismos, consta que lo recibió en esta parroquia de Omnium Sanctorum, el Sr. D. Luis Venegas de Figueroa, Obispo que llegó á ser de Almería, y cuya partida dice:

«En cuatro de Marzo de 1585 años, el Lic. Juan Francisco Bachillon, bautizó en esta iglesia de Omnium Sanctorum de esta ciudad de Córdoba, á Don Luis, hijo del Sr. Luis Venegas, defunto, y de la Señora D.ª Isabel de Valenzuela, su mujer, y fueron sus compadres el Sr. Diego de Valenzuela, canónigo de Jaen, y la Sra. D.ª María Carrillo, su hermana.»

Y al márgen, dice: «Fué el Sr. D. Luis, Obispo de Almería.»

En esta parroquia tenian enterramiento los Señores Condes de Fernan-Nuñez, hoy Duques, por el apellido Infantas.

Constaba esta parroquia de tres naves y un pórtico cerrado con verjas de madera: consérvanse de ella algunos altares en San Juan; el del Sagrario, en San Francisco, en una capilla á la derecha, conforme se entra por la calle de San Fernando, y la pila del bautismo, que es la que actualmente sirve en Santiago. Para el servicio del culto contaba con un préstamo, una prestamera, cuatro beneficios y una rectoría, y segun unos apuntes de su archivo, era de su propiedad una casa contígua, que sirvió de emparedamiento de mujeres, nombre que en un principio dieron á las monjas, y que hemos visto lo tenian anejo todas las parroquias y aun algunas otras iglesias. En una de sus esquinas esteriores conservaba una gran estátua romana, la cual ignoramos el destino que se le diera.

Cuando San Fernando convirtió aquella mezquita en parroquia, la dió el título de Omnium Sanctorum en memoria de la Fiesta de Todos los Santos, ordenada por el Pontífice Gregorio IV, que murió en el año 844.

Como en las demás parroquias, existía en ésta la hermandad del Santísimo Sacramento, que necesariamente se refundió en la de San Juan, y sus constituciones, copiadas de otras mas antiguas, con las reformas que se considerarían precisas, fueron aprobadas en 11 de Setiembre de 1631 por el Dr. D. Gonzalo de Castro, Dean y Canónigo de la Santa Iglesia Catedral, Sede vacante. Tambien había en Omnium Sanctorum una cofradía titulada de Ntra. Sra. de los Remedios, la cual se unió igualmente á la de Animás de San Juan.

Aunque en este paseo hemos empezado por hablar de la parroquia suprimida, no ha sido nuestro ánimo separarnos de la marcha seguida en los anteriores. pues, al principiar por la iglesia de San Juan, debiamos dar esos pormenores para que se viese la razon de llevar dos nombres ó tener dos titulares.

La parroquia de San Juan de los Caballeros está en el mismo caso de la de San Nicolás y Eulogio de la Ajerquía: nada conservan de su primitiva arquitectura, y ni el mas pequeño detalle demuestra lo que sería en sus primeros tiempos; todo lo han perdido en sus reedificaciones, perjudicando á ésta mas aun que á la otra, el mal gusto de los que las han realizado: la mayor de esta es la que llevó á cabo en 1637 el Obispo D. Fray Domingo Pimentel, por lo que se colocaron sus armas sobre una de las puertas de este templo.

Esta parroquia fué dedicada por San Fernando á San Juan Bautista, en una mezquita que en aquel sitio tenian los árabes, y á la vez se la dió á los Caballeros de la Orden de San Juan de Jerusalem, quienes la convirtieron en fortaleza y la guardaron mientras la tuvieron á su cargo. Despues, para el culto y demás servicio parroquial, contaba con un beneficio, un préstamo, una prestamera y una rectoría; en la actualidad está igual á todas, con un rector, un coadjutor y los ministros menores indispensables.

Estamos, pues, en el caso de describir esta iglesia con las noticias adquiridas sobre cada uno de sus lugares: La capilla mayor es en estremo pequeña y pobre; hasta las gradas para subir á su reducido presbiterio tienen mampirlanes de madera, y sus frentes están chapados de azulejos: el retablo es de mal gusto; tiene el tabernáculo, el titular y varias tablas con pinturas de la vida del mismo. En esta capilla, al lado del evangelio, tienen enterramiento los Sres. Infantas, y en él yace el Comendador de Santiago Antonio de las Infantas, grande amigo y compañero del Gran Capitan Gonzalo Fernandez de Córdoba; el Dr. Andrés de Morales, al ocuparse de este caballero, dice: «Antonio de las Infantas sirvió con su padre á los Reyes Católicos en la guerra de Granada desde diez y ocho años, y viniendo un moro abencerraje á desafiar al Rey de parte del suyo, salió con él á escaramucear, cayendo con su caballo en una acequia, donde fué herido en un muslo: y invocando al glorioso Santiago, vino á las manos con el moro y lo rindió, y bregando con él le cortó la cabeza á vista de los Reyes, por cuyo servicio le honraron mucho y le dieron una encomienda de la Orden de Santiago; hallóse por Juez árbitro entre los Señores de Priego y Lucena en ciertas diferencias de tierra, y á los mojones que él puso les llaman del Comendador, como se vé en escrituras de esta Casa.

En 1682 fué sepultado tambien en este sitio el Señor D. Cristóbal de Pineda, sucesor en la Casa y mayorazgo de espresado Comendador; murió en 10 de Setiembre, á los noventa años de edad; fué un gran militar y prestó grandes servicios á su patria.

En la nave mayor, frente al púlpito, se vé una urna con una pequeña imágen de la Virgen, denominada Ntra. Sra. del Socorro, una de las que en Córdoba se consideran como aparecidas; cuéntase tradicionalmente y lo aseguran varios autores, que encontrándose un pastor en la sierra aburrido en estremo por no tener agua para su ganado y ni aun para él, empezó á pedir socorro á la Vírgen, al mismo tiempo que hacía un hoyo en uno de los sitios donde creyó podía mas bien hallar aquella, cuando á poco descubrió la imágen, brotando á su alrededor un copioso venero que socorrió tan gran necesidad; el pastor se la trajo y veneró en su casa hasta que, ya gravemente enfermo, se la donó al Rector de esta parroquia, quien la hizo colocar en la misma.

En el centro de la espresada nave mayor fué sepultado en 12 de Octubre de 1667 el Dr. Juan Perea, presbítero, natural de Córdoba y Colegial mayor del Arzobispo en la Universidad de Salamanca, sugeto de quien hacen grandes elogios algunos escritores de su tiempo.

En el lado del evangelio encontramos la capilla de la Pastora, cerrada con verja; es lo mejor que hay en la iglesia, aunque de mal gusto como toda ella: fundóla, con el título de la Encarnacion, D.ª Ana de Velasco, mujer del famoso caballero Alonso de Velasco, hijo de Córdoba, y del cual dice Vaca de Alfaro: «fué valerosísimo caballero, y derribó con el bote de la lanza al corsario Barbarroja, Rey de Argel, que le dejó medio muerto, y entonces llegaron otros dos soldados y acabaron de matarle, y sacó su alfange D. Alonso de Velasco y le cortó la cabeza y con ella se vino para Oran. D. Martin de Argote hizo desnudar al Rey muerto una aljaba de brocado sobre carmesí pelo, que tenía vestida, y el Marqués de Comares la envió al monasterio de Valparaiso de Córdoba, donde tienen su entierro, y hoy dia tiénenla hecha de ella una hermosa capa de coro.—Hizo merced el Sr. Emperador Cárlos V, por esta accion á D. Alonso de Velasco de que traiga en las armas de los Velascos la cabeza del Rey Barbarroja y por orla de sus armas las banderas que se ganaron en la batalla.—Vénsen hoy en Córdoba, como escribe el Dr. Andrés de Morales en el tomo segundo de la *Historia de la Nobleza de Córdoba,* en los lados las armas de los que descienden de este caballero y tiene en su capilla de San Juan en Córdoba y en las casas de su morada que están junto á esta iglesia: dióle el Sr. Emperador una encomienda de Calatrava.»

En la espresada capilla se sirve en la actualidad la hermandad de la Divina Pastora, de cuyo orígen no nos han podido dar noticia alguna.

Ya en la nave, vemos el altar de San Simon y San Judas, con un gran cuadro que los representa; cuida de él una muy antigua cofradía, que ya dijimos ser la primera que tuvo á su cargo el hospital de San Jacinto, y aun otro anterior, por lo que nos escusamos repetir las noticías en aquel lugar espuestas á la consideracion de nuestros lectores.

Entre el espresado altar y la puerta hay otro, procedente de Omnium Sanctorum, y con cofradía, dedicado á Ntra. Sra. de los Remedios, fundado por Juan Casas-Deza, de cuya ilustre familia nos ocuparemos al llegar á sus casas principales; en el frente se lee lo siguiente:

Esta capilla y entierro es de Juan Casas-Deza, Jurado de Córdoba y Alcalde Ordinario del estado noble que fué de ella, y de D.ª Hierónima Franco de Villavicencio, su mujer, y de sus herederos.

En la nave de la epístola está la capilla del Sagrario, pequeña y de ningun mérito artístico; en su altar tiene un cuadro representando la Cena de Jesus con los Apóstoles, nada notable; tiene cofradía, á la que en un tiempo estuvo unida la de San Juan y San Simon y San Judas, cuyas reglas, copiadas de otras mas antiguas, fueron aprobadas por el Obispo D. Fr. Juan de Toledo en 4 de Mayo de 1537; por D. Francisco Pacheco de Córdoba en 13 de Junio de 1587, y por Don Cristóbal de Lovera en 13 de Marzo de 1631.

Ya en la nave, vemos el altar de Animas, con enterramiento para los individuos de la cofradía, cuyo principio no consta, pero que debe ser muy antiguo, y por último, el altar de San José, sin que ni uno ni otro ofrezcan nada digno de anotarse.

En esta iglesia hubo otro altar llamado de la Pasion de Ntro. Sr. Jesucristo, y delante de él sepultaron al Lic. Diego Fernandez de Arteaga, Corregidor de Guipúzcoa y otros puntos, y últimamente de Córdoba, el cual, una de las veces que vino Felipe II á esta capital, hizo la preciosa y hoy abandonada puerta del Puente, una de las obras artísticas mas lindas con que contamos, y que por desgracia, cada vez está mas destrozada, sin que nadie se cuide de su remedio.

Tambien sepultaron delante del espresado altar al Lic. Juan Paez de Valenzuela, presbítero, autor de la vida del V. Francisco de Santa Ana, ermitaño en la Albaida, un libro titulado «Estilo de cartas,» un «Tratado genealógico de la Casa de Haro» y una relacion del auto de fé que celebró la Inquisicion el año 1625, siendo Inquisidor general el Sr. D. Andrés Pacheco, Patriarca de las Indias, Obispo de Segovia y Cuenca y del Consejo de Estado.

Ya indicamos en el barrio de la Magdalena, ocupándonos de las grandes epidemias que han afligido á los cordobeses, haber sido una en el año 1320, tal vez la mayor de que tenemos noticia: este mal terminó en el dia de San Juan Bautista, y en agradecimiento y por la alegría que produjo en los sobrevivientes, el Cabildo Catedral con el Obispo hicieron voto perpétuo de ir en procesion á la fiesta de San Juan Bautista, como religiosamente se ha venido cumpliendo.

En esta iglesia había instituidas varias obras-pías, memorias, capellanías y aniversarios, los que se aumentaron casi un doble cuando se le unió la otra parroquia, que tambien contaba con muchas: en la actualidad son raras las que se cumplen, por varias razones demasiado largas para esponerlas á la consideracion de nuestros lectores.

Ya hemos anotado las fechas en que dan principio los libros de la parroquia de Omnium Sanctorum, cortados al unirse las dos feligresías; señalaremos, pues, aquí únicamente los de San Juan de los Caballeros: los de bautismos empiezan en 1543; los de matrimonios en 1581, y los de difuntos en 1612; además existe uno en que se anotaban los expósitos que se bautizaron mientras la Casa estuvo en la que hace esquina á la calle de los Saravias, ó sea en el primitivo hospital de San Jacinto.

La union de estas dos parroquias estuvo oportunísima, pues, como antes indicamos, eran dos barrios pequeños, y tan era así, que entre los padrones registrados por nosotros, vemos en el del año 1769, que el de San Juan solo tenía ciento siete casas, con seiscientas sesenta personas, siendo poco mayor el de Omnium Sanctorum: ahora falta para completar aquel pensamiento que, teniendo en cuenta la mala construccion de la iglesia de San Juan, grietada en algunos de sus muros, y con una arquitectura mas propia de bodega que de parroquia, se ordene su traslacion á la iglesia de la Trinidad, mucho mejor situada, y en cuya espaciosa nave se puede atender al culto con mayor solemnidad, conservándose á la vez uno de nuestros mas hermosos templos, y no, que de seguir así, acabarán por arruinarse ambos; este pensamiento no es nuestro ni nuevo: hace muchos años que fué propuesto, y á pesar de los deseos de las personas entendidas, no creemos verlo realizado.

Abandonamos la parroquia de San Juan de los Caballeros: delante tiene una plazuela á la que afluyen las calles de la Pierna, Leones, Argotes y Leopoldo de Austria, y además una barrera ó calleja sin salida llamada del Santísimo, por estar hácia aquel lado el Sagrario de la parroquia; hay en este sitio tres casas principales: la núm. 23, perteneciente á uno de los mayorazgos de Torres-Cabrera, aunque estensa, sin cosa alguna que merezca anotarse; otra núm. 2 que perteneció á los Corteses, aunque no era la solariega, como despues veremos: ésta tiene un arte digno de estudiarse por su antigüedad, pues quizá se remonte al tiempo de los árabes, segun unas inscripciones que no hemos podido ver; y la otra núm. 4 perteneciente á uno de los mayorazgos que aun posee la Sra. Marquesa de Valdeflores: en ésta se encuentra desde 1865 la Escuela Normal de Maestras, que puede considerarse como una segregacion de la de Maestros. Entre la calleja del Santísimo y formando esquina á la calle de Leopoldo de Austria, existe una bonita casa, reedificada en estos últimos años por el Doctoral de la Santa Iglesia Catedral D. Joaquin Ramirez, que falleció en ella en 1873: en esta casa vivió á principios del presente siglo un clérigo, de apellido Gaitan, muy conocido entre los cordobeses por sus escentricidades y rarezas; cuéntanse de él muchas anécdotas, de las que referiremos alguna á nuestros lectores: este señor, que vivía solo y encerrado, sin persona alguna que lo acompañase, y que por no permitir la entrada ni á la despensera, le obligó á aprender una porcion de señas formadas con las tablillas de unas percianas, en las cuales comprendía lo que había de comprar, mientras que desde dentro le alargaban sin hablar el dinero necesario, tuvo un choque con la Curia Eclesiástica, la cual le formó un espediente; con este motivo, se las hubo de entender con un procurador, á quien entregaron los autos, que de buena fé confió á su defendido, quien los perdió, dando lugar á que los encausasen, tomando grandes proporciones un nuevo proceso que formaron, y en el que Gaitan se defendía enérgicamente y hasta produciendo grandes quejas contra el Provisorato, apelando de sus providencias para ante el Arzobispado de Toledo, á donde fué y vino el espediente repetidas veces; en una de ellas, quiso él verbalmente informar, y como en aquellos tiempos no había ni aun una mala diligencia, salió una tarde como de paseo hácia la Puerta Nueva, y al primer piconero que vió le dijo si le quería alquilar el burro y acompañarlo; contestóle que iría á soltar la carga de picon y que volvería; no lo consintió, y pagándosela, le hizo tirarla en el suelo, y echó á andar montado en el asno con sus manteos y sombrero de canal, sin hacer caso del piconero, con el que fué hasta Toledo, tardando una porcion de dias en su viaje hasta que regresó: esta causa no se terminó porque antes murió el Sr. Gaitan; pero lo gracioso del caso fué, que muchos años despues, cuando obraron la casa, se encontró su primer espediente en un zaquizamí, donde sin duda lo esconderia cuando se perdió.

Desde la plazuela de San Juan arranca una calle que termina en la de Pedregosa: llámase de la Pierna, por una de piedra calisa que está colocada en un nicho en la fachada de la casa núm. 4; es resto de una antigua estátua romana, encontrada á el abrir unos cimientos, y que el dueño de aquella, viendo ser una curiosidad, la colocó en aquel sitio: esta es la verdad, por mas que el vulgo le ha inventado varias historias que tradicionalmente han llegado á nosotros; pero el nombre de calle de la Pierna no lo llevó en lo antiguo mas que hasta la esquina para volver á Jesus Crucificado: este sitio, mas ancho, se ha llamado plazuela del Hospital de San Jacinto, y despues de la Tercia, por las razones que iremos anotando, y tambien se ha llamado de los Velascos, por la casa de estos señores; desde este punto le decian calle de San Juan, por estar allí una de las puertas de la parroquia.

Propuestos á contar en nuestros paseos cuanto concerniente á Córdoba hemos oido, dando entrada hasta á las mas absurdas invenciones, porque con ellas se estudia el carácter y tendencias de diferentes épocas, vamos á referir á nuestros lectores las dos tradiciones que hemos oido acerca de la pierna que dá nombre á la calle donde nos encontramos. Cuentan que en aquella casa vivia una jóven, que no solamente pasaba el dia en la ventana, indagando la vida de sus vecinos, sino que muchas noches hacía lo mismo, acarreándose el ódio de todos los que tal conducta sabian: una noche, puesta en su sitio de costumbre, vió venir de hácia la parroquia dos filas de luces alumbrando un féretro que ocupaba el centro; ya cerca, arrimóse á la reja uno de los acompañantes y le rogó le guardase el cirio que llevaba en la mano, para recojerlo al dia siguiente, por no serle posible seguir, á causa de encontrarse enfermo; accedió aquella á la peticion, y despues de tomar el cirio, su curiosidad le hizo preguntar el nombre del que llevaban á enterrar, oyendo con asombro que el desconocido pronunció el de ella, cuya sorpresa le hizo dar un grito y caer desmayada; cuando volvió en sí, aun apretaba en la mano la canilla de un muerto en que la vela se le había convertido: añaden, que no solo quedó curada de su mala costumbre, sino que se colocó la pierna en el sitio que aun la vemos, en memoria de este suceso. Otros, y estos no alcanzaron tanto crédito, inventaron que en esta casa vivió una señora en estremo bella, pero tan orgullosa y de mal carácter, que nadie podía sufrirla, llegando su desmedido amor propio á creerse la mas hermosa del mundo y á despreciar á cuantos no la adulaban; á tal estremo llegó su presuncion, que teníase por superior á su padre, á quien maltrataba por su estremada pobreza: un dia se acercó éste á pedirla un socorro con que atender á sus necesidades; mas, en vez de obtenerlo, lo recibió aquella con multitud de injurias, á que el pobre anciano contestó dignamente, no creyendo que su hija cometiese la infame accion de arrojarlo á puntapies de su casa, dando lugar á que la maldicion paterna cayese sobre ella, hasta tal punto, que la pierna con que lo había ofendido, se le convirtió en piedra, muriendo entre los mas agudos dolores, castigo con que la Providencia le hizo comprender lo mucho que la había ultrajado.

Despues de estas estupendas tradiciones, que solo pudieron encontrar eco en una época de ignorancia, nos parece oportuno referir á nuestros lectores otra mas verosímil, y de la que existe algun rastro; la siguiente inscripcion, que se lee al pie de un milagro que se halla colgado en la sacristía del santuario de Ntra. Sra. de Linares, dice así:

«En Córdoba, año de 1727, dia 18 de Julio, el Doctor D. Gonzalo Antonio Serrano, saliendo de la calle de la Pierna, al volver para Sra. Santa Ana, alevosamente fué acometido y herido en la mano derecha de una cuchillada por uno que detrás de la esquina le esperaba acompañado de otro, y luego que recibió el golpe, invocando el nombre de la Vírgen Santísima de Linares, aunque el alevoso le tiró otras dos cuchilladas, la una en un brazo que totalmente cortó hasta la camisa, la otra en la cabeza, y de ninguna de estas recibió lesion en la carne, y la de la mano aunque con nérvio y huesos cortados, fué sano en tan breve tiempo, que admirados los cirujanos, lo tuvieron á milagro. Y á su devocion se puso éste, año 1729.»

No cabe duda que el escritor cordobés D. Gonzalo Serrano, de quien en varias ocasiones nos hemos ocupado, y cuyo epitafio copiamos en la iglesia de los Padres de Gracia, sufrió este percance al final de la calle de la Pierna: éste era un hombre querido y respetado en Córdoba, y por lo tanto, no se le conocian enemigos para que ejercieran con él esa clase de venganza; por consiguiente, será preciso atender á lo que la tradicion nos cuenta.

Dícese, que cierta noche llamaron á D. Gonzalo para ver á un enfermo, y que, cuando salió á la calle, tres embozados, de buen aspecto, se arrojaron sobre él, le vendaron los ojos, amenazándole con la muerte si gritaba, y dándole seguridades de su persona si guardaba silencio; así le hicieron andar muchas calles, lo entraron en una casa, y llevándolo hasta una estancia, lo descubrieron, presentándole una señora tapada con un gran velo, próxima á ser madre: era preciso operarla, y á él se lo encomendaba; obedeció con su notable acierto, recibiendo por su trabajo una gran cantidad de dinero, y despues lo llevaron hasta la puerta de su casa, donde le dieron las gracias, manifestándole que si algo se vislumbraba de aquel suceso, pagaría su indiscrecion con la vida: algo, tal vez, se sabría, y el lance de la calle de la Pierna sería quizá el cumplimiento de aquellas amenazas.

Casi al principio de esta calle encontramos otra sin salida, titulada desde muy antiguo calleja de Pan y Conejo, tal vez apodo de alguno de sus vecinos, pues no de otro modo se esplica tan ridículo nombre: ésta debió comunicarse antiguamente con la de los Santos en la calle de los Moros, por la direccion que ambas tomaban, no advirtiéndose ahora tanto por haber acortado la última: en la casa que hace frente, ha reinstalado el Sr. Conde de Gavia el hospital de huérfanas y viudas de San Andrés, fundado por Torreblanca en la calle de la Palma y plazuela del Vizconde de Miranda, de cuyo piadoso asilo es patrono el Sr. Conde, y que sin atender sus justas reclamaciones, le vendieron en virtud de las leyes desamortizadoras.

Dos casas principales existen aun en esta calle: una la núm. 9, principal del mayorazgo fundado por Luis Fernandez de Valenzuela, despues incorporado á la Casa de Villaseca; los caballeros de aquel apellido en Córdoba descendian de D. Lope Sanchez, hermano mayor del Rey Fernando III, cuando la conquista de Córdoba, en la que le dieron el castillo de Valenzuela, que sus descendientes adoptaron como apellido: dicho D. Lope Sanchez, se casó con D.ª Sancha Alfonso de Leon, sobrina carnal del Santo Rey, y por consiguiente, descendian ó descienden en línea recta de D. Alfonso de Leon y de D.ª Aldonza Martinez de Silva, su mujer; de este ilustre linage hace muchas citas el Padre Ruano en su *Historia de la Casa de Cabrera en Córdoba*, y cuantos autores se ocupan de la nobleza de Andalucía.

La otra casa digna de mencion es la núm. 10, hoy morada de los Sres. Condes de Fuente el Salce, pero propia de la Casa de Guadalcázar: es la solariega de los Velascos, como ya indicamos en la capilla de la Pastora en San Juan: tiene algunos restos antiguos dignos de conservarse, y sobre todo, un precioso ajimez en esquina, tapiado y embadurnado con mil capas de cal y ocre; su arquitectura es de fines del siglo XV, y será una lástima acaben de destruirse los bustos, escudos y demás adornos que allí lucen.

Los Velascos han figurado en Córdoba desde poco despues de la conquista, prestando grandes servicios á la misma y dejando el recuerdo de su apellido en muchas fundaciones de mayorazgos, capellanías y otras memorias, demostracion de su riqueza y su piedad. Cuando la guerra de las tutorías, uno de los períodos mas interesantes de la historia de Córdoba, en el año 1327, mandó el Rey un Juez pesquisidor, Fernando Gomez, á que siguiese el proceso á cuantos habian tomado parte en aquellas revueltas, resultando sentencia de muerte contra D. Juan Ponce de Cabrera, Don Pedro Alfonso de Haro, y hasta quince caballeros, entre ellos, en rebeldía, Martin Gomez y Martin Alfonso de Velasco, quienes desde Cabra huyeron al reino de Granada, temerosos de la suerte que les aguardaba; esta circunstancia hizo que al levantarse en 1328 la confiscacion de los bienes de los sentenciados, el Rey esceptuase los de estos dos caballeros, por haberse pasado á tierras de moros, sin considerar que esto lo hacian por la seguridad que tenian de encontrar aquí la muerte, como les sucedió á los otros sus amigos y parciales. De estas revueltas viene la tradicional creencia de que los principales nobles fueron condenados á no tener fachada principal en sus casas, circunstancia que se nota en muchas que aun sus dueños no han obrado, siendo interiormente palacios, y por fuera solo una tapia de raquítica apariencia las cerca, casi todas de forma moderna; luego era que tenían á honor el conservarlas de este modo: aun se ven en esta forma las de los Marqueses de Guadalcázar; Valdelasgranas, en Santiago; la de los Angulos, hoy del Sr. D. Rafael Cabrera, en San Andrés; la de los Condes de Hornachuelos, Arco Real; la de los Duques de Rivas, en Santa Ana; la de los Condes del Menado, en San Juan, y otras muchas que, ó han desaparecido, ó sus dueños las han reformado dándoles fachadas ó convirtiéndolas en solares, por cierto las mas, á causa de estar en barrios donde la riqueza urbana ha perdido casi todo su valor.

En la ya esplicada plazuela de San Juan de los Caballeros, encontramos otra calle denominada de Leopoldo de Austria, nombre que le dieron en 1862 en memoria de aquel Obispo, hermano de Felipe I el Hermoso, llamándose antes de la Pastora, por una pintada en lienzo que habia en una de sus paredes, ignorando á qué otro nombre sustituiría, puesto que éste no debía ser muy antiguo: al final de ella encontramos la de los Saravias, que cruza de la plazuela de Pineda á la calle de San Jacinto el viejo, ó sea el primer tramo de la de Jesus Crucificado. Llámase de los Saravias, por estar allí la casa núm. 1.°, solariega ó principal de los señores de este apellido, á quienes hoy representa la Sra. Condesa viuda de Zamora de Riofrio; por idéntica razon se ha llamado de los Infantas, dueños de la casa núm. 5, en la actualidad del Sr. Duque de Fernan-Nuñez, la que era mayor, habiendo perdido una gran parte de ella para ampliacion de la plazuela de Pineda, con la idea de que los carruajes que subieran de la calle de Valladares ó viniesen de la Trinidad, pudiesen llegar á San Juan sin el rodeo que antes necesitaban dar: en esta calle hubo hasta 1841 un cuadro, en cuya parte superior estaba la Santísima Trinidad y en la inferior la coronacion de la Virgen.

En la esquina de espresada calle á la de la Pierna hay una casa, almacén de vinos, cuya forma revela haber sido iglesia, puesto que aun se vé por cima del balcon su antiguo imafronte: fué, como hemos dicho, el primitivo hospital de San Jacinto, como ya esplicamos en otro lugar; cuando éste se trasladó al sitio que hoy ocupa, el Cabildo adquirió este edificio, destinándolo á bodega, para los vinos y demás caldos procedentes de los diezmos: entonces se llamó la Tercia, siguiendo así hasta que, sin este destino, ha sido vendido á un particular; pues bien, las variaciones de nombre de esta plazuela ó parte de la calle de la Pierna, han sido las mismas de aquel pequeño edificio; sin embargo, el tramo primero de la calle de Jesus Crucificado, ó sea hasta el ángulo, aun es conocido por muchos con el título de San Jacinto el viejo: de este lugar volveremos á ocuparnos cuando hagamos la historia de la Casa de Expósitos, pues ya saben nuestros lectores que algun tiempo estuvieron en este sitio.

Estamos en la citada calle de Jesus Crucificado, á la que afluyen las de San Roque, del barrio de la Catedral, y la de Valladares, que pertenece al que vamos paseando: además tiene una calleja sin salida, que debió comunicarse con la de los Barberos en la calle de Pedregosa, y es conocida por calleja Alta de Jesus Crucificado: en ella han abierto una puerta á un departamento del convento de esta advocacion, despues de suprimido, y han establecido el cuartel del Cuerpo de Orden Público. vulgo Policía; aquellas monjas daban nombre á esta calle, y no nos ocupamos en ella de la historia de las mismas. por estar asignada al barrio de la Catedral, donde tenían la portería. En la casa núm. 8 de esta calle, ha muerto en el año de 1875 el Sr. D. Miguel Riera, exclaustrado del convento de San Agustin y Canónigo de la Santa Iglesia Catedral de Almería: tambien lo fué de la de Córdoba, y en esta ciudad desempeñó con notable acierto la Rectoría de la parroquia de San Andrés, y una Cátedra y aun la Direccion del Instituto Provincial; predicó notabilísimos sermones, de los que algunos están impresos, y cuando le sorprendió la muerte se ocupaba en escribir una *Historia eclesiástica,* de la que hemos oido grandes elogios, lamentando que no llegue á ver la luz pública.

Ya hicimos mencion del Jurado de Córdoba Juan Casas-Deza, al ponerlo como fundador del altar de Ntra. Sra. de los Remedios en la parroquia de San Juan, á donde se llevó desde la de Omnium Sanctorum, y entonces ofrecimos ocuparnos otra vez de este linaje: al llegar á la casa núm. 18 de la calle de Jesus Crucificado, nos consideramos en el deber de cumplir nuestra palabra; ésta es la principal del mayorazgo que aquel fundó en 21 de Setiembre de 1668 para perpetuar su memoria: sobre el balcon se vé un escudo de armas partido en dos, ó sean los de los apellidos Casas y Deza que en él se unieron: corresponden al primero cinco roquetes rojos en campo de oro con orla azur, y en ella ocho cabezas de águilas degolladas, y al segundo, ó sea los Deza, el losange de gules, cargado de un castillo de oro en campo de plata y una flor de lis en cada canton. El Jurado Juan Casas-Deza procedía de D. Guillen de las Casas, hijo de Guido IV, Vizconde de Limages, quien, con su hermano Bartolomé, vinieron de Francia á militar bajo las banderas de San Fernando, y despues de la conquista de Sevilla, en 1248, donde les dió terrenos y privilegios en el repartimiento que á sus vasallos hizo; por esta causa radicaron allí, teniendo sus sucesores la honra de ser Veinticuatros de aquella ciudad, Alcaides y Secretarios de la Gran Cámara, descollando entre ellos D. Fr. Bartolomé de las Casas, Obispo de Chiapa, acérrimo y aun temerario escritor y defensor de la libertad de la India, calificando su conquista de injusta y tiránica, sosteniendo su tésis en certámen jurídico contra Juan Ginés de Sepúlveda en nombre del Rey. Era hermana de este Obispo D.ª Isabel de las Casas, que, casada con D. Rodrigo Tellez Giron, fué tronco de la casa de Ureña y otras de las mas ilustres de España. Otro de los individuos de este ilustre linaje fué el Conde de las Casas, Secretario de Napoleon I, á quien acompañó en sus desgracias. En los Deza ha habido tambien otros personajes muy notables, entre ellos el Obispo D. Fernando Gonzalez Deza, de quien ya hablaremos; D. Pedro Deza, defensor de Leon contra D. Juan II de Leon; Alfonso Deza, valeroso sostenedor del paso del puente Orvigo con Suero de Quiñones en 1434; otro Deza, célebre por haber muerto á el Arzobispo de Santiago Don Suero de Toledo, de cuyo castigo se libró refugiándose en su castillo de Pontevedra, y despues huyendo á Portugal; su hijo D. Pedro Deza, que se estableció en Sevilla en 1520 y despues fué Presidente de la Chancillería de Granada y Cardenal, y otros muchos hombres ilustres que pudiéramos citar, y de quienes en nuestros dias descienden, aunque por hembra, el concienzudo escritor D. Luis María Ramirez y de las Casas-Deza y su primo el Sr. D. Mariano Muñoz y Casas-Deza, á quien en mas de una ocasion hemos consultado sobre familias y cosas notables de Córdoba.

Frente á la casa que hemos citado, está la calle de San Roque, perteneciente al barrio de la Catedral, y siguiendo la línea de aquella, encontramos primero á la derecha la calle de Valladares, á donde volveremos, y mas allá una plazuela de regulares dimensiones, conocida por la del Indiano: á la izquierda tiene una gran casa, cuya preciosa portada del siglo XV, ya mutilada, demuestra haber pertenecido á una de las familias mas distinguidas de Córdoba, como era la de los Ceas, nombre que llevó muchos años la espresada plazuela, y que aun conserva una calleja sin salida existente en uno de sus ángulos opuestos: túvolo ella tambien hasta que habitó en la citada casa D. Luis Godoy, que tambien le dió nombre, y por último, moró en la misma D. Juan Cosme de Paniagua, á quien, por haber estado muchos años en América, dieron en llamar el Indiano, título que aun conserva la plazuela. El primer Cea que hubo en Córdoba, lo fué D. Juan de Cea, uno de los caballeros que acompañaron á San Fernando en la conquista de esta ciudad, donde tuvo repartimiento y casas principales en el barrio de la Catedral, las que vendieron sus hijos á el Arcediano D. Miguel Diaz de Sandoval: cuéntanse entre los descendientes de este ilustre linaje, á D. Pedro Yañes de Cea, conquistador de Jeréz, donde tuvo tambien repartimiento en 1268; D. Juan Yañez de Cea, Maestre del Temple; Fernan Martinez de Cea, esforzado caballero contra los moros, y otros muchos ilustres señores del mayorazgo de la Carnicera, Veinticuatros é Inquisidores de Córdoba, de quienes descienden los Condes de Gavia, los del Menado y otros varios no menos ilustres, encontrándonos enlazados á los Ceas con todas las mas notables familias cordobesas.

Cuéntanse varias anécdotas de individuos de este apellido, y principalmente de D.ª María de Cea, que vivió en este sitio; era una de las señoras mas orgullosas y tercas que se han conocido, por lo que sostuvo multitud de pleitos, las mas veces sin razon bastante para ello: fué dueña del cortijo de Teba, donde mandó hacer un pozo en lo alto de un cerro para tenerlo cerca de la casa, sin hacer caso de los peritos que desconfiaban encontrar agua; mas ella insistió, diciendo que habian de hacerlo aunque oradasen el mundo, de donde resultó ser quizás el pozo mas profundo del término de Córdoba. Tambien poseia una huerta, donde tenía un gran número de moreras, por las que le exijian el pago del diezmo, á lo cual se negó obstinadamente, sosteniendo un costoso pleito, que perdió en la Chancillería de Granada, en cuyo punto tenía un encargado que viniese en posta á decirla el resultado; hízolo así, y como fuera en el Otoño, mandó arrancar todos aquellos árboles y sembrar el terreno de verde, de modo que cuando se lo notificaron oficialmente, emprendió un segundo y disparatado pleito, negando que existiesen las moreras, por lo que tuvo que pagar otras costas y las cantidades que por atrasos le reclamaban.

Incidentalmente hemos hablado de la calleja de Cea, y por tanto, la tienen esplicada nuestros lectores; solo nos falta anotar que en la plazuela del Indiano hubo hasta 1841 una especie de retablo, y en él un cuadro en lienzo, con un San José, de medio cuerpo, tamaño natural, que recojió uno de aquellos vecinos.

En este lugar empieza la calle de Pescadores, que termina en la de la Puerta de Almodóvar, afluyendo á ella la de las Campanas, de que tambien nos ocuparemos, y casi frente una calleja sin salida, que le decian de Arriaza, y debe el título á haber vivido en una de sus casas un maestro albañil llamado Pedro de Arriaza, variando entonces su nombre, que era el de Pescadores, por unos individuos de este oficio, vecinos de ella, de la que lo tomó toda la calle que antes se llamó de la Puerta de Almodóvar, como la que le sigue, y á donde en este momento llegamos.

A este punto afluyen las calles de Almanzor y Judíos, del barrio de la Catedral, y la de la Madera baja, correspondiente al que vamos paseando: la puerta de Almodóvar, que le dá nombre, se titula así por arrancar de ella el camino de la villa de igual denominacion; por consiguiente, está completamente justificado: forman esta puerta dos torres almenadas, unidas por un buen arco; pero restaurada en 1802, le pusieron una portadita interior, que vino á darle una mezcla de antiguo y moderno, que le ha hecho perder casi por completo su mérito; sin embargo, ha tenido la suerte de escapar de la destruccion que alcanzó á otras, y muy particularmente á la de Baeza, que tan linda y celebrada era.

Por delante de la Puerta de Almodóvar vá una atagea cubierta, para el paso del agua que nace en tierras de la Albaida, y vá á regar la huerta nombrada del Rey, teniendo desde su construccion una abertura para servicio del público: en un principio estaba el terreno mas bajo, y había un pilar donde entraba y salía el agua; por eso en el archivo del Ayuntamiento hemos visto un capitular del 27 de Febrero de 1493, en que se dispuso *la limpia del pilar de la Puerta de Almodóvar*.

La huerta del Rey, llamada así por haber pertenecido á la Corona, era conocida en lo antiguo por el Fousario de los Judíos, porque estos tenían hácia este sitio su cementerio, encontrándose este nombre en los títulos de algunas casas de la calle de los Judíos al señalar sus linderos.

Frente á la Puerta de Almodóvar, hácia donde está hoy el tejar llamado Vista Alegre, había un torreon muy antiguo, al que vulgarmente llamaban el Caseron de Séneca, sin razon bastante para ello; fué derribado en 1823 por el Concejal D. Manuel Diaz, que en su deseo de innovar, nos privó de varios monumentos antiguos, entre ellos, de una torre á la salida de esta puerta, bastante parecida á la de la Malmuerta, si bien el arco que la comunicaba con la muralla era mas pequeño ó de menos luz.

A la alcubilla, ó sea la abertura que tiene la atagea de que antes hablamos, se baja, hace muchos años, por la escalera actual; *mas*, los asientos que la rodean, fueron puestos en 1848, llevándolos de la Rivera, donde servian para una bajada que habia á las tenerías ó fábricas de curtidos, que se conocían por los Pelambres, mejora que realizó el Alcalde D. Francisco de Paula Portocarrero.

A nuestro paso desde Jesus Crucificado á la puerta de Almodóvar, hemos dejado á la derecha tres calles que debemos anotar: es la primera la de los Valladares, ilustre familia que tuvo su casa principal en la hoy horno, núm. 15, perteneciente á uno de los ya desvinculados mayorazgos de los Marqueses de Benamejí, si bien el tantas veces citado escritor D. Rafael de Vida, dice que este nombre se debe á Fernan Gutierrez de Valladares, marido de D.ª Constanza de Hoces, que en el siglo XIV empezó á reedificar, con fachada á esta calle, la casa palacio del Sr. Duque de

Hornachuelos, una de las destruidas por órden del Rey D. Pedro, en venganza de la derrota que sufrió en la batalla del Campo de la Verdad, de que en su lugar nos ocuparemos: los Valladares descienden del Rey D. Fruela, por su hijo D. Roman que, como sus hermanos, tomó apellido, y usan por blason escudo jaquelado de oro y gules.

Encontramos en esta calle una barrera ó calleja sin salida, conocida por la del Naranjo, nombre que muchos creen venir de un árbol de esta clase que hubo en ella, por la costumbre, llegada á nuestros dias, de sembrar flores en esta clase de calles; pero este es un error, toda vez que la dió título el virtuoso sacerdote, Rector de la parroquia de Omnium Sanctorum, D. Alonso Sanchez Naranjo, morador muchos años en una de aquellas casas. Mas arriba está la plazuela de los Pinedas de las Infantas, que ya hemos citado varias veces, quienes tuvieron en este sitio una de sus casas principales: en esta plazuela vemos una fuente de vecindad, puesta en 1865, surtida con el agua de otra que estaba en la plazuela de la Trinidad. Despues de aquella, encontramos una travesía que dicen del Horno de la Trinidad, por uno que hubo en ella, y por desembocar frente á la iglesia de esta advocacion. Mas allá, y en la espalda de la casa-palacio de los Sres. Duques de Hornachuelos, hubo un gran cuadro con un lienzo que representaba á la Vírgen, el cual desapareció en 1841, y por último, desemboca la calle de Valladares en la plazuela de San Felipe, que mas adelante describiremos.

Tornemos á la calle de Pescadores á entrar por la de las Companas, que desemboca al pie del campanario de la Trinidad, por lo que tomó este nombre, por mas que no falta quien asegura que en una de sus casas hubo una fundicion de campanas, de las cuales tomó el título; pero lo mas verosímil es lo primero, y prueba de ello, que casi todas las calles que se encuentran en idéntica situacion, han tenido épocas de llevar el mismo nombre: ésta ha variado tambien el suyo segun las personas que en algunas de sus casas han vivido, por cuya razon la plazuela que tiene enmedio se ha llamado y aun llama de los Hoces, estendiéndose á toda la calle, que en los padrones antiguos la encontramos titulándose de los Aguilarejos y de la Marquesa de los Trujillos, moradores, sin duda, de las casas principales que allí existen, algunas dedicadas á vecinos. En una de ellas habita el Sr. Conde de Luque, D. Cristóbal Fernandez de Córdoba, título concedido á D. Egas Venegas de Córdoba, por gracia de Felipe IV, en 31 de Enero de 1624.

La casa mas notable de esta calle es, sin duda, la *núm.* 2, *solariega de los Guzmanes, á quienes representa en la actualidad D. Enrique Perez de Guzman, Marqués de Santa Marta; en ella existen, aunque mutilados, tres ajimeces mudejares de esquisita labor y de reconocida construccion del siglo décimo quinto, á sus fines. Rotos sus parteluces y rellenos los semicírculos de sus arcos, han sido adornados ridículamente sus claros con ventanas de madera, de feísima forma, sobre las que se elevan los arrabás, formados de ladrillo rojo y amarillo, y llenos los entrepaños, jambas y lacerías con preciosos azulejos de cuenca, en cuyas labores de flores se asoma y refleja el gusto plateresco que caracteriza el renacimiento español. Los adornos de todos tres son desiguales, afectando dos de ellos los arcos *túmidos ojivales* y el *tercero lobulados*, que envuelven en su interior arcos de correcta construccion latina. Lástima grande que estas preciosidades que nuestros antepasados nos legaron, desaparezcan ó se mutilen del modo que estas lo están, perdiendo su importancia y reduciéndose al triste estado de lastimeras reliquias.

En la casa que venimos visitando, vivió muchos años el escritor D. Bartolomé Sanchez de Feria, que tanto se dedicó al estudio de las antigüedades, y á salvar del olvido las glorias de su pátria: nació este notable cordobés en 22 de Setiembre de 1719, recibiendo el bautismo en la parroquia de la Magdalena: sus padres D. Bartolomé Sanchez de Feria y D.ª Juana de Morales, eran en estremo honrados y se dedicaban á la agricultura, fundando sus esperanzas en que su hijo fuese sacerdote, y el amparo conque contáran en sus últimos años; esta idea les movió á matricularlo en el Seminario de San Pelagio, donde estudió Filosofía y Teología; mas, repugnándole aquella carrera, renunció á seguirla, y en 29 de Junio de 1739 se casó con D.ª Rosa del Castillo y Pineda, marchándose con ella á Sevilla á estudiar Medicina, como lo hizo con notable aprovechamiento: concluidos sus estudios, tornó á Córdoba, practicando con el Dr. D. Gonzalo Serrano, de quien varias veces nos hemos ocupado, y quien le inculcó gran aficion al estudio de las Matemáticas. Revalidado ya, en 1743 se estableció de médico titular en Castro del Rio, donde empezó á dar muestras de su aficion á las antigüedades, escribiendo algunas memorias y empezando su *Palestra Sagrada*, que es sin duda la mas importante de sus obras. A los veintiseis años de ejercer Feria su profesion en Castro, resolvió establecerse en Córdoba, con tan buena suerte, que bien pronto contó con una numerosa clientela, siendo además médico del hospital del Cardenal, de la Inquisicion y de cámara de los Obispos D. Martin de Barcia y D. Francisco Garrido de la Vega, recibiendo tambien el título de Académico de la Médica de Madrid. No por esto abandonó Feria su aficion al estudio de las antigüedades, ni dejó de cultivar las bellas letras, con lo que se atrajo la amistad de D. Pedro Leonardo de Villa-Zeballos y demás literatos y hombres de ciencia que había en Córdoba, adquiriendo tal concepto, que imposibilitado el P. Francisco Ruano para continuar la *Historia de Córdoba*, el Ayuntamiento pensó en 1771, encargar este trabajo al Dr. D. Bartolomé Sanchez de Feria, lo que no se realizó por haberse ofrecido á ello el Dr. D. José Vazquez Venegas, que contaba con mas datos que otros, como se prueba por códices que formó y hoy conserva la Comision de Monumentos, por haberlos recojido del archivo de San Hipólito, con beneplácito de su Cabildo, los vocales D. Francisco de Borja Pavon y D. Cárlos Ramirez de Arellano. El Dr. Feria murió en 1.º de Diciembre de 1783, dejando tres hijos, todos sacerdotes, uno fraile en la Trinidad y los otros Vicarios en varios pueblos de esta provincia: su cadáver fué sepultado delante de la capilla de los Santos Mártires en San Pedro, cubierto con una losa de mármol azul, donde se lee el siguiente epitafio:

Dominus Bartholomæus Sanchez de Feria
et Morales
qui ad dei gloriam, patriæ, sanctorum que
plurimum insudavit:
qui justa sacra ipsorem ossa
sua sepeliri mandavit
ad resurrectionem usque permanere flagitans:
qui demum inter alia eruditum opus
composuit inscriptum

Palestra Sacra
Cordubensium memoriale Sanctorum
hic jacet clamitans pro suffragio.
Patrem ac magistrum honorantes
grati apposuerunt filii
mortuo calendis decembris an. dom.
MDCCLXXXIII.

Las obras del Dr. D. Bartolomé Sanchez de Féria son las siguientes:

Palestra Sagrada, ó memorial de los Santos de Córdoba, y varias memorias que, como apéndices, puso en el tomo cuarto; impreso en Córdoba en 1772, y cedido su producto á la hermandad de los Santos Mártires de San Pedro.

Memorias sagradas del Yermo de Córdoba desde su inmemorial principio hasta de presente. Córdoba, 1782; en cuarto.

Vida de la V. Madre Juana de San Francisco; un tomo en cuarto.

Vida del Gran Apóstol del Perú San Francisco Solano; un tomo en cuarto.

Conversaciones amigables en defensa del Dr. Don Gonzalo Antonio Serrano.

Descripcion del templo de Ntra. Sra. de Linares; en octavas.

Manuale Médicum; opúsculo compuesto para uso en el hospital del Cardenal.

Y algunos otros trabajos sueltos, cuyos títulos no recordamos.

Despues de muerto el Dr. Feria, establecióse otra vez en esta casa la familia de los Guzmanes, y por esta razon nacieron en ella el padre del ya citado Sr. Marqués de Santa Marta y sus señores hermanos, entre ellos

D. Rafael, de quien debemos tomar varias noticias, sacadas de un folleto acerca del toreo en Córdoba, que ha publicado su señor sobrino D. José Perez de Guzman, con cuya amistad nos honramos, y á quien, sin salir de este barrio, volveremos á nombrar.

Innumerables son los individuos del apellido Guzman que siempre se distinguieron, ya en el ejercicio de las armas, ya en el de las virtudes, y siempre respondiendo dignamente á los honrosos timbres de su familia; pero en el presente siglo, en nuestros dias casi, ha habido uno que se ha distinguido de un modo por completo diferente al de sus antepasados, sin que al decir esto sea nuestro ánimo rebajarlo, toda vez que para nosotros, en todas las clases y en todas las esferas, por humildes que sean, puede rendirse culto á la honradéz y la nobleza, cuando se saben unir para enaltecer á las personas. En 1.º de Abril de 1802 nació en la casa núm. 2 de la calle de las Campanas D. Rafael Perez de Guzman el Bueno, á quien, en edad competente, dedicaron sus ilustres padres al servicio de las armas, en el que se distinguió como oficial valiente y pundonoroso, *siendo por último destinado al Regimiento* de caballería del Príncipe, que hácia 1830 hallábase de guarnicion en Sevilla. Al hablar del famoso toreador el Vizconde de Miranda, hemos dicho la gran aficion que á los toros tuvieron los nobles cordobeses al principio da este siglo, dirijidos por aquel aristocrático aficionado, protector incansable y decidido de los toreros; pues bien, este proceder se imitó despues en Sevilla por el opulento D. Fernando Espinosa, conocido por el Conde del Aguila, quien dedicaba gran parte de sus cuantiosas rentas á aquella aficion, en la que encontraba todos sus goces y delicias; la circunstancia de ser Guzman pariente y amigo del

Conde, recordaron en él la aficion de sus antepasados á esta clase de lucha, y se dedicó á ella, alentado por los demás lidiadores, que desde luego conocieron en él grandes facultades para abrazar por completo la tauromaquia; mas los justos y merecidos aplausos que alcanzaba en sus inocentes ensayos, lo llevaron mas allá aun de lo que él nunca pudo imaginarse, pues pidiendo su retiro, tomó por oficio lo que jamás creyeron pasara de una aficion, paso que dió alentado, tanto por el Conde, que pretendía elevar el tereo á una gran altura, como por los maestros Leon, los Sombrereros, el Barbero, Nieves, Lúcas Blanco, Majaron, Pichoco, Lemos, Pablo de la Cruz y otros tan en auge por aquel tiempo. En la tarde del 23 de Agosto de 1830, se efectuó una corrida á beneficio de los pobres de la cárcel, lidiando á los toros caballeros aficionados, como decía el cartel, pero matando solo Guzman, por no haber otros que le acompañaran, si bien pusieron como auxiliares para una necesidad á los diestros Antonio y Luis Ruiz, de Sevilla: el éxito de la funcion coronó las esperanzas de todos, y los aplausos convencieron á nuestro nuevo matador de que era capáz de ocupar el puesto de primer espada; desde entonces tomó la alternativa por los primeros de su tiempo, matando en varias plazas, y el 13 de Junio de 1831 mató en Madrid el primero y cuarto toro, recibiendo tres veces á aquel, y despachando de una buena y del mismo modo al segundo: desde entonces lo vemos ya anunciado para las corridas, supriméndose el Don con que antes lo ponian, como sucedió para la del 15 de Mayo de 1836, en Sevilla, donde mató con Juan Leon y Manuel Lúcas Blanco, ocupando ya el puesto que por su antigüedad en el arte le cerrespondía. Despues mató en otras plazas, como Barcelona,

Almagro y Aranjuez, ante la Reina Gobernadora, quien le regaló un traje azul Cristina, como entonces se decía, teniendo la suerte de salir ileso en todas los corridas. En 1838 contratáronlo de nuevo para una funcion que había de verificarse en Madrid en la tarde del 13 de Abril, y al trasladarse desde Sevilla para cumplir su compromiso, fué sorprendido con otros viajeros, por una partida de facciosos, en la Mancha, dándole la muerte, por lo que yace en el pueblo de la Guardia, á donde llevaron su cadáver: así acabó su vida, cuando menos debía esperarlo, el que tantas veces la espuso, tanto en su carrera, como en el oficio que despues adoptó, llevado de la aficion al toreo, é impulsado por los amigos que con ella logró acarrearse.

En la Puerta de Almodóvar dejamos otra calle, denominada de la Madera baja, calificativo que la distingue de otra de igual nombre: tiene á su mediacion una calleja sin salida y en forma de ángulo, á la que, por estar muy en cuesta hácia el interior, le dicen la Altilla: en la acera contraria vemos una gran casa, propiedad del ya expresado D. José Perez de Guzman, y que, como ya indicamos, estuvo unida á la núm. 2 de la calle de las Campanas; hemos visto esta casa, reedificada en los últimos años, y en ella algunos artesonados dignos de conservacion: antes estuvo dedicada á vecinos, y en sus estensos salones hubo en mas de una ocasion treatros de aficionados, que en otros tiempos abundaban mas que en los actuales; pero lo mas digno de anotarse es la coleccion de armas y otras antigüedades que su actual dueño ha logrado reunir, y es visitada por muchos y entendidos curiosos, que con justicia la elojian, porque, no solo demuestra el buen gusto y conocimientos del

Sr. Guzman, sino los gastos que le habrá ocasionado: en otra sala tiene tambien nuestro amigo, un bonito y curioso museo de tauromaquia, donde ha reunido muchos objetos pertenecientes á toreros célebres, y otros que revelan su amor al arte, del que se perderían muchos recuerdos si no existieran aficionados tan decididos como el Sr. Guzman.

Dejando á la derecha la calle de Hoces, y á la izquierda la puerta de la Trinidad, de las que despues hablaremos, nos pasamos á la calle de la Madera alta, de la que parte corresponde á San Nicolás de la Villa: ésta, como la baja, deben sus nombres á que en ellas estuvieron las madererías, comprobado con los padrones existentes aun en el Archivo municipal: afluyen á esta vía la calleja del Cuarto, que viene desde la plazuela de la Marquesa de la Puebla, y cuyo título no hemos podido comprobar, por mas diligencias que hemos practicado; sí hemos visto que en los padrones del siglo XVII le dicen calleja del Cristo, por uno que estaba en una de sus esquinas al salir á dicha plazuela de la Marquesa: en el testero ó ángulo cortado que forman las calles de la Madera y Perez de Castro, hubo hasta 1841 un Ecce-Homo, en lienzo, al que tenian aquellos vecinos una gran devocion: tambien debemos anotar, que la casa horno núm. 14, era conocida por el Corral de los Bañuelos, nombre que tomó la calle hasta empalmar con la de la Concepcion; en este solar estuvieron las casas principales del mayorazgo que fundó en Córdoba D. Fernando de Narvaez, y últimamente se unió á la Casa de Villaseca.

Formando en nuestro paseo el mismo ángulo, de las dos calles últimamente citadas tomamos la de Perez de Castro, que desemboca luego en la de San Felipe: en los padrones antiguos la encontramos llamándose del Horno quemado y del Cristo, y últimamente y por muchos años, calle Empedrada, tal vez porque sería de las primeras que en aquellos contornos recibiría esta mejora; en 1862, cuando acordó el Ayuntamiento suprimir los nombres duplicados, y encontrándose ésta en dicho caso con otra en Santa Marina, la dedicaron á D. Alonso Perez de Castro, valerosísimo caballero, y uno que, como ya dijimos en la Ajerquía, fué de los que mas contribuyeron á la conquista de Córdoba en 1236: además de afluir á esta calle la ya citada del Cuarto, la interrumpe una plazuela conocida por la de la Marquesa de la Puebla vieja, nombre que varía en los padrones antiguos, segun las personas que habitaban unas casas principales, hoy dedicadas á vecinos, que hay en este sitio y señala el núm. 10; pertenecía á los Condes del Menado, título que ha tenido tambien la plazuela, como el de los Guzmanes, D. Fernando Espejo y otros que sería largo enumerar: al lado de dicha casa hay una calleja sin salida, que ha seguido la misma suerte, y por último le quedó el nombre de los Melgarejos, por dos hermanos sacerdotes que vivian en una de sus casas y que durante muchos años aparecen en los padrones: en este sitio estuvo una de las casas principales de los Gutierrez de los Rios, que ya dijimos haberse unido al convento de la Concepcion.

Entre la calle de Perez de Castro y la plazuela de la Trinidad, existe una calle con una plazuela á su mediacion y una calleja sin salida; llámase todo esto calle de la Pastora, á escepcion de la barrera, que le dicen de los Montemayores: en muchos documentos antiguos la encontramos con diferentes títulos, siendo el último el mas repetido y uno de los apellidos mas ilustres de Córdoba, debiendo referirse á unas casas principales que en la calleja tenian su postigo, y cuyo solar ocupan las de la calle de Hoces, frente al cuartel: en el siglo XVII encontramos esta calle y plazuela llamada de Arriaza y empadronado en ella el maestro albañil Acisclo de Arriaza, tal vez padre del que dió nombre á otra calleja que ya citamos en la de Pescadores; por último, cuando el célebre Fr. Diego de Cádiz estuvo en Córdoba, fomentó mucho la devocion á la Pastora, y varios vecinos colocaron cuadros de esta advocacion en diferentes puntos, siendo uno de ellos la esquina de la calleja de los Montemayores, mirando á la plazuela de la Trinidad, y con este motivo varió otra vez el nombre de este lugar, tomando el de la Pastora, que en el dia conserva, á pesar de que en 1841 desapareció dicho cuadro, como casi la totalidad de los que había repartidos por toda la poblacion.

De la calle de Perez de Castro salimos á la plazuela de San Felipe Neri, que desde la conquista se venía llamando plaza de Omnium Sanctorum, por la parroquia de igual título que ya hemos dicho estaba en el frente, entre la calle que hemos abandonado y la del Tesoro, elevándose el pavimento á la altura que tienen sus puertas, contenido por un muro que formaba el cementerio de aquel barrio, y que muchos años despues quitaron, permaneciendo la plazuela terriza hasta 1852 que la empedraron por completo, de modo que, aun cojiendo el terreno actual, resultaba la calle estrecha y en ángulo: el frente lo ocupaba, como ahora, el edificio Oratorio de San Felipe Neri, cuya fachada de principios del siglo XVII, una de las mas lindas de Córdoba, ostentaba, como ahora, las armas de los Fernandez de Córdoba y de los Venegas, por ser las casas principales de esta distinguida familia: en su interior tiene seis preciosos artesonados que llaman la atencion de cuantos lo ven, y que merecen conservarse con esmero, como en gran parte lo han sido hasta el presente. A fines del siglo XVII era esta casa propiedad del Sr. D. Luis Venegas de Henestrosa, quien la vendió al Dr. D. Luis Antonio Belluga y Moncada para fundar en ella el Oratorio de San Felipe Neri, como lo instituyó, viviendo varios años en compañía de aquellos sacerdotes: hízole una pequeña iglesia que bendijo en 7 de Setiembre de 1696, y despues construyó otra mas estensa, que aun existe convertida en dormitorio del cuartel; ésta se dedicó á Ntra. Sra. de los Dolores en 12 de Noviembre de 1720, con un solemnísimo tríduo, predicando el primer dia el Dr. D. Juan Bautista Verge, del Oratorio de Valencia, y que había traido el Cardenal Salazar para unas misiones, costeando este último los gastos de la fiesta religiosa; la segunda fué por cuenta del Cabildo Eclesiástico, siendo orador el Dr. D. Juan Gomez Bravo, Magistral de la Santa Iglesia y autor de la obra *Catálogo de los Obispos de Córdoba,* y la tercera funcion la costeó el Ayuntamiento, y predicó el M. Pedro del Busto, de la Compañía de Jesus, de cuyo sermon, que se imprimió, conservamos un ejemplar. En 1836, cuando la exclaustracion de las comunidades religiosas, comprendieron á los Felipenses, á pesar de no ser frailes, y aun cuando salió despues una Real órden declarando no estar comprendidos en aquella, no se restablecieron, y este edificio fué destinado á cuartel del Provincial de Córdoba, desapareciendo todas las imágenes de su iglesia, de las que hemos visto en la Trinidad el San Felipe y un San Cárlos Borromeo. Así permaneció el edificio muchos años, hasta que en 1862, estando de Gobernador Militar en esta plaza el Brigadier D. Juan Guillen Buzarán, se dividió en dos departamentos, instalando en uno de ellos sus dependencias mas inmediatas y habitaciones para su morada, como en el dia sucede, y por último, en el presente año, 1876, el actual Gobernador Sr. D. Rafael Carrillo y Gutierrez, ayudado por la Diputacion Provincial, ha logrado restaurar aquella preciosa fachada y hacer en el interior varias é importantes mejoras.

Antes de abandonar este sitio, debemos á nuestros lectores algunos apuntes biográficos del Sr. Belluga, fundador del Oratorio, y otros genealógicos de los Venegas.

D. Luis Antonio Belluga y Moncada, nació en Motril en 30 de Noviembre de 1662; estudió Teología en Granada, despues tomó beca en el Colegio mayor de Santa María de Jesus de Sevilla, de allí vino á Córdoba á hacer oposiciones á la Magistral, que le dieron al Dr. D. Gerónimo del Valle y Ledesma, despues Obispo de Almería; posteriormente la hizo á la Lectoral de Zamora, que obtuvo, y por último, á la de esta Santa Iglesia, de la que tomó posesion en 16 de Diciembre de 1689; aquí permaneció en gran concepto, fundó el Oratorio de San Felipe y en él moró hasta 1704 que el Rey lo nombró Obispo de Cartagena, cargo que admitió á instancias del Cardenal Salazar y del P. Posadas, para cuya beatificacion prestó grandes trabajos: consagrólo el Cardenal en su capilla en la mañana del 19 de Abril de 1705, y á seguida salió para su Obispado; en Múrcia prestó grandes servicios, por lo que el Rey le nombró Capitan General de aquel Reino, promoviéndole despues al Obispado de Córdoba, que no aceptó; por último, fué elevado á Cardenal, con el título de Santa Práxedes, y renunciando la mitra, se marchó á Roma, donde murió en 2 de Febrero de 1743, donando sus bienes á los pobres y á varias fundaciones piadosas que dejó instituidas. A la Catedral de Córdoba envió un riquísimo terno blanco, bordado de oro, por lo que, el Cabildo, agradecido, le hizo unas solemnísimas honras.

El escudo de los Venegas es de plata, con tres fajas de azur, como se vé formando juego con el de los Fernandez de Córdoba en uno de los artesonados del Gobierno Militar; este linaje desciende de D. Suero Venegas, Señor del Castillo de Lamego, Rico-hombre de Portugal, uno de los que mas principalmente contribuyeron al establecimiento de aquella corona; estuvo casado con D.ª Sancha Bermudez de Trava, hija del Conde D. Bermudo Perez de Trava, tronco de los Córdobas, y de su mujer la Infanta D.ª Urraca Enriquez, hermana de D. Alonso Enriquez, primer Rey de Portugal, hijos ambos del Conde D. Enrique de Borgoña y de la Condesa D.ª Teresa Alfonso, Señora de Portugal, hija del Rey D. Alfonso VI de Castilla, por la que el linaje de los Venegas enlazó con los antiguos Reyes de Portugal, Castilla y Leon.

D. Pedro Venegas, fué uno de los caballeros que acompañaron á San Fernando en la conquista de Córdoba.

D. Egas Venegas, floreció en los reinados de Alfonso el Sábio y su hijo D. Sancho; casó con D.ª Mayor Fernandez de Castro, de nobilísimo linaje.

D. Pedro Venegas, caballero de gran autoridad en las cuestiones del Rey D. Alfonso, Alcalde mayor de Córdoba y traductor del Fuero que á la misma dió San Fernando.

D. Egas Venegas de Córdoba, primer Señor del Estado de Luque, Capitan del Rey D. Pedro, á quien sirvió fielmente hasta que se indispuso con los caballeros de Córdoba; entonces se declaró partidario de D. Enrique y contribuyó mucho á la victoría obtenida contra el primero en el Campo de la Verdad, agraciándolo el segundo con el Estado de Luque para él y sus descendientes: se casó con D.ª Beatríz de Tolozan, fundando ambos en 1370 el convento de las Dueñas, al que dieron muy buenas rentas.

D. Pedro Venegas, Alcalde mayor de Córdoba, Embajador plenipotenciario del Rey de Castilla en Portugal en el año 1395.

Otros muchos personajes de este apellido pudiéramos citar, á cuya tarea renunciamos por no alargar estos apuntes.

Hácia 1431, vivía en Córdoba otro D. Egas Venegas, esforzado caballero, y en estremo querido por todo el pueblo; entonces era Ministro de D. Juan II el famoso D. Alvaro de Luna, quien declaró una guerra espantosa á todos los nobles, y entre ellos á D. Egas, diciendo al Rey en Ciudad Real, que era uno de sus mas encarnizados enemigos, y que debía castigarlo de una manera que escarmentasen en él cuantos con su influencia arrastraba á su partido: para aclarar estos hechos, mandó D. Juan al Dr. Fernando Diaz de Toledo, quien, á poco de llegar, prendió á Venegas con su mujer é hijos, y le secuestró cuantos bienes tenía; mas, en lugar de probarle delito, resultó su inocencia, y además se empeoró la situacion, porque el pueblo se alborotaba casi diariamente, pretendiendo poner en libertad á los presos; y hasta en 24 de Abril de dicho año, hubo un gran terremoto que hizo grandes estragos, y que sirvió de pretesto á la gente ignorante para decir que era un castigo del cielo por perseguir á aquellos inocentes: el Dr. Toledo hizo presente al Rey el negativo resultado de sus averiguaciones, y D. Juan resolvió venir á Córdoba, donde llegó el 10 de Mayo, haciendo su entrada por la hoy Puerta de Plasencia; en seguida puso en libertad á los presos, devolviéndoles sus bienes, y aun añaden, que despues de muerto D. Alvaro de Luna, los colmó de grandes favores.

El autor de los *Casos Raros*, pone uno referente á otro D. Egas Venegas, que vivió en sus casas principales en la hoy calle de Hoces; se refiere á el año 1510, y dice que estando dicho señor echado de pecho en el balcon de su casa, se cayó éste y gran parte de la fachada, quedando sepultado entre los escombros, presenciando esta desgracia varios frailes del convento de la Trinidad, entre ellos el P. M. Fr. Nicolás de Córdoba, hijo de los Señores de Baena, quien se fué al coro á encomendarle el alma, donde tuvo revelacion de que al caer desde el balcon se había partido la lengua, y que por sus oraciones se le presentó el mismo D. Egas á darle las gracias; cundiéndose tanto dicha revelacion, que acudió mucha gente, y entre ella el Obispo Sr. Daza, á certificar la verdad, puesto que, al estraer el cadáver y llevarlo á *Omnium Sanctorum*, vieron que en efecto tenía le lengua partida. La casa quedó desierta, y fué tanto el odio que la familia le tomó, que en 1521, D. Juan Venegas, hijo del D. Egas, la vendió á D. Martin de los Rios, quien en 1531 la vinculó en su familia.

De la plazuela de San Felipe volvemos á la calle del mismo título, cuya esquina, perfectamente labrada, se dice ser el sitio donde en Córdoba se siente mas el viento, lo que no pasa de ser una vulgaridad, pues hay muchos sitios en que sucede lo mismo, y por cierto que no es este elemento tan temible como en otras muchas poblaciones que hemos visitado.

De la calle de San Felipe solo un corto tramo corresponde á San Juan; por consiguiente, seguiremos por la de Valdés Leal, en estremo estrecha y corta y en su totalidad embaldosada. En los padrones del siglo XVII encontramos esta calle con el título de la Palma, tal vez por alguna que habría hácia aquel punto; despues, en el XVIII, y hasta 1862, ha venido llamándose calle de Abrazamozas, título que por parecer ridículo varió el Ayuntamiento, dedicándola al notable pintor cordobés Juan Valdés Leal.

Este célebre artista nació en Córdoba en 1630, de padres asturianos: no se sabe de quien fué discípulo, y se casó siendo jóven con D.ª Isabel Carrasquilla, pintora de aficion: poco despues se estableció en Sevilla, donde contribuyó á la formacion de la Academia de la Lonja en 1660, de la que fué nombrado Mayordomo, cargo que desempeñó desde el 11 de Enero al 1.° de Noviembre en que fué elejido Alcalde de la pintura en la hermandad de San Lúcas en San Andrés. En 1663 se le volvió á nombrar Mayordomo, qué dejó de ser por su mal carácter, y en el mismo año lo hicieron Presidente, y lo fué hasta 1666 que lo renunció. Grabó al agua fuerte en 1668, por encargo del Cabildo, tres láminas de la Custodia, y en 1671 una lámina del aparato de la Catedral para la canonizacion de San Fernando. En 1672 volvió á Córdoba, y en 74 pasó á Madrid. En 1690 se vió imposibilitado de trabajar por un ataque de perlesía, del que murió en 14 de Octubre de 1691.

Abrazamozas debió ser el apodo de alguna persona dada á las aventuras amorosas, y así vemos hasta en nuestros dias designarlas por el enamorado, el amante ú otra palabra adecuada; hay mas, este título lo vemos reproducido antiguamente en otras calles de

Córdoba, y esto nos afirma en la creencia de que era un mote bastante generalizado; mas, como este es un pueblo muy dado á las tradiciones, de todo se aprovechaba para inventar un cuento, y las palabras abraza mozas, se prestaban á ello; no dejaron, por lo tanto, de dar orígen á la ridícula tradicion que vamos á anotar en nuestros apuntes.

Entre los jóvenes que en cierta época había en Córdoba dedicados á las empresas amorosas, obsequiando á las damas en continuas serenatas, se distinguía uno denominado Abrazamozas, porque, mas atrevido que los demás, acompañaba sus requiebros con ciertas acciones que en mas de una ocasion lo pusieron en grandes compromisos. Una noche, al separarse de sus compañeros, encontróse con una esbelta dama, que velando el rostro con un manto, iba á pasos acelerados por la hoy calle de los Leones: no tardó nuestro héroe en requebrarla de amores, siguiéndola con empeño, y á pesar de hacerle por señas que se volviese y la dejase seguir tranquila su camino; mas nada bastó; porfiado en estremo, continuó en su demanda, hasta que al llegar á la calle de la Palma, y frente á un farol aun encendido, alumbrando una imágen, paróse la dama y le rogó nuevamente que se marchara; pero en vez de acceder, viéndose solo con una mujer y sin testigo alguno, insistió en abrazarla, á lo que accedió por último, advirtiéndole antes el gran peligro que en ello corría: tomólo de nuevo como disculpas mujeriles, y arrojándose á ella con los brazos abiertos, estrechó en ellos un horrible esqueleto, que despues no lo soltaba, á pesar de sus gritos, y por último quedó desmayado, en cuyo estado lo encontraron por la mañana; mas, si grande fué la leccion, mayor aun era la burla que por la mañana le hacian al oirle contar el lance, que todos calificaban de efectos de la embriaguéz: desde entonces varió el jóven su desarreglada conducta, y la calle conservó el título, para escarmiento de trasnochadores y libertinos.

De la calle de Valdés Leal salimos á la del Horno de San Juan, que con dos entradas por la de los Leones y una travesía intermedia, lleva aquel nombre por rodear por tres lados un edificio aislado dedicado á panadería y titulado así por su proximidad á la parroquia de San Juan: la casa núm. 8 ha pertenecido á los Marqueses de la Granja, de quienes ya hicimos mencion, y hemos conocido en ella la Administracion de Correos y una casa de huéspedes que tuvo una época muy floreciente.

La calle de los Leones arranca en la plazuela de San Juan y llega hasta la de los Fajardos, en la calle de Gondomar: toma el título de dos leones de piedra que aun existen, casi carcomidos por el tiempo, en una de las esquinas frente á la parroquia; pero en lo antiguo se llamó así solo hasta la plazuela del Horno, desde donde hasta su final se decía calle de Armas, por dos escudos nobiliarios que había sobre la puerta de un huerto que fué casa principal y despues compró el Sr. D. Francisco García Hidalgo é incorporó á su casa núm. 13, ó sea la que actualmente habita su señora viuda, Condesa de Conde Salazar, por gracia otorgada por el Rey D. Alfonso XII en el pasado año de 1875: háse llamado tambien este tramo calle de los Argotes, porque la casa núm. 2 es la principal de uno de los mayorazgos de este linaje, del que detenidamente nos ocupamos al tratar de la Casa de los Sres. Marqueses de Cabriñana. Además de las dos salidas de la calle Horno de San Juan, afluyen á la de los Leones, primero la de los Siete Rincones, que comunica á las Tendillas y se titula así porque en efecto tiene lo que espresan aquellas palabras; en lo antiguo le decian calle Rincones de oro, como burla á lo muy sucia que siempre estaba: casi mirando á las Tendillas, quitaron en 1841 un Ecce-Homo, en lienzo, de que cuidaban aquellos vecinos. Tambien afluye á la calle de los Leones otra denominada de los Moros, título que, aun cuando existe la creencia de que es por haber vivido en ella algunos de los que quedaron despues de la conquista, ni nos satisface la aplicacion, ni la vemos justificada en autor alguno; en esta calle encontramos una barrera muy corta que antiguamente comunicó con la de Pan y Conejo en la calle de la Pierna: le dicen de los Santos, por lo que era conocida tambien una casa que tenía la puerta en el frente y ahora está incorporada á una de las contiguas.

Pasamos de nuevo la plazuela de San Juan y entramos en una calle estrecha denominada de los Argotes desde 1862, como recuerdo á los dos hermanos que asistieron á la conquista y á otros ilustres individuos de esta noble familia, supriméndose el nombre del Cuerno conque era conocida esta calle, á causa de formar en sus líneas de fachadas la figura del asta de un toro; aplicacion dada por el vulgo, que no siempre está desacertado: casi á la mediacion hay una barrera que le dicen de la Cruz por haber tenido una sobre la puerta que forma el frente.

De nuevo nos encontramos en la plazuela de San Felipe, aunque por el estremo opuesto, y de la que nos hemos ocupado ya dos veces al describir la parroquia de Omnium Sanctorum y al pasar de la calle de Perez de Castro á la de Valdés Leal. Para terminar este paseo, nos haremos cargo de contar á nuestros lectores el horrible secuestro y asesinato cometido en la persona del apreciable jóven D. Federico Ferrando, morador de la casa núm. 1.° de esta plazuela, donde hoy está la acreditada oficina de Farmacia del Sr. Cañete; pero ya que hemos salido por la calle de los Argotes y nos encontramos casi frente á la del Tesoro, intermedia entre esta plazuela y la de la Trinidad, continuaremos por ella nuestro paseo. La creencia muy antigua de que en una de aquellas casas había un tesoro, hizo que la calle tomase este nombre, habiéndose llamado antes de las Campanas, por formar su esquina el campanario de la parroquia de Omnium Sanctorum. En la casa núm. 2, que forma rincon, había hácia 1867 una taberna, donde una noche se pelearon varios jóvenes que estaban jugando, emprendiéndola á navajazos tres de ellos, dos hermanos, que resultaron uno muerto y el otro herido de gravedad.

Salimos á la plazuela de la Trinidad, nombre que toma del convento de la misma advocacion: afluyen á ella las calles del Tesoro, Pastora, Hoces, Campanas y Horno de la Trinidad; en este punto encontramos tres edificios dignos de mencion: el primero el dicho convento, el segundo la casa-palacio de los Sres. Duques de Hornachuelos, y el tercero la núm. 1.°, esquina á la calle de las Campanas: en esta última murió, como ya hemos dicho, el célebre poeta cordobés D. Luis de Góngora y Argote, de quien hemos hablado y volveremos á citar al llegar á la capilla de San Bartolomé de la Catedral: tambien moró y murió en ella á principios del presente siglo, el Canónigo Sr. Piza, quien el año del hambre, viendo que morian de necesidad muchos pobres, abrió sus graneros y les vendió á bajos precios todo el trigo que contenian y hacen subir á millares de fanegas, exigiendo una papeleta de pobreza, y espendiéndolo en pequeñas porciones, para que no se aprovechasen los acaparadores de la obra de caridad que hacía á favor de las clases necesitadas.

Penetremos en el convento de la Trinidad, uno de los cuatro que fundó San Fernando inmediatamente despues de la conquista de Córdoba, dando el terreno necesario á los frailes que lo habian acompañado en tan gloriosa empresa. Antes de entrar á referir lo poco que hemos averiguado de esta casa, describirémos la iglesia, tal como se encuentra, para que nuestros lectores comprendan mejor las reformas realizadas en diferentes épocas. Consta de una sola nave de grandes dimensiones y elevacion, cubierta por una bóveda adornada con el mal gusto que tanto ha imperado en la mayor parte de las iglesias de esta capital, y del cual adolecen los muchos retablos que aquí encontramos.

La capilla mayor, que antes de la última reforma estuvo donde hoy la puerta principal, es patronato de los Sres. de Zuheros, Marqueses de los Trujillos, quienes tienen allí su enterramiento: hízose, así como casi toda la nave, con mil ducados que dejó al morir Don Martin de Córdoba y otros seis mil de su hija D.ª Teresa, en 1562, poniendo el convento lo que faltó para la obra, tomando á la vez parte de la plazuela, para lo que la Ciudad dió su permiso: el retablo del altar está cargadísimo de adornos, haciendo resaltar aun mas aquel mal gusto, á pesar de revelar un gran costo: tiene dos pequeños camarines para manifestar al Santísimo, y en el mas bajo está casi siempre una Asuncion de la Vírgen, y por cima hasta llegar á la bóveda, San Fernando, la Trinidad y un Angel con unos cautivos al pié; á los lados están las esculturas de San

Juan de Mata, San Félix de Valois, Santa Catalina y Santa Inés, todas de escaso mérito.

En el lado del evangelio encontramos, primero el altar del Smo. Cristo de la Salud, escultura de tamaño natural, colocada en un gran retablo, peor que el anterior; por cima tiene un cuadro grande y de escaso mérito, con el Descendimiento, y á los lados un Ecce-Homo y una Vírgen de los Dolores, obra del escultor José de Mora.

Por bajo del espresado altar y en el sitio donde hubo una puerta que comunicaba á los claustros del patio principal, han formado un altar portátil, donde está ocupando el centro Ntra. Sra. del Coro, bonita escultura de la Vírgen, sentada en un sillon que tenian los frailes en el frente del coro alto, y como presidiéndolo; á los lados hay dos esculturas de tamaño natural, procedentes de la iglesia de San Felipe, que representan á San Cárlos Borromeo y San Francisco de Sales, detrás, algo mas elevado, un cuadro, al parecer del Racionero Castro, que representa al Beato Simon de Rojas, y por cima otro, que creemos de Espinosa, con San Juan de Mata dedicando este templo á la Trinidad, por cierto que se vé en él el anacronismo de tener la iglesia su actual fachada, cuando ya hemos dicho ser mucho mas moderna.

Sigue otro altar con dos imágenes, de vestir, de San Juan de Mata y San Félix de Valois, y mas arriba un cuadro de Castillo, con el Bautismo de Jesus, delante del cual tenían su enterramiento los Veras, familia ilustre de esta capital, que llevaba por armas escudo de veros de plata y sable, bordura de gules y ocho áspas de oro, y descienden de García de Romeu, que tan brillante parte tomó en la batalla de las Navas de Tolosa, y de quien descendian los Condes de la

Roca: fundó dicho altar D. Martin Fernandez de Vera, en 1677.

Encontramos despues otro altar con la Sma. Trinidad, grupo de escultura igual ó parecido á otro que existe en la iglesia de San Pablo.

Debajo del coro se halla una puerta para subir al mismo, y donde hasta la exclaustracion hubo una capilla; sigue otro altar con San Miguel de los Santos, y ya cerca de la puerta encontramos la capilla del Ave María, imágen de Ntra. Señora, de vestir, de que cuida una antigua cofradía, en cuyo altar hay otras dos esculturas representando la Purísima Concepcion y San Miguel; delante vemos en el suelo una piedra con el siguiente epitafio:

Aquí yace el V. P. Prelado Fr. José de la Rocha, varon doctísimo y en virtud esclaresidísimo: fué venerado por Santo en esta ciudad, y para consuelo de los fieles estuvo su cuerpo tres dias insepulto y flexible cuando se enterró. Le debió este real convento la fábrica de este templo hasta las cornijas, que no consumó porque le preocupó la muerte el dia 25 *de Diciembre de* 1699. Su edad 46 años.

R. I. P.

Pasándonos al lado de la epístola, y empezando por la capilla mayor, vemos primero el altar de Ntra. Sra. de los Remedios, colocada en un gran retablo de muy mal gusto, con un gran lienzo en lo alto: es de patronato de los Torquemadas, y ha sido durante siglos una de las imágenes á que mas devocion han tenido los cordobeses, y tienen por aparecida, segun la historia que imprimió en Granada en 1654 el Mtro. Fray Hernando de Torquemada; otros varios escritores se han ocupado de lo mismo, y entre ellos Gomez Brabo en su *Catálogo de los Obispos de Córdoba:* cuentan por tradicion continuada, que estando un cautivo con sus compañeros lamentándose de los malos tratamientos de los moros, cuando se quedó solo se le apareció la Vírgen, asegurándole que pronto tendrían libertad, y que muy en breve la ciudad dejaría de sufrir el yugo mahometano, en prueba de lo cual le mandaba cavasen en un sitio que le señaló, en lo mas espeso de Sierra Morena, donde encontrarían una imágen suya; confió á la mañana siguiente su revelacion á los otros cautivos, y juntos encontraron esta imágen que escondieron para rendirle secretamente culto; mas, entusiasmados con su hallazgo, no se cuidaron de rellenar el hoyo y, creido el dueño del terreno que se habian encontrado algun tesoro, redobló sus malos tratamientos para hacerles confesar, consiguiéndolo al fin, con la entrega de la imágen, que guardó con la esperanza de un buen rescate; poco tiempo despues, hácia 1230, vinieron á Córdoba varios frailes Trinitarios, entre ellos el Maestro General Fr. Miguel Hispano y redimieron trescientos cuatro cautivos, comprando á la vez aquella escultura, que colocaron en el Hospicio que habian logrado tener en esta ciudad y ya hemos dicho estuvo dónde hoy la ermita del Socorro, permaneciendo allí hasta 1236, que al ganar San Fernando á Córdoba se la donó á Fr. Luis de Fresa, primer Ministro ó Gefe que tuvo este convento.

Cerca de una puerta que tiene la iglesia á la calle de Hoces, vemos un altar que costeó y dedicó D. Damian de Castro al Beato Simon de Rojas, imágen de vestir que tiene muchos devotos.

Mas allá está el altar de San José que antes fué de Ntra. Sra. de la Esperanza, imágen que se halla depositada en la capilla del Ave María. Luego vemos el de Santa Gertrudis, á la que antes daban mucho culto en esta iglesia y se hacía novena, cuyos libritos se vendian; es patronato de los Vargas por haberlo fundado con entierro propio para su familia el capellan D. Pedro de Vargas en 1661; sigue el altar de San Felipe, que ya hemos dicho era el que lo representaba en su Oratorio y antes se veneró en este sitio á San José, y por último, contiguo á la puerta, está el último de los altares con el Santo Angel de los cautivos, que tiene dos á los pies.

En el coro alto existe aun la sillería que tenian los *frailes, y es de las mejores que habia en los conventos* de Córdoba.

En la sacristía se hallan algunas imágenes y cuadros de escasísimo mérito; solo vemos en la entrada para el sagrario del altar mayor unas pinturas al fresco, al parecer de Palomino, pero en estremo embadurnadas por diferentes restauraciones: hasta poco despues de la exclaustracion hubo en esta sacristía un altar dedicado á San Juan Bautista, patronato de los Condes de Torres-Cabrera, y el cual está hoy en la nave de la epístola de la parroquia de Santa Marina.

La fachada principal de esta iglesia tiene una portada de mal gusto arquitectónico, de piedra cipia, si bien la han embadurnado con el ocre tan usado en Córdoba para echar á perder los edificios; consta de dos cuerpos, el primero tiene dos pedestales de jaspe azul, en los cuales descansan cuatro columnas de órden dórico, sobre las cuales hay un cornizamento adornado de volutas y acróteras; la entrada es un arco de medio punto, cerrado con unas puertas chapadas de hierro formadas de cuadros con caprichosas labores; el segundo cuerpo es peor aun, tiene dos columnas salomónicas, y entre ellas un niño con un ángel y dos cautivos, y termina la decoracion con un pequeño fronton ostentando el escudo de la Orden: en estos últimos años, y con el objeto de que no se sienten en la gradilla ni echen inmundicias, le han puesto una raquítica verja que hace mas ridícula la entrada. A la calle de Lope de Hoces dá otra portadita, tambien de escaso mérito, si bien mas correcta en su dibujo.

Despues de la exclaustracion, careciendo Córdoba de cuarteles, se dedicaron á este objeto, tanto el edificio de la Trinidad como el de San Felipe; pero como aquí todas las cosas se hacen á medias, se dividió el de la Trinidad en dos, uno para infantería entrando por la plazuela, y otro para caballería, abriendo la puerta que se vé á espaldas de la sacristía; entonces se dijo al gremio de posaderos, mas importante que ahora, que con este cuartel se vería libre de alojamientos, y con tan halagüeña esperanza contribuyó en gran parte á las obras, haciéndose caballerizas que en gran parte se han inutilizado, volviendo aquella pesada carga á abrumar á los posaderos.

Los frailes de la Trinidad tuvieron en Córdoba gran preponderancia, y en muchas ocasiones fueron á su iglesia en rogativa la Ciudad y el Cabildo Eclesiástico, como sucedió en 9 de Enero de 1569 para implorar del Altísimo la sumision de los moriscos revelados en el reino de Granada, en cuya ocasion hubo en Córdoba muchas y solemnes rogativas; en 23 de Julio de 1581, en accion de gracias por haber cesado la epidemia que tanto afligió á los cordobeses, y en otras varias ocasiones que sería largo enumerar.

En 25 de Setiembre de 1552 murió el Obispo Barrionuevo, que habia sido auxiliar de D. Leopoldo de Austria y sus antecesores, y mandando en su testamento que fuese enterrado en la iglesia de la Trinidad, se cumplió esta disposicion, viniendo á hacer el funeral el Cabildo Eclesiástico, tanto por ser el deseo del finado, como por haber sido Racionero y despues Canónigo de la Catedral.

Ya hemos dicho que la primitiva iglesia de la Trinidad era de tres naves y que estaba el altar mayor donde ahora la puerta principal; mas su estado ruinoso obligó á reedificarla casi en totalidad, puesto que solo quedó la capilla mayor, ó sea la que actualmente coje el coro, obra que ya hemos esplicado como y por quien se realizó en su mayor parte, indicándolo así tambien la lápida que hemos copiado en la capilla del Ave María: estas obras principiaron en Agosto de 1694 y se terminaron para el dia de la Sma. Trinidad de 1705, en que se celebró la primera misa, habiendo durado la obra once años y dos meses.

Muchos son los frailes de la Trinidad del convento de Córdoba que se han distinguido por su talento, su virtud y eminentes servicios en la redencion de cautivos, de los cuales solo citaremos algunos por no alargar estos apuntes.

El V. P. P. Fr. Luis de Ochoa, de gran fama en santidad y letras.

El M. Fr. Juan de Almoguera, cordobés; llegó á Arzobispo de Arequipa y despues de Lima, donde murió.

El P. M. Fr. Pedro de la Hoya; profesó en este convento año 1552; su vida está escrita y se ocupa de él Gimena en sus Anales de Jaen, fólio 515.

El M. Fr. Pedro Fajardo, natural de Córdoba, que en 1708 fué electo Obispo de Buenos Aires, en recompensa de su talento y de lo mucho que habia trabajado en el cumplimiento de su sagrado ministerio.

El M. Fr. Alonso de Herrera, Catedrático de Salamanca; era de Córdoba y escribió sobre los Mártires de la misma.

El M. Fr. Buenaventura Tenin, autor del poema de San Rafael, que en 1736 imprimió en Madríd, á donde pasó.

Cuando la primera exclaustracion, 1810, estaba en este convento el P. Sanchez Feria, gran predicador y buen escritor, hijo de D. Bartolomé, de quien ya nos ocupamos; los franceses apreciaron, como debian, su talento, y le dieron una prebenda en la Santa Iglesia Catedral, á la que él renunció en cuanto se marcharon aquellos, retirándose á su convento, donde, desde su profesion, había vivido.

Estando en la plazuela de la Trinidad recordamos un suceso ocurrido en el dia 22 de Setiembre de 1868, fecha notable para la historia de Córdoba: años hacía vagaba por esta provincia un jóven llamado José Tirado, á quien el vulgo había dado en llamar Pacheco; era natural de Ecija, de donde huyó temeroso de los efectos de una causa por heridas, cuyo resultado nunca hubiera sido de grandes consecuencias, y ya en el campo, pedia primero por gran favor ó como limosna lo que necesitaba, siguiendo despues tomándolo sin permiso de sus dueños, y acabando por exigir de mejor ó peor manera, hizo fijar en él la atencion de las autoridades que dieron enérgicas órdenes para su captura. Pacheco tenia una agilidad extraordinaria para montar, un valor y serenidad á toda prueba, y sobre todo, un carácter que á pesar de la vida adoptada, se hacía simpático á cuantos con él hablaban; era, en una palabra, un tipo parecido á como pintan á Diego Corrientes y otros bandidos célebres, muy generosos y compasivos con algunos, mientras á otros los dejaban sin lo necesario para comer, el dia que tenian la desgracia de caer en sus manos; y unos por temor, otros por simpatías y otros porque lo miraban como un héroe de romance, ello es que Pacheco se jactaba de tener amigos en todas las clases de la sociedad, probándolo muchas noches que se entraba en Córdoba y otros puntos, y vestido de levita ó como le placía, alternaba con algunos en sus francachelas, sin que nadie lo delatase, y sí por el contrario, contándolo algunos como si hubiesen alternado con un personaje de elevada categoría; aun hay muchos que defienden sus buenas cualidades, fundados en que ni incendiaba, ni secuestraba, ni acometía como no se viese perseguido y en grave peligro, y hasta en varios encuentros que últimamente tuvo, en los que hizo fuego á los guardias civiles, muriendo alguno de estos, lo achacan á su hermano Pablo que, entusiasmado con los elogios que oyera del José, se habia echado tambien *á la vida*, y el cual no tenía los buenos sentimientos de éste, aunque sí tal vez le superase en valor y arrojo: Pacheco logró vivir en el campo seis ú ocho años burlando siempre la persecucion, y protejido y amparado por los mismos á quienes sacaba para vivir, mal muy antiguo en Andalucía, y que ha contribuido no poco á acrecer el número de bandidos y á alargar la série de sus crímenes.

Hecho este lijerísimo apunte de Pacheco, vamos á ocuparnos de la gran casualidad que lo condujo á la muerte, dispensándonos nuestros lectores que hablemos tanto de un asunto que todos conocen, pero que es útil dejar consignado para que los que nos vayan sucediendo tengan las mas exactas noticias de este suceso.

En la plazuela de la Compañía hicimos mencion

del pronunciamiento realizado en aquel sitio el dia 20 de Setiembre de 1868; en la mañana del dia 22 entró en esta capital el General Caballero de Rodas, acompañado de algunos de los individuos de la Junta aquí formada y del batallon Cazadores de Simancas, primer cuerpo que llegó de los que asistieron á la accion del Puente de Alcoléa: conforme llegaron, dirijiéronse á la Corredera, y desde el balcon de la sombrerería de los Sres. Sanchez se leyó el manifiesto que los Generales dieron en Cádiz, interrumpido muchas veces por los vivas que daba la concurrencia, retirándose despues cada cual á su casa ó alojamiento, yendo el General á la del entonces Sr. Conde de Hornachuelos, frente á la Trinidad, ó sea donde actualmente nos encontramos en nuestro paseo.

Mientras esto sucedía, unos dicen que Pacheco, aconsejado por sus amigos, intentó pedir al General y al Sr. Conde de Hornachuelos la intercesion para lograr su indulto, y otros que, en la creencia de que en Córdoba no había ni un solo guardia civil, quiso lucirse dando un paseo por las calles, haciendo alarde de su nombradía; al efecto, unióse con algunos de sus amigos y su hermano Pablo, y todos á caballo, entráronse en la ciudad recorriéndola casi toda, sin que nadie los molestase, antes por el contrario, llevándose tras de sí una turba que lo victoreaban hasta el estremo de llamarle el general Pacheco; así llegaron á casa del Conde de Hornachuelos, no encontrándolo en ella, por lo que dieron otro paseo por las calles, siendo obsequiados al pasar por varias tabernas, escenas que, repitiéndose demasiado, los puso un tanto *alegres* y algo mas descompuestos; entre tanto, llegó al Sr. Caballero de Rodas la noticia de que un bandido, objeto de la persecucion de la Guardia Civil, á la que habia burlado, recorría las calles con marcados alardes de su confianza en el populacho, y esto motivó una órden para que le hiciesen fuego donde quiera que lo encontrasen, comunicándosela entre otros al gefe de la guardia que en el cuartel de la Trinidad estaba ya dando al batallon Cazadores de Simancas, quien relevó el centinela por el mejor tirador de su compañía, apostando además otros y quedando él mismo á la espectativa. Ya estaba el General y el actual Sr. Duque en la casa de éste, cuando se presentaron de nuevo en esta plaza los dos Pachecos y sus compañeros, con un séquito que la llenó por completo, pretendiendo el José Tirado, ó sea el mayor de aquellos, ver al General y al Conde, cuando de pronto el centinela y otro soldado hicieron fuego, con tal acierto, que una bala le entró por la cabeza, haciéndole caer al suelo y dejando la plaza completamente desierta, porque sus compañeros huyeron por la puerta de la Trinidad, y la multitud curiosa por donde cada cual pudo mas pronto: registrado el cadáver se le encontró una magnífica escopeta del mejor sistema, dos rewolvers y varias municiones, haciendo algunos llegar á noventa el número de tiros que llevaba preparados: entráronlo entonces en el cuartel, y desde luego empezóse á hablar de proyectos de venganza por parte de su hermano y algunos amigos, noticia no desprovista de fundamento, puesto que á la noche, cuando escoltado lo conducían al Cementerio de la Salud, dispararon unos tiros contra los soldados, cuya actitud hizo huir á los agresores, que no sabemos que intento se llevaran mas que el de saciar su corage en los Cazadores de Simancas.

Pablo Tirado, conocido por el segundo Pacheco, continuó la vida de su hermano; pero ni contaba con las simpatías que aquel, ni con la habilidad y talento con que habia jugado tantos y tan apurados trances en que se vió durante su estancia en el campo; por último, perseguido por la Guardia civil en combinacion con unos escopeteros al mando de D. Mateo Fernandez, murió en una encarnizada lucha en que tambien pereció éste, víctima de su arrojo, y quedó herido en una mano un gefe de la Guardia civil: así acabaron sus vidas estos dos hermanos, que durante mucho tiempo se puede decir fueron los dueños en gran parte de nuestra provincia.

Cuéntase otra tradicion con referencia á esta plazuela, que aun cuando no traspasa las condiciones de un cuento, anotado tambien en otras partes, la vamos á referir á nuestros lectores.

Dicen que el segundo gefe de los frailes de la Trinidad tenía unas relaciones amorosas, y que todas las noches se descolgaba por una ventana que daba á este sitio, volviendo á subir por medio de una cuerda que le tiraban por la madrugada, á fin de que no lo echasen de menos en el convento: una noche, cuando venía por el aire, se presentó la ronda, dándole la voz de «quien vá,» en la creencia de que sería algun criminal; pero el buen fraile les contestó con mucha gravedad, y por cierto sin mentir: «soy la segunda persona de la Trinidad, que he bajado á tomar carne humana;» la ronda creyó en efecto ser el hijo de Dios, y no solo le dejó marcharse, sino que le tributó algunos honores.

Ningun sitio encontramos tan á propósito como éste para ocuparnos de la horrible tormenta que descargó sobre Córdoba á las once de la noche del dia 21 de Setiembre de 1589, por hacer referencia de ella el P. P. Fr. Juan Chirinos, Consultor de la Inquisicion, en su obra titulada *Sumario de las Persecusiones de la Iglésia*, impresa en Granada por René Rebut, en el año 1593.

En la tarde de espresado dia se presentaron algunas nubes, á las que nadie dió importancia por considerarlas como todas las que anualmente anuncian el Otoño: por la noche pronunciáronse mas los aparatos de lluvia, y á eso de las diez se percibieron algunos truenos; pero á la hora indicada, se desencadenó tan gran tormenta de relámpagos, viento y piedras como nueces de gruesas, que, segun dice el P. Chirinos, parecía que la ciudad iba á arruinarse por completo; él y sus compañeros se pusieron en el coro en oracion, y cuando estaban en ella, sintieron aun mayor ruido, produciéndolo las vidrieras de las ventanas, que el viento derribó sobre ellos, al mismo tiempo que uno de los tejados del convento quedó tambien destruido; un cuarto de hora duró lo mas fuerte, y en seguida bajaron á la iglesia, cuya puerta había empujado el viento para adentro, á pesar de abrir en sentido contrario; el P. Ministro abrió el Sagrario, y sacando el Santísimo, oraron ante él y despues cantaron un Te-Deum por haber escapado milagrosamente de aquella horrible catástrofe, pues tal nombre puede dársele, sabiendo todos los estragos que el temporal hizo en la poblacion: pálido bosquejo llama este escritor á su relato, y, sin embargo, ocupa varias hojas de su libro solo para apuntar algunas desgracias; dice que muchos vecinos se salieron á las calles hasta en ropas menores, temiendo quedar sepultados bajo los escombros de sus casas, de las que, en efecto, bastantes se cayeron ó quedaron amenazando ruina; se cayó el San Lorenzo de piedra que corona la torre de su parroquia; se hundió la del convento de los Mártires, cayendo las campanas, que se hicieron pedazos, sobre la celda de un fraile, que salió sano de entre los escombros; en

Madre de Dios se arruinaron varias celdas; la torre de la Catedral tenía un coronamiento de madera con la imágen de San Rafael y todo fué al patio de una de las casas de la acera de enfrente; cerca de San Felipe había un alto mirador cubierto de azulejos y todos fueron arrancados como si lo hubiesen hecho á propósito; el campanario de la iglesia de la Compañía, hoy parroquia del Salvador y Santo Domingo de Silos, se trepó sobre la bóveda, la rompió y una de las campanas se entró en uno de los huecos ó enterramientos que allí existían; en la Alameda del Corregidor había una casa de madera donde habitaba una mujer, curadora de lienzos, y se la llevó el viento, quedando ésta tendida en el suelo á el aire libre; por último, y aun antes de salir de la ciudad, que un maestro sastre, muy conocido, salió huyendo de su casa y se entró en el taller de un escultor á favorecerse de un Jesus Nazareno que allí tenía, pero que aturdido se equivocó y se abrazó á Simon Cirinéo, diciéndole á grandes voces: «Jesus mio, perdonadme, yo os confieso que soy un ladron, porque siso cuanto puedo de las telas que me llevan para hacer ropa; pero yo os ofrezco la enmienda y que no volveré á hacer mas sisas.» Esto prueba el buen humor del P. Chirinos y que, sin duda, aprovechó la ocasion para ridiculizar á algun maestro sastre, de quien no tendría las mejores noticias. Los daños causados dentro de la poblacion, y de los cuales solo anotamos algunos, son cortos en comparacion de los ocurridos en el campo, quedando estos tan asolados, que aquel año fué preciso traer naranjas en abundancia de otros puntos, porque en Córdoba fué destruida por completo la cosecha; tambien fueron tantos los conejos, liebres, perdices y toda clase de animales que murieron, que á los dos dias se vendieron las tres clases primeras en la plaza á tres y cuatro cuártos por cabeza: la industria tambien tuvo su perjuicio directo, puesto que las piedras llenaron de agujeros los paños y lienzos que los fabricantes tenían colgados para secar en sus corrales. Esta fué, sin duda, la tormenta mayor que se ha conocido en Córdoba, ó al menos de las que han sido consignadas por diferentes autores.

Frente á la iglesia de la *Trinidad* existe un hermoso palacio, morada actual de los Sres. Duques de Hornachuelos Marqueses de Santa Cruz de Paniagua. Estamos, pues, en hacer dos narraciones, primera la historial de este edificio y segunda la del apellido de Hoces, cuyos indivíduos poseen aquellos dos títulos; ambos estremos llenaremos, aunque no con todos los datos que quisiéramos, sino con los que hemos podido adquirir.

Sabido es en la historia, que cuando las turbulencias suscitadas por las crueldades de D. Pedro I de Castilla y las simpatías que, ayudado por aquellos, iba adquiriendo su hermano D. Enrique, la ciudad de Córdoba se decidió por éste, tomando parte en su favor casi la totalidad de su nobleza, pues solo le quedaron al Rey, Don Martin Fernandez de Córdoba, que llevó su fidelidad hasta el estremo de sacrificar su vida por salvar en Carmona las de las infantas, y algunos otros que no es del caso enumerar en estos apuntes; mas, perdida la batalla de Nágera, fracaso que obligó á D. Enrique á refugiarse en Francia, su hermano cobró nuevos brios, y una noche entró en Córdoba acompañado de sus verdugos, recorriendo en persona la ciudad y sacando de sus casas hasta diez y seis caballeros de los tenidos por partidarios de D. Enrique, á todos los que hizo matar, sin esperar siquiera á que alumbrase el sol del siguiente dia; no contento con esta bárbara venganza, mandó derribar las antíguas y suntuosas casas de muchos nobles, prohibiendo levantarlas de nuevo, por lo que algunas aun se ven con tápia á la entrada, signo que muchos hasta con orgullo han conservado: entonces dejó tambien por Gobernador al espresado D. Martin de Córdoba, con encargo especial de quitar la vida á otros varios nobles, órden que él no realizó, bien por ser deudos ó parientes suyos, ó bien porque estos huyeron para librarse de tan atroz sentencia. Entre las casas demolidas, lo fueron dos de los Hoces, ó sean las principales hoy conocidas por el Huerto de San Andrés en la calle del mismo título, y otras las que estamos visitando: en el siglo XIV empezó á reedificarla Fernan Gutierrez de Valladares, marido de Doña Constanza Lopez de Hoces, aunque con frente á la otra calle y conservando una tapia delante, y de este caballero, segun Morales, Vida y otros escritores viene el nombre de la calle, si bien disentimos de esta opinion, fundados en que la casa horno que en su lugar citamos, fué, segun sus títulos, la solariega de los Señores de aquel apellido. Sea esta ú otra la verdad, la casa que salió de poder de los Hoces y que volvió á ellos por el casamiento del actual Sr. Duque de Hornachuelos con su primera esposa la Sra. D.ª Genoveva Fernandez de Córdoba, hija del Sr. Duque de Almodóvar del Rio y Marqués de la Puebla de los Infantes, no debió reedificarse del todo, si bien quedó con muchos y espaciosos salones, tanto, que al crearse por primera vez los Provinciales de Córdoba y Bujalance, la arrendaron y dividieron en cuarteles, como hace ya muchos años la conocimos, y de donde ambos cuerpos salieron para la guerra civil de los siete años, en la que prestaron muchos y relevantes servicios; despues de esto y contando la Administracion Militar con los conventos que le destinaron de resultas de la exclaustracion de las órdenes religiosas, quedó este edificio vacío y lo destinaron á casa de vecinos: en dos de sus salones conocimos, hácia 1845 al 1848 dos Sociedades dramáticas que pusieron en escena todas las obras que por aquel tiempo estuvieron en boga: hácia 1860 resolvió al fin su propietario concluir la obra, y encargándosela al malogrado Arquitecto D. Pedro Nolasco Melendez, hizo el actual palacio, aprovechando cuanto existía, que era de excelente construccion, y labrando la parte que sobresale, ó sean los dos cuerpos que tiene á los estremos y el bonito cerramiento del jardin, ante el cual había una fuente que el Ayuntamiento suprimió por aquel tiempo, utilizando el pilar en la de los Tejares y demoliendo una especie de abrevadero largo que tenía al lado; con el agua estableció la fuente de vecindad existente en la plazuela de Pineda.

Anotado cuanto sabemos de este edificio, pasamos á ocuparnos de la noble familia de los Foces ú Hoces, como en la actualidad son conocidos, sin mas diferencia de la que el tiempo ha causado en el lenguaje; sus armas son cinco hoces de podar, con mangos de oro y hojas de plata en campo gules, con bordura de igual color, con ocho aspas de oro; en los trofeos que hemos visto, figuran con los de los Fernandez de Córdoba, Venegas, Carrillos, Benavides y casi todos los de las mas principales familias de esta ciudad y otras partes, con las que los Hoces se han enlazado: no es posible, por lo tanto, detenernos á consignar cuanto hemos visto referente á los indivíduos de éste ilustre linaje, concretándonos á algunos lijeros apuntes, como venimos haciendo al tratar de otros apellidos pertenecientes á la antigua nobleza de Córdoba.

Ansiosos los genealogistas, casi en su totalidad, de

dar á las familias cuyas historias narraban, el mayor lustre é importancia que pudieran, acojían con entusiasmo cuantas noticias encontraban en los antiguos cronicones ó en las tradiciones que aquellos, aváros de su gloria, iban conservando, y de aqui la multitud de noticias equivocadas, incompletas otras y no pocas sin fundamento para su apoyo y defensa: nosotros, que no somos genealogistas ni historiadores, sino solo curiosos y amigos de apuntar noticias y referir hechos, consejas y tradiciones, las consignamos todas sin responder de su exactitud, ni pretender que nuestros lectores las acojan sino conforme al criterio que cada cual tenga, y que para nosotros siempre es digno del mayor respeto.

Doce, dicen ser, las familias mas nobles que pudieron escapar con vida cuando la invasion de los árabes, y que de éstas solo se conocen cuatro, una de ellas la de los Foces; sea ó no así, su antigüedad es grande, y en prueba de ello citaremos algunos hombres notables de este apellido, antes de llegar á la conquista de Córdoba, desde donde se puede partir con la claridad de que antes carecemos: hácenlos oriundos de Grecia, y afirman que el primer punto de España en que estuvieron fué en Tarragona, de donde despues pasaron á Aragon, en cuyo territorio figuran, en efecto, muchos hombres notables de este linaje, entre ellos D. Alonso de Foces, Señor de Ballerias, que en 1250 hizo donacion á los Templarios de la iglesia de San Miguel de Foces, á dos leguas de Monte Aragon, que se decía edificado por Carlo Magno: el Arzobispo de Zaragoza D Fernando de Aragon, asegura que los Condes de Barcelona y D. Fernando el Católico descendían de aquella ilustre Casa, anotando varios entronques de familias para justificar su opinion; al efecto, esplica que uno de los

Condes de Rivagorza se llamaba Ortiz de Foces, el cual acompañó al Emperador D. Alonso de Aragon, en 1131, en el cerco que puso sobre Bayona, y heredó los estados, casas y haciendas de D. Ramon de Hoces, su hermano mayor, uno de aquellos quince Grandes del Reino á quienes el Rey D. Ramiro el Monge cortó las cabezas en Huesca, 1136, que dicen los de la campana, tradicion histórica que ha servido para muchas leyendas y sobre la que escribió el notable poeta contemporáneo D. Antonio García Gutierrez su aplaudido drama *El Rey Monge.*

Hijo del último mencionado fué D. Lope Sanchez de Foces, fiel servidor de D. Alonso II de Aragon, y como uno de los principales del Reino se encontró con otros caballeros, muchos de ellos de su misma familia, en las Córtes que se reunieron por aquel tiempo.

Otro de los que encontramos citado repetidas veces, es D. Gimeno de Foces, que acompañó desde Zaragoza á Barcelona á D. Pedro II, en 1208, y asistió á las Córtes que celebró D. Jaime el Conquistador en Monzon, y despues hizo de Juez entre este Rey y D. Alonso, su hijo, en otras Córtes que para avenirlos se celebraron en Alcañiz.

D. Athan de Foces, estuvo en la batalla de las Navas de Tolosa, 1212, y en el siguiente año juró en Tudela la capitulacion ó concordia entre D. Jaime el Conquistador y D.ª Margarita, Reina de Navarra.

D. Alonso de Foces, Señor de Ballerias y otros lugares, uno de los caballeros mas nobles y valientes de su tiempo, á quien D. Jaime llevó siempre á su lado en varias escaramuzas, y haciéndolo de su Consejo y su Camarero mayor; en 1225 fué á socorrer al Rey á Mallorca, y en 1226 lo acompañó á visitar á D. Sancho de Navarra. Este caballero tuvo diferentes hijos, el mayor fué el tronco principal de los Foces ú Hoces en el Reino de Aragon, donde muchos de ellos alcanzaron los mas elevados puestos y duraron siempre, figurando sobre toda la nobleza, casi hasta 1679 que no quedó varon alguno de este apellido: el cuarto hijo fué D. Ramon de Hoces; asistió á la conquista de Córdoba, donde tuvo repartimiento de solar y haciendas de campo, dividiéndose por su muerte entre varios hijos que formaron familias separadas, y que en la actualidad vemos representadas únicamente por el actual Sr. Duque de Hornachuelos, dándose el caso de que alguno de los mayorazgos que sus antepasados han ido fundando, se han separado y unido otra vez, á escepcion de los Hoces que decian del Realejo, que en nuestros tiempos hemos visto estinguirse de un modo que ya anotamos en nuestro paseo por el barrio de San Andrés.

Desde la conquista de Córdoba hasta nuestros dias, encontramos siempre figurando el apellido de Hoces, bien como leales y valientes vasallos de los Reyes, bien como Veinticuatros de la Ciudad, ó bien como de la primera nobleza: no hay suceso de importancia en la historia de Córdoba, ni funciones de cintas, toros ó cañas, en que no figure algun Hoces, como en la actualidad sucede, prueba inequívoca de que sus prendas personales los han llevado á figurar, y mas en esta época en que no son los timbres de nobleza los que mas se recomiendan.

Por escritura de 7 de Agosto de 1637, consta que el Rey concedió á D. Lope de Hoces, Almirante de la Armada, en remuneracion de mas de cuarenta mil ducados que le debía y que el segundo no había podido cobrar de Márcos y Cristóbal Fúcar, la jurisdiccion y Señorío de la villa de Hornachuelos y Alcaidía de su castillo, debiendo D. Lope servir al Rey con tres mil ducados, como complemento al precio de esta donacion: hé aquí anotado el primer Señor de aquel estado. D. Lope es uno de los hombres que mas han engrandecido á Córdoba, y cuyo nombre, con harta razon, ha sido perpetuado en el título de una calle, si bien es cortísimo tributo á tal héroe, que no otro calificativo merece quien sabe sacrificar su vida en defensa de la honra de su pátria. Confióle el Rey el mando de la Armada española, y en el puerto de Dunas, en 21 de Octubre de 1639, tuvo un encuentro con la escuadra holandesa, trabándose uno de los combates navales mas terribles que rejistra nuestra historia: D. Lope estaba en el galeon Santa Teresa, que sus enemigos no se atrevieron á abordar, consiguiendo pegarle fuego, con cuyo motivo creian segura la rendicion de sus heróicos defensores; ¡nécia esperanza! Aquel puñado de valientes, lejos de humillarse á sus enemigos, alcanzaron la gloriosa corona del martirio, muriendo abrasados por las llamas, que á poco hizo desaparecer la nave que tan alto dejó el nombre de la marina española.

Cuando las naciones están gobernadas por Reyes que saben apreciar en su verdadero valor las grandes acciones de sus hijos, no tardan en concederles el premio merecido; pero en esta ocasion no era posible hacerlo en el que había realizado una accion tan heróica, tan digna de aprecio, y Felipe IV no tardó en demostrarlo en D. Alonso Antonio de Hoces, hijo de D. Lope, concediéndole en 21 de Julio de 1640 el título de Conde de Hornachuelos para él y sus descendientes, haciendo constar en su Real cédula aquel eminente servicio y el placer con que cumplía la obligacion que había contraido de demostrar á su padre su admiracion y agradecimiento: es un documento curiosísimo, que hemos tenido ocasion de leer y que no perdemos la esperanza de darlo alguna vez á la prensa.

Tenemos, pues, por primer Conde y segundo Señor de Hornachuelos á D. Alonso Antonio de Hoces, que casó con D.ª María Aldonza de Hoces y Haro, su sobrina, sin dejar sucesion.

D.ª María Magdalena de Hoces, hermana y heredera del anterior, segunda Condesa de Hornachuelos, que casó con D. Pedro de Hoces, Comendador de Villafranca, por lo que continuó el apellido.

D. Lope de Hoces, tercer Conde, casó con D.ª Ana Manuel de Lando.

D. Pedro de Hoces, cuarto Conde, casó con D.ª Teresa Rosa de Paniagua y Escobar, uniéndoseles con este matrimonio el Marquesado de Santa Cruz de Paniagua, que Cárlos II el Hechizado concedió en 3 de Marzo de 1681 á D. Antonio Paniagua y Zúñiga.

D. Lope de Hoces, quinto Conde, se casó con Doña María del Rosario Hoces y Venegas, su prima, Señora de las Harinas, por donde se unió este otro mayorazgo que se basa hoy en un cortijo del mismo nombre, resto de una poblacion cabeza de aquel estado; así como el Señorío de la Albaida, que estaba en dicha rama.

D. José de Hoces, sesto Conde, á quien ya vemos llamarse Señor de la Albaida, y de las villas de Graneras y Villajimena; se casó con D.ª María Antonia Gutierrez Ravé.

D. Ramon de Hoces, séptimo Conde, que murió sin sucesion.

D. Antonio de Hoces, octavo Conde, hermano del anterior; se casó con D.ª Ana Gonzalez de Canales, á quienes hemos conocido, y son los padres del Sr. D. José Ramon de Hoces, noveno y actual Conde de Hornachuelos, nuestro dignísimo amigo, de quien nada decimos porque, como han visto nuestros lectores, no solemos ocuparnos de las personas que viven, por no provocar rivalidades en una obra que solo consigna hechos ó noticias adquiridas en cuantos archivos hemos registrado. Sin embargo, debemos consignar, que en premio de sus servicios le fué concedido en 18 de Noviembre de 1868 el título de Duque de Hornachuelos, independiente del Condado de igual nombre, y que en los cargos que ha desempeñado prestó siempre buenos servicios á Córdoba, en particular siendo Alcalde, puesto que á él le debemos el último trozo del murallon de la Rivera, los jardines de la Agricultura, la terminacion de la calle del Gran Capitan, el arreglo de los baños y Real de la féria de la Salud, y algunas otras mejoras que le hacen honor y que elogiamos, como todo lo que contribuya á mejorar y engrandecer á Córdoba.

Esta familia poseía varios patronatos, siendo los mas notables el del convento de San Francisco en la Arrizafa, conocido generalmente por San Diego de Alcalá, porque en él tomó el hábito este Santo; para su edificacion cedieron grátis el terreno los Señores de la Albaida, por lo que obtuvieron el patronato: el de la capilla de la Espectacion en la Catedral, donde yacen muchos Hoces: fundóla Juan Sanchez de Fúnez en 1264, y reedificóla en 1489 el Chantre D. Pedro Gonzalez de Hoces, hombre de gran ciencia y virtud, por lo que le fué concedida por el Cabildo. Por otros apellidos tiene esta familia derecho á enterramiento en otros huecos de diferentes iglesias y linages, además de tener el suyo en la iglesia de la Albaida, donde lo fundaron, en virtud de la prohibicion de inhumar cadáveres en poblado.

Desde la plazuela de la Trinidad hasta la puerta

del mismo nombre hay una calle bastante ancha, titulada de Lope de Hoces, porque el Ayuntamiento de 1862 la dedicó al héroe antes mencionado, y á propuesta del Cronista entonces de la ciudad D. Luis Maraver y Alfaro: antes se llamó Muladar de la Trinidad, y mas antiguo aun, callejon de los Frailes. Lo que coje la iglesia, ha tenido el ancho actual, pero desde este punto estrechaba hasta quedar en una calleja como de dos varas de anchura, que daba la vuelta al rincon é iba á desembocar en la calle de la Madera: todo el terreno de la calle y el que cojen las casas fronteras al cuartel de la Remonta, era el solar de una de las casas principales de los Venegas, que el tiempo destruyó y estuvo durante siglos convertido en un monton de escombros en que echaban toda clase de inmundicias, de donde dieron en llamarle el muladar, hasta que hácia 1845 lo vendió su dueño el Sr. Conde de Gavia, por la línea que señaló el Arquitecto municipal, y quedó la calle espedita: en 1859, el celoso Alcalde D. Rafael Chaparro concibió el pensamiento de abrir allí la puerta llamada de Tetuan, adquiriendo al efecto un solar que daba á la muralla; feliz idea que realizó su sucesor Don Cárlos Ramirez de Arellano, con arreglo al plano que dió el Arquitecto D. Rafael de Luque y Lubian, quedando terminada para la féria de 1861. Resultando á los lados de esta puerta, en su interior, dos solares ó casas casi hundidas, el Maestro de obras D. Antonio Lopez Carrillo, con un celo que lo distingue, y á pesar de no contar con grandes recursos, los adquirió é hizo las dos bonitas fachadas que allí vemos, llevándolo su buen deseo á comprar el huerto ya mencionado y hacer las otras casas que tan buena vista han dado á todo aquel trayecto, por lo que, con gusto, lo consignamos en nuestros apuntes.

Terminada la descripcion de los barrios unidos de San Juan de los Caballeros y Omnium Sanctorum, réstanos decir algo de lo que los mismos, á imitacion de otros, hicieron para el socorro de los enfermos del landre, que tantos estragos hizo en la epidemia de 1649 y 1650; cortos en vecindario, como sucedía al de San Nicolás de la Villa, nada podían hacer que compitiera dignamente con los otros, y así, resolvieron reunirse, y auxiliados por los conventos de la Trinidad, la Victoria, San Gerónimo y la Concepcion, que tambien se le unieron, dando el primero doscientos ducados en ropas, el segundo otra cantidad en dinero, el tercero cien fanegas de trigo y algunas docenas de gallinas, y el cuarto lo que pudieron juntar entre las monjas, se reunieron en la Victoria para llevar en procesion á San Francisco de Paula, en la forma siguiente: delante un clarinero tocando para anunciar el paso de la comitiva, y despues cuatro carretadas de leña, otra de gavillas y otra de romero, cuatro acémilas cargadas de leña, trescientas noventa y seis fanegas de trigo en ochenta y siete caballerías primorosamente adornadas, cincuenta y cuatro esportones con pan, sesenta y dos carneros, doscientas cincuenta y ocho gallinas, dos hojas de tocino, diez y ocho canastas con pasas y almendras, dos cargas de naranjas, treinta y dos espuertas con limones y naranjas, dos espuertas con garbanzos, ochenta y cuatro salvillas con hilas, sesenta idem con bizcochos, cuatro melones, veintidos pomos con agua de olor, cuatro idem con manteca de azahar, quince vestidos, catorce fresadas, dos canastos con granadas, una carga de vino, dos idem de aceite, una idem de vinagre rosado, veinte garrafas de vino, veintiocho canastillos con huevos, dos pares de pichones, dos arrobas de miel y veinte camisas; detrás de todo esto iban las comunidades de los tres conventos de frailes y muchas personas con luces, llevando la imágen de San Francisco de Paula y cantando la Letanía de los Santos, con un fervor que conmovía á el auditorio. No contentos con esto, otro dia sacaron en procesion un Santo Cristo de gran devocion que estaba en el coro del convento de la Concepcion, y delante llevaban á los enfermos doce botellas de vino, una espuerta de garbanzos, veintidos camisas y doce salvillas de colaciones; estos dos piadosos actos tuvieron lugar en los dias 13 y 14 de Febrero de 1650.

Cuando pasamos por la plazuela de San Felipe ofrecimos á nuestros lectores no abandonar el barrio de San Juan sin dar algunos lijeros apuntes sobre el secuestro verificado en la persona de D. Federico Ferrando, que vivía en la casa actual oficina de Farmacia del Sr. Cañete, y que logró llamar la atencion de todos los habitantes de esta provincia y aun fuera de ella, principalmente por lo horrible de este crímen, que no clasificamos por falta de palabras suficientemente duras y adecuadas á una infamia tan grande, y segundo, porque entonces empezaba ese sistema de asesinar y robar, que han inventado de algunos años acá esos bandidos de nuevo cuño, incapaces, tal vez, como los antiguos bandoleros, de salir al campo esponiendo sus vidas para perpetrar un crímen, nunca tan infame como el que motiva estas líneas.

En el año 1855 vínose á vivir á Córdoba una familia procedente de la provincia de Valencia, atraida por lo apacible de nuestro clima y la tranquilidad que á todos brinda esta poblacion: contaban con regulares recursos, y no tardaron en adquirir la casa de la plazuela de San Felipe, ya citada en dos párrafos anteriores: componíase aquella de una señora viuda, con varios hijos, y entre estos D. Federico Ferrando, muy jóven aun y que llevaba poco tiempo de haberse casado con una señorita que le igualaba en edad y merecimientos: los encantos de nuestra pintoresca sierra, al par de su deseo de emplear los fondos con que contaban, en alguna propiedad, les incitó á comprar el lagar llamado de Alto-paso, que poseyó D. José Miguel Toledano, y ya dueños de esta finca, empezaron á mejorarla, tanto para hacerla mas productiva, como para preparar habitaciones en que poder pasar algunas temporadas. En esto se ocupaban por el mes de Julio de 1856, relevándose los hermanos en estar á la vista de los operarios y direccion de las obras, cuando unos cuantos facinerosos, creidos en que la familia Ferrando contaba con una gran fortuna, concibieron el criminal intento de apoderarse de alguno de los hijos, pidiendo por su rescate una considerable cantidad; sea que escitáran la codicia del capatáz y de un trabajador llamado Diego Toribio, ó que ellos formáran desde luego parte de la cuadrilla, ello es, que estando D. Federico la noche del dia 23 en el lagar, en ocasion que habían quitado la puerta, fué sorprendido en su misma habitacion por tres hombres, que luego se supo eran los licenciados de presidio Diego del Rosal, Cristóbal Hidalgo y Juan Carmona, quiénes no le dieron tiempo á tomar unas pistolas que tenía en el cajon de la mesa.

En la *Crónica de la Guardia Civil*, se dice que lo sorprendieron fuera del lagar, cuando venía á Córdoba, y pone una conversacion en boca de los criminales, incluso Diego Toribio, que no pasa de ser una invencion para alargar el relato y darle el mayor interés; nosotros adquirimos datos en aquel tiempo, y despues hemos tenido ocasion de ver la causa para tomar algunos lijeros apuntes; pero no tan despacio que nos haga blasonar de seguros historiadores.

Ya Ferrando en poder de sus secuestradores, lo tuvieron toda la noche andando y parte del dia siguiente, en que ya el cansancio y el susto lo pusieron á punto de fallecer, si no lo hubieran socorrido dándole una vinagrada que pidieron en la hacienda titulada la Aljarilla: llegaron, al fin á un cerro cerca del arroyo de Valdepuentes, donde lo aposentaron, obligándole á seguida á escribir una carta dirijida á su madre y esposa, exigiéndoles ocho mil duros por su rescate, y tras ésta, otras cuantas para irlas mandando segun les conviniese. Nuestros lectores pueden imaginarse cuál sería la pena de aquella desconsolada familia, que ya había echado de menos á D. Federico, y qué sacrificios no harían por verlo libre de sus infames secuestradores: la amenaza de darle muerte si avisaban á las Autoridades, les hizo mandar la suma que pudieron, posteriormente aumentada por cuantos medios allegaban, con el natural deseo de ver pronto libre á la persona á quien tan entrañable amor profesaban; sin embargo, no tardó la Autoridad en tener conocimiento del hecho, disponiendo que además de la Guardia civil saliese una partida de escopeteros al mando de D. Diego Fernandez, á quien acompañó D. Emilio Ferrando, hermano de la víctima: éstos encontraron hácia el arroyo de Guarroman dos hombres, á quienes interrogaron por sospechas del primero, no prendiéndolos por la buena fé del segundo, que lo disuadió de su intento; los dos hombres eran, segun luego se aclaró, los criminales Diego del Rosal y su tocayo Toribio que, sin duda, iban en direccion al lagar donde tenian escondido al malogrado jóven D. Federico, que debió ser asesinado en la noche ó tarde del dia 24, segun el antecedente que referiremos y que dió gran luz sobre este crímen.

Cuéntase, que disputando los bandidos sobre el reparto que habían de ir haciendo de las cantidades que recibieran en pago del rescate, llegaron tan cerca del cautivo, que éste percibió y conoció claramente la voz de Diego Toribio, y creyendo que iba á salvarlo con la suma exijida, lo llamó por su nombre, preguntándole lleno de gozo: «¿Eres tú?» palabras que fueron su sentencia de muerte, porque, asustado aquel cobarde con que sería delatado en cuanto lo soltasen, se volvió apresurado y silencioso, haciendo comprender á Diego del Rosal la precision de matár á D. Federico, quien lo delataría en cuanto se viese libre; su compañero, sin poner dificultad á que así sucediese, le dijo que bueno, que desde luego podía matarlo; pero viendo que, á pesar de su deseo no tenía valor para ello, entró, solo por complacerlo, y con la mayor sangre fría consumó el mas infame asesinato.

En la mañana del 25, dia de Santiago, se presentó bien temprano el tio Carmona en la taberna de Lumpeche, cerca de la puerta de Almodóvar, encargando le guisasen una asadura que iria á almorzarla con otros compañeros; en efecto, á la hora que les pareció, se presentaron aquel con Diego del Rosal, Cristóbal Hidalgo y Diego Toribio, para comerse la asadura con su correspondiente remojo montillano; pero, por una estraña casualidad, no pusieron en la mesa los necesarios cuchillos, y entonces Rosal sacó la navaja, cuya hoja estaba aun ensangrentada; al verla los demás, le preguntaron si iba á cortar el pan con ella, y él, guardándola, contestó que no lo partiría, aunque tenía corazon para eso y mucho mas, trabando con esto una conversacion enigmática que, al declararla despues Lumpeche y su mujer, se venía en conocimiento de su verdadero significado.

Debemos hacer constar, aunque no resulta de la causa, pero en aquellos dias se dijo, que Cobos, el capatáz de Alto-paso, y cómplice en el robo, mas no en el asesinato, se enteró de esta conversacion, y dijo que él no había consentido en el secuestro para cometer este segundo crímen, y que pensaba delatar á todos; paso que no dió por sorprenderlo la muerte, que se achacó al cólera, reinante á la sazon, aunque no faltó quien la creyera un tercer crímen por medio de envenenamiento.

Los bandidos seguían sacando dinero á la familia de Ferrando, y no teniendo cartas de su letra, hicieron que un memorialista llamado José Ojeda, siguiera escribiendo las que Diego Toribio le dictase, siendo la última de todas una pidiendo treinta mil reales, última exijencia para poner en libertad á D. Federico, cuando llevaba una porcion de dias de haber muerto.

Aun cuando las Autoridades y la Guardia civil, no cesaban en sus investigaciones, esta última amenaza hizo redoblar sus diligencias: mandaban los bandidos que dicha suma la llevase el capatáz ú otra persona, montado en un burro blanco, con un pañuelo del mismo color á la cabeza, sujeto por el sombrero; este hombre había de salir por la puerta de Almodóvar, dar la vuelta á la poblacion, pasar el puente, seguir la carretera de Sevilla, separarse por la de Málaga y llegar hasta el Portichuelo, cerca de la Rambla, dónde haría noche si nadie se le había presentado, y á la mañana siguiente continuaría su marcha hácia Puente Genil, y si aun nadie lo detenía, seguir en direccion á Ronda. Con estas noticias, se buscó un hombre á propósito, que tuvo la felíz ocurrencia de pedir entre otras cosas un melon para comérselo é ir tirando la cáscara desde el momento que lo apartasen del camino, para dejar señal de su paso: avisóse todo esto al Jefe de la Guardia civil de Montilla D. José Infante, quien se valió de un guardia llamado Juan Aragoneses Sancho, con otros, y todos siguieron la pista del modo que la prudencia aconsejaba, al hombre que salió de Córdoba con el burro blanco, *llevando dos esportillas de cuartos*.

Con el debido disimulo pernoctaron todos en la Rambla, y á la mañana siguiente llegó el conductor hasta la venta de Buey-Prieto, en cuyas cercanías se presentó uno de los bandidos, que despues se vió ser Cristóbal Hidalgo; sujetó la brida al burro, hizo desmontar al jinete y se lo llevó á un olivar cercano, donde le quitó el melon y recojió las dos esportillas, escondiéndolas debajo de la capa que llevaba puesta, á pesar del calor que á la sazon se sentía, y le dijo que aquello no era lo pedido y que iban á dar lugar á la muerte del señorito, que es como siempre nombraron al D. Federico Ferrando.

En esto llegaron los demás; Diego Toribio, desde lejos gritó: «la Guardia civil;» Hidalgo lo tiró todo, echando á correr; pero el guardia Aragoneses le persiguió, disparándole sin resultado, y prendiéndolo al fin, gracias al guardia Lorenzo Rodriguez que lo atropelló con el caballo, haciéndole caer en tierra; exigiéronle declarase, con amenazas de muerte, y entonces, un tanto azorado, dijo: «Somos seis, y deben estar cerca;» Con esta noticia, registraron aquellos alrededores, y á poco encontraron otro hombre tendido, al parecer durmiendo; despertáronlo, le preguntaron su nombre y contestó llamarse Diego del Rosal, vecino de Fernan-Nuñez, y que venía de Puente Genil de llevar á unos plateros en dos bestias que tenía atadas á corta distancia; pero este mozo de nada se había apercibido, y ni aun del tiro que á pocos pasos de él habían disparado; al decirle ésto preguntó finjiendo sorpresa:« ¿Qué, hay ladrones por aquí? ¡si se habrán llevado mis mulos!» Nada de esto le valió, y junto con Hidalgo y despues con Carmona, Toribio, Ojeda y un tal Francisco Gimenez (a) la Breva, que prendieron por diferentes puntos, fueron traidos á la cárcel de Córdoba, donde tomó doble interés la causa que se seguía en el Juzgado de la izquierda por ante el Escribano D. Juan Manuel del Villar.

No se ha seguido en Córdoba un proceso que mas llame la atencion pública, interesada vivamente en el castigo de los criminales, ni que mas complicaciones presentase, por la aclaracion del horrendo asesinato y robo que la motivaba. La cárcel de Córdoba, como casi todas las que sirvieron á la Inquisicion, tiene la circunstancia de que en el silencio de la noche, y al menos en una gran parte del edificio, se perciben las quejas y esclamaciones de los presos; esto les sirvió de mucho, en particular á Diego del Rosal, Cristóbal Hidalgo, Diego Toribio y el tio Juan Carmona, quiénes, cuando consideraban á los demás dormidos, se cantaban coplas que les servian de avisos para las declaraciones negativas que todos daban.

Grandes trabajos dieron en esta causa, tanto el Juez de la izquierda, como el de la derecha D. José Miguel Henares, por recusacion en parte del primero, como el actuario Sr. Villar, que recibió varios anónimos amenazándole con la muerte si no procuraba aliviar á los procesados, inconfesos siempre; hasta que los Alcaldes de barrio D. Rafael Saldaña y D. José Muñoz Jeréz, por los medios que les aconsejó su prudencia y celo, consiguieron que el Toribio dijese que D. Federico Ferrando había sido asesinado por Rosales, quien dijo al fin el sitio del arroyo de Valdepuentes donde lo enterraron; pero esto fuera de las declaraciones, en que siempre siguieron negando, á pesar de los careos mútuos y con otras personas citadas como testigos.

Con aquellas noticias, los Jueces determinaron ir un dia con los reos en busca del cadáver, y aquí debemos anotar, que al dirijirse con una gran escolta á salir por la puerta de Sevilla, uno de ellos dijese al señor Villar: «Dígame V., Sr. D. Juan, ¿desde cuando se lleva á los reos á fusilar sin confesarlos antes?» Tranquilizóle aquel, y siguieron su camino al sitio antes indicado; cabóse en él y bien pronto apareció el cadáver, que á pesar de su descomposicion, fué identificado por las iniciales del pañuelo y las de su señora madre que tenía en una sortija que no se habían cuidado de quitarle; pero helaba el corazon la sangre fria con que sus asesinos miraban la operacion, menos Diego Toribio un tanto azorado, y la respuesta de Diego del Rosal, que al preguntarle que de quien era aquel cadáver, respondió con calma: «¿Yo, qué sé? eso ustedes lo sabrán cuando vienen á buscarlo.» A corta distancia había un ataud; depositóse en él el cadáver, y en seguida lo trajeron al Cementerio de Ntra. Sra. de la Salud, inhumándolo en una bovedilla que cubre una lápida, en la cual se lee:

D. Federico Ferrando,
desgraciado en Alto-paso.
Julio de 1856.

Previendo lo largo de esta diligencia, habían llevado algunas provisiones para la comida, y cuando mucho despues de encontrado el cadáver y pasada la tristísima impresion que en todos causára, escepto en los criminales, se pusieron á tomar alguna cosa; y sin esperar á ver lo que hacian, preguntaron aquellos malvados, que si no había para ellos, que tambien querian comer y beber, haciendo con esto mas odioso su cinismo.

Vueltos á Córdoba, redobláronse las diligencias, que dieron la luz suficiente para la condena de aquellos infames asesinos, que además debieron tener otros cómplices, desgraciadamente no descubiertos.

Cuando ya el proceso lo permitía, verificóse la vista pública de la causa en el salon alto de sesiones de la Diputacion Provincial, con presencia de los reos que, convenientemente escoltados, fueron conducidos desde la cárcel los tres dias que el Tribunal estuvo constituido, y durante los cuales siguieron dando muestras de un cinismo que los hacía aun mas aborrecibles, pues, disimuladamente, hasta escupieron repetidas veces en la toga del Fiscal del Juzgado de la izquierda, que en su brillante acusacion hizo llorar mas de una vez á varios de los concurrentes; tambien rayó á una gran altura el acusador privado D. José García Cabello, cuyos dos escritos hemos admirado; no podemos menos de hacer tambien elogios de las defensas de los reos, hechas por los Letrados Sres. Marqués de Cabriñana á favor de Diego del Rosal, D. Rafael García Lovera que defendió á Diego Toribio, y D Rafael Pineda Alba, Don Ignacio García Lovera y D. Rafael Barroso, defensores de los otros.

La sentencia que en primera instancia recayó en esta causa, fué de pena de muerte contra Diego del Rosal y Cristóbal Hidalgo; cadena perpétua con argolla y demás accesorios contra Diego Toribio, Juan Carmona y Francisco Gimenez, y la de cadena temporal por veinte años contra José Ojeda; pero en la Audiencia las rebajaron á cadena perpétua á Rosal é Hidalgo, y veinte años contra los demás, esceptuando á Francisco Gimenez (a) la Breva, que fué absuelto y con justicia, pues al examinar la causa no encontramos un cargo de fundamento para condenarle.

Los condenados fueron oportunamente conducidos á diferentes presidios, donde creemos que todos murieron, menos Diego del Rosal, que cuando la guerra de Africa, estuvo en ella entre los presidiarios que fueron allí á prestar determinados servicios, logrando escaparse, y regresando á esta provincia en que, en vano lo han perseguido como desertor en varias ocasiones, puesto que ha podido evadir el reconocido celo de sus perseguidores, sin duda por la proteccion que varias veces hemos dicho suelen dispensarle á los criminales, á unos por miedo y á otros por simpatías.

Con la narracion de este tristísimo suceso, hemos terminado el barrio de San Juan, en el que nuestros lectores habrán encontrado las curiosas noticias que hemos podido adquirir; ahora debiéramos seguir el duodécimo paseo por el barrio de la Catedral; pero como nos veríamos en la imprescindible necesidad de cortarlo á la próxima terminacion del tomo tercero de nuestros *Paseos por Córdoba,* nos pasaremos al barrio del Espíritu Santo, conocido por el Campo de la Verdad, en el que, á pesar de su corta estension, creemos llenar tambien los curiosos deseos de nuestros constantes y benignos favorecedores.

PASEO DUODECIMO.

Barrio del Espíritu Santo.

La necesidad nos ha sacado del casco de la poblacion, de la que nos separa el Guadalquivir, y sin dejar de pertenecer á Córdoba, nos encontramos en un sitio que podemos decir es un pueblo diferente en su forma y hasta en muchas de sus costumbres; por variar hemos dejado la sierra, y hénos aquí en la campiña, mirando á nuestro frente la torre y cúpula de nuestra sin par mezquita, la alta columna donde reflejan las doradas álas de nuestro Arcángel Custodio, y la multitud de ventanas y tejados de las casas próximas al rio, de cuya corriente la libran estensas y fortísimas murallas; ¡hermosa vista, tantas veces copiada por los pintores y tantas descrita por nuestros poetas y escritores! Estamos en el barrio de la Visitacion ó del Espíritu Santo, títulos de su parroquia y, sin embargo, todos le decimos Campo de la Verdad, con harta razon, sin duda, porque en sus alrededores tuvo lugar uno de los acontecimientos que mas honran la historia de esta ciudad, y del cual nos ocuparemos despues detenidamente.

Hemos dicho que este barrio parece un pueblo dife-

43

rente, y tan es así, que los maradores de él hasta en sus costumbres varian bastante de los demás cordobeses; casi la totalidad de aquellos vecinos se dedican á las faenas del campo; son pocos los industriales, y de aquí el que las mujeres se diferencian en los trages y tratos de las del interior, un tanto mas dadas á los caprichos de la moda, á la que rinden el culto que aminora los recursos distraidos de las verdaderas necesidades.

En tiempo de los romanos y despues hasta los árabes, hubo poblacion en este sitio; cuando la conquista, se establecieron allí algunas familias, siempre de las mas escasas de fortuna; pero castigados por las correrías de los segundos, que casi llegaban á las puertas de Córdoba, fueron abandonando sus hogares y, casi desierto, llegó á convertirse en una porcion de solares á que los escritores antiguos dan el título de los Corrales: pasados muchos años, tranquilos ya los ánimos, volvió á poblarse, y entonces fundaron una ermita dedicada á la Visitacion de Nuestra Señora y al Espíritu Santo, siguiendo todo aquel trayecto formando parte del barrio de la Catedral, de cuyo Sagrario se le administraban los santos Sacramentos, servicio que ocasionaba gran trabajo para aquellos curas, por tener que atravesar el puente, donde mas de una vez se vieron expuestos, por ser el único paso que tiene el ganado vacuno entre la sierra y la campiña: en estos inconvenientes se apoyó el Obispo de Córdoba D. Cristóbal de Rojas y Sandoval, para razonar su decreto fecha 21 de Julio de 1570, erigiendo en parroquia la antes citada ermita, á la que se llevó el Santísimo con gran solemnidad desde el Sagrario; no siendo posible agregarle rectoría ni beneficio, se mandó asistiese como cura el que lo fuera mas moderno del Sagrario de la Catedral, que es como ha llegado hasta estos últimos años, en que se le ha considerado independiente de todo, con su cura y coadjutor propios; sin embargo, el espresado Señor Obispo le asignó alguna cantidad para el sostenimiento de la parroquia, y á su ejemplo hizo otro tanto el Cabildo Eclesiástico.

Las dimensiones y estado de la ermita no eran lo bastante para que la parroquia estuviese con la decencia debida, y desde un principio se pensó en ampliarla; consiguióse, construyéndole tres naves, para lo que debieron emplearse algunos materiales de otros edificios antiguos, toda vez que los capiteles de las columnas que dividen aquellas, tienen diferentes formas, y la mayor parte de ellos son visigóticos: despues se reedificó en 1753. El altar mayor tiene un retablo dorado, de muy mal gusto; ocupa el centro una pequeña imágen de Ntra. Sra. de los Dolores, á los lados la Vírgen y Santa Isabel, y en lo alto el Espíritu Santo: el frente de la nave del lado del evangelio lo ocupa un altar con otra Vírgen denominada del Rayo, por decirse tradicionalmente que en él cayó uno sin tocar á la imágen: fué reedificado ó hecho en 1720, segun espresa una inscripcion que tiene en el frontal; sigue á esta capilla otro altar dedicado á Santa Teresa, representada en un lienzo, en el que ocupa un estremo la inscripcion siguiente:

Fijóse en memoria y veneracion de que en esta iglesia y sitio, siendo viadora, oyó misa dia último de Pascua del Espíritu Santo, año 1575, *la gloriosa madre fundadora Santa Teresa de Jesus.*

D. José Antonio Moreno Marin, en sus *Anales eclesiásticos y civiles de la ciudad de Córdoba*, M. S. de que tenemos una copia, dice que el dia 22 de Mayo de 1575 llegó á esta capital Santa Teresa, acompañada de otras varias religiosas, sus discípulas, y algunos religiosos de su órden que iban á la fundacion del convento de Sevilla; que siendo Pascua del Espíritu Santo entraron á oir misa en la parroquia de la misma advocacion, por la que había gran concurrencia, aumentada en seguida por la curiosidad de ver á las nuevas monjas; que éstas se colocaron en la nave del evangelio, y que en memoria de este suceso labró á su costa aquel altar D. Bernardo Blazquez de Leon, Secretario del Excmo. Sr. Cardenal D. Pedro de Salazar: con este motivo se levantó en Córdoba el deseo de que hubiese en esta ciudad un convento de Carmelitas Descalzas, como esplicaremos al tratar del de Santa Ana.

Cerca del altar á que nos hemos referido, hay otro con un gran lienzo, dedicado á las Animas, y casi al final vemos colocada la cruz que sirve en la procesion del Viernes Santo, y que aun cuando aparece muy vistosa, es del mal gusto reinante en el siglo XVIII.

Al frente de la nave de la epístola está la capilla del Sagrario, en cuyo altar no hay mas que el depósito, y desde ella á la pila bautismal hay otros dos altares dedicados á San José y la Vírgen del Rosario; éste se renovó en 1813 y otra vez en estos últimos años, á espensas de un devoto.

En la actualidad no se sirven en esta iglesia cofradías ó hermandades, pero antes las ha tenido y muy numerosas; Vazquez Alfaro cita las del Santísimo, el Rosario y Jesus Nazareno y Nuestra Señora, y en una relacion que se formó en 1773 de todas las corporaciones de esta clase que existían en Córdoba, aparecen las de Ntra. Sra. del Rayo y la Santa Cruz, habiendo desaparecido todas, sin duda por la escases de recursos con que contáran para sostenerse.

La sacristía nada de particular ofrece; en ella está

el archivo, cuyos libros principiaron, en 1570 los de bautismos y matrimonios, y en 1680 los de difuntos.

En esta iglesia solian oir misas todos los que la Justicia de Córdoba sacaba de ella para llevarlos á otros puntos, y entre otros la oyeron, en la mañana del dia 20 de Febrero de 1695, setenta hombres cojidos en una leva y á los cuales llevaban á Gibraltar.

El esterior de la parroquia haria creer á cualquiera serlo de una mala bodega, si no fuese por el campanario que tambien es muy raquítico: cerca del ángulo, tiene en el costado una especie de niño con un cuadro muy malo y restaurado en 1850, que representa á Jesus en el Pretorio; al lado opuesto está el Cementerio, en uso hoy para aquellos vecinos, quienes tienen la ventaja de no pagar derecho de enterramiento y sí solo el costo de la bovedilla, si algunas familias las quieren hacer á sus difuntos; construyóse en 1804, con motivo de la invasion de la fiebre amarilla, y desde entonces sigue sirviendo; antes se inhumaban los cadáveres en el alto que forma al rededor de la iglesia.

En las grandes epidemias que han afligido á los cordobeses, el barrio del Espíritu Santo ha sido de los mas castigados, contribuyendo á ello varias circunstancias; una, su proximidad al rio, puesto que casi lo rodea: otra, la falta de pronta asistencia, por no haber en él ni médicos ni boticas, y otra, la peor en muchas ocasiones, que, asustados los del interior, prohibian la entrada de los forasteros, cerrando las puertas, á excepcion de dos ó tres, entre estas la del Puente, que cortaban al final con una tápia, dejando un callejon para entrar y salir los pocos á quienes se lo permitian, quedándose muchos en aquel barrio, pues á pesar del cordon sanitario, este no era tan cerrado que evitase por completo el paso; sin embargo, aquellos vecinos han estado siempre prontos, tanto á recibir los socorros que han necesitado, como á dar los que sus recursos les han permitido; como prueba de ello, anotaremos lo que hicieron en 1650, á imitacion de los demás barrios, y por sí solos, sin contar con auxilio alguno ageno, toda vez que en su recinto no existian entónces, ni despues, conventos ni vecinos de grandes caudales: reunidos al efecto, entraron en la ciudad en lucida procesion, llevando á los enfermos del hospital de San Lázaro cuanto pudieron recoger, y aun no contentos con aquel donativo, se reunieron los chicos del barrio, presididos de Ntra. Sra. del Rosario, á que acompañaba parte de la Capilla de música de la Catedral, y les llevaron un segundo socorro, compuesto de un cahiz de trigo, veinticuatro espuertas con pan, cinco carneros, veinticinco gallinas, un jamon, veinticuatro salvillas con pasas, una carga de naranjas, catorce espuertas con limones, cinco idem con vedriado, cuatro idem con garbanzos, dos pares de pichones, doce salvillas con bizcochos, veintisiete canastillas con huevos, treinta y tres salvillas con hilas y una espuerta con granadas.

Tanto por todo el lado Norte como por el Este, confina el Campo de la Verdad con el rio Guadalquivir, el cuarto en importancia, el quinto en longitud y el sesto en tributarios, de cuantos nacen en España.

Estrabon dá á este rio diferentes nombres, pero nosotros solo vemos claro el del Bétis, con que lo conocieron los Romanos, dando nombre á la Bética ó Andalucía, y con el que siguió hasta que los Arabes dieron en llamarle Nahrálatdim y Wadilquebir; ambas palabras significan rio grande, habiéndole quedado la segunda, aunque alterada, ó sea el titularlo Guadalquivir: nace este rio en las sierras de Alcaráz, Segura y Cazorla, y desemboca en el Occéano inmediato á Sanlucar de Barrameda, despues de haber recorrido ochenta leguas de estension y haber ocupado con su cauce mil seiscientas cinco cuadradas, en las provincias de Jaen, Córdoba, Sevilla y Cádiz: concretándonos á la nuestra, entra en ella por entre el Este y el Noroeste y sale por entre Oeste y Sudoeste, atravesándola en una distancia de veintidos leguas, en que fertiliza los términos de Villa del Rio, Montoro, Pedro Abad, Carpio, Villafranca, Córdoba, Almodóvar, Posadas, Hornachuelos y Palma del Rio, aumentando su corriente con los rios de las Yeguas, Guadalmellato, Guadalbarbo, Guadiato y Bembezar, que le entran por la orilla derecha, y el Salado de Porcuna, Guadajoz y Genil que desaguan en él por la izquierda, y los arroyos Corcomel, Martin Gonzalez, Arenoso, Pajarejos, Pero Gil, el Cáñamo, Tamujoso unido con Tamujosillo, Rabanales, la Cabrilla, Guadazueros, Alardía, Guadalmazan, Guadaloso y otros muchos de menos importancia; en el término de Córdoba es atravesado por los puentes de Alcoléa y el que une á la ciudad con el barrio del Espíritu Santo, ambos en la carretera general de Madrid á Cádiz, y los de Alcoléa y el Alcaide en las líneas férreas de Madrid y Malaga.

Mucho es lo que se ha hablado y escrito sobre la navegacion del Guadalquivir, alegando como principal razon el haberlo sido en tiempos de los romanos y de los árabes y despues hasta fines del siglo XV, sosteniéndose gran comercio entre Córdoba y Sevilla por medio de balzas ó barcos planos, que fué lo que siempre usaron, arrastradas casi todas por la silga, nombre de las cuerdas de que tiraba cierto número de caballerías, y sin duba debía ser de este modo, porque los ingenieros que por órden del Gobierno realizaron los estudios para la navegacion, aseguran que una de las principales dificultades es la rápida pendiente de este rio, que sería preciso contrarestar por medio de grandes presas, costosísimas en su construccion, y despues en conservarlas; además calcúlanse necesarios mil quinientos ó dos mil pies cúbicos de agua, como mínimun para la navegacion, y el Guadalquivir solo tendrá mil setecientos despues de incorporársele el Genil, y antes unos mil y ciento á mil trescientos, cantidad que se vá disminuyendo conforme se acerca á Córdoba, y que es considerada insuficiente: en estos estudios hechos de 1842 á 1844, se calculaban las obras en quince millones cuarenta mil reales, y se indicaba que su conservacion unida al gasto de la empresa, superaría tal vez á los derechos que se establecieran.

La navegacion en tiempo de los romanos y de los árabes y aun bastante tiempo despues de la conquista, está justificada en casi todos los historiadores, tal vez, entonces, el mayor caudal de aguas y la falta de otra comunicacion mas rápida, con que actualmente contamos, haría preferible aquella, en economía de gasto y tiempo: Fernan Perez de Oliva, uno de los hijos mas sábios de Córdoba, leyó ante la Ciudad, en las casas hoy café Suizo, una estensa memoria sobre este asunto, en que espone muchos y curiosísimos datos, como puede verse en la coleccion de sus obras: en el Archivo municipal, donde tantos y tan interesantes documentos se conservan, hémos visto varios privilegios de los Reyes D. Sancho, D. Fernando el Emplazado y Don Alfonso XI, mandando á los dueños de corrales y azudas dejasen el paso franco á los barcos sin peligro para sus conductores: en 1559 se dieron unas ordenanzas para los barcos, y ya por este tiempo, apenas serviría el rio, cuando Felipe II dá una pragmática tratando de hacerle navegable, idea que nunca se abandonó, toda vez que en 27 de Abril de 1621 se mandó que todos los dueños de las azudas abrieran en ellas pasos para los barcos, con cuatro varas de ancho y dos de fondo; en 23 de Diciembre de 1626 nombró el Rey un Superintendente especial para los trabajos de navegacion, y se señalaron los pueblos que habían de contribuir á su costo y los arbitrios de que dispondrían; en 12 de Abril de 1629 la Ciudad de Córdoba autorizó á una comision de Veinticuatros y Jurados para que tomasen á censo cierta cantidad con destino á los gastos de las obras del rio; el espresado Superintendente publicó en Sevilla un bando, fecha 30 de Junio de 1768, en que obligaba á todos los dueños de terrenos contíguos al rio, á que rosasen el taraj y demás maleza que habían obstruido el camino necesario para la silga de que antes hablamos, y operacion en que la Ciudad gastó 15.381 reales 17 maravedises, por lo que correspondió á sus valdíos; por último, en nuestros tiempos se hicieron los estudios de que antes hablamos. Sin embargo de todo lo expuesto, creemos que, lejos de pensarse en la navegacion del Guadalquivir, deben utilizarse sus aguas en canales de riego, como convendría hacer con casi todos los demás rios de España, aumentando por este medio el valor de los terrenos que recibieran tan gran beneficio.

En el término de Córdoba, cortan tambien el rio varias azudas ó represas para los molinos harineros, que la surten casi en totalidad de las harinas necesarias, aun cuando hoy existe una máquina de vapor próxima á la estacion del ferro-carril, y se hace gran consumo de las que vienen de Castilla; aquellos son los siguientes: Albolháfia, Escalonias, la Alegría, Casillas,

Jesús María ó de Enmedio, Salmoral, Pápalo-tierno, San Antonio, San Rafael, Martos y los de Lope García; tambien tiene dentro de este término diferentes vados, que toman los nombres de las heredades cercanas, y son los de las Quemadas, del Haza de la Monja, Lope García, del Adalid, de que volveremos á hablar, Casillas y la Reina, y por cima del Arenal hay una gran barca, cuyos derechos de pasage se arriendan, y facilita el paso de la sierra á la campiña hácia el camino de Castro. El trayecto entre el puente y la azuda de Martos, es conocido por el Tablazo de las damas, porque es el sitio que han elegido siempre las cordobesas para sus baños y sus paseos en las pequeñas barcas que aun sirven para aquellos, y como medio de comunicacion entre Córdoba y el barrio del Espíritu Santo. Esta parte del Guadalquivir ha sido muchas veces destinada á festejos públicos, efectuándose las regatas, que en otras partes llaman tanto la atencion de los forasteros; se han figurado combates navales, atacando desde los barcos á un castillo formado sobre otros dos unidos y sujetos con un tablado encima; otras veces se ha figurado tomar algunas al abordaje, y otras han pasado muy de prisa para alcanzar algunos objetos colgados en diferentes puntos, dando lugar á que varios mozos tomen un inesperado baño, que á veces ha puesto en peligro sus vidas; tal sucedió en 1651 en las fiestas que se hicieron para celebrar la colocacion del San Rafael que está á la mediacion del puente.

Péscanse en el Guadalquivir muchas clases de peces, algunos muy grandes y otros muy buenos, habiendo ocasiones en que se han cojido sollos, aunque esto se ha considerado siempre como una rareza.

Tambien se ha utilizado este rio en muchas ocasiones para el trasporte de las maderas de Segura hasta Sevilla, operacion que siempre ha llamado mucho la atencion, llevando á sus orillas multitud de curiosos, como ha sucedido en el presente año, 1876, que han bajado unas setenta mil traviesas para la empresa del ferro-carril de Málaga.

Unas veces las recias y continuadas lluvias, y otras el deshielo en la provincia de Jaen, han hecho que el Guadalquivir aumente sus aguas de tal manera, que ha puesto en gravísimos peligros á los vecinos del Campo de la Verdad; de estas crecientes ó riadas, como las llaman en Córdoba, citaremos las que encontramos anotadas en algunos manuscritos que hemos podido registrar.

En 1481 anduvieron los barcos por las calles de los Lineros, la Curtiduría, la Fuensanta y puerta del Puente.

En 1544 sucedió lo mismo, y además entró el agua en varias bodegas del Campo de la Verdad, causando considerables pérdidas.

En 1554, fué tan grande la creciente, que rompió por el murallon de San Julian, dejando aislado el barrio del Espíritu Santo, tanto por la espalda como por la conclusion del puente: hubo por consiguiente algunos barcos en diferentes puntos de la ciudad: aquellos vecinos se asustaron tanto, que sacaron sus muebles y los pusieron sobre carretas en el alto que forma la parroquia.

En 1604 sucedió lo mismo que en la anterior; en esta ocasion, se cojían muchísimos peces, algunos de veinticinco libras de peso.

En 1618 anduvieron tambien los barcos por la Fuensanta y la calle de Lineros.

En 24 de Enero de 1626, entró el agua á cubrir la plazuela de las Cinco calles, donde hubo barcas sacando los muebles de algunas casas.

El año 1684, es sin duda uno de los que mas hicieron subir el rio, y en el que, á no venir la lluvia á intérvalos, se hubiera desbordado, inundando gran parte de la poblacion, puesto que, se sufrieron catorce avenidas, siete hasta la mitad de los molinos, y las otras siete en esta forma: del 19 al 25 de Diciembre de 1683 llegó el agua á lo alto de los molinos de enmedio; á 28 de dicho mes, quitó un cuchillete ó entibo del puente y se llevó varias cruces de un calvario que había al principio del camino de Castro; el 3 y 5 de Enero del 84 se llevó las cruces que habían quedado; el 22 del mismo año, hundió el arco del puente en que faltaba el cuchillete y se llevó la mitad de la casa ermita de San Julian que estaba del lado allá de aquel barrio; en 5 de Febrero cubrió el molino de enmedio, bajando en el mismo dia; al siguiente subió mucho mas, y entre la infinidad de objetos que pasaron, fué un barco que debió recojer en otro punto; en 10 de Febrero se llevó la otra mitad y parte de la ermita de San Julian. La causa de estas avenidas fué la continuacion de las lluvias durante tres meses, que tuvieron á los molinos sin funcionar diez y seis dias y á los pobres sin poder trabajar en el campo por mucho mas tiempo, siendo tal la necesidad, que muchos se cayeron muertos en las calles: se dispensó guardar la Cuaresma, y muchos se comían las reses que se morían en el campo, porque el ganado pereció en gran número, tanto, que sus dueños lo ponía á la venta, y llegó el caso de valer una vaca treinta reales y un buey cincuenta; había burros hasta á diez reales y caballos muy buenos á ciento cincuenta, segun afirma el popular escritor Martin Lopez, de quien tomamos estos apuntes, quien además cuenta que habiéndose aislado dos veces el Campo de la Verdad, pusieron de Corregidor en él á D. Fernando Villarroel, con un alguacil, y que el primero asistía á misa en aquella parroquia, donde tenía asiento de preferencia: dicho escritor compara este año con el de 1677, en que dice valió una gallina diez y siete reales, el trigo ciento diez, y la cebada á sesenta y seis, que es como si ahora valiese á cuatro veces esas cifras.

En 21 de Enero de 1687, volvió á subir el rio, llevándose otra parte de la casa ermita de San Julian, la que desapareció del todo en otra avenida en 10 de Febrero siguiente.

En 20 de Noviembre de 1691, hubo otra gran creciente como las ya anotadas, con corta diferencia.

En 1692 llegó el agua á la ventana entre alta y baja que tiene la sacristía de la parroquia de San Nicolás; el Sacramento se sacó oportunamente y se llevó á la iglesia de la Caridad, hoy Museo: en esta creciente se perdió por completo la ermita de San Julian.

En 1693 hubo otra creciente muy considerable.

En 1697 subió el rio hasta las tierras de labor por el lado de la campiña.

En 1698 fué tal la creciente del rio, que no pudiendo salir el agua del barrio de San Lorenzo, se anegó éste y hubo barcos en la calle de la Rejuela y en San Juan de Dios, como dijimos al visitar estos sitios.

En 1739 creció tanto el rio, que se llevó el puente que había cerca de la villa de Palma.

En 14 de Enero de 1751 hubo otra grandísima creciente.

En 1785 hubo una de las avenidas mas grandes que se han conocido, y que causó muchísimos daños en todas las posesiones cercanas al rio.

En 26 de Diciembre de 1821 llegó el agua á la ventana de la sacristía de San Nicolás, y anduvieron barcos por la puerta del Puente, calle de Lineros y otros varios puntos.

Despues de la del año 21, han tenido lugar otras grandes avenidas, siendo la mas notable en 1860, si bien no entró el agua en Córdoba, consistiendo principalmente en que, habiéndose destruido el murallon de San Julian, las aguas se estienden por aquel lado, y además en que la calle de Lineros, la salida de la puerta del Puente y otros puntos, están á mas altura que otras veces, por los terraplenes que se han variado. En esta última avenida ocurrió la desgracia de que, habiéndose quedado un pastor aislado, se subió á un árbol, de donde no fué posible bajarlo, pereciendo cuando las aguas llegaron á aquella altura.

En todas las avenidas, algunos vecinos del Campo de la Verdad se ponen en la orilla del rio, y con un gancho atado á una cuerda recojen cuanta leña pueden de la mucha que arrastra la corriente, teniendo algunos la mala costumbre de atarse dicha cuerda á la cintura para hacer mas fuerza cuando el leño es grande, habiendo ocurrido, mas de una vez, el ser arrastrados y sucumbir entre las aguas.

En las reseñas de las crecientes que hemos estractado, se hacen muchas descripciones de haber visto pasar multitud de animales muertos y otros objetos; pero son tan parecidas todas y en general tan pesadas, que hemos creido lo mas acertado hacer solo estas lijeras indicaciones.

Muchas son las víctimas que cuenta este caudaloso rio, puesto que puede calcularse en seis el número anual de los que mueren entre sus aguas, sin retirarnos de las cercanías de Córdoba; por consiguiente, en el trascurso de los siglos suman una cantidad fabulosa; entre otros, debemos anotar, que el 18 de Marzo de 1684, cuando aun estaba el rio bastante alto, quince ó veinte forasteros se empeñaron en pasar la tarde paseando en un barco por el Tablazo de las damas, y sin que se averiguase claramente la causa, aquella pequeña nave se volcó y todos cayeron al agua, salvándose únicamente cinco que pudieron recojer en otros barcos y á fuerza de mucho trabajo: en este mismo año, una mujer, tal vez demente, arrojó por el puente á una hija suya de doce á catorce años de edad, salvándose milagrosamente en la azuda de los molinos inmediatos; éste caso se ha repetido en uno de éstos últimos años con otra niña recien nacida, por lo que su madre fué encausada. Tambien se han dado casos de suicidios, arrojándose desde el murallon de la Rivera ó desde el puente, como lo hizo de éste último, en 7 de Diciembre de 1827, un cura y músico de apellido Leiva, natural de Málaga.

Entre el puente y el molino de Albolafia, existen aun multitud de material de guerra que los franceses arrojaron desde San Pelagio, donde tuvieron el Parque de artillería, cuando apresuradamente abandonaron á Córdoba.

En la isleta que forma el rio por bajo de los molinos, fueron quemados algunos de los infelices que sentenció la Inquisicion, recien instalada en Córdoba, á ser víctimas de las llamas.

Dos sitios hay en este rio que nuestros antepasados reverenciaban por haber arrojado en ellos á muchos de los cristianos que sufrieron el martirio por defender nuestra sacrosanta Religion: aquellos eran la parte frente á el Campo Santo y huerta del Alcázar, y por cima del molino de Martos.

Aunque no en el número de las recientes, ha tenido, sin embargo, el Guadalquivir ocasiones en que, á causa de sus continuadas sequías, ha disminuido su caudal, hasta el punto de no poder funcionar los molinos; tal sucedió en 1683, en que, durante un año, no llovió, escaseando el pan, de tal modo, que hubiera faltado del todo si el Corregidor D. Francisco Ronquillo y Briceño, de quien ya nos hemos ocupado, no hubiese sacado quince mil quinientos treinta y siete reales del producto del vino forastero en la Alhóndiga, para hacer unas cuantas atahonas que moliesen todo el trigo necesario: se hicieron multitud de rogativas implorando el beneficio de la lluvia, sin conseguirla, dando lugar la sequía á que muriese la mayor parte del ganado que tenían los labradores, quiénes consiguieron una provicion, consintiéndoles no empanar mas que la tercera parte de sus tierras; mas, el Corregidor Ronquillo hizo saber á los propietarios de los cortijos, que ellos habían de empanar las restantes, no siendo preciso llevar á cabo ni una ni otra disposicion, porque el otoño se presentó muy bien, animando á los labradores, que al fin lograron una siguiente buena cosecha.

Entre Córdoba y el Campo de la Verdad cruza el Guadalquivir el hermoso y fuerte puente de diez y seis arcos, aun existente, y del que se han ocupado tantos escritores, defendiendo unos que es el mismo labrado por los romanos, cuya creencia nos parece la mas acertada, y negándolo otros, afirmando que estaba mucho mas abajo, donde aun se encuentran restos de construccion; la importancia que esta ciudad tuvo en aquellas épocas, nos hace concebir la idea de que tal vez hubiese mas de un puente, y que esta sea la causa de tan distintas opiniones;

siguiendo la mas autorizada, decimos, que éste es el puente que edificaron los romanos y reedificó Hixén I; debajo del quinto arco existe aun una inscripcion imposible de descifrar, por tener algunas letras romanas, con otras mas modernas y algunos números arábigos que no es fácil combinar: tiene éste puente ochocientos ochenta y ocho pies de longitud por veintitres de latitud; entre los arcos tiene unos machones en forma de ángulos, muy agudos, que facilitan notablemente el paso de las aguas, cortándoles su impetuosa corriente. A su estremo Sur, existe aun un hermoso castillo denominado la Calahorra ó Carrahola, que de ambos modos le dicen, y que servía para la defensa de la entrada del puente; labráronla los árabes y formaba dos torres unidas por un arco; debajo de éste tenía la puerta, donde, para ganarla, ya hemos dicho que San Fernando perdió muchos de sus valientes soldados; en dicha forma permaneció hasta 1369, en que, al pasar por Córdoba Enrique II, mandó reparar y ampliar esta fortaleza; cerráronle el arco, ampliaron el edificio por la parte posterior, rodeándolo de muros, y fué preciso dar subida al puente, ampliándolo con una línea oblícua, en la que formaron el último arco, que es de diferente construccion, viéndose por bajo dos, uno el nuevo y otro el que quedó interceptado contíguo al muro del castillo. Despues ha debido tener algunas reparaciones que no vemos consignadas; en nuestros tiempos, 1837, se reparó un tanto, y se hizo un lugar por donde se pudiese extraer agua del rio: éste castillo ha servido muchas veces para prision de los nobles que cometían algunos crímenes; en él estuvieron presos algunos de los moriscos procedentes del reino de Granada. En 1718, el Gefe de escuadra D. Baltazar de Guevara, trajo de Sicilia cuarenta soldados prisioneros de las tropas piamontesas, entregándolos en el Puerto de Santa María á D. Francisco Manriquez Arana, quien consultó al Rey lo que había de hacer con ellos; contestaron que los internase, y los mandó á Córdoba, donde dispusieron acuartelarlos en la Calahorra, si bien no llegaron mas que treinta y cinco, que entregó una escolta de diez caballos al mando del teniente D. Antonio Aquatil: consultado á su vez por el Corregidor D. Juan de Vera Zúñiga y Fajardo, lo que haría con aquellos desgraciados, contestóle, de órden del Rey, D. Miguel Fernandez Durán, que los socorriese y viese el modo de conformarlos á que se agregasen al ejército español, incorporándolos, en el caso de que consintieran, al regimiento de Simbourg, á la sazon en las costas de Andalucía; consiguióse lo que se deseaba, y los treinta y cinco soldados piamonteses fueron entregados en 23 de Noviembre de dicho año al sargento Outoit del regimiento de Guardias Valonas de infantería. En 1779 y 1780, trajeron á Córdoba todos los prisioneros ingleses que llegaban á Cádiz y al Puerto, los cuales eran socorridos con racion y pré en la torre de la Calahorra y en la casa del Conde del Portillo, calleja de Santa Inés, alquilada para este objeto; de las comunicaciones resultan unos quinientos prisioneros; pero en las revistas del Comisario, que originales hemos visto, no pasan de doscientos cuarenta y ocho, lo cual puede consistir en que no se reuniesen todos á un tiempo, pues hay diferentes órdenes de entradas y salidas. En 1781, se declaró en la Cárcel una horrible epidemia de tabardillos, que puso en grave peligro la vida de todos los presos; en vista de esto, y considerando que estando aquella en la Corredera, podía propagarse á los vecinos, se habilitaron la Carrahola y una casa en el Campo de la Verdad, donde eran llevados los enfermos, dando lugar á un gasto de trece mil setecientos ochenta reales, treinta maravedises, que se pagaron de los fondos de Propios y arbitrios. Desde 1808 á 1810 se utilizó tambien este castillo para prisioneros militares. En 1823 estuvieron presos en aquel sitio muchos de los liberales á quienes persiguieron y fatigaron los realistas. En 1835 estuvo acuartelado allí el provincial de Bujalance, y en muchas ocasiones lo han estado las partidas sueltas que pasaban por Córdoba. En 1836, cuando la venida de la faccion de Gomez, se guarneció por nacionales; pero por una cuestion entre ellos mismos, se retiraron al fuerte, de que en otro lugar hablaremos. Por último, una parte de este fuerte edificio ha sido destinado á la escuela de niñas del barrio del Campo de la Verdad, y lo demás está abandonado, deteriorándose, cuando podía dársele algun destino, como por ejemplo el de Museo Arqueológico de la provincia. Esta fortaleza tenía varios cañones ocupando las troneras altas, y en prueba de ello diremos, que en algunas de las relaciones hechas por testigos presenciales del tumulto de 1652, se dice que los alborotadores del barrio de San Lorenzo se llevaron á él los tiros que habia en lo alto de la Calahorra.

A la mediacion del puente, vemos una especie de garita de piedra con la puerta tabicada; antes tenía una verja que dejaba ver el interior ocupado por un altar con los Patronos de Córdoba San Acisclo y Santa Victoria, á la que tenían gran devocion; hasta este sitio salían los frailes de San Francisco á recibir los cadáveres de los que eran ajusticiados en el Campo de la Verdad ó entre los molinos. Enfrente de dicho humilladero vemos la dorada imágen de San Rafael, obra del escultor Bernabé Gomez del Rio, que vivió en la calle de los Manriques; colocóse en aquel sitio con gran solemnidad, como ya tenemos dicho, en 29 de Setiembre de 1651, despues de la epidemia que tantos estragos hizo en esta ciudad; á sus pies y en una hermosa lápida, tiene una inscripcion latina, redactada por el P. Juan Bautista Caballero, de la Compañía de Jesus, y que traducida al castellano es la siguiente:

Al Beatísimo Rafael, grande entre los ángeles, su custodio vigilantísimo: el cual mas há de trescientos años, que en tiempo de Pascual Obispo, y destruyendo la ciudad una peste, predijo que él había de ser médico de tanta calamidad. Y él mismo despues, año de mil quinientos y setenta y ocho, reveló al Venerable Presbítero Andrés de las Roelas, las Reliquias de los Santos Mártires y últimamente le declaró, como Dios le había encargado la guarda de Córdoba. Por lo cual para que el debido agradecimiento durase; el Senado y pueblo de Córdoba, atento y piadoso, le levantó esta estátua de piedra, con gran solicitud de D. José de Valdecañas y Herrera y de D. Gonzalo de Cea y de los Rios, Veinticuatros. Siendo Pontífice Inocencio X, Rey de las Españas Felipe IV, Obispo D. Fr. Pedro de Tapia, Corregidor D. Pedro Alfonso de Flores y Montenegro. Año de 1651.

Los verdaderos amantes de las glorias cordobesas, desgraciadamente hoy pocos, no pueden menos de mirar hasta con cariño, si es posible, esa gran obra que ha visto pasar los siglos y ha sentido en sus arcos la planta de tantos y tantos hombres ilustres como han nacido en Córdoba ó han venido á visitarla: por él han transitado nuestros santos, nuestros poetas y nuestros guerreros; los Califas, los Reyes, Fernando el Santo, Alfonso el Sábio, Sancho el Bravo, Alfonso XI, D. Pedro el Cruel y su hermano D. Enrique, Isabel I y Fernando V, Cárlos I, V de Alemania, los Felipes II y IV, y otros varios, y multitud de hombres notables en las ciencias, las artes, las armas y las virtudes, que han desaparecido con el trascurso de los años, mientras esa inmensa mole de piedra combatida por las aguas y la ancianidad, espera conocer nuevas generaciones que aun admiren y elogien su grandeza.

Desde la conquista de Córdoba hasta el presente año, en que se está reparando este puente, bajo la direccion del Ingeniero D. Rafael Navarro, se han hecho en él muchas é importantes obras que han logrado sostenerlo útil para el gran servicio que ha venido prestando; así es, que mirándolo por cualquiera de los dos lados, se vé que la mayor parte de los arcos han perdido su primitiva forma, y aun hay uno que en su mayor parte es de ladrillo; se le han hecho nuevos diferentes arcos en tiempo de D. Pedro el Cruel, de los Reyes Católicos, en el siglo XVII y en el XVIII, en que le compusieron tambien los trozos de murallas que lo entiban á la salida del mismo: en 1702 se hicieron los dos últimos arcos, bajo la direccion de Tomás Ortega y Francisco Agustin; en 1703 se solaron varios arcos, entre ellos el real vulgarmente hondo, siendo Corregidor D. Francisco Antonio Salcedo y Aguirre, que cuidó mucho de esta obra; otro arco se reedificó en 1705, y por último en 1780, el Ingeniero D. Bernardo Otero le hizo nuevos los pretiles ó antepechos.

Antes de la instalacion de los cementerios en despoblado y cuando se edificó la ermita del Smo. Cristo de las Animas, de que muy pronto hablaremos, se hizo costumbre ir á ella en las tardes de los dias primeros de Noviembre, vísperas del de los Difuntos, encontrándose entre la concurrencia todos los carruajes de Córdoba: ya hemos dicho que el puente es el único paso que tiene el ganado vacuno de la sierra á la campiña, y éste mal dió lugar, á fines del siglo XVIII, á que una torada se encontrase con toda aquella bulla, de la que se asustaron los toros, desbandándose y ocasionando un verdadero conflicto, pues aun cuando al fin no ocurrieron desgracias personales, los sustos fueron muchos, habiendo persona que regresó á su casa sin sombrero y estropeada; al mismo tiempo dió la casualidad de llegar en una silla de posta el Conde de Floridablanca, que venía del reconocimiento del puente Zuazo, y viendo aquel conflicto, se marchó derecho á el Ayuntamiento, donde reprendió severamente al Corregidor por su descuido en no precaver lances de aquella clase, y aun hay anciano que dice que poco despues fué trasladado de esta ciudad.

El autor de los *Casos raros de Córdoba*, refiere, que en tiempo del Emperador Cárlos V, vino á esta ciudad de regreso de la guerra un caballero llamado D. Pedro Clavijo, el cual trajo un hermoso caballo, mezcla aleman y español, el cual sacó la mala maña de dar multitud de coces en cuanto sentía alguna cosa en las ancas; por aquel tiempo una de las avenidas del Guadalquivir se llevó uno de los arcos del puente; dióse la órden para su reconstruccion, y al efecto hicieron una empalizada en estremo angosta, que no llegaba al otro lado ni cabía por ella sino un hombre para alargar las mezclas: llegó el dia primero de Pascua de Pentecostés ó venida del Espíritu Santo, en que se hacía una gran fiesta en su iglesia de la misma advocacion, y por la tarde acudían los cordobeses de paseo al Campo de la Verdad, segun costumbre de aquellos tiempos; entre ellos fué D. Pedro Clavijo, montando su hermoso caballo y, creyendo salir al otro lado, se entró por la empalizada, llegando á un punto donde era imposible seguir ni volverse; entonces todos los concurrentes se fijaron en D. Pedro, dándole voces unos para que no entrara, otros para que acudiesen los barcos á salvarlos en caso de caer, y otros para que se arrojase sobre uno de aquellos, dejando el caballo que se matase solo; pero, herido el caballero en su amor propio, determinó, á muerte ó á vida, hacer una cosa que jamás se había visto: hizo al caballo levantarse de manos, rodeólo de pronto y con tal ímpetu, que lo obligó á sentar las manos donde antes tenía los pies, saliéndose de la empalizada por el mismo punto de entrada, al compás de los aplausos que la admirada multitud le prodigaba.

Detrás del barrio del Espíritu Santo, está el ya citado murallon de San Julian, que servía para defenderlo de las crecientes del rio; en este sitio hubo en lo antiguo varios molinos harineros y batanes para los paños, los que desaparecieron por completo, consistiendo principalmente en que, construida la azuda de Martos, quedó la corriente mas mansa, á consecuencia de haber perdido el declive que antes tenía: durante este siglo quedó abandonado dicho murallon y el agua ha socabado el terreno, llevándose gran parte de él, tanto que de un huerto bastante estenso, llamado de Segovia, solo ha quedado la casa que, como otras cercanas, acabarán por arruinarse si antes no se pone remedio, en el que nadie piensa. Llamábase murallon de San Julian por estar cerca de él la ermita dedicada al mismo santo y que ya hemos dicho se llevaron las continuadas crecientes del Guadalquivir; aquel pequeño santuario fué fundado por D. Martin de Angulo y Contreras, dotándolo con varias capellanías; distaba del rio unos doscientos pasos y era como de unas cinco varas en cuadro: créese que el Sr. Angulo la hizo nueva sobre los cimientos de otra mas antigua levantada para reverenciar aquel sitio, donde debió estar el monasterio de San Cristóbal, fundado dominando aun los romanos, siendo, pues, uno de los primeros templos que los cristianos erigieron en Córdoba: las crecientes del rio han descubierto tambien en este lugar multitud de restos humanos, hacinados los unos sobre los otros, opinando Féria y otros autores dignos de atencion, que aquí tuvieron los romanos el cementerio para la plebe, en el que daban sepultura tambien á los forasteros y á los ajusticiados, y que, como tales se enterraron algunos de los mártires, cuyas reliquias se estrajeron despues por sus mismos amigos y compañeros, que á escondidas los sacaban para llevarlos á las pocas iglesias con que á la sazon contaban.

A poco de pasar el puente, encontramos una ermita de regulares dimensiones, construida toda de cal y ladrillo, dedicada al Smo. Cristo de la Misericordia ó de las Animas, que es á la que dijimos acudía mucha gente á rezar en las tardes vísperas de los dias de Difuntos; otra de igual advocacion hemos visto citada en tiempos mas antiguos, situada cerca del machon ó entibo de la azuda de Martos, pero sin detalle alguno: la presente fué fundada en 1760 por un clérigo de menores llamado D. Salvador Salido y Millan, que vivía en una casa que hace rincon en la plazuela del Pozo de Cueto, barrio del Sagrario de la Catedral; á su muerte, en 1816, dejó una magnífica coleccion de cuadros, esculturas y antigüedades, que se vendieron, y el encargo á sus albaceas de hacer nueva de cal y ladrillo la ermita que mas pequeña había fundado en terreno cedido por el Ayuntamiento, encargo cumplido fielmente por aquellos. El interior es bonito, cubierto con bóveda y cúpula; tiene un solo altar de mármol negro y sobre él una gran urna de talla y en ella un Crucifijo con las Animas al pié y por bajo el Sagrario para cuando había jubileo; en los lados de la iglesia hay cuatro nichos con diferentes esculturas, rodeados de multitud de tablillas de milagros ó ex-votos dedicados por los que han alcanzado beneficios de tan venerada imágen, entre ellos el de que nos ocupamos en la parroquia de San Pedro á el hablar de la muerte del venerable sacerdote D. Francisco de Sales Ramirez, uno de los mártires de la independencia española.

En todo el espacio que hay detrás de la Calahorra, se estableció el Rastro ó mercado de bestias y efectos, en el año 1568, por órden del Corregidor D. Francisco Zapata, del que tantas veces nos hemos ocupado, habiendo ido á menos, hasta que se estinguió, sin que se haya restablecido, á pesar de haberlo intentado en varias ocasiones. En este punto había un gran pedestal con una cruz en lo alto, que le decían del Rastro, como la que hasta 1852, hubo al final de la calle de San Fernando, y mas allá, hácia la parroquia, otra que le decían la de la Pizarra; una y otra desaparecieron, y por último en 1780 quitaron los pedestales á el hacer la carretera, por disposicion del Ingeniero D. Bernardo Otero.

Por el lado opuesto al rio, de que no nos hemos ocupado, ó sea por donde arranca el camino antiguo de Montilla y la carretera general, hubo hasta despues de la conquista grandes bosques de pinos alerces, de donde se dice fué cortada toda la madera que sirvió para la techumbre de la mezquita y para la mayor parte de los edificios antiguos de Córdoba; hoy solo hay tierra calma de muy buena calidad, y no muy lejos está el cortijo de la Torrecilla, en el que sus dueños los Sres. Torres, han reunido multitud de instrumentos de labranza, dignos de verse, pues no se encuentran tantos ni tan buenos entre todos los labradores cordobeses.

Antes de llegar á las heredades, en el egido, había unos grandes barrancos que se llenaban de agua, y que en el primer tercio de este siglo dieron lugar á que en una noche oscura cayese con su caballo el labrador Barrionuevo, muriendo sin que nadie pudiese socorrerlo.

En la segunda azuda por bajo del puente, en lo que ahora se llama molino de San Rafael, estuvo establecida durante muchos años una fábrica de papel, que vimos funcionar, y la que se suprimió, tanto por su poco producto como porque no pudieron sacarlo con la blancura necesaria, achacándose este defecto á la suciedad de las aguas.

Hemos dado vuelta al barrio del Espíritu Santo, y tornando á su interior, tiempo es ya de decir cuales son sus calles, aunque todas muy cortas, esceptuando la de San Julian que es bastante larga y se llama así porque al final estaba la ermita del mismo título, de la que ya nos ocupamos. Llámase Bajada del puente lo que encontramos al bajar, y sigue el Egido; de Una acera; Mantillo, apellido; Lustre, deribado de Yuste, apellido de un vecino antiguo; Espaldas del Santo Cristo, por estar detrás de la ermita; Horno, por uno de ladrillos; Santo Cristo, por el de las Animas; Rastro, por el ya citado anteriormente; Martin Lopez, popular escritor del siglo XVII, que á pesar de ser un labrador de escasos recursos, dedicaba sus ratos de ocio á escribir, aunque con el lenguage propio de su escasa instruccion, hizo unos anales de su tiempo y se le achaca el libro de los *Casos raros de Córdoba;* Jesus, por una imágen que hubo en la misma; plazuela de la Iglesia, lo que está delante de la parroquia; calle del Arrecife; los Lados de la carretera; Miraflores, ignoramos el significado; Rinconada, por la figura que forma frente de la parroquia; San Julian, ya anotada; Granada, lo que mira al camino antiguo por donde se salía para aquella ciudad; Acera pintada, por las fachadas de las casas que ostentaban diferentes colores; Altillo, casi fuera del barrio y un tanto elevado, y por último, el Ventorrillo, por uno que hubo en lo antiguo y cuya casa es conocida por esta palabra.

En todo este barrio solo hemos encontrado dos cosas que nos llamen la atencion: un pozo redondo de tanta boca, que llenan en él con diferentes carrillos ocho ó diez casas de la calle del Lustre y demás que forman una manzana, en cuyo centro está aquel, para que todas las espresadas casas estraigan el agua; lo otro es una lápida sepulcral árabe que estaba en una de las casas de la Rinconada y cuya traduccion, segun el Sr. Gallangos, es la siguiente:

En el nombre de Alláh clemente, misericordioso. Aquí yace Altira, liberta que fué de Alhaquem, á quien Dios haya perdonado. Murió el Jueves á 7 noches andadas de la luna de Chumida, la postrera del año 242, y confesó al morir que no hay mas Dios que Alláh, etc.;

lo demás falta en la inscripcion.

Poco despues de la guerra civil de los siete años y encontrándose en esta capital la compañía de Francos, conocida por los Migueletes, uno de estos mató á un tabernero que tenía su tienda frente á la espalda de la Calahorra, y el consejo de guerra estuvo tan pronto y rigoroso, que sentenció á el agresor á ser fusilado en el mismo lugar del crímen, como se ejecutó ante ese concurso que siempre viene á ver este tristísimo *espectáculo, como si fuesen á presenciar algo* menos cruel que el privar de la vida á uno de nuestros semejantes.

Ya saben nuestros lectores, que este barrio está casi rodeado por el rio y que sus vecinos han estado mas de una vez espuestos á morir envueltos en las aguas que los han dejado en completo aislamiento; pues bien, uno de los males que mas han deplorado ha sido lo falta de algunas fuentes, puesto que por aquellos contornos no se conoce mas que un nacimiento de propiedad particular, del que no pueden utilizarse: no sabemos si de este ú otro venero, el Corregidor Zapata, tantas veces citado, hizo en el sitio llamado el Rastro una fuente, que ignoramos cuándo y por qué desapareció; ello es, que despues de esta cita no hemos visto nada referente á este asunto, y que los vecinos del Campo de la Verdad venían con sus cántaros por agua al patio de los Naranjos, hasta que en 1854 el Alcalde interino D. Antonio García del Cid, utilizando un pilon adosado al Triunfo y surtido con e lderrame de su fuente, hizo otra entre la puerta y el Peso de la harina, dotándola con una paja de *agua denominada* de la Fábrica, que le cedió la Beneficencia provincial de una casa que aun posee en la calle de San Roque; pero esto no era bastante, porque había necesidad de pasar el puente, sufriendo los rigores de las estaciones para esperar allí largas horas hasta poder llenar los cántaros; por consiguiente, quedó la necesidad por cubrir y las diarias reclamaciones tan apremiantes como lo venian siendo, pues aun cuando las promesas se repetían tambien, nunca los deseos se veian cumplidos; por fin, el Ayuntamiento presidido por D. Juan Rodriguez Sanchez, accedió á las proposiciones de éste, y aumentando con otra paja la dotacion de la espresada fuente, se llevó por tubería de plomo por el puente y se hizo una nueva fuente á un lado del arrecife, formando un sencillo pedestal con dos caños que van á llenar otros dos pilones que de aquel arrancan en opuestas direcciones; mas, como el barrio tiene bastante vecindario, no es lo suficiente para surtirlo de agua potable, y debieran adoptarse todos los medios posibles para aumentarla.

En otra poblacion mas amante de su embellecimiento, el Campo de la Verdad sería un lugar ameníısimo, donde muchas personas irían á pasar el dia ó á pasear por las tardes: los grandes terrenos de que dispone allí la Municipalidad, podían estar cubiertos de hermosos bosques que bajáran hasta las orillas del rio por uno y otro lado, donde las alamedas, no solo embellecerían aquel sitio, sino que darían algun producto, aun cuando no fuese mas que para sostenerse y guardarse: los álamos y mimbreras en profusion, hubieran evitado tambien la desaparicion del murallon de San Julian y las grandes pérdidas sufridas por algunos propietarios; mucho podía hacerse aun, pero no vemos ni remota esperanza de que se realice, y tal vez algun dia lloremos nuevas é irreparables pérdidas, cuando las aguas del Guadalquivir invadan toda aquella zona.

De este barrio arranca, como hemos dicho, la carretera general para Sevilla, construida en el reinado de Cárlos III; antes de llegar al puente que denominan Viejo, por ser anterior á el arrecife y que deja paso al rio Guadajoz, denominado vulgarmente Bajosillo, hay un sitio que todos conocemos por los Visos, porque desde él se divisa la ciudad, presentando una hermosa vista; vésele recostada en la falda de Sierra Morena, salpicada de preciosas casetas, y por delante y semejando una ancha cinta de plata, se vé correr el Guadalquivir, en el que reflejan de noche las brillantes luces que aun la hacen mucho mas poética y hermosa: este sitio, donde en mas de una ocasion ha esperado el Ayuntamiento de Córdoba á los reyes que por ese lado han venido á visitar la antigua córte de los Califas, nos hace recordar un hecho consignado en nuestra historia y harto funesto para los cordobeses.

Cuantos tienen conocimiento de la Historia de España, saben las diferencias que surgieron entre el Rey D. Alfonso el Sábio y su hijo el Infante D. Sancho, despues el cuarto, y la parte que la ciudad de Córdoba tomó á favor del segundo, á quien la mayoría del pueblo y la nobleza prestaban su mas decidido apoyo: en favor de D. Alonso vino á España Jacob Abenjucef, quien le pidió mil caballeros escojidos para guerrear contra el Rey de Granada que prestaba auxilios á D. Sancho; entonces fué designado D. Fernando Perez Ponce, uno de los mas notables guerreros de su tiempo, poniendo á sus órdenes seiscientos combatientes, quienes despues de combatir, como se les tenia prevenido, se disgustaron con Abenjucef, determinando separarse de sus huestes y volverse á Sevilla, residencia de D. Alfonso el Sábio; á su regreso debían pasar cerca de Córdoba, y como esta ciudad estaba tan decidida á favor de D. Sancho, quisieron, en mal hora, aprovechar esta ocasion de darle una prueba del mucho cariño que le profesaban, y al efecto determinaron salir á cortar el paso de D. Fernando Perez Ponce y la poca gente que mandaba; los escritores sevillanos ponderan el número de los cordobeses que salieron á este encuentro, haciéndolo subir á diez mil, cifra en estremo exajerada, pues no es posible que en este caso hubiera tenido tan mal éxito la empresa. La gente que salió de esta ciudad era mandada por D. Sancho Martinez de Leiva, Merino mayor de Castilla; Fernando Arias Messia, Alcalde mayor; Fernando Nuñez de Temez, Alguacil mayor, y Fernando Enriquez Portocarrero; en los Visos, de que estábamos hablando, encontráronse al fin unos y otros, y aun cuando D. Fernando Perez Ponce quiso evitar la batalla, le fué de todo punto imposible, y trabóse una de las mas sangrientas que han tenido lugar por estos contornos, rivalizando ambas huestes en valor durante el mucho tiempo que unos y otros pelearon desesperadamente; al fin los de Córdoba tuvieron que ceder por haber muerto su principal gefe Fernando Nuñez de Temez, Alguacil mayor, á quien sus contrarios cortaron la cabeza, llevándola con el pendon de esta ciudad á Sevilla, como trofeo de su victoria; mas no por esto quedaron tan bien parados los de D. Fernando, toda vez que sucumbieron en tan sangrienta lucha D. Rodrigo Estevan de Toledo, Alcalde mayor de Sevilla y Vasco Martinez Pimentel, Merino mayor de Portugal, que había venido á Castilla á servir á D. Alonso con doscientos cincuenta caballos á su costa, y fué de los designados para el auxilio pedido por Abenjucef, encontrándose por lo tanto en esta accion, donde se entusiasmó de tal manera, que se entró por el sitio en que había mas enemigos, á cuyo esfuerzo sucumbió; su cadáver fué llevado á Sevilla, sepultándolo en el convento de San Francisco, desde donde lo trasladó á Portugal su hijo Alfonso Vazquez Pimentel, que tambien se encontró en la batalla de los Visos.

Como hemos indicado, los escritores que han hablado de este hecho de armas y particularmente D. Diego Ortíz de Zúñiga, le dan grandísima importancia á favor de los sevillanos, y si bien no les negamos lo primero, no estamos conformes en cuanto á lo segundo, porque la mayor parte de los que venían con Perez Ponce, no eran de aquella ciudad, entre ellos los doscientos cincuenta portugueses y casi todos los demás pertenecientes á la Mesnada del Rey; y hasta estamos inclinados á creer que entre ellos se hallarían muchos de los mismos cordobeses que, ya por el enlace de familias nobles ó ya por ser fieles á D. Alonso, se encontrarían agregados á su córte. El arrojo de los de esta ciudad tuvo un doble mal éxito, tanto por el de la batalla, como por no ser del agrado de D. Sancho, quien despues, cuando vino á Córdoba, dijo á sus principales amigos «que bien habían merecido recibir aquel desengaño, por salir á pelear contra el pendon de su padre, contra el cual bien sabían que jamás el había peleado.»

D. Fernando Perez Ponce, de quien descendían los Cabreras y otras nobles líneas de Córdoba, era primo del Rey D. Alonso y el vasallo y amigo mas fiel durante la vida de aquel sábio Monarca, de quien despues fué testamentario: Sancho IV, lejos de guardarle rencor ó antipatía, agradeció sus grandes servicios como prestados á él mismo, conservándole todas sus preeminencias y confiándole además el cargo de Ayo de su hijo D. Fernando, despues el Emplazado, y el de Adelantado mayor de la frontera, dándole otras muchas pruebas de su afectuoso cariño y visitándolo repetidas veces en su última enfermedad en Jerez, donde acompañó su cadáver hasta dejarlo sepultado en la iglesia del Salvador de aquella ciudad: D. Diego Ortiz de Zúñiga, el Comendador de Zorita y el P. Ruano, aseguran que este ilustre personage es á quien Don Alonso dedicó los versos, cuya primer estrofa es la siguiente:

«A tí Fernan Perez Ponce el leal,
Cormano, y amigo, y firme vasallo,
lo que á mios omes de vista les callo,
entiendo decir, plañendo mi mal:
á tí que quitaste la tierra, é cabdal,
por las mias haciendas en Roma y allende,
mi péndola vuela, escochala dende:
ca grita doliente con fabla mortal.»

En el trascurso de nuestros paseos nos hemos ocupado detenidamente de la muerte que mandó hacer el Rey D. Pedro en varios caballeros cordobeses y la indignacion que en todos ellos había producido tan infame é injustificado proceder; ya saben nuestros lectores que en la plaza del Salvador fueron decapitados Pedro de Cabrera y Fernando Alfonso de Gahete, que en una noche hizo matar aquel cruel Rey á diez y seis caballeros cordobeses, y por último las órdenes que dió al Maestre D. Martin de Córdoba para la muerte de otros amigos y deudos suyos, con la demolicion de sus casas, que se llevó á cabo en las de los Menas, Hoces, Argotes y otros, no cumpliéndose la primera parte de la órden porque el Maestre avisó á los sentenciados á morir, lo que le valió una gran persecucion, que no logró entibiar su acrisolada lealtad, hasta que murió en Sevilla despues de haber defendido en Carmona á las hijas de

D. Pedro. En 1367 tornó D. Enrique de Francia con poderosas fuerzas, y entrando en Castilla, fué proclamado en Búrgos como legítimo Rey, declarándose á su favor toda la nobleza, y mas decidida que toda, la de Córdoba, arrastrando á el pueblo que, como ella, habia presenciado y no olvidado los infames atropellos de que esta ciudad fuera víctima.

La decidida actitud de los cordobeses provocó, como era de esperar, mucho mas las iras de Don Pedro, y temerosos de que intentase en ellos nuevos y sangrientos castigos, llamaron en su ayuda al Maestre de Santiago, D. Gonzalo Mecia, D. Juan Alfonso de Guzman, despues primer Conde de Niebla, D. Alvaro Perez de Guzman, Alguacil mayor de Sevilla y D. Pedro Ponce de Leon, que fugitivos se encontraban en Llerena con el Maestre cordobés, amante de su pátria, á la que no titubeó en socorrer, entrando en ella con quinientos caballos dispuestos como todos los vecinos de la ciudad á morir primero que dejar á D. Pedro entrar á ejercer nuevas crueldades. Este, á su vez, no perdonaba medio, por bajo que fuese, por saciar su corage, y despues de juntar mil quinientos caballos y seis mil infantes, pidió mas socorros al Rey moro de Granada, prometiéndole el dominio de Córdoba, con cuya oferta vino él en persona con siete mil caballos y ochenta mil infantes, de los cuales doce mil eran ballesteros.

Aun cuando todos los cordobeses, sin esclusion de edades ni sexos, contribuyeron cada cual como pudo á la defensa de la ciudad, es oportuno anotar quienes fueron los caballeros que estuvieron á la cabeza de aquellos valientes, y á quienes nombran en el privilegio de franqueza que en premio á su valor concedió á Córdoba D. Enrique, en Búrgos, á 6 de Noviembre de 1367: estos fueron D. Alonso Fernandez de Córdoba, Señor de Montemayor; su primo D. Gonzalo, Señor de Cañete; Diego Fernandez de Córdoba, Señor de Chillon; Lope Gutierrez de Córdoba, Martin Alonso, Diego Alfonso de Montemayor, Diego Gutierrez de los Rios. Alfonso Tellez de Saavedra, Garci Fernandez de Córdoba, Gimeno de Góngora, Garci Mendéz de Sotomayor, Garci Lopez, Pedro Lopez, Pedro Gonzalez de Frias, Bartolomé de Bocanegra, Fernando Armijo de Sousa, Juan Sanchez de Frias, Pedro Alfonso de Rueda, Suero García de Sotomayor, Fernando Perez de Harana y Juan Gutierrez de Montoya.

Salió el Rey D. Pedro de Sevilla, y reuniéndose con el de Granada, llegaron á las cercanías de Córdoba, acampando sus ejércitos en los Visos, desde donde habian de intimar la rendicion á los bravos defensores de esta ciudad; mas, anticipándose estos mandaron varios emisarios á conferenciar con Don Pedro, haciéndole presente, que si prometia entrar solamente con los cristianos que tenía á sus órdenes y respetar las vidas y haciendas de todos los cordobeses, franca tenía la entrada; pero que si no empeñaba su palabra, resistirían cuanto su valor y sus fuerzas permitieran: oida esta proposicion prorumpió D. Pedro en desaforados gritos, insultando á los emisarios y diciéndoles que ni un acto de perdon habian de ver cuando, muy pronto, los hubiera vencido. Tal era la confianza que aquel cruel Monarca tenía en su ejército, y tal el deseo de castigar horriblemente á los que habian abrazado la causa de su hermano D. Enrique.

Apenas habian regresado los emisarios á la ciudad, cuando un general árabe llamado Abenfulos, despues Rey de Marruecos, seguido de parte del ejército de Granada, sitió y ganó el castillo del puente ó Carrahola, y pasando adelante hácia las murallas del barrio llamado Alcázar viejo, les combatió tan reciamente, que abrió en ellas seis portillos y puso sus pendones sobre las almenas: entretanto oíase el plañidero son de todas las campanas, y las iglesias se veian llenas de sacerdotes, mujeres, niños y ancianos que, contristados, rogaban por el triunfo de sus defensores: un rasgo heróico de las damas cordobesas, á quienes siguieron gran parte de las demás del pueblo, contribuyó en gran manera al éxito de la defensa; soltáronse los cabellos, vistieron humildes trages, y saliendo por las calles, suplicaban á todos los hombres que corrieran á morir á manos de los sitiadores antes de verlas entregadas con sus hijos en manos de los enemigos de su religion y su patria: todos entonces encomendaron su direccion al Adelantado mayor de la Frontera D. Alonso Fernandez de Córdoba, de quien algunos por envidia ú otras causas hicieron desconfiar, diciendo estar de acuerdo con D. Pedro, á quien entregaría la ciudad; esta calumnia llegó hasta su madre D.ª Aldonza Lopez de Haro, y dice la tradicion que cuando pasaba armado por la hoy calle de Torrijos ó Palacio, le salió aquella al encuentro diciéndole á grandes voces, que se murmuraba su intento de entregarlos al Rey, y que tuviese entendido que en el linage de los Haros jamás hubo traidor alguno; D. Alonso se bajó del caballo, y despues de besarle la mano con el mayor cariño, contestóle:—*Señora, al campo vamos y allí se verá la verdad;*—otros afirman que D.ª Aldonza dijo:—*Por la leche que mamaste de mis pechos, que no entregues la ciudad,* —y que habiendo ocurrido esta escena frente al postigo llamado de la Leche, le quedó entonces este nombre; pero el origen es otro, como en su lugar diremos, y por consiguiente carece de fundamento esta creencia.

D. Alonso siguió su marcha, y poniéndose al frente de todos los defensores de Córdoba, acudió primero á el Alcázar viejo, de donde, ayudados hasta por las mujeres con picas y palos, arrojaron á los moros de las murallas, quitándoles sus pendones y arrollándolos hasta mas allá del puente, quedando muchos tendidos en todo aquel largo trayecto, donde dicen que los piconeros de San Lorenzo con sus hoces y hachas cortaron á muchos las cabezas: esta acometida fué tan recia, que hasta logróse recuperar el castillo de la Carrahola que, como hemos dicho, habian ganado. Ya en el puente volvióse D. Alonso á sus valerosos amigos y les dijo que desde allí se volvieran los que no quisieran seguirle, porque no les restaba mas remedio que vencer ó morir: todos lo siguieron y él, para quitar toda esperanza, mandó volar dos arcos del puente, quedando incomunicados con la ciudad. Si grande había sido la lucha, mayor aun lo fué desde este momento, pues arremetiendo en el campo contra las huestes de los reyes aliados, los llevaron acosados hasta gran distancia, causando en ellos grandísimos estragos: D. Alonso y los suyos se volvieron á Córdoba, repasando el rio hácia el murallon de San Julian, por el vado que desde entonces se llama del Adalid. Cuenta la tradicion, que la noticia de tan horrible derrota llegó al Rey moro cuando estaba cenando en una casita donde se hospedaba, y que al oir aquel relato, esclamó en estremo conmovido:—*¡Amarga cena me han dado!*—de donde viene el nombre del cortijo que todos conocemos con este título, á dos kilómetros de distancia de esta ciudad.

Los sitiadores arrollados, pero no convencidos de la inutilidad de sus esfuerzos, acamparon antes de llegar á los Visos, en tanto que los sitiados remediaron los daños causados en las murallas del Alcázar viejo, reforzaron la defensa del puente y se entregaron á mil muestras de júbilo por la victoria alcanzada en aquel dia. Al siguiente se presentaron los enemigos á vista de la ciudad, á la que no se atrevieron á atacar temerosos de un nuevo descalabro. Algunos dias permanecieron amenazando á los cordobeses, hasta que, convencidos de su impotencia, marchóse D. Pedro á Sevilla, en tanto que el Granadino se corrió hácia Jaen, cuya ciudad conquistó, haciendo grandísimos estragos en otras muchas comarcas.

Desde entonces el Campo de la Verdad lleva este título, recordando á Córdoba una de sus mayores glorias. El Obispo D. Andrés Perez Navarro, en union del Cabildo, concedieron á Don Alonso Fernandez de Córdoba el patronato de la capilla de San Pedro para su entierro y el de sus descendientes, y el Pontífice en sus bulas le llamó *El Restaurador de la cristiandad en España.*

Durante el fragor de la batalla las cuatro campanas mayores de la Catedral estuvieron tocando rogativa y en el dia siguiente y noche doblaron por los que tan gloriosamente murieron en ella: entonces fué cuando el Obispo Navarro ofreció que aquellas campanas y particularmente la segunda denominada hoy de la Cepa, doblaría tambien á todos los descendientes de los que con tanta decision y acierto habian dirijido el triunfo de las armas cordobesas; oferta que el Cabildo Eclesiástico confirmó en Noviembre del mismo año, 1368, si bien los espresados descendientes habian de serlo por línea recta ó de varon; pero en 29 de Diciembre de 1504 lo reformó, concediéndolo tambien para los descendientes por hembra. El doble de Cepa continua recordando á los cordobeses la memorable batalla del Campo de la Verdad, y para obtenerlo se necesita que tres individuos, con derecho reconocido, lo pidan al Sr. Dean de la Santa Iglesia Catedral, prestando juramento de que les consta ser el finado de los descendientes de aquellos valerosos hijos de Córdoba: algunas familias, deseosas de que espresado privilegio tenga mas lucimiento, al par de obtener el permiso para el doble de Cepa, hacen una esposicion al Sr. Provisor pidiendo que las demás iglesias acompañen con sus campanas á las de la Catedral; pero otros se contentan solo con lo primero, cuyos derechos son de poca importancia.

Con el recuerdo de la batalla del Campo de la Verdad concluimos nuestro paseo por aquel barrio, restándonos solo el de la Catedral; mas, deseosos de que nuestros lectores conozcan la historia de algunos otros sitios dignos de mencionarse y que estan repartidos por el término de Córdoba, haremos su historia, con la que terminaremos el presente tomo de nuestros paseos.

PASEO DECIMO TERCERO.

Sitios mas notables del término.

Tal vez debiéramos empezar este paseo esplicando á nuestros lectores los límites del término de Córdoba, sus productos, tanto en frutos como en diversas clases de animales, y otras muchas particularidades, tan dichas ya por diferentes escritores, que en nosotros no harían mas que alargar estos apuntes, repitiendo los que todos tienen olvidados: vamos, pues, á reseñar solo los sitios mas notables, que es lo que consideramos interesante, cuya opinion creemos será la de nuestros lectores.

En esta suposicion, nos dirijiremos primero á la inmediata villa de Santa María de Trassierra, por la hermosa carretera que en estos últimos años se ha construido con los fondos provinciales, como para indemnizar á Córdoba con aquella y con la que conduce á los Arenales, pasando entre las huertas de la sierra, de las cantidades con que ella ha contribuido á las muchas carreteras provinciales que han facilitado las comunicaciones entre muchos pueblos que, en tiempos de lluvias, puede decirse quedaban aislados.

Al emprender nuestra marcha, dejamos á la derecha la Estacion de los ferro-carriles de Sevilla, Madrid y Málaga, y á la izquierda la de la línea de Espiel y Belméz, ó sea la que en Almorchon enlaza con la de Madrid á Portugal. A poca distancia, encontramos un gran tramo dedicado á la industria; allí vemos primero una fábrica de materiales de construccion, á seguida otra magnífica del Sr. D. Joaquin de la Torre y Compañía, para la estraccion de aceite de orujo y elaboracion de jabones, montada con arreglo á los últimos adelantos, y, pasada, hornos para hacer cisco ó picon con el ya utilizado orujo de la anterior, al que se convierte en un tercer producto, y otra fábrica fundicion de plomos, en la actualidad en construccion, muestras todas ellas de nuestra entrada en la vida industrial, en que tanto puede hacerse en Córdoba, donde con tan grandes elementos se cuenta, para los que deseen utilizar sus capitales. Poco mas allá de este sitio, se descubrió en la Primavera de este año, 1876, dentro de un sembrado, el cadáver de un hombre ya en putrefaccion, que encontraron unos perros, y cuya identificacion personal aun no se ha logrado, creyéndose que sería algun viajero de la línea de Espiel y Belméz que, desconociendo el camino, se fiaría de algunos infames que, llevándolo al opuesto lado de la capital, lo asesinarían por robarlo.

Una media legua habremos andado, cuando encontramos la hermosa hacienda de la Albaida, cabeza de Señorío que posee el Sr. Duque de Hornachuelos; aquel nombre significa Castillo blanco y, en efecto, la linda casa actual está sobre los cimientos de una antigua fortaleza de que conserva algunos vestigios; hemos tenido el gusto de visitarla, y en su capilla, muy antigua por cierto, se encuentra la imágen que le sirvió de titular, si bien hoy tiene otra Vírgen en un retablo, procedentes ambos objetos del suprimido convento de frailes Franciscos que había en la Arrizafa, de que bien pronto nos ocuparemos. En uno de los ejemplares de los *Casos raros de Córdoba,* hemos leido que un señor Fernandez de Córdoba, dueño ó labrador de esta finca, mató en sus tierras á un hombre que iba á cazar, en la creencia de que lo llevaba la idea de robar el fruto, y que, probada la inocencia de la víctima, fué sentenciado el primero á la última pena, de la que se evadió escondiéndose en un convento, hasta que, á fuerza de empeños y donativos á favor de la familia ofendida, logró que el Rey lo indultase de aquel castigo.

Siguiendo nuestra ruta, pasamos por un sitio conocido por el Balcon del mundo, á causa del magnífico y estenso panorama que desde él se admira, y dejando á los lados los lagares de San José y el Rosal, ambos con oratorios, y el segundo, con especialidad, abundantísimo en maderas de construccion, llegamos á la aldea de Santa María de Trassierra, en otros tiempos villa y mucho mas poblada que en la actualidad, debiendo su decaimiento, tanto á la insalubridad de su situacion como á que, siendo su término casi en su totalidad de hacendados forasteros, aquellos vecinos carecían de medios para atender al sustento de sus familias; está á unos diez y seis kilómetros de Córdoba, y en 1846 tenía todavía tres calles y una plaza, y en ellas veinte casas con veinticuatro vecinos que contaban setenta y cinco habitantes; pero en el último Nomenclator aparece ya con quince casas habitadas y una en alberca, de las que diez son de un solo piso y las seis restantes de dos: por estas cifras se vé que este pueblo vá en disminucion, mal que padecía muchos años antes, como se prueba claramente, tanto por los expedientes de quintas que desde la institucion de ellas existen en el archivo del Gobierno de la provincia, como por los Diccionarios geográficos antiguos, y así vemos que en el de *D.* Antonio Montpalan, impreso en Madrid en 1783, se hace figurar á la villa te Trassierra con doscientos vecinos, ó sean diez veces mas de los que en la actualidad cuenta: no puede ser mas justificada la medida llevada á cabo en primero de Enero de 1846, haciéndole perder la categoría de villa y convirtiéndola en una aldea dependiente de la jurisdiccion de Córdoba. El edificio mas notable, aunque de escasísima importancia, es el que servía de Ayuntamiento, Cárcel y Pósito, que aun se conserva en beneficio de aquellos habitantes: su término era de cuatro leguas, con unos cuatro millones ochocientas veinticuatro mil quinientas varas cuadradas, las cuales vinieron, por consiguiente, á aumentar el de esta ciudad.

Sin embargo que, tanto en aquella poblacion como en sus cercanías se ven algunos rastros de edificios antiguos, su fundacion no lo es tanto, si bien no podemos precisar la época fija de ella, que se cree sea del último tercio del siglo XVI, apoyándose esta opinion en que el célebre poeta cordobés Juan Rufo, que vivió por este tiempo, pone en su romance *Los Comendadores,* en que se refiere la muerte que les dió Fernan Alfonso de Córdoba, de cuya histórica tradicion nos ocupamos en el barrio de Santa Marina, los siguientes versos, que dan una idea del estado entonces de aquel sitio:

«Por qué se quiere ir á monte
por cuatro dias ó cinco

á un bosque fragoso entonce
de fieras albergue nido,
y agora dicho Trassierra
que es de granjas paraiso.»

Luego en el siglo XV ni aun estaba aquel lugar desmontado, como en el tiempo en que se escribían los anteriores versos.

Varios escritores y entre ellos nuestro desgraciado amigo D. Luis Ramirez y de las Casas-Deza, en su *Corografía de la Provincia de Córdoba,* dice que las Córtes que se disolvieron en 25 de Diciembre de 1656, prestaron consentimiento para que el Rey vendiese algunos pueblos para reunir, con otros recursos que se le facilitaron, millon y medio de ducados, y entre aquellos se contó la villa de Trassierra, que compró D. Juan de Góngora, dando 346.875 maravedises, ó sean 18.750 por cada uno de los diez y ocho vecinos y medio que se le calcularon de poblacion, dándole la posesion de aquel Señorío el Corregidor de Córdoba D. Fernando Manuel de Villafaña, en 5 de Enero de 1661, importando aquella suma con el valor del término 4.953,388 maravedís, segun el privilegio que se le expidió en 27 de Julio de 1663.

La única parroquia que tiene debió fundarse como ermita, sin poder administrar Sacramentos, porque en un Sínodo celebrado en 1667 no aparece representada, y además sus libros no principian hasta 1719; este es un edificio mediano, basado en otro antiguo, segun indican parte de sus muros, dando lugar á que algunos crean haber existido en aquel lugar un convento de Templarios: está dedicada á la Purificacion de Nuestra Señora, en cuyo dia, 2 de Febrero, se celebra una gran funcion; además tiene otros dos altares al frente de las naves colaterales, y al final de una de ellas una capilla con la pila del Bautismo: contiguo á la parroquia está la casa del Cura y el cementerio.

Cerca de Trassierra hubo dos ermitas dedicadas á San Sebastian y San Cristóbal, santos que en este país han tenido muchos devotos, pues son vários los pueblos de esta provincia que les han erigido iglesias. Tambien muy cerca existen uno ó dos pozos para guardar nieve, de los que durante siglos se ha surtido esta capital. El terreno que constituía el término de Trassierra, ha sido siempre abundante de aguas, contándose entre otros veneros los que surten las fuentes llamadas la Víbora, Valdezorrilla, del Fraile, la Alcubilla, la Llueca, del Rey, la Teja, Cinco pilones, el Borbollon y la mineral Agria, que se aplica á diferentes enfermedades; pero los veneros mas abundantes son los del Caño Escaravita y los del Bejarano; este último dió movimiento á una máquina de batir el cobre, y en la actualidad á una bien montada fábrica de paños.

Desde Trassierra debemos ir al venerado Santuario de Ntra. Sra. de Linares, por considerarlo el mas antiguo de cuantos tenemos que anotar en los alrededores de Córdoba, por haberse fundado en seguida de su conquista.

Conocida es ya de nuestros lectores la conquista de Córdoba por el Santo Rey Fernando III, dispensándonos el que la repitamos para completar la historia del Santuario de Linares: aquel Monarca llegó con sus huestes á la pequeña poblacion de Alcolea, acampándolas en toda la parte de la sierra que mira á la ciudad y fijando su tienda cerca de donde vemos la ermita; segun costumbre, con el objeto de animar á sus soldados, llevaba siempre consigo una imágen de la Vírgen, de regular tamaño, para poderla colocar, durante jas batallas, en el arzon de la silla de su caballo, donde todos podían llamarla como su poderosa defensora: el nombre de Linares ha dado lugar á diferentes congeturas; créese, entre ellas, que no estando el Rey en Toledo, sino en Benavente, al saber la toma de la Ajerquía, y no teniendo allí su imágen predilecta, ó tomó éste al pasar por la poblacion del mismo título de Linares, ó la Vírgen quedó con el del apellido del capellan á quien venía confiada; de uno ú otro modo, se asegura que el Santo Rey la colocó por sí mismo en el centro de una torre ó atalaya que encontró en aquel sitio, y por consiguiente á su persona se le debe confirmar la creacion de aquel venerado Santuario.

Realizada al fin la conquista de la ciudad, parecía natural que la imágen hubiese sido traida á ella; mas no lo fué, tanto por conservar aquel histórico recuerdo, como por creerla mas segura, pues quedando Córdoba aun rodeada por pueblos dominados por los árabes, sería mas fácil en una sorpresa, que sus guardadores la salvaran por entre las espesuras de la sierra.

Desde este tiempo data la devocion de los cordobeses á Ntra. Sra. de Linares; sus donativos aumentados con los que hiciera el Obispo D. Lope de Fitero y el Cabildo Catedral, fueron bastante á labrarle iglesia ante la torre que quedó y existe, formando la capilla mayor, si bien desde entonces una y otra han sufrido muchas restauraciones, hasta hacerle perder su primitiva arquitectura, especialmente á la iglesia.

Unas veces muy viva y otras bastante tíbia, ha llegado á nosotros aquella devocion, despues de pasar mas de seiscientos años; probándose esta verdad histórica con las mandas piadosas que á su favor se encuentran en muchos testamentos, entre ellos el del Dean D. Pedro Ayllon, otorgado en 2 de Julio de 1302, mandando se le restituyera á dicho Santuario, á la sazon casi desamparado, ciento veintidos maravedises y varias alhajas que tenía en su poder: tambien hemos leido que el Maestreescuela Bañuelos, edificó á su costa las habitaciones que aun existen á la derecha de la iglesia, y el Chantre Aguayo dejó un legado de doce fanegas de trigo y cien reales anuos para ayuda de un santero que permaneciese al cuidado de la Vírgen.

A poco tambien de la conquista, instituyóse una hermandad que fundó el hospital de la Lámpara ó San Cristóbal, cuya iglesia aun existe con el título de Ntra. Sra. del Amparo; á ella pertenecían todos los indivíduos del gremio de calceteros, que estando establecidos en aquellos alrededores, dieron nombre á el arquillo que había en la confluencia de la Carrera del Puente con la Cruz del Rastro: en 1290, el Obispo D. Pascual formó instituciones para esta hermandad, y en ellas le impuso la obligacion de celebrar fiesta anual á Ntra. Sra. de Linares en su Santuario, siendo tan bien acogida esta disposicion, que durante los ocho dias anteriores al de espresada festividad, celebraban una féria cerca del Amparo, cojiendo parte de la calle de San Fernando, que con tal motivo tomó el título de la Féria que hasta hace pocos años ha conservado; anunciando tambien aquella una especie de procesion que recorría las calles con trompetas y chirimías y llevando un estandarte que se cree sea el existente en la Catedral, pues no es posible sea éste el que trajo San Fernando, como algunos afirman, porque tiene en el centro su imágen rodeada de una aureola, demostrando su santidad, y ésta no debió ponérsele hasta despues de su canonizacion.

Como desgraciadamente todo pasa con mas rapidéz

de lo que quisiéramos, acabóse no solo aquella fervorosa devocion, sino hasta el grémio de calceteros, numeroso en aquel tiempo, y el Santuario de Linares quedó otra vez casi abandonado, por lo que el Cabildo, que desde un principio lo protegió, se declaró su patrono, designando individuos de su seno que anualmente se renovasen y estuviesen al cuidado de la iglesia de Linares, lográndose de este modo que no haya desaparecido como el de los Mártires y otros, ya historiados en estos paseos.

En el presente siglo, realizada la desamortizacion de todos los bienes eclesiásticos, se vendieron por el Estado las pocas fincas con que se contaba para el culto, y como á la vez los individuos del Cabildo sufrieron gual suerte, quedó el Santuario de Linares sin contar con mas recursos que las limosnas de los devotos, tan escasas que no podían sufragar aquel gasto, por lo que vino casi á un total abandono. En 1856, sufrió una grave enfermedad el entonces Obispo de Córdoba Don Manuel Joaquin Tarancon, despues Arzobispo de Sevilla, donde murió, y entre las imágenes á quienes en sus oraciones se encomendó, se encontraba nuestra Conquistadora, como la califican algunos autores, á la que en primero de Junio costeó una magnífica funcion en accion de gracias, asistiendo él mismo acompañado de casi la totalidad de su Cabildo, siendo motivo bastante para que reviviese la devocion á la imágen, nombrándosele otra vez Diputado, que lo fué D. Eusebio Tarancon, sobrino del Prelado, á quien acompañó á Sevilla, reemplazándolo en este cargo el Canónigo D. Francisco Cubero, hermano del actual Obispo de Orihuela, y por su muerte D. Rafael de Sierra y Ramirez, que aun cuida, como Visitador, del Santuario.

Este nuevo fervor religioso estendióse á varios devotos y dueños de las heredades cercanas á la ermita, quienes concibieron el pensamiento de fundar una hermandad ó asociacion que en lo sucesivo cuidase del culto de tan venerada imágen, viéndose bien pronto realizada tan oportuna idea, considerándose como fundadores á los individuos cuyos nombres vemos consignados en la reseña histórica que antecede á la novena que en 1869 escribió é imprimió en casa de Don Rafael Arroyo, el Beneficiado de la Santa Iglesia Catedral D. Rafael Diaz de Almoguera, de quien hemos visto algunos otros trabajos literarios que le valieron el ser admitido como Académico en la de Ciencias, Bellas Letras y Nobles Artes de esta capital.

Organizóse la asociacion, y redactadas sus reglas ó estatutos, fueron aprobadas por el Obispo D. Juan Alfonso de Alburquerque en 26 de Abril de 1861, y despues por la Reina D.ª Isabel II en 13 de Julio de 1863, la que en 26 del mismo mes y año se declaró protectora y Hermana mayor de esta corporacion, que se apresuró á consignarlo así en las actas de sus cabildos ó sesiones.

Desde entonces, no solo se viene dando solemne culto á Ntra. Sra. de Linares, celebrando una novena en dias festivos y una numerosa romería en el de la festividad, sino que se han hecho en aquel edificio nntabilísimas mejoras, así como en los objetos destinados al culto.

La iglesia es pequeña, en forma de crucero, y además del altar mayor, donde está la Vírgen, que es de talla con el ropage dorado y vestida encima, hay otros varios altares dedicados á Jesus Nazareno y Ntra. Sra. de los Dolores, imágenes de vestir que hace siglos tuvieron hermandad, que en las Semanas Santas costeaba un sermon de Pasion y andabá la vía-crucis en el monte de enfrente, que desde entonces se llama de Jesús; San Rafael, escultura que estuvo en su iglesia del Juramento hasta que D. Alonso Gomez hizo la que hoy ocupa el altar mayor; San José, tambien escultura, de mucho mérito, obra del Padre Trapense Welber, y donada al Santuario por D. José Sanchez Sandoval, hácia 1820, figura que el Niño está durmiendo y que el Santo está imponiendo silencio á vários ángeles para que no turben su sueño, y por último, San Fernando, obra del escultor D. Lorenzo Cano, costeado por D. Bartolomé Olivares y otros devotos, los que al verla terminada la llevaron á la iglesia de San Francisco, donde le hicieron una novena que principió el 6 de Mayo de 1804, y terminada ésta, lo trasladaron al lugar en que se encuentra; además vemos allí varios cuadros, algunos de mérito, entre ellos otro San Fernando, donado por D.ª Antonia Rodriguez en 1799; San Lorenzo, á cuya feligresía corresponde; San Francisco, que es el mejor; San Acisclo y Santa Victoria: en la sacristía encontramos el milagro ó ex-voto de D. Gonzalo Serrano, ya referido al pasar por la calle de la Pierna, y tres sillones para el altar mayor, procedentes del suprimido monasterio de San Gerónimo, los que por su estructura nos hacen creer si les servirían á los Reyes Católicos en las veces que se hospedaron con aquellos monges.

Las dimensiones de este edificio son, veintiseis varas de largo su fachada que mira á Occidente; la capilla mayor, ó torre, hoy camarin, cuatro varas y media de fondo y tres y tres cuartas de ancho en su entrada, y la nave catorce de longitud por cinco y tercia de latitud; á los pies y sobre la puerta tiene una pequeña tribuna.

El actual altar mayor se estrenó en Abril de 1868

desapareciendo el antiguo y dejando tapado el primitivo nicho en el centro del muro de la torre, tal vez hecho cuando todavía el Santo Rey no había abandonado á Córdoba la primera vez recien conquistada.

Careciendo esta venerada imágen de oficio eclesiástico y misa propia, su ilustrado capellan é historiador Fr. Lúcas de Córdoba, del Orden de San Francisco, y ya mencionado en nuestros apuntes, se las escribió en 1806, habiendo sido despues aprobados, y por último, con fecha 2 de Junio de 1867, se recibió una bula de S. S. Pio IX, agregando esta iglesia de Ntra. Sra. de Linares á la Basílica de Santa María la Mayor de Roma, para que los que la visiten gocen de sus innumerables indulgencias, además de las que á ella tenian concedidas muchos Ilmos. Prelados.

En las memorias antiguas de Ntra. Sra. de Linares nada se dice de haberla traido á Córdoba; pero en el presente siglo ha venido dos veces, por cierto en dias de gran quebranto para sus numerosos devotos, que la han traido para implorar su amparo, obteniendo el consuelo que apetecian. Fué la primera vez el 4 de Junio de 1808, por órden del Comandante General de la Provincia D. Agustin Chavarri, yendo por ella el rosario del Socorro, trayéndola con la ya citada imágen de San Fernando y en medio de un bullicio extraordinario, pues asistieron á la procesion además de la mayor parte de los cordobeses, los muchos hombres que habian venido de los pueblos para disputar el paso á los franceses en el memorable puente de Alcolea; entraron por la puerta de Plasencia, y despues de hacer estacion en San Lorenzo, Santa Marta, San Pablo y San Francisco, siguieron hasta San Pedro, donde quedaron las imágenes depositadas, recibiendo contínuo y fervoroso culto. Cuéntase, que irritado el General francés por lo que ya saben nuestros lectores le ocurrió al entrar por la puerta Nueva, y creyendo al dar vista á citada parroquia de San Pedro, fuese una fortaleza, la mandó abrir á cañonazos, lo que no se efectuó por apagarse la mecha repetidas veces, hasta que sabido ser un templo, dijo que parecía como que un génio protector había tomado á Córdoba bajo su amparo; entonces revocó la órden dada de tocar á degüello y suspendió el saqueo que habían empezado sus tropas; sin embargo, se impusieron fuertes contribuciones al Cabildo Eclesiástico, la Grandeza y á cuantos tenían alguna cosa, ordenando á la vez que el dia 12, Domingo de la Sma. Trinidad, quedasen abiertos los templos al culto, y que el 16, dia del Smo. Corpus Christi, se efectuase la procesion con toda solemnidad, á que asistió el General con las fuerzas de su mando; pero concluida esta festividad, evacuaron precipitadamente la poblacion, dirigiéndose hácia Jaen, sin esperar á algunas partidas que habían salido á los pueblos y que á su regreso fueron presas por los paisanos, particularmente por los piconeros y leñadores.

En los dias sucesivos hasta el 16 de Octubre siguiente, en que fueron llevadas á su iglesia ambas imágenes, hubo multitud de fiestas y octavarios, siendo el último en el convento de Santa Marta, á peticion de su comunidad.

La segunda vez que la Vírgen de Linares ha venido á la ciudad, fué el dia 1.º de Octubre de 1865, con motivo de la invasion del cólera: la hermandad concibió este pensamiento; pidió licencias para realizarlo, y acompañada de la de Belen y Pastores, fué por ella, entrando cerca de oraciones por la puerta de Placencia, donde era esperada por el Ayuntamiento y otras corporaciones, entre ellas una comision de sócios del

Círculo de la Amistad, todos con cirios encendidos, formándose una procesion que condujo las imágenes de la Vírgen y San Fernando á la iglesia de San Hipólito, donde las dejaron depositadas hasta el dia 24 de Diciembre en que las restituyeron á su Santuario, en la misma forma que las trajeron.

Nuestros lectores se trasladarán con nosotros al memorable puente de Alcolea, en cuyas inmediaciones hubo en tiempo de los árabes y mucho despues una poblacion, á donde dicen que iban á casarse muchas damas cordobesas por no perder el derecho á los gananciales de que estaban privadas, segun la tradicion, por mandato de Isabel la Católica, de que ya nos hemos ocupado en el barrio de Santa Marina; sea ó no cierta esta creencia, sí lo es que hubo allí poblacion y que la actual iglesia, hoy reformada, fué su parroquia; pero ha debido sufrir grandes trasformaciones, porque su estructura ni es tan antigua, ni conserva rastros de mayor importancia: en estos últimos años su capellan D. Casto Berard le mudó el altar, poniéndole otro del suprimido convento de Santa Clara, con una imágen de la Concepcion, dejando á un lado el cuadro antiguo de Ntra. Sra. de los Angeles, que tampoco creemos sea la primitiva.

El puente de Alcolea fué construido en tiempo de los romanos, puesto que de él hacen mencion muchos escritores antiguos: está sobre el Guadalquivir y dá paso á la carretera de Madrid á Cádiz, construida en el reinado de Cárlos III, con la idea de que aquella tocase en Córdoba, como una de las poblaciones mas importantes que encontraba al paso: es casi todo él de piedra negra sacada de la cantera, no muy lejos de aquel sitio, conocida por la de la Hortezuela; consta de veinte arcos con fortísimos cuchilletes ó entivos; en lo antiguo era mas corto y, sea por los muchos siglos que contaba, ó por la mala calidad de la piedra empleada en su construccion primitiva, su estado era malísimo y hacía temer lo destruyeran las aguas en las grandes avenidas: esto dió lugar á que la Ciudad de Córdoba pidiese su reedificacion, á la que accedió el Rey, encargando la formacion del proyecto y presupuesto por Real órden de 10 de Marzo de 1784, á D. Juan de Itúrbide, quien se valió del Arquitecto D. Bernardo Otero y Blanco, resultando valorada la obra en un millon cuatrocientos cincuenta y cuatro mil reales, esplicando la necesidad de hacer nuevos los arcos sesto, séptimo, octavo, noveno, décimo, onceno y décimo quinto, y la de reconstruir el primero, segundo, cuarto, quinto, duodécimo y décimo tercero, además de ampliarlo hasta los veinte arcos que ya hemos dicho que tiene en la actualidad; aprobóse el proyecto con la condicion de ser abonado su importe por todos los pueblos existentes en una circunferencia de treinta leguas, á quienes interesaba para sus mútuas comunicaciones el paso por aquel sitio; en el espresado presupuesto entró tambien, aunque en cantidades separadas, las composiciones del puente de Córdoba y del llamado Viejo, ó sea el que hay sobre el rio Guadajoz en la carretera de Sevilla.

Inauguráronse las obras del de Alcolea con gran solemnidad, poniéndose la primer piedra, sirviendo un palaustre de plata que hemos visto en poder de los herederos del Sr. Duroni, que tambien asistió como sobrestante á esta gran obra, en la que se tardaron cuatro años. El pavimento de este puente estaba adoquinado; pero con el contínuo paso de carruajes se hicieron tantos baches, que en 1860 resolvieron quitarlo y arrecifarlo, con lo que padecía menos la obra y era mas cómodo el movimiento de aquellos. A su mediacion tiene una especie de obelisco con una lápida en que se marca el tiempo de estas importantes obras.

En el presente siglo hán tenido lugar en este sitio dos hechos de armas de grandísima importancia en la historia de este desgraciado país.

Cuantas personas existen, medianamente instruidas, han leido con avidéz la historia de la guerra de la Independencia, en que la gran mayoría de los españoles se levantaron como un solo hombre contra el ambicioso Napoleon primero que pretendió sentar á su hermano José Bonaparte en el trono de una nacion tan amante de su dignidad y de su honra.

El 2 de Mayo de 1808, la sangre española regó las calles de la coronada villa; un puñado de valientes, héroes todos, prefirieron morir con gloria á sufrlr la opresion de los invasores; poco mas de un mes de aquella catástrofe, que aun orgullosos conmemoramos, los franceses decidieron ocupar tambien la Andalucía, y al mando del General Dupont habían de llegar á Córdoba, confiados en que, como hasta entonces, nadie había de oponerse á su paso; los cordobeses concibieron hacerles resistencia, y llamando á sus compatriotas de los pueblos, juntáronse unos cincuenta mil hombres, sin armas apropósito y sin instruccion alguna en el arte de la guerra: puesto al frente de aquel desordenado ejército el Comandante General de esta Provincia D. Pedro Agustin Chavarri, y poniendo por intercesoras á la Vírgen de Linares, que ya hemos dicho trajeron á la parroquia de San Pedro, y á la de la Fuensanta, á la que el entusiasmo y la devocion popular puso la banda de Generala, se aprestaron á la defensa de esta ciudad, situándose en el puente de

Alcolea, sin mas fuerza disciplinada que una escasa compañía y una batería mal provista de municiones, que llegó de Sevilla en la tarde del seis de Junio: á el amanecer del siete, ya estaba situada ésta donde está la casa de la hacienda de Pendolillas, propia del señor Marqués de Benamejí, algunos certeros tiradores frente á los vados, y los pocos soldados de infantería con todos los paisanos en el puente, si bien puede asegurarse que la mayoría de estos solo servía para hacer bulto, pues en su mayor parte solo tenian para la defensa malas escopetas y multitud de picas, con lo que, aunque superiores en número á los franceses, mal podían hacer resistencia á éstos que eran unos quince mil, bien armados y esperimentados en cien combates. Sin embargo, la lucha se sostuvo tres horas, durante las cuales los tiradores les hicieron bastantes bajas y la artillería barrió las primeras fuerzas que intentaron pasar el puente, pero la falta de municiones adelantaron el éxito de la accion, y la caballería enemiga se echó sobre aquel improvisado ejército, que salió á la desbandada, llevando el pánico, no solo á esta ciudad, sino tambien á otros pueblos, á donde llegaron en su precipitada huida.

Dueño Dupont del puente, empezó el avance de sus tropas hácia Córdoba, con grandes precauciones, temeroso de mas resistencia, hasta dar frente á la puerta Nueva que permanecía cerrada: sin abandonar aquel punto, destacó tropas por la ronda, y algunas que llegaron al santuario de la Fuensanta fueron las que, como en su lugar dijimos, arrojaron esta venerada imágen desde el camarin á la iglesia; las otras fueron hostilizadas desde los terrados del convento de los PP. de Gracia y otros puntos, sin conseguirse con esto mas que aumentar el deseo de avazallar á los cordobeses. La puerta Nueva fué abierta á cañonazos, despues de arrojar algunas bombas sobre la poblacion, sufriendo mas que todos el barrio de la Magdalena, si bien llegaron dos ó tres de aquellas á la calle de la Candelaria y otros puntos; de las balas arrojadas en dicho dia hemos podido recojer dos, de las que una hemos regalado al Museo provincial, como recuerdo de tan memorable hecho de armas.

Aun se conservan en la puerta Nueva, hoy de Alfonso XII, los agujeros hechos por las balas; en este sitio contamos lo ocurrido en la casa que hace esquina á la calle del Pozo, que escusamos repetir. El General Dupont hizo tocar á degüello y permitió á los soldados el saqueo de la poblacion, órdenes que se retiraron, gracias al Marqués de la Puebla, Alferez mayor de la ciudad, que cerca de San Pedro se presentó á Dupont declarando que Córdoba se daba por rendida y que le suplicaba se apiadase de sus desconsolados habitantes.

El segundo y último suceso que tanto nombre ha dado al puente de Alcolea, tuvo lugar en la tarde del 28 de Setiembre de 1868 entre las tropas mandadas por el Duque de la Torre, acompañado de los Generales Caballero de Rodas, Izquierdo y Rey, y las que trajo á sus órdenes el Marqués de Novaliches, quedando vencedoras las primeras. Muy conocido y reciente es este hecho de armas, sobre el que ha escrito un estenso volúmen nuestro paisano el escritor D. Francisco de Leiva, con objeto de darlo á la prensa: tambien pueden verse los periódicos de aquellos dias, en que se publicaron todos los pormenores de la accion.

Antes de llegar á la iglesia, á los lados del camino, se ven unos montones de menudas piedras sueltas, que están indicando los lugares en que se inhumaron los cadáveres de los infelices soldados que allí murieron en la tarde del 28 de Setiembre de 1868, y que debieran sacarse y traerlos al Cementerio de San Rafael, como se hizo con los jefes y oficiales que tuvieron igual desgraciada suerte.

Cerca de este sitio existe una casa palacio que perteneció al Infante D. Francisco de Paula, hermano de Fernando VII, y unas dehesas donde se criaban los hermosos caballos que muchos años ocuparon el edificio que aun llamamos de las Caballerizas Reales y hoy ocupa el Depósito de potros para el Ejército.

También encontramos hácia la mediacion del camino un cerrete aislado, conocido por el Monton de la tierra, del que se han ocupado varios escritores, considerándolo algunos como un cementerio fenicio.

Vamos á dirijir nuestro paseo al sitio mas notable que hay en el término de Córdoba, al par que el mas frecuentado por cuantos forasteros nos visitan: éste es el Desierto de Ntra. Sra. de Belen, conocido vulgarmente por las Ermitas, albergue de una comunidad sujeta al Obispo y presidida por uno de sus individuos, que serán unos trece ó catorce ermitaños, hombres que, huyendo del bullicio del mundo, se acojen á aquella soledad, donde dedican su vida á la oracion, observando reglas muy severas y propias de aquel instituto.

Desde los primeros tiempos del cristianismo, segun autorizados escritores, hubo en la sierra de Córdoba ermitaños ó anacoretas dedicados á la vida contemplativa. El Dr. D. Bartolomé Sanchez Féria, en su obra *Yermo de Córdoba,* impresa en esta ciudad en 1782, nos dá curiosísimas noticias de aquellos virtuosos hombres desde sus principios hasta la época en que él escribía, ocupando un volúmen que pueden examinar nuestros lectores, ya que nosotros no podemos dete nernos tanto como es nuestro deseo, por impedirlo la índole de nuestros paseos.

Los primeros ermitaños carecían de jefe, no formaban comunidad y ni aun apenas se comunicaban los unos con los otros; cada cual se albergaba en la cueva ó pequeña casa que había labrado, y éstas estaban diseminadas desde la Arrizafa á la Albaida, y aun en algunos sitios mas lejanos, donde suelen encontrarse vestigios de construcciones, ó la tradicion ha conservado los nombres, como sucede en Rivera la alta, que tiene un sitio aun nominado el Eremitorio.

Segun los datos recojidos por autores mas autorizados que nosotros, podemos remontar la existencia de los ermitaños al siglo IV, en que vivió el gran Obispo cordobés Osio, que observó la vida solitaria y cenobítica, y por consiguiente á él se debió la fundacion de los monasterios que de tiempo de los romanos registra nuestra historia. Tambien es de suponer que durante la dominacion de los godos y de los árabes existieran solitarios ó ermitaños en la sierra, y entre ellos San Atanasio, San Teodomiro, San Rogelio, San Pedro, San Amador, San Pablo, San Isidoro, San Elias, San Argimiro y San Rodrigo, todos mártires de Córdoba y á quienes reza su iglesia.

Aun cuando despues de la conquista no hay noticias de la existencia de estos ermitaños hasta el siglo XIV de que el hermano Vasco, del que volveremos á hablar, fundó el monasterio de San Gerónimo de Valparaiso, claro es que debieron existir algunos, puesto que ya era mas segura y tranquila la permanencia en aquellas soledades; entonces sí parece segura la venida de algunos solitarios italianos, á donde antes fuera aquel venerable, si bien era portugués, segun nuestros apuntes. Desde este tiempo es creencia de que la mayor parte de los ermitaños concurrían á presenciar el culto que se daba en la nueva iglesia, abandonando la de la Albaida, donde sus dueños les habian labrado una especie de coro ó tribuna en que estuvieron, puesto que, como antes decíamos, carecían de un templo para todos ellos, toda vez que entre sí apenas tenian punto de contacto ni formaban comunidad, como actualmente. Sin embargo, Féria asegura que Fray Vasco, cuando vino de Italia encontró otros ermitaños, entre ellos uno llamado Rodrigo, á quien apellidaban el Lógico, por haber sido preceptor de uno de los Príncipes de los diferentes estados en que aun estaba dividida España; los desengaños lo trageron á este lugar, donde en 1445 murió, contando mas de un siglo de edad, lleno de virtudes y mereciendo la honra de ser sepultado con su amigo Fr. Vasco, á quien tanto ayudó para la fábrica del monasterio, si bien no lo acompañó, permaneciendo hasta la muerte en su humildísima choza: su sepultura fué en la primitiva iglesia; pero al edificar la nueva, trasladaron los restos de ambos, juntos con los de otro ermitaño notable llamado Martin Gomez, á la capilla de la Anunciacion, donde yacen olvidados. Este último era cordobés y casado sin hijos, y queriendo ambos cónyuges dedicarse á la penitencia, resolvieron irse el marido á la Albaida y ella al Beaterio que despues se convirtió en convento de Santa Inés, en cuyos puntos pasaron el resto de sus dias.

Tócanos hacer mencion, aunque lijeramente, porque volveremos á hablar de él, de Fernando de Rueda que, siendo ermitaño, fundó el convento de San Francisco, conocido vulgarmente de la Arrizafa.

Al visitar el santuario de Ntra. Sra de la Fuensanta, dijimos que en el sigis XV un ermitaño de la

Albaida tuvo la revelacion de la existencia de aquella imágen en el lugar donde fué hallada. Tambien perteneció á estos anacoretas el V. P. Mateo de la Fuente, despues fundador del célebre monasterio del Tardon, del Orden de San Basilio.

D. Juan de Undiano, natural de Navarra, vino en peregrinacion á este desierto, donde permaneció dos años y medio, volviendo á su pátria, donde murió, ordenado de presbítero, en una ermita de Ntra. Sra. de Aztategui, dejando escrito un libro titulado: *La vida del ejemplo de solitarios, el ermitaño Martin de Cristo,* impresa en 1620 y reimpresa en Pamplona en 1673. Allí, al par que cuenta su vida en este desierto, nos dá muchas noticias de ermitaños anteriores, y sobre todo, muchos detalles del hermano Martin, de quien hace grandísimos elogios. Dice que era cordobés y que, lanzado á los catorce años de la casa paterna por no querer dedicarse á oficio, estuvo en varios sitios de campo, y por último se retiró al desierto de la Albaida, donde adquirió gran fama de santidad, siendo muchas las personas que iban á demandarle sus consejos; hace un retrato de su persona, y pondera tanto su amor al silencio, que viniendo el Gran Cardenal de España con Felipe II, mostró deseos de conocerlo, pasando á visitarlo, sin conseguir que satisfaciese á las infinitas preguntas que le dirigió, hasta que para hacerle hablar, le dijo que por qué se le permitía comulgar tan á menudo, á lo que respondió:—«Señor, esa pregunta no hacédmela á mí, sino al que me ha dado permiso para ello.»—Otros varios ermitaños lo tomaron por su director ó maestro, y entre ellos el hermano Gregorio Lopez, que despues pasó á Mégico, donde estableció un desierto parecido al de nuestra sierra, y donde murió con gran fama de santo·

Martin era muy aficionado al lenguaje antiguo, que hablaba con perfeccion y, sin duda, á la poesía, puesto que al morir en 23 de Diciembre de 1577, se le encontraron entre otros versos los siguientes:

«El mundo es un puente de viento;
quien vive pase con tiento.
Si vas, monge, á la ciudad
do hay estruendo de batalla,
y en todo tiempo, y lugar
si quieres aprovechar,
usa el corazon guardar,
baja los ojos, y calla.
Y si continuas en esto,
será tu bien tan jocundo
y tan quieto de recelo,
que serás sábio en el cielo
por ser loco en este mundo.»

En el mismo siglo XVI hallamos memorias del P. Leon, italiano, hombre de gran ciencia y virtud; Juan Enrique, que había sido tratante en ganados; otro llamado Luis, cuyo apellido y circunstancias se ignoran, y por último, Luis de Venegas, hijo natural del Señor de la Albaida, primero casado y despues sacerdote, retirándose á una ermita que sus parientes le labraron cerca de la hacienda de aquel nombre.

En aquella época, aunque los ermitaños guardaban entre sí unas mismas reglas por ellos convenidas, y en virtud de éstas concurrian á unos mismos cultos en las iglesias de la Albaida, San Gerónimo ó la Arrizafa, ní tenian una aprobacion superior, ni habian prestado sumision al Obispo de Córdoba, de quien parecía natural dependiesen: lo único que algunos habían hecho era impetrar el permiso de la Ciudad para hacer su ermita ó choza en aquellos sitios considerados realengos; tal pidió, entre otros, el ermitaño Gaspar en 18 de Mayo de 1582, cediéndola en 1587 al Padre Diego Gomez; otro permiso hay en 1588 á favor del hermano Damian.

Por este tiempo, en 1583, era Obispo de Córdoba D. Antonio de Pazos, quien, deseando que todas las personas dedicadas á la oracion fuesen protegidas al par que vigiladas en el cumplimiento de sus deberes, intentó que los ermitaños de la Albaida se sometieran á su autoridad, y al efecto los reunió en el convento de la Arrizafa el Domingo 20 de Octubre de dicho año, á donde concurrieron en número de trece, haciéndoles saber su paternal deseo, que ellos acojieron agradecidos, y prestaron la sumision en presencia del Provisor D. Miguel Gonzalez de Prida, y ante el Notario Andrés de Cerio. Los ermitaños que prestaron la sumision, primer paso para considerarlos formando comunidad, fueron los siguientes:

El hermano Francisco, cuyo apellido se ignora, era de Bujalance; fué pastor y se retiró al desierto á los treinta años de edad; en el de 1594 habia ya muerto con gran fama de santidad.

Sebastian, vizcaino, guardó gran secreto sobre su orígen, y solo se supo haber sido familiar del Duque del Infantado, teniendo grandes rentas que renunció por venirse al desierto; era muy amable en su trato, demostrando mucha cordura y talento; durante año y medio vivió en una cueva en que no cabía de pié, ni apenas tenderse; despues se pasó á una ermita que le labró un compañero, donde estuvo hasta el fin de su vida, dando siempre muestras de una gran melancolía; murió hácia 1594 y fué sepultado en la parroquia del Salvador en un hueco tapado por una losa en que se leía: «Sepultura de Francisco Diaz de Córdoba y de los ermitaños de la Albaida, donde está el P. Vizcaino.»

El hermano Juan de los Santos, natural de Alconchel, en el Obispado de Badajoz; fué donado en algunos conventos, y por último se retiró á la Albaida, donde murió.

El P. Diego Gomez, de quien ya hemos hablado; era sacerdote y asistía á la iglesia de la Albaida, donde decía misa y daba la comunion á sus compañeros los ermitaños; murió hácia 1593 en gran opinion de santo, habiendo habitado muchos años en una ermita cerca del Rodadero de los lobos.

El hermano Francisco Gimenez, natural de Hornachuelos; moraba cerca del convento de San Francisco del Monte, á cuya iglesia asistía.

El hermano Antonio Gonzalez; vivió muchos años cerca de la Albaida; pero viendo casi abandonada la ermita de Linares, se marchó á ella, logrando avivar la devocion de los cordobeses hácia aquella venerada imágen.

El hermano Bernardo Parra; solo se sabe que era de Ecija y que, retirado á la Albaida muy jóven, cambiaba todos los dias el trage de ermitaño por el de seglar y concurría á las cátedras del colegio de los Jesuitas, yéndose en cuanto salía á su retiro.

El hermano Miguel, que despues de prestar la obediencia, se retiró á la ermita de Ntra. Sra. de Villazo, cerca de Posadas.

Los hermanos Juan y otro cuyo nombre se ignora, que moraban cerca de San Francisco del Monte.

Además de los dichos, prestaron tambien su obediencia, Gaspar de los Reyes, Damian de Lora, Juan Perez de los Santos y otro llamado Alonso.

Muerto el Obispo Pazos en 28 de Junio de 1586, y

sucediéndole en pocos años D. Francisco Pacheco de Córdoba, D. Francisco de la Vega y D. Gerónimo Manrique de Aguayo, vino en 1594 D. Pedro Portocarrero, hizo que su Visitador general Luis de Cuellar, del hábito de Santiago, convocase á los ermitaños á la iglesia de la Arrizafa en 16 de Noviembre de dicho año, á hacerles las preguntas que creyese oportunas para informar al Obispo; á este acto concurrieron nueve, y despues vinieron á la capilla de Palacio, y en ella prestaron nueva sumision y aceptaron unas sencillas reglas, compuestas de cinco artículos, que ofrecieron guardar con el mayor respeto.

Las vidas de estos hermanos, en que hay algunos de los anteriormente citados, varían poco de los que llevamos dicho; entre ellos se encuentran Damian de Lara y Juan Perez de San Pablo, de quienes hablamos en el barrio de la Magdalena, al consignar las epidemias sufridas en Córdoba: tambien es digno de mencion el hermano Alonso, natural de Ocaña, y uno de los valientes soldados que con los Reyes Católicos asistieron á la memorable conquista de Granada; terminada ésta, se vino á Córdoba, donde tuvo una cuestion con un esclavo, á quien dió muerte, por lo que fué preso y sentenciado á igual pena, no habiéndola sufrido á causa de haber llegado un indulto general con motivo del nacimiento del Príncipe D. Fernando, hermano de Cárlos I de España y V. de Alemania. Agradecido á la Divina Providencia por aquel beneficio, se dedicó á cuidar los enfermos en el hospital de San Sebastian, y por último, se retiró con los ermitaños de la Albaida, donde, muy anciano, existía cuando se prestó la sumision á los Obispos citados; por consiguiente contó de edad mas de un siglo.

Desde entonces acá otros Sres. Obispos han reformado las reglas de los ermitaños; entre aquellos debemos citar al bondadoso D. Marcelino Siuri, que en 1720 les dió unas, divididas en trece capítulos, y Don Baltasar de Yusta Navarro que, despues de nombrar Visitador del Desierto al escritor y Prebendado de la Santa Iglesia D. José Lopez de Baena, autor de varias obras, añadió once capítulos á los antes espresados; posteriormente se han hecho algunas reformas, hasta llegar al estado en que dicha congregacion se encuentra.

El primer Hermano mayor ó Presidente de esta congregacion fué Francisco de Santa Ana: este venerable nació en 1572, en Meco, provincia de Toledo, y despues de haber gestionado sin fruto ser fraile en algun convento de San Francisco, se vino al Desierto de la Albaida, donde adquirió tal fama de virtud, que mereció el ya citado puesto; cuando apenas contaba cuarenta y ocho años de edad, le acometió una enfermedad que le ocasionó la muerte, en 19 de Agosto de 1620, en la casa número 5, calle del Arco Real, donde vivía un sacerdote amigo suyo; tanto lo sintieron los cordobeses, que invadieron la calle, ansiosos de verlo y alcanzar algun recuerdo de aquel ermitaño, tenido generalmente por santo: en seguida se provocó un conflicto sobre la inhumacion del cadáver, por disputarse este honor la parroquia de Santo Domingo de Silos, los frailes de la Arrizafa, el Sr. de la Albaida, otros muchos nobles para sus enterramientos particulares, y el P. Cosme Muñoz, quien al fin lo llevó á la iglesia de la Piedad ,como en aquel lugar dijimos; mas como antes de esta decision se necesitaran muchos dias, llevaron el cadáver á la capilla del Palacio Episcopal y, haciéndole un entierro igual al de los Obispos, le dieron sepultura interina en la capilla de la

Cena, antiguo Sagrario de la Catedral, permaneciendo en este lugar hasta terminado el litigio, que lo trasladaron al sepulcro en que yacen sus cenizas.

No son menos dignos de recordarse los venerables hermanos Juan de Jesus, Juan de San Pablo, diferente de otro ya mencionado; Juan de la Piedad Piédrola, de quien hablan varios autores; Francisco de San José; Blas de San Juan Bautista, hombre tan querido y apreciado como santo, que se le dió sepultura delante de la verja del Sagrario nuevo de la Catedral, al lado del sábio Magistral D. Bernardo José de Alderete; su vida fué escrita por Pedro Gonzalez Recio; el hermano Pedro de San Francisco, conocido por el Raposo, que á su muerte sepultaron en la iglesia de San Roque, de quien dicen algunos escritores que jamás se impacientó, citando como muestra de ello, que al llegar un dia á su ermita, vió salir dos hombres huyendo, cargados con la poca ropa y otras cosas que tenía, y en vez de decirles algo, se entró tan tranquilo, asomándose á seguida con unos trapos en la mano y gritándole á los ladrones:—«¡Eh! buena gente! mirad que se han dejado estos remiendos que todavía pueden servir!»

Todos los nombrados fueron Hermanos mayores, y además otros que consignaremos aunque muy á la ligera, si bien no todos desempeñaron aquel cargo.

Miguel de Jesus, de apellido Morales, natural de Valverde; murió en 1627, y lo sepultaron en la iglesia de San Juan de Dios.

José de la Madre de Dios, natural de Antequera; murió en el hospital de la Caridad y lo enterraron en su iglesia.

Juan de Santa María, de Alcobendas; murió en

1634 en el hospital de San Sebastian, hoy Casa de Expósitos, en cuya iglesia lo enterraron.

José de la Cruz, de Antequera; murió en Motril, en 1628.

Alonso de Jesus, estremeño; murió en 1637 y yace en San Juan de Dios.

Lúcas de San Pablo, portugués, y Pedro de San Antonio, natural de Viana, *Obispado de Calahorra; no* sabemos cuando fallecieron.

Juan de San Buenaventura, de Bujalance; está enterrado en San Andrés.

Antonio de San José, tambien de Bujalance; fué sepultado en el hospital de San Sebastian, 1680.

José de Jesus María, portugués; sepultado en la ermita de Ntra. Sra. de las Montañas.

Alonso de la Cruz, cordobés; fué sepultado, 1704, en la capilla de Santa Inés de la Catedral.

Alonso de Jesus; murió en 1637, y yace en Santa Isabel de los Angeles.

Sebastian de la O; lo sepultaron en S. Sebastian, 1640.

Juan de la Madre de Dios; sepultado en la Caridad en 1641.

Pablo de Santo Domingo; murió en el hospital de San Sebastian, 1648, y por sus muchas virtudes lo sepultaron en la Catedral.

Martin de Cristo; murió en 1659, en dicho hospital, donde lo enterraron.

Domingo de San Pablo; lo sepultaron en el hospital de San Jacinto, 1660.

Gonzalo de San Hilarion; sepultado en dicho hospital, 1664.

Juan Serrano; yace en San Juan de Dios, 1666.

Diego de Jesus; murió en 1676 y lo enterraron en la Magdalena.

Pedro de San Francisco; murió en 1679, en el hospital de San Sebastian, y por sus virtudes lo enterraron en el hueco destinado á los sacerdotes.

Diego de San Felipe; murió en 1679, y yace en San Andrés.

Antonio de San José; murió en el hospital de San Sebastian en 1680.

Domingo de San Ignacio; está sepultado en la nave del Sagrario de la Catedral, 1692.

Cristóval de Santa Catalina; abandonó el Desierto para venir á fundar el hospital de Jesus Nazareno, cuya historia conocen nuestros lectores.

Sobre todos los ermitaños citados y los demás que han llegado hasta nuestros tiempos, descuella el hermano Francisco de Jesus, á quien podemos dar el título de fundador del Desierto de Belen, puesto que á él principalmente se debe cuanto existe en aquel ameno y religioso lugar. Nació este venerable en Córdoba: hijo de Juan Rodriguez de Murga y María de Torres, vecinos del barrio de San Lorenzo, en cuya parroquia lo bautizaron en 7 de Junio de 1673; muy jóven aun sentó plaza de soldado de marina, en la que sirvió con lealtad á Cárlos II todo el tiempo de su empeño: cuentan sus historiadores, que estando en un combate al lado de un compañero á quien quería mucho, lo vió ser víctima de una bala de cañon, que, dividiéndolo en dos partes, arrojó una de ellas al agua, inspirando este suceso tal horror á Francisco, que en aquel momento ofreció, si salvaba la vida, dedicarla por entero al silicio y la penitencia. En vista de su honradéz y buen comportamiento en el servicio, quisieron sus jefes que continuase en él; mas nada bastó á convencerlo y, tomada su licencia, regresó á su pátria, donde trató de llevar á cabo su voto, empezando por ponerse bajo la direccion de su santo paisano el Beato Francisco de Posadas, quien lo mandó á ver al hermano Cristóval de Santa Catalina, permaneciendo con éste hasta que la muerte le privó de tan ejemplar maestro; entonces es cuando Francisco se retiró al desierto de la Albaida, que tanto le debe.

Creemos ocioso y aun innecesario seguir paso á paso la vida de este venerable, hasta que la fama de su santidad lo elevó á la presidencia de sus compañeros. A fines del siglo XVII se aumentaban los desmontes en la parte de la sierra que mira á Córdoba; sus propietarios empezaron á formar las preciosas posesiones que tanto la embellecen en nuestros tiempos, y los ermitaños deseaban huir del trato de las gentes que iban frecuentemente á aquellos parages; retiráronse en direccion al cerro llamado de la Cárcel, hácia el Rodadero de los lobos y demás alrededores, y ya el hermano Francisco de Jesus concibió el pensamiento de reunirlos á todos en un tramo discrecional, con iglesia propia, en que concurriesen á los ejercicios que debieran hacer en comunidad.

No tardó aquel venerable en esponer su idea y pedir licencia para realizarla al Cardenal, Obispo de Córdoba, D. Fr. Pedro de Salazar, quien, no solo le prestó su aprobacion, sino su ayuda en cuanto le fué posible; con tan poderoso auxilio, y sabiendo que la cumbre del espresado cerro de la Cárcel pertenecía á la Ciudad, ó sea á sus Propios ó Realengos, pidióle el terreno necesario para las trece ermitas que habían de edificarse, con la conveniente distancia entre ellas, y, concedido, en 28 de Abril de 1703 empezaron á construir la primera, continuando las obras conforme reunían fondos, hasta 1709, en que concluyeron las trece casitas aun existentes en aquel monte; y aquí debemos hacer constar, que el hermano Francisco, que no siempre era el Mayor, alternó y fué admirablemente secundado por los ermitaños Juan Agustín de la Santísima Trinidad, Antonio de la Concepcion Carrasco, Manuel de San Juan Bautista y Manuel de San José, que se distinguieron en el siglo XVIII.

En este interregno murió el Cardenal, y el Obispo D. Juan Bonilla, que siguió protegiendo á la congregacion, dió permiso para labrar una pequeña capilla que, terminada, se dedicó al culto, diciéndose la primera misa en 11 de Julio de 1709. Los autores de quienes tomamos estas noticias, dicen que parecía providencial que en unos años tan calamitosos como aquellos, se reuniesen fondos para estas obras, compra de efectos para la nueva iglesia y manutencion de los ermitaños, y aun para seguir un pleito que una señora les puso sobre propiedad de parte del terreno ocupado, principiando el litigio en 11 de Julio de 1708 y concluyendo á favor de la congregacion en 13 de Diciembre de 1714, distinguiéndose mucho en este asunto el hermano Manuel de San José, antes anotado. Entre las limosnas figuró una de doscientos pesos entregados por un caballero de Sevilla, de donde trajeron tambien el cristal que cubre el lienzo de Ntra. Señora, titular de aquella iglesia, que colocó en ella el hermano Francisco de Jesus, dándola el nombre de Belen, que lleva desde entonces el Desierto, bajo el patronato de San Antonio Abad y San Pablo, primer ermitaño.

Los hermanos citados, que tanto ayudaron á nuestro nuevo fundador, murieron, y en 1718 se consideraba como solo para seguir su pensamiento; mas, lejos de desmayar en él, redobló sus esfuerzos, empezando por reformar las reglas, haciéndolas aun mas rigorosas, prohibiendo la entrada de mujeres en el rádio del

Desierto, bajo pena de excomunion que les impuso el Obispo.

En 1722 logró que el Arcediano de Castro, Dr. Don Juan Antonio del Rosal, le donase unas reliquias de San Antonio Abad y San Pablo, primer ermitaño, que colocó en la capilla en 23 de Julio de 1723.

A el hablar de la ermita de Ntra. Sra. de las Montañas, calle de Montero, dijimos que en aquel antes hospital, tuvieron sus hospederías los ermitaños; pero como tenían necesidad de estar mezclados con otros enfermos y cercanos á las mujeres, el hermano Francisco concibió la idea de mudarlos de lugar; en 1716 logró llevarse el archivo al Desierto, y por último, consiguió que la Ciudad le concediese en 18 de Octubre de 1731, dos torres que había á los lados de la puerta del Osario; uniólas con un arco, é hízoles perder la buena vista que presentaban: entonces mudó allí la hospedería, agrególe un corral que alquiló al Marqués de Villaseca, y despues la amplió con terreno, tambien concedido por la Ciudad en 1744 y 1745: en nuestros dias la han mejorado notablemente, construyendo la modesta fachada que tiene al interior, y quese vé á la entrada de la calle del Caño.

No satisfecho el génio emprendedor de aquel ermitaño, y ocurriendo la muerte de uno de sus compañeros sin poderle administrar los últimos sacramentos, acudió al Sr. D. Pedro Salazar y Góngora, Sede vacante, y éste le concedió lo que deseaba, colocando la Magestad en el nuevo sagrario el prebendado D. Manuel de Baena, en 26 de Febrero de 1731; pero desde aquel momento concibió el proyecto de hacer nueva iglesia, por considerar aquella poco digna para tan estimable depósito: en seguida empezó sus gestiones, y bien pronto logró que una señora de Montalban, llamada

D.ª María Villalba, costease el nuevo templo; el dicho Sr. Salazar dió su licencia en 1732; en el 33 trasladóse el Sacramento á otro lugar preparado al efecto, y empezó la obra de la actual iglesia, para la que colocó la primera piedra el ya espresado D. Manuel Baena, por comision del Obispo D. Tomás Rato, poniéndose en el cimiento un pergamino que diese cuenta del suceso, y varias monedas de aquel año; el mismo Sr. Delegado, terminada la obra, la bendijo en 21 de Diciembre de 1734, celebrándose una gran fiesta y la traslacion del Santísimo con mucha solemnidad. El 6 de Enero se aplica la misa por el eterno descanso de la señora que costeó aquel edificio.

Todavía ansiaba el hermano Francisco hacer mas obras en el Desierto, y estas eran de mucha importancia y costo: aquel recinto, cuya línde mide casi media legua, estaba abierto por todas partes y era imposible evitar el que la gente se entrara, distrayendo en sus ocupaciones á los ermitaños; consultó este mal con el Obispo D. Marcelino Siuri, de quien tantas veces nos hemos ocupado, el cual le ofreció costear la obra en cuanto terminase las que tenía pendientes en varias iglesias de esta ciudad; mas la muerte de tan bondadoso Prelado lo privó de aquella esperanza, haciéndole buscar nuevo rumbo á sus deseos. El dia de San Antonio Abad, 17 de Enero de 1732, celebróse la procesion acostumbrada con asistencia de muchas personas piadosas, y el sacerdote D. Jacinto Cuadrado de Llanes bendijo y colocó la primera piedra, escitando á todos los presentes á contribuir á la construccion de la cerca, con lo que se empezó á realizarla; entre estas limosnas figuraron doscientos pesos, dados por D. José Siuri, Canónigo y sobrino del Obispo, y por último, se concluyó con veintiocho mil reales que para ella dejó en su testamento D. Juan Sanchez: esta cerca mide tres varas de alto por dos mil setecientas de largo: despues se construyeron las dos tapias que forman el callejon, existente entre la portería y la iglesia, para evitar que los fieles que iban á misa anduviesen por lo demás del Desierto.

Además de lo mucho anotado, se debió tambien á este ermitaño el desmonte de todo aquel terreno y la plantacion de los olivos y viñas, que en algo ayuda á la manutencion de aquellos individuos, y por último, con treinta y tres mil reales que les dejó, en 1738, D. Francisco Gonzalez de Lebrija, se dotó la plaza de capellan y compró la hacienda de Pedrique, término de Obejo, con cuyo producto casi bastaba para sostenerse los ermitaños.

Cargado de años, y con los achaques consiguientes á ellos, fué acometido el hermano Francisco de Jesus de una grave enfermedad que pasó en el hospital del Cardenal, hoy Provincial de Agudos, donde murió en 18 de Noviembre de 1749, siendo enterrado con gran solemnidad en la antigua iglesia de San Bartolomé, en la que permaneció hasta el 22 de Abril de 1776, en que, con otro ermitaño de gran santidad, fueron trasladados al Desierto de Belen, en cuya iglesia yacen á los lados del altar mayor.

Contemporáneos del hermano Francisco y despues, ha tenido el Desierto otros individuos que han logrado fama de santidad, de los que mencionaremos los siguientes:

Alonso de Santa María, sevillano; murió en 26 de Febrero de 1727, y lo enterraron en San Jacinto.

Bernardo de San José, natural de Penonta, cerca de Astorga; falleció en 28 de Marzo de 1730.

El P. Juan de San Francisco; nació en Capilla, Arzobispado de Toledo; entró de hermano en el hospital de Jesus Nazareno de esta ciudad, donde se dedicó al estudio hasta llegar á sacerdote y despues Director de aquel establecimiento; mas, de resultas de un grave disgusto, se retiró á las Ermitas, donde observó una vida ejemplarísima hasta su muerte, ocurrida en 26 de Mayo de 1739, siendo enterrado junto al coro del convento de las Dueñas, donde ya dijimos se leía su epitafio.

Andrés de San Antonio Abad, nació en Baltanas, cerca de Palencia; sirvió doce años en la Marina, de la que desertó y anduvo errante hasta llegar á Córdoba, retirándose al Desierto, donde observó una vida llena de virtuosos ejemplos dignos de imitar; siendo Hermano mayor construyó dos ermitas mas y ordenó mucho la congregacion; falleció en el hospital del Cardenal el dia 10 de Julio de 1763, y lo enterraron en la contígua iglesia de San Bartolomé.

Juan Agustin de la Santísima Trinidad, natural de Granada; ayudó mucho al hermano Francisco en sus obras y reformas; murió en el hospital de la Caridad, en 1709.

Antonio de la Concepcion Carrasco, cordobés; fué Hermano mayor y observó gran rigor, particularmente en que no entraran mujeres en el Desierto; murió en 1718, y lo sepultaron en la Catedral.

Manuel de San José, natural de Búrgos; compañero del hermano Francisco, á quien ayudó sobremanera en la mudanza y demás empresas que aquel emprendió; murió en 1714.

Pedro de Jesus, nació en Lora; escribió las vidas de varios ermitaños; murió en el hospital del Cardenal, en 14 de Febrero de 1768.

Juan de San José, natural de Carrello y de padres

desconocidos; fué Hermano mayor, y consiguió que Benedicto XIV concediese varias indulgencias á la congregacion, por su Bula 8 de Junio de 1753; murió en el hospital del Cardenal, asistiéndolo el Dr. D. Bartolomé Sanchez Feria, en 1774, y lo sepultaron en la Iglesia de San Bartolomé.

Pedro de San Joaquin, gallego; fué Hermano mayor y logró para su iglesia algunas decentes donaciones; murió en 26 de Abril de 1758 en el hospital de la Misericordia, donde fué inhumado su cadáver.

José del Santísimo Sacramento, natural de Tiviano, provincia de Búrgos; llegó tambien á Hermano mayor; pero dejó el Desierto, entrando de capuchino, en cuyo convento murió.

José María de los Dolores, nació en Villanueva de los Cameros; instituyó los ejercicios á San José todos los dias diez y nueve y murió de repente en el de Octubre de 1778; lo enterraron delante de la iglesia, no haciéndolo en el interior por no poder abrir la sepultura, á causa de ser el suelo una peña muy dura.

Agustin del Espíritu Santo, genovés; su apellido era Oreze, y de oficio ebanista, que ejerció en varios puntos, fabricando en Marruecos una preciosa casa con todo su moviliario, por órden del Emperador; á los treinta años de su edad vino á Córdoba, donde decidió hacerse ermitaño; tuvo el cargo de Hermano mayor, y por último se retiró á otro lugar cerca del Tardon, donde acabó su vida.

De todos los ermitaños del siglo XVIII, es considerado como el mas notable, el hermano Juan de Dios de San Antonino, en el siglo D. Juan de Dios Manrique y Aguayo, Marqués de Santaella y Señor de Villaverde, á cuyos títulos y caudales correspondientes renunció, por retirarse al Desierto de Belen, donde tan espontáneamente abrazó la vida de solitario, tomando al fin el hábito en 10 de Mayo de 1780, á los treinta y ocho años de su edad; aunque esta ilustre familia había permanecido en Córdoba desde la reconquista, el hermano Juan de Dios nació en Cabeza del Buey, en Extremadura, circunstancia que, sin duda, no recordaría su sobrino el Sr. Marqués de Villaverde al regalar su retrato al Ayuntamiento para colocarlo entre los de varios cordobeses célebres, galería que inició y empezó á realizar el Alcalde D. Cárlos Ramirez de Arellano, y que ningun otro ha continuado. La vida austera y penitente, unido á lo mucho que hizo en bien del Desierto, segun la biografía que de él hemos visto en un grueso volúmen en cuarto, le grangearon además del puesto de Hermano mayor, gran fama de santidad, que todo Córdoba proclamó, principalmente á su fallecimiento ocurrido en 12 de Febrero de 1788; su cadáver fué sepultado con gran solemnidad en la capilla de su familia, en la Santa Iglesia, que es la de la Santísima Trinidad, donde se le puso y existe un honrosísimo epitafio que en su lugar leeremos.

Despues de este venerable ermitaño, y caminando hasta nuestros dias, han morado en este Desierto otros hombres llenos de virtudes, distinguiéndose algunos, no por sobreponerse á sus compañeros en el cumplimiento de sus deberes y muestras de santidad, sino porque las posiciones ventajosas que ocupaban en sus casas y que dejaban contentos por aquella penosa vida, hacía llamar mas la atencion de sus contemporáneos; entre ellos debemos citar al hermano Antonio de Ntra. Sra. de Consolacion Rojas y Arrese, natural de Antequera, é hijo de los Marqueses de la Peña, Comandante de Artillería, cuya honrosa carrera dejó para entrar en el Desierto en 21 de Junio de 1792; el hermano Mateo de la Pasion, hermano del Baron de Llames, y el cual, en 1799 trajo de Madrid las esculturas de bronce, que representan á Jesus en la Cruz con la Vírgen y San Juan á los pies, veneradas en una de las capillas cercanas al altar mayor; el hermano Antonio de San José Sa-Brendao y Freyre, de la Real Casa de Portugal y del hábito de la Orden de Cristo; el hermano Cristóval de Ntra. Sra. de Consolacion Saavedra y Gimenez de Segura, de la Casa de Utrera, y el hermano Remigio de la Purísima Concepcion Argensonis y Luzuriaga, rico comerciante de Méjico; éste llegó á Hermano mayor y fué en estremo estimado de cuantas personas visitaban el Desierto, por su finísimo trato, amabilidad de carácter y verdaderas muestras de virtudes, sin afectaciones ni ese despego que en algunos otros se ha advertido.

Para terminar la série de ermitaños que mas se han distinguido, citaremos al hermano Pedro de Cristo, á quien hemos conocido y tratado, considerándolo como el restaurador del Desierto de Ntra. Sra. de Belen. Nació este venerable en Posadas, en el año de 1773, hijo de un escribano de espresada villa, llamado D. Juan de Almoguera y Urribarri, natural de Córdoba, y de D.ª Francisca Gonzalez y Rodriguez, de aquella poblacion; muy jóven aun quedó huérfano con otros hermanos, y recogidos por su madrina la señora D.ª María Valdivia y Corral, los trajo á Córdoba, donde pensó que Pedro siguiese la carrera eclesiástica, que liberalmente se propuso costearle y que él, obediente, emprendió, dándole ocasion para empezar la amistad que durante su vida tuvo con el venerable sacerdote D. Rafael de Soto, de quien hemos hablado en estos apuntes; sin embargo, su inclinacion era retirarse al Desierto de Belen, aumentándose su deseo con la muerte del hermano Juan de Dios de San Antonino Aguayo, tan sentida por los cordobeses; poco despues se decidió á participar á su madrina el pensamiento que lo animaba, y ésta, lejos de tratar de disuadirlo, le dió su permiso, tomando al fin el hábito en 14 de Enero de 1792, profesando en 24 de Junio de 1793. Desde luego fué aumentando en sus ejercicios de virtud, hasta contraer una enfermedad que obligó al Hermano mayor á destinarlo á la póstula en Córdoba y otros puntos, y por último, tuvo que irse á otros Desiertos á ver si encontraba la salud, habiendo estado en los de Montesion en Cazorla, San Pablo de la Breña en Málaga, y por último en el de Ntra. Sra. de la Luz en Múrcia, donde le cogió la dominacion francesa, y llegó á ser Superior desde 1808 á 1811, haciendo muchas y utilísimas reformas. Ansioso de respirar los puros aires de su país natal, regresó al fin al Desierto de Belen, y alternando con otros en el espinoso cargo de Hermano mayor; hizo muchas é importantes mejoras, ampliando la casa principal y el noviciado, y dando siempre muestras de una capacidad y un buen deseo que admiraban: así llegó hasta el año 1832 en que, con licencia del Obispo y conservando su número en las ermitas, se hizo cargo del hospital de la Misericordia, que puso á gran altura, y en el que en 1834 estableció una sala para coléricos, asistiéndolos por sí mismo con el cariño que solo inspira el verdadero amor hácia nuestros semejantes: terminada esta caritativa mision, en 1835 se volvió á las Ermitas, donde, en union de sus compañeros, tuvo el grandísimo dolor de ser espulsado en 13 de Abril de 1836, á pesar de las reiteradas súplicas de la Congregacion, el Ayuntamiento, el Obispo y muchos particulares que, ya tarde, consiguieron un decreto para su conservacion.

Los ermitaños se fueron á distinots puntos, y el hermano Pedro se amparó en la hacienda conocida por Piquin, desde donde siguió gestionando á favor de la Congregacion, á la que, aun diseminada, socorría con los escasos recursos que podía reunir: poco despues la Hacienda arrendó aquel terreno, y aun cuando el colono era bastante despreocupado, le concedió al pobre ermitaño ocupar su antigua vivienda, á la que se trasladó con gran contento; pasados algunos años, fué por último vendido todo aquel terreno, y comprado por un personage de esta capital afecto á aquellos solitarios, y esto redobló las esperanzas de volver á su antiguo objeto; esta venta quedó nula; la Hacienda la anunció de nuevo, y haciendo entonces un soberano esfuerzo, volvió á pedir la reinstalacion del Desierto, teniendo la suerte de que, buscando el antiguo expediente y oido el parecer del sábio Obispo de Córdoba D. Manuel Joaquin Tarancon y del Consejo de Estado, se concediese aquella gracia por Real órden fecha 26 de Setiembre de 1845, logrando el V. Pedro de Cristo tomar posesion, como Hermano mayor, en 3 de Noviembre del mismo año.

Desde aquel dia el hermano Pedro de Cristo, á pesar de tener setenta y dos años de edad y muchos y habituales achaques, desplegó una prodigiosa actividad en la reedificacion de la iglesia y ermitas y en la reunion de sus antiguos compañeros y otros nuevos que acudieron á aquel solitario retiro, hasta que el dia 22 de Diciembre del mismo año se reconcilió la iglesia y cementerio, diciendo la primera misa el sobrino de tan notable Hermano mayor, D. Rafael Diaz de Almoguera, persona en estremo ilustrada y que á su fallecimiento ha dejado algunos escritos muy apreciables, en casi su totalidad referentes á Córdoba.

Al dia sigiuente, ó sea el 23, los ermitaños se presentaron al Obispo Sr. Tarancon á darle las gracias por el interés que á su favor había demostrado, como á protestar de su obediencia, estendiendo en 8 de Enero de 1846 dichas gracias á la Reina y pidiendo á el Ayuntamiento la licencia para usar de su cementerio, y á la Junta de Beneficencia el permiso para acogerse al hospital del Cardenal cuando estuviesen enfermos.

Casi imposible es narrar cuanto el hermano Pedro de Cristo hizo para volver en el Desierto las cosas al estado en que antes estuvieron; todo lo consiguió, y por último, cargado de años, achaques y merecimientos, falleció el dia 3 de Enero de 1854, á los ochenta y un años, cuatro meses y once dias de edad; hízosele un solemnísimo funeral é inhumóse su cadáver en el cementerio que tienen los ermitaños, desde el que despues lo trasladaron á la iglesia, delante de las gradas del altar mayor, cubriéndolo con una losa blanca, en que hasta con algunos ligeros apuntes biográficos se perpetúa la memoria de un hombre tan digno de ejemplo y tan apreciado por los cordobeses.

Hecha mencion de los ermitaños mas notables del Desierto de Ntra. Sra. de Belen, nos toca describir éste en su actual estado y decir algo de la vida que allí se observa: el vestido de aquellos consiste en camisa y calzones de lana basta á raiz de la carne y ceñidos con una correa, encima un hábito y capa de paño pardo y capucha, y en los pies unas alpargatas de esparto; desde la supresion antes referida, mudan de trage para bajar á la ciudad é ir de póstula á otros puntos entonces en vez del hábito usan pantalon, chaqueta y capa del mismo paño, sombrero de ala ancha y zapato de becerro blanco: la comida consiste en potages de dos ó tres clases, segun los dias de la semana, pan basto, y algunos dias festivos una racion de bacalao; de este alimento se reparte tambien á los pobres que llegan á la puerta á la hora de campana, y por cierto que en años estériles, son centenares los que han acudido, viéndose entre ellos algunas veces, personas que morirían de hambre antes de pedir una limosna, pero que la necesidad las ha llevado á aquel lugar, ansiosas de conservar la vida; ¡quiera la Providencia darles lo necesario para que continuen estas limosnas, que á todos alcanzan, porque los ermitaños nada preguntan y solo aspiran al socorro de sus semejantes.

A los dos de la madrugada toca la campana de la iglesia, respondiendo las de todas las ermitas, y sus moradores dejan el lecho para rezar Maitines y Laudes del Oficio Parbo de la Vírgen; leen un punto de la Pasion de Jesus, sigue una hora de meditacion y despues rezan una parte de Rosario; recógense de nuevo á las cuatro, y á las cinco y media, hora en que suenan otra vez las campanas, rezan las Ave Marías y á seguida Prima y Tercia; á las seis es la Misa, única ocasion en que se ven todos, pero sin hablarse los unos á los otros, ni se oyen mas que en los ejercicios piadosos que entonces hacen; cuando van á estos, lleva cado uno el cántaro para el agua y la alcuza para el aceite, si les hace falta; bien presto se retira cada cual á su sitio, tiene media hora de leccion espiritual y se dedica al trabajo encomendado por el Hermano mayor, que consiste en la construccion de rosarios para la venta á las muchas personas que los desean, y de las que no exigen cantidad determinadá; á las diez y media de la mañana suspenden el trabajo, rezan otra parte de Rosario, Sesta y Nona, hacen exámen de conciencia, y á las once suena la campana para el reparto de la comida, que les sirven por los tornos contíguos á las puertas de sus humildes viviendas; desde entonces se dedica cada uno á lo que le parece, dentro de su recinto, hasta las dos que rezan Vísperas y Completas y continuan en leccion espiritual; desde esta hora á las cinco menos cuarto vuelven á su trabajo, siguen otros ejercicios espirituales, rezan otra parte de Rosario, y leen un punto de meditacion; tienen disciplinas en determinados dias de la semana, y hasta las nueve se dedican á lo que juzgan conveniente, hasta ocupar su duro lecho, consistente en tres tablas con una piel de cabra, una almohada henchida de paja y una manta para cubrirse. Reúnense todos además seis veces que á el año hay manifiesto en la iglesia, y en algunas otras festividades en que es precisa la concurrencia de todos en el templo.

Para entrar en la Congregacion de ermitaños se necesita el permiso del Obispo, y no se hacen los votos sino despues de un año de noviciado, para ejercitarlo tanto en las prácticas del Desierto, como para cerciorarse de su vocacion; al efecto tienen un pequeño edificio con varias celdas, en donde hace de jefe el hermano Maestro de novicios. Las ermitas ó casitas donde moran los ermitaños, son trece, y se componen de un pequeño cercado con puerta, torno y campana, y dentro un reducido edificio con dos departamentos, uno para el lecho y otro para el trabajo: varias de estas casitas tienen sobre sus puertas, además de la calavera y dos huesos cruzados que hay en todas ellas, inscripciones recordando haber sido morada de algunos de los hermanos mas notables, antes mencionados.

Cercano á la portería hay otra pequeña ermita habitada por el hermano hecho cargo de ella, y no muy lejos encontramos el cementerio, formado de varias filas de nichos ó bovedillas, y á seguida el edificio mas notable del Desierto, ó sea la iglesia, y unidas á ésta las habitaciones del Hermano mayor, Capellan, oficinas generales, como cocina, despensas, cuadras y varías habitaciones altas para hospedar á algun sacerdote ó persona que tenga que permanecer allí, con el correspondiente permiso del Prelado: en las galerías y ante-iglesia se ven muchas tablillas con inscripciones y diversos retratos de ermitaños distinguidos; entre las primeras hay una en mármol blanco, recordando el dia en que la Reina D.ª Isabel II visitó el Desierto en 1862, cuando su viaje á las provincias andaluzas.

La iglesia es pequeña, forma cruz latina y tiene coro alto; en el altar mayor vemos un bonito cuadro en lienzo con Ntra. Sra. de Belen, que algunos creen de Murillo, y á nosotros nos parece del Racionero Castro, un *Lignum Crucis* y dos reliquias de San Acisclo y Santa Victoria; cerca de dicho punto hay unas capillitas, y en la del lado de la epístola vemos tres buenas esculturas, vaciadas en bronce, que representan al Crucificado, la Vírgen y San Juan; en los brazos de la cruz que forma la iglesia, existen otros dos altares, uno con la Concepcion y el otro con San Antonio Abad y San Pablo primer ermitaño, y las reliquias de ambos, ya mencionadas en estos apuntes; algunos cuadros y esculturas decoran lo demás del templo, en el que se demuestra la pobreza que tanto agrada á aquellos anacoretas.

Desde todo el Desierto se descubre el mas lindo panorama, y especialmente desde un terrado formado sobre un peñon saliente, en el cual se eleva una gran cruz de piedra; á su lado hay un sillon, costeado por el Obispo Sr. Trevilla, en el que se sentaba cuando iba á ver á los ermitaños, á quienes profesaba mucho cariño.

Muy cansados consideramos á nuestros lectores por lo pesado que se ha hecho este paseo, y por esta razon tratamos de terminarlo en este punto, dedicando á otro nuevo cuanto podemos decir de otros parages notables del término de Córdoba, con el que empezaremos el cuarto y último tomo de nuestra obra.

FIN DEL TOMO TERCERO.

ERRATAS Y EQUIVOCACIONES.

Página.	Línea.	Dice.	Léase.
30	4	Infantes.	Infantas.
50	11	Sr. Pedro.	San Pedro.
55	17	causa.	forma.
113	5	José Cabezas.	Miguel Cabezas.
129	1	D. Fr.	á que D. Fr.
»	»	acordó.	abordóse.
136	27	Cabo.	Cobo.
148	27	escrobuto.	escorbuto.
157	14	la separarse.	al separarse.
160	31	picas.	juras.
209	31	ni una.	nunca.
211	2	Existian	Existen.
223	22	una casa.	una cuna.
254	12	la patria.	su patria.
262	11	mayor del.	mayor de el del
309	4	Tenin.	Terrin.
329	32	lagar.	lugar.
341	11	niño.	nicho.
352	3	sus continuadas.	las continuadas.
265	7	Sanchez, accedió	Sanchez, 1874, accedió
369	29	Menas.	Mesías.
401	33	Lora.	Lara.
402	3	Portocarrero.	Portocarrero é.